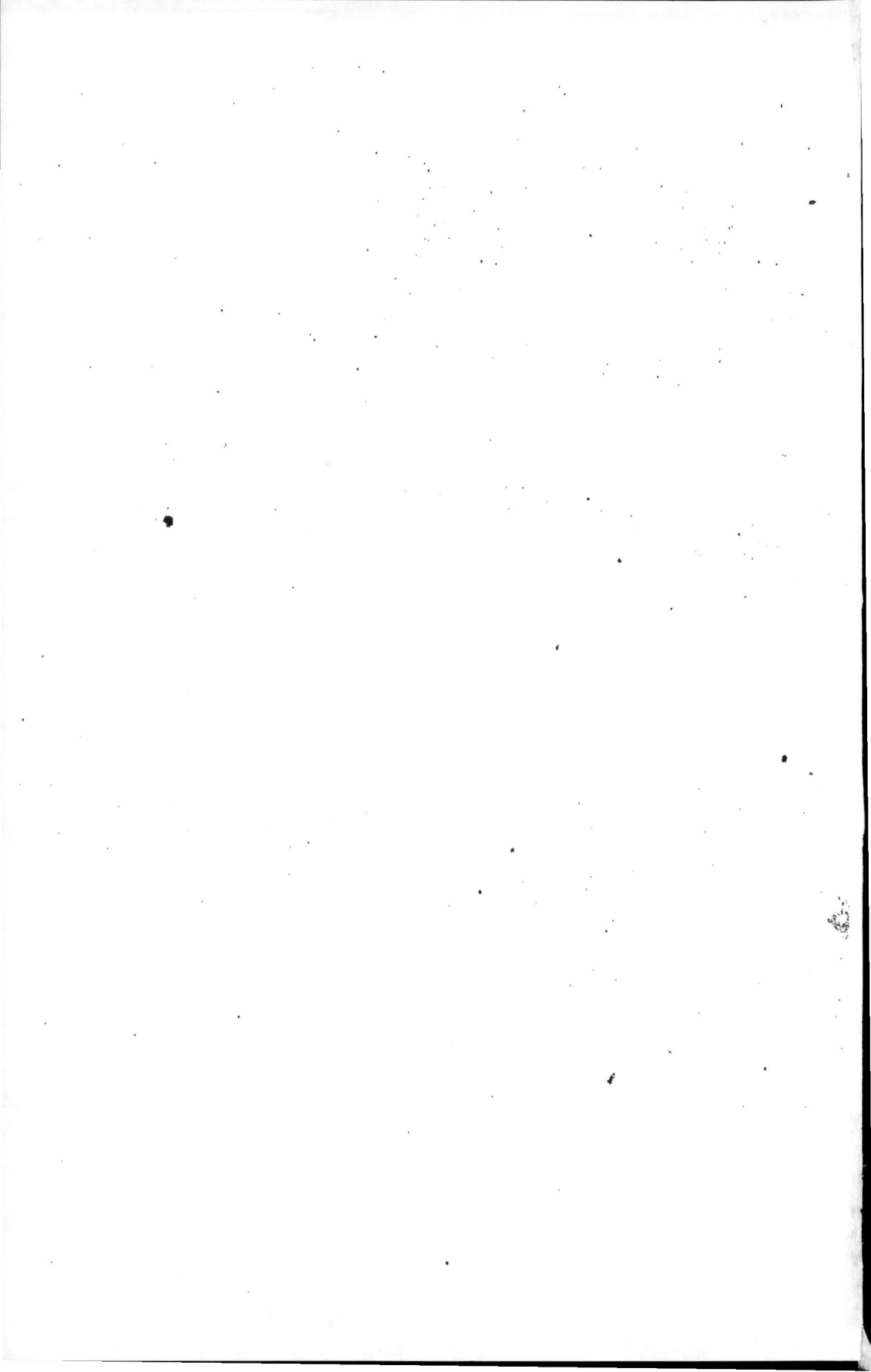

ENCYCLOPÉDIE THÉORIQUE ET PRATIQUE

DES

CONNAISSANCES CIVILES ET MILITAIRES

(Publiée sous le patronage de la Réunion des officiers)

TRAITÉ DE MÉCANIQUE

STATIQUE, CINÉMATIQUE, DYNAMIQUE, HYDRAULIQUE,
RÉSISTANCE DES MATÉRIAUX, CHAUDIÈRES A VAPEUR,
MOTEURS A VAPEUR ET A GAZ

PAR

L. ARNAL

Ingénieur des Arts et Manufactures, Chef des travaux graphiques à l'École Centrale
Professeur aux Écoles municipales supérieures et à l'Association polytechnique
Ancien élève de l'École d'arts et métiers d'Aix
Ancien professeur à l'École d'arts et métiers de Châlons, ex-ingénieur des Arts et Métiers d'Aix.
Officier d'Académie.

ET

GUSTAVE GAUTHIER

Ancien élève de l'École d'Arts et Métiers d'Angers, Préparateur de Mécanique au Conservatoire des Arts et Métiers,
Professeur à l'Association Polytechnique.

CHAUDIÈRES A VAPEUR, MOTEURS A VAPEUR ET A GAZ

PARIS

GEORGES FANCHON, ÉDITEUR

25, RUE DE GRENELLE, 25

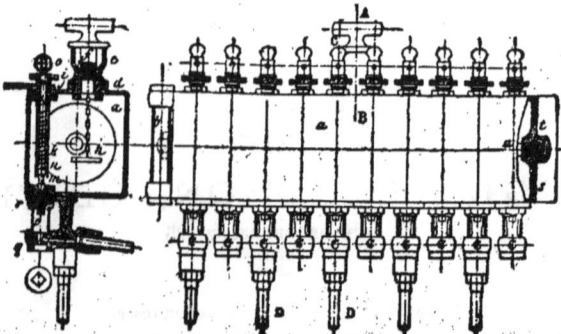

TRAITÉ

DE

MÉCANIQUE

TOURS. — IMPRIMERIE DESLIS FRÈRES, RUE GAMBETTA, 6.

ENCYCLOPÉDIE THÉORIQUE ET PRATIQUE

DES

CONNAISSANCES CIVILES ET MILITAIRES

(Publiée sous le patronage de la Réunion des officiers)

TRAITÉ DE MÉCANIQUE

STATIQUE, CINÉMATIQUE, DYNAMIQUE, HYDRAULIQUE,
RÉSISTANCE DES MATÉRIAUX, CHAUDIÈRES A VAPEUR,
MOTEURS A VAPEUR ET A GAZ

PAR

L. ARNAL

Ingénieur des Arts et Manufactures, Chef des travaux graphiques à l'École Centrale
Professeur aux Écoles municipales supérieures et à l'Association polytechnique
Ancien élève de l'École d'arts et métiers d'Aix
Ancien professeur à l'École d'arts et métiers de Châlons, ex-ingénieur des Arts et Métiers d'Aix
Officier d'Académie.

ET

GUSTAVE GAUTHIER

Ancien élève de l'École d'Arts et Métiers d'Angers, Préparateur de Mécanique au Conservatoire des Arts et Métiers,
Professeur à l'Association Polytechnique.

CHAUDIÈRES A VAPEUR, MOTEURS A VAPEUR ET A GAZ

PARIS

GEORGES FANCHON, ÉDITEUR

25, RUE DE GRENELLE, 25

TRAITÉ

DE

MÉCANIQUE

SEPTIÈME PARTIE

CHAUDIÈRES A VAPEUR

CHAPITRE PREMIER

PROPRIÉTÉS PHYSIQUES DES FLUIDES

1. *Définitions.* — Les corps qu'on désigne sous le nom de *fluides* peuvent se présenter dans la nature sous deux états : l'état *liquide* ou l'état *gazeux*.

Sous l'état liquide les fluides sont considérés comme incompressibles, l'élévation de température ne produit chez la plupart que de faibles variations dans leur volume. Les fluides gazeux, au contraire, appelés aussi fluides *compressibles* ou *élastiques*, sont très sensibles aux effets de la chaleur ; il suffit d'une légère élévation de température pour leur faire éprouver une augmentation notable de volume ou de pression.

La plupart des liquides, lorsqu'ils sont soumis aux effets de la chaleur, émettent des *vapeurs*, c'est-à-dire qu'ils se transforment en fluides élastiques. Si on refroidit suffisamment cette vapeur, elle se *condense* et revient à l'état liquide. La vapeur émise à une température déterminée se condense aussitôt qu'on la refroidit au-dessous de cette température. Cette température de vaporisation dépend, en général, pour un liquide donné, de la pression s'exerçant sur la surface libre du liquide considéré.

Les corps qui, à la température et à la pression ordinaires, se présentent à l'état de fluides élastiques ont reçu le nom de *gaz*.

2. *Densité et poids spécifique.* — La densité absolue d'un fluide élastique est la quantité de matière qu'il renferme.

La densité relative est le rapport de la quantité de matière qu'il renferme à celle que renferme le même volume d'air dans les mêmes conditions de température et de pression.

On peut dire, pour un gaz, que la densité est aussi le rapport de son poids à celui d'un égal volume d'air pris dans les mêmes circonstances de température et de pression.

Définie ainsi, la densité ne peut être un nombre constant, car les gaz ne suivent pas très exactement les lois de Mariotte et de Gay-Lussac. Par suite, le rapport des poids de volumes égaux changera et la densité variera avec la température et la pression. Cependant, comme les lois ci-dessus énoncées sont sensiblement vraies pour la plupart des gaz, leur densité éprouve des variations assez faibles pour qu'on puisse les négliger. Néanmoins on détermine cette densité à la température de zéro et à la pression de 760 millimètres.

Le *poids spécifique* d'un corps est le poids de l'unité de volume.

Pour les liquides on prend, comme unités, le litre ou décimètre cube et le kilogramme ; pour les gaz et les vapeurs, on prend, comme unités, le mètre cube et le kilogramme.

Le poids spécifique d'un liquide est donc le poids en kilogrammes d'un litre de ce liquide ; le poids spécifique d'un fluide élastique est le poids en kilogrammes d'un mètre cube de ce fluide.

Les fluides étant dilatables par la chaleur, leur poids spécifique varie avec la température. Le poids spécifique des fluides élastiques varie aussi avec la pression à laquelle ils sont soumis. Il est donc nécessaire de rapporter la mesure du poids spécifique aux conditions de température et de pression auxquelles le corps est soumis.

Le poids d'un litre d'air sec, à 0 degré et sous la pression de 760 millimètres, est de $1^g,293$.

Le volume spécifique d'un fluide est le volume occupé par l'unité de poids ; c'est donc l'inverse du poids spécifique ; autrement dit, le quotient de l'unité divisé par le poids spécifique.

3. *Pression et température.* — La pression d'un fluide sur une portion de la paroi qui le renferme est une force égale et directement opposée à la force qu'il faudrait appliquer à cette portion de paroi, supposée mobile, pour la maintenir en équilibre contre la force élastique du fluide. La mesure de la pression d'un fluide peut être exprimée soit par la hauteur de la colonne de mercure à laquelle elle fait équilibre, soit par la hauteur d'une colonne d'eau, soit par une pression en kilogrammes par unité de surface. La pression de l'air pris dans les conditions ordinaires de l'atmosphère est, en moyenne, de 760 millimètres de mercure ; elle correspond à une pression de $1^k,0333$ par centimètre carré ou de 10 330 kilogrammes par mètre carré.

Les pressions étaient autrefois exprimées en atmosphères ; une pression de deux, trois atmosphères correspondait à deux ou trois fois $1^k,033$ par centimètre carré.

On préfère, pour les calculs de mécanique, exprimer les pressions en kilogrammes par centimètre carré.

La *température* d'un corps est l'état de ce corps considéré comme plus ou moins chaud ; un corps plus chaud qu'un autre est dit posséder une température plus élevée.

Les températures se mesurent au moyen du thermomètre ; elles sont exprimées le plus souvent en degrés centigrades, obtenus en divisant en cent parties égales l'intervalle entre la température de la glace fondante (0 degré) et celle de la vapeur d'eau bouillante sous la pression de 760 millimètres (100 degrés). Les thermomètres formés de corps dilatables par la chaleur ne donnent pas toujours la même température lorsqu'ils sont mis en contact avec les mêmes corps chauds. Pour des mesures plus précises on emploie le thermomètre à air à volume constant de Regnault. Entre 0 et 100 degrés les indications de ce thermomètre coïncident très sensiblement avec celles du thermomètre à mercure.

4. *Dilatation.* — Tous les corps changent de volume sous l'action de la chaleur : sauf certaines exceptions, quand le corps s'échauffe, son volume augmente. La dilatation est faible pour les solides, notable pour les liquides et beaucoup plus considérable pour les fluides élastiques. Pour mesurer la dilatation des corps, on a recours aux *coefficients de dilatation*.

On appelle *coefficient de dilatation cubique* d'un fluide l'accroissement que prend l'unité de volume lorsqu'on élève sa température de 0 à 1 degré. Pour les fluides élastiques il y a lieu de tenir compte de la pression, ainsi que nous le verrons plus loin.

Les variations de longueur d'un corps solide se calculent au moyen du *coefficient de dilatation linéaire* ; cette mesure est alors rapportée à l'allongement de l'unité de longueur du corps considéré pour une élévation de température de 1 degré. Le coefficient de dilatation cubique d'un fluide peut être aussi exprimé par le rapport de l'augmentation de volume, pour une élévation de température de 1 degré, au volume à 0 degré.

Ainsi soient :

α, le coefficient de dilatation cubique ; v, le volume du fluide à la température t ; v_0, le volume du même fluide à 0 degré.

Si nous supposons que le coefficient de dilatation soit constant : l'accroissement de l'unité de volume pour 1 degré étant α, l'augmentation de volume de 0 à t degré sera $v_0 \alpha t$ et le volume à t degré sera :

$$v = v_0 + v_0 \alpha t \quad \text{ou} \quad v = v_0 (1 + \alpha t). \quad (1)$$

Pour les fluides élastiques on doit considérer deux cas, suivant que le changement de température se fait sans variation de volume ; dans ce dernier cas, c'est évidemment la pression qui varie.

Lorsque la température varie sans que la pression change, la formule (1) est applicable sans modification aux fluides élastiques ; le coefficient de dilatation prend alors le nom de *coefficient de dilatation sous pression constante*.

Lorsqu'on élève la température d'un fluide élastique renfermé dans une enceinte de volume invariable, la pression du fluide augmente. Si nous supposons que l'accroissement de pression soit constant pour une même élévation de température et si nous désignons par :

p_0, la pression à 0 degré ;

p, la pression à t degré ;

α', le coefficient de dilatation, on aura :

$$p = p_0 + p_0 \alpha' t$$

ou : $\qquad p = p_0 (1 + \alpha' t).$

α' est ce qu'on appelle le *coefficient de dilatation sous volume constant*.

Ce coefficient peut donc être exprimé par le rapport de l'accroissement de pression du fluide, résultant d'une élévation de température de 1 degré, à la pression qu'aurait à 0 degré le même fluide renfermé dans la même enveloppe. On peut écrire en effet :

$$p_0 \alpha' t = p - p_0,$$

d'où :

$$\alpha' = \frac{p - p_0}{p_0 t}.$$

5. *Chaleur spécifique.* — Il faut d'autant plus de chaleur pour échauffer un corps, dont on connaît le poids et la température initiale, que le poids de ce corps est plus considérable et la température finale plus élevée. Cette quantité de chaleur, qu'il ne faut pas confondre avec les degrés thermométriques, se mesure en *calories*.

La *calorie* est la quantité de chaleur nécessaire pour élever de 0 à 1 degré la température de 1 kilogramme d'eau.

La quantité de chaleur nécessaire pour produire, dans un même poids de différents corps, une élévation de température n'est pas la même. Il en est quelques-uns, comme l'eau, qui absorbent beaucoup de chaleur sans s'échauffer de beaucoup de degrés ; d'autres, au contraire, comme le mercure, s'échauffent très vite pour une faible quantité de chaleur.

La quantité de chaleur nécessaire pour élever de 1 degré la température de 1 kilogramme d'un corps a reçu le nom de *chaleur spécifique*.

Pour les fluides gazeux, il y a lieu de tenir compte de l'augmentation de volume subie par le fluide sous l'influence de l'élévation de température. On devra donc considérer deux cas :

1° La chaleur spécifique sous volume constant ;

2° La chaleur spécifique sous pression constante.

Pour les liquides et les solides, chez lesquels l'augmentation de volume est faible, on peut considérer la chaleur spécifique constante dans les deux cas précités.

La chaleur spécifique varie aussi avec la température, mais de quantités relativement faibles.

La chaleur spécifique de l'eau étant prise pour unité (celle de tous les autres corps lui étant inférieure), voici les chaleurs spécifiques moyennes de quelques corps entre 0 et 100 degrés.

Liquides		
Eau	1,000
Alcool à 36°	0,645
Éther	0,516
Benzine	0,373

Vapeurs		
Vapeur d'eau	0,480
» d'alcool	0,451
» d'éther	0,481
Ammoniaque	0,508

Ce tableau nous indique que la chaleur spécifique de la vapeur d'eau est environ moitié de celle de l'eau ; que, pour élever la température de 1 kilogramme d'alcool de 0 à 20 degrés, par exemple, il faudra lui fournir :

$$20 \times 0,645 = 13,9 \text{ calories.}$$

La chaleur spécifique d'un corps se mesure très simplement par la méthode des mélanges.

Supposons qu'on ait à déterminer la chaleur spécifique du mercure. On prendra 1 kilogramme de mercure à 100 degrés et un même poids d'eau à 100 degrés par exemple ; on les mélangera ensemble en ayant soin d'éviter qu'il y ait communication de chaleur avec les objets environnants, de telle manière que toute la chaleur perdue par le mercure serve à réchauffer l'eau. Supposons que la température finale du mélange soit 13 degrés, l'élévation de température de l'eau est donc :

$$13 - 10 = 3 \text{ degrés,}$$

c'est-à-dire que l'eau a reçu 3 calories. Le mercure a donc perdu 3 calories, pour un abaissement de température de :

$$100 - 13 = 87 \text{ degrés.}$$

Pour un abaissement de température de 1 degré, la quantité de chaleur cédée à l'eau par l'unité de poids de mercure, c'est-à-dire la chaleur spécifique du corps, sera :

$$\frac{3}{87} = 0,034 \text{ environ.}$$

6. *Chaleurs de fusion et de vaporisation.* — On appelle *chaleur de fusion* d'un corps la quantité de chaleur nécessaire à 1 kilogramme de ce corps pour passer de l'état solide à l'état liquide sans élévation de température.

Cette quantité de chaleur exclusivement employée à la transformation du corps de l'état solide à l'état liquide est absorbée par le travail de la fusion. Ainsi de la glace à 0 degré, mise en contact avec un corps chaud, entre en fusion c'est-à-dire passe à l'état liquide, mais sa température ne varie pas tant qu'il reste de la glace à fondre, malgré les quantités de chaleur incessamment fournies par le corps chaud.

Un phénomène de même nature a lieu lorsqu'on prend de l'eau à 100 degrés, sous la pression atmosphérique ordinaire, et qu'on la met en contact avec une source de chaleur. L'eau se réduit peu à peu en vapeur, mais sa température reste constante tant qu'il reste de l'eau à l'état

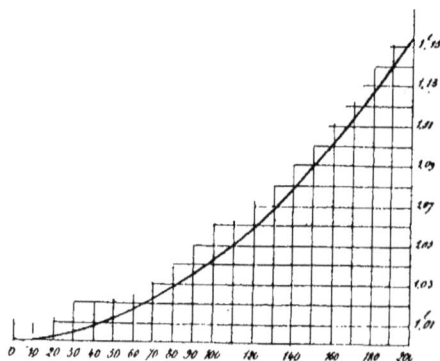

Fig. 1.

liquide ; la chaleur ainsi absorbée sert à la transformation de l'eau en vapeur ; on l'appelle *chaleur de vaporisation.*

7. *Propriétés physiques de l'eau.* — Pour les liquides, le poids spécifique ne dépend très approximativement que de la température et l'on peut négliger les variations de volumes dues aux variations de la pression. Le poids spécifique de l'eau à 4 degrés a été pris pour unité, parce qu'à cette température l'eau est à son maximum de densité.

La *dilatation* de l'eau, sous l'action de la chaleur, suit une loi très complexe qu'on représente par la formule :

$$v = v_0 + a t + b t^2 + c t^3,$$

dans laquelle v représente le volume spécifique ;

v_0 le volume initial ;

t, la température.

Les coefficients a, b et c sont positifs ou négatifs suivant l'intervalle de température considéré.

Il est préférable de s'en rapporter aux résultats fournis par l'expérience ; on les trouvera insérés dans le tableau ci-dessous ; la figure 1 donne la traduction graphique de ce tableau.

DILATATION DE L'EAU

Volume d'un kilogramme d'eau
à diverses températures.

TEMPÉRATURE	VOLUME	TEMPÉRATURE	VOLUME
degrés	litres	degrés	litres
0	1.00013	65	1.01964
2	1.00003	70	1.02256
4	1.00000	75	1.02566
6	1.00003	80	1.02887
8	1.00011	90	1.03567
10	1.00025	100	1.0431
		110	1.0512
15	1.00084	120	1.0599
20	1.00174	130	1.0694
25	1.00289	140	1.0795
30	1.00425	150	1.0903
35	1.00586	160	1.1017
40	1.00770	170	1.1140
45	1.00971	180	1.1268
50	1.01195	200	1.1544
55	1.01439		
60	1.01691		

L'examen de la courbe nous fait voir que la dilatation, très petite au dessous et au-dessus de 4 degrés, dépasse 1 pour cent à 50 degrés ; elle est d'environ 4 pour cent à 100 degrés et atteint 15 pour cent à 200 degrés.

Il est donc nécessaire de tenir compte de la dilatation de l'eau dans certains cas ; ainsi, on ne doit pas considérer le poids du litre d'eau comme étant de 1 kilogramme, à la température de 150 degrés. Par exemple, 100 kilogrammes d'eau, qui occupaient primitivement (à 4 degrés) un volume de 100 litres, occupent un volume de 110 litres environ à 150 degrés.

Le poids spécifique de l'eau est alors d'environ $\frac{100}{110} = 0,91$.

La *chaleur spécifique* de l'eau varie avec la température, elle est sensiblement constante avec la pression. On mesure la chaleur spécifique de l'eau au moyen de la formule de Regnault :

Étant donné 1 kilogramme d'eau à 0 degré, la quantité de chaleur qu'on devra lui fournir pour élever sa température à t degré est :

$$q = t + 0,2 \left(\frac{t}{100}\right)^2 + 0,3 \left(\frac{t}{100}\right)^3$$

q est ce qu'on appelle la *chaleur totale* de l'eau.

La chaleur spécifique c est donnée par la formule :

$$c = 1 + 0,004 \frac{t}{100} + 0,009 \left(\frac{t}{100}\right)^2$$

Il est plus commode, pour les calculs, de s'en rapporter aux résultats consignés dans les tables rapportées à la fin de ce chapitre.

Aux températures usuelles, la chaleur spécifique de l'eau peut être prise égale à l'unité, l'erreur ainsi commise ne dépasse pas 1,6 pour cent. On pourra donc écrire $q = t$.

8. *Propriétés physiques des gaz.* — Nous avons vu que, les gaz étant des fluides compressibles, leur poids spécifique dépend à la fois de leur température et de la pression à laquelle ils sont soumis.

La dilatation du gaz est soumise aux deux lois suivantes :

1° *Loi de Mariotte.* — *Les volumes occupés par une même masse de gaz, maintenue à température constante, sont en raison inverse des pressions qu'elle supporte.*

Désignons par v et p le volume et la pression d'un gaz ; par v_1 et p_1 le volume et la pression de la même masse de gaz à la même température on a :

$$\frac{v}{v_1} = \frac{p_1}{p} \text{ ou } pv = p_1 v_1.$$

2° *Loi de Gay-Lussac.* — *Dans les gaz, le coefficient de dilatation sous pression constante est constant, la valeur de ce coefficient est* $\alpha = \frac{1}{273}$.

Ce qui veut dire que le volume d'une masse de gaz sous pression constante varie, pour 1 degré de température, de $\frac{1}{273}$ du volume qu'elle occupait à 0^0 et à la même pression.

Désignons par v_0 le volume d'un kilogramme de gaz à 0 degré sous la pression atmosphérique moyenne p_0, et par v son volume à la température t et à la pression p.

Supposons que l'on comprime la masse de gaz de volume v_0 pour l'amener au volume v, en maintenant la température initiale de 0 degré.

La loi de Mariotte nous donne :

$$\frac{v}{v_0} = \frac{p_0}{p}, \text{ d'où} : v = \frac{v_0 p_0}{p}; \qquad (1)$$

maintenons alors la pression constante et égale à p et chauffons la masse de gaz jusqu'à la température t, l'augmentation de volume sera, en appliquant la loi de Gay-Lussac, de :

$$\frac{v_0 p_0}{p} \times \alpha t, \qquad (2)$$

puisque, par définition, chaque degré de température donne une augmentation de volume représentée par α, pour l'unité de poids bien entendu.

Le volume final sera donc en additionnant (1) et (2) :

$$v = \frac{v_0 p_0}{p} + \frac{v_0 p_0}{p} \times \alpha t,$$

$$v = \frac{v_0 p_0}{p} \left(1 + \alpha t \right),$$

d'où :

$$\frac{pv}{1 + \alpha t} = p_0 v_0. \qquad (3)$$

On aurait également :

$$\frac{p_1 v_1}{1 + \alpha t_1} = p_0 v_0,$$

d'où :

$$\frac{pv}{1 + \alpha t} = \frac{p_1 v_1}{1 + \alpha t_1} = \dots = \text{constante}.$$

Cette relation :

$$\frac{pv}{1 + \alpha t} = \text{constante}$$

est celle des gaz dits parfaits.

En multipliant les deux termes de l'égalité (3) par α, on obtient :

$$\frac{pv}{\frac{1}{\alpha} + t} = \alpha p_0 v_0.$$

Si nous remplaçons dans le dénominateur α par sa valeur $\frac{1}{273}$, on a :

$$\frac{1}{\alpha} = 273,$$

d'où :

$$\frac{1}{\alpha} + t = 273 + t = \mathrm{T}.$$

Le nombre T a reçu le nom de *température absolue*, il est égal à la température centigrade augmentée de 273 degrés. On peut en effet remarquer que c'est à la température de 273 degrés au-dessous de 0 degré que le gaz cesse de se contracter, puisque $1 + \alpha t$ devient égal à l'unité ; on considère qu'à cette température la quantité de chaleur contenue dans le gaz est égale à 0.

Une étude plus complète des équations précédentes permet d'énoncer la loi suivante :

Dans les gaz parfaits, le coefficient de dilatation sous volume constant est constant et il est égal au coefficient de dilatation sous pression constante.

9. *Formation et condensation de la vapeur d'eau.* — L'eau, comme la plupart des liquides, se réduit spontanément en vapeur à toute température. En exposant à l'air libre, dans un vase ouvert et imperméable, une certaine quantité d'eau, on voit peu à peu celle-ci diminuer et finalement disparaître. Cette disparition, qu'on ne saurait attribuer à l'absorption du vase, ne s'explique que par le passage graduel du liquide à l'état aériforme ou gazeux.

Aux températures et à la pression ordinaires, la transformation de l'eau en vapeur n'a lieu qu'à la surface ; aucune bulle gazeuse ne se dégage de la masse interne du liquide.

Le phénomène est d'autant plus rapide que la surface libre du liquide est plus grande, que la température est plus élevée et que l'air est plus sec et plus agité.

Cette production lente de vapeur à la surface libre d'un liquide s'appelle *évaporation*. C'est par l'évaporation que le linge mouillé sèche à l'air et que l'on recueille, dans les marais salants, le sel contenu en dissolution dans les eaux de la mer.

Mais, si nous faisons varier la température en soumettant le vase contenant l'eau à l'action d'une source de chaleur, on verra bientôt, si la chaleur est suffisamment active, la vapeur se former non seulement à la surface du vase, mais encore au sein même du liquide. Sur le fond et sur les parois inférieures du vase apparaîtront des bulles gazeuses qui, se détachant, s'élèveront en forme de cônes jusqu'aux couches supérieures de l'eau. On entend alors le bruissement particulier qu'on exprime en disant que *l'eau chante*.

En ce moment la surface extérieure du liquide reste calme, unie, horizontale ; l'agitation est restreinte aux couches inférieures sans atteindre les couches plus élevées. Les courants provoqués dans la masse liquide par l'ascension de l'eau la plus chaude, et dès lors plus légère, et aussi la chaleur abandonnée par les bulles qui se condensent sans interruption vont bientôt donner naissance au phénomène de *l'ébullition*.

Les bulles de vapeur, qui, tout à l'heure, disparaissaient avant d'atteindre la surface, montent jusqu'à celle-ci et, en crevant, rompent l'équilibre ; le bouillonnement se manifeste dans la masse entière du liquide.

Sous la pression atmosphérique moyenne de 760 millimètres de mercure, l'ébullition de l'eau pure a lieu vers 100 degrés, quelle que soit l'intensité de la source de chaleur.

Il n'en est pas de même quand on fait varier la pression ; si la pression diminue, la température d'ébullition diminue également. On le constate en plaçant, par exemple, sous le récipient de la machine pneumatique, un vase renfermant de l'eau à une température inférieure à celle de l'ébullition à l'air libre, et en diminuant la pression qui s'exerce sur le liquide en faisant fonctionner la machine. Quand la raréfaction est suffisante, on voit l'eau bouillir : seulement les bulles de vapeur, au lieu de partir du fond du vase, prennent naissance dans les couches supérieures, parce que c'est dans ces couches que la pression est la plus faible. L'ébullition ne tarde pas du reste à s'arrêter ; cela tient à ce que la vapeur, en s'accumulant au-dessous du liquide, presse elle-même la surface de l'eau.

On peut diminuer la pression qui s'exerce sur le liquide d'un vase d'une autre manière : on prend un ballon à long col à moitié plein d'eau, que l'on porte à l'ébullition, à l'air libre, pendant quelques instants.

Cette ébullition prolongée a pour effet de chasser l'air du ballon par la vapeur qui s'en échappe. On bouche alors le flacon en le retirant du feu et on le renverse le col plongé dans l'eau, afin d'éviter les rentrées d'air. Si alors on refroidit le ballon, en l'aspergeant d'eau froide, la vapeur intérieure se *condense*, c'est-à-dire revient à l'état liquide en diminuant beaucoup de volume.

Un vide se forme donc et détermine ainsi une diminution de pression qui provoque à nouveau l'ébullition du liquide.

Un abaissement de température ramène donc la vapeur à l'état liquide ; c'est ce qu'on appelle la *condensation*.

On pourrait encore faire bouillir l'eau à une température inférieure à 100 degrés en s'élevant en des points du sol où la pression atmosphérique devient inférieure à 760 millimètres. Ainsi au sommet du mont Blanc l'eau bout à 86 degrés ; la hauteur du baromètre n'est alors que de 434 millimètres. L'eau bouillante n'est donc pas également chaude en tous les points du globe.

Si, au contraire, on augmente la pression, la température d'ébullition croît avec cette pression. Il suffit alors d'opérer en vase clos et de se servir de la vapeur produite pour accroître la pression. On comprend très bien que les bulles de vapeur produites pendant l'ébullition ont d'autant plus de difficultés à se former que la pression extérieure est plus grande ; en vase clos la vapeur s'accumule au-dessus du liquide et exerce sur la surface de ce dernier une pression de plus en plus grande.

L'eau peut ainsi atteindre, sans bouillir, une température dépassant de beaucoup 100 degrés, en même temps que la vapeur exerce une pression sur la surface du liquide et sur les parois du vase qui le contient. Dans certaines conditions, cette pression peut atteindre une force considérable et provoquer une explosion dangereuse.

La vapeur d'eau, pour se dégager du liquide contenu dans un vase, doit donc être douée d'une force élastique ou *tension* assez grande pour vaincre la pression qui s'exerce sur le liquide.

La tension de la vapeur se trouve ainsi intimement liée à la température ; autrement dit, à chaque tension de la vapeur correspond une température.

, Les sels en dissolution dans l'eau retardent la température d'ébullition. Ainsi une dissolution saturée de sel marin bout à 108 degrés environ (40 0/0 de sel).

Une dissolution saturée de chlorure de calcium ne bout qu'à 180 degrés environ.

Un liquide dissous, l'alcool par exemple, abaisse le point d'ébullition de l'eau ; cela tient à ce que l'alcool est plus volatil que l'eau. Le contraire a lieu pour les liquides moins volatils que l'eau, tels que l'acide sulfurique.

Les substances simplement mélangées ou en suspension dans l'eau ne modifient point la température d'ébullition. Il y a donc lieu de considérer d'une manière différente l'ébullition de l'eau contenant des substances en dissolution ou des substances simplement mélangées.

La nature du vase influe aussi sur la température d'ébullition ; ainsi, l'eau bout plus vite, c'est-à-dire à une température moins élevée, dans un vase en verre que dans un vase en métal. L'état de la surface de la paroi a aussi une influence marquée ; mais, dans tous les cas, la température de la vapeur produite est constamment égale à 100 degrés dans les conditions ordinaires de pression.

10. *Ébullitions anormales.* — Nous avons vu précédemment que les sels en dissolution dans l'eau retardaient le point d'ébullition du liquide dans une notable proportion. On peut constater le même phénomène avec l'eau pure dans certains cas particuliers.

De l'eau, privée d'air au préalable par une ébullition prolongée, contenue dans un tube parfaitement propre, peut être chauffée jusqu'à 155 degrés et au delà sans qu'il y ait ébullition du liquide. On dit alors que le liquide est *surchauffé* et on mesure le degré de surchauffe par l'excès de température acquis par le liquide sur la température normale d'ébullition.

Les circonstances qui favorisent le retard de l'ébullition semblent être les suivantes :

Parois bien unies, bien propres et bien adhérentes au liquide ;

Liquide purgé d'air par une ébullition préalable et uniformément chauffé.

Dans un liquide surchauffé on peut produire l'ébullition brusque soit par le contact d'un corps solide ou par une chauffe brusque ou inégale, soit encore par une brusque diminution de pression. Les secousses, les agitations, les dégagements de gaz au sein du liquide provoquent également l'ébullition du liquide surchauffé.

11. *État sphéroïdal.* — Si l'on projette un peu d'eau sur une surface métallique horizontale, un couvercle de fourneau, par exemple, préalablement porté au rouge, cette eau ne mouille pas la surface du métal, elle s'y réunit en globules ronds qui s'évaporent lentement, en courant sur la surface chaude.

Le docteur Boutigny a désigné ce phénomène sous le nom d'*état sphéroïdal* ou *caléfaction;* il a constaté qu'il y a une différence très grande entre la température de la paroi chaude et celle du liquide projeté.

Dans cet état particulier, le globule liquide n'est pas en contact avec la paroi ; il en est séparé par une auréole de vapeur qui suspend le liquide au-dessus de la paroi. En abaissant la température de la paroi, l'état sphéroïdal cesse et, le liquide venant à mouiller la surface chaude, l'ébullition normale se produit rapidement.

L'état sphéroïdal se produit d'autant mieux que la surface métallique est portée à une température plus élevée et que la quantité de liquide projeté est moins grande.

Nous aurons l'occasion de revenir sur ces considérations dans l'étude des explosions des chaudières à vapeur.

12. *Vapeur sèche et vapeur surchauffée.* — Si nous prenons un vase plein de vapeur et renfermant un excès de liquide, on dit que la vapeur est *saturée.* Si on élève la température de l'appareil, la tension de la vapeur augmentera et un nouvel état d'équilibre s'établira entre la température considérée et la tension de la vapeur. Mais la vapeur sera encore saturée.

Si nous supposons qu'il n'y ait pas de liquide en excédent et que la température soit maintenue constante, on dit alors que la vapeur est *saturée* et *sèche.*

Si, sans changer la température, on vient à diminuer le volume du récipient, une partie de la vapeur se condensera, et le surplus conservera la tension correspondant à la température, c'est-à-dire la *tension de saturation.*

Si, au lieu de diminuer le volume du récipient, on l'augmente, en maintenant constante la température, cette température deviendra supérieure à celle qui correspond à la tension nouvelle de la vapeur.

La tension ayant, en effet, diminué sans qu'il y ait eu de liquide pour fournir de la vapeur pour remplir le nouveau volume ainsi ménagé.

La vapeur possédera donc une température supérieure à la température de saturation correspondant à la nouvelle tension ; on dit, dans ce cas, que la vapeur est *surchauffée.*

On peut produire la surchauffe d'une autre manière en élevant la température d'un récipient plein de vapeur saturée et sèche, sans changer le volume ni introduire de nouveau liquide.

Ainsi, en dilatant la vapeur saturée et sèche à température constante, ou bien en l'échauffant à volume constant, on transforme cette vapeur en vapeur surchauffée. Dans ces deux cas, on doit fournir de la chaleur à la vapeur.

Si l'on veut ramener la vapeur surchauffée à l'état de vapeur saturée, il faut la comprimer à température constante ou la refroidir à volume constant, c'est-à-dire la soumettre à l'action d'une source de froid.

La chaleur spécifique de la vapeur d'eau surchauffée est de 0,4805 à pression constante, elle est indépendante de la pression et de la température.

13. *Distillation.* — Considérons un récipient A contenant un liquide et placé sur une source de chaleur, la partie supé-

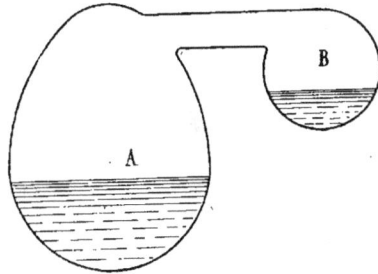

Fig. 2.

rieure de ce récipient communiquant avec un vase B dont les parois soient constamment refroidies. La vapeur saturée fournie par le liquide dans le récipient A va se condenser au contact des parois froides du vase B, en cédant la chaleur qu'elle contient à ces parois.

L'eau ainsi condensée se réunira dans la partie la plus froide, tandis que dans le voisinage de la paroi chaude la vapeur possédera une température plus élevée. La tension de cette vapeur ira en décroissant à mesure qu'elle s'approchera de la paroi froide, jusqu'au moment où elle sera égale à la tension de saturation correspondant à la température de cette paroi. Dans le récipient A (paroi chaude) la vapeur sera donc surchauffée, dans le vase B (paroi froide) la vapeur sera saturée et l'excès de liquide se réunira à sa partie inférieure.

La condensation et la distillation sont toujours retardées par la présence de l'air en dissolution dans l'eau. Cet air, en se dégageant, a pour effet d'augmenter la pression qui s'exerce sur la surface du liquide.

Dans la condensation et la distillation, le passage à l'état liquide fait perdre à la vapeur la chaleur que nous avons appelée chaleur de vaporisation (n° 6). Cette chaleur est absorbée par les parois du

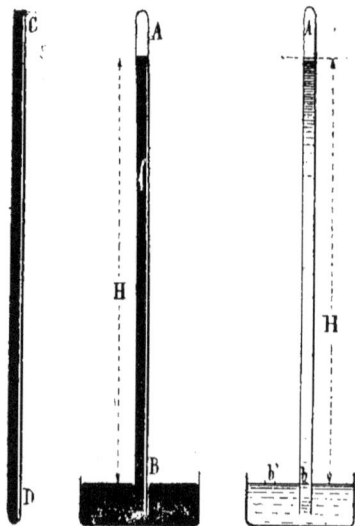

Fig. 3.

vase où se fait la condensation ; comme ces parois ne tarderaient pas à s'échauffer, il est nécessaire de les refroidir soit en les mettant en contact avec l'air ambiant, soit en les plaçant dans un récipient parcouru par une circulation d'eau froide. C'est ce dernier procédé qu'on emploie dans les alambics de distillation.

Les appareils employés pour la distillation se composent de quatre parties :

1° La cucurbite, vase de cuivre rouge contenant le liquide à distiller ;

2° Le chapiteau, qui se pose sur la cucurbite et donne issue à la vapeur par un col latéral ;

3° Le serpentin, consistant en un long tuyau de cuivre étamé, enroulé en hélice et mis en communication avec le col du chapiteau ;

4° Le réfrigérant, dans lequel est placé le serpentin et qui est parcouru par une circulation d'eau froide.

La chaleur emportée par l'eau de circulation provient donc de la chaleur de vaporisation du liquide, c'est-à-dire de la chaleur qu'il a fallu fournir à ce dernier pour le faire passer de l'état liquide à l'état gazeux. Dans la condensation, cette chaleur nous est donc restituée intégralement.

11. *Mesure de la pression atmosphérique.* — Il a été souvent question, dans les paragraphes précédents, d'une des propriétés particulières des vapeurs que nous avons appelée *pression, tension* ou *force élastique.*

Il ne sera pas inutile de rappeler ici les lois des variations de cette force et d'indiquer la manière d'en mesurer l'intensité. Les effets mécaniques de la vapeur d'eau sont souvent très considérables et sont la cause d'explosions fort dangereuses dans la conduite des appareils à vapeur.

L'étude de la pression atmosphérique est importante, puisqu'elle préside aux lois de formation des vapeurs et que sa mesure a servi de base à la plupart des calculs de mécanique.

L'existence de la pression atmosphérique est démontrée dans les deux expériences bien connues du *crève-vessie* et des *hémisphères de Magdebourg.* L'expérience suivante, due à Torricelli, donne la mesure exacte de la pression de l'atmosphère :

On prend un tube de verre long de 80 centimètres au moins, d'un diamètre intérieur de 6 à 7 millimètres et fermé à l'une de ses extrémités (*fig. 3*). Ayant placé ce tube dans une position verticale CD, on le remplit entièrement de mercure ; puis, fermant l'ouverture C avec le pouce, on retourne le tube et on plonge l'extrémité ouverte dans une cuve pleine de mercure. On retire alors le doigt et l'on voit la colonne mercurielle baisser aussitôt notablement et conserver une hauteur AB d'environ 76 centimètres. Cette hauteur représente la *pression atmosphérique*. En effet, le tube et la cuvette forment un système de deux vases communiquants qui contiennent un liquide pesant en équilibre; la pression doit donc être la même en tous les points d'une même tranche horizontale prise à un niveau quelconque dans le mercure. Considérons deux éléments de surface, b et b', égaux à la section du tube, et pris sur le plan de la surface libre du mercure dans la cuvette, l'un à l'intérieur du tube et l'autre à l'extérieur. Sur l'élément b' c'est la pression atmosphérique qui s'exerce directement, tandis que sur l'élément b c'est le poids de la colonne mercurielle, et c'est ce poids seul, puisqu'il y a le vide en A au-dessus du mercure dans le tube. Le poids de l'atmosphère, autrement dit la pression atmosphérique, équivaut, à surface égale, au poids d'une colonne de mercure d'environ 76 centimètres de hauteur.

Il résulte de là que, si le poids de l'atmosphère augmente ou diminue, cela doit faire monter ou baisser en même temps la colonne de mercure. C'est ce que vérifie la célèbre expérience de Pascal, exécutée sur le Puy de Dôme. Entre le pied et le sommet de la montagne, il constata que la colonne de mercure soulevée diminuait d'environ 8 centimètres.

Si l'on remplace le mercure par un liquide moins dense, l'eau par exemple, il est évident que la hauteur de la colonne liquide sera 13,6 fois plus grande, puisque le mercure est 13,6 fois plus dense que l'eau.

La hauteur de la colonne liquide qui fait équilibre à la pression atmosphérique fournit le moyen d'évaluer, en kilogrammes, la pression de l'atmosphère sur une surface donnée. Supposons que la colonne de mercure ait 76 centimètres de hauteur et que la section intérieure du tube soit d'un centimètre carré.

La pression que l'atmosphère exerce sur un centimètre carré, pris en un point quelconque de la surface libre du mercure dans la cuvette, est égale au poids d'un cylindre de mercure ayant un centimètre carré de base et 76 centimètres de hauteur et, par suite, un volume de 76 centimètres cubes. Or, 1 centimètre cube d'eau pesant 1 gramme, 1 centimètre cube de mercure pèse 13ᵍ,6, puisque le mercure est 13,6 fois plus dense que l'eau ; d'où l'on conclut que le poids de la colonne de mercure équivaut à 13ᵍ,6 multipliés par 76, c'est-à-dire 1 033 grammes. Telle est la pression sur 1 centimètre carré ; sur un décimètre carré la pression est cent fois plus grande ou 103ᵏ,300 et sur un mètre carré 10 330 kilogrammes.

La surface totale moyenne du corps humain étant d'environ 1 mètre carré et demi, la pression totale que supporte un homme, à la surface de la terre, est d'environ 15 500 kilogrammes. Si nous ne sommes pas écrasés par une telle pression et si nos membres n'éprouvent aucune gêne dans leurs mouvements, c'est que, la pression atmosphérique s'exerçant dans toutes les directions, à l'extérieur comme à l'intérieur du corps, nous supportons en tous sens des pressions égales et contraires qui se font équilibre.

Nous aurons l'occasion de revenir sur la mesure de la pression de la vapeur quand nous étudierons les accessoires des chaudières à vapeur.

15. *Données numériques sur les propriétés de la vapeur d'eau saturée.* — Les données numériques les plus exactes résultent des expériences exécutées par Regnault et des calculs de Zeuner. Elles sont consignées dans les tables qui terminent ce chapitre ; le tableau graphique représenté (*fig.* 4) en est la récapitulation.

A l'inspection de ces tables on constate que la tension de la vapeur, aux températures basses, croît très lentement ; à 33 degrés elle n'est que de 1/20 d'atmosphère et de 1/10 à 46 degrés. Mais elle s'élève ensuite rapidement et d'autant plus vite que la température est plus élevée ; à 100 degrés, elle est d'une atmosphère, de 2 atmosphères à 121 degrés, de 10 atmosphères à 180 degrés, etc.

La *densité* de la vapeur d'eau, rapportée à l'air, est de 0,622 ou 5/8.

La *chaleur totale de vaporisation*, c'est-à-dire la quantité de chaleur absorbée par 1 kilogramme d'eau, prise à 0 degré, pour se vaporiser, est représentée par la formule suivante due à Regnault :

$$Q = 606,5 + 0,305\ t$$

ou :

$$Q = 606,5 + 30,5\ \frac{t}{100},$$

dans laquelle t représente la température à laquelle se fait la vaporisation.

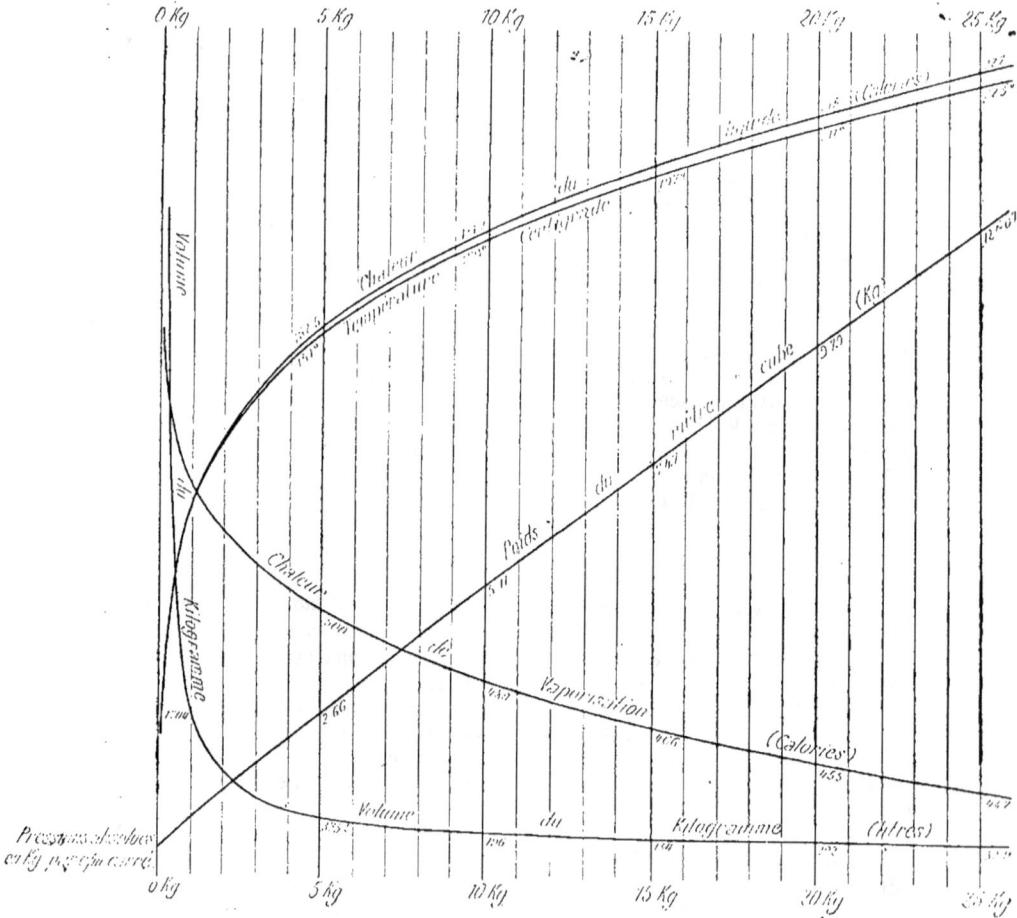

Fig. 4

Ainsi, 1 kilogramme d'eau à 0 degré vaporisé à 150 degrés exige :

$$606,5 + 30,5 \times 1,5 = 652,25 \text{ calories.}$$

D'autre part, la quantité de chaleur nécessaire pour élever de 0 à t la température de 1 kilogramme d'eau est donnée par la formule déjà citée :

$$q = t + 0,2 \left(\frac{t}{100}\right)^2 = 0,3 \left(\frac{t}{100}\right)^3.$$

La différence $Q - q = l$ donnera la chaleur de vaporisation.

16. TABLES NUMÉRIQUES DE LA VAPEUR D'EAU SATURÉE

VIDE AU condenseur	PRESSION absolue PAR cm²	TEMPÉRATURE CENTIGRADES	QUANTITÉS DE CHALEUR PAR KILOGRAMME			POIDS du mètre cube DE VAPEUR	VOLUME du kilogramme DE VAPEUR
			NÉCESSAIRE POUR ÉLEVER LA température de l'eau de 0 à t°	CHALEUR latente totale de VAPORISATION	CHALEUR TOTALE		
	p	t	q	l	$Q = l + q$	D	V
Millimètres de mercure	Kilog.	Degrés	Calories	Calories	Calories	Kilog.	Mètres cubes
752.6	0.01	6.72	6.72	601.82	608.45	0.0075	134.10
723.2	0.05	32.69	32.72	583.75	616.47	0.0347	28.77
686.4	0.10	45.57	45.64	574.76	920.40	0.0671	14.90
612.9	0.20	59.75	59.89	564.83	624.72	0.1292	7.740
539.3	0.30	68.74	68.93	558.54	627.47	0.1893	5.282
465.8	0.40	75.46	75.72	553.80	629.52	0.2481	4.030
392.2	0.50	80.89	81.18	549.99	631 17	0.3059	3.270
318.7	0.60	85.48	85.81	546.76	632.57	0.3632	2.753
245.1	0.70	89.46	89.83	543.94	633.79	0.4202	2.380
171.6	0.80	93.00	93.41	541.46	634.87	0.4762	2.100
98.0	0.90	96.18	96.63	539.20	635.83	0.5316	1.881
24.5	1.00	99.08	99.56	537.16	636.72	0.5867	1.704
»	1.1	101.76	102.28	535.26	637.54	0.6428	1.555
»	1.2	104.23	104.79	533.50	638.29	0.6978	1.432
»	1.3	106.54	107 13	531.86	638.99	0.7525	1.328
»	1.4	108.71	109.33	530.33	639.66	0.8068	1.238
»	1.5	110.76	111.41	528.87	640.28	0.8609	1.160
»	1.6	112.69	113.36	527.50	640.86	0.9147	1.093
»	1.7	114.54	115.25	526.18	641.43	0.9682	1.033
»	1.8	116.29	117.03	524.94	641.97	1.0217	0.979
»	1.9	117.96	118.72	523.76	642.48	1.0751	0.930
»	2.0	119.56	120.35	522.62	642.97	1.128	0.886
»	2.1	121.11	121.93	521.51	643.44	1.181	0.847
»	2.2	122.58	123.43	520.46	643.89	1.233	0.811
»	2.3	124.02	124.89	519.44	644.33	1.286	0.777
»	2.4	125.39	126.29	518.45	644.74	1.339	0.747
»	2.5	126.72	127.64	517.51	645.15	1.391	0.719
»	2.6	128.01	128.95	516.59	645.54	1.443	693. litres
»	2.7	129.26	130.23	515.69	645.92	1.495	668.9
»	2.8	130.47	131.47	514.82	646.29	1.547	646.4
»	2.9	131.65	132.67	513.98	646.65	1.599	625.5
»	3.0	132.79	133.84	513.16	647.00	1.651	606.0
»	3.1	133.91	134.98	512.36	647.34	1.702	587.5
»	3.2	135.00	136.09	511.59	647.68	1.754	570.2
»	3.3	136.06	137.18	510.82	648.00	1.805	554.0
»	3.4	137.09	138.23	510.08	648.31	1.857	538.5
»	3.5	138.10	139.26	509.36	648.62	1.908	524.0
»	3.6	139.08	140.26	508.66	648.92	1.959	510.4
»	3.7	140.05	141.26	507.96	649.22	2.010	497.5
»	3.8	140.99	142.22	507.28	649 50	2.061	485.2
»	3.9	141.91	143.16	506.62	649.78	2.112	473.5
»	4.0	142.82	144.10	505.96	650.06	2.163	462.3
»	4.1	143.70	144.99	505.34	650.33	2.213	451.7
»	4.2	144.57	145.88	504.71	650.59	2.264	441.7
»	4.3	145.53	146.77	504.07	650.86	2.315	432.0
»	4.4	146.26	147.62	503.49	651.11	2.365	422.9
»	4.5	147.09	148.47	502.89	651.36	2.415	414.1
»	4.6	147.89	149.29	502.32	651.61	2.466	405.5
»	4.7	148.69	150.11	501.74	651.85	2.516	397.4
»	4.8	149.47	150.91	501.18	652.09	2.567	389.6
»	4.9	150.24	151.71	500.61	652.32	2.617	382.1
»	5.0	150.99	152.47	500.08	652.55	2.667	375.0
»	5.1	151.74	153.23	499.55	652.78	2.717	368.1
»	5.2	152.47	153.99	499.01	653.00	2.767	361.5
»	5.3	153.18	154.71	498.51	653.22	2.817	355.0
»	5.4	153.89	155.45	497.99	653.44	2.867	348 8
»	5.5	154.59	156.16	497.49	653.65	2.917	342.9
»	5.6	155.28	156.88	496.98	653.86	2.966	337.2

16. TABLES NUMÉRIQUES DE LA VAPEUR D'EAU SATURÉE (*Suite*)

VIDE AU condenseur	PRESSION absolue PAR cm2	TEMPÉRATURE CENTIGRADES	QUANTITÉS DE CHALEUR PAR KILOGRAMME			POIDS du mètre cube DE VAPEUR	VOLUME du kilogramme DE VAPEUR
			NÉCESSAIRE POUR ÉLEVER LA température de l'eau de 0 à t°	CHALEUR latente totale de VAPORISATION	CHALEUR TOTALE		
	p	t	q	l	$Q = l + q$	D	V
Millimètres de mercure	Kilog.	Degrés	Calories	Calories	Calories	Kilog.	Litres
»	5.7	155.96	157.57	496.50	654.07	3.016	331.6
»	5.8	156.63	158.27	496.00	654.27	3.060	326.2
»	5.9	157.29	158.94	495.53	654.47	3.115	321.0
»	6.0	157.94	159.60	495.07	654.67	3.165	316.0
»	6.1	158.28	160.27	494.60	654.87	3.215	311.1
»	6.2	159.22	160.92	494.14	655.06	3.264	306.4
»	6.3	159.85	161.58	493.67	655.25	3.314	301.8
»	6.4	160.47	162.21	493.23	655.44	3.363	297.4
»	6.5	161.08	162.85	492.78	655.63	3.412	293.1
»	6.6	161.68	163.47	492.34	655.81	3.461	289.0
»	6.7	162.27	164.08	491.91	655.99	3.510	285.0
»	6.8	162.86	164.68	491.49	656.17	3.559	281.0
»	6.9	163.45	165.28	491.07	656.35	3.608	277.2
»	7.0	164.03	165.89	490.64	656.53	3.657	273.4
»	7.1	164.60	166.48	490.22	656.70	3.703	269.8
»	7.2	165.16	167.05	489.82	656.87	3.755	266.4
»	7.3	165.72	167.63	489.41	657.04	3.804	263.0
»	7.4	166.27	168.20	489.01	657.21	3.853	259.6
»	7.5	166.81	168.76	488.62	657.38	3.902	256.4
»	7.6	167.35	169.32	488.21	657.54	3.951	253.2
»	7.7	167.89	169.87	487.84	657.71	3.999	250.0
»	7.8	168.42	170.42	487.45	657.87	4.048	247.0
»	7.9	168.94	170.96	487.07	658.03	4.097	244.0
»	8.0	169.46	171.49	486.70	658.19	4.145	241.3
»	8.1	169.97	172.01	486.33	658.34	4.194	238.5
»	8.2	170.48	172.53	485.95	658.50	4.242	235.7
»	8.3	170.98	173.05	485.60	658.65	4.291	233.0
»	8.4	171.48	173.56	485.24	658.80	4.339	230.5
»	8.5	171.97	174.08	484.87	658.95	4.388	227.9
»	8.6	172.46	174.58	484.52	659.10	4.436	225.4
»	8.7	172.95	175.09	484.16	659.25	4.485	223.0
»	8.8	173.43	175.59	483.81	659.40	4.533	220.6
»	8.9	173.91	176.08	483.46	659.54	4.581	218.3
»	9.0	174.38	176.57	483.12	659.69	4.630	216.0
»	9.1	174.85	177.06	482.77	659.83	4.678	213.8
»	9.2	175.31	177.53	482.44	659.97	4.726	211.6
»	9.3	175.77	178.01	482.10	660.11	4.774	209.5
»	9.4	176.23	178.49	481.76	660.25	4.823	207.4
»	9.5	176.68	178.95	481.44	660.39	4.871	205.3
»	9.6	177.13	179.42	481.11	660.53	4.919	203.3
»	9.7	177.57	179.88	480.78	660.66	4.967	201.3
»	9.8	178.01	180.33	480.46	660.79	5.015	199.4
»	9.9	178.45	180.79	480.14	660.93	5.063	197.6
»	10.0	178.89	181.25	479.81	661.06	5.111	195.7
»	10.1	179.32	181.68	479.51	661.19	5.159	193.8
»	10.2	179.74	182.13	479.19	661.32	5.207	192.0
»	10.3	180.17	182.56	478.89	661.45	5.255	190.3
»	10.4	180.59	183.01	478.57	661.58	5.303	188.6
»	10.5	181.01	183.44	478.27	661.71	5.351	186.9
»	10.6	181.42	183.86	477.97	661.83	5.399	185.3
»	10.7	181.83	184.29	477.67	661.96	5.447	183.6
»	10.8	182.24	184.71	477.37	662.08	5.494	182.0
»	10.9	182.65	185.14	477.07	662.21	5.542	180.5
»	11.0	183.05	185.56	476.77	662.33	5.590	178.9
»	11.1	183.45	185.97	476.48	662.45	5.637	177.4
»	11.2	183.85	186.38	476.19	662.57	5.685	175.9
»	11.3	184.24	186.80	475.89	662.69	5.732	174.4
»	11.4	184.64	187.21	475.61	662.82	5.779	173.1

16. TABLES NUMÉRIQUES DE LA VAPEUR D'EAU SATURÉE (*Suite*)

VIDE AU condenseur	PRESSION absolue PAR cm²	TEMPÉRATURE CENTIGRADES	QUANTITÉS DE CHALEUR PAR KILOGRAMME			POIDS du mètre cube DE VAPEUR	VOLUME du kilogramme DE VAPEUR
			NÉCESSAIRE POUR ÉLEVER LA température de l'eau de 0 à t°	CHALEUR latente totale de VAPORISATION	CHALEUR TOTALE		
p		t	q	l	$Q = l + q$	D	V
Millimètres de mercure	Kilog.	Degrés	Calories	Calories	Calories	Kilog.	Litres
»	11.5	185.03	187.61	475.32	662.93	5.827	171.7
»	11.6	185.42	188.02	473.03	663.05	5.874	170.3
»	11.7	185.80	188.41	474.76	662.17	5.922	169.0
»	11.8	186.18	188.81	474.48	663.28	5.979	167.6
»	11.9	186.56	189.20	474.20	663.40	6.017	166.2
»	12.0	186.94	189.60	473.92	663.52	6.064	164.9
»	12.1	187.31	189.98	473.65	663.63	6.112	163.6
»	12.2	187.68	190.36	473.38	663.74	6.159	162.4
»	12.3	188.05	190.74	473.42	663.86	6.207	161.2
»	12.4	188.42	191.13	472.84	663.97	6.254	159.9
»	12.5	188.78	191.50	472.57	664.07	6.301	158.7
»	12.6	189.14	191.88	372.31	664.19	6.349	157.7
»	12.7	189.50	192.20	472.05	664.30	6.396	156.4
»	12.8	189.86	192.76	471.78	664.41	6.443	155.2
»	12.9	190.22	193.00	471.52	664.52	6.491	154.1
»	13.0	190.57	193.38	471.24	664.62	6.538	152.4
»	13.1	190.92	193.73	470.99	665.73	6.585	151.8
»	13.2	191.27	194.15	470.74	694.84	6.632	150.8
»	13.3	191.62	194.44	470.48	664.94	6.680	149.7
»	13.4	191.97	194.83	470.22	665.05	6.727	141.9
»	13.5	192.31	195.18	469.97	665.15	6.774	147.6
»	13.6	192.65	162.54	469.72	665.26	6.821	146.6
»	13.7	192.99	195.88	469.48	665.36	6.868	145.6
»	13.8	193.33	196.24	469.23	665.47	6.913	144.6
»	13.9	193.67	196.60	468.97	665.57	6.961	143.6
»	14.0	194.00	196.94	468.73	665.67	7.058	142.6
»	14.1	194.33	197.29	468.48	965.77	7.055	141.7
»	14.2	194.66	197.92	468.25	665.87	7.102	150.8
»	14.3	194.99	197.97	468.00	665.97	7.148	139.8
»	14.4	195.32	198.31	467.76	666.07	7.19g	139.0
»	14.5	195.64	198.94	467.53	666.17	7.242	138.2
»	14.6	195.97	198.99	467.28	666.27	7.288	137.2
»	14.7	196.29	199.33	497.04	666.37	7.335	136.4
»	14.8	196.61	199.66	496.81	666.47	7.382	135.5
»	14.9	196.93	200.00	466.56	666.57	7.428	134.6
»	15.0	197.25	200.33	466.33	666.66	7.475	133.8
»	15.1	197.56	200.65	466.11	666.76	7.521	133.0
»	15.2	197.87	200.97	465.88	666.85	7.568	132.1
»	15.3	198.18	201.29	465.65	666.94	7.615	131.3
»	15.4	198.49	201.62	465.42	667.04	7.661	130.6
»	15.5	198.80	201.95	465.18	667.13	7.708	129.8
»	15.6	199.11	202.26	464.97	667.23	7.755	129.0
»	15.7	199.41	202.58	464.74	667.32	7.801	128.2
»	15.8	199.72	202.91	464.50	667.41	7.847	127.4
»	15.9	200.02	203.22	464.29	667.51	7.894	126.6
»	16.0	200.32	203.53	464.07	667.60	7.941	125.9
»	16.1	200.62	203.85	463.84	667.69	7.987	125.2
»	16.2	200.92	204.16	463.62	667.78	8.033	124.4
»	16.3	201.22	204.47	46y.40	667.87	8.080	123.8
»	16.4	201.51	204.77	463.19	667.96	8.126	123.0
»	16.5	201.81	205.08	462.97	668.05	8.172	122.4
»	16.6	202.10	205.39	462.75	668.14	8.218	121.7
»	16.7	202.39	205.70	462.53	668.23	8.264	121.0
»	16.8	202.68	206.00	463.32	668.32	8.310	120.4
»	16.9	202.97	106.30	462.11	708.41	8.356	119.7
»	17.0	203.26	206.61	461.88	668.49	8.402	119.1
»	17.1	203.55	206.91	461.67	668.58	8.449	118.4
»	17.2	203.83	207.21	461.64	668.67	8.495	117.7

CHAUDIÈRES A VAPEUR.

16. TABLES NUMÉRIQUES DE LA VAPEUR D'EAU SATURÉE

VIDE AU condenseur	PRESSION absolue PAR cm3	TEMPÉRATURE CENTIGRADES	QUANTITÉS DE CHALEUR PAR KILOGRAMME			POIDS du mètre cube DE VAPEUR	VOLUME du kilogramme DE VAPEUR
			NÉCESSAIRE POUR ÉVITER LA température de l'eau de 0 à t°	CHALEUR latente totale de VAPORISATION	CHALEUR TOTALE		
p	p	t	q	l	$Q = l + q$	D	V
Millimètres de mercure	Kilog.	Degrés	Calories	Calories	Calories	Kilog.	Litres
»	17.3	204.12	207.50	461.96	668.76	8.541	117.0
»	17.4	204.40	207.79	461.05	668.84	8.587	116.4
»	17.5	204.68	208.08	460.85	668.93	8.633	115.8
»	17.6	204.96	208.38	460.63	669.01	8.679	115.2
»	17.7	205.24	208.67	460.43	669.10	8.726	114.6
»	17.8	205.31	208.95	460.23	669.18	8.772	114.0
»	17.9	205.79	209.25	460.02	669.27	8.818	113.4
»	18.0	206.07	209.54	459.81	669.35	8.864	112.8
»	18.1	206.34	209.82	459.61	669.43	8.910	112.2
»	18.2	206.61	210.10	459.42	669.52	8 956	111.6
»	18.3	206.88	210.38	459.22	669.60	9.002	111.0
»	18.4	207.16	210.68	459.00	669.68	9.048	110.5
»	18.5	207.43	210.97	458.80	669.77	9 095	109.9
»	18.6	207.69	211.23	458.62	669.85	9.141	109.4
»	18.7	207.96	211.52	458.41	669.93	9.187	108.8
»	18.8	208.24	211.80	458.21	670.01	9.233	108.2
»	18.9	208.49	212.08	458.01	670.09	9.279	107.7
»	19.0	208 76	212.36	457.81	670.17	9.326	107.2
»	19.1	209.02	212.63	457.12	670.25	9.372	106.6
»	19.2	209.28	212 90	457.43	670.33	9.418	106 2
»	19.3	209.54	213.17	457.24	670.41	9.464	105.6
»	19.4	209.80	213.45	457.04	670.49	9.510	105.2
»	19.5	210.06	213.72	456.85	670.57	9.556	104.7
»	17.6	210.32	213.99	456.66	670.65	9.603	104.2
»	19.7	210.58	214 27	456.46	670.73	9.649	103.7
»	19.8	210.83	214.53	456.27	670.88	9.695	103.2
»	19.9	211.09	214.80	456.08	670.96	9.741	102.6
»	20.0	211.34	215.06	455.90	671.03	9.787	102.2
»	20.5	212.59	216.37	454.97	671.34	10.02	99.80
»	21.0	213.83	217.67	454.05	671.72	10.25	97.57
»	21.5	215.04	218.94	453.15	672.09	10.48	95.46
»	22.0	216.23	220.19	452.26	672.45	10.70	93.40
»	22.5	217.40	221.42	451.39	672.81	10.93	91.48
»	23.0	218.55	222.63	450.53	673.16	11.16	89.60
»	23.5	219.68	223.82	449.68	673.50	11.39	87.80
»	24.0	220.79	224.98	448.86	673.84	11.62	86.08
»	24.5	221.89	226.14	448.04	674.18	11.84	85.46
»	25.0	222.96	227.27	447.24	674.50	12.07	82.86
»	25.5	224.03	228.34	446.44	674.83	12.29	81.32
»	26.0	225.07	229.50	445.65	675.15	12.52	79.89
»	26.5	226.11	230.60	444.86	675.46	12.74	78.44
»	27.0	227.12	231 66	444.10	675.77	12.97	77.08
»	27.5	228.13	232.76	443.35	676.08	13.19	75.82
»	28.0	226.12	233.78	442.60	676.38	13.42	74.57
»	28.5	230.09	234.81	441.87	676.68	13.63	73.37

CHAPITRE II

PRODUCTION DE LA CHALEUR

17. *Sources de chaleur.* — De tous les agents physiques dont nous ressentons et dont nous utilisons les effets, la chaleur est celui qui joue le rôle le plus important.

C'est la chaleur qui, par la vaporisation de l'eau, engendre la puissance de la machine à vapeur, et on connaît l'influence considérable que ce moteur a exercée sur le développement de l'activité industrielle et des relations commerciales. En dehors de cette importante application, la chaleur se retrouve partout comme l'élément indispensable du mouvement et de la vie.

Nous verrons, dans le prochain chapitre, que la corrélation intime qui existe, entre la chaleur et le travail, est qu'on peut considérer la chaleur comme un mouvement et la transformer en travail.

On distinguait autrefois un assez grand nombre de sources de chaleur : la chaleur intérieure du globe, la chaleur solaire, la chaleur animale, la chaleur dégagée par les actions chimiques comme la combustion, la chaleur dégagée par les actions physiques et mécaniques comme le frottement. C'est le soleil qui est, en réalité, pour la terre, la source véritable, directe ou indirecte, de chaleur. D'après M. Violle, la chaleur émise par le soleil à la surface du globe serait capable de fondre une couche de glace de 46 mètres d'épaisseur. La chaleur solaire directe a peu d'applications industrielles, mais l'effet de sa radiation se retrouve dans le phénomène chimique connu sous le nom de *combustion* et en vertu duquel le bois, la houille et les divers *combustibles* dégagent une grande quantité de chaleur.

Nous verrons, en effet, que la houille, comme le bois, a une origine végétale et que les couches de houille ont été formées aux époques primitives par des végétaux qui se sont transformés sous l'action prolongée de la chaleur.

18. *Combustion.* — Le moyen le plus employé pour produire de la chaleur est la *combustion*, c'est la combinaison chimique d'un corps appelé *combustible* avec un autre qu'on désigne sous le nom de *comburant*.

Considérés sous le rapport de leur état physique, les corps combustibles peuvent se trouver à l'état solide, à l'état liquide et à l'état gazeux.

Le comburant est le plus souvent emprunté à l'air atmosphérique, c'est l'oxygène de l'air qui, en se combinant avec le combustible, produit la combustion qui dégage de la chaleur.

Pour les applications industrielles il est nécessaire d'avoir à bon marché les combustibles et l'on doit, pour cette raison, les trouver en abondance dans la nature.

Les combustibles tels que le bois, la houille, la tourbe, le charbon de bois, le coke et quelquefois les huiles et le gaz d'éclairage satisfont à cette condition.

Ils sont le plus souvent composés de carbone et d'hydrogène.

L'air atmosphérique pur et sec présente la composition suivante :

	en poids	en volume
Oxygène — O . .	76,81	79,04
Azote — Az. . . .	23,19	20,96
Totaux.	100	100

Si l'on suppose cet air pris à 0 degré et à la pression atmosphérique moyenne, on trouve qu'à 1 kilogramme d'oxygène correspondent :

Un poids d'azote de	$3^k,312$
Un poids d'air de	$4^k,312$
Un volume d'oxyène de . . .	$0^{mc},699$
Un volume d'azote de . . .	$2^{mc},637$
Un volume d'air de	$3^{mc},336$

L'hydrogène, par sa combustion, donne de l'eau ; le carbone donne, suivant les cas, de l'acide carbonique CO^2 ou de l'oxyde de carbone CO.

19. *Pouvoir calorifique.* — La quantité de chaleur que dégage en brûlant un combustible donné et qui sert de mesure à la valeur industrielle de ce combustible a reçu le nom de *pouvoir calorifique.*

Le pouvoir calorifique d'un combustible est la quantité de chaleur que dégage 1 kilogramme de combustible brûlant dans les conditions suivantes :

1° La combustion doit être complète et s'effectuer sous pression constante ;

2° Le combustible, l'oxygène ou l'air qui sert à le brûler, ainsi que les produits de la combustion, sont ramenés à 0 degré et à la pression atmosphérique.

Nous aurons plus loin l'occasion de montrer l'importance de ces conditions ; si elles ne peuvent être remplies pendant les expériences calorimétriques, on doit, par le calcul, ramener les résultats à ces conditions.

Le pouvoir calorifique s'exprimera en unités de chaleur, c'est-à-dire en calories (voir n° 3).

Ainsi, quand on dit que le pouvoir calorifique de la houille est de 8 500 calories, la quantité de chaleur développée par la combustion de 1 kilogramme de charbon serait capable d'élever de 0 à 1 degré la température de 8 500 kilogrammes d'eau, ou bien d'élever de 0 à 100 degrés celle de $\frac{8\,500}{100} = 85$ kilogrammes d'eau, ou encore de vaporiser de 0 à 100 degrés $\frac{8\,500}{637} = 13^k,3$ d'eau environ puisque, dans ce dernier cas, la chaleur totale contenue dans 1 kilogramme d'eau est égale à la chaleur du liquide $q = 100$ augmentée de la chaleur de vaporisation $l = 537$, $Q = l + q$ (n° 15). De nombreuses méthodes ont été employées pour déterminer la puissance calorifique des divers combustibles : Rumford, Laplace, Lavoisier, Dulong, Despretz, Favre et Silbermann, Berthelot, etc., ont étudié cette question.

Les appareils destinés à mesurer le pouvoir calorifique des corps combustibles ont reçu le nom de *calorimètres.*

Nous nous contenterons de décrire l'appareil dont s'est servi M. Berthelot dans les nombreuses expériences qu'il a faites pour déterminer les chaleurs dégagées par la formation d'un grand nombre de corps composés.

20. *Calorimètre de M. Berthelot.* — Le calorimètre de M. Berthelot se compose (*fig.* 5) de plusieurs vases cylindriques disposés les uns dans les autres de manière à former des enceintes concentriques.

Le premier vase intérieur est le calori-

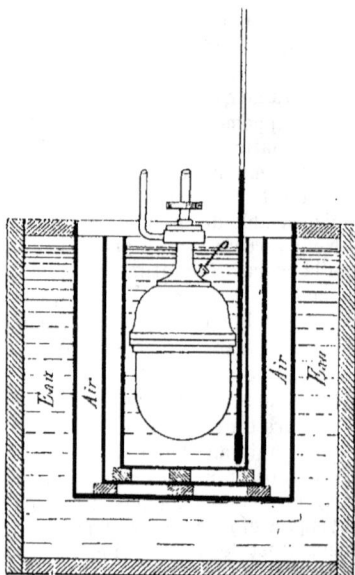

Fig. 5.

mètre proprement dit, il est en platine et renferme un peu plus de 500 grammes d'eau, dans laquelle plonge la chambre de combustion où se produit la réaction qui dégage de la chaleur. Il est pourvu d'un couvercle de platine agrafé à baïonnette sur les bords du vase et percé de divers trous pour le passage d'un thermomètre, d'un agitateur et des tubes adducteurs destinés aux gaz et aux liquides. Ce couvercle ne sert que dans certaines expériences, le calorimètre étant le plus souvent à découvert.

Le calorimètre est posé sur trois pointes de liège, fixées sur un petit triangle en bois, le tout placé au centre d'un cylindre de cuivre rouge très mince et plaqué intérieurement d'argent poli, afin de diminuer autant que possible le rayonnement. C'est la première enceinte : elle est munie d'un couvercle également en cuivre rouge plaqué d'argent et pourvu de trous et d'ouvertures en regard de ceux du calorimètre.

Le système est posé sur trois minces rondelles de liège, au centre d'une enceinte d'eau (seconde enceinte), laquelle est constituée par un cylindre de fer-blanc, à doubles parois, entre lesquelles se trouve de l'eau. Le fond est également double et plein d'eau ; un agitateur circulaire permet de remuer cette eau de temps en temps, pour y établir l'équilibre de température, cette dernière étant mesurée par un thermomètre très sensible. Un couvercle de fer-blanc ou mieux de carton d'amiante ferme l'orifice du cylindre de fer-blanc. Enfin, le cylindre est complètement recouvert, sur toutes les faces extérieures, par un feutre très épais ou par toute autre substance peu conductrice de la chaleur, qui le protège contre le rayonnement extérieur.

C'est dans l'enceinte intérieure que l'on vient placer la *bombe* ou *bouteille calorimétrique*, dans laquelle se fait la combustion du corps dont on veut mesurer le pouvoir calorifique.

Pour la combustion directe du charbon, M. Berthelot s'est servi d'une chambre de combustion en verre mince, très légère, disposée de manière à observer nettement la combustion (*fig.* 6). Cette chambre est de forme cylindrique, terminée par deux calottes sphéroïdales. Vers sa partie inférieure s'ouvre un serpentin de verre, soudé, enroulé autour de la chambre et qui se termine par un tube vertical recourbé, plus loin, à angle droit et destiné à conduire les gaz de la combustion au dehors. La chambre de combustion est munie de deux tubulures verticales à sa partie supérieure ; l'une d'elles, la plus étroite, sur le côté, porte un tube recourbé à angle droit qui amène dans la chambre le gaz qui doit servir à la combustion. L'autre tubulure, plus grande, au centre, est munie d'un gros bouchon par lequel s'engage un large tube vertical fermé à la partie supérieure par un autre bouchon plus petit. C'est par ce tube qu'on introduit le charbon en ignition destiné à enflammer le combustible qui se trouve placé dans un petit creuset de biscuit suspendu par un fil de platine ; ce fil est fixé par sa partie supérieure dans le gros bouchon ; il traverse deux rondelles de mica destinées à protéger le bouchon contre la flamme.

La même chambre de combustion est

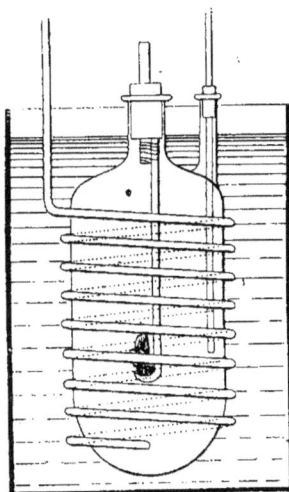

Fig. 6.

employée pour brûler l'oxyde de carbone et les carbures d'hydrogène avec une légère modification qui consiste à faire traverser le gros bouchon par deux tubes concentriques, l'un amenant le gaz combustible et l'autre le gaz destiné à la combustion. M. Mahler a tout récemment modifié l'une et l'autre de ces deux dispositions en construisant une bombe calorimétrique en acier forgé préservé intérieurement par une couche d'émail (1). Cette couche d'émail, nécessaire à la conservation de l'appareil à cause des dégagements acides de la combustion, remplace

(1) Voir *la Nature*, 1892, p. 215.

la coûteuse chemise en platine de l'appareil précédent.

L'appareil est muni d'accessoires ingénieux destinés à augmenter la précision des résultats et la rapidité de l'expérience. Ainsi le combustible est enflammé en le mettant en contact avec une spirale de fer qu'un courant électrique brûle au moment voulu. L'agitateur hélicoïdal de M. Berthelot est commandé par une combinaison cinématique très simple et très douce, qui permet à l'opérateur d'imprimer à l'eau du calorimètre une agitation régulière.

C'est le gaz oxygène qui est ici employé pour la combustion.

L'appareil peut servir à déterminer le pouvoir calorifique des combustibles solides tels que la houille, ou liquides tels que les huiles minérales. Il sert également à déterminer la puissance calorifique des divers gaz. Dans ce cas, on fait le vide dans la bombe à plusieurs reprises en la remplissant de gaz alternativement, on introduit ensuite l'oxygène et on procède comme pour les combustibles solides et les liquides.

21. *Mesure du pouvoir calorifique.* — Le calcul du pouvoir calorifique des combustibles ou *calorimétrie* est basé sur les principes suivants :

1° La quantité de chaleur Q nécessaire pour élever de 1 degré la température d'un poids P d'un corps est proportionnelle à ce poids. Si c est la chaleur spécifique (voir n° 5), on a :

$$Q = Pc.$$

Pour l'eau, par exemple, $c = 1$, il faudra 10, 20, 100 calories pour élever de 1 degré la température de 10, 20, 100 kilogrammes d'eau ;

2° Quand on mélange à *poids égaux* deux corps identiques, la température du mélange est égale à la *moyenne* des températures. Ainsi 1 kilogramme d'eau à 0 degré et 1 kilogramme d'eau à 100 degrés donnent 2 kilogrammes d'eau à 50 degrés. Ce qu'on peut exprimer en disant que la *quantité de chaleur perdue* par un certain poids d'une substance, pour un abaissement de température déterminée, est égale à la *quantité de chaleur gagnée*

pour une élévation de température du même nombre de degrés ;

3° La quantité de chaleur *gagnée* ou *perdue* par un corps pour une variation de température $(t' - t)$ est proportionnelle à la variation de température. On peut donc écrire :

$$Q = Pc\,(t' - t).$$

Cette formule suppose que la chaleur spécifique c est constante dans les limites des températures où se fait la variation. Cela est sensiblement vrai pour l'eau et la plupart des solides entre 0 et 100 degrés ; pour les liquides et quelques corps, il y a lieu de distinguer la chaleur spécifique moyenne et la chaleur spécifique vraie.

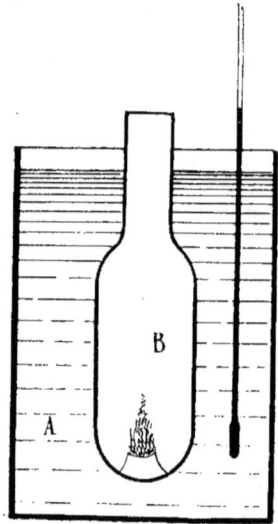

Fig. 7.

Nous avons dit que la quantité de chaleur nécessaire pour faire varier de $(t' - t)$ degrés, la température du poids P d'une substance ayant pour chaleur spécifique c, est donnée par la formule :

$$Q = Pc\,(t' - t).$$

Dans le cas de l'eau, la formule se simplifie, puisque $c = 1$; et l'on aurait pour un poids M d'eau et la même variation de température :

$$Q' = M\,(t' - t).$$

Si l'on choisit $M = Pc$, on aura $Q = Q'$.

Le produit Pc représente donc le *poids d'eau* qui nécessiterait la même quantité de chaleur pour subir la même variation de température. On a donné le nom, au produit Pc, de *valeur en eau* du corps.

EXEMPLE. — Considérons un calorimètre (*fig.* 7) réduit au vase A contenant de l'eau et à la bouteille B contenant le corps dont on veut mesurer le pouvoir calorifique. Supposons qu'au commencement de l'expérience la température de l'ensemble de l'appareil soit $t = 15$ degrés, que nous ayons pris un poids d'eau de 5 kilogrammes et que le poids du corps à expérimenter soit de $0^k,010$. Après la combustion, la température finale de l'ensemble est devenue $t = 31$ degrés.

La quantité de chaleur gagnée par l'eau est :

$$Q = 5 \times (31 - 15) = 80 \text{ calories.}$$

Ces 80 calories représentent la chaleur dégagée par la combustion de $0^k,01$ du corps; pour avoir le pouvoir calorifique, il nous faut ramener ce poids au kilogramme et on a $\dfrac{80}{0,01} = 8\,000$ calories.

On doit évidemment tenir compte de diverses corrections, entre autres celles qui proviennent de l'effet du rayonnement extérieur et de l'élévation de température de la bouteille et de l'enveloppe du calorimètre. On mesure la première en étudiant la loi du refroidissement de l'appareil pris à la température moyenne de l'expérience. Quant aux deux autres, il est nécessaire de faire usage des valeurs en eau du calorimètre et de la bouteille.

Si nous supposons, par exemple, que le calorimètre soit en cuivre, dont la chaleur spécifique est 0,09, que la bouteille soit en acier, dont la chaleur spécifique est 0,12, et que les poids respectifs de ces deux récipients soit $0^k,500$ et 2 kilogrammes, nous aurons, en nous reportant aux conditions de l'expérience précédente :

Chaleur gagnée par l'eau . . . . $5 \times (31 - 15) = 80,00$ calories ;

id.   par le calorimètre. $0,5 \times 0,09 \times (31 - 15) = 0,72$ calorie ;

id.   par la bouteille . . . $2 \times 0,12 \times (31 - 15) = 3,84$ calories ;

Total. . . . . $84,56$ calories.

Le pouvoir calorifique cherché est donc . . . . $\dfrac{84,56}{0,01} = 8\,456$ calories.

Il va sans dire que l'on doit tenir également compte des conditions particulières dans lesquelles l'air ou l'oxygène qui a servi à la combustion a été introduit dans l'appareil, ainsi que des causes d'erreur qui peuvent provenir des produits de la combustion, lesquels doivent être recueillis et analysés (1).

22. *Calcul du pouvoir calorifique.* — Le phénomène de la combustion est généralement complexe. En même temps que la combinaison chimique proprement dite, il se produit des changements d'état physique et des modifications de volume, qui dégagent ou absorbent de la chaleur. Le produit de la combustion doit être plus pesant que le corps combustible de tout l'oxygène absorbé, que ce produit soit solide, liquide ou gazeux. Il y a ici lieu de distinguer les produits des résidus de la combustion.

Les produits sont des combinaisons du corps combustible avec l'oxygène, dont le poids excède toujours celui du combustible, mais qui restent avec le résidu ou se dégagent, suivant qu'ils sont solides ou gazeux.

Ainsi dans la combustion du carbone (charbon pur) on peut distinguer trois phénomènes distincts :

1° Le passage du combustible de l'état solide à l'état gazeux, d'où résulte une *absorption* de chaleur ;

2° La combinaison du carbone avec

---

1 Voir PÉCLET, *La Chaleur*, tome I.
2 Voir SER, *Physique industrielle*, tome I.

l'oxygène accompagnée d'un *dégagement* de chaleur ;

3° La réduction de volume; l'acide carbonique CO_2 ayant un volume égal aux 2/3 de la somme des volumes de la vapeur de carbone et de l'oxygène, cette réduction de volume produisant un *dégagement* de chaleur.

Dans la détermination de la puissance calorifique, le calorimètre mesure, en bloc, ces diverses quantités positives ou négatives de chaleur, et on n'a pu jusqu'à présent trouver des lois générales bien exactes pour calculer la puissance calorifique d'un combustible de composition chimique connue.

On admet cependant que la combustion est soumise aux règles suivantes :

La chaleur produite dans la combinaison de deux corps est égale et de signe contraire à la chaleur nécessaire à la décomposition.

La quantité de chaleur dégagée par un combustible est indépendante de l'activité de la combustion. La combustion lente donne la même chaleur que la combustion vive, quand on tient compte des causes de refroidissement; mais la température peut être très différente.

La quantité de chaleur dégagée est indépendante de la proportion d'oxygène qui se trouve dans le comburant. La chaleur dégagée avec l'oxygène pur est la même qu'avec l'air. Une des lois les plus importantes et qui est connue sous le nom de loi de Dulong est la suivante :

La chaleur dégagée par un combustible est égale à la somme des quantités de chaleur dégagées par la combustion des éléments qui le constituent, en ne tenant pas compte cependant de la portion d'hydrogène qui peut former de l'eau avec l'oxygène du combustible.

Elle est exprimée par la formule :

$$N = 8\,080\,C + 34{,}462 \left(H - \frac{O}{8} \right),$$

dans laquelle N est la puissance calorifique cherchée, et C, H et O les poids respectifs de carbone, d'hydrogène et d'oxygène contenus dans 1 kilogramme du combustible considéré.

Cette formule s'applique dans le cas où la vapeur d'eau, qui se forme pendant la combustion, est condensée; si elle ne l'était pas, il faudrait remplacer 34 462 par 29,090.

Exemple : soit à déterminer le pouvoir calorifique d'un combustible renfermant :

Carbone C. . . . . $0^k,54$
Hydrogène H. . . . . $0\,,06$
Oxygène O. . . . . $0\,,40$

Total. . $1^k,00$

On sait que 1 kilogramme d'hydrogène s'unit à 8 grammes d'oxygène pour former 9 kilogrammes d'eau. En prenant le huitième de l'oxygène $\frac{0,4}{8} = 0,05$, nous aurons le poids d'hydrogène qui pourra former de l'eau avec les $0^k,40$ d'oxygène contenus dans le combustible. Si nous supposons cette eau toute formée, nous pourrons prendre pour composition du combustible :

Carbone C. . . . . $0^k,54$
Hydrogène en excès. $0,06-0,05=0^k,01$
Eau. . . . . $0,40-0,05=0^k,45$

La puissance calorifique sera :

$$N = 0,54 \times 8\,080 + 0,01 \times 34,462$$
$$= 4\,698 \text{ calories environ.}$$

Si la vapeur d'eau n'était pas condensée, il faudrait tenir compte de la chaleur de vaporisation de l'eau formée par la combustion de l'hydrogène en excès et aussi de celle nécessaire pour vaporiser l'eau déjà formée dans le combustible. On aurait, en rappelant que la chaleur de vaporisation de l'eau est $l = Q - q$ (§ 6) :

$$N = 0,54 \times 8\,080 + 0,01 \times 29,000$$
$$- 0,45 \times 606,5 = 4\,480 \text{ calories,}$$

c'est-à-dire environ 300 calories de moins utilisables que précédemment.

Pour la plupart des corps, la loi de Dulong fournit des résultats assez approchés; il est cependant des cas où l'erreur peut être assez grande : avec certains combustibles la différence entre les résultats du calcul et ceux obtenus par les expériences calorimétriques peut atteindre 6 0/0 et plus de la valeur de ces derniers, considérée comme valeur réelle.

Welter, en comparant les résultats obtenus par les divers physiciens, fut conduit à formuler la loi suivante :

La chaleur dégagée dans la combustion est proportionnelle à la quantité d'oxygène absorbée.

Cette loi, fort simple, est inexacte dans certains cas ; il en est de même du procédé de Berthier, qui est basé sur le même principe et qui consiste à déterminer le poids d'oxygène absorbé par la combustion d'un poids donné de combustible. Nous n'insisterons donc pas sur ces considérations.

Le tableau ci-après donne le pouvoir calorifique de quelques corps définis chimiquement, obtenu par la méthode calorimétrique (Favre et Silbermann).

Carbone (charbon de
bois fortement calciné). . 8 080 calories
Graphite naturel. . .　　7 796　　»
Diamant. . . . . . .　　7 770　　»
Hydrogène. . . . .　34 462　　»
Oxyde de carbone. .　　2 403　　»
Hydrogène protocar-
boné. . . . .　13 063　　»
Hydrogène bicarboné.　11 857　　»
Alcool. . . . .　　7 184　　»

23. *Combustion industrielle.* — Dans les usages industriels on produit la chaleur en brûlant les combustibles au moyen de l'oxygène contenu dans l'air atmosphérique. L'air atmosphérique n'est jamais ni sec ni absolument pur. On admet, dans la pratique, que l'air à 15 degrés et moyennement humide, renferme par mètre cube :

Acide carbonique CO^2. . . . 0^{gr},6
Vapeur d'eau. . . . . 10^{gr},0

Nous avons vu n° 18 quelle était la composition de l'air atmosphérique, soit sur 100 parties, en poids, de 76,8 parties d'azote et de 23,2 parties d'oxygène.

Le pouvoir calorifique d'un combustible, tel que nous l'avons défini plus haut, donne la mesure de la quantité de chaleur que dégagerait 1 kilogramme de ce combustible brûlé dans certaines conditions théoriques. Il s'en faut de beaucoup que ces conditions soient remplies dans nos foyers industriels et la quantité de chaleur dégagée est toujours notablement inférieure au pouvoir calorifique. Ces déperditions de chaleur proviennent de différentes causes dont les principales sont :

1° Chute, à travers la grille, du combustible solide ;
2° Insuffisance d'air ;
3° Extinction prématurée des flammes.

La perte de combustible provenant de la chute du combustible à travers la grille du foyer, autrement dit des *escarbilles*, est d'autant plus grande que l'on fait usage de combustibles menus ou décrépitants au feu ; elle dépend aussi de l'habileté du chauffeur.

Si l'air vient à manquer, la combustion est imparfaite. Les quantités d'air nécessaires à la combustion industrielle de 1 kilogramme de divers combustibles ont été déterminées, elles sont consignées dans le tableau ci-dessous (1).

COMBUSTIBLES	AIR NÉCESSAIRE A LA COMBUSTION	
	POIDS	VOLUME
	kil.	m.c.
Bois.	6.2	4.8
Bois fossile et tourbe. . . .	7.4	5.7
Lignites.	8.7 à 10.3	6.7 à 8.0
Houilles.	9.8 à 11.7	7.6 à 9.1
Anthracite.	11.7	9.1
Pétrole.	14.6	11.3

Dans la pratique, ces quantités d'air seraient absolument insuffisantes ; il est nécessaire que l'air soit toujours appelé en excès dans une certaine proportion. La proportion d'air la plus convenable varie d'un cas à un autre, suivant des circonstances multiples qui sont loin d'être toutes en relation directe avec le foyer.

Nous devons avoir ici recours aux expériences exactes de la chimie, car ces différentes quantités dépendent de la propriété que possède chaque combustible de se combiner en une certaine proportion avec l'agent de la combustion. Ces proportions respectives sont appelées *équivalents*, mais il y a lieu de distinguer les volumes relatifs des poids relatifs des atomes constituants des gaz.

Ainsi le volume d'un atome d'hydrogène

(1) Les chiffres de ce tableau ont été établis avec 50 0/0 d'excédent d'air, c'est-à-dire que, si la combustion complète exige théoriquement 100 parties d'air, il faudra en donner 150.

est le double de celui d'un atome d'oxygène; cependant ce dernier pèse huit fois plus que le premier. Il en est de même des constituants de l'air atmosphérique, l'azote Az et l'oxygène O: un atome du premier est double en volume d'un atome du second; en poids il est au second dans le rapport $\frac{14}{8}$.

Le volume total de l'azote dans l'air étant quatre fois celui de l'oxygène, le poids total du premier sera au poids du second comme $\frac{14 \times 2}{8} = \frac{28}{8}$. C'est ce qu'on peut voir dans la figure 8.

Le carbone est susceptible de s'unir à l'oxygène suivant deux proportions définies pour donner:

1° L'*acide carbonique* CO^2;

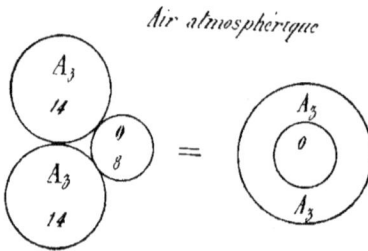

Fig. 8.

2° L'*oxyde de carbone* CO.

L'acide carbonique est composé (*fig.* 9) d'un atome de carbone et de deux atomes d'oxygène, tandis que l'oxyde de carbone (*fig.* 10) est composé d'un atome de carbone et d'un atome seulement d'oxygène.

Dans nos foyers industriels, l'air, en venant du cendrier, cède son oxygène au charbon embrasé sur les grilles et produit de la chaleur avec formation d'acide carbonique CO^2; ce gaz, élevé nécessairement à une haute température, prend, en se dégageant à travers le combustible incandescent, un second volume de carbone et devient ainsi oxyde de carbone CO.

Cet oxyde de carbone, gaz combustible, a besoin d'un certain volume d'air pour effectuer sa combustion; s'il en est privé, il s'échappe sans brûler, et c'est une perte de chaleur très préjudiciable. C'est pourquoi, en général, on préfère admettre un excès d'air qui donne une combustion plus complète; mais cet excès présente l'inconvénient d'abaisser la température des flammes dans le fourneau.

Dans la pratique, on peut admettre que l'excédent d'air qui donne les résultats économiques les plus favorables est de 50 0/0 environ, c'est d'après ces propor-

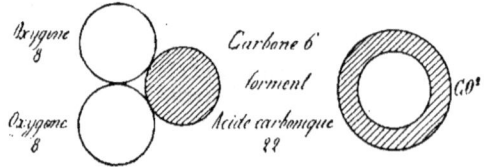

Fig. 9.

tions qu'ont été calculés les chiffres du tableau ci-dessus.

Pour que la combustion soit complète, il ne suffit pas que l'air soit en excès, il faut encore qu'il soit intimement mélangé aux gaz combustibles, avant que la température se soit abaissée au-dessous de la température d'inflammabilité. Cette température est d'environ 650 degrés pour le mélange d'oxyde de carbone et d'oxygène; la présence d'un gaz inerte,

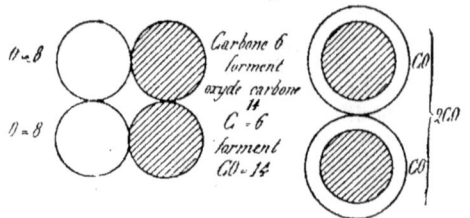

Fig. 10.

comme c'est le cas pour l'air atmosphérique, ne paraît pas modifier notablement cette température.

Les conditions de la combustion dépendent aussi des effets des chargements de combustible. Si nous considérons un foyer, après un certain temps de marche, au moment où le chauffeur va procéder à une nouvelle charge, la houille qui reste sur la grille a perdu, par la distillation, la plus grande partie de ses produits gazeux, elle est passée à l'état de coke. Le chauffeur ouvre sa porte et étale sur ce coke incandescent une couche de combustible. Ce charbon frais, brusquement chauffé, laisse dégager une grande quantité de carbures, les interstices du coke se trouvent plus ou moins bouchées selon la nature du combustible et l'afflux de l'air est gêné ; la proportion d'air dans le courant gazeux se trouve ainsi diminuée.

D'autre part, par le fait de la distillation de la houille fraîche et de la chaleur qu'elle absorbe, la température du courant gazeux s'est abaissée ; pour ces deux raisons, les produits de la combustion contiennent de notables quantités de gaz combustibles qui s'échappent au dehors.

En même temps il y a production abondante de fumée, indice d'une combustion défectueuse.

La combustion s'améliore ensuite, au fur et à mesure que la houille passe à l'état de coke et jusqu'à ce que, la couche de combustible s'étant affaissée, complètement réduite en coke, l'air passe en excès par les nombreux vides formés. Le moment est alors venu de recharger le foyer.

La production de fumée noire qui suit le chargement de combustible n'est pas toujours une cause de perte notable de chaleur ; elle ne contient, en effet, que des quantités minimes de carbone. L'opacité de la fumée est due à la suie, qui a un pouvoir colorant très élevé. D'autre part, même quand la fumée est tout à fait transparente, il peut y avoir perte de chaleur. La flamme bleue qui couronne quelquefois nos cheminées d'usines et qui provient de l'oxyde de carbone non brûlé, qui s'enflamme au contact de l'air extérieur, est l'indice d'une perte notable de chaleur.

Nous aurons l'occasion de revenir sur ces considérations au chapitre V, quand nous parlerons de la *fumivorité*.

Presque tous les combustibles contiennent de l'eau à l'état hygrométrique ; cette eau diminue le pouvoir calorifique en absorbant une partie de la chaleur dé-veloppée par la combustion pour se vaporiser.

Les cendres, qui constituent la matière inerte que laissent la plupart des combustibles après leur combustion complète et qu'il faut distinguer des escarbilles, ont également une influence notable sur la valeur d'un combustible. Ces matières inertes, de compositions très diverses, sont quelquefois fusibles et, se combinant avec l'oxyde de fer des barreaux de grille, forment les *mâchefers*. De plus, les frais de transport, qui constituent souvent la majeure partie du prix de revient du combustible à l'usine, sont grevés de tout le poids de ces matières inutiles.

24. *Combustion des gaz.* — L'hydrogène brûle dans l'air avec une flamme

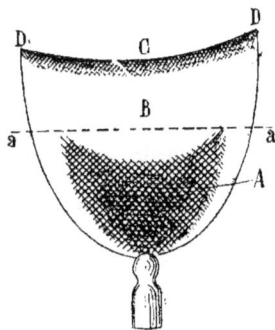

Fig. 11.

bleue très pâle, petite et extrêmement chaude. Par suite de son faible éclat, elle est facilement colorée par l'introduction de corps étrangers. L'hydrogène dégage en brûlant 34 462 calories.

L'oxyde de carbone produit une flamme d'un bleu vif violacé ; ce gaz s'enflamme assez difficilement, surtout s'il est mélangé à des gaz inertes, et dégage en brûlant peu de chaleur (2 403 calories).

La plupart des combustibles industriels laissent échapper, à la distillation, des mélanges de divers gaz dans lesquels prédominent les carbures d'hydrogène.

Le gaz d'éclairage, qui provient, comme on sait, de la distillation de la houille, contient de l'hydrogène et divers carbures d'hydrogène additionnés d'un peu d'oxyde de carbone ; l'oxygène et l'azote s'y trouvent également, mais en très petites quantités.

Si nous examinons la flamme d'un de ces becs de gaz dits becs *papillons* ou *Manchester* (*fig.* 11), nous la voyons divisée en deux zones bien distinctes : la première A est obscure, de couleur bleuâtre ; la seconde B est blanche et constitue par son éclat la partie éclairante de la flamme. La flamme se termine par un liseré indécis DCD, faiblement éclairé ; c'est là que les produits de la combustion commencent à se refroidir au contact de l'air extérieur. La combustion commence donc dans la zone A, la température des gaz s'élève et, lorsqu'elle est suffisante, une partie des hydrocarbures se décomposent ; il y a formation d'hydrogène moins carburé et dépôt de charbon à l'état solide extrêmement divisé ou *noir de fumée*. La présence de ce carbone solide est facilement démontrée lorsqu'on plonge un corps froid dans la zone B. C'est l'incandescence de ces particules solides qui produit l'éclat de la partie centrale de la zone B.

Si l'on coupe la flamme en interposant une toile métallique *aa*, suffisamment serrée, la flamme s'arrête au contact du corps froid, quoique le courant gazeux qui s'échappe à travers la toile contienne encore des éléments combustibles.

Un abaissement de température suffit donc pour éteindre la flamme et empêcher de brûler les gaz combustibles. C'est sur ce principe qu'est basée la construction de la lampe des mineurs.

Si l'on place une allumette enflammée au-dessus de la toile, le courant qui traverse cette toile s'enflamme immédiatement.

La flamme du gaz peut prendre divers aspects suivant les conditions dans lesquelles se produit la combustion.

La zone éclairante est d'autant plus grande que le gaz est riche en carbone ; c'est ainsi que l'on fabrique des gaz spéciaux, riches en carbures, qui permettent d'obtenir beaucoup de lumière pour une faible dépense en volume.

Quand le gaz est mélangé d'un gaz inerte, la flamme perd de son éclat, à moins que l'on élève sa température, soit en chauffant préalablement l'air et le gaz, soit en opérant la combustion dans un milieu riche en oxygène.

Quand c'est l'air qui est employé, on obtient un résultat analogue, mais plus complexe ; l'oxygène de l'air élève la température et l'azote joue le rôle de gaz inerte. La zone blanche de la flamme disparaît quand le volume d'air admis est suffisant.

On obtient cette combustion au moyen du *brûleur Bunsen* représenté (*fig.* 12) ; ce bec est constitué par un cylindre en laiton à la partie inférieure duquel est dis-

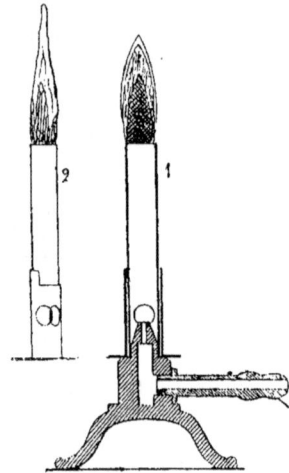

Fig. 12.

posé un orifice d'arrivée de gaz. Cet orifice communique par une tubulure latérale avec la source de gaz. L'air, destiné à être mélangé avant la combustion, pénètre dans le cylindre par deux orifices percés vers la partie inférieure. Le gaz, en s'échappant par la petite buse intérieure, détermine l'appel de l'air, et le mélange ainsi formé vient brûler en haut du cylindre.

Au moyen d'un autre manchon concentrique, percé dans le bas de deux orifices semblables à ceux du cylindre, et mobile autour de ce dernier, on peut à volonté permettre ou arrêter l'accès de l'air en faisant ou non coïncider les orifices du cylindre et du manchon. Quand l'air arrive librement (*fig.* 12, n° 1), la flamme, au sommet, est courte, bleue, non éclairante. On peut y placer un corps froid sans qu'il y ait production de noir de fumée. Elle est très chaude et bonne pour le chauffage; on dit alors que le bec *brûle bleu*.

Si l'on diminue l'accès de l'air (*fig.* 12, n° 2), la flamme devient de plus en plus longue, molle, jaunâtre, et un corps froid placé au milieu se recouvre de noir de fumée; ce noir de fumée provient de la décomposition incomplète des carbures.

La quantité de chaleur dégagée dans l'un ou l'autre de ces deux cas est la même; mais, dans le second cas, le dépôt de noir de fumée constitue un inconvénient pour le chauffage. C'est pourquoi l'on utilise comme combustible le gaz mélangé au préalable avec l'air atmosphérique; la construction des fourneaux à gaz, qui servent à divers usages chimiques ou domestiques, est basée sur ce principe.

Si l'on augmente l'arrivée d'air dans une trop forte proportion, la flamme diminue de longueur et il se forme à l'intérieur un cône creux, qui vacille quelques instants, et la flamme rentre dans l'intérieur du cylindre en se portant sur la buse d'arrivée du gaz. On peut expliquer ce phénomène d'une manière très simple: la vitesse de propagation de la flamme, sans explosion, dans les mélanges combustibles a été déterminée, elle est d'environ $1^m,25$ par seconde pour le mélange d'air et de gaz d'éclairage. Tant que la vitesse du courant gazeux, dans le cylindre, sera supérieure à ce chiffre, la flamme ne pourra descendre au bas du cylindre. Il en est autrement si cette vitesse devient inférieure au même chiffre, soit que l'on admette l'air en excès, soit que l'on diminue l'arrivée du gaz.

On peut obtenir une combustion beaucoup plus active si l'on fait usage d'air comprimé ou d'oxygène, mélangés au gaz d'éclairage;

La température de la flamme produite par la combustion des gaz varie avec diverses causes; d'une manière générale, la température est d'autant plus élevée que le mélange des gaz est plus parfait, que la combustion est plus complète et que le courant gazeux est moins refroidi.

On peut arriver à ce résultat au moyen de divers artifices; les plus employés sont les suivants:

1° En concentrant la chaleur au moyen d'enveloppes peu conductrices; c'est ainsi que, dans les industries métallurgiques, on revêt les appareils de matériaux réfractaires;

2° En chauffant l'air et le combustible avant la combustion: c'est ainsi que l'on emploie l'air chaud pour le soufflage des hauts fourneaux;

3° En se servant d'oxygène au lieu d'air atmosphérique (fusion du platine);

4° En rendant la combustion plus complète, en la concentrant sous un faible volume et en opérant sous pression.

25. *Études sur la combustion industrielle.* — L'étude des phénomènes de la combustion est entrée aujourd'hui dans le domaine expérimental, elle a fait l'objet de nombreux travaux sous les auspices de la Société industrielle de Mulhouse. Nous ne pouvons ici que citer sommairement la méthode employée; elle comportait l'étude du combustible, la mesure du volume d'air consommé et l'étude des produits de la combustion.

Nous verrons plus loin comment se prélèvent les prises d'essai pour l'étude du combustible. La mesure du volume d'air consommé peut être basée sur les indications d'un anémomètre ou sur la quantité d'air (donnée par les tables) correspondant à 1 kilogramme de combustible. L'analyse des produits de la combustion s'obtient très approximativement avec l'appareil d'Orsat (1). Il est aussi nécessaire de mesurer la température des fumées en divers points de leur parcours et la dépression due au tirage. Cette dépression, qui est la cause de l'appel d'air à travers la grille du foyer et qui ne dépasse pas quelques millimètres d'eau, est un des facteurs les plus importants du tirage.

26. *Combustibles.* — *Classification.* —

(1) L. Sée, *Physique industrielle*, tome 1.

Suivant leur état physique, les combustibles peuvent être divisés en trois classes :

Les combustibles *solides ;*

Les combustibles *liquides ;*

Les combustibles *gazeux.*

Parmi lesquels on peut aussi distinguer :

Les combustibles *naturels ;*

Les combustibles *artificiels.*

Les combustibles *naturels* sont ceux qu'on trouve tout formés dans la nature : on les emploie sans préparation spéciale. Tels sont les végétaux comme le bois, la tourbe, et les végétaux fossiles, comme la houille.

Les combustibles *artificiels* sont obtenus en faisant subir aux combustibles naturels une transformation préalable. Ainsi, le charbon de bois et le coke sont obtenus par la *carbonisation ;* le gaz de l'éclairage, les goudrons, les huiles sont obtenus par la *distillation ;* les briquettes de houille, les mottes de tannée sont obtenues par l'*agglomération.*

Ainsi que nous l'avons vu n° 18, tous ces combustibles sont composés de carbone et d'hydrogène unis à diverses matières inertes ; les deux premiers éléments constituent les parties actives de la production de la chaleur.

Nous étudierons les combustibles employés par l'industrie dans l'ordre indiqué ci-après :

1° Les combustibles *végétaux,* tels que le *bois,* la *tourbe* et la *tannée ;*

2° Les combustibles *minéraux,* tels que la *houille,* l'*anthracite* et les *lignites ;*

3° Le *coke,* le *charbon de bois,* les *agglomérés ;*

4° Les combustibles employés dans certaines conditions particulières, tels que la *paille,* la *sciure de bois,* les détritus végétaux ; enfin, les *gaz combustibles,* les *huiles de pétrole,* les *huiles lourdes de gaz,* etc.

27. *Combustibles végétaux. — Bois. —* Le bois est un combustible dont la consommation s'est réduite de plus en plus à cause de son prix élevé et de l'encombrement qu'il nécessite. Sauf dans certains cas spéciaux, tels que dans les scieries, les exploitations forestières, le bois est fort peu employé pour le chauffage des chaudières à vapeur.

Pour le chauffage, les meilleurs bois sont les bois *durs,* tels que le chêne, l'orme, le hêtre, le frêne, etc. Les bois *blancs* ou *résineux,* tels que le sapin, le bouleau, le pin, le tremble, le peuplier, etc., donnent moins de chaleur et s'éteignent plus facilement.

Les bois sont formés d'une matière appelée *cellulose,* plus ou moins injectée de matières organiques dans diverses proportions. La cellulose est composée de carbone, d'hydrogène et d'oxygène ; ces deux derniers gaz sont en proportion convenable pour former de l'eau : sa composition en poids est la suivante (1) :

Carbone	44,44	
Hydrogène. . .	6,17	} 34,36 d'eau
Oxygène. . . .	49,39	
Total. . .	100,00	

La cellulose pure dégage en brûlant 3 622 calories au kilogramme. L'humidité exerce une influence considérable sur le pouvoir calorifique des bois. Le bois fraîchement coupé est toujours très humide, après un an de coupe il contient de 18 à 25 0/0 d'eau ; dans cet état, son pouvoir calorifique varie de 3 000 à 3 200 calories.

Les bois durs pèsent 400 à 500 kilogrammes au stère (mètre cube), les bois résineux 300 à 400 kilogrammes et les bois tendres 200 à 300 kilogrammes ; un mètre cube de fagots pèse 125 kilogrammes environ. A égalité d'encombrement, la houille peut donner quatre à cinq fois plus de chaleur que les meilleurs bois.

28. *Tourbe. —* La tourbe est produite par la décomposition lente, sous l'action du temps, de certaines plantes herbacées qui croissent dans les marécages. Elle se présente sous la forme d'une masse spongieuse, d'un brun noirâtre, qui porte quelquefois la trace des végétaux qui ont servi à la former. On l'emploie le plus souvent sous la forme de briquettes, qu'on laisse sécher à l'air. Cette dessiccation est nécessitée par la grande quantité d'eau que contient la tourbe fraîchement extraite. Par rapport aux bois, la tourbe contient une proportion un peu plus

(1) Hirsch et Demize, *Leçons sur les machines à vapeur,* tome I.

grande de carbone et un peu moins d'oxygène.

La tourbe desséchée contient encore 25 à 30 0/0 d'eau et pèse de 350 à 400 kilogrammes au mètre cube, elle dégage 3 000 calories environ au kilogramme. C'est un combustible encombrant qui n'est guère utilisé qu'à proximité des tourbières d'où on l'extrait ; l'odeur spéciale et désagréable qu'elle dégage en brûlant limite encore ses emplois dans certains usages.

29. *Tannée.* — La tannée est l'écorce de chêne épuisée qui a servi au tannage des peaux. A la sortie de la fosse, elle est séchée par une exposition à l'air qui réduit la proportion d'eau de 70 à 45 0/0. Essorée par des moyens mécaniques et séchée à nouveau, la proportion d'eau peut s'abaisser à 25 et 30 0/0. On facilite son emploi en la comprimant dans des moules cylindriques, elle reçoit alors le nom de *mottes.* La tannée est quelquefois employée au chauffage des chaudières à vapeur, elle dégage en brûlant 1 300 calories environ au kilogramme.

30. *Combustibles minéraux.* — *Lignites ou bois fossiles.* — Les combustibles minéraux proviennent des végétaux enfouis pendant les époques géologiques. Cette transformation au sein de la terre due à l'action lente du temps est d'autant plus complète que cette action a été plus prolongée. Ainsi les lignites se rencontrent dans les couches géologiques de formation récente, certains d'entre eux conservent encore l'aspect fibreux des végétaux qui les ont formés. A mesure que l'on se rapproche des couches plus anciennes, la texture ligneuse disparaît, la proportion d'oxygène diminue, celle du carbone augmente. On arrive d'abord aux charbons gras, collants, à longue flamme ; puis viennent les charbons à courte flamme, et enfin les combustibles riches en carbone, maigres, brûlant presque sans flamme et décrépitants, tels que les *anthracites.*

La puissance calorifique augmente avec les combustibles de formation plus ancienne, elle tend à diminuer avec ceux qui sont très anciens et qui contiennent moins d'hydrogène.

Les *bois fossiles* ou *lignites ligneux* appartiennent à des terrains très modernes ; on les exploite dans l'Isère et dans l'Ain, et sur divers autres points en assez grande abondance.

Les *lignites parfaits* sont les combustibles des terrains tertiaires ; ils se présentent sous des aspects assez différents, mais dans lesquels la partie ligneuse a disparu. Tantôt ils sont à l'état de lignites secs, produisant une flamme longue et fuligineuse, et possédant une puissance calorifique de 6 500 à 7 000 calories ; plus rarement, on les rencontre à l'état de lignites gras ou bitumineux, produisant une flamme longue, brillante, fumeuse et possédant une puissance calorifique de 7 000 à 8 000 calories.

Ces combustibles ont quelques gisements principaux en France : Dax, Aix en Provence et Manosque (Basses-Alpes).

31. *Houilles.* — La houille constitue le combustible le plus employé dans les usages industriels. La France possède deux bassins considérables de houille, celui du Nord et celui de la Loire. Le bassin du Nord s'étend de l'est à l'ouest, de la frontière de Belgique jusque dans le Pas-de-Calais ; le bassin de la Loire rayonne autour de Saint-Étienne et de Rive-de-Gier. On trouve, en outre, en France, des gisements moins importants à Alais, Blanzy, Commentry, Carmaux, Ronchamp, etc.

La Belgique envoie en France les houilles des bassins de Mons, de Liège, de Charleroi. L'Angleterre possède des gisements considérables de houille et en très grand nombre ; les bassins de Sarrebrück et de la Ruhr (Prusse rhénane) possèdent également des quantités notables de houille qui approvisionnent nos marchés français. Le tableau suivant donne quelques renseignements sur la production annuelle en combustible des divers pays.

Angleterre	149 millions de tonnes
États-Unis	61 »
Empire allemand	53 »
Pensylvanie	39 »
France	20 »
Belgique	16 »
Autriche-Hongrie	15 »

Russie. . . . .   3 millions de tonnes
Australie . . .   2   »

La houille est un combustible noir, plus ou moins dur, à cassure conchoïdale ou lamelleuse, souvent brillante. Elle est généralement composée comme ci-après :

Carbone de. . . . .   75 à 93
Hydrogène de . . . .   6 à 4
Oxygène (avec 1 à 2 d'azote)   19 à 3
———————————
Total.   100   100

Soumise à la distillation, la houille laisse échapper d'abord de la vapeur d'eau, puis des carbures d'hydrogène plus ou moins oxygénés, de l'oxyde de carbone mélangé d'un peu d'azote ; il reste un coke, composé de carbone, d'un peu d'hydrogène et de matières inertes qui constituent les cendres.

La densité de la houille est comprise entre 1,25 et 1,35. Le poids de l'hectolitre, en morceaux, varie de 70 à 90 kilogrammes. Une houille de bonne qualité ne contient pas plus de 10 à 12 0/0 de cendres et d'humidité, son pouvoir calorifique est d'environ 8 000 calories. La houille livrée au commerce est classée en morceaux plus ou moins gros que l'on désigne, par ordre de grandeur, sous les noms de *gros* ou *pérat*, de *grêle* ou *gaillette*, de *drayée* ou *gailleterie*, de *menu* ou *noisette*, de *poussier*.

La plupart des houilles s'altèrent en magasin et perdent une partie notable de leur puissance calorifique. Certaines variétés peuvent s'échauffer spontanément et occasionner des incendies. Ce phénomène se produit surtout quand les houilles sont humides, qu'elles sont menues et pyriteuses ; il provient de la transformation du sulfure de fer par l'action de l'air et de l'humidité, réaction accompagnée d'un grand développement de chaleur. On peut prévenir cet accident en disposant les masses de combustible de manière que l'air les traverse facilement et que la chaleur ne puisse s'y accumuler.

Les diverses variétés sous lesquelles on rencontre les houilles font réserver quelques-unes d'entre elles à certains usages particuliers; pour la production de la vapeur, on peut cependant les employer toutes, mais en prenant des dispositions spéciales de foyers.

On peut répartir les houilles en cinq catégories :

1° Houilles sèches à longue flamme ;
2° Houilles grasses à longue flamme ;
3° Houilles grasses proprement dites ;
4° Houilles grasses à courte flamme ;
5° Houilles maigres anthraciteuses.

Les *houilles sèches à longue flamme* sont assez légères, dures, à cassure noire. Elles donnent, à la distillation, 50 à 60 0/0 de coke non aggloméré. L'hectolitre, en morceaux, pèse 70 kilogrammes environ; son pouvoir calorifique est d'environ 8 300 calories.

Les *houilles grasses à longue flamme* ou *charbon à gaz* présentent une supériorité marquée pour la fabrication du gaz de l'éclairage. A la distillation, elles donnent 250 à 300 litres de gaz par kilogramme. Les 60 à 68 0/0 de coke restant constituent un combustible bien lié, léger, poreux, qui est très employé. Ces houilles sont désignées quelquefois sous les noms de *flénus gras* en Belgique, de *cannel coal* et de *candle coal* en Angleterre. Leur pouvoir calorifique varie entre 8 500 et 8 800 calories.

Les *houilles grasses proprement dites* appelées aussi *houilles maréchales*, *charbon de forge*, sont noires, d'un éclat vif, à cassure lamelleuse et médiocrement dures. Elles donnent par la distillation 68 à 74 0/0 d'un coke compact. Elles sont éminemment collantes et forment dans les feux de forge des voûtes sous lesquelles se concentre la chaleur. Dans les foyers de chaudières leur emploi est moins avantageux, parce qu'elles forment sur les grilles des gâteaux que les chauffeurs sont obligés de briser pour permettre l'accès de l'air. Le poids de l'hectolitre est de 75 à 80 kilogrammes, leur pouvoir calorifique de 8 800 à 9 300 calories.

Les *houilles grasses à courte flamme* sont plus friables et s'agglutinent moins au feu que les précédentes. La flamme est courte, peu brillante, mais le rayonnement est très intense. Elles donnent par la distillation 74 à 82 0/0 d'un coke très compact et éminemment propre aux usages métallurgiques. Elles sont très appréciées pour le chauffage des appareils à vapeur ; le poids de l'hectolitre est de 80 kilogrammes en moyenne et leur pouvoir calorifique varie de 9 300 à 9 600 calories.

Les *houilles maigres anthraciteuses* forment transition entre la houille et l'anthracite. Elles renferment peu de gaz et s'enflamment difficilement en brûlant avec une flamme courte, qui devient bleue quand le combustible est transformé en coke. Ce coke, souvent pulvérulent, constitue les 82 à 90 0/0 du combustible employé.

Leur pouvoir calorifique est de 9 200 à 9 500 calories.

Telles sont les principales propriétés des diverses variétés de houille ; les pouvoirs calorifiques que nous avons indiqués sont ceux de ses combustibles à l'état pur et sec ; si l'on veut tenir compte des cendres, il y a lieu de les diminuer de 10 0/0 environ.

32. *Anthracite.* — L'anthracite renferme très peu de gaz combustibles : c'est un combustible, minéral presque pur, qui renferme jusqu'à 95 0/0 de carbone. Il brûle lentement en produisant une flamme bleue et courte qui s'éteint facilement. Son emploi nécessite des foyers spéciaux et un tirage assez actif ; au lieu de se coller, elle décrépite au feu et les débris passent à travers les barreaux de grille. Son rayonnement est très intense, ce qui rend quelquefois son emploi difficile, à moins de précautions spéciales. Le poids de l'hectolitre varie de 85 à 90 kilogrammes et son pouvoir calorifique est d'environ 9 000 à 9 200 calories à l'état pur et sec.

33. *Combustibles artificiels.* — *Combustibles calcinés.* — Les combustibles calcinés sont le *charbon de bois* et le *coke.*

Le *charbon de bois* est obtenu par la calcination des végétaux, en faisant brûler le bois en grandes masses sous une couverte argileuse qui, en réduisant l'accès de l'air, limite la combustion et produit seulement la carbonisation. L'hectolitre pèse de 20 à 25 kilogrammes quand le charbon de bois provient de bois durs ; ce poids se réduit à 15 à 20 kilogrammes quand il provient de bois tendres. Le charbon de bois est un des combustibles les plus estimés dans les usages métallurgiques, il n'est pas employé au chauffage des appareils à vapeur.

Le *coke* est le résultat de la combustion incomplète de la houille ; on l'obtient en chauffant la houille en vase clos dans des cornues ; cette distillation lui enlève les parties volatiles, parmi lesquelles les hydrogènes carbonés qui forment le gaz de l'éclairage. D'autres hydrocarbures forment, en se condensant, les *goudrons.*

Pour les opérations métallurgiques, le coke est fabriqué, comme produit principal, dans des fours spéciaux, où l'on calcine les houilles que nous avons appelées (n° 31) les *charbons à coke ;* les produits volatils qui se dégagent sont utilisés comme combustibles. C'est surtout le coke provenant de la fabrication du gaz de l'éclairage qui est quelquefois employé dans les appareils à vapeur.

Le coke de gaz pèse à l'hectolitre 35 à 45 kilogrammes. Le pouvoir calorifique du coke est d'environ 8 000 calories ; les cendres, dont la proportion varie entre 10 et 20 0/0 et au delà, le réduisent de 7 500 à 6 800 calories.

L'usage du coke de gaz, comme combustible pour les chaudières, s'est beaucoup répandu depuis quelque années. Dans certains cas, on le préfère à la houille, parce que, en brûlant, il ne donne pas de fumée. Les bateaux à vapeur de Paris se servent exclusivement de coke, suivant les prescriptions des règlements de police. Le coke ne brûle que sous de fortes épaisseurs, afin de réduire le passage de l'air à travers les nombreux vides qui existent entre les morceaux. Il donne une légère flamme bleue, rougeâtre, et possède un rayonnement intense.

On calcine aussi quelquefois la tourbe, on obtient alors le *charbon de tourbe ;* ce combustible n'est pas employé au chauffage des chaudières.

34. *Combustibles agglomérés.* — Les menus de houille, de coke ou de charbon sont quelquefois d'un emploi difficile. Ils ne tiennent pas sur les grilles et tombent au travers, ils exigent un tirage assez énergique qui fait perdre une notable quantité de chaleur. On les emploie aujourd'hui sur une grande échelle, en les agglomérant de manière à en former des *briquettes* que l'on emploie comme la gailleterie. Ces briquettes de houille se fabriquent en comprimant, sous une très forte pression, dans des moules en fonte convenablement chauffés, un mélange de brai et de menus de houille. Le menu de houille, quelquefois débarrassé, par le lavage, d'une partie de ses matières inertes, est pulvérisé et mélangé au brai ; le mélange est chauffé, puis comprimé au moyen de machines spéciales.

Suivant que la houille est plus ou moins grasse, on y mêle des quantités variables de brai ; avec la houille demi-grasse, on emploie 7 à 8 0/0 de brai gras ou 10 0/0 de brai sec. Le brai gras est du goudron de gaz concentré dont on a enlevé, par distillation, 20 à 25 0/0 de matières volatiles ; en poussant la distillation à une température plus élevée (280 degrés environ) on obtient le brai sec qui ne représente plus alors que 60 à 65 0/0 du poids du goudron employé.

Le brai sec convient mieux et donne des briquettes plus compactes. Bien préparées, ces dernières ne doivent pas donner plus de 7 0/0 de cendres ; leur puissance calorifique est à peu près la même que celle des houilles à vapeur, et leur densité d'environ 1,20. Les agglomérés se vendent sous la forme de briquettes cylindriques ou prismatiques ; ces deux formes sont très favorables à l'empilage de ce combustible et elles diminuent notablement l'encombrement. Elles sont d'un prix peu élevé, qui ne dépasse guère celui de la bonne gailleterie et elles constituent depuis quelques années un combustible très apprécié. Les avantages qui favorisent leur emploi consistent dans la facilité d'allumage ; leur flamme est brillante et peu fuligineuse, elles se gonflent peu au feu et laissent peu de cendres ; la facilité d'emmagasinage est un avantage précieux pour les chantiers et les soutes de navires. La Compagnie parisienne du gaz utilise ses poussiers de coke en formant des briquettes par mélange avec du brai sec. Ce combustible est médiocre, mais son bas prix permet quelquefois de l'employer au chauffage des chaudières.

Nous ne dirons qu'un mot du charbon connu sous le nom de *charbon de Paris*, qui est produit par l'agglomération de débris charbonneux avec du brai ou du goudron. C'est un combustible qui brûle très lentement et dont l'emploi est exclusivement réservé aux usages domestiques.

35. *Combustibles gazeux.* — *Gaz de l'éclairage.* — On exploite dans certaines contrées, entre autres aux États-Unis d'Amérique, les gaz combustibles qui s'échappent des fissures du sol. Ces *gaz naturels* sont assez rares, mais peuvent servir au chauffage industriel.

Le *gaz de l'éclairage* sert aussi pour le chauffage. Nous avons vu n° 33 qu'on l'obtenait par la distillation de la houille en vase clos ; toutes les localités un peu importantes possèdent aujourd'hui des usines à gaz qui distribuent la chaleur et la lumière propre à tous les usages industriels et domestiques.

La consommation de gaz à Paris, relative au chauffage, atteint le 1/4 de la consommation totale. Cette proportion, qui tend à s'accroître tous les jours, s'explique par les avantages très sérieux que possède ce combustible. L'allumage, le réglage du feu ; l'absence complète de cendres, d'escarbilles, de fumée ; la suppression des dépôts de charbon constituent des commodités d'emploi très précieuses ; dans les chauffages intermittents ce combustible économise le charbon perdu à l'allumage. L'extension rapide qu'ont prise les moteurs à gaz depuis quelques années est venue encore favoriser l'emploi du gaz, qui transporte alors la force à domicile dans d'excellentes conditions économiques, malgré le prix élevé, à Paris, de ce combustible.

Le mètre cube de gaz de l'éclairage, à Paris, dégage en brûlant 5 300 calories.

On pourrait, par une distillation convenable, extraire les gaz combustibles contenus dans la plupart des combustibles ; jusqu'ici ces applications sont restées fort restreintes. On peut en dire autant des gaz inflammables que l'on obtient en faisant passer un courant d'air sur des huiles volatiles, telles que les essences de pétrole, de térébenthine.

36. *Gaz des gazogènes et des hauts fourneaux.* — Lorsqu'on fait passer un courant d'air à travers une masse épaisse de combustible, l'oxygène de l'air se transforme en oxyde de carbone. On obtient ainsi un mélange combustible d'azote et d'oxyde de carbone qui peut être employé pour le chauffage. Ce mélange, appelé *gaz à l'air*, est fabriqué dans les appareils connus sous le nom de *gazogènes*. En amenant le gaz à l'air dans un foyer et en lui fournissant l'air frais nécessaire à sa combustion (n° 23), on utilisera la chaleur du combustible comme si celui-ci avait été brûlé directement, abstraction faite des pertes extérieures. La combustion se produit donc en deux phases, elle s'accomplit imparfaitement dans le gazogène et s'achève dans le foyer de l'appareil à chauffer. Le rendement en chaleur qu'on obtient par ce procédé indirect est notablement inférieur à celui de la combustion directe; cela est dû aux déperditions de chaleur par radiation, déperditions qui sont quelquefois considérables quand, par exemple, les gaz arrivent presque froids au foyer. Une autre cause de perte provient de ce que les réactions sont loin de se passer de la manière la plus favorable et qu'il est difficile de se rendre bien compte de ce qui se passe pendant cette opération. Si à l'air injecté dans le gazogène on mélange une certaine quantité de vapeur d'eau, on obtient le *gaz à l'eau*. Cette opération a pour effet d'augmenter la proportion d'hydrogène contenue dans le mélange combustible, l'oxygène de la vapeur d'eau portant sur le charbon pour former de l'oxyde de carbone.

L'emploi de ces gaz est assez rare pour le chauffage des chaudières à vapeur; on les utilise surtout dans les industries métallurgiques. Dans ces dernières, en effet, le gaz provenant des hauts fourneaux est analogue au gaz à l'air fabriqué par les gazogènes.

Les gazogènes permettent l'emploi des combustibles de qualité inférieure, de ceux qui n'auraient pu être utilisés que très difficilement par la combustion directe. Le pouvoir calorifique des gaz ainsi obtenus est toujours faible, à cause de la grande quantité d'azote qu'ils contiennent; calculée d'après la loi de Dulong, on peut admettre qu'elle est comprise entre 600 et 700 calories.

Leur emploi nécessite certaines précautions, l'oxyde de carbone étant très délétère et pouvant occasionner des explosions.

Tout récemment des tentatives ont été faites en vue d'utiliser le gaz des gazogènes dans les moteurs fonctionnant au gaz de l'éclairage; il y a là une application qui pourra donner une grande extension à leur emploi dans l'industrie.

37. *Combustibles divers.* — La sciure de bois, mélangée aux copeaux, déchets, etc., constitue le combustible ordinaire des scieries, elle exige des foyers spéciaux et est d'une combustion difficile.

La *bagasse* est le combustible des exploitations de canne à sucre; les *râfles de maïs*, la *paille* n'ont d'emploi que dans certaines contrées où on les trouve en abondance et où la houille est d'un prix trop élevé.

Les *asphaltes* ou *schistes bitumineux* contiennent des carbures d'hydrogène qu'on extrait quelquefois par la distillation. Elles donnent des huiles minérales qu'on emploie pour l'éclairage et le graissage.

Le *bog-head* et le *cannel-coal* contiennent surtout des hydrocarbures liquides; on les emploie pour la production des gaz riches en carbures ou mélangés au gaz de l'éclairage afin d'augmenter son pouvoir éclairant.

On a proposé d'utiliser la chaleur solaire au chauffage, en la concentrant, au moyen de miroirs très puissants. D'après les expériences de M. Mouchot, on est arrivé à recueillir, par heure et par mètre carré de miroir, 1 000 calories environ. Si l'on suppose une surface de miroirs de 10 mètres carrés exposée pendant huit heures aux rayons solaires, on recueillerait 80 000 calories; cette quantité de chaleur correspond à celle que pourrait fournir 20 kilogrammes de houille sous un foyer de chaudière. Ce faible chiffre ne permet pas de prévoir l'application de la chaleur solaire à nos usages industriels (1).

(1) HIRSCH et DEBIZE, *Leçons sur les machines à vapeur*, tome I.

38. *Combustibles liquides.* — L'*huile de pétrole* est un produit naturel dont on trouve des gisements dans le Caucase, en Birmanie et surtout en Amérique, dans la Pensylvanie, la Virginie et le Canada. Dans ces pays producteurs on emploie l'huile de pétrole comme combustible pour les appareils à vapeur; en Russie elle est exclusivement utilisée dans les bateaux et les locomotives à vapeur. Dans notre pays, ces huiles sont employées pour l'éclairage et le graissage, après qu'on leur a fait subir une rectification préalable. Le pétrole est un hydrocarbure qui contient jusqu'à 15 0/0 en poids d'hydrogène, son pouvoir calorifique est d'environ 10 000 calories.

Par la distillation fractionnée du pétrole brut on extrait divers produits : les premiers, très volatils et très inflammables, sont les *essences ;* puis viennent les *huiles lampantes*, destinées à l'éclairage; enfin, les *huiles lourdes*, réservées surtout au graissage.

On obtient aussi, par la distillation du goudron de gaz, une *huile lourde* qu'on a cherché, non sans succès, à utiliser pour le chauffage. C'est un nouvel usage à ajouter aux très nombreux emplois du goudron ou de ses dérivés.

39. *Essais des combustibles.* — On apprécie la valeur industrielle des combustibles en exécutant sur des *prises d'essai* prélevées sur la matière à examiner divers dosages que nous décrivons sommairement.

La prise d'essai s'effectue en prenant, sur la livraison, et en un grand nombre de points différents, environ 50 kilogrammes de combustible. On pulvérise grossièrement ce mélange et on y prélève de nouvelles prises sur lesquelles on fait la même opération. Ayant obtenu ainsi 1 ou 2 kilogrammes du combustible, on le pulvérise soigneusement et on le soumet à l'analyse. Au laboratoire, on détermine la proportion d'humidité et de cendres, celle de l'oxygène, de l'hydrogène et du carbone ainsi que son pouvoir calorifique.

L'essai industriel proprement dit consiste à faire brûler une certaine quantité de combustible dans le foyer d'une chaudière, en mesurant la quantité de chaleur qui a été fournie à la chaudière. La quantité d'eau qui a été vaporisée pendant l'expérience, comparée au poids de combustible brûlé, donne la mesure de la chaleur fournie par le combustible. Il est clair que l'on doit prendre certaines précautions : peser soigneusement le combustible, maintenir le plan d'eau dans la chaudière à la même hauteur au commencement et à la fin de l'expérience, noter très exactement les quantités d'eau introduites dans la chaudière et maintenir la pression constante. La vapeur produite est envoyée à l'atmosphère ou utilisée dans une machine à allure régulière. Exemple : supposons que, ces précautions prises, on ait obtenu les résultats suivants :

Quantité d'eau vaporisée à
6 kilogrammes absolus. . . . 700 kilog.
Quantité de charbon consommé . . . . 100 kilog.

Ces résultats correspondent à une production de 7 kilogrammes de vapeur par kilogramme de combustible.

Si l'on veut faire le décompte en chaleur, il suffit de calculer la quantité de chaleur contenue dans les 700 kilogrammes d'eau vaporisée ; en appliquant la formule n° 15 :

$$Q = 606,5 + 0,305 \, t$$

on a :

$$Q = 606,5 + 0,305 \times 158,$$

la température de la vapeur à 6 kilogrammes de pression étant de 158 degrés.

La table n° 16 nous donne ce calcul tout effectué :

$$Q = 655 \text{ calories}$$

environ par kilogramme d'eau vaporisée. Pour les 700 kilogrammes on a recueilli 700 × 655 = 458 500 calories, soit par kilogramme de charbon brûlé :

$$\frac{458\,500}{100} = 4\,585 \text{ calories.}$$

Nous donnons dans les deux paragraphes suivants les renseignements approximatifs sur le coût moyen de la chaleur, payé à Paris, par les divers combustibles, ainsi que deux tableaux récapitulatifs de leurs principales propriétés.

40. Prix de la chaleur a Paris.

COMBUSTIBLES	PRIX du kilogramme	POUVOIR calorifique	PRIX APPROXIMATIF DU MILLION DE calories	RAPPORT
		calories		
Houille à vapeur..............	0.04	8 000	5.0	1
Menu de houille..............	0.03	7 500	4.0	0.8
Coke de gaz...................	0.05	6 700	7.5	1.5
Bois..........................	0.06	2 750	22.0	4.4
Huile lourde de gaz..........	0.20	8 800	22.7	4.5
Pétrole raffiné..............	0.50	10 000	50.0	10.0
Gaz d'éclairage...............	0.60	11 000	54.5	10.9

41. Tableau récapitulatif des combustibles (1).

COMBUSTIBLES	COMPOSITION ÉLÉMENTAIRE SUR 100 PARTIES EN POIDS				POUVOIR CALORIFIQUE CALORIES		AIR NÉCESSAIRE A LA COMBUSTION de 1 kg de combustible			RAPPORT DE LA CONSOMMATION à celle de 1 k. de houille pour obtenir la même quantité de chaleur
	Carbone	Hydrogène	Oxygène	Cendres	Réel	Industriel	Poids	PRATIQUE		
								Poids	Volume	
	kil.	kil.	kil.	kil.			kil.	kil.	m. c.	
Hydrogène............	»	1.00	»	»	29 000	»	23.97	»	»	»
Gaz de l'éclairage.....	0.62	0.21	0.17	»	10 000	8 280	11.22	13.2	10	»
Carbone pur..........	1.00	»	»	»	8 000	»	11.30	»	»	1.00
Houille, bonne qualité.	0.85	0.05	0.15	0.05	8 000	5 100	11.29	22.7	18	0.88
Anthracite	0.90	0.03	0.03	0.04	7 500	5 200	11.21	28.4	22	2.25
Coke	0.85	0.05	»	.0	7 000	4 780	9.69	25.8	20	2.95
Lignite..............	0.70	0.05	0.20	0.05	6 500	3 300	9.69	19.4	15	1.66
Charbon de bois......	0.80	»	0.13	0.07	6 000	4 600	7.90	15.3	12	4.5 à 5.2
Tourbe carbonisée	0.82	»	»	0.18	5 000	4 460	9.25	18.1	14	»
Tourbe ordinaire......	0.55	0.05	0.30	0.10	5 000	3 180	7.90	15.5	12	»
Tourbe 20 0/0 d'eau...	0.39	0.04	0.50	0.07	4 000	2 550	6.32	12.9	10	»
Bois sec.............	0.48	0.06	0.45	0.01	4 000	2 670	7.43	13.5	12	4.5 à 4.9
Bois 20 0/0 d'eau	0.40	0.05	0.54	0.01	3 000	2 500	5.94	11.6	9	»
Oxyde de carbone.....	0.43	0.39	0.57	»	1 030	»	2.42	»	»	»
Gaz des hauts fourneaux	0.06	0.02	0.92	»	900	360	0.99	1.56	1.2	»
Huile lourde de gaz...	0.82	0.08	0.10	»	8 900	8 790	»	»	»	»
Huile légère..........	0.84	0.14	0.02	»	10 200	11 600	»	»	»	»

(1) D'après Tresca, en comptant le pouvoir calorifique de l'hydrogène moyennement égal à 29 000 calories et celui du carbone à 8 000 calories.

Tableau récapitulatif des houilles (2).

TYPES DES HOUILLES	COMPOSITION sur 100 parties en poids		NATURE DU COKE	PUISSANCE CALORIFIQUE	EAU A 0° VAPORISÉE par kilogramme de combustible pur
	COKE	MATIÈRES volatiles			
					kil.
Houilles grasses à longue flamme.	55 à 60	45 à 40	Pulvérulant ou légèrement fritté.	8 000 à 8 500	6.70 à 7.50
Houilles sèches à longue flamme à gaz.	60 à 68	40 à 32	Aggloméré, souvent fondu, mais poreux	8 300 à 8 800	7.60 à 8.30
Houilles grasses dites de forge.	68 à 74	32 à 26	Fondu, mais plus ou moins boursouflé.	8 800 à 9 300	8.40 à 9.20
Houilles grasses à courte flamme à coke.	74 à 82	26 à 18	Fondu, mais compact.	9 300 à 9 600	9.20 à 10.0
Houilles maigres anthraciteuses.	82 à 90	18 à 10	Légèrement fritté et souvent pulvérul.	8 800 à 9 500	9.00 à 9.5

(2) Les nombres de ce tableau se rapportent à la houille pure, c'est-à-dire supposée sans eau ni cendres.

42. *Transmission de la chaleur.* — Pour utiliser la chaleur produite par la combustion, il faut la transmettre aux corps à échauffer ; les appareils qui servent à effectuer la combustion feront l'objet d'une étude complète au chapitre v ; mais il n'est pas inutile de donner ici quelques notions préliminaires sur les lois qui régissent la transmission de la chaleur entre le foyer et le corps à échauffer.

Cette transmission peut s'effectuer de plusieurs manières :

1° Par conductibilité ;

2° Par mélange ;

3° Par convection ;

4° Par radiation.

La transmission par *conductiblité* s'opère à l'intérieur d'un corps ou entre deux corps en contact en vertu du pouvoir *conducteur* que possèdent les substances plus ou moins conductrices de la chaleur.

La transmission par *mélange* s'opère ordinairement entre deux fluides, par le contact direct de leurs molécules.

La transmission a lieu par *convection* quand un fluide chaud se déplace au contact d'une surface solide froide, ou inversement.

La transmission s'opère aussi à distance, par *rayonnement* ou *radiation ;* le corps chaud émet des rayons calorifiques qui transmettent la chaleur aux corps environnants. C'est ainsi que nous recevons la chaleur du soleil à travers les espaces planétaires.

Pour la production de la vapeur, on utilise surtout la transmission par convection et par radiation ; la chaleur recueillie par conductibilité constitue aussi un élément important intermédiaire entre la source de chaleur et le corps à échauffer.

La conductibilité des corps à la chaleur est très variable ; suivant que ces corps sont dits bons ou mauvais conducteurs ; la vitesse de propagation de la chaleur est plus ou moins grande. Les métaux qui transmettent rapidement la chaleur à travers leur masse sont considérés comme corps bons conducteurs ; d'autres, tels que les bois, les tissus, la transmettent très lentement et sont dits mauvais conducteurs. On peut mesurer le pouvoir conducteur des corps en faisant usage de leur *coefficient* de *conductibilité.* Ce coefficient, qui dépend de la nature du corps, donne en quelque sorte la quantité de chaleur qui passe dans un temps donné sur une surface et une épaisseur déterminées, pour une différence de température de 1 degré. En d'autres termes, la quantité de chaleur qui passe d'une face à l'autre d'une paroi chauffée est proportionnelle à la surface de transmission, à la différence de température des deux faces, au temps ; et en raison inverse de l'épaisseur. Le tableau suivant donne le coefficient de conductibilité de quelques corps :

MAUVAIS CONDUCTEURS		
Plâtre ordinaire	0,33
Bois de sapin, transmis perpendiculairement aux fibres	0,093
Bois de sapin, transmis parallèlement aux fibres	0,170
Bois de chêne, transmis perpendiculairement aux fibres	0,211
Liège	0,143
Caoutchouc	0,170
Verre moyen	0,80
Briques	0,15
Laine et coton cardés	0,04
Toile de chanvre	0,05
Papier gris	0,034
Paille hachée	0,07
Gaz, air, oxygène, azote	0,00028

BONS CONDUCTEURS	
Argent	493,0
Cuivre	362,0
Or	258,0
Laiton	116,0
Zinc	93,0
Fer	58,8
Acier	57,0
Plomb	41,8
Platine	41,2

On voit que le coefficient de conductibilité varie dans des limites très grandes. Entre l'argent et la laine cardée, par exemple, le rapport est $\frac{493}{0,04} = 12\,300$ environ.

Ainsi que le tableau l'indique, la conductibilité des gaz est à peu près nulle.

Les principes qui régissent la transmission de la chaleur par radiation et par convection sont assez complexes et le cadre restreint de cet ouvrage ne nous permet pas d'entrer dans leur étude. Ils sont basés sur la loi du refroidissement ou du réchauffement des corps (loi de Newton) :

La quantité de chaleur transmise, par un corps chaud, à l'enceinte dans laquelle il est placé est proportionnelle à l'excès de la température de la surface du corps sur celle de l'enceinte. Lorsque la température de l'enceinte est plus élevée que celle du corps, les phénomènes de transmission se produisent d'une manière inverse. La loi suivante s'applique à la transmission de chaleur par convection avec d'autres fluides que l'air :

La quantité de chaleur transmise par convection est proportionnelle à l'étendue de la surface et à la différence de température entre la surface et le fluide. Dans la plupart des cas, les effets de radiation et de convection concourent simultanément à la transmission de la chaleur. La transmission de la chaleur à travers une paroi placée entre deux fluides en mouvement mérite d'être examinée particulièrement au point de vue de la conduite et de l'entretien des appareils à vapeur. La paroi, constituée alors par la tôle des chaudières, sépare deux fluides qui circulent le long de chacune de ses faces ; l'un des fluides s'échauffe au détriment de l'autre et la température varie d'une extrémité à l'autre de chacune des faces de la paroi. D'une manière générale, il est préférable de faire circuler les deux fluides en sens inverse ; on obtient une meilleure utilisation que si les fluides circulent dans le même sens. Ce fait est clairement démontré par les lois que nous avons citées plus haut et qui disent : que la quantité de chaleur transmise est proportionnelle à l'écart des températures. Nous aurons l'occasion de revenir sur ces considérations au chapitre v, à propos de la circulation de l'eau et de celle des gaz chauds dans les chaudières à vapeur.

CHAPITRE III

THÉORIE MÉCANIQUE DE LA CHALEUR.

Chaleur dégagée par les actions mécaniques.

43. Il y a d'autres sources de chaleur que celles qui sont dégagées par la combustion, la radiation solaire et les changements d'état des corps. Ainsi le *frottement* de deux corps l'un contre l'autre développe une quantité de chaleur d'autant plus grande que la pression est plus forte et le mouvement plus rapide : Rumford, en forant sous l'eau un morceau de bronze, trouva que, pour obtenir 250 grammes de limaille, on développait par frottement une chaleur capable de porter 25 kilogrammes d'eau de 0 à 100 degrés, ce qui correspond à 2 500 calories; souvent les boîtes des roues de voitures, par suite du frottement sur leurs essieux, s'échauffent jusqu'à prendre feu; dans certaines contrées sauvages, les naturels allument deux morceaux de bois en les frottant l'un contre l'autre d'une manière convenable.

La *compression* dégage également de la chaleur; lorsqu'on bat sur l'enclume un métal malléable, on peut l'échauffer considérablement. Peu sensible dans les liquides, ce phénomène l'est davantage dans les solides; dans les gaz qui sont extrêmement compressibles, il y a un dégagement considérable de chaleur : en comprimant un mélange d'oxygène et d'hydrogène, on peut élever sa température jusqu'à provoquer l'explosion.

Il résulte de tous ces faits que, d'une manière générale, les frottements, la compression, les chocs, en un mot, les actions mécaniques, qui paraissent consommer en pure perte le travail ainsi développé, *engendrent de la chaleur*. Il y a donc, dans ce cas, *disparition apparente de travail* et *production de chaleur*.

44. *Travail engendré par la chaleur.*

— Dans une machine à vapeur, par exemple, la vapeur qui provient de la chaudière est introduite dans un cylindre et, par l'effet de sa pression, pousse devant elle un piston qui transmet son mouvement aux autres organes. Cette vapeur, après avoir travaillé sur le piston, possède moins de chaleur qu'en sortant de la chaudière. La quantité de chaleur ainsi disparue a donc produit le déplacement du piston, c'est-à-dire un certain travail. Une machine à vapeur rend donc sous forme de travail ce qu'on lui a communiqué sous forme de chaleur. On pourrait citer d'autres exemples : la détente d'un gaz enfermé dans une enveloppe adiabatique, c'est-à-dire maintenue à température constante, produit du travail ; la fusion et la vaporisation, dans lesquels la chaleur fournie est employée au travail nécessaire au changement d'état; la détente d'un ressort produit une diminution sensible de la température de ce dernier. Nous voyons donc ici le phénomène inverse du précédent : *production de travail et disparition apparente de chaleur.*

45. *Équivalence du travail et de la chaleur.* — Les phénomènes que nous venons de voir établissent une corrélation intime entre la chaleur et le travail mécanique et permettent de considérer la chaleur comme une forme de l'énergie.

Le fait de la transformation du travail disparu en chaleur, ou inversement, est précisé par une relation très importante : entre la quantité de travail produit et la quantité de chaleur disparue il existe un rapport auquel on a donné le nom d'*équivalent mécanique de la chaleur*. Si c'est le phénomène inverse qui se produit, le rapport obtenu est l'inverse du premier et devient l'*équivalent calorifique du travail.*

Ce rapport constant, déduit de considérations théoriques et vérifié par l'expérience, peut être traduit de la manière suivante :

A toute quantité de chaleur disparue correspond une quantité déterminée de travail produit ; et réciproquement ;

A toute quantité de travail disparu correspond une quantité déterminée de chaleur produite.

Les quantités de travail étant mesurées en kilogrammètres (1) et les quantités de chaleur en calories (2), nous pouvons dire que, si on transforme de la chaleur en travail, chaque calorie dépensée produira un nombre constant de kilogrammètres appelé *équivalent mécanique de la chaleur.* Si, inversement, on transforme du travail en chaleur, chaque kilogrammètre dépensé fournira un nombre constant de calories, appelé *équivalent calorifique du travail.*

Si nous désignons par $\frac{1}{A}$ l'équivalent mécanique de la chaleur, par c le nombre de calories transformées pour produire un nombre T de kilogrammètres, nous aurons :

$$T = C \times \frac{1}{A} \quad \text{et} : \quad C = T \times A.$$

46. *Détermination de l'équivalent mécanique de la chaleur.* — Le docteur Mayer, en 1842, a trouvé par le calcul l'équivalent mécanique de la chaleur ; Joule, en 1843, l'a déterminé par l'expérience suivante (*fig.* 13) :

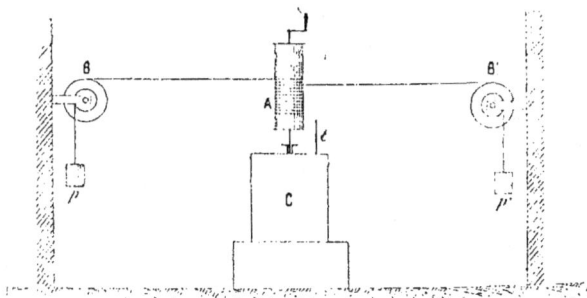

Fig. 13. — Expérience de Joule.

L'appareil se composait d'un calorimètre à eau C dans lequel tournait un arbre vertical muni de palettes.

La rotation s'opérait par l'intermédiaire de deux cordons enroulés dans le même sens sur un treuil A fixé à l'arbre des palettes, mais se déroulant suivant deux tangentes diamétralement opposées ; ces cordons passaient ensuite sur deux poulies B et B′, entraînées en sens contraire par deux poids égaux p et p'.

Si nous désignons par P la somme $p + p'$, mesurée en kilogrammes, et par h

la hauteur de chute des poids p et p', mesurée en mètres, le travail développé pendant la descente est :

$$T = Ph \text{ kilogrammètres.} \quad (1)$$

Ce travail était détruit par la résistance que l'eau opposait au mouvement des palettes, se transformait en chaleur et chauffait le liquide d'un nombre de degrés mesurés par le thermomètre t. Si nous désignons par : t, l'élévation de température de l'eau du calorimètre ; m, le poids en kilogrammes de l'eau du calorimètre ; q, le poids du calorimètre réduit en eau (voir n° 21), la quantité totale de chaleur reçue par le calorimètre était :

$$Q = (m + q) t. \quad (2)$$

Les deux égalités (1) et (2) représentent la quantité de chaleur équivalente au

(1) L'unité de travail, appelée kilogrammètre, est le travail nécessaire à l'élévation d'un poids de 1 kilogramme à 1 mètre de hauteur.

(2) La calorie est la quantité de chaleur nécessaire pour élever de 0 à 1 degré la température de 1 kilogramme d'eau.

travail qui l'a fournie ; on peut donc écrire :

Ph kilogrammètres = $(m + q) t$ calories

et le rapport $\dfrac{Ph}{(m + q) t}$, donne le travail correspondant à une calorie ; c'est-à-dire *l'équivalent mécanique de la chaleur*.

L'expérience ci-dessus comportait certaines corrections, entre autres celle due au frottement du mécanisme qui détruisait une partie du travail des poids. En prenant la moyenne d'un grand nombre d'expériences, Joule a trouvé, pour l'équivalent mécanique de la chaleur, le nombre 425 kilogrammètres.

Ce nombre a été déterminé de plusieurs autres manières : par le frottement des solides entre eux et contre les liquides et par la compression de l'air. Les résultats obtenus par divers expérimentateurs sont un peu différents : Hirn et Régnault ont trouvé respectivement 433 et 436 kilogrammètres.

Nous adopterons la première de ces valeurs, celle qui a été déterminée par Joule et qui sert de base à la plupart des calculs de thermodynamique.

Si nous appliquons ce résultat aux deux égalités du paragraphe précédent, nous aurons :

$$T = C \times \frac{1}{425},$$

d'où : $T = C \times 0,002353$

et : $C = T \times 425,$

c'est-à-dire que chaque calorie de chaleur fournie produira 425 kilogrammètres ou, inversement, qu'un kilogrammètre exigera une quantité de chaleur de 0,002353 calories.

Lorsqu'il s'agit des machines à vapeur il est nécessaire de faire une restriction importante : la calorie ne peut être transformée directement en travail, il faut d'abord la faire absorber par un corps que l'on traite ensuite pour qu'il rende cette chaleur transformée en travail. Cette nécessité d'employer un corps intermédiaire est une cause de perte importante provenant de la chaleur conservée par le corps intermédiaire et qui dépend de l'état final dans lequel on l'abandonne. Une partie seulement de la chaleur est transformée en travail, l'autre partie étant absorbée par les corps indispensables à sa transformation en travail (1).

Cycle de Carnot.

17. Pour évaluer la quantité de chaleur transformée en travail, autrement dit pour déterminer le travail produit par la chaleur transmise à un corps, nous nous baserons sur les deux principes suivants :

1° *Lorsqu'on comprime un gaz, on augmente sa température, et réciproquement;*

2° *Chaque fois qu'un volume de gaz produit, par dilatation, une certaine quantité de travail, il disparaît une certaine quantité de chaleur.* Le rapport du travail produit à la chaleur disparue est constant et égal à $\dfrac{1}{A}$, *quel que soit le corps* et quelles que soient les conditions du changement d'état.

On peut faire une application très simple de ces deux principes en employant la chaleur d'un foyer à comprimer un gaz, puis en laissant dilater ce dernier pour en recueillir du travail.

Quel que soit le corps choisi comme agent dilatable (gaz, liquide ou mélange), ce corps ne doit être considéré que comme un intermédiaire qui n'influe en rien sur le travail produit; ce travail ne dépend que des températures extrêmes et non du corps employé dans le moteur qui utilise la chaleur.

Si nous désignons par Q la quantité de chaleur fournie à un corps, par Q' la quantité de chaleur qui n'a pas été utilisée, la différence Q — Q' représentera la quan-

---

(1) Nous verrons plus loin (n° 52) que le cheval-vapeur, unité de travail qui correspond à 75 kilogrammètres par seconde ou 270 000 kilogrammètres par heure, consomme par heure environ 1 kilogramme de charbon, soit 8 000 calories. Ces 8 000 calories produiraient 8 000 $\times$ 425 = 3 612 000 kilogrammètres, si elles étaient toutes utilisées en travail.

Le rapport $\dfrac{270\ 000}{3\ 612\ 000} = 0,08$ environ indique que 8 0/0 seulement de la chaleur fournie a été recueillie en travail.

tité de chaleur transformé en travail. Le rapport

$$\frac{Q - Q'}{Q}$$

de la chaleur transformée à la chaleur totale a reçu le nom de *coefficient économique*.

Nous démontrerons ci-après que ce coefficient économique peut également s'exprimer en fonction des températures extrêmes de l'agent dilatable et qu'il ne dépend par conséquent que de la chute de température.

Supposons un volume V_0 de gaz à la pression p_0 et à la température t_0, renfermé dans un cylindre (*fig.* 14) et occu-

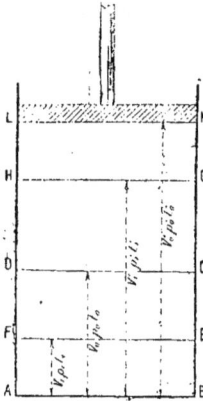

Fig. 14.

pant le volume ABCD. Si nous comprimons ce gaz au moyen d'un piston, sans lui enlever la chaleur produite par cette compression, son volume devient alors ABEF, correspondant à la pression p_1 et à une nouvelle température t_1. Supposons maintenant le cylindre mis en communication avec une source indéfinie de chaleur, maintenue à la température constante t_1 et laissons dilater la masse gazeuse jusqu'à ce qu'elle occupe le volume V'_1, en ABGH, correspondant à une pression p'_1 déterminée par la loi de Mariotte (n° 4), la température restant égale à t_1; car, bien que le gaz ait produit du travail pendant la dilatation, comme il est resté cons-

tamment en communication avec la source de chaleur à la température t_1, celle-ci lui a restitué la chaleur qu'il aurait perdue du fait de ce travail. Si nous supprimons la communication avec la source de chaleur, alors que le gaz occupe le volume V'_1, et que nous laissions détendre ce dernier jusqu'à ce qu'il occupe le volume V'_0 en ABKL, correspondant à la pression p'_0 déterminée par la combinaison de la loi de Mariotte et de celle de Gay-Lussac (n° 4), pendant cette dilatation la température du gaz a diminué, puisqu'il y a eu production de travail ; nous pouvons supposer le volume V'_0 assez grand pour que la température, en s'abaissant, soit devenue égale à la température initiale t_0. A ce moment, le

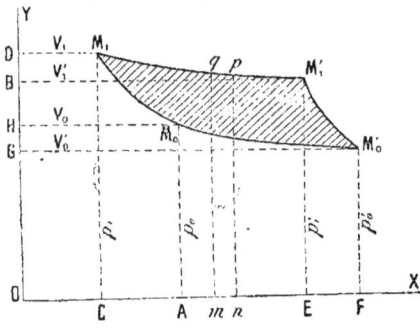

Fig. 15.

piston, supposé arrivé à l'extrémité de sa course, sera descendu en comprimant le gaz et, pour que cette compression n'augmente pas sa température (ce qui aurait l'inconvénient d'augmenter sa pression et par suite le travail de la compression), on met la masse gazeuse en communication avec une source indéfinie de froid à la température constante t_0. On peut ainsi ramener le gaz à son volume initial V_0, à sa pression initiale p_0 et à sa température initiale t_0.

Représentons graphiquement ces différentes transformations; prenons (*fig.* 15) deux axes rectangulaires oX et oY ; sur l'axe oX des abscisses portons les différents volumes occupés par la masse gazeuse et sur l'axe oY des ordonnées portons les pressions correspondantes. Nous obtiendrons ainsi : $oA = V_0$, $oB = p_0$, le point M_0 d'intersection des parallèles aux axes menées par les deux points A et B représente l'état du gaz au point initial.

Pendant la première phase on comprime le gaz et son volume devient $V_1 = OC$, la pression est alors $p_1 = OD$; le point M_1 représente l'état du gaz après la première transformation. Entre M_0 et M_1, le gaz prend une série d'états intermédiaires représentés par des abscisses et des ordonnées faciles à déterminer par la combinaison de la loi de Mariotte et de celle de Gay-Lussac. Tous ces points sont réunis par une ligne continue M_0M_1 qui représente les divers états du gaz pendant la première phase.

Pendant la deuxième phase, on laisse détendu le gaz jusqu'à ce qu'il occupe le volume V'_1 représenté par OE, correspondant à la pression p'_1, représentée par EM'_1. La loi de Mariotte permet de déterminer les différents points de la ligne $M_1M'_1$ dont les abscisses et les ordonnées représentent les différents états du gaz pendant la seconde phase.

Pendant la troisième phase on laisse le gaz se détendre jusqu'à ce qu'il occupe le volume $V'_0 = OM'_0$, correspondant à une pression $p'_0 = FM'_0$. La combinaison de la loi de Mariotte et de celle de Gay-Lussac permet de déterminer les divers points de la ligne $M'_1M'_0$ qui représente les différents états du gaz pendant la troisième période. Enfin, pendant la quatrième phase, le volume du gaz est ramené au volume initial V_0 et à la pression initiale p_0, la loi de Mariotte permet de déterminer les divers points de la ligne $M'_0 - M'_0$ qui représente les différents états du gaz pendant la dernière phase.

La courbe M_0M_1 (1re période) et la courbe $M'_1M'_0$ (3e période) sont appelées *courbes adiabatiques;* on suppose que pendant la compression ou la détente du gaz l'enveloppe n'a reçu ni fourni de la chaleur ; de là les noms de compression adiabatique et de détente adiabatique.

La courbe $M_1M'_1$ (2e période) et la courbe M'_0M_0 (4e période), pendant lesquelles la température est supposée restée constante, sont appelées *courbes isothermiques.*

La surface limitée par l'une quelconque des courbes que nous venons d'indiquer, ses ordonnées correspondantes et l'axe des abscisses, représente le *travail* du gaz pendant la période considérée. En effet, prenons sur la surface que limite la courbe $M_1M'_1$, par exemple, un rectangle élémentaire $mnpq$; ce rectangle a pour surface le produit $mn \times np$, mn représentant l'augmentation v de volume, et np la pression p supposée constante pendant cette augmentation élémentaire ; le travail produit par un gaz qui se dilate sous pression constante étant égal au produit de l'augmentation de volume par la pression (1). Le travail produit pendant l'augmentation élémentaire v est égal à $vp = mn \times np$.

La surface $CM_1M'_1E$, pouvant être considérée comme une somme des rectangles élémentaires semblables à $mnpq$, représente le travail produit par le gaz pendant la période correspondante à la courbe $M_1M'_1$.

Parmi ces quatre travaux, il faut distinguer ceux qui sont *positifs*, c'est-à-dire qui produisent du travail et qu'il faut recueillir ; et ceux qui sont *négatifs*, c'est-à-dire qui absorbent de la chaleur et qu'il faut développer.

Les premiers sont représentés par la période isotherme $M_1M'_1$ et la période adiabatique $M'_1M'_0$; les seconds, pendant la période adiabatique M_1M_0 et la période isotherme $M_0M'_0$.

Le travail T recueilli est donc égal à :
$$T = CM_1M'_1E + EM'_1M_0F \quad FM'_0M_0A$$
$$-AMMC,$$
d'où $T = M_0M_1M_1'M'_0$.

Il nous reste à déterminer la quantité de chaleur employée pour produire ce travail.

Pendant la première période isotherme $M_1M'_1$ on a dû fournir au gaz une quantité de chaleur Q ; pendant la deuxième période isotherme on a recueilli une quantité de chaleur Q'. La quantité de

(1) Le travail d'une force constante est égal au produit de cette force par le déplacement de son point d'application.

Dans le cas considéré, la force est représentée par la pression et le chemin parcouru par le déplacement du piston, c'est-à-dire par l'augmentation de volume subie par le gaz.

chaleur transformée en travail est donc égale à $Q - Q'$, elle a produit un travail représenté par la surface $M_0 M_1 M_1' M'_0$; donc une partie seulement de la chaleur fournie a été transformée en travail, c'est-à-dire utilisée. L'autre partie est restée incorporée dans la masse gazeuse pour constituer son état physique initial. Les différentes transformations que nous venons d'étudier ont reçu le nom de *cycle de Carnot.*

48. *Détermination du travail produit pendant la détente adiabatique d'un gaz.* — Pour calculer la quantité de chaleur $Q - Q'$ transformée en travail, remarquons que, pendant la première période isotherme $M_1 M'_1$, le gaz a produit un travail représenté par la surface $CM_1 M'_1 E$ (*fig.* 16). Nous pouvons calculer cette surface en supposant qu'à partir du moment où la détente commence, le gaz se soit

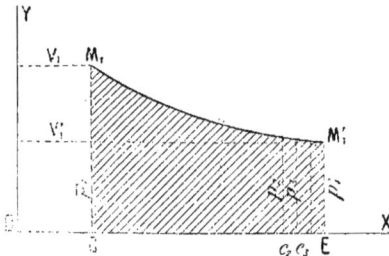
Fig. 16.

détendu de quantités élémentaires de volume et que les pressions correspondantes soient devenues $p_2, p_3, \ldots, p'_1$.

Si $v_2, v_3 \ldots, V'_1$ représentent les quantités totales de volume respectivement occupées par le gaz, nous aurons, en appliquant la loi de Mariotte :

$$V_1 p_1 = v_2 p_2 = v_3 p_3 = \ldots V'_1 p'_1,$$

d'où :

$$p_2 = \frac{V_1 p_1}{v_2}, \; p_3 = \frac{V_1 p_1}{v_3} \ldots p'_1 = \frac{V_1 p_1}{V'_1} . (1)$$

Désignons par $e_2, e_3, \ldots, e_n$ les augmentations élémentaires de volume, le travail du gaz pendant chacune de ces détentes successives sera égal au produit de l'augmentation de volume par la pression correspondante, c'est-à-dire :

$$p_2 e_2, \; p_3 e_3, \ldots, e_n p'_1.$$

Le travail total T du gaz sera la somme :

$$T = p_e e_2 + p_3 e_3 + \ldots p'_1 e_n.$$

Remplaçons dans cette égalité les valeurs de $p_1, p_2, \ldots, p_n$, trouvées dans l'égalité (1), on a :

$$T = V_1 p_1 \left(\frac{e_2}{v_2} + \frac{e_3}{v_3} + \ldots \frac{e_n}{V'_1} \right).$$

La parenthèse de cette égalité est égale au logarithme népérien ou hyperbolique de $\frac{V'_1}{V_1}$ dont la base est 2,7182818 (1).

On a donc :

$$T = p_1 V_1 \log \text{hyp} \frac{V'_1}{V_1} ;$$

Telle est la valeur du travail fourni pendant la période MM'_1. Pour transformer ce travail en chaleur, il suffit de multiplier l'égalité précédente par l'équivalent calorifique du travail A ; on a alors :

$$Q = p_1 V_1 \log \text{hyp} \frac{V'_1}{V_1} \times A. \quad (1)$$

Pendant la deuxième période isotherme $M'_0 M_0$ nous avons comprimé le gaz de V'_0 à V_0 et, par suite, dépensé une quantité de travail représentée par la surface $A M_0 M'_0 F$ (*fig.* 16). Cette surface a pour

---

(1) Pour transformer ce logarithme en logarithme décimal ordinaire, on sait que le logarithme d'un nombre dans un système dont la base est quelconque est égal au logarithme décimal de ce nombre, divisé par le logarithme décimal de la base de ce système. On a donc :

$$\log \text{hyp} \frac{V'_1}{V_1} = \frac{\log \frac{V'_1}{V_1}}{\log 2,7182818} = \frac{\log \frac{V'_1}{V_1}}{0,434294482}$$

$$= 2,3026 \log \frac{V'_1}{V_1}$$

d'où : $\quad T = p_1 V_1 \left(2,3026 \log \frac{V'_1}{V_1} \right).$

La température passant de t_0 à t_1 la loi de Gay-Lussac donne :

$$p_0 V_0 = p_1 V'_0 \quad V'_0 = \frac{p_0 V_0}{p_1}. \quad (a)$$

(2) Supposons, en effet, que la température reste constante, le volume devenant V'_0, la loi de Mariotte donne :

$$\frac{V'_0}{1 + \alpha t_0} = \frac{V_1}{1 + \alpha t_1} \quad (b)$$

$(1 + \alpha t)$ étant le binôme de dilatation du gaz, en éliminant V'_0 dans les égalités (a) et (b), il vient :

$$\frac{p_0 V_0}{1 + \alpha t_0} = \frac{p_1 V_1}{1 + \alpha t_1}.$$

valeur, en appliquant la formule trouvée précédemment :

$$p_0 V_0 \log \text{hyp} \frac{V_0'}{V_0}.$$

Et comme la température du gaz n'a pas changé, toute la chaleur produite par la compression a dû être évacuée; on a donc :

$$Q' = p_0 V_0 \log \text{hyp} \frac{V_0'}{V_0} A. \qquad (2)$$

Les valeurs de Q et Q' trouvées dans les égalités (1) et (2) donnent :

$$Q - Q'$$
$$= A \left(p_1 V_1 \log \text{hyp} \frac{V_1'}{V_1} - p_0 V_0 \log \text{hyp} \frac{V_0'}{V_0} \right). (3)$$

On peut simplifier cette formule en supposant que les températures t_1 et t_0 soient assez éloignées pour que les courbes isothermes $M_1 M_1'$ et $M_0 M_0'$ soient parallèles. Dans ce cas, on a :

$$\frac{V_1'}{V_1} = \frac{V_0'}{V_0},$$

$$Q - Q' = A \times \log \text{hyp} \frac{V_1'}{V_1} (p_1 V_1 - p_0 V_0).$$

La combinaison de la loi de Mariotte et de celle de Gay-Lussac donne (2) :

$$\frac{p_1 V_1}{1 + \alpha t_1} = \frac{p_0 V_0}{1 + \alpha t_0}.$$

Multiplions cette égalité par α, on a :

$$\frac{p_1 V_1}{\frac{1}{\alpha} + t_1} = \frac{p_0 V_0}{\frac{1}{\alpha} + t_0} \cdot \text{ Or: } \frac{1}{\alpha} = 273$$

ainsi que nous l'avons vu n° 8 ; en désignant $\frac{1}{\alpha} = a$, il vient :

$$\frac{p_1 V_1}{a + t_1} = \frac{p_0 V_0}{a + t_0} = R,$$

d'où :
$$p_1 V_1 = R (a + t_1),$$
$$p_0 V_0 = R (a + t_0),$$

Introduisons ces valeurs de $p_0 V_0$ et $p_1 V_1$ dans l'égalité (3) :

$$Q - Q' = A \times \log \text{hyp} \frac{V_1'}{V_1}$$
$$\times R (a + t_1 - a - t_0),$$
$$Q - Q' = A \times \log \text{hyp} \frac{V_1'}{V_1} \times R (t_1 - t_0).$$

telle est la valeur de Q — Q' représentant la quantité de chaleur transformée en travail.

Le rapport $\frac{Q - Q'}{Q}$ de la chaleur transformée en travail à la chaleur totale dépensée, et que nous avons appelé le *coefficient économique* ou *rendement* de la machine en chaleur a donc pour valeur :

$$\frac{Q - Q'}{Q} = \frac{A \times \log \text{hyp} \frac{V_1'}{V_1} \times R (t_1 - t_0)}{A \times \log \text{hyp} \frac{V_1'}{V_1} \times R (a + t_1)},$$

$$\frac{Q - Q'}{Q} = \frac{t_1 - t_0}{a + t_1}.$$

Cette expression montre bien que *le rendement de la machine en chaleur est directement proportionnel à la chute de température.*

Le rendement de la machine en travail serait exprimé par :

$$\frac{T}{Q} = \frac{Q - Q'}{Q} \times \frac{1}{A},$$

d'où :
$$\frac{T}{Q} = \frac{t_1 - t_0}{A (a + t_1)}.$$

Pour que le rendement soit maximum, c'est-à-dire que toute la chaleur soit transformée en travail, il faudrait que :

$$t_1 - t_0 = a + t_1, \qquad (4)$$

car on aurait alors :

$$\frac{T}{Q} = \frac{1}{A},$$

qui est l'équivalent mécanique de la chaleur. Si nous résolvons l'équation (4), on a :

$$t_0 = a + t_1 - t_1 = a = 273;$$

il faudrait donc refroidir le gaz à — 273 degrés.

Nous avons vu au n° 8 que ce nombre — 273 a reçu le nom de *zéro absolu* et que l'on considère qu'à cette température les corps sont complètement inertes à fournir du travail.

L'expression $\frac{T}{Q} = \frac{t_1 - t_0}{A (273 + t_1)}$ confirme que le travail recueilli ne dépend pas de la nature du gaz, ni des circonstances du changement d'état mais seulement de la chute de température $t_1 - t_0$; qu'en outre une partie seulement de la chaleur transmise a pu être transformée en travail.

49. *Cycle de Carnot appliqué à la vapeur d'eau.* — Nous savons que le rendement en travail obtenu par la détente d'un gaz est égal à :

$$\frac{T}{Q} = \frac{t_1 - t_0}{A\,(273 + t_1)} = \frac{425\,(t_1 - t_0)}{273 + t_1}.$$

Dans cette formule, T est le travail qu'on a pu recueillir et qui est représenté par la surface $M_0 M_1 M'_1 M'_0$ de la figure 15 ; pour l'évaluer, il est nécessaire de connaître la nature des courbes qui limitent cette surface.

Les courbes isothermiques déterminées par les équations précédentes et qui sont la représentation de la loi de Mariotte sont des hyperboles équilatères ; elles s'appliquent à la vapeur d'eau saturée.

Quant aux courbes adiabatiques, elles diffèrent sensiblement des précédentes ; pour les tracer, il faut se servir d'une

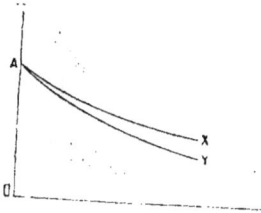

Fig. 17.

formule donnant les relations entre le volume et la pression de la vapeur d'eau aux différentes températures. Il faut remarquer (*fig.* 17) que, si nous faisions détendre un même poids de vapeur d'eau, d'abord suivant la courbe adiabatique AX, puis suivant la courbe de la loi de Mariotte AY, on recueillerait plus de travail dans le premier cas.

Il faut observer aussi que la détente de la vapeur d'eau diffère par un point très important de celle d'un gaz permanent. Au point de vue thermodynamique, la vapeur est considérée comme un gaz qui contient en suspension de l'eau à l'état vésiculaire. Par suite du travail produit pendant la détente, l'abaissement de température qui en résulte donne lieu à une condensation croissante de la vapeur sur les parois du cylindre qui renferme cette

dernière ; à la fin de la détente, autrement dit de la course du piston, le volume gazeux qu'on évacue contient une plus grande quantité d'eau qu'à son entrée dans le cylindre. L'existence de cette condensation joue un rôle très important dans le fonctionnement économique des machines à vapeur. Nous reviendrons plus loin sur cette question, nous contentant de rappeler ici que le rendement de la machine ne dépend essentiellement que de la chute de température subie par la vapeur entre son entrée et sa sortie de la machine.

Les théories qui avaient pendant longtemps fait chercher à remplacer la vapeur par d'autres fluides, l'air par exemple, n'ont pas subsisté ; la préférence qu'on peut accorder à l'un ou l'autre de ces

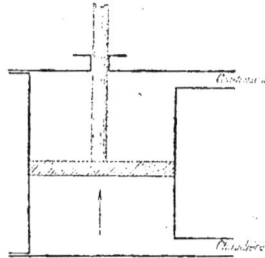

Fig. 18.

agents ne doit provenir que de la facilité plus ou moins grande d'augmenter la chute de température.

Cycle de la machine à vapeur.

50. La machine à vapeur est essentiellement composée d'un cylindre clos dans lequel on admet la vapeur qui provient de la chaudière (*fig.* 18). Cette vapeur agit par sa pression sur un piston qui se meut dans l'intérieur du cylindre ; c'est la période de *pleine pression*. Arrivé à un point déterminé de la course du piston, on ferme la communication du cylindre avec la vapeur ; cette dernière alors se *détend*, en vertu de la pression restante, jusqu'à ce que le piston soit arrivé à l'extrémité de sa course ; c'est la période de *détente*. Voilà ce qui s'est passé sur l'une des faces du piston ; l'autre face était pendant ce temps mise en communication avec un réservoir hermétiquement clos, dans lequel la vapeur qui avait servi précédemment venait se *condenser* au contact d'une source de froid.

Cette *condensation*, due à l'abaissement de température ainsi provoqué, en réduisant le volume de la vapeur, a pour effet de diminuer la pression qui agit sur le piston en sens inverse de la pression de la vapeur.

La chute de température se trouve donc augmentée d'autant que la pression, agissant en sens inverse du déplacement du piston, ou *contre-pression*, est plus faible.

Ceci posé, nous allons étudier comment

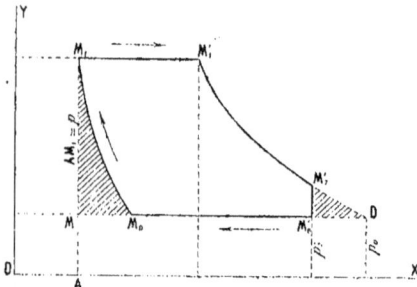

Fig. 19.

le cycle de la machine à vapeur diffère du cycle de Carnot et quelle est l'expression du travail produit par la vapeur dans le cylindre de la machine.

Traçons deux axes rectangulaires OX et OY (*fig.* 19) et représentons par OA le volume V_i de vapeur que nous avions comprimé dans le cylindre et qui sort de la chaudière soit $AM_i = p_i$, la pression exercée par la vapeur par unité de surface : le point M_i représente l'état de la vapeur au moment où elle s'introduit dans le cylindre. A ce moment, il y a pleine introduction, le cylindre étant supposé resté en communication avec la chaudière, de sorte que nous pouvons admettre que la pression et la température restent constantes. La courbe *isotherme* qui représente cette période est donc figurée

par l'horizontale $M_i M'_i$. 'A partir du point M'_i nous fermons la communication avec la chaudière ; la vapeur, ainsi isolée, se détend suivant la courbe adiabatique $M'_i D$ et cela jusqu'à ce que cette pression devienne égale à celle du condenseur. Cependant, si nous laissions la pression de la vapeur s'abaisser jusqu'à cette limite, le travail fourni vers la fin de la course serait presque nul et pratiquement insuffisant à vaincre les résistances extérieures, comme nous le verrons plus loin. Pour obvier à cet inconvénient, on arrête la détente au point M'_2, alors que la pression correspondante p'_2 est supérieure à celle qui règne dans le condenseur. Le cylindre est mis ensuite en communication avec le condenseur, la pression descend subitement à p_0 ; le piston rétrograde et reste pendant cette course en communication avec le condenseur dans lequel nous supposerons constantes la pression et la température de la vapeur. Cette deuxième période isotherme est représentée par l'horizontale $M'_0 M$.

Il nous reste à considérer la première période adiabatique, celle pendant laquelle on comprimait la vapeur dans le cylindre (n° 47). Dans les machines à vapeur, cette période correspond au travail qu'il faut développer pour ramener à la chaudière la vapeur qui a servi.

La surface $MM_i M'_i M_2 M'_0$ représente le travail positif développé par la vapeur dans le cylindre pour obtenir le travail réel ; il faut retrancher de ce dernier le travail nécessaire à refouler l'eau à la chaudière. Si $MM_i M_0$ représente ce travail, le travail réel est représenté par la surface $M_0 M_i M'_i M'_2 M'_0$.

Ce cycle diffère très peu du cycle de Carnot ; cependant dans ce dernier on eût poussé la détente jusqu'en D, c'est-à-dire jusqu'à abaisser la pression de la vapeur à celle du condenseur ; en arrêtant la détente en M'_2 on subit une perte de travail représentée par la surface $M'_0 M'_2 D$.

Théoriquement, la courbe $M'_i M'_2$ est une courbe adiabatique, elle suppose que le cylindre est imperméable à la chaleur, qu'il est incapable de communiquer ni d'enlever de la chaleur à la vapeur qui se détend. La courbe AX qui représente la courbe de la détente adiabatique (*fig.* 20) diffère de la courbe AY donnée par la thermodynamique; cette dernière se confond presque avec la courbe AL qui passe un peu au dessus et qui représente la loi de Mariotte. On peut donc, d'une manière approximative, adopter cette dernière courbe, c'est-à-dire l'hyperbole équilatère.

51. *Calcul de travail du cycle de la vapeur d'eau.* — Supposons que l'on fasse agir un volume V de vapeur, représenté par AB (*fig.* 21), sur un piston de surface déterminée. Soient AA' $= h$ la pression initiale de la vapeur, $V_1 =$ AC le volume total engendré par le piston à la fin de la détente et CC″ la pression correspondante. La pression au condenseur, ou contre-pression, est CC' $= h'$. La période de pleine introduction est représentée par l'horizontale A'B' celle de détente par la courbe B'C', celle de contre-pression par l'horizontale C″A″. Si nous ne tenons

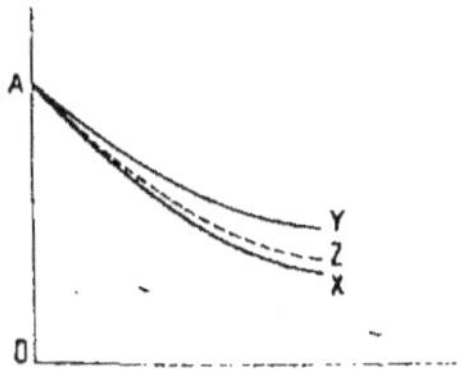

Fig. 20.

pas compte du travail nécessaire pour produire le refroidissement au condenseur ni des pertes dues aux résistances passives, le travail produit par le volume V de vapeur considéré est représenté par la surface AA'B'C'C diminuée de la surface AA″C″C, qui représente le travail de la contre-pression.

Le travail positif AA'B'C'C se compose de deux parties: celui ABB'A' qui correspond à la période de pleine introduction, et celui BCC'B' qui correspond à la période de détente.

Le premier de ces travaux est égal à Vh, le travail produit pendant la détente a pour valeur (n° 48):

$$V h \log \text{hyp} \frac{V_1}{V}.$$

puisque C'B' est une hyperbole équilatère.

Le travail de la contre-pression est V'h, le travail recueilli T a donc pour valeur :

$$T = V h + V h \log \text{hyp} \frac{V_1}{V} - V_1 h'. \quad (1)$$

Désignons par z la course du piston, et par z_0 la fraction de course correspondant à la pleine introduction, on a :

$$\frac{z}{z_0} = \frac{V_1}{V}, \quad \text{d'où} \quad V_1 = \frac{V z}{z_0}, V_1 h' = \frac{V h' z}{z_0};$$

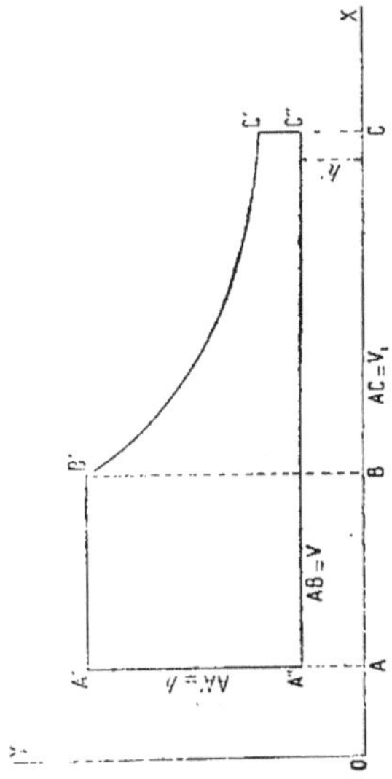

Fig. 21.

remplaçant dans l'égalité (1) $\frac{V_1}{V}$ et $V_1 h'$ par ces valeurs, on a :

$$T = V h + V h \log \text{hyp} \frac{z}{z_0} - \frac{V h' z}{z_0}$$

mettant Vh en facteur commun :

$$T = V h \left(1 + \log \text{hyp} \frac{z}{z_0} - \frac{h' z}{h z_0} \right)$$

ou bien en transformant $\log \text{hyp} \frac{z}{z_0}$ en logarithme décimal :

$$T = V h \left(1 + 2,3026 \log \frac{z}{z_0} - \frac{h' z}{h z_0} \right).$$

Cette formule montre l'avantage de la condensation qui réduit le terme $\dfrac{h'z}{hz_0}$ d'autant plus que la pression h' est plus faible. L'emploi du condenseur se trouve donc indiqué pour les machines à basse et à moyenne pression (jusqu'à 4 kilogrammes); il devient moins avantageux avec les machines à haute pression où le terme $\dfrac{h'}{h}$ devient relativement faible par rapport au terme précédent.

Si la machine est à *détente* et sans *condensation*, la formule du travail d'un volume V de vapeur devient :

$$T = V h \left(1 + 2{,}3026 \log \frac{z}{z_0} - \frac{10\,330}{h} \frac{z}{z_0} \right)$$

car ici la contre-pression h' est égale à la pression atmosphérique (1030 kilogrammes par mètre carré).

Si la machine est *sans détente* et à *condensation* :

$$T = V h \left(1 - \frac{h'}{h} \right).$$

Enfin, si la machine est sans détente et sans condensation :

$$T = V h \left(1 - \frac{10330}{h} \right).$$

Ces formules permettent de résoudre un problème d'une grande importance pratique: celui de déterminer le volume de vapeur à dépenser par cheval et par heure, suivant une détente donnée. Il suffit de remplacer T par sa valeur en chevaux-vapeur (voir l'appendice) et de calculer la valeur correspondante de V.

Le cheval vapeur fournissant par seconde 75 kilogrammètres, équivaut à 75 × 60 × 60 = 270000 kilogrammètres par heure. Le volume de vapeur à dépenser par heure pour produire une force de 1 cheval sera:

$$270\,000 = V h \left(1 + \log \text{hyp} \frac{z}{z_0} - \frac{h'}{h} \frac{z}{z_0} \right),$$

d'où :

$$V = \frac{270\,000}{h \left(1 + \log \text{hyp} \dfrac{z}{z_0} - \dfrac{h'}{h} \dfrac{z}{z_0} \right)}.$$

Pour déterminer le poids Q de vapeur à dépenser par heure, il suffit de multiplier par la densité d :

$$V d = Q = \frac{d}{h} \frac{270\,000}{\left(1 + \log \text{hyp} \dfrac{z}{z_0} - \dfrac{h'}{h} \dfrac{z}{z_0} \right)}.$$

En pratique, on prend $\dfrac{d}{h} \times 10\,000 = 0{,}5$,

d'où l'on tire :

$$Q = 0{,}5 \frac{27}{\left(1 + \log \text{hyp} \dfrac{z}{z_0} - \dfrac{h'}{h} \dfrac{z}{z_0} \right)}.$$

En faisant varier le rapport $\dfrac{z}{z_0}$, on peut calculer les valeurs correspondantes de Q. Si on prend, par exemple, $h = 5$ kilogrammes et $h' = 0^k,1$, on aura pour :

$$\frac{z}{z_0} = 1, \qquad Q = 13^k,29$$

$$\frac{z}{z_0} = 2, \qquad Q = 8,21$$

$$\frac{z}{z_0} = 3, \qquad Q = 6,64$$

$$\frac{z}{z_0} = 4, \qquad Q = 5,88$$

$$\frac{z}{z_0} = 5, \qquad Q = 5,41$$

$$\frac{z}{z_0} = 10, \qquad Q = 4,07$$

$$\frac{z}{z_0} = 20, \qquad Q = 3,78$$

$$\frac{z}{z_0} = 30, \qquad Q = 3,57$$

$$\frac{z}{z_0} = 50, \qquad Q = 3,45.$$

On ne dépasse guère $\dfrac{z}{z_0} = 10$ à 15 dans les machines à vapeur.

Pour une machine sans condensation, dans laquelle $h = 5$ kilogrammes et $h' = 1$, on a pour :

$$\frac{z}{z_0} = 1, \qquad Q = 16^k,97$$

$$\frac{z}{z_0} = 2, \qquad Q = 10,50$$

$$\frac{z}{z_0} = 3, \qquad Q = 9,06$$

$$\frac{z}{z_0} = 4, \qquad Q = 8,56$$

$$\frac{z}{z_0} = 5, \qquad Q = 8,44$$

Dans ces machines on ne peut guère aller jusqu'à $\frac{z}{z_0} = 5$, car alors la pression finale est presque égale à la contre-pression à la fin de la course.

52. *Considérations générales sur le travail de la vapeur d'eau.* — La vapeur produite dans les chaudières, sous une pression déterminée, est admise, ainsi que nous l'avons dit précédemment, dans un cylindre où elle produit du travail en agissant sur un piston. Qu'elle agisse à pleine pression ou à détente, la quantité de chaleur qu'elle cède, en agissant sur le piston, mesure le travail théorique produit pendant cette opération.

Nous avons vu l'avantage qu'il y avait à faire détendre cette vapeur; ce travail supplémentaire s'ajoutant au travail correspondant à la pleine pression. L'avantage précité cesse si l'on prolonge la détente au-delà du moment pour lequel la contre-pression et les résistances passives sont égales au travail produit.

La vapeur ayant agi dans le cylindre, pendant la course du piston, s'échappe librement dans l'atmosphère, quand la machine est sans condensation. Dans les machines à condensation, au contraire, la vapeur est admise, au sortir du cylindre, dans un condenseur où elle abandonne une partie de la chaleur restante, au profit de l'eau avec laquelle elle est mise en contact. Nous n'insisterons pas davantage sur l'utilité économique de la condensation, elle est théoriquement démontrée par les formules qui donnent la valeur du travail de la vapeur; dans la pratique elle permet de prolonger la détente en réduisant la contre-pression au-dessous de la pression atmosphérique. Nous avons considéré, dans ce qui précède, le *rendement thermique* ou *coefficient économique* de la machine, représenté par le rapport de la quantité de chaleur transformée en travail à la quantité de chaleur fournie par le foyer;

soit :

$$\frac{Q - Q'}{Q} = R_t.$$

Ce rapport doit être distingué des différentes acceptions que les mécaniciens donnent au mot rendement.

Si l'on compare le travail T_c recueilli sur l'arbre moteur de la machine au travail T_i développé dans le cylindre, on aura le *rendement organique* de la machine, soit :

$$\frac{T_c}{T_i} = R_0.$$

Le *rendement réel*, c'est-à-dire le rapport entre le nombre de calories fournies par le foyer et le nombre de calories correspondant au travail recueilli sur l'arbre moteur, sera :

$$R = R_t \times R_0.$$

Le premier facteur du rendement, R_t, dépend de la perfection du cycle représentant le travail de la vapeur dans le cylindre; le second facteur, R_0, dépend des perfectionnements apportés dans les dispositions et dans la construction du mécanisme moteur. Le rendement théorique réel n'est donc qu'une fraction de la quantité totale disponible du cycle R_t, soit les 0,60 seulement.

De même, un grand nombre de causes tendent à diminuer le rendement organique, les principales sont :

L'eau entraînée par la vapeur, le *rayonnement* de la chaleur par les tuyaux et autres capacités intermédiaires, et la *condensation* de la vapeur qui est la conséquence de ce rayonnement. Les *fuites* de vapeur, les *espaces nuisibles*, les *frottements* sont aussi des causes de pertes sur lesquelles nous aurons à revenir.

Malgré ces causes, qui toutes concourent plus ou moins à diminuer le rendement organique de la machine, ce dernier s'élève, dans certaines machines perfectionnées, à 80 et 90 0/0. Toutes choses égales, il est plus petit dans les machines de faible puissance, pour lesquelles il descend à 50 ou 40 0/0 et au-dessous. Le coefficient moyen peut donc être pris de 75 0/0 de rendement.

Le rendement théorique est donné par la relation :

$$\frac{Q - Q'}{Q} = \frac{t_1 - t_0}{273 + t_1} = R_t,$$

que l'on peut écrire :

$$\frac{Q - Q'}{Q} = \frac{T - T_1}{T} = R_t.$$

T et T_1 représentant les *températures absolues* de la vapeur au commencement et à la fin de la course du piston. Si nous prenons, par exemple, une machine fonctionnant avec de la vapeur à 6 kilogrammes de pression absolue se détendant jusqu'à $0^k,10$, on aura :

$$R_t = \frac{T - T_1}{T} = (273 + 158) - 273 + 46)$$

$$= \frac{112}{431} = 0,25.$$

Cette valeur 0,25 doit être diminuée des imperfections du cycle et nous n'en prendrons que les 0,60 seulement :
$$0,25 \times 0,60 = 0,15.$$
Le rendement organique R_0 étant admis à R = 0,75, on a pour la valeur du rendement réel $0,15 \times 0,75 = 0,112$.

Ce rendement, au point de vue industriel, doit encore être réduit du rendement de la chaudière, soit 0,70 :
$$0,112 \times 0,7 = 0,08.$$
La machine à vapeur ne rend donc en travail que les 8 0/0 de la chaleur produite par le foyer de la chaudière.

Les résultats obtenus par la pratique (voir n° 47) ne diffèrent pas sensiblement de ceux-ci, quand on considère des machines fonctionnant dans d'excellentes conditions.

53. *Machines à vapeur combinées.* — On a cherché, non sans raison, à utiliser la vapeur d'échappement des machines à à vapeur pour vaporiser un liquide très volatil, dont la vapeur, à son tour, agissant dans un cylindre spécial, développerait un travail supplémentaire. Après avoir produit son effet dans une machine ordinaire, la vapeur d'eau était admise dans un appareil spécial, servant à la fois de condenseur de cette vapeur et de vaporisateur du liquide volatil auxiliaire. La vapeur formée de cette manière agissait ensuite dans un cylindre distinct, puis était condensée dans un appareil d'eau

froide, pour être volatilisée de nouveau ; de sorte que le même fluide servait indéfiniment. Nous aurons l'occasion de revenir dans un chapitre spécial sur les applications de ces machines. L'idée est rationnelle et très séduisante comme principe. L'avantage qu'on recueille par ce procédé est la possibilité d'augmenter la chute de température dans une proportion assez notable, il est compensé par divers inconvénients qui ont jusqu'ici rendu très discutable l'emploi de ces machines.

Formules et données numériques.

54. Nous allons rappeler ici les formules relatives à la vapeur d'eau saturée qui peuvent être employées dans les calculs de thermodynamique. On peut se servir aussi des tables numériques contenues à la fin du précédent chapitre et qui sont suffisantes pour la plupart des cas de la pratique.

Chaleur de l'eau. — Quantité de chaleur pour porter 1 kilogramme d'eau de 0 à t degrés centigrades :

$$q = t + 0,2 \left(\frac{t}{100}\right)^2 + 0,3 \left(\frac{t}{100}\right)^3 ;$$

ou si : $T = 273 + t =$ température absolue :

$$q = -277,61 + 1,0562\, T$$
$$- 2,257 \left(\frac{T}{100}\right)^2 + 0,3 \left(\frac{T}{100}\right)^3.$$

Chaleur totale. — Quantité de chaleur pour vaporiser 1 kilogramme d'eau de 0 degré à t degré :

$$Q = 606,5 + 0,305\, t,$$

ou : $$Q = 523,24 + 0,305\, T.$$

Chaleur de vaporisation. — Quantité de chaleur pour vaporiser à t degrés, 1 kilogramme d'eau prise à t degré :

$$l = Q - q$$
$$l = 606,5 - 0,695\, t - 0,2 \left(\frac{t}{100}\right)^2$$
$$- 0,3 \left(\frac{t}{100}\right)^3 ,$$

ou : $$l = 800,85 - 0,7512\, T$$
$$+ 2,257 \left(\frac{T}{100}\right)^2 - 0,3 \left(\frac{T}{100}\right)^3.$$

Tension de la vapeur d'eau saturée. —
D'après Zeuner :

1° De 0 à 100 degrés :

Log $p = a -$ B $+$ C ; $a = 4,7393707$;

Log B $= 0,0117408 - 0,003274463\, t$;

Log C $= -1,8680093 + 0,006864937\, t$;

2° De 0 à 200 degrés :

Log $p = a' -$ B$' -$ C$'$; $a' = 6,2640348$;

Log B$' = +0,6593123 - 0,001656138\, t$;

Log C$' = +0,0207601 - 0,005950708\, t$;

p, pression en millimètres de mercure ;

t, température centigrade.

La pression p' en kilogrammes par centimètre carré s'obtient en multipliant la pression en millimètres de mercure p par le rapport $\dfrac{1,0334}{760} = 0,0013597$ ou en posant :

$$\log p' = \log p + \bar{3},1334431.$$

Volume et densité de la vapeur d'eau saturée. — D'après Zeuner.

Volume :

$$pv^{1,0646} = 1,649.$$

p, pression en kilogrammes par centimètre carré ;

v, volume en mètres cubes de 1 kilogramme de vapeur d'eau saturée.

Densité :

$$d = 0,6263\, p^{0,9393}.$$

p, pression en kilogrammes par centimètre carré ;

d, poids en kilogramme du mètre cube de vapeur saturée.

Vapeur surchauffée.

55. Nous avons vu, numéro 12, que si sans changer la pression de la vapeur on augmente sa température, on surchauffe cette vapeur. La quantité de chaleur dépensée dépend de la chaleur spécifique de la vapeur, qui est en moyenne de 0,485 calories par chaque degré d'élévation de température. En outre, le volume de la vapeur s'accroît, mais la loi de cet accroissement n'est pas définie.

Si t' est la température de la surchauffe, la quantité totale Q' de chaleur contenue dans 1 kilogramme de *vapeur surchauffée* est égale à :

Q' $=$ Q $+ 0,485\ (t' - t)$

Q' $= 606,5 + 0,305\, t + 0,485\ (t' - t)$;

t, température de la vapeur correspondant à sa pression ;

t', température de la vapeur après la surchauffe.

56. *Mélange d'eau et de vapeur.* — La détente de la vapeur d'eau joue un rôle si important dans le fonctionnement des machines à vapeur, qu'il est du plus grand intérêt de connaître exactement les phénomènes qui se produisent pendant la détente adiabatique de la vapeur humide telle qu'on l'emploie ordinairement.

On a cru longtemps que lorsque la vapeur humide se détendait, il y avait vaporisation d'une partie de l'eau, et même, dans certains cas, que cette vapeur se surchauffait.

Les recherches de Clausius, Rankine, Hirn, ont montré que, dans les conditions ordinaires du fonctionnement des machines à vapeur, il y avait, au contraire, condensation.

La quantité de vapeur qui se condense pendant la détente peut être déterminée par le calcul (1), mais nous n'aurons pas à en faire usage dans la pratique.

57. *Autre expression du travail produit pendant la détente.* — On a cherché à faciliter les calculs pour déterminer le travail produit pendant la détente adiabatique de la vapeur ; la formule que nous avons trouvée au numéro 48 a été déduite de la loi de Mariotte, elle peut être ramenée à une forme différente.

Laplace, Rankine ont proposé la formule :

$$pv^n = \text{constante}.$$

p, pression du gaz ou de la vapeur correspondant au volume v. L'exposant n a pour valeur :

$n = 1,41$ pour les gaz permanents ;

$n = \dfrac{10}{9} = 1,11$ pour la vapeur d'eau saturée.

Zeuner modifie cette dernière valeur en tenant compte de la proportion m de vapeur sèche, et il donne comme moyenne approchée :

$$n = 1,035 + 0,100m.$$

(1) Ser., *Physique industrielle*, t. I, page 828.

Si $m = 0,70$, l'expression devient :
$$pv^{1,105}$$

Le travail produit pendant la détente adiabatique, déduit de ce qui précède, est alors représenté par les formules suivantes :

$$T = \frac{p_0 v_0}{n-1}\left[1 - \left(\frac{v_0}{v_1}\right)^{n-1}\right]$$

$$T = \frac{p_0 v_0}{n-1}\left[1 - \left(\frac{p_1}{p_0}\right)^{\frac{n-1}{n}}\right]$$

$$T = \frac{a p_1 v_1}{n-1}\,[T - T_1].$$

T, T_1, températures absolues au commencement et à la fin de la détente adiabatique ; $T = 273 + t$;

P_0, v_0, pression et volume au commencement de la détente ;

P_1, v_1, pression et volume à la fin de la détente.

La formule ordinaire, déduite de la loi de Mariotte (n° 48), était :

$$T = V h \log \text{hyp} \frac{V_1}{V},$$

en prenant les notations précédentes elle devient :

$$T = p_0 v_0 \log \text{hyp} \frac{v_1}{v_0} ;$$

ou bien, puisque $\frac{v_1}{v_0} = \frac{p_0}{p_1}$:

$$T = p_0 v_0 \log \text{hyp} \frac{p_0}{p_1}.$$

Poids de combustible nécessaire pour obtenir un poids déterminé de vapeur.

58. Soient Q le poids de vapeur à fournir, t la température correspondant à la tension de la vapeur, t' la température de l'eau d'alimentation de la chaudière. La quantité de chaleur contenue dans 1 kilogramme de vapeur de 0 degré à t degré est égale à :

$$606,5 + 0,305\, t.$$

Comme l'eau d'alimentation était prise à t' degré, la quantité de chaleur fournie par kilogramme de vapeur de t' degré à t degré est :

$$606,5 + 0,305\,(t-t') ;$$

et pour Q kilogrammes de vapeur elle est de :

$$Q\,(606,5 + 0,305\, t\text{-}t'). \qquad (1)$$

Si P est le poids de combustible cherché, nous admettrons que le kilogramme de charbon fournit 8 000 calories et que la chaudière utilise les 60 0/0 seulement de la chaleur dégagée par le foyer. La quantité de chaleur qui a produit Q kilogrammes de vapeur est égale à :

$$P \times 8\,000 \times 0,6 = P \times 4\,800. \qquad (2)$$

Des égalités (1) et (2) on tire :

$$P = \frac{Q\,[606,5 + 0,305\,(t-t')]}{4\,800}.$$

Si on veut déterminer le poids de vapeur à dépenser par cheval et par heure, il suffit de remplacer Q par sa valeur dans la formule (N° 51) :

$$Q = 0,5 \times \frac{27}{\left(1 + \log \text{hyp} \dfrac{z}{z_0} - \dfrac{h'}{h}\dfrac{z}{z_0}\right)}.$$

On obtient alors :

$$P = 0,5 \,\frac{27}{\left(1 + \log \text{hyp} \dfrac{z}{z_0} - \dfrac{h'}{h}\dfrac{z}{z_0}\right)}$$
$$\times \frac{606,5 + 0,305\,(t-t')}{4\,800},$$

d'où :

$$P = \frac{606,5 + 0,305\,(t-t')}{355\left(1 + \log \text{hyp} \dfrac{z}{z_0} - \dfrac{h'}{h}\dfrac{z}{z_0}\right)}.$$

Nous avons appliqué dans cette expression la formule trouvée au n° 51 dans laquelle on a pris $d \times 10\,000 = 0,5$; il ne nous paraît pas inutile de donner quelques explications complémentaires sur ce résultat.

Nous rappelons que d et h représentent la densité de la vapeur à la pression correspondante h ; désignons par d_a et h_a la densité et la pression de la vapeur à la température de 100 degrés.

d_a est alors égal au poids de l'unité de volume de vapeur à 100 degrés, c'est-à-dire à la pression atmosphérique h_a ; la valeur de d_a est connue par expérience et égale à 0,589, sous la pression h_a dont la valeur est de 1034 kilogrammes par mètre carré de surface.

Ceci posé, la loi de Gay Lussac donne :

$$\frac{d}{d_a} = \frac{1 + \alpha t_a}{1 + \alpha t} \times \frac{p}{p_a} \ (1).$$

(1) On a, en effet, (N° 31) :

$$\frac{p_a V_a}{1 + \alpha t_a} = \frac{pV}{1 + \alpha t} \quad \text{ou} \quad \frac{p_a V_a}{pV} = \frac{1 + \alpha t_a}{1 + \alpha t},$$

qui peut s'écrire :

$$\frac{V_a}{V} = \frac{1 + \alpha t_a}{1 + \alpha t} \times \frac{p}{p_a}, \quad \text{or} \quad \frac{V_a}{V} = \frac{d}{d_a},$$

en remplaçant il vient :

$$\frac{d}{d_a} = \frac{1 + \alpha t_a}{1 + \alpha t} \times \frac{p}{p_a}.$$

Le coefficient de dilatation de la vapeur d'eau étant égal à 0,00366, nous aurons en remplaçant les facteurs connus par leur valeur :

$$\frac{d}{0,589} = \frac{1 + 0,00366 \times 100}{1 + 0,00366 \times t} \times \frac{p}{10\,334},$$

d'où :

$$d = \frac{0,589 \times 1,366\, p}{(1 + 0,00366 t)\, 10\,334}.$$

CHAPITRE IV

HISTORIQUE DE LA MACHINE A VAPEUR [1].

Machine de Héron.

59. Les anciens connaissaient la force élastique de la vapeur d'eau. Sans avoir des notions nettes, précises sur ses propriétés physiques, ils avaient cherché à tirer parti de cette force. C'est d'environ cent trente ans avant l'ère chrétienne que date la première application dont il soit fait mention dans l'histoire.

Héron, d'Alexandrie, qui vivait sous le règne de Ptolémée Philadelphe (120 ans av. J.-C.), se rendit célèbre par un grand nombre d'inventions mécaniques. Dans un ouvrage intitulé *Pneumatica* il indique, entre autres inventions remarquables, la description de deux machines : dans l'une, c'est la dilatation de l'air échauffé qui produit le mouvement ; dans l'autre, c'est un jet de vapeur qui s'échappe d'un vase rempli d'eau bouillante et, traversant une sphère pouvant tourner sur deux pivots, communique à celle-ci un mouvement de rotation.

Cette dernière machine, à laquelle il a donné le nom d'*éolipyle* (*porte d'Éole* ou *porte de l'air*) (*fig.* 22), se composait d'une chaudière p, munie d'un couvercle qui la

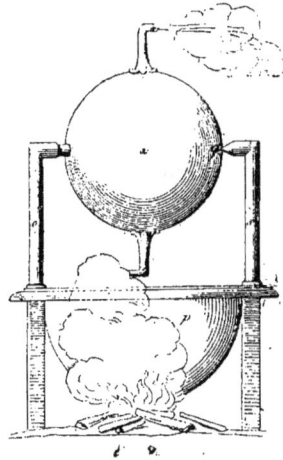

Fig. 22. — Eolipyle de Héron (120 ans avant J.-C.).

[1] Voir R. Thurston. — *Histoire de la Machine à vapeur*, 1888 et R. Stuart, *Histoire descriptive de la Machine à vapeur*, 1827.

fermait hermétiquement. Un tuyau o adapté à ce couvercle et recourbé à angle droit pénétrait dans une sphère creuse x; cette dernière était soutenue par un pivot q placé au point diamétralement opposé; la sphère était donc mobile autour de ce diamètre. Deux tubulures recourbées en sens inverse et ouvertes à leurs extrémités étaient disposées aux extrémités d'un diamètre perpendiculaire à l'axe de rotation. La vapeur provenant de l'eau bouillante enfermée dans la chaudière pénétrait dans la sphère et s'échappait par les tubulures, en déterminant le mouvement de rotation de la sphère.

Ce mouvement était dû à ce que la vapeur, qui tend à presser la surface intérieure de la sphère avec la même force en tous ses points, trouvant deux issues, s'échappait dans l'air en diminuant ainsi la pression, en ces deux points. La réaction qui aurait fait équilibre à cette pression si la tubulure eût été fermée, s'exerçait donc en sens contraire en déterminant la rotation plus ou moins rapide de la sphère en sens opposé de celui de la sortie de la vapeur.

L'éolipyle est, comme on voit, une machine à réaction basée sur le même principe que le tourniquet hydraulique des cabinets de physique.

On peut simplifier l'éolipyle en supprimant la chaudière p et en chauffant directement la sphère tournante après l'avoir préalablement remplie d'un peu d'eau. C'est ce qui fut fait par Malthésius, bien longtemps après Héron, en l'an 1563 de notre ère.

Machine de Salomon de Caus.

60. Salomon de Caus, célèbre mathématicien et ingénieur français, conçut en 1615, plus de dix-huit siècles après Héron, une machine destinée à élever l'eau au moyen de la pression de la vapeur. L'appareil était composé (*fig.* 23) d'une sphère creuse c, contenant de l'eau préalablement introduite par un robinet o; un tube ab, plongeant dans la partie inférieure de la sphère, sans la toucher, s'élevait verticalement à une hauteur conve-

nable au-dessus de l'eau. Si l'on plaçait la sphère sur le feu, après avoir fermé le robinet o, la vapeur produite, en augmentant peu à peu de volume, agissait avec une pression suffisante sur la surface de l'eau pour faire jaillir celle-ci par l'extrémité b du tube d'ascension. Salomon de Caus n'ignorait pas la propriété que possède la vapeur de se condenser, mais il n'a pas songé à utiliser cette propriété à l'effet [d'augmenter l'effet de sa fontaine: ce fut l'œuvre deses successeurs.

En 1601, Porta avait décrit un appareil analogue, mais dans lequel la chaudière était séparée du vase contenant l'eau à élever.

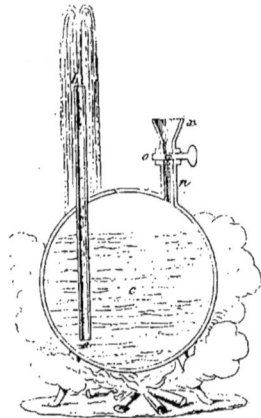

Fig. 23. — Appareil de Salomon de Caus (1615).

Machine de Worcester, de Savery.

61. Nous ne citerons que pour mémoire la machine à vapeur de Branca (1629) dans laquelle la vapeur sortant de la chaudière allait frapper les palettes d'une roue horizontale. D'autres inventeurs prirent des brevets pour différentes applications de la force de la vapeur, mais sans pouvoir arriver à lui faire produire un travail sérieux.

En 1663, le marquis de Worcester reprit l'appareil de Salomon de Caus et de Porta, mais en faisant usage de deux récipients (*fig.* 24). La vapeur était lancée alternativement dans chacun d'eux et permettait ainsi, en doublant la quantité d'eau élevée, de remplir l'une des chaudières pendant que l'autre se vidait. Il ne s'en tint pas là et, le premier, il pensa à utiliser le vide produit par la condensation de la vapeur pour doubler presque l'effet utile de l'appareil. Les deux récipients étaient alors réunis par un tube à vapeur et mis alternativement en communication avec une chaudière placée derrière eux. Après le refoulement de

Cette machine peut être considérée comme la *première machine à vapeur complète*, elle est souvent attribuée à Savery venu beaucoup plus tard (1698) et qui ne fit que rendre plus pratique l'appareil de Worcester. La figure 25, qui représente la machine de Savery, pourra servir à comprendre le fonctionnement de celle de Worcester que nous venons de décrire plus haut.

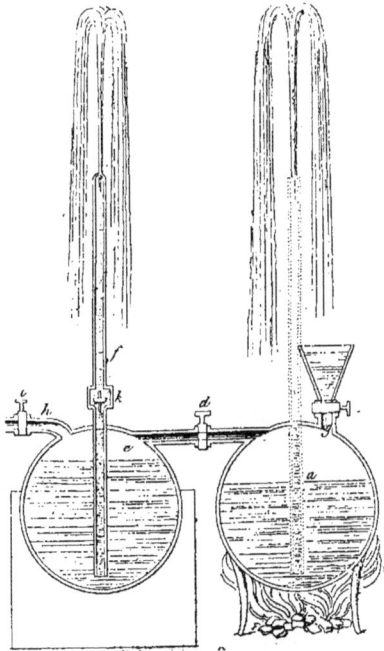

Fig. 24. — Machine de Worcester (1650).

Fig. 25. — Machine de Savery (1702).

l'eau de l'un des récipients, ce dernier conservait un peu de vapeur qui se condensait en se refroidissant, aspirait l'eau d'un puits placé en dessous et remplissait de liquide le récipient. On mettait alors ce dernier en communication avec la chaudière et la pression de la vapeur chassait le liquide en le faisant monter dans le tube d'élévation. En opérant alternativement sur l'un et l'autre des récipients, on arrivait à doubler la quantité d'eau montée.

La machine de Savery se compose de deux chaudières L, *l* d'inégale grandeur, établies sur un fourneau double AA. La chaudière L est munie de deux tuyaux O, O qui conduisent alternativement la vapeur dans les deux récipients P, *p*, lesquels sont munis de tuyaux SS, *v*, *u* qui permettent l'aspiration et le refoulement de l'eau ; des boîtes à soupape R, *r*, V, *v* sont disposées convenablement sur le trajet du liquide de manière à permettre le passage de l'eau. Ces soupapes sont manœuvrées par un mécanisme Qz, qui est combiné de telle sorte que, quand l'un des tuyaux O, O est ouvert, l'autre soit fermé et *vice versa*. Supposons que la vapeur passe d'abord dans le récipient de gauche P, la soupape V étant fermée et R ouverte, l'eau contenue dans P est chassée du récipient et forcée de monter dans le tube S jusqu'à la hauteur voulue, où elle se déverse.

La soupape R est alors fermée ainsi que celle du tube O ; la soupape V est ensuite ouverte et l'eau destinée à produire la condensation est répandue sur la surface externe de P par le robinet y, amenant l'eau du réservoir x. Aussitôt la vapeur de P condensée, il s'y forme un vide, et une nouvelle quantité d'eau, poussée par la pression atmosphérique, monte dans le tube T et s'introduit dans le récipient P.

Pendant ce temps, la vapeur de la chaudière a été dirigée dans le récipient de droite p, la soupape v ayant été préalablement fermée et r ouverte.

La masse d'eau est chassée par le tube inférieur et la soupape r, jusqu'à l'extrémité supérieure du tube S, comme précédemment. Les deux récipients sont donc ainsi remplis et vidés alternativement aussi longtemps qu'il est nécessaire.

La chaudière l est remplie d'eau d'une source quelconque, par exemple par le tuyau dd qui vient du tube S. Quand la pression de la vapeur en l est plus grande que dans la chaudière principale L, on fait communiquer leurs parties inférieures et l'eau passe, sous pression, de la plus petite à la plus grande, qui se trouve ainsi alimentée sans interrompre le travail. Des robinets de jauge N et n permettent de déterminer le niveau de l'eau dans les chaudières. Nous trouvons donc ici la *première machine à vapeur réellement pratique* et susceptible d'applications industrielles.

Savery eut le mérite d'ajouter à la machine de Worcester la *condensation par surface* ainsi que la seconde chaudière destinée à alimenter la chaudière principale ; la machine devenait alors capable de fonctionner d'une manière continue. A partir de 1702 on se servit de la machine de Savery dans certaines mines

et dans quelques distributions d'eau.

Les dangers d'explosion des chaudières l'empêchèrent de devenir d'un emploi plus général, la pression de 3 atmosphères était considérée comme un maximum.

Nous employons encore aujourd'hui deux appareils qui dérivent de la machine de Savery : la *bouteille alimentaire* et le *pulsomètre de Hall*.

Machine de Desaguliers, de Papin.

62. Nous ne pouvons passer sous silence les travaux de Jean Hautefeuille, mécanicien français qui, en 1678, proposa d'employer l'alcool dans une machine, d'évaporer et de condenser alternativement ce liquide. Il proposa également une machine à poudre à canon ; les gaz provenant de l'explosion de la poudre chassaient l'air d'un récipient et le vide ainsi obtenu était utilisé à élever de l'eau. Enfin, il fut le premier qui proposa l'emploi d'un piston dans une machine thermique.

En 1680, Huygens créa la première machine à gaz, elle fut le prototype de la machine à gaz moderne d'Otto et Langen.

Samuel Morland, en 1683, s'occupa surtout des machines d'épuisement ; il publia sur la puissance de la vapeur une étude remarquable par l'exactitude de ses conclusions.

En 1718, Desaguliers reprit la machine de Savery en se servant d'une chaudière sphérique qu'il pourvut de la soupape de sûreté à levier déjà appliquée par Papin, il produisit la condensation en injectant l'eau nécessaire à l'intérieur même du récipient. Cette modification eut pour avantage de rendre plus rapide la formation du vide et, par suite, le remplissage du récipient. C'est le procédé de *condensation par injection*, qui est encore très fréquemment employé aujourd'hui. La distribution d'eau et de vapeur se faisait par un robinet à quatre voies (*fig.* 26), dû à Papin.

Denis Papin, qui fut le collaborateur d'Huygens et de Boyle, imagina en 1680 son *digesteur*, connu aussi sous le nom de marmite de Papin, qui se composait (fig. 27) d'un vase contenant de l'eau et fermé hermétiquement par un couvercle. On y cuisait les aliments à la température élevée correspondant à la pression de la vapeur ; cette pression était déterminée et limitée par un poids agissant sur le levier d'une *soupape de sûreté*.

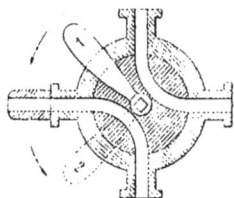

Fig. 26. — Robinet à 4 voies, de Papin

Dans sa première machine, Papin place au fond d'un cylindre une petite quantité d'eau ; si l'on chauffe la partie inférieure du cylindre, la vapeur produite soulève un piston jusqu'à ce que, sa course accomplie, un loquet vienne l'empêcher de retomber.

On enlève alors le feu, la vapeur en se condensant produit un vide qui provoque l'abaissement du piston dès qu'on a dégagé celui-ci du loquet qui le maintenait soulevé.

Fig. 27. — Digesteur de Papin

En 1707, Papin décrit une nouvelle forme de machine (*fig.* 28), dans laquelle il abandonne l'idée primitive de perfectionner l'appareil à piston d'Huygens.

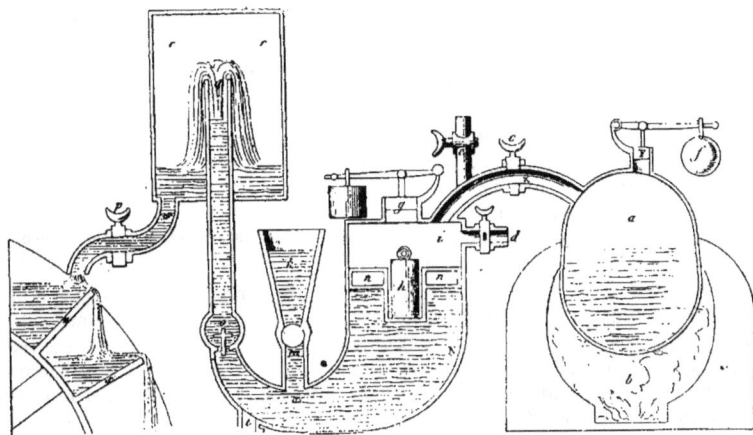

Fig. 28. — Machine de Denis Papin (1707).

L'appareil se compose d'une chaudière *a*, d'un cylindre N dans lequel la vapeur se rend par un tuyau *c*. Le piston flottant *h* est destiné à empêcher le contact direct de la vapeur avec l'eau contenue dans le cylindre, contact qui aurait pour effet de condenser brusquement la vapeur. La vapeur, en pressant sur ce piston, refoule l'eau dans une chambre à air *r* qui rend l'écoulement plus régulier. Cet écoulement se fait par le tube *g* ; après le refoulement, la condensation s'effectue dans le cylindre *n* et une nouvelle quantité d'eau y est introduite au moyen de l'entonnoir *k*. L'eau ainsi élevée agissait ensuite sur les palettes d'une roue hydraulique. Cette seconde machine est certainement un pas en arrière sur la première, Papin essaya de les appliquer l'une et l'autre à la propulsion des bateaux, mais sans succès ; le malheureux inventeur mourut découragé en 1714.

Machine de Newcomen.

63. Nous venons de voir que tous les éléments de la machine moderne ont été inventés, il restait à les appliquer en les réunissant entre eux. Les progrès déjà réalisés dans la construction des chaudières et des organes mécaniques devaient favoriser les tentatives des successeurs de Savery et de Papin. Ce fut Newcomen, forgeron anglais, qui eut l'honneur, en s'inspirant des travaux de ses devanciers, de prendre le premier brevet d'une *machine à vapeur atmosphérique*, capable de transmettre une force appliquée à l'une de ses extrémités jusqu'à la résistance qu'il s'agissait de surmonter.

Il appliqua le procédé de condensation par injection, imaginé par Desaguliers, et, après divers perfectionnements secondaires, construisit en 1705 la machine représentée par la figure 29.

La vapeur se rend de la chaudière *b* par le robinet *d* dans le cylindre *a* ; dans ce cylindre se meut un piston *s*, qui agit par l'intermédiaire d'une chaîne sur un balancier *ii*. Ce balancier porte, de l'autre côté, la tige de pompe *k* qui est munie d'un fort contrepoids, de telle sorte que le piston *s* fasse équilibre à la pression atmosphérique et permette, par suite, la chute de la tige de pompe *k* quand la vapeur agit par sa pression dans le cylindre.

On ferme alors le robinet *d*, et on ouvre le robinet *f* destiné à introduire l'eau d'injection dans le cylindre où le vide se produit par la condensation de la va-

peur. La pression atmosphérique qui s'exerce alors au-dessus du piston le force à descendre et par cela même à soulever la tige de la pompe.

La chaudière est munie des robinets de jauge *l,p* et de la soupape de sûreté N ; l'eau provenant de la condensation s'écoulait par le tube *o*. On maintenait, à l'aide du tuyau *h*, une légère couche d'eau sur le piston ; elle était destinée à empêcher les fuites. On obtenait, dans les dernières machines de Newcomen, dix à

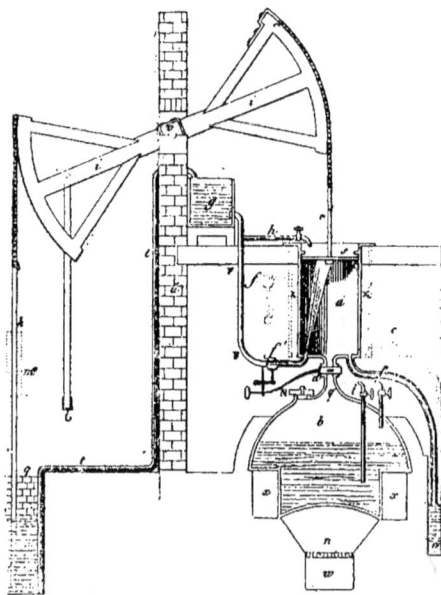

Fig. 29. — Machine de Newcomen (1705).

douze coups de piston par minute ; son fonctionnement était donc indéfini. Les avantages nombreux recueillis par cet ensemble de dispositions ingénieuses assurèrent le succès de cette machine ; on atteignit une puissance inabordable jusqu'alors, et une machine qui servait à l'épuisement des mines développait un travail d'environ 8 chevaux-vapeur.

Potter, apprenti chargé de la pénible manœuvre des robinets, imagina un dispositif grossier qui ouvrait et fermait automatiquement les robinets. Henry Beighton, en 1718, perfectionna ce dispositif et l'appliqua à la machine atmosphérique de Newcomen représentée (*fig.* 30). John Smeaton, ingénieur anglais, détermina en 1769 les proportions des divers éléments de cette machine, il en construisit plusieurs de plus grandes dimensions.

En 1780, le pays de Cornouailles possédait dix-huit grandes machines construites par Hornblower et Nancarron ; ainsi, vers cette époque, la machine à vapeur était devenue d'un usage général. La voie ouverte par Worcester, tracée par Savery et rendue pratique par Newcomen et Smeaton, était applicable à presque tous les usages pour lesquels une machine à simple effet pouvait convenir.

La machine à vapeur moderne, James Watt.

64. L'invention de la machine à vapeur est loin, comme on voit, d'être l'œuvre d'un seul ; avant d'en arriver à la machine actuelle, nous devons encore enregistrer de nombreux inventeurs, mais le plus célèbre d'entre eux fut James Watt, né en 1736 à Greenock (Angleterre). Nous ne pouvons tracer ici la biographie du modeste constructeur d'instruments de physique auquel nous sommes redevables du plus grand pas qui ait été fait dans l'invention de la machine à vapeur (1) ; nous nous contenterons de décrire brièvement les découvertes que le génie de l'illustre savant fit appliquer au perfectionnement de la machine de Newcomen. Des études et des expériences qu'il fit sur cette dernière il arriva à déterminer :

1° Les capacités calorifiques du fer, du cuivre et de quelques espèces de bois en prenant l'eau comme terme de comparaison ;

2° La relation entre le volume de la vapeur et le volume de l'eau qui la produit ;

3° La quantité d'eau vaporisée dans une

(1) R. Thurston, *Histoire de la machine à vapeur*, 1888.
R. Stuart, *Histoire descriptive de la machine à vapeur*, 1827.

chaudière par un poids déterminé de charbon ;

4° L'élasticité de la vapeur à diverses températures et la loi de cette élasticité ;

5° La quantité d'eau dépensée, par coup de piston, dans une machine atmosphérique et la quantité d'eau froide nécessaire pour condenser la vapeur dans le cylindre.

Il inventa le *condenseur*, comprenant bien l'économie qui pouvait résulter

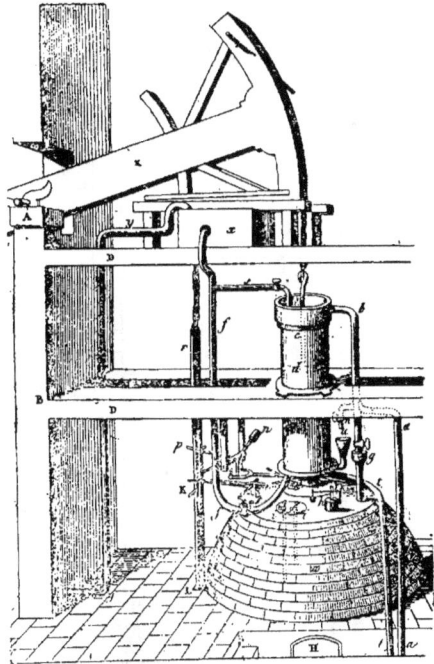

Fig. 30 — Machine de Beighton (1718).

d'effectuer la condensation dans un récipient séparé du cylindre moteur, puisque l'on évitait ainsi de refroidir ce dernier. Afin d'enlever du condenseur l'eau provenant de la condensation et l'air dissous dans l'eau qui était mis en liberté par la diminution de pression, il ajouta la *pompe à air*.

Il substitua à la couche d'eau, qu'on maintenait au-dessus du piston pour empêcher les fuites, une garniture imprégnée, de substances lubrifiantes. Afin d'éviter les pertes par refroidissement extérieur, il couvrit le haut du cylindre et le recouvrit tout entier d'une enveloppe remplie de vapeur, ou *chemise de vapeur*. Après avoir construit et installé plusieurs machines de Newcomen, il prit en 1768 un brevet qu'il exploita plus tard en s'associant avec un ingénieur distingué, Mattew Boulton.

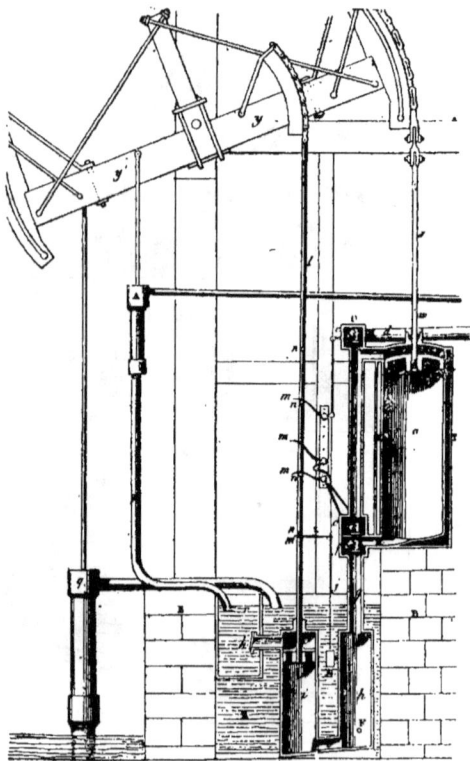

Fig. 31. — Machine de Watt (1774).

En 1774, il annonça la transformation de la machine atmosphérique de Newcomen, et il en fit une première application à Kinneil. La figure 31 ci-contre la représente.

La vapeur, venant de la chaudière par le tube *d* et la soupape *c*, pénètre dans l'enveloppe de vapeur YY du cylindre, puis dans le cylindre *a*. Elle force le pis-ton *b* à descendre, la soupape *f* étant à ce moment ouverte pour permettre l'échappement au condenseur *h*. Le piston étant arrivé au bas de sa course, la maîtresse tige des pompes, suspendue à l'autre extrémité du balancier, est soulevée, et les pompes remplies d'eau ; les soupapes *c* et *f* se ferment pendant que la soupape *e* s'ouvre, et la vapeur qui est au-dessus du piston passe au dessous. Les pressions devenant égales de part et d'autre, le poids de la maîtresse tige, qui surpasse celui du piston, fait rapidement monter celui-ci en haut du cylindre, pendant que la vapeur, chassée du dessus, passe à la partie inférieure du piston. L'eau et l'air qui pénètrent dans le condenseur sont enlevés à chaque coup de piston par la pompe à air *i* qui communique avec le condenseur par le tuyau. La pompe *q* fournit l'eau froide ; la pompe A enlève

Fig. 32. — Voiture à vapeur de J. Cugnot (1769).

une partie de l'eau de condensation, que la pompe à air envoie dans la bâche à eau chaude *h* où se fait l'alimentation de la chaudière.

Les soupapes sont manœuvrées par un dispositif analogue à celui de Beighton au moyen des taquets *m, m* portés par la tige *nn*.

En 1781, Watt prit un brevet qui comportait : l'application économique de l'expansion ou *détente* de la vapeur, la machine à vapeur *à double effet* ; la machine à vapeur double ou couplée.

L'application de la détente fut une des plus importantes idées de ce nouveau brevet ; la machine à double effet ne fut qu'une modification plus complexe de la machine simple, elle devait permettre à la vapeur, en agissant alternativement sur les deux faces du piston, de doubler la puissance de la machine.

La machine composée ou à double cylindre, appelée *machine compound*, fut inventée par Watt et préconisée, à peu près en même temps, par Hornblower (1767) ; ce type, qui est devenu si répandu aujourd'hui, ne fut pas appliqué par ses premiers inventeurs et la machine compound fut abandonnée.

Watt imagina ensuite le *parallélogramme articulé*, qui porte son nom, et qui devait remplacer avantageusement les divers dispositifs jusque-là employés pour guider la tige du piston des machines à balancier.

Afin de donner à ses machines une vitesse plus régulière, Watt disposa dans le tuyau d'arrivée de vapeur une soupape de réglage qu'on manœuvrait à la main ; cette manœuvre fut ensuite confiée à un *gouverneur* ou *régulateur à boules*, que Watt appliqua à ses machines.

Enfin, dans de nombreuses et diverses applications qu'il fit dans son pays, Watt inventa plusieurs dispositifs secondaires, mais essentiels à la pratique de ses machines : le *niveau d'eau*, le *manomètre à mercure*, indicateur de la pression dans la chaudière et de celle régnant au condenseur, l'*indicateur* du travail développé dans le cylindre de la machine et que nous étudierons au chapitre IX : tels furent les derniers perfectionnements qu'il apporta à cette mémorable découverte. Watt mourut en 1819, laissant son œuvre presque accomplie, qui a légué son nom à la prostérité.

La locomotive à vapeur.

65. En 1680, Newton, construisit une voiture à vapeur reposant sur le principe de la réaction de l'éolipyle de Héron. Elle se composait d'une chaudière sphérique montée sur un chariot, la vapeur s'échappait par l'extrémité d'un tuyau dirigé vers l'arrière de la voiture, déterminant ainsi un effet de réaction qui poussait la voiture en avant.

Le docteur Robinson, en 1759, et Darwin, en 1765, proposèrent à James Watt d'appliquer la machine à vapeur à la locomotion, Nathan Read projeta, en 1790, une voiture à vapeur dans laquelle on uti-

lisait la pression de la vapeur et l'effet de réaction.

La première expérience sérieuse fut faite, dit-on, en 1769, par Joseph Cugnot, officier français, qui construisit une voiture à vapeur que l'on fit fonctionner avec succès. Il en construisit alors une seconde (*fig.* 32), que l'on peut voir encore au Conservatoire des Arts et Métiers à Paris. Cette voiture reposait sur trois roues. Une roue unique, placée près de la chaudière, était mise en mouvement par deux cylindres à simple effet, dont les pistons agissaient sur des rochets. On pouvait renverser la marche, mais la chaudière était trop petite et ne permettait pas de manœuvrer rapidement la voiture. Pour l'époque où elle fut construite, la voiture

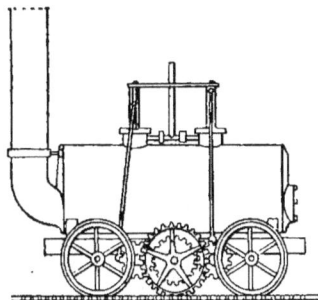

Fig. 33. — Locomotive de Blenkinsop (1811).

de Cugnot constitue une œuvre d'une remarquable exécution.

Murdoch, Olivier Evans, Hancock, Guerney, construisirent plus tard des voitures à vapeur, mais sans pouvoir arriver à des applications importantes ; ce n'est que lorsqu'on eut l'idée de substituer aux routes ordinaires la voie pavée, et plus tard la voie ferrée, que ces voitures prirent quelque développement.

En 1789, Wiliam Jessup, appliqua le rail en cornière à la locomotion animale. Les roues étaient alors munies de mentonnets comme celles d'aujourd'hui.

Ainsi, au commencement du XIXe siècle, les deux éléments essentiels du chemin de fer moderne étaient créés et la locomotion à vapeur était prête à remplacer la traction animale jusqu'ici exclusivement employée sur les voies ferrées.

En 1804, on adopta la voiture à vapeur de Trevithick et Vivian, dans laquelle un piston actionné par la vapeur donnait le mouvement aux roues par une bielle qui faisait mouvoir les deux roues postérieures.

La vapeur expulsée se rendait dans la cheminée pour activer le tirage et, par conséquent, sans être condensée.

En 1811, Blenkinsop imagina sa locomotive à crémaillère (*fig.* 33), dans laquelle l'un des rails, formant crémaillère, engrenait une roue dentée mise en mouvement par la bielle du piston de la machine à vapeur On ne s'était donc pas encore assuré dans quelle mesure le glissement des roues sur le rail pouvait se produire.

Ce fut Blackett qui, en 1813, prouva que l'adhérence de la locomotive sur les rails peut s'obtenir en donnant aux locomotives un poids suffisamment considérable et réparti sur les essieux moteurs.

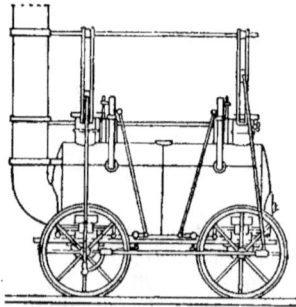

Cette remarque était fondamentale, elle a servi de point de départ aux chemins de fer actuels. La même année, Brunton construisit sa locomotive à béquilles (*fig.* 34);

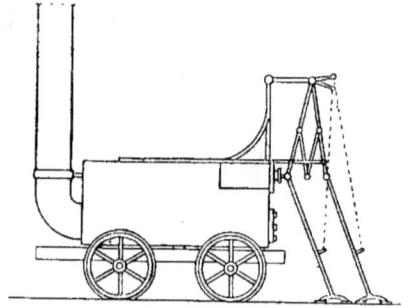

Fig. 34. — Locomotive de Brunton (1813).

la vapeur agissait sur des béquilles mobiles prenant leur point d'appui sur le sol.

En 1814, Georges Stephenson appliqua le principe de Blackett et réunit les trois

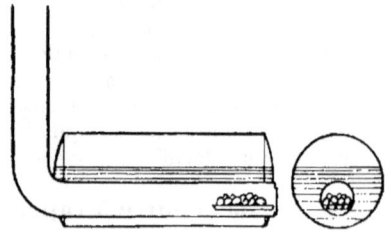

Fig. 35. — Locomotive et chaudière de G. Stephenson (1815).

essieux (*fig.* 35) par une chaîne qu'il remplaça plus tard par une bielle d'accouplement. Ce modèle de locomotive fut employé jusqu'en 1825 sur le chemin de fer de Darlington à Stockton et servit au transport des voyageurs et des marchandises. Le premier chemin de fer venait donc d'être définitivement établi.

En 1828, la locomotive reçut une amélioration capitale de la part d'un ingénieur français, Marc Séguin, qui remplaça

la chaudière à foyer intérieur de Stephenson par la *chaudière tubulaire*, donnant, sous le même volume, une surface de chauffe et, par suite, une quantité de vapeur beaucoup plus considérables.

Le fac-similé (*fig.* 36) du brevet de Séguin représente le modèle primitif déposé par l'inventeur. C'est grâce à l'emploi de cette chaudière qu'en 1829 Georges Stephenson put augmenter la vitesse et la puissance de sa machine; il avait ajouté le tirage par jet de vapeur dans la cheminée, disposition utilisée auparavant par Trévithick.

Au concours qui s'ouvrit le 6 octobre 1829, Stephenson présenta sa locomotive « la Fusée » et remporta le prix (*fig.* 37). Elle était montée sur quatre roues et pesait environ 4 000 kilogrammes ; sa chaudière était tubulaire et la vapeur d'échappement allait à la cheminée pour activer le tirage. Sur un plan horizontal, elle entraîna un poids d'environ

m. Séguin (22 Février 1828). N.° 3744

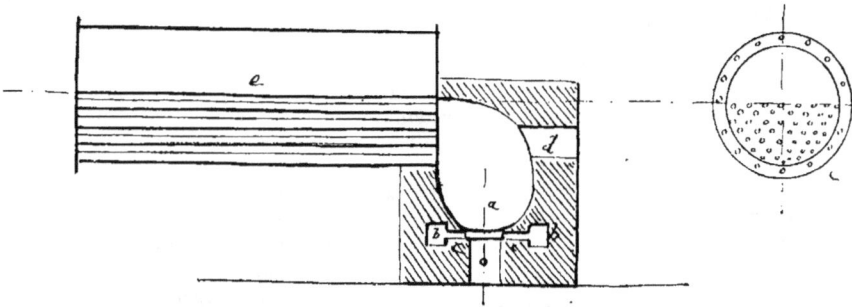

Fig. 36. — Chaudière tubulaire de Marc Séguin. (1828).

12 000 kilogrammes à la vitesse de 24 kilomètres à l'heure. Le curieux modèle en bois de « la Fusée », qui était exposé en 1889 dans le Palais des Arts libéraux, à Paris, montrait que cette locomotive comportait déjà les principaux éléments de la locomotive actuelle : cylindres et pistons actionnant directement les roues motrices au moyen de bielles et de manivelles, tiroirs commandés par des excentriques, pompes alimentaires.

Le 15 septembre 1830, on inaugura le

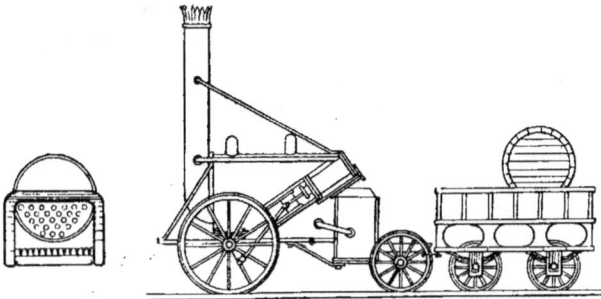

Fig. 37. — La Fusée de G. Stephenson (1829).

chemin de fer de Liverpool à Manchester ; c'est à cette date qu'on peut considérer l'achèvement heureux de ce grand ouvrage ; les chemins de fer étaient définitivement créés.

La Fusée resta sur cette ligne jusqu'en 1847, mais bien avant cette date Georges Stephenson avait projeté de nombreuses améliorations que son fils, Robert Stephenson, appliqua dès l'année 1833. Dans le type que ce dernier construisit, les cylindres furent reportés à l'avant, la vapeur était prise dans un dôme qui éloignait la prise de la vapeur du liquide de la chaudière, enfin il imagina la *coulisse de changement de marche* qui porte son nom et que nous étudierons au chapitre IX.

Le succès des chemins de fer dans la Grande-Bretagne en amena rapidement l'introduction en France.

Dès l'année 1823, on fit usage des voies ferrées pour la traction animale, ce n'est que vers 1833 que la traction à vapeur fut employée, pour la première fois, sur la voie ferrée construite de Saint-Étienne à Lyon (56 kilomètres). Depuis cette époque, nous n'avons cessé d'augmenter le réseau de nos voies ferrées qui atteint aujourd'hui plus de 32 000 kilomètres desservis par plus de 10 000 locomotives ; en même temps que l'on a augmenté la puissance de ces dernières, dont certaines peuvent traîner plus de 2 000 tonnes sur une voie horizontale.

La navigation à vapeur.

66. Près d'un siècle s'est écoulé entre la première application véritablement industrielle de la machine à vapeur et l'installation définitive de ce puissant engin à bord du bateau auquel il sert de moteur. Entre Newcomen et Fulton de nombreuses tentatives cependant avaient été faites pour l'application de la vapeur à la navigation.

C'est encore à Papin (voir n° 61) qu'il faut remonter pour trouver, nettement formulée, la pensée mère de cette application ; dès 1605, il signale la possibilité d'appliquer la force de la vapeur « à ramer contre le vent » et il songe à substituer aux rames ordinaires, des rames tournantes. Il paraît établi qu'en 1707 il a mis à exécution cette pensée et fait fonctionner un bateau mû par une machine à vapeur. Les bateliers du fleuve sur lequel il naviguait, ameutés contre le grand homme et contre l'invention qui semblait menacer leur industrie, mirent le bateau et la machine en pièces.

En 1737, J. Hull proposait de remplacer les rames par des roues à palettes, placées à l'arrière du bâtiment et mûes par une machine de Newcomen.

Le comte d'Auxiron en 1774 fit à Paris, sur la Seine, la première expérience de navigation à vapeur ; en 1775, Périer fit sans plus de succès des expériences semblables.

Des essais plus heureux furent tentés en 1778 par le marquis de Jouffroy, qui employa une machine à vapeur atmosphérique actionnant deux roues à aubes. Il faut encore citer, parmi ceux qui contribuèrent à réaliser l'invention de Papin, Patrick, Miller (1787), l'abbé Darnal (1781), Rumsay et Fisch (1786-1788), lord Stanhope (1795), Baldwin (1796), Livingstone (1798), Desblancs, Symington, Stevens, Olivier, Evans, etc., jusqu'à l'époque où l'Américain Fulton put enfin obtenir une réussite complète.

Un bateau construit par Fulton, sur la Seine, avait donné une vitesse de 1ᵐ,60 par seconde. L'inventeur fut malheureusement mal accueilli du gouvernement de Bonaparte. Il s'en retourna en Amérique et expérimenta, en 1807, sur *le Clermont*, une machine à vapeur construite par Watt et Bolton.

Le voyage de New-York à Albany, dont la distance est de 240 kilomètres, fut accompli en trente heures et un service régulier s'établit entre les deux villes.

La navigation à vapeur était décidément passée de l'état d'ébauche à l'état de fait accompli, il y a de cela moins d'un siècle seulement.

Aujourd'hui, la distance est grande entre le bateau de Fulton et les grands steamers transatlantiques qui font le service régulier du nouveau à l'ancien continent. Les nombreux perfectionnements qu'on a apportés à la navigation ont marché de pair avec ceux de la machine à vapeur et du propulseur employés. Nous verrons dans le paragraphe suivant ce qu'est devenu le premier de ces éléments, l'étude du propulseur formant un sujet spécial que nous ne pouvons traiter dans cet ouvrage.

La machine à vapeur actuelle.

67. (1850-1890). Depuis l'année 1850 nous ne rencontrons dans le très grand développement qu'a pris la machine à vapeur, ni changements de formes originaires, ni organes nouveaux, mais un perfectionnement graduel des dispositions, des proportions et des arrangements de détail (1). Pendant cette période, les inventeurs n'ont imaginé que de nombreuses variétés de soupapes, d'organes distributeurs et d'appareils régulateurs et des variétés aussi nombreuses de chaudières et d'accessoires plus ou moins essentiels.

Les avantages économiques d'une *haute pression* et d'une *détente prolongée* furent reconnus dès le commencement du siècle actuel et de plus en plus appréciés jusqu'à nos jours. La machine *compound*, qui est l'application de ce principe et que les contemporains de Watt inventèrent, ne reçut que des modifications de détail.

Nous avons vu précédemment que l'idée du double cylindre attribué à Watt et Hornblower ne donna pas tout de suite les résultats auxquels on était en droit de s'attendre ; en 1804, Arthur Woolff reprit les deux cylindres de Hornblower en employant la vapeur à une plus haute pression : il obtint, sur les machines de Watt, une économie notable de combustible à puissance égale. De ce côté, la voie se trouvait donc nettement indiquée aux successeurs de Watt et de Woolf.

Nous étudierons aux chapitres suivants les dispositions adoptées pour les machines actuelles et pour les chaudières destinées à fournir la vapeur.

Parmi ceux qui ont le plus contribué aux perfectionnements qui ont fait de la machine de Watt la machine qui existe aujourd'hui, nous devons citer les noms de Sickels, d'Allen, de Corliss, de Greenne, de Pékins, d'Alban, etc.

La machine d'épuisement construite par Pékins, puis par Bull et connue sous le nom de *machine de Cornouailles*, mérite une mention spéciale, car, jusqu'à ces derniers temps, elle a été considérée comme l'appareil d'épuisement le plus économique. On rencontre encore assez fréquemment la machine de Bull en Angleterre. Les pompes de Cornouailles donnent un rendement satisfaisant.

(1) R. Thurston. *Histoire de la machine à vapeur*, 1888.

Cependant on leur préfère aujourd'hui une forme beaucoup plus simple de machine d'épuisement et qui est la pompe à vapeur sans volant ou à action directe.

La figure 38 ci-contre représente la pompe à feu de Chaillot établie vers 1853 et qui a beaucoup d'analogie avec la machine de Cornouailles. Ces machines sont, comme on le voit, des engins co-

Fig. 38. — Pompe à feu de Chaillot (1853).

lossaux qui ont l'inconvénient d'occuper une surface considérable eu égard à leur puissance.

Les modifications qui ont signalé la croissance et le développement progressif de la machine à vapeur ont été accompagnées, comme on l'a vu, d'autres modifications tout aussi remarquables sur les chaudières.

Sciences générales.

Après les chaudières sphériques de Caus (1615) et de Worcester (1663), les chaudières cylindriques de Savery (1698) on adopta des formes assez irrégulières que l'emploi des hautes pressions fit abandonner. La figure 39 représente, en coupe transversale, la chaudière dite en tombeau qui était adoptée pour les machines de Watt. La flamme, après avoir échauffé directement la surface concave inférieure, revenait latéralement par les canaux CC. Elle fut employée ensuite sur les bateaux ; mais alors on y ajouta un carneau intérieur D, par où passaient d'abord les gaz de la combustion avant d'entrer dans les carneaux latéraux.

Le métal qui était alors employé était souvent le cuivre ; maintenant c'est habituellement le fer forgé et l'acier.

Fig. 39. — Chaudière en tombeau.

Les explosions qui se produisirent lors des expériences faites avec les machines pourvues de ces chaudières peu résistantes causèrent des accidents graves et retardèrent le succès des inventeurs.

Aujourd'hui, les chaudières se divisent en quatre classes : les chaudières simples, à foyer intérieur, tubulaires, à tubes bouilleurs ou à petits éléments.

La *chaudière simple* est cylindrique et d'un emploi général, ses fonds sont hémisphériques, quelquefois plats ; elle est munie d'un dôme de vapeur.

Les *chaudières à foyer intérieur* sont le plus souvent cylindriques, à plusieurs carneaux, ce qui leur donne une surface de chauffe plus considérable que celle des précédentes.

La *chaudière tubulaire*, caractérisée par la chaudière de locomotive, est composée par une boîte à feu circulaire ou prismatique, qui forme l'avant d'un corps cylindrique principal ; des tubes partent d'une extrémité à l'autre du corps principal et conduisent les gaz chauds à la boîte à fumée. La surface de chauffe se trouve ici considérablement augmentée par rapport aux précédentes.

La quatrième classe, celle des chaudières à *tubes bouilleurs* ou à *petits éléments*, est la plus récente. On a imaginé beaucoup de variétés de ces chaudières, composées le plus souvent de séries de tubes en fer forgé inclinés, réunies convenablement entre elles et qui sont placées au milieu du foyer. L'eau contenue dans ces tubes réunit sa vapeur dans un collecteur placé à la partie supérieure. Ces chaudières participent aux avantages des chaudières tubulaires, tant pour la rapidité de la mise en pression que pour l'espace restreint qu'elles occupent par rapport à leur puissance de vaporisation.

Nous terminerons cet historique sommaire de ce qu'on considère comme l'une des plus grandes découvertes des temps modernes par le tableau suivant qui montre le développement considérable qu'ont pris, en France, depuis moins d'un siècle, les machines à vapeur.

Statistique des appareils à vapeur en 1886.

	NOMBRE	Force en chevaux - vapeur
Appareils à vapeur employés dans l'industrie.	52 471	717 718
Machines à vapeur employées sur les chemins de fer	10 974	3 307 724
Machines à vapeur employées sur les bateaux.	68 308	4 597 232
TOTAUX	131 753	8 622 674

CHAPITRE V

CHAUDIÈRES A VAPEUR

CLASSIFICATION

68. Les chaudières en usage dans l'industrie ont emprunté, depuis leur origine, les formes et les dispositions les plus variées, suivant les exigences à satisfaire dans l'emploi auquel elles sont destinées.

D'une manière générale, un générateur se compose de quatre parties, savoir :

1° Un *vaporisateur*, constitué par une capacité remplie d'eau jusqu'à un certain niveau et dont la partie libre forme réservoir de vapeur ;

2° Un *foyer* où s'effectue la combustion ;

3° Des *carneaux* ou conduits plus ou moins longs qui contournent le vaporisateur et dans lesquels circulent les gaz chauds provenant de la combustion ;

4° Des *appareils réglementaires*, dont l'emploi, prescrit par des ordonnances administratives, assure le fonctionnement et la sécurité du générateur.

On installe quelquefois des appareils accessoires destinés à augmenter le rendement de l'appareil : tels sont les *réchauffeurs* ou *économiseurs* d'eau d'alimentation.

On peut classer les chaudières de plusieurs façons, selon qu'on se place au point de vue des dispositions du vaporisateur ou du foyer (1). Il est préférable de prendre pour terme de comparaison le rapport de la surface de chauffe de la chaudière à son volume d'eau ; ce rapport peut être considéré, en effet, comme une indication approximative du degré de sécurité et de la puissance de vaporisation.

Nous adopterons donc la classification suivante :

1° Chaudière à grand volume d'eau. | Chaudière à foyer extérieur. Chaudière à foyer intérieur.

2° Chaudière à moyen volume d'eau (tubulaire). | Chaudière tubulaire. Chaudière semitubulaire.

3° Chaudière à faible volume d'eau (à petits éléments). | Avec réservoir de vapeur. Sans réservoir de vapeur.

Les *chaudières à grand volume d'eau*, qui forment la première classe, sont généralement constituées de corps cylindriques d'un diamètre de 0^m,40 au moins. La surface de chauffe est d'environ 5 à 6 mètres carrés par mètre cube d'eau.

Les *chaudières à moyen volume d'eau*, dites *tubulaires*, ont une surface de chauffe de 15 à 25 mètres carrés par mètre cube d'eau.

Enfin, les *chaudières à faible volume d'eau*, dites à *petits éléments*, *multitubulaires* ou *inexplosibles*, peuvent atteindre une surface de chauffe de 50 mètres carrés et plus par mètre cube d'eau. Dans certains types spéciaux, la vaporisation est extrêmement rapide et le volume d'eau à chauffer réduit au minimum.

Ces indications nous permettent de voir dès maintenant qu'à puissance égale de vaporisation l'emplacement occupé diminue avec l'augmentation de la surface de chauffe, il atteint son mini-

(1) On entend par surface de chauffe *directe* la surface des parois de la chaudière qui se trouvent en contact direct avec les flammes du foyer, et par surface de chauffe *indirecte* celles des parois de la chaudière qui sont en contact avec les produits de la combustion.

Nous n'aurons guère l'occasion de nous servir de ces dénominations, nous considérerons comme *surface de chauffe* la surface totale des parois en contact avec les flammes et les produits de la combustion.

Nous exprimerons cette surface en mètres carrés, et le volume total de l'eau et de la vapeur contenues dans la chaudière en mètres cubes.

mum avec certains générateurs de la troisième catégorie.

Par contre, la construction et la conduite sont d'autant plus difficiles que, par ce fait, le volume d'eau se trouve diminué.

Chaudières à grand volume, à foyer extérieur.

69. *Chaudière cylindrique.* — Les chaudières à grand volume peuvent être divisées en deux classes, suivant que le foyer se trouve à l'extérieur du vaporisateur, ou bien qu'au contraire il est situé à l'intérieur. Dans le premier cas, les gaz chauds n'ont d'action que sur la surface extérieure des corps cylindriques qui constituent la chaudière, tels sont les divers systèmes de chaudières à bouilleurs et à réchauffeurs. Dans le second cas, les gaz chauds circulent dans des

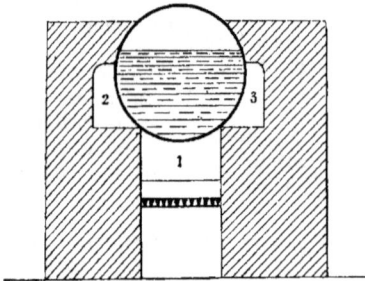

Fig. 40. — Chaudière cylindrique.

conduits en métal, entourés par l'eau à chauffer : telles sont les chaudières de Cornwall, de Galloway, etc...

Nous avons vu (n° 66) la disposition prise par Watt dans sa chaudière dite en *tombeau ;* les chaudières de ce type ont, depuis longtemps, cessé d'être en usage. La forme plane ou concave donnée aux parois ne permettrait pas l'emploi des pressions dont on se sert aujourd'hui. Il est nécessaire de recourir à des formes plus solides, la plupart des chaudières ayant à résister à des pressions assez considérables ; c'est pourquoi elles sont généralement constituées par des tôles cintrées ou embouties suivant la forme de surfaces de révolution (sphériques, cylindriques) ; ces surfaces ont, comme

on sait, la propriété de présenter le maximum de résistance aux effets d'une pression uniforme.

Chaudière cylindrique simple. — Réduite à sa forme la plus simple, la chaudière qui, dans l'ordre historique, vient après celle de Watt se compose d'un corps cylindrique unique, terminé à ses deux extrémités par deux hémisphères, ou plus souvent encore par des calottes sphériques.

La circulation des gaz chauds se fait généralement comme dans celle de Watt, c'est-à-dire qu'elle est munie de deux carneaux latéraux (*fig.* 40) ; les gaz après avoir circulé d'abord dans le premier carneau 1 sous la chaudière, se rendent dans le carneau 2, puis parcourent enfin le carneau 3 en sens inverse.

On supprime quelquefois (*fig.* 41)

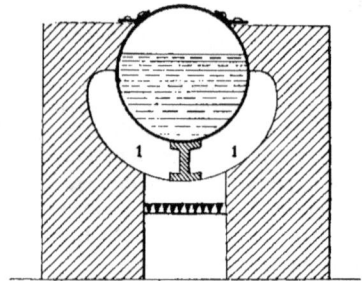

Fig. 41. — Chaudière cylindrique.

ce triple parcours des gaz en disposant un carneau unique sous la chaudière. Cette disposition donne une surface de chauffe égale à la moitié environ de celle obtenue par la disposition précédente et simplifie la construction du fourneau ; mais elle est moins favorable à l'utilisation du combustible.

Le diamètre du cylindre varie entre $0^m,80$ et $1^m,40$; la longueur peut aller depuis 3 mètres jusqu'à 10 et 12 mètres.

Cette disposition exige de grands emplacements et, quoique l'on ait cherché à réduire l'espace occupé en augmentant la surface de chauffe par l'addition d'un tube carneau, analogue à celui de la chaudière en tombeau de Watt, ces chaudières ne sont guère en usage aujourd'hui.

Les figures 42 et 43 indiquent le parcours des gaz dans cette dernière disposition, que l'on rencontre quelquefois encore en Angleterre.

La figure 44 représente une autre disposition de chaudière à circulation complètement extérieure, elle est composée

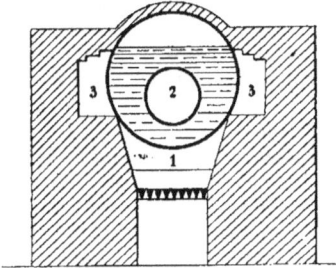

Fig. 42. — Chaudière anglaise.

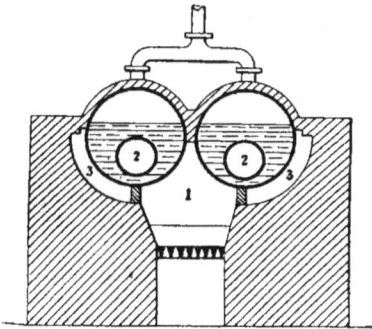

Fig. 44. — Chaudière à deux corps.

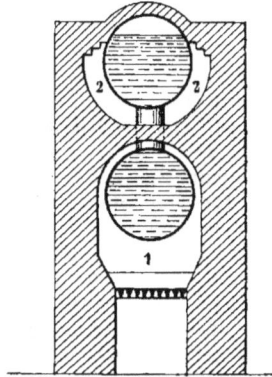

Fig. 43. — Chaudière anglaise.

de deux corps cylindriques égaux, placés l'un au-dessus de l'autre et communiquant entre eux. Parfois encore, le corps cylindrique supérieur est plus gros que le corps inférieur.

70. *Chaudière à bouilleurs, dite chaudière française.* — En France, les chau-

Fig. 45. — Chaudière à bouilleurs. — Coupes.

A, sifflet d'alarme et flotteur; B, B, bouilleurs; C, corps de la chaudière; E, tuyau d'alimentation, F, flotteur indicateur de niveau; H, trou d'homme; S, S, soupapes de sûreté; R, registre de tirage; U, cheminée; V, tuyau de prise de vapeur; I, indicateur de niveau; G, foyer; P, porte du foyer; a, autel; c, c, c, carneaux.

dières que l'on rencontre le plus souvent sont à foyer extérieur et composées d'un gros corps cylindrique horizontal avec un, deux ou trois bouilleurs placés au-dessous et destinés à augmenter la surface de chauffe.

Ces bouilleurs, également cylindriques sont réunis au corps principal par de larges tubulures qu'on appelle les *cuissards*. La figure 45 représente une chaudière à deux bouilleurs, d'un type assez ancien, la circulation des gaz a lieu successivement par chacun des deux carneaux latéraux *c c* après avoir circulé sous les bouilleurs BB. Les bouilleurs se trouvent ainsi presque totalement plongés dans la flamme et les fumées et la surface de chauffe du générateur se trouve d'autant augmentée. De plus, ces bouilleurs, étant de petit diamètre, peuvent se faire en tôle plus mince, et s'il est vrai qu'étant exposés directement aux flammes ils s'usent plus rapidement, leur remplacement est moins coûteux que celui du corps principal, comme dans les chaudières cylindriques simples. C'est pour ces raisons qu'on préfère à ces dernières chaudières à bouilleurs qui, à surface de chauffe égale, tiennent moins de place et coûtent moins cher (1). Au point de vue du rendement, ces chaudières ne présentent pas d'infériorité marquée sur les autres systèmes, leur conduite est facile et leur installation simple et peu coûteuse. Quand elles sont établies dans de bonnes conditions, elles peuvent faire un bon service et constituent un excellent appareil industriel ; aussi sont-elles encore aujourd'hui d'un usage très répandu.

Le foyer, dont nous étudierons les détails au chapitre suivant, est placé directement sous les bouilleurs, qui reçoivent aussi, sur une partie, le rayonnement direct du combustible. Les gaz de la combustion, après avoir franchi une légère surélévation de la maçonnerie et qui porte le nom d'*autel*, circulent tout autour de la partie arrière des bouilleurs, puis reviennent vers l'avant par l'un des carneaux latéraux et s'en vont à la cheminée par l'autre carneau latéral.

Dans ces deux derniers parcours, ils chauffent la moitié environ du corps cylindrique. La maçonnerie des carneaux latéraux vient se bloquer sur le corps cylindrique à peu près à hauteur du diamètre horizontal de celui-ci ; l'obligation s'impose alors de maintenir le niveau de l'eau dans la chaudière de quelques centimètres au-dessus de ce diamètre, afin de permettre à l'eau de mouiller toutes les parties de la surface qui sont en contact avec les gaz chauds. Si cette précaution n'était pas observée, on s'exposerait à brûler la tôle, comme nous aurons l'occasion de l'étudier ci-après.

En général, le diamètre des bouilleurs est moitié environ de celui du corps principal, il est rarement inférieur à $0^m,50$. Chaque bouilleur est mis en communication avec le corps cylindrique par un ou plusieurs cuissards, deux le plus souvent ; l'un est placé au-dessus du foyer et l'autre est rejeté vers l'extrémité arrière du bouilleur. On doit éviter de trop éloigner les cuissards, à cause des dilatations inégales qui se produisent entre les bouilleurs et le corps principal et qui ont le grave inconvénient d'occasionner des fuites et de fatiguer les rivures ; on les place souvent sur la même virole du bouilleur.

Les bouilleurs, exposés à la radiation intense du foyer, sont sujets à ce qu'on appelle les *coups de feu ;* une surveillance attentive doit être faite sur les tôles qui sont placées au-dessus du foyer et qui sont soumises à une usure plus rapide que les autres.

On emploie diverses dispositions pour assurer la triple circulation des gaz ; la voûte en briques qui sépare le foyer des carneaux latéraux est quelquefois placée au-dessus des bouilleurs, de manière à utiliser la surface totale de ces derniers comme surface de chauffe directe.

Cette disposition a l'inconvénient d'occasionner quelquefois le surchauffe des tôles à la partie supérieure des bouilleurs qui se trouve souvent occupée par la vapeur qui passe dans le corps cylindrique.

(1) En projection horizontale, à égalité de longueur et de diamètre du corps principal, les chaudières à deux bouilleurs occupent une surface trois fois moindre que les chaudières cylindriques simples.

Dans le cas représenté sur la figure 45, cette voûte est placée près du diamètre horizontal des bouilleurs ; la surface de chauffe directe se trouve ainsi diminuée et la transmission de la chaleur moins favorisée.

Les bouilleurs sont, le plus souvent, établis symétriquement par rapport au plan vertical passant par l'axe du corps cylindrique, et la grille est placée directement au-dessous d'eux, à une distance de 0^m,35 à 0^m,45.

Les chaudières à bouilleurs, employées si fréquemment en Alsace, ont, pour la plupart, les dimensions suivantes :

Corps	Longueur.	7 à 10 mètres
cylindrique	Diamètre .	1^m,20
	Nombre. .	2
Bouilleurs.	Longueur.	8 à 11 mètres
	Diamètre .	0^m,60.

Les sels en dissolution dans l'eau, qui se précipitent sous l'action de la chaleur et qui s'accumulent surtout dans les bouilleurs, peuvent être la cause d'accidents graves. La transmission de la chaleur de la tôle à l'eau est plus ou moins gênée et la température de la paroi peut devenir dangereuse, d'autant mieux qu'elle se trouve précisément en contact direct avec les flammes du foyer. Cet inconvénient a fait naître plusieurs dispositions différentes dans lesquelles c'est la chaudière qui se trouve placée directement sous la grille et les bouilleurs sont chauffés par un carneau de retour.

Avant d'arriver à la cheminée, les gaz chauds traversent le *registre* de tirage ; c'est une simple plaque en tôle destinée à régler l'ouverture de passage des produits de la combustion.

L'ensemble du générateur est enveloppé dans un massif en maçonnerie ou en briques, les parties exposées à une haute température sont faites en matériaux réfractaires ; souvent, la partie supérieure du corps cylindrique est découverte, de manière à laisser un libre accès auprès des appareils accessoires ; on la recouvre quelquefois de cendres ou de fraisil, substances légères peu conductrices de la chaleur.

Le corps principal est muni des appareils de sécurité prescrits par les règlements administratifs et des aménagements propres à permettre le nettoyage et la visite de ses diverses parties. Des *trous d'hommes* sont disposés à cet effet sur le corps cylindrique et sur les bouilleurs ; des ouvertures sont également préparées en vue du ramonage des carneaux et des conduits de fumée.

L'alimentation a lieu le plus souvent par un tuyau qui débouche à quelques centimètres de la partie inférieure du corps cylindrique ou des bouilleurs. Dans ce dernier cas, le tuyau se bifurque et se rend par les cuissards dans chacun des bouilleurs ; cette disposition a l'avantage de permettre la vidange complète de la chaudière et des bouilleurs pour les nettoyages.

Nous étudierons au chapitre VI les appareils accessoires que nous venons simplement d'énumérer et que nous avons sommairement représentés dans la figure 45.

71. *Calcul des dimensions d'une chaudière à bouilleurs.* — Les dimensions d'une chaudière se déterminent par la quantité de vapeur qu'elle doit fournir dans un temps déterminé. Cette quantité peut être connue quand on sait quel service la chaudière doit faire, c'est-à-dire le nombre et la puissance des appareils qu'elle doit alimenter.

Il est bien évident que la quantité de vapeur produite par mètre carré de surface de chauffe n'est pas la même, dans le même temps, pour toutes les parties d'une chaudière. Elle atteint son maximum dans le voisinage de la grille et décroît ensuite assez rapidement quand on s'éloigne du foyer. Ce fait montre qu'on ne peut augmenter que dans une certaine limite la surface de chauffe d'une chaudière et qu'au delà le rendement total cesserait de croître et pourrait même diminuer.

Dans la pratique, on admet qu'il convient de limiter la surface de chauffe de telle sorte que la production moyenne de vapeur, par heure et par mètre carré, soit comprise entre 12 et 18 kilogrammes.

Ceci posé, proposons-nous de déterminer les dimensions d'une chaudière cylindrique à deux bouilleurs pouvant fournir 600 kilogrammes de vapeur par heure.

Si nous prenons comme production par heure et par mètre carré de surface de chauffe le chiffre moyen de 15 kilogrammes, la surface de chauffe de la chaudière sera de :

$$\frac{900}{15} = 60 \text{ mètres carrés.}$$

Cette surface doit être répartie entre la surface de chauffe des bouilleurs et celle du corps cylindrique ; nous admettrons que la première est égale à la surface totale des bouilleurs, et que la seconde est la moitié de celle du corps cylindrique, et que le diamètre des bouilleurs est la moitié de celui du corps principal.

Désignons par D et L le diamètre et la longueur du corps cylindrique, par $\frac{D}{2}$ et l le diamètre et la longueur des bouilleurs. La surface totale est, en négligeant les fonds :

$$\pi DL + 2\pi Dl,$$

et la surface de chauffe :

$$S = \frac{\pi DL}{2} + 2\pi Dl.$$

En prenant L $= l$, comme on le fait généralement, on a :

$$S = \frac{3}{2}\pi DL.$$

Le diamètre D s'écarte assez rarement de plus de 1 mètre ; si on prend D $= 1$ mètre, on a :

$$S = \frac{3}{2}\pi L, \quad \text{d'où : } \quad L = \frac{S}{4,71}.$$

Fig. 46. — Chaudière cylindrique à bouilleur réchauffeur. — Coupe.

Aussi en divisant la surface de chauffe par 4,71 nous aurons la longueur de la chaudière. Cette longueur ne devant pas ordinairement dépasser 10 mètres, nous devons, si le calcul nous donne un chiffre supérieur, augmenter le diamètre. En appliquant ce calcul à l'exemple choisi, nous voyons qu'il est bon d'augmenter D ; en faisant D $= 1,20$, on a :

$$S = \frac{3}{2}\pi L \times 1,2,$$

d'où :

$$L = \frac{S}{5,65} = \frac{60}{5,65} = 10^{m},60$$

environ.

Ainsi nous obtiendrons la surface demandée en prenant $1^{m},20$ pour diamètre du corps cylindrique et $\frac{1,20}{2} = 0^{m},60$ pour celui des bouilleurs, la longueur commune étant de $10^{m},60$ environ.

Si, au lieu de nous baser sur une production horaire de 15 kilogrammes de vapeur par mètre carré, nous prenons 12 et 18 kilogrammes, on aurait eu au lieu de S $= 60$ mètres carrés :

$$S' = \frac{900}{12} = 75 \text{ mètres carrés};$$

$$S'' = \frac{900}{18} = 50 \text{ mètres carrés.}$$

On démontre qu'en prenant S $= 60$ mètres carrés au lieu de S$' = 75$ mètres carrés le rendement de la chaudière n'a presque pas diminué et qu'alors on s'économise près de 25 0/0 sur la dépense d'installation. Qu'au contraire, si on avait pris S″ = 50 mètres carrés, on eût réalisé une économie égale, mais que le rendement eût diminué dans une proportion plus marquée. (1)

Les dimensions à donner aux diverses parties du foyer seront indiquées au chapitre VI, ainsi que celles des conduits de passage pour les produits de la combustion.

72. *Chaudières à bouilleur-réchauffeur.* — Nous avons signalé plus haut l'inconvénient qui résultait, pour les chaudières à bouilleurs, de l'accumulation des dépôts

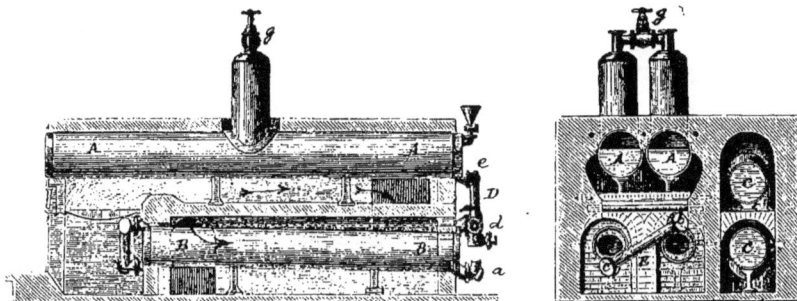

Coupe longitudinale.　　　　Coupe par le foyer.

Fig. 47. — Chaudière Artige.

dans les parties les plus exposées au rayonnement du combustible en ignition. Nous allons décrire plusieurs dispositions dans lesquelles l'eau d'alimentation est d'abord introduite dans des bouilleurs placés, non plus au-dessus du foyer, mais dans le courant des conduits de gaz chauds ou de fumée qui sont à une température moins élevée. La circulation de l'eau se fait alors en sens inverse de celles des produits de la combustion ; c'est un mode d'utilisation de la chaleur qui a été préconisé dans certains cas avec avantage. A son entrée dans le corps cylindrique, l'eau est déjà portée à une température assez élevée. La figure 46 représente une chaudière munie d'un *bouilleur-réchauffeur*. La grille A est placée sous le corps cylindrique BB ; les gaz de la combustion, après avoir chauffé le corps principal, descendent par le carneau C dans lequel se trouve le réchauffeur DD. Ce réchauffeur est légèrement incliné et communique avec le corps supérieur par un cuissard E ; il reçoit l'eau d'alimentation en F. Cette disposition très simple a

a l'inconvénient de réduire la surface de de chauffe ; de plus, il faut éviter qu'il ne se forme une chambre de vapeur en c, au-delà du cuissard E. Ce système a été développé et amélioré dans la chaudière *Artige* représentée (*fig.* 47) et com-

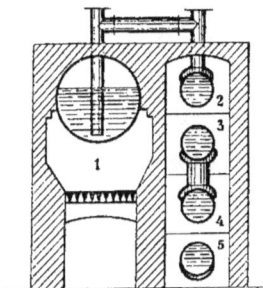

Fig. 48. — Chaudière Farcot à réchauffeurs latéraux. — Coupe.

posée de deux corps cylindriques AA ou *vaporisateurs*, qui reçoivent directement l'action des flammes. Deux bouilleurs-réchauffeurs BB, placés au-dessous, sont chauffés par les retours de fumée. L'eau

(1) L. Ser, *Physique industrielle.* t. I, — p. 541.

froide d'alimentation suit le parcours *abcde*, arrivée en *e* elle se partage entre les deux vaporisateurs; ces derniers sont réunis à leur partie supérieure par un tuyau *g*. Toutes les communications étant extérieures au fourneau, leur démontage et leur visite sont faciles, la formation des chambres de vapeur se trouve aussi soigneusement évitée.

Dans quelques dispositions les gaz, avant de se rendre à la cheminée, parcourent des carneaux dans lesquels sont placés des réchauffeurs C, C, ainsi que le représente la figure 47.

Coupe verticale

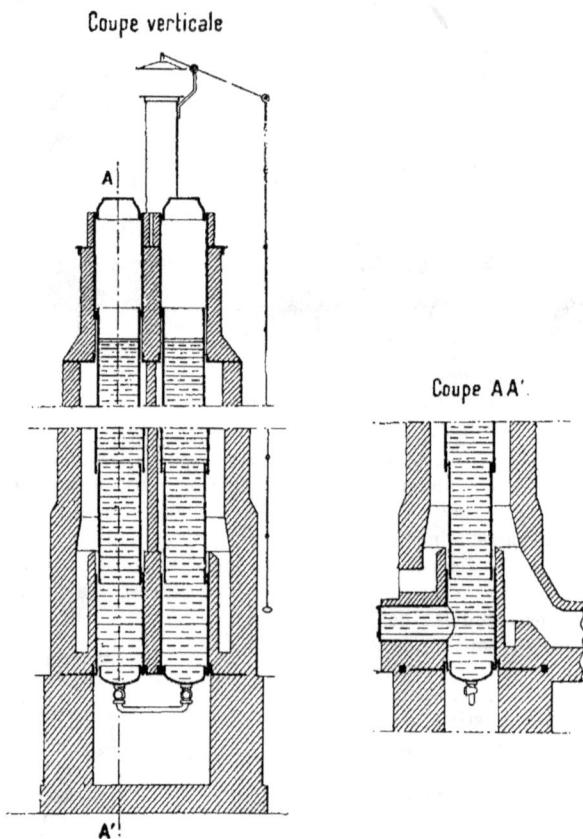

Coupe AA'.

Fig. 49. — Chaudière verticale des forges de Pompey.

73. *Chaudière à réchauffeurs latéraux.* — Cette disposition, adoptée par M. Farcot, comporte (*fig.* 48) un corps cylindrique placé directement au-dessus du foyer, comme dans le type précédent. Quatre tubes réchauffeurs sont placés les uns au-dessus des autres dans une chambre latérale divisée en quatre carneaux superposés. Les gaz de la combustion, après avoir chauffé directement la chaudière, circulent en 2 de l'arrière à l'avant autour du premier réchauffeur, puis descendent à l'arrière en 3 autour du second; ils reviennent à l'avant 4 autour du troisième et enfin se rendent à la cheminée en 5 en parcourant le dernier réchauffeur. L'eau d'alimentation arrive dans le réchauffeur inférieur, au point où la température des gaz est la plus basse; elle circule en sens inverse des produits de la combustion par des tubulures placées aux extrémités des réchauffeurs; elle pénètre ensuite dans le corps principal par un tuyau qui plonge dans ce dernier. Afin de permettre à la vapeur de se dégager plus facilement, on a soin d'incliner alternativement les réchauffeurs en sens inverse; néanmoins ce but n'est pas complètement atteint et l'on doit craindre la formation de chambres d'air et de vapeur aux points d'assemblage des viroles. Ces réchauffeurs ont l'inconvénient de pouvoir être difficilement débarrassés de leurs incrustations, vu le faible diamètre qu'on est obligé de leur donner; ils sont en outre assez exposés aux corrosions qui proviennent de leur séjour au milieu des fumées souvent acides des produits de la combustion. Afin de réduire la hauteur du fourneau, sans cesser d'obtenir un chauffage méthodique, M. Cail transforme les deux bouilleurs d'une chaudière ordinaire en une analogue à celle de la figure 46.

74. *Chaudière verticale (fig. 49).* — Cette chaudière est fort usitée dans les établissements métallurgiques; on l'emploie surtout quand on est très gêné par l'emplacement disponible. Elle est d'ordinaire employée pour utiliser la chaleur des gaz sortant à haute température des fours à reverbère, des cubilots, des fours à coke, etc., qui contiennent une grande quantité de gaz combustibles.

La chaudière est constituée par un simple cylindre vertical de 1 mètre à 1m,40 de diamètre et qui peut atteindre jusqu'à 15 et 20 mètres de hauteur; ce cylindre est disposé dans l'axe de la cheminée des fours, en laissant un vide annulaire dans lequel circulent les gaz chauds. L'utilisation de la chaleur est assez imparfaite dans ces conditions, la surface de chauffe est restreinte par rapport à la quantité de combustible consommée et les déperditions de chaleur par rayonnement sont assez importantes. Ces inconvénients sont faibles attendu que le service des fours consomme beaucoup plus de charbon qu'il n'en faut pour produire la vapeur nécessaire aux appareils mécaniques. Mais on

en rencontre d'autres beaucoup plus sérieux qui proviennent de diverses causes : il faut des fondations très robustes pour maintenir le corps de la chaudière, malgré une faible base d'appui; la surface du plan d'eau est petite et il y a tendance à *primer* (entraînements d'eau dans le tuyau de prise de vapeur); les variations du plan d'eau sont rapides et peu faciles à constater; le haut de la chaudière est d'un accès difficile et il ne faut pas perdre de vue, dans la construction comme aux essais, que les parties inférieures sont soumises à un excès de pression, dû à la haute colonne d'eau et qui s'ajoute à la tension de la vapeur.

Chauffées par les flammes sortant des fours métallurgiques, elles présentent les mêmes dangers que tous les générateurs

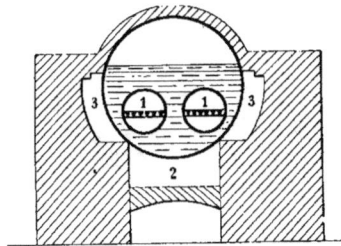

Fig. 50. — Chaudière de Cornwall.

qui reçoivent l'attaque de ces flammes violentes et corrosives. Un décret administratif, que nous reproduisons plus loin, prescrit de faire arriver les gaz chauds tangentiellement au corps cylindrique ou, lorsque cette disposition est impraticable, de garantir les parois verticales de la chaudière par des murettes en matériaux réfractaires. C'est à la suite d'accidents graves que ces dispositions ont été imposées; les explosions des chaudières de Commentry, de Marnaval ont fait de nombreuses victimes.

Aujourd'hui on renonce de plus en plus à l'emploi des chaudières verticales et on préfère utiliser les chaleurs perdues des fours en employant des générateurs, horizontaux, comme nous le verrons ci-après.

Chaudières à foyer intérieur.

75. Les générateurs à foyer extérieur, quoique protégés par une enveloppe peu conductrice en maçonnerie, laissent toujours perdre une certaine quantité de la chaleur dégagée par le combustible. En disposant le foyer dans l'intérieur de la masse d'eau à vaporiser, on atténue cette perte en grande partie.

Le type primitif de ces chaudières est représenté, dans les figures 50 et 51 sous le nom de *chaudières de Cornwall*, du nom du pays où elles ont été d'abord appliquées.

Cette chaudière se compose d'un corps cylindrique horizontal qui renferme un ou deux tubes dits *tubes-foyers*, dans chacun desquels est disposée la grille d'un foyer. Les gaz, après avoir parcouru l'intérieur de ces tubes, reviennent à l'avant

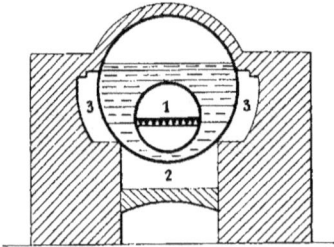

Fig. 51. — Chaudière de Cornwall, type dit de Lancastre.

de la chaudière par des carneaux latéraux, puis s'en retournent à l'arrière par un conduit unique réservé sous la chaudière, et qui les amène à la cheminée. La circulation est quelquefois modifiée et le carneau inférieur est supprimé ; les gaz circulent alors successivement et en sens inverse dans chacun des deux carneaux latéraux qui occupent la moitié inférieure du corps cylindrique.

Les chaudières de Cornwall à double foyer sont des appareils puissants qui présentent une grande surface de chauffe ; lorsqu'on n'a besoin que d'une puissance moyenne, on n'emploie qu'un seul foyer et un seul tube intérieur (*fig.* 50), tout en conservant le même dispositif de circulation des gaz.

Le diamètre des tubes-foyers ne saurait descendre au-dessous de 0m,60, c'est un minimum qui réduit déjà trop le volume de la chambre de combustion et les dimensions de la grille du foyer. Si l'on veut éviter cet inconvénient, il est bon d'augmenter le diamètre des tubes-foyers et de le porter à 0m,70 ou 0m,80 et plus, ce qui conduit en même temps à donner au corps cylindrique un très grand diamètre, surtout pour les chaudières à deux foyers (*fig.* 51) et, par suite, à faire usage de tôles de forte épaisseur.

Un inconvénient inhérent aux générateurs à foyer intérieur tient à ce que la pression de la vapeur s'exerce sur les

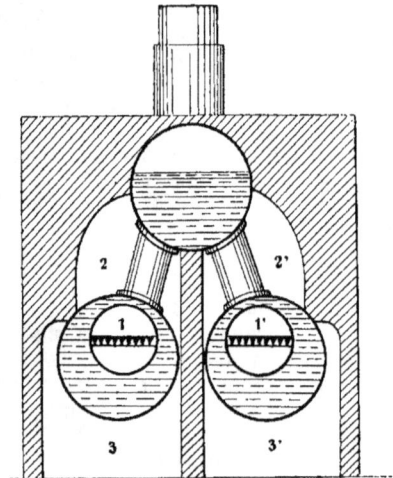

Fig. 52. — Chaudière type Fairbairn.

parois convexes des tubes intérieurs, ce qui est peu favorable à la résistance. On sait, en effet, qu'une surface cylindrique, à base circulaire, tend à conserver la forme de sa section, lorsqu'elle est soumise à une pression intérieure, comme c'est le cas des bouilleurs et des corps cylindriques ; si, au contraire, elle doit supporter une pression extérieure, elle tendra à s'aplatir de plus en plus et même à s'écraser si elle a reçu accidentellement un commencement de déformation.

L'avantage que présente cette disposition au point de vue du rendement en chaleur est donc en partie effacé par ces divers inconvénients, lesquels sont d'autant plus sérieux que les parois du tube-foyer sont constamment en contact direct avec les flammes et sont, par suite, exposés à des détériorations fréquentes. En Angleterre on a substitué quelquefois à la chaudière de Cornwall le dispositif connu sous le nom de *chaudières de Lancastre*, de *Cornouailles* ou de *Fairbairn*. Ce dispositif est représenté dans la figure 52, les tubes-foyers sont placés dans l'intérieur de chacun des deux bouilleurs inférieurs ; les produits de la combustion reviennent à l'avant par un carneau latéral 2, 2' et s'en vont à la cheminée par un conduit 3,3' placé au-dessous du bouilleur. Cette disposition participe aux inconvénient de la précédente, le diamètre des tubes-foyers est trop faible pour permettre une bonne installation du foyer.

76. *Chaudière Galloway.* — Le générateur Galloway se rattache, comme disposition générale, à la chaudière de Cornwall ; il comprend (*fig.* 53) une enveloppe cylindrique extérieure d'un assez grand diamètre (2^m,15 environ), terminée par des fonds plats fortement armés et renfermant deux tubes-foyers. Ces tubes-foyers ne traversent pas la chaudière dans toute sa longueur, ils n'ont que la longueur de la grille et viennent aboutir à un carneau commun, entouré comme eux par l'eau de la chaudière. Ce carneau, représenté dans la coupe transversale de la figure, est de section ovale et, par suite, offrant peu de résistance; on augmente cette dernière en entretoisant les deux faces inférieure et supérieure par une série de tubes disposés en quinconce et communiquant haut et bas avec la chaudière; la paroi de ces tubes-entretoises fait partie de la surface de chauffe de la chaudière, qu'elle augmente dans une forte proportion. La disposition en quinconce de ces tubes a pour effet de briser le courant de flammes et d'y produire un remous favorable à la transmission de la chaleur. Chaque tube-foyer est constitué par deux viroles en tôle, soudées longitudinalement, et dont les extrémités, relevées en collerettes, sont réunies l'une et l'autre sur les tôles du carneau au moyen de rivets. Leur forme est conique, de

telle sorte que la collerette du bas, plus étroite, puisse passer à travers le trou

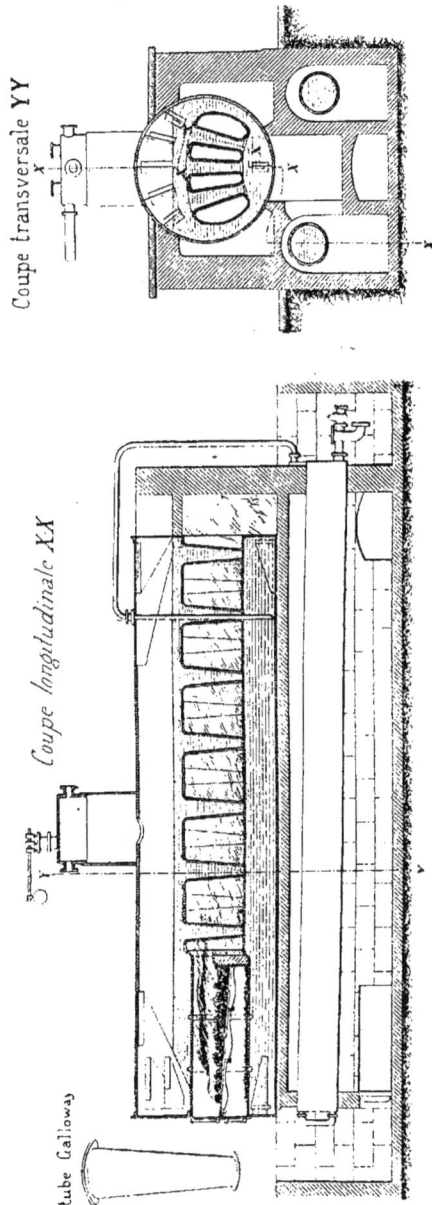

Coupe transversale YY

Coupe longitudinale XX

tube Galloway)

Fig. 53. — Chaudière Galloway.

pratiqué dans le plafond du carneau. Ainsi que dans les chaudières de Cornwall, la circulation des gaz a lieu d'abord dans l'intérieur du carneau renfermant les tubes, puis dans les carneaux latéraux et enfin dans le conduit réservé sous la partie inférieure du corps cylindrique.

La chaudière représentée dans la figure ci-jointe figurait à l'Exposition de 1889, elle est munie de deux corps de réchauffeurs d'eau d'alimentation, que l'on peut remplacer par des réchauffeurs tubulaires et qui complètent l'utilisation de la cha-

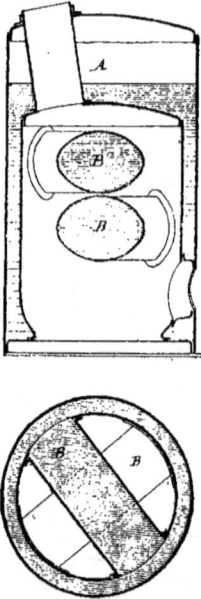

Fig. 54. — Chaudière verticale à bouilleurs croisés.

leur des produits de la combustion. Elle est construite entièrement en tôle d'acier et constitue une œuvre d'une remarquable exécution.

Au point de vue des nettoyages et de l'enlèvement des dépôts, les chaudières Galloway présentent quelques avantages sur les chaudières ordinaires à bouilleurs ; elle sont, par contre, plus encombrantes et demandent des soins particuliers d'exécution en vue d'éviter les dangers d'explosion. Cette chaudière a reçu en Angleterre de nombreuses applications, surtout depuis qu'on a apporté dans sa construc-

tion les perfectionnements que nous avons signalés plus haut.

77. *Chaudières verticales à foyer intérieur. Chaudière à bouilleurs croisés.* — Dans le but de réduire, autant que possible, la surface occupée sur le sol, on fait aussi des chaudières verticales à foyer intérieur. Le dispositif représenté dans la figure 54 est constitué par un corps cylindrique vertical A à la partie inférieure duquel est placé le foyer. En travers de la boîte à feu, sont disposés deux tubes inclinés B, B qui reçoivent l'action des flammes et favorisent le mélange des gaz. L'inclinaison de ces tubes a pour but de faciliter le dégagement de la vapeur et d'éviter qu'ils soient surchauffés.

Une disposition analogue établie par M. Cochot a reçu des applications diverses sur certaines installations peu importantes ; elle se compose, comme la précédente, de deux cylindres concentriques laissant entre eux un espace annulaire rempli d'eau ; dans la boîte à feu sont disposés un certain nombre de tubes transversaux de faible diamètre (12 centimètres environ), qui relient les parois opposées de la chambre d'eau annulaire.

On place aussi trois ou quatre étages de ces tubes, en ayant soin de les entrecroiser et en leur donnant une légère inclinaison.

Les ouvertures fermées par des tampons *autoclaves*, dites *trous de bras*, permettent le nettoyage et l'enlèvement des dépôts.

Ces chaudières sont employées pour de petites forces, elles ne doivent être recommandées que lorsqu'on dispose d'un espace restreint pour leur emplacement.

Chaudières à moyen volume d'eau. Chaudières tubulaires.

78. La plupart des chaudières que nous avons étudiées jusqu'ici ne sont applicables que dans les installations fixes; leur grand volume d'eau, leur énorme poids de tôle et leur volumineux massif de maçonnerie seraient inadmissibles dans tous les cas où l'espace dont on dispose doit être assez restreint. Il est alors nécessaire d'obtenir une puissance plus grande de vaporisation et cette condition ne peut être résolue qu'en augmentant la surface de chauffe.

C'est ce qui fut réalisé par Marc Séguin en 1827, quand il inventa la *chaudière tubulaire* (voir n° 64) qui fut appliquée aux locomotives de Georges Stephenson. Dans cette disposition, les gaz de la combustion passent simultanément dans un grand nombre de tubes de petit diamètre, entourés par l'eau à vaporiser et groupés convenablement à l'avant du foyer.

La chaudière peut être horizontale ou verticale; les gaz de la combustion peuvent se rendre directement du foyer à la cheminée, en passant par les tubes, la chaudière est dite alors à *flamme directe*, comme dans les chaudières de locomotives. Lorsque les gaz, après avoir effectué un premier parcours, rétrogradent pour traverser le faisceau tubulaire disposé parallèlement au foyer, la chaudière est dite à *retour de flamme*, comme dans la plupart des chaudières marines.

On garnit souvent les corps cylindriques des chaudières ordinaires à bouilleurs de faisceaux tubulaires, on obtient ainsi les chaudières dites *semi-tubulaires*, qui forment transition entre les générateurs à grand volume et les chaudières tubulaires proprement dites.

Dans ces appareils, le nettoyage et l'enlèvement des dépôts présentent de grandes difficultés; on pare à cet inconvénient en employant des générateurs dans lesquels les tubes et même le foyer sont démontables et qu'on nomme chaudières à *foyer amovible* ou à *faisceau tubulaire amovible*.

Le grand développement de la surface de chauffe est donc le caractère essentiel des chaudières de ce système; cet avantage entraîne avec lui certains inconvénients. Le réservoir d'eau est restreint, et la conduite de l'appareil rendue plus délicate et plus difficile. Entre les mains de conducteurs peu soigneux, il peut donner lieu à de graves ennuis. De plus, la construction de ces chaudières est plus compliquée, les armatures, les joints entre les tubes, les raccordements des diverses tôles exigent une exécution d'autant plus parfaite qu'ils doivent résister à une pression plus considérable, malgré les efforts dus aux inégalités de dilatation.

Au point de vue du rendement, on n'a pas reconnu qu'elles présentent une infériorité marquée sur les chaudières non tubulaires; malgré cela, on peut conclure que leur emploi doit être réservé pour les cas où il est indispensable d'avoir un générateur puissant, léger et peu encombrant.

79. *Chaudières tubulaires proprement dites.* — Les chaudières tubulaires à flamme directe ont reçu des applications importantes comme chaudières de locomotives et pour quelques installations fixes comme chaudières de locomobiles. Nous verrons au chapitre suivant les dispositions spéciales employées pour les foyers de locomotives et nous nous contenterons de décrire la chaudière de locomobile représentée par la figure 55. Cette chaudière comprend deux parties principales :

1° Une grande chambre à parois planes ou cylindrique, dans laquelle se trouve logée une caisse concentrique, appelée *boîte à feu*, et qui renferme le foyer ;

2° Un corps cylindrique horizontal traversé suivant sa longueur par le faisceau tubulaire qui relie la boîte à feu à la *boîte à fumée*, placée au-dessous de la cheminée.

Les gaz chauds, qui se dégagent de la grille, achèvent en partie leur combustion dans la boîte à feu, puis pénètrent dans le faisceau tubulaire en cédant leur chaleur à l'eau qui entoure les tubes. Ils viennent ensuite déboucher dans la boîte à fumée, surmontée d'une cheminée de faible hauteur, dont le tirage naturel, absolument insuffisant, est considérablement accru par un jet de vapeur provenant de l'échappement de la machine.

Nous verrons plus loin que le tirage ainsi provoqué est très énergique et détermine une combustion extrêmement active. La boîte à fumée est pourvue de portes d'accès qui permettent le ramonage du faisceau tubulaire.

Les doubles parois planes ou cylindriques entre lesquelles se trouve l'eau contenue dans la boîte à feu sont reliées ensemble par de nombreuses entretoises, constituées par des rivets filetés, qui maintiennent l'écartement.

Le ciel de la boîte à feu doit être consolidé par de fortes armatures, la pression qu'il supporte pouvant s'élever, dans certains cas, à plus de 200.000 kilogrammes.

Les tubes sont le plus souvent en laiton, quelquefois en fer, ont un diamètre variant entre 4 et 5 centimètres et une longueur de 3 à 5 mètres ; ils sont assemblés par *dudgeonnage* (1) sur les plaques tubulaires d'avant et d'arrière de la chaudière ; quelquefois l'extrémité des tubes est brasée sur un bout de tuyau de même diamètre, en cuivre rouge, sans soudure longitudinale, que l'on sertit dans les plaques tubulaires. Ils sont disposés en *quinconce*, de manière à mieux répartir les intervalles ménagés dans les plaques tubulaires ce qui permet en même temps d'en placer un plus grand nombre dans la même surface.

Le diamètre du corps cylindrique peut atteindre 1^m,50, l'épaisseur de la tôle est quelquefois assez forte, selon le timbre de la chaudière ; certaines chaudières de locomotives, en tôle d'acier, ont des tôles de 16 millimètres d'épaisseur.

Les parois intérieures de la boîte à feu sont en cuivre rouge, qui transmet bien la chaleur, ou en tôle de fer ou d'acier.

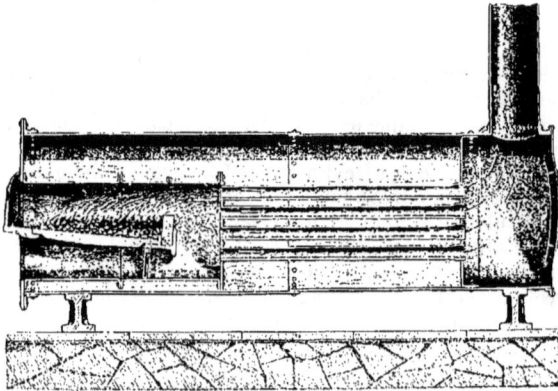

Fig. 55. — Chaudière tubulaire fixe.

Des ouvertures munies d'autoclaves sont disposées pour permettre la visite et le nettoyage des diverses parties de la chaudière.

Afin de diminuer les entraînements d'eau, ces chaudières sont toujours munies de dômes de vapeur, dans lesquels se trouve le tuyau de prise de vapeur qui débouche à quelque distance au-dessus du niveau de l'eau dans la chaudière.

Dans les chaudières de locomobiles on supprime les entretoises et même les armatures de la boîte à feu. La construction se trouve simplifiée et les nettoyages rendus plus faciles, la figure 55 représente une chaudière de locomobile réduite à cette forme très simple.

On peut appliquer aux chaudières tubulaires les foyers intérieurs des chaudières de Fairbairn et de Cornwall, avec un ou deux tubes-foyers.

Ces derniers sont quelquefois construits en tôle ondulée du système Fox, qui résiste bien aux pressions extérieures, augmente la surface de chauffe et permet les dilatations.

Ces foyers en tôle ondulée et soudée ont eu un grand succès depuis ces dernières années, ils ont reçu des applica-

(1) Le dudgeonnage consiste à évaser l'extrémité du tube de manière à le sertir en quelque sorte autour de l'ouverture pratiquée dans la plaque tubulaire. Cette opération se fait au moyen d'un outil spécial ou *dudgeon*.

tions heureuses à diverses chaudières tubulaires de locomotives et de bateaux.

Lorsqu'on veut obtenir une meilleure utilisation du combustible, on emploie la disposition dite à *retour de flamme*; les gaz, après avoir franchi l'autel, passent dans une chambre de combustion formée par un gros tube intérieur qui se prolonge jusqu'à l'extrémité de la chaudière. Ils s'engagent alors dans le faisceau tubulaire qui les ramènent à la cheminée placée à l'avant de la chaudière. Nous

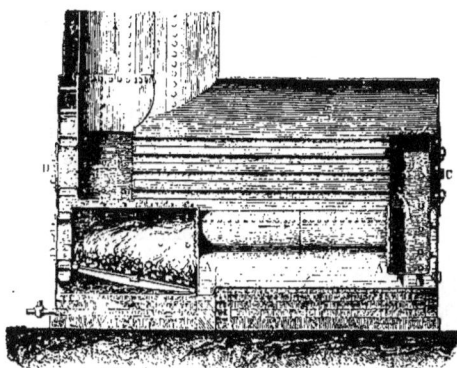

Fig. 56. — Chaudière tubulaire à retour de flamme. — Coupes.

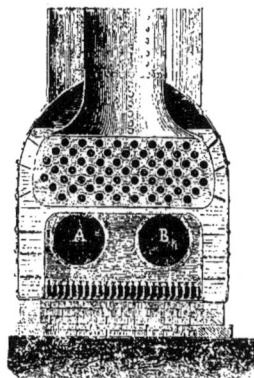

aurons l'occasion d'étudier des dispositifs analogues à propos des chaudières marines et des chaudières à foyer amovible.

80. *Chaudières marines.* — Sur les bateaux, on emploie les chaudières tubulaires dites à *flamme directe* ou celles dites à *retour de flamme*. Les premières conviennent surtout aux navires à grandes vitesses, tels que les croiseurs, les torpilleurs, pour lesquels on est obligé de renoncer à l'emploi des chaudières à retour de flamme, que l'on regarde comme trop pesantes et trop volumineuses. Les chaudières à flamme directe présentent des dispositions analogues à celles des chaudières de locomotives, mais la chambre de combustion est plus vaste; le corps cylindrique est souvent surmonté d'un cylindre de plus faible diamètre, qui forme réservoir de vapeur et communique avec la chaudière par deux larges tubulures placées au-dessus du foyer. Pour obtenir une combustion suffisamment active, on est obligé d'avoir recours au *tirage forcé*, en insufflant sous la grille, de l'air sous pression.

A bord de certains bateaux torpilleurs on a quelquefois besoin de chaudières ayant une grande puissance de vaporisation sous un poids aussi restreint que

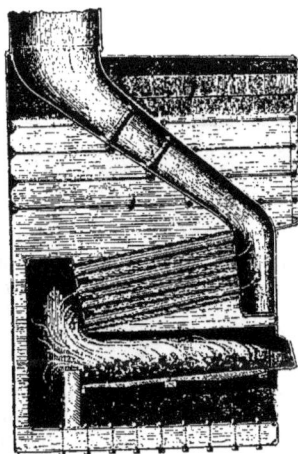

Fig. 57. — Chaudière tubulaire à retour de flamme de l'*Isly*.

possible; les chaudières tubulaires à flamme directe se comportent mal au tirage forcé; c'est à un autre système qu'on a eu recours en cette circonstance et que nous étudierons en détail lorsque nous décrirons les chaudières multitubulaires ou à petits éléments. En dehors de ces applications spéciales on a recours, dans la marine, aux chaudières tubulaires à retour de flamme. Ici, l'économie du combustible joue un rôle important, puisqu'elle réduit le poids mort à transporter (1) et qu'elle se rattache à une production considérable de vapeur, certaines machines de bateau pouvant fournir une force de 20 000 chevaux-vapeur. L'usage des fortes pressions (8 à 12 kil.) a fait préférer l'emploi de chaudières à parois cylindriques, afin d'éviter l'encombre-

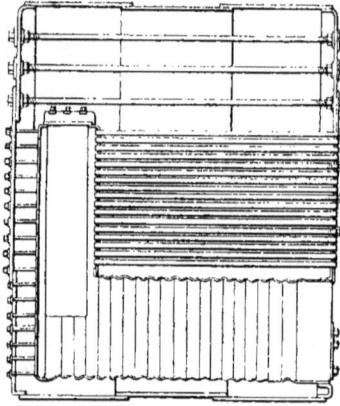

Fig. 56. — Chaudière marine à retour de flamme avec foyer en tôle ondulée.

ment occasionné par les armatures dont on était obligé de munir les anciennes chaudières à parois planes pour les consolider.

Les figures 56 et 57, représentent deux chaudières marines à retour de flamme. Les flammes, après avoir parcouru les deux tubes A, B, débouchent dans une chambre, entourée d'eau, et reviennent à l'avant par le faisceau tubulaire qui les conduit à la cheminée. La coupe transver-

(1) Dans les bateaux transatlantiques, le poids du combustible nécessaire pour effectuer une traversée peut atteindre le 1/5 et même le 1/3 du chargement total.

sale de la figure 56 montre la disposition de la grille et du faisceau tubulaire.

La figure 57 représente une disposition un peu différente, le foyer est disposé immédiatement au-dessous du faisceau tubulaire et la cheminée traverse l'eau de la chaudière, ce qui complète l'utilisation de la chaleur dégagée par les produits de la combustion.

Nous avons déjà parlé de l'application des foyers en tôle ondulée du système Fox à plusieurs systèmes de générateurs à foyer intérieur. La figure 58 représente une chaudière marine à retour de flamme, munie de ce tube-foyer et une vue perspective d'un foyer quadruple de chaudière marine.

Ces tubes sont formés de tôle d'acier

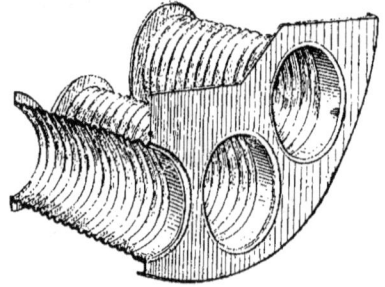

Fig. 58 *bis*. — Foyer quadruple en tôle ondulée de Fox.

doux, que l'on cintre et dont on soude les bords; le tube lisse ainsi constitué est porté au rouge et soumis à l'action d'un puissant laminoir dont les cylindres sont cannelés. C'est grâce à l'exécution parfaite de ce travail que l'emploi de ces tubes en tôle ondulée a pris, depuis quelques années, une grande extension.

81. Chaudières tubulaires diverses. — Les chaudières tubulaires sont quelquefois constituées par un faisceau tubulaire incliné, enveloppé d'un corps cylindrique de même inclinaison. Dans la *chaudière Sulzer* (*fig.* 59), les tubes sont inclinés à 45 degrés; par suite de cette inclinaison, la hauteur de la couche d'eau au-dessus du foyer devient considérable, et l'on n'a plus à redouter les dangers qu'entraîne pour les chaudières tubulaires horizontales un abaissement accidentel du niveau de l'eau. Le faisceau tubulaire n'est en contact avec l'eau que sur la moitié de sa longueur environ, circonstance qui favorise l'assèchement de la vapeur formée à la partie supérieure de la chaudière, mais qui n'utilise qu'imparfaitement la chaleur dégagée par les produits de la combustion. On compense cet inconvénient par l'installation de réchauffeurs qui sont baignés par les gaz au sortir du faisceau tubulaire.

Quand l'espace dont on dispose est très restreint, on peut employer la *chaudière Zambeaux*, constituée par un corps cylindrique vertical, dont la partie inférieure, à doubles parois, contient le foyer. Un faisceau tubulaire part du ciel du foyer et s'assemble, à la partie supérieure de la chaudière, sur une plaque tubulaire formant la base d'une boîte à fumée. Cette chaudière, malgré diverses améliorations qu'on lui a fait subir et dans le détail desquelles nous ne pouvons entrer, n'a reçu d'applications que pour actionner des

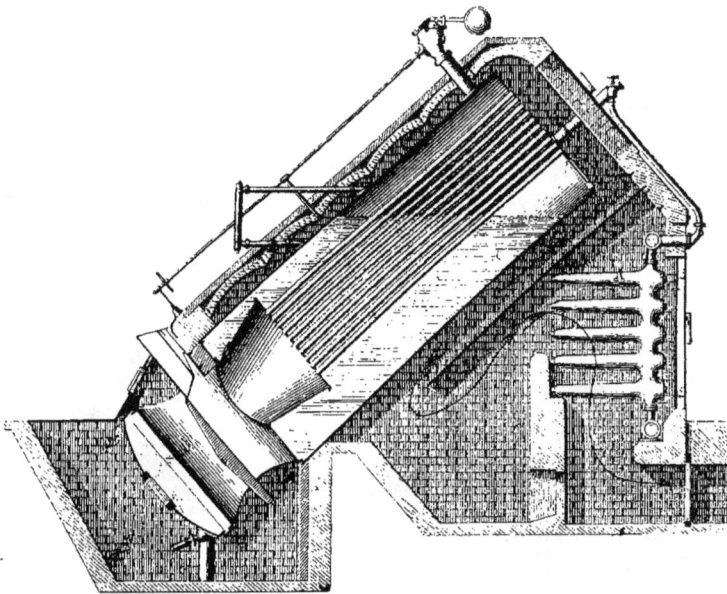

Fig. 59. — Chaudière Sulzer.

machines peu puissantes et lorsque l'espace est très limité. On préfère souvent l'emploi de chaudières verticales de systèmes différents que nous étudierons ci-après.

Chaudières semi-tubulaires.

82. On désigne sous ce nom certains générateurs résultant de l'adaptation aux chaudières à grand volume d'un faisceau de tubes intérieurs de petit diamètre servant de retour aux flammes. Cette disposition, ainsi que nous l'avons déjà dit, forme transition entre les générateurs à grand volume d'eau et les chaudières tubulaires proprement dites. Elle participe aux avantages et aux inconvénients inhérents à chacun de ces deux systèmes et elle est jugée utile dans certains cas. Parmi les nombreuses dispositions que l'on rencontre dans ce système, nous nous bornerons à faire connaître la chaudière représentée par la figure 60 ci-contre.

Les gaz de la combustion circulent d'abord autour des bouilleurs BB, puis reviennent à l'avant par le faisceau de tubes *c, c* et les canaux latéraux du corps cylindrique AA ; de là, ils se rendent à la cheminée où ils passent préalablement ou successivement autour de deux échauffeurs disposés latéralement et non représentés sur la figure.

On fait également des générateurs semi-

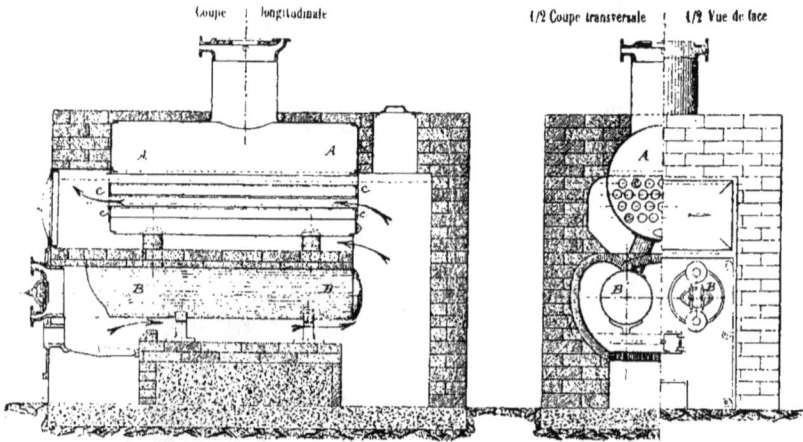

Fig. 60. — Chaudière semi-tubulaire à bouilleurs.

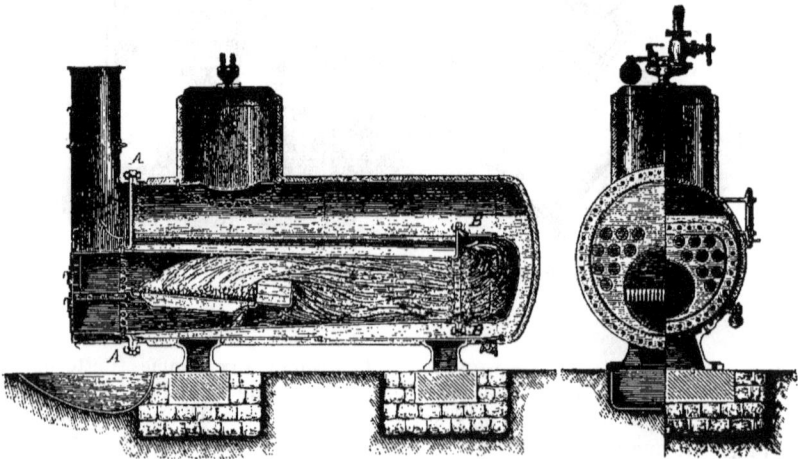

Fig. 61. — Chaudière tubulaire à foyer amovible.

tubulaires à foyer intérieur. Les gaz, après avoir parcouru le tube-foyer, reviennent à l'avant par un faisceau tubulaire disposé dans un corps cylindrique qui surmonte le cylindre renfermant le tube-foyer et qui communique avec ce cylindre par deux larges tubulures. Les gaz s'échappent ensuite à la cheminée après avoir circulé dans la longueur du fourneau en enveloppant l'ensemble du générateur dont on utilise ainsi la surface extérieure.

83. *Chaudières à foyer amovible.* — Dans les différents systèmes de chaudières que nous venons de décrire, il est très difficile et souvent impossible d'enlever les incrustations qui se déposent autour des tubes. Cet inconvénient peut devenir très grave et amener rapidement la mise hors de service de la chaudière. C'est dans le but de parer à cet inconvénient qu'on a imaginé de rendre amovibles le foyer et le faisceau tubulaire des générateurs à foyer intérieur.

Parmi les dispositions prises par divers constructeurs, nous nous bornerons à décrire deux systèmes, l'un appliqué à une chaudière tubulaire proprement dite, l'autre à un générateur de plus grand volume.

La figure 61 réprésente une chaudière à foyer amovible dont on peut sortir complètement le vaporisateur AABB, composé du foyer, de la boîte à fumée et du faisceau tubulaire, et mettre ainsi à découvert toutes les parties susceptibles d'être incrustées.

La figure 62 représente une vue perspective de la chaudière, le foyer enlevé. Le joint est fait en AA, sur les brides attenant au corps de chaudière et à la plaque tubulaire, au moyen de boulons.

Fig. 62. — Vue perspective de la chaudière, le foyer enlevé.

84. *Chaudière à foyer amovible de la Société de Pantin.* — La figure 63 représente un des derniers types construits par la Société de Pantin. Le foyer AA est tronconique et se termine à l'arrière en un cul-de-sac BB, d'où partent, en retour, une série de tubes calorifères *a, a*, venant aboutir à la plaque d'avant *cc*, à laquelle est également assemblé le tube-foyer. Le tout est entouré concentriquement d'une enveloppe cylindrique DD ou *calandre ;* au dessus est un réservoir d'eau et de vapeur EE, communiquant avec la calandre par deux larges cuissards FF. La plaque d'avant *cc*, relevée en collerette sur son bord, porte une forte cornière *bb*, qui vient en regard d'une autre cornière semblable *cc ;* c'est entre ces deux cor- nières que se fait le joint au moyen d'une grande bague de caoutchouc et d'un grand nombre de boulons *d, d, d.*

Pour démonter l'appareil, on défait ces boulons et le calorifère tout entier, composé du tube-foyer, du cul-de-sac et des tubes ; le tout, assemblé sur la plaque d'avant *cc*, peut être retiré sans difficultés ; des rails *ee* facilitent cette opération.

Les gaz de la combustion, après avoir parcouru le foyer et les tubes, redescendent par un caniveau en tôle GG, qui entoure les portes du foyer et du cendrier, et se rendent dans une grande chambre en briques HH, qui enveloppe complètement le générateur, avant de s'échapper en J par les rampants qui les conduisent à la cheminée. Le vaporisateur est donc complètement libre à l'une de ses extrémités et peut ainsi se dilater facilement. La plaque d'avant *cc* doit être suffisamment épaisse pour résister à la pression intérieure. L'addition du réservoir d'eau et de vapeur EE constitue une amélioration importante ; dans le système primitif, ce réservoir n'existait pas et la chambre de vapeur était formée par la partie supérieure de la calandre surmontée de deux dômes de vapeur.

Il ne restait ainsi que peu de distance verticale entre le niveau de l'eau et la tôle de coup de feu, qui était exposée à brûler en cas de négligence dans l'alimentation.

L'alimentation se fait dans cette chaudière au moyen du tuyau *hh*, qui débouche vers la partie inférieure de la calandre en traversant le réservoir d'eau et de vapeur.

85. *Tubes démontables.* — La difficulté souvent très grande des visites et des nettoyages dans les divers systèmes de chaudières tubulaires (à l'exception, bien entendu, de celles dont le faisceau tubu-

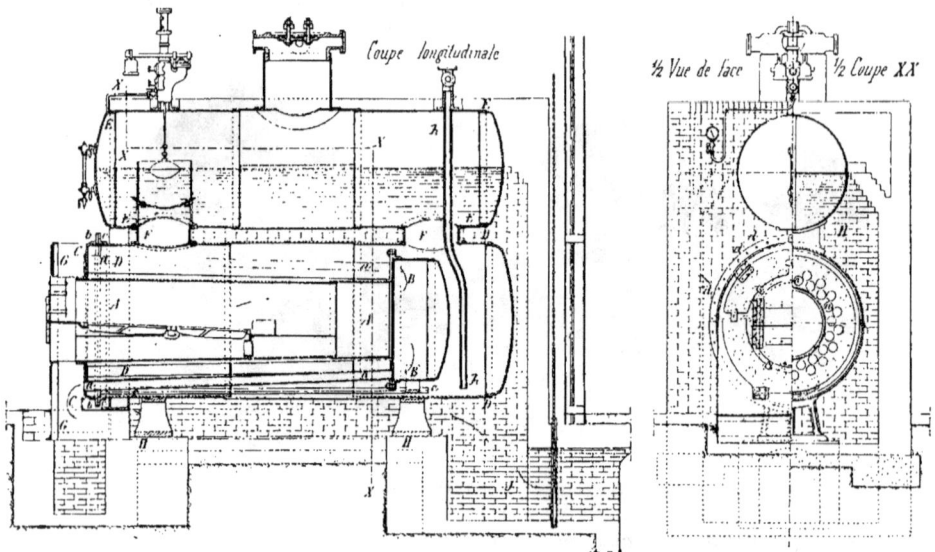

Fig. 63. — Chaudière tubulaire à foyer amovible de la société de Pantin.

laire est amovible) a conduit à imaginer plusieurs dispositifs qui rendent mobile le joint entre les tubes et les plaques tubulaires.

Dans le système *Bérendorf* (*fig.* 64), les bouts de tubes sont garnis de bagues coniques *aa*, *bb*, qui entrent à force dans des ouvertures de même conicité, fraisées dans les plaques tubulaires ; un effort en sens contraire suffit pour dégager à la fois les deux cônes. Le système donne lieu quelquefois à des fuites, dues à l'élasticité des plaques tubulaires qui ne cèdent pas également. On les emploie quelquefois en constituant la tubulure par un ensemble de tubes fixes et de quelques tubes mobiles, ces derniers étant répartis de manière à procurer des passages praticables.

Dans le système Montupet (*fig.* 65), le tube porte, du côté du foyer, une bague conique *aa*, entrant dans une ouverture de même forme fraisée dans la plaque tubulaire ; du côté de la boîte à fumée, le joint se fait à l'amiante ; le tube est, à cet effet, rétreint suivant *bb*, on l'entoure d'amiante filée et on le coiffe d'un écrou en bronze qui vient mordre dans les filets taraudés dans la plaque tubulaire. Le joint de l'écrou sur la plaque se fait par une bague en plomb *dd* qui s'écrase sous la pression. Ce dispositif gêne peu la dilatation, il peut être employé en le répartissant d'une manière analogue à celle des tubes Bérendorf, mais il ne forme pas entretoise entre les plaques tubulaires. Un autre dispositif de joint à l'amiante, imaginé par Armand Girard, est représenté dans la figure 66, avec l'outil qui sert à le mettre en place. Les bagues doublement coniques *bb* font serrage, au moyen de deux écrous *cc*, à la fois sur l'amiante qui entoure les bouts des tubes, et sur le logement ménagé dans la plaque tubulaire. On retire l'outil de mise en place, les garnitures coniques d'amiante font joint autoclave sous la pression de la vapeur. Ces tubes, comme les précédents, ne font pas entretoises entre les plaques tubulaires. Ces divers dispositifs n'ont reçu que des applications assez restreintes ; dans les chemins de fer, afin de faciliter les nettoyages, on n'hésite pas à sacrifier quelques-uns des tubes en les démontant. Cette opération, qui machine les tubes aux deux bouts, nécessite ensuite le rabotage en soudant des tronçons de tubes en cuivre ; ou bien, les tubes sont coupés

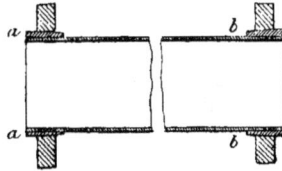

Fig. 64. — Tube mobile système Bérendorf.

pour servir dans des chaudières plus courtes.

Nous verrons plus loin qu'il y a grand avantage à diminuer le plus possible la formation des dépôts dans les chau_

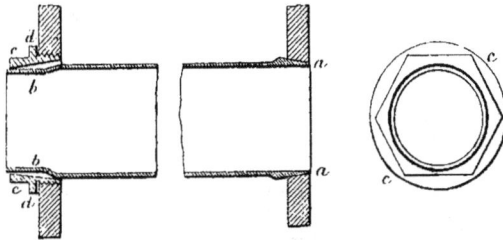

Fig. 65. — Tube mobile système Montupet.

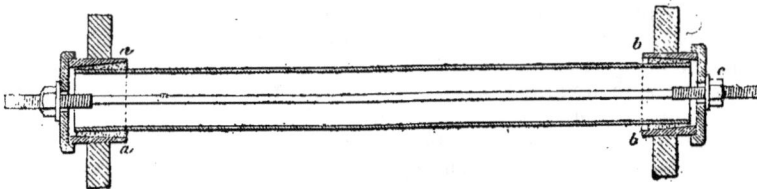

Fig. 66. — Tube mobile système Armand Girard.

dières tubulaires et qu'on fait souvent de grands sacrifices pour se procurer des eaux pures ou pour améliorer celles dont on dispose.

Chaudières à faible volume d'eau. — Chaudières multitubulaires ou à petits éléments.

86. *Généralités.* — Les chaudières qu'on désigne sous les noms de *multitubulaires, inexplosibles, à petits éléments* sont, pour la plupart, composées par un grand nombre d'éléments assemblés, chaque élément étant constitué par un récipient de petite dimension, plein d'eau et baigné par les flammes du foyer. La surface de chauffe ainsi obtenue est considérable et le volume total de l'eau réduit, dans certains types, au minimum.

La chaudière à petits éléments est donc l'inverse de la chaudière tubulaire: dans la première l'eau est contenue dans les éléments, lesquels sont chauffés par les gaz chauds ; dans la seconde, au contraire, l'eau est contenue entre les tubes, ces derniers étant parcourus par les produits de la combustion.

L'invention de ce système de générateurs, quoique antérieure à celle des chaudières tubulaires, n'a reçu d'applications importantes que depuis ces dernières années. Les difficultés inhérentes à la construction et à l'entretien de ces générateurs en ont retardé longtemps le développement ; aujourd'hui ils sont entrés franchement dans la pratique.

Le faible volume d'eau qu'ils contiennent et qui diminue notablement l'importance des explosions, la surface de chauffe qu'on peut leur donner sous un espace souvent fort restreint, sont des avantages précieux dans certaines installations, entre autres celles d'éclairage électrique qui ont pris tant d'importance depuis quelques années.

La chaudière Belleville, par exemple, qui n'occupe pas une place beaucoup plus grande que le plan de sa grille, a été adoptée sur plusieurs des grands navires de l'État ou du commerce. Quoique le prix des chaudières de ce système soit assez élevé, les dépenses d'installation se trouvent notablement réduites et compensent le prix d'achat. Au point de vue du rendement, elles ne le cèdent en rien aux meilleurs systèmes de générateurs, quoiqu'il paraisse, à première vue, que l'utilisation de la chaleur dégagée par le combustible soit moins complète.

Mais, à côté de ces propriétés importantes, elles possèdent divers inconvénients qu'il est nécessaire d'énumérer. Le volant de chaleur, ou réservoir de puissance, constitué dans les chaudières à grand volume par la masse des réservoirs d'eau, est ici réduit aux plus minimes proportions ; la pression est sujette à des variations rapides et demande, pour être maintenue à peu près constante, une attention soutenue et intelligente de la part du chauffeur ; on confie même quelquefois ces difficiles fonctions à des appareils automatiques.

La quantité d'eau vaporisée par heure est le plus souvent équivalente à deux ou trois fois le volume de l'eau contenue dans la chaudière ; il s'ensuit que le plan d'eau est sujet à baisser rapidement, dès que l'attention du chauffeur cesse d'être en éveil, un accident grave peut alors survenir [1]. On peut se mettre à l'abri de cet inconvénient soit en confiant le service de l'alimentation à un appareil automatique, soit en disposant au-dessus du générateur proprement dit un récipient supplémentaire, contenant un certain volume d'eau et de vapeur. Ce dernier moyen est simple et efficace, mais il atténue les propriétés caractéristiques du système, tant pour la rapidité de mise en pression que pour la sécurité du voisinage et l'encombrement.

Les tubes étroits dans lesquels se forme la vapeur ne la laissent pas dégager avec avec la même facilité que les masses d'eau des chaudières ordinaires : les bulles de vapeur restent mélangées à l'eau et l'entraînent dans leur mouvement. Les tubes tendent aussi à être facilement obstrués par les dépôts ; on combat cet inconvénient en cherchant à donner à l'eau une circulation rapide et continue, qui s'oppose à l'adhérence de ces dépôts. Ces chaudières comportent donc une circulation d'eau, toujours obtenue par le

_____

[1] Dans les générateurs à grand volume d'eau, la quantité d'eau vaporisée par heure n'est que le 1/10 environ du volume d'eau contenue dans la chaudière.

résultat même de la production de la vapeur.

Il faut également, dans la conduite du foyer, ne pas perdre de vue que les allures à combustion vive ne sont pas sans présenter de graves dangers si une obstruction accidentelle vient gêner la circulation de l'eau dans les tubes.

Les tubes se font en fer; ils sont, le plus souvent, soudés par recouvrement. L'assemblage de ces tubes avec les parties voisines n'est pas sans présenter de difficultés; il est résolu par plusieurs procédés, soit à *cru*, soit par l'expansion du bout du tube ou *dudgeonnage*, soit par l'assemblage à *vis*.

Ainsi que dans les autres systèmes de générateurs, il est indispensable de ménager des ouvertures qui permettent le nettoyage des tubes, ces ouvertures sont souvent fermées par une simple plaque serrée par un boulon ou par des bouchons autoclaves.

Le premier procédé est moins à recommander, car, si le bouchon casse, il est projeté par la pression de la vapeur.

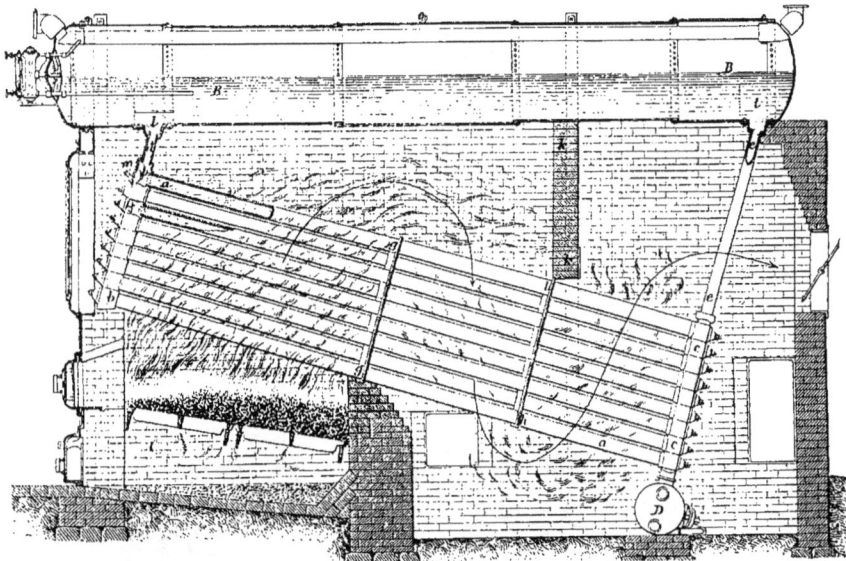

Fig. 67. — Chaudière Babcock et Wilcox.

Nous nous bornerons à décrire quelques-unes des chaudières les plus employées et nous les diviserons en deux classes, suivant que le générateur proprement dit sera pourvu ou non d'un réservoir d'eau et de vapeur.

Générateurs à petits éléments avec réservoir de vapeur

87. *Chaudière Babcock et Wilcox.* — Le générateur Babcock et Wilcox, représenté en coupe longitudinale par la figure 67, se compose d'un faisceau de tubes *aa*, fortement inclinés et qui sont disposés par plans juxtaposés. Chacun de ces plans représentés (*fig.* 68) comprend un certain nombre de tubes; les tubes superposés dans un même plan vertical sont reliés entre eux, à leurs deux bouts, par des boîtes *bb* et *cc*, qui sont elles-mêmes surmontées de conduits *dd* et *ee* aboutissant à un réservoir d'eau et de vapeur BB, placé à la partie supérieure du générateur.

Ce réservoir, d'un assez grand diamètre,

porte les appareils accessoires : indicateurs du niveau de l'eau, soupapes de sûreté, dôme de prise de vapeur, etc..

Les produits de la combustion traversent le faisceau des tubes suivant le parcours sinueux qui leur est imposé par les chicanes *gg* et *hh*, qui les forcent ainsi à venir, à trois reprises, en contact avec les tubes avant de se rendre à la cheminée. La vapeur formée dans les tubes se déverse dans les boîtes d'avant *bb* et s'élève en entraînant l'eau dans son mouvement ; elle débouche par les conduites *dd* dans le réservoir supérieur, où se fait la séparation de l'eau et de la vapeur ; l'eau liquide, plus froide, redescend par les conduites *ee* dans les boîtes d'arrière *cc* ; la circulation continue est ainsi assurée. La partie inférieure des boîtes d'arrière *cc* est en communication avec un déjecteur D, réservoir dans lequel les boues se déposent et qui porte un robinet de purge pour faire l'extraction de ces dernières. C'est dans ce collecteur que se fait l'alimentation.

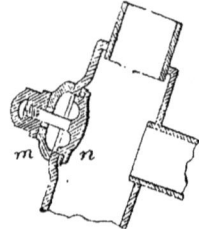

Fig. 68. — Boîte d'assemblage en fer forgé. Fig. 69. — Détail d'un bouchon.

Les boîtes d'avant et d'arrière *bb* et *cc* se font aujourd'hui en fer forgé, elles ont reçu une courbure sinueuse (*fig.* 68) de

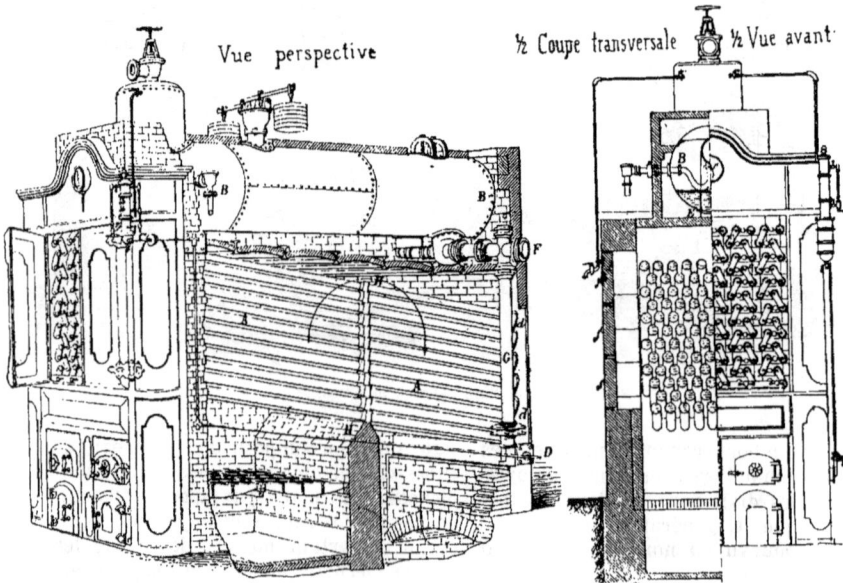

Fig. 70. — Chaudière de Naeyer.

telle sorte que les tubes forment quinconce, ce qui contrarie le parcours des flammes. Les tubes, les conduites *dd* et *ee* se font également en fer forgé ; l'assemblage des tubes sur leurs boîtes se fait par dudgeonnage dans les trous fraisés sur ces dernières. Vis-à-vis chaque bout de cube, est disposé un trou de visite fermé par un bouchon à vis *m* (*fig.* 67 et 69), maintenu par une ancre *n* qui forme autoclave sous la pression de la vapeur si le boulon vient à se rompre, produisant ainsi une fermeture provisoire. Ces ouvertures permettent le nettoyage intérieur des tubes ; le ramonage extérieur est obtenu au moyen d'un jet de vapeur que l'on dirige à travers le faisceau tubulaire.

Ce système de générateur participe aux avantages et aux inconvénients inhérents au système mixte des chaudières à faible volume d'eau, il a reçu depuis quelques années des applications importantes, surtout en Amérique, malgré le danger qui peut résulter de la rupture des boîtes d'assemblage des tubes, circonstance qu'on a cherché à atténuer le plus possible en perfectionnant leur fabrication.

88. *Chaudière de Naeyer.* — Ce système de générateur représenté par les figures 70 et 71 est, comme le précédent, composé d'un faisceau de tubes pleins d'eau AA, parallèles et inclinés, plongeant dans les flammes du foyer.

Deux tubes placés côte à côte constituent un *élément* ; leurs extrémités sont réunies par deux boîtes horizontales *aa* et *bb* (*fig.* 71) ; un certain nombre d'éléments pareils sont superposés en quinconce et forment une *série*. Ainsi donc, dans chaque série, chaque élément communique avec l'élément inférieur et l'élément supérieur ; la communication se trouve donc établie d'une manière continue entre le haut et le bas de chaque élément. En juxtaposant plusieurs séries pareilles, on forme le faisceau tubulaire complet.

Les séries sont réunies en avant à un collecteur disposé au-dessous du réservoir de vapeur BB ; à l'arrière, elles débouchent dans un collecteur inférieur D, qui reçoit l'eau d'alimentation. La circulation de l'eau s'effectue alors de la manière suivante : le liquide envoyé par le collecteur d'alimentation D dans le bas d'une série s'élève en serpentant jusqu'en haut de la série en circulant dans tous les tubes qui la composent ; la vapeur produite se décharge dans le collecteur de vapeur et la conduite E dans le ré-

servoir BB. Cette vapeur, provenant de tubes étroits, est très chargée d'eau ; le mélange se décante dans le réservoir supérieur ; l'eau déposée retourne au moyen des conduites F, G, au collecteur D. La conduite F se bifurque en deux conduites latérales G, qui débouchent aux extrémités du collecteur D. Dans les derniers types, entre autres ceux qui figuraient à l'Exposition de 1889, l'alimentation débouche dans le courant de vapeur dégagé par le réservoir supérieur, et on installe quelquefois sur le parcours des conduites G un épurateur décanteur chargé de débarrasser l'eau de

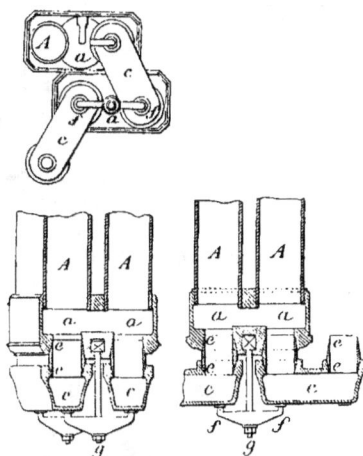

Fig. 71. — Assemblage des tubes.

la plus grande partie des sels calcaires qui s'y trouvent précipités. On dispose aussi, dans certains cas, des réchauffeurs d'eau d'alimentation constitués par des faisceaux de tubes analogues à ceux de la chaudière. Le parcours des flammes est doublé par la chicane HH, qui oblige les gaz à traverser les tubes dans toute leur longueur.

L'assemblage des tubes et des boîtes doit présenter comme sécurité et comme étanchéité des garanties indispensables au bon fonctionnement de l'appareil. La figure 71 montre le détail de l'un de ces assemblages : les boîtes rectangulaires *aa*, *bb*, fermant les deux bouts d'un élément, sont percées d'ouvertures vis-à-vis les tubes qu'elles doivent faire communiquer, au moyen des boîtes obliques cc.

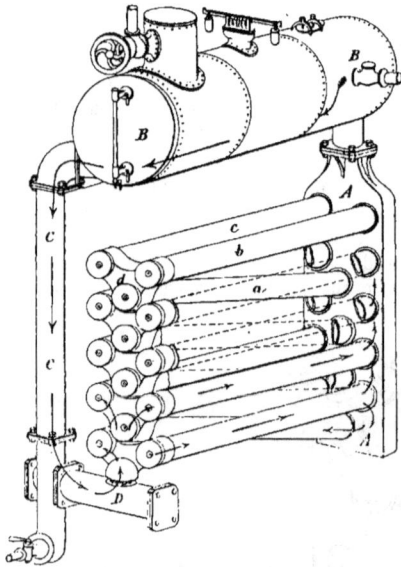

Fig. 72. — Chaudière Terme et Deharbe. — Circulation de l'eau et de la vapeur.

Le joint sur les boîtes *aa* se fait par dudgeonnage ; les boîtes obliques *cc* s'assemblent à cru sur un bout de tube à double cône *ee*, par simple appui obtenu par l'étrier *ff* serré au moyen du boulon à marteau *gg*. Ce mode d'assemblage, quoique un peu compliqué, est suffisamment étanche et facile à démonter pour procéder au nettoyage des tubes. Des écrans protègent les chapeaux contre les flammes, le réservoir supérieur est également à l'abri du contact des gaz chauds et, par suite, peu exposé aux accidents.

La chaudière de Naeyer a reçu en France et surtout en Belgique de nombreuses applications.

89. *Chaudière Terme et Deharbe.* — Le système de générateur imaginé par ces constructeurs se compose d'un certain nombre de séries verticales de tubes seperposées. La figure 72 représente d'une manière schématique l'ensemble d'une de ces séries, ainsi que le mode de circulation de l'eau dans ce générateur.

La série est constituée par plusieurs éléments ; chacun de ces éléments est composé de trois tubes *a*, *b*, *c* ; les deux tubes supérieurs *b*, *c* sont parallèles et inclinés, le tube inférieur *a* est incliné en sens inverse ; à l'arrière de la chaudière, tous les tubes d'une série sont assemblés sur un collecteur prismatique AA ; à l'avant, les trois tubes d'un même élément s'assemblent sur une boîte *d* (*fig.* 73) ; les boîtes *d* sont superposées, sans communiquer entre elles. Le courant d'eau et de

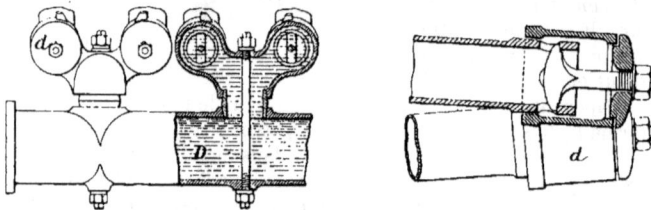

Fig. 73. — Assemblage de tubes.

vapeur, formé sous l'action de la chaleur, s'élève dans tous les tubes inclinés et gagne le sommet du collecteur AA qui le conduit dans le réservoir supérieur BB, à moitié plein d'eau. Une conduite verticale *cc* ramène le courant au collecteur d'alimentation D, qui l'envoie ensuite aux diverses séries disposées les unes à côté des autres. Sur le prolongement de la conduite *cc* sont disposés un réservoir et un robinet pour la décantation. L'alimentation a lieu dans le courant de vapeur du réservoir supérieur, au moyen d'un tuyau qui débouche à peu près à la hauteur du niveau de l'eau dans ce réservoir. Les gaz chauds traversent une seule fois le faisceau tubulaire, qui n'est guère plus long que la grille, et se rendent ensuite à la cheminée.

L'assemblage des tubes sur les boîtes d est obtenu au moyen d'un renfort conique qui vient s'engager dans un cône un peu plus large, fraisé dans la boîte; un boulon à ancre maintient l'assemblage et fait serrage sur un bouchon.

Le collecteur A est en fer forgé et soudé, il est assemblé avec les tubes de la même manière que les boîtes d; ses parois planes sont consolidées par des entretoises filetées. Les boîtes d sont en fonte malléable,

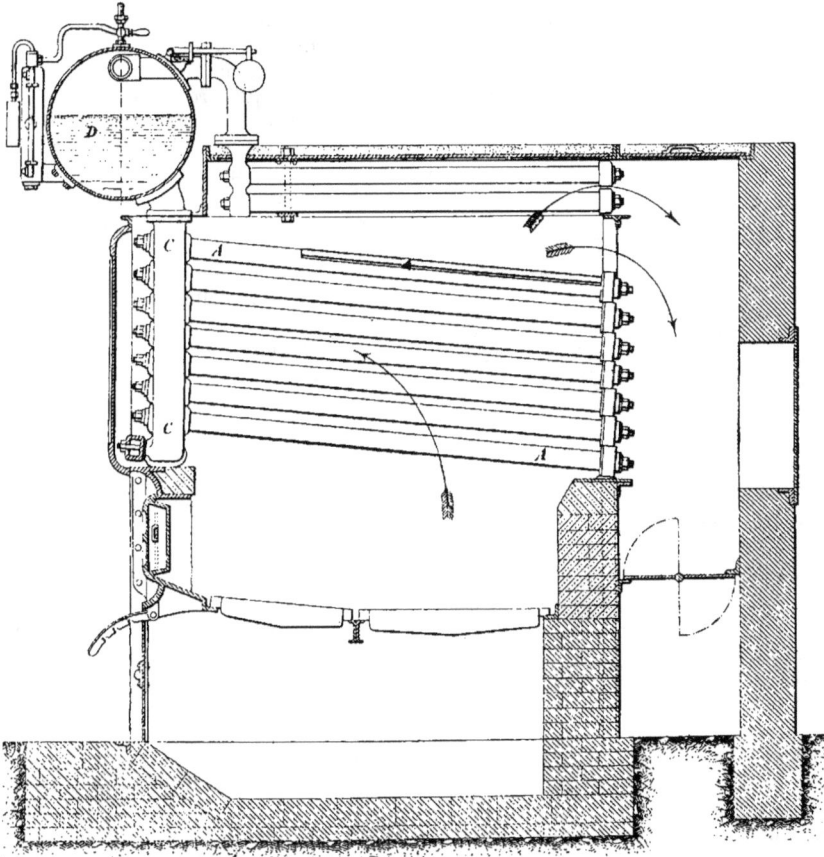

Fig. 74. — Chaudière système Collet.

elles sont protégées contre le contact des flammes du foyer.

On a adopté ce système de générateur au service de la navigation; plusieurs des bateaux-omnibus de la Seine sont munis de cette chaudière.

90. *Chaudière Collet.* — Ce générateur est formé d'éléments verticaux juxtaposés et reliés à leur partie supérieure à un réservoir D à moitié plein d'eau placé à l'avant du fourneau. Un élément se compose (*fig.* 74 et 75) d'un certain nombre de tubes vaporisateurs, disposés les uns au-dessus des autres dans un même plan vertical et assemblés à l'avant sur un collecteur distributeur vertical CC. Ce collecteur est divisé, dans toute sa hauteur, en deux parties par une cloison verticale cc percée d'orifices circulaires. Sur la face arrière du collecteur sont pratiqués des trous destinés à recevoir les tubes AA en fer, assemblés à joint conique précis; les ouvertures pratiquées dans la cloison cc reçoivent des tubes BB plus petits, en laiton mince, munis d'un renflement dd qui les maintient concentriques aux tubes extérieurs.

L'extrémité arrière des tubes *vaporisa-*

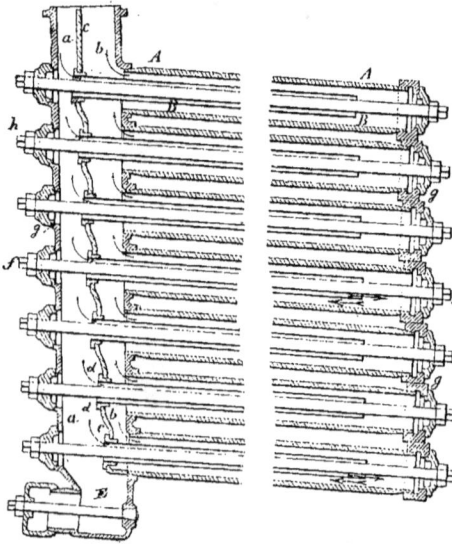

Fig. 75. — Coupe d'un élément, chaudière système Collet.

teurs AA est fermée par un bouchon *g*, il en est de même de l'ouverture pratiquée sur la face avant du collecteur en regard de chacun de ces tubes. Cette fermeture et en même temps l'assemblage du tube sont maintenus par de longs boulons *ff* serrés par les écrous *h*.

Les tubes intérieurs BB ou tubes de *circulation* sont ouverts à leurs deux extrémités comme l'indique la figure 75 ci-jointe.

La circulation de l'eau se produit ici d'une manière différente de celle des générateurs que nous venons d'étudier

précédemment, elle constitue la caractéristique de ce système, en se rapprochant des principes qui président au fonctionnement des chaudières Field (n° 11).

La vapeur produite dans un tube vaporisateur quelconque se rend dans le compartiment d'arrière *bb* du collecteur vertical, qui se trouve ainsi rempli d'un mélange d'eau et de vapeur qui est recueilli par le réservoir supérieur D, où se fait la décantation. Le compartiment d'avant *aa* du collecteur vertical ne contenant que de l'eau, il se produit une rupture d'équilibre qui détermine un courant continu descendant en *aa* pour parcourir les tubes de circulation, et revenant par les tubes vaporisateurs aux compartiments *bb*, et de là au réservoir de vapeur. Pour faciliter la circulation dans le collecteur vertical, on donne à la cloison *cc* une légère inclinaison par rapport aux parois du collecteur, de manière que les sections offertes au passage des fluides aillent en proportion du volume à débiter. Les produits de la combustion s'élèvent au milieu du faisceau tubulaire, et sont mis en contact, à la partie supérieure du générateur, avec un certain nombre de tubes surchauffeurs qui font office de sécheurs de vapeur.

La plus grande partie des dépôts, précipités sous l'action de la chaleur, vient se réunir dans la partie inférieure E de la chambre *aa* des collecteurs. C'est dans cette capacité, où règne un calme relatif, que l'on procède aux extractions. Des bouchons de réunion font communiquer entre eux les capacités inférieures des divers collecteurs, de sorte que la purge se fait à la fois sur tous les éléments.

Les générateurs Collet étaient puissamment représentés à l'Exposition de 1889; la facilité du démontage et du remplacement de leurs divers organes constitue une propriété précieuse dans l'emploi de ce système; par contre, l'ensemble du faisceau tubulaire avec ses doubles tubes et les longs boulons qui le traversent dans toute sa longueur peut paraître un peu compliqué. Les collecteurs *cc* sont en fonte, les boîtes d'arrière en fonte malléable; nous avons déjà dit comment les joints étaient obtenus, soit à cru entre

Coupe   longitudinale   ½ Coupe transversale   ½ Vue avant

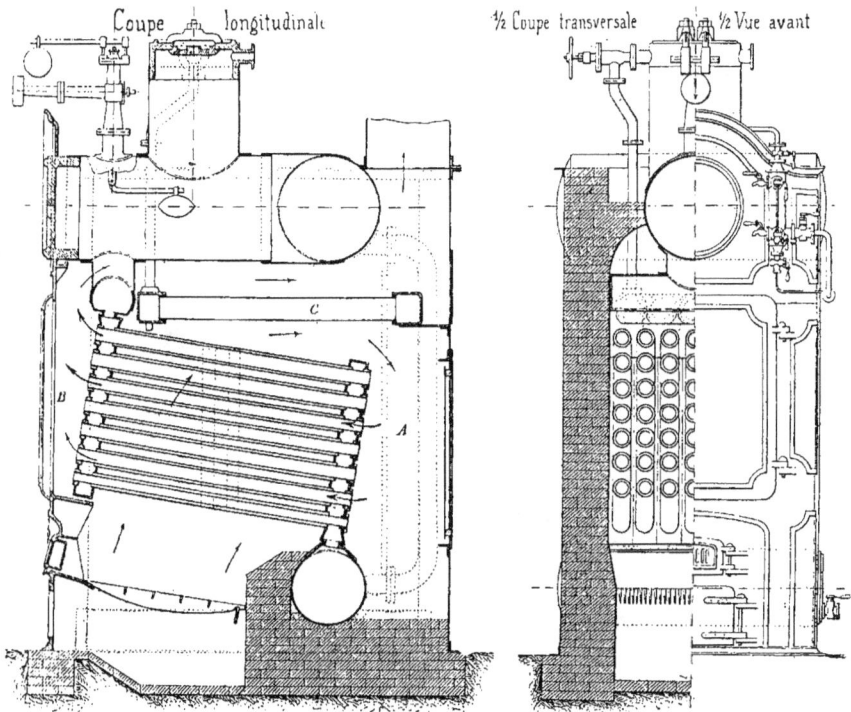

Fig. 76. — Chaudière système Roser.

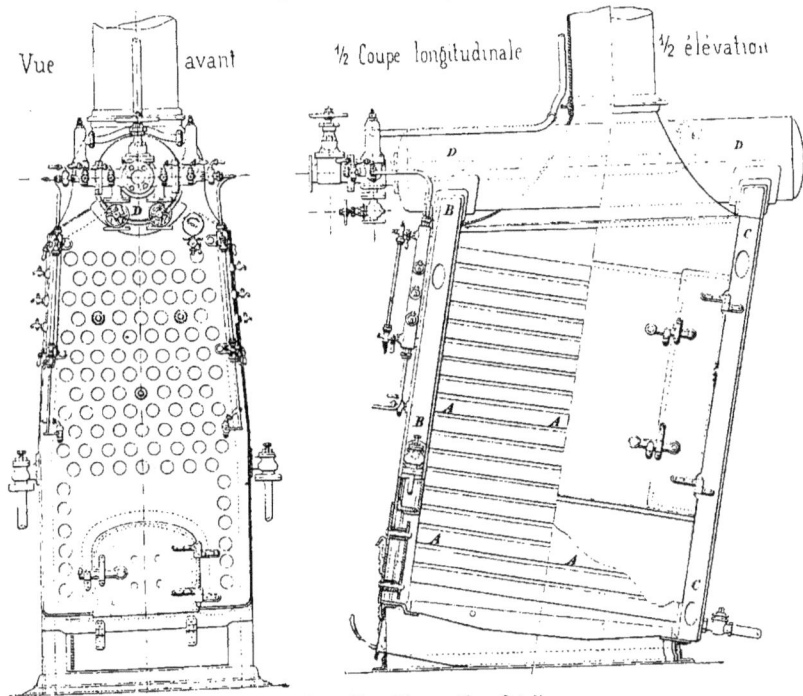

Vue   avant   ½ Coupe longitudinale   ½ élévation

Fig. 77. - Chaudière système Oriolle.

les parties coniques tournées pour les tubes vaporisateurs, soit avec interposition de carton d'amiante pour les joints des bouchons *gg*.

91. *Chaudière Roser*. — La chaudière représentée par la figure 76 se compose d'un faisceau de tubes inclinés réunis à l'avant et à l'arrière d'une manière analogue à ceux de la chaudière Babcock et Wilcox (n° 87). Mais, dans le but de

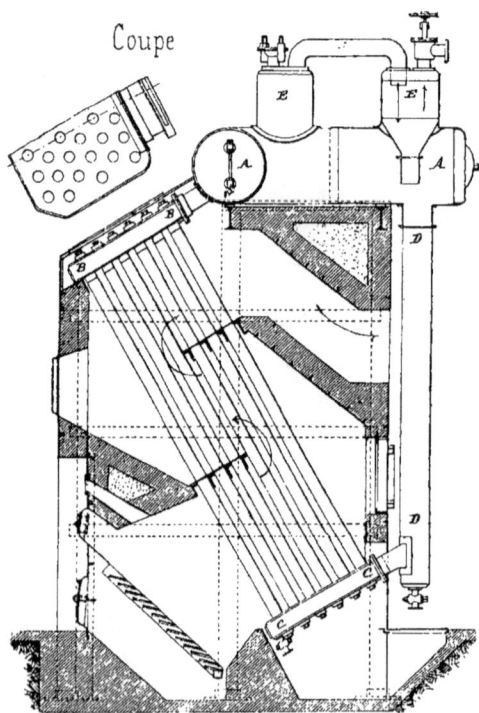

Fig. 78. — Chaudière système Prosper Haurez.

réduire l'emplacement occupé, M. Roser dispose un tube concentrique dans chacun des tubes du faisceau du générateur. Après avoir chauffé extérieurement les tubes, les gaz chauds traversent les tubes intérieurs pour se rendre à la chambre B placée à l'avant, et ensuite s'échappent à l'arrière par la cheminée en traversant un sécheur de vapeur *c*. Ce dispositif se prête moins facilement que le précédent au nettoyage des tubes ; on lui applique

quelquefois les tubes amovibles du système Bérendorf (n° 85).

Le même constructeur établit aussi un système de chaudière qui se rapproche beaucoup de celui de Babcock et Wilcox, et dans lequel le faisceau tubulaire est plus long et dépourvu de tubes intérieurs de retour de flamme.

92. *Chaudière Oriolle*. — Dans quelques installations fixes et pour le service des petites embarcations à vapeur, on emploie quelquefois le générateur représenté par la figure 77. Le faisceau de tubes parallèles AA est très serré et aboutit à deux lames d'eau BB et CC, de faible épaisseur et entretoisées.

Ces lames d'eau aboutissent dans le haut à un réservoir de vapeur DD ; le

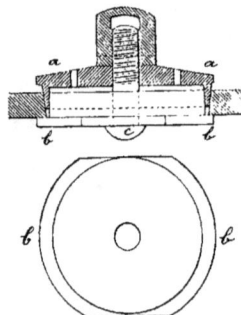

Fig. 78 *bis*. — Détail d'un bouchon.

niveau normal de l'eau est maintenu au-dessus du sommet du faisceau tubulaire, les tubes supérieurs servant de sécheurs de vapeur. Cette disposition compacte réduit l'espace occupé par le générateur. Les tubes sont assemblés par dudgeonnage ; des autoclaves disposés sur les parois extérieures des lames d'eau permettent le nettoyage des tubes.

93. *Chaudières Prosper Haurez et diverses*. — Dans cette disposition, le faisceau tubulaire est très incliné, il aboutit à deux lames d'eau BB et CC, comme dans le système précédent (*fig.* 78).

Le réservoir d'eau AA, placé à la partie supérieure, est constitué par deux corps cylindriques en forme de T, une conduite verticale de retour DD assure une circulation continue. L'un des deux dômes de vapeur EE renferme un dispositif destiné à assécher la vapeur ; les dépôts sont extraits par la partie inférieure de la conduite DD.

Un système de chicane assure le parcours des produits de la combustion au travers du faisceau tubulaire. Le modèle représenté par la figure est pourvu d'une grille spéciale sur laquelle nous aurons à revenir. Les ouvertures ménagées dans les parois extérieures des lames d'eau sont formées par un dispositif de bouchon très simple et fort ingénieux. La plaque *bb*, échancrée de manière à pouvoir être introduite dans l'ouverture, sert d'appui au boulon *c*, sur lequel on vient visser le chapeau *aa*, dont les bords, légèrement coniques, font joint sur l'ouverture de même conicité ménagée dans la paroi de la lame d'eau. On est ainsi garanti contre les dangers résultant de la rupture du boulon.

Parmi les générateurs à petits éléments

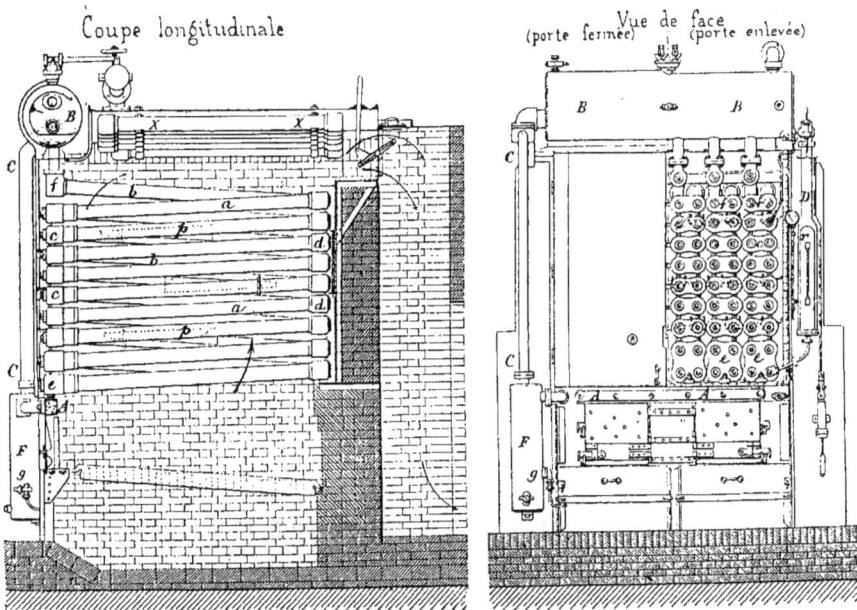

Fig. 79. — Chaudière, système Belleville.

et à réservoir de vapeur, nous devons mentionner les chaudières de Lagosse et Bouché, de Bourgois et Lencauchez, de Pressard, de Root, de Bordone, etc...

Générateurs à petits éléments sans réservoir de vapeur.

94. *Chaudière Belleville.* — Les essais persévérants tentés par M. Belleville depuis 1850 lui ont permis d'arriver à constituer une chaudière renfermant un très faible volume d'eau et une surface de chauffe aussi considérable que celle des générateurs que nous venons d'étudier. C'est d'ailleurs ce dispositif qui a servi de point de départ à la plupart des générateurs analogues ; il peut donc être considéré comme le type originaire des chaudières à vaporisation rapide, dites inexplosibles.

La chaudière Belleville se compose (*fig.* 79) d'un faisceau tubulaire constitué par des serpentins verticaux communiquant tous, à leur base, avec un *collec-*

teur d'alimentation A et, à leur sommet, avec un *collecteur de vapeur* B, qui reçoit également l'eau d'alimentation.

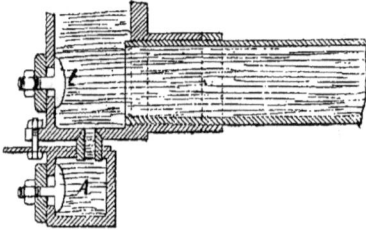

Fig. 80.

Le faisceau tubulaire est composé d'un certain nombre d'éléments juxtaposés, chaque élément est constitué par la réunion, deux à deux, des tubes placés dans une même série verticale. Les tubes de deux rangées verticales d'un même élément forment ainsi une conduite unique se repliant plusieurs fois sur elle-même et s'élevant jusqu'à la partie supérieure de la chaudière, avec une pente uniforme. C'est, autrement dit, un serpentin ; la juxtaposition d'un certain nombre de ces éléments constitue le faisceau tubulaire. Les tubes de droite *aa* d'un élément sont réunis avec les tubes de gauche *bb* au moyen des boîtes *c* et *d* placées à l'avant et à l'arrière; le serpentin se trouve ainsi constitué. Les boîtes avant *cc* du bas, de chaque élément, sont un peu différentes, elles reçoivent les deux tubes

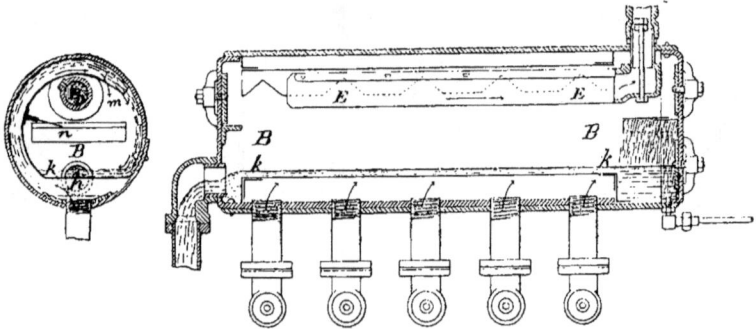

Fig. 81.

de la file de droite de l'un des éléments et le tube de la file de gauche de l'élément voisin, c'est une boîte *jumelle*. Les boîtes du haut *ff* ne reçoivent qu'un tube qui est raccordé avec le collecteur de vapeur.

Le nombre des éléments et les dimensions des tubes varient selon la puissance de la chaudière ; dans le type représenté par la figure 79, les six éléments vaporisateurs sont formés de tubes de 125 millimètres de diamètre et de 5 millimètres d'épaisseur, ils sont en fer soudé à recouvrement.

Chaque boîte jumelle est réunie au collecteur d'alimentation A, par un joint conique (*fig.* 80) ; c'est sur ce collecteur que s'appuie chaque élément ; une saillie est disposée à cet effet à l'avant du fourneau.

A la partie supérieure, l'élément fixé au collecteur de vapeur par un.

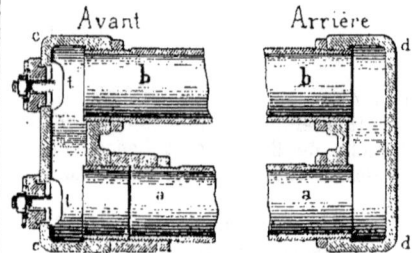

Fig. 82.

cordement à joint conique et à bride boulonnée (*fig.* 81).

La dilatation de l'élément, sous l'action du feu, est ainsi absolument libre et le démontage facile. Des cales sont disposées entre les diverses boîtes qui reposent alors simplement les unes sur les autres.

Les tubes sont réunis aux boîtes de raccord par un joint à vis contretenu par une petite bague taraudée et consolidée; pour l'avant de certains tubes du bas par un manchon fileté. La figure 82 représente les joints de tubes avec deux boîtes de raccord, l'une d'avant et l'autre d'arrière. Les boîtes d'avant cc, portent toutes, en regard des tubes, des trous pour le nettoyage, fermés au moyen de bouchons en fonte serrés par les écrous à ancre u. Le nettoyage extérieur peut se faire au moyen de la lance à vapeur que l'on introduit à travers le faisceau tubulaire.

Le collecteur de vapeur BB joue ici un rôle particulier, il reçoit l'eau d'alimentation par l'ajutage h ; une cloison placée en avant de cet ajutage brise le courant liquide et le met en contact avec la vapeur, l'eau ainsi échauffée est recueillie sur la cloison kk qui la déverse par le tuyau cc dans le *déjecteur* F. Ce récipient reçoit les matières mises en suspension par l'échauffement rapide de l'eau dans le collecteur de vapeur. Le calme relatif qui y règne permet à ces matières de se déposer à la partie inférieure d'où on les extrait périodiquement par le robinet g. Les eaux ainsi purifiées sont prises vers le haut du déjecteur par un conduit qui les introduit dans le *collecteur d'alimentation* AA.

D'autre part, les serpentins étroits qui constituent les éléments vaporisateurs sont remplis d'une sorte d'émulsion, mélange d'eau et de vapeur ; c'est dans cet état que le liquide arrive dans la partie inférieure du collecteur BB, qui a reçu le nom de *collecteur épurateur de vapeur et d'eau d'alimentation*. La décantation y est obtenue au moyen de chicanes qui obligent les jets, fournis par les coudes f, à venir se briser contre le bas de la cloison inférieure kk et à tourbillonner dans l'espace annulaire compris entre le récipient et une chicane concentrique km ; une gouttière n complète la séparation.

La vapeur, débarrassée de son eau, est prise par un tube EE, percé de trous de faible diamètre, et envoyée dans une série de tubes xx, disposés au plafond du foyer et dans lesquels la vapeur achève de se dessécher avant de se rendre à la machine.

La grille occupe, en plan, toute l'étendue du faisceau tubulaire ; elle est légèrement inclinée et composée de barreaux alternativement plats et ondulés. Une série de chicanes pp en tôle légère obligent les produits de la combustion à circuler à travers toute la longueur des tubes. La suppression du réservoir d'eau et de vapeur, si elle présente de sérieuses garanties de sécurité, augmente les inconvénients inhérents aux générateurs de cette catégorie. Le volume de l'eau, réduit ici presque à son minimum, représente à peine le tiers de la vaporisation horaire. Nous avons vu que dans les chaudières à bouilleurs, ce volume est trente à quarante fois plus considérable. Il est donc indispensable de munir ce système de générateurs d'appareils automatiques, destinés à rendre sa conduite possible ; ce n'est que grâce à ces procédés que le générateur Belleville a pu entrer dans la pratique courante.

Nous nous bornerons à énumérer ces appareils, ils seront étudiés en détail dans le chapitre suivant.

1° L'ouverture du registre est réglée automatiquement par la pression qui règne dans la chaudière, la production de vapeur se trouve ainsi proportionnée à la dépense éprouvée par la chaudière ; ce *régulateur de tirage* agit sur une valve tournante équilibrée autour de son axe et placée à l'arrière des tubes sécheurs;

2° On corrige les variations de pression qui pourraient provenir du manque de rapidité d'effet de l'appareil précédent, au moyen d'un *détenteur régulateur de pression;*

3° La quantité d'eau contenue dans la chaudière étant très petite, on serait exposé à des baisses brusques du plan d'eau qui pourraient avoir des conséquences graves. Là encore, il est nécessaire de confier l'alimentation à un appareil automatique. Cet appareil se compose d'une pompe sans volant mise en relation avec la conduite de vapeur et qui refoule directement l'eau à la chaudière; un orifice ménagé sur le parcours de la conduite de refoulement est plus ou moins obstrué par une soupape.

Cette soupape est gouvernée par un flotteur qui suit les mouvements du plan d'eau dans la chaudière; il s'ensuit que la soupape ne laisse écouler que la quantité d'eau nécessaire; si elle vient à se fermer, la pompe s'arrête d'elle-même, et se remet ensuite en marche dès que le

95. *Chaudières à circulation. Type Field.* — Pour certaines installations, de faible puissance, on a très souvent recours au système de chaudière représenté par la figure 83. L'élément caractéristique de ce système est constitué par un tube (*fig.* 83), qui porte le nom de son inventeur, et dans lequel on maintient une circulation active et continue destinée à éviter que les dépôts, en s'y accumulant, ne

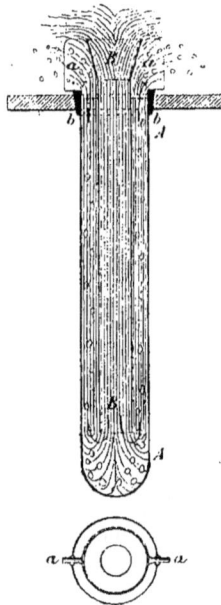

Fig. 83. — Tube Field.

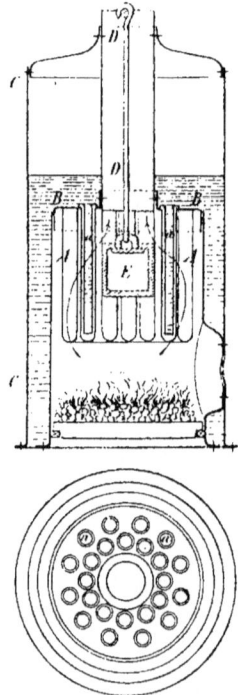

Fig. 84. — Chaudière Field.

niveau a baissé dans la chaudière (Voir n° 176). Comme il ne serait pas possible d'apprécier la hauteur du plan d'eau dans les éléments vaporisateurs, c'est dans un récipient séparé D (*fig.* 79) que le flotteur est disposé. Ce récipient, placé en dehors de la chaudière, est mis en relation avec le haut et le bas d'un élément, le liquide s'établit à une hauteur moyenne que l'on peut considérer comme le véritable plan d'eau. Un niveau d'eau *r*, permet le contrôle des indications du flotteur.

viennent à les obstruer rapidement. A cet effet, on suspend à l'intérieur du tube AA un tube léger BB, concentrique au premier, s'ouvrant par le haut dans l'eau de la chaudière, et par le bas à quelque distance du fond du tube AA. Sous l'action de la chaleur, la vapeur se forme sur les parois du tube extérieur, l'intervalle annulaire entre les deux tubes se remplit d'un mélange d'eau et de vapeur, de densité moindre que le liquide contenu dans le tube intérieur ; il se forme donc un courant descendant par le tube central, ascendant par l'intervalle annulaire, et ce courant est assez rapide pour empêcher les précipités de se déposer dans le tube bouilleur. Le tube central, en laiton mince, se termine dans le haüt par deux ailettes *aa*, qui reposent sur les bords du trou. Le tube bouilleur, en fer forgé et soudé, porte, à sa partie supérieure, une bague conique *bb*, qui forme joint à cru avec le trou de la plaque tubulaire. L'étanchéité du joint est favorisée par la pression de la vapeur, le démontage du tube est obtenu facilement, en le poussant vers le haut, au moyen de quelques coups de marteau appliqués sur la calotte inférieure.

La figure 84 montre une chaudière verticale munie de ces tubes bouilleurs à tube central, qui pendent tous au milieu des flammes. Un écran E oblige ces dernières

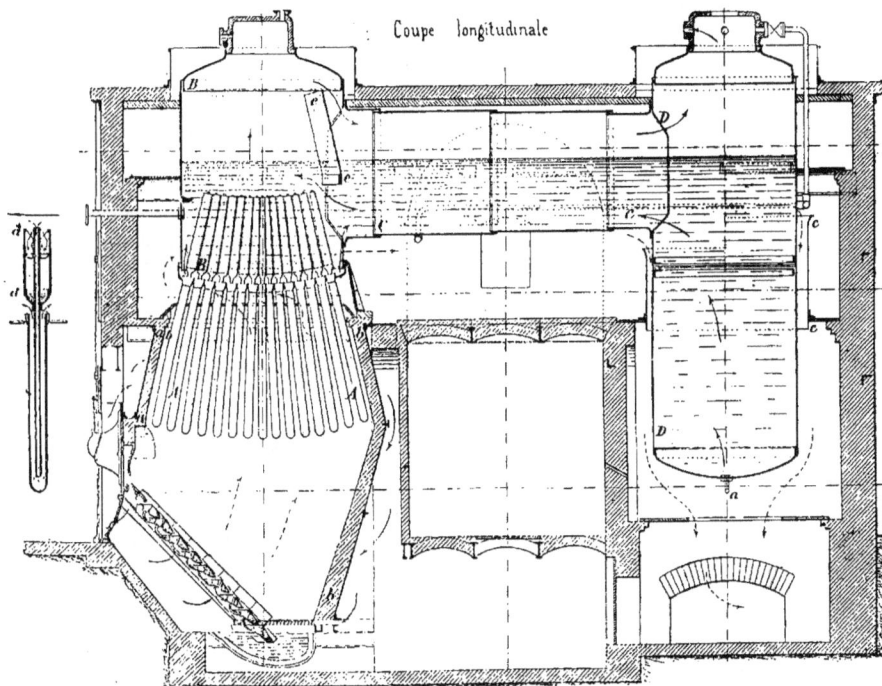

Fig. 85. — Chaudière Dulac.

à se répartir sur toute la surface de chauffe, avant de se rendre à la cheminée. Le corps de chaudière est constitué par un corps cylindrique CC, réuni à sa partie supérieure avec la cheminée ; le foyer intérieur est disposé dans une enveloppe, formant lame d'eau autour de la grille, et terminée par un ciel plat BB, qui porte les tubes et qui est entretoisé avec le couvercle supérieur par la cheminée DD.

Ces générateurs peuvent contenir un volume plus considérable que celui des générateurs à petits éléments proprement dits ; la grande surface de chauffe, développée par les tubes pendentifs, permet de les mettre rapidement en pression. Cet avantage, joint à celui qui provient du faible espace qu'ils occupent, les a fait appliquer fréquemment pour de petites productions de vapeur.

96. *Chaudière Dulac.* — Pour des applications plus importantes, M. Dulac, de Paris, construit un type de générateur qui mérite d'être décrit particulièrement.

Coupe verticale

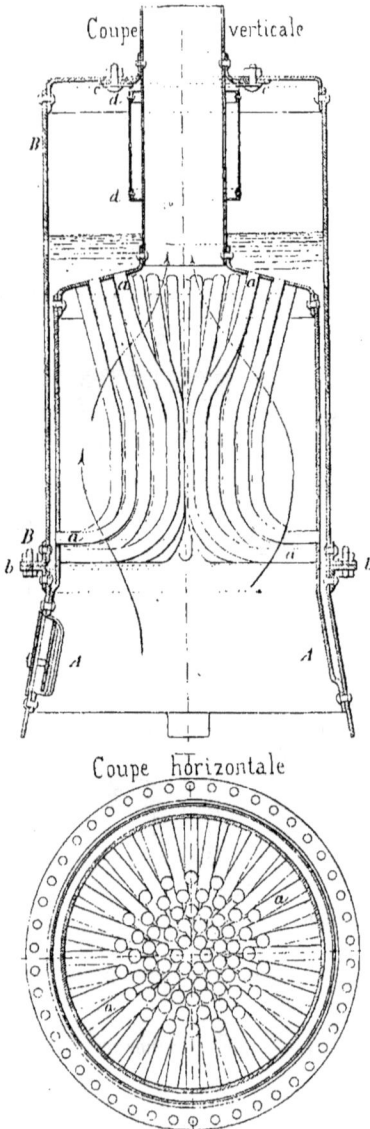

Coupe horizontale

Fig. 86. — Chaudière Durenne.

La partie active du *vaporisateur* (*fig.* 85), est constituée par un grand nombre de tubes Field, attachés à un fond de chaudière verticale et disposés en éventail. Ce corps de chaudière vertical BB, se raccorde à un corps horizontal CC, qui est lui-même assemblé à un second cylindre vertical DD. Les flèches marquées sur la figure indiquent le parcours suivi par les produits de la combustion (flèches pointillées), et celui inverse, suivi par l'eau d'alimentation qui est introduite en *a*, dans le bas du *réchauffeur* DD (flèches pleines). La combustion s'effectue sur un foyer spécial qui sera étudié ultérieurement ; une chicane *ee*, est destinée à prévenir les entraînements d'eau dans la vapeur qui se dégage du vaporisateur, pour se rendre ensuite dans le dôme placé au-dessus du réchauffeur DD. Pour combattre plus efficacement l'obstruction des tubes pendentifs par les dépôts, M. Dulac coiffe ces tubes d'une sorte de fourreau *dd*, entourant le prolongement du tube central ; le calme relatif qui règne dans ces fourreaux favorise le dépôt des matières en suspension précipitées par la chaleur. Des extractions périodiques permettent le nettoyage de ces poches.

Ce type de générateur s'écarte de l'ordre que nous avions choisi dans cette étude, le volume d'eau est ici considérablement augmenté et permet d'appliquer cette disposition à des productions importantes de vapeur. Les principes qui ont guidé sa construction sont très rationnels et méritaient d'être exposés en détail.

97. *Chaudière Durenne.* — Dans cette chaudière (*fig.* 86), analogue à la chaudière verticale Field, les tubes *aa*, à circulation, au lieu d'être pendentifs, s'ouvrent par le haut et par le bas dans l'eau de la chaudière. Ils sont en cuivre rouge étiré et ont reçu une courbure qui a pour effet de faciliter les dilatations et d'augmenter la surface de chauffe, en obligeant les produits de la combustion à se répartir sur toute leur longueur. L'enveloppe extérieure BB, est assemblée, dans le bas, à une cornière *bb*, dans le haut à une collerette *cc*. Il suffit de démonter ces deux assemblages pour pouvoir retirer l'enveloppe, ce qui permet le nettoyage complet du foyer. La vapeur pénètre par de petits trous dans le manchon *dd*, qui entoure la base de la cheminée, et dans lequel la vapeur s'assèche au contact de la tôle chaude ; c'est sur ce manchon que se fait la prise de vapeur. Le foyer est en tôle de fer soudée ; l'enveloppe est en tôle d'acier également soudée. Ce système de générateur a reçu une application des plus heureuses pour le service des pompes à incendie de la ville de Paris. La rapidité de mise en pression, activée par un tirage actif provoqué par

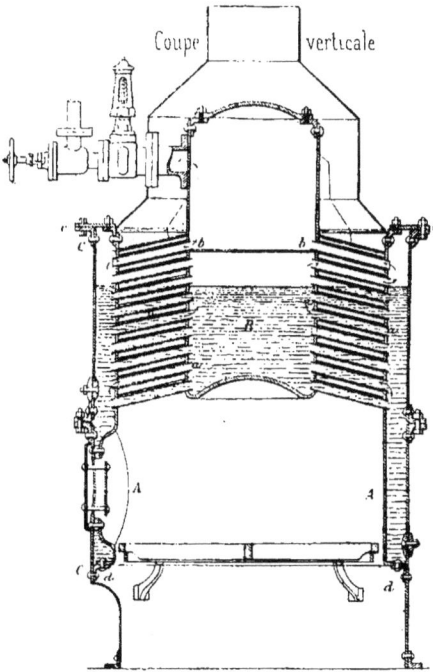

Fig. 87. — Chaudière de Dion, Bouton et Trépardoux.

un jet de vapeur dans la cheminée, constitue un avantage précieux pour cet emploi spécial.

98. *Chaudière Trépardoux.* — Afin de réunir à la fois la puissance et la légèreté, MM. de Dion, Bouton et Trépardoux, ont imaginé un dispositif de chaudière qui a reçu quelques applications aux canots et aux voitures à vapeur. Ce générateur sa compose (*fig.* 87) d'un foyer AA, d'un bouilleur central B et de l'enve-

loppe ou calandre *cc*. Le foyer et l'enveloppe sont deux cylindres concentriques, entre lesquels se trouve une mince lame d'eau, le bouilleur central est également un cylindre concentrique communiquant avec la lame d'eau annulaire par une série de tubes inclinés *aa*, qui rayonnent autour du bouilleur. Un capuchon en tôle légère, surmonté d'une cheminée, coiffe le système.

Le bouilleur central BB est divisé en deux parties par une cloison horizontale *bb*, placée au-dessus du niveau de l'eau et en-dessous de la première rangée supérieure des tubes. La vapeur qui se forme dans le bouilleur central comme celle qui y est déversée par les tubes, passe successivement par les deux rangées supérieures

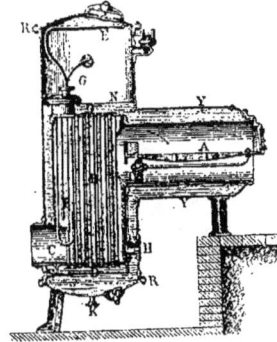

Fig. 88. — Chaudière Fouché et de Laharpe.

des tubes, où elle s'y dessèche avant d'arriver dans le compartiment supérieur du bouilleur central, où se fait la prise de vapeur. Deux grands joints boulonnés *cc* et *dd* permettent le démontage pour la visite du foyer et des tubes bouilleurs. Cette disposition conduit à un résultat remarquable au point de vue de la légèreté : le poids, par kilogramme de vapeur produite, est d'environ $1^k,6$; par mètre carré de surface de chauffe, le poids est de 124 kilogrammes.

99. *Chaudière Fouché et de Laharpe.* — Dans ce générateur (*fig.* 88), le foyer A est intérieur et horizontal, et terminé par un corps tubulaire, vertical, disposé dans une enveloppe cylindrique RR, assemblée vers le milieu de sa hauteur au corps horizontal YY, qui renferme le foyer. Le tube qui constitue ce foyer vient déboucher dans une chambre concentrique au cylindre vertical, cette chambre est munie, à sa partie inférieure, d'une ouverture C, par laquelle les gaz de la combustion se rendent à la cheminée. Deux fonds plats DD, servent de plaques tubulaires à un faisceau de tubes qui mettent en communication le haut et le bas du cylindre vertical RR. Ce cylindre porte en RR, deux joints boulonnés qui peuvent s'enlever et permettre la vi-

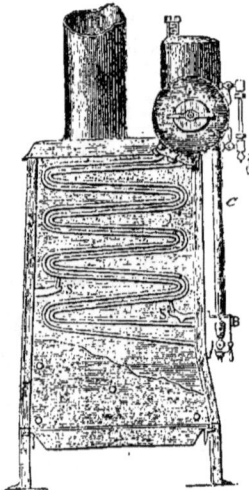

Fig. 89. — Générateur du Temple.

site de l'intérieur du générateur et des tubes. Une porte H, est ménagée vers la partie inférieure pour l'enlèvement des cendres et des escarbilles qui viendraient à s'y accumuler. La vidange se fait par la tubulure K, l'alimentation par la partie inférieure du cylindre vertical RR. La vapeur prise en E, à la partie supérieure du réservoir, circule dans une série de tubes sécheurs FF, et sort en G.

Ce générateur présente certains avantages au point de vue du dégagement facile donné à la vapeur dans les tubes verticaux ; l'eau d'alimentation circule en sens inverse des produits de la com-

bustion et réalise ainsi le chauffage méthodique ; cependant, la construction est délicate et demande des soins particuliers.

100. *Générateur du Temple.* — La surface de chauffe de ce générateur (*fig.* 89), est formée par un très grand nombre de tubes en acier SS' de faible diamètre (13 millimètres), repliés sur eux-mêmes en forme de serpentins plats. Ces tubes sont disposés en séries transversales composées chacune de deux serpentins parallèles, mais ne se recouvrant pas en projection verticale. L'ensemble des serpentins constitue un faisceau (quelquefois on forme un faisceau symétrique au premier par rapport au corps de la

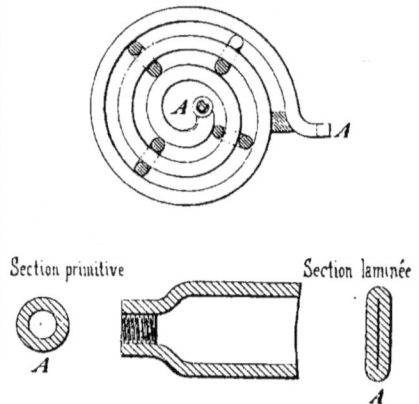

Fig. 90. — Détails du serpentin.

chaudière) qui établit, dans l'intérieur du fourneau, une communication sinueuse entre le distributeur d'eau d'alimentation B placé au bas le long du foyer et le collecteur de vapeur A, logé au-dessus des tubes un peu en avant du fourneau. Un tube de retour C, ramène l'eau du collecteur dans le distributeur d'eau d'alimentation. L'enveloppe de la chaudière est en métal, garnie intérieurement de briques réfractaires sur toute la hauteur du foyer. La prise de vapeur se fait par la partie supérieure d'un dôme qui surmonte le collecteur de vapeur. On comprend aisément que la circulation de l'eau s'effectue en s'élevant dans les serpentins et en redescendant par les tuyaux de retour c.

En raison du petit diamètre des tubes, ce générateur doit être alimenté avec de l'eau très pure ; cette circonstance a surtout réservé son emploi sur les bateaux pourvus de condenseurs à surface. Cependant, les matières grasses que contient, dans ce cas, l'eau d'alimentation amènent rapidement la destruction du faisceau tubulaire.

Les tubes serpentins sont fixés à leurs extrémités dans des viroles coniques en bronze filetées et munies d'un écrou. Le distributeur et le collecteur sont percés de trous de même conicité dans lesquels s'engagent les viroles, et le joint est obtenu par le serrage de l'écrou.

101. *Chaudière Serpollet.* — Nous avons vu que, dans la chaudière Belleville, le volume de l'eau était fort restreint; dans le générateur imaginé par

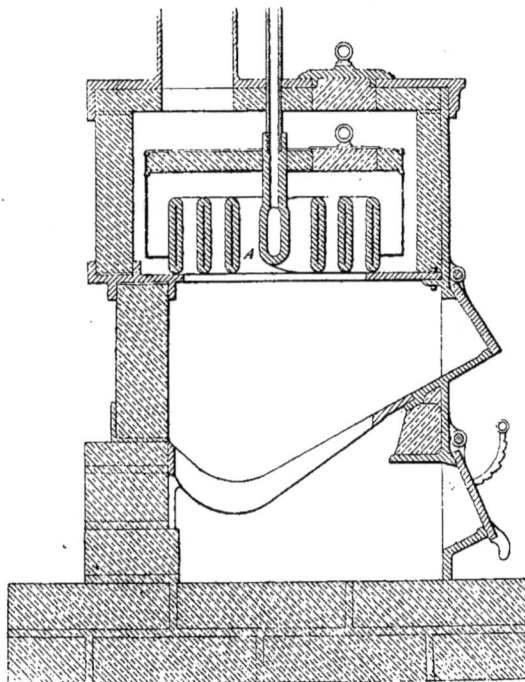

Fig. 91. — Générateur Serpollet.

M. Serpollet, ce volume est, pour ainsi dire, réduit à zéro. La transformation de l'eau en vapeur se fait instantanément et au fur et à mesure des besoins de la machine qu'elle doit alimenter.

L'organe principal de ce générateur est un tube A, en acier (*fig.* 90); ce tube, très épais, a été au préalable aplati au laminoir, de telle sorte que le vide intérieur soit réduit à une fente d'épaisseur insignifiante (moins de 1/10 de millimètre).

Il est enroulé en spirale et placé dans les flammes d'un foyer (*fig.* 91). L'eau d'alimentation est introduite par l'une des extrémités du tube, elle sort complètement réduite en vapeur par l'autre extrémité. Dans les premiers essais, on avait supprimé toute distribution de vapeur au cylindre de la machine motrice alimentée par ce vaporisateur, on n'a pas maintenu cette disposition; le tube, même chauffé au rouge, peut résister à des pressions considérables et le danger d'explosion est presque nul à cause de la faible quantité d'eau (quelques grammes), contenue dans l'appareil.

On dispose un certain nombre de ces tubes les uns au-dessus des autres et on les réunit en série. Une pompe alimentaire est chargée de leur fournir l'eau au fur et à mesure des besoins de la machine à conduire. Cette pompe, mue à la main pour la mise en marche, est actionnée ensuite par la machine elle-même. En réglant l'alimentation on fait varier la vitesse, comme nous le verrons quand nous étudierons l'application de ce générateur à certaines machines de bateaux et de tricycles à vapeur.

La chaleur, emmagasinée dans le métal des tubes, constitue un volant de chaleur qui remplace le volant de puissance dû au volume d'eau des autres générateurs.

Les derniers modèles construits par les inventeurs sont un peu différents de celui représenté par la figure, mais le principe est identique. Les tubes sont essayés à la pression de 100 kilogrammes par centimètre carré; cette énorme résistance à la pression, qui supprime toute chance d'accident, même si l'alimentation venait à être supprimée, a permis de ne munir ce générateur d'aucun des appareils de sécurité prescrits par la loi. Pour de petites forces, elle peut convenir aux usages les plus divers sans nécessiter ni des soins entendus ni un grand espace.

On a objecté, non sans raison, que les dépôts précipités par l'eau sous l'action de la chaleur pourraient obstruer l'ouverture étroite des tubes. C'est un point qu'il serait important d'étudier.

Réchauffeurs.

102. La quantité de chaleur transmise par le courant des gaz chauds des produits de la combustion à l'eau de la chaudière, est d'autant plus grande, que la différence entre la température du courant gazeux et celle de l'eau est elle-même plus grande. Au fur et à mesure que le courant gazeux parcourt les carneaux de la chaudière, il se refroidit, quoique la température de l'eau soit à peu près restée constante.

Il s'ensuit que, dans les parties les plus éloignées du foyer, la transmission de la chaleur devient de plus en plus petite; au delà d'une certaine limite, la vaporisation est donc elle-même très réduite, sans qu'on puisse songer à allonger la surface de chauffe, et quoique les gaz soient encore à une température assez élevée. Cette chaleur restant dans les produits de la combustion peut être utilisée pour chauffer l'eau d'alimentation du générateur. Cette eau étant froide, l'écart entre sa température et celle du courant gazeux est assez grand pour donner lieu à une transmission active.

Les appareils destinés à cet usage sont appelés *réchauffeurs d'eau d'alimentation*. Ils se composent de tuyaux, plus ou moins gros, disposés soit en faisceaux, soit les uns à la suite des autres; l'eau fournie par la pompe alimentaire les parcourt de bout en bout avant de se rendre à la chaudière. Les gaz chauds suivent donc un parcours inverse à celui de l'eau; on réalise ainsi un chauffage progressif et méthodique; les parties les plus refroidies du courant gazeux se trouvant en regard de l'eau la plus froide, on peut abaisser davantage la température des fumées qui s'échappent à la cheminée. Supposons qu'il s'agisse de produire de la vapeur à une pression de 5 kilogrammes par centimètre carré, la température de la vapeur à cette pression est de 160 degrés environ, l'eau d'alimentation étant prise à la température de 10 degrés.

Nous avons vu que la transmission de la chaleur des gaz chauds à l'eau de la chaudière cessait d'être pratiquement utilisable dès que la différence de température des deux fluides devenait trop petite; si nous admettons que cet écart soit, au minimum, de 100 degrés avec la chaudière sans réchauffeur, la température des gaz à l'entrée de la cheminée sera, au moins, de $160 + 100 = 260$ degrés.

Si nous faisons usage d'un réchauffeur, cette température peut descendre à $10 + 100 = 110$ degrés; le réchauffeur permet donc d'utiliser la quantité de chaleur qui correspondrait à un abaissement de température des gaz de $260 - 110 = 150$ degrés.

Si nous rapportons cette augmentation de rendement à la quantité totale de chaleur transmise, laquelle peut être représentée aussi par la différence de température entre les gaz dans le foyer et l'eau dans la chaudière, c'est-à-dire par :

$$1\,400 - (160 + 100) = 1\,140 \text{ degrés},$$

la température des gaz dans le foyer étant supposée de 1 400 degrés.

Les 150 degrés utilisés par l'action du réchauffeur représentent donc un gain de $\dfrac{150}{1\,140}$, soit 13 0/0.

Il faut ne pas oublier que le réchauffeur a pour effet de diminuer le tirage ; on doit compenser cette action par une légère augmentation des sections de passage des gaz dans les carneaux et la cheminée. Il est avantageux de lui donner une grande surface de chauffe ; dans certains générateurs cette surface est quelquefois plus grande que celle de la chaudière proprement dite. On doit tenir ces surfaces propres, afin de faciliter la transmission de la chaleur.

C'est dans les réchauffeurs que l'eau d'alimentation laisse précipiter la plus grande partie des matières qu'elle tient en suspension ; ces dépôts peuvent être facilement extraits parce que, l'action de la chaleur n'étant pas très intense, ils ne durcissent pas. Cette épuration partielle de l'eau est un avantage précieux pour l'entretien du générateur. La conduite du feu est plus facile, et la combustion peut être rendue plus parfaite quand ils sont bien établis et bien conduits.

A ces avantages importants se joignent de sérieux inconvénients : le prix élevé d'installation, l'encombrement qui résulte de leur grande surface de chauffe ; les tôles sont sujettes aux corrosions quelquefois profondes dues aux vapeurs acides contenues dans les fumées. Leur emploi est donc limité aux cas où le combustible est cher et où l'on ne peut, par d'autres moyens, réchauffer l'eau d'alimentation.

Dans les machines sans condensation, on peut se servir de la vapeur d'échappement de la machine pour réchauffer l'eau d'alimentation. On fait alors usage de récipients qui sont traversés par des tubes parcourus par l'eau d'alimentation et dans lesquels on envoie la vapeur d'échappement ; c'est ce qu'on appelle les *réchauffeurs par surface*. Ou bien on mélange les deux fluides, vapeur et eau, en injectant l'eau en pluie dans une capacité remplie par la vapeur ; c'est ce qu'on désigne par les *réchauffeurs par mélange*.

On peut, par l'un ou l'autre de ces moyens, élever la température de l'eau d'alimentation à une température voisine de 100 degrés, ce qui réalise une notable économie. Il est nécessaire alors d'éviter qu'il se produise des contre-pressions dans les tuyaux dans lesquels se produit l'échappement de la vapeur ; ces contre-pressions agissant sur le piston de la machine en donnant lieu à des pertes de travail. De plus, les graisses provenant des tiroirs et des pistons, qui sont entraînées par la vapeur d'échappement, gênent la transmission de la chaleur dans les réchauffeurs par surface ; dans les réchauffeurs par mélange, ces graisses s'introduisent dans la chaudière avec l'eau d'alimentation et peuvent être la cause d'inconvénients graves.

103. *Bouilleurs-réchauffeurs et réchauffeurs latéraux.* — Nous avons déjà vu (n°s 72 et 73) des dispositions de générateurs dans lesquelles l'eau d'alimentation parcourait un ou plusieurs réchauffeurs avant de s'introduire dans la chaudière, les produits de la combustion suivant un parcours inverse de celui de l'eau d'alimentation.

104. *Réchauffeurs tubulaires. Économyzers.* — Afin de diminuer le prix d'installation et l'encombrement des gros réchauffeurs, et aussi d'éviter le danger qui résulte du grand volume d'eau chaude qu'ils contiennent, on compose quelquefois les réchauffeurs de tubes en fonte de petit diamètre, disposés en faisceau. La fonte résiste mieux à la rouille que la tôle, et l'entretien de ces réchauffeurs tubulaires est moins coûteux. La figure 59, indiquée au n° 81, montre la disposition d'un réchauffeur tubulaire appliqué à la chaudière Sulzer.

D'autres dispositions sont en usage et comportent des faisceaux de tubes réunis d'une manière analogue à ceux des chaudières à petits éléments. Des précautions doivent être prises pour permettre le nettoyage intérieur et le ramonage des tubes, opérations qui doivent être d'autant plus répétées que l'on fait usage d'eaux moins pures. Tels sont les réchauffeurs de Dolfus Mieg, de de Naeyer, de Root, etc... Les tubes peuvent être disposés verticalement, parcourus de bas en haut par l'eau d'alimentation, et de haut en bas par les produits de la combustion ; on les désigne sous le nom d'*économyzers*. Ils présentent généralement plus de facilité pour les nettoyages intérieurs et extérieurs ; tels sont les économizers de *Green*, de *Twibill*, qui ont reçu de nombreuses applications dans les installations de chaudières.

105. *Réchauffeurs communs à plusieurs chaudières.* — Dans certaines installations, afin de ne pas augmenter les dimensions du fourneau et d'éviter la construction de carneaux spéciaux, on établit un réchauffeur unique, d'un assez gros diamètre pour desservir plusieurs générateurs. Cette disposition est économique, mais elle offre l'inconvénient de réduire l'effet utile du réchauffeur, les visites et les nettoyages sont difficiles et font souvent préférer l'emploi des réchauffeurs tubulaires. Dans tous les cas, ils doivent être séparés de chacun des générateurs par le clapet de retenue d'eau d'alimentation prescrit par le décret du 30 avril 1880.

Eau entraînée par la vapeur.

106. La vapeur prise à la chaudière entraîne presque toujours avec elle de l'eau à l'état liquide, mécaniquement mélangée. Lorsque la proportion d'eau ainsi entraînée est notable, on dit que la chaudière *prime* et il peut en résulter des inconvénients sérieux dans la marche de la machine conduite. La quantité d'eau entraînée est très variable et dépend des dispositions mêmes de la chaudière et de diverses circonstances, telles que l'activité de l'ébullition, la nature des eaux, la surface d'évaporation, la distance de la prise de vapeur au niveau de l'eau, etc...

La prise intermittente de vapeur pour l'alimentation des machines à grande détente favorise l'entraînement d'eau ; à chaque admission, il y a variation brusque de pression dans la chambre de vapeur et il se produit un bouillonnement qui fait monter et descendre le niveau de l'eau dans la chaudière.

Cette dénivellation est quelquefois très marquée et peut mettre à découvert, dans les chaudières à foyer intérieur, des parties exposées au rayonnement du feu ; il en est de même pour les chaudières à vaporisation rapide, dont les éléments contiennent presque toujours un fluide mixte composé d'eau et de vapeur.

Surtout dans ces dernières, les parties découvertes sont sujettes à être brûlées, sans que l'indicateur du niveau de l'eau puisse transmettre la hauteur exacte du plan d'eau dans la chaudière.

On atténue les entraînements d'eau par divers moyens que nous allons exposer succinctement au paragraphe suivant.

107. *Moyens de prévenir le primage. Dessécheurs de vapeur.* — Pour diminuer la quantité d'eau entraînée, il convient d'éloigner le plus possible le tuyau de prise de vapeur de la surface libre du liquide. C'est pourquoi l'on dispose généralement, au-dessus de la chaudière, un réservoir ou *dôme de vapeur* vers le sommet duquel se place la prise de vapeur. Afin d'éviter que l'eau projetée ou condensée contre les parois du tuyau de prise ne pénètre dans ce tuyau, on fait pénétrer ce dernier d'une dizaine de centimètres dans le réservoir de vapeur.

Lorsqu'on ne peut donner au réservoir de vapeur des dimensions suffisantes, comme c'est souvent le cas pour les chaudières à vaporisation rapide, on prend la vapeur à la fois en un grand nombre de points éloignés du plan d'eau.

Le dispositif connu sous le nom de *tube Crampton* remplit bien cet office, il est composé d'un long tuyau horizontal qui règne tout le long de la partie supérieure du réservoir de vapeur. Ce tuyau est percé, sur son arête supérieure, de petits trous (que l'on peut remplacer par des traits de scie), par lesquels s'introduit la vapeur. La prise de vapeur se produisant ainsi sur toute l'étendue de la surface de vaporisation, le bouillonnement de l'eau se trouve très atténué et, par suite, la quantité d'eau entraînée est beaucoup diminuée.

Dans le générateur système Prosper Hanrez (*fig.* 77), la vapeur se rend dans deux dômes EE ; c'est dans le dôme de droite que la vapeur abandonne l'eau qu'elle contient, laquelle retombe dans la chaudière ; la prise de vapeur est disposée à la partie supérieure de ce dôme.

Dans la chaudière système Dulac (*fig.* 85), c'est une chicane ee, qui assure l'assèchement de la vapeur produite dans le vaporisateur ; la prise de vapeur se fait par le partie supérieure du corps d'arrière DD.

On a imaginé d'autres dispositifs pour arrêter l'eau entraînée par la vapeur ; tels sont ceux de Vinçotte, de de Naeyer, d'Ehlers, etc., dans lesquels la vapeur est obligée de circuler en s'asséchant sur des chicanes convenablement interposées.

On a cherché aussi à diminuer la quantité d'eau entraînée en vaporisant cette eau après sa sortie du réservoir de vapeur. Dans beaucoup de chaudières, on établit dans ce but des sécheurs de vapeur composés de tuyaux disposés en serpentins et formant le ciel du fourneau. Les gaz chauds viennent passer au contact des tubes et tendent à vaporiser l'eau tenue en suspension par la vapeur. Ce procédé ne peut être employé qu'avec prudence, car, suivant les cas, l'assèchement peut être insignifiant, ou bien il peut être exagéré, et alors il y a surchauffe de la vapeur avec toutes ses conséquences. En somme, pour diminuer la quantité d'eau entraînée mécaniquement, il faut éloigner autant que possible du niveau de l'eau l'ouverture du tuyau de prise de vapeur ; augmenter la surface d'évaporation, ainsi que le volume du réservoir de vapeur, et répartir la prise sur toute la longueur de celui-ci. Il faut éviter l'emploi des eaux grasses ou chargées de sels qui ont une tendance à produire des émulsions. Les chaudières neuves sont exposées à primer quand leurs tôles sont enduites de graisses ; on doit alors les nettoyer au moyen d'alcalis avant de les mettre en service. Enfin, il est surtout important de ne pas surmener les chaudières, c'est-à-dire de ne pas exiger d'elles une production de vapeur supérieure à celle qu'elles peuvent normalement fournir.

108. *Mesure de la quantité d'eau entraînée par la vapeur.* — Dans les essais de vaporisation des chaudières et de rendement de machines à vapeur, il est utile de connaître la quantité d'eau entraînée mécaniquement par la vapeur, afin de ne pas compter cette dernière comme eau vaporisée et commettre ainsi une erreur quelquefois très importante. On peut employer plusieurs procédés pour cette détermination. M. Hirn s'est servi d'un calorimètre dans lequel il faisait arriver un poids déterminé de la vapeur provenant de la chaudière à expérimenter. En se basant sur les quantités de chaleur contenues respectivement dans la vapeur et dans l'eau qui était entraînée, il a pu calculer cette dernière quantité. Désignons en effet par :

P, le poids de l'eau contenue dans le calorimètre ; Q, le poids de vapeur humide introduite dans le calorimètre, $P + Q$ représente alors le poids de l'eau du calorimètre après l'expérience ;

t, la température de la vapeur (déduite de la pression) ;

t'_0 et t', les températures de l'eau du calorimètre avant et après l'expérience.

Soit x le poids d'eau entraînée, $Q - x$ représente le poids de vapeur sèche écoulée.

La quantité de chaleur reçue par le calorimètre est égale à :
$$P(t' - t'_0).$$

La quantité de chaleur contenue dans le poids $Q - x$ de vapeur est égal à :
$$(Q - x)\ 606,5 + 0,305\ t - t',$$
et celle contenue dans le poids x d'eau entraînée à : $x(t - t')$.

La quantité de chaleur reçue par le calorimètre étant égale à la quantité de chaleur perdue par la vapeur et l'eau entraînée, on peut écrire :
$$P(t' - t_0') = (Q - x)\ 606,5$$
$$+ 0,305\ t - t' + x(t - t'),$$

d'où :
$$x = \frac{Q(606,5 + 0,305\ t - t') - P(t' - t_0')}{606,5 - 0,695\,t}.$$

Ce procédé, irréprochable au point de vue théorique, demande une grande habileté dans la conduite de l'expérience. M. Thurston a cherché à l'améliorer en faisant usage, comme calorimètre, d'un condenseur à surface dans lequel on faisait arriver la vapeur produite pendant toute la durée de l'expérience. On obtenait ainsi plus exactement la composition moyenne de la vapeur à analyser.

M. Vinçotte préfère recourir à un autre procédé basé sur l'essai chimique de l'eau recueillie au condenseur comparé à celui de l'eau contenue dans la chaudière. Si le liquide à vaporiser est parfaitement pur, il doit donner à la condensation de l'eau de même composition. En désignant par P le résidu provenant de 1 kilogramme d'eau de la chaudière et par p le résidu de 1 kilogramme du mélange de vapeur condensée et d'eau entraînée, le poids x de l'eau entraînée sera :

$$x = \frac{p}{P}.$$

Cette méthode s'applique assez facilement lorsque l'on opère sur des eaux très chargées de sels ; dans le cas contraire, on ajoute dans la chaudière une quantité déterminée de sels très solubles, tels que le sel marin ou le sulfate de soude. Nous verrons plus loin par quel procédé on peut doser les sels terreux contenus dans l'eau et qu'on appelle l'analyse hydrotimétrique; si cette analyse donne des résultats satisfaisants lorsqu'on l'applique aux eaux des chaudières, il n'en est plus de même quand on traite des vapeurs condensées. Il devient alors nécessaire de prendre certaines précautions que nous ne pouvons décrire ici.

M. Brocq a imaginé un appareil ingénieux pour la mesure de l'eau entraînée mécaniquement : cet appareil est basé sur ce principe qu'une vapeur en contact avec son liquide générateur a, pour une température fixe, une pression déterminée, dont la valeur est indépendante des variations qu'on peut faire subir au volume occupé par le mélange de vapeur et de liquide; tandis qu'une vapeur sèche donne une dépression pour toute augmentation de volume [1].

(1) Ser., *Physique industrielle*, t. II, p. 212 et 214.

Vapeur surchauffée. Surchauffeur.

109. Lorsqu'une paroi métallique, en contact avec la vapeur sur l'une de ses faces, est léchée par un courant de gaz chauds sur l'autre face, elle prend une température moyenne entre celles des deux fluides qui la traversent. Comme l'on ne pourrait songer à élever la température de la vapeur au-delà d'une certaine limite, on ne doit placer les surchauffeurs qu'aux points des foyers où la température des gaz est suffisamment abaissée.

Les surchauffeurs sont, le plus souvent, constitués par des tuyaux, parcourus intérieurement par la vapeur et léchés extérieurement par les gaz chauds; nous en avons vu l'application à la chaudière système Collet (n° 90, *fig.* 74) et à la chaudière système Belleville (n° 94, *fig.* 79). Quelquefois les tubes surchauffeurs sont constitués à la manière des tubes Field (*fig.* 84), le courant de vapeur pénétrant d'abord dans les tubes intérieurs et ressortant par l'espace annulaire. L'usage de la vapeur surchauffée dans un cylindre de machine à vapeur présente certains avantages économiques, mais il exige de grandes précautions. Si la surchauffe est trop grande, la vapeur brûle les huiles employées au graissage du cylindre et attaque le métal de ce dernier; il est donc nécessaire d'obtenir un degré de surchauffe constant et, par suite, de recourir à des appareils automatiques. Le fonctionnement de ces appareils n'est pas sans présenter de grandes difficultés, la température des gaz et le débit de la vapeur varient à chaque instant, et, comme la masse de vapeur contenue dans les chauffeurs est petite, la température de la vapeur s'élève et s'abaisse rapidement.

On a essayé d'atténuer ces inconvénients en surchauffant fortement une partie de la vapeur et en la mélangeant en proportion convenable avec de la vapeur saturée prise directement à la chaudière, le dosage étant obtenu au moyen d'appareils automatiques.

Malgré toutes ces tentatives, la vapeur surchauffée n'a eu jusqu'ici que des applications fort restreintes; mais il est permis de croire, qu'avec des appareils plus efficaces, on arrivera à rendre son emploi plus général.

La quantité de chaleur nécessaire pour surchauffer un poids déterminé de vapeur se calcule de la manière suivante :

Supposons qu'il faille surchauffer de 100 à 300 degrés 1 kilogramme de vapeur ; la capacité calorifique de la vapeur étant de 0,480, le nombre de calories S, absorbées par la vapeur en passant de 100 à 300 degrés, sera :

$$S = 0,480 (300 - 100) = 96 \text{ calories.}$$

Le nombre de calories Q nécessaires pour produire un kilogramme de vapeur à 100 degrés est (n° 54) :

$$Q = 606,5 + 0,305t = 637 \text{ calories ;}$$

de sorte que la quantité totale de chaleur absorbée pour avoir de la vapeur surchauffée à 300 degrés, en partant de l'eau à 0 degré est égale à:

$$S + Q = 637 + 96 = 733 \text{ calories.}$$

Pour calculer les appareils de surchauffe, on peut compter sur une transmission de 4000 à 5000 calories par mètre carré de surface de surchauffe et par heure, dans un appareil à serpentin (1).

Proportions générales des générateurs.

110. Avec un générateur bien conduit et bien établi, fonctionnant à une allure modérée et économique et muni de réchauffeurs, on peut pratiquement utiliser 55 à 60 0/0 de la quantité de chaleur correspondant au pouvoir calorifique de la houille brûlée dans le foyer. En admettant le rendement moyen de 60 0/0, on trouve qu'avec une bonne houille moyenne, à 10 0/0 de cendres et d'un pouvoir calorifique de 8 200 calories, on peut vaporiser 7k,5 d'eau froide, prise à la température de 0 degré, la vapeur produite étant saturée et sèche à la pression de 4 kilogrammes effectifs. Dans le calcul du rendement, il est nécessaire de ramener l'eau d'alimentation à la température de 0 degré et de tenir compte des

(1) L. Ser, *Physique industrielle*, t. II, p. 498.

cendres et de l'humidité du combustible sans quoi, les résultats ne peuvent être comparables. On doit se mettre en garde contre ces erreurs et aussi contre celle qui provient de l'eau entraînée avec la vapeur.

Nous avons déjà vu (n° 71) comment l'on déterminait les principales dimensions d'un générateur devant fournir un poids déterminé de vapeur ; il est utile d'indiquer maintenant quelles sont les proportions à donner à ses différentes parties.

L'étendue de la surface de chauffe varie dans de larges limites, selon l'allure de la combustion et le système de générateur que l'on a choisi et sans que les conditions économiques soient changées. Elle dépend essentiellement de la quantité d'eau vaporisée par mètre carré de surface de chauffe, quantité qui varie de 12 à 40 kilogrammes et plus, suivant le système de chaudières. Si l'on fait usage de réchauffeurs, il y a avantage à développer leur surface de chauffe, ils recueillent à peu près 20 0/0 de la chaleur totale fournie à l'ensemble du générateur et ils sont parcourus par des gaz déjà très refroidis. Leur surface atteint, en moyenne, une fois et demie celle de la chaudière.

Les volumes du réservoir d'eau et de vapeur sont également très variables. Le tableau suivant indique quelles sont les proportions les plus souvent employées.

VOLUMES PAR KILOGRAMME D'EAU VAPORISÉE PAR HEURE		
	DU RÉSERVOIR d'eau	DU RÉSERVOIR de vapeur
Grandes chaudières fixes cylindriques ou à bouilleurs...............	10 à 18	4 à 10
Chaudière marine ordinaire................	3 à 4	2,5 à 3,5
Chaudière de locomotive, environ...............	0,85	0,45
Chaudière Belleville, environ...............	0,20	0,30

Nous verrons au chapitre suivant quelles sont le proportions à donner aux foyers des chaudières.

CONSTRUCTION DES CHAUDIÈRES

111. *Métaux en usage.* — Les métaux en usage pour la construction des chaudières sont :

Le *fer* et l'*acier*, sous forme de *tôle*, qui constituent la presque totalité de la paroi des générateurs; sous forme de *rivets*, d'*armatures*, d'*entretoises*, de *pièces forgées*, ils servent à faire certaines pièces spéciales;

La *fonte*, qui sert à faire les *fonds de bouilleurs*, les *trous d'homme*, les *piètements* pour accessoires, etc.;

Le *cuivre* et le *laiton*, usités surtout dans les chaudières de locomotives, le premier sert à faire le foyer et les entretoises, les tubes sont en laiton.

Fer et acier. — Fabrication. Épreuves.

112. La facilité avec laquelle on peut obtenir le fer en feuilles d'épaisseur convenable lui a fait donner la préférence dans la construction des corps cylindriques des chaudières.

Aujourd'hui, c'est l'acier qui paraît être appelé à prendre la première place, quoique ce métal ait donné lieu à de graves mécomptes au début des applications.

Le *fer* employé dans la construction des chaudières est obtenu dans les forges au moyen d'un *paquet* composé de barres de fer disposées par assises ou *mises*, et passé au blanc soudant au *laminoir*. Le laminage a pour objet, non seulement de donner à la pièce sa forme définitive, mais aussi de souder entre elles les mises et de chasser, sous forme de scories, les oxydes interposés. Pour les tôles fines, le laminage est souvent précédé du forgeage sous le marteau-pilon. Les qualités essentielles d'une tôle pour chaudières sont : la résistance, la douceur, et l'homogénéité. Cette dernière qualité dépend des procédés plus ou moins parfaits, employés pour la soudure des mises et, par suite, de l'absence plus ou moins assurée des *fissures*, des *pailles*, des couches *d'oxyde*

interposées. Un fer *doux* est celui qui peut subir, à froid, des déformations étendues sans se rompre ni se gercer. Ceux qui perdent à chaud cette propriété sont impropres à la construction des pièces forgées ou embouties, on les appelle fers *rouverains*. Un fer *aigre* est celui qui se crique ou se gerce pour des déformations peu étendues.

La cassure d'un échantillon de fer peut fournir des indications utiles : le fer est dit *nerveux* ou *fibreux*, lorsque cette cassure présente des fibres longues semblables à celles de pièces de bois rompues; quand la cassure est grenue, le fer est dit *grains*.

Si la cassure est *lamelleuse*, à *gros grains* ou à *facettes*, c'est ordinairement l'indice d'un fer de mauvaise qualité.

Ces diverses qualités sont très importantes à déterminer, c'est en soumettant des *éprouvettes* ou *barrettes* du métal à examiner, à des épreuves précises que l'on peut définir, d'une manière certaine, les usages auxquels il peut convenir. La plus importante des épreuves consiste à soumettre l'éprouvette à un effort de traction au moyen d'appareils très puissants qui permettent de mesurer :

1° La résistance à la rupture par extension en kilogrammes par millimètre carré;

2° L'allongement au moment de la rupture;

3° La charge en kilogrammes par millimètre carré correspondant à la limite d'élasticité.

Nous avons donné, dans le t. III, la signification de ces trois quantités; on les rapporte à des éprouvettes de 200 millimètres de longueur (au moyen de repères tracés à cette distance avant l'essai). Il y a ici une remarque importante à faire : lorsqu'une tôle est passée au laminoir, la pression allonge beaucoup le paquet dans le sens de la feuille, et très peu dans le sens transversal, parallèle aux génératrices droites du cylindre. Sur les éprouvettes prises dans le sens du laminage, ou en *long*, la résistance est, en général, plus forte que sur des éprouvettes prises dans le sens transversal, ou en *travers*. On doit donc tenir compte de cette différence qui atteint quelquefois plusieurs kilogrammes par millimètre carré. Quand le métal est bien homogène, bien soudé, cette différence est beaucoup plus faible.

L'allongement proportionnel, au moment de la rupture, caractérise la *douceur* du métal, qualité aussi précieuse que sa résistance. Un métal aigre, même très résistant serait tout à fait impropre à la construction des chaudières ; le poinçonnage et le rivetage, les variations de température, inévitables pendant la conduite du générateur, causeraient des altérations graves. En cas d'explosion, une tôle aigre se briserait brusquement en nombreux fragments qui seraient projetés quelquefois fort loin ; une tôle douce, au contraire, cède peu à peu, s'entr'ouvre, *prévient* le danger, quelquefois sans explosions dangereuses. Dans la construction d'un générateur, il y a intérêt à se servir de tôles de grandes dimensions; la largeur des rivures en est d'autant réduite. Les feuilles de tôle de 4 à 5 mètres carrés de surface et de 2 mètres de largeur s'emploient couramment aujourd'hui. Pour des surfaces de 10 mètres carrés et plus et des largeurs dépassant 2^m,20 la dépense est plus élevée relativement au poids; on les emploie, toutefois, avec avantage dans certains cas.

Pour les parties des corps et les enveloppes de chaudières qui sont éloignées du feu, on fait usage de tôles de qualité ordinaire ; pour les autres parties, exposées aux actions intenses du foyer, pour les fonds emboutis, les cuissards, avec leurs collerettes, on emploie des tôles de qualité supérieure.

Il y a un avantage incontestable à sacrifier l'économie, souvent minime, qui résulte de l'emploi de tôles de qualité médiocre. Les bonnes tôles permettent de réduire un peu les épaisseurs et présentent de meilleures garanties de sécurité, de solidité et de durée.

Ce que nous venons de voir pour le fer, sous forme de tôle, s'applique aux fers à l'état de barres plates ou rondes, aux cor-nières, tirants, rivets, entretoises, ainsi qu'aux diverses pièces forgées employées dans la construction des chaudières. Pour les rivets, on doit préférer le fer doux, à grain fin et bien homogène.

L'*acier* pour chaudière est du fer presque pur, il est obtenu à l'état de lingots moulés par fusion ; pour la fabrication des barres et des tôles, ces lingots sont échauffés et laminés. Le caractère distinctif entre le fer et l'acier tient surtout au mode de fabrication : une tôle de fer résulte du soudage des mises constituant le paquet ; une tôle d'acier s'obtient par le laminage d'un lingot écoulé. Il en résulte que l'acier présente des garanties d'homogénéité beaucoup plus complètes que la tôle de fer. Les échecs qui avaient fait autrefois rejeter l'emploi de la tôle d'acier dans la construction des générateurs sont devenus beaucoup moins sérieux depuis que la fabrication en a été mieux comprise et améliorée. L'Exposition de 1889 présentait de remarquables spécimens de tôles d'acier soudée, qui ont apporté la preuve des remarquables propriétés de la tôle d'acier et ont généralisé son emploi dans la construction de puissants générateurs.

C'est surtout en sacrifiant la résistance du métal pour augmenter sa douceur que l'on est arrivé à la solution du problème ; un acier très résistant est un acier *dur* qui est sujet à s'écrouir et à se gercer sous l'influence des actions mécaniques et à prendre fortement la *trempe ;* les aciers *doux*, au contraire, sont plus malléables, s'écrouissent et se criquent plus difficilement et ne prennent qu'à peine la trempe. Cette comparaison est encore plus accentuée que celle que nous avons faite précédemment entre le fer *aigre* et le fer *doux*. Les tôles et les barres d'acier présentent quelquefois, comme celles du fer, certains défauts, tels que les pailles qui proviennent des soufflures venues pendant la coulée et qui se sont aplaties, mais sans disparaître au laminage.

La mise en œuvre des tôles d'acier exige des précautions spéciales ; ce n'est que par les soins minutieux apportés à leur fabrication et à leur contrôle que l'on peut s'assurer les garanties indispensables à leur emploi.

Sciences générales.

Nous donnons ci-après les conditions requises pour les bonnes tôles de chaudières (ces chiffres se rapportent à la résistance et à l'allongement sur des éprouvettes prises en *travers* du laminage) (1).

TÔLE DE FER
{
Résistance à la rupture par extension (en kilogrammes par millimètre carré) minimum. . . . . 28 kil.

Allongement au moment de la rupture minimum. . . 4 0/0

Limite d'élasticité correspondant à une charge par millimètre carré, d'environ. . . . . 14 à 16 kil.
}

TÔLE D'ACIER
(Circulaire du 11 mai 1876)
Marine française
{
Résistance moyenne en kilogrammes par millimètre carré 42 kil.

Allongement moyen à la rupture 26 0/0

Aucune des éprouvettes ne doit donner des résultats inférieurs à $\frac{2}{10}$ aux chiffres ci-dessus.

L'acier doit rester doux après la trempe.
}

Épaisseur des chaudières.

113. La détermination de l'épaisseur des tôles de chaudières est un problème fort complexe, que nous ne pouvons étudier ici d'une manière complète (1); nous

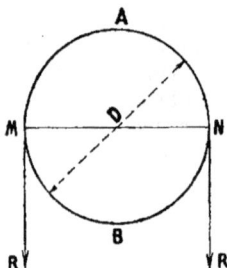

Fig. 92.

nous contenterons d'exposer les considérations sur lesquelles de nombreux auteurs se sont basés pour obtenir les formules qui ont été prescrites par les ordonnances administratives et adoptées par les constructeurs de chaudières.

En considérant le métal parfaitement homogène et d'épaisseur uniforme, une chaudière ne peut évidemment éclater que suivant deux génératrices opposées, ou suivant une section perpendiculaire à l'axe.

Dans le premier cas, considérons un

(1) HIRSCH et DLEBIZE, *Leçons sur les machines à vapeur*, t. 1, p. 813, 818, 823.

tronçon de cylindre d'un mètre de longueur dont la coupe transversale est le cercle MANB (*fig.* 92).

Soient :

D, le diamètre du cylindre;

e, l'épaisseur de la paroi (supposée petite pour la simplification des calculs);

p, la pression effective (excès de la pression intérieure sur la pression atmosphérique);

K, le travail du métal par unité de surface.

La partie supérieure MAN de l'enveloppe est en équilibre sous l'action des pressions qui tendent à la séparer de la partie inférieure NBM et les forces moléculaires qui s'opposent à cette séparation.

En raison de la symétrie, ces forces moléculaires se réduisent à deux résultantes RR, égales entre elles et normales au plan MN.

Quant aux efforts dus à la pression, leur résultante est la même que si cette pression s'exerçait sur la base plane diamétrale MN du demi-tronçon; leur résultante est donc égale au produit de la pression par la surface de MN. On a donc :

$$pD = 2R.$$

Or R a pour valeur le produit de la section par le travail par unité de surface, c'est-à-dire qu'on a :

$$R = Ke,$$

d'où :

$$pD = 2Ke, \quad et \quad K = \frac{pD}{2e}.$$

Dans cette formule, tous les termes sont rapportés au mètre; si l'on exprime, comme on le fait ordinairement, le diamètre D en mètres, l'épaisseur e en millimètres, la pression p en kilogrammes par centimètre carré, et le travail K en kilogrammes par millimètre carré, la formule devient :

$$1\,000\,000\,\text{K} = \frac{p \times 10\,000 \times \text{D} \times 1\,000}{2 \times e},$$

où :

$$\text{K} = 10\,\frac{p\text{D}}{2e}$$

et :

$$e = 10\,\frac{p\text{D}}{2\text{K}}. \qquad (1)$$

Considérons le second cas de rupture, suivant un plan normal aux génératrices du cylindre (*fig.* 93); nous pouvons supposer que la rupture ait lieu suivant le plan MN. La partie MAN du corps cylindrique se trouvera en équilibre sous l'action des pressions qui tendent à écarter le fond A du cylindre vers la gauche et les forces moléculaires s'exerçant dans la tranche MN du métal, parallèles aux génératrices du cylindre.

La résultante des pressions qui tendent à la séparation de la partie MAN est normale à MN et a pour valeur, en conservant les annotations précédentes :

$$10\,000\,\frac{\pi}{4}\,\text{D}^2 p.$$

Les forces moléculaires qui s'opposent à la rupture et qui s'exercent sur la surface de la tranche AB ont pour valeur, la surface du métal étant exprimée en millimètres carrés :

$$1\,000\,\pi\text{D}e\,\text{K}_1,$$

on peut donc écrire :

$$10{,}000\,\frac{\pi}{4}\,\text{D}^2 p = 1\,000\,\pi\text{D}e\,\text{K}_1,$$

d'où :

$$\text{K}_1 = \frac{10\,p\text{D}}{e}. \qquad (2)$$

Si nous comparons les égalités (1) et (2), nous voyons que la tension — K_1 suivant les génératrices n'est que la moitié de la tension en travers K.

Il suffira donc de s'en tenir à la première formule pour la détermination de la résistance à donner aux tôles des chaudières. L'application de cette formule est, en outre, sujette à diverses corrections qui proviennent des déformations auxquelles le métal peut être soumis, de l'action lente et inévitable du temps qui modifie à la longue les propriétés du métal, de la répartition des efforts moléculaires dans les assemblages, etc. Pour en arriver à l'application pratique, on procède souvent de la manière suivante : après avoir, au moyen des données que l'on possède ou que l'on peut évaluer, établi l'effort que supportera, en chaque partie, le métal employé dans la construction projetée, on s'assure que cet effort n'est que le 1/4, le 1/5 ou le 1/10 (suivant les cas) de l'effort limite produisant la rup-

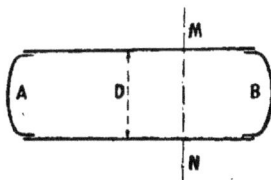

Fig. 93.

ture. C'est là ce qu'on appelle le *coefficient de sécurité* de 4, 5, 10, lequel englobe toutes les causes d'erreurs dont on n'a pu se rendre maître. Si nous désignons par $\dfrac{10}{2\text{K}}$ ce coefficient et si nous l'introduisons dans l'égalité (1) précédente, on a :

$$e = \text{A}p\text{D},$$

on ajoute le plus souvent à cette formule une *constante d'usure* a, elle devient alors :

$$e = \text{A}p\,\text{D} + a.$$

Telle est la forme sous laquelle on l'utilise généralement pour calculer les épaisseurs des corps cylindriques.

Quant aux valeurs attribuées aux coefficients A et a, elles ont été déterminées par des ordonnances administratives et par divers auteurs. Nous indiquons ci-après quelques-unes des formules ainsi déterminées.

Dans l'ordonnance du 22 mai 1843, on prescrit de donner aux corps cylindriques de chaudières une épaisseur :

$$e = 1,8\,(n - 1)\,D + 3.$$

e, épaisseur en millimètres ;
n, pression *absolue* en atmosphères ;
D, diamètre en mètres.

Si la pression est exprimée en kilogrammes effectifs par centimètre carré. cette formule devient :

$$e = 1,742\,pD + 3.$$

En comparant ces formules aux égalités (1) et (2) trouvées précédemment, on a :

$$a = 3, \quad \text{et} \quad 1,742\,pD = \frac{10\,pD}{2K}$$

$$2K = \frac{10\,pD}{1,742\,pD}, \quad K = \frac{10}{2 \times 1,742} = 2^{\text{kg}},87.$$

Ce chiffre de $2^{\text{k}},87$ par millimètre carré donne toute garantie de sécurité, puisqu'on admet généralement celui de 6 kilogrammes dans les ponts et charpentes métalliques.

C'est d'après cette formule qu'un grand nombre de constructeurs règlent les épaisseurs des chaudières pour les installations fixes, types cylindriques à bouilleurs, à foyers intérieurs, etc.

Le tableau ci-dessous indique les résultats obtenus par l'application de cette formule.

ÉPAISSEUR EN MILLIMÈTRES DES TÔLES DE CHAUDIÈRES POUR CORPS CYLINDRIQUES PRESSÉS PAR L'INTÉRIEUR, D'APRÈS L'ORDONNANCE DU 22 MAI 1843

$$e = 1,8\,(n - 1)\,D + 3 = 1,742pD + 3$$

PRESSIONS EFFECTIVES kg par cmq	DIAMÈTRES (mètres)												
	0.60	0.80	1.00	1.20	1.40	1.60	1.80	2.00	2.20	2.40	2.60	2.80	3.00
3	6.1	7.2	8.2	9.3	10.3	11.4	12.4	13.5	14.5	15.5	16.6	17.6	18.7
3.5	6.7	7.9	9.1	10.3	11.5	12.8	14.0	15.2	16.4	17.6	18.9	20.1	21.3
4	7.2	8.6	10.0	11.4	12.8	14.1	15.5	16.9	18.3	19.7	21.1	22.5	23.9
4.5	7.7	9.3	10.8	12.4	14.0	15.5	17.1	18.7	20.2	21.8	23.4	24.9	26.5
5	8.2	10.0	11.7	13.5	15.2	16.9	18.7	20.4	22.2	23.9	25.6	27.4	29.1
5.5	8.7	10.7	12.6	14.5	16.4	18.3	20.2	22.2	24.1	26.0	27.9	29.8	31.7
6	9.3	11.4	13.5	15.5	17.6	19.7	21.8	23.9	26.0	28.1	30.2	32.3	34.4
6.5	9.8	12.1	14.3	16.6	18.9	21.1	23.4	25.7	27.9	30.2	32.4	34.7	37.0
7	10.3	12.8	15.2	17.6	20.1	22.3	25.0	27.4	29.8	32.3	34.7	37.1	39.6
7.5	10.8	13.5	16.1	18.7	21.3	23.9	26.5	29.1	31.7	34.4	37.0	39.6	42 2
8	11.3	14.1	16.9	19.7	22.5	25.3	28.1	30.9	33.7	36.4	39.2	42.0	44.8
8.5	11.9	14.8	17.8	20.8	23.7	26.7	29.7	32.6	35.6	38.5	41.5	44.5	47.4
9	12.4	15.5	18.7	21.8	24.9	28.1	31.2	34.4	37.5	40.6	43.8	46.9	50.0
9.5	12.9	16.2	19.6	22.9	26.2	29.5	32.8	36.1	39.4	42.7	46.0	49.3	52.7
10	13.4	16.9	20.4	23.9	27.4	30.9	34.4	37.8	41.3	44.8	48.3	51.8	55.3
10.5	13.9	17.6	21.3	24.9	28.6	32.3	35.9	39.6	43.2	46.9	50.6	54.2	57.9
11	14.5	18.3	22.2	26.0	29.8	33.7	37.5	41.3	45.2	49.0	52.8	56.7	60.5
11.5	15.0	19.0	23.0	27.0	31.0	35.1	39.1	43.1	47.1	51.1	55.1	59.1	63.1
12	15.5	19.7	23.9	28.1	32.3	36.4	40.6	44.8	49.0	53.2	57.4	61.5	65.7

114. *Formules diverses.* — En 1861, à la suite d'expériences faites sur une chaudière en tôle d'acier fondu, une décision ministérielle accorda une tolérance de moitié sur les épaisseurs précédemment admises pour les chaudières construites en acier fondu.

Cette tolérance conduit aux formules ci-après :
Pour chaudières ordinaires :

$$e = 0,\text{H }871\,pD + 1,5 ;$$

Pour corps cylindriques de locomotives :

$$e = 0,\text{H }581\,pD + 1.$$

Cette circulaire donna lieu à de graves mécomptes, dus à l'erreur que l'on commettait d'imposer une grande ténacité à la rupture (60 kilogrammes) au détriment de la douceur du métal.

En 1865 fut publié un décret laissant aux constructeurs toute liberté dans la fixation des épaisseurs des tôles de chaudières, sous réserve d'épreuves et de responsabilités déterminées.

Nous nous contenterons de donner quelques autres formules proposées par divers auteurs.

AUTEURS	FORMULES	APPLICATIONS
Bionaymé..............	$e = 1,25\,pD + 3$	Enveloppes de chaudières marines 2r (1)
Audenet..............	$e = 1,29\,pD + 3$	» »
Seaton..............	$c = 1,29\,pD + 3,18$	Corps cylindrique 1r.
»	$e = 1,02\,pD + 3,18$	» » 2r.
»	$e = 0,98\,pD + 3,18$	» » 3r.
»	$c = 0,95\,pD + 3,18$	Joints à double couvre-joint, 2r.
Marine de l'État français	$c = 1,04\,pD + 3$	Pour la tôle d'acier, 2r.
Règlement belge......	$e = 1,19\,pD$	» » 1r.
»	$e = 0,865\,pD$	» » 2r.
Seaton..............	$c = 1,04\,pD + 3,18$	» » 1r.
»	$c = 0,81\,pD + 3,18$	» » 2r.
»	$c = 0,76\,pD + 3,18$	» » 2r, double couvre-joint.

(1) 1r — 1 rang de rivets ;   2r — 2 rangs de rivets ;   3r — 3 rangs de rivets.

Les divergences que l'on remarque entre ces diverses formules tiennent en partie à leurs conditions spéciales d'application ; il ne convient pas de les appliquer sans tenir compte de ces conditions et sans avoir recours aux résultats acquis par l'expérience et fournis par la pratique.

Corps cylindrique pressé du dehors.

115. Dans certains systèmes de chaudières, dans ceux à foyer intérieur, par exemple, les tubes foyers sont soumis à une pression agissant du dehors en dedans. Les conditions de résistance d'un cylindre sont loin d'être les mêmes suivant qu'il reçoit la pression par l'intérieur ou par le dehors. La pression à l'intérieur tend à conserver au corps sa forme cylindrique et même à le ramener à cette forme s'il est aplati, jusqu'à ce que la pression atteigne la valeur limite de résistance du métal. Si, au contraire, la pression agit extérieurement aux parois du corps cylindrique, la moindre pression peut suffire à l'aplatir complètement. Cette rupture d'équilibre est due à ce que les pressions exercées sur le pourtour sont loin d'être uniformes et que l'équilibre entre les pressions et la résistance devient pratiquement irréalisable. Pour peu que la paroi perde sa forme rigoureusement cylindrique, il se produit des efforts considérables de flexion, qui augmentent au fur et à mesure que le corps se déforme, jusqu'à ce qu'il soit complètement aplati.

La théorie fait défaut en ce qui concerne le calcul des épaisseurs à donner aux cylindres pressés du dehors. Voici quelques-unes des formules les plus employées dans la pratique :

Une décision du 17 décembre 1848 prescrit de donner une épaisseur au moins égale à une fois et demie celle qui résulte de la formule de 1843 ; elle est traduite par l'expression :

$$e = 2,613\,pD + 4,5.$$

Cet excédent de 50 0/0 conduit, pour les pressions un peu fortes, à des épaisseurs exagérées qui, dans le voisinage du foyer, peuvent causer de sérieux inconvénients.

En 1861, une décision relative aux tôles d'acier pressées extérieurement fut publiée ; elle était exprimée par :

$$e = 1,742\,pD + 3.$$

Fairbairn vérifia par expérience que la section exactement circulaire fournit, toutes choses égales, une résistance bien supérieure à celle d'une section aplatie, même légèrement, et qu'un tube long résiste beaucoup moins qu'un tube court. Il constata aussi que, pour les tubes ronds, la pression d'écrasement est inversement proportionnelle au diamètre et à la longueur du tronçon, et directement proportionnelle à une certaine puissance de l'épaisseur de la paroi.

La formule dite de *Fairbairn* est exprimée par :

$$p = 0,\mathrm{H}\,3679\,\frac{e^{2,19}}{\mathrm{L.D}}$$

dans laquelle :

p, pression effective en kilogrammes par centimètre carré ;

e, épaisseur en millimètres ;

L, longueur en mètres ;

D, diamètre extérieur en mètres.

M. *Cornut* a proposé :

$$e = 2,613\,p\mathrm{D} + 3 ;$$

M. *Audenet* :

$$e = 5,2\mathrm{D}\,\sqrt{p} + 3 ;$$

M. *Leaton* :

$$e = 3,93\,\sqrt{p\mathrm{LD}} + 1,6, \text{ pour le fer ;}$$

$$e = 3,73\,\sqrt{p\mathrm{LD}} + 1,6, \text{ pour l'acier.}$$

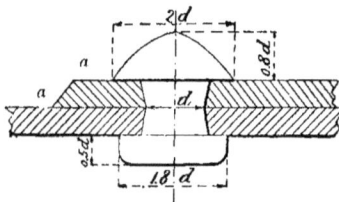

Fig. 94. — Rivet à tête sphérique.

Préparations des tôles. — Rivure.

116. Les tôles destinées à la construction des chaudières sont livrées à l'état de feuilles rectangulaires, que l'on dresse au *marbre* et que l'on *découpe* à la cisaille suivant le travail indiqué par l'épure. Elles sont ensuite *chanfreinées* à la raboteuse ; cette opération a pour but de découper, sur le bord de chaque feuille, un petit plan incliné *aa* (*fig.* 94), au moyen duquel on obtiendra plus tard le matage. On amincit à la forge les coins des feuilles qui doivent être pris entre deux tôles superposées, puis les tôles sont soumises à la *poinçonneuse*, qui perce les trous des rivets. Les tôles qui doivent faire partie de la paroi latérale sont *cintrées ;* on procède ensuite au montage, d'abord provisoire au moyen de boulons, puis avec les rivets.

Dans les constructions soignées, les trous ne sont pas poinçonnés, mais percés au foret ; ou bien poinçonnés à un diamètre un peu trop faible et amenés à leur dimension définitive à l'aide du foret.

Le poinçonnage donne des trous moins réguliers, il altère et écrouit le métal sur le pourtour du trou et nécessite quelquefois le recuit de la tôle avant le rivetage. Avec un poinçon cylindrique, le trou ob-

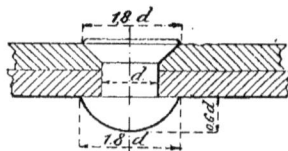

Fig. 95. — Rivet à tête fraisée.

tenu est toujours conique, car le diamètre de la matrice dépasse toujours celui du poinçon ; cette différence peut s'élever au quart de l'épaisseur de la tôle. Souvent cette conicité est utilisée, ainsi que l'indique la figure 94, et le corps du rivet prend alors la forme d'un double tronc de cône. Dans certains cas, après le poinçonnage et l'alésage, on s'astreint à fraiser les bords, ce qui a le double avantage de faire disparaître les bavures

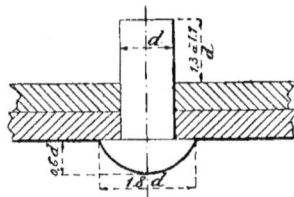

Fig. 96. — Rivet à tête conique, avant la rivure.

et de rendre plus solide la tête du rivet. La fraisure est quelquefois poussée plus loin, comme l'indique la figure 95. La tête est alors à peine en saillie ou même sans saillie sur la tôle ; le rivet est dit *à tête fraisée.* ,

Quand les trous sont forés, il est bon d'arrondir légèrement les bords à la fraise.

Avant sa mise en place, le rivet affecte

la forme (*fig.* 96) d'une goupille cylindrique, terminée d'un côté par une tête obtenue à l'étampe ; l'excédent de longueur qu'elle présente, lorsqu'elle est passée dans les trous correspondants des tôles à réunir, est écrasé et façonné de manière à donner la seconde tête (*fig.* 97), qui, suivant les cas, affecte différentes formes : conique, hémisphérique, en goutte de suif (1). Cette partie saillante a une

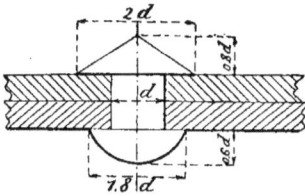

Fig. 47. — Rivet à tête conique.

longueur variable de 1,3 à 1,7 du diamètre du rivet.

Pour les chaudières à vapeur, la rivure se fait toujours à chaud, soit à la main, soit à la machine. Le meilleur métal pour rivet est le fer doux à grain fin. Pour qu'un rivetage soit bien fait, il est nécessaire que les trous correspondent exactement l'un avec l'autre et que les rivets les remplissent complètement. On doit serrer fortement les tôles avant de poser le rivet ; le rivet doit être suffisamment chauffé, et l'opération du rivetage

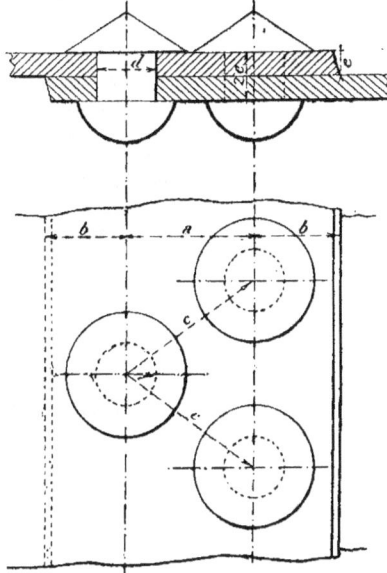

Fig. 98. — Rivure à recouvrement, 2 rangs en quinconce

conduite rapidement, car il serait très mauvais de marteler sur un rivet froid.

La contraction produite par le refroi-

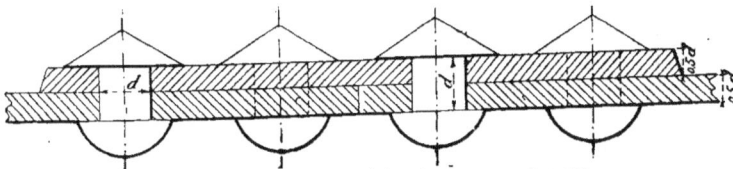

Fig. 99. — Rivure à couvre-joint, 2 rangs en quinconce.

dissement du rivet a pour effet de serrer les tôles, ce qui présente le double avantage de contribuer à la solidité de la couture et à l'étanchéité du joint. Le rivet froid a un diamètre inférieur de 1/20 environ à celui du trou, afin qu'il puisse être facilement introduit, malgré la dilatation provenant du chauffage.

(1) Reuleaux, *Le Constructeur*, p. 147.

Le procédé qui consiste à passer dans les trous qui ne se correspondent pas bien exactement une broche conique en acier n'est pas sans présenter de sérieux inconvénients ; il en est de même de celui qui consiste à introduire dans les trous qui chevauchent un rivet long et assez maigre pour pouvoir passer.

Une fois la rivure exécutée, on procède au *matage* indispensable pour assurer l'étanchéité du joint ; cette opération s'effectue au moyen d'un burin à tranche mousse, que l'on fait agir sur l'extrémité du chanfrein *aa* (*fig.* 94). Le matage se fait d'ordinaire à l'intérieur de la chaudière, sur la face qui reçoit la pression ; l'étanchéité s'en trouve mieux assurée ; quelquefois, pour plus de précaution, on mate à la fois sur les deux faces. Le matage demande à être fait avec le plus grand soin, surtout pour les chaudières en tôle d'acier. L'inclinaison du chanfrein sur la normale de la tôle est de 1/3 environ.

117. *Dispositions et proportions des rivures.* — On trouvera au tome troisième de cet ouvrage les diverses dispositions employées pour la réunion des tôles ; nous les rappellerons ici simplement pour mémoire.

Le mode de couture le plus simple est l'assemblage à *recouvrement*, il présente cet inconvénient que les tôles ne sont pas dans le prolongement l'une de l'autre (*fig.* 98). On évite cet inconvénient dans l'assemblage à *couvre-joint* (*fig.* 99 et 100), *simple* ou *double*. Ces assemblages sont à un ou plusieurs rangs de rivets.

Dans les chaudières à vapeur, pour faire un joint très résistant, il faudrait employer de gros rivets très espacés ; d'un autre côté, pour que le joint soit bien étanche, il conviendrait que les rivets fussent, au contraire, serrés et rapprochés de la rive. Entre ces conditions opposées, il s'agit de choisir un juste milieu. Nous donnons ci-après quelques-unes des formules les plus adoptées.

Pour la rivure à un rang, on prend :
$$d = 2d + 3 \text{ millimètres};$$
$$a = 3d ;$$
$$b = 2d ;$$
d, diamètre du rivet ;

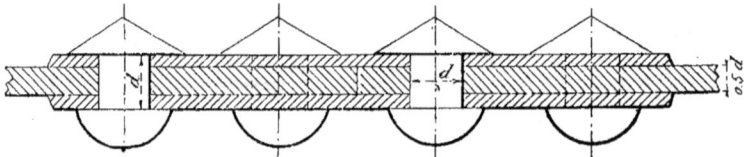

Fig. 100. — Rivure à double couvre-joint, 2 rangs en quinconce.

e, épaisseur des tôles ;

a, écartement des rivets d'axe en axe ;

b, distance de l'axe du rivet au bord de la tôle, ces diverses mesures étant exprimées en millimètres.

Reuleaux indique les proportions suivantes :
$$d = 1,5e + 4 \text{ millimètres};$$
$$a = ed + 10$$
$$b = 1,5d.$$

Aux usines d'Indret, on fait usage de :
$$d = 1,5e ;$$
$$a = 2,5d ;$$
$$b = 1,5d.$$

Dans les générateurs de grandes dimensions, ou travaillant à des pressions élevées, la rivure à deux ou trois rangs de rivets est presque exclusivement employée. Reuleaux indique les proportions suivantes pour la rivure parallèle à deux files (*fig.* 98) :

Diamètre des rivets . . $d = 1,5e + 4$ mill.

Distance de l'axe de la première file à la rive de la tôle . . . . . . $b = 1,5d.$

Écartement d'axe en axe des rivets dans chaque file . . . . $a = 20 + 3d.$

Distance d'un rivet au rivet le plus voisin de l'autre file . . . . $c = 10 + 2d.$

La question des joints est très importante dans la construction des chaudières à vapeur, surtout depuis l'emploi des pressions élevées et la nécessité de réduire le plus possible le poids de certains générateurs. Les joints à simple ou à double couvre-joint tendent à se généraliser, ils offrent une résistance plus considérable et assurent une plus parfaite étanchéité que le joint à recouvrement.

Dans les chaudières de locomotives, la

double paroi de la boîte à feu est percée de différentes ouvertures (cendrier, porte du foyer). Sur le pourtour de ces ouvertures, l'intervalle entre les deux tôles est fermé à joint étanche par divers procédés représentés dans la figure 101. Dans les foyers des chaudières tubulaires, les tôles qui forment la paroi du foyer se trouvent rapprochées des tôles extérieures de la boîte à feu; pour relier ces tôles et maintenir leur écartement constant, on a recours à l'emploi de rivets filetés ou *entretoises*.

Ces entretoises se font en fer, en cuivre

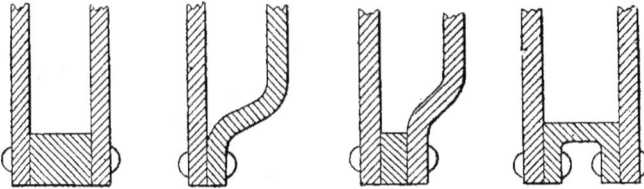

Fig. 101. — Assemblage de tôles parallèles approchées.

ou en acier; dans les chaudières des locomotives, elles se font en cuivre parce que la rivure se fait à froid.

La figure 102 représente l'une des dispositions d'entretoises les plus employées; les deux trous correspondants ayant été taraudés, on visse l'entretoise entre les deux tôles au moyen d'un carré ménagé à l'une des extrémités.

On rive ensuite au marteau les deux têtes; le double filetage maintient l'écartement, et le rivetage, suivi d'un matage, assure l'étanchéité.

Les rivets filetés étant sujets à se rompre, chaque entretoise est percée, suivant son axe, d'un trou que l'on oblitère à un bout par quelques coups de matoir. Si le rivet vient à se rompre, le chauffeur est prévenu de l'accident par le jet d'eau qui se produit suivant le bout laissé ouvert. Comme la rupture a toujours lieu près de la partie filetée, on se borne par-

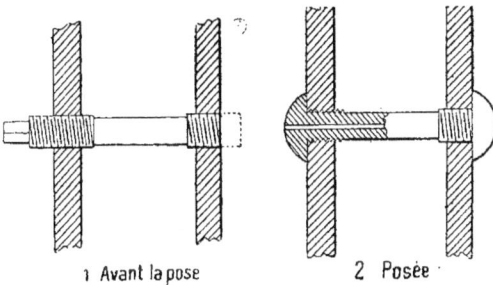

1 Avant la pose   2 Posée

Fig. 102. — Entretoise filetée, avant la pose et posée.

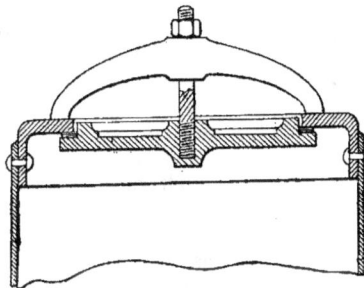

Fig. 103. — Bouchon autoclave.

fois à ne percer le trou qu'aux deux extrémités seulement, le corps restant plein.

Montage des fonds, des accessoires.

118. L'ouverture ménagée d'ordinaire sur la partie supérieure de la chaudière ou *trou d'homme*, ainsi que les têtes de bouilleurs ou de réchauffeurs, sont fermées au moyen d'un tampon de dimensions plus grandes que l'orifice (*fig.* 103), appelé *autoclave*, parce que la pression de la vapeur tend toujours à l'appliquer sur son siège. Ce tampon porte sur sa face extérieure un rebord qui permet de le centrer sans tâtonnement et qui l'empêche de glisser lorsqu'il est mis en place; il est, en outre, pourvu de deux boulons prisonniers traversant deux arcades qui s'appuient elles-mêmes sur les bords de l'ouverture. Les extrémités des prisonniers sont filetées et reçoivent des écrous qu'il suffit de serrer pour fixer le tampon. Le joint se fait avec du mastic de minium ou avec une rondelle en caoutchouc. L'ouverture est à section ovale, ce qui permet d'introduire le tampon dans l'intérieur en présentant le petit axe de ce dernier obliquement dans l'ouverture. Les *trous de bras*, de *nettoyage*, sont également fermés par des bouchons autoclaves maintenus ordinairement par une seule arcade.

Les bouchons autoclaves sont le plus souvent en fonte; depuis quelques années les bonnes maisons de constructions les font en tôle emboutie, et les trous qu'elles oblitèrent sont pratiqués en tôle épaisse.

Les fonds de corps cylindrique sont aujourd'hui presque toujours composés d'une tôle unique, à laquelle on a donné, par emboutissage, la forme d'une calotte, se raccordant, par un congé, à un rebord cylindrique qui vient se river sur la première virole.

Dans les chaudières de très grand diamètre, telles que les chaudières marines et certaines chaudières à foyer intérieur, le corps principal se termine souvent par des fonds plats en tôle forte. Ces fonds plats s'assemblent, à leur pourtour, sur le corps cylindrique et reçoivent, en outre, des armatures propres à leur donner la rigidité que leur forme plane ne saurait leur assurer.

Dans les chaudières de locomotive, entre autres, les plaques tubulaires qui constituent les fonds sont réunies par des tirants articulés aux deux extrémités.

Les chaudières sont aussi percées d'ouvertures destinées à les mettre en communication avec les bouilleurs ; les gros tubes ou *cuissards* qui établissent cette communication sont munis, aux deux bouts, de collets emboutis qui viennent s'appliquer et se river sur les deux cylindres à réunir. Il est préférable de faire usage de cuissards d'une seule pièce, pour éviter l'emploi des cornières, des collerettes qui rendent le rivetage assez difficile. On doit s'abstenir, autant que possible, de placer les cuissards à cheval sur une clouure et de les disposer trop près l'un de l'autre, afin de ne pas trop affaiblir la paroi.

Le *dôme de vapeur* est généralement assemblé au corps cylindrique au moyen d'une collerette relevée à la forge ou d'une cornière. Dans les grandes chaudières on consolide cette disposition par une autre cornière ou par un anneau en fer plat appliqué sur l'ouverture même du corps de chaudière.

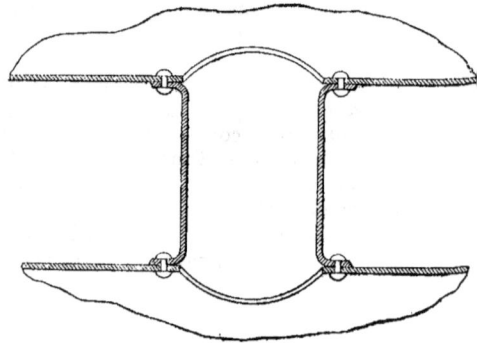

Fig. 104. — Cuissard.

Les *chandeliers*, les *sommiers*, les *oreilles* sont convenablement disposés pour supporter le corps de la chaudière, sans gêner outre mesure les dilatations.

Tubes.

119. Dans les chaudières tubulaires, la construction et l'entretien du faisceau de tubes exigent des précautions spéciales que nous allons exposer brièvement. Les tubes sont assemblés par leurs deux extrémités dans les plaques dites *tubulaires*, la solidité de cet assemblage est obtenue assez facilement, et l'expérience démontre qu'un tube bien assemblé constitue une véritable entretoise entre les plaques tubulaires. Néanmoins, on dispose quelquefois, de distance en distance, des *tubes-tirants*, à parois épaisses, assemblés solidement sur les plaques tubulaires.

En section transversale, les tubes sont disposés soit en quinconce, soit par rangées verticales ou horizontales ; cette dernière disposition est en faveur aujourd'hui, parce qu'elle facilite le dégagement de la vapeur et l'enlèvement des dépôts. Quant à la résistance à la pression, les exigences de la fabrication obligent à donner aux tubes une épaisseur beaucoup plus grande que celle qui serait nécessaire, il n'y a que l'usure ou l'altération produite par le feu qui peuvent causer l'écrasement du tube.

Les tubes se font en fer, en acier doux, en cuivre ou en laiton. Les tubes en fer sont économiques, mais ils se corrodent facilement ; les tubes de fer étirés, qui sont très lisses, sont préférables aux tubes soudés pour la facilité du nettoyage. En Europe, les tubes de locomotive sont le plus souvent en laiton (30 à 33 0/0 de zinc) ; en Amérique, ils sont ordinairement en fer.

Les tubes en cuivre ne sont guère employés que dans les canalisations de vapeur ; leur prix élevé et leur faible dureté les ont fait presque totalement rejeter comme tubes calorifères.

De même que pour les tubes en fer, les tubes en laiton étiré sont préférables aux tubes en laiton soudé.

Pour assurer l'étanchéité au joint du tube avec la plaque tubulaire, on le *mandrine* à l'aide d'un outil spécial appelé *expanseur* ou *dudgeon*, dont il a été déjà question à propos des chaudières à petits éléments. L'assemblage est terminé par l'introduction d'une bague ou d'une virole en fer ou en acier qui, étant moins refroidie par l'eau que le tube, exerce par dilatation une pression énergique sur la plaque et le tube.

Nous ne rappellerons que pour mémoire les *tubes amovibles* (n° 85) en usage dans certaines chaudières et que l'on dispose, de place en place, pour faciliter les nettoyages.

Installation des chaudières.

120. Afin d'atténuer les déperditions de chaleur qui peuvent atteindre quelquefois une grande importance et qui se traduisent par une perte de combustible, on enveloppe les chaudières de matières isolantes. La matière à employer pour faire ce revêtement varie avec le système de générateur et suivant les circonstances ; dans les chaudières à foyer extérieur, le massif en briques du fourneau enveloppe en grande partie le corps cylindrique ; on garantit la partie supérieure de ce dernier avec des cendres, du mâchefer protégés par un dallage mince en briques ou en tôle.

Dans les chaudières à foyer intérieur, celles qui comportent des retours de flammes sont à peu près dans les mêmes conditions que les précédentes ; celles qui sont sans fourneau sont enveloppées d'une manière particulière. Pour les locomotives, on se contente d'entourer le corps de chaudière d'une tôle mince, maintenue par des cornières à une faible distance du générateur, qui forme aussi un matelas d'air pas conducteur de la chaleur. Cette enveloppe se construit en fer ou en laiton et est agencée de manière à pouvoir se démonter facilement. Pour les chaudières fixes, cette enveloppe serait insuffisante ; on a recours à des matières isolantes : paille, feutre, bois, liège, amiante, larve de scories, que nous aurons l'occasion d'examiner au chapitre suivant. Un isolant doit, pour être efficace, ne pas se détériorer sous l'action de la chaleur et de l'humidité et s'enlever facilement des parois de la chaudière lorsqu'on veut la visiter extérieurement.

L'établissement des salles de générateurs est soumis à certaines conditions générales que nous exposerons brièvement, sans qu'elles puissent être considérées comme des règles fixes.

Le bâtiment des chaudières doit être assez vaste pour contenir le dépôt de combustibles, de cendres, et les accessoires de service ; il doit être ventilé d'une manière suffisante, afin de rendre le service moins pénible et de favoriser le tirage.

Quand les chaudières sont enterrées, les distances qui les séparent des maisons voisines sont déterminées par les prescriptions administratives du décret inséré à la fin de ce chapitre. Cette disposition a l'avantage de diminuer un peu les pertes par rayonnement, mais elle présente l'inconvénient de rendre difficiles les réparations, les visites et les nettoyages.

Il vaut mieux établir la chaufferie de niveau avec le sol extérieur; mais, avec cette disposition, les distances de la chaudière aux bâtiments voisins doivent être doubles de celles prescrites pour les chaudières enterrées. Le service des chaudières non enterrées est plus facile, mais l'isolement nécessite un peu plus d'emplacement et de maçonnerie.

ALIMENTATION DES CHAUDIÈRES

121. Les qualités de l'eau employée à l'alimentation des générateurs de vapeur ont une grande influence sur la tenue et la durée de ces derniers. L'eau ordinaire de source, de rivière ou de puits renferme toujours une certaine quantité de sels dont la proportion et la nature sont très variables suivant les terrains que le liquide a traversés. Les eaux douces que l'on rencontre le plus habituellement renferment :

1° Des *matières en suspension*, telles que le sable, l'argile, qui altèrent plus ou moins sa limpidité;

2° Des *sels en dissolution*, les uns se précipitant sous l'action de la chaleur, les autres restant en dissolution à la température de la chaudière. Les premiers sont le carbonate de chaux et le sulfate de chaux ; le carbonate de chaux caractérise les eaux *calcaires*, il est insoluble dans l'eau pure, mais se dissout dans l'eau chargée d'acide carbonique; le sulfate de chaux caractérise les eaux *séléniteuses*, il est peu soluble dans l'eau froide et, suivant certains auteurs, deviendrait insoluble à une température de 140 à 150 degrés. Quant aux sels qui restent en dissolution à la température de la chaudière,

on peut citer les chlorures de calcium, de sodium et de magnésium, qui, en raison de leur grande solubilité, ne se déposent que lorsqu'ils entrent dans une forte proportion dans l'eau employée à l'alimentation ou lorsqu'ils atteignent un degré élevé de concentration dans la chaudière;

3° Des *acides libres* et des *sels acides*, caractérisés par le degré d'acidité de certaines eaux qui contiennent des sulfates d'alumine ou du peroxyde de fer et aussi quelquefois des acides gras provenant des huiles employées au graissage;

4° Des *matières organiques*, constituées par des débris végétaux ou animaux, lesquels ne présentent pas, pour l'alimentation, d'inconvénients aussi graves que les substances précédentes.

Les proportions de ces diverses substances sont excessivement variables suivant les pays et la nature du terrain; au point de vue de l'alimentation des générateurs, il est indispensable de s'assurer, par des analyses et des essais, de la qualité des eaux dont on dispose.

Les tableaux suivants indiquent les quantités de résidu sec fournies par diverses eaux.

POUR 100 LITRES D'EAU (1)	RÉSIDU TOTAL	CARBONATE de CHAUX	SULFATE de CHAUX	DIVERS	DEGRÉ à L'HYDROTIMÈTRE
	kil.	kil.	kil.	kil.	
Eau de Belleville	1.650	0.260	1.140	0.250	128°
— d'Arcueil	0.470	0.170	0.170	0.130	28
— d'Ourcq	0.250	0.200	0.020	0.030	30
— de Seine	0.170	0.120	0.030	0.020	18

(1) L. Ser, *Physique industrielle*, t. II, p. 217.

Résidu sec fourni par l'évaporation de 100 litres d'eau (1).

Eau du Nil . . . . . 4ᵍ,9 à	6ᵍ,0
— de la Moselle	11 ,6
— de la Saône	14 ,1
— du puits artésien de Grenelle	14 ,3
Eau du Rhône à Lyon	15 ,1
— de la Seine à Paris . . .	18 ,2
— du Rhin à Strasbourg .	23 ,1
— de la Tamise	39 ,7
— d'Arcueil. . . . 46ᵍ,6 à	54 ,3
— du canal de l'Ourcq . .	59 ,0
— de puits de Paris	153 ,3
— de mer	4 700 ,0

Sous l'influence de la chaleur et de la concentration produite par la vaporisation, les sels contenus en dissolution dans l'eau se précipitent dans les chaudières et forment contre les parois des *dépôts* ou *incrustations*, qui constituent un embarras sérieux et souvent même un danger dans la conduite des générateurs.

Le carbonate de chaux dissous dans l'eau chargée d'acide carbonique se précipite quand, sous l'action de la chaleur, l'excès d'acide carbonique a disparu. Le sulfate de chaux, se précipite aussi dès que la température de l'eau s'élève et donne naissance à des concrétions dures, pierreuses, fortement adhérentes, qui sont surtout funestes pour les générateurs. Les eaux chargées d'acides libres ou de sels acides exercent une action corrosive sur les pièces de fonte ou de fer avec lesquelles elles sont en contact, surtout aux environs de la ligne d'eau. Cet effet de corrosion est quelquefois encore plus prononcé avec les acides organiques provenant des graisses introduites dans la chaudière avec l'eau d'alimentation provenant des condenseurs des machines à vapeur.

L'eau servant à l'alimentation des chaudières marines a la composition moyenne suivante pour mille parties :

Sulfate de chaux.	1ᵍ,014
Chlorure de sodium. . . .	25 ,785
Sulfate de magnésie. . . .	2 ,214
Chlorure de magnésium .	3 ,285
Eau	967 ,712
	1 000ᵍ,000

(1) DELHOTEL, *Épuration des eaux*, p. 43.

Il résulte de cette analyse que l'eau de mer contenant environ 0,001 de sulfate de chaux, et la solubilité de ce sel étant environ 0,002 à 120 degrés, le sulfate commence à se précipiter à cette température lorsque la concentration a réduit le volume de l'eau de moitié. C'est sur cette observation qu'est basé le procédé dit des *extractions*, qui est souvent employé dans les chaudières marines afin d'empêcher les incrustations et dont nous parlerons plus loin.

Dans une chaudière alimentée à l'eau douce, c'est le carbonate de chaux qui précipite le premier, ainsi qu'on le constate dans les réchauffeurs; le sulfate de chaux se précipite surtout dans le corps cylindrique. Quant aux matières tenues en suspension qui se déposent pendant le repos du liquide et qui s'interposent entre les sels précipités, elles ont généralement l'avantage de s'opposer à l'adhérence des dépôts et à faciliter le nettoyage.

122. *Essais des eaux.* — Si on verse dans une eau de l'oxalate d'ammoniaque et si on obtient un précipité, on conclut à la présence de la chaux. En portant l'eau à l'ébullition, on chasse l'acide carbonique, et le liquide se trouble s'il y a du carbonate de chaux.

La présence du sulfate de chaux est révélée par l'addition à l'eau à essayer d'une solution de chlorure de baryum; il se forme un précipité de sulfate de baryte. L'aniline donne, en présence des nitrates et de l'acide sulfurique, une coloration rouge. Une eau riche en nitrate, excellente en agriculture, donne des produits nitreux qui corrodent les chaudières.

Ces divers procédés, que nous ne pouvons décrire en détail, permettent de déterminer l'analyse complète des eaux; dans l'industrie, on se sert généralement d'une méthode plus simple, qui a reçu le nom d'analyse *hydrotimétrique* (1).

Cette analyse repose sur la propriété que possède le savon de rendre l'eau pure mousseuse, et de ne produire de mousse dans les eaux chargées de sels terreux (à base de chaux et de magnésie surtout) qu'autant que ces sels ont été décompo-

(1) Voir BOUTRON et BOUDET, *Hydrotimétrie*.

sés par une certaine quantité de savon, et qu'il reste un petit excédent du corps dans la liqueur. On peut aussi, au moyen d'une dissolution titrée, déterminer la teneur en sels terreux, ou ce qu'on appelle la *dureté* de l'eau. La dissolution qu'on emploie est une dissolution alcoolique de savon, titrée par des essais préalables ; une burette graduée sert à verser cette liqueur dans un flacon contenant l'eau à essayer. Lorsqu'on est arrivé à produire la mousse, qui correspond à la décomposition complète des sels terreux, l'indication de la burette donne le *degré hydrotimétrique*. Il est évident que l'eau est d'autant plus pure, toutes choses égales, que le degré hydrotimétrique est moins élevé. MM. Boutron et Boudet ont déterminé les équivalents en poids d'un degré hydrotimétrique pour les substances suivantes :

Chaux . . . . 0$_g$,0057
Chlorure de calcium . . . . . 0 ,0114
Carbonate de chaux. . . . . . 0 ,0103
Sulfate de chaux . . . . 0 ,0140
Magnésie. . . . . 0 ,0042
Chlorure de magnésium . . . 0 ,0090
Carbonate de magnésie . . . . 0 ,0088
Sulfate de magnésie. . . . . . 0 ,0125
Chlorure de sodium. . . . . . 0 ,0120
Sulfate de soude. . . . . 0 ,0146
Acide sulfurique . . . . 0 ,0082
Chlore. . . . . 0 ,0075
Acide carbonique. . . . . . . 0^l,005

Comme terme de comparaison, voici le degré hydrotimétrique d'un certain nombre d'eaux (1) :

Eau distillée . . . .   0°,0
— de l'Allier à Moulins . . . .   3 ,5
— de pluie à Paris. , ...   3 ,5
— de la Garonne à Toulouse .   5
— de la Loire à Tours et à Nantes . . . .   5 ,5
Eau du puits de Grenelle . 9°,1 à 11 ,7
— du puits artésien de Passy . . . . 10°,1 à 11
Eau du lac de Genève   11
— du Rhône à Lyon. . . . . .   13 ,5
— de l'Yonne   15
— de la Seine à Ivry   17
— sources de la Vanne. 17°,3 à 20

(1) DELHOTEL, *Épuration des eaux*, p. 56.

Eau de la Marne à Charenton . . . . 19° à 23
Eau de l'Oise à Pontoise 21
— de la Dhuys au réservoir de Ménilmontant . . . . . 20°,5 à 23
Eau de la Seine à Chaillot. . . . 23
— d'Arcueil à Paris. 28
— du canal de l'Ourcq 30
— de puits des prés Saint-Gervais. 72
Eau de puits de Belleville. . . . 128

Le procédé hydrotimétrique ne doit être considéré que comme approximatif ; il est cependant très employé dans l'analyse des eaux pour l'alimentation des chaudières, car les matières sur lesquelles agit la solution de savon sont celles qui ont le plus d'influence au point de vue de la formation des incrustations.

Inconvénients de l'impureté des eaux.

123. L'examen des tableaux précédents permet de se rendre compte des quantités de dépôts dus aux substances en suspension ou en dissolution dans l'eau, qui peuvent se trouver dans les générateurs. Avec certaines eaux, l'épaisseur des incrustations peut devenir rapidement assez forte ; ainsi, avec l'eau de Belleville, un mètre carré de chaudière à vapeur vaporisant 15 kilogrammes d'eau environ par heure produira, en un mois de travail continu, un résidu de 0,015 × 1,65 × 24 × 30 = 17^k,80, qui, réparti uniformément sur la surface de la paroi, constituera une couche d'une épaisseur de :

$$e = \frac{17^k,80}{1^{mq} \times 2\,000} = 9 \text{ millimètres environ,}$$

en prenant 2 000 kilogrammes comme étant le poids d'un mètre cube de dépôt.

Avec l'eau de Seine, ce dépôt serait environ dix fois plus faible s'il était uniformément réparti sur la surface ; mais il est loin d'en être ainsi : les incrustations se produisent, au contraire, d'une manière très irrégulière et peuvent, même avec de l'eau relativement pure, acquérir rapidement, en certains endroits, une épaisseur dangereuse. Dans toutes les parties de la chaudière où la vitesse du courant d'eau est amortie, les dépôts tendent à se cantonner. On voit fréquemment des dépôts abondants se former dans les bouilleurs, au-dessus du débouché des cuissards d'arrière, ainsi que dans la partie des bouilleurs qui se trouve en avant du premier cuissard, et où l'eau possède un calme relatif. Cette dernière disposition des dépôts est surtout fâcheuse, car elle correspond précisément à la partie du bouilleur qui se trouve, dans le foyer, au-dessus de la grille. Pour la même raison, les dépôts se forment souvent en grande abondance dans les réchauffeurs d'eau d'alimentation, mais ici le danger est beaucoup amoindri et les dépôts, conservant, en général, la forme boueuse, sont faciles à expulser.

Au point où le tuyau alimentaire débouche dans le liquide de la chaudière, l'eau d'alimentation, saisie par la chaleur, précipite avec abondance. Il est nécessaire d'atténuer cet inconvénient en évitant de faire déboucher le tuyau près d'une partie horizontale de la paroi de la chaudière.

En recourbant le tuyau dans le sens du courant de l'eau, on favorise la dispersion des précipités et l'on a moins à craindre l'obstruction du tuyau lui-même par les dépôts. Dans certains générateurs, on s'est bien trouvé de lancer l'eau d'alimentation, non pas dans la chaudière, mais dans la vapeur. Nous avons eu l'occasion d'en parler au numéro 94, dans la description du générateur système Belleville.

La présence des dépôts dans une chaudière, surtout celle des dépôts adhérents, gêne la transmission de la chaleur et favorise la surchauffe des tôles. Elle peut devenir la cause d'accidents graves, et il est indispensable de se prémunir contre ses redoutables conséquences.

Nous aurons l'occasion de revenir plus loin (n° 126) sur les altérations dues à l'influence des incrustations et des dépôts graisseux ou acides qui ont été la cause de nombreuses explosions de chaudières.

124. *Épuration des eaux.* — Pour supprimer les inconvénients des dépôts, le meilleur moyen serait de n'employer,

pour l'alimentation, que de l'eau absolument pure. C'est la solution à laquelle on a des tendances à s'arrêter pour les chaudières marines, grâce à l'usage des condenseurs par surface qui fournissent de l'eau distillée ; elle doit encore être préférée quand on ne peut disposer que d'eaux tout à fait impures.

L'eau provenant de la condensation présente cependant un inconvénient sérieux lorsqu'elle contient des matières grasses qui proviennent du passage de la vapeur dans les cylindres des machines, et il devient nécessaire d'en débarrasser l'eau provenant de la condensation.

L'eau de pluie peut fournir une alimentation presque irréprochable.

En dehors de ces solutions, que l'on doit considérer comme exceptionnelles, on doit se contenter des eaux ordinaires et alors on est obligé, dans un grand nombre de circonstances, de purifier les eaux destinées à l'alimentation.

Cette épuration peut être faite avant l'introduction de l'eau dans la chaudière, ou bien dans la chaudière même au moyen d'agents propres à modifier le mode d'action des matières incrustantes.

Dans le premier cas, on procède de diverses façons : par décantation, par filtration, par distillation, par la vapeur de la chaudière.

Il est bien rare que l'on se contente de l'un quelconque de ces procédés, il est souvent nécessaire de les combiner convenablement l'un avec l'autre.

L'épuration préalable de l'eau peut être obtenue cliniquement au moyen d'un réactif propre à déterminer la précipitation des éléments étrangers.

Cette opération exige des appareils spéciaux qui seront décrits au chapitre suivant. Les réactifs à appliquer dépendent essentiellement de la composition chimique des eaux à traiter. S'il s'agit d'eaux calcaires, dans lesquelles le carbonate de chaux est dissous à la faveur d'un excès d'acide carbonique, on emploie le *lait de chaux*, lequel s'empare de l'acide carbonique pour former du carbonate de chaux insoluble qui se précipite en même temps que le sel préexistant dans l'eau à traiter.

Les eaux séléniteuses sont traitées par le *carbonate de soude ;* il se forme du carbonate de chaux insoluble et du sulfate de soude, qui reste en dissolution. Le traitement est ici plus délicat, il présente l'inconvénient de laisser subsister, même après la décantation, le sulfate de soude ainsi formé.

On a proposé aussi d'employer la *soude caustique*, les *sels de baryte*, le *chlorure de baryum* pour les eaux à la fois calcaires et séléniteuses.

Une fois le réactif choisi, il doit être introduit dans l'appareil épurateur en proportions convenables, de manière que les eaux, à leur entrée dans la chaudière, marquent 4 à 6 degrés à l'hydrotimètre ; il n'est pas nécessaire de pousser plus loin l'épuration.

L'eau à traiter et le réactif doivent être brassés et mélangés le plus intimement possible, de manière à assurer l'efficacité et la rapidité des réactions. Les précipités résultant de ces réactions doivent être ensuite séparés de l'eau qui les tient en suspension ; on a alors recours à la filtration ou à la décantation.

On a eu l'idée d'employer la vapeur à l'épuration de l'eau ; sous l'action de la température élevée que possède la vapeur prise à la chaudière, ou provenant de l'échappement de la machine, le carbonate et le sulfate de chaux contenu dans l'eau devenant insolubles, ces sels sont précipités dans les appareils épurateurs. Pour chauffer l'eau, on a établi quelquefois de véritables chaudières disposées pour être facilement nettoyées et visitées et dans lesquelles on utilisait les chaleurs perdues. Il est souvent plus simple de recourir à la vapeur pour effectuer le chauffage et de faire usage de *réchauffeurs épurateurs d'eau d'alimentation.*

Nous avons déjà parlé du procédé dit *des extractions*, que l'on emploie dans les chaudières marines pour rendre moins nuisible et atténuer la formation des dépôts ; que, si l'on introduit 2 kilogrammes d'eau de mer pour l'alimentation, que l'on vaporise seulement la moitié et qu'on rejette l'autre, la proportion de sulfate de chaux contenu dans la chaudière ne dépassera pas le degré de solubilité de ce sel. C'est ainsi que l'on rejette régulièrement à la mer une certaine quantité d'eau et qu'on la remplace par de l'eau nouvelle à un degré moindre de concentration. Pour que les extractions soient efficaces, il faut que la température de l'eau ne dépasse pas 130 degrés et qu'elles soient faites en temps opportun. On reconnaît le degré de concentration au moyen de pèse-sels ou d'aréomètres plongés dans l'eau de la chaudière.

Ce procédé offre l'inconvénient de limiter la pression de la vapeur à 3 kilogrammes, et il occasionne une perte notable de chaleur. L'emploi des condenseurs à surface a permis d'atteindre des pressions plus élevées et l'alimentation par de l'eau presque pure.

Moyens de combattre les incrustations.

125. Le traitement par la chaleur, tel qu'on peut le pratiquer dans les réchauffeurs épurateurs d'eau d'alimentation, présente des avantages pratiques incontestables ; mais il est nécessaire de réunir les précipités pour les séparer de l'eau. Cette opération n'est pas sans présenter de difficulté, car elle exige le séjour de l'eau dans des récipients où règne un calme relatif, qui permette à la décantation de s'effectuer rapidement. Nous avons vu une application de ce procédé dans la chaudière Belleville (n° 94), où un appareil spécial, le *déjecteur*, est chargé de séparer l'eau des sels précipités dans l'*épurateur* de vapeur et d'eau d'alimentation. On obtient des résultats très satisfaisants en installant, à l'intérieur même des chaudières, des compartiments spéciaux, de volume suffisamment grand, mis en large communication avec le réservoir d'eau, mais disposés de manière qu'il ne s'y produise pas de courants sensibles et pouvant être facilement retirés du générateur. Nous plaçons (*fig.* 105) sur un fourneau une marmite contenant de l'eau et dans l'intérieur de laquelle on immerge une capsule suspendue. Quand l'eau est en pleine ébullition, on jette dans la marmite une poignée de sable ; au bout de quelques secondes, on remarque que le sable s'est réuni en totalité au fond de la capsule.

Les grains de sable entraînés par les courants d'eau qui se produisent dans la marmite sont tombés dans la capsule, à l'intérieur de laquelle l'ébullition est beaucoup plus calme. Nous verrons au chapitre suivant quelques-uns des dispositifs basés sur cette expérience et mis en usage dans la pratique.

Certaines matières ont été proposées pour combattre les incrustations. L'*argile* très divisée et introduite à l'état de bouillie claire empêche la formation d'incrustations dures, mais elle rend l'eau mousseuse et, entraînée dans les tiroirs et pistons, elle peut les faire gripper.

La *fécule*, l'*amidon*, le *son*, les *pommes de terre* et autres substances amylacées semblent, en rendant l'eau visqueuse, maintenir les précipités en suspension et diminuer l'adhérence des dépôts.

L'emploi de matières grasses a donné parfois de bons résultats. Si l'on graisse l'intérieur d'une chaudière, les dépôts adhèrent peu et peuvent être facilement extraits. Les graisses animales et végétales ne doivent pas être employées, leur présence peut constituer, dans certains cas, de graves dangers. Au contraire, les résidus de la *distillation du pétrole*, le pétrole peuvent être employés avec efficacité, lorsqu'on les a débarrassés des substances volatiles qui pourraient former avec l'air des mélanges inflammables.

Le *goudron*, employé en couche mince, n'offre pas d'inconvénients, il empêche le métal de s'altérer pour les chaudières qui ne sont pas en service.

La glycérine, le sable, le verre pilé, la tôle ont donné des résultats douteux et ne doivent pas être préconisés.

Le *zinc*, accroché aux parois de la chaudière à l'état de plaques de 7 à 15 millimètres d'épaisseur, a donné de bons résultats dans les générateurs de la marine. On attribue ses effets désincrustants à l'action d'un courant électrique qui empêche l'adhérence des dépôts. Ces plaques s'usent assez rapidement, elles doivent être fréquemment renouvelées.

Il est encore une autre catégorie de *désincrustants* qui paraissent exercer à la fois une action mécanique et chimique. Tels sont les désincrustants à base de tan-

nin, comme l'*écorce*, les *copeaux* et la *sciure de bois de chêne*, le *cachou*, la *noix de galles*, les bois de *teinture de campêche*, *d'acajou*, etc. Il faut se mettre en garde contre la plupart des nombreux désincrustants proposés par des inventeurs peu scrupuleux ; il n'est pas rare de constater que ces produits sont inefficaces ou même nuisibles à l'entretien des chaudières.

126. *Vidange et nettoyage des chaudières.* — Il est nécessaire de recourir, à des intervalles assez rapprochés, à l'enlèvement des dépôts accumulés dans la chaudière. L'épaisseur, la dureté des dépôts dépendent des moyens préventifs employés pendant la conduite du générateur et du temps pendant lequel ce der-

Fig. 105. — Décantation de l'eau.

nier a fonctionné. Pour effectuer le nettoyage, on commence par laisser tomber les feux et on vide la chaudière en ouvrant le robinet de vidange. Ce robinet est généralement réuni par un tuyau au conduit d'alimentation ; l'eau contenue dans la chaudière est refoulée, par la pression de la vapeur, dans le tuyau d'alimentation qui le conduit, par un jeu de robinets, au caniveau de vidange ou à l'égout. Lorsque la chaudière est vide et suffisamment refroidie, les ouvriers y pénètrent : à l'aide de marteaux et de burins à piquer, ils détachent les incrustations, en ayant grand soin de ne pas attaquer l'épiderme de la tôle. Il est mauvais de provoquer le détachement du tartre en faisant, dans la chaudière encore chaude, des injections d'eau froide ; on

Sciences générales.

provoque ainsi des contractions brusques dans les tôles qui fatiguent le métal et les cloures. Les lavages doivent être faits de préférence à l'eau chaude, à laquelle on ajoute, au besoin, un peu de soude caustique.

Quand les nettoyages sont faits à des intervalles suffisamment rapprochés, on n'a pas à craindre que les dépôts puissent prendre une forte épaisseur et une grande dureté; leur extraction se fait alors sans difficulté.

Quand un générateur ne doit pas fonctionner pendant un certain temps, il doit être vidé à fond et les tôles enduites contre l'oxydation. On peut encore faire le *plein*, en remplissant complètement la chaudière avec de l'eau additionnée d'une faible proportion de soude. Dans ce cas, il faut avoir soin d'éviter, pendant l'hiver, les effets de la gelée qui, en dilatant le liquide, pourraient provoquer la rupture des tôles.

127. *Altérations des chaudières.* — Les principales causes d'altérations des chaudières sont les suivantes : l'*usure*, les *corrosions*, les *criques*, les *pailles*, les *déchirures* et les *coups de feu.*

L'usure se traduit à la longue par une diminution uniforme de l'épaisseur du métal et réduit la résistance du métal après un certain nombre d'années de service.

Sur la partie des chaudières qui est en contact avec l'eau on voit quelquefois des parties plus ou moins étendues de la tôle qui sont rongées, ou bien la tôle se trouve plus ou moins criblée de cavités, de sillons qui sont quelquefois très profonds. Ces *corrosions* sont dues à l'action de certaines eaux ou à l'oxydation par l'air dissous dans l'eau ; les parties les plus souvent rongées dans l'intérieur d'une chaudière sont les tôles situées au-dessus du feu et celles qui sont les plus froides ; on les remarque aussi particulièrement aux environs du plan d'eau normal. Dans les chaudières à réchauffeurs, ce sont ces derniers qui subissent le plus activement cette attaque. Les corrosions se produisent aussi à l'extérieur des chaudières, elles sont souvent très nuisibles et se produisent plus vite que les corrosions intérieures. Elles sont principalement oc-

casionnées par l'acidité de certains produits de la combustion, par les fuites ou par l'humidité.

L'acidité des produits de la combustion provient de l'action de l'humidité sur les produits sulfureux qui prennent naissance pendant la combustion des charbons pyriteux. L'humidité peut provenir de fuites d'eau ou de vapeur, ou bien résulter d'un refroidissement excessif des gaz de la combustion, qui contiennent de la vapeur d'eau.

Les *criques* et les *fentes* se présentent soit aux cloures soit, en pleine tôle ; les premières sont dues le plus souvent à des défauts de construction, à l'aigreur de la tôle, à la mauvaise exécution de la rivure. Les fentes en pleine tôle sont plus rares ; on les reconnaît aux fuites auxquelles elles donnent lieu sous la pression. L'aigreur de la tôle, le défaut d'homogénéité, les coups de feu favorisent la formation des fentes ; leur présence constitue un accident sérieux et nécessite souvent l'arrêt immédiat de la chaudière.

Les *coups de feu* se produisent lorsqu'une partie de la paroi a été chauffée jusqu'à une température assez élevée pour altérer et désorganiser cette paroi ; cet accident provient toujours de ce que la tôle a été trop chauffée d'un côté et mal refroidie par l'autre. Le coup de feu est parfois assez violent pour porter la tôle au rouge ; celle-ci s'emboutit sous la pression et présente une bosse saillant au dehors, quelquefois criquée au sommet. Il ne paraît pas, quelle que soit l'activité du feu, que le coup de feu puisse se produire si la tôle est propre, saine et bien mouillée par l'eau. Lorsque ces conditions ne sont pas remplies et que le feu est assez vif, on doit craindre le coup de feu. Les incrustations, les tôles pailleuses, les enduits gras (végétaux ou animaux) favorisent la production du coup de feu, surtout aux tôles placées au-dessus du foyer et qui sont le plus exposées aux flammes. On doit éviter de placer les cloures, les doubles épaisseurs de tôle, les pièces dans cette partie fortement chauffée.

Si le plan d'eau vient à baisser jusqu'à mettre à découvert la partie de la paroi en contact avec les gaz chauds, la tôle est exposée à recevoir le coup de feu et un accident grave peut se produire au moment de l'alimentation. On doit éviter de demander aux générateurs une production exagérée de vapeur ; une chaudière *forcée* éprouve une fatigue qui se traduit par les fuites aux rivures, les déplacements des têtes de bouilleurs, la dislocation des armatures, et, pour peu que la conduite ne soit pas bien entendue à cette allure anormale, le coup de feu est imminent, avec ses graves conséquences.

EXPLOSIONS DES CHAUDIÈRES

128. Les explosions des générateurs de vapeur sont des accidents plus ou moins graves provoqués par la rupture de la paroi de la chaudière. Elles sont parfois la conséquence de dégâts matériels très importants, accompagnés de la mort d'un certain nombre de personnes. La chaudière se déchire et quelquefois même se brise en morceaux en donnant issue à une masse de vapeur et d'eau. Le fourneau est violemment renversé et les débris de la chaudière projetés à de grandes distances. Ces accidents désastreux et malheureusement trop fréquents ont été attribués longtemps à des causes exceptionnelles, mystérieuses, considérées parfois comme des cas de force majeure. Une étude mieux entendue a fait reconnaître qu'au contraire les explosions étaient presque toujours dues aux causes les plus naturelles, et qu'avec des soins et des précautions convenables apportés à la construction, à la conduite et à l'entretien de la chaudière, on pouvait les éviter.

L'explosion de Marnaval (1883), survenue à une chaudière verticale, fit de nombreuses victimes (vingt-huit tués, soixante-trois blessés). Une chaudière semblable éclata à Lurville (1884) et cinquante-cinq ouvriers furent tués ou blessés plus ou moins grièvement.

Dans les deux cas, on constata que l'accident était dû à des fautes graves commises tant dans l'installation que dans la conduite de la chaudière. En 1887, à Friedenshütte, en Silésie, une batterie de vingt-deux chaudières à bouilleurs, chauffées par les gaz des hauts fourneaux, fut totalement détruite. L'accident, d'abord attribué à une explosion de gaz dans les carneaux, fut ensuite reconnu provenir du mauvais état de la paroi des chaudières. L'explosion de l'une d'elles aurait entraîné de proche en proche la destruction et le déplacement des autres.

La gravité de ces accidents est d'autant plus grande que le volume d'eau et de vapeur contenue dans la chaudière est lui-même plus considérable. Nous avons vu, dans l'étude des divers systèmes de générateurs, les avantages inhérents à l'emploi de chaudières de faible volume d'eau ; si les explosions sont peut-être un peu plus fréquentes, les conséquences sont notablement moindres et l'accident se trouve localisé.

La première rupture qui détermine l'explosion provient, dans la plupart des cas, soit d'un affaiblissement de la paroi de la chaudière dans une de ses parties, soit d'un excès de pression ; quelquefois, mais plus rarement, elle provient de de causes extérieures. L'affaiblissement d'une partie de la chaudière peut résulter d'un surchauffement du métal, produit par les dépôts et les incrustations, et surtout par l'abaissement exagéré du plan d'eau, par suite d'un défaut d'alimentation. Il peut également provenir des corrosions extérieures ou intérieures, des défauts ou des vices de construction, dus à l'aigreur des tôles, aux pailles, aux fentes, aux clouures mal faites.

L'excès de pression provient d'une mauvaise conduite de la chaudière. Trop souvent encore, les chauffeurs ont la déplorable habitude de surcharger ou de caler les soupapes de sûreté ; d'autres fois, les soupapes mal entretenues restent collées sur leur siège et ne peuvent plus fonctionner. Le fonctionnement des soupapes de sûreté doit être vérifié fréquemment en soulevant légèrement le levier ;

on doit également s'assurer de l'exactitude des indications du manomètre.

Les explosions peuvent provenir aussi de causes extérieures ; on cite la chute de la foudre qui a renversé la cheminée sur la chaudière, l'incendie du bâtiment, le choc d'une locomotive déraillée sur les parois d'un tunnel, l'inflammation subite des gaz dans les carneaux. Cette inflammation peut se produire lorsque, le tirage étant peu actif et la houille chargée en couche épaisse sur la grille, il se fait un grand dégagement de carbures d'hydrogène qui n'ont pas une température suffisante pour brûler. Si, par une cause quelconque, par exemple une fissure dans la couche, il se produit un jet de flamme, les gaz carburés détonent et peuvent, en ébranlant le massif de la chaudière, provoquer l'explosion de celle-ci.

Il paraît difficile d'admettre les explosions dues à des inflammations soudaines d'hydrogène et d'oxygène accumulés dans l'intérieur de la chaudière, et que l'on désignait autrefois sous le nom d'explosions fulminantes.

M. Boutigny, qui a fait une étude spéciale des propriétés de l'eau placée sur un corps chauffé au rouge, où elle prend un état globulaire, qu'il a désigné sous le nom d'état sphéroïdal (n° 11), a pensé que ce phénomène pouvait être la cause de certaines explosions de chaudières à vapeur ; ou, si, par suite d'un abaissement du niveau de l'eau, une portion de la chaudière vient à être découverte et à se surchauffer, il se produit, lorsque le niveau remonte au moment de l'alimentation, d'abord l'état sphéroïdal du liquide, puis, au moment du contact avec la tôle, et cela d'une manière instantanée, une énorme quantité de vapeur qui, en augmentant la pression, fait éclater la chaudière.

Le même phénomène se produirait encore lorsque la transmission de la chaleur du métal à l'eau est gênée par les incrustations, les pailles, les enduits gras. Dans des expériences récentes faites par l'auteur au Conservatoire des Arts et Métiers, on a reconnu qu'entre autres les enduits gras de nature animale et végétale constituaient souvent de sérieux obstacles à la transmission de la chaleur et que l'on

pouvait craindre de voir les tôles rougir en provoquant un coup de feu. C'est pour cette raison que l'emploi des graisses de cette nature est prohibé dans beaucoup d'installations et que l'on fait usage d'huiles minérales qui sont beaucoup moins favorables à la production du coup de feu.

De ces deux hypothèses, que l'explosion soit due à la production exagérée de vapeur qui suit la formation de l'état sphéroïdal, ou bien qu'elle provienne de la surchauffe du métal qui a donné naissance au coup de feu, il résulte que l'on doit maintenir la paroi de la chaudière en parfait état de propreté et que cette paroi soit toujours mouillée par l'eau de la chaudière.

On a cherché à expliquer d'une autre manière les explosions dues à un abaissement du plan d'eau. On a remarqué que l'accident se produisait souvent après un certain temps d'arrêt, au moment de la reprise du travail. Si, pendant un arrêt, le niveau de la chaudière est trop bas, la paroi de la chambre de vapeur se surchauffe, ainsi que la vapeur qui se renouvelle constamment à son contact. Cette surchauffe de la vapeur a lieu sans augmentation notable de pression et, au moment où l'on ouvre le robinet de prise de vapeur, l'ébullition se produit et la vapeur qui se dégage de la surface du liquide entraîne avec elle de l'eau relativement froide qui condense la vapeur surchauffée. Le vide, qui résulte de cette condensation, détermine à son tour une ébullition tumultueuse, qui soulève avec tant de violence la masse d'eau qu'elle peut amener la rupture et l'explosion de la chaudière.

Enfin, on a encore attribué certaines explosions à l'eau dite *surchauffée*, c'est-à-dire complètement privée d'air par suite d'ébullitions successives. L'eau privée d'air peut atteindre sans bouillir une température notablement plus élevée que celle qui correspond à sa pression ; dans ces conditions, la quantité de chaleur en excès accumulée dans l'eau est employée à produire de la vapeur qui, se dégageant brusquement, soulève toute la masse et peut déterminer une explosion.

Un phénomène analogue peut avoir lieu lorsque la surface de l'eau est recouverte de matières grasses ; l'ébullition est retardée et, lorsqu'elle se produit, il y a un violent dégagement de vapeur qui soulève la masse d'eau et peut déterminer la rupture.

Ces diverses causes ne sont pas bien bien définies, elles méritent d'attirer l'attention et d'éviter toutes les circonstances qui pourraient donner naissance à leur manifestation.

Nous donnons au paragraphe suivant le tableau statistique des accidents des appareils à vapeur en France depuis l'année 1865 ; l'examen de ce tableau montre la décroissance assez notable du nombre et de la gravité des explosions. D'après les relevés faits dans ces dernières années, on peut attribuer ces accidents aux causes suivantes :

Sur cent explosions :

Quarante et une provenant de l'usure, des corrosions ;

Onze provenant d'un excès de pression (surcharge ou calage des soupapes);

Trente et une provenant de vices de constructions ;

Treize provenant de la surchauffe des tôles, soit par le défaut d'alimentation, soit par l'accumulation des dépôts;

Et cinq provenant de causes incertaines ou extérieures. On voit par là que 72 0/0 des explosions résultent de vices de construction ou de l'affaiblissement des tôles par les corrosions, défauts qu'une visite intérieure et extérieure aurait pu signaler.

C'est dans le but de fournir aux industriels le moyen d'effectuer ces visites, dont l'importance vient d'être signalée, que se sont formées les associations des propriétaires d'appareils à vapeur. Ces associations ont pour but de prévenir, autant que possible, les accidents et les explosions de chaudières et en même temps de mettre les industriels qui en font partie à même de réaliser des économies dans la production et dans l'emploi de la vapeur.

Les nouveaux règlements (n° 136) sur les chaudières à vapeur reconnaissent d'ailleurs à ces associations certains droits qui permettent aux agents des mines de dispenser les sociétaires de certaines formalités imposées par les règlements.

129. Énergie contenue dans l'eau chaude, *d'après J. Hirsch*

TEMPÉRATURES CENTIGRADES	PRESSION ABSOLUE kg. par cmq	POUR 1,000 KILOGRAMMES D'EAU CHAUDE		
		POIDS de la VAPEUR DÉGAGÉE kg	VOLUME de la VAPEUR DÉGAGÉE mètres cubes	TRAVAIL en TONNES MÈTRES 1 000 kgm
100	1.03	0	0	0
120	2.03	36.9	60.8	225
140	3.70	72.1	119.0	869
160	6.32	105.8	174.7	1 890
180	10.26	138.3	228.2	3 280
200	15.89	169.5	279.8	4 990

130. STATISTIQUE DES EXPLOSIONS DE CHAUDIÈRES EN FRANCE (1)

PÉRIODES	NOMBRE MOYEN ANNUEL POUR 10 000 APPAREILS				
	DE CHAUDIÈRES	D'ACCIDENTS DE CHAUDIÈRES	DE RÉCIPIENTS	D'ACCIDENTS DE RÉCIPIENTS	NOMBRE TOTAL DE VICTIMES
1865-69	33 741	14,6	25 210	3	15
1870-74	41 618	18,8	24 116	4	15
1875-79	54 825	24,4	22 911	5,4	15
1880-84	70 019	25	21 349	6,4	11
1885-86	77 471	18,5	23 873	6,5	9

(1) Hirsch et Debize. — *Leçons sur les machines à vapeur*, p. 1004.

EXPLOSIONS DE CHAUDIÈRES DE
LOCOMOTIVES

PÉRIODES	NOMBRE MOYEN de locomotives	NOMBRES TOTAUX	
		D'EXPLOSIONS	DE VICTIMES
1840-49	407	2	2
1850-59	1 842	6	11
1860-69	3 942	5	7
1870-79	5 857	8	14
1880-87	8 475	2	2
Totaux..................		23	36
Moyenne par année......		0,48	0,75

Nous donnons ci-dessous un extrait du
décret du 30 avril 1880, relatif aux
appareils à vapeur, ainsi que du décret
complémentaire du 29 juin 1886; tous les
deux sont actuellement en vigueur.

131. — Décret du 30 avril 1880

*Sur les appareils à vapeur autres que
ceux placés à bord des bateaux*

Le Président de la République française,
Sur le Rapport du Ministre des Travaux
publics,
Vu le Décret du 25 janvier 1865, relatif aux
chaudières à vapeur autres que celles qui sont
placées sur des bateaux ;
Vu les avis de la Commission centrale des
Machines à vapeur ;
Le Conseil d'État entendu,
Décrète :

ARTICLE PREMIER. — Sont soumis aux formalités et aux mesures prescrites par le présent règlement :
1° les générateurs de vapeur, autres que
ceux placés à bord des bateaux ;
2° les récipients définis ci-après (titre V).

TITRE PREMIER

MESURES DE SURETÉ RELATIVES AUX CHAUDIÈRES
PLACÉES A DEMEURE

ART. 2. — Aucune chaudière neuve ne peut
être mise en service qu'après avoir subi
l'épreuve réglementaire ci-après définie.
Cette épreuve doit être faite chez le constructeur et sur sa demande.
Toute chaudière venant de l'étranger est
éprouvée avant sa mise en service, sur le point
du territoire français désigné par le destina-
taire dans sa demande.

ART. 3. — Le renouvellement de l'épreuve
peut être exigé de celui qui fait usage d'une
chaudière :
1° Lorsque la chaudière, ayant déjà servi,
est l'objet d'une nouvelle installation ;
2° Lorsqu'elle a subi une réparation notable ;
3° Lorsqu'elle est remise en service après un
chômage prolongé.
A cet effet, l'intéressé devra informer l'ingénieur des Mines de ces diverses circonstances.
En particulier, si l'épreuve exige la démoli-
tion du massif du fourneau ou l'enlèvement de
l'enveloppe de la chaudière et un chômage plus
ou moins prolongé, cette épreuve pourra ne
point être exigée, lorsque des renseignements
authentiques sur l'époque et les résultats de la
dernière visite, intérieure et extérieure, consti-
tueront une présomption suffisante en faveur du
bon état de la chaudière. Pourront être notamment considérés comme renseignements probants les certificats délivrés aux membres des
associations de propriétaires d'appareils à
vapeur par celles de ces associations que le
Ministre aura désignées.
Le renouvellement de l'épreuve est exigible
également lorsque, à raison des conditions
dans lesquelles une chaudière fonctionne, il y
a lieu, par l'ingénieur des Mines, d'en suspec-
ter la solidité.
Dans tous les cas, lorsque celui qui fait
usage d'une chaudière contestera la nécessité
d'une nouvelle épreuve, il sera, après une instruction où celui-ci sera entendu, statué par le
Préfet.
En aucun cas, l'intervalle entre deux épreuves
consécutives n'est supérieur à dix années.
Avant l'expiration de ce délai, celui qui fait
usage d'une chaudière à vapeur doit lui-même
demander le renouvellement de l'épreuve.

ART. 4. — L'épreuve consiste à soumettre
la chaudière à une pression hydraulique, supérieure à la pression effective qui ne doit point
être dépassée dans le service. Cette pression
d'épreuve sera maintenue pendant le temps
nécessaire à l'examen de la chaudière, dont
toutes les parties doivent pouvoir être visitées.
La surcharge d'épreuve par centimètre carré
est égale à la pression effective, sans jamais
être inférieure à un demi-kilogramme, ni supérieure à 6 kilogrammes.
L'épreuve est faite sous la direction de l'ingénieur des Mines et en sa présence, ou, en
cas d'empêchement, en présence du garde-
mines opérant d'après ses instructions.
Elle n'est pas exigée pour l'ensemble d'une
chaudière dont les diverses parties, éprouvées
séparément, ne doivent être réunies que par
des tuyaux placés, sur tout leur parcours, en

dehors du foyer et des conduits de flamme, et dont les joints peuvent être facilement démontés.

Le chef de l'établissement où se fait l'épreuve fournit la main d'œuvre et les appareils nécessaires à l'opération.

ART. 5. — Après qu'une chaudière ou partie de chaudière a été éprouvée avec succès, il y est apposé un timbre, indiquant, en kilogrammes par centimètre carré, la pression effective que la vapeur ne doit pas dépasser.

Les timbres sont poinçonnés et reçoivent trois nombres indiquant le jour, le mois et l'année de l'épreuve.

Un de ces timbres est placé de manière à être toujours apparent après la mise en place de la chaudière.

ART. 6. — Chaque chaudière est munie de deux soupapes de sûreté, chargées de manière à laisser la vapeur s'écouler, dès que sa pression effective atteint la limite maximum indiquée par le timbre réglementaire.

L'orifice de chacune des soupapes doit suffire à maintenir, celle-ci étant, au besoin, convenablement déchargée ou soulevée, et quelle que soit l'activité du feu, la vapeur dans la chaudière à un degré de pression qui n'excède, pour aucun cas, la limite ci-dessus.

Le constructeur est libre de répartir, s'il le préfère, la section totale d'écoulement nécessaire des deux soupapes réglementaires entre un plus grand nombre de soupapes.

ART. 7. — Toute chaudière est munie d'un manomètre en bon état, placé en vue du chauffeur et gradué de manière à indiquer en kilogrammes la pression effective de la vapeur dans la chaudière.

Une marque très apparente indique, sur l'échelle du manomètre, la limite que la pression effective ne doit point dépasser.

La chaudière est munie d'un ajutage terminé par une bride de quatre centimètres ($0^m,04$) de diamètre et cinq millimètres ($0^m,005$) d'épaisseur, disposée pour recevoir le manomètre vérificateur.

ART. 8. — Chaque chaudière est munie d'un appareil de retenue, soupape ou clapet, fonctionnant automatiquement et placé au point d'insertion du tuyau d'alimentation qui lui est propre.

ART. 9. — Chaque chaudière est munie d'une soupape ou d'un robinet d'arrêt de vapeur placé, autant que possible, à l'origine du tuyau de conduite de vapeur, sur la chaudière même.

Art. 10. — Toute paroi en contact, par une de ses faces, avec la flamme doit être baignée par l'eau sur sa face opposée.

Le niveau de l'eau doit être maintenu, dans chaque chaudière, à une hauteur de marche telle qu'il soit, en toutes circonstances, à six centimètres ($0^m,06$) au moins au-dessus du plan pour lequel la condition précédente cesserait d'être remplie.

La position limite sera indiquée, d'une manière très apparente, au voisinage du tube de niveau mentionné à l'article suivant.

Les prescriptions énoncées au présent article ne s'appliquent point :

1° Aux surchauffeurs de vapeur distincts de la chaudière ;

2° A des surfaces relativement peu étendues et placées de manière à ne jamais rougir, même lorsque le feu est poussé à son maximum d'activité, telles que les tubes ou parties de cheminées qui traversent le réservoir de vapeur en envoyant directement à la cheminée principale les produits de la combustion.

ART. 11. — Chaque chaudière est munie de deux appareils indicateurs du niveau de l'eau indépendants l'un de l'autre, et placés en vue de l'ouvrier chargé de l'alimentation.

L'un des indicateurs est un tube en verre, disposé de manière à pouvoir être facilement nettoyé et remplacé au besoin.

Pour les chaudières verticales de grande hauteur, le tube en verre est remplacé par un appareil disposé de manière à reporter, en vue de l'ouvrier chargé de l'alimentation, l'indication du niveau de l'eau dans la chaudière.

TITRE II

ÉTABLISSEMENT DES CHAUDIÈRES A VAPEUR PLACÉES A DEMEURE

ART. 12. — Toute chaudière à vapeur destinée à être employée à demeure ne peut être mise en service qu'après une déclaration adressée, par celui qui fait usage du générateur au Préfet du département. Cette déclaration est enregistrée à sa date. Il en est donné acte. Elle est communiquée sans délai à l'ingénieur en chef des Mines.

ART. 13. — La déclaration fait connaître avec précision :

1° Le nom et le domicile du vendeur de la chaudière ou l'origine de celle-ci.

2° La commune et le lieu où elle est établie ;

3° La forme, la capacité et la surface de chauffe ;

4° Le numéro du timbre réglementaire ;

5° Un numéro distinctif de la chaudière, si l'établissement en possède plusieurs ;

6° Enfin, le genre d'industrie et l'usage auquel elle est destinée.

ART. 14. — Les chaudières sont divisées en trois catégories.

Cette classification est basée sur le produit de la multiplication du nombre exprimant, en

mètres cubes, la capacité totale de la chaudière (avec ses bouilleurs et ses réchauffeurs
alimentaires, mais sans y comprendre les surchauffeurs de vapeur) par le nombre exprimant, en degrés centigrades, l'excès de la
température de l'eau correspondant à la pression indiquée par le timbre réglementaire sur
la température de 100 degrés, conformément
à la table annexée au présent décret.

Si plusieurs chaudières doivent fonctionner
ensemble dans un même emplacement et si
elles ont entre elles une communication quelconque, directe ou indirecte, on prend pour
former le produit comme il vient d'être dit,
la somme des capacités de ces chaudières.

Les chaudières sont de la première catégorie
quand le produit est plus grand que 200 ; de
la deuxième, quand le produit n'excède pas 200,
mais surpasse 50 ; de la troisième, si le produit n'excède pas 50.

Art. 15. — Les chaudières comprises dans
la première catégorie doivent être établies en
dehors de toute maison d'habitation et de tout
atelier surmonté d'étages. N'est pas considérée
comme atelier, au-dessus de l'emplacement
d'une chaudière, une construction dans laquelle
ne se fait aucun travail nécessitant la présence
d'un personnel à poste fixe.

Art. 16. — Il est interdit de placer une
chaudière de première catégorie à moins de
trois mètres (3ᵐ) d'une maison d'habitation.

Lorsqu'une chaudière de première catégorie
est placée à moins de dix mètres (10ᵐ) d'une
maison d'abitation, elle est séparée par un
mur de défense.

Ce mur, en bonne et solide maçonnerie, est
construit de manière à défiler la maison par
rapport à tous points de la chaudière distant
de moins de dix mètres (10ᵐ), sans toutefois
que sa hauteur dépasse de un mètre (1ᵐ) la
partie la plus élevée de la chaudière. Son
épaisseur est égale au tiers au moins de sa
hauteur, sans que cette épaisseur puisse être
inférieure à un mètre (1ᵐ) en couronne. Il est
séparé du mur de la maison voisine par un
intervalle libre de trente centimètres (0ᵐ,30)
de largeur au moins.

L'établissement d'une chaudière de première
catégorie à la distance de dix mètres (10ᵐ) ou
plus d'une maison d'habitation n'est assujetti
à aucune condition particulière.

Les distances de trois mètres (3ᵐ) et de dix
mètres (10ᵐ), fixées ci-dessus, sont réduites
respectivement à un mètre cinquante (1ᵐ,50)
et à cinq mètres (5ᵐ), lorsque la chaudière est
enterrée de façon que la partie supérieure
de ladite chaudière se trouve à un mètre (1ᵐ)
en contre-bas du sol, du côté de la maison
voisine.

Art. 17. — Les chaudières comprises dans
la deuxième catégorie peuvent être placées
dans l'intérieur de tout atelier, pourvu que
l'atelier ne fasse pas partie d'une maison d'habitation.

Les foyers sont séparés des murs des maisons voisines par un intervalle libre de un
mètre (1ᵐ), au moins.

Art. 18. — Les chaudières de troisième
catégorie peuvent être établies dans un atelier
quelconque, même lorsqu'il fait partie d'une
maison d'habitation.

Les foyers sont séparés des murs des maisons voisines par un intervalle libre de cinquante centimètre (0,50), au moins.

Art. 19. — Les conditions d'emplacement
prescrites pour les chaudières à demeure, par
les précédents articles, ne sont pas applicables aux chaudières pour l'établissement
desquelles il aura été satisfait au décret du
25 janvier 1865, antérieurement à la promulgation du présent règlement.

Art. 20. — Si, postérieurement à l'établissement d'une chaudière, un terrain contigu
vient à être affecté à la construction d'une
maison d'habitation, celui qui fait usage de la
chaudière devra se conformer aux mesures
prescrites par les articles 16, 17 et 18, comme
si la maison eût été construite avant l'établissement de la chaudière.

Art. 21. Indépendamment des mesures générales de sûreté prescrites au titre premier
et de la déclaration prévue par les articles 12
et 13, les chaudières à vapeur, fonctionnant
dans l'intérieur des mines, sont soumises aux
conditions que pourra prescrire le Préfet, suivant les cas et sur le rapport de l'Ingénieur
des Mines.

TITRE III

CHAUDIÈRES LOCOMOBILES

Art. 22. — Sont considérées comme locomobiles les chaudières à vapeur qui peuvent
être transportées facilement d'un lieu dans
un autre, n'exigent aucune construction pour
fonctionner sur un point donné et ne sont employées que d'une manière temporaire à chaque
station.

Art. 23. — Les dispositions des articles 2 à
11 inclusivement, du présent décret, sont applicables aux chaudières locomobiles.

Art. 24. — Chaque chaudière porte une
plaque sur laquelle sont gravés, en caractères
très apparents, le nom et le domicile du propriétaire et un numéro d'ordre, si ce propriétaire possède plusieurs chaudières locomobiles.

Art. 25. — Elle est l'objet de la déclaration

prescrite par les articles 12 et 13. Cette déclaration est adressée au Préfet du département où est le domicile du propriétaire.

L'ouvrier chargé de la conduite devra présenter à toute réquisition le récipissé de cette déclaration.

TITRE IV
CHAUDIÈRES DES MACHINES LOCOMOTIVES

Art. 26. — Les machines à vapeur locomotives sont celles qui, sur terre, travaillent en même temps qu'elles se déplacent par leur propre force ; telle que les machines des tramways, les machines routières, les rouleaux compresseurs, etc.

Art. 27. — Les dispositions des articles 2 à 8 inclusivement et celles des articles 11 et 24 sont applicables aux chaudières des machines locomotives.

Art. 28. — Les dispositions de l'article 25, § premier s'appliquent également à ces chaudières.

Art. 29. — La circulation des machines locomotives a lieu dans les conditions déterminées par des règlements spéciaux.

TITRE V
RÉCIPIENTS

Art. 30. — Sont soumis aux dispositions suivantes les récipients de formes diverses, d'une capacité de plus de 100 litres, au moyen desquels les matières à élaborer sont chauffées, non directement à feu nu, mais par de la vapeur empruntée à un générateur distinct, lorsque leur communication avec l'atmosphère n'est point établie par des moyens excluant toute pression effective nettement appréciable.

Art. 31. — Ces récipients sont assujettis à la déclaration prescrite par les articles 12 et 13.

Ils sont soumis à l'épreuve, conformément aux articles 2, 3, 4 et 5.

Toutefois, la surcharge d'épreuve sera, dans tous les cas, égale à la moitié de la pression maximum à laquelle l'appareil doit fonctionner, sans que cette surcharge puisse excéder 4 kilogrammes par centimètre carré.

Art. 32. — Ces récipients sont munis d'une soupape de sûreté réglée, pour la pression indiquée par le timbre, à moins que cette pression ne soit égale ou supérieure à celle fixée pour la chaudière alimentaire.

L'orifice de cette soupape, convenablement déchargée ou soulevée au besoin, doit suffire à maintenir, pour tous les cas, la vapeur dans le récipient à un degré de pression qui n'excède pas la limite du timbre.

Elle peut être placée, soit sur le récipient lui-même, soit sur le tuyau d'arrivée de la vapeur, entre le robinet et le récipient.

Art. 33. — Les dispositions des articles 30, 31 et 32 s'appliquent également aux réservoirs dans lesquels de l'eau à haute température est emmagasinée pour fournir ensuite un dégagement de vapeur ou de chaleur, quel qu'en soit l'usage.

Art. 34. — Un délai de six mois, à partir de la promulgation du présent décret, est accordé pour l'exécution des quatre articles qui précèdent.

TITRE VI
DISPOSITIONS GÉNÉRALES

Art. 35. — Le Ministre peut, sur le rapport des ingénieurs des Mines, l'avis du Préfet et celui de la Commission centrale des machines à vapeur, accorder dispense de tout ou partie des prescriptions du présent décret, dans tous les cas où, à raison soit de la forme, soit de la faible dimension des appareils, soit de la position spéciale des pièces contenant de la vapeur, il serait reconnu que la dispense ne peut pas avoir d'inconvénient.

Art. 36. — Ceux qui font usage de générateurs ou de récipients de vapeur veilleront à ce que ces appareils soient entretenus constamment en bon état de service.

A cet effet, ils tiendront la main à ce que des visites complètes, tant à l'intérieur qu'à l'extérieur, soient faites à des intervalles rapprochés, pour constater l'état des appareils et assurer l'exécution, en temps utile, des réparations ou remplacements nécessaires.

Ils devront informer les ingénieurs des réparations notables faites aux chaudières et aux récipients, en vue de l'exécution des articles 3 (1°, 2° et 3°) et 31, § 2.

Art. 37. — Les contraventions au présent règlement sont constatées, poursuivies et réprimées conformément aux lois.

Art. 38. — En cas d'accident ayant occasionné la mort ou des blessures, le chef de l'établissement doit prévenir immédiatement l'autorité chargée de la police locale et l'ingénieur des Mines chargé de la surveillance. L'ingénieur se rend sur les lieux, dans le plus bref délai, pour visiter les appareils, en constater l'état et rechercher les causes de l'accident. Il rédige sur le tout:

1° Un rapport qu'il adresse au Procureur de la République et dont une expédition est transmise à l'ingénieur en chef, qui fait parvenir son avis à ce magistrat ;

2° Un rapport qui est adressé au Préfet, par

l'intermédiaire et avec l'avis de l'ingénieur en chef.

En cas d'accident n'ayant occasionné ni mort ni blessure, l'ingénieur des Mines, seul, est prévenu ; il rédige un rapport qu'il envoie, par l'intermédiaire et avec l'avis de l'ingénieur en chef, au Préfet.

En cas d'explosion, les constructions ne doivent point être réparées et les fragments de l'appareil rompu ne doivent point être déplacés ou dénaturés avant la constatation de l'état des lieux par l'ingénieur.

ART. 39. — Par exception, le Ministre pourra confier la surveillance des appareils à vapeur aux ingénieurs ordinaires et aux conducteurs des Ponts et chaussées, sous les ordres de l'ingénieur en chef des Mines de la circonscription.

ART. 40. — Les appareils à vapeur qui dépendent des services spéciaux de l'État sont surveillés par les fonctionnaires et agents de ces services.

ART. 41. — Les attributions conférées aux Préfets des départements par le présent décret sont exercées par le Préfet de police dans toute l'étendue de son ressort.

ART. 42. — Est rapporté le décret du 25 janvier 1865.

ART. 43. — Le Ministre des Travaux publics est chargé de l'exécution du présent Décret, qui sera inséré au *Journal officiel* et au *Bulletin des lois.*

TABLE DONNANT LA TEMPÉRATURE (EN DEGRÉS CENTIGRADES) DE L'EAU CORRESPONDANT A UNE PRESSION DONNÉE (EN KILOGRAMMES EFFECTIFS).

VALEURS CORRESPONDANTES		VALEURS CORRESPONDANTES	
DE LA PRESSION effective en kilogrammes par cmq	de la TEMPÉRATURE en degrés centigrades	DE LA PRESSION effective en kilogrammes par cmq	de la TEMPÉRATURE en degrés centigrades
	degrés		degrés
0.5	111	10.5	185
1.0	120	11.0	187
1.5	127	11.5	189
2.0	133	12.0	191
2.5	138	12.5	193
3.0	143	13.0	194
3.5	147	13.5	196
4.0	151	14.0	197
4.5	155	14.5	199
5.0	158	15.0	200
5.5	161	15.5	202
6.0	164	16.0	203
6.5	167	16.5	205
7.0	170	17.0	206
7.5	173	17.5	208
8.0	175	18.0	209
8.5	177	18.5	210
9.0	179	19.0	211
9.5	181	19.5	213
10.0	183	20.0	214

Décret du 29 juin 1886

Relatif aux appareils à vapeur autres que ceux placés à bord des bâtiments

Le Président de la République française,

Sur le rapport du Ministre des Travaux publics,

Vu la loi du 21 juillet 1856 ;

Vu le décret du 30 avril 1880 relatif aux chaudières à vapeur autres que celles qui sont placées sur des bateaux ;

Vu l'avis de la Commission centrale des machines à vapeur, en date du 4 février 1886 ;

Le Conseil d'État entendu,

Décrète :

ARTICLE PREMIER. — Lorsque plusieurs générateurs de vapeur, placés à demeure, sont groupés sur une conduite générale de vapeur, en nombre tel que le produit, formé, comme il est dit à l'article 14 du décret du 30 avril 1880, en prenant comme base du calcul le timbre réglementaire le plus élevé, dépasse le nombre 1 800, lesdits générateurs sont répartis par séries correspondant chacune à un produit au plus égal à ce nombre ; chaque série est munie d'un clapet automatique d'arrêt, disposé de façon à éviter, en cas d'explosion, le déversement de la vapeur des séries restées intactes.

ART. 2. — Lorsqu'un générateur de première catégorie est chauffé par les flammes perdues d'un ou plusieurs fours métallurgiques, tout le courant des gaz chauds doit, en arrivant au contact des tôles, être dirigé tangentiellement aux parois de la chaudière.

A cet effet, si les rampants destinés à amener les flammes ne sont pas construits de façon à assurer ce résultat, les tôles exposées aux coups de feu sont protégées, en face des débouchés des rampants dans les carneaux, par des murettes en matériaux réfractaires, distantes des tôles d'au moins 50 millimètres, et suffisamment étendues dans tous les sens pour que les courants de gaz chauds prennent des directions sensiblement tangentielles aux surfaces des tôles voisines, avant de les toucher.

ART. 3. — Les dispositions de l'article 35 du décret, du 30 avril 1880, sont applicables aux prescriptions du présent règlement.

ART. 4. — Un délai de six mois est accordé aux propriétaires des chaudières existant antérieurement à la promulgation du présent règlement, pour se conformer aux prescriptions ci-dessus.

ART. 5. — Le Ministre des Travaux publics est chargé de l'exécution du présent décret, qui sera inséré au *Bulletin des lois.*

Épreuve des chaudières à vapeur.

132. Ainsi que le prescrit le règlement administratif inséré au paragraphe précédent, les chaudières sont soumises, avant de commencer leur service effectif, ou bien après certaines causes déterminées, à des épreuves faites par les garde-mines qui s'assurent si leur construction ne présente pas de défauts et si elles sont en parfait état de fonctionnement.

En dehors de la surveillance exercée par ces agents sur la conduite des générateurs, la chaudière est soumise à une pression ou à une surcharge d'épreuve égale à la pression effective, mais cette pression ne doit jamais être inférieure à un demi-kilogramme, ni supérieure à six kilogrammes; article 2 à 6 de l'ordonnance du 30 avril. Ainsi, une chaudière qui doit fonctionner avec de la vapeur à 5 kilogrammes sera essayée à une pression de :

$$5 + 5 = 10 \text{ kilogrammes ;}$$

pour 10 kilogrammes, la pression d'épreuve serait de :

$$10 + 6 = 16 \text{ kilogrammes.}$$

Pour ces essais, on emploie une presse hydraulique qui maintient pendant quelque temps la pression d'épreuve et qui permet de se rendre compte de la résistance des parois et des fissures ou des rivures mal faites, qui se traduisent par des fuites. On appose ensuite sur la chaudière un timbre qui indique, en kilogrammes par centimètre carré, la pression effective que la vapeur ne doit jamais dépasser. Ce timbre porte, en outre, l'indication de la date de l'épreuve; il est placé, d'une manière très apparente, sur le devant de la chaudière.

CHAPITRE VI

ACCESSOIRES DE CHAUDIÈRES A VAPEUR

FOYERS

Classification des foyers.

133. Le foyer se compose de deux parties principales :

Le foyer proprement dit comprenant le *cendrier*, la *grille* et la *chambre de combustion* ;

Le système des canaux, par lesquels s'échappent les produits de la combustion, est composé des *carneaux* et de la *cheminée*.

Suivant les applications nous avons lieu de distinguer :

Les foyers *ordinaires*,

Les foyers dits *fumivores*,

Les foyers pour *combustibles spéciaux*.

L'étude des conduites de fumée présentera deux cas, suivant que la combustion se fera à tirage *naturel* ou à tirage *artificiel* ou *forcé*.

134. *Foyers ordinaires à grille.* — Les foyers les plus généralement installés pour le chauffage des chaudières fixes à bouilleurs sont constitués (*fig.* 45) par une capacitée divisée en deux compartiments par une grille horizontale ou inclinée AA (*fig.* 106).

Le compartiment supérieur, appelé *chambre de combustion*, reçoit le combustible; le compartiment inférieur est destiné à l'introduction de l'air nécessaire à la combustion, on le désigne sous le nom de *cendrier*; la chambre de combustion porte, à sa partie antérieure, une ouverture fermée par une porte et destinée au chargement du combustible. La couche

de combustible, étendue sur toute la surface de la grille, est maintenue à l'arrière
par une saillie B, qui forme l'*autel*, et
au-dessus de laquelle, passent les produits
de la combustion.

Le cendrier, qui reçoit les cendres et les
escarbilles qui s'échappent entre les interstices de la grille, est percé, à l'avant,
d'une ouverture munie, généralement,
d'une porte ou d'un registre à axe horizontal, qu'on ouvre plus ou moins, et destinée à régler le tirage concurremment avec

le *registre*, comme nous le verrons plus
loin. Pendant l'arrêt, la fermeture complète de cette porte empêche toute circulation de l'air à l'intérieur du massif et
prévient le refroidissement de ce dernier.
La section du cendrier est ordinairement
la même que celle de la grille ; son fond est
constitué par un plan légèrement incliné
ou par une cuvette en fonte dans laquelle
on maintient une couche d'eau de quelques
centimètres. Cette couche d'eau a l'avantage d'absorber la chaleur que le foyer

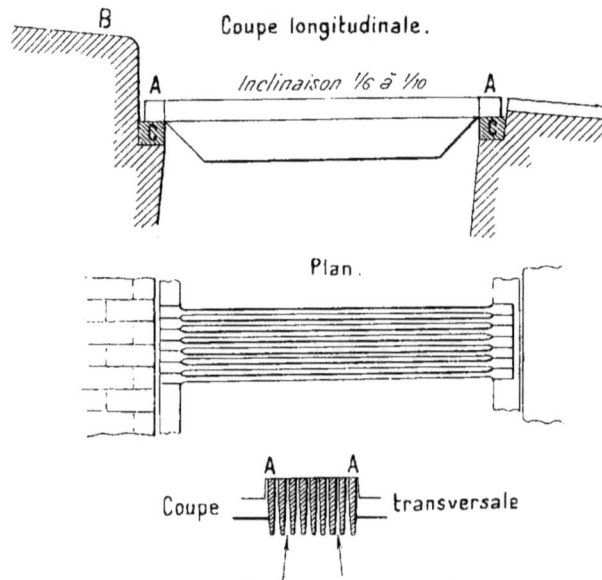

Fig. 106.

émet par rayonnement, d'éteindre les escarbilles à mesure qu'elles tombent, ce qui
diminue la température de la partie inférieure des barreaux de grille. D'un autre
côté, le chauffeur peut se rendre compte
de l'état de la couche de combustible, qui
vient se refléter sur la surface de cette
couche d'eau, comme sur un miroir.

Dans certains systèmes de chaudières,
ces dispositions sont plus ou moins différentes de celles que nous venons de décrire ; on pourra s'en rendre compte par
l'examen des figures qui sont insérées au
chapitre précédent.

Proportions des foyers.

135. Nous avons vu (n° 23) que la combustion possède une très grande élasticité
de puissance et qu'on peut, dans un même
foyer, brûler plus ou moins de combustible, selon l'allure que l'on désire donner
à la combustion.

Quand il s'agit de desservir une chaudière devant produire une quantité déterminée de vapeur, on peut prendre soit une
grille très grande marchant à feu lent, soit
une grille plus petite, marchant à combustion active.

L'activité de la combustion est rapportée à la quantité de combustible brûlée par heure et par mètre carré de surface de grille.

Pour la houille, on dit que la combustion est *lente*, quand la consommation, par heure et par mètre carré de grille, est comprise entre. . . . . 15 et 30 kil.
Elle est *moyenne* de . . . 40 à 80 »
Elle est *active* au-delà de. 100 kil.

On ne saurait descendre au-dessous de 15 kilogrammes, ni dépasser, avec le tirage *naturel*, le chiffre de 120 à 140 kilogrammes.

Pour des combustions plus actives on a recours au tirage *artificiel;* les chiffres précédents peuvent atteindre les valeurs suivantes :

Locomobiles . . . . . plus de 200 kil.
Locomotives . . . . . plus de 250 »
Torpilleurs. . . . . . plus de 600 »
par heure et par mètre carré de grille.

Une chaudière, fonctionnant dans de bonnes conditions, peut donner des résultats économiques aussi bien avec la combustion lente qu'avec la combustion active et on a l'avantage, dans ce dernier cas, d'avoir une grille petite et, par suite, moins encombrante. Une consommation moyenne, de 40 à 60 kilogrammes, correspond à l'allure ordinaire des chaudières fixes qui ne sont pas soumises à certaines sujétions particulières.

L'épaisseur de la couche de combustible doit augmenter avec l'activité de la combustion, elle dépend aussi de la nature même du combustible ; si ce dernier est menu ou poreux, ou s'il est collant, l'épaisseur doit être plus faible que pour les combustibles secs ou maigres, en bons morceaux.

Le tableau suivant, emprunté au traité du MM. Huisch et Debize, peut servir à préciser ces considérations.

La chambre de combustion doit être assez vaste pour que les flammes s'y développent librement, avant d'être refroidies par le contact des parois de la chaudière. Elle doit en outre être placée à distance convenable du fond de la chaudière, afin que la tôle de celle-ci ne soit pas exposée à un rayonnement trop intense ou que, si elle est trop éloignée de la grille, on ne puisse éviter des dé-

	CONSOMMATION PAR HEURE et par mètre carré de grille	ÉPAISSEUR moyenne DU COMBUSTIBLE
CHAUDIÈRES FIXES ORDINAIRES	kilog.	centim.
Houilles grasses ou menues	40 à 90	8 à 12
Gaillettes et tout venant ordinaire.	50 à 100	10 à 18
Bois et tourbe.	300	40 à 50
Coke.	150 à 200	20 à 30
LOCOMOTIVES		
Anciennes, au coke. . . .	jusqu'à 450	40 à 60
Modernes, houille ou briquettes.	250 à 350	10 à 15
CHAUDIÈRES MARINES		
Gaillettes maigres et grasses mélangées, briquettes	60 à 80	
Même combustible, les feux poussés.	80 à 110	10 à 18
Même combustible, avec tirage forcé	150	

perditions de chaleur. Pour la houille, avec une combustion moyenne, une hauteur de 0^m,25, au moins, est nécessaire entre le dessus de combustible et le fond de la chaudière; ce chiffre peut être notablement dépassé sans inconvénient. Les parties de la construction qui sont en contact avec le rayonnement intense du combustible sont constitués en matériaux réfractaires, surtout si la combustion est active et si l'on fait usage de combustibles maigres.

Grilles. — Autel. — Porte.

136. La grille est ordinairement composée de barreaux AA, en fonte (*fig.* 106), disposés les uns à côté des autres, soit séparément, soit en séries, et laissant entre eux des vides par lesquels l'air pénètre dans la chambre de combustion.

Les barreaux reposent sur les *sommiers* CC, par une portée carrée, munie de talons latéraux destinés à maintenir l'écartement. Lorsque les barreaux ont une grande longueur, on ménage également, vers le milieu, des talons d'écartement ; quelquefois aussi, on dispose un ou deux sommiers intermédiaires ; mais cette dis-

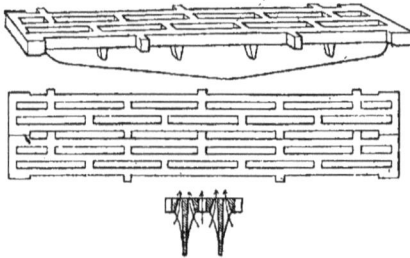

Fig. 107.

position rend le décrassage moins commode. Les barreaux de grille doivent être très solides ; ils ont ordinairement la forme de lames minces et hautes, afin qu'ils plongent suffisamment dans le courant d'air qui afflue du cendrier et qui les rafraîchit. On doit ménager, aux deux bouts, un large jeu, nécessaire pour permettre la dilatation. L'épaisseur des barreaux à la partie supérieure, ou *largeur du plein*, varie de 12 à 20 millimètres ; la *largeur du vide* varie, suivant que le combustible employé est plus ou moins maigre et menu, entre 6 et 12 millimètres. Les barreaux se font, le plus souvent, en fonte, quelquefois, en tôle ou en acier ; quand ils sont de faible longueur on a quelquefois avantage à les fondre par groupes de trois ou quatre. Dans la grille Créceveur (*fig.* 107), les éléments sont composés d'un faisceau de trois barreaux fondus ensemble ; le barreau central est constitué par une forte nervure qui soutient les barreaux latéraux. Dans la grille S. L. Dulac, (*fig.* 108), une série

Fig. 108.

de sommiers peu espacés supportent de courts barreaux très minces, dont les extrémités, simplement juxtaposées, se dilatent sans obstacle.

Le remplacement de ces barreaux se fait avec une grande facilité. La grille appliquée aux générateurs du système Belleville est composée de barreaux de grille en tôle de fer, de forme un peu si- nueuse, ce qui facilite la dilatation et ménage les passages d'air.

Pour la combustion des houilles grasses et collantes, on fait usage de grilles à barreaux mobiles, qui empêchent la formation des scories demi-fluides qui bouchent les passages d'air. La grille Wackernie (*fig.* 109), est disposée à cet usage ; elle est composée d'éléments juxtaposés, formés chacun de trois barreaux de grilles fondus ensemble. A l'aide d'un mécanisme spécial, on peut, à volonté, soulever, à l'un des bouts, soit les éléments de rang pair, soit les éléments de rang impair ; ce mouvement produit, dans le plan de la grille, une série de dénivellations, qui brisent, en la cisaillant, la galette de scories ou de houille agglomérée. La figure ci-contre représente l'application de ce dispositif à un foyer intérieur de chaudière.

Un dispositif analogue, système St-Clair, représenté par la figure 110, est complété par un chargeur mécanique qui assure une combustion régulière et provoque, dans une certaine mesure, la fumivorité.

Le charbon est graduellement poussé sur les barreaux oscillants de la grille par un mécanisme alimentateur animé d'un

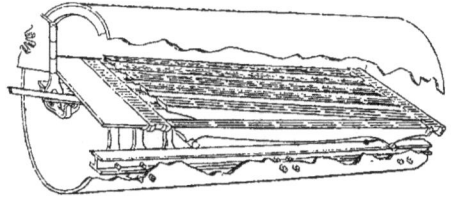

Fig. 109.

mouvement lent de va-et-vient. Ce mécanisme, placé au bas de la trémie dans

Fig. 110.

laquelle on verse le combustible fait mouvoir un poussoir qui, en reculant, déverse le combustible sur la grille, tandis qu'en avançant cet organe épanouit le charbon sur la surface de la grille et

ferme, en même temps, d'une façon particulière, l'ouverture de la trémie.

Nous avons déjà vu, à propos de la chaudière Dulac, (fig. 85), l'ingénieux dispositif qui permet le chargement du foyer d'une manière uniforme et qui évite les rentrées d'air, toujours préjudiciables à l'économie de combustible, pendant l'ouverture de la porte du foyer.

La longueur de la grille ne doit pas dépasser deux mètres; cette longueur doit être réduite, si possible, et ne pas dépasser 1ᵐ,50, afin de rendre le service du chauffeur moins difficile. Quant à la largeur, elle est, le plus souvent, déterminée par la largeur même du corps de la chaudière. Au-delà de 1 mètre de longueur,

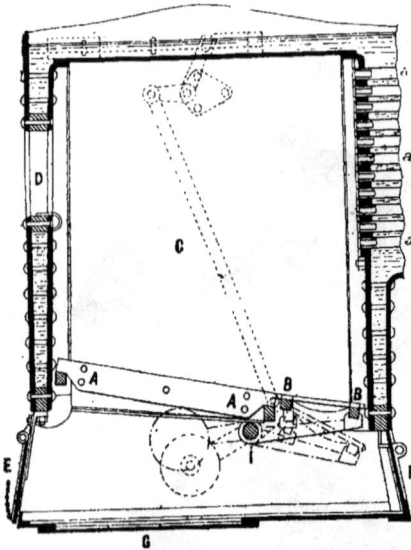

Fig. 111.

on est obligé d'établir un sommier intermédiaire pour les barreaux de grille.

Dans la plupart des installations, la grille est horizontale ou inclinée vers l'arrière; cette inclinaison facilite le service et le dégagement des flammes, elle varie entre 1/6 et 1/10; il existe, cependant, des dispositions spéciales où cette inclinaison est beaucoup plus prononcée, comme nous le verrons ci-après.

137. *Autel. — Porte du foyer.* — L'autel ne doit avoir que la hauteur nécessaire pour maintenir le combustible; un autel trop élevé aurait l'inconvénient d'amener l'altération de la paroi de la chaudière qui se trouve en regard.

La porte du foyer doit être petite, afin de diminuer la rentrée d'air froid qui se produit au moment où l'on ouvre pour le chargement. Une porte à un seul battant doit avoir les dimensions suivantes :

Hauteur, de 0ᵐ,22 à 0ᵐ,33 ;

Largeur, de 0ᵐ,33 à 0ᵐ,45.

Si la porte est à deux battants, sa largeur peut être notablement plus grande.

La porte est généralement en fonte; elle doit faire, sur sa portée, un joint suffisant pour éviter les rentrées d'air. Elle est protégée contre la radiation intense du foyer par un écran en tôle placé à quelques centimètres; lorsque cet écran est brûlé, il est facile à remplacer. Quelquefois, au lieu de cet écran, on éloigne la porte de quelques décimètres du bout de la grille; entre la grille et la porte est disposé un seuil en fonte, percé de fentes, par lesquelles s'introduisent des filets d'air froid, qui rafraîchissent la porte.

Foyer de locomotive.

138. Le foyer ordinaire de locomotive présente des dispositions spéciales, résultant du service à faire et du système de chaudière auquel il est appliqué. La chambre de combustion C (*fig.* 111), en tôle de cuivre, est entourée d'eau de toute part; les produits de la combustion s'échappent par les tubes *a,a,a*. La grille AB, desservie par la porte D, est divisée en deux parties; la partie fixe AA est composée de barreaux en fer plat reposant sur deux sommiers; la partie BB est mobile, elle est constituée par un cadre qui porte une petite grille en fonte et qui peut s'abaisser en tournant autour de l'axe I. Ce mouvement est commandé par un renvoi, actionné par le volant à vis J, et équilibré par un contre-poids H. Cette petite grille, qui a reçu le nom de *jette-feu*, permet au mécanicien de débarrasser le foyer du combustible incandescent quand, pour une cause quelconque, il voit sa chaudière en danger d'être brûlée. La partie inférieure du foyer forme le cendrier, elle est fermée par un plancher, en tôle, que l'on peut découvrir pour le nettoyage au moyen de la plaque G. En avant et en arrière, se trouvent deux portes en tôle E, F, en forme de clapets, qu'on ouvre en partie pour régler le tirage, et qu'on lève complètement pour nettoyer le cendrier.

Foyers divers.

139. Pour brûler certains combustibles on emploie des grilles spéciales ; nous avons étudié (n° 136) les grilles à barreaux mobiles (*fig.* 109 et 110), ou grilles à *secousses*, qui conviennent surtout aux combustibles collants. Pour les combustibles maigres et menus, ainsi que pour les charbons qui décrépitent au feu, on fait usage de grilles à *gradins*, composés de barreaux plats, disposés en escalier ou en gradins. Le combustible descend graduellement le long des gradins au fur et à mesure que la combustion s'effectue.

La Compagnie parisienne du Gaz fait usage, pour brûler ses agglomérés de poussier de coke, de la grille à barreaux tournants de M. Schmitz. Les barreaux sont constitués par de gros tuyaux, percés de trous, et portant sur des sommiers formés eux-mêmes de tuyaux en fonte. Chaque barreau peut tourner sur son axe sans se déplacer, grâce à une gorge circulaire pratiquée au droit du sommier.

Le décrassage de cette grille se fait très simplement en faisant tourner d'un demi-tour les barreaux.

L'accès de l'air dans ce système de grille est plus abondant que dans une grille ordinaire ; avec le coke très menu, comme avec les briquettes de coke, cette grille a donné de bons résultats.

Pour le bois et la tourbe, on peut employer des foyers analogues à ceux qui servent pour la houille ; seulement, il convient que la charge ait plus de hauteur et les barreaux plus d'écartement. Les foyers dits à *flamme renversée* conviennent très bien pour le bois et donnent peu de fumée.

La sciure de bois et la tannée peuvent se brûler sur des grilles horizontales, surtout lorsque ces combustibles sont mélangés avec une petite couche de houille étendue sur la grille. S'ils doivent être brûlés seuls, il est avantageux de recourir

à des dispositifs spéciaux, analogues à celui représenté par la figure 114 ci-après (mais avec des trémies plus grandes et une grille horizontale).

La grille système A..Godillot (*fig.* 112) a été employée avec avantage pour l'utilisation des combustibles pauvres, la sciure de bois, la tannée, les fines de houille, etc. Elle se compose d'une grille A A, présentant la forme d'un cône à axe vertical et constitué par des gradins disposés en escalier. Le combustible, placé dans une trémie B, est poussé par une hélice c animée d'un mouvement lent de rotation. Du sommet du cône, la matière combustible descend progressivement sur la surface de la grille, au fur et à mesure de sa combustion.

Le système de foyer, construit par

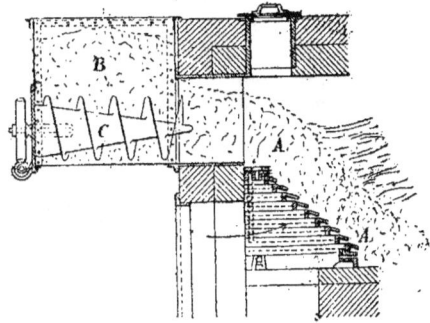

Fig. 112. — Foyer système A. Godillot.

M. Michel Perret, est également destiné à la combustion des combustibles pauvres, pulvérulents ou contenant une très forte proportion de matières stériles. Il peut être utilisé pour le chauffage des calorifères. Le foyer est disposé comme l'indique la figure 113 ; le combustible frais, jeté par l'ouvreau A, est étalé sur la tablette BB ; au fur et à mesure de sa combustion, on le descend sur les tablettes inférieures en le faisant tomber par les trous aa, tandis que l'on charge toujours sur la tablette supérieure. Arrivé sur la sole inférieure FF, le combustible, passé à l'état de cendre chaude, est extrait de l'appareil. Dans l'intervalle des charges, les ouvreaux A et D sont fermés par des bouchons métalliques ; l'air frais s'introduit par la porte E et les produits de la combustion s'échappent en G. Cet appareil est entièrement construit en briques réfractaires.

Pour le chauffage des générateurs de vapeur, M. Perret a imaginé une grille spéciale destinée aux combustibles maigres ou décrépitants. La grille est composée (*fig.* 114) de barreaux en fonte très minces, très hauts et très serrés; la haute nervure, qui en forme le corps, baigne par le bas dans un baquet plein d'eau, qui empêche les barreaux de s'échauffer et de se brûler.

Pour la paille et les autres combustibles légers, la disposition ordinaire des foyers

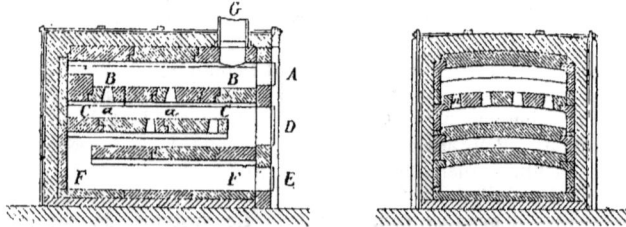

Fig. 113. — Foyer système Michel Perret.

peut convenir, à condition que la surface de grille soit plus grande que celle nécessaire pour le chauffage à la houille. Comme il faut 3 à 4 kilogrammes de paille pour remplacer un kilogramme de houille, il est indispensable de recourir à un appareil alimentateur de combustible; cet appareil est composé de deux cylindres cannelés, maintenus à l'écartement convenable et animés d'un mouvement de rotation assez rapide (45 tours par minute). Le combustible entre dans le foyer à une dizaine de centimètres au-dessus de la couche en ignition, ce qui favorise mieux la combustion que si la paille était jetée sur la grille. Il est indispensable d'avoir

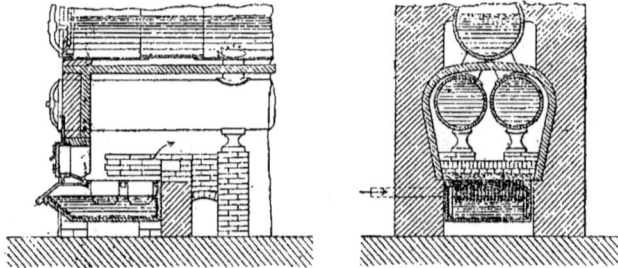

Fig. 114. — Grille système Michel Perret.

une couche d'eau au-dessous du cendrier pour éteindre les flammèches et empêcher les barreaux de grille de brûler.

Malgré l'encombrement qui résulte de l'emploi d'un pareil combustible, la grille à paille peut rendre des services dans les pays où cette céréale est en grande abondance et où la houille ne peut pas arriver, faute de voie de communication.

Fumivorité.

140. La plupart des combustibles flambants, et surtout les houilles grasses, dégagent dans l'atmosphère des volumes considérables de fumées qui sont fort gênantes pour le voisinage. La couleur de ces fumées est due principalement au carbone solide, qu'elles emportent sous forme de suie grasse ou de menues escarbilles. Un grand nombre d'inventeurs ont cherché à supprimer ou, tout au moins, à atténuer les inconvénients de la fumée; les appareils qu'ils ont construits dans ce but ont reçu le nom de *foyers fumivores*. Surtout depuis ces dernières années, quelques-uns de ces appareils ont été appliqués avec succès, mais sans que l'espérance qu'on avait compté de faire des économies importantes dans la consommation du combustible ait été réalisée. Il est d'ailleurs rien moins que fondé que la fumée, même la plus épaisse, soit une cause de déperdition notable de chaleur.

Les essais tentés dans cette voie furent encouragés par des ordonnances administratives qui interdirent, dans une mesure mal déterminée, d'employer les procédés de combustion qui donnaient lieu à une production trop abondante de fumée.

Avant d'entrer dans la description de quelques-uns des principaux dispositifs de foyers fumivores, nous allons étudier quels sont les principes qui ont servi de base à la construction de ces appareils. Nous avons vu (n° 23) qu'il y a production de fumée lorsque l'air fait défaut ou que les gaz de la combustion sont refroidis avant que la combustion soit complète. Si l'on veut éviter la fumée il faut donc:

1° Que l'air soit admis en quantité suffisante;

2° Que les gaz combustibles soient mis, dans toutes leurs parties, en contact intime avec l'oxygène de l'air et que le mélange ainsi formé soit maintenu à une température supérieure à celle de la combustion.

A côté de ces conditions essentielles, il y en a d'autres qui sont aussi fort importantes: l'allure régulière de la combustion, la conduite bien entendue du feu, les proportions convenables apportées à la construction du foyer jouent un rôle efficace si l'on veut éviter la production de la fumée.

Les dispositifs imaginés pour répondre à ces multiples considérations peuvent être divisés en plusieurs classes:

Ceux qui agissent sur le tirage;

Ceux qui ont pour objet le refroidissement prématuré des flammes;

Les appareils à chargement méthodique;

Les foyers à flamme renversée;

Les appareils d'injection d'air au-dessus du combustible;

Les procédés ayant pour objet le mélange intime de l'air avec les gaz combustibles.

141. *Foyers fumivores.* — Avec les foyers ordinaires, il est pratiquement impossible d'éviter la fumée lorsque l'allure du foyer et l'intensité du tirage subissent des variations notables. Avec le tirage naturel, il est difficile d'empêcher la fumée de se produire, quand la consommation de houille dépasse 80 à 100 kilogrammes, par heure et mètre carré de grille. Quand on veut dépasser ce chiffre, on est obligé de recourir au tirage artificiel; l'un des procédés les plus employés consiste à lancer, dans l'axe de la cheminée, un jet de vapeur prise à la chaudière. Dans les locomotives, par exemple, l'action de cet appareil, auquel on a donné le nom de *souffleur*, est fort efficace, la fumée disparaît presque complètement dès qu'il est mis en activité. De plus, le souffleur, en activant la combustion, accélère la mise en pression.

En marche, le tirage de la locomotive étant activé par la vapeur d'échappement, il y a peu de fumée noire produite; mais, pendant les arrêts, on est obligé d'avoir recours au souffleur.

Les dispositifs ayant pour objet d'éviter le *refroidissement prématuré des flammes* sont fort nombreux, ils sont ordinairement constitués par des chicanes en briques réfractaires, disposées à l'intérieur du foyer. Ces chicanes favorisent le brassage du courant gazeux, provoquent une fumivorité satisfaisante et garantissent des coups de feu les parties les plus exposées de la chaudière.

Appareils à chargement méthodique.

142. Les *appareils à chargement méthodique* ont reçu, depuis ces dernières années, de nombreuses et intéressantes applications. La fumée est toujours plus intense au moment du chargement du combustible frais et il devient nécessaire de n'alimenter le foyer que par des charges petites et multipliées. Parmi les dispositifs construits d'après ce principe, nous citerons le foyer construit par MM. Hermann et Cohen (*fig.* 115), qui a reçu de récentes applications. La grille AA, très inclinée, reçoit le charbon contenu dans le compartiment supérieur B, lequel est alimenté au moyen de la trémie F. Une grille spéciale EE sert à régler l'écoulement du combustible; elle est mobile autour de son extrémité supérieure. Les

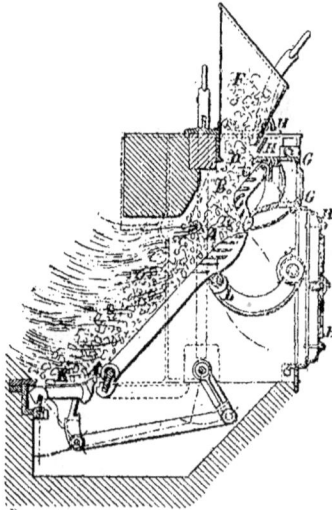

Fig. 115. — Foyer système Hermann et Cohen.

produits de la distillation sont refoulés sur la grille AA par le courant d'air introduit, sous l'action du tirage, par la trémie F et la grille EE; en G et H, sont disposés des papillons destinés à régler et à répartir l'admission de l'air. Un jette-feu K sert au décrassage; la grille principale, supportée par le levier L peut s'abattre pour l'allumage et le nettoyage. Cet ensemble de dispositions est d'un service facile et, bien entendu, il provoque une fumivorité efficace.

Le chargement méthodique est encore réalisé dans un certain nombre de foyers spéciaux, tels que dans la grille à gradins

de Marsilly et Chobrzinski, dans celle à étages de Langen, et dans la grille système L. Dulac (n° 96, *fig.* 85), qui a donné des résultats satisfaisants au point de vue de la fumivorité comme à celui de l'économie de combustible et qui a reçu, tout récemment, d'importantes applications.

Dans d'autres appareils, tels que la grille de Juckes ou de Tailfer, on réalise le chargement méthodique par un autre procédé. La grille est animée d'un mouvement uniforme, et le combustible, entraîné avec elle, se brûle progressivement, en même temps que de nouvelles surfaces de grille, chargées de combustible frais, viennent se présenter dans la chambre de combustion.

Les foyers à *flamme renversée* ont été

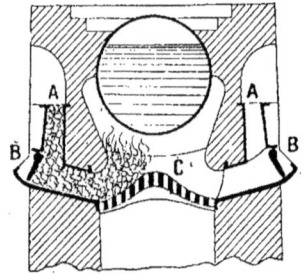

Fig. 116. — Foyer système Duméry.

employés depuis longtemps dans le but d'éviter la production de la fumée. On réalise certains avantages en disposant la grille en sens inverse, de manière que le tirage se fasse de haut en bas, l'air traversant le combustible frais, avant d'atteindre celui qui est incandescent. Cette distillation, favorisée par la grande épaisseur de la couche de combustible, réalise une combustion plus complète des hydrocarbures qui sont entraînés par le tirage à travers le combustible incandescent. Avec le bois, la grille est complètement supprimée, les bûches reposent simplement aux deux bouts sur les saillies de la maçonnerie. Avec la houille, la suppression de la grille est impraticable; on a recours à plusieurs dispositifs ingénieux, parmi lesquels nous décrivons celui imaginé par M. Duméry. Dans ce foyer (*fig.* 116), les barreaux de grille C sont disposés suivant une courbe, inclinée vers les deux côtés et présentant au milieu une surélévation en forme de dos d'âne. L'alimentation se fait latéralement par deux trémies A A, qui débouchent dans deux conduits aboutissant sur les côtés de la grille et munis de poussoirs BB qui forcent la houille à remonter sur la pente de la grille.

Par cette disposition, le milieu de la grille ne reçoit que du coke enflammé, tandis que la houille fraîche reste sur les parties les plus basses. Cette houille forme une couche assez épaisse, agglomérée par la chaleur et qui réduit, dans une proportion notable, le vide des barreaux ; le coke, au contraire, se trouve en couche mince et ne recouvre que très incomplètement la surface de la grille. Il en résulte qu'à la partie basse de la grille la houille dégage des produits gazeux mélangés d'une faible proportion d'air; à la partie surhaussée de la grille, le mé-

lange se trouve à une température plus élevée et reçoit de l'air qui y introduit avec abondance l'oxygène destiné à compléter la combustion. Ce genre de foyer, abandonné aujourd'hui, peut-être à cause des sujétions qu'entraîne son

Fig. 117. — Foyer fumivore; charge uniformément répartie.

installation, avait cependant donné lieu à des résultats satisfaisants au point de vue de l'absence de fumée.

Mentionnons, pour terminer, le dispositif imaginé par Fairbairn, dans lequel on avait établi pour une même chaudière deux grilles distinctes, séparées par une

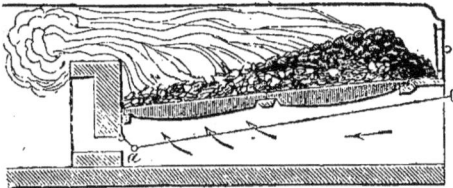

Fig. 118. — Foyer fumivore; charge sur l'avant.

cloison réfractaire. On chargeait alternativement les deux foyers, de telle sorte que, lorsque l'un contenait du coke au rouge, l'autre recevait la charge de combustible frais. En établissant le mélange intime des deux courants gazeux, on devait amener la combustion complète et, par suite, une fumivorité satisfaisante. Ce système de double grille a reçu quelques applications dans les chaudières de Galloway (n° 76, *fig.* 53).

Appareils à injection d'air.

143. Nous avons vu que la fumée pouvait être due à ce que l'air fait défaut pendant la combustion, que la quantité

d'air doit être convenablement dosée et que l'on doit chercher à éviter l'excès d'air, ce qui serait un remède pire que le mal au point de vue économique. Il est, en outre, nécessaire que les jets d'air soient convenablement répartis, si l'on veut que les effets de l'injection soient utiles.

On a quelquefois recours à l'air chaud, qui brûle bien mieux les gaz que l'air froid.

Les dispositions imaginées d'après ce principe sont fort nombreuses; une des plus rationnelles est représentée par la figure 117. L'air est introduit en arrière de l'autel par une cloison débouchant dans le cendrier et percée de trous ; un

registre *a* est destiné à régler l'admission.
La figure 118 représente la même disposition, lorsque la charge de combustible, répartie inégalement sur la surface de la grille, laisse passer un grand excès d'air à l'arrière ; ce mode de répartition du combustible a été longtemps préconisé dans la marine ; il est discuté aujourd'hui.

Dans la disposition imaginée par Darcet (*fig.* 119), l'autel est muni, sur toute sa largeur, d'une fente étroite, dont l'orifice débouche sur la paroi verticale du cendrier. L'air extérieur qui pénètre dans le cendrier se divise en plusieurs parties, dont l'une passe à travers la grille, tandis que l'autre parcourt le conduit sinueux ménagé dans l'autel pour venir se mélanger à la flamme. Une valve

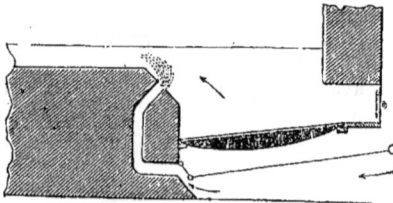

Fig. 119. — Dispositif de Darcet.

d'accès est ménagée pour régler l'introduction de l'air.

Dans quelques locomotives, les parois de la boîte à feu sont percées de rangées de trous, disposées au-dessous du combustible. Les jets d'air, provoqués par le tirage, favorisent la combustion. Nous citerons encore le dispositif de Palazot, dans lequel l'injection d'air se produit à travers une petite grille spéciale, placée en avant du foyer ; les dispositifs de Holmes, de Prideaux, la porte fumivore Howatson, etc.

Dans d'autres dispositions, on cherche surtout à réaliser le brassage des flammes soit en brisant le courant gazeux au moyen de chicanes, soit en injectant dans la masse enflammée des jets rapides d'air ou de vapeur.

Les foyers des systèmes Jenkins, Lees, Douglas, Ten-Brink, sont disposés en vue

d'obtenir ce résultat par le premier de ces moyens ; lorsqu'ils sont bien établis ils peuvent rendre d'excellents services.

Parmi les dispositifs empruntant leur action au brassage des flammes par des jets d'air ou de vapeur, l'un des plus en usage est le fumivore Thierry.

Cet appareil est composé d'un tronçon de tube, fermé aux deux bouts et disposé horizontalement au-dessus de la porte du foyer ; le tube est percé d'une série de trous convenablement espacés et orientés de manière à étendre l'action des jets de vapeur qui s'en échappent sur toute la surface de la couche de combustible.

Dans les fumivores de Turck, de Belle-

Fig. 120. — Fumivore Orvis.

ville, d'Orvis (*fig.* 120), l'insufflateur détermine un entraînement d'air, au moyen d'un jet de vapeur emprunté à la chaudière.

Le mélange d'air et de vapeur ainsi produit et lancé avec une grande vitesse, se répartit sur la majeure partie de la surface de la grille et détermine un brassage énergique des flammes, tout en fournissant l'oxygène destiné à compléter la combustion. Ces appareils peuvent être fort utiles, surtout au moment du chargement du combustible, ou bien lorsqu'il est nécessaire d'activer la combustion.

Enfin, mentionnons un procédé assez curieux qui a été appliqué dans quelques installations et qui consiste à faire courir les fumées dans des galeries en partie pleines d'eau, en les arrosant d'eau de pluie. Dans ce lavage, l'eau recueille la majeure partie des matières contenues en suspension dans la fumée. Le procédé est cher et compliqué, il ne peut être recommandé que dans des conditions tout à fait spéciales.

Foyers pour combustibles liquides et gazeux.

144. Les *huiles lourdes* qui proviennent de la fabrication du gaz de l'éclairage et les *huiles minérales* qui sont extraites du sol peuvent être employées au chauffage des appareils à vapeur. Depuis que le prix de ce combustible est devenu plus abordable, les applications qu'il a reçues, depuis une vingtaine d'années, sont devenues très importantes.

Les huiles lourdes provenant de la fabrication du gaz ont été utilisées au moyen de quelques appareils, tels que la grille Audouin et Sainte-Claire Deville, constituée par une série de barreaux massifs en fonte très inclinés. La face antérieure de cette grille porte une rainure dans laquelle un distributeur vient verser goutte à goutte le liquide combustible. Quand l'huile est trop épaisse pour couler, on est obligé de l'échauffer au moyen d'un serpentin de vapeur jusqu'à une température de 50 à 60 degrés, ce qui a pour effet d'augmenter sa fluidité.

Le chalumeau imaginé par MM. Agnellet frères est destiné au même usage; l'huile combustible est pulvérisée par un jet d'air, jaillissant par un orifice étroit et alimenté par un ventilateur. En Russie et en Amérique, la découverte de nouveaux et puissants gisements d'huiles minérales a donné naissance à d'importantes applications de ces combustibles pour le chauffage. Depuis une dizaine d'années, un grand nombre de locomotives sont chauffées à l'huile de naphte ou au pétrole lourd. L'huile la plus en usage en Russie, dans les foyers de locomotives est lourde, sa densité est 0,93 environ et elle donne environ 12 kilogrammes de vapeur par kilogramme d'huile. Parmi les nombreux appareils de combustion que l'on utilise, la figure 121 représente l'un des plus

employés. Le jet de vapeur. amené par le tube *a*, entraîne une lame d'air en même temps qu'il pulvérise l'huile de naphte; le débit de l'huile est réglé par le tiroir *b*, et le mélange enflammé est projeté sur une sole en briques réfractaires, où les gouttelettes liquides achèvent de se brûler.

Les combustibles gazeux les plus en usage sont le gaz de l'éclairage et les gaz fabriqués dans les gazogènes. Nous avons étudié avec quelque détail les appareils destinés à opérer la combustion du gaz de l'éclairage (n°s 24 et 33); nous étudierons au paragraphe suivant les foyers consacrés aux gaz des gazogènes.

L'emploi des combustibles liquides ou gazeux présente certains avantages au point de vue de la commodité d'emploi:

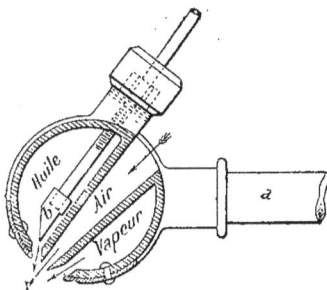

Fig. 121. — Appareil pour la combustion des combustibles gazeux.

l'introduction du combustible est réglée avec une grande facilité; ils s'imposeront de plus en plus au fur et à mesure que leur prix d'achat deviendra moins élevé.

145. *Gazogènes.* — Nous avons vu (numéro 36) qu'on peut opérer la combustion de la houille en deux phases; dans la première, on transforme le charbon en gaz combustible; dans la seconde, le gaz ainsi produit, facile à conduire et à régler, est brûlé dans l'appareil à chauffer. La première de ces opérations s'effectue dans le *gazogène*, en faisant passer un courant d'air à travers une grande masse de charbon, de telle sorte que l'oxygène de l'air ne donne que de l'oxyde de carbone, lequel, mélangé aux produits de la distillation et à l'azote, constitue le gaz combustible. Quelquefois, on augmente la puissance calorifique du mélange par une addition d'eau ou de vapeur d'eau (gaz à l'eau).

L'une des formes les plus employées pour la construction des gazogènes est celle de Siemens (*fig.* 122), dans laquelle A est une grille inclinée sur laquelle descend le combustible introduit par une trémie de chargement B. Le mouvement de descente est facilité par un trou de travail C et un regard D; un registre G règle l'activité de la combustion. Le combustible commence par distiller en descendant sur la partie pleine du plan incliné; il arrive transformé en coke sur la grille et produit, en se mélangeant à l'air, de l'oxyde de carbone; le gaz inflammable se réunit dans la chambre F, d'où il est puisé pour être amené à l'appareil à chauffer, au moyen du conduit E. Souvent on répand de l'eau sur la sole HH du cendrier; la vapeur qui s'en dégage se décompose, au contact du charbon, en hydrogène et oxyde de carbone, ce qui augmente la richesse du gaz.

Avec de la houille demi-grasse, la com-

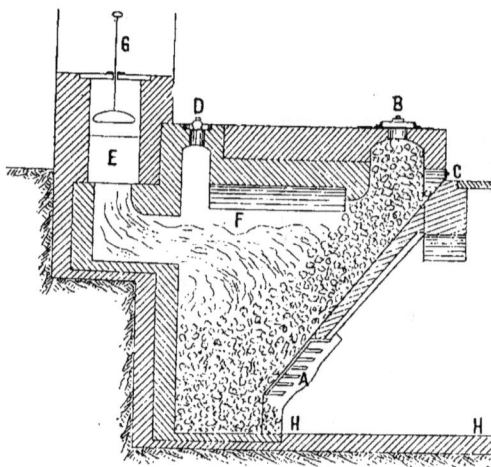

Fig. 122. — Gazogène Siemens.

position du gaz se rapproche de la suivante :

Oxyde de carbone . .	24,0	volumes.
Azote.	61,5	»
Hydrogène	8,0	»
Acide carbonique. . .	4,0	»
Oxygène	0,5	»
Carbures d'hydrogène	2,0	»
Total	100,0	volumes.

La température des gaz est d'environ 600 degrés au sortir de l'appareil, cette chaleur est uniquement employée à produire le tirage du gazogène, elle est perdue pour le chauffage des générateurs. C'est pourquoi ce mode de chauffage n'est employé que dans les établissements métallurgiques, les verreries; la chaleur perdue des fours est emmagasinée dans de vastes chambres appelées *récupérateurs* ou régénérateurs de chaleur. Cette chaleur est reprise par l'air et les gaz sortant du gazogène, qui, arrivant ensuite fortement échauffés, se combinent dans la chambre de combustion. Dans ces conditions, il est possible d'appliquer le chauffage par gazogènes aux générateurs de vapeur; c'est ainsi que MM. Muller et Fichet ont construit des appareils qui ont donné des résultats économiques satisfaisants, malgré que la chaleur rayonnante soit moins directement utilisée. De plus, la fumivorité est à peu près complète, la surveillance moins assujettissante ; mais la mise en marche est assez longue et nécessite presque un fonctionnement continu.

Nous ne rappellerons que pour mémoire l'emploi, pour le chauffage des chaudières, des gaz pris au gueulard des hauts fourneaux ou provenant des fours à réchauffer. On les fait arriver dans une chambre de combustion assez vaste, dans laquelle pénètrent des jets d'air perpendiculaires au courant des gaz. Quand on fait usage de combustibles de rebut, l'air destiné à la combustion dans le gazogène est injecté sous pression par un ventilateur.

L'allure du gazogène est alors plus vive, et cette circonstance permet de diminuer les emplacements occupés par l'appareil. L'emploi de ces appareils cesse d'être économique quand il s'agit d'une manière exclusive du chauffage des générateurs de vapeur ; ils deviennent un intermédiaire précieux quand on utilise les flammes perdues des fours métallurgiques.

CHEMINÉES

Calcul du tirage.

146. Malgré le parcours quelquefois très développé que les produits de la combustion sont obligés de suivre dans les carneaux de la chaudière, on ne peut, en pratique, refroidir les gaz au-dessous de 100 à 150 degrés.

La quantité de chaleur qu'ils conservent à cette température, quoique ne servant pas à produire de la vapeur, n'est pas tout à fait perdue : on l'utilise à produire le *tirage*.

Le tirage est dû à la différence de densité des gaz chauds contenus dans la cheminée avec celle de l'air froid atmosphérique. Tandis qu'un mètre cube d'air pèse, à la température ordinaire, de 1 200 à 1 250 grammes, le même volume de gaz chauds pèse, à la température de 100 degrés, environ 980 grammes. Les gaz chauds, plus légers que l'air, tendent donc à s'élever par la cheminée qui communique avec l'atmosphère par sa partie supérieure. En s'élevant dans la cheminée, il provoque un appel d'air dans le foyer qui communique avec la prise d'air et, par suite, avec l'atmosphère.

Si nous désignons par :

H, la hauteur de la cheminée ;

d, la densité de l'air extérieur ;

d_1, la densité des gaz chauds de la cheminée ;

T, la température absolue de l'air extérieur, $T = 273 + t$;

T_1, la température absolue des gaz de la fumée, $T_1 = 273 + t_1$.

La dépression qui détermine le tirage a pour mesure la différence des poids entre les gaz de la cheminée et une colonne d'air extérieur de mêmes dimensions ; soit e cette dépression, on a :

$$e = Hd - Hd_1 = H(d - d_1).$$

Si nous supposons que les gaz de la fumée, ramenés aux mêmes conditions de température et de pression, ont la même densité que l'air, on peut écrire :

$$dT = d_1 T_1 ; \quad \text{d'où} : \quad d_1 = \frac{dT}{T_1},$$

la valeur de e devient donc :

$$e = H\left(d - \frac{dT}{T_1}\right) = H\left(\frac{dT_1 - dT}{T_1}\right),$$

$$e = Hd\frac{T_1 - T}{T_1},$$

ou bien :

$$e = Hd\frac{t_1 - t}{273 + t_1},$$

ou encore :

$$e = Hd_1\frac{t_1 - t}{273 + t}.$$

Ainsi, une cheminée de 20 mètres de hauteur, remplie de gaz à 250 degrés, la température extérieure étant de 150 degrés, donnera lieu à une dépression représentée par une colonne d'eau de 11 millimètres de hauteur.

Le travail produit par cette dépression

est dépensé à imprimer le mouvement aux gaz et à surmonter les résistances et les obstacles qu'ils rencontrent sur leur parcours.

Le tirage peut être réglé en diminuant plus ou moins la section de passage des gaz dans la cheminée, ou bien par l'ouverture du cendrier. Le procédé le plus souvent usité consiste à étrangler plus ou moins l'ouverture du registre, en laissant la porte du cendrier complètement ouverte. Le débit des gaz est proportionnel à l'ouverture du registre et le chauffeur peut faire varier, dans des limites fort étendues, l'intensité de la combustion. Le réglage par la porte du cendrier est moins employé; il convient mieux aux générateurs à vaporisation active dans lesquels on laisse échapper les gaz chauds à une température plus élevée. En outre, ce mode de réglage est plus délicat et nécessite une conduite bien entendue.

Considérons, comme précédemment, une cheminée de hauteur $H = 20$ mètres, la température des gaz étant $t_1 = 250$ degrés, et celle de l'air ambiant $t = 15$ degrés. On a, en appliquant les formules trouvées plus haut :

$$d_1 = \frac{dT}{T_1} = 1,293 \frac{273}{273 + 250} = 0,675$$

Le poids spécifique de l'air extérieur sera :

$$d = 1,293 \frac{273}{273 + 15} = 1,226$$

La différence : $\qquad d - d_1 = 0,551$
La dépression :
$$e = H (d - d_1) = 20 \times 0,551 = 11^k,02.$$

Soit un poids, par mètre carré, de $11^k,02$, représenté par une colonne d'eau de $11^{mm},02$ de hauteur. Exprimée en colonne d'air froid, cette même dépression aura pour valeur :

$$\frac{11,02}{1,226} = 8^m,90.$$

Exprimée en colonne d'air chaud, elle sera égale :

$$\frac{11,02}{0,675} = 16^m,32.$$

Or, on sait que le débit en volume d'un gaz est donné par la formule :

$$Q = mA \sqrt{2ge},$$

dans laquelle :

Q, débit par seconde, en mètres cubes;
A, section libre du registre, en mètres carrés;
m, coefficient de contraction;
$\sqrt{2ge}$, vitesse des gaz en mètres par seconde (1).

La vitesse des gaz au passage du registre sera de :

$$\sqrt{2g \times 16,32} = 17,89 \text{ mètres.}$$

Chaque mètre carré de section contractée du registre laissera donc passer par seconde $17^{m3},89$ de gaz chauds.

La formule :

$$Q = mA\sqrt{2ge} = mA\sqrt{2gH (d - d_1)},$$

montre que le débit des gaz est proportionnel au facteur $\sqrt{2gH}$, c'est-à-dire à la racine carrée de la hauteur de la cheminée.

Proportions des passages de fumée.

147. La vitesse des gaz chauds dans les carneaux doit être faible, et l'on doit marcher avec le registre très peu ouvert. Dans la pratique, voici les proportions habituellement employées ; avec une cheminée de hauteur moyenne (15 à 20 mètres) la vitesse du courant gazeux ne doit pas dépasser 4 mètres par seconde, ce qui correspond à une consommation de 5 kilogrammes de houille par heure et par décimètre carré de section de la cheminée, et un débit d'air froid de 70 mètres cubes (soit $\frac{70}{5} = 14$ mètres cubes d'air froid par kilogramme de charbon).

Avec le tirage naturel, on ne peut guère dépasser le chiffre de 6 à 7 kilogrammes par heure et par décimètre carré de section de la cheminée ; au-delà de ces limites, on est obligé d'avoir recours au tirage artificiel.

La section de la cheminée ne doit pas non plus être inférieure à la section totale des carneaux, laquelle est ordinairement le quart environ de la surface de la grille.

(1) g représente l'accélération due à la pesanteur, à la latitude de Paris : $g = 9^m,81$ environ.

Quand la cheminée est haute, on peut réduire un peu les dimensions de sa section, mais il est préférable d'avoir des passages trop larges plutôt que trop étroits.

On doit tenir compte également de la température des gaz, de leur vitesse et des résistances qui s'opposent à l'écoulement de ces gaz.

Le tableau suivant contient les diamètres D de quelques cheminées de générateurs, suivant la consommation de houille par heure et la hauteur de la cheminée.

HOUILLE brûlée PAR HEURE	DIAMÈTRE INTÉRIEUR POUR LES HAUTEURS DE			
	10 M.	20 M.	30 M.	35 M.
kil.	mètres	mètres	mètres	mètres
20	0.262	0.227	0.187	0.183
30	0.321	0.277	0.229	0.224
40	0.370	0.320	0.264	0.259
50	0.414	0.358	0.296	0.289
60	0.454	0.392	0.324	0.317
70	0.490	0.423	0.350	0.342
80	0.524	0.453	0.374	0.366
90	0.535	0.480	0.396	0.388
100	0.586	0.506	0.418	0.400
200	0.828	0.515	0.667	0.578

Construction des cheminées.

148. Autrefois on faisait les cheminée en briques à section carrée ; mais on a reconnu que, pour les hautes cheminées, la forme conique à section circulaire est préférable ; elles résistent ainsi beaucoup mieux à l'action du vent. Aujourd'hui les cheminées d'usines se font en briques et quelquefois en tôle.

Les cheminées en briques, de petite dimension, se font en briques ordinaires ; on leur donne, pour plus d'économie une section carrée, tant à l'intérieur qu'à l'extérieur. Dès que la hauteur de la cheminée devient un peu grande, on est obligé de lui donner une section circulaire ; l'action du vent, qui est loin d'être sans importance, doit être combattue en donnant à la cheminée une stabilité suffisante.

Une hauteur de 15 à 20 mètres est en général suffisante pour assurer un tirage convenable ; quand la cheminée est établie au milieu de bâtiments et surtout de maisons habitées, il est nécessaire d'élever la hauteur à 30 et 40 mètres, afin de ne pas incommoder le voisinage. Si la cheminée est établie dans une vallée dominée par des coteaux habités, il faut encore augmenter sa hauteur : ce sont des considérations de cette nature qui ont conduit à établir parfois des cheminées de 80,

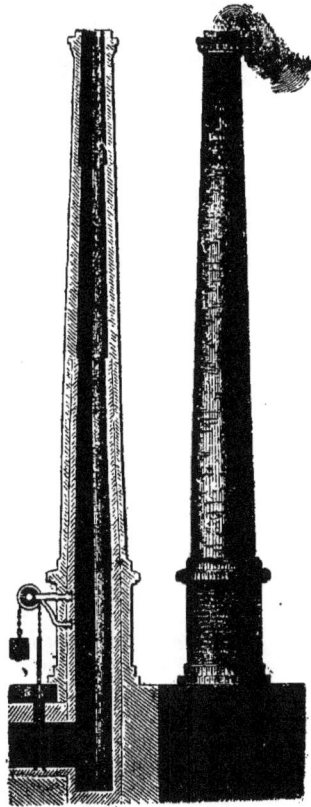

Fig. 123. — Cheminée de machine à vapeur.

100 mètres et au-delà de cette hauteur. A Rive-de-Gier en France, à Floreffe en Belgique, on cite deux cheminées de 108 mètres de hauteur ; à Manchester, il y a une cheminée qui a 125 mètres de haut, 7m,50 de diamètre extérieur à la base et 2m,70 au sommet ; elle a nécessité plus de quatre millions de briques pour sa construction.

La construction de ces grandes cheminées est fort délicate à établir, elle est fort coûteuse, car le prix augmente très rapidement avec la hauteur, sans que le tirage soit notablement supérieur.

Les cheminées se composent ordinairement de trois parties : le *piédestal*, le *fût* et le *chapiteau* (*fig.* 123). Le piédestal en briques repose sur un socle en pierre de taille dure, sa section est circulaire ou octogonale ; il possède, au-dessus du socle, une ouverture que l'on découvre pour procéder au ramonage. Au-dessus du piédestal, s'élève le fût construit entièrement en briques, à section circulaire ou polygonale. A section égale, c'est la section circulaire qui exige le moins de matériaux de construction.

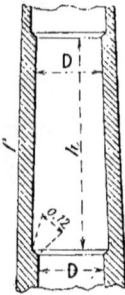

Fig. 124. — Construction du fût.

L'épaisseur de la paroi est généralement d'une brique ($0^m,22$) ; elle n'est que d'une demi-brique ($0^m,11$) pour les petites cheminées ; elle va en croissant du sommet jusqu'au piédestal.

Sur le parement extérieur de la cheminée, cette augmentation d'épaisseur se traduit par un fruit, qui doit être d'autant plus prononcé que la cheminée est plus large et moins haute. Ce fruit ou pente extérieure varie entre 25 et 35 millimètres par mètre. A l'intérieur (*fig.* 124), l'accroissement d'épaisseur se traduit par des versants d'une demi-brique ($0^m,12$ avec le joint). Le fût se trouve ainsi composé d'une série de rouleaux tronconiques ayant, à partir du haut, des épaisseurs de $0^m,22$, $0^m,34$, $0^m,46$, etc. Le diamètre

au droit d'un ressaut doit être au moins égal au diamètre au sommet, de sorte que tous les ressauts se trouvent sur un même cylindre vertical. On réalise cette condition en déterminant la hauteur h du fruit extérieur f ; on a, en effet :

$$fh = 0^m,12$$

$$h = \frac{0^m,12}{f}.$$

Si le fruit est de 30 millimètres par mètre, la hauteur h du rouleau sera :

$$h = \frac{0,12}{0,03} = 4 \text{ mètres.}$$

Pour les grandes cheminées on donne quelquefois une pente au parement intérieur qui varie de $0^m,012$ à $0^m,018$, afin d'augmenter la base sur laquelle elles reposent.

La cheminée est garnie à l'intérieur, sur une hauteur convenable, de briques réfractaires ; de très grands soins doivent être apportés dans le choix des briques qui servent à la construction du fût.

Les cheminées sont ordinairement surmontées d'un chapiteau en fonte ou en pierre de taille ; elles sont protégées par un paratonnerre à une ou deux pointes et une échelle intérieure permet d'accéder aux différents points pour les réparations et le ramonage.

Cheminées en tôle.

149. Les cheminées métalliques se font toujours à section circulaire ; elles coûtent, en général, moins cher que les cheminées en briques, mais ne présentent pas les mêmes avantages que ces dernières au point de vue de la durée. Elles sont constituées par de simples tuyaux de chaudronnerie, convenablement renforcés. Le plus souvent, l'assemblage se fait sur le sol, et la cheminée est dressée, d'une seule pièce, au moyen de chèvres et de palans ; on les consolide quelquefois par des haubans.

L'épaisseur de la tôle varie de 4 à 7 millimètres et au delà ; les viroles qui composent la cheminée sont assemblées soit par des rivets ou des couvre-joints intérieurs boulonnés, soit par des cornières qui peuvent alors servir d'attache aux haubans.

Nous donnons ci-après (fig. 125) le dessin de la cheminée construite par MM. Daydé et Pillé, qui fut installée dans la cour de la force motrice de l'Exposition de 1889. Cette cheminée a 35 mètres de hauteur ; le fût, en tôle de 6 millimètres, est constitué par 35 viroles de 1 mètre réunies par des couvre-joints intérieurs. Sur 14 mètres de hauteur règnent six contreforts, en treillis de tôles et cornières, donnant à la base d'appui un diamètre de 5m,26 et traversées par des boulons de fondation.

La plus grande cheminée qui se trouve en France est celle du Creusot ; ses dimensions sont les suivantes :

Hauteur.	85m,300
Diamètre à la base.	6 ,800
Diamètre au sommet.	2 ,300
Diamètre de la base en maçonnerie.	8 ,000
Épaisseur } à la base.	0 ,014
de la tôle { au sommet.	0 ,007

Le poids total des tôles atteint 80 tonnes, celui du massif en maçonnerie dépasse 300 tonnes.

Cette cheminée, comme la précédente, a été montée sur place et élevée d'une seule pièce.

A Glascow, on cite deux cheminées d'environ 140 mètres de hauteur et d'un poids total de près de 8 100 tonnes.

Les cheminées en tôle ont, en général, une assez faible durée, aussi recouvre-t-on les tôles, soit d'une couche de zinc, soit d'une peinture faite avec un alliage pulvérulent de zinc et de fer. Certaines d'entre elles, celle du Creusot par exemple, sont revêtues intérieurement d'une chemise en briques jusqu'à une assez grande hauteur. Elles ont l'avantage d'être beaucoup plus légères et plus économiques; mais, pour les installations fixes, il est préférable de recourir aux cheminées en briques.

150. *Tirage artificiel.* — On a recours au tirage artificiel quand le tirage naturel est insuffisant comme dans les locomotives où la cheminée est basse et étroite, ou bien lorsque la chaudière doit produire, dans certaines circonstances locales, de grandes quantités de vapeur. Le tirage artificiel s'obtient, soit par l'aspiration, en créant un vide partiel au-dessous de la grille, soit par le refoulement, en produisant un excès de pression sous la grille. On le réalise au moyen

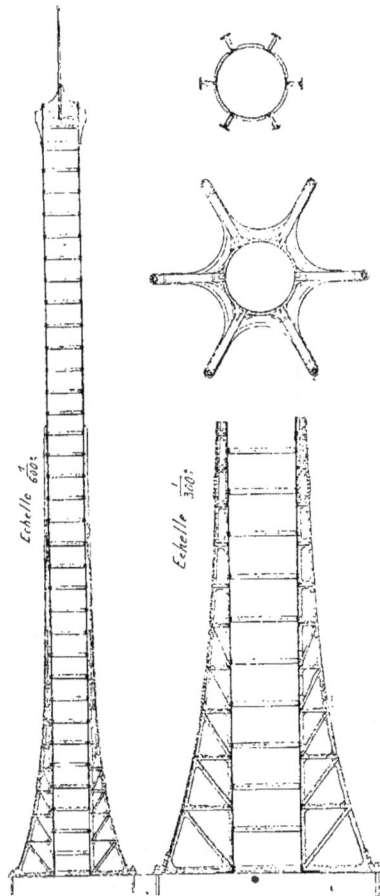

Fig. 125. — Cheminée en fer, Daydé et Pillé.

d'appareils agissant par l'entraînement déterminé par une veine fluide animée d'une grande vitesse, tels que les souffleurs, ou bien au moyen d'appareils mécaniques, tels que les ventilateurs, les pompes, etc... Nous avons déjà parlé du tirage produit par une veine fluide lancée avec une certaine vitesse au milieu d'une masse gazeuse ou *tirage par entraînement*, procédé qui a reçu une application importante dans les locomotives. Indépendamment du souffleur qui lance, dans la cheminée, un jet de vapeur pris à la chau-

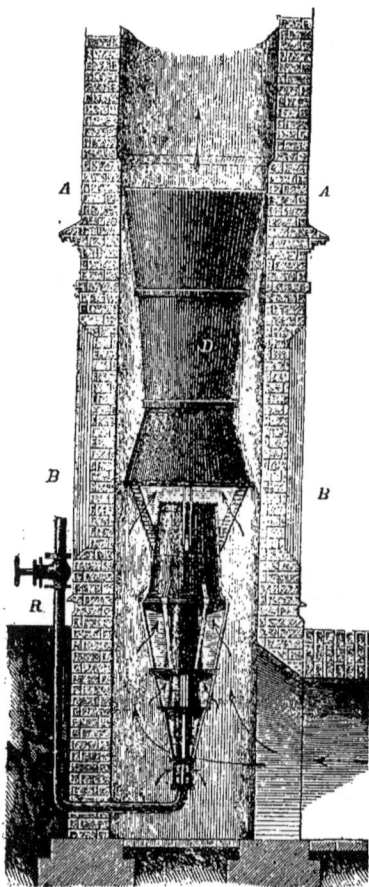

Fig. 126. — Souffleur Koerling.

dière et qui procure une certaine fumivorité, tout en accélérant la mise en possession, la vapeur d'échappement des deux cylindres moteurs de la machine vient déboucher dans une tuyère disposée dans l'axe de la cheminée.

A chaque coup d'échappement, cette tuyère lance une bouffée de vapeur qui s'élève avec une grande vitesse, entraîne les gaz et détermine un vif appel d'air dans le foyer. Quand la machine est en marche normale, les coups d'échappement sont fort multipliés, et le tirage très intense.

Si l'on veut régler le tirage, un dispositif spécial permet de modifier l'orifice de la buse ; en serrant cet orifice on donne au jet de vapeur plus de vitesse, c'est-à-dire qu'on augmente l'activité du tirage. Au besoin, le souffleur vient compléter l'action de l'échappement. On peut également régler le tirage en faisant varier l'ouverture de la porte du cendrier.

L'emploi de la vapeur d'échappement au tirage des locomotives est nécessité par la combustion fort active, qui doit leur donner une grande puissance de vaporisation et par la résistance très grande qu'offrent les tubes au passage du courant gazeux.

Dans les anciennes locomotives on avait à vaincre, en outre, la résistance provenant de la forte épaisseur du combustible placé sur la grille. On a fait diverses tentatives pour obtenir, du jet de vapeur, un meilleur effet utile que dans les locomotives. Le souffleur Koerting a le même but que le ventilateur ordinaire ; il envoie l'air au moyen d'une buse dans le cendrier fermé, ou bien il est disposé dans la cheminée (*fig.* 126), et détermine un appel d'air dans le foyer. La vapeur arrive par la conduite R, on en règle la dépense au moyen d'un obturateur ; le jet de vapeur jaillit dans l'axe d'un petit tube, et y détermine un vif courant d'air. Ce courant est lancé, à son tour, dans l'axe d'un tube de plus grand diamètre, où il produit de l'aspiration ; une série de tubes de diamètres croissants sont ainsi disposés les uns à la suite des autres, l'air contenu dans chacun de ces tubes étant entraîné par le courant du tube précédent. Ce principe d'appels successifs a été appliqué aussi pour produire le mouvement de l'eau dans l'injecteur Friedmann que nous étudierons ci-après. Il a pour effet de donner un grand débit sous une faible pression, tandis que le jet unique donne surtout une forte pression avec un faible débit. Le souffleur Koerting peut être appliqué à certaines installations fixes, il procure une certaine fumivorité et permet de brûler des combustibles menus ou de mauvaise qualité, en augmentant la puissance de vaporisation de la chaudière.

On n'a guère recours au soufflage mécanique au moyen de pompes que dans les établissements métallurgiques ; les ventilateurs sont employés pour alimenter certains gazogènes ; on les applique aussi quelquefois aux foyers des chaudières à vapeur, lorsqu'il s'agit d'obtenir, avec une grille de dimensions modérées, une combustion très active. Dans certains bateaux torpilleurs on a recours à des ventilateurs qui envoient l'air dans la chambre de chauffe, laquelle est close de toutes parts. Dans cette chambre qui renferme la chaudière et le chauffeur, et ne communique par le dehors que par des portes doubles, l'air est comprimé par le ventilateur à une pression d'une dizaine de centimètres d'eau. Cet air s'engouffre à travers la grille et y détermine une combustion très active. Dans ces sortes de bateaux, le tirage produit par jet de vapeur est impossible, parce que la machine est à condensation et que le bruit produit par le soufflage ainsi que le panache de vapeur pourraient trahir l'approche du bateau.

ACCESSOIRES DE SURETÉ

Appareils indicateurs de la pression.

151. Les premières chaudières fonctionnaient à basse pression ; l'excès de la tension intérieure sur la pression atmosphérique était inférieur à une atmosphère, c'est-à-dire à la pression exercée par

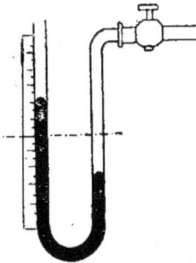

Fig. 127. — Manomètre à air libre.

une colonne d'eau de $10^m,33$ de hauteur. ou par une colonne de mercure de $0^m,76$. Cette pression pouvait être mesurée au moyen du *manomètre à mercure* (*fig.* 127), appareil formé d'un tube de verre à deux branches recourbées en siphon renversé et contenant du mercure. En mettant l'une des branches en communication avec la chaudière et l'autre avec l'atmo-sphère, la différence de niveau du mercure dans les deux branches indiquait, en hauteur du mercure, la pression de la vapeur.

Généralement, on graduait la colonne en fractions d'atmosphères.

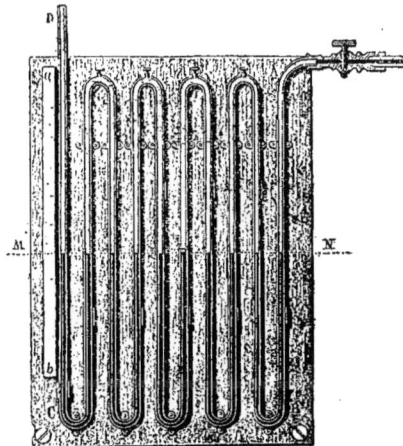

Fig. 128. — Manomètre à air libre, à branches multiples.

Le mercure avait été choisi à cause de sa grande densité, qui permettait de répartir sur une hauteur de $0^m,76$ les indications de l'instrument ; si l'on avait employé l'eau, on aurait été obligé de donner aux branches du manomètre une longueur de plus de 10^m,33 de hauteur. Quand on commença à utiliser des pressions plus élevées, il fallut augmenter la hauteur des branches du manomètre, ce qui rendit ce dernier plus fragile et plus difficile à installer. On dut modifier la construction et on donna à la branche libre du manomètre un diamètre notablement supérieur à celui de l'autre branche. — D'autres fois, on construisit un appareil composé d'une série de tubes recourbés (*fig.* 128), dont la partie inférieure était remplie de mercure jusqu'à un niveau MN, et la partie supérieure remplie d'eau. Le mouvement du mercure dans l'une des branches se transmet exactement dans toutes les

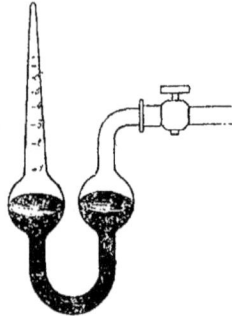

Fig. 129. — Manomètre à air comprimé.

autres ; il est facile de voir qu'en se servant d'un appareil à dix branches, le déplacement du niveau du mercure, dans chacune d'elles, représentera le 1/10 de la pression *effective* à mesurer (1). Une échelle graduée *ab* permet de faire directement la lecture ; les tubes sont en fer, sauf dans la partie qui correspond à l'échelle graduée et qui est en verre.

On peut se dispenser d'employer un tube de verre en se servant d'un flotteur équilibré disposé pour que la lecture puisse être faite sur une échelle graduée.

(1) Nous rappelons qu'on entend par *pression effective* l'excès de la pression à mesurer sur la pression atmosphérique ; et par *pression absolue* l'excès de la pression compté à partir du vide parfait. La pression absolue est donc égale à la pression effective augmentée de la pression atmosphérique.

On eut recours ensuite au *manomètre à air comprimé*, lequel était composé d'un tube de verre recourbé en siphon renversé à deux branches inégales et remplie en partie de mercure. La petite branche était mise en communication avec la chaudière, l'autre branche était fermée ; la course du niveau du mercure diminuait donc, suivant la loi de Mariotte, à mesure que, la pression augmentant, l'air comprimé dans la grande branche se trouvait de plus en plus comprimé. Les indications devenaient, par cela même, de moins en moins précises. Pour régulariser autant que pos-

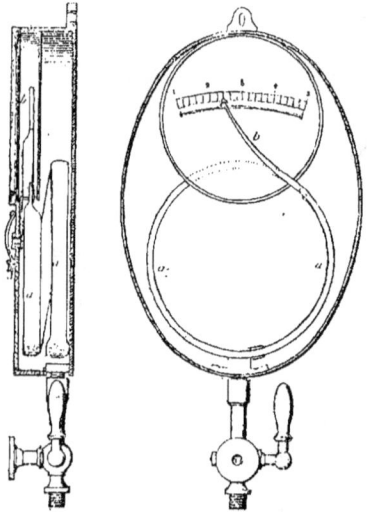

Fig. 130. — Manomètre Bourdon.

sible les divisions, on était obligé de recourir à l'emploi de tubes coniques (*fig.* 129), qu'on graduait par comparaison avec un manomètre étalon. Mais la diminution du volume d'air emprisonné causée par l'oxydation du mercure était un inconvénient sérieux ; on pouvait y remédier en remplaçant l'air par un gaz inerte, tel que l'azote ou l'acide carbonique.

Aujourd'hui, tous ces appareils fragiles et encombrants ont été remplacés par des *manomètres métalliques*.

152. *Manomètre Bourdon.* — En 1849, M. *Bourdon* imagina un manomètre entièrement métallique basé sur le principe suivant :

Lorsqu'on soumet à une certaine pression intérieure un tube méplat recourbé, ce dernier tend à se redresser et la déformation est d'autant plus grande que la pression est plus forte ; cette déformation s'explique par le fait de l'augmentation du volume intérieur du tube sous l'influence de la pression. Le manomètre Bourdon comprend, comme organe essentiel, un tube en laiton *aa* (*fig.* 130), dont la section est une ellipse aplatie ; ce tube, contourné en spirale, est fermé à l'une de ses extrémités et est en communication, par l'autre bout, avec le fluide dont on veut mesurer la pression.

L'extrémité fermée, qui est libre de se déplacer, porte une aiguille *b*, qui se meut devant les divisions d'un cadran. Par l'effet de la pression intérieure, la section tend à se rapprocher de la forme circulaire et, par suite, le tube est forcé de s'ouvrir de plus en plus ; ce mouvement se traduit par le déplacement de l'aiguille sur le cadran.

Pratiquement, les déplacements de l'aiguille d'un manomètre sont sensiblement proportionnels aux pressions, on pourrait donc graduer les manomètres d'une manière analogue à celle usitée pour les thermomètres ; on préfère, comme nous le verrons ci-après, avoir recours aux indications comparatives d'un manomètre étalon.

Si l'on veut augmenter la course de l'aiguille indicatrice, on relie l'extrémité libre du tube à l'aiguille par l'intermédiaire d'un levier ou d'un engrenage.

Suivant qu'il s'agit de mesurer des pressions plus ou moins considérables, le tube *a a* présente des dispositions différentes pour les fortes pressions, il est construit en acier.

Lorsque l'on veut se rendre un compte exact et détaillé des variations de la pression, comme dans les générateurs de vapeur, par exemple, on fait usage de *manomètres enregistreurs*. L'appareil se compose (*fig.* 131) d'un manomètre métallique ordinaire dont l'aiguille se meut devant un cylindre recouvert de papier quadrillé. Le cylindre est animé d'un mouvement continu de rotation, sous l'action d'un mouvement d'horlogerie ; une plume spéciale, remplie d'encre, trace au contact du cylindre de papier la courbe des pressions. Au moyen d'un quadrillage convenable en ordonnées et en abscisses, on peut lire directement les pressions, à chaque instant de la marche du générateur.

Le chauffeur peut ainsi être surveillé sans cesse, les indications étant transmises à distance jusqu'au bureau du chef

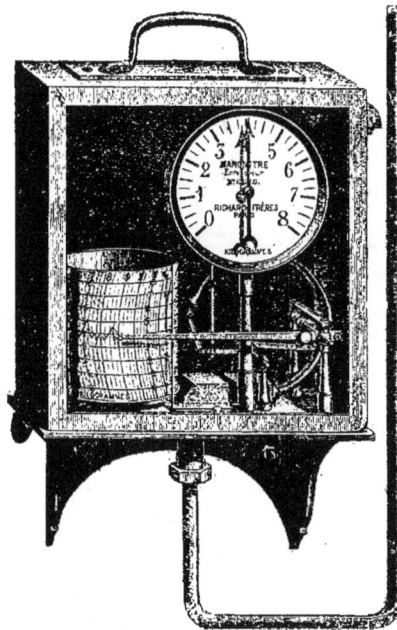

Fig. 131. — Manomètre enregistreur à cadran.

d'usine ; c'est pourquoi on a parfois décoré ces appareils du nom de mouchards.

M. Bourdon construit un manomètre enregistreur analogue au précédent, mais dans lequel l'extrémité du tube recourbé est reliée, par l'intermédiaire d'un levier, à deux aiguilles, dont l'une se meut devant un cadran et l'autre est munie d'une pointe traçante qui s'appuie sur un disque de carton, auquel un mouvement d'horlogerie fait exécuter une révolution complète en 24 heures.

153. *Manomètres divers.* — Il existe plusieurs variétés de manomètres métal-liques qui sont basés sur la déformation d'un diaphragme sous l'influence de la pression.

Le manomètre *Guichard* (*fig.* 132), est

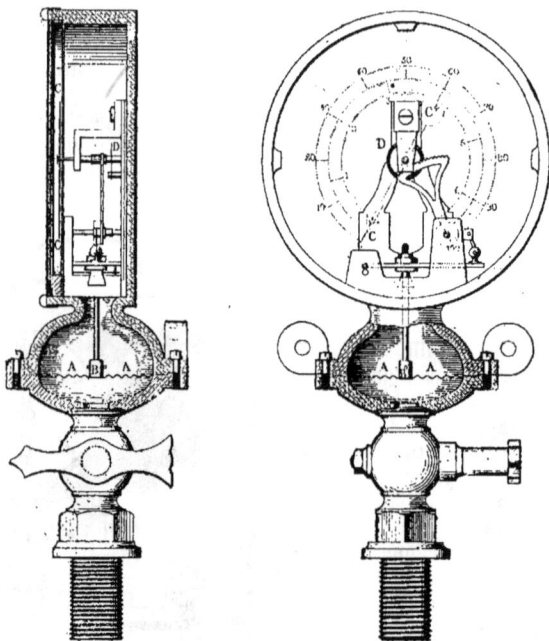

Fig. 132. — Manomètre Guichard.

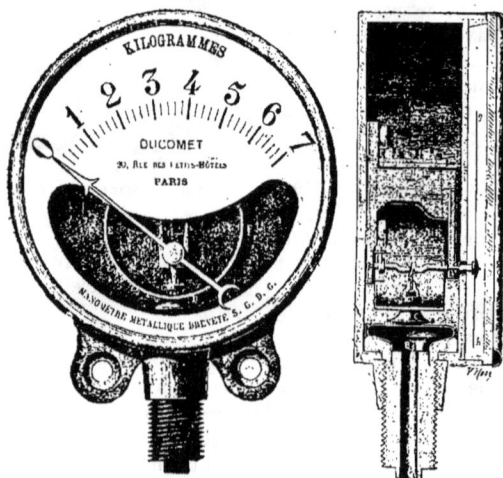

Fig. 133. — Manomètre Ducomet.

constitué par une membrane AA, en acier argenté, emboutie de manière à présenter une série de rainures circulaires qui lui donnent plus de flexibilité. Les mouvements de la membrane sont transmis à l'aiguille indicatrice c c par l'intermédiaire du bouton B et d'une série de leviers et d'engrenages. Un ressort spiral D supprime le temps perdu et ramène sans cesse le bouton B à l'appui sur le centre de la membrane. M. Vidie avait imaginé, en 1844, un baromètre métallique fondé sur le même principe.

Dans le manomètre *Ducomet* (*fig.* 133), l'organe déformable est constitué par une capsule B; en *c* est un bouton reposant sur la capsule maintenue en contact avec elle au moyen du ressort en acier DEF. Les déplacements du bouton *c*, produits par le gonflement de la cuvette, sont transmis à l'aiguille indicatrice au moyen d'une bielle et d'un vilbrequin. La capsule B est formée d'une feuille mince de cuivre rouge, plaquée d'argent sur ses deux faces, afin d'éviter l'oxydation.

Le manomètre Desbordes, presque abandonné aujourd'hui, reposait sur l'emploi d'un diaphragme flexible, constitué par une lame de caoutchouc formant joint et appuyant sur un piston.

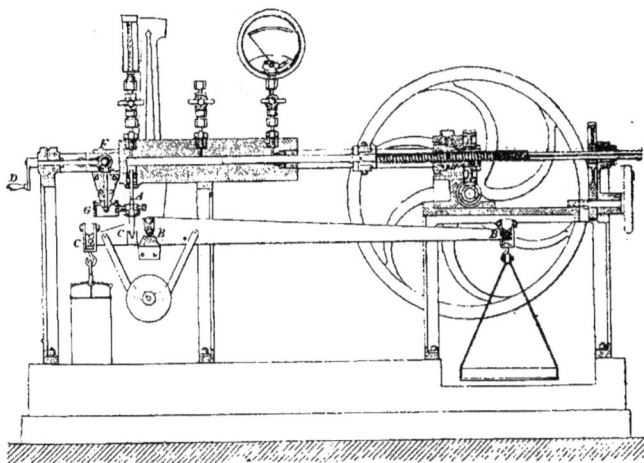

Fig. 134. — Appareil pour la graduation des manomètres.

Le mouvement du piston était transmis à l'aiguille par l'intermédiaire d'un ressort et d'une lame commandant un secteur denté. La lame de caoutchouc était protégée, contre l'action de la vapeur, par un petit disque de métal.

On peut donner à la membrane métallique les formes les plus variées, comme dans le manomètre *Dubois et Casse*, constitué essentiellement par un tube plissé, sans soudure et possédant, par suite, une très grande élasticité.

154. *Graduation des manomètres.* — La graduation du cadran des manomètres métalliques se fait par comparaison avec de bons manomètres à mercure et à air libre sous diverses pressions. On se sert ordinairement, à cet effet, d'une pompe sur la caisse de laquelle sont disposées des tubulures destinées à recevoir les manomètres à graduer.

Pour les pressions dépassant 15 à 20 kilogrammes, on est obligé d'avoir recours à des dispositions spéciales. L'appareil imaginé par M. *Bourdon*, et représenté dans la figure 134, permet de mesurer exactement des pressions jusqu'à 3 000 kilogrammes par centimètre carré. Le fonctionnement de cet appareil est fort simple, la pression à mesurer agit sur un petit piston plongeur A de diamètre exactement déterminé; sur la tête de ce piston, est appliqué une force qui fait exactement équilibre à la résultante des pressions; cette force est obtenue au moyen d'une balance romaine à leviers BB et cc. Au moyen d'un volant engrenant avec une vis sans fin, on comprime l'eau contenue dans le corps de pompe; la pression se transmet au manomètre à graduer, et au petit piston, elle peut être équilibrée par des poids placés dans le plateau de la romaine. Connaissant la surface exacte du piston, le rapport des leviers et le poids placé dans le plateau, il est facile de déterminer la pression équivalente en kilogrammes par centimètre carré. La sensibilité de l'appareil étant combattue par le frottement dû à la pression du cuir embouti formant le joint autour du piston A, on a eu recours à un procédé ingénieux pour annuler l'influence de ce frottement. A l'aide de la manivelle D et de l'engrenage FG, on imprime au piston A un mouvement rapide de rotation autour de son axe; la résistance due au frottement étant dirigée en sens inverse du mouvement relatif des pièces frottantes, on voit que la composante de cette force parallèle à l'axe du piston se trouvera pour ainsi dire annulée. C'est ce que l'on constate: dans l'emploi de cet appareil: quand on met en jeu l'appareil de rotation; le fléau, d'abord dur et paresseux à se mouvoir, se met à osciller librement et permet le tarage exact de la pression.

155. *Installation des manomètres.* — Aux termes du décret du 30 avril 1880 (n° 131, art. 7);

« *Toute chaudière est munie d'un ma-*
« *nomètre en bon état, placé en vue du*
« *chauffeur et gradué de manière à indi-*
« *quer en kilogrammes la pression effective*
« *de la vapeur dans la chaudière.*

« *Une marque très apparente indique,*
« *sur l'échelle du manomètre, la limite que*
« *la pression effective ne doit pas dépasser.*

« *La chaudière est munie d'un ajutage*
« *terminé par une bride de quatre centi-*
« *mètres (0^m,04) de diamètre et cinq milli-*
« *mètres d'épaisseur, disposé pour recevoir*
« *le manomètre vérificateur.*

Ainsi, il doit y avoir un manomètre spécial sur chaque générateur, il sera gradué à 2 ou 3 kilogrammes au-dessus de la pression limite. L'aiguille, absolument libre dans ses mouvements marquera 0 au repos et non pas le chiffre 1 comme dans les anciens manomètres gradués en atmosphères absolues.

Le manomètre est muni d'un raccord sur lequel vient s'assembler le tuyau de vapeur; ce raccord est surmonté d'un ajutage latéral avec bride réglementaire, et porte un robinet à trois voies. Ce robinet permet de mettre le manomètre en relation, soit avec la chaudière, soit avec l'ajutage, soit avec les deux à la fois. Cette manœuvre sert à la vérification du manomètre au moyen du manomètre étalon disposé sur la bride réglementaire; elle permet de s'assurer si les indications de l'appareil sont conformes à celles du manomètre vérificateur (à 1/4 ou 1/2 kilogramme près) et si l'aiguille revient au zéro quand on met l'instrument en relation avec l'atmosphère.

Le manomètre vérificateur sert en outre à l'épreuve des chaudières, ainsi que nous l'avons vu au numéro 132.

L'emploi des manomètres métalliques exige certaines précautions, il faut éviter de mettre le métal élastique en contact immédiat avec la vapeur chaude; on s'exposerait aussi à brûler le métal, ce qui modifierait son élasticité et fausserait, par suite, ses indications. Le moyen qu'on emploie ordinairement, pour se mettre à l'abri de cet inconvénient, consiste à réunir le manomètre à la chaudière par un assez long tube, cintré en forme de siphon renversé, dans lequel l'eau provenant de la condensation de la vapeur vint s'accumuler.

L'usage des manomètres métalliques, particulièrement ceux du système Bourdon, s'est beaucoup développé, ils sont presque exclusivement employés pour les générateurs de vapeur et ont reçu de nombreuses applications pour la mesure de la pression dans les transmissions hydrauliques, les freins à air comprimé, la compression des gaz, etc. Le laiton est le métal ordinairement employé pour la fabrication des tubes flexibles et pour des pressions de 8 à 10 kilogrammes; au delà, on est obligé de faire usage de tubes en acier.

Ce dernier métal a l'inconvénient de s'oxyder facilement : on y remédie en remplissant le tube d'huile ou de glycérine. On fait également usage de tubes en bronze phosphoreux, inoxydable, qui permettent d'atteindre des pressions notablement plus élevées que celles des tubes en laiton.

156. *Thermomanomètres. — Indicateurs du vide.* — Nous avons vu (n° 3) qu'entre la pression et la température de la vapeur, il existe une relation parfaitement déterminée. Pour obtenir la mesure de la pression, on pourrait donc se servir d'un thermomètre dont le réservoir serait plongé dans la vapeur, de là le nom de *thermomanomètre.* En 1843, une instruction fut rendue en faveur de l'emploi de cet instrument : il était constitué par un thermomètre à mercure, construit de manière à accuser des températures jusqu'à 200 degrés centigrades environ et sa tige était divisée en atmosphères et en fractions d'atmosphères, d'après les relations connues entre les températures et les pressions correspondantes de la vapeur d'eau, à son maximum de densité. La boule du thermomanomètre n'était pas plongée dans la vapeur de la chaudière, attendu que la pression eut faussé les indications thermométriques ; elle était enfermée dans un tube de métal, fermé par le bas, et rentrant dans la chaudière ; l'espace resté libre entre la boule et les parois du tube métallique était rempli de limaille de cuivre ou d'un corps bon conducteur de la chaleur.

La lecture de la pression avec un semblable appareil devient difficile aux pressions élevées, parce qu'il suffit de quelques degrés pour faire augmenter rapidement la pression et que, par suite, les divisions de l'échelle deviennent très serrées. De plus, cet appareil a l'inconvénient d'être fragile et paresseux ; son usage a été abandonné quoique on conçoive toute l'importance qu'il y aurait à s'en servir pour contrôler les indications du manomètre métallique.

En dehors des manomètres utilisés pour mesurer la pression de la vapeur dans les chaudières, il existe d'autres manomètres, qui servent à indiquer les pressions inférieures à la pression atmosphérique. Ces appareils, qui sont surtout employés pour mesurer la pression dans les condenseurs des machines à vapeur ont eu le nom *d'indicateurs du vide.* Leur construction repose sur les mêmes principes que celle des manomètres à mercure ou des manomètres métalliques ; mais leur graduation est faite en centimètres de mercure, à partir de la pression atmosphérique.

L'indicateur de vide à mercure se compose (*fig.* 135), d'un tube en verre à siphon, dont l'une des extrémités est fermée, et qui est logé dans une éprou-

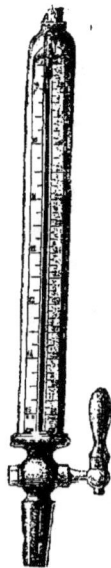

Fig. 135. — Indicateur du vide, à mercure.

vette cylindrique, également fermée, pouvant être mise en relation, par un robinet et un tuyau, avec l'espace dont on veut mesurer le degré de vide. Le siphon contient du mercure dans les deux branches, et il existe, dans celle qui est fermée, un vide aussi parfait que le vide barométrique. La pression est mesurée par la différence de niveau du mercure dans les deux branches et l'appareil est gradué de manière à donner directement la pression dans l'espace mis en relation avec la chambre du siphon. Si l'appareil indique le chiffre

65, par exemple, on dit que le condenseur donne 65 centimètres de vide,
ce qui correspond à une pression réelle,
dans le condenseur, de 76 — 65 = 11
centimètres de mercure, en supposant
que le baromètre marque 76 centimètres
pour la pression atmosphérique. Les
pressions dans les condenseurs étant ordinairement assez faibles, il suffit de
donner au siphon une hauteur de 0ᵐ,25
à 0ᵐ,30, ce qui rend l'appareil peu encombrant tout en lui laissant un degré de
précision supérieur à celui des indicateurs métalliques.

Soupapes de sûreté.

157. *Prescriptions générales*. — Les
décrets administratifs exigent que chaque
chaudière soit pourvue de deux soupapes

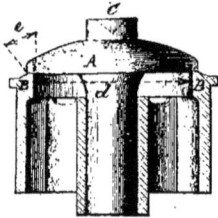

Fig. 136. — Soupape de sûreté.

de sûreté, chargées de manière à se soulever et à laisser échapper la vapeur dès
que la pression effective de celle-ci atteint
la limite fixée par le timbre réglementaire. Chacune de ces soupapes doit présenter une section de sortie suffisante
pour que toute la vapeur qui se forme,
même avec le feu le plus poussé, puisse
s'échapper sans que la limite de la pression soit dépassée.

La soupape de sûreté ne doit pas être,
pour cela, considérée comme un appareil
automatique limitant au degré voulu la
tension de la vapeur; elle joue simplement le rôle d'appareil avertisseur en
indiquant que la pression a atteint son
maximum et met en éveil l'attention du
chauffeur chargé de la conduite de la
chaudière.

Cette prescription, dictée par une cir-

culaire ministérielle, signifie qu'il y a
danger lorsque les soupapes soufflent à la
pression limite maxima et qu'il faut, par
un moyen quelconque, faire redescendre
la pression au-dessous de cette valeur
extrême.

La soupape de sûreté proprement dite
se compose, dans sa forme la plus ordinaire, d'un disque en bronze A (*fig*. 136
et 137), reposant par ses bords sur la
couronne d'un siège B B, également en
bronze; la portée *a a* se fait par une
zone très étroite (1 à 2 millimètres) soigneusement dressée et rodée. La soupape porte trois ou quatre ailettes de
guidage *b b*, elle est chargé au moyen

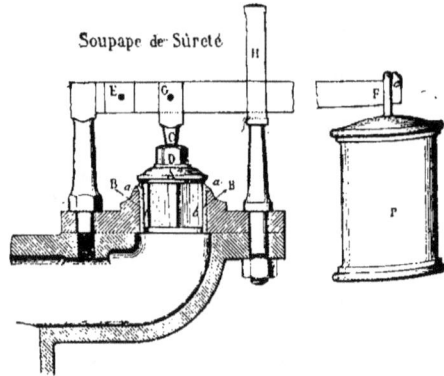

Fig. 137. — Soupape de sûreté.

d'un levier à poids ou de ressorts qui
agissent sur le pointeau c.

Le diamètre intérieur est déterminé
par l'instruction ministérielle de 1832 qui
prescrivit la formule suivante :

$$d = 2,64 \sqrt{\frac{c}{p + 0,608}}$$

d, diamètre intérieur en centimètres ;

p, pression *effective* en kilogrammes par
centimètre carré ;

c, surface de chauffe de la chaudière
en mètres carrés.

Cette formule, déduite des expériences
faites par M. Trémery, est sujette à des
objections fort importantes ; on remarque,
en effet, que l'usage de cette formule suppose que la production de vapeur est pro-

portionnelle à la surface de chauffe, sans qu'il soit tenu aucun compte des dimensions de la grille et de l'activité du tirage, éléments qui ont une influence prépondérante. C'est pourquoi l'administration a substitué au coefficient 0, 9 déduit des expériences de Trémery, un coefficient beaucoup plus élevé 2, 6, ce qui donne à la section de la soupape une valeur huit fois plus considérable.

Pour qu'une soupape levée offre, sur son pourtour, une section d'écoulement égale à celle de son siège, il faut que la levée soit le 1/4 du diamètre du siège (1). La soupape prescrite par l'ordonnance de 1832 n'a donc besoin que d'une levée très petite (environ 1/10 du diamètre) pour donner, sur son pourtour, une action d'écoulement équivalente à celle proposée par Trémery.

Les décrets ultérieurs de 1865 et de 1880 modifièrent cette prescription (art. 6 du décret du 30 avril 1880, n° 131) ainsi qu'il suit :

« L'orifice de chacune des deux sou-
« papes doit suffire à maintenir, *celle-ci*
« *étant au besoin convenablement déchar-*
« *gée ou soulevée*, et quelle que soit l'ac-
« tivité du feu, la vapeur dans la chau-
« dière à un degré de pression qui
« n'excède, dans aucun cas, la limite
« fixée par le timbre réglementaire.

Il va de soi que dans la pratique, aucune chaudière ne devra être mise en service avant que, par une expérience préliminaire, on ne se soit assuré que les soupapes de sûreté offrent à la vapeur des débouchés suffisants pour que les conditions imposées par les règlements soient largement satisfaites.

Lorsque les soupapes ont les proportions indiquées par le règlement de 1832, l'excès de pression de régime sur la pression du timbre ne dépasse guère 1 kilo-

gramme par centimètre carré, la levée est toujours très petite (2 à 3 millimètres) et elles constituent, dans ce cas, de véritables appareils automatiques ; à condition, bien entendu, qu'elles soient établies dans de bonnes conditions de sensibilité.

158. *Soupape de sûreté pour chaudières fixes.* — La soupape la plus ordinairement employée sur les générateurs fixes se compose (*fig.* 137), d'une soupape proprement dite A, identique à celle que nous avons décrite précédemment ; un levier EF, mobile autour du point fixe E, constitué par une forte goupille, reçoit à son autre extrémité un poids P, et transmet la charge au moyen de la goupille G. Le levier est maintenu dans un cadre H, qui empêche le soulèvement complet et les déversements latéraux. Une tête à six pans D, venue avec la soupape A, permet le rôdage de celle-ci sur son siège quand elle vient à fuir. Le poids P repose sur le levier par l'intermédiaire d'un couteau qui prend place dans une encoche pratiquée sur le levier ; une butée c empêche le poids de s'échapper. La soupape étant au repos, les articulations E et G doivent se trouver sur une même horizontale, sans quoi le pointeau c pouvait, en se levant obliquement, faire coincer la soupape. Il est nécessaire de ménager un certain jeu dans les articulations et dans les guides ; le chauffeur doit s'assurer fréquemment que la soupape fonctionne librement et qu'elle n'est pas collée sur son siège.

Pour soulager la soupape il suffit de soulever le contrepoids ou de le rapprocher de son axe d'oscillation. On ne doit jamais, sous aucun prétexte, surcharger ou, ce qui est plus grave encore, caler les soupapes, afin de les empêcher de laisser échapper la vapeur quand la pression dépasse celle fixée par le timbre ; on s'expose ainsi à de dangereuses explosions.

Le calcul du poids P se fait de la manière suivante :

Après avoir mesuré soigneusement les distances (*fig.* 138), EF = L, EG = *l*, on calculera l'aire de la soupape en prenant pour diamètre celui du cercle intérieur de la zone de contact ; soit *d* ce

---

1 Si on désigne par *h* la levée, par *d* le diamètre on a en effet, pour la section d'écoulement du siège.................................... $\frac{\pi d^2}{4}$,

pour celle du pourtour de la soupape....... πdh.

En posant $\frac{\pi d^2}{4} = \pi dh$ il vient :

$$\frac{d}{4} = h.$$

diamètre en centimètres, p la pression fixée par le timbre en kilogrammes par centimètre carré, la force Q qui tend à soulever la soupape a pour valeur :

$$\frac{\pi d^2}{4}\, p.$$

On a, d'autre part, en vertu du principe des moments :

$$\mathrm{P L} = \mathrm{Q}l$$

d'où

$$\mathrm{P} = \frac{\mathrm{Q}l}{\mathrm{L}} = \frac{\pi d^2 p}{4} \times \frac{l}{\mathrm{L}}$$

Il faudra tenir compte du poids q de la soupape que l'on évaluera par une pesée directe ; quant au moment q' du levier, on le déterminera en suspendant ce levier par un fil attaché en F au crochet d'une balance. La formule précédente deviendra :

$$\mathrm{P} = \frac{l}{\mathrm{L}}\left(\frac{\pi d^2 p}{4} - q\right) - q'.$$

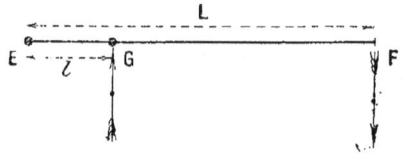

Fig. 138.

159. *Soupapes chargées par des ressorts.* — Pour les appareils mobiles, entre autres les locomotives, les soupapes chargées par des poids seraient sujettes à se soulever sous l'influence des trépi-

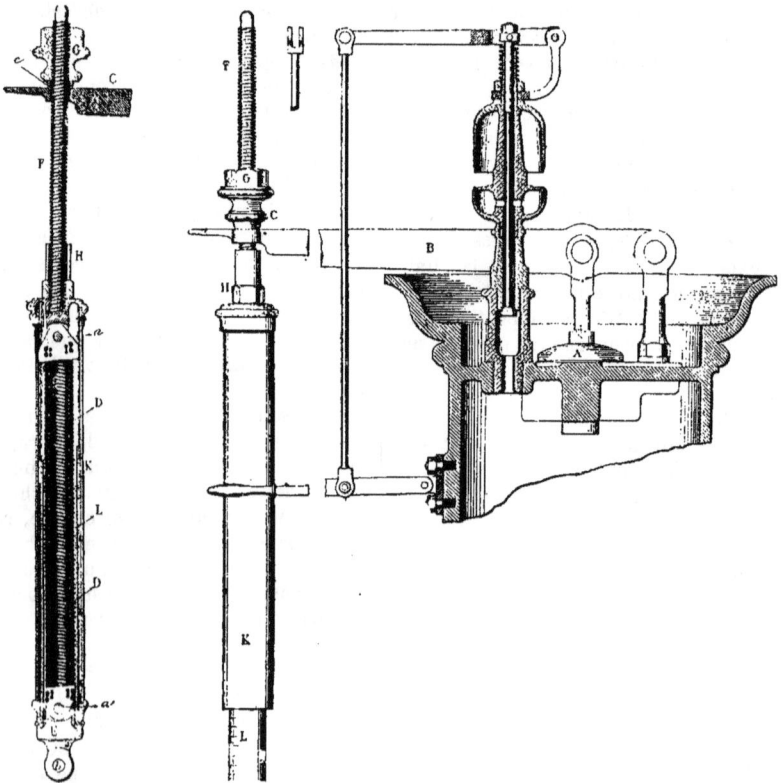

Fig. 139. — Soupape de sûreté pour locomotives.

dations produites par la marche de la machine. On remplace les poids par des ressorts et l'appareil prend alors le nom de *balance*, parce qu'il sert, en définitive, à peser la pression.

La soupape de locomotive se compose (*fig.* 139) d'une soupape ordinaire A et d'un levier B dont l'extrémité *c* est pressée par un ressort à boudin. Ce ressort est constitué par quatre fils d'acier (afin de présenter plus de résistance et d'élasticité), qui viennent s'assembler sur deux pièces triangulaires *aa'*. La goupille inférieure *a'* est articulée sur la pièce E, fixée à la chaudière ; la goupille supérieure *a* s'assemble à une longue tringle filetée F, laquelle est saisie par un écran molleté G qui porte sur l'extrémité C du levier par l'intermédiaire d'une demi-sphère *c*. En tournant l'écrou G, le mécanicien peut donner au ressort la tension qu'il désire, une bague H empêche que l'on puisse donner à cette tension une valeur supérieure à celle déterminée par le timbre. Les ressorts sont entourés par deux fourreaux ; le fourreau intérieur L est solidaire de l'extrémité inférieure E du ressort ; tandis que le fourreau K est solidaire de son extrémité supérieure. Quand on serre l'écrou G, le ressort s'allonge et, son extrémité inférieure étant fixe, le fourreau extérieur K s'élève ; ces déplacements servent de mesure à la tension donnée au ressort et, à cet effet, sur le pourtour du fourreau intérieur, sont gravées des divisions que le bord du fourreau K vient effleurer.

On remarquera que dans cette disposition la tension du ressort augmente avec la levée de la soupape, c'est pour atténuer cet inconvénient qu'on donne aux ressorts une grande longueur.

160. *Variétés de la soupape de sûreté.* — On a cherché par divers moyens à donner à la soupape un caractère d'automaticité absolue et, par suite, à éviter les causes qui retardent ou diminuent sa levée. Dans les soupapes ordinaires, la pression qui agit sur la soupape diminue notablement dès que la soupape est soulevée de son siège et soustraite, par suite de l'écoulement de la vapeur, à la pression statique de la vapeur dans la chau-

dière. Cette observation est encore plus marquée dans les soupapes chargées par des ressorts et dans lesquelles la tension du ressort augmente avec la levée.

On a cherché par divers moyens à remédier à ces influences et à réduire, autant que possible, l'excès de pression nécessaire au soulèvement de la soupape. Les appareils qui ont été imaginés dans ce but peuvent être ramenés à trois types définis par les caractères suivants :

1° La charge de la soupape varie, et va en décroissant quand la levée augmente ;

2° La soupape proprement dite est indépendante de l'appareil d'échappement ; elle est soustraite à l'action dynamique de la vapeur en mouvement, et reçoit seulement la pression statique qui règne dans la chaudière ;

3° La surface soumise à l'action de la vapeur en mouvement augmente avec la levée.

161. *Soupapes à charge variable.* — Les appareils à charge variable peuvent présenter des dispositions variées ; l'action variable de la charge peut être obtenue, tantôt par un contrepoids fixé sur un bras vertical au-dessus de l'axe de rotation du levier principal, ce qui a pour effet de décharger la soupape quand elle se soulève ; d'autres fois, le contrepoids peut se déplacer, en roulant sur le levier qui a reçu une courbure convenable.

La soupape *Lemonnier et Vallée*, qui peut s'appliquer aux locomotives, est destinée à s'ouvrir en grand dès que la pression limite est dépassée ; à cet effet, l'articulation de la tige du ressort avec le levier peut prendre deux positions pour lesquelles la longueur de la tige varie et provoque la levée complète de la soupape.

162. *Soupapes à évacuation indépendante.* — Dans les soupapes de ce type, l'organe obturateur ne reçoit que la pression statique de la vapeur de la chaudière. Dans la soupape imaginée récemment par M. *Wilson* (*fig.* 140), la soupape AA a ses parois latérales taillées en cylindre, le bord portant sur le siège fixe BB ; ce siège est lui-même fermé par un diaphragme *cc*, formant piston à l'intérieur de la partie mobile ; au centre est un tube DD, qui va prendre la vapeur dans la partie tranquille de la chaudière, et l'amène dans l'espace situé au-dessus du diaphragme *cc*. La vapeur agit, par sa pression statique, sur le fond de la soupape ; le joint du piston avec le cylindre est libre, les fuites qui se produisent n'ayant aucun inconvénient. La soupape est chargée par un ressort en hélice EE contenu dans une enveloppe, qui le met à l'abri du contact de la vapeur.

Les soupapes Wilson sont couplées par paires, les deux ressorts agissant sur les bras égaux d'un même levier, ce qui fait qu'on ne peut pas les surcharger, attendu

dition indispensable pour que le fonctionnement soit doux et régulier.

Nous citerons encore la disposition de soupape imaginée par MM. Maurel et Truel, qui comprend un régulateur de pression sur lequel agit la vapeur et un piston obturateur qui s'ouvre ou se ferme suivant que la pression de la vapeur dépasse ou devient inférieur à la pression limite. La charge est appliquée directement au régulateur de pression, sans l'intermédiaire d'un levier, mais la levée de l'obturateur est indépendante de la pression.

163. *Soupapes à aire variable.* — M. *Thomas Adams* a établi une soupape

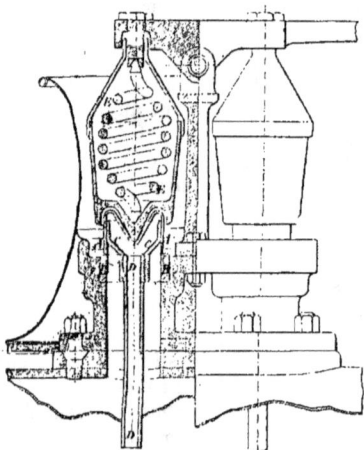

Fig. 140. — Soupape Wilson.

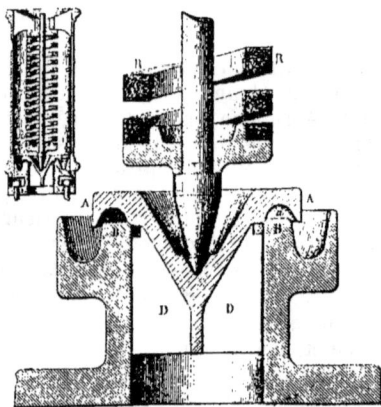

Fig. 141. — Soupape Adams.

que si l'on appuie sur le bras de l'une d'elles on décharge l'autre d'autant.

MM. *Bodmer et Labeyrie* avaient imaginé antérieurement une soupape qui se rapprochait beaucoup de la précédente, aussi bien comme principe que comme disposition, mais cette soupape était chargée par un poids ; cette charge constante présentait l'inconvénient de permettre l'ouverture en grand de la soupape sitôt que la pression limite était franchie. Dans la soupape Wilson, la charge est obtenue par un ressort raide et court, c'est-à-dire qu'elle croît en même temps que la levée. Il en résulte que la levée est progressive et qu'elle augmente avec la pression, con-

constituée par un obturateur AA (*fig.* 141), qui porte un rebord *aa* en forme de gouttière renversée et qui se trouve en dehors du siège BB sur lequel il repose.

Lorsque l'obturateur se soulève, l'action de la vapeur s'exerce sur une surface plus grande que lorsqu'il est appliqué sur son siège. La cavité pratiquée dans le rebord de l'obturateur a pour but de rendre plus efficace l'action de la vapeur ; dans le même but, la veine fluide se trouve dirigée contre le rebord par la forme même de la surface de l'obturateur, qui est celle d'un cône renversé, sur lequel sont implantées les ailettes directrices DD. La soupape Adams est chargée par un ressort RR, qui exerce directement son action sur l'obturateur et qui est protégée à l'extérieur par un fourreau qui prend appui sur la chaudière..

Ce mode de chargement permet d'appliquer cette soupape aussi bien aux chaudières de locomotives qu'aux chaudières fixes. Quand l'appareil est bien établi il donne d'excellents résultats, aussi il a reçu de nombreuses applications.

MM. Lethuillier et Pinel ont imaginé une soupape, dite à *échappement progres-*

Fig. 142. — Soupape Lethuillier et Pinel.

sif, qui, tout en conservant les avantages de la soupape Adams évite l'inconvénient d'une ouverture brusque dès que l'excès de pression se manifeste.

La partie mobile de la soupape se compose (*fig.* 142), d'un clapet B et d'un disque *b* réunis entre eux par quatre ailettes *b'*, *b'* venues de fonte. La partie fixe A porte le siège *a* du clapet et les ailettes de guidage ; elle se prolonge en *c*, sous forme d'un cylindre étranglé par le haut. La soupape est chargée par un ressort ou par un poids suspendu à l'extrémité d'un levier.

Lorsque la pression de la chaudière est sur le point d'atteindre la limite fixée par le timbre, le clapet B commence à se soulever librement, c'est-à-dire que la soupape *souffle* et la vapeur s'échappe par l'espace annulaire compris entre le clapet B et le siège A. Si la pression de la vapeur continue à augmenter, la levée de la soupape augmente aussi, et il arrive un moment où, la vapeur s'échappant en plus grande quantité, la vitesse d'écoulement est assez grande pour que le fluide, après avoir frappé la paroi étranglée du cylindre *c*, se trouve renvoyée par le rebord contre la surface inférieure du disque *b*. L'effort exercé sur ce disque par les filets de vapeur augmenté avec le débit du fluide, il finit par compenser, et au-delà, la diminution de pression qui se produit sous le

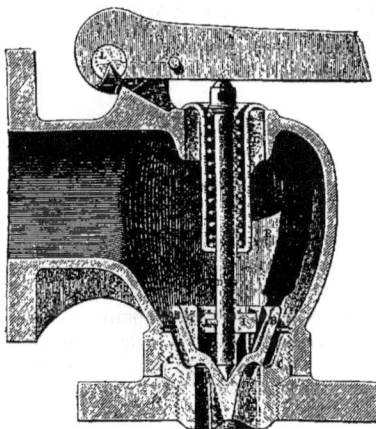

Fig. 143. — Soupape Dulac.

clapet par suite de l'écoulement ; il en résulte que le clapet se soulève de plus en plus et qu'il pourrait arriver à sortir du cylindre, s'il n'en était empêché. La hauteur de la levée est limitée au quart du diamètre de la soupape ; quant au diamètre, il est notablement inférieur à celui qu'aurait une soupape de sûreté ordinaire. La soupape de MM. Lethuillier et Pinel a reçu des applications dans lesquelles elle a donné des résultats fort satisfaisants.

La soupape construite par M. *Dulac* applique le même principe que les précédentes. La soupape ordinaire AA (*fig.* 143), est prolongée par un cône BB, enveloppé à distance par un cône creux CC qui fait partie du siège. L'écoulement de la vapeur détermine, dans la capacité comprise entre les deux cônes, une légère surpression, qui vient en aide à la pression de la vapeur ; de plus, le choc du jet de vapeur agit encore sur le haut du cône. Lorsque les proportions de cette soupape sont convenablement calculées, l'appareil devient très sensible et sa levée considérable pour un faible accroissement de la pression ; pour amortir les effets du lancé on lui adjoint quelquefois un amortisseur.

Nous citerons, en terminant, la soupape de *M. Codron*, qui comporte deux sièges concentriques, la pression de la vapeur ne s'exerçant que dans l'espace annulaire compris entre chacun d'eux. Le fonctionnement de cet appareil est délicat, il dépend du rapport entre les diamètres des deux sièges.

Appareils de sûreté divers

164. Afin d'empêcher les chauffeurs de se livrer à la dangereuse pratique qui consiste à surcharger ou à immobiliser la soupape de sûreté, on a imaginé plusieurs variétés de soupapes dites *incalables* qui laissent échapper la vapeur dès que le chauffeur veut surcharger le levier. La soupape Wilson, que nous avons étudiée plus haut, possède cet avantage. Parmi les autres dispositifs, imaginés dans le même but, nous citerons la soupape de *M. Corct*, constituée essentiellement par une soupape chargée comme à l'ordinaire par un poids suspendu à l'extrémité d'un levier,

Une seconde soupape concentrique à la première et de plus petit diamètre, s'ou-

vrant de haut en bas, est appuyée sur son siège au moyen d'un ressort. Si le chauffeur cale le levier, il fait fléchir ce ressort et la petite soupape s'ouvre en laissant s'échapper la vapeur.

Mentionnons pour mémoire les dispositifs autrefois employés sous le nom de *rondelles fusibles* qui devaient fondre dès que la pression de la vapeur dépassait la limite réglementaire. Ces rondelles fusibles étaient constituées par des plaques en métal de Darcet (alliage de plomb, d'étain et de bismuth) qui jouit de la propriété d'entrer en fusion à une température voisine de 100 degrés. En faisant varier la composition de l'alliage, on pouvait constituer des rondelles fondant à la température un peu supérieure à celle correspondant à la pression du timbre. Le fonctionnement de ces plaques laissait beaucoup à désirer, leur emploi est complètement abandonné aujourd'hui.

On a repris cette idée tout récemment ; M. Brouillet a proposé de remplacer ces appareils de détresse par un diaphragme mince en cuivre, pincé sur son pourtour dans une bride et dont le milieu est en contact avec une lame tranchante en forme de croix. Si la pression devient trop forte, le diaphragme fléchit, se fend sur la lame, puis se déchire en grand en donnant issue à la vapeur.

Enfin, *M. Barbe* a proposé une disposition de soupape qui peut servir comme appareil de détresse. Cet appareil, analogue à une soupape de sûreté ordinaire, est placé en dessous de la chaudière, dans les carneaux de fumée, c'est de l'eau chaude qu'il doit débiter et non pas de la vapeur. Il est chargé par un contrepoids calculé de telle sorte que, si la pression devient un peu supérieure à celle du timbre, la soupape se soulève et laisse échapper l'eau de la chaudière dans les carneaux et la cheminée.

Indicateurs du niveau de l'eau.

165. Il est indispensable que le chauffeur connaisse à chaque instant le niveau de l'eau dans la chaudière, afin qu'il puisse régler l'alimentation de telle sorte que toutes les parties de la chaudière qui sont en contact direct avec les gaz chauds, soient mouillées par l'eau, destinée à remplacer la vapeur dépensée. Aux termes du décret du 30 avril 1880 (art. 10 et 11, nº 131), « *toute chaudière doit être munie de deux* « *appareils indicateurs du niveau de l'eau* « *indépendants l'un de l'autre, et placés en* « *vue de l'ouvrier chargé de l'alimentation;* « *l'un de ces indicateurs est un tube de* « *verre, disposé de manière à être facile-* « *ment nettoyé et remplacé au besoin.* »

En vertu de ce règlement, l'un des indicateurs de niveau sera à tube de verre, l'autre sera choisi à volonté parmi les autres catégories d'appareils qui remplissent le même but et qu'on peut classer comme suit :

Les tubes de niveau ;

Les flotteurs ;

Les robinets de jauge ;

Les appareils de détresse.

Ces indicateurs seront réglés de telle sorte que le chauffeur puisse être prévenu dès que le plan d'eau s'abaisse au-dessous d'un certain niveau, déterminé de façon qu'il reste toujours de quelques centimètres (0m,06 à 0m,10) au-dessus des points les plus élevés de la paroi de la chaudière baignés par les flammes.

166. *Indicateur à tube de verre.* — L'indicateur à tube de verre se compose (*fig.* 144) d'un tube en verre ou en cristal AA, maintenu à ses deux extrémités entre deux garnitures de bronze B, C, qui, au moyen des tubulures DD, montées sur la chaudière, le font communiquer, d'un côté avec le réservoir de vapeur, de l'autre, avec le réservoir d'eau; de telle sorte que le niveau de l'eau, dans le tube, soit toujours à la même hauteur que dans la chaudière.

Ces communications ont lieu au moyen des conduits *a* et *b* ; deux robinets EF, disposés sur le trajet de ces conduits, permettent, au besoin, d'isoler l'appareil ; un robinet de purge sert à le vider.

Le tube de verre est saisi à ses extrémités par des presse-étoupe *c* et *d* ; une réglette HH maintient l'écartement des deux garnitures ; elle porte un gros trait qui indique la hauteur au-dessous de laquelle le plan d'eau ne doit pas descendre quand la chaudière est en service ; quel-

quefois cette limite est indiquée par le sommet d'une bague *e*, portée par le presse-étoupe inférieur. Le chauffeur a soin de veiller à ce que les communications de l'appareil avec la chaudière soient parfaitement libres ; il peut, par la purge du tube et la manœuvre des robinets, chasser les obstructions légères et maintenir le tube en bon état de propreté.

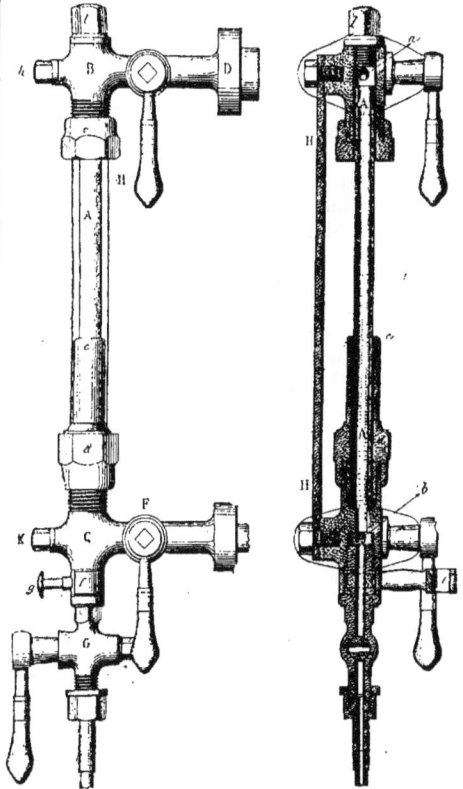

Fig. 144. — Indicateur de niveau à tube de verre.

Quand les communications sont obstruées, l'appareil indique presque toujours un niveau trop élevé, à cause de la condensation de la vapeur dans le tube. Des ouvertures *h*, *k* sont ménagées à l'effet d'enlever les dépôts adhérents qui pourraient obstruer les communications. On évite en partie ces inconvénients en faisant la prise des communications en des points où les dépôts adhérents ont peu de tendance à se former ; mais il faut avoir soin de ne pas donner aux conduits une trop grande longueur, la condensation de la vapeur dans leur partie froide, fausserait les indications de l'appareil. Pour des observations exactes, il faut tenir compte de la dilatation de l'eau, qui n'est pas négligeable, puisque de 25 à 160°, l'eau se dilate de 10 0/0 de son volume [1]. On doit prendre certaines précautions pour le montage du tube de verre ; il importe

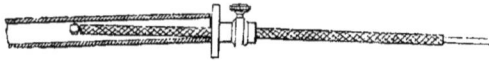

Fig. 145. — Coupe-tubes Ducomet.

qu'il joue très librement dans les garnitures sans les toucher, qu'il soit suffisamment épais et recuit ; on évitera de le rayer avec des corps durs et il sera soigneusement coupé à la longueur convenable.

Pour cette dernière opération M. Ducomet construit un petit outil qui se compose (fig. 145) d'une tige en métal, recouverte de drap et qui porte à l'une de ses extrémités un éclat de diamant ; sur le tube, qui forme manche, est monté un petit disque, que l'on peut déplacer à volonté, et qui assure la régularité de l'entaille.

Malgré toutes ces précautions, il peut arriver que le tube de verre vienne à casser, l'eau et la vapeur s'échappent avec violence, et on ne peut en arrêter la sortie qu'en fermant les robinets de garde, mais cette manœuvre est difficile et souvent dangereuse. Dans certaines installations, on évite cet inconvénient en réunissant les manettes des robinets de garde à un levier placé bien à la main du chauffeur, en dehors de la direction des jets brûlants d'eau et de vapeur.

Quelquefois on dispose des soupapes au débouché des communications ; lorsque le tube vient à casser, elles se ferment automatiquement sous l'action de la pression de l'eau et de la vapeur.

Pour ces appareils, plus encore que pour le tube de niveau ordinaire, il convient d'empêcher le dépôt des matières en suspension qui pourraient déterminer le collage des clapets, ce qui serait un inconvénient grave.

Pour diminuer les chances d'accidents résultant des variations de température

du tube, on a quelquefois recours à la disposition inaugurée par M. *Damourette* et connue sous le nom de *niveau à tube séparateur.*

L'appareil se compose (fig. 146) d'un réservoir cylindrique en bronze A, intercalé entre le tube de niveau et la chau-

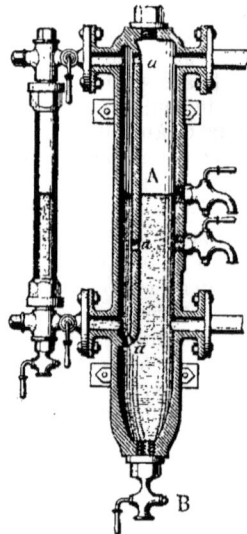

Fig. 146. — Niveau à tube séparateur.

dière et qui reste toujours un peu à froid.

A l'intérieur se trouve une cloison, percée de trois orifices a, a, a, qui a pour effet de diminuer les oscillations de l'eau

[1] Sur une hauteur de 0m,30, cela fait une différence de 3 centimètres.

dans le tube en verre. Les impuretés qui se déposent à la partie inférieure du réservoir, sont évacuées par un robinet de vidange B.

Divers procédés ont été employés pour faciliter la lecture du niveau de l'eau : tantôt on émaille le tube sur l'une de ses génératrices ; d'autres fois, c'est un petit flotteur constitué par une boule d'émail très visible qui suit les mouvements du plan d'eau.

Enfin, mentionnons l'indicateur inauguré par M. *Vaultier*, dans lequel le tube de verre est remplacé par une glace plane, épaisse, et en verre trempé ; en arrière est disposée une plaque d'émail qui rend les indications plus visibles.

167. *Robinet de jauge.* — Pour contrôler les indications du tube de niveau, et suppléer à son absence, en cas de rupture, on fait usage des robinets de jauge. On dispose deux ou trois robinets, l'un à la hauteur normale du plan d'eau, les deux autres à quelques centimètres au-dessus et au-dessous du premier. Le robinet supérieur doit donner de la vapeur, le robinet inférieur de l'eau ; le robinet moyen, s'il y en a un, donne un mélange d'eau et de vapeur et sert à préciser la position du plan d'eau.

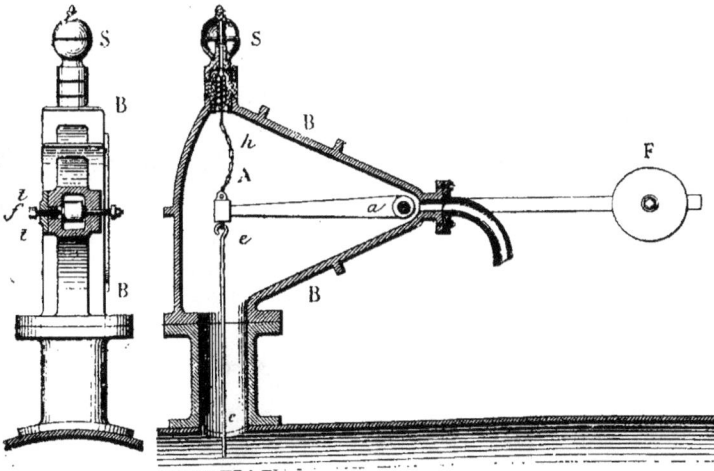

Fig. 147. — Flotteur Bourdon.

Les indicateurs représentés par les figures 146 et 148 sont munis de ces accessoires. Les robinets de jauge sont surtout employés, comme second indicateur de niveau, sur les chaudières des machines marines et des locomotives, et sur les chaudières verticales de grande hauteur ; dans ce dernier cas, ils sont placés en vue du chauffeur et réunis aux points convenables de la chaudière par des tuyaux de communication.

168. *Indicateurs à flotteurs.* — Les appareils indicateurs que nous venons de décrire sont simples et d'un usage très répandu ; on a imaginé d'autres appareils dont le but est de rendre la lecture des indications plus facile, ou bien de jouer le rôle d'avertisseur dès que la hauteur du plan d'eau s'écarte entre certaines limites. On a eu recours à des *flotteurs*, dont les mouvements sont traduits à l'extérieur, de diverses manières.

Ces flotteurs sont pleins ou creux. Les premiers sont ordinairement constitués d'une pierre plate qu'on équilibre, par un contrepoids placé à l'intérieur ou à l'extérieur de la chaudière. Les flotteurs creux affectent le plus souvent la forme d'une lentille, composée de deux calottes sphériques, réunies par une soudure. Il faut avoir soin, avant de fermer cette lentille, d'y introduire une quantité d'eau suffisante, de manière que, cette eau se vaporisant au contact de l'eau de la chaudière, il existe dans la lentille une pression à peu près égale à celle de la chaudière ; faute de cette précaution on s'exposerait à laisser la lentille s'écraser sous l'action de la pression extérieure (1). L'indicateur *Bourdon* se compose (*fig.* 147), d'un flotteur en pierre, suspendu par une tige *e e'* à l'une des extrémités d'un levier A, qui se trouve logé à l'intérieur d'une boîte creuse en fonte B, en communication avec le réservoir de vapeur de la chaudière. Le levier est monté sur un axe *a*, qui traverse une garniture, et porte, au dehors de la boîte, un contrepoids F, tandis que l'autre, terminée par une aiguille, se meut sur un cadran. Un sifflet d'alarme S est actionné, au moyen de la chaîne *h* attachée à l'extrémité A du levier, lorsque le plan d'eau atteint sa limite inférieure. Dans un nouveau modèle, du même constructeur, le flotteur est équilibré par un contrepoids placé à l'intérieur de la chaudière ; cette disposition permet en outre de faire fonctionner le sifflet d'alarme dans le cas où le niveau de l'eau dépasse la limite supérieure. On doit prendre certaines précautions en vue d'assurer la liberté des mouvements de l'axe *a* du levier du flotteur et aussi d'éviter les fuites par les garnitures de cet axe. A cet effet, l'axe est muni, à l'intérieur de la boîte, du côté où se trouve l'aiguille, d'une embase conique, tandis que de l'autre côté, il ne traverse pas et est amplement poussé par une vis de butée F, qui assure le contact avec la partie conique.

L'indicateur de M. *Herdevin* (*fig.* 148), est constitué par une bouteille en fonte A, terminée à sa partie supérieure par une boîte cylindrique *c*, et mis en communication avec la chaudière par une embase B, munie d'une tubulure *c* qui se répète également à la partie supérieure du corps

(1) L'augmentation de pression produite par la dilatation de l'air contenue dans la lentille serait insuffisante, sa valeur n'atteindrait que le 1/10 environ de la pression qui règne dans la chaudière.

principal A ; ces deux tubulures sont disposées d'une manière analogue à celles de l'indicateur de niveau à tubes de verre.

Un flotteur D suit les mouvements du plan d'eau dans l'appareil et les transmet à l'aiguille *d* au moyen d'un levier E, dont l'extrémité porte une chape, qui permet à la tige du flotteur de se mouvoir verticalement dans une rainure ménagée sur les deux fonds de la boîte C. L'appareil est, en outre, muni de trois robinets de jauge *a a¹ a²* et d'un autre robinet *b* qui sert à purger l'appareil.

L'indicateur *Farcot*, qui a reçu d'assez

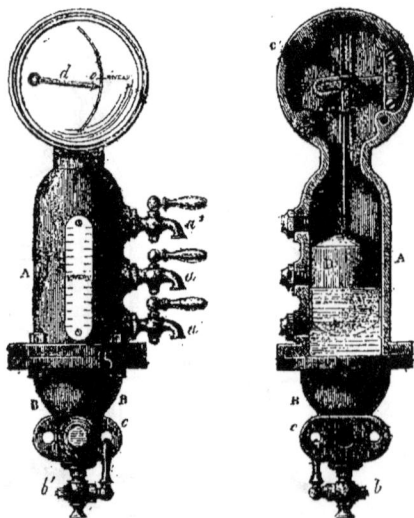

Fig. 148 — Indicateur Herdevin.

nombreuses applications dans les chaudières fixes, comporte un flotteur en pierre, équilibré par un contrepoids, placé à l'extérieur, au moyen d'une tige en cuivre et d'une chaîne passant sur une poulie. Cette tige passe dans un presse-étoupe, placé à la partie supérieure d'une colonne creuse en fonte fixée sur la chaudière.

Un index fixé à la tige se meut sur une échelle graduée et indique le niveau normal, le trop plein ou le manque d'eau. Lorsque le niveau atteint l'une de ces deux dernières limites, un doigt, monté sur la tige, actionne un sifflet qui appelle l'attention du chauffeur.

169. *Indicateurs à flotteurs sans garniture.* — Dans l'indicateur *Chaudré*, on est arrivé à se dispenser de l'emploi des presse-étoupe; l'élément essentiel de l'appareil est un tube en cuivre A (*fig.* 149), soudé, dans le haut, au sommet d'une colonnette fixée sur la chaudière, et dans le bas à une tige d'acier BB, qui le traverse dans toute sa longueur. Ce tube, en vertu de son élasticité, cède aux mouvements de flexion que tend à lui imprimer la tige; on obtient ainsi, à travers la paroi de la chaudière une transmission sans presse-étoupe. Les déplacements du flotteur C se traduisent par ceux d'une aiguille indicatrice dont l'axe porte une rainure en hélice qui se déplace, par rota-

tion, sous l'action des mouvements de la tige BB.

L'indicateur *Dupuch* ne comporte pas non plus de garniture extérieure, les oscillations du flotteur sont transmises à un index en émail qui se déplace dans un récipient rempli d'eau, et dont les mou-

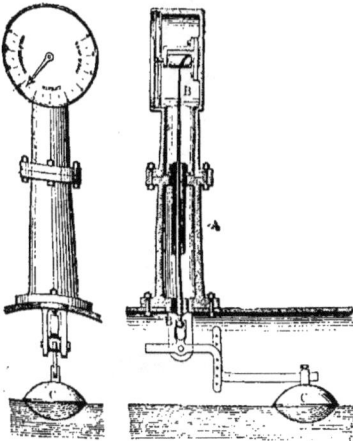

Fig. 149. — Indicateur Chaudré.

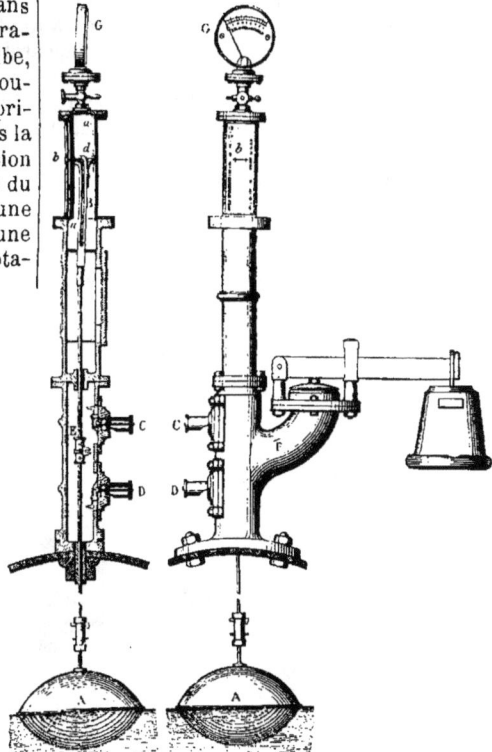

Fig. 150. — Indicateur magnétique Lethuillier et Pinel.

vements sont visibles à travers une glace assez solide pour résister à la pression. Il porte un sifflet d'alarme qui fonctionne aux deux extrémités de la course du flotteur, la glace n'est en contact qu'avec de l'eau tiède et, par suite, peu exposée à casser; en cas de rupture l'appareil porte un clapet, manœuvré à l'extérieur par une vis à manivelle, qui isole complètement l'appareil de la chaudière.

Citons aussi l'indicateur de M. *Georges*, appliqué spécialement aux chaudières

verticales de grande hauteur, dans lequel le flotteur est constitué par un cylindre étanche en cuivre mince, analogue à celui de la figure 148; les mouvements de ce flotteur sont reportés près du sol, en vue du chauffeur, au moyen d'une longue tringle, enfermée dans un tube, et terminée dans le bas par une perle d'émail visible à travers la paroi d'un tube de verre.

L'appareil est complété d'un clapet, porté par la tige, qui vient interrompre la communication avec la partie supérieure de la chaudière, en cas de rupture du tube de verre.

Mentionnons enfin l'indicateur de M. *S.-L. Dulac* dont le jeu repose sur un principe différent : un récipient équilibré est mis en relation avec la chaudière par deux paires de tubes longs et flexibles ; dès que le niveau s'élève dans la chaudière, le poids du récipient augmente d'autant, et provoque l'abaissement de l'appareil. Ces oscillations sont transmises par l'intermédiaire d'un levier, à une aiguille indicatrice ; elles peuvent être également enregistrées sur un disque, animé d'un mouvement continu de rotation.

170. *Indicateurs magnétiques.* — On a cherché à supprimer l'inconvénient de l'emploi des presse-étoupe d'une manière différente, en faisant usage d'un aimant qui suit les mouvements du flotteur et qui les transmet, à travers la paroi du cadran, à un index en métal magnétique.

L'indicateur magnétique de MM. *Lethuillier* et *Pinel* se compose d'un flotteur A (*fig.* 150), formé d'une lentille étanche en tôle mince, dont la tige est fixée à un aimant B, mobile dans une boîte en bronze à section carrée.

Les deux pôles recourbés de cet aimant sont constamment appliqués par un ressort léger *d*, contre l'une des parois, for-

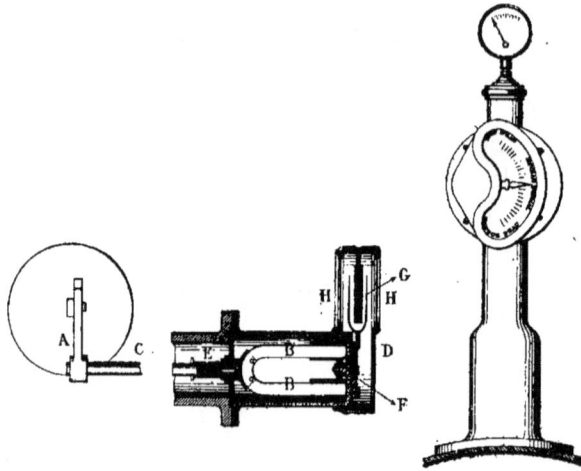

Fig. 151. — Indicateur Perrotte.

mée d'une plaque mince *aa*, sur la face extérieure de laquelle se meut une aiguille ronde en acier *b*, qui suit en roulant tous les mouvements de l'aimant. La face extérieure de la plaque *aa*, qui est émaillée, est protégée par une glace de verre ; elle porte une échelle graduée, dont le zéro correspond au niveau normal dans la chaudière.

Le trop-plein et le manque d'eau sont d'ailleurs signalés par deux sifflets d'alarme C et D, de tons différents, actionnés par un butoir E, fixé sur la tige du flotteur. A chaque extrémité de course, ce butoir agit sur un bras de levier coudé,

qui laisse échapper la vapeur sur les lèvres du sifflet.

Un perfectionnement récent a été apporté par l'adjonction d'un guidage extérieur pour les mouvements de l'index, afin d'empêcher que ce dernier, par un déplacement latéral, échappe à l'action magnétique de l'aimant.

L'appareil est ordinairement complété par l'adjonction d'un manomètre G et d'une soupape de sûreté F, de manière à grouper sur une seule prise les différents accessoires de sûreté. L'indicateur Lethuillier et Pinel est un excellent appareil, il est fort sensible ; mais on doit éviter que la tige du flotteur se recouvre de tartre, ce qui enrayerait le jeu du flotteur.

Dans l'indicateur *Perrotte*, l'aimant, au lieu de faire monter ou descendre une petite tige ronde en acier, agit sur une aiguille, qu'il fait tourner devant un cadran gradué. A cet effet, sur la tige du flotteur (*fig.* 151), se trouve fixé un goujon qui s'engage dans une entaille, en forme de coulisse, ménagée dans le levier A. Ce levier est calé sur l'axe horizontal C, à l'extrémité duquel se trouve fixé un aimant en fer à cheval BB. Lorsque le flotteur monte ou descend, le levier A prend un mouvement de rotation qu'il communique à l'axe C et à l'aimant B. Un ressort E maintient les pôles de l'aimant en contact, à frottement doux, avec le fond de la boîte en cuivre D; l'action magnétique de l'aimant est transmise, à travers le fond de la boîte, à un barreau de fer doux F, mobile autour d'un pivot et portant l'aiguille indicatrice. La plaque G est émaillée sur ses deux faces et l'aiguille, qui prend la forme d'une fourche, indique, de chaque côté de l'appareil, la hauteur du niveau de l'eau dans la chaudière. L'ensemble du barreau F et de l'aiguille indicatrice est équilibré de manière à ce que l'aiguille n'ait aucune résistance à suivre les mouvements de l'aimant.

La lecture du cadran est facilitée par la division de l'échelle en trois teintes différentes : le milieu, teinté en blanc sur une hauteur d'une dizaine de centimètres, indique le niveau normal; les deux autres parties, colorées en bleu et en rouge, correspondent au trop-plein et au manque d'eau.

L'appareil Perrotte peut être complété, comme le précédent, par l'adjonction d'un manomètre et d'une soupape de sûreté; il a l'avantage d'être sensible et de lecture facile, mais on doit craindre les irrégularités qui peuvent se produire dans son fonctionnement.

171. *Indicateurs divers.* — Il existe certains appareils qui ont simplement pour objet de prévenir la baisse du plan d'eau en jouant le rôle d'appareils de détresse. Quelques-uns d'entre eux sont basés sur le principe suivant :

Soit (*fig.* 152) MN le plan d'eau normal; à travers la paroi de la chaudière on dispose verticalement un tube BC, ouvert par le bas, à une petite distance au-dessous du plan d'eau, et aboutissant dans le haut à un réservoir fermé A. Tant que le plan d'eau se maintient à hauteur, le réservoir A reste plein d'eau; mais, si le niveau de l'eau descend jusqu'à découvrir l'ouverture inférieure du tube, l'eau contenue en A s'écoule et est remplacée par la vapeur. La vidange ainsi produite peut être manifestée au dehors au moyen d'un sifflet.

Dans l'appareil imaginé par M. *Black*, l'obturateur est une rondelle fusible, le

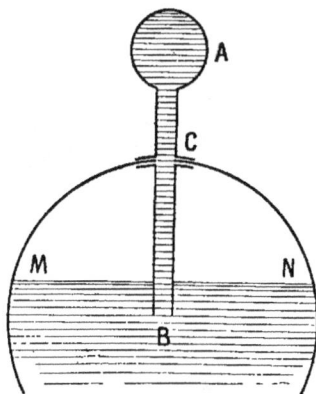

Fig. 152. — Sifflet d'alarme sans flotteur.

tube vertical est terminé par un serpentin dans lequel l'eau se maintient froide. Quand le niveau baisse trop, l'eau s'écoule, la vapeur vient en contact avec la plaque, qui fond, et l'échappement de la vapeur se produit.

Un moyen beaucoup plus simple d'atteindre le même but consiste dans l'emploi des *bouchons fusibles*.

La figure 152 *bis* représente un bouchon fusible fixé au ciel d'un foyer d'une chaudière de locomotive; c'est un boulon en bronze perforé, suivant son axe, d'un canal dans lequel on coule et on matte du plomb; ce canal a 8 à 10 millimètres de diamètre. Le bouchon fusible est fileté dans une ouverture pratiquée sur la paroi de la chaudière exposée au feu, un peu en dessous du plan d'eau normal ; lorsqu'il est refroidi par l'eau, le bouchon ne fond pas; mais, si le plan d'eau vient à le découvrir, il fond immédiatement, et la vapeur jaillit dans le foyer qu'elle éteint.

Ce procédé, qu'il ne faudrait pas confondre avec l'emploi abandonné aujourd'hui des rondelles fusibles est très usité dans les locomotives.

Nous terminerons cette étude des appareils de sûreté par la nomenclature des appareils exigés par les règlements administratifs dans l'installation des chaudières :

Un manomètre ;

Deux soupapes de sûreté ;

Deux indicateurs du niveau de l'eau (dont un à tube de verre) ;

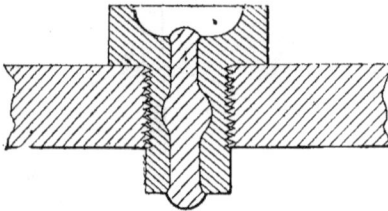

Fig. 152 *bis.* — Bouchon fusible.

Un clapet automatique de retenue d'eau d'alimentation ;

Un robinet d'arrêt de vapeur ;

Un clapet automatique de retenue de vapeur, dans certains cas.

Nous étudierons plus loin chacune de ces trois dernières catégories d'appareils.

Alimentation des chaudières.

172. *Appareils d'alimentation.* — On désigne sous le nom d'alimentation des chaudières, l'opération qui consiste à introduire dans la chaudière l'eau destinée à remplacer celle dépensée à l'état de vapeur, et qui permet de maintenir le niveau du liquide dans les limites déterminées. Nous avons vu, dans l'étude des divers systèmes de chaudières, les dispositions prises pour que les conduits alimentaires débouchent dans les parties de la chau-

dière les moins exposées aux incrustations, ainsi que certaines dispositions spéciales destinées à éviter que les dépôts, précipités par la chaleur, viennent s'accumuler sur les parois du générateur.

L'alimentation des chaudières peut être réalisée par plusieurs procédés :

L'alimentation directe;

Les bouteilles alimentaires;

Les pompes alimentaires ;

Les injecteurs;

Les éjecteurs, les pulsomètres.

On peut alimenter directement les chaudières par de l'eau prise dans un réservoir dont la hauteur, au-dessus du plan d'eau, soit supérieure à la pression

Fig. 153. — Bouteille alimentaire.

de la vapeur, mesurée en colonne d'eau. On peut utiliser de même l'eau d'une conduite de distribution, lorsque cette eau arrive dans la chaudière à une pression supérieure à celle de la vapeur. L'alimentation se fait directement, au moyen d'un simple tuyau avec robinet.

Ce mode d'alimentation ne peut guère être employé que pour les chaudières fonctionnant à très basse pression, ainsi qu'on le faisait autrefois avec les chaudières de Watt, dont la pression effective ne dépassait pas 1 atmosphère ($10^m,33$ de hauteur d'eau). Avec les chaudières à haute pression, aujourd'hui en usage, ce système n'est plus guère applicable, à cause de la grande hauteur qu'il faudrait donner au réservoir. Il ne peut être employé que si l'on possède une conduite de distribution d'eau à une pression suffisante.

173. *Bouteille alimentaire.* — Le procédé d'alimentation au moyen de la bouteille alimentaire peut servir dans tous les cas, il est souvent employé lorsqu'on veut alimenter avec de l'eau chaude et qu'on ne dispose pas de force motrice. Les dispositions d'ensemble et de détail des bouteilles sont très variables, suivant les exigences de l'installation, mais on doit toujours les établir à une certaine hauteur, au-dessus du niveau de l'eau dans la chaudière.

En principe, la bouteille d'alimentation consiste (*fig.* 153), en un cylindre en tôle A, de dimensions variables, pourvu d'un tube de niveau, que l'on peut mettre, à volonté, en relation avec le générateur au moyen de deux conduits C et D. Le premier de ces conduits débouche dans le réservoir de vapeur, au-dessus de la surface libre du liquide; le conduit D part de la partie inférieure de la bouteille et débouche au-dessous du plan d'eau, dans la partie convenable pour l'alimentation.

Ces deux conduits sont pourvus de robinets *a* et *b*, lesquels sont fermés en marche normale; quand on veut alimenter la chaudière, la bouteille ayant été préalablement remplie d'eau par un moyen quelconque (réservoir, conduite de distribution), on ouvre le robinet *a*, et la vapeur, pénétrant dans la bouteille, y établit sa pression au-dessus du liquide qu'elle renferme.

Quand on juge que cette pression est bien établie, on ouvre alors le robinet *b*, et les deux surfaces libres, étant également pressées, l'écoulement du liquide du vase supérieur dans l'autre peut s'effectuer comme à l'air libre, en vertu de la différence de hauteur des deux niveaux.

Quand le niveau de la chaudière est rétabli, on ferme les deux robinets, et l'alimentation de la chaudière est suspendue. Il est préférable que le tube inférieur D plonge dans l'eau de la chaudière, afin d'éviter, pendant l'alimentation, les bouillonnements de la vapeur qui chercherait à s'y introduire, s'il débouchait dans le réservoir de vapeur; seulement, il faut avoir soin d'attendre que la pression soit bien établie dans la bouteille, avant d'ouvrir le robinet *b*, sans quoi l'on s'exposerait à voir l'eau de la chaudière monter dans la bouteille et la remplir, au lieu de la vider.

Nous avons supposé que la bouteille d'alimentation était elle-même remplie d'eau, au moment de l'alimentation de la chaudière; on a disposé quelquefois les choses de telle sorte que ce récipient pût aussi s'alimenter lui-même dans un réservoir placé en contre-bas de la chaudière. A cet effet, la bouteille est réunie au réservoir par un tuyau d'ascension muni d'un robinet; pour élever l'eau, on fait passer dans le récipient un courant de vapeur, qui chasse d'abord l'air et se condense ensuite, en laissant un vide qui permet à l'eau du réservoir de monter et de remplir la bouteille.

Il est bien entendu que ce procédé n'est praticable qu'autant que le récipient n'est pas situé à une trop grande hauteur au-dessous de la bouteille, cette hauteur doit toujours être inférieure à $10^m,33$, et elle sera d'autant moindre que l'eau est plus chaude.

On pourrait aussi alimenter la bouteille par refoulement, en établissant, au-dessus de l'eau renfermée dans un réservoir étanche, la pression de la vapeur de la chaudière, et en mettant la bouteille en communication avec l'atmosphère.

La bouteille alimentaire est très employée, son fonctionnement est simple, mais son rendement mécanique est extrêmement faible, son emploi est, par suite, peu économique.

On a établi des bouteilles alimentaires, fonctionnant automatiquement dès que le niveau de l'eau dans la chaudière s'abaisse au-dessous d'un point déterminé; mais ces appareils sont, en général, compliqués et assez délicats, ce qui fait qu'ils sont peu employés.

174. *Pompe alimentaire.* — La pompe alimentaire est un appareil très employé pour le service des chaudières fixes. Elle peut fonctionner à l'eau froide ou à l'eau chaude; seulement, dans ce dernier cas, le liquide doit, autant que possible, arriver en charge, sinon la dépression produite par l'aspiration peut déterminer une production de vapeur qui, remplissant le corps de pompe, empêche l'alimentation.

La pompe alimentaire est, en général, actionnée par la machine que dessert le générateur ; ou bien elle est combinée avec un petit moteur à vapeur direct et prend le nom de *petit cheval alimentaire*. Elle prend l'eau dans une source ou dans un réservoir, ou bien elle l'extrait du condenseur et la conduit à la chaudière.

La capacité des pompes alimentaires varie suivant la dépense de vapeur de la chaudière ; lorsque cette dernière ac-

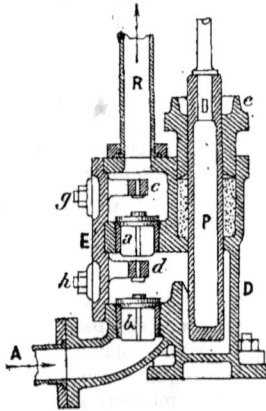

Fig. 154. — Pompe alimentaire.

tionne une machine à vapeur, le volume d'eau refoulé doit être compris entre le 1/100 et le 1/120 du volume total engendré par le piston du cylindre. Dans ces conditions, le débit de la pompe est supérieur à celui nécessaire pour maintenir le niveau constant dans le générateur, et la marche de ce dernier n'est pas interrompue par suite des arrêts ou des nettoyages nécessités par la pompe.

La pompe alimentaire peut être horizontale ou verticale ; cette dernière disposition, dans sa forme la plus simple, comprend un corps de pompe D (*fig.* 154), dans lequel se meut verticalement un piston plongeur en bronze P. En A et R sont

disposées deux conduites d'aspiration et de refoulement, assemblées dans une partie E, ou boîte à soupapes, venue de fonte avec le corps de pompe. Deux soupapes en bronze, l'une d'aspiration *b*, l'autre de refoulement *a*, reposent sur des sièges, également en bronze, par leur partie conique ; des butées *c* et *d* limitent leur course dans le sens vertical. Ces butées sont fixées sur le couvercle E qui porte deux ouvertures *g*, *h* fermées par des bouchons que l'on peut facilement enlever pour visiter les soupapes. Le piston P est creux, sa paroi a une épaisseur qui varie de 7 à 10 millimètres, suivant les diamètres ; pour éviter les fuites, l'espace annulaire, situé au-dessous du presse-étoupe *e*, est rempli de garnitures en tresses graissées suffisamment serrées.

Le jeu de l'appareil est facile à comprendre : supposons que le piston s'élève ; le vide, qu'il tend à faire derrière lui, et la pression atmosphérique qui s'exerce au dehors sur la surface de l'eau, forcent le liquide à monter dans le corps de pompe en soulevant la soupape *b*. Lorsque le piston redescend, il refoule l'eau qui ferme la soupape *b*, et soulève la soupape de refoulement *a*, pour se rendre dans la chaudière par la conduite R.

Lorsqu'on n'a pas besoin d'alimenter, on arrête le mouvement de la pompe, ou bien, lorsque celle-ci est actionnée par la machine motrice, on dispose un robinet sur la conduite d'aspiration ; en fermant ce robinet on interrompt l'arrivée de l'eau et la pompe marche à vide. D'autres fois, on préfère, lorsque le niveau normal est atteint, interrompre la communication de la pompe avec la chaudière et faire retourner l'eau à la bâche d'alimentation par un tuyau auxiliaire. Ce tuyau est pourvu d'une soupape de retour, chargée par un poids supérieur à celui qui correspond à la pression dans la chaudière.

Tant que le robinet d'alimentation est ouvert, la soupape reste appliquée sur son siège ; aussitôt qu'il est fermé, la soupape se soulève et l'eau refoulée retourne à la bâche. On règle parfois le robinet de façon à rendre continue l'alimentation de la chaudière, et l'excès d'eau fourni par la pompe, à chaque coup de piston, retourne à la bâche dans laquelle se fait l'aspiration. Nous étudierons plus loin (n° 176) quelques-uns des appareils imaginés pour remplir ce but.

On peut encore employer, pour la fermeture de la conduite de refoulement, un robinet à trois voies disposé de telle manière que, lorsqu'on interrompt la communication avec la chaudière, on ouvre celle de retour à la bâche. Dans ce cas, le travail dépensé se trouve réduit au minimum, puisque la pompe ne produit plus qu'un travail insignifiant, dès qu'on suspend l'alimentation.

175. *Pompes automatiques.* — On a imaginé diverses variétés de pompes alimentaires, actionnées directement par la vapeur de la chaudière. Parmi les dispositions les plus employées, il convient de citer la pompe Belleville, composée d'un cylindre à vapeur à double effet, et d'un corps de pompe, pourvus chacun d'un piston, et disposés, suivant le même axe, sur un même bâti. Un mécanisme ingénieux permet aux pistons de franchir les points morts, même aux plus faibles vitesses, et empêche l'emballement, lorsque la pompe marche à vide. On peut adjoindre à cet appareil un régulateur d'alimentation qui sera décrit ci-après.

Dans la pompe *Stapfer*, la distribution dans le cylindre à vapeur s'effectue au moyen d'un piston tiroir dont le déplacement s'obtient automatiquement; comme la précédente, elle ne comporte aucun volant et ne présente pas de point mort.

La pompe *Worthington* est caractérisée par la combinaison de deux corps de pompe, à double effet, actionnés directement par la vapeur et disposés sur un même bâti. La partie de droite actionne le tiroir de distribution de vapeur de celle de gauche, et *vice versa*. Les deux pompes ne fonctionnent pas d'une manière continue; l'une est au repos pendant une certaine fraction de la course de l'autre. Cette marche alternée permet d'éviter les points morts et laisse aux clapets le temps de redescendre sur leur siège, quelle que soit l'allure de la marche.

Enfin, M. *Thirion* a imaginé une pompe à action directe, pourvue d'un régulateur de vitesse, qui l'empêche de s'emballer quand elle manque d'eau à l'inspiration. Dans ce cas, la pompe aspire de l'air et elle marche lentement, jusqu'à ce que l'aspiration d'eau soit rétablie.

176. *Régulateurs automatiques d'alimentation.* — Les appareils destinés à rendre l'alimentation telle que le niveau de l'eau dans la chaudière soit maintenu dans sa limite normale sont, pour la plupart, basés sur les variations mêmes du plan d'eau; les dispositifs qui servent à transmettre ces variations à l'appareil régulateur peuvent être ramenés à trois types :

Premier type. — L'organe moteur est un flotteur, simple ou équilibré; dans ce cas les variations du niveau de l'eau n'engendrent que des efforts très petits qui

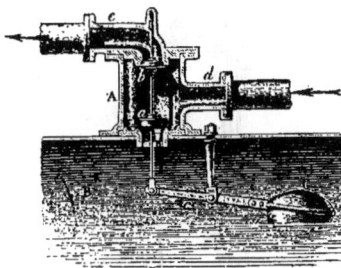

Fig. 155. — Régulateur d'alimentation.

obligent à recourir à des organes très mobiles et parfaitement en état.

La figure 155 représente un régulateur basé sur ce principe. Il se compose d'une boîte cylindrique A, fixée sur le réservoir de vapeur B du générateur, avec lequel elle communique au moyen de la soupape *a*, dont la tige est reliée à un flotteur C par un levier à bascule *c*. Cette boîte est fermée en dessus par un couvercle à tubulure *e*, dont l'orifice intérieur est muni d'une soupape *b*, montée sur la même tige que la soupape *a*, mais tournée en sens contraire, de façon que l'une ferme, quand l'autre ouvre l'orifice correspondant. La boîte A est mise en relation directe avec la pompe alimentaire par la conduite *d*, et avec la bâche d'alimentation par la conduite de retour *e*.

En régime normal, l'eau refoulée par

la pompe s'introduit dans la chaudière en passant par la soupape *a*, soulevée par le flotteur; quand le niveau dépasse sa limite supérieure, le déplacement du flotteur ferme la soupape *a*, et l'eau fournie nécessairement par la pompe passe par la soupape *b*, ainsi ouverte, et retourne à la bâche alimentaire.

Pour les raisons que nous avons indiquées plus haut, le fonctionnement de cet appareil est délicat et difficile à surveiller. Son emploi est presque abandonné.

Le régulateur imaginé par M. *Belleville*, et appliqué à la chaudière de ce nom (n° 94), a donné des résultats beaucoup plus satisfaisants. Il est constitué par une bouteille en fonte A (*fig.* 156), mise en

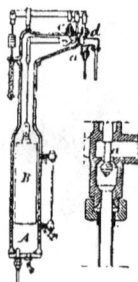

Fig. 156. — Régulateur d'alimentation Belleville.

communication haut et bas avec la chaudière; l'eau, tranquille dans cette bouteille, s'y établit à un niveau qui est en relation avec la quantité d'eau contenue dans la chaudière; si cette quantité augmente, le niveau s'élève dans la bouteille. Ces mouvements sont suivis par un flotteur B et communiqués par un système de leviers, faciles à lire sur la figure, à une petite soupape A.

L'eau d'alimentation, délivrée à la chaudière par une pompe spéciale (n° 175), est refoulée dans un conduit qui l'amène à la soupape *a*, qui, sous l'influence des mouvements du flotteur B, étrangle plus ou moins l'orifice de passage de l'eau qui se rend à la chaudière. Il en résulte que la vitesse de la pompe se règle selon les besoins de l'alimentation. Pour assurer

d'une manière certaine le fonctionnement de cet organisme délicat, on a pris diverses précautions ingénieuses, dans la transmission du mouvement du flotteur à la soupape, transmission qui exige deux passages à joint étanche *c* et *d* à travers la paroi de la bouteille.

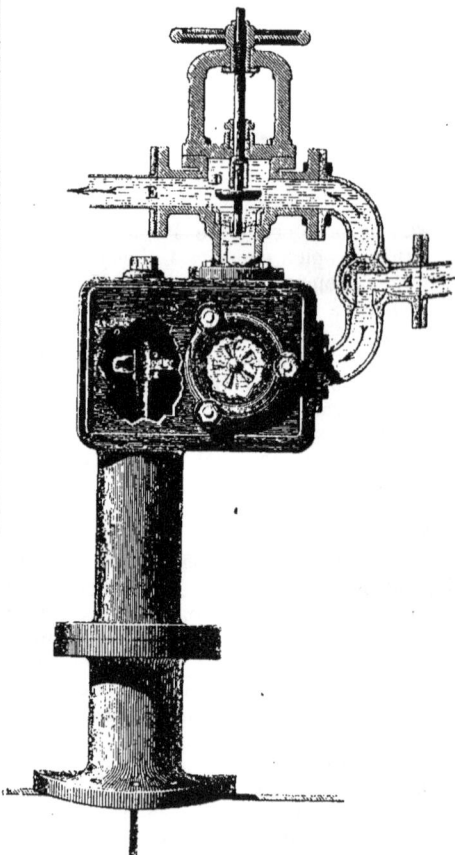

Fig. 157. — Régulateur d'alimentation Lethuillier et Pinel.

Dans le régulateur d'alimentation de MM. *Lethuillier et Pinel* (*fig.* 157), le réglage de l'alimentation s'obtient à l'aide d'un papillon commandé par un levier relié à un flotteur. L'eau d'alimentation arrive par le tuyau A à l'extrémité d'une chambre cylindrique, partagée en deux parties par une cloison verticale C percée de plusieurs ouvertures et devant laquelle se meut un papillon muni d'un nombre égal d'ouvertures semblables. Suivant la position du flotteur, c'est-à-dire du niveau de l'eau dans la chaudière, le papillon occupe toutes les positions intermédiaires depuis l'ouverture en grand jusqu'à la fermeture complète. L'eau traverse le diaphragme, se rend dans le tuyau d'alimentation, soulève le clapet D et gagne la chaudière par le tuyau E.

Le clapet D a pour but de s'opposer à la rentrée accidentelle dans l'appareil des eaux chargées de boue provenant de la chaudière. En cas d'avarie du mécanisme, le robinet R sert à mettre le tuyau A d'arrivée d'eau en communication directe avec la chaudière. Le pivot du papillon comporte un petit cône formant un joint analogue à celui du flotteur Bourdon, ce qui permet la visite et le nettoyage pendant la marche.

Deuxième type. — On peut obtenir des efforts plus considérables pour la commande de l'organe régulateur en faisant usage d'un appareil analogue à celui que nous avons décrit au numéro 171, (*fig.* 152). Le récipient placé à la partie supérieure reste plein d'eau, tant que le tube est immergé; mais, si le plan d'eau vient à baisser, le récipient se vide dans la chaudière. Parmi les appareils de ce genre, nous citerons le *régulateur Gauchot.* On peut compléter l'automaticité de l'appareil en réunissant le récipient à la chaudière au moyen d'un tube flexible

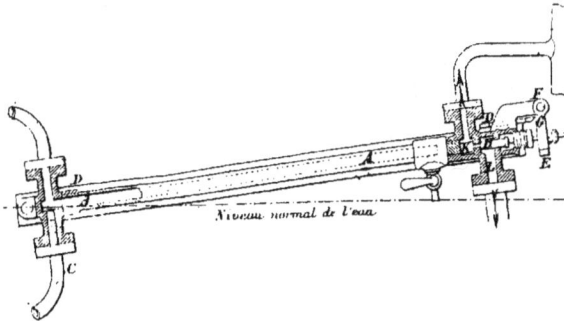

Fig. 158. — Régulateur d'alimentation Cleuet.

prolongé jusqu'au niveau normal de l'eau.

Le récipient est équilibré par un contrepoids suspendu à l'extrémité d'un levier qui peut osciller autour d'un pont fixe. Selon que le récipient est plein d'eau ou de vapeur, le système oscille ; ces mouvements, qui sont en relation avec ceux du plan d'eau, peuvent être transmis d'une manière quelconque aux appareils d'alimentation, c'est sur ce principe qu'est basé *l'alimentateur automatique Fromentin*, dont une application a été faite sur une des chaudières de l'usine élévatoire de Chaillot, à Paris.

Troisième type. — Ce dernier type de régulateurs d'alimentation comprend les appareils à *dilatation*, parmi lesquels nous décrirons celui imaginé par M. *Cleuet* et représenté par la figure 158. Un tube en laiton AA, de longueur convenable est fixé le long de la chaudière, dans une position inclinée telle que le bas du tube soit placé à la hauteur moyenne du plan d'eau. Le tube communique avec l'eau et la vapeur de la chaudière par les conduites B et C. Lorsque le niveau de l'eau est à sa hauteur normale, le tube A est plein de vapeur et, par suite, à haute température ; si le plan d'eau vient à s'élever, le tube se remplit d'eau, dont la température s'abaisse assez rapidement ; le tube se contracte alors, et cette contraction est utilisée pour ouvrir une issue à l'eau refoulée par la pompe alimentaire, laquelle fonctionne d'une manière continue. A cet effet, le tube est fixé par le bas sur la règle en fer DD, dont la température et, par suite, la longueur peuvent être considérées comme invariables. Le levier FE s'appuie sur un couteau G, solidaire de la règle DD, et est manœuvré par l'articulation F, solidaire du tube A ; les oscillations de ce levier sont transmises à la soupape H, laquelle est appuyée sur son siège par un fort ressort antagoniste ; la conduite alimentaire arrive en K, au-dessous de la soupape. Il résulte de cette disposition que la contraction du tube AA a pour résultat d'entr'ouvrir la soupape H et, par suite, de permettre le retour à la bâche de tout ou partie de l'eau d'alimentation par le dégorgeoir L. D'une manière générale, l'emploi des appareils automatiques d'alimentation peut donner lieu à de sérieux mécomptes si l'on ne surveille pas très attentivement leur fonctionnement. Ils procurent certains avantages, surtout pour l'alimentation des chaudières à faible volume d'eau ; mais ils ne permettent au chauffeur, dans aucun cas, de se reposer sur eux pour assurer l'alimentation.

177. *Injecteurs alimentaires.* — Les injecteurs, dont l'invention est due à Giffard, sont devenus aujourd'hui, pour l'alimentation des chaudières, d'un usage presque universel et qui rend les plus grands services. Il permet l'alimentation de la chaudière sans force motrice, c'est-à-dire pendant l'arrêt de la machine ; il est de poids et de dimensions restreintes et d'un fonctionnement régulier. Ces avantages en ont fait un auxiliaire précieux qui a reçu des applications dans presque toutes les installations de chau-

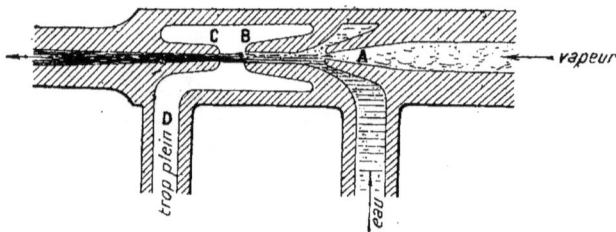

Fig. 159. — Injecteur alimentaire.

dières où il n'est pas nécessaire d'alimenter avec de l'eau très chaude. Le fonctionnement de l'injecteur repose sur le principe suivant :

Un jet de vapeur, généralement emprunté à la chaudière, détermine l'entraînement du liquide destiné à l'alimentation de celle-ci ; il se produit un mélange intime de l'eau et de la vapeur, et la masse fluide peut être lancée à l'air libre, avec une vitesse suffisante pour vaincre la résistance intérieure et forcer l'entrée dans la chaudière.

L'injecteur comporte, dans sa forme essentielle :

1° Deux ajutages coniques *convergents* A et B (*fig.* 159), ayant même axe ; l'un, communiquant avec l'arrivée d'eau, enveloppe le second qui sert à lancer la vapeur ;

2° Un cône *divergent* C disposé à la suite des deux premiers, mais toujours sur le même axe, et servant au refoulement du mélange de vapeur et d'eau dans la chaudière.

Pour mettre l'appareil en marche, on ouvre d'abord légèrement l'arrivée de la vapeur ; celle-ci pénètre, sous forme de jet dans l'ajutage conique convergent A et entraîne l'air qui se trouve dans la chambre qui enveloppe cet ajutage ; il en résulte une dépression qui détermine l'aspiration de l'eau : cette eau vient remplir la chambre, et le jet de vapeur l'entraîne, en se condensant, dans le second ajutage B ; l'appareil est dit *amorcé*. L'amorçage est signalé à l'extérieur par le trop-plein D, qui laisse échapper un jet liquide, dont la température est supérieure à celle de l'eau du réservoir dans lequel se fait l'alimentation. On ouvre alors graduellement l'arrivée de la vapeur, la vitesse d'écoulement augmente, et il arrive un moment où elle est suffisante pour que la masse fluide, lancée dans le cône divergent C, pénètre dans la chaudière.

178. *Injecteur Giffard.* — L'injecteur qui porte le nom de l'ingénieux inventeur, qui l'imagina en 1858, est resté jusqu'ici tel qu'il sortit des mains de son constructeur; il est à la fois aspirant et foulant et peut se prêter à des variations de pression très grandes.

L'injecteur Giffard affecte indifféremment la position horizontale ou la position verticale, il est mis en relation avec la chaudière au moyen de deux tuyaux : l'un, qui part du réservoir de vapeur, l'autre, qui amènera l'eau injectée à la partie inférieure du générateur.

La figure 160 représente la coupe longitudinale du type horizontal, tel qu'il a été imaginé par l'inventeur et tel qu'il se construit encore actuellement.

Comme dispositions essentielles, cet appareil est identique à celui qui nous a servi précédemment dans l'étude du prin-

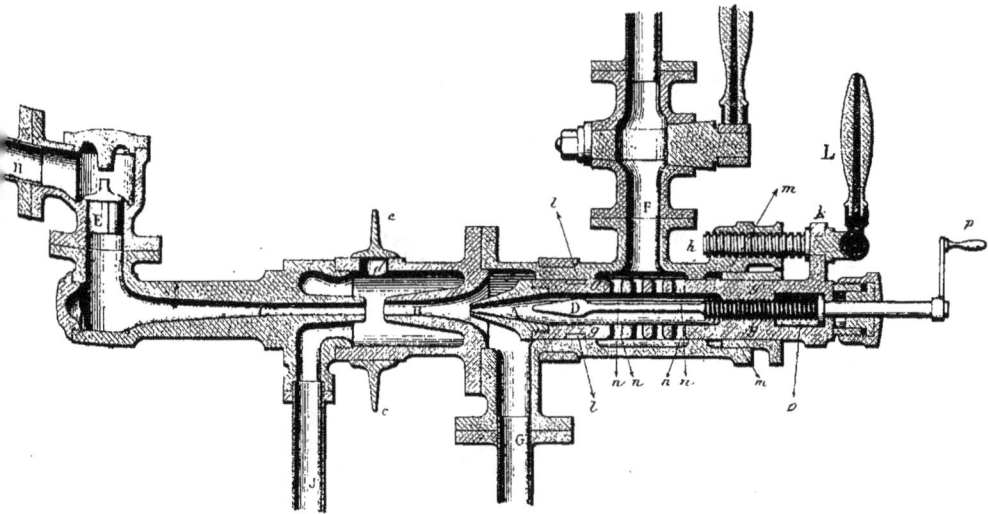

Fig. 160. — Injecteur Giffard.

cipe du fonctionnement de l'injecteur. Il possède, en outre, deux perfectionnements importants : l'un d'eux permet de régler l'appareil de telle sorte qu'il fonctionne à des pressions différentes; l'autre constitue un dispositif d'amorçage.

La légende ci-dessous indique les divers organes dont se compose l'injecteur Giffard :

A, ajutage convergent, ou *tuyère ;*

B, ajutage convergent, ou *cheminée;*

C, ajutage divergent ;

D, aiguille destinée à régler l'admission de la vapeur ;

E, soupape de retenue du fluide refoulé ;

F, tuyau d'arrivée de vapeur;

G, conduite d'aspiration d'eau froide ;

H, conduite de refoulement à la chaudière ;

d, œilletons percés dans la paroi, et par lesquels on peut se rendre compte de l'aspect de la veine fluide jaillissant entre la cheminée B et le cône divergent c;

ee, manchon mobile pouvant recouvrir les œilletons d.

On règle l'appareil, suivant les variations de pression de la chaudière, en déplaçant la tuyère A par rapport à la cheminée B, de manière à faire varier l'orifice annulaire qui règne autour de la tuyère. A cet effet, la tuyère est montée sur un tube gg, mobile dans le sens de sa longueur et dont les mouvements sont commandés par la vis h, actionnée par la manette L, qui saisit l'oreille k, venue de fonte sur le tube. Une garniture ll et un presse-étoupe mm font joint entre le tube gg et l'enveloppe extérieure, et comprennent entre eux l'arrivée de vapeur ; la vapeur pénètre dans le tube gg, par les lumières nn, pour se rendre à la tuyère A.

L'appareil d'amorçage consiste dans l'aiguille mobile D, qui peut se rapprocher de l'orifice de la tuyère, de manière à étrangler plus ou moins l'arrivée de vapeur ; ce mouvement est produit par la vis o et la manivelle p.

Pour mettre l'injecteur en train, on procède comme nous avons dit plus haut (n° 177), et, pour terminer, on règle par tâtonnements la position de la tuyère, en manœuvrant la manette L, de telle sorte que la veine entre tout entière et sans jaillissement dans la chaudière. En résumé, la mise en train comporte les opérations successives ci-après :

1° Ouvrir le robinet placé sur la tubulure F d'arrivée de vapeur, l'aiguille étant enfoncée dans la tuyère ;

2° Activer un peu l'aiguille, au moyen de la manette p;

3° L'amorçage étant obtenu, retirer en grand l'aiguille ;

4° Régler l'appareil par la manette L.

Lorsque l'appareil est en bonne marche, la veine fluide jaillissant entre la cheminée et le cône divergent est nette et semble détachée des parois internes de la cheminée ; le jeu régulier de l'appareil est accompagné d'un léger sifflement caractéristique.

On peut, sans nuire au fonctionnement, modifier un peu la position de la tuyère ; mais la position la plus favorable dépend de la pression de la vapeur ; la tuyère doit être d'autant plus retirée que l'orifice d'accès d'eau froide est plus grand et que la pression est plus élevée dans la chaudière.

Un injecteur Giffard ordinaire ne peut guère aspirer l'eau dont la température dépasse 40 degrés ; mais la température du refoulement peut s'élever à 80 degrés et au delà. La hauteur d'aspiration ne peut pas s'élever au-delà de 1^m,20 à 1^m,50. On peut placer l'injecteur à une certaine hauteur en contre-bas du plan d'eau dans la chaudière ; cette hauteur peut atteindre 10 ou 12 mètres et plus pour des pressions de 8 ou 10 kilogrammes.

Quelquefois l'injecteur refuse de s'amorcer, cela peut provenir de diverses circonstances : l'ouverture exagérée ou insuffisante de l'aiguille, une hauteur d'aspiration trop grande, de l'eau alimentaire trop chaude ou, enfin, des fuites sur le tuyau d'aspiration, qui déterminent un appel d'air. L'amorçage est toujours plus difficile quand l'injecteur est chaud, il convient alors de fermer la prise de vapeur et de refroidir l'appareil.

Un injecteur en marche peut se désamorcer, pour les mêmes causes que celles qui empêchent l'amorçage ; on voit alors la vapeur jaillir brusquement par les œilletons et le trop-plein. Quand le plan d'eau, dans la bâche alimentaire, s'est abaissé jusqu'à découvrir le pied du tuyau d'aspiration, l'injecteur se désamorce forcément.

D'autres fois, l'appareil *crache*, et l'eau s'écoule par le trop-plein, ou même jaillit par les œilletons, et cesse de pénétrer complètement dans la chaudière. Cet accident est dû à diverses causes : obstacles sur le conduit d'amenée de vapeur ou sur le conduit de refoulement, mauvaise position de l'injecteur par rapport à la chaudière (placé trop bas), mauvais réglage de la position de la tuyère, fuites dans les garnitures ou dans le tuyau d'aspiration, vapeur trop humide ou contenant de l'air en trop forte proportion.

Les fuites sont surtout à craindre à travers la garniture ll, et, dans ce cas, la vapeur se rend directement dans la cheminée et échauffe l'appareil. Les fuites d'air sur la conduite d'aspiration se traduisent par un crépitement particulier.

179. *Rendement de l'injecteur.* — L'injecteur est un appareil qui utilise presque complètement la chaleur contenue dans la vapeur employée comme force motrice ;

son rendement est, par suite, très élevé. Il permet d'alimenter, même quand la machine motrice est au repos, ne comporte aucun organe susceptible de s'user, n'exige aucun graissage et ne demande que peu d'entretien ; en outre, il est d'un prix peu élevé et son installation est facile. Les inconvénients qu'il présente sont : fonctionnement capricieux lorsqu'il est mal manœuvré ou mal monté, refus d'alimenter à l'eau chaude et sujet aux fuites par les garnitures.

Un injecteur, construit d'après les données de Giffard (1), peut fournir un débit maximum calculé au moyen de la formule suivante :

$$Q = 28 \, d^2 \sqrt{p},$$

dans laquelle :

Q est le débit en litres, par heure ;

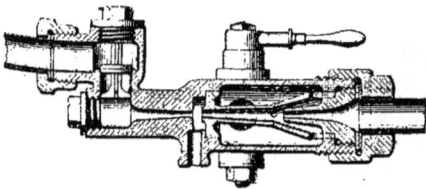

Fig. 161. — Injecteur Bohler, non aspirant,

d, diamètre minimum, en millimètres du cône divergent C ;

p, pression effective, en kilogrammes par centimètre carré. Chaque kilogramme de vapeur entraîne environ 20 kilogrammes d'eau froide aux basses pressions (1 à 3 kg par cmq) et 12 à 13 kilogrammes aux pressions élevées (8 à 10 kg par cmq).

Avec un injecteur en bon état on peut, sans nuire au fonctionnement, réduire le débit à la moitié des maxima indiqués ci-dessus, en réglant convenablement la position de la tuyère.

Le rendement, calculé en comparant le poids d'eau injecté au poids de vapeur dépensé, est plus élevé aux basses qu'aux fortes pressions ; mais la marche à haute pression est plus stable et plus régulière.

(1) HIRSCH et DEBIZE, Leçons sur les machines à vapeur, t. I, p. 771.

L'injecteur Giffard a donné naissance à un très grand nombre d'appareils analogues dont les dispositions affectent les formes les plus variées ; nous nous contenterons de décrire sommairement ceux de ces appareils qui présentent des détails intéressants.

180. *Variétés de l'injecteur Giffard.* — L'injecteur *Bohler*, représenté par la figure 161, n'est pas aspirant ; il doit être construit pour une pression déterminée et variant peu ; le réglage de l'arrivée d'eau se fait par l'ouverture plus ou moins grande du robinet interposé sur la conduite d'eau froide.

L'injecteur *Vabe* (*fig.* 162) présente une disposition identique à celle de l'in-

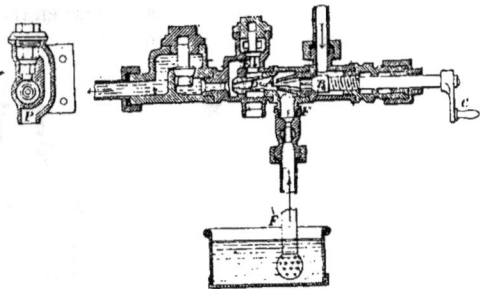

Fig. 162. — Injecteur Vabe, aspirant.

jecteur Giffard : le jeu de l'appareil est amélioré en perçant, sur le pourtour de la cheminée D, des petits trous, qui sont en communication avec la soupape E ; dans le cas de fonctionnement irrégulier, la vapeur, au lieu de sortir par le tuyau d'aspiration FF, s'échappe par cette soupape (représentée à gauche de la figure), ce qui diminue les chances de raté et facilite la mise en marche.

Dans l'injecteur *Turck* on a supprimé les garnitures du Giffard ; à cet effet, la tuyère est fixe, mais elle est entourée d'une enveloppe ou *régulateur* d'eau, qui peut se déplacer, en glissant sur la tuyère, et étrangler ainsi plus ou moins l'arrivée d'eau. Cette suppression des garnitures et, par suite, des fuites qu'elles peuvent occasionner, constitue un avantage pratique important ; l'injecteur Turck a reçu de nombreuses applications sur les locomotives.

Dans l'injecteur *Friedmann*, fort en usage en Autriche, le débit de la veine fluide est régularisé et augmenté par l'interposition d'un cône directeur, placé dans l'espace annulaire situé autour de la tuyère, et qui a pour effet d'assurer le parallélisme des filets fluides. Ce perfectionnement a été surtout utilisé dans certains cas, sur lesquels nous reviendrons ci-après.

181. *Injecteurs divers.* — On a imaginé plusieurs variétés d'injecteurs dans lesquels la mise en marche consiste dans la manœuvre d'un levier unique ou d'un simple robinet.

L'éjecto-injecteur automatique aspirant *Cuau* (*fig.* 163) ne comporte ni aiguille, ni clapet perforé, ni vis de mise en train ; l'amorçage se produit de lui-même, lors-

qu'on ouvre en plein le robinet d'arrivée de vapeur. Pour obtenir ce résultat, il a suffi d'interrompre par un intervalle AA,

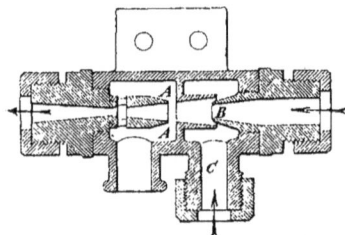

Fig. 163. — Ejecto-injecteur automatique Cuau.

la continuité de la cheminée, l'orifice de dégorgement AA présentant une section plus grande que le nez B de la tuyère.

La présence de cet intervalle ne trouble

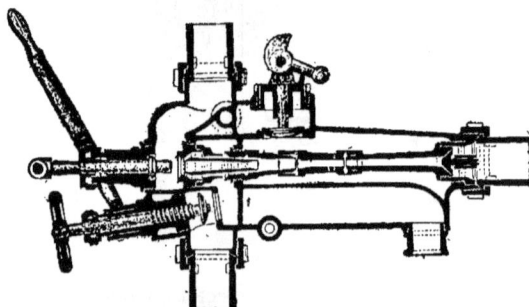

Fig. 164. — Injecteur aspirant Sellers.

en rien le fonctionnement normal de l'appareil, et l'on n'a pas à craindre le refoulement de la vapeur dans la conduite d'aspiration c.

Dans l'injecteur *Sellers* (*fig.* 164), la mise en train se fait par la manœuvre d'un levier que l'on tire à fond ; le réglage de la quantité d'eau injectée s'obtient par la manœuvre d'un volant à vis qui agit sur un clapet interposé sur la conduite d'aspiration. Cet injecteur fonctionne à très basse pression, il aspire à partir de 3 kilogrammes ; il a reçu de nombreuses applications sur les locomotives américaines.

L'injecteur *Hancock* (*fig.* 165) se com-

pose de deux injecteurs parallèles, entre lesquels se trouvent réparties les fonctions d'aspiration et de refoulement. L'injecteur A est simplement aspirant, et sa tuyère de vapeur E est divergente, de manière à produire un appel énergique ; l'eau ainsi aspirée, et légèrement réchauffée, est saisie par le second injecteur B, non aspirant, qui la refoule à la chaudière dans les conditions ordinaires. La mise en train est fort simple : la soupape de décharge D étant ouverte, on ouvre le robinet d'admission de vapeur, de manière à introduire la vapeur en C ; l'aspiration se produit aussitôt par le tuyau H, et l'eau aspirée s'écoule par la décharge. Il suffit alors de soulever la soupape F, pour que la vapeur, en passant par la tuyère de B, détermine le refoulement du fluide dans le tuyau K.

On peut disposer les choses de telle sorte que les divers obturateurs soient commandés par le même levier ; il suffit alors d'un seul mouvement de ce levier pour la mise en marche. Cette spécialisation des fonctions d'aspiration et de refoulement a permis d'aspirer l'eau jusqu'à des hauteurs de 4 à 6 mètres, résultat qu'on n'avait pu atteindre avec les autres systèmes d'injecteurs. De plus, la ma-

B, levier de manœuvre de l'injecteur ;
E, décharge du trop-plein ;
H, tuyau d'arrivée de vapeur ;
J, tuyau d'aspiration de l'eau ;
K, tuyau de refoulement de l'eau injectée.

Nous citerons, en terminant, quelques injecteurs dans lesquels on a cherché à éviter les inconvénients du désamorçage. Ces injecteurs, dits à *remise en marche automatique*, ont pour but, lorsque l'eau d'alimentation vient à manquer, de fournir à la vapeur une section de passage suffisante pour lui permettre de s'échapper

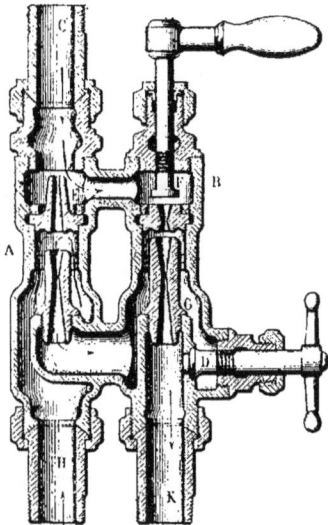

Fig. 165. — Injecteur-aspirant Haucock.

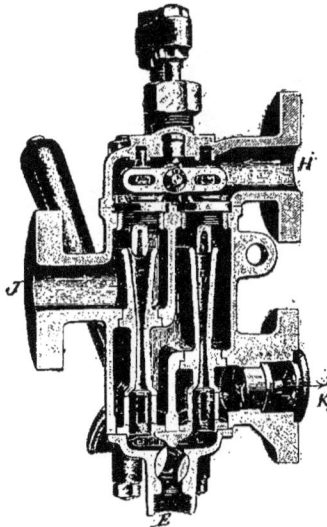

Fig. 166. — Injecteur vertical automatique, aspirant, Koerting.

nœuvre de cet appareil est fort simple, et la mise en train mieux assurée.

L'injecteur *Koerting* (*fig.* 166) présente une disposition analogue à celle du précédent : il est manœuvré par un seul levier convenablement relié au robinet de prise de vapeur et aux soupapes. Il peut, d'après les inventeurs, puiser de l'eau à 60 degrés, si elle est en charge, et l'aspirer jusqu'à 5 mètres de hauteur et plus, si elle est froide. La figure 167 représente l'installation d'un injecteur Koerting horizontal aspirant :

A, injecteur ;

directement sans créer une pression nuisible à l'appareil. Aussitôt que les conditions normales de l'arrivée d'eau se représentent, l'appareil se remet à fonctionner, sans qu'il soit nécessaire de le régler à nouveau. Dans l'injecteur *Gresham*, ce résultat est obtenu au moyen d'un cône mobile qui augmente la section de sortie de la vapeur, lorsque l'eau vient à manquer ; dans le cas contraire, le cône mobile reste appliqué sur son siège, en vertu de la dépression produite par le jet de vapeur, et l'appareil fonctionne comme un injecteur ordinaire.

L'éjecto-injecteur *Cuau* (*fig.* 168) réalise le même but, sans cône mobile, mais par l'adjonction d'une soupape disposée dans la cheminée, à la sortie du trop-plein. Pendant le fonctionnement normal, cette soupape reste appliquée sur son siège; elle se soulève lorsque l'injecteur

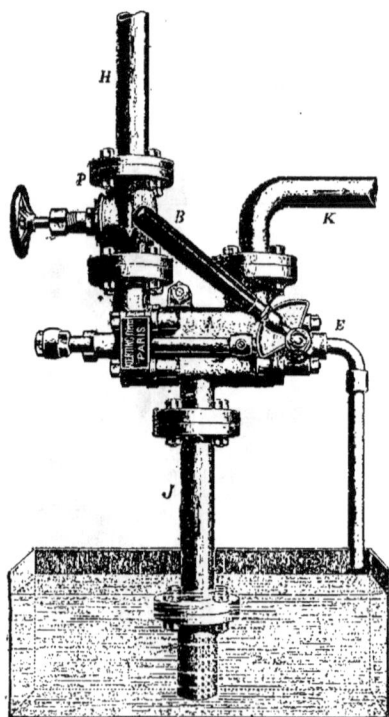

Fig. 167. — Installation d'un injecteur Koerting, horizontal et aspirant.

se désamorce accidentellement, car, dans ce cas, l'eau ne condensant plus la vapeur lancée dans l'appareil, il se produit un léger excès de pression dans la chambre du trop-plein. Dès que l'eau se trouve aspirée de nouveau, elle condense la vapeur, la soupape se referme, et l'appareil reprend son service.

Citons, enfin, l'injecteur *Hamer, Metcalfe et Davies*, basé sur le même principe que l'injecteur Gresham, qui peut fonctionner avec la vapeur d'échappement des machines à vapeur sans condensation. Lorsqu'on est obligé de refouler à une pression supérieure à 5 kilogrammes, il est nécessaire de compléter l'action de l'appareil par une injection de vapeur prise directement à la chaudière; cette injection de vapeur directe se fait par un canal longitudinal, percé dans l'aiguille de l'injecteur.

182. *Éjecteurs.* — Le principe de l'injecteur a reçu des applications nombreuses et variées; nous avons vu (n° 150, *fig.* 126) que le souffleur Koerting était basé, sur la propriété qu'ont les veines fluides animées d'une grande vitesse de communiquer, par entraînement latéral, une partie de cette vitesse au fluide

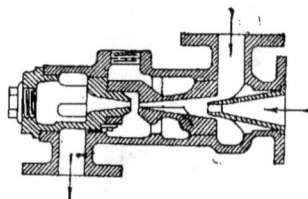

Fig. 168. — Ejecto-injecteur Cuau, à remise en marche automatique.

ambiant. En ce qui concerne les mouvements des liquides, on est parvenu à construire des appareils analogues, connus sous le nom d'*éjecteurs*, dans lesquels un jet de vapeur peut servir à l'élévation des liquides.

M. *Friedmann* a obtenu des résultats satisfaisants en munissant l'appareil d'une série de *cônes directeurs* qu'il avait déjà adaptés à ses injecteurs alimentaires. Ces cônes, de diamètres croissants, sont étagés à la suite l'un de l'autre, suivant le même axe, de telle sorte que la veine fluide, sortant d'un cône, fasse appel dans le liquide ambiant du cône suivant. On arrive ainsi à élever de grandes quantités d'eau à une hauteur modérée, et avec un appareil fort simple; on l'emploie quelquefois pour l'épuisement des cales de navires, en cas de voie d'eau.

M. *Morton* a proposé l'application de l'éjecteur pour remplacer la pompe à air des machines à vapeur à condensation. L'appareil, construit par l'inventeur, connu sous le nom d'*éjecteur-condenseur*, reçoit une veine d'eau froide animée d'une vitesse suffisante qui condense la vapeur d'échappement provenant des cylindres de la machine; malgré le vide relatif existant dans la capacité où se produit la condensation, le jet liquide poursuit sa route, en vertu de la vitesse qu'il possède, et sort par un ajutage divergent, en refoulant la pression atmosphérique.

Les éjecteurs-condenseurs n'ont pas reçu, jusqu'ici, des applications pratiques étendues; leur emploi pourrait être cependant utile dans certains cas.

183. *Pulsomètres.* — L'emploi de la vapeur directe à l'élévation des liquides a reçu d'autres applications au moyen d'une catégorie différente d'appareils auxquels on a donné le nom de *pulsomètres*. Ces appareils, dont l'invention est assez ré-

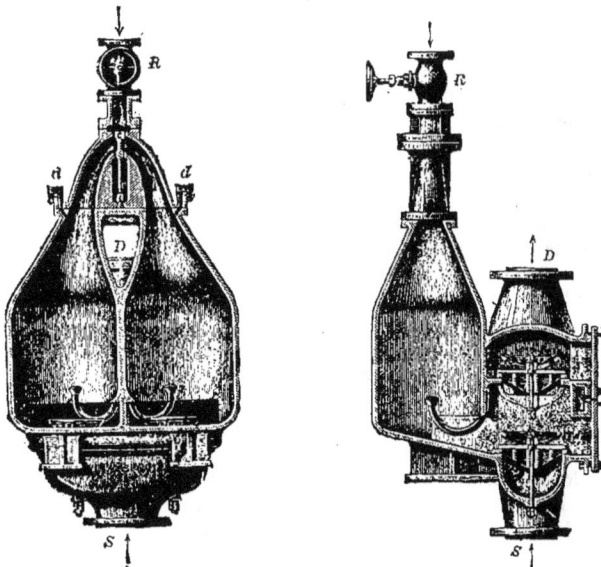

Fig. 169. — Pulsomètre Kœrting.

cente, sont destinés à remplacer, dans certains cas, les pompes et autres appareils élévatoires. De même que les injecteurs, ils ne demandent, pour leur fonctionnement, aucun organe moteur intermédiaire; la vapeur, qui joue le rôle de moteur et de piston, agissant ici directement sur le liquide à élever.

Le fonctionnement du pulsomètre comporte deux phases distinctes : dans la première, on condense la vapeur introduite dans une capacité close; le vide partiel, qui résulte de cette condensation, détermine l'aspiration du liquide à élever dans le récipient ; dans la seconde phase, la vapeur, agissant par sa pression sur le liquide aspiré, refoule ce dernier à une certaine hauteur.

La figure 169 représente le pulsomètre construit par M. *Kœrting ;* cet appareil se compose de deux chambres en fonte, en forme de poire allongée, resserrées à la partie supérieure, et dont l'entrée est alternativement ouverte ou fermée par une languette *c*, oscillant autour d'un axe horizontal. Deux clapets d'aspiration sont disposés à la partie inférieure des chambres, et des clapets de refoulement sont interposés entre les chambres et le tuyau de décharge D (voir la coupe transversale de la figure); deux petits tuyaux recourbés font communiquer chacune des deux chambres avec la conduite de décharge D.

La vapeur, arrivant par le robinet R, pénètre dans la chambre de gauche de l'appareil, par exemple, presse la surface du liquide qui s'y trouve contenu en vertu d'une opération précédente et refoule celui-ci dans le tuyau de décharge D, en soulevant le clapet supérieur correspondant. Le refoulement ayant cessé, la condensation de la vapeur restée dans la chambre, augmentée par l'injection d'une certaine quantité de liquide provenant du refoulement, et amenée par le tuyau recourbé correspondant, produit un vide partiel qui détermine l'aspiration du liquide par la soupape de gauche. Sous l'influence de ce vide, la languette c oscille de droite à gauche, fermant ainsi toute communication avec la chambre de gauche; la vapeur pénètre alors dans la chambre de droite, refoule le liquide qui provient de l'aspiration précédente et, se condensant, détermine l'introduction d'une nouvelle quantité de liquide, ainsi qu'il a été dit pour la chambre de gauche. C'est donc le mouvement de la languette c qui, mettant alternativement chacune des chambres en communication avec la vapeur, détermine le fonctionnement de l'appareil; ces battements sont réguliers, et les pulsations sont facilement perçues par l'oreille. Le mouvement d'oscillation de la languette est automatique, il est déterminé par l'influence du vide partiel qui existe dans l'une des chambres et par l'action de la pression de la vapeur qui s'introduit dans l'autre chambre et qui pénètre dans une poche, ménagée au-dessous de la languette. Cette disposition assure le mouvement de la languette, même pour une faible différence de température entre la vapeur motrice et la vapeur condensée, ce qui diminue la quantité de vapeur dépensée. Deux soupapes dd, appelées reniflards et s'ouvrant de haut en bas, sont réglées pour laisser entrer, à chaque pulsation, une petite quantité d'air dans les chambres, afin d'amortir les coups de bélier. Le pulsomètre présente certains avantages sur les pompes; la simplicité de sa construction et la régularité de son

fonctionnement ont rendu son emploi fort utile dans de nombreuses installations.

L'aspiration peut se faire jusqu'à une profondeur de 7 mètres, mais on recueille un meilleur effet utile quand la hauteur d'aspiration ne dépasse pas 3 mètres. La hauteur de refoulement varie avec la pression de la vapeur motrice, mais on ne peut guère dépasser 30 mètres; au-delà de ce chiffre il est nécessaire de superposer plusieurs appareils. Pour obtenir un rendement économique, il convient que la pression de la vapeur motrice soit supérieure d'au moins 1 kilogramme à la pression correspondante à la colonne d'eau qui pèse sur les clapets de refoulement. Nous avons fait rentrer la description de cet appareil dans l'étude des appareils alimentaires à cause des applications qu'il peut recevoir pour l'élévation de l'eau dans les réservoirs d'alimentation des chaudières à vapeur.

Clapet de retenue d'alimentation.

184. Chaque chaudière doit, aux termes des règlements, être pourvue d'un appareil de retenue, soupape ou clapet, fonctionnant automatiquement et placé au point d'insertion du tuyau d'alimentation qui lui est propre. Cette prescription implique qu'il ne doit y avoir aucun organe entre le clapet et la chaudière; cependant l'Administration tolère l'interposition d'un robinet permettant la visite du clapet pendant que la chaudière est en pression.

L'adjonction de ce clapet de retenue a pour but d'empêcher la vidange de la chaudière dans le cas où celle-ci serait mise en communication accidentelle avec l'appareil d'alimentation, surtout lorsque ce dernier est constitué par une bouteille alimentaire.

Cet accident serait encore à redouter lorsque plusieurs générateurs sont réunis en batterie, l'ouverture simultanée de plusieurs robinets d'alimentation pouvant amener la vidange de la chaudière, dans laquelle la vaporisation est plus active, dans les chaudières voisines, par l'intermédiaire de la conduite commune d'alimentation.

Lorsque la chaudière est pourvue d'un réchauffeur, le clapet est installé à l'entrée du réchauffeur ; on peut installer un second clapet entre le réchauffeur et la chaudière, mais ce dernier n'est pas obligatoire et, dans ce cas, le réchauffeur, considéré comme chaudière, doit être muni des appareils de sûreté réglementaires.

La figure 170 représente, dans sa forme la plus ordinaire, un clapet de retenue disposé à l'intérieur d'une boîte coudée.

Cette boîte porte un siège conique en bronze sur lequel vient s'appliquer une soupape également conique et dont le mouvement vertical est assuré, sans coincement, au moyen d'ailettes et d'une tige de longueur suffisante. Un bouchon à vis est disposé au-dessus du logement de la soupape pour permettre la visite et le nettoyage. Souvent, la boîte à clapet porte, venue de fonte, un robinet ordinaire interposé pour la raison que nous avons indiquée plus haut. Quelques constructeurs installent, au-dessus du clapet, une tige traversant un presse-étoupe et que l'on fait mouvoir à volonté dans un écrou fixe ; on obtient ainsi un appareil qui, sans s'opposer à la fermeture du clapet, permet de régler la levée de ce dernier et, par suite, de rendre continue l'alimentation de la chaudière.

Appareils épurateurs d'eau d'alimentation.

185. Nous avons exposé au chapitre précédent (nᵒˢ 124 et 125) les procédés que l'on emploie pour éviter la production des incrustations et des dépôts sur la paroi des générateurs de vapeur ; les appareils qui permettent d'obtenir ce résultat peuvent être classés en trois catégories différentes :

1° Les appareils *épurateurs d'eau d'alimentation*, au moyen desquels la précipitation des sels incrustants contenus dans l'eau d'alimentation est obtenue avant l'introduction de celle-ci dans la chaudière ;

2° Les appareils *d'épuration mixte* qui traitent l'eau par la chaleur ;

3° Les appareils *localisateurs des dépôts*, destinés à recueillir les sels précipités dans la chaudière sous l'action de la chaleur.

Dans la plupart des appareils de la première catégorie, l'eau destinée à l'alimentation est introduite dans des réservoirs et traitée par des réactifs convenables qui précipitent une notable partie des sels solubles contenus dans l'eau ; par le repos, ou *décantation*, on laisse ces précipités se déposer, et l'eau, ainsi débarrassée des matières qu'elle tient en suspension est prête à servir à l'alimentation de la chaudière ; on complète quelquefois cette épuration par le filtrage dans un récipient placé à côté de l'épurateur.

Parmi les nombreux dispositifs qui font usage de ce procédé nous ne citerons que les plus importants ; le choix des réactifs destinés à la précipitation des sels solubles dépend de la composition de l'eau à épurer, on le détermine par l'analyse ; le degré hydrotimétrique de l'eau,

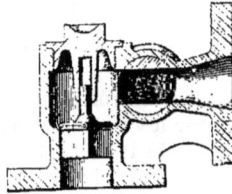

Fig. 170. — Clapet de retenue avec robinet d'arrêt.

mesurée avant et après son passage dans l'appareil, permet de se rendre compte du résultat de l'opération.

Dans le système d'épuration imaginé par MM. *Bérenger et Stingl* (1), la décantation des matières précipitées au sein de l'eau par l'action des réactifs est obtenue par la circulation continue, mais lente, de cette eau dans des vases verticaux de grande hauteur ; ce système n'exige pas l'emploi de filtres, ni de bassins de décantation proprement dits. Le nombre et le volume des cylindres épurateurs dépend de la quantité d'eau à préparer par heure, en comptant que la durée du passage du liquide dans l'appareil sera d'une heure et demie. Généralement trois cylindres décanteurs suffisent pour obtenir une épuration convenable. Le réactif, préalablement dissous dans une certaine quantité d'eau,

(1) Voir DELUOTEL, *Épuration des Eaux*, p. 326.

est introduit dans l'appareil au moyen d'un tuyau muni d'un robinet gradué ; le débit peut être, par suite, réglé selon la quantité d'eau à épurer.

Dans le système de M. *Paul Gaillet*, l'opération est continue ; l'appareil repose sur les principes suivants : division du liquide en tranches minces, circulation alternativement ascendante et descendante, multiplication des surfaces de dépôt. L'épurateur peut être disposé verticalement (*fig.* 171) ou horizontalement (*fig.* 172).

Le décanteur, qui constitue la partie caractéristique de l'appareil, est formé d'une cuve en tôle dans laquelle se trouve une série de diaphragmes en forme de gouttières, inclinées à 45 degrés ; le dessin ci-dessous (*fig.* 172) représente la disposition de ces diaphragmes et montre le trajet sinueux suivi par l'eau qui est introduite à la partie inférieure de l'appareil. Deux réservoirs supérieurs sont destinés, l'un à contenir l'eau épurée qui s'élève dans le tuyau vertical (placé à droite du décanteur) ; l'autre reçoit l'eau à épurer et la conduit dans un récipient où elle est mélangée avec le réactif, au moyen de robinets dont le débit peut être réglé selon les besoins. L'eau traitée arrive par un gros tuyau latéral (placé à gauche du décanteur) est amenée sous le premier diaphragme et suit, en remontant, le chemin contrarié par les chicanes ; dans ce parcours, elle laisse tomber sur les tôles les particules qu'elle contient ; ces particules se réunissent et forment un dépôt qui se rassemble aux points bas des diaphragmes, d'où on les extrait par un robinet de vidange. Au sortir du décanteur, l'eau est clarifiée dans un filtre de copeaux ou de fibres de bois qui complète son épuration.

Dans cet appareil la décantation est donc obtenue par l'effet des chocs, des frottements sur les parois, des changements de direction auxquels sont soumis les filets liquides et malgré la vitesse relativement grande de ces derniers. Cette manière d'opérer la décantation constitue l'originalité de cet épurateur ; quoiqu'elle paraisse moins rationnelle que la décantation obtenue par le repos relatif du liquide, comme cela est réalisé par la plupart des autres appareils, l'appareil Gaillet a reçu

des applications importantes et dans lesquelles il rend d'excellents services.

L'épurateur de M. *Desrumaux* est caractérisé par un décanteur à lames hélico-co-

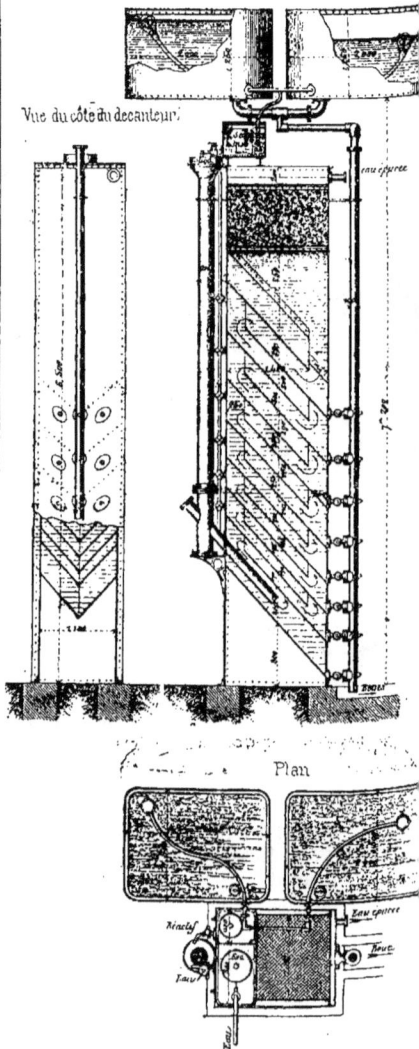

Fig. 171. — Epurateur vertical Gaillet.

noïdales, et par un appareil préparateur de réactifs, représentés par la figure 173.

Le décanteur se compose de deux cylindres concentriques de hauteurs iné-

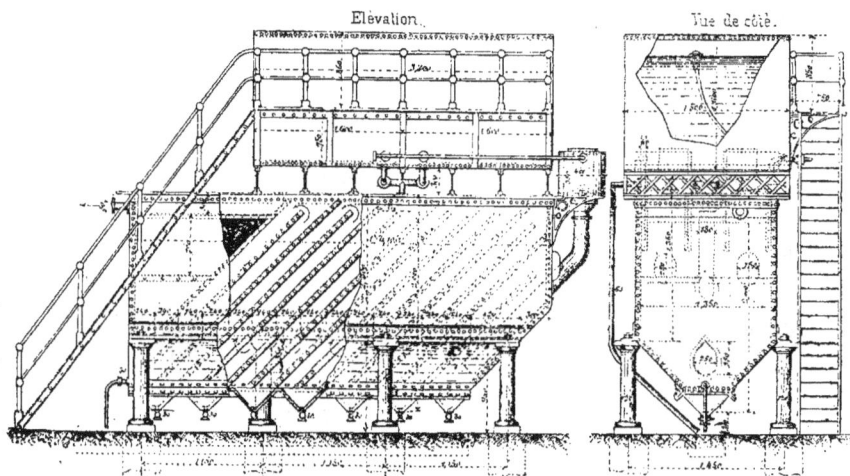

Fig. 172. — Épurateur horizontal Gaillet.

gales; dans le cylindre intérieur M, ouvert à ses deux extrémités, se font les réactions, tandis que le cylindre extérieur, surmonté d'un filtre à copeaux Q, porte un fond conique P. Des lames hélico-conoïdales portent des diaphragmes verticaux constituant des chambres de dépôt qui communiquent avec l'un des collecteurs de boue O, au moyen d'ouvertures pratiquées à l'intersection de ces cloisons; les boues sont recueillies en P d'où elles peuvent être extraites par la soupape de vidange S. Le liquide à épurer arrive en A dans le régulateur B où il est maintenu à un niveau constant par une valve à flotteur. Un robinet D règle la distribution de l'eau au récipient J, auquel on a donné le nom de saturateur malaxeur automatique; une vanne C règle la distribution de l'eau qui actionne la roue à auges E, laquelle transmet son mouvement à l'arbre à palettes H du saturateur. La chaux est chargée sur une cuvette F, une fois par jour; elle s'éteint sous l'action d'un courant d'eau qui vient de la partie inférieure du saturateur au moyen de l'arbre creux H; elle descend ensuite dans la caisse de malaxage par le cylindre entourant cet arbre. L'eau, par le mouvement des palettes qu'elle rencontre en remontant, se sature de chaux, et poursuit son mouvement ascensionnel en se

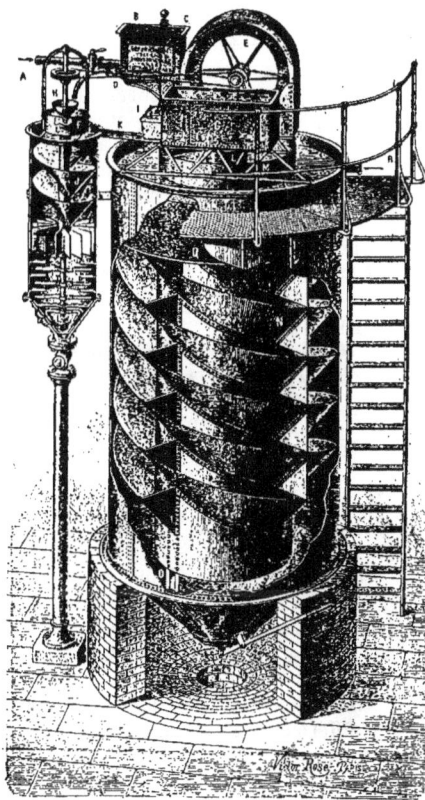

Fig. 173. — Épurateur Desrumeaux.

décantant rapidement. Les dépôts qu'elle abandonne tombent sur l'hélice J, qui les ramène au malaxeur où ils se reforment à l'état de lait de chaux jusqu'à épuisement complet. La décantation est favorisée par l'interposition d'une série de lames horizontales qui s'opposent aux remous dus aux révolutions du malaxeur.

En face de la roue motrice E se trouve le réservoir à soude G, dont le débit est réglé par le robinet à flotteur I, de telle sorte que l'écoulement de la soude cesse dès que l'arrivée d'eau est interrompue. Le liquide à épurer et les réactifs ainsi préparés se déversent dans le petit bac mélangeur L, débordant dans la colonne à réaction M et descendant vers la partie inférieure de l'appareil. Au bout de ce trajet l'eau abandonne les dépôts les plus lourds, qui tombent dans le collecteur O ; le liquide passe ensuite en dehors du cylindre intérieur et prend un mouvement ascensionnel dans chacune des hélices. La forme des surfaces de décantation, ainsi offertes au liquide séparé en lames mobiles de faible épaisseur, force les dépôts à glisser vers les espaces inférieurs et à se réunir dans le collecteur de boues O.

Le liquide, décanté des sels précipités et des matières en suspension, traverse un filtre L et sort clarifié par le tuyau R.

On construit des appareils de ce système qui peuvent traiter jusqu'à 2 000 mètres cubes d'eau par jour ; une fois épurées, les eaux titrent, suivant leur dureté première 3 à 5 degrés hydrotimétriques.

L'épurateur automatique imaginé par M. *Dervaux* présente des dispositions un peu différentes : il se compose d'un décanteur à cônes surmonté d'un filtre, d'un préparateur automatique de chaux, dit *saturateur*, et de bacs de distribution de réactif. L'extraction des matières provenant de la décantation peut être faite au moyen d'un robinet unique.

Dans l'épurateur *Maignen*, le décanteur se différencie nettement des précédents par la disposition particulière des chicanes ; le dosage du réactif, constitué par une poudre anticalcaire spéciale, s'effectue automatiquement au moyen d'un

distributeur mis en mouvement par l'eau à épurer.

Nous devons citer également : l'appareil *Howatson*, qui a quelque analogie avec l'épurateur Gaillet, mais dans lequel la décantation s'effectue par repos relatif du liquide ; l'appareil de *Marié Davy*, qui utilise simplement la circulation de l'eau à faible vitesse et achève la clarification par le passage du liquide à travers un certain nombre de filtres.

Enfin, mentionnons le procédé d'épuration par le fer proposé par M. Anderson, qui paraît diminuer la dureté des eaux, mais qui peut être surtout appliqué aux eaux destinées aux usages domestiques.

L'épuration industrielle des eaux destinées à l'alimentation des chaudières est aujourd'hui entrée dans le domaine de la pratique ; les appareils que nous venons d'étudier ont fait faire un progrès marqué à la voie ouverte par MM. Béranger et Stingl ; ils ont reçu des applications nombreuses, malgré leur prix un peu élevé et l'encombrement qui résulte de leurs grandes dimensions.

186. *Appareils d'épuration mixte.* — On a proposé différents systèmes pour épurer les eaux destinées à l'alimentation des chaudières en se basant sur la propriété des bicarbonates terreux de se décomposer à l'ébullition. Lorsque les eaux sont chargées de sulfate de chaux, il est indispensable de compléter la purification au moyen d'agents chimiques appropriés.

La décomposition des bicarbonates terreux par l'ébullition peut être faite dans des récipients spéciaux ou dans les réchauffeurs d'eau d'alimentation, chauffés par les fumées ou par la vapeur prise à la chaudière ou bien encore par la vapeur d'échappement de la machine à vapeur. Nous allons examiner quelques-uns des appareils qui ont été imaginés dans ce but.

Les *réchauffeurs* ou *avant-chauffeurs*, qui utilisent la chaleur des gaz des foyers des générateurs de vapeur peuvent élever la température de l'eau d'alimentation jusqu'à 100 degrés et plus, et provoquer la précipitation du carbonate de chaux. Il en résulte que la quantité des dépôts dans la chaudière se trouvera diminuée d'autant ; cet avantage est compensé par plusieurs inconvénients, tels que l'encombrement de l'installation, la fréquence des nettoyages des parois des réchauffeurs qui se recouvrent rapidement d'incrustations, ce qui diminue beaucoup leur effet utile. Nous avons décrit (n° 104, fig. 59) le réchauffeur *Sulzer*, formé d'un faisceau de tuyaux de fonte A, munis de bouchons pour le nettoyage et parcourus par l'eau envoyée par la pompe alimentaire.

Dans le réchauffeur *Degroux et Chamberlin* on utilise à la fois la chaleur des gaz de la combustion et la vapeur d'échappement ; l'eau d'alimentation arrive dans une enveloppe annulaire entourant la cheminée du générateur.

Les avant-chauffeurs d'eau d'alimentation ne peuvent guère élever l'eau à une température supérieure à 100 degrés ; il s'ensuit qu'ils ne peuvent précipiter le sulfate de chaux, qui ne cesse d'être soluble que vers 150 degrés. On a cherché à atteindre cette température en disposant, dans la chaudière, des appareils où l'eau puisse se mettre rapidement en équilibre de température avec la vapeur et y déposer ses précipités qui, rapidement formés, cessent d'être incrustants. C'est ainsi que M. *Belleville* profite de la haute température de la vapeur pour injecter l'eau pulvérisée dans le collecteur de vapeur (n° 594, fig. 81) et produit la précipitation des sels calcaires, sous forme de poudre incohérente, qui tombent ensuite dans un collecteur de dépôts. Les dispositifs de *Carroll* (voir n° 187), de *Wohnlich*, de *Schau*, de *Meyer* sont également basés sur le principe de l'alimentation dans la vapeur ; pour être efficaces, il est nécessaire que le contact de l'eau chauffée avec la vapeur soit suffisamment prolongé.

Les *réchauffeurs* disposés pour utiliser la vapeur d'échappement des machines peuvent être disposés de deux manières différentes ; dans les uns la vapeur et l'eau ne sont pas en contact, l'échange de chaleur se fait à travers des parois métalliques ; dans les autres, l'eau et la vapeur sont directement en contact.

Les premiers sont le plus souvent constitués par des faisceaux tubulaires plongés dans la vapeur et parcourus par l'eau d'alimentation, ou inversement (*Berry-*

mann) ; d'autres fois, le faisceau tubulaire est remplacé par une chambre à parois ondulées de grande surface (*Davey Paxman*).

Pour mieux utiliser la vapeur on l'envoie directement dans l'eau à échauffer, mais il faut avoir soin de ne pas créer

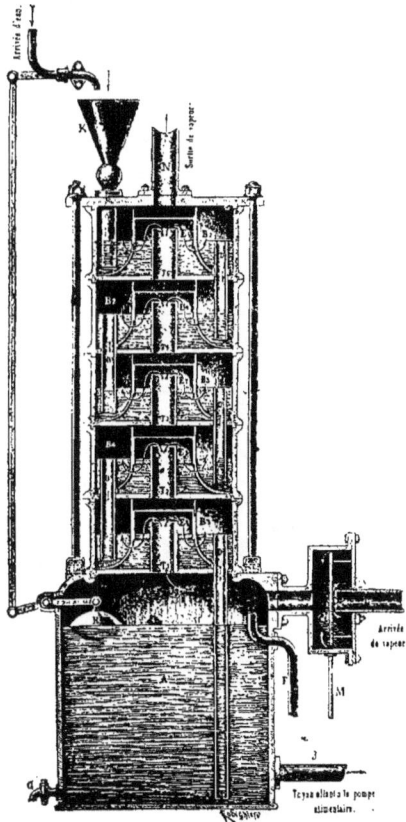

Fig. 174. — Réchauffeur détartreur Chevalet.

une contre-pression qui serait nuisible à l'échappement.

Dans l'appareil de *Wagner*, l'eau coule sur une série de plateaux, disposés en cascades et plongés dans la vapeur d'échappement. Les précipités sont recueillis à la partie inférieure de l'appareil.

Le *réchauffeur détartreur Chevalet* (fig. 174) se compose d'une colonne formée d'éléments démontables B_1, B_2, B_3, etc., reposant sur un réservoir ou bâche alimentaire A ; la vapeur d'échappement arrive par le tuyau L, frappe sur un disque C et se dépouille ainsi d'une partie des matières grasses entraînées qui sont extraites par le tuyau M. Elle pénètre ensuite successivement dans chacun des éléments en barbotant autant de fois qu'il y a de compartiments ; l'excès de vapeur s'échappe par le tuyau N. L'eau arrive par le robinet K et, suivant un

chemin inverse à celui de la vapeur, descend d'un compartiment à l'autre, par les tuyaux de trop-plein D_1, D_2, D_3, etc. ; sa température s'élevant de plus en plus, elle abandonne une partie de son calcaire sur les plateaux, puis se rend au réservoir A où la pompe alimentaire vient l'entraîner par le tuyau J. Un robinet G permet d'enlever les boues qui se déposent dans le réservoir A ; un tuyau de trop-plein F empêche le niveau de l'eau de déborder dans la boîte d'arrivée de

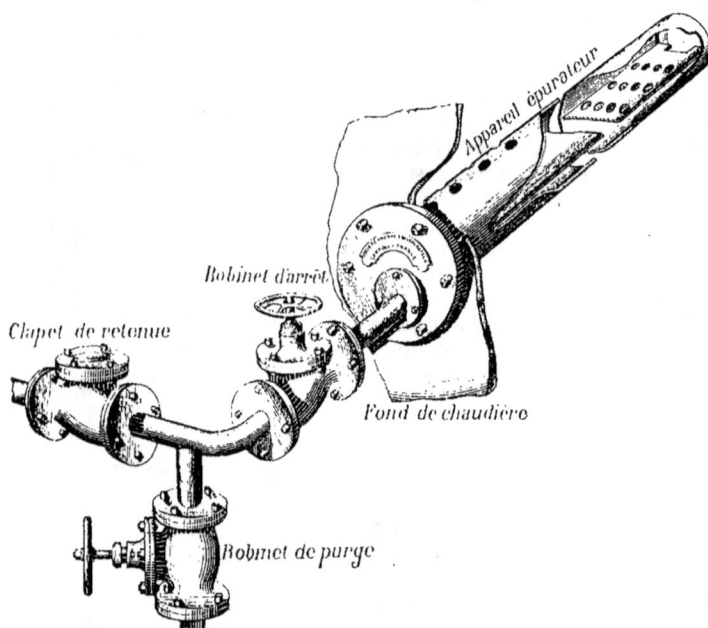

Fig. 175. — Épurateur Carroll.

vapeur, et un flotteur H règle l'arrivée de l'eau ; les plateaux sont disposés de manière à être facilement démontés pour les nettoyages.

Le *réchauffeur épurateur Lencauchez* présente une disposition un peu plus compliquées, on a cherché à obtenir un dégraissage de la vapeur plus complet et à diminuer la contre-pression résultant des barbotages multipliés de la vapeur ; expérimenté à la Compagnie d'Orléans, cet appareil a donné des résultats satis-

faisants. L'emploi de la vapeur d'échappement n'est guère praticable que lorsque la machine desservie par la chaudière est sans condensation, il permet la précipitation d'une partie des bicarbonates, mais il ne saurait convenir à la purification des eaux chargées de sulfate de chaux.

Dans ce dernier cas, il serait nécessaire de compléter, par une correction chimique, l'épuration préalable de l'eau, ou bien de recourir à l'emploi de la vapeur directe qui, en élevant l'eau à une plus haute température, précipiterait une partie du sulfate de chaux.

187. *Appareils localisateurs des dépôts.* — Au lieu d'épurer l'eau avant son introduction dans la chaudière, on a imaginé divers appareils ayant pour but de recueillir les dépôts précipités par la

Fig. 176. — Collecteur Dulac.

chaleur dans la chaudière même. L'*épurateur Carroll* (*fig.* 175) consiste en un gros tube, perforé de trous à la partie supérieure et divisé dans le sens de sa longueur par une cloison diamétrale ; le

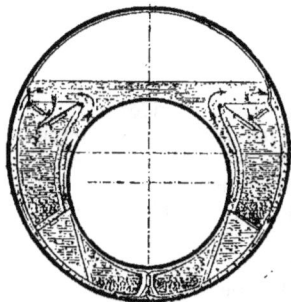

Fig. 177. — Collecteur Dulac.

tube est immergé horizontalement dans l'eau de la chaudière ; le compartiment du bas reçoit l'eau d'alimentation.

L'eau, saisie par la chaleur, laisse précipiter les sels qu'elle contient, lesquels se déposent dans le tube et peuvent être expulsés de temps à autre par des purges. Les *débourbeurs* de *Solvay*, de *Dervaux*, de

Wilson et Roake sont basés sur un principe un peu différent : dans ces appareils la localisation des dépôts s'effectue dans un récipient spécial, annexé à la chaudière et parcouru par l'eau de celle-ci ; les précipités, formés au sein du liquide, viennent se déposer dans le récipient. On complète quelquefois l'efficacité de ces débourbeurs en combinant leur emploi avec celui d'un désincrustant.

Nous avons vu (n° 25, *fig.* 105) par quel moyen on pouvait recueillir les matières

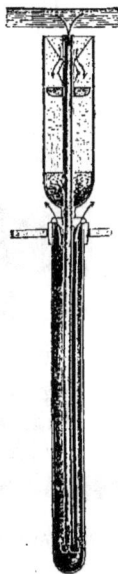

Fig. 178. — Collecteur Dulac.

tenues en suspension dans le liquide en ébullition ; divers appareils sont basés sur ce procédé. Les sels, précipités par l'action de la chaleur et quelquefois aussi par celle des réactifs chimiques (principalement la soude), sont recueillis à l'intérieur de la chaudière, dans des compartiments spéciaux qui sont tenus, par des saillies convenables, à distance de la surface atteinte par les flammes. Les dispositions imaginées par M. *Dulac* (*fig.* 176, 177, 178) sont très efficaces, les collecteurs de dépôts sont constitués par des boîtes en métal léger, ouvertes par le haut, fermées par le bas et immergées à l'intérieur de la chaudière. Afin d'éviter les ébullitions tumultueuses qui pourraient se produire au moment de l'ouverture brusque de la prise de vapeur, et qui auraient pour effet de projeter dans l'eau de la chaudière les dépôts boueux déjà rassemblés, l'ouverture des collecteurs est munie d'un petit clapet, très léger, qui s'oppose à l'expulsion extérieure des dépôts. Ces collecteurs sont d'assez petit volume pour qu'on puisse les introduire par le trou d'homme ; on les maintient en place dans la chaudière au moyen d'armatures légères ; quand ils commencent à se remplir,

Fig. 179. — Appareil Deloffre.

on les retire pour les vider et on les remet en place.

Nous ne reviendrons pas sur les considérations que nous avons développées au chapitre précédent (nᵒˢ 124, 125) à propos de l'emploi des réactifs chimiques destinés à corriger les eaux destinées à l'alimentation des chaudières ; nous avons mis le lecteur en garde contre les nombreux produits désincrustants préconisés par des inventeurs plus ou moins scrupuleux.

Il est indispensable de s'assurer par un essai qualitatif préalable de la composition du produit employé, il en est quelques-uns qui peuvent donner des résultats satisfaisants ; le mode d'emploi le

plus général consiste à les mélanger, en proportions déterminées, à l'eau de la chaudière ; la bouteille de *Deloffre (fig.*179) peut servir à cet usage. Cette bouteille est disposée sur la conduite de refoulement de l'eau d'alimentation à la chaudière, le réactif est introduit dans la partie D, fermée par un bouchon à vis C ; en ouvrant le robinet interposé à la partie inférieure on permet à la dissolution du réactif de s'introduire dans la conduite de refoulement et, ensuite, dans la chaudière.

Obturateurs.

188. *Robinets.* — L'ouverture et la fermeture des conduits destinés à la cir-

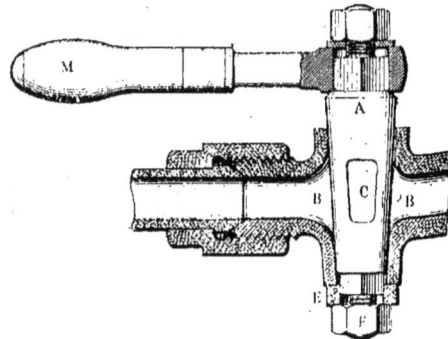

Fig. 180. — Robinet à boisseau.

culation des fluides peut être obtenue au moyen d'organes que l'on peut rapporter à deux types différents et que l'on désigne sous le nom de *soupapes* ou de *robinets ;* dans les uns, l'obturation est obtenue par *soulèvement ;* dans les autres, on agit par *glissement.*

Le plus simple et le plus répandu des obturateurs par glissement est le *robinet à boisseau conique ;* cet obturateur, interposé entre deux bouts de conduite, se compose de deux parties (*fig.* 180) : la partie mobile A, qui produit l'obturation, a la forme d'un tronc de cône circulaire, elle porte le nom de *clef ;* elle se meut dans une partie fixe B, ou *boisseau,* de même forme. La clef porte un *œil* C destiné au passage du fluide, elle est maintenue appliquée contre la surface du boisseau par un écrou de serrage F, avec interposition d'une rondelle E ; cette rondelle est emboîtée sur un carré que présente la clef, avant la partie filetée destinée à recevoir l'écrou. Par suite de cette disposition, la rondelle est obligée de tourner avec la clef et l'on évite le desserrage de l'écrou lorsque l'on manœuvre le robinet au moyen de la manette M. Dans les robinets à vapeur, la manette est d'ordinaire perpendiculaire à l'œil ; par suite, pour ouvrir la conduite, il faut placer la manette *en travers* de cette conduite ; c'est souvent le contraire qui a lieu pour les robinets à eau.

Il est bon de tracer, sur la tête de la clef, une encoche désignée suivant l'axe de l'œil ; la position de cette encoche indique

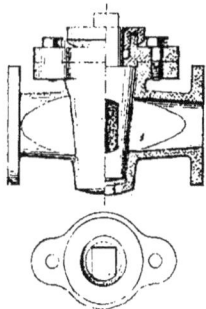

Fig. 181. — Robinet à chapeau.

si le robinet est ouvert ou fermé, quelle que soit la position de la manette par rapport à la conduite.

Les robinets à vapeur se font presque toujours en bronze, la manette est garnie de bois, pour ne pas brûler les mains ; afin d'éviter les fuites on rode soigneusement la clef sur le boisseau, d'abord à l'émeri, puis au rouge d'Angleterre. Les fuites sont d'autant moins à craindre que l'ouverture du cône est plus aiguë, mais alors un serrage un peu trop fort de l'écrou détermine une adhérence telle que la manœuvre de la clef devient difficile ; il convient donc de limiter cette ouverture et d'obtenir l'étanchéité par un rodage suffisant.

Lorsque le diamètre de la conduite dé-

passe 60 millimètres, on fait la clef creuse afin d'économiser la matière.

Les robinets creux, destinés à la circulation de la vapeur, se font souvent avec extrémité fermée (*fig.* 181) ; dans ce cas, l'étanchéité est obtenue au moyen d'un

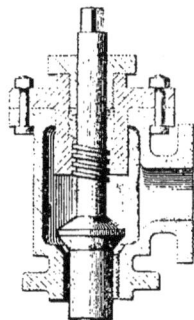

Fig. 182. — Robinet à vis.

presse-étoupe, dont la boîte est fixée au boisseau par des boulons, tandis que le chapeau, destiné à presser la garniture contre la clef, est muni d'un rebord fileté qui se visse sur la boîte.

Les robinets peuvent être à deux ou trois voies ; dans ce dernier cas, la clef est percée d'un second orifice, perpendiculaire au premier ; elle permet d'établir à volonté la communication entre les deux

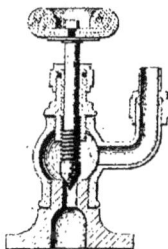

Fig. 183. — Robinet à pointeau.

parties droites d'un tuyau, ou entre l'une de ces parties et une tubulure à angle droit.

Les robinets à boisseau conique ont l'inconvénient d'exiger un entretien fréquent, si l'on veut éviter les fuites ; dans les installations soignées, on les remplace quelquefois par les *robinets à vis* (*fig.* 182), ou par les *robinets à pointeau* (*fig.* 183). Dans ces derniers, l'étanchéité est peut-être mieux assurée, mais l'obturation, pour être complète, demande un centrage parfait entre l'obturateur et la tige.

On a imaginé de nombreuses dispositions dans le but d'atténuer ces inconvénients et aussi dans celui d'éviter que le fluide ne suive des parcours contournés, par des orifices plus ou moins étranglés, ce qui produit des pertes de charge fâcheuses. Nous allons indiquer quelques-unes des dispositions les plus employées.

et traversant un écrou rattaché à la vanne ; cet écrou participe au mouvement d'ascension et de descente de la tige et entraîne la vanne dans son mouvement. La vanne est composée de deux disques en bronze D, D, à plans parallèles, entre lesquels est interposé un coin C, de telle manière qu'il bute sur la saillie E disposée au fond du robinet un peu avant que les disques ne soient à bout de course; son mouvement se trouve alors arrêté, tandis que les disques, continuant à descendre, sont écartés par les plans inclinés de la partie supérieure du coin C. Les disques sont guidés par des rainures latérales de même inclinaison que les parties inclinées du coin; ils sont disposés de

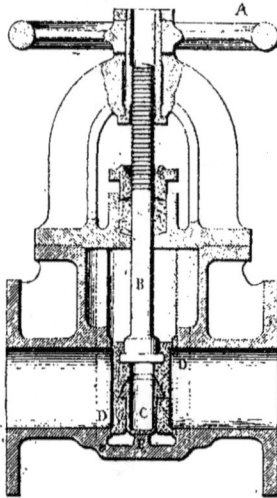

Fig. 184. — Robinet dit peet-valve.

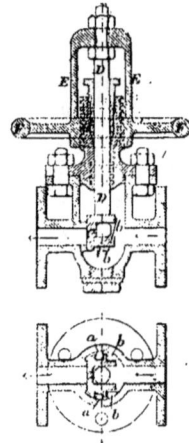

Fig. 185. — Robinet à admission directe, système Pile.

189. *Robinets à passage direct.* — Le système de robinet dit *peet-valve* présente l'avantage de fournir à la vapeur un passage direct entre les deux bouts de conduite auxquels il est raccordé. Ce robinet présente (*fig.* 184) deux cavités superposées, dont l'une, celle du bas, est en communication avec la conduite de vapeur et renferme les sièges D, D de la vanne obturatrice, et dont l'autre renferme l'appareil d'obturation pendant le passage de la vapeur. Le mouvement de la vanne est obtenu à l'aide d'un volant A, monté sur une tige en partie filetée

telle façon qu'il y ait peu de frottement contre les sièges pendant la manœuvre.

Le robinet à admission directe système *Pile* comporte (*fig.* 185), comme le précédent, deux cavités superposées ; l'organe obturateur C est constitué par un simple tiroir, glissant sur une glace, manœuvré par une tige lisse DD et guidé par deux glissières rectilignes *a, a.* A fond de course l'obturateur est fortement appuyé sur son siège par deux plans inclinés *b, b;* la tige traverse un presse-étoupe et reçoit son mouvement du volant F et de la vis G, par l'intermédiaire de l'arcade EE. Dans ce système le jeu des dilatations est plus librement assuré que dans le précédent; la vis extérieure G indique à chaque instant la position de l'obturateur.

Nous citerons encore : le robinet-vanne de *Véry*, qui se rapproche, comme principe de la peet-valve, et dans lequel l'obturation est faite par un cône qu'il est facile de roder et de tenir étanche ; le robinet-vanne à tige brisée de *Dupuch* dans lequel l'obturateur est un plan conique qui vient se coincer entre ces deux sièges et où le presse-étoupe de la tige est remplacé par un joint conique.

190. *Robinets à soupape.* — Les robinets à boisseau sont peu employés quand

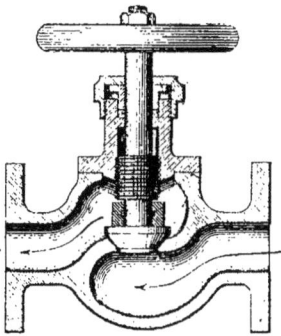

Fig. 186. — Robinet à soupape.

il s'agit d'appareils de gros diamètre, ou quand ils doivent servir de prise de vapeur ; on préfère recourir à l'emploi des robinets à passage direct ou des robinets à soupape qui présentent moins de difficulté pour la manœuvre et plus d'étanchéité. La figure 186 représente un robinet à soupape dans sa forme la plus simple ; cette disposition présente l'inconvénient de réduire beaucoup la section d'écoulement de la vapeur entre la soupape et son siège. Cet inconvénient est atténué dans la disposition représentée par la figure 187 ; la levée de la soupape est augmentée, elle est obtenue par la manœuvre d'un volant à vis qui s'appuie sur une arcade fixe ; l'étanchéité est assurée par un presse-étoupe qui presse la garniture contre la tige. Dans ces deux

dispositions, la pression de la vapeur tend à soulever la soupape et facilite la manœu-

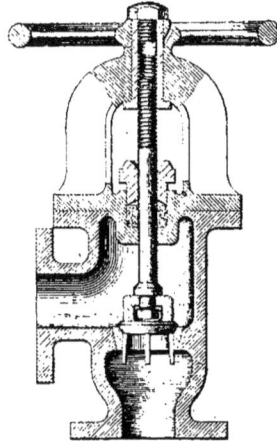

Fig. 187. — Soupape de prise de vapeur.

vre du volant. Si, au contraire, le courant de vapeur était en sens inverse, l'effort à exercer pour produire l'ouverture serait,

Robinet à soupape DUPUCH

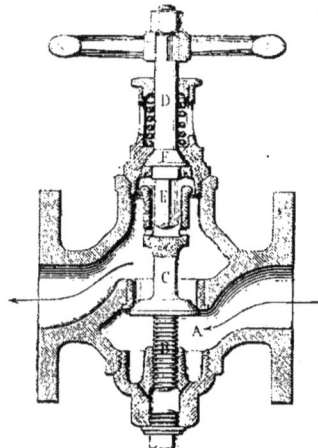

Fig. 188. — Robinet à soupape Dupuch.

au départ, beaucoup plus considérable ; mais aussi la fermeture serait mieux assurée, puisque la pression de la vapeur tendrait constamment à appliquer la soupape sur son siège. Cette dernière disposition est réalisée dans le robinet à soupape *Dupuch* (*fig.* 188), dans lequel la soupape A est renversée ; l'axe BC de cette soupape porte, dans le bas, un filet de vis engrenant avec un écrou taillé dans le boisseau et qui lui sert de guide. Cet axe est indépendant de la tige de manœuvre D ; celle-ci ne commande la soupape que par un carré E, avec large jeu, donnant ainsi toute liberté aux mouvements de dilatation. Le presse-étoupe est remplacé par un épaulement conique F, appuyé contre son siège par la pression de la

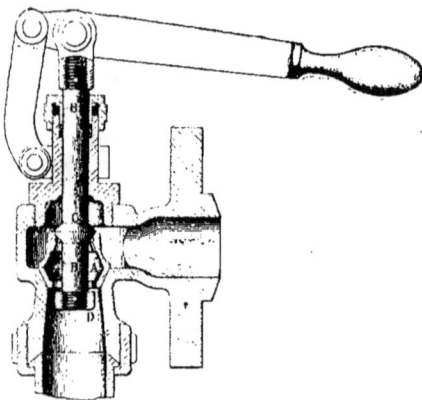

: .Robinet Sellers.

Fig. 189.

vapeur et par un ressort. Les robinets à vis, lorsqu'ils sont bien établis, remplissent leur fonction d'une manière satisfaisante ; mais la manœuvre se fait assez lentement. Cette lenteur est quelquefois incompatible avec la promptitude des changements d'allure exigibles ; en pareil cas, la manœuvre se fait, non plus au moyen de vis, mais au moyen de leviers.

Le robinet de prise de vapeur *Sellers* réalise cette condition ; l'obturateur principal est une soupape creuse A (*fig.* 189), percée de petits orifices a, a ; la tige de manœuvre BB joue librement à l'intérieur et porte une saillie C, formant soupape, laquelle obture les ouvertures a. Quand

on soulève la tige B, ces petites ouvertures sont démasquées ; la vapeur passe par ces orifices et par le jeu qui existe autour de la tige, l'équilibre des pressions s'établit, et l'écrou D, soulevant la soupape A, achève de dégager la soupape de son siège. L'ouverture se fait donc en deux temps consécutifs, sans effort notable et avec une grande rapidité.

Dans les locomotives, on fait usage du *régulateur à jalousie ;* cet appareil est constitué par un tiroir glissant qui fonctionne d'une manière analogue à la soupape de l'appareil précédent. Dans le premier mouvement du levier de manœuvre, on découvre un petit orifice qui établit l'équilibre de pression entre les deux faces de l'obturateur ; puis, le mouvement se continuant, le tiroir démasque les orifices principaux. Dans le but de réduire la course du tiroir, pour une même section d'écoulement, on subdivise la lumière en deux ou trois autres.

L'emploi de ces dispositions est surtout avantageuse, non seulement à cause de la rapidité de la manœuvre, mais aussi par la diminution notable de l'effort à exercer ; quand il s'agit d'obturateurs à soulèvement on peut faire usage de *soupapes équilibrées*, comme nous le verrons au chapitre suivant.

191. *Clapets de retenue.* — Nous avons vu (nº 184) que chaque chaudière devait être pourvue d'un appareil de retenue d'eau d'alimentation (art. 8 du décret du 30 avril 1880) ; en outre, le décret du 29 juin 1886 prescrit :

« *Lorsque plusieurs générateurs de va-*
« *peur, placés à demeure, sont groupés sur*
« *une conduite générale de vapeur, en*
« *nombre tel que le produit, formé comme*
« *il est dit à l'article 14 du décret du*
« *30 avril 1880, en prenant comme base du*
« *calcul le timbre réglementaire le plus*
« *élevé, dépasse le nombre 1 800, lesdits*
« *générateurs sont répartis par séries cor-*
« *respondant chacune à un produit au plus*
« *égal à ce nombre ; chaque série est mu-*
« *nie d'un clapet automatique d'arrêt, dis-*
« *posé de façon à éviter, en cas d'explosion,*
« *le déversement de la vapeur des séries*
« *restées intactes.* »

Le clapet de retenue d'eau d'alimentation se lève dans le sens du courant de l'eau qui s'introduit dans la chaudière ; quand l'alimentation s'arrête, il tombe de lui-même sur son siège et isole la chaudière. Le *clapet de retenue de vapeur* peut être disposé de manière à se fermer, soit dans le sens habituel du courant de la vapeur, soit contre ledit courant, soit dans les deux sens : de là trois types caractéristiques.

Clapet du premier type. — Les clapets qui se ferment en sens contraire du courant de vapeur peuvent être simplement constitués par une soupape fermant par son propre poids ; en service normal, cette soupape est soulevée de son siège par le courant de vapeur qui la traverse ; si le courant change de sens, la soupape se referme immédiatement.

Si l'une des chaudières composant une batterie vient à faire explosion, la pression tombant rapidement au-dessous du clapet, celui-ci se ferme et isole le reste de la batterie. Mais il n'en est plus ainsi si le clapet lui-même est détérioré ou emporté par l'accident ; en pareil cas, les autres chaudières lanceront leur vapeur par le branchement de la chaudière rompue; le même inconvénient se produirait si la conduite générale venait à se rompre.

Clapets du deuxième type. — Les clapets destinés à se fermer dans le sens habituel du courant de la vapeur doivent être, en service normal, tenus éloignés de leur siège au moyen d'un poids ou d'un ressort. Ce n'est que dans le cas d'un courant plus intense, déterminé par une rupture, par exemple, qu'ils peuvent se fermer et isoler les chaudières restées intactes.

Clapets du troisième type. — Les clapets disposés pour se fermer dans les deux sens peuvent être constitués par une soupape mobile, comprise entre deux sièges et s'appuyant contre l'un ou l'autre, suivant le sens du courant. Ce type réunit en partie les avantages et les inconvénients des deux systèmes précédents. D'une manière générale, tout clapet automatique de retenue de vapeur doit satisfaire à plusieurs conditions :

1° La fermeture doit se faire d'elle-même, aussitôt qu'il se produit, entre l'amont et l'aval de l'appareil, une diffé-rence de pression notable ; cependant la fermeture ne doit pas avoir lieu pour les dépressions provenant en service normal, à cause des tirages importants de vapeur, par exemple;

2° La fermeture ne doit pas être étanche, l'équilibre des pressions doit se rétablir de lui-même, et l'obturateur doit démasquer son orifice dès que l'écoulement de la vapeur est supprimé, de telle sorte qu'en cas de fermeture intempestive il soit facile, par la simple manœuvre du volume d'arrêt, de remettre l'appareil en état;

3° L'appareil doit être réglé et à l'abri des causes qui pourraient altérer son fonctionnement et sa sensibilité, telles que les frottements, les coincements, les incrustations.

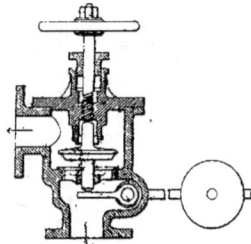

Fig. 190. — Robinet à clapet de retenue, système Pasquier.

Le décret de 1886 ne prescrit l'établissement des clapets de retenue de vapeur que dans les installations comportant des chaudières à grand volume; mais on a étendu cette mesure de sûreté aux installations où se trouve concentrée une force motrice considérable, puisqu'elles ne comportent que des chaudières à faible volume d'eau. Dans les installations d'éclairage électrique, par exemple, la quantité de vapeur émise serait suffisante pour rendre dangereux les locaux restreints dans lesquels l'usine est établie; l'administration prescrit alors de munir chaque chaudière d'un clapet de retenue de vapeur.

192. *Clapets de retenue divers.* — Comme exemple de clapet du premier type, nous citerons l'appareil de *Pasquier* (*fig.* 190), dans lequel l'obturateur est une soupape qui peut être appuyée sur son siège par un volant à vis; en service normal cette soupape est soulevée par la pression de la vapeur à laquelle s'ajoute l'effort d'un contrepoids extérieur.

Ainsi disposé, ce clapet peut servir à la fois de clapet de retenue dans un sens et de robinet d'arrêt.

L'appareil de *Francq* et *Mesnard* est analogue au précédent, mais le contrepoids extérieur est supprimé.

Le clapet *Belleville* est constitué par un disque en bronze dont l'axe passe libre-

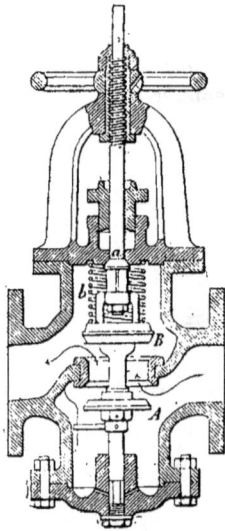

Fig. 191. — Robinet à clapet de retenue, système Colombier.

ment dans deux guides disposés dans la conduite générale de vapeur.

Nous avons indiqué plus haut les inconvénients qui résultaient de l'emploi des appareils de ce type.

Comme clapet du deuxième type, se fermant dans le sens habituel du courant de vapeur, nous citerons l'appareil *Colombier* (*fig.* 191). Le clapet A est solidaire d'une valve d'arrêt B, laquelle peut être manœuvrée par un volant à vis; l'ensemble joue sur la tige *a* du volant et peut se déplacer verticalement par rapport à elle; le clapet est tenu ouvert par l'action de son propre poids et par celle d'un ressort très doux *b*.

Le clapet de retenue de *Risler*, simplement constitué par une plaque en acier (*fig.* 192), qui vient s'appliquer contre une nervure, servant de siège, disposée dans la conduite de vapeur; en service normal, cette plaque offre une très faible résistance à la pression de la vapeur, ce n'est

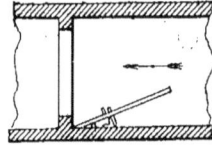

Fig. 192. — Clapet de retenue Risler.

que lorsque la vitesse de la vapeur devient trop grande que la plaque bascule autour d'une de ses extrémités. On règle le basculement au moyen de contrepoids et de chevilles; la plaque se remet d'elle-même en place dès que le régime normal est rétabli.

Les appareils disposés pour obtenir la fermeture dans les deux sens présentent des dispositions variées; le clapet de retenue système *Fontaine* est constitué (*fig.* 193) par une plaque métallique oscillant, autour d'un axe horizontal, entre

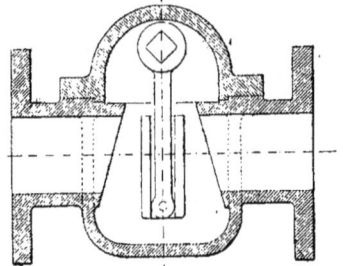

Fig. 193. — Clapet de retenue, système Fontaine.

deux sièges inclinés. Afin de diminuer la sensibilité de l'appareil on établit, sur l'axe du clapet, des contrepoids calculés de manière à n'être entraînés que pour des dépressions notables. Cette condition nécessite le prolongement de l'axe du clapet en dehors de la paroi de la boîte en fonte qui contient l'organe obturateur et, par suite, l'emploi d'un presse-étoupe qui peut nuire au fonctionnement de l'appareil.

Dans l'appareil de M. *Carette* la disposition est analogue à celle du précédent, mais on a combiné, sur le même axe horizontal, deux clapets à sièges droits, reliés au contrepoids par une petite bielle à fourche.

M. *Labeyrie* a imaginé un appareil fort simple, constitué par un boulet creux (*fig.* 194), posé dans une cavité ménagée sur le parcours de la conduite de vapeur.

Lorsque le courant de vapeur dépasse l'intensité de régime normal, le boulet est appliqué sur l'un ou l'autre des deux sièges disposés de part et d'autre.

Afin de permettre de régler la sensibilité de l'appareil, le boulet repose sur une coupe mobile, qu'on peut élever à volonté à l'aide d'une tige filetée ; l'appareil, une fois mis en place, le réglage se fait par tâtonnement.

Si l'on veut que la sensibilité soit inégale dans les deux sens, il suffit de donner à l'appareil une position inclinée. Cet appareil simple semble répondre à la plupart des conditions auxquelles doit satisfaire un clapet de retenue, mais il faut remarquer qu'il ne peut s'établir que sur une conduite horizontale ou peu inclinée et que le mouvement du boulet n'est signalé par aucune indication visible à l'extérieur.

Nous mentionnerons, en terminant, le robinet-clapet de *Fryer*, analogue au clapet Pasquier, mais disposé pour obtenir la fermeture dans les deux sens ; le clapet automatique de *Pile*, constitué par un piston avec distribution automatique des soupapes, qui s'ouvrent d'elles-mêmes par l'effet des dépressions qui se produisent dans la conduite de vapeur, etc...

Appareils régulateurs de pression.

193. Il est souvent nécessaire d'établir, à l'entrée des canalisations de vapeur, des appareils ayant pour but de régulariser la pression dans les conduites et de la rendre indépendante des variations qui peuvent se produire dans le générateur.

Cette précaution est surtout indispensable lorsque l'on emploie des chaudières à vaporisation rapide, dans lesquelles la pression de la vapeur est notablement supérieure à la pression nécessaire aux appareils desservis par la chaudière ; en détendant cette vapeur on se met, dans une certaine mesure à l'abri des variations de pression si fréquentes dans ce système de chaudière et on peut fournir la vapeur aux appareils sous une pression déterminée et à peu près constante. Les appareils employés dans ce double but portent le nom de *détendeurs* ou de *régulateurs de pression*.

Si nous prenons, par exemple, un

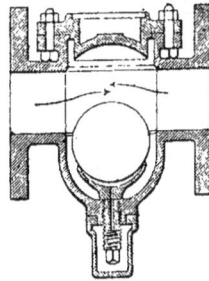

Fig. 194. — Clapet de retenue système Labeyrie.

groupe de chaudières Belleville, fournissant de la vapeur à une pression d'au moins 8 kilogrammes, il sera nécessaire de réduire cette pression à 4 ou 5 kilogrammes pour la conduite des machines à vapeur, et à 2 kilogrammes ou 2^k,5 s'il s'agit de desservir une installation de chauffage.

Il existe un grand nombre d'appareils qui réalisent cette condition ; la plupart d'entre eux sont constitués, d'un côté, par un piston sur lequel s'exerce la pression qui règne dans la conduite et qui fait équilibre à un effort réglé par un poids ou un ressort, d'un autre côté, par un obturateur, conduit par le piston, et disposé au point où la vapeur débouche dans la conduite. Lorsque, par exemple, la pression vient à augmenter, le piston est repoussé et l'obturateur qu'il commande étrangle l'arrivée de vapeur et empêche la pression de s'accroître en aval de la conduite. L'appareil est réglé de manière que la pression dans la conduite se maintienne à la valeur qu'elle doit avoir en service normal : on complète quelquefois l'efficacité de l'appareil par l'adjonction d'une soupape de sûreté chargée à une pression un peu supérieure à celle qui doit régner dans la conduite en service normal.

Pour que ce genre d'appareils donne des résultats satisfaisants, il est indispensable que les organes soient calculés dans de justes proportions et selon le débit de vapeur qu'ils doivent fournir : nous allons indiquer quelques-unes des dispositions les plus employées.

194. *Régulateurs de pression.* — Le ré-

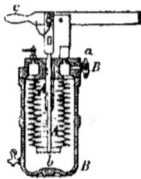

Fig. 195. — Régulateur de pression Belleville.

gulateur de pression Belleville (*fig.* 195) est destiné à transmettre au registre de la chaudière les variations de pression et, par suite, à modifier le tirage selon la dépense de vapeur. Il est constitué par un piston chargé par un ressort, et mis en relation avec la vapeur de la chaudière ; les variations de pression se traduisent par des déplacements du piston et sont transmises, au moyen de leviers, au registre, lequel est en forme de clef de poêle et oscille, sans résistance notable, autour de son axe.

Le ressort AA est composé de rondelles d'acier, légèrement embouties en forme de troncs de cône très plats et ouverts sur leurs deux bases ; on superpose ces rondelles en les accolant deux à deux par leurs bases larges, on obtient ainsi un ensemble élastique pouvant résister à de

grands efforts (les ressorts de tampons de choc des vagons de chemin de fer sont constitués par des rondelles Belleville) ; des anneaux de caoutchouc sont interposés pour former joint entre les rondelles. Le vase étanche AA peut ainsi se déprimer sous l'action de la pression de la vapeur qui règne dans la boîte B, laquelle est mise en relation avec la chaudière par le robinet *a* ; les mouvements de la plaque de base *b* sont transmis au registre par l'intermédiaire du levier *cc*.

Le détendeur automatique imaginé par M. *Legat* (*fig.* 196) remplit le double but que nous avons assigné à cette catégorie d'appareils. L'organe obturateur est une soupape équilibrée ou à double siège AA, solidaire de la plaque B par l'intermédiaire

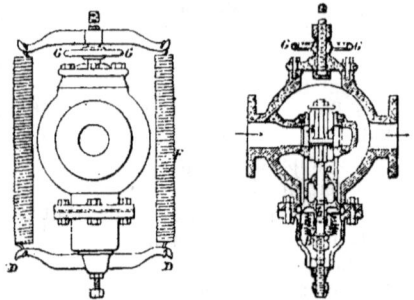

Fig. 196. — Robinet détendeur automatique Legat.

de la tige *a*. La plaque B forme le fond d'un vase *c*, constitué par une membrane plissée et extensible, et reçoit la pression de la vapeur détendue.

La tige *a* est guidée librement et soutenue, à l'aide de la traverse DD, par deux ressorts FF ; pour faire varier la pression de la vapeur détendue, il suffit d'agir sur ces ressorts au moyen du volant à vis GG.

Les variations de pression de la vapeur détendue sont transmises au vase *c*, et se traduisent par les déplacements de la plaque B qui les transmet à la soupape obturatrice ; le vase *c*, se remplissant d'eau de condensation, forme frein modérateur et assure la douceur des mouvements.

Le régulateur de *Geneste* et *Herscher* présente une disposition analogue, mais la membrane plissée est remplacée par un diaphragme de cuivre mince sur lequel s'exerce la pression de la vapeur détendue.

Le régulateur détendeur de *Francq* et *Mesnard*, appliqué aux locomotives à vapeur sans foyer, présente des dispositions particulières, appropriées au service qu'il doit remplir. Il importe, en effet, que la vapeur soit délivrée à la machine sous une pression à peu près constante, quoique la pression au réservoir de vapeur varie notablement (cette pression est d'environ

l'effort qui agit sous le piston et, par suite, la pression de la vapeur détendue.

Dans ces appareils le piston est constitué par un récipient à parois déformables ; le joint de ce piston présente l'avantage d'être sans frottement, mais il est sujet à se détériorer et à perdre son étanchéité. On a cherché à tourner cette difficulté en faisant usage d'un piston très long, ajusté librement sans garniture et portant, sur son pourtour, un grand nombre de cannelures ; les régulateurs de pression de *Giroud*, de *Deniau* font usage de cet artifice.

Nous terminerons cette nomenclature par la description d'un appareil qui ne

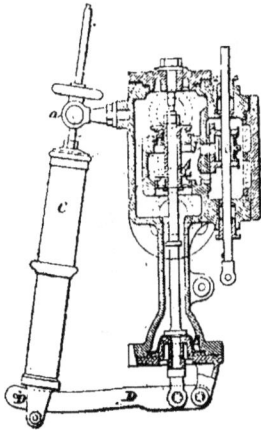

Fig. 197. — Régulateur détendeur de vapeur Francq et Mesnard.

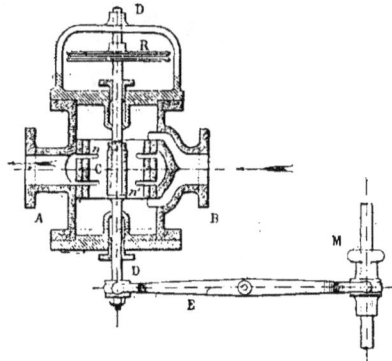

Fig. 198. — Obturateur à mouvement louvoyant de Raffard.

15 kilogrammes au départ, elle s'abaisse à 4 ou 5 kilogrammes à la fin du trajet).

L'obturateur est une soupape AA (*fig.* 197) à deux sièges d'égal diamètre, ce qui prouve un équilibre complet ; le piston B, sur lequel agit la pression de la vapeur détendue, est rendu étanche sans frottement par une membrane de caoutchouc ; ce piston est placé au bas d'une assez haute colonne, de sorte qu'il est toujours baigné par l'eau tiède de condensation ; la poussée est contre-balancée par une balance à ressort C, montée sur le pivot fixe *a*, et dont le bas parcourt la glissière DD. En mettant la balance en prise avec divers points du levier, on fait varier

rentre pas dans la catégorie des régulateurs de pression, mais qui est destiné à la régularisation de la vitesse des machines à vapeur. On sait que les organes qui servent à régler l'ouverture d'admission de la vapeur dans le cylindre des machines (papillons, tiroirs, soupapes, etc.) opposent toujours une certaine résistance aux mouvements du manchon du régulateur, résistance qui, pour être surmontée nécessite une accélération proportionnelle de la vitesse que le régulateur à force centrifuge ne peut pas corriger.

Comme on ne saurait augmenter autant qu'on le voudrait la puissance du régulateur, ce n'est que par la réduction de la résistance qu'oppose le manchon que l'on peut obtenir une sensibilité suffisante du régulateur. L'appareil imaginé par *M. Raffard* est basé sur le principe que nous avons déjà vu appliqué à l'appareil destiné à la graduation des manomètres (n° 154, *fig.* 134); il se compose (*fig.* 198) d'une boîte AB, dans laquelle glisse un tiroir cylindrique C, relié au manchon M du régulateur par l'intermédiaire de la tige D et du levier E. Ce tiroir, subissant l'action du régulateur, se déplace suivant son axe, de manière à ouvrir ou fermer les orifices n, n', qui livrent passage à la vapeur, selon que la machine ralentit ou accélère sa vi-

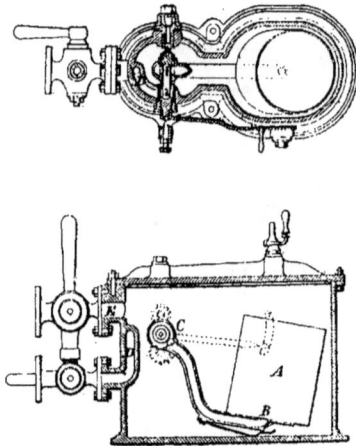

Fig. 199. — Purgeur automatique Legal.

tesse. Les déplacements du tiroir sont gênés par le frottement de la tige dans le presse-étoupe qu'elle traverse; on détruit une notable partie de ce frottement en communiquant à la tige un mouvement de rotation emprunté à l'arbre de la machine par l'intermédiaire de la poulie R. Ce système d'obturateur, dit à mouvement louvoyant, permet d'obtenir une sensibilité plus grande de la part du régulateur et, par suite, une régularité plus grande dans la marche de la machine; il peut également convenir aux distributeurs des moteurs hydrauliques.

Purgeurs.

195. Dans toute canalisation de vapeur, il faut, à chaque point bas, établir un appareil de purge destiné à évacuer les eaux de condensation; sans cette précaution, ces eaux formeraient obstacle à la circulation de la vapeur et même pourraient être entraînées dans les appareils et y causer de graves accidents. Les purgeurs sont généralement constitués par des réservoirs disposés en contrebas de la conduite et branchés sur elle; les eaux condensées s'y accumulent, et on les évacue, soit à l'air libre, soit dans une conduite spéciale, ce qui est surtout avantageux quand on veut profiter de leur pureté et de la chaleur qu'elles conservent.

Lorsqu'il n'y a qu'un purgeur, l'évacuation se fait par un robinet, manœuvré de temps à autre à la main; on peut quelquefois régler l'ouverture du robinet de manière à obtenir une purge continue. Lorsque la conduite est longue, les purgeurs sont nombreux et la manœuvre à la main devient impraticable, on a alors recours à l'évacuation automatique.

Le jeu des appareils à évacuation est analogue, comme principe, à celui des appareils automatiques d'alimentation (n° 176); il s'agit d'ouvrir un orifice, lorsque le plan d'eau, dans le récipient, s'élève au-dessus d'un niveau déterminé. En pratique, les conséquences, qui résulteraient d'un raté dans le fonctionnement, sont bien plus graves en ce qui concerne les régulateurs d'alimentation; c'est pourquoi les purgeurs automatiques sont devenus d'un usage tout à fait courant, tandis que les premiers n'ont reçu que des applications restreintes.

Nous nous contenterons de décrire quelques-uns de ces appareils.

196. *Purgeurs automatiques.* — Ces appareils peuvent se répartir en deux catégories : ceux dans lesquels on utilise l'action d'un flotteur et ceux qui agissent par l'effet de la dilatation.

Le purgeur automatique *Legal* (*fig.* 199) se compose d'un flotteur constitué par un seau A porté par un bout de tuyau BC, lequel oscille autour de l'axe c. Cet axe forme la clef d'un robinet équilibré, disposé de telle sorte que ce robinet soit ouvert quand le seau est dans sa position inférieure, et qu'il se ferme quand le seau s'élève ; le robinet C, communique d'autre part, avec le dégorgeoir D ; la vapeur chargée d'eau arrive en E dans un récipient qui enveloppe l'appareil. Le seau étant au bas de sa course, la vapeur s'échappe par le robinet C et le dégorgeoir D en déposant dans le récipient l'eau de condensation ; le seau A est soulevé par cette eau, et l'échappement se ferme ; quand le seau est au haut de sa course, le niveau de l'eau continue à s'élever ; puis, le liquide s'écoulant par les bords du seau, remplit ce dernier et le force à s'abaisser.

L'eau qu'il contient est refoulée par le

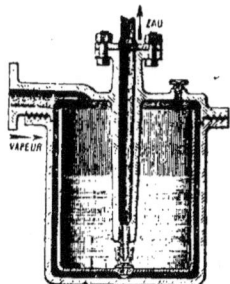

Fig. 200. — Purgeur automatique Chrétien.

tuyau BC et le dégorgeoir D ; un index indique à l'extérieur la position du seau par rapport à l'appareil. Le purgeur automatique *Chrétien* est un peu plus simple comme disposition : il se compose (*fig.* 200) d'un récipient dans lequel est placé un seau flotteur, portant sur le fond un petit siège en bronze, qui s'applique contre l'orifice d'échappement du récipient, ou s'en éloigne selon que le seau flotte ou retombe. La vapeur chargée d'eau arrive dans le récipient, le seau se trouve soulevé et ferme l'évacuation ; quand le récipient est plein, l'eau déborde dans le seau, qui s'emplit et descend de lui-même, en ouvrant l'orifice d'évacuation. L'eau de condensation peut être recueillie et élevée dans un réservoir supérieur par le purgeur lui-même, sous l'action de la pression de la vapeur.

Le purgeur *Geneste et Herscher* est actionné par un flotteur équilibré qui suit les mouvements du plan d'eau et qui est relié au moyen d'une bielle à un tiroir ; ce tiroir glisse sur un siège incliné et ferme plus ou moins l'orifice d'évacuation de l'eau de condensation.

Citons encore : le purgeur de *Lethuillier et Pinel*, qui présente une disposition de flotteur particulière ; le purgeur de *Kœnig*, le purgeur dit *ballon allemand*, basé sur

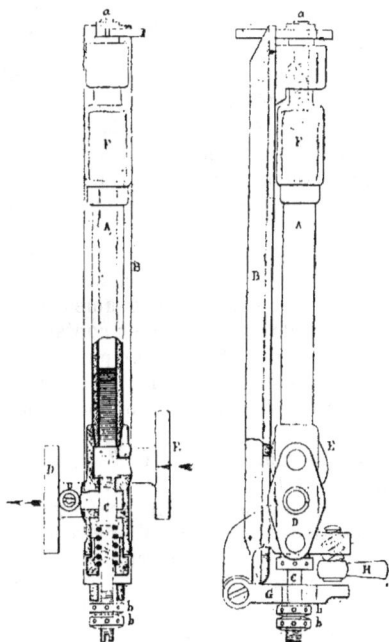

Fig. 201. — Purgeur automatique Clouet.

le même principe que le purgeur de Chrétien, etc.

Les purgeurs qui agissent par dilatation présentent des dispositions analogues à celles que nous avons décrites pour les régulateurs d'alimentation. Le purgeur *Clouet* (*fig.* 201) est constitué, comme le régulateur d'alimentation du même nom, par un tube en laiton B, très épais, fixé sur une barre de fer B par la vis *a* et la douille F. Au lieu d'être incliné, le système est placé verticalement; le tube est mis en communication avec la conduite à purger par la tubulure supérieure E et porte, dans le bas, une soupape à ressort C; cette soupape s'ouvre au dégorgeur D lorsque le tube devient froid, ce qui arrive rapidement dès qu'il est rempli d'eau sur une certaine hauteur. Cet appareil possède une propriété intéressante: comme la soupape d'évacuation reste ouverte aussi longtemps que le tube est froid, il en résulte que la fermeture n'a lieu que lorsque la vapeur qui parcourt la conduite a acquis sa température normale; par conséquent, lors de la mise en pression de la canalisation, cette soupape restera ouverte aussi longtemps que l'air contenu dans la conduite n'aura pas été expulsé. Il est utile d'intercaler une toile métallique dans la tubulure E, afin d'arrêter les corps étrangers qui pourraient être entraînés par l'eau; on met l'appareil en marche en appuyant sur le levier G au moyen de la manette H, de manière à laisser passer la vapeur; lorsque le tube A est arrivé à son maximum d'allongement, on agit sur le double écrou bb pour amener le levier F en contact avec l'extrémité de la barre B. Ce purgeur présente l'avantage de pouvoir être facilement nettoyé, sans le démontage d'aucun joint.

Les purgeurs de *Véry*, de *Vaughan* sont également fondés sur le principe de la dilatation des métaux; ils présentent des dispositions analogues au précédent.

Citons, enfin, les purgeurs de *Geneste Herscher*, de *Schaffer* et *Walcher* qui utilisent la dilatation d'un liquide volatil renfermé dans une boîte en métal flexible, reliée à la soupape d'évacuation de l'eau de condensation; lorsque le récipient est plein de vapeur, le liquide volatil (alcool méthylique) se met à bouillir et la tension de sa vapeur, à température égale, étant supérieure à celle de la vapeur d'eau, la boîte se gonfle et ferme la soupape; le contraire se produit si le récipient est rempli d'eau condensée et tiède, la boîte se trouvant contractée par la pression extérieure de la vapeur. Comme les appareils précédents, ces purgeurs possèdent l'avantage, au moment de la mise en pression, d'évacuer l'air qui remplit la conduite, propriété que ne possèdent pas les purgeurs à flotteur.

Steam loop, ou boucle de vapeur (1).

197. On désigne sous ce nom un appareil d'invention récente qui est destiné à faire revenir à la chaudière les eaux de condensation, même lorsque cette dernière est placée plus haut que le récipient chargé de les recueillir. La figure 202 représente le schéma de ce dispositif; la chaudière A

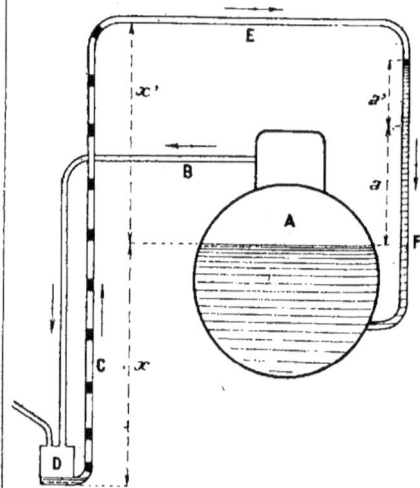

Fig. 202. — Steam loop ou boucle de vapeur.

est mise en communication par le tuyau de vapeur B avec les appareils qu'elle doit desservir; un récipient D, ou séparateur d'eau, est interposé sur son parcours: c'est dans ce récipient que s'accumulent les eaux de condensation provenant d'un purgeur, ou d'une enveloppe de cylindre de machine, ou d'un appareil de chauffage.

La partie inférieure de ce récipient est mise en relation avec le réservoir d'eau de la chaudière par le tuyau CEF; le parcours BDCEF constitue la boucle de vapeur.

(1) Thurston, *Traité de la Machine à vapeur*, t. II, p. 83.

Si nous supposons la chaudière en pression et le récipient D plein de vapeur, il se produira entre A et D une chute de pression due au frottement et à la condensation de la vapeur dans le tuyau B ; cette perte de charge sera mesurée par la hauteur a de la colonne d'eau dans le tuyau F ; elle sera augmentée de la hauteur a' due à la dépression produite par la condensation de la vapeur dans le tuyau E, qui joue ici le rôle de *condenseur*. Il s'établira un courant de vapeur de D vers A ; cette circulation entraînera l'eau accumulée dans le récipient D, au fur et à mesure de sa production, sous la forme de gouttes ou pistons d'eau séparés par des espaces pleins de vapeur ; la densité de ce mélange de vapeur pourra être notablement inférieure à celle de l'eau contenue dans la branche F, ce qui permettra de donner au tube d'*ascension c* une hauteur plus grande que celle de la colonne d'eau qui lui fait équilibre dans la branche F.

On peut déterminer théoriquement cette hauteur de la manière suivante : soient x et x' les distances du plan d'eau dans la chaudière au condenseur et au récipient ; on peut poser :

$$x' = a + a'.$$

Mais a' doit faire équilibre à la colonne d'eau et de vapeur $x + x'$ dont la densité est d, sans quoi le mélange ne pourrait être aspiré, on a donc :

$$a' = \frac{x + x'}{d}$$

d'où :

$$x' = a + \frac{x + x'}{d},$$

de là, on tire :

$$\frac{x'd - x'}{d} = a + \frac{x}{d},$$

$$\frac{x'(d - 1)}{d} = a + \frac{x}{d},$$

$$x' = \frac{ad + x}{d - 1}.$$

En pratique, la hauteur $a' = \dfrac{x + x'}{d}$ devra toujours être inférieure à $10^m,33$, hauteur qui correspondrait à la limite théorique du vide dans le condenseur.

Dans certains cas extrêmes, on a pu relier en boucle une machine à vapeur située à 100 mètres de profondeur, avec les chaudières placées au niveau du sol ; on a même réussi à renvoyer dans la chaudière la vapeur d'échappement provenant d'une machine Compound ; lorsque la machine à vapeur est très éloignée et située légèrement en contre-bas de sa chaudière, ce dispositif peut être également appliqué.

Remarquons, en outre, que, si la chaudière n'est pas sensiblement plus basse que le récipient des eaux de condensation, on ne saurait employer un retour d'eau en dessous ; pour que ce dernier puisse fonctionner, il faut que la distance qui sépare la chaudière du récipient soit plus grande que la hauteur de la colonne d'eau qui mesure la chute de pression entre la chaudière et le récipient ; dans ce cas encore, la boucle de vapeur peut recevoir des applications.

L'installation de cet appareil nécessite certaines précautions ; le tube F doit être muni d'un robinet pour purger l'air et, dans le bas, d'une soupape de retenue destinée à empêcher la sortie de la chaudière ; le récipient D est également muni d'un robinet qui permet de se débarrasser, au moment de la mise en train, des eaux accumulées qui rempliraient la montée d'une colonne d'eau sans vapeur qui ne pourrait être soulevée jusqu'au condenseur. Quant aux dimensions des appareils, elles dépendent du débit de l'eau ; les montées se font en tuyaux de 25 à 30 millimètres, les descentes peuvent atteindre 50 millimètres, elles sont toutes deux garnies de calorifuges ; les condenseurs ont un diamètre qui varie de 50 à 150 millimètres, selon leur longueur et la hauteur d'élévation des eaux ; si ces dimensions ne donnent pas un débit suffisant, on place deux ou plusieurs boucles.

Les applications toutes récentes que cet appareil a reçues ne permettent pas encore d'établir d'une manière certaine les détails de sa construction, mais il est à présumer qu'on arrivera à rendre son fonctionnement pratique et à généraliser son usage.

Compteur de vapeur.

198. Avant d'aborder l'étude des canalisations de vapeur et des joints, nous devons mentionner un appareil nouveau et très ingénieux, dû à *M. Parenty*. Cet appareil, désigné sous le nom de *Compteur de vapeur*, permet de mesurer directement le poids de vapeur débitée par une conduite ; il a fonctionné avec succès pendant la durée de l'Exposition universelle de 1889. Nous ne pouvons ici qu'en indiquer le principe : si nous désignons par A la section d'écoulement de la vapeur, par p la pression de la vapeur à l'amont de la conduite, par p' la pression à l'aval et par d la densité de la vapeur par rapport à l'eau, le poids Q de vapeur, écoulée en une seconde, est donné approximativement par la formule :

$$Q = mA \sqrt{(p - p')\,d,}$$

m est un coefficient qui dépend de la forme de l'orifice d'écoulement du fluide.

C'est le produit $\sqrt{(p - p')\,d}$ que le compteur de M. Parenty est chargé de calculer à chaque instant. L'appareil comprend comme parties principales :

1° Un rhéomètre constitué par deux cônes renversés, disposés dans la conduite de vapeur, l'ajutage convergent donne lieu à la perte de charge $p - p'$ qu'il s'agit de mesurer ; le cône divergent, qui lui fait suite, sert à rétablir la pression statique initiale dans la conduite ;

2° Deux réservoirs accolés, également remplis d'eau et servant à la transmission des pressions p et p' ;

3° Un manomètre différentiel qui fournit, par l'intermédiaire d'un levier et d'une canne à profil convenable, le premier facteur $\sqrt{p - p'}$;

4° Un manomètre à piston et à ressort qui déplace une goupille par l'intermédiaire d'un levier, faisant ainsi intervenir la racine carrée de la densité de la vapeur, ce qui donne : $\sqrt{(p - p')\,d}$;

5° Un compteur totalisateur à diagramme, fournissant en poids le débit de vapeur à chaque instant et pendant un temps donné.

Cet appareil ne tient pas compte de l'eau entraînée par la vapeur.

CANALISATIONS DE VAPEUR

Ensemble d'une canalisation.

199. Les installations d'appareils à vapeur comprennent l'établissement des conduites d'*eau*, des conduites de *vapeur* et des conduites *mixtes*, débitant à la fois ou alternativement de l'eau et de la vapeur ; les unes et les autres peuvent travailler *sous pression*, *sans pression*, ou avec un *vide* relatif, comme les conduites d'aspiration des pompes ; enfin, elles peuvent avoir à débiter de l'eau *chaude* ou de l'eau *froide*. Ces différentes conditions ont chacune leur influence sur le mode d'établissement des conduites.

D'une manière générale, il importe que les dispositions prises permettent au chauffeur de se rendre facilement compte du rôle de chacun des organes, que les conduites soient, dans toutes leurs parties et surtout aux joints, faciles à visiter et à nettoyer. Les conduites un peu longues ne seront pas posées horizontalement ; on leur donnera une pente légère, de manière à assurer l'écoulement des eaux de condensation dans le sens du courant de la vapeur ; en chacun des points bas on disposera un *purgeur*. S'il s'agit de conduites d'eau, la déclivité est, en général, en sens inverse, de telle sorte que les gaz qui se dégagent et se cantonnent à la partie supérieure de la conduite puissent être facilement entraînés ; à chacun des points hauts on installera une *ventouse* destinée à laisser échapper ces gaz, sans donner passage à l'eau.

Les conduites étant exposées à être obstruées par le tartre ou les corps étrangers qui s'y introduisent, on prendra les précautions nécessaires pour prévenir ces inconvénients. On devra, en outre, prendre des dispositions spéciales en vue de faciliter la dilatation et d'empêcher le refroidissement des conduites chaudes, comme nous le verrons ci-après.

Dispositions des conduites.

200. Les principales matières qui servent à la confection des tuyaux sont : la fonte, le fer, la tôle, le cuivre et, quelquefois, le plomb, le caoutchouc, etc... ; le laiton est peu employé, il est trop raide et trop cassant. Une canalisation est constituée par des bouts de tuyau plus ou moins longs, réunis entre eux et aux organes qu'ils desservent au moyen de joints étanches. Les parties qui doivent être assemblées sont, tantôt, venues de fonte ou rapportées avec le tuyau, tantôt réunies entre elles par des raccords appropriés.

Les diamètres des conduites doivent être calculés pour débiter largement le volume de fluide qui doit les traverser. On admettra, en pratique :

Pour la vapeur, une vitesse de 15 à 20 mètres par seconde ;

Pour l'eau, une vitesse maxima de 2 mètres par seconde.

L'excès de diamètre sera d'autant plus grand que les pertes de charge provenant des condensateurs, des coudes, etc., seront plus considérables ; il tiendra compte des effets des dépôts qui, à la longue, diminuent le diamètre intérieur de la conduite.

On peut installer les conduites soit à l'air libre, soit en galeries ; dans ce dernier cas, elles peuvent être suspendues ou enterrées. La première de ces dispositions a l'avantage de faciliter la visite et l'entretien ; mais on doit prendre des précautions en vue d'empêcher le refroidissement pour les conduites chaudes et les effets de la gelée pour les conduites d'eau froide. Lorsque les conduites sont disposées en galeries, on a moins à craindre les effets de la température extérieure ; quand elles sont enterrées, il faut avoir soin de ménager, de distance en distance, des regards destinés à rendre la visite plus facile ; ce procédé est le moins coûteux, aussi est-il très répandu, surtout pour les conduites d'eau.

Quand les conduites ont une certaine longueur, les assemblages de leurs extrémités ne présentent pas une solidité suffisante pour les maintenir en place ; il est nécessaire de les soutenir par des supports placés, de préférence, au voisinage de chaque joint.

Il est important de tenir compte des effets de la dilatation produite par la chaleur ; entre 0 et 160 degrés, un tuyau de fonte de 20 mètres de longueur s'allonge de plus de 3 centimètres. Quand les conduites sont en cuivre et qu'elles présentent des inflexions un peu prononcées, elles sont assez élastiques pour se prêter aux effets des variations de température ; mais, lorsqu'elles sont rigides, elles doivent être, au contraire, coupées de distance en distance par des *joints de dilatation*. Ces joints peuvent être constitués par un *presse-étoupe* ordinaire, qui permet à l'un des tuyaux de se déplacer librement par rapport au tuyau voisin ; on fait aussi usage du *col de cygne*, en réunissant les deux bouts de conduites par un tuyau en cuivre, fortement cintré et suffisamment élastique pour se prêter aux petits déplacements produits par la dilatation ; le col de cygne peut être remplacé par deux disques en tôle, légèrement emboutis, montés sur les bouts de conduite et rivés sur leur pourtour pour former un *soufflet* étanche et élastique.

Pour les conduites d'eau, nous avons déjà indiqué les précautions à prendre pour éviter les accidents dus à l'incompressibilité du liquide, lors de l'alimentation du générateur, par exemple ; en dehors de la soupape de sûreté disposée sur la conduite de refoulement de la pompe alimentaire, il est quelquefois nécessaire d'établir un réservoir d'air, analogue à celui des pompes élévatoires, destiné à éviter les *coups de bélier*.

On doit aussi se prémunir contre les effets de la dilatation de l'eau pendant la mise en pression, surtout lorsque les chaudières sont munies de réchauffeurs. Enfin, il faut éviter de faire passer le tuyau d'alimentation de la chaudière dans le conduit de fumée; lorsque l'alimentation est suspendue, la vapeur peut se former dans cette portion de la conduite, qui est ainsi exposée à se brûler.

Nous terminerons ce paragraphe par quelques indications sur les *soudures*.

La soudure des plombiers est un alliage de plomb et d'étain; elle fond à une température assez basse et ne tient bien qu'à froid. La soudure forte est un alliage de cuivre et de zinc (laiton). On en fait un grand usage pour fixer les brides aux tubes de cuivre et de fer et aux autres pièces d'assemblages.

Pour souder, ou *braser*, on met en présence les surfaces à réunir, préalablement avivées à la lime; on les couvre de soudure grenaillée, mélangée de borax, et on expose le tout à l'action d'un feu de forge ou d'un dard de chalumeau. Le borax et la soudure fondent, la soudure adhère aux surfaces décapées par le borax et pénètre intimement dans les interstices.

Tuyaux en fonte.

201. Les conduites les plus en usage, aussi bien pour la vapeur que pour l'eau, se font en fonte; elles ont l'avantage d'être beaucoup moins chères à établir que les autres, mais elles sont fragiles, peu élastiques et nécessitent des joints nombreux, à cause de la faible longueur des éléments qui les constituent et qui ne peut guère dépasser 4 mètres. L'épaisseur des tuyaux de fonte est surtout déterminée par les exigences de la fabrication; pour les tuyaux droits qui sont soumis à des pressions très élevées, Reuleaux indique les formules suivantes :

Conduites d'eau et de gaz. $e = 8 + \dfrac{D}{80}$.

Conduites de vapeur. . . $e = 12 + \dfrac{D}{50}$.

e, épaisseur en millimètres ;

D, diamètre intérieur en millimètres.

Les tuyaux en fonte droits sont coulés debout; les tuyaux courbes sont moulés à plat, et reçoivent une surépaisseur, à cause de la difficulté du moulage ; ils sont ensuite essayés à la presse hydraulique à une pression au moins double de celle qu'ils auront à supporter en service; puis, on les goudronne à chaud pour les préserver de l'oxydation.

Tuyaux en fer.

202. Les tuyaux en fer que l'on emploie pour les canalisations s'obtiennent par différents procédés de fabrication. Pour les conduites qui n'ont à supporter que de faibles pressions on emploie ordinairement des tuyaux soudés par *rappro-*

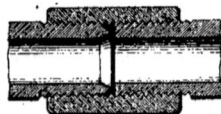

Fig. 203. -- Manchon à vis.

chement ; mais pour les conduites d'eau à forte charge et pour les conduites de vapeur, il est préférable de faire usage de tuyaux soudés par *recouvrement;* ce recouvrement peut être fait suivant une génératrice du cylindre ou suivant une hélice. Après l'opération du soudage, les tuyaux sont, le plus souvent, passés à la filière, dans le but de rendre leurs parois lisses et régulières, on les désigne alors sous le nom de tuyaux *étirés*. On a réussi récemment à fabriquer des tuyaux sans soudure, en partant d'une tige pleine que l'on lamine entre des rouleaux inclinés. Les tuyaux soudés par simple rapprochement ne peuvent guère résister à des pressions supérieures à 1 kilogramme ; pour les tuyaux soudés par recouvrement, on peut atteindre 6 à 9 kilogrammes, et jusqu'à 25 pour ceux qui sont soudés suivant une hélice. Ces chiffres dépendent de la qualité de la tôle employée; ils peuvent être notablement dépassés pour les tubes sans soudure obtenus par le procédé indiqué plus haut.

Les tuyaux en fer sont ordinairement réunis par des *assemblages à vis*, qu'ils soient droits ou coudés ; les branchements se font au moyen de boîtes taraudées ; à la rencontre des robinets, chaque tuyau est muni d'un manchon à brides pour permettre la jonction. La jonction des deux bouts filetés des tuyaux à réunir se fait au moyen d'un manchon fileté (*fig*. 203) ; pour augmenter l'étanchéité du joint, on recouvre préalablement les filets de céruse et, quelquefois, on interpose entre les bouts des deux tuyaux une rondelle qui se trouve serrée par le manchon. Cet assemblage ne peut guère convenir que pour les conduites à faible

vantage d'être flexibles et de se prêter facilement à l'opération du coudage. Pour courber un tuyau de cuivre, on le remplit de résine fondue ; une fois que cette résine s'est solidifiée on peut faire subir au tuyau les changements de forme que l'on désire, sans crainte de l'aplatir. Les tuyaux de cuivre ont, en outre, l'avantage, à égalité de diamètre, d'être plus légers que les tuyaux en fer et en fonte ; on les obtient en les soudant par recouvrement et, quelquefois, sans soudure en les étirant à la filière ; dans ce dernier cas, leur résistance est notablement augmentée. La longueur de construction des tuyaux de cuivre est ordinairement de 4 mètres ; leur jonction se fait au moyen de brides en

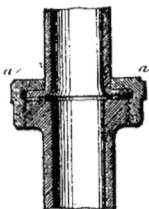

Fig. 204. — Joint à bride mobile.

.Joint à bride ronde

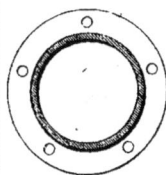 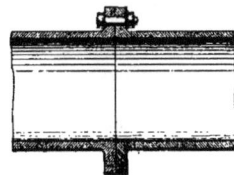

Fig. 203.

pression ; pour les conduites de vapeur il est préférable de recourir à l'assemblage à brides. Pour les conduites d'un diamètre supérieur à 0ᵐ,25, on emploie des tuyaux en tôle rivée de la même manière que les cylindres de bouilleurs ; à leurs extrémités, ces tuyaux sont munis de brides ou de manchons rivés en fer ou en fonte.

La longueur de construction des tuyaux en fer varie de 3 à 6 mètres ; pour ceux en tôle rivée elle peut atteindre 8 mètres ; avant d'être mis en service, les tuyaux sont soumis à une pression d'épreuve au moins double de la pression de régime.

Tuyaux en cuivre.

203. Les tuyaux en cuivre rouge sont ceux qui sont les plus employés pour les conduites de vapeur ; ils présentent l'a-

fer brasées sur un collet relevé à l'extrémité du tuyau ; pour les tuyaux de faible diamètre on a recours à l'assemblage à vis (*fig.* 203). Quand les tuyaux de cuivre doivent être assemblés avec des tuyaux d'une autre matière, on fait parfois usage de brides mobiles (*fig.* 204) ; dans ce cas, l'extrémité du tuyau est rabattue, après qu'on a introduit la bride mobile *aa*, légèrement arrondie à l'intérieur, pour l'appliquer sur le congé du collet. Cette bride, qui est taraudée, vient se visser sur le filet que porte l'extrémité du tuyau de fer ou de fonte, et détermine le serrage de la rondelle de cuir ou de caoutchouc interposée comme garniture. Le même mode d'assemblage peut convenir à réunir un tuyau de cuivre à un organe en fer ou en fonte ; mais alors la bride mobile *aa* est plus longue et filetée extérieurement.

Les coudes s'obtiennent comme nous l'avons indiqué plus haut; le rayon ne doit pas être inférieur à cinq ou six fois le diamètre du tuyau ; quant aux branchements sur la conduite principale, on les établit au moyen de tubulures brasées ou de raccords spéciaux en bronze à plusieurs branches.

Joints des tuyaux.

204. La disposition la plus ordinaire-

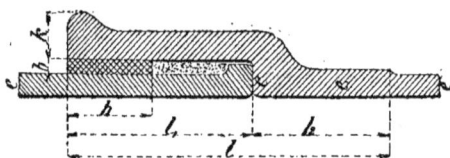

Fig. 206. — Joint à emboîtement.

ment employée pour les tuyaux en fonte ou en cuivre est le joint à bride (*fig.* 205); les brides de deux tuyaux consécutifs se présentent en regard l'un de l'autre, on interpose une matière plastique, puis on passe des boulons filetés dans les trous ménagés à travers les brides ; en serrant les écrous on écrase la matière plastique, de manière à rendre la jonction étanche. La forme des brides peut être ronde, ovale ou à oreilles ; quelquefois les faces des brides présentent des rainures circu-laires destinées à faciliter l'adhérence avec la matière plastique. Le nombre N des boulons peut, d'après Reuleaux, être déterminé par la formule :

$$N = 2 + \frac{D}{50}$$

D exprimant le diamètre en millimètres du tuyau ; si la pression est grande on a recours à la formule :

$$N = \frac{p}{175}\left(\frac{D}{d}\right)^2$$

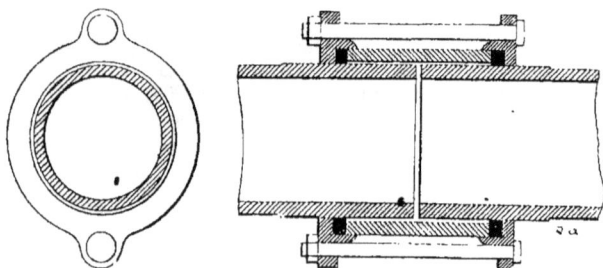

Fig. 207. — Joint de Normandy.

p, pression effective en kilogramme par centimètre carré ;

d, diamètre des boulons en millimètres.

Le *joint à emboîtement* (*fig.* 206) est également employé pour les conduites en fonte ; l'un des bouts du tuyau, ou bout *femelle*, se termine par un renflement cylindrique appelé *manchon* dont l'extrémité est renforcée par un bourrelet *k* l'autre bout du tuyau, ou bout *mâle*, pénètre dans le manchon. L'espace annulaire compris entre les deux tuyaux reçoit la garniture ; celle-ci est ordinairement composée d'une corde goudronnée maintenue par une bague en plomb *b*, que l'on coule une fois l'assemblage mis en place et que l'on matte ensuite fortement. Cet assemblage est moins coûteux et moins rigide que l'assemblage à bride, il se prête mieux aux dilatations ; mais il ne saurait convenir aux conduites de vapeur à haute pression, la vapeur pouvant brûler le chanvre et, par sa pression, chasser la garniture. En outre, le démontage est difficile, ce qui conduit quelquefois à placer, de distance en distance, des raccords à brides destinés à faciliter la visite et l'entretien de la conduite. Pour les conduites d'eau de grand diamètre on entoure les bouts restés lisses des tuyaux d'un manchon concentrique ; puis, on fait le joint de part et d'autre comme précédemment. Ce joint, dit à *double emboîtement*, peut être facilement démonté, soit en faisant glisser le manchon, soit en le brisant.

Le *joint de Normandy* (*fig.* 207) est obtenu d'une manière analogue ; la garniture se compose de deux rondelles de caoutchouc qui se trouvent comprimées entre les bouts d'un manchon cylindrique concentrique aux tuyaux, et deux colliers mobiles, serrés par des boulons. Le joint *Legat* présente une disposition analogue, mais il nécessite des rebords aux bouts des tuyaux ; par contre, l'étanchéité s'y trouve doublement assurée.

On peut obtenir des joints à *cru*, c'est-à-dire sans interposition de matière plas-

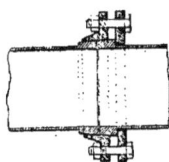

Fig. 208. — Joint conique de Naeyer.

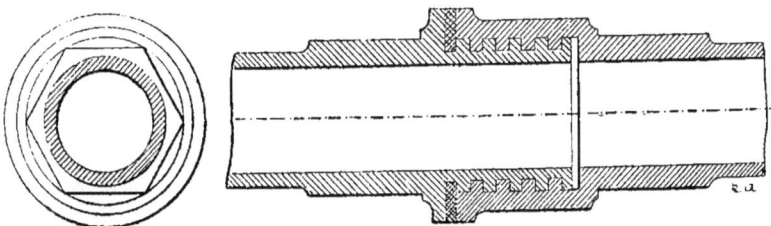

Fig. 209. — Raccord en bronze.

tique ; la figure 208 représente le système adopté pour les grosses conduites de vapeur. Les deux bouts de tuyau portent des renflements coniques , soigneusement ajustés sur une bride cornière en fer de même conicité ; celle-ci est réunie par des boulons à une bride de même métal qui s'appuie sur un épaulement ménagé dans le renflement de l'un des bouts de tuyau.

Pour les tuyaux en cuivre de faible diamètre, on fait usage de manchons filetés analogues à ceux des tuyaux en fer (*fig.* 203), ou de joints à bride mobile (*fig.* 204), ou bien encore de raccords en bronze (*fig.* 209). Le joint peut être également établi à écrou roulant, soit à cru, soit avec interposition de matière plastique ; le raccord *Legat* (*fig.* 210) comporte une bague de matière plastique *aa*, emprisonnée dans une gorge, qui la comprime fortement sous l'action de l'écrou de serrage AA. Signalons, enfin, quelques dispositions de raccords destinés à permettre le montage et le démontage rapides du joint et qui sont appliquées dans certains cas particuliers, dans les conduites des pompes à incendie, par exemple.

Matières plastiques.

205. Le *mastic de minium* est fort souvent employé dans la tuyauterie ; il est composé de minium (oxyde de plomb) malaxé en pâte assez ferme avec de l'huile de lin siccative ; on peut y incorporer du chanvre haché, ou l'étendre sur les deux faces d'une toile métallique, afin de lui donner plus de liant. Le mastic de minium doit être conservé sous l'eau, sans quoi il durcit rapidement ; au moment de l'emploi, on lui rend sa plasticité en le battant au marteau. Il faut avoir soin d'éviter que le mastic, au moment du serrage, déborde à l'intérieur des conduites.

On faisait autrefois usage du *mastic de fonte*, obtenu en arrosant de vinaigre ou d'une dissolution de sel ammoniac un mélange de limaille fine de fonte et de fleur de soufre ; on en fait une pâte que l'on refoule au mattoir dans les joints à garnir. Ce mastic fermente et fait prise au bout de peu de temps, mais il a l'inconvénient d'être dur et cassant ; ce manque d'élasticité peut briser les pièces d'assemblage ; en outre, le démontage des joints ainsi fait est très difficile.

Le *chanvre* en cordes lâches ou en tresses suiffées, suffisamment tassées, forme de bons joints pour l'eau froide ; avec l'eau chaude, le chanvre non suiffé

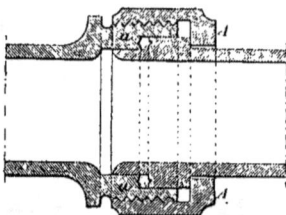

Fig. 210. — Raccord Legat.

est préférable. Pour les conduites de vapeur, le chanvre peut également être employé, mais on doit éviter qu'il puisse être détérioré par la chaleur, en le maintenant baigné d'huile ou d'eau tiède.

L'*amiante*, ou asbeste, forme d'excellents joints inattaquables au feu comme aux acides ; on l'emploie sous forme de cordes, de fils, de toiles, de carton que l'on taille à la demande. Ce minéral a rendu, depuis ces dernières années, des services appréciés ; son emploi tend à se substituer à celui du mastic de minium.

Le *caoutchouc* résiste bien à l'eau et à la vapeur, lorsque la température n'est pas trop élevée ; il peut faire de bons joints, mais il présente l'inconvénient d'être attaqué par les corps gras ; on peut faire alors usage d'un produit mixte, l'amiante caoutchoutée.

Le *cuir* en lanières ou en rondelles peut servir aux joints pour les fluides froids ; la *gutta-percha* est surtout employée pour tenir les très hautes pressions, mais elle ne résiste pas à la chaleur.

On fait aussi usage de *joints métalliques*, constitués par des feuilles ou des fils de métal mou ; le plomb en feuilles garnies de céruse sur les deux faces ou, mieux, en tubes remplis de tresses de coton peut servir à garnir les joints et donne de bons résultats lorsqu'il est suffisamment élastique ; les fils de cuivre rouge ou de plomb, écrasés dans une rainure en forme de V, peuvent faire d'excellents joints. Quelquefois, on se sert de bagues de ces métaux et on interpose une matière plastique dans une gorge ménagée sur chacune de leurs faces ; l'arête de cette gorge s'écrase contre les brides sous l'action du serrage et retient la matière plastique en la comprimant.

Calorifuges.

206. On désigne sous ce nom certains produits, peu conducteurs de la chaleur, destinés à envelopper les parois chaudes des conduites, afin de réduire les déperditions de chaleur. Dans les conduites un peu développées, ces déperditions sont nuisibles autant par la dépense qu'elles entraînent que par les condensations qu'elles provoquent et qui peuvent causer des accidents. On admet, en pratique, qu'une conduite de vapeur, travaillant à une pression de 6 kilogrammes effectifs, dans un local fermé, dont la température soit de 15 degrés, laisse condenser, par heure et mètre carré de surface extérieure, les quantités de vapeur suivantes :

Conduites en cuivre. . 2^k,5 à 3^k,00
Conduites en fer ou en fonte. . . . . 3^k,5 à 4^k,00

Ces chiffres correspondent, pour une conduite d'environ 30 mètres de longueur à la consommation d'une machine de 8 ou 10 chevaux-vapeur.

Les déperditions sont à peu près proportionnelles à l'écart des températures à l'intérieur et à l'extérieur ; elles sont notablement plus fortes en plein air que dans les locaux fermés. Le cuivre, surtout lorsqu'il est poli, rayonne beaucoup moins que la fonte ; c'est pourquoi on enveloppe quelquefois les chaudières de feuilles de laiton poli.

Les revêtements calorifuges atténuent

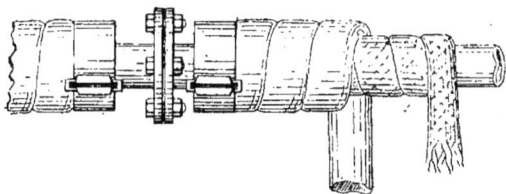

Fig. 211. — Revêtement des conduites (Pasquay).

notablement ces déperditions ; quand ils sont bien établis, ils permettent de réduire des trois quarts la quantité de vapeur condensée. Les matières que l'on emploie pour cet usage sont fort nombreuses ; les meilleures sont celles qui sont formées de matières légères, poreuses ou fibreuses, telles que le feutre, la ouate minérale (laine de laitier), l'amiante, la paille, le liège, le bois, etc. Les produits connus sous le nom de mastics ou de mortiers calorifuges sont, en général, moins efficaces, mais ils sont d'un prix moins élevé. Si la substance choisie est sujette à se détériorer par la chaleur, ou si elle peut attaquer le métal qu'elle doit recouvrir, il faut avoir soin de disposer une première enveloppe qui la maintienne écartée du tuyau. Les feuilles minces de tôle ou de zinc avec matelas d'air intermédiaire, les douves de bois, les feutres recouverts de grosse toile goudronnée sont également employés comme revêtement.

L'efficacité d'un revêtement dépend aussi de son épaisseur ; cette dernière varie suivant les substances ; elle est ordinairement comprise entre 15 et 30 millimètres. La figure 211 représente le revêtement d'une conduite de vapeur à basse pression obtenu au moyen d'une double couche de bourrelets de soie; pour une conduite à haute pression il conviendrait, avant de poser les bourrelets, d'enrouler autour du tuyau un ruban de tôle piquée de fer-blanc formant couche d'air interposée.

Le tableau suivant indique la valeur comparative de quelques substances calorifuges, employées sous des épaisseurs variables et sous des états de compression différents ; ces résultats sont tirés des expériences faites par Ordway.

207. *Valeur comparative de quelques substances calorifuges.*

TEMPÉRATURE DE LA VAPEUR A 155 DEGRÉS

NATURE DE L'ENVELOPPE	ÉPAISSEUR de L'ENVELOPPE	CALORIES CÉDÉES par heure ET PAR MÈTRE CARRÉ
Liège en morceaux cimentés, mince couche d'air au dessous.....	30	59
Liège en bandes, mince couche d'air au dessous........	15	87
Coton cardé..	50	158
Ouate de coton avec surfaces encollées........................	40	193
Ouate de coton avec surfaces encollées........................	20	326
Ouate de laine...	25	220
Laine, plus ou moins comprimée.............................	25	301 à 220
Feutre...	25	277
Noir de fumée, plus ou moins comprimé......................	25	286 à 266
Magnésie calcinée, plus ou moins comprimée.................	25	1 135 à 335
Carbonate de magnésie, plus ou moins comprimé..............	25	416 à 370
Charbon de bois de sapin....................................	25	376
Blanc de zinc, plus ou moins comprimé......................	25	1 164 à 466
Craie..	25	560
Pierre ponce...	25	845
Coke d'anthracite..	25	968
Enveloppe d'air, tuyau nu..................................	0	1 302
Amiante...	25	1 329
Sable gros...	25	1 684
Sable fin..	25	1 690
Graphite...	25	1 922

HUITIÈME PARTIE

MACHINES A VAPEUR

CHAPITRE PREMIER

Principe du fonctionnement de la machine à vapeur.

208. Nous avons vu, au chapitre IV, par quelles multiples transformations la machine à vapeur était devenue ce qu'elle est aujourd'hui, c'est-à-dire essentiellement composée de trois organes :

1° La chaudière ou *générateur de vapeur* ;

2° Le *récepteur*, constitué le plus souvent par un *piston* qui se meut dans un cylindre et sur lequel s'exerce la pression de la vapeur ;

3° Le *condenseur* où, par le contact d'un corps froid (eau ou air atmosphérique), la vapeur qui a travaillé est condensée et refroidie.

Dans les machines ordinaires, le *piston* fonctionne de la manière suivante (*fig.* 212) : soient A le cylindre, P le piston. Le piston est munie d'une tige T qui passe, à joint étanche à travers l'un des fonds du cylindre, et sert à transmettre au dehors les efforts résultant de la pression de la vapeur. Chacun des fonds du cylindre peut être mis successivement en relation, soit avec la chaudière, soit avec l'*échappement*, c'est-à-dire avec un milieu à faible pression dans lequel la vapeur peut s'échapper librement. Ainsi que nous le verrons plus loin, ce milieu à faible pression est constitué par l'atmosphère ou bien par la condensation de la vapeur dans un récipient particulier appelé *condenseur*. Les choses sont disposées de telle sorte que, quand la pression de la vapeur venant de la chaudière s'exerce sur une des faces du piston, l'autre face

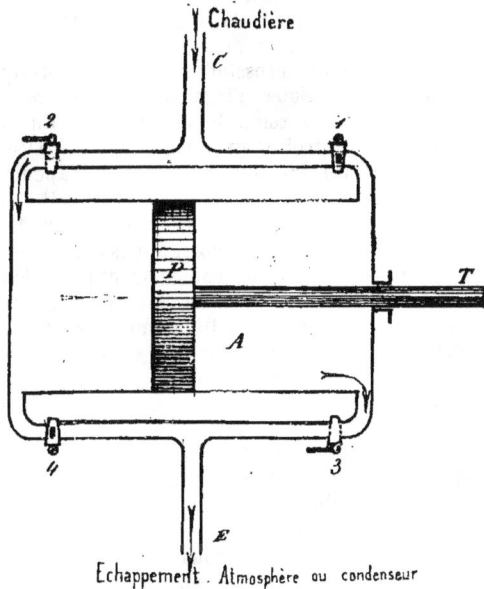

Fig. 212. — Principe du fonctionnement de la machine à vapeur.

de celui-ci soit simplement soumise à la faible pression qui règne à l'échappement. Le mouvement du piston se produit en vertu de la différence des deux pressions. L'ensemble des organes, au moyen desquels on règle les communications alternatives du cylindre avec la chaudière et avec l'échappement, constitue la *distribution* de vapeur. La figure 212 représente schématiquement un mode de distribution qui est quelquefois employé.

Un tuyau *c*, venant de la chaudière, amène la vapeur à chacun des fonds du cylindre au moyen des conduits 1 et 2 munis de robinets. L'échappement E est également mis en communication avec les deux extrémités du cylindre au moyen des conduits à robinets 3 et 4. Les clefs de ces quatre robinets sont manœuvrés, en temps convenable, par une transmission dont le mouvement est pris sur la machine.

Supposons le piston à fond de course vers la gauche : les robinets 1 et 4 sont fermés, tandis que 2 et 3 viennent de s'ouvrir ; la face gauche du piston recevra la pression de la vapeur dans la chaudière, tandis que la face droite ne sera soumise qu'à la faible pression qui règne à l'échappement. Sous l'influence de cette différence de pression, le piston va s'avancer vers la droite, en surmontant les résistances qui lui sont opposées et parcourra ainsi toute la longueur du cylindre. Au moment où il arrivera à l'extrémité de sa course, les communications seront renversées : les robinets 2 et 3 se fermeront, les robinets 1 et 4 s'ouvriront, et la vapeur s'introduira sur la face droite du piston. Les robinets 1 et 4 étant ouverts, la vapeur introduite précédemment dans le cylindre s'échappera par le robinet 4 ; et le piston, sous l'influence de la vapeur qui s'exerce sur sa face droite, commencera sa course rétrograde vers la gauche.

Le même cycle d'opérations pourra se reproduire indéfiniment ; et, sous les actions successivement renversées des pressions, le piston prendra un mouvement rectiligne alternatif, qui pourra être transformé en un autre mouvement approprié aux travaux industriels que l'on veut obtenir.

Classification des machines à vapeur.

209. La classification des types si nombreux de moteurs à vapeur est difficile, car certains types sont à la fois fort différents dans l'ensemble et fort analogues par certains détails. On divisait autrefois les machines à vapeur en machines à basse, à moyenne et à haute pression ; aujourd'hui on ne trouve plus, pour ainsi dire, de machines à basse pression (1 à 2 kilogrammes), et l'on se rapproche presque toujours de la haute pression ancienne (4 à 8 kilogrammes) que l'on dépasse même fréquemment.

Lorsque le cylindre est en communication avec la chaudière pendant toute la durée de la course du piston, la machine est dite à *pleine pression ;* mais presque toujours le cylindre ne communique avec la chaudière que pendant une fraction plus ou moins grande de la course du piston ; on dit alors que la machine est à *détente.*

La vapeur, après avoir agi sur le piston, se répand dans l'atmosphère ou bien va se liquéfier dans un condenseur ; dans ce dernier cas, la machine est dite à *condensation.*

En combinant la condensation et la détente on peut classer les machines à vapeur en :

1° Machines *à condensation sans détente ;*

2° Machines *sans condensation et sans détente ;*

3° Machines *à condensation et à détente ;*

4° Machines *sans condensation et à détente.*

Suivant que la vapeur agit alternativement sur les deux faces du piston ou sur l'une d'elles seulement, comme on le rencontre dans les anciennes machines et sur quelques types récents, la machine est dite à *double* ou à simple *effet.*

Dans les machines *à condensation et à détente,* la vapeur peut agir successivement dans un ou plusieurs cylindres, afin de prolonger la détente ; lorsque la détente s'effectue dans deux cylindres, la machine est dite *compound* (composée), ou à *double expansion.* Si la détente a lieu dans plus de deux cylindres, la machine est dite à *triple*, à *quadruple expansion.*

D'après leur destination, les machines à vapeur peuvent se diviser en trois classes :

1° Machines de *manufactures*, compre

nant les *machines fixes*, *demi-fixes* et *locomobiles;*

2° Machines *locomotives ;*

3° Machines *marines.*

Dans la première classe, on dit que la machine est *fixe*, lorsque le générateur est séparé de la machine proprement dite ; la machine est *demi-fixe*, lorsque la chaudière fait corps avec la machine et qu'elles sont facilement transportables. Dans les machines *locomobiles*, la chaudière fait aussi corps avec la machine, et elles sont munies de roues qui permettent de pouvoir y atteler des chevaux. Suivant la disposition d'ensemble de la machine, on peut diviser les machines à vapeur en :

1° Machines à *balancier ;*

2° Machines *horizontales ;*

3° Machines *verticales ;*

4° Machines *pilon.*

Depuis ces dernières années, l'emploi de l'éclairage électrique a donné motif à distinguer les machines suivant la vitesse de rotation et à les diviser en machines à *grande* et à *moyenne vitesse.*

Les dispositions de détail, telles que la disposition des cylindres, la nature des mécanismes de distribution et de commande de l'arbre moteur, et enfin certains types spéciaux (machines rotatives), permettent encore de subdiviser les diverses catégories que nous venons d'énoncer, mais il est préférable de s'en tenir à une classification plus générale, ainsi qu'on le trouvera résumé ci-après :

1° Machines de manufactures. . . (maximum 100 tours)	Machines à balancier à un ou deux cylindres. — horizontales ⎱ à un ou plusieurs — diverses. . . ⎰ cylindres d'expansion.	
2° Machines à moyenne vitesse. . (maximum 200 tours)	Machines horizontales. . . ⎧ à un ou — verticales. . . ⎨ plusieurs cylindres — pilon. . . . . . ⎩ d'expansion.	
3° Machines à grande vitesse. . .	Machines horizontales. — verticales. . — pilon. . . . . — à simple effet.	à un ou plusieurs cylindres d'expansion
4° Machines mi-fixes.	Machines horizontales sur chaudière. — — sous chaudière. — diverses.	
5° Machines pour applications spéciales.	Machines d'extraction. — d'épuisement. — élévatoires. — soufflantes, compresseurs. Marteaux-pilons. Diverses.	
6° Machines locomotives.	Locomotives à deux cylindres séparés. — à double expansion (compound).	
7° Machines marines.	Machines à balancier. . — horizontales. — pilon. . . . . — diverses . . .	à un ou plusieurs cylindres d'expansion.
8° Machines spéciales et diverses	Machines rotatives. — à réaction. Servo-moteurs. Pulsomètres, injecteurs.	

Structure de la machine à vapeur.

210. La machine fixe présente une grande variété de formes, suivant la nature ou l'emplacement des appareils qu'elle actionne. Elle est ordinairement mono-cylindrique, mais on en construit de plus en plus à double et même à triple expansion. Les machines à deux cylindres successifs sont dites *compound* (composées) lorsque la vapeur s'échappe du premier cylindre dans un réservoir qui alimente le second cylindre ; elles sont dites *Woolf*, du nom de leur inventeur, quand la vapeur passe directement d'un cylindre dans l'autre, par le jeu d'un organe commun de distribution.

Dans les machines qui se meuvent à une vitesse modérée, on peut faire usage de *distribution par déclic*, c'est-à-dire à admissions indépendantes ; mais, si la vitesse de la machine dépasse certaines limites, on est obligé de faire usage de distribution par *transmission desmodromique*, c'est-à-dire au moyen d'organes rigides et à liaison complète. Ce dernier système de commande agissant sur un tiroir constitue le type le plus répandu de distribution, aussi bien pour les machines terrestres que pour la navigation et les locomotives.

Dans les machines à deux cylindres les manivelles peuvent être disposées dans le prolongement l'une de l'autre (système Woolf), ou bien disposées à angle droit (système compound).

Les cylindres des machines ont leur axe disposé horizontalement ou verticalement ; quelquefois ils sont inclinés et, dans certaines machines, dites *oscillantes*, le cylindre est mobile autour d'un axe. Dans les machines verticales, les cylindres peuvent être disposés soit au-dessous, soit au-dessus de l'arbre de couche ; dans ce dernier cas, les machines sont dites *pilon*, en raison de l'analogie qu'elles présentent avec les marteaux-pilons à vapeur.

Dans les machines à multiple expansion, les cylindres sont tantôt disposés suivant des axes parallèles et actionnent chacun une manivelle ; tantôt les axes sont dans le prolongement l'un de l'autre, ainsi qu'on le rencontre dans la disposition dite en *tandem*.

Quant aux dispositions de détails appropriées à chacun de ces divers types de moteurs, nous aurons à les étudier dans le cours de ce chapitre.

De la détente.

211. Nous avons supposé dans le paragraphe précédent que, pendant toute la course du piston, l'une des faces de celui-ci reste en contact avec la vapeur, à la pression de la chaudière. Mais il est beaucoup plus avantageux de supprimer l'admission de la vapeur quand le piston n'est qu'à la moitié, au tiers ou même à une fraction plus faible de sa course. Si, par exemple, l'admission de vapeur est coupée à mi-course, le volume de vapeur dépensé à chaque coup de piston sera réduit de moitié, tandis que le travail produit sera loin d'être diminué dans la même proportion. En effet, ainsi que nous l'avons vu au chapitre III, quand l'admission est coupée, la vapeur enfermée dans le cylindre continue à agir par sa force expansive ; on dit alors que la vapeur agit par *détente*. La distribution, pendant la course du piston, se trouve ainsi divisée en deux périodes : celle d'*admission* et celle de *détente*.

L'emploi de la détente est d'une grande importance lorsque la question d'économie de combustible est en jeu. On peut arriver, en effet, sans augmenter la dépense de vapeur, à doubler, tripler le travail produit par la machine.

Les limites entre lesquelles il convient de maintenir la période de détente pour obtenir le minimum de dépense de vapeur, dépendent de la pression à l'admission et varient suivant que la machine est avec ou sans condensation. Dans le premier cas, la détente peut être poussée plus loin puisque la pression qui agit sur le piston, en sens inverse du mouvement, est plus faible que lorsque la machine ne possède pas de condenseur.

Dans l'un et l'autre cas, la pression finale de la vapeur doit toujours être un peu supérieure à la pression du fluide qui agit sur l'autre face du piston ou *contre-pression* ; sans cette précaution, le piston, ne pouvant plus vaincre les résistances extérieures qui s'opposent à son mouvement, s'arrêterait avant d'arriver à la fin de sa course.

Si nous désignons par (*fig.* 213) :

V_0, le volume engendré par le piston, pendant la fraction de course z_0 correspondant à l'admission de la vapeur à la pression p_0 ;

V, le volume engendré par le piston pendant la course totale z et par p la pression à la fin de la détente ;

V et V_0 étant exprimés en mètres cubes, z et z_0 en mètres, p et p_0 en kilogrammes absolus par mètre carré, on peut écrire :

$$\frac{V}{V_0} = \frac{z}{z_0};$$

le rapport $\frac{z}{z_0}$ a reçu le nom de rapport de détente.

Le travail produit par le piston pendant une course est égal à la surface du diagramme ABCDE (§ 51), et l'on a :

$$T = V p_0 \left(1 + \log \text{hyp.} \frac{V}{V_0} - \frac{pV}{p_0 V_0} \right);$$

remplaçant $\frac{V}{V_0}$ par $\frac{z}{z_0}$ on a :

$$T = V p_0 \left(1 + \log \text{hyp.} \frac{z}{z_0} - \frac{pz}{p_0 z_0} \right),$$

ou :

$$T = V p_0 \left(1 + 2,3026 \log \frac{z}{z_0} - \frac{p}{p_0} \cdot \frac{z}{z_0} \right).$$

Cette formule montre l'avantage qu'on recueille par l'emploi de la condensation qui permet de réduire, autant que possible, la contre-pression p, ce qui diminue la valeur du terme négatif $\frac{p}{p_0} \cdot \frac{z}{z_0}$. L'examen de la figure 213 conduit d'ailleurs au même résultat, le travail négatif de la contre-pression étant représenté par l'aire du rectangle ayant DE ou la course pour base, et la contre-pression p pour hauteur.

L'avantage de la condensation est encore plus manifeste lorsque la pression initiale p_0 est faible, ainsi qu'on le rencontre dans les machines qui fonctionnent à des pressions ne dépassant pas 4 à 5 kilogrammes par centimètre carré ; dans les machines à haute pression, telles que les

locomotives, le rapport $\frac{p}{p_0} \cdot \frac{z}{z_0}$ est relativement faible et, dans ce cas, la condensation est moins avantageuse.

Si la machine est à détente et sans condensation, la formule du travail d'un volume V de vapeur devient :

$$T = V p_0 \left(1 + 2,3026 \log \frac{z}{z_0} - \frac{10,330 z}{p_0 z_0} \right)$$

Car, dans ce cas, la contre-pression p est égale à la pression atmosphérique, c'est-à-dire à 10 330 kilogrammes par mètre carré.

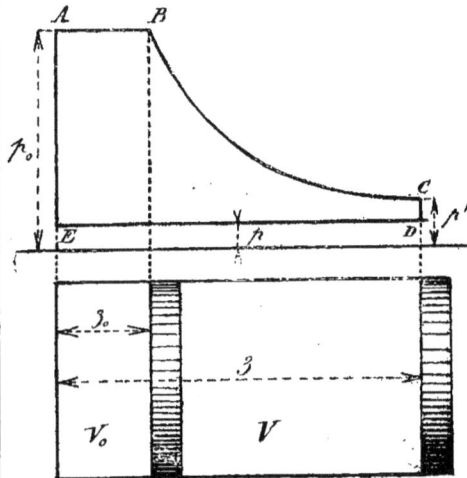

Fig. 213. — Détente de la vapeur d'eau.

Si la machine est sans détente et à condensation, on a :

$$T = V p_0 \left(1 - \frac{p}{p_0} \right).$$

Si la machine est sans détente et sans condensation, on a :

$$T = V p_0 \left(1 - \frac{10,330}{p_0} \right).$$

Volume et poids de vapeur à dépenser par cheval et par heure.

212. Les formules précécentes permettent de résoudre un problème d'une grande utilité pratique, c'est-à-dire de déterminer le volume de vapeur à dépenser par cheval et par heure, à une détente donnée, pour produire un certain travail.

Pour déterminer ce volume il suffit de remplacer dans la formule T par sa valeur en chevaux et de calculer les valeurs correspondantes de V. Or un cheval-vapeur produit pendant une heure un travail égal à :

$75 \times 60 \times 60 = 270\,000$ kilogrammètres ;

La formule précédente devient :

$$270\,000 = V p_0 \left(1 + \log. \text{hyp.} \frac{z}{z_0} - \frac{p}{p_0}\frac{z}{z_0}\right),$$

d'où :

$$V = p_0 \frac{270\,000}{\left(1 + \log. \text{hyp.} \frac{z}{z_0} - \frac{p}{p_0}\frac{z}{z_0}\right)}.$$

Si nous voulons déterminer le poids Q de cette vapeur il suffira de multiplier le second membre par la densité d correspondant à la pression p_0, on aura alors :

$$Q = V d = \frac{d}{p_0} \times \frac{270\,000}{\left(1 + \log. \text{hyp.} \frac{z}{z_0} - \frac{p}{p_0}\frac{z}{z_0}\right)}$$

En pratique on peut faire :

$$\frac{d}{p_0} \times 10\,000 = 0,5 \qquad (1)$$

et écrire la formule :

$$Q = 0,5 \frac{27}{\left(1 \log. \text{hyp.} \frac{z}{z_0} - \frac{p}{p_0}\frac{z}{z_0}\right)}. \qquad (2)$$

Avec cette formule nous pouvons déterminer le poids de vapeur nécessaire par cheval et par heure pour une détente donnée ; il suffit de faire varier le rapport $\frac{z}{z_0}$ et de calculer les valeurs correspondantes de Q.

---

(1) Si l'on veut calculer exactement les valeurs de $\frac{d}{p_0}$ il suffit de se reporter aux tables contenues au paragraphe 16 (*Chaudières*, chapitre II). Exemple :

Supposons que l'on ait $p_0 = 5$ kilogrammes absolus par centimètre carré, ou 50 000 kilogrammes par mètre carré ; la table donne $d = 2^k,667$ par mètre cube : le quotient $\frac{d}{p_0}$ est alors égal à $\frac{2.667}{50\,000} = 0,0000533$.

Pour $p_0 = 10$ kilogrammes on aurait :

$$\frac{d}{p_0} = \frac{5.111}{100\,000} = 0,0000511.$$

Si nous supposons une machine dans laquelle :

$p_0 = 5$ kg. absolus par centimètre carré

$p = 0$ k, 1   id

on aura :

Pour $\frac{z}{z_0} = 1$, $Q = 13^k,29$

» $= 2$, $Q = 8^k,21$

» $= 3$, $Q = 6^k,64$

» $= 4$, $Q = 5^k,88$

» $= 5$, $Q = 5^k,41$

Pour $\frac{z}{z_0} = 10$, $Q = 4^k,07$

» $= 20$, $Q = 3^k,78$

» $= 30$, $Q = 3^k,57$

» $= 50$, $Q = 3^k,45$

Dans les machines à vapeur d'eau on ne peut pousser la détente au-delà de $\frac{z}{z_0} = 15$, et on ne dépasse pas 10 ordinairement.

Pour une machine sans condensation dans laquelle :

$p_0 = 5$ kilog. absolus, et : $p = 1$ kilog.

on aurait :

Pour $\frac{z}{z_0} = 1$, $Q = 16^k,97$

» $= 2$, $Q = 10^k,50$

» $= 3$, $Q = 9^k,06$

» $= 4$, $Q = 8^k,55$

» $= 5$, $Q = 8^k,44.$

Dans ces machines on ne peut guère pousser la détente au-delà de $\frac{z}{z_0} = 5$, car alors la pression de la vapeur dans le cylindre, à la fin de la course, est presque égale à la contre-pression, c'est-à-dire à la pression atmosphérique. Pour d'autres considérations, sur lesquelles nous aurons à revenir, il convient de maintenir la détente entre certaines limites ; le tableau suivant donne la consommation de vapeur pour les meilleurs types de machines généralement adoptés. Il s'agit des machines de dimensions moyennes en bon état d'entretien.

MACHINES SANS CONDENSATION						
PRESSION de la vapeur Kg effectifs par cmq	KILOGRAMMES DE VAPEUR PAR CHEVAL-HEURE POUR LA DÉTENTE $\frac{z}{z_0}=$					
	2	3	4	5	7	10
3.1	18.1	17.7	18.1	22.2	19.1	20.4
4.2	15.8	15.4	16.3	16.3	17.2	18.1
5.2	13.6	12.7	12.2	11.8	13.6	14.5
6.2	12.7	12.2	11.8	11.3	12.2	13.2
7.3	11.8	11.3	10.8	10.4	11.3	12.2
8.3	11.3	10.8	10.4	9.9	9.9	9.5
10.3	10.8	10.4	9.9	9.5	9.1	9.1
MACHINES A CONDENSATION						
2.1	13.6	12.7	12.7	13.6	15.9	18.1
3.1	12.7	12.2	12.2	11.8	12.7	14.5
4.2	12.2	11.8	11.3	10.8	11.3	12.2
5.2	11.8	11.3	11.3	10.4	9.9	10.8
6.2	11.8	10.8	10.8	9.9	9.5	9.1
8.3	11.3	10.4	10.4	9.9	9.5	9.1
10.3	11.3	10.4	9.9	9.5	9.1	8.6

Si l'on compare les chiffres de ces deux derniers tableaux avec ceux obtenus précédemment par l'application de la formule, on constate un écart assez notable entre les dépenses de vapeur ; cet écart est dû à diverses pertes de travail que nous aurons à étudier plus loin.

Le rapport de détente le plus économique, dans un cylindre unique, variera donc suivant l'écart de température et de pression de la vapeur qui y agit. On peut considérer, en pratique, qu'on ne doit pas dépasser trois à quatre volumes pour les machines fonctionnant dans les meilleures conditions.

Depuis quelques années on fait usage de très hautes pressions et la vapeur, après avoir agi dans un premier cylindre, se détend dans un ou plusieurs cylindres de volume plus grand, ce qui permet d'augmenter la détente dans de larges proportions et sans nuire au fonctionnement régulier de la machine. Le rapport total de détente $\frac{z}{z_0}$, c'est-à-dire entre le volume de vapeur introduit et la somme des volumes engendrés par les pistons, peut alors prendre les valeurs indiquées ci-après :

Nombre de cylindres	1	2	3	4
Rapport total de détente $\frac{z}{z_0}$	2,5 à 3	6,25 à 9	16 à 27	40 à 81
Pression initiale p_0	$1^k,8$ à $2^k,1$	$4^k,2$ à 7^k	$8^k,4$ à 21^k	$24^k,5$ à 56^k

En pratique, pour des pressions moyennes ne dépassant pas 8 kilogrammes on pourra faire usage de deux cylindres ; jusqu'à 14 kilogrammes la machine à trois cylindres ou à triple expan-sion devra être adoptée ; au-delà de ce dernier chiffre il faudra faire usage de la machine à quadruple expansion.

Le tableau suivant, emprunté à l'ouvrage de M. Thurston, permet de se rendre compte de l'économie que l'on peut espérer obtenir de l'adoption de pressions et de rapports de détente plus élevés que ceux ordinairement en usage dans la pratique.

DÉSIGNATION DE LA MACHINE	KILOGS DE VAPEUR par cheval indiqué et par heure
Machine idéale...............	4.225
Machine mono-cylindrique.....	9.300
Machine à double expansion...	6.760
» triple expansion.....	5.900
» quadruple expansion..	5.490
» quintuple expansion.	5.260

213. *Poids de combustible nécessaire par cheval et par heure.* — Nous avons vu (n° 57) que le poids P de combustible nécessaire pour obtenir un poids L de vapeur était donné par la formule :

$$P = \frac{Q\ [606,5 + 0,305\ (t - t')]}{c},$$

dans laquelle :

t représente la température centigrade de la vapeur correspondant à la pression p_0 ;

t', la température de l'eau d'alimentation de la chaudière ;

c, le pouvoir calorique de 1 kilogramme de combustible.

Si nous remplaçons Q par sa valeur déterminée dans l'égalité (2) du précédent paragraphe, on a :

$$P = \frac{d \times 270\,000}{p_0\left(1 + \log.\text{hyp.}\ \dfrac{z}{z_0} - \dfrac{p}{p_0}\dfrac{z}{z_0}\right)}$$
$$\times \frac{[606,5 + 0,305\ (t - t')]}{c}.$$

Si nous supposons qu'en pratique $\dfrac{p}{p_0} + 10\,000 = 0,5$, et que la chaudière n'utilise que les 50 0/0 de la chaleur

développée par le combustible, la formule devient :

$$P = \frac{0,5 \times 27}{\left(1 + \log.\text{hyp.}\ \dfrac{z}{z_0} - \dfrac{p}{p_0}\dfrac{z}{z_0}\right)}$$
$$\times \frac{606,5 + 0,305\ (t - t')}{0,5 \times c};$$

d'où :

$$P = \frac{27\ [606,5 + 0,305\ (t - t')]}{c\left(1 + \log.\text{hyp.}\ \dfrac{z}{z_0} - \dfrac{p}{p_0}\dfrac{z}{z_0}\right)}.$$

Pertes de travail dans une machine pratique.

214. Dans une machine à vapeur le travail théorique, que nous venons de déterminer dans les calculs qui précèdent, se trouve diminué par diverses causes dont les principales sont :

1° Celles dues aux espaces nuisibles ;

2° Celles dues aux condensateurs sur les parois du cylindre ;

3° Celles dues à l'eau entraînée ;

4° Celles dues aux condensations dans les tuyaux ;

5° Celles dues au fonctionnement du distributeur ;

6° Celles dues aux fuites.

Nous allons examiner successivement chacune de ces causes de perte de travail.

215. *Espaces nuisibles.* — On appelle *espaces nuisibles,* ou *espaces morts,* le volume compris entre le fond du cylindre et la surface correspondante du piston, lorsque ce dernier est arrivé à l'extrémité de sa course, autrement dit au *point mort;* à ce volume il faut ajouter celui des orifices d'admission. On conçoit en effet que, quels que soient le soin et l'exactitude apportés dans l'établissement des organes de la transmission, il s'y produise inévitablement de légères variations de longueur, résultant de l'usure, de la dilatation et de l'élasticité des pièces. De plus, pour éviter que le piston, à bout de course, ne vienne heurter contre les fonds, ce qui entraînerait de graves avaries, on ménage un certain jeu que l'on appelle la liberté du piston et que l'on doit s'efforcer de rendre aussi faible que possible.

Supposons (*fig.* 214) que, dans un cylindre de volume V représenté par AB z, nous ayons introduit un volume V_0 de vapeur, représenté par AC $= z_0$, à la pression AD $= p_0$.

Le travail de la vapeur pendant la période de pleine introduction sera représenté par l'aire du rectangle ADEC; le travail pendant la période de détente sera représenté par la figure théorique CEFB.

Supposons maintenant que le cylindre ait un espace mort de volume V′ représenté par AM $= z′$; au moment de l'admission, le volume de l'espace mort se remplira de vapeur sans qu'il y ait déplacement du piston, c'est-à-dire sans qu'il y ait production de travail. Si nous arrêtons l'admission au même point que précédemment, le volume de vapeur introduit sera égal à $V_0 + V′$ et sera représenté par MC $= z′ + z_0$; mais le travail produit sera toujours représenté par la surface du rectangle ADEC. Pendant la période de détente, le volume $V_0 + V′$ de vapeur se détendra suivant la courbe EF, ce qui donnera un travail CEFB légèrement supérieur à celui CEF′B du volume V_0 de vapeur.

Cette augmentation de travail est insignifiante si on la compare au travail que pourrait produire le volume V′ de vapeur dans un cylindre théorique. Ce travail serait, en effet, représenté par la surface de la figure MNDF″B. Il est vrai que l'on peut compenser en partie cette perte de travail en augmentant la période de détente; le volume de vapeur introduit dans le cylindre étant plus grand, la

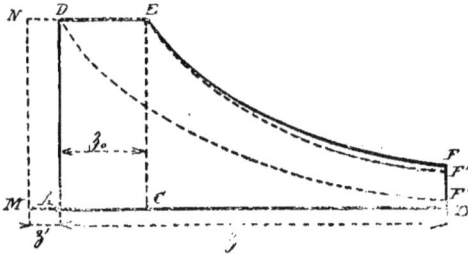

Fig. 214. — Perte due aux espaces nuisibles.

pression finale est légèrement augmentée, ainsi qu'on le constate par le relèvement de la courbe EF de détente. Nous verrons plus loin par quel autre moyen on s'efforce encore de réduire la perte de travail due aux espaces morts.

Si nous voulons déterminer par le calcul l'augmentation de dépense de vapeur occasionnée par la présence de l'espace mort, reprenons la figure 214 dans laquelle nous avions représenté par:

V_0, volume de vapeur correspondant à la pleine introduction pendant la fraction z_0 de la course;

V′, volume de la vapeur après la détente correspondant à la course totale z du piston;

V′, volume de l'espace mort, correspondant à une hauteur de cylindre égale à $z′$.

Le volume $V_0 + V′$ de vapeur introduit, occupe; à la fin de la course, un volume $V + V′$, la détente réelle est donc $\dfrac{V + V′}{V_0 + V′}$; ce rapport peut être remplacé par le rapport des courses $\dfrac{z + z′}{z_0 + z′}$, et l'on peut écrire $\dfrac{z + z′}{z_0 + z′} < \dfrac{z}{z_0}$.

Si nous désignons par p_0 et p les pressions de la vapeur correspondant à l'admission et à la fin de la détente, le travail produit par le volume $V_0 + V′$ de vapeur sera égal au travail pendant l'admission $V_0 p_0$ augmenté du travail pendant la détente $(V_0 + V′) p_0$ log. hyp. $\dfrac{z + z′}{z_0 + z′}$, et diminué du travail dû à la contre-pression Vp.

Le travail recueilli T a donc pour expression :

$$T = V_0 p_0 + (V_0 + V') p_0 \log. \text{hyp.} \frac{z + z'}{z_0 + z'}, - V p.$$

Pour produire ce travail on a dû introduire un volume de vapeur $V_0 + V'$ dont le poids a pour valeur $(V_0 + V') d$. Soit Q' le poids de vapeur à dépenser par cheval et par heure, c'est-à-dire pour produire $75 \times 60 \times 60$ ou $270\,000$ kilogrammètres, on peut écrire :

$$\frac{(V_0 + V') d}{Q'} = \frac{T}{270\,000},$$

d'où l'on tire :

$$Q = \frac{270\,000 \, (V_0 + V') \, d}{V_0 p_0 + (V_0 + V') p_0 \log. \text{hyp.} \frac{z + z'}{z_0 + z'} - V p},$$

et si on fait comme précédemment :

$$\frac{d}{p_0} \times 10.000 = 0,5,$$

on a :

$$Q' = \frac{27 \, (V_0 + V')}{0,5 V_0 + (V_0 + V') \log \text{hyp} \frac{z + z'}{z_0 + z'} - \frac{V p}{p_0}}.$$

Si nous appliquons cette formule à une machine dans laquelle l'espace mort est de 5 0/0 du volume du cylindre :

$$p_0 = 5 \text{ kg, et : } p = 0^k,2,$$

on obtiendra les valeurs suivantes :

$\frac{z}{z_0}$	DÉPENSE DE VAPEUR PAR CHEVAL ET PAR HEURE	
	ESPACE MORT 5 0/0	ESPACE MORT NUL
	kilog.	kilog.
2	9.12	8.37
4	6.91	6.06
8	5.82	4.89

L'examen de ce tableau montre que la perte de travail due aux espaces morts augmente avec la détente ; il serait donc mauvais de faire de grandes détentes dans un cylindre mal construit. Avec un espace mort de 5 0/0 et une détente de 15, on obtiendrait le même travail en détendant seulement à 5 si l'espace mort était nul.

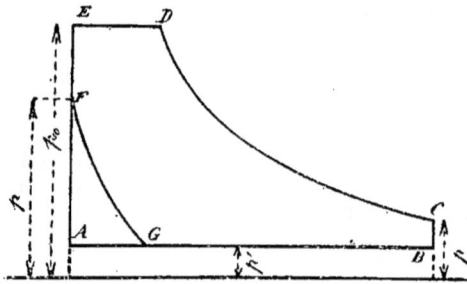

Fig. 215. — Diagramme, période de compression.

Suivant le type de machine et la perfection apportée à sa construction, le volume de l'espace mort est compris entre 2 et 5 0/0 du volume total du cylindre ; ces chiffres peuvent être notablement dépassés dans les machines mal construites. Outre le jeu ou, plutôt, la capacité laissée libre entre le fond du cylindre et le piston à fond de course, on doit comprendre dans le volume des espaces morts le volume des conduits de vapeur, mesurés jusqu'à la glace du distributeur.

216. *De la compression.* — On peut réduire l'influence des espaces morts au moyen de la *compression*.

Reprenons la figure 212 et supposons que l'on ferme la communication avec l'échappement (robinet 3), un peu avant que le piston ne soit arrivé à l'extrémité droite de sa course. Le volume de vapeur ainsi isolé va se trouver comprimé et l'on peut faire de telle sorte que la pression de la vapeur, lorsque le piston sera arrivé à l'extrémité de sa course, soit voisine de la pression de la vapeur à la chaudière. A la course suivante, l'espace mort se trouvera donc rempli de vapeur, ce qui diminuera d'autant le volume de vapeur à prélever à la chaudière.

Par suite de cette compression le diagramme théorique ABCDE (*fig.* 215), représentant le travail produit par la vapeur, devra être modifié. Supposons que AB représente la course du piston et que la communication avec l'échappement soit interrompue au moment où le piston est au point G ; à la fin de la course la pression de la vapeur dans le cylindre sera représentée par MF, et les ordonnées de la courbe FG représenteront les pressions successives de la vapeur comprimée. La surface AFG représentera donc le travail absorbé par cette compression, le travail recueilli aura pour valeur la surface de la figure EDCBGF. On diminuera donc d'autant plus l'influence des espaces morts que la compression sera plus considérable; cette influence serait nulle si la pression de la vapeur comprimée devenait égale à p_0, mais il ne faut pas perdre de vue que l'on aurait à développer un travail plus considérable pour effectuer cette compression, quoique le travail ainsi absorbé soit restitué pendant la course suivante du piston.

Ainsi, une compression suffisante peut réduire et, jusque dans une certaine mesure, supprimer la perte due à l'espace mort. La compression complète, toutes les fois que l'on est en mesure de la produire, annule la perte à laquelle donnent lieu les espaces morts lorsque la détente est complète. La détente est complète, lorsque la pression effective, à la fin de l'expansion, est égale à la contre-pression $p = p'$. La compression est complète quand la pression finale de la vapeur, dans l'espace mort, est égale à la pression de la vapeur venant de la chaudière $p' = p_0$.

Si l'on considère cette influence au point de vue thermique, on trouvera qu'il serait utile de prolonger la compression au-delà de la pression à la chaudière ; l'augmentation de température de la vapeur qui en résulte ayant pour effet de réchauffer le cylindre, ce qui peut, ainsi que nous le verrons ci-après, avoir une influence importante sur la réduction des pertes par refroidissement du cylindre.

La compression et le volume des espaces morts ont donc entre eux des relations bien définies et qui dépendent, en grande partie, de phénomènes purement dynamiques. La perte de travail, qui atteint de 6 à 10 0/0 dans les machines ayant de grands espaces morts, peut s'élever à 15 0/0 s'il n'y a pas de compression ; elle s'abaisse, au contraire, au tiers de ces chiffres si la compression est suffisamment prolongée. Dans beaucoup de cas de la pratique on fait :

$$p' = 0,75\ p_0.$$

L'avantage de la compression ne consiste pas seulement dans la réduction des pertes dues aux espaces morts, mais encore à assurer la douceur du fonctionnement par la création d'un matelas de vapeur, destiné à amortir le choc qui, sans cela, se produirait à bout de course. Dans les machines à grande vitesse, cette considération a une grande importance. Elle oblige souvent les constructeurs à donner à l'espace mort un volume assez grand.

Plus le rapport de détente est élevé, plus grand est le volume de l'espace mort, et plus sérieuse sera la perte due à la détente incomplète de la vapeur contenue dans l'espace mort. Plus la contre-pression sera élevée, et moins la compression devra être prolongée pour être complète et pour annuler les effets de refroidissement des parois. Aussi, le degré de la compression complète est-il insignifiant, dans les machines sans condensation, relativement à celui qui est nécessaire dans les appareils à condensation. Toutes choses égales d'ailleurs, l'espace mort devra être d'autant plus petit que la pression initiale sera plus élevée.

Si nous désignons par V'' le volume que le piston doit engendrer depuis le moment où commence la compression jusqu'à l'extrémité de sa course, et par V' le volume de l'espace mort, $V' + V''$ est le volume de vapeur isolé dans le cylindre à la pression p' de l'échappement (*fig.* 215).

Lorsque le piston est arrivé à l'extrémité de sa course, la vapeur comprimée est réduite au volume V' de l'espace mort et à la pression :

$$p'' = MF.$$

En vertu de la loi de Mariotte on a :

$$\frac{V' + V''}{V'} = \frac{p''}{p'},$$

d'où : $$V'p'' = (V' + V'')\,p',$$

et : $$p'' = \frac{(V' + V'')p'}{V'}.$$

A ce moment on met le cylindre en communication avec la chaudière, la vapeur contenue dans l'espace mort passe de la pression p'' à la pression p_0, son volume devient V_1 et est donné par la formule :

$$V_1 = \frac{V'p''}{p_0}.$$

De sorte qu'il suffit d'introduire dans le cylindre un volume de vapeur égal à $V_0 + V' - V_1$.

Si dans cette expression nous remplaçons V par sa valeur, le volume deviendra :

$$V_0 + V' - \frac{V'p''}{p_0},$$

ou : $$V_0 + V'\left(1 - \frac{p''}{p_0}\right).$$

Le poids Q' de vapeur à dépenser par cheval et par heure sera égal à (n° 215) :

$$Q' = 0,5 \times \frac{27\,(V_0 + V')\left(1 - \dfrac{p''}{p_0}\right)}{V_0 + (V_0 + V')\log\text{hyp}\,\dfrac{z+z'}{z_0+z'} - \dfrac{Vp}{p_0}}.$$

L'emploi de la compression nécessite une légère augmentation des dimensions du cylindre ; dans les machines à multiple expansion, le volume des espaces morts et la compression sont proportionnés de manière à compenser la chute de pression, entre les cylindres, due aux condensations, à l'admission au grand cylindre. Quand les deux pistons sont montés sur la même tige, comme dans les machines compound tandem, la dou-

ceur du fonctionnement est obtenue par le matelas de vapeur créé dans le petit cylindre. Avec les appareils à condensation, il serait, en effet, difficile d'opérer une compression suffisante au grand cylindre ou cylindre de détente, à cause de la faible pression qui règne à l'échappement.

Ainsi que nous l'avons déterminé plus haut, la présence des espaces morts modifie le degré de la détente. En conservant les annotations précédentes, la détente théorique serait $\dfrac{V}{V_0}$, tandis que la détente réelle est : $\dfrac{V_0 + V'}{V + V'}$.

Si nous supposons par exemple que $V_0 = 1$, $V = 8$ et $V' = 0,04V_1$, on aura :

Détente théorique : $= \dfrac{8}{1} = 8$;

Détente effective : $= \dfrac{8 + 0,32}{1 + 0,32} = 6,3$.

Par conséquent, si l'on calcule la dépense de vapeur par la formule théorique et en prévision d'une détente 8, la dépense obtenue est inférieure à la dépense réelle.

217. *Eau condensée sur les parois du cylindre.* — Les parois du cylindre ne sont pas complètement adiabatiques ; tantôt le cylindre est en communication avec la chaudière, tantôt avec le condenseur, c'est-à-dire tantôt avec une source de chaleur, tantôt avec une source de froid. Au moment de la mise en marche, la vapeur est mise en contact avec la paroi du cylindre qui est froide, cette vapeur se condense jusqu'à ce que la température de la paroi soit égale à celle de la vapeur. La quantité de vapeur dépensée dépend de la durée du contact entre la vapeur et la paroi, de l'étendue de la paroi et des conditions de refroidissement. Par suite de cette condensation la paroi du cylindre est tapissée d'une couche liquide ; lorsqu'on met le cylindre en communication avec le condenseur, sous l'influence de la dépression ainsi produite, le liquide condensé se vaporise en empruntant à la paroi de la chaleur. A la course suivante la paroi, devenue plus froide que la vapeur, condensera une partie de cette dernière, et ainsi de suite ; la même série de phénomènes se reproduira, le fluide évoluant se trouvera en contact en certains endroits avec du métal chaud, en d'autres avec du métal froid.

Le métal du cylindre manquant d'étanchéité à l'égard de la chaleur, laissera constamment passer des calories qui seront perdues à réchauffer l'air ambiant, malgré les enduits calorifuges.

La mesure de la quantité de chaleur ainsi perdue est un problème fort complexe qui n'a pu encore être résolu d'une manière complète. Entre les quantités de chaleur mesurées devrait exister la relation suivante due à Hirn :

La quantité de chaleur sortie de la chaudière avec la vapeur est égale à la somme des quantités de chaleur suivantes :

1° Celle qui est restée au condenseur et qui comprend deux parties : l'une reçue par l'eau froide qui a servi à condenser la vapeur, l'autre conservée par l'eau provenant de cette condensation ;

2° Celle qui est rejetée dans l'atmosphère par rayonnement à l'extérieur;

3° Celle qui est absorbée par le travail effectué sur le piston par la vapeur.

Des expériences récentes ont établi que les pertes dues à la paroi peuvent être parfois assez importantes ; dans les premières machines à vapeur, où le cylindre jouait le double rôle de récepteur et de condenseur, la perte de travail était très considérable.

On remédie à cet inconvénient par l'emploi des *enveloppes à vapeur*.

218. *Enveloppes de vapeur.* — L'enveloppe de vapeur est ordinairement constituée d'un deuxième cylindre qui entoure le cylindre moteur. Dans l'intervalle annulaire ménagé entre les deux cylindres on fait circuler de la vapeur prise à la chaudière.

Que les machines soient monocylindriques ou à double expansion, le rôle de l'enveloppe est toujours le même, et consiste à réduire les pertes internes résultant des condensations initiales. Dans certaines machines, comme les pompes élévatoires à action directe, l'emploi de l'enveloppe se traduit par un autre avantage qui a son importance en pratique : il permet d'augmenter la pression effective de la vapeur à la fin de la course ou, tout au moins, de prolonger la détente, grâce surtout à l'absence d'eau dans le cylindre.

Pour les machines appelées à de longs et fréquents arrêts, l'enveloppe possède un avantage précieux, consistant en ce qu'on peut mettre la machine en route au moindre signal; le cylindre étant resté chaud, la vapeur ne s'y condense pas à son entrée, et le démarrage peut se faire instantanément.

L'enveloppe peut venir de fonte avec le cylindre, ou bien elle est rapportée et, dans ce cas, on peut la construire en fonte plus dure que celle du cylindre.

Il faut cependant remarquer que si, dans la machine monocylindrique, les parois, chauffées par l'enveloppe, cèdent toujours de la chaleur à la vapeur qui se détend, au contraire, dans les machines à double expansion, les parois empruntent de la chaleur à la vapeur, même pendant la détente ; cette chaleur est perdue et envoyée au condenseur pendant la période d'échappement.

Dans la machine monocylindrique, les parois du cylindre fournissent, en réalité, à la vapeur la même quantité de chaleur, qu'il y ait ou qu'il n'y ait pas d'enveloppe. Toutefois, dans le premier cas, cette chaleur est cédée pendant la détente, et non en pure perte, puisqu'elle a pour résultat d'augmenter, dans une notable mesure, le travail produit ; dans le second cas, la chaleur est entièrement perdue sans production de travail utile, et dirigée vers le condenseur, en vertu de la réévaporation de l'eau, recouvrant les parois, qui se produit à l'ouverture de l'échappement.

L'effet de l'enveloppe peut se résumer ainsi : elle transforme et améliore le fluide moteur, change sa nature et le rend susceptible d'une meilleure utilisation, transforme une substance de grande capacité calorifique en une autre qui possède une bien moins grande chaleur spécifique (1), une vapeur humide en vapeur sèche.

(1) Car, lorsque la vapeur se condense, elle perd non seulement sa chaleur sensible, mais aussi sa

Les conditions de refroidissement dû à l'air extérieur existent toujours sur les parois de l'enveloppe et provoquent la condensation d'une partie de la vapeur qui y circule, mais la quantité de vapeur ainsi condensée, augmentée de la quantité de chaleur absorbée par les parois du cylindre, n'est pas égale à celle qui, sans l'intervention de l'enveloppe, serait perdue à l'intérieur du cylindre ; dans certains cas, cette dernière quantité peut être notablement plus considérable.

En un mot, tout en ayant un effet utile certain, l'enveloppe n'a que l'avantage de réduire la perte plus grande encore qui se produirait sans son intervention.

L'emploi de l'enveloppe est surtout avantageux au début de la course ; par conséquent, les machines à faible course et à grand diamètre de piston auront avantage à être munies d'enveloppes de vapeur. Au contraire, dans les machines à grande vitesse de piston, l'économie entraînée par la présence de l'enveloppe est moindre ; ce résultat provient de la réduction du temps alloué à la production des phénomènes alternatifs d'absorption et de dégagement de chaleur par les parois et de l'accroissement du volume de vapeur traversant la machine, comparativement à la perte considérée.

Si l'on veut déterminer la perte totale provoquée par l'enveloppe, il suffira de mesurer le poids d'eau condensée à l'intérieur de l'enveloppe et la chaleur totale qu'elle représente ; on devra en déduire la perte externe par rayonnement et convection, qui est faible et facile à évaluer approximativement.

Supposons, par exemple, que la pression absolue de la vapeur dans l'enveloppe soit de 5 kilogrammes par mètre carré ; 1 kilogramme de cette vapeur possède une quantité de chaleur égale à :

606,5 + 0,305 × 131 = 632,55 calories.

131 étant la température de la vapeur à la pression de 5 kilogrammes ; or, 1 kilogramme de vapeur condensée à 100 de-

grés contient 100 calories ; on perd donc, par kilogramme de vapeur condensée :

632,55 — 100 = 552,55 calories.

Avant son changement d'état, cette vapeur possédait une quantité de chaleur approximativement égale à :

606,5 — 0,305 × 100 = 637 calories.

Par conséquent, pour ramener cette vapeur condensée à la pression de 5 kilogrammes, il suffira de lui communiquer :

632,55 — 637 = 15,55 calories.

Ainsi, en empruntant 15,55 calories à la vapeur de l'enveloppe, on économisera les 632,55 calories perdues par la condensation.

Ce calcul approximatif confirme les diverses considérations que nous avons exposées plus haut.

On diminue autant que possible la perte due à la condensation dans l'enveloppe en recouvrant cette dernière de substances calorifuges (n° 206) et en récupérant l'eau condensée dans des purgeurs automatiques qui la renvoient à la chaudière à une température voisine de celle de l'enveloppe.

De tout ce qui précède, il semble résulter que, dans les cas où l'on adopte l'emploi d'une chemise de vapeur, cette dernière devra répondre aux conditions ci-dessous, tout au moins pour les machines à faible vitesse de piston.

1° L'enveloppe sera munie de tuyaux d'arrivée de vapeur de diamètre suffisant pour qu'il n'y ait pas de laminage, ni de perte de pression. On devra prévoir des dispositions ayant pour but de purger entièrement l'enveloppe d'air et d'eau. Les purges seront, autant que possible, récupérées à la chaudière ou à la bâche d'alimentation ;

2° La pression à l'intérieur de l'enveloppe devra être au moins égale à celle de la chaudière ;

3° Toutes les surfaces des cylindres exposées à la pression et à la température maxima (parois latérales et surtout les fonds) devront être chemisées. La chemise elle-même sera revêtue de substances peu conductrices de la chaleur ;

4° On prendra les précautions nécessaires pour assurer la libre dilatation de l'enveloppe et du cylindre ; les parois du cylindre seront aussi minces que le per-

chaleur latente, laquelle est de beaucoup plus considérable. En empêchant la condensation, on économise la chaleur latente d'un volume donné de vapeur en ne perdant qu'un peu de la chaleur sensible de la vapeur de l'enveloppe.

mettront les conditions de sécurité; les joints seront étanches, et l'eau condensée pourra facilement être évacuée.

Dans les appareils compound ou multi-cylindres, l'écart de température, qui entraîne l'écoulement de chaleur de l'enveloppe vers le cylindre, augmente généralement à mesure que les pressions initiales aux cylindres diminuent, de telle sorte que chacune des enveloppes soit à une température un peu supérieure à celle du cylindre correspondant.

Il y aurait un grave inconvénient à faire circuler de la vapeur à une pression trop basse ou à faire usage d'enveloppes mal comprises ou mal utilisées, le remède deviendrait peut-être alors pire que le mal.

C'est pourquoi on devra rejeter le procédé qui consiste à maintenir dans l'enveloppe de la vapeur morte ou circulant à trop faible vitesse, ainsi que celui qui consiste à alimenter l'enveloppe avec de la vapeur provenant de l'échappement de la machine.

Si, à sa sortie du cylindre moteur, la vapeur était parfaitement sèche, le rôle de l'enveloppe serait à peu près nul, ainsi qu'on le constate dans certaines machines compound à grande vitesse de piston et dans quelques types de petits moteurs destinés à l'éclairage électrique.

Les cylindres des locomotives sont le plus souvent dépourvus d'enveloppes, le bénéfice qu'on recueillerait de leur adjonction n'étant pas suffisant pour compenser la complication qu'elles apporteraient dans la construction.

En définitive on doit s'efforcer, par quelque moyen que ce soit, de maintenir dans le cylindre, depuis son introduction jusqu'à son échappement, de la vapeur à un degré de siccité aussi grand que possible (n° 221).

219. *Eau entraînée. — Condensations dans les conduits.* — Au moment de la mise en marche, la vapeur étant mise en contact avec un corps froid (conduits, cylindre non réchauffé) se condense en plus ou moins grande proportion; une partie de l'eau qui provient de cette condensation est entraînée par la vapeur à travers les organes du récepteur.

Si l'on ouvrait brusquement le robinet de prise de vapeur une très grande quantité d'eau pourrait être entraînée, le tuyau d'arrivée de vapeur jouant ainsi le rôle de syphon; la présence de cette eau peut causer dans le cylindre de graves avaries, telle que la rupture des fonds de cylindre et des tiges de piston. Si, en effet, la quantité d'eau entraînée est assez considérable pour remplir et au delà le volume de l'espace mort, elle constitue, à chaque bout de course, un matelas incompressible sur lequel le piston viendra exercer son action, en vertu de l'inertie des organes régulateurs de mouvement de la machine. Nous avons vu (n°ˢ 106, 196 et 197) par quels moyens on pouvait remédier en partie à cet inconvénient.

On doit ouvrir le robinet de prise graduellement et lentement; laisser séjourner la vapeur dans le tuyau d'arrivée afin de le réchauffer ; faire circuler la vapeur dans l'enveloppe du cylindre, lorsque celui-ci en est pourvu ; ouvrir les robinets de purges, placés à chaque extrémité du cylindre, pendant les premières minutes de la mise en marche et prendre des dispositions en vue de faciliter l'évacuation de l'eau condensée, tant dans le tuyau d'arrivée que dans l'enveloppe et dans le cylindre.

Si la quantité d'eau entraînée est notable, il n'est pas rare de voir la consommation de la machine doubler, tripler même, surtout s'il s'agit de machines de petite puissance.

220. *Vapeur surchauffée.* — Nous avons vu, dans les deux derniers paragraphes, que le procédé le plus efficace pour obtenir une bonne utilisation mécanique de la chaleur consiste à maintenir chaude et aussi sèche que possible la paroi intérieure du cylindre.

L'usage de la vapeur surchauffée paraît être un moyen simple et actif de réaliser ces conditions (n° 55); il a été proposé et expérimenté à plus d'une reprise, mais il ne s'est pas répandu dans la pratique.

La principale raison qui a empêché l'emploi de la vapeur surchauffée consiste dans la difficulté d'assurer le graissage, malgré les variations inévitables du degré de la surchauffe.

Il semble cependant hors de doute qu'il serait possible de dessécher la vapeur par une légère surchauffe, c'est-à-dire en augmentant sa température de 20 à 30 degrés ; les lubrifiants minéraux possèdent une stabilité plus grande que celle des corps gras organiques autrefois employés et résistent beaucoup mieux à l'action de la vapeur surchauffée. Les limites pratiques de la surchauffe paraissent aujourd'hui résider au-dessous de 250 degrés, ce qui donne une surchauffe effective de 50 degrés au-dessous des températures de saturation, actuellement en usage.

Les expériences exécutées par Hirn sur l'économie provenant de l'emploi de la vapeur surchauffée ne laissent aucun doute sur la valeur du procédé, et l'on peut conclure que l'adoption d'une surchauffe modérée est favorable au rendement de la machine.

Dans des essais effectués sur des machines de bateaux on a eu plus d'avantage à se servir de vapeur surchauffée à pression peu élevée et sans enveloppes aux cylindres, qu'en employant de la vapeur saturée à une pression plus élevée, à grande détente et à enveloppes.

Il est bien évident que l'adoption des hautes pressions et des grandes détentes réduit notablement le bénéfice que l'on pourrait tirer de l'emploi de la surchauffe;

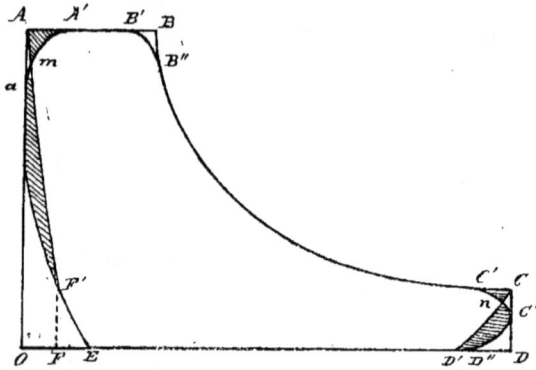

Fig. 216. — Influence due aux étranglements de vapeur.

c'est une autre raison pour laquelle ce procédé ne paraît pas devoir être généralisé dans la pratique.

Nous devons cependant mentionner le procédé dans lequel la surchauffe est obtenue au moyen des gaz perdus des appareils métallurgiques, ici le bénéfice est entièrement réel; il en serait de même si le cylindre était muni d'une enveloppe, parcourue par des gaz chauds.

221. *Étranglements de vapeur. — Fuites.* — Lorsqu'on fait passer un courant de vapeur par un orifice étroit elle subit une perte de pression d'autant plus considérable que la section offerte à l'écoulement est plus petite. Soit (*fig.* 216) oABcD le diagramme théorique d'une machine à vapeur dans lequel nous supposerons qu'au début de l'introduction la pression dans le cylindre soit égale à celle de la vapeur dans la chaudière. La ligne AB représente la fraction de course correspondant à la pleine introduction. Quel que soit le mode de distribution employé, l'orifice d'admission de vapeur s'ouvre et se ferme avec une vitesse plus ou moins grande et la vapeur, obligée de s'écouler par un orifice plus ou moins étroit, se lamine et perd de sa pression; dès que l'orifice est ouvert en grand, et, s'il est de dimensions convenables, la vapeur atteint la pression indiquée par le diagramme théorique. Si l'admission commence à se fermer en B′ et est complètement interrompue en B″, la ligne AB sera modifiée suivant la courbe AB′B″.

La courbe de détente BC, sous l'influence du laminage de vapeur qui se produit au commencement de l'échappement, se modifiera suivant B"CD'; au point D', la pression sera devenue égale à celle qui règne au condenseur. Il s'ensuit que nous perdons un travail représenté par l'aire de la figure CDD'; cette perte est d'autant plus grande que la vitesse d'ouverture de l'orifice d'échappement est elle-même plus faible. On remédie, en partie, à cet inconvénient en faisant de l'*avance à l'échappement*.

Au point C', par exemple, commence l'ouverture de l'échappement; la pression s'abaisse pendant le reste de la course suivant C'C", et au début de la course rétrograde suivant C"D". Par cette modification, on perd une quantité de travail représentée par c'nc, mais on gagne le travail plus grand représenté par c"D"D'n. A partir du point D", pendant la course rétrograde, la contre-pression reste égale à la pression au condenseur, jusqu'au point E que marque le commencement de la *compression* (n° 216). Soit E*a* la courbe qui représente la période de compression, en *a* la course rétrograde est achevée, et l'introduction, pour une nouvelle course, doit commencer. Comme le distributeur ne peut s'ouvrir brusquement à l'accès de la vapeur, on perd une quantité de travail représentée par la figure AA'm. On obvie à cet inconvénient par un procédé identique au précédent, c'est-à-dire en faisant de l'*avance à l'admission*. Au point F, par exemple, quand le piston a encore à parcourir la fraction OF de sa course, on ouvre l'admission; à ce moment, la pression de la vapeur comprimée dans l'espace mort est FF', la pression s'élève suivant F'A, de sorte qu'au début de la course suivante la pression de la vapeur dans le cylindre est égale à la pression de la chaudière. On perd par ce procédé une quantité de travail représentée par *ma*F', mais on gagne celle représentée par AA'm. L'avance à l'admission permet donc d'avoir, dès le début de la course, une pression égale à la pression de la vapeur dans la chaudière.

L'avance à l'admission et l'avance à l'échappement sont d'autant plus grandes que la vitesse de la machine est elle-même plus grande, elles dépendent aussi de la vitesse d'ouverture et de fermeture des orifices, vitesse qui varie suivant le mode de distribution et suivant le distributeur employé.

Les fuites de vapeur peuvent donner lieu à des pertes de travail quelquefois très importantes : nous aurons à étudier les moyens que l'on emploie pour les rendre aussi faibles que possible. La vapeur qui passe par un piston non étanche et se rend au condenseur produit une notable perte de travail ; supposons, par exemple, une fuite de 25 millimètres carrés de surface sous une pression de 5 kilogrammes, la perte de travail, par cheval et par heure, peut atteindre un ou deux chevaux.

Si l'on ne tient pas compte des pertes dues au refroidissement, à la condensation sur les parois, aux fuites, etc., le diagramme de la machine à vapeur peut être représenté par la figure EF'AB'B"C'C"D". Si l'on veut avoir la valeur réelle du travail produit, il faut avoir recours aux appareils qui permettent à la machine de tracer elle-même le cycle qu'elle décrit dans le cylindre; ces appareils ont reçu le nom d'*indicateurs*, ils seront étudiés au chapitre ix.

222. *Etude du cylindre.* — Etant donné le travail utile que doit produire une machine à vapeur, proposons-nous de construire une machine à détente et à condensation qui produise ce travail. La solution de ce problème se divise en trois parties principales :

1° L'étude du cylindre;

2° L'étude du distributeur;

3° L'étude de la condensation.

Soient : N, le nombre de chevaux à développer sur l'arbre de couche ;

n, le nombre de tours que doit faire la machine par minute;

$\frac{z}{z_0}$, la détente jugée la plus économique ;

h la pression absolue de la vapeur à la chaudière ; et

h', la pression au condenseur.

Le nombre N de chevaux à produire correspond à un travail égal à :

N$\times$75$\times$60 kilogrammètres par minute.

Désignons par K le coefficient de rendement mécanique de la machine, c'est-à-dire le rapport entre le travail développé sur l'arbre de couche et celui qui est produit par la vapeur dans le cylindre (1).

Le travail T à développer dans le cylindre sera donc égal à :

$$T = \frac{1}{K} N \times 75 \times 60.$$

Pour un demi-tour ou une course, ce travail sera :

$$\frac{1}{2Kn} N \times 75 \times 60.$$

Soit V_0 le volume de vapeur introduit pendant la pleine introduction, ce volume fournira, par course, un travail égal à :

$$V_0 h \left(1 + \log. \text{hyp.} \frac{z}{z_0} - \frac{h'}{h} \frac{z}{z_0} \right),$$

on peut donc écrire :

$$\frac{1}{2Kn} N \times 75 \times 60$$

$$= V_0 h \left(1 + \log. \text{hyp.} \frac{z}{z_0} - \frac{h'}{h} \frac{z}{z_0} \right),$$

d'où :

$$V_0 = \frac{N \times 75 \times 60}{h \left(1 + \log. \text{hyp.} \frac{z}{z_0} - \frac{h'}{h} \frac{z}{z_0} \right) 2nK} \cdot (1)$$

Soit V le volume engendré pendant la course entière, on a $V = V_0 \times \frac{z}{z_0}$; multiplions les deux membres de l'égalité (1) par $\frac{z}{z_0}$, il vient :

$$V = \frac{z}{z_0} \frac{N \times 75 \times 60}{h \left(1 + \log. \text{hyp.} \frac{z}{z_0} - \frac{h'}{h} \frac{z}{z_0} \right) 2nK}.$$

Désignons par D le diamètre du cylindre et par l la longueur de la course, on a :

$$V = \frac{\pi D^2 l}{4} = \frac{D^2 l}{1,273},$$

d'où :

$$D^2 l = \frac{z}{z_0} \frac{N \times 75 \times 60 \times 1,273}{h \left(1 + \log. \text{hyp.} \frac{z}{z_0} - \frac{h'}{h} \frac{z}{z_0} \right) 2nK} \cdot (2)$$

(1) Comme nous le verrons plus loin, la valeur du coefficient K varie suivant le degré de perfection apporté à la construction de la machine, suivant sa puissance et suivant le système de machine ; il est ordinairement compris entre 0,6 et 0,9.

On peut déterminer les dimensions D et l du cylindre de deux manières différentes, suivant que l'on prendra un petit diamètre et une grande course, ou bien que l'on préférera prendre un grand diamètre avec une faible course.

Dans le premier cas, le travail est produit au moyen d'efforts peu considérables, mais prolongés ; dans le deuxième cas, le travail est obtenu au moyen d'efforts plus considérables et de courte durée. A ce point de vue, il est préférable d'augmenter la course aux dépens du diamètre, afin de ne pas trop fatiguer les organes transmetteurs de mouvement de la machine. Au point de vue thermique, on obtiendrait le minimum de perte par refroidissement intérieur en faisant la course égale au diamètre ; remarquons cependant qu'il y a avantage, dans certains cas, à augmenter la course de manière à obtenir des vitesses plus grandes de piston, ainsi que nous l'avons vu aux numéros 217 et 218.

D'autres considérations d'ordre purement mécanique viennent encore influer sur cette détermination ; en pratique, la longueur de la course est comprise entre 1, 5 et 2 diamètres.

L'examen de la formule (2) montre que les dimensions du cylindre seront d'autant plus faibles que le nombre de tours n est plus grand : les machines à grande vitesse sont donc plus économiques puisque les pertes par condensations sont d'autant plus considérables que le cylindre est plus volumineux.

Il ne faudrait pas cependant augmenter le nombre de tours et la course de manière à obtenir pour le piston une vitesse exagérée. Si n est le nombre de tours par minute et l la course, le piston parcourt par tour un espace égal à $2l$; en une minute l'espace parcouru est $2ln$; la vitesse v du piston par seconde est donc :

$$v = \frac{2ln}{60}.$$

Le tableau suivant indique entre quelles limites les valeurs de n et de v sont ordinairement comprises :

TYPES DE MACHINES	NOMBRE DE TOURS par minute	VITESSE DU PISTON mètres par seconde
Machines de manufactures............	40 à 100	0,9 à 1,40
Machines mi-fixes, locomobiles...............	100 à 150	1 à 1,50
Locomotives............................... ..	150 à 250	3 à 4
Machines à grande vitesse...................	200 à 300	3 à 5

CHAPITRE II

DISTRIBUTION DE LA VAPEUR

Étude du distributeur.

223. *Tiroir à coquille.* — Nous avons vu au chapitre IV que, dans les premières machines à vapeur, la distribution s'effectuait par des robinets au moyen desquels on mettait alternativement la chaudière en communication avec les orifices du cylindre. Pour des raisons d'ordre purement mécanique, ce mode de distribution a été presque totalement abandonné ; certains types de machines sont cependant pourvus de distributeurs analogues aux robinets ; nous y reviendrons dans le cours de ce chapitre.

On peut diviser les distributeurs de vapeur en deux classes :

1° Les distributeurs *glissants* (tiroir, piston, robinet) ;

2° Les distributeurs *levants* (soupapes).

Dans la plupart des machines, le dis-

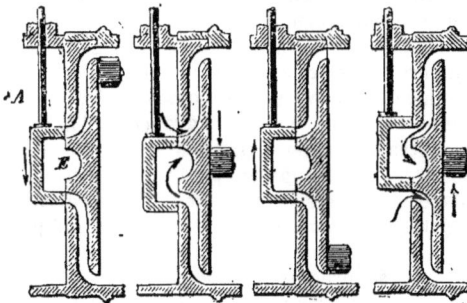

Fig. 217. — Phases diverses du mouvement de va-et-vient du piston et du tiroir.

tributeur se compose d'un *tiroir* constitué par un prisme rectangulaire en fonte, sorte de caisse sans couvercle, dont la partie extérieure est en communication avec la chaudière et dont la partie intérieure est en communication avec l'échappement (condenseur ou atmosphère) (*fig.* 217 et 218). La partie du cylindre sur laquelle reposent les bords de cette caisse a reçu le nom de *glace;* c'est sur la glace que viennent déboucher les deux orifices ou *lumières* d'admission ; entre ces deux lumières se trouve l'orifice d'échappement E, communiquant par un conduit, soit avec le condenseur, soit avec l'atmosphère. Au moyen d'un excentrique calé sur l'arbre de la machine et d'une tige reliée au tiroir, on communique à ce dernier un mouvement alternatif, de telle sorte que les communications du cylindre avec la chaudière et avec l'échappement soient alternativement établies ou interrompues pour chacun des côtés du cylindre. L'examen de la figure 217 montre les phases diverses de ce mouvement de va-et-vient combiné avec celui du piston ; nous remarquons que, lorsque le piston est en haut de sa course, le tiroir occupe, la position moyenne, c'est-à-dire est à mi-course ; quand le piston est au milieu de sa course descendante, le tiroir est au bas de la sienne, etc. Pour que ces positions relatives aient lieu, il faut donc que le mouvement du tiroir soit en avance sur celui du piston, on est donc obligé de caler l'excentrique du tiroir de telle sorte que son rayon fasse avec la manivelle un angle de 90 degrés environ que l'on appelle *angle de calage.* Or, dans ces conditions, la vapeur qui remplit le cylindre lorsque le piston achève sa course dans un sens, pour recommencer son mouvement en sens inverse, ne peut s'échapper instantanément, la lumière d'échappement n'étant pas entièrement découverte; il s'ensuit qu'il se produirait une contre-pression nuisible au travail moteur. On peut éviter cet inconvénient en augmentant l'angle de calage et obtenir ce que nous avons appelé l'*avance à l'échappement,* c'est-à-dire que l'ouverture de la lumière d'échappement se produise un peu avant que le piston ait terminé sa course.

En augmentant l'angle de calage on a obtenu, de l'autre côté, l'*avance à l'admission* par laquelle la lumière d'introduction se trouve déjà ouverte quand le piston arrive à l'extrémité de sa course.

Un tiroir qui fonctionnerait dans ces conditions livrerait passage à la vapeur pendant toute la durée de la course du piston ; si l'on veut obtenir de la *détente,* il faut que la fermeture des orifices d'admission ait lieu plus tôt, de là l'obligation de munir le tiroir de bandes plus larges que les lumières. La partie *ab* qui recouvre l'orifice d'admission, lorsque le tiroir est dans sa position moyenne (*fig.* 218), a reçu le nom de *recouvrement extérieur;* en augmentant ce recouvrement, on augmente la détente.

Il arrive souvent que, quand ces di-

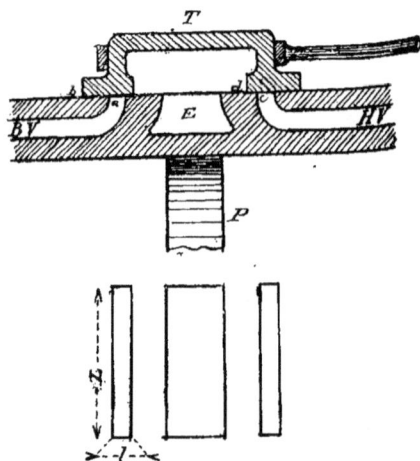

Fig. 218. — Tiroir à recouvrement de Clapeyron.

verses conditions ont été remplies, l'avance à l'échappement devienne trop considérable, même dans le cas où l'avance à l'admission est très faible; pour éviter cet inconvénient, on donne à la bande du tiroir un *recouvrement intérieur cd.* Ce recouvrement ne doit jamais être assez grand pour que la lumière d'admission c, se découvrant au commencement de la course, celle d'échappement *a* soit encore fermée à cet instant, car alors le piston refoulerait la vapeur sans issue contenue dans le cylindre.

224. *Orifices de distribution.* — Les lumières d'admission et d'échappement affectent ordinairement la forme de rectangles très allongés (*fig.* 218), qui viennent déboucher sur la partie parfaitement dressée ou la glace du cylindre. Afin de diminuer le plus possible la perte de charge à l'admission provoquée par le laminage de vapeur, on adopte les valeurs suivantes :

Soient : S, la surface de l'orifice d'admission ;

l et h, ses dimensions ;

ω, la surface du piston ; lorsque la vitesse du piston n'est pas supérieure à 1 mètre par seconde, on fait :

$$\frac{S}{\omega} = \frac{1}{40};$$

pour une vitesse de piston de 2 mètres par seconde :

$$\frac{S}{\omega} = \frac{1}{20};$$

pour une vitesse de piston de 3 mètres et au dessus :

$$\frac{S}{\omega} = 0{,}08.$$

Avec ces dimensions, la perte de charge entre la vapeur du cylindre et celle de la boîte à tiroir est réduite aux $0^m{,}004$ de cette dernière.

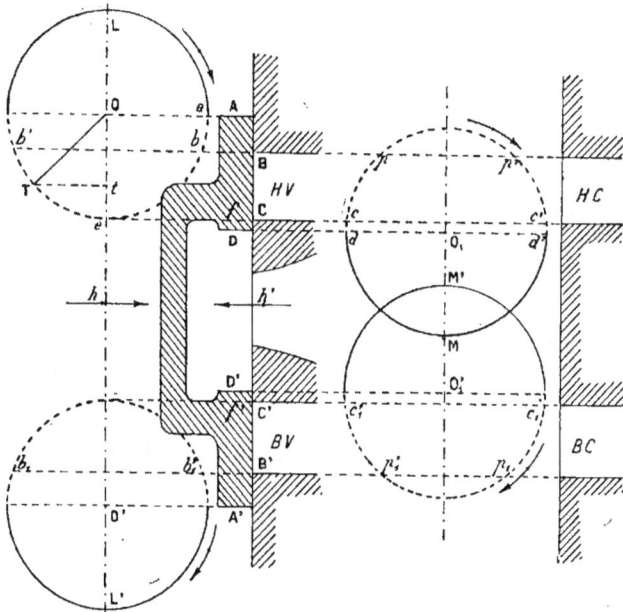

Fig. 219.

Les orifices sont rectangulaires et allongés de manière à réduire le plus possible la course du tiroir ; on prend généralement pour longueur L la moitié au moins du diamètre du cylindre. Le tuyau qui amène la vapeur à la boîte à tiroir a une section égale à 1/25 environ de la surface du piston. Si S' est la surface de l'orifice d'évacuation, on pourra lui donner les valeurs suivantes :

Pour une vitesse de piston de 1 mètre et au dessous :

$$\frac{S'}{\omega} = \frac{1}{20} \text{ à } \frac{1}{30};$$

pour une vitesse de piston comprise entre 2 et 3 mètres :

$$\frac{S'}{\omega} = \frac{1}{10} \text{ à } \frac{1}{15}.$$

Cette surface est plus grande que celle

qui a été donnée pour les orifices d'admission; or, comme c'est le même orifice qui admet et évacue alternativement, il suffira que le tiroir ne découvre que la partie nécessaire de l'orifice d'échappement.

225. *Distribution par tiroir à détente fixe.* — D'après ce que nous avons dit au numéro 224, supposons un tiroir AA' (*fig.* 219), dessiné dans sa position moyenne et pour lequel :

AB $=$ A'B' $=$ recouvrement extérieur ;
CD $=$ C'D' $=$ recouvrement intérieur.

Pendant la marche, le tiroir est constamment pressé sur la glace du cylindre en vertu de la différence $h - h'$ des pressions de la vapeur à la chaudière et à l'échappement ; il est animé d'un mouvement rectiligne alternatif qui est en avance sur celui du piston d'un certain angle dit angle de calage. L'admission de la vapeur est réglée par les recouvrements extérieurs du tiroir, c'est-à-dire que c'est l'arête A qui règle l'admission pour l'orifice HV (communiquant avec le haut du cylindre) et que c'est l'arête A' qui règle l'admission pour l'orifice BV (communiquant avec le bas du cylindre) ; les arêtes D et D' règlent l'évacuation.

Proposons-nous de déterminer les positions simultanées du tiroir et du piston, cette étude constitue la *réglementation*. Nous supposerons pour l'instant que les bielles du piston et du tiroir sont de longueur infinie et nous obtiendrons les positions simultanées du piston et du tiroir en projetant, sur la direction du mouvement, les positions correspondantes du bouton de la manivelle et du centre de l'excentrique. Ainsi, pour la position T du bouton de la manivelle ou du centre de l'excentrique correspond la position t de l'organe, conduit, piston ou tiroir, c'est-à-dire qu'au déplacement angulaire eT correspond le déplacement rectiligne et.

Étudions le mouvement de l'arête A du tiroir, menons l'horizontale Ao et décrivons une circonférence avec la demi-course du tiroir pour rayon et supposons que le mouvement ait lieu dans le sens indiqué par la flèche : lorsque le centre de l'excentrique est en a, l'arête A est dans sa position moyenne ; le mouvement se continuant, le tiroir descend et,

lorsque le centre de l'excentrique est en b, l'arête A coïncide avec l'arête B de l'orifice d'admission. A partir de ce moment, l'orifice HV (haut vapeur) est ouvert à l'admission ; le tiroir, continuant à descendre, ouvre graduellement cet orifice jusqu'à ce que le centre de l'excentrique occupe la position e pour laquelle l'ouverture Bf est maxima (1). A partir du point e, le centre de l'excentrique revient vers la gauche, le tiroir remonte et ferme graduellement l'orifice HV ; cet orifice est complètement fermé lorsque le centre de l'excentrique est en b', et il restera fermé jusqu'à ce que le centre de l'excentrique vienne en b.

L'orifice HV est donc ouvert lorsque le centre de l'excentrique décrit l'arc beb', il est fermé pendant l'arc $b'Lb$. Nous déterminerons de la même manière le mouvement de l'arête A' pour l'orifice BV (bas vapeur) ; cet orifice sera ouvert lorsque le centre de l'excentrique parcourra l'arc $b_1e'b'_1$, il sera fermé pendant l'arc $b_1L'b'_1$.

Convenons d'appeler HC (haut condenseur) l'orifice supérieur du cylindre lorsqu'il servira à l'évacuation, et BC (bas condenseur), l'orifice inférieur lorsqu'il remplira la même fonction, nous déterminerons comme précédemment les mouvements des arêtes D et D' d'évacuation.

Menons les horizontales Do et Do', décrivons avec la demi-course du tiroir pour rayon les circonférences décrites par le centre de l'excentrique, et traçons les lignes pp', dd', c_1c' et p_1p' ; nous voyons que l'orifice Hc commence à s'ouvrir en c, il est complètement ouvert en pp' et se ferme en c' ; de même l'orifice Bc est ouvert pendant l'arc $c_1p_1p'c_1$, il est fermé pendant l'arc c'_1Mc_1.

Nous pouvons simplifier cette épure en superposant les quatre circonférences ; à cet effet, décrivons (*fig.* 220) une circonférence d'un rayon égal à la demi-course du tiroir, traçons le diamètre horizontal AA'. Nous figurerons à gauche ce qui est relatif à l'admission, et à droite ce qui

(1) Pour ne pas compliquer la figure, nous avons pris le rayon de la circonférence oc égal à Ac : dans ce cas, la ligne ef se confond avec l'arête c de l'orifice HV.

est relatif à l'évacuation (1). En examinant la figure 219, nous voyons que les arcs d'admission, comme les arcs d'évacuation, sont limités par des horizontales situées à des distances des centres, égales aux recouvrements respectifs. Donc, si on porte $Om = Om' =$ recouvrement à l'admission et $On = On' =$ recouvrement à l'évacuation, les horizontales, tracées par ces points, limiteront les arcs d'admission et d'évacuation.

A partir des points B, B', c et c', traçons les orifices BV, HV, BC et HC ; nous appellerons TH (tiroir haut) l'extrémité supérieure du diamètre vertical, et TB (tiroir bas), l'extrémité inférieure.

Lorsque le centre de l'excentrique est en M, par exemple, le tiroir est en P ; à

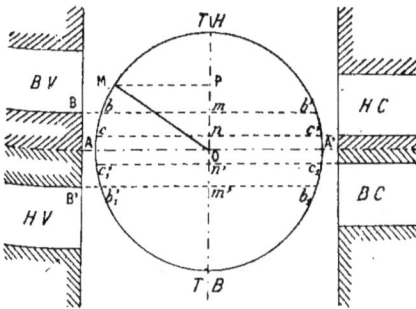

Fig. 220.

ce moment, l'orifice BV est ouvert de la quantité mP, et l'orifice HC est ouvert de la quantité nP.

Afin de compléter l'étude, déterminons les positions correspondantes du piston ; décrivons la circonférence décrite par le bouton de la manivelle à une échelle telle que la grandeur de cette circonférence soit la même que celle décrite par le centre de l'excentrique (fig. 221) (2).

Lorsque le centre de l'excentrique est en M, le bouton de la manivelle occupe

<hr/>

(1) En remarquant que l'orifice en regard de BV est HC et que celui en regard de HV est BC, à cause de la superposition des circonférences.

(2) Si R est le rayon de la manivelle, r celui de l'excentrique, l'échelle est : $\frac{r}{R}$.

la position P déterminée en faisant avec OM, et en sens inverse du mouvement, un angle MOP égal à l'angle de calage. Ainsi, pour obtenir la position du bouton de la manivelle correspondant à une position donnée du centre de l'excentrique il suffit de retrancher de la première l'angle de calage. Nous pouvons faire cette soustraction une fois pour toutes, en traçant la ligne BD, telle que l'angle AOB soit égal à l'angle de calage. Lorsque le bouton de la manivelle est en A, au bas de sa course, le centre de l'excentrique est en B ; lorsque le bouton de la manivelle est en P, le piston est en p, le centre de l'excentrique est en M et le tiroir

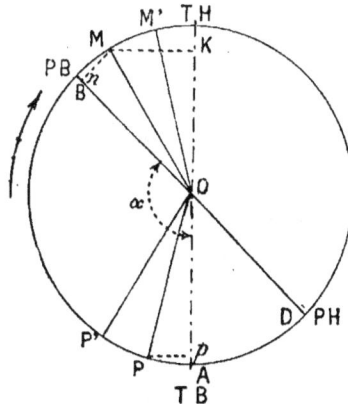

Fig. 221.

en K ; donc pA représente le déplacement du piston correspondant au déplacement PA du bouton de la manivelle et au déplacement AK du tiroir. Abaissons du point M une perpendiculaire Mn sur OB, l'égalité de deux triangles OPp et OBM donne :

$$B n = A p.$$

On peut donc obtenir les déplacements du piston en projetant la position correspondante du centre de l'excentrique sur un diamètre BD faisant avec le diamètre vertical AO, et dans le sens du mouvement, un angle égal à l'angle de calage. Nous pouvons, par conséquent, désigner le diamètre BD par les lettres PB (piston bas) et PH (piston haut), en remarquant qu'à la position TB (tiroir bas) correspond la position PB (piston bas) au point B.

. Nous pouvons maintenant reprendre la figure 220 et déterminer les positions simultanées du piston et du tiroir, ainsi que nous l'avons représenté (fig. 222).

Le mouvement ayant lieu suivant le sens de la flèche de la figure, l'introduction commence par BV lorsque le centre de l'excentrique est en b; à ce moment, l'orifice HC est ouvert de la quantité mn, et le piston occupe la position p. Il reste à parcourir au piston, avant d'arriver au bas de sa course, une distance PBp ; cette distance représente donc l'avance à l'admission exprimée en fraction de la course du piston. Le centre de l'excentrique arrivant en b', le tiroir ferme l'orifice BV et marque la fin de la période de pleine introduction par cet orifice; la détente commence à ce moment, le piston occupe la position q, PBq représente la période de pleine introduction, et $\frac{PB \cdot PH}{PBq}$ est le degré de la détente pour l'orifice BV.

Au point c', l'orifice HC commence, est fermé, et la période de compression commence au-dessus du piston. PHr est la fraction de course correspondant à cette période.

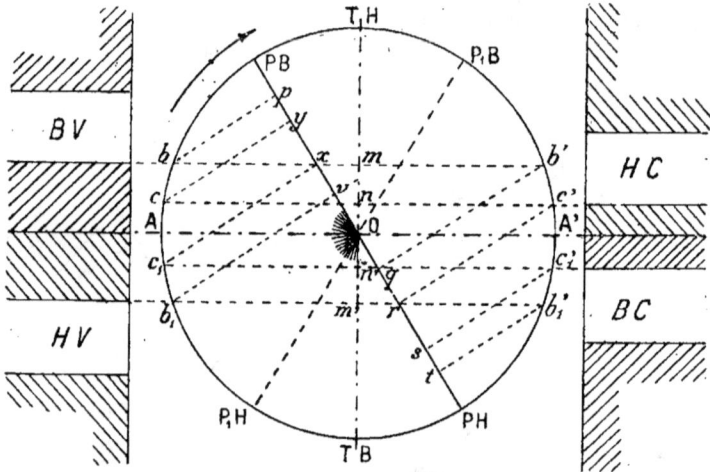

Fig. 222.

Au point c'_1, l'orifice BC commence à s'ouvrir : PHS représente l'avance à l'échappement par cet orifice; au point b'_1, l'orifice HV s'ouvre : PHt représente l'avance à l'admission ; l'orifice HV est fermé au point b_1, et PHv représente la période de pleine introduction. Au point c_1, l'orifice BC est fermé, et la période de compression commence; elle est représentée par PBx.

Il est évident que toutes ces distances sont exprimées en fraction de course du piston ; pour les obtenir en vraie grandeur il faudrait tenir compte de l'échelle adoptée pour le dessin.

Il nous reste à étudier les modifications apportées à la distribution par la variation de l'angle de calage et aussi celles dues à l'obliquité des bielles du piston et du tiroir.

226. *Modification de l'angle de calage.* — Nous devons remarquer, tout d'abord, que l'angle de calage PB. O. TB, défini par la figure 222, ne convient qu'au mouvement indiqué par le sens de la flèche.

Supposons, en effet, qu'on ait réussi à produire le mouvement en sens inverse; lorsque le centre de l'excentrique est en b, l'orifice BV est fermé, et l'orifice HC est ouvert; à ce moment la vapeur ne s'introduit pas sous le piston, et la partie supérieure du cylindre est en communication avec le condenseur. Au point c l'orifice BV est fermé ainsi que l'orifice HC; d'un côté, il n'y a pas d'impulsion sous le piston et de l'autre côté la compression commence. Cette compression s'oppose au mouvement du piston, et la machine ne peut pas fonctionner dans ce sens hypothétique.

Pour obtenir le mouvement en sens inverse de celui indiqué par la flèche, il suffirait de dessiner l'angle de calage dans la position symétrique P_tB, P_tH. On obtient, en pratique, ce résultat au moyen de divers dispositifs que nous étudierons plus loin.

Pour étudier les modifications apportées à la distribution par la variation de l'angle de calage, il suffira d'augmenter ou de diminuer l'angle PBOTB et d'examiner ce que deviennent les diverses périodes de la distribution. On obtiendra les résultats consignés dans le tableau ci-après :

AUGMENTATION DE L'ANGLE DE CALAGE	DIMINUTION DE L'ANGLE DE CALAGE
L'avance à l'admision augmente.	L'avance à l'admission diminue.
La pleine introduction diminue.	La pleine introduction augmente.
L'avance à l'échappement augmente.	L'avance à l'échappement diminue.
La compression augmente.	La compression diminue.

227. *Modifications dues aux recouvrements.* — Nous avons supposé dans le paragraphe précédent que les recouvrements n'avaient pas été modifiés. En répétant la construction de la figure 222 pour des recouvrements différents, on se rendra facilement compte des modifications apportées à la distribution; elles sont indiquées ci après :

Recouvrement extérieur (Orifice d'admission).	augmente	l'avance à l'admission diminue. la pleine introduction diminue.
	diminue	l'avance à l'admission augmente. la pleine introduction augmente.
Recouvrement intérieur (Orifice d'échappement).	augmente	l'avance à l'échappement diminue. la compression augmente.
	diminue	l'avance à l'échappement augmente. la compression diminue.

Ces résultats peuvent, d'ailleurs, être parfaitement compris par l'examen du mécanisme du tiroir, ils permettent de conclure qu'en modifiant convenablement l'angle de calage et les recouvrements on puisse obtenir, pour les diverses phases de la distribution, une réglementation appropriée à la bonne utilisation du travail de la vapeur dans le cylindre.

Remarquons, en terminant, que, si PB.O.TB est l'angle de calage (*fig.* 222), l'avance à l'admission PBp peut être représentée par l'angle PB.Ob, que nous appellerons l'angle d'avance à l'admission ; de même, l'avance à l'échappement PH.t peut être représentée par l'angle PH.Oc'_t, que nous appellerons l'angle d'avance à l'échappement. Ces deux quantités pourront donc être exprimées soit en degrés, soit en fraction de la course du piston.

228. *Modifications dues à l'obliquité des bielles.* — Nous avons supposé jusqu'ici que les bielles du piston et du tiroir étaient infinies; en vertu de cette hypothèse les diverses périodes de la distribution sont exactement les mêmes pour les deux côtés du cylindre.

Mais il faut tenir compte de l'obliquité des bielles. Soient : OM, la circonférence décrite par le bouton de la manivelle (*fig.* 223); MD, la longueur de la bielle du piston ; on obtiendra la position du piston correspondant à la position M de la manivelle en décrivant du point D comme centre l'arc ME d'un rayon égal à la lon-

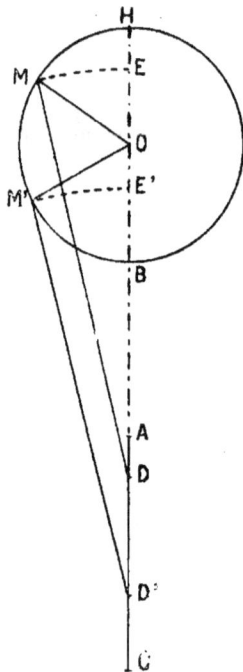

Fig. 223.

gueur de la bielle. Les points E, E' ainsi obtenus sont les positions du piston correspondant aux positions M, M' du bouton de la manivelle.

On devra faire la même correction pour les positions du tiroir, quoique la bielle d'excentrique soit très longue relativement à la course du tiroir.

Si l'on exécute ces corrections sur la figure 222 on se rendra facilement compte des modifications apportées à la distribu-

tion. Nous aurons l'occasion de les déterminer au paragraphe suivant ; mais disons tout de suite que l'on doit surtout s'attacher à conserver des deux côtés du cylindre des périodes à peu près égales pour les avances, la compression et pour la détente ; c'est en modifiant les recouvrements que l'on peut arriver facilement à réaliser à peu près ces conditions.

229. *Application.* — Proposons-nous de déterminer la course du tiroir et les recouvrements intérieurs et extérieurs d'une distribution dont on connaît :

1° Les dimensions des orifices d'admission et d'évacuation ;

2° La détente $\dfrac{z}{z_0} = 0,4$;

3° L'avance à l'admission = 10 degrés.

4°L'avance à l'échappement = 30 degrés.

Décrivons une circonférence d'un rayon quelconque (*fig.* 224), menons le diamètre horizontal AA', et portons sur AA' à partir de A une longueur AB = 0,4 du diamètre. En B élevons la perpendiculaire BC, si les déplacements du piston se comptaient sur le diamètre horizontal AA', le point C représenterait l'extrémité de l'arc d'admission. Nous obtiendrons l'origine de cet arc en faisant avec OA, en sens inverse du mouvement, un angle AOD = 10° = l'angle d'avance à l'admission; l'arc DAC représente l'arc d'admission dont la corde est CD (1). Pour ramener CD dans la position horizontale, abaissons Ok perpendiculaire sur CD et décrivons l'arc kk' ; par le point k', d'intersection avec le diamètre vertical, traçons l'horizontal dc' qui limite l'arc d'admission pour l'orifice BV. Dans ce mouvement, le diamètre AA' est venu en PB°PH faisant avec od l'angle Od PB égal à l'angle d'avance à l'admission AOD ; l'angle PBOTB est l'angle de calage pour une admission égale aux 0,4 de la course ; en mesurant cet angle, on trouverait 145 degrés ; l'ouverture maxima de l'orifice BV

(1) Si l'on veut tenir compte de l'obliquité de la bielle du piston, il faudrait prolonger OA et, d'un point de cette ligne comme centre, avec un rayon égal à la bielle, décrire un arc de cercle passant par le point B ; l'intersection de cet arc avec la circonférence O donnerait un point voisin du point d.

est représentée par ek'. Désignons par l la hauteur des orifices d'admission, et par R le rayon de l'excentrique, on peut écrire:
$$ek' = R - Ok'.$$

D'autre part, le triangle rectangle Odk' donne:
$$Ok' = R \cos dOk'; \qquad (1)$$
or on sait que:
$$\cos dOk' = - \cos dOe'.$$

Si nous désignons par α l'angle de calage et par β l'angle d'avance à l'admission, l'angle doe' est égal à $\alpha - \beta$, d'où l'on tire:
$$\cos dOk' = - \cos (\alpha - \beta);$$
remplaçant dans l'égalité $\cos dOk'$ par sa valeur:
$$Ok' = - R \cos (\alpha - \beta),$$
et:
$$ek' = R + R \cos (\alpha - \beta),$$
$$ek' = R [1 + \cos (\alpha - \beta)];$$
d'où:
$$R = \frac{ek'}{1 + \cos (\alpha + \beta)},$$
telle est la formule qui permet de déter-

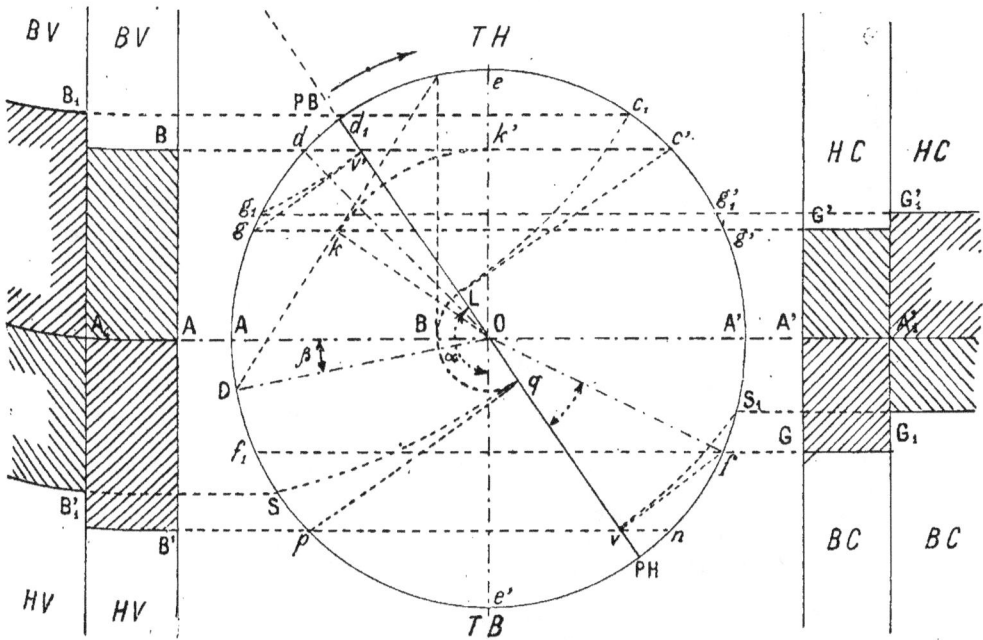

Fig. 224. — Épure circulaire de Reuleaux.

miner le rayon de l'excentrique, c'est-à-dire la demi-course du tiroir.

En appliquant cette formule à la figure 224 nous aurons:
$$R = OA = \frac{l}{1 + \cos 135°}.$$

Supposons que la circonférence OA ait été décrite avec R pour rayon, le recouvrement à l'admission pour l'orifice BV est égal à AB, son égal AB' est le recouvrement à l'admission pour HV.

Pour déterminer les recouvrements à l'évacuation, faisons avec le rayon OPH, en sens inverse du mouvement, un angle PHOf égal à l'angle d'avance à l'échappement; le point f est l'origine de l'axe d'évacuation, lequel est limité par l'horizontale ff_1. Le recouvrement à l'échappement est donc A'G = A'G'; l'horizontale gg' limite l'arc d'évacuation pour l'orifice BC.

En abaissant des perpendiculaires sur

le diamètre PBPH nous obtiendrons, en fractions de la course du piston, les diverses phases de la distribution :

Pleine introduction $\begin{cases} BV = PBL \\ HV = PHq; \end{cases}$

Avance à l'échappement $\begin{cases} BC = PHv \\ HC = PBv'. \end{cases}$

Ces deux phases, ainsi que les périodes d'avance à l'admission et de compression sont égales pour les deux côtés des cylindres ; si nous voulons les conserver ainsi, en tenant compte de l'obliquité de la bielle du piston, il faut modifier les recouvrements du tiroir, ainsi que nous l'avons vu précédemment. A cet effet, sur le diamètre PHPB prolongé, nous ferons la construction indiquée par la figure 223 et nous obtiendrons les arcs $v'g_1$, Lc_1, qs et vs_1 ; en traçant les horizontales qui passent par les nouveaux points, nous déterminerons les recouvrements pour lesquels la détente et les avances à l'admission et à l'évacuation sont égales pour les deux côtés du cylindre. Là encore, il nous resterait à tenir compte de l'obliquité de la bielle du tiroir en répétant sur le diamètre THTB prolongé la correction précédente.

Si nous négligeons cette dernière correction, le recouvrement pour l'orifice BV est devenu A_1B_1 plus grand que AB ; au contraire, le recouvrement pour l'orifice HV a diminué et est devenu $A_1B'_1$; de même, les recouvrements à l'échappement sont maintenant $A'_1G'_1$ et A'_1G_1.

Il serait facile, en complétant l'épure, de déterminer ce que sont devenues les périodes d'avance à l'admission et de compression ; l'examen de la figure 224 montre que le recouvrement A_1B_1 donne lieu, non plus à une avance à l'admission, mais à un retard, ce qui serait une très mauvaise condition de marche.

Dans ce cas, il vaut mieux abandonner la condition d'introduire des deux côtés pendant la même fraction de la course et conserver égales les avances à l'admission ; on introduit un peu plus que la détente ne le permet par BV et un peu moins par HV. Ce fait se présente surtout lorsque la bielle est courte, il doit être d'autant plus combattu que l'avance

à l'admission doit être forte, c'est-à-dire que la machine est animée d'une vitesse plus grande. Dans quelques types de distributions perfectionnées on évite cet inconvénient en faisant l'avance à l'admission au moyen d'un orifice spécial qui lui assure une durée constante.

Il faut remarquer que la période de compression (fig. 222) est invariablement liée à l'avance à l'évacuation, puisque c'est la même arête du tiroir qui règle ces deux phases. L'épure représentée par la figure 224 ne peut être considérée que comme l'étude théorique de la distribution de la machine ; on doit la compléter sur la machine même au moyen d'une épure pratique. On peut cependant conclure que si, on veut obtenir de grandes détentes au moyen d'un tiroir en coquille ordinaire, on est obligé de donner à ce dernier une très grande course et, par suite, une faible vitesse pour l'ouverture des orifices ; de plus, l'avance à l'échappement ainsi que la période de compression seront également augmentées d'autant. En pratique, il est difficile d'obtenir, pour ce système de distributeur, une détente supérieure à 2,5.

230. *Epure sinusoïde.* — Lorsque la machine est construite, il est bon de refaire l'épure de distribution en tenant compte des imperfections inhérentes aux mécanismes. A cet effet, on fixe sur l'arbre de la machine une aiguille qui se meut devant un disque gradué ; en faisant tourner la machine à la main on amène successivement l'aiguille en regard de chacun des points de division du disque, et l'on marque sur deux planchettes (l'une placée près de la tige du piston, et l'autre près de la tige du tiroir) les positions correspondantes du piston et du tiroir. Après une révolution entière, on possède sur les deux planchettes les déplacements respectifs du piston et du tiroir pour un déplacement déterminé de la manivelle ou du centre de l'excentrique ; ces indications vont nous permettre de tracer les lois du mouvement du piston et du tiroir.

Prenons (fig. 225) une ligne d'abscisses AB de longueur quelconque, et divisons-la en un même nombre de parties égales que le disque de la machine, douze par exemple; en chacun des points de divi-sion, élevons des perpendiculaires à AB. On obtiendra la loi du mouvement du pis-

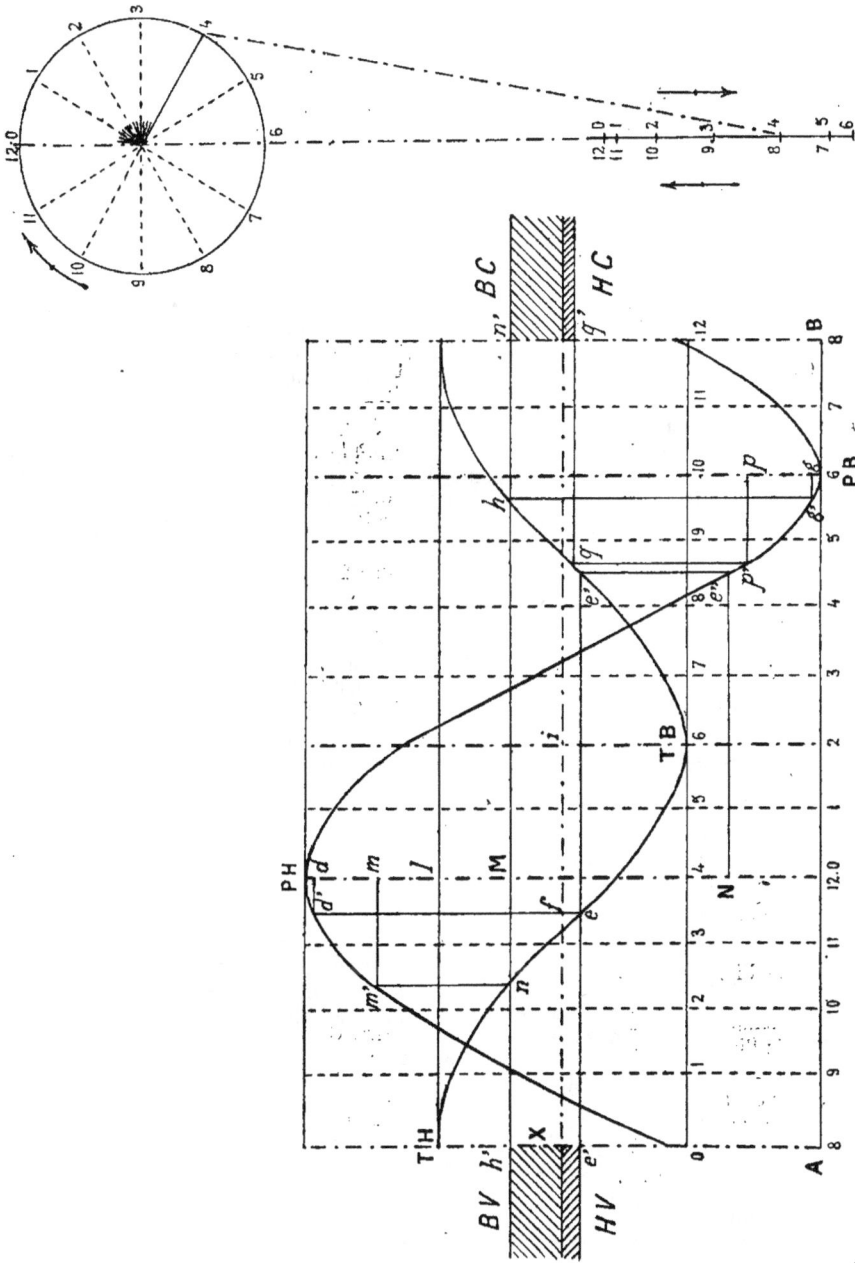

Fig. 225. — Épure sinusoïde.

ton en portant sur chacune de ces perpendiculaires, et à partir de AB, les déplacements rectilignes du piston ; pour obtenir la loi du mouvement du tiroir, on portera à partir de l'horizontale XX, considérée comme ligne mi-course, les déplacements correspondants du tiroir. La loi du mouvement du tiroir devra être tracée en vraie grandeur ; celle du piston pourra être dessinée à une échelle quelconque.

La distance TH*l* qui sépare les points hauts de chacune des courbes et permet de déterminer la valeur exacte de l'angle d'avance, est donnée par la relation :

$$\frac{AB}{360} = \frac{TH \cdot l}{x}.$$

Sur l'épure ci-contre, cet angle est de 120 degrés, ainsi que cela est indiqué par la partie gauche de la figure ; quand le bouton de la manivelle est au point O, le centre de l'excentrique est au point 4.

Pour déterminer les dimensions des recouvrements on s'impose les avances à l'admission et à l'évacuation, soit en degrés, soit en fraction de la course du piston. Supposons, par exemple, que PH*d* soit l'avance à l'admission pour l'orifice HV ; l'introduction doit commencer par cet orifice lorsque le piston est en *d'*, à ce moment le tiroir est en *e*, distant de la ligne mi-course de *ef* ; *ef* représente le recouvrement cherché. A partir du point *e* l'orifice HV s'ouvre, il est complètement ouvert lorsque le tiroir est en TB et l'ouverture, à ce moment, est maxima et égale à TB*i* ; l'orifice se ferme ensuite graduellement, il est complètement fermé quand le tiroir est en *e'*, sur l'horizontale menée par le point *e*. A ce moment le piston est en *e''*, et PHN représente la durée de la pleine introduction par l'orifice HV. Soit PB*g* l'avance à l'admission pour l'orifice BV ; l'introduction doit commencer par cet orifice lorsque le piston est en *g'*, le tiroir est alors en *h*, distant de sa position moyenne de X*h'* qui représente le recouvrement pour l'orifice BV. L'introduction cessera par cet orifice lorsque le tiroir sera en *n*, la durée de la pleine introduction sera représentée par l'or-

donnée M*o*. Soit PH*m* l'avance à l'évacuation pour l'orifice B*c*, l'évacuation devra commencer quand le piston sera au point *m'* ; à ce moment le tiroir sera en *n*, distant de sa position moyenne de X*n'* qui représente le recouvrement cherché ; de même, si PB*p* est l'avance à l'évacuation pour l'orifice H*c*, le recouvrement pour cet orifice sera représenté par X*q'*. On pourrait, en complétant l'épure, déterminer les périodes de compression correspondant à chacun des côtés du cylindre.

L'épure sinusoïde peut être employée comme épure théorique lorsque l'on connaît le rayon d'excentricité et l'angle de calage ; nous avons vu qu'on pouvait déterminer ce dernier, en fonction de la détente, au moyen de l'épure circulaire (*fig.* 224).

Connaissant l'angle de calage, on peut prendre comme origine de mouvement les positions correspondantes du piston et du tiroir, quand l'un d'eux est à l'extrémité de sa course ; ces points seront cotés *o*, ainsi qu'il a été indiqué dans la figure 225.

231. *Diagramme polaire de Zeuner.* — Le professeur Zeuner a imaginé une méthode très simple qui donne facilement le chemin parcouru par le tiroir, à partir de sa position moyenne, pour une position quelconque de la manivelle ; nous nous contenterons d'exposer cette méthode [1]. Soit O (*fig.* 226), le centre du cercle décrit par la manivelle à une échelle quelconque ; traçons deux diamètres perpendiculaires MM', YY' et décrivons du point O les circonférences O*a* et O*c* ayant respectivement pour rayon, l'une le recouvrement extérieur et l'autre le recouvrement intérieur du tiroir. Menons le diamètre XX' faisant avec YY' un angle égal à l'angle d'avance *α* [2], et portons OC == OC, == la demi-course du tiroir. Les circonférences décrites des

---

[1] ZEUNER, *Traité des distributions par tiroir*, traduit par DEMZE et MÉRIJOT.

[2] On appelle ordinairement angle d'avance l'avance angulaire à l'échappement ; cet angle est évidemment égal à l'angle de calage diminué de 90 degrés.

points C et C_1 avec la demi-course du | tiroir pour rayon, coupent les circonfé-

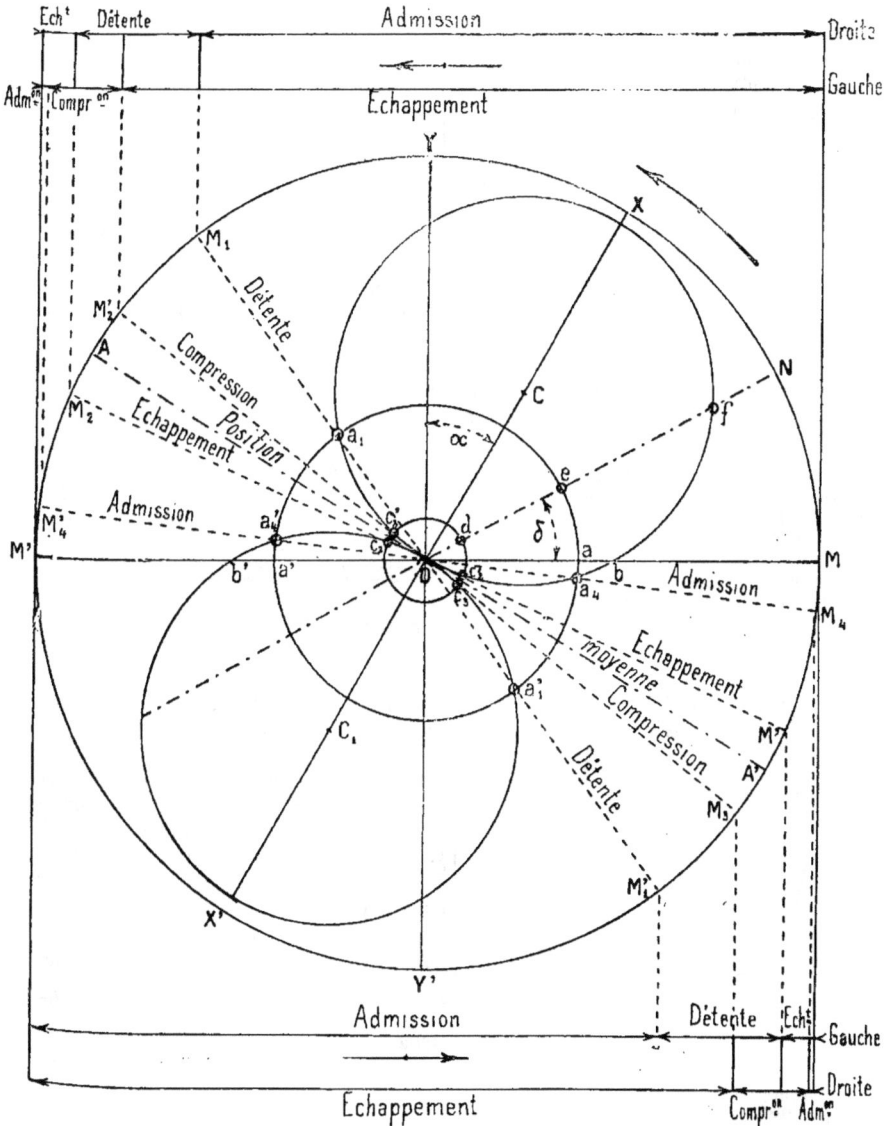

Fig. 226. — Diagramme polaire de Zeuner.

rences décrites du point O en huit points ; | derniers points, et traçons XX′ perpendi-
menons les diamètres qui passent par ces | culaire à AA′.

On démontre (1) que, pour une position quelconque ON de la manivelle, correspondant à un angle δ décrit à partir du point mort M, le déplacement rectiligne du tiroir est représenté par la portion de droite Ot comprise dans la circonférence C; cette portion de droite n'est autre que le rayon vecteur qui passe par le point N. Par conséquent, lorsque la manivelle sera au point mort, c'est-à-dire en OM, l'orifice d'admission de droite sera ouvert de la quantité Ob diminuée du recouvrement extérieur Oa; Ob — O$a = ab$ représente donc l'avance linéaire à l'admission en fraction de la course du tiroir.

Examinons maintenant les diverses périodes pour chacun des deux côtés du cylindre.

Du côté droit du cylindre, la manivelle étant dans la position OM, le tiroir ouvre

graduellement l'orifice d'admission jusqu'en OM$_1$; à ce moment le tiroir s'est déplacé de Oa, qui est précisément égal au recouvrement extérieur; la détente commence et se continue jusqu'à ce que la manivelle occupe la position OM$_2$ pour laquelle le déplacement Oc_2 du tiroir est égal au recouvrement intérieur Oc. A partir de la position OM$_2$ l'échappement s'effectue; il cesse à la position OM$_3$, pour laquelle le déplacement Oc_3 du tiroir est égal au recouvrement intérieur Oc; par suite, la compression commence et se continue jusqu'en M$_4$, position pour laquelle le déplacement Oa_4 du tiroir est égal au recouvrement extérieur Oa. Au point M$_4$ commence l'admission, jusqu'à ce que la manivelle soit au point mort en OM; l'avance à l'admission est donc représenté par l'angle MOM$_4$.

On déterminerait de la même manière les périodes d'avance, d'admission et de compression pour l'autre côté du cylindre, ainsi que nous l'avons représenté en dessus et en dessous de la figure 226.

232. *Epure elliptique.* — Au moyen du diagramme polaire de Zeuner on peut représenter graphiquement les mouvements simultanés du piston et du tiroir en faisant usage de coordonnées rectangulaires; les chemins parcourus par le piston seront portés en abcisses et ceux parcourus par le tiroir seront portés en ordonnées, au-dessus et au-dessous de l'axe des abscisses considéré comme représentant la position moyenne du tiroir; il va sans dire que l'on devra tenir compte de l'obliquité de la bielle du piston et de l'angle de calage.

Proposons-nous de déterminer une distribution par tiroir connaissant la détente, soit $\dfrac{5}{8}$, *et la course du tiroir*, soit *120 millimètres*.

Traçons (*fig.* 227) une circonférence OM représentant à une échelle quelconque le cercle décrit par la manivelle, soit par exemple: OM = 120 millimètres, et menons OM′ faisant avec OM un angle MOM′ égal à l'angle d'avance à l'admission.

Prenons Mp égal à la fraction de course du piston correspondant à la pleine intro-

(1) Considérons, en effet (*fig.* 226 *bis*), les deux diamètres PP′, TT′ de l'épure circulaire, faisant entre eux l'angle de calage POT′ = 90° + α, et un point quelconque M de la circonférence dont la projection sur le diamètre TT′ est en m. En supposant la bielle du tiroir infinie, Om, est, comme on le sait, le chemin parcouru par le tiroir à partir de sa posi-

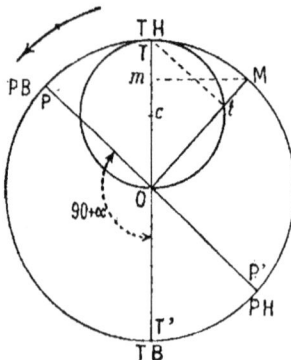

Fig. 226 bis.

tion moyenne. Or, si l'on mène Tt perpendiculaire au rayon OM, l'égalité des deux triangles OTt et OMm donne Om = Ot; d'autre part, t se trouve sur la circonférence décrite sur OT comme diamètre (puisque l'angle OtT est droit). On voit donc qu'il suffit de tracer, une fois pour toutes, la circonférence c. Pour que son intersection avec le rayon mobile OM donne à chaque instant le déplacement cherché du tiroir Ot.

duction, soit $Mp = 120 \times \frac{5}{8} = 75$ milli-mètres d'un point pris sur le prolonge-ment de OM, et avec un rayon égal à la longueur de la bielle du piston, soit $OM \times 4 = 240$ millimètres, décrivons l'arc pM'' passant par le point p. Menons MM'' et abaissons la perpendiculaire OX ; l'an-gle $M''OX$ est égal à l'angle d'avance α,

et M_1OX est l'angle de calage, et nous relevons $On = 36$ millimètres, $NX = 24$ millimètres, ce qui représente le recouvre-ment extérieur et la largeur de l'orifice d'admission.

Pour tracer la courbe de relation, re-présentons la course du tiroir à une échelle quelconque, à moitié grandeur par exemple ; à cet effet, traçons sur OX

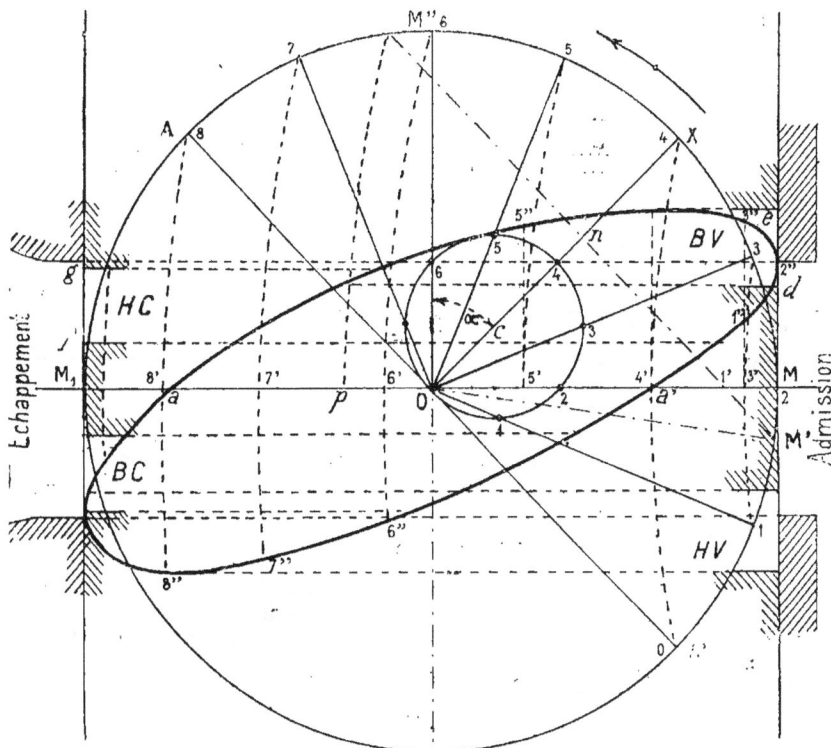

Fig. 227. — Épure elliptique.

le cercle de Zeuner avec un diamètre égal à la moitié de la course, ou $\frac{120}{4} = 30$ mil-limètres ; menons le diamètre AA' corres-pondant à la position moyenne du tiroir. Les points A et A' donnent les points a et a' de la courbe, obtenus en décrivant des arcs ayant pour rayon la longueur de la bielle et des centres pris sur le pro-longement de OM. A partir du point A

divisons la demi-circonférence AA' en un certain nombre de parties égales, 8 par exemple, et menons les rayons cor-respondants ; les parties de ces rayons in-terceptées par le cercle polaire c donnent les chemins parcourus par le tiroir à partir de sa position moyenne ; nous por-terons ces chemins au-dessus de MM_1 pour une course, et au-dessous pour la course suivante, soit $01 = 1'1''$, $02 = 2'2''$,

$03 = 3'\ 3''$, $05 = 5'\ 5''$, etc... En joignant les points ainsi obtenus par une courbe continue on obtient la relation cherchée.

Si nous figurons à droite et à gauche de la figure la glace du cylindre en portant au-dessous et au-dessus de MM_1 les recouvrements et les orifices, le diagramme sera complet ; portons à droite ce qui est relatif à l'admission, soit $Md =$ recouvrement extérieur $= \dfrac{On}{2}$ (à l'échelle du dessin) et $dc = \dfrac{nX}{2} =$ l'orifice ; à gauche, nous porterons $M_i f =$ recouvrement intérieur et $fg =$ l'orifice.

Le tableau suivant emprunté à l'ouvrage de M. Buchetti consigne les résultats obtenus pour un rayon d'excentricité égal à 50 millimètres, en désignant par :

α, l'angle d'avance ;

e, le recouvrement extérieur ;

i, le recouvrement intérieur ;

c, la largeur de l'orifice.

ADMISSION COURSE AVANT	0.3	0.4	0.5	0.6	0.7	0.8	0.9
Angle de calage $90 + \alpha$	159°	154°	143°	137°	131°	124°	116°
Orifice C, millimètres.............	9.5	13	16	20	25	30	37
Recouvrement extérieur e, millimètres......................	40.5	37	34	30	25	20	13
Recouvrement intérieur i, millimètres......................	32	28	24	20	15	9	2
Rayon de l'excentrique $c + e$, millimètres......................	50	50	50	50	50	50	50
Compression correspondante.......	0.70	0.62	0.52	0.42	0.30	0.19	0.08
ADMISSION COURSE ARRIÈRE	0.23	0.30	0.40	0.50	0.61	0.74	0.85

Ces chiffres pourraient servir à établir une distribution quelconque si on connaît l'orifice ou le rayon d'excentricité.

Supposons que l'on veuille établir un tiroir pour une admission de 0,4 découvrant un orifice de 20 millimètres ; on aura :

$$\frac{20}{13} = \frac{x}{37}, \qquad x = \frac{20 \times 37}{13} = 57 \text{ millim.},$$

pour recouvrement extérieur ; le rayon d'excentricité est égal à $57 + 20 = 77$ millimètres.

Nous ne pouvons insister plus longuement sur la solution des divers problèmes que peut présenter l'étude d'une distribution par tiroir à recouvrement ; chacune des méthodes que nous avons indiquées peut suffire à résoudre la plupart d'entre eux. Il faut remarquer que ces solutions s'appliquent toutes à une distribution commandée par excentrique ou manivelle ; lorsque le tiroir est actionné par l'intermédiaire d'une came, il est nécessaire de tracer la loi de mouvement de l'organe d'après les principes connus de cinématique. Dans ce cas, on se trouvera bien d'employer l'épure sinusoïde exposée au paragraphe 229.

233. *Avantages et inconvénients de la détente par tiroir à recouvrement.* — D'après les chiffres du tableau précédent, nous voyons qu'avec la disposition ordinaire du tiroir en coquille il n'est guère possible de réduire l'introduction au-delà des 0,6 de la course du piston. Lorsque l'on veut pousser la détente au-delà de cette limite, il faut faire usage de dispositions spéciales telles que les coulisses de Stephenson ou d'Allan qui réduisent en partie les inconvénients qui résulteraient de l'emploi du tiroir conduit par un excentrique.

L'adoption des grandes détentes nécessitant de grands recouvrements, le travail absorbé par le frottement du piston sur sa glace est augmenté d'autant ; la période de compression est également augmentée et peut devenir considérable. En faisant usage des coulisses, on augmente la détente en réduisant la course du tiroir ; nous verrons que ce procédé n'est pas sans inconvénients parce que l'on modifie en même temps l'avance à l'admission ; les coulisses sont surtout employées pour opérer les changements de marche. Dans les machines à grande vitesse, où l'on est obligé d'avoir un tiroir très simple, on peut avoir recours au tiroir en coquille, mais il est nécessaire de réduire la course le plus possible afin de diminuer le laminage de vapeur à l'ouverture et à la fermeture des orifices ; on peut y arriver en perçant plusieurs orifices sur la barrette du tiroir, comme nous le verrons au paragraphe suivant, et, à cause de l'obliquité de la bielle, nous avons vu que les deux barrettes du tiroir ne doivent pas avoir la même longueur, le manneton de la manivelle parcourant plus d'une demi-circonférence pendant une moitié de sa course et moins d'une demi-circonférence pendant l'autre moitié. L'obliquité de la bielle de l'excentrique augmente encore la complication,

en fer ; pour les diamètres de $0^m,16$ au moins on les fait en tôle rivée qui donne plus de légèreté et plus de solidité que la fonte. (Voir n°s 200 à 203.)

234. *Modifications du tiroir en coquille.* — Lorsqu'on veut réduire la course du cylindre, on emploie quelquefois des cylindres à orifices doubles ayant une disposition analogue à celle représentée par la figure 228. Les arêtes A, *a*, B et *b*, règlent l'admission ; les arêtes C, *c*, D et *d* règlent l'évacuation. Avec cette disposition l'ouverture correspondante à un déplacement quelconque du tiroir est double de celle d'un tiroir ordinaire ; en pratique, on donne un peu plus d'avance par l'orifice K que par l'orifice *k'*, afin que le courant s'établisse plus facilement. Cette disposition a pour inconvénient d'augmenter la surface de contact

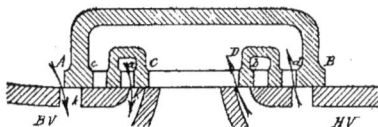

Fig. 228. — Tiroir à doubles orifices.

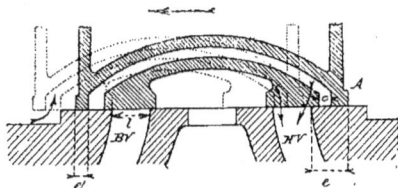

Fig. 229. — Tiroir Trick.

mais elle est généralement faible et peut être négligée.

Dans certaines machines on fait usage de cames pour conduire le tiroir : l'une des plus employées est l'excentrique Trézel, ou excentrique à repos, au moyen duquel le tiroir est maintenu quelques instants immobile, aussitôt l'ouverture et la fermeture des orifices.

Quel que soit le système de tiroirs, l'avance à l'admission varie ordinairement entre 0,5 et 1,2 millimètre, suivant la vitesse de la machine ; l'avance à l'échappement atteint quelquefois 10 millimètres, elle est d'autant plus grande que la détente est plus faible.

Nous avons vu quelles étaient les dimensions à donner aux orifices ainsi qu'aux conduits de vapeur ; les tuyaux à vapeur au-dessous de $0^m,16$ de diamètre se font en cuivre ou en fonte ; ceux dont le diamètre est inférieur à $0^m,06$ se font

et, par suite, le frottement du tiroir sur la glace ; elle ne peut guère être employée que dans les machines à basse ou à moyenne pression. En outre, ce tiroir est très lourd et fatigue beaucoup la machine, surtout lorsque celle-ci est verticale ; on obvie quelquefois à cet inconvénient en munissant la tige du tiroir d'un petit piston qui se meut dans un cylindre disposé dans la boîte à tiroir ; la vapeur, en agissant sur ce piston, compense le poids du tiroir.

Le diamètre de ce piston est calculé de manière que la pression exercée par la vapeur soit égale au poids du tiroir ; on annule ainsi l'effet de la pesanteur, et l'effort à vaincre est réduit au frottement. Dans les gros cylindres des machines compound cette disposition est quelquefois employée.

Pour les machines à haute pression, il

est préférable de recourir à la disposition représentée par la figure 229, qui remplit le même but, tout en présentant une moins grande surface de contact. Dans cette disposition, connue sous le nom de tiroir Trick, un conduit c est ménagé dans l'intérieur du tiroir ; il est facile de voir que, si le tiroir se déplace vers la gauche, par exemple (tracé pointillé de la figure) de la quantité $e + c$, c'est-à-dire du recouvrement extérieur augmenté de l'orifice, l'orifice ouvert devient, en réalité, $2c$, puisque la vapeur s'introduit à la fois par l'extérieur du tiroir et par le conduit intérieur qui communique avec la boîte à vapeur. Donc, pour un déplacement quelconque du tiroir, l'ouverture est double de ce qu'elle serait avec un tiroir ordinaire. Lorsque le tiroir est à l'extrémité de sa course, les deux ouvertures étant égales à c, l'orifice devra avoir une largeur $l = 2c + e'$. On augmente un

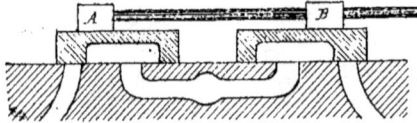

Fig. 230. — Tiroir double.

peu l'avance à l'admission, l'évacuation a lieu comme dans un tiroir ordinaire; le contact entre le tiroir et la glace est assuré, pendant la marche, par la différence des pressions de la vapeur à la boîte à tiroir et au condenseur; pendant l'arrêt le contact est assuré quelquefois par des ressorts interposés entre le tiroir et le couvercle de la boîte à tiroir.

Dans les machines dont le piston a une très grande course, on éloigne quelquefois les lumières des orifices d'admission, afin de réduire le volume des espaces morts; dans ce cas, l'introduction s'effectue au moyen de deux petits tiroirs A et B (*fig.* 230), placés en regard des orifices; ces tiroirs sont montés sur la même tige et à une distance invariable.

235. *Tiroirs cylindriques.* — Avec le tiroir en coquille simple ou composé, il est difficile de remplir la double condition d'être à la fois étanche et de ne pas don-

ner lieu à un frottement exagéré en raison de la pression exercée par la vapeur. C'est pour cette raison qu'on fait parfois usage de distributeurs disposés de telle sorte que la pression qu'ils supportent s'équilibre dans tous les sens. L'un des arrangements les plus simples à cet égard est celui des tiroirs cylindriques; ceux-ci sont, en outre, plus légers et donnent lieu à des forces d'inertie moins considérables, ce qui est important dans les machines à allure très rapide; enfin, leurs boîtes à tiroirs, en raison de leur forme circulaire, résistent mieux aux pressions actuellement en usage. Dans les machines à mul-

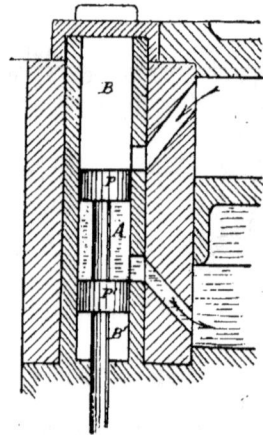

Fig. 231. — Tiroir cylindrique.

tiple expansion on en fait fréquemment usage, tout en conservant cependant, pour le dernier cylindre de détente, un tiroir plat, à condition que l'étanchéité de ce dernier soit bien établie et que l'on puisse supprimer le piston compensateur dont il est souvent muni (n° 233).

La figure 231 représente un tiroir cylindrique dans sa forme la plus simple; les deux pistons P et P', montés sur une tige commune, se meuvent dans l'intérieur d'un cylindre remplissant le rôle de boîte à tiroir et mettent alternativement les deux orifices du cylindre en communication avec l'arrivée de vapeur en A et avec l'échappement en B et B'. Dans le tiroir représenté par la figure 232, les conduits de vapeur communiquent, par un orifice de forme rectangulaire, avec les conduits annulaires a, a' qui font le tour du cylindre P et qui sont mis eux-mêmes en relation avec ce dernier par les orifices o, o'. Dans le cas représenté par la figure 232, la vapeur fournie en A se rend autour du cylindre P, de sorte que l'admission a lieu par les arêtes intérieures et l'évacuation, en B et B', par les arêtes extérieures ; mais le contraire pourrait tout aussi bien se présenter, et l'on peut

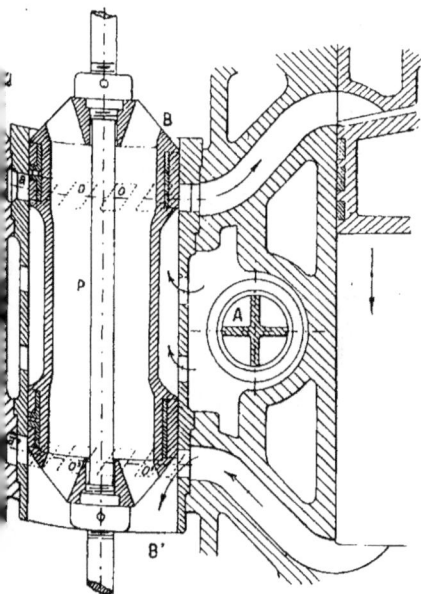

Fig. 232. — Tiroir cylindrique plein.

adopter l'une ou l'autre solution suivant la disposition que l'on désire donner au tuyautage. On fait aussi usage de tiroirs cylindriques creux, dans l'intérieur desquels la vapeur des chaudières ou celle d'échappement circule librement d'un bout à l'autre et qui fonctionnent d'une manière analogue au précédent. Il est à remarquer que, dans ce cas, le contact forcé qui a lieu entre la vapeur d'admission et la vapeur d'échappement, à travers les parois métalliques du tiroir n'est pas une chose à recommander.

Les tiroirs cylindriques peuvent être à double orifice, il suffit pour cela de les organiser suivant le dispositif de Trick (n° 233) ou bien les constituer par des pistons pleins, le canal intérieur étant formé

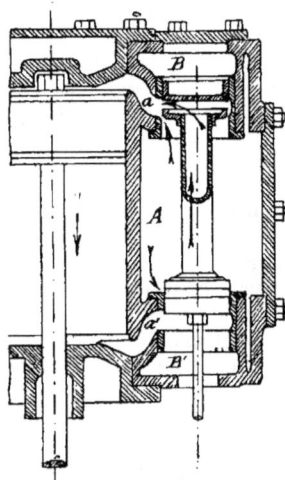

Fig. 233. — Tiroir cylindrique à double orifice.

par la tige creuse qui réunit ces derniers ; la figure 233 représente cette dernière disposition.

Pour obtenir une étanchéité convenable on munit les pistons de garnitures métalliques disposées d'une façon ana-

Fig. 234. — Tiroir en D.

logue à celle des pistons des cylindres à vapeur ; quelquefois, pour les petits moteurs, on se contente de les ajuster soigneusement et d'y pratiquer des cannelures ; c'est là un point important qu'il importe de ne pas négliger.

236. *Tiroirs en* D. — Les premiers tiroirs dont on a fait usage étaient en forme de D (*fig.* 234) qui permettaient d'avoir de faibles espaces morts, tout en présentant une faible surface à l'action de la pression de la vapeur. L'arrivée de la vapeur se faisait entre les deux blocs, représéntés en perspective sur la figure ; il est nécessaire de munir ces derniers de garnitures pour les séparer de l'échappement. Cette disposition, après avoir été longtemps en usage dans la marine, est aujourd'hui abandonnée en raison du peu d'étanchéité qu'elle présente et qui provient des déformations que produit la chaleur sur les segments des garnitures.

Distributeurs oscillants.

237. Lorsque l'on fait usage des distributeurs précédents les diverses phases de la distribution de la vapeur dépendent les unes des autres ; on peut rendre chacune de ces périodes indépendantes en employant plusieurs distributeurs par

cylindre ; dans ce cas, on a souvent recours à des plaques oscillantes (*fig.* 235). Chaque tiroir consiste alors en une pièce

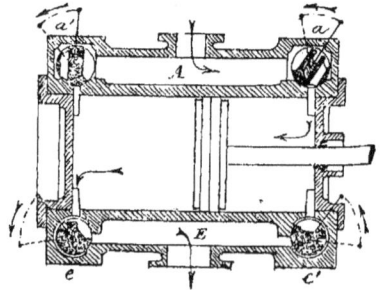

Fig. 235. — Distributeurs oscillants (Corliss).

portant une mortaise longitudinale et frottant sur la glace correspondante par une partie cylindrique extérieure parfaitement tournée et rodée ; un axe plat,

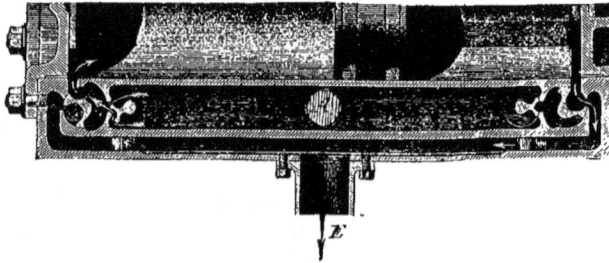

Fig. 236. — Distributeurs oscillants (Wheelock).

animé d'un mouvement d'oscillation, s'emboîte à frottement doux dans la mortaise et détermine le mouvement du distributeur, tout en lui laissant la facilité de s'appliquer sur la glace. Les deux extrémités de l'axe sont cylindriques, et l'une d'elles, qui fait saillie au dehors à travers un presse-étoupes, reçoit d'un levier, mû par la machine, le mouvement d'oscillation en vertu duquel chaque orifice est alternativement ouvert ou fermé ; la forme des orifices est généralement celle d'un rectangle allongé qui s'étend sur toute la largeur du cylindre.

Afin d'empêcher les distributeurs d'éva-

cuation d'être décollés de leur siège pendant leur période de fermeture, on dispose généralement un second orifice d'évacuation perpendiculaire au premier, de manière que la vapeur entoure une partie du tiroir d'évacuation, ainsi qu'on peut le voir sur la figure ci-contre. On pourrait encore, et ce serait préférable, placer l'axe d'oscillation du côté intérieur du cylindre.

La figure 236 représente une autre disposition de plaques oscillantes : les quatre distributeurs sont du même côté du cylindre, deux à chaque extrémité ; les deux extrêmes servant à l'échappement, et les deux autres à l'admission de la vapeur.

Les plaques oscillantes peuvent être à double admission de vapeur ; dans la disposition Whelock représentée par la figure 237, la glace plane de l'orifice est percée de plusieurs lumières, de manière à réduire la course du tiroir et, par suite, l'amplitude de l'oscillation de la bielle qui commande ce dernier. Nous retrou-verons cette disposition, dite à *jalousies* dans plusieurs autres systèmes de distributeurs à détente variable.

Distributeurs tournants.

238. On peut également disposer la distribution de manière qu'un seul organe suffise au lieu de quatre, ainsi qu'on le rencontre dans les distributions à robi-

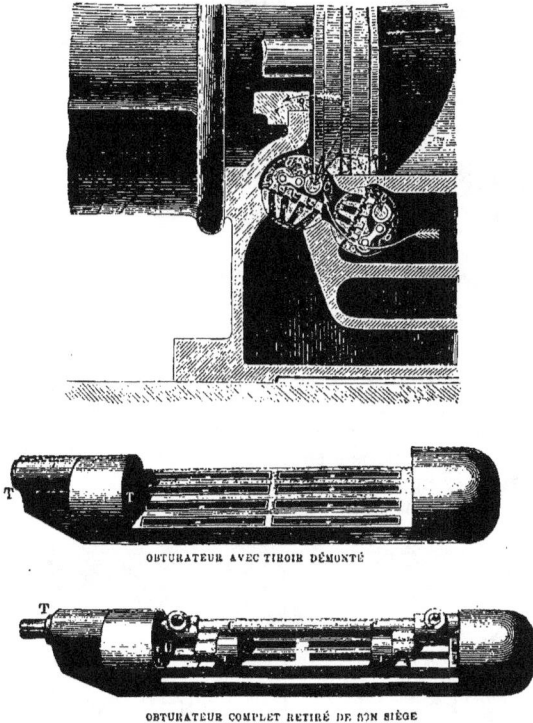

OBTURATEUR AVEC TIROIR DÉMONTÉ

OBTURATEUR COMPLET RETIRÉ DE SON SIÈGE

Fig. 237. — Distributeur oscillant à jalousies (Wheelock).

nets ; le mouvement de rotation de ces robinets peut être alternatif ou continu. On reproche avec raison à la plupart des distributeurs de ce genre de n'être pas étanches.

Dans le distributeur Biétrix, le robinet A légèrement conique (*fig.* 238) tend constamment à être décollé de son boisseau par la pression de la vapeur qui tend à l'appliquer vers la droite ; c'est en disposant de ce côté une butée, dont on règle la position, que l'on parvient à obtenir l'étanchéité, tout en ayant peu de frottement. Un cloisonnement convenablement disposé met chacune des extrémités du cylindre alternativement en communication avec la chaudière et avec l'échappement ; l'extrémité B du distributeur est cylindrique à l'extérieur et entourée d'un boisseau B muni, ainsi que le robinet, de deux ouvertures longitudinales diamétralement opposées.

Le boisseau, dont l'orientation est variable, soit à la main, soit par le régulateur, a pour but de permettre de modifier l'introduction et, par suite, de faire varier la détente. La figure 537 se rapporte à un moteur à cylindre unique; dans le cas de machines compound un seul robinet peut desservir les deux cylindres à condition de multiplier les cloisonnements, ce qui revient à placer deux distributeurs de ce

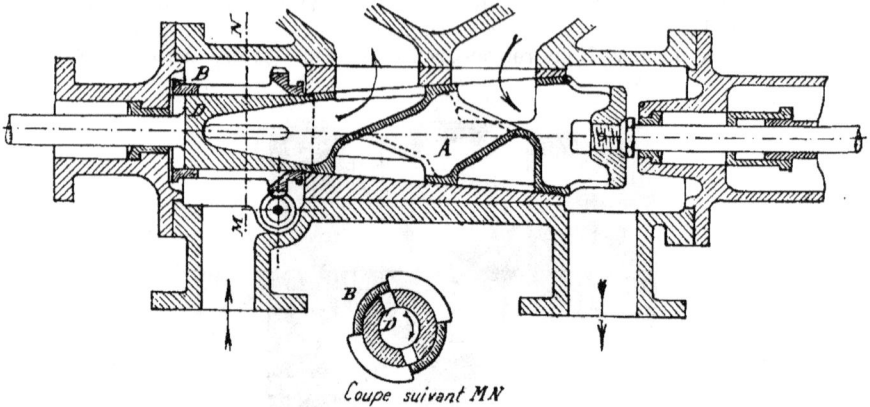

Coupe suivant MN

Fig. 238. — Distributeur tournant (Biétrix).

genre à la suite l'un de l'autre; il en serait de même pour une machine à plusieurs expansions. On remarquera qu'avec cette disposition les espaces morts peuvent atteindre une valeur assez importante.

Il existe un grand nombre d'autres systèmes de distributeurs tournants, les uns qui affectent des dispositions analogues au robinet distributeur de Papin n° 61, les autres qui en diffèrent totalement; certains d'entre eux peuvent permettre la marche à volonté dans un sens ou dans l'autre.

Enfin, les robinets distributeurs peuvent être oscillants; ils peuvent être également disposés dans le système à orifices multiples.

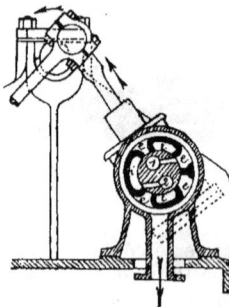

Fig. 239. — Distributeur fixe.

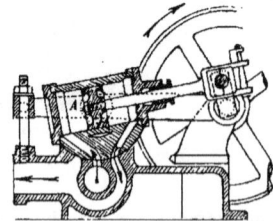

Fig. 240. — Distributeur fixe (Schmidt).

Tiroirs fixes.

239. Dans les machines à cylindre oscillant, dans lesquelles l'économie de vapeur n'a qu'une importance secondaire, on profite quelquefois du mouvement d'oscillation du cylindre pour produire la distribution de la vapeur : tel est le cas représenté par la figure 239. Un des tourillons du cylindre est creux et est divisé en deux portions absolument distinctes 1 et 2, qui ne sont autre chose qu'un prolongement des conduits d'arrivée et de sortie de vapeur des cylindres, dont ils font partie. Ce tourillon est percé, sur son pourtour, d'orifices au moyen desquels les compartiments 1 et 2 sont alternativement mis en communication avec les capacités fixes i et e qui sont elles-mêmes en relation constante, l'une avec la chaudière, l'autre avec le condenseur ou l'atmosphère ; la distribution s'effectue alors comme si l'on faisait usage d'un robinet oscillant.

On remarquera que les orifices d'arrivée et de sortie de vapeur sont à mi-course relative quand le piston est aux points morts : on est donc dans le cas d'un tiroir calé à 90 degrés, c'est-à-dire fonctionnant sans détente. Cette mauvaise régulation au point de vue économique ainsi que le manque d'étanchéité de l'organe distributeur ne permettent d'employer ce système de distribution que pour des petits moteurs. Dans la figure 240 on trouve un autre système de machine oscillante avec tiroir fixe ; l'oscillation se produit autour des tourillons A et la distribution s'effectue par le passage des lumières du cylindre sur une glace fixe cylindrique ayant son centre sur l'axe A et munie de trois orifices, celui du centre servant à l'admission et les deux autres à l'échappement. Cette petite machine, du système Schmidt, est assez souvent employée comme moteur hydraulique.

Distributeurs levants. Soupapes.

240. La distribution de la vapeur peut se faire par soupapes, elle est souvent employée dans plusieurs systèmes de machines à commande par déclics ou par cames. Afin de diminuer la pression exercée par la vapeur sur la surface de la soupape, et qui opposerait au soulèvement une résistance assez considérable,

on fait toujours ces dernières à double siège ou *équilibrées*. La figure 241 représente deux dispositions de soupapes équilibrées ; chaque soupape porte deux portées coniques qui viennent reposer sur deux sièges disposés dans la boîte à soupape faisant ici office de boîte à tiroir. Si les deux diamètres des soupapes étaient égaux, l'effort nécessaire pour soulever le distributeur serait réduit au frottement des tiges dans les presse-étoupes ; on laisse cependant la partie supérieure un peu plus large que l'autre de manière à avoir un excès de pression qui assure le contact et, par suite, l'étanchéité de la soupape sur son siège. Suivant que la commande de la distribution se fait par déclic ou par came, on fait usage de piston amortisseur qui permet à la ferme-

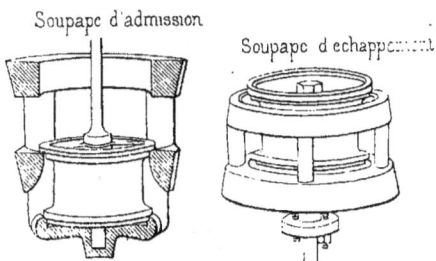

Fig. 241. — Soupapes de distribution.

ture de se faire sans choc, ou bien on dispose un ressort de rappel qui assure une fermeture suffisamment rapide de la soupape. Nous aurons l'occasion d'étudier de plus près ces dispositions quand nous parlerons des commandes par déclic.

Pour être étanches, les distributeurs par soupapes exigent une construction et un rodage soignés ; les déformations produites par la chaleur sont quelquefois des causes de fuites fort préjudiciables à l'économie. On remarquera qu'il faut toujours quatre soupapes par cylindre, ce qui peut conduire à une certaine complication dans les mécanismes de commande.

Valve d'arrivée de vapeur.

241. L'accès de la vapeur dans la boîte à tiroir est généralement commandé

par une *valve*, ou un *registre*, qui se manœuvre à la main et qui permet d'*étrangler* plus ou moins le passage de la vapeur, de manière à régler l'allure de la
machine. En marche, il est préférable
d'avoir recours à un organe commandé
par le régulateur de la machine. Le dispositif le plus simple consiste (*fig.* 242) en
un simple *papillon* BB', c'est-à-dire en un
disque elliptique susceptible de s'obliquer
plus ou moins à l'intérieur d'une boîte
interposée sur le parcours de la conduite
de vapeur. Le papillon peut tourner autour d'un axe A dont l'une des extrémités traverse la boîte à travers une garniture étanche; suivant l'inclinaison du
papillon le passage offert à l'écoulement
de la vapeur est plus ou moins grand;
l'ouverture est complète quand il est situé dans le plan diamétral du tuyau;

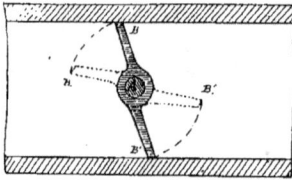

Fig. 242. — Valve d'arrivée de vapeur.

lors de la fermeture complète, le papillon
appuie par son pourtour sur un chanfrein
oblique qui assure un portage convenable,
tout en évitant que le coinçage ne puisse
se produire.

Le papillon ne se trouve pas soumis sur
ses deux faces à des pressions égales; une
valve dans laquelle l'axe de rotation passerait par le centre du disque serait
exposée à se fermer toute seule, si elle
n'était maintenue par le levier de manœuvre placé à l'extérieur; en outre, la
fermeture est rarement hermétique et,
pour produire l'arrêt de la machine, on
est obligé de se servir d'organes spéciaux
(soupapes, robinets) placés en amont sur
la conduite de vapeur.

Sur les machines de moyenne et de petite dimension, on a fait longtemps usage
de valves dont le papillon était actionné
par le régulateur à force centrifuge; on

obtenait ainsi, dans une certaine mesure,
une régularisation plus ou moins complète de la vitesse, mais à condition que
le passage de l'axe du papillon à travers
la garniture ne donne pas lieu à un frottement trop considérable. Ce dernier inconvénient, en paralysant plus ou moins
l'action du régulateur, a presque fait
totalement abandonner ce système de régularisation; sauf pour les moteurs de
petites dimensions, il a été remplacé
avantageusement par le système dit à
détente variable automatique.

Distributions à détente variable.

242. Au lieu de régler l'allure de la
machine en faisant agir le régulateur à
force centrifuge sur une valve placée sur
la conduite de vapeur, c'est-à-dire en
augmentant ou en diminuant la pression
du fluide moteur à son entrée dans le cylindre, on conçoit qu'il est plus rationnel
de faire varier la détente selon le travail
à produire par la machine, la pression
initiale de la vapeur restant constante.

Un tiroir en coquille conduit par un
excentrique simple n'est guère compatible pour obtenir une variation dans la
période de détente; cette modification entraînerait aussi celle des autres phases
de la distribution que l'on a le plus grand
intérêt à maintenir à peu près constantes.
Mais on peut arriver à faire varier la détente pendant la marche au moyen de
diverses dispositions manœuvrables, soit
à la main, soit sous l'action du régulateur.

On peut classer ces dispositions de deux
façons différentes, suivant que l'on envi-
sage les organes mêmes de distribution,
ou bien le mécanisme qui commande ces
derniers.

Nous choisirons la première manière
de voir; le tableau suivant indique les
principales catégories d'appareils de détente employés aujourd'hui :

1° Détente obtenue au moyen d'une
glissière ou tout autre organe mobile devant une plaque fixe;

2° Détente obtenue au moyen d'un organe *mobile* placé sur le dos du tiroir de
distribution ;

3° Détente obtenue au moyen d'un organe *fixe* placé sur le dos du tiroir de distribution ;

4° Détente par cames ;

5° Détente actionnée par un mécanisme à déclic ;

6° Détente obtenue avec un seul ou sans excentrique ;

7° Changements de marche et divers.

Nous étudierons successivement chacun de ces modes de distribution.

243. *Conditions auxquelles doit satisfaire une distribution à détente variable.* — L'organe de détente variable n'a pas d'autres fonctions que le réglage de la détente, l'évacuation de la vapeur étant réglée par le tiroir ou l'organe principal de distribution ; il doit cependant satisfaire aux conditions suivantes :

1° Ouvrir à l'admission avant le tiroir de distribution, afin de donner un libre passage à la vapeur dès que celui-ci arrivera lui-même à démasquer les orifices, les espaces ouverts étant à peu près les mêmes que ceux du cylindre ;

2° Fermer rapidement les orifices d'admission, de manière à régler l'introduction dans les limites prévues par le conducteur et de la faire varier selon le travail à produire par la machine ;

3° N'ouvrir les orifices qu'après que le tiroir de distribution a intercepté l'arrivée de la vapeur ; cette condition n'est pas toujours remplie ;

4° Être disposé de telle sorte qu'en cas d'arrêt on puisse facilement remettre la machine en marche.

Pour fermer rapidement les orifices d'admission, on emploie généralement la cinquième catégorie d'organes de détente, c'est-à-dire par déclenchement ; dans les autres catégories, la fermeture a lieu plus ou moins rapidement suivant le mode de commande.

Remarquons dès maintenant que, dans les appareils à changement de marche et dans le cas où le tiroir de détente est calé à 180 degrés, l'angle de renversement de marche pour ce dernier est nul, et la machine est également bien disposée pour les deux sens de rotation.

244. *Détente obtenue au moyen d'une glissière mobile devant une plaque fixe.* — Imaginons que nous ayons deux ti-roirs indépendants l'un de l'autre et se mouvant sur deux glaces fixes placées au-dessus l'une de l'autre, ainsi que cela est représenté par la figure 243. Le tiroir A ou tiroir principal aura pour mission de régler l'introduction ou l'échappement de la vapeur ; le tiroir de détente BB′, qui peut être composé d'une ou deux plaques, aura la fonction unique de fermer l'admission de la vapeur. On conçoit très bien qu'en disposant convenablement ces deux tiroirs, on puisse obtenir une détente beaucoup plus considérable qu'avec un distributeur unique. Il suffira de déterminer par l'une des méthodes que nous avons indiquées précédemment quelle doit être la valeur de la course et de l'angle de calage du second tiroir ; quant au tiroir principal il sera disposé en vue de permettre l'introduction maxima et d'établir une bonne régulation

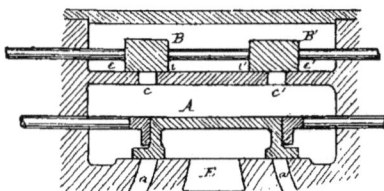

Fig. 243. — Tiroir et glissière de détente.

pour les diverses phases de la distribution, sauf celle de la pleine introduction.

Deux dispositions pourront être employées dans le cas où l'on fera usage de deux plaques de détente ; tantôt la détente sera réglée par les arêtes extérieures e et $e′$, tantôt par les arêtes intérieures i et $i′$; dans le premier cas, il est facile de comprendre que l'excentrique qui commande les glissières (excentrique-glissière) devra être calé en avance sur l'excentrique qui commande le tiroir (excentrique-tiroir) ; dans le second cas, c'est le contraire qui aura lieu.

Pour faire varier la détente on peut employer l'un des trois moyens suivants :

1° En faisant varier la course des glissières ;

2° En modifiant l'angle de calage ;

3° En faisant varier les recouvrements des glissières.

La figure 244 représente une des variantes parmi les dispositions qui font
usage du premier moyen ; la tige A des
glissières est conduite par un excentrique B à calage fixe qui fait osciller une
petite coulisse CD autour d'un point
fixe E ; la tête F de la bielle de commande
peut se déplacer dans l'intérieur de cette
coulisse au moyen d'une vis G manœuvrée à la main ou par l'action du régulateur de la machine.

En faisant varier la position de la tête F
de la bielle, on modifie la course de la tige
conduite ; lorsque le coulisseau est à l'ex-

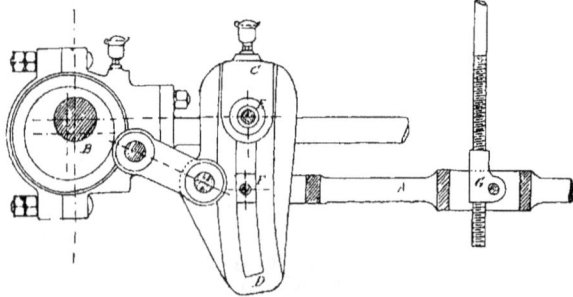

Fig. 244. — Excentrique à course variable.

trémité D de la coulisse, la course atteint
son maximum.

Avec la disposition de la figure 245, la
variation de détente s'obtient par le changement de l'angle de calage : à cet effet,
le chariot d'excentrique A est fou sur un
manchon B faisant corps avec l'arbre moteur et muni d'un secteur denté engrenant avec une vis sans fin, dont les extrémités sont fixées dans deux petits paliers
sur le chariot. En faisant tourner avec
une clef l'angle de la vis, on fait varier
l'angle de calage ; ce dispositif, qui est
susceptible de variantes, ne peut se manœuvrer que lorsque la machine est au
repos. Si l'on veut suspendre instantanément l'action de la détente, on peut alors
faire usage d'une soupape additionnelle
qui, une fois ouverte, permet à la vapeur
d'arriver directement au tiroir de distribution sans passer par la glissière ; on
peut également avoir recours à un système de déclenchement qui amène au
repos l'organe de détente en le plaçant
automatiquement dans la position où il
est ouvert en grand.

Pour obtenir la variation de la détente
par la modification des recouvrements
des glissières, il suffit de faire varier l'écartement de ces dernières, on l'obtient en
les réunissant par une tige qui porte un
double filetage en sens contraire ; en tournant à droite ou à gauche cette tige, on
éloigne ou on rapproche les glissières
l'une de l'autre.

Nous aurons à revenir plus longue-

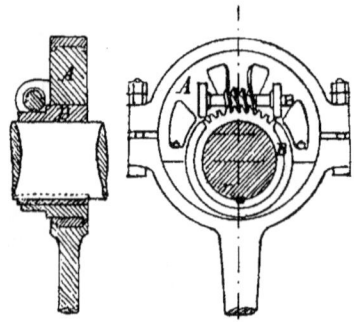

Fig. 245. — Excentrique à calage variable.

ment sur cette disposition au paragraphe
suivant, quand nous étudierons la détente
du système Meyer.

Pour le cas présent, nous nous contenterons d'indiquer dans le tableau suivant
les résultats que l'on obtient par la variation de l'écartement des glissières et en

remarquant qu'il nous faudra distinguer deux cas : celui où la glissière ouvre en grand à *bout de course* et celui où elle ouvre en grand à *mi-course*, dans chacun de ces cas la fermeture pouvant s'effectuer soit par les arêtes extérieures des glissières, soit par les arêtes intérieures.

Effets produits par une augmentation des recouvrements.

FONCTIONNEMENT DES GLISSIÈRES	AVANCE A L'ADMISSION	PLEINE INTRODUCTION
Glissière ouvrant en grand à bout de course et admettant par les arêtes extérieures ou par les arêtes intérieures.	Diminue	Diminue
Glissière ouvrant en grand à mi-course et admettant par les arêtes extérieures ou par les arêtes intérieures.	Augmente	Augmente

Les glissières, au lieu d'être planes, peuvent affecter la forme d'un cylindre qui est mobile à l'intérieur d'un autre de même diamètre; on a alors des dispositions analogues à celles que nous avons décrites au paragraphe 234 pour les tiroirs ordinaires.

215. *Détente obtenue au moyen d'un organe mobile placé sur le dos du tiroir principal.* — La première catégorie d'organes de détente a l'inconvénient d'augmenter le volume des espaces morts, il est préférable d'appliquer le tiroir de détente directement sur le dos, parfaitement dressé, du tiroir principal. Les modifications produites par le tiroir de détente résultent alors de son mouvement *relatif* par rapport au tiroir principal.

Parmi les dispositions de ce genre de détente nous citerons celle du système Meyer (*fig.* 246), et nous prendrons un des cas le plus fréquemment employé, c'est-à-dire celui où la variation de la

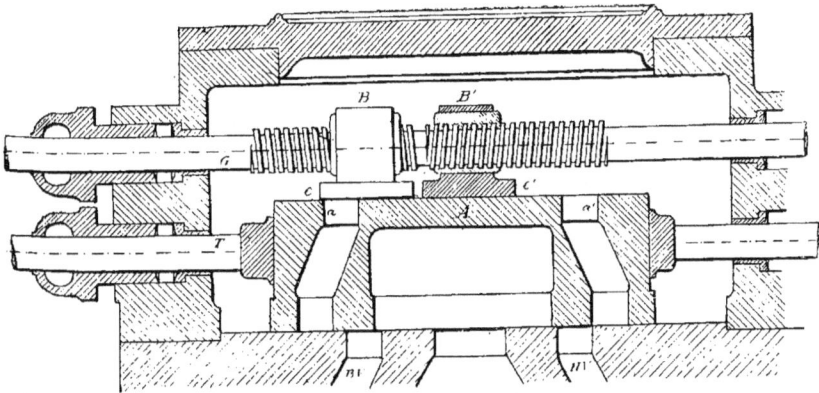

Fig. 246. — Détente, système Meyer.

détente est obtenue par la modification de l'écartement de deux glissières B et B' placées sur le dos du tiroir de distribution A, la fermeture de l'admission étant obtenue par les arêtes extérieures e et e'. La tige G de l'excentrique-glissière porte deux filetages de sens contraire enfilés dans les écrous dont sont munies les glissières B et B', de sorte qu'en tournant la tige G on augmente ou on diminue l'écartement des glissières ; la rotation de la tige G peut se faire soit à la main au moyen d'un volant placé à l'extérieur, soit sous l'action du régulateur à force centrifuge.

Ainsi que nous l'avons dit pour les organes de détente mobile, devant une plaque fixe l'excentrique-glissière devra être calé en avance sur l'excentrique-tiroir, puisque l'admission est réglée par les arêtes extérieures des glissières. L'angle de calage est ordinairement de 120 degrés et l'angle d'avance de l'excentrique-glissière sur l'excentrique-tiroir de 60 degrés, de sorte que l'excentrique-glissière est directement opposé à la manivelle (120 + 60 = 180).

Supposons que la distance ee' des arêtes extérieures des glissières soit égale à la distance aa' des arêtes extérieures des orifices du tiroir, la détente commencera lorsque les deux organes seront à une même distance de leur position moyenne $\dfrac{ee'}{2} = \dfrac{aa'}{2}$. Soient (*fig.* 247):

PBoTB, l'angle de calage qui correspond à l'introduction donnée; et OM, une position quelconque de l'excentrique-tiroir; nous obtiendrons la position correspondante oN de l'excentrique-glissière en faisant avec oM, dans le sens du mouvement, un angle égal à l'angle d'avance de l'excentrique-glissière (1). A ce moment l'arête a du tiroir s'est élevée au-dessus de sa position moyenne d'une quantité MK, et l'arête e de la glissière d'une quantité M'K'; la différence M'b de ces déplacements représente l'ouverture de l'orifice du tiroir à l'instant considéré. La fermeture de cet orifice aura lieu pour M'K' — MK = o, c'est-à-dire lorsque la corde MM' sera dans la position horizon-

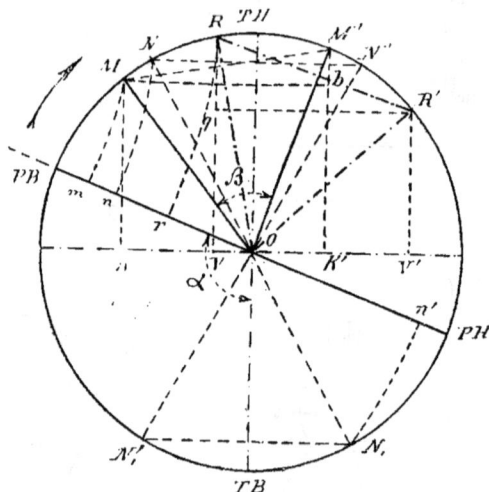

Fig. 247. — Épure circulaire, détente Meyer.

tale MN'; le point N représente donc la position de l'excentrique-tiroir à la fin de la pleine introduction; à ce moment le piston est en n et PBn représente la période de pleine introduction par l'orifice BV; de même, PHn' représente la période de pleine introduction par l'orifice HV. On pourrait évidemment résoudre le problème inverse, c'est-à-dire déterminer quel est l'angle d'avance qui correspond à une introduction donnée.

Supposons maintenant que l'on veuille

modifier la période de pleine introduction et qu'elle devienne égale à PBr, nous allons déterminer de quelle quantité on devra faire varier l'écartement des glissières pour cette nouvelle détente.

Lorsque le piston est en r, le tiroir est en oR, et la glissière en oR' telle que RoR' = MoM' = β. A ce moment le tiroir s'est élevé, au-dessus de sa position moyenne, de la quantité RV, et la glissière

(1) Nous supposons ici que les deux excentriques sont des courses égales.

de la quantité R′V′; les arêtes a et e (*fig.* 246) sont donc à une distance l'une de l'autre égale à Rq, et l'orifice du tiroir est recouvert de cette quantité. Si nous voulons que la détente commence à ce moment seulement, il faudra que l'orifice du tiroir soit ouvert de Rq, lorsque le tiroir et la glissière seront dans leur position moyenne. Le contraire aurait lieu si l'on désirait diminuer la période de pleine introduction ; supposons qu'on veuille la rendre égale à PBm : il faudra alors que la glissière découvre l'orifice de M′B lorsque les deux organes distributeurs seront dans leur position moyenne. Il est nécessaire de répéter cette construction, pour l'autre orifice; à cause de l'obliquité des bielles, les recouvrements pour les différentes détentes sont inégaux, et l'on doit considérer la détente moyenne

obtenue. Cette opération, exécutée sur une machine dont la course commune aux glissières et au tiroir était de 0ᵐ,06 a donné les résultats ci-après :

Quantités dont les glissières doivent être rapprochées de l'axe pour les détentes suivantes.

ORIFICES		DÉTENTES $\frac{z}{z_0}$
HV	BV	
millim.	millim.	
27.25	24.5	2
12.37	7.87	6
6.25	2.25	10

La distance ee' des arêtes extérieures des glissières est supposée normalement

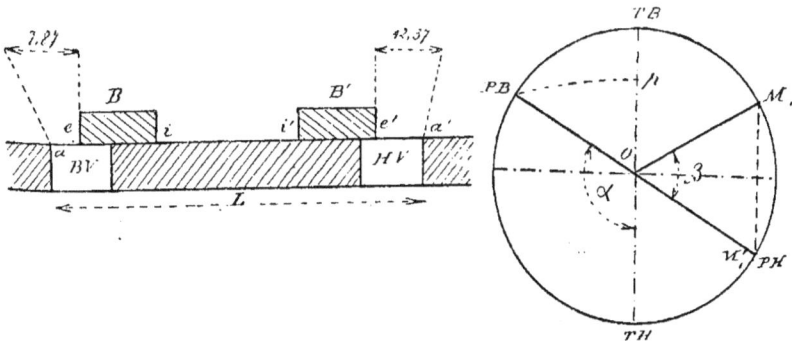

Fig. 248.

égale à la distance aa' des arêtes extérieures des orifices du tiroir. Ainsi, par exemple, pour la détente $\frac{z}{z_0} = 10$ la glissière BV doit être rapprochée de l'axe de 2ᵐᵐ,25, et la glissière HV de 6ᵐᵐ,25; la différence entre ces deux quantités 6,25 — 2,25 = 4 n'est pas la même que celle : 12,37 — 7,87 = 4,50, qui correspond à la détente 6. Or, une fois que les glissières sont montées sur la tige filetée qui les commande, il est impossible de modifier la différence des distances des arêtes extérieures à l'axe, puisque les glissières s'approchent ou s'éloignent de quantités égales ; on doit donc prendre une moyenne

entre ces différences ou accepter comme bonne la différence qui correspond au degré de détente que l'on aura le plus souvent à employer. Si nous adoptons comme base la détente 6 de l'exemple précédent, les organes étant dessinés dans leur position moyenne, la glissière B (*fig.* 248) laissera l'orifice BV du tiroir ouvert de 7ᵐᵐ,87, et la glissière B′ laissera l'orifice HV ouvert de 12ᵐᵐ,37; la distance entre les arêtes e et e' des glissières sera égale à la distance L des arêtes a et a' des orifices du tiroir, diminuée de la somme des recouvrements négatifs.

Pour régler les glissières on les monte

sur la tige filetée de commande, de façon que la distance entre les arêtes extérieures soit celle qui correspond à la détente prise pour base ; ensuite, on place le piston à l'une de ses positions extrêmes, piston bas, par exemple, et l'on cherche quelle doit être à ce moment la distance entre les arêtes e et a. Nous savons que, les organes étant dessinés dans leur position moyenne, la glissière B laisse l'orifice du tiroir ouvert de $7^{mm},87$; lorsque le piston est en PB, le tiroir est en p et, comme l'excentrique-glissière est, pour le cas choisi, diamétralement opposé, $\dfrac{z}{z_0} = \dfrac{1}{0,5}$ à la manivelle, à la même position PB du piston la glissière est glissière haut. La différence entre les positions relatives de la glissière et du tiroir est donc $\text{TH}p$, et la distance entre les arêtes a et e sera égale à $\text{TH}p + 7^{mm},87$.

Nous pouvons déterminer la distance minima de chacune des glissières ; il suffit de dessiner ces dernières dans la position moyenne correspondant à la plus petite introduction, c'est-à-dire pour laquelle

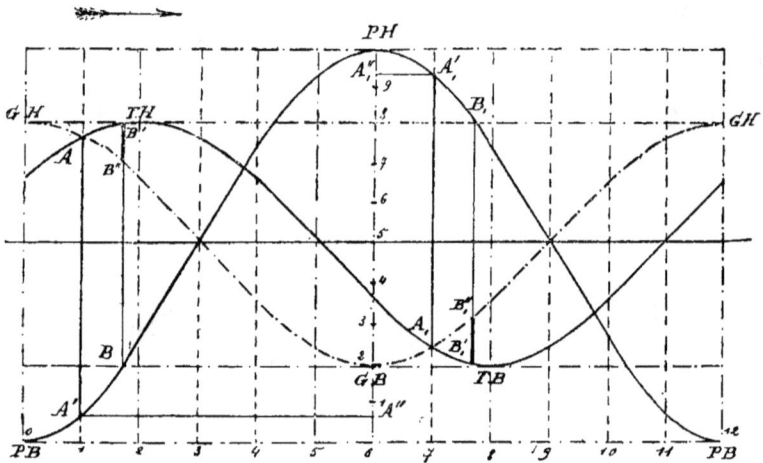

Fig. 249. -- Épure sinusoïde, détente Meyer.

la distance des arêtes extérieures ee' est maxima. Nous remarquerons que la distance ea entre les positions des arêtes correspondantes du tiroir et de la glissière est maxima lorsque la corde $M_1M'_1$, qui sous-tend l'angle d'avance, est verticale ; l'angle d'avance occupe alors la position $M_1oM'_1 = \beta = 60$ degrés pour le cas considéré. Donc, pour que les arêtes intérieures i et i' des glissières n'interviennent jamais dans la distribution (condition indispensable au fonctionnement de la machine), il faudra que chacune d'elles ait une longueur égale au recouvrement extérieur correspondant à la plus petite introduction, augmenté de la largeur de l'orifice et du rayon d'excentricité.

246. *Épure sinusoïde de la détente Meyer.* — On peut déterminer également les différents écartements des glissières au moyen de l'épure sinusoïde. En conservant nos hypothèses précédentes, soient : (*fig.* 249) PB.PH, la loi de mouvement du piston ; TH.TB, celle du tiroir ; et GH.GB, celle des glissières ; comme nous avons supposé que l'excentrique-glissière était directement opposé à la manivelle, la position GB (glissière bas) correspond à PH (piston haut). La distance des arêtes extérieures des glissières étant prise égale à la distance des arêtes extérieures des orifices du tiroir, au point A les arêtes e et a (*fig.* 248) coïncident, et la détente commence au-dessous du piston qui occupe alors la position A′. PB.A′ est la fraction de course correspondant à la pleine introduction par l'orifice BV. Pour déterminer les écartements correspondant aux différentes détentes, divisons la course du piston en un certain nombre de parties égales, dix par exemple, et proposons-nous de chercher quel est l'écartement correspondant à la division 2, c'est-à-dire à la détente $\dfrac{z}{z_0} = 5$.

Après avoir parcouru les 0,2 de sa course le piston est en B, le tiroir occupe la position B' et la glissière est en B''; la différence entre les positions relatives des deux organes est B'B'', elle représente le recouvrement négatif de l'orifice BV; pour l'orifice HV, le recouvrement négatif serait B',B'',.

247. *Dispositions diverses de la détente Meyer.* — La détente Meyer peut affecter deux dispositions principales :

1° Celle que nous venons d'étudier, dans laquelle l'admission de la vapeur est réglée par les arêtes extérieures des glissières ;

2° Celle où la détente est réglée par les arêtes intérieures des glissières.

On peut appliquer la détente variable à chacun de ces modes de distribution par l'un quelconque des trois moyens que nous avons indiqués au numéro 243 ; la variation de la détente obtenue par la modification de l'angle de calage ou par celle de la course des glissières n'est guère employée aujourd'hui ; on préfère s'arrêter à la solution décrite dans le paragraphe précédent qui règle la détente par la variation du recouvrement des glissières.

Lorsque la détente est réglée par les arêtes extérieures des glissières on peut adopter des introductions inférieures aux 0,6 de la course du piston ; pour des périodes de détente moins considérables on règle la détente par les arêtes intérieures des glissières ; nous rappelons que dans ce dernier cas l'excentrique des glissières doit être calé en retard sur l'excentrique du tiroir.

On peut aussi obtenir la variation de la détente au moyen d'une seule plaque commandée par un excentrique à calage fixe, mais dont la course est variable ; on

obtient alors une commande analogue à celle de la figure 244. Soient : O (*fig.* 250), la circonférence décrite par les centres des excentriques supposés de même course ; et MOM', l'angle d'avance de la glissière sur le tiroir ; la détente commencera lorsque la corde MM' sera horizontale, et la durée de la pleine introduction sera représentée par PBa. Supposons que l'on augmente la course de l'excentrique-glissière et qu'elle devienne égale à CD ; comme l'angle de calage n'a pas changé lorsque le centre de l'excentrique-tiroir est en M, le centre de l'excentrique-glissière est en M''.

A ce moment, l'arête a du tiroir

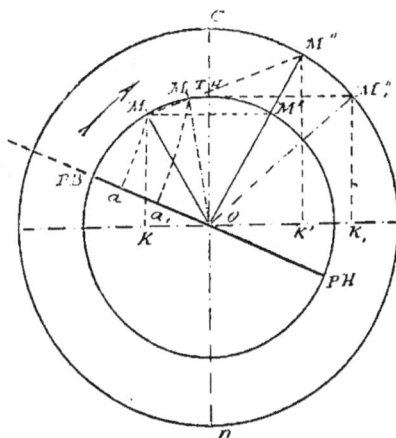

Fig. 250.

(*fig.* 248) s'est élevée au-dessus de sa position moyenne de la quantité MK, et l'arête e de la glissière de la quantité M'K' ; l'orifice BV du tiroir est fermé, et la détente a lieu dans le cylindre. Pour déterminer le point où cette dernière a commencé, il suffit de ramener MM'' à la position horizontale M,M,'' ; les points M, et M,'' représentent les positions des centres des deux excentriques à la fin de la pleine introduction ; cette période correspond à la fraction de course PBa,. Ainsi, la pleine introduction qui était PBa, lorsque les deux excentriques avaient la même course, est devenue PBa,, lorsque la course de l'excentrique-glissière est devenue égale à CD. On verrait de même qu'en diminuant la course on diminue la durée de la pleine introduction, et il serait facile de déterminer la course correspondant à une introduction donnée.

La variation de la course de la glissière peut s'obtenir par un dispositif analogue à celui de la figure 244, ainsi que nous l'avons dit précédemment.

De même, lorsque l'admission est réglée par les arêtes intérieures des glissières, on peut faire varier la détente en employant deux glissières à écartement variable ou bien en faisant usage d'une seule plaque portant un orifice intérieur de longueur égale à la distance extérieure aa' des arêtes extérieures des orifices du tiroir; dans ce dernier cas, la détente peut être modifiée par la variation de la course de la glissière, et l'on doit faire en sorte que les arêtes extérieures n'interviennent jamais dans la distribution.

248. *Détente obtenue au moyen d'un organe fixe placé sur le dos du tiroir de distribution.* — Les distributions de ce genre sont généralement composées d'un tiroir ordinaire sur le dos duquel est

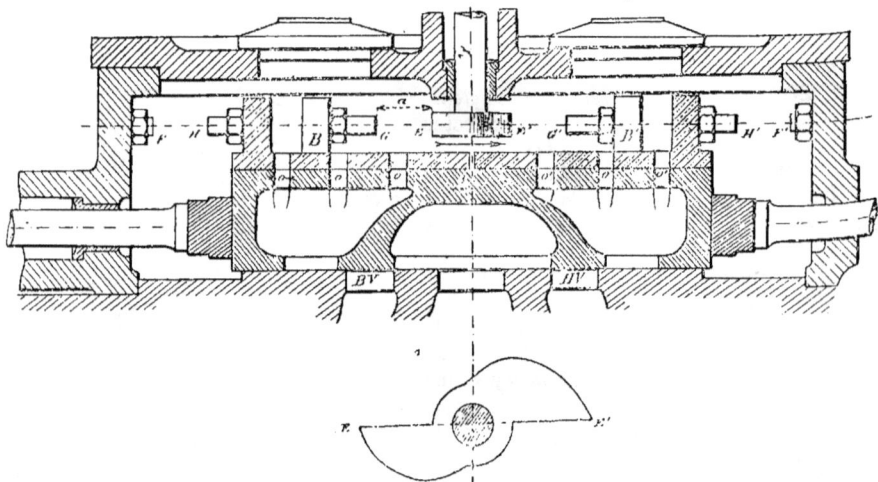

Fig. 251. — Distribution Farcot.

disposé un tiroir de détente assujetti à se mouvoir par *entrainement* entre des *buttoirs* placés dans la boîte à tiroir; l'une des plus employées est la distribution Farcot représentée par la figure 251.

La distribution Farcot se compose d'un tiroir A sur lequel sont appliquées deux glissières B et B' maintenues en contact par la pression de la vapeur et par des ressorts auxiliaires; chacune de ces glissières est percée de plusieurs orifices de manière à ouvrir en même temps un nombre égal d'orifices pratiqués dans le tiroir A, ainsi qu'on le rencontre dans les tiroirs dits à *jalousies* et dans le but de réduire la course de la glissière.

Le tiroir A étant animé d'un mouvement rectiligne alternatif *entraine* les glissières B et B' dans son mouvement jusqu'à ce qu'elles viennent butter contre des arrêts EE', FF' disposés dans la boite à tiroir; les arrêts FF' sont fixes, tandis que ceux EE' peuvent être plus ou moins éloignés de l'axe, selon le degré de détente que l'on désire obtenir.

Considérons le tiroir au moment où l'admission va commencer par l'orifice BV; le tiroir, marchant vers la droite, entraînera dans son mouvement la glissière B jusqu'à ce que celle-ci, après avoir parcouru l'espace a, vienne butter contre l'arrêt fixe E constitué par une came EE′ montée sur un arbre placé au centre de la boîte à tiroir. La glissière B restera alors stationnaire et, le tiroir continuant seul son mouvement, les orifices o se fermeront ; ils seront complètement fermés quand le tiroir aura parcouru la distance a + o ; à ce moment la détente commencera sur la face gauche du piston. Pendant ce temps, la glissière B′ entraînée par le tiroir est venue butter contre l'arrêt F′, placé au fond de la boîte, et, restant stationnaire, l'ouverture des orifices o′ se produit ; la glissière est alors dans la position convenable pour régler la détente par l'orifice HV pendant la course suivante.

On voit donc que, pour modifier la détente, il suffit de modifier la position des arrêts E et E′, les buttées F et F′ n'ayant pas d'autre fonction que celle d'ouvrir, à bout de course, les orifices d'admission, c'est-à-dire de ramener les glissières dans la position d'ouverture des orifices.

La came EE′ devra donc être déterminée de telle sorte qu'en modifiant son orientation elle présente aux buttoirs G et G′ des glissières un rayon plus ou moins grand, selon le degré de détente que l'on a en vue d'obtenir.

L'arbre sur lequel est montée la came EE′ débouche à l'extérieur à travers un presse-étoupes ; on peut faire varier l'orientation de la came soit à la main, soit sous l'action du régulateur à force centrifuge de la machine.

Pour construire une distribution Farcot, on commence par déterminer le tiroir en vue d'obtenir une introduction fixe variant entre les 0,90 à 0,95 de la course du piston ; au moyen de l'épure circulaire on détermine le rayon de l'excentrique, l'angle de calage et les recouvrements correspondant à cette introduction.

On donne aux orifices o, o′ une surface égale à 1 ou 1,5 celle de l'orifice du cylindre, à cause du laminage de la vapeur.

Pour déterminer les différents rayons de la came, on se donne la position de la face G du buttoir (fig. 252), lorsque le tiroir est dans sa position moyenne, les orifices o étant complètement ouverts. En un point quelconque de l'horizontale me-

née par le point G, décrivons une circonférence d'un rayon égal à la demi-course du tiroir, et traçons l'angle de calage PB.O.TB.

Puisque c'est à partir de la position PB que la glissière se rapproche de la came, portons PB.a égale à la fraction de course du piston correspondant à la pleine introduction ; lorsque le piston est en a, le centre de l'excentrique est en M et le buttoir occupe la position p, MN étant la longueur de la bielle de l'excentrique. Pour que la détente commence à ce moment il faudra donc que les orifices o soient fermés ; le rayon de la came sera, par suite, égal à la distance qr du point p

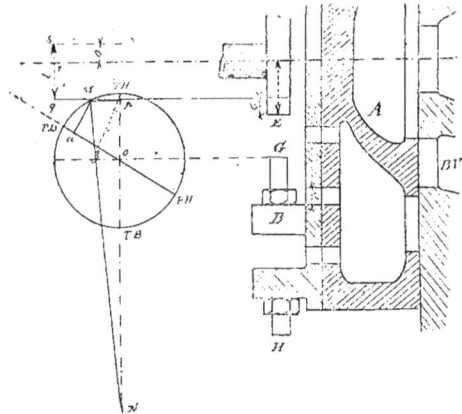

Fig. 252.

à l'axe augmentée de la largeur rs de l'orifice o, soit l = rs + qr. On obtiendrait de la même manière les rayons de la came correspondant aux différentes introductions ; mais, à cause de l'obliquité des bielles, on aura soin de répéter cette construction par la portion de la came qui correspond à l'orifice HV.

Afin de simplifier l'épure, on peut adopter la construction suivante (fig. 253).

Soit O la circonférence décrite par le centre de l'excentrique, nous supposerons que le centre a été pris sur l'horizontale qui passe par l'extrémité du buttoir ; prenons sur le diamètre PB.PH, et pour les deux côtés du cylindre, un certain

nombre de points correspondant aux introductions 1/20, 1/10, 2/10, etc., et déterminons les positions correspondantes
1, 2, 3, etc., du centre de l'excentrique et
de l'extrémité du buttoir. Portons $os = os'$
$= op + qr$, c'est-à-dire à la distance de
l'extrémité du buttoir (dans sa position
moyenne), $s'2$, etc..., à l'axe du tiroir;
nous obtiendrons en $s1$, $s'1$, $s'2$, etc., les
différentes distances de l'extrémité du
buttoir à l'axe au moment où la pleine

introduction doit cesser, autrement dit
les rayons de la came correspondant aux
différents degrés choisis de détente.

Pour construire cette came, menons, à
partir d'un point c, un certain nombre de
droites faisant entre elles des angles
égaux, et portons sur chacune d'elles, à
partir du point c, des longueurs ca, ca',
cb, cb', etc..., égales aux distances $s1$, $s'1$,
$s2$, $s'2$, etc..., déterminées sur l'épure. En
joignant les points ainsi obtenus par une

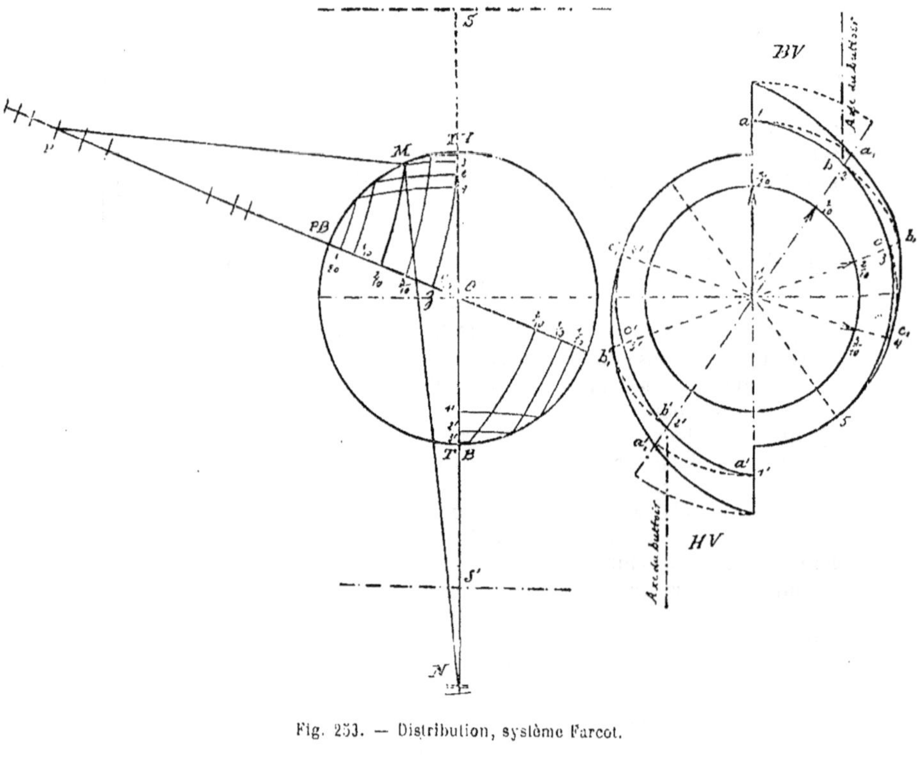

Fig. 253. — Distribution, système Farcot.

courbe continue, on aura le profil de la
came; mais, comme les buttoirs des glissières ne viennent pas toucher la came
dans le plan de l'axe de rotation, il est
nécessaire de reporter les longueurs ca,
ca' en ca_1, $c'a'_1$, ainsi que cela est représenté sur la figure ci-contre.

L'arbre qui porte la came peut être
muni extérieurement d'un index qui se
meut sur un cadran divisé et qui indique

la position de la came en même temps
que le degré de la détente.

Nous devons remarquer que la glissière ne peut fermer les orifices o que
lorsque le centre de l'excentrique parcourt l'arc PB,TH (*fig.* 253), puisqu'à partir de ce dernier point le tiroir commence
à descendre; l'introduction maxima que
l'on peut obtenir correspond donc à la
position tiroir haut, c'est-à-dire à la posi-

tion 3 du piston; elle est inférieure aux 0,5 de la course du piston. Il s'ensuit que la distribution Farcot ne peut convenir qu'aux détentes supérieures aux 0,5 de la course; elle est généralement employée pour des détentes comprises entre 0,5 et 0,2. Lorsque la came est actionnée par le régulateur à force centrifuge, on fait ordinairement usage, pour transmettre le mouvement, d'une tige guide manœuvrée par le régulateur et munie d'une crémaillère qui engrène avec un pignon denté calé sur l'arbre de la came de détente. Les buttoirs G, G' ne doivent pas être placés sur l'axe des glissières, mais dans une position symétrique telle qu'ils rencontrent la came dans une direction moins oblique, ce qui conduit, ainsi que nous l'avons dit plus haut, à modifier le profil de la came.

Certains constructeurs remplacent la came par un coin, sorte de tronc de cône circulaire, que l'on déplace suivant son axe au moyen d'une vis et d'un volant manœuvré à la main ou par le régulateur; cette disposition se prête moins bien que la précédente à la variation de la détente par l'action du régulateur.

249. *Détente par cames.* — La commande du distributeur peut se faire au moyen de cames; suivant le profil qui leur est donné, elles déterminent une introduction plus ou moins forte et, par suite peuvent être combinées de façon à donner la détente que l'on désire. Pour cela, on fait ordinairement usage d'un manchon d'une certaine longueur, pouvant se déplacer suivant son axe, et muni d'un nombre plus ou moins grand de profils variables, se succédant d'une manière continue et correspondant chacun à une détente déterminée. La came soulève le galet qui correspond au distributeur et le laisse ensuite revenir à sa position première. Le distributeur peut être constitué par des glissières planes ou par des soupapes, et les profils de la came sont étudiés en vue d'obtenir une ouverture et une fermeture aussi rapides que possible des orifices du cylindre; quelquefois il y a repos du distributeur entre chacune de ces dernières périodes.

Dans quelques machines, les cames

ont simplement pour objet de mouvoir une soupape équilibrée, un piston ou un organe spécial de détente variable, le cylindre étant muni d'un tiroir de distribution ordinaire. La figure 254 représente un mécanisme de ce genre dans lequel le galet A peut se déplacer longitudinalement sous l'action du volant à main V et être mis en prise avec l'un quelconque des profils de la came B; chacun de ces profils se compose de deux moitiés diamétralement opposées, de sorte que la distribution est assurée pour les deux côtés du cylindre. On emploie aussi assez souvent ce mode de distribution

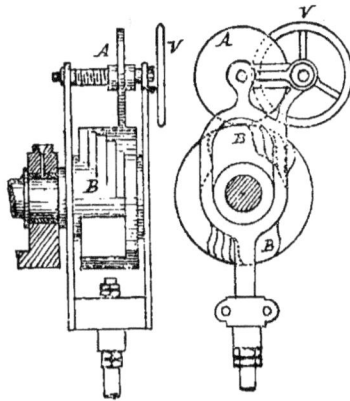

Fig. 254. — Détente par cames.

pour les moteurs à gaz, comme nous le verrons au chapitre x.

250. *Détente actionnée par un mécanisme à déclic.* — La distribution par déclanchement ne peut guère être adaptée qu'aux machines de grande puissance dont la vitesse de rotation ne dépasse pas soixante ou quatre-vingts tours par minute; elle se fait ordinairement par quatre lumières, c'est-à-dire qu'il y a deux distributeurs pour l'admission de la vapeur et deux autres pour l'échappement.

Les obturateurs sont de formes variées: dans les machines du genre Corliss, ce sont des tiroirs oscillants; dans celles du système Wheelock, ce sont des tiroirs plats à grille; dans celles du système de Sulzer, ce sont des soupapes équilibrées. La commande, empruntée le plus souvent à un excentrique, est obtenue au moyen de transmissions extrêmement variées ; nous devrons nous contenter d'étudier quelques-unes des principales dispositions sur lesquelles l'imagination des ingénieurs s'est largement donné carrière.

La distribution par déclanchement est surtout appliquée en vue d'obtenir une ouverture et une fermeture rapide des orifices du cylindre, elle met cette fermeture sous la dépendance du régulateur de la machine : ces avantages prouvent une certaine économie, ils sont compensés par une complication des mécanismes de distribution, nécessitent une construction soignée et un entretien minutieux. Supposons qu'il s'agisse d'un distributeur d'admission : ce distributeur est sous l'action d'une force extérieure, un ressort le plus souvent qui tend à le ramener à la position de fermeture ; il reçoit, en outre, son mouvement d'un organe de la machine, un excentrique par exemple, par l'intermédiaire d'une transmission ; mais cette transmission est coupée en deux parties, dont la continuité est rétablie par une clenche facile à déplacer ; si, par contact avec un buttoir fixe, cette clenche vient à sauter, la transmission est interrompue, et le distributeur est brusquement ramené par le ressort à la position de fermeture. Ce mouvement de rappel serait lui-même brusque et produirait des chocs destructeurs ; on le modère par l'interposition d'un *dash-pot*, sorte de frein constitué par un petit piston pressant sur un coussin d'air ou de liquide. En outre, au moyen du régulateur, on modifie la position de la clenche et, par suite, le moment de la fermeture de l'orifice d'admission, ce qui fait varier la détente.

La fermeture rapide au moyen d'un déclanchement ne s'applique qu'aux distributeurs d'admission ; mais, le plus souvent, ces derniers, ainsi que les distributeurs d'échappement, sont actionnés par une commande à *vitesse variable*, c'est-à-dire que, pendant une excursion, la vitesse du distributeur peut varier dans d'assez grandes limites. La figure 255

représente une application de ce principe ; le distributeur fixé sur l'axe c muni de la manivelle cB est actionné par la manivelle oA par l'intermédiaire de la bielle AB ; si l'on détermine la courbe MNM' qui représente la loi du mouvement du distributeur pendant une double oscillation, on remarque que la vitesse augmente ou diminue suivant que les bras de leviers, dans leurs excursions, se rapprochent plus ou moins de la direction de la tige à laquelle ils sont reliés. On profite de cette propriété pour réduire

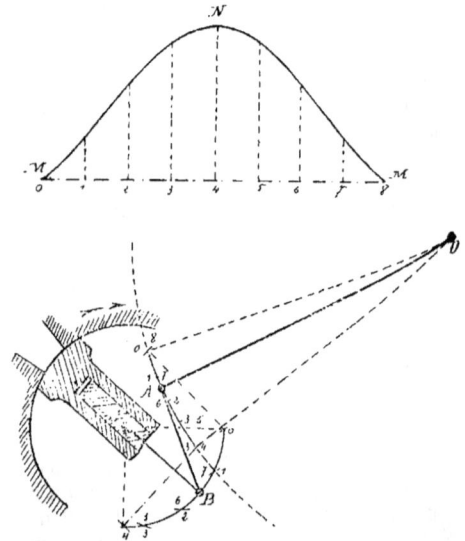

Fig. 255. — Commande à vitesse variable

les étranglements de vapeur : le distributeur reste presque immobile pendant tout le temps où l'orifice qu'il gouverne doit demeurer ouvert ou fermé ; au contraire, il se meut très rapidement pendant que l'orifice n'est qu'en partie découvert. Cet avantage est compensé par une augmentation des efforts sur les centres fixes d'articulation et nécessite de réduire autant que possible les résistances dues au frottement des organes.

Distribution Corliss et dérivés.

251. Sur les machines du système imaginé par Corliss et sur les nombreuses variantes de ce système on fait usage, pour chaque cylindre, de quatre distributeurs séparés (tiroirs placés, plaques oscillantes, robinets, soupapes) ; les distributions d'échappement sont commandées par la machine par une transmission continue, tandis que ceux d'admission sont soumis à l'action du déclenchement. La figure 256 représente la disposition schématique de l'un des dispositifs des machines Corliss, celui qui est dit à *lame de sabre ;* la bielle AB de l'excentrique calé sur l'arbre moteur de la machine imprime, au moyen du levier BC, un mouvement d'oscillation au plateau C mobile autour d'un axe perpendiculaire à son plan. Deux bielles EE' et FF', articulées à l'une de leurs extrémités en deux points du plateau, font mouvoir les deux tiroirs oscillants d'échappement ; d'après la disposition des leviers nous remarquons qu'on utilise ici la commande dite à vitesse variable. Quant aux distributeurs d'admission, ils sont actionnés par le plateau C tant que les linguets K (il y en a un pour chaque distributeur) sont en prise avec le talon *a* d'une bielle HN dont nous allons étudier

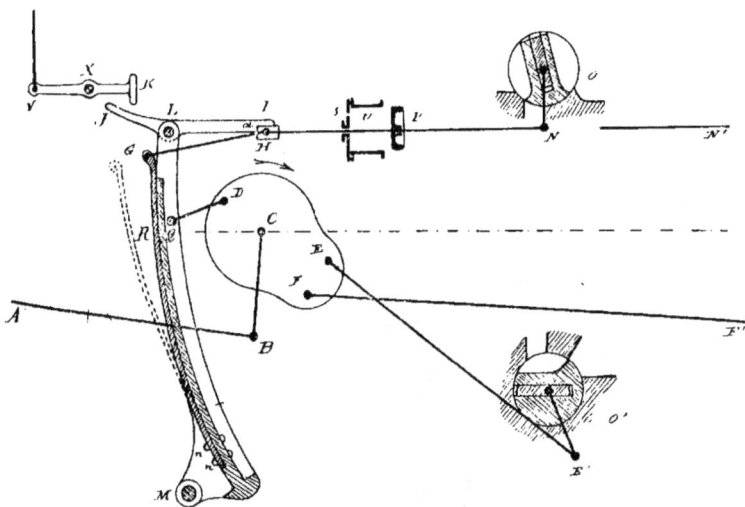

Fig. 256. — Distribution Corliss.

le fonctionnement. Le plateau C transmet son mouvement à un levier ML au moyen de la bielle DQ ; ce levier, mobile autour du point fixe M, porte à sa partie supérieure un déclic JI, articulé autour de l'axe L et qui, dans la position représentée par la figure, est en contact avec la tige HN qui commande l'un des distributeurs d'admission. Si nous supposons le plateau C entraîné dans le sens indiqué par la flèche de la figure, le levier ML oscillera vers la droite, et la tige HN ouvrira le distributeur d'admission. Le déclic JI, continuant son mouvement, viendra alors butter contre le linguet K qui le fera basculer et dégagera le talon *a* de la tige de commande du distributeur ; à ce moment, la tige HN sera rappelée vivement vers la gauche par le ressort R fixé seulement à la partie inférieure *mn* du levier ML (ce ressort prendra la position indiquée en pointillé sur la figure, quant au mouvement de bascule du déclic il est représenté en détail dans la figure 258 ci-après). Ce brusque rappel en arrière donnerait un choc, si la tige de commande du distributeur ne portait un piston P qui vient emprisonner dans le cylindre U un certain volume d'air, lequel ne peut s'échapper que par un petit orifice S placé sur le fond du cylindre; dans d'autres dispositions le coussin d'air interposé est remplacé par un liquide convenable ou par des ressorts ; on fait ainsi une sorte de frein, les organes qui sont destinés à cette fonction sont souvent appelés des *dash-pots*.

Nous voyons donc que la fermeture de l'orifice d'admission a lieu au moment où le déclic JI vient butter, par sa partie recourbée, le linguet K ; ce linguet fait partie d'un levier VK, mobile autour du point fixe X et articulé en V à la tige du régulateur à force centrifuge de la machine. Si nous supposons, par exemple, que la vitesse de la machine augmente, le levier du régulateur se soulève et le linguet K s'abaisse ; il s'ensuit que le con-

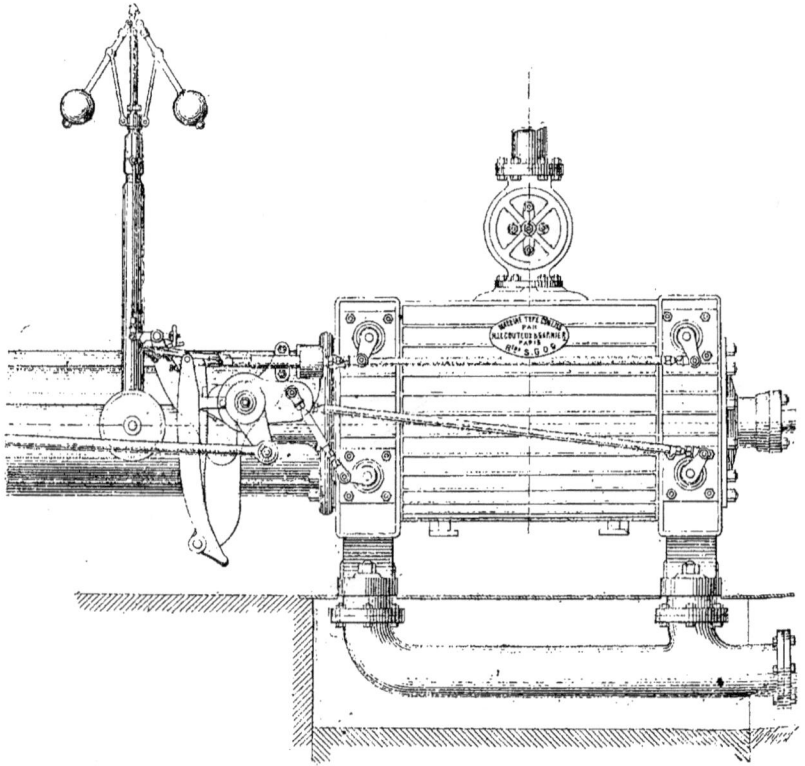

Fig. 257. — Distribution Corliss (Lecouteux et Garnier).

tact du déclic avec le linguet, c'est-à-dire le déclenchement, aura lieu plutôt, et la période d'admission de la vapeur sera réduite d'autant. L'inverse se produirait si la machine venait à ralentir sa vitesse dans une certaine proportion.

Chacun des distributeurs d'admission est actionné par un mécanisme identique, et la fermeture produite par l'intermé-diaire des deux linguets commandés par le régulateur.

Dans cette disposition nous devons remarquer que l'angle de calage de l'excentrique qui actionne le plateau C sera un angle de retard (90 degrés environ). En construisant la loi de mouvement des distributeurs d'admission on constate que le déclenchement ne peut pas se faire au-delà des 0,4 environ de la course du piston ; si, à ce point, le déclenchement ne s'est pas encore effectué, l'introduction continue presque jusqu'à la fin de la course, ce qui conduit à n'employer cette disposition que pour des introductions inférieures à 0,4 de la course du piston. Lorsque l'on veut obtenir une détente plus prolongée on fait usage de deux excentriques moteurs, l'un pour commander les distributeurs d'admission, et l'autre pour les distributeurs d'échappement. D'autres modifications permettent également de faire croître l'introduction, suivant la résistance à vaincre, entre des limites plus étendues, de 0 à 0,7 ou 0,8 ; mais, dans ce cas, on est souvent obligé d'utiliser, pour le déclenchement, aussi bien le retour que l'aller de l'excentrique moteur.

Ces perfectionnements ont permis de donner aux machines de ce système une vitesse de rotation plus grande, en même temps que l'on imaginait l'arrêt automatique du moteur dans le cas de cessation de fonctionnement du régulateur.

252. *Modifications de la distribution Corliss.* — Parmi les nombreux perfectionnements que l'on a apportés à l'ingénieux système de distribution imaginé par Corliss, nous nous contenterons de citer quelques-unes des machines qui figuraient à l'Exposition de 1889.

Les systèmes de distribution de Lecouteux et Garnier, de Brasseur (*fig.* 309 ci-après), etc., sont analogues à la disposition précédente dite en lame de sabre ; la figure 257 représente l'ensemble de la commande de distribution de Lecouteux et Garnier ; le fonctionnement de l'appareil de déclenchement est représenté en détail dans la figure 258. Nous avons vu précédemment que si, par une cause quelconque, l'allure de la machine vient à se ralentir et que, par suite, le linguet se trouve un peu haut, il peut se faire que le déclenchement ne se produise plus, ce qui prolonge la durée de la pleine introduction jusqu'à la fin de la course du piston.

La disposition de la figure 258 permet d'éviter cet inconvénient ; à cet effet, la brimballe C est munie d'une troisième touche I placée entre les deux autres, présentant à sa partie inférieure une contre-pente opposée à celle des palettes A. Ces palettes sont munies d'un taquet E, monté sur un axe de telle façon que, lorsque le porte-ressort se déplace dans le sens habituel où s'opère le déclenchement, ce taquet puisse osciller et s'effacer

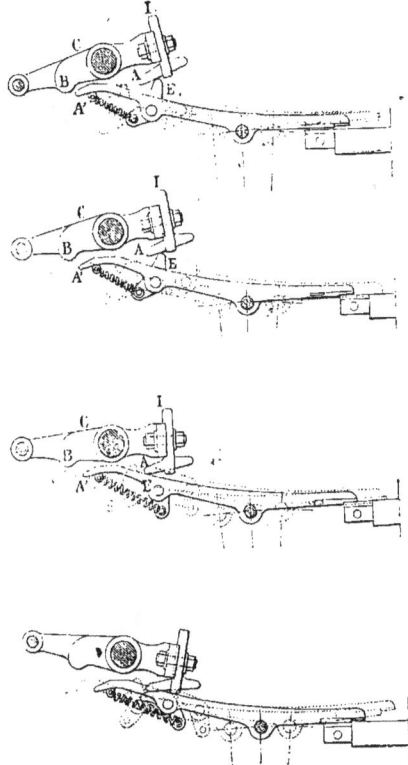

Fig. 258. — Distribution Corliss (Lecouteux et Garnier). — Mécanisme de déclenchement.

pour ainsi dire au contact de la touche I ; puis, lorsque le porte-ressort revient en arrière, le taquet E se redresse et s'engage sous la touche I. On conçoit alors que, selon la position en hauteur de cette touche, le déclenchement puisse s'opérer dans le mouvement de retour du porte-ressort. Ce mouvement de retour permet

de porter l'introduction jusqu'aux 0,8 de
la course du piston. En outre, pour évi-

ter l'inconvénient qui pourrait provenir
de la cessation de fonctionnement du ré-

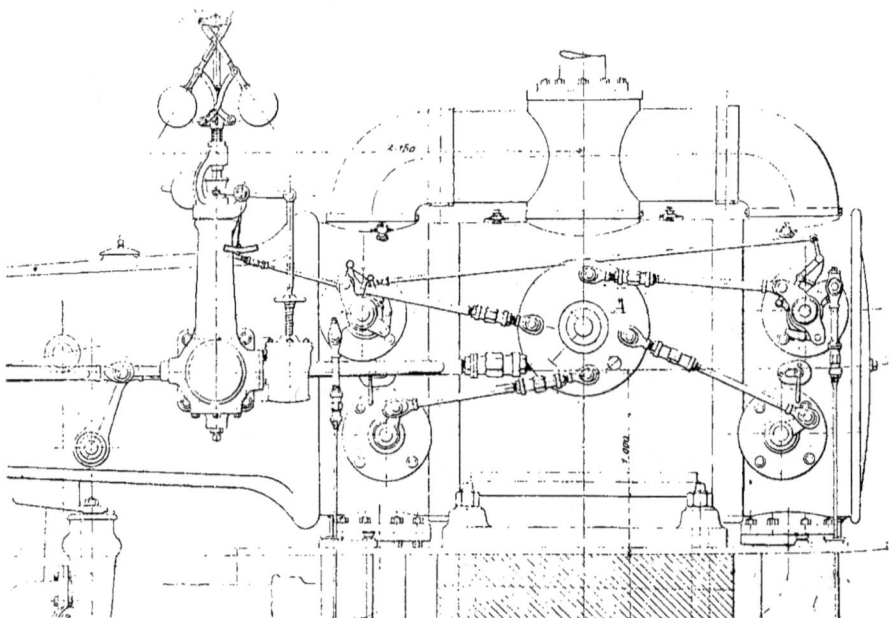

Fig. 259. — Distribution, système Farcot.

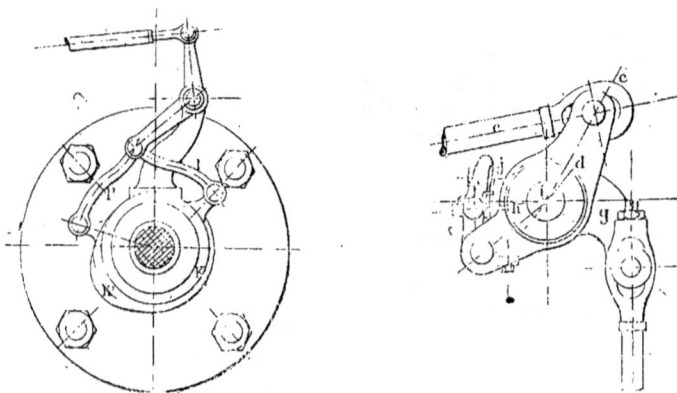

Fig. 260. — Distribution, système Farcot. Mécanisme de déclenchement.

gulateur, inconvénient dont il a été parlé
plus haut, les palettes de déclenchement
sont prolongées, en arrière de leur plan

incliné, par une contre-pente A'. La
brimballe est munie de deux talons B
placés à l'opposé des touches de déclen-

chement par rapport à son axe d'oscillation, de manière à basculer sous l'action du régulateur qui tombe à fond de course et vient appuyer sur les contre-pentes A' des palettes. Celles-ci, se trouvant soulevées, ne peuvent plus entrer en contact avec les pièces de commande des tiroirs qui restent alors fermés, et la machine s'arrête d'elle-même. La figure 258 représente ce mécanisme de déclenchement dans quatre de ses positions.

253. *Distribution Farcot.* — La maison Farcot avait exposé, en 1889, une remarquable machine monocylindrique d'une

puissance de 1 000 chevaux (*fig.* 310 ci-après) dans laquelle les quatre distributeurs étaient actionnés par un mécanisme à déclic permettant de faire varier l'admission depuis 0 jusqu'aux 0,8 de la course du piston.

Les figures 259 et 260 représentent l'ensemble de la commande de distribution et les détails du mécanisme de déclenchement. Le mouvement des quatre distributeurs est pris sur un plateau A placé au milieu du cylindre et actionné par un excentrique calé sur l'arbre moteur ; la commande des distributeurs d'échappement est à vitesse

Fig. 261. — Distribution, système Frikart.

variable ; celle des distributeurs d'admission fonctionne de la manière suivante :

Le mouvement d'oscillation continu imprimé au plateau A est transmis par la bielle *c* au levier *d* (*fig.* 260) ; le levier *d* est fou sur l'extrémité D du tiroir d'admission et porte, à sa partie inférieure, la pédale d'enclenchement *f* constamment sollicitée vers l'axe du tiroir au moyen d'un ressort intérieur. Sur le même axe du tiroir est calée une manivelle *g*, sur laquelle agit le ressort de fermeture (dash-pot), et dont le moyeu présente à côté du levier *d* un grain d'acier *h* correspondant au grain de même métal *j* de la pédale *f*. Le tiroir se trouvera donc

entraîné ou non dans le mouvement d'oscillation du levier *d*, suivant que les grains d'acier *h* et *j* seront en prise ou non l'un avec l'autre. Pour faire cesser cet entraînement à un moment donné, il suffit de forcer la pédale *f* à s'écarter de l'axe du tiroir, en neutralisant l'action du ressort intérieur qui tend constamment à l'en rapprocher. Ce déclenchement est produit par deux cames en acier K et K', placées à l'extrémité du support de distribution et susceptibles de prendre diverses positions par les bielles *ll'* (partie gauche de la figure 260) qui dépendent du régulateur à force centrifuge de la machine. Les bosses excentrées de ces cames viennent se présenter plus ou moins tôt sous l'extrémité d'un appendice latéral d'un doigt, non visible sur la figure, pour écarter la pédale de l'axe du tiroir. La came K agit directement sur le doigt pour amener le déclenchement pendant l'aller du tiroir, c'est-à-dire pour les introductions jusqu'au 0,35 de la course du piston, et la came K' produit au contraire le déclenchement pendant le retour du tiroir, depuis 0,35 jusqu'à 0,8 de la course du piston, en agissant sur un second doigt mobile également non visible sur la figure. Des dispositions sont également prises pour éviter l'emballement de la machine, si pour une cause quelconque le régulateur cessait de fonctionner.

L'exposition de 1889 renfermait beaucoup d'autres systèmes de distributions analogues à celui qui vient d'être décrit: telles étaient les distributions système Frikart, dont la figure 261 donne la disposition d'ensemble, celle de Stoppani, etc.

254. *Distribution Wheeloch.* — Nous avons déjà vu (n° 236, *fig.* 236 et 237) que ce système de distribution comportait quatre distributeurs disposés deux à deux à la partie inférieure et à chaque extrémité du cylindre. L'admission de la vapeur ne peut se faire que si les deux

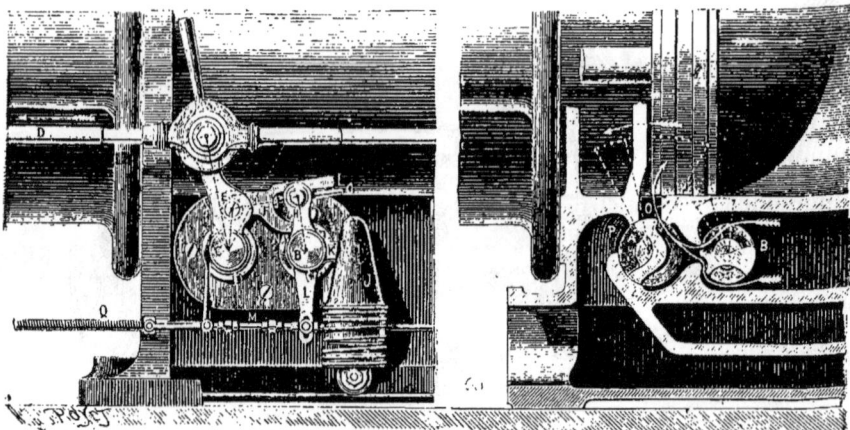

Fig. 262. — Distribution Wheelock.

distributeurs A et B sont ouverts à l'admission (*fig.* 262), la détente est réglée au moyen du tiroir B ; le fonctionnement de ces deux organes est obtenu de la manière suivante: sur l'axe C du distributeur A est claveté un levier E qui reçoit un mouvement d'oscillation continu de la barre d'excentrique D actionnée par la machine. En dehors de la ligne médiane dudit levier se trouve fixé, en E, un tourillon qui sert d'axe de rotation à la fourchette du déclic F, et au petit guide G, qui est aplati du côté de l'axe, afin qu'il puisse se mouvoir dans une ouverture étroite pratiquée en F dans l'épaisseur de la branche courbe de la fourchette. Au delà, le guide est cylindrique et glisse à frottement doux dans un dé d'acier placé derrière en H qui forme douille et assure le guidage. Le bras supérieur de la fourchette porte une touche saillante I qui, dans la position représentée par la figure, se trouve prise derrière l'arête du dé ; le contact des deux pièces est assuré par l'effet d'un contrepoids J, agissant au moyen d'un bras de levier K qui fait corps avec le levier H ; c'est ce contrepoids qui produit la fermeture du distributeur de détente B, il est muni de ressorts amortisseurs de chocs.

En outre, sur l'axe B de la valve de détente est placé un levier L fou sur l'axe et dont la position est déterminée par le régulateur de la machine au moyen de la tringle Q. Le moyeu du levier L porte un ergot N contre lequel vient butter à chaque période de retour la branche recourbée de la fourchette ; celle-ci est alors soulevée, et la touche l, cessant d'être en contact avec le dé H, la fermeture de l'orifice se produit sous l'action du contrepoids J.

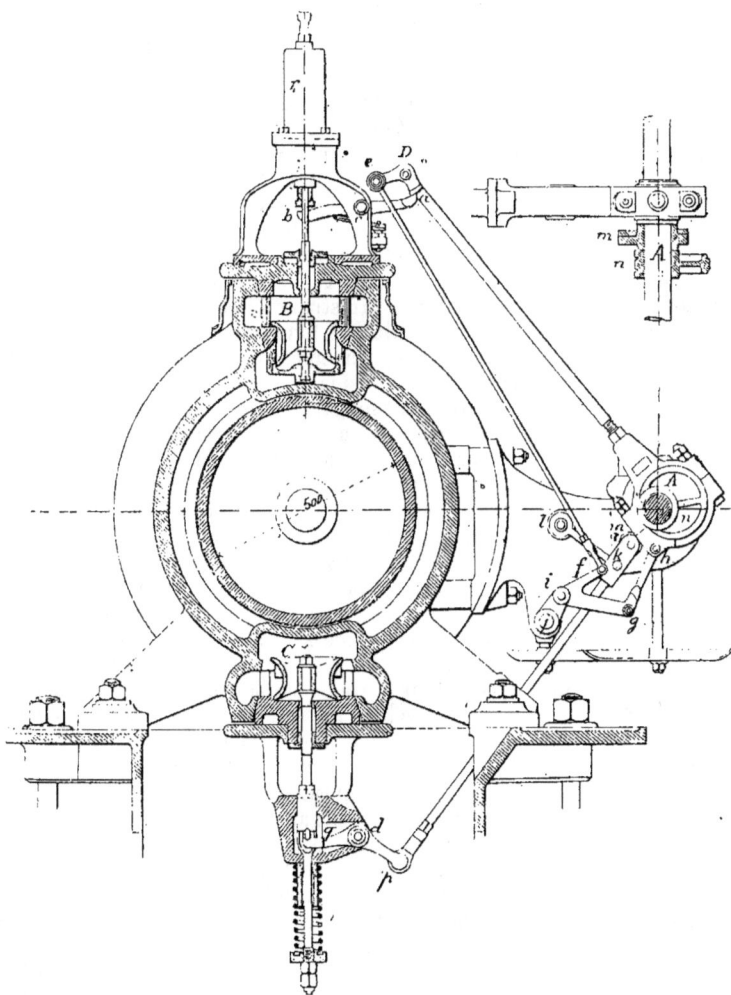

Fig. 263. — Distribution Sulzer.

Le distributeur d'échappement A fonctionne comme un tiroir ordinaire, il est actionné par la barre d'excentrique D de la machine et le levier C.

La disposition Wheeloch a été adoptée en vue de réduire les fuites de vapeur qui peuvent se produire entre les distributeurs d'admission et leurs glaces ; dans les autres systèmes de distribution la vapeur qui s'échappe se rend directement au condenseur sans produire aucun travail. Dans le système Wheeloch, la vapeur que laisserait passer le distributeur B serait arrêtée par le distributeur A et ne pourrait s'échapper au condenseur.

On a appliqué à cette disposition des tiroirs plans à grilles (*fig.* 237), actionnés par un mécanisme analogue à celui qui vient d'être décrit pour les distributeurs oscillants.

255. *Distribution Sulzer.* — Dans ce système de distribution on fait usage de soupapes équilibrées disposées aux deux extrémités du cylindre et diamétralement opposées ; les deux soupapes disposées à la partie supérieure servent à l'admission, celles disposées à la partie inférieure servent à l'échappement ; elles sont toutes les quatre maintenues sur leurs sièges par des ressorts et, pour celles d'admission, par la pression de la vapeur. La figure 263 représente la coupe faite par un plan vertical passant par l'axe des soupapes de l'une des extrémités du cylindre ; les organes distributeurs sont actionnés par un arbre A, qui prend son mouvement sur l'arbre moteur de la machine, au moyen d'un excentrique n et d'une came m commandés tous deux par l'arbre A. La soupape d'échappement C est manœuvrée par la came m au moyen de la tige pm et du levier coudé qpd ; la tige mp est guidée dans son mouvement par la bielle lh qui oscille autour du point fixe l ; la fermeture de la soupape est assurée par le ressort r' qui maintient constamment le galet de la tige de commande en contact avec la came. La soupape d'admission B est manœuvrée par l'excentrique n qui actionne le levier bca au moyen de la butée a, tant que le contact a lieu entre cette butée et l'extrémité du levier. La durée du contact est réglée par les bielles gh et ef qui sont reliées entre elles au moyen du levier coudé ifg ; ce levier est lui-même mobile autour du point i articulé à l'extrémité de la bielle ji qui est sous la dépendance du régulateur de la machine. On conçoit aisément que, suivant la position du point i, l'ensemble des organes de commande et, en particulier, l'excentrique n prennent une orientation telle que le con-

tact de la butée a avec le levier de commande de la soupape varie avec la puissance à développer par la machine. Au moment où le contact est supprimé, la soupape, sollicitée par le ressort r, retombe vivement sur son siège et marque la fin de la période de pleine introduction.

L'arbre A commande un mécanisme identique à celui qui vient d'être décrit pour les deux distributeurs qui sont disposés à l'autre extrémité du cylindre, il est animé d'un mouvement de rotation continu et fait le même nombre de tours que la machine motrice. Comme dans les distributions du système Corliss les ouvertures et les fermetures des orifices sont très rapides, et chacune des périodes de la distribution est indépendante des autres. Nous avons déjà vu que le principal inconvénient de ce système de distribution résidait dans le peu d'étanchéité que les soupapes offrent à la vapeur et qui provient des déformations produites sur ces dernières par la chaleur ; ce n'est que par une construction soignée que l'on est parvenu à rendre économique l'application de ce système de distribution.

256. *Distribution système Correy.* — Nous terminerons la nomenclature des distributions actionnées par un mécanisme à déclic par l'étude de la détente du système Correy qui a reçu des applications sur les machines à balancier. La figure 264 représente l'ensemble d'une machine à balancier du système Woolf (à deux cylindres) munie de la détente en question ; la figure 265 donne les détails des organes de commande de la distribution. Nous n'aurons pas à nous occuper de la distribution du grand cylindre de cette machine, laquelle est obtenue à la manière ordinaire ; mais nous dirons quelques mots des organes de commande de la distribution au petit cylindre, car c'est dans ce dernier seulement que l'on règle la détente de la vapeur proportionnellement au travail à développer par la machine.

Le tiroir M, contenu dans la boîte à tiroir du petit cylindre (*fig.* 265), est organisé pour obtenir une distribution à détente fixe par deux orifices transversaux ee' ;

sur le dos de ce tiroir glissent deux registres de détente N et N', indépendants l'un de l'autre et commandés chacun par un mécanisme identique. Le tiroir M est actionné à la manière ordinaire par un excentrique calé sur l'arbre R à la partie inférieure de la machine ; il nous reste à étudier le mécanisme de commande de l'un des registres de détente. En principe, le registre fait partie d'un système de tiges et de bielles en rapport avec l'excentrique circulaire o, qui lui communique un mouvement rectiligne alternatif ; ce mouvement serait continu si les tiges de commande formaient un tout solidaire, mais les choses sont organisées pour que, à un moment donné, la liaison de ces parties soit interrompue,

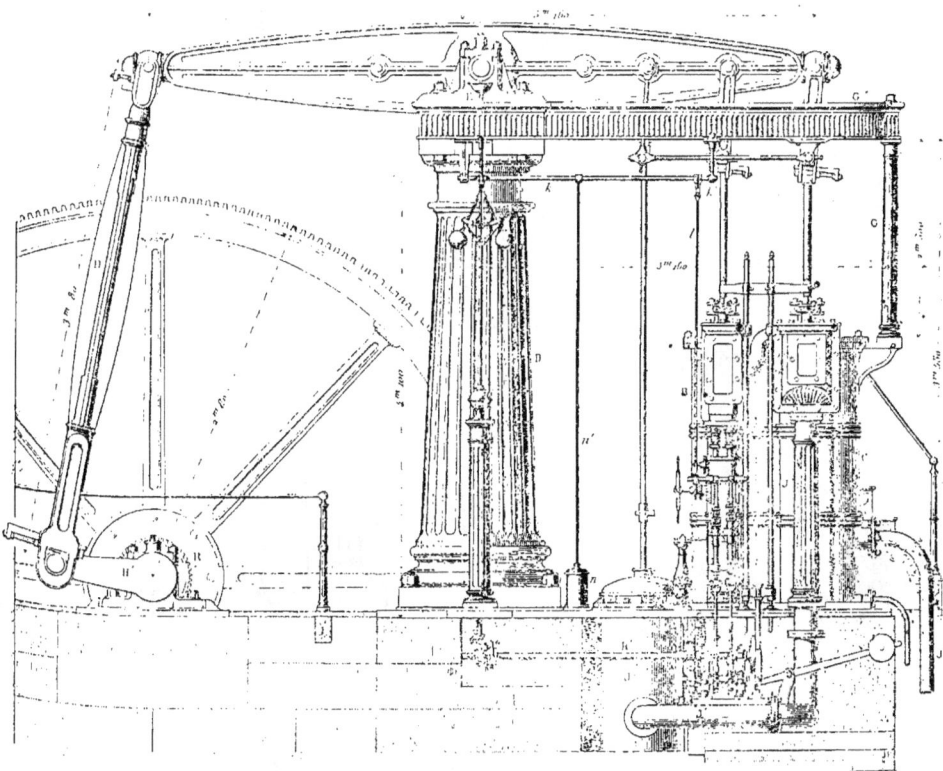

Fig. 264. — Machine à balancier. — Détente, système Correy.

la partie restée en rapport avec l'excentrique continuant son mouvement, tandis que le registre, devenu indépendant, descend sous l'influence de son propre poids et ferme l'orifice d'admission correspondant. Conformément à ces conditions, chaque registre est fixé à une tige f, portant à son extrémité inférieure un piston amortisseur de chocs qui joue dans un cylindre g ; la tige f, traversant le cylindre par une partie de plus petit diamètre h, est clavetée avec un canon P.

C'est ce canon qui a pour fonction d'opérer la liaison intermittente de la tige avec une autre tige o^2, qui est en relation constante, au moyen de la bielle o', avec l'excentrique de commande o. A cet effet, l'extrémité de la tige o^2 présente une portée tournée excentriquement et qui se trouve engagée ou non dans une lunette i que l'on peut voir sur le détail représentée à gauche de la figure 264 ; suivant l'orientation de la portée excen-trique de la tige o^2, il y aura entraîne-ment du manchon P, ou arrêt de ce dernier, quand la lunette échappera l'épaule-

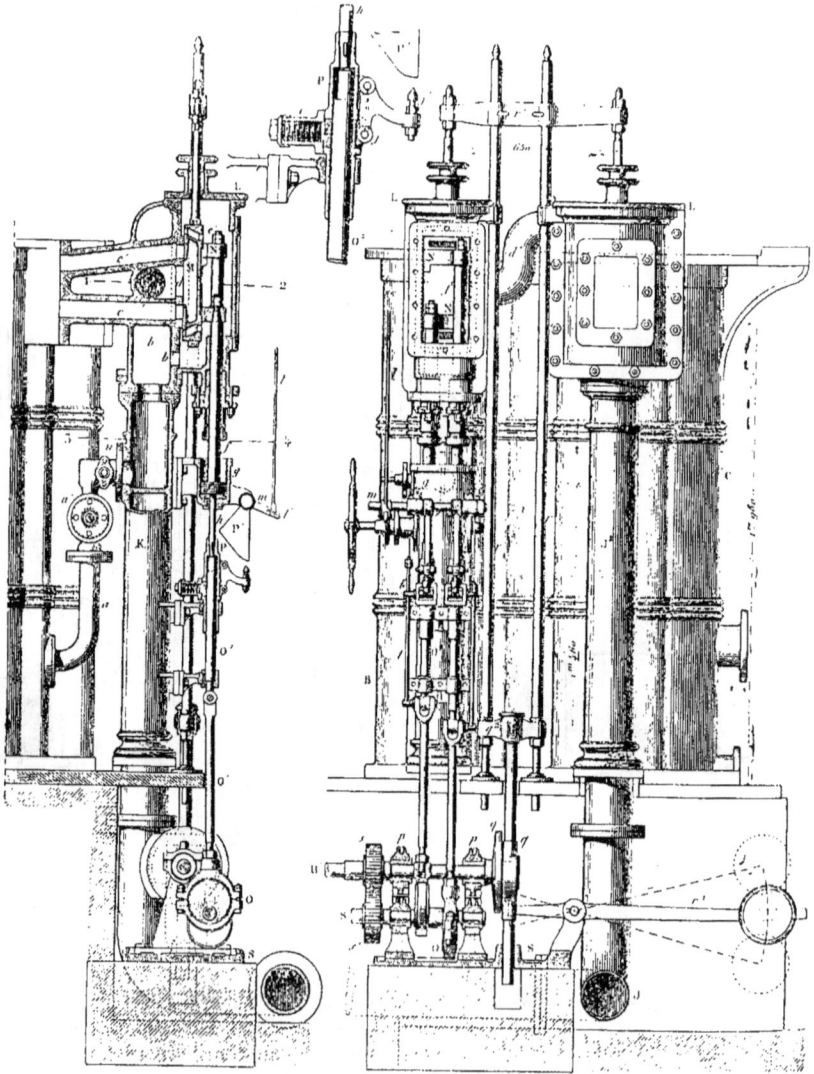

Fig. 265. — Détente, système Correy.

ment de la tige o^2. La lunette i est constamment sous l'action d'un ressort i'; elle est rattachée à une équerre j, qui prend son point d'articulation sur le manchon P et qui porte un pointeau j', lequel, à un moment donné de l'ascension

de la tige, vient rencontrer une butée P'
dont l'orientation est réglée par le régulateur à force centrifuge de la machine.
Aussitôt que la rencontre a lieu, l'équerre
j, forcée d'opérer un mouvement en arrière, repousse la lunette i en surmontant la résistance du ressort i' ; la lunette,
ainsi échappée de l'épaulement de la
tige o^2, laisse cette dernière achever sa
course ascensionnelle, et le manchon P
devient libre de redescendre en entraînant le registre N qui ferme l'admission
de la vapeur. A l'extrémité de sa course,
la tige o^2 vient prendre la position indiquée par la figure.

On peut remarquer qu'avec cette disposition le régulateur n'a qu'une très
faible résistance à vaincre, pour donner à
la butée P' la position qui convient au
degré de détente ; cette circonstance rend
nécessaire l'adjonction d'un petit cylindre
n (fig. 263), rempli d'huile et dans lequel
se meut un piston, dont la tige n' se rattache à un des leviers de commande du
régulateur. La résistance ainsi interposée,
rend les oscillations du régulateur plus
régulières, et permet d'éviter que l'appareil ne soit trop sensible pour la moindre
variation dans la vitesse de la machine.

Ce mécanisme de détente permet,
comme les précédents, de faire varier
l'admission, depuis 0 jusqu'aux 0,8 de la
course du piston ; on pourrait se contenter
de constituer le tiroir de détente par un
seul registre, chargé de fermer les deux
orifices tour à tour ; dans ce cas, il n'y
aurait qu'un seul excentrique qu'il faudrait faire tourner deux fois plus vite
que la machine, et la limite de détente
serait réduite de 0 aux 0,4 de la course.

Distributions par coulisses.

256. On appelle ordinairement coulisses, une série de mécanismes composée
de deux excentriques, qui sont calés,
l'un pour la marche en avant de la machine AV, l'autre pour la marche arrière AR, et dans lesquelles les extrémités
des bielles sont réunies par des articulations, avec un secteur ou coulisse. A l'aide
de dispositifs que nous allons étudier, la
tige du tiroir peut être conduite à volonté,

non seulement par l'une ou l'autre des
extrémités de la coulisse, mais encore par
l'un quelconque des points intermédiaires
de cette dernière. On arrive ainsi à faire
marcher la machine, soit dans un sens,
soit dans l'autre, soit à pleine admission,
soit à détente, ce qui est un avantage
important dans un grand nombre de circonstances. Ces appareils sont appelés
changements de marche, lorsqu'ils sont
surtout employés dans le but de changer
le sens de rotation de la machine ; nous
étudierons, d'abord, les principales dispositions de distributions par coulisses, pour
nous occuper ensuite des dispositifs particuliers, employés exclusivement comme
changements de marche.

257. Coulisse de Stephenson. — La
coulisse de Stephenson se compose de
deux excentriques, A et B, calés l'un
pour la marche AV, l'autre pour la
marche AR sur l'arbre moteur de la
machine (fig. 266) ; les deux bielles d'excentriques sont reliées aux extrémités
d'une coulisse CD, qui tourne sa concavité
vers l'arbre moteur. La coulisse porte
une rainure centrale, dans laquelle peut
glisser un coulisseau E, articulé à la tige
F du tiroir, dont la direction passe par
le centre de l'arbre. La coulisse est suspendue au point D, par un ensemble de
leviers manœuvrés par la vis J, au moyen
du volant K, et dont le jeu est facile à
comprendre par l'examen de la figure ;
quelquefois, le point de suspension de la
coulisse est pris en son milieu E' ; la tige
qui supporte la coulisse porte le nom de
bielle de suspension ou de relevage. On voit
que, pour une position déterminée HG
du levier qui commande l'arbre de relevage, l'extrémité D de la coulisse décrit
un arc de cercle autour du point G. Lorsque
la bielle de suspension occupe sa position
la plus haute, le point G est en G_1, et le
coulisseau E se trouve engagé dans l'extrémité inférieure D de la coulisse, la
distribution s'effectue, alors, à peu près
comme si la tige du tiroir était conduite
directement par l'excentrique A ; si, au
contraire, la bielle de suspension occupe
sa position la plus basse en G_2, c'est
l'excentrique B qui actionne le tiroir ; dans
le premier cas, la distribution est dis

posée pour la marche AV, dans le second, elle est disposée pour la marche AR. Comme le coulisseau E ne peut pas venir exactement jusqu'aux points d'articulation de la coulisse, avec les bielles d'excentrique, il s'ensuit que la distribution est un peu différente de ce qu'elle serait, si la commande se faisait directement ; il faut aussi remarquer que le mouvement d'oscillation imprimé à la coulisse par le second excentrique, modifie un peu les déplacements du coulisseau conduisant la tige du tiroir. On peut, d'ailleurs, tenir compte de ces considérations, lorsque l'on étudie le fonctionnement de la coulisse, et obtenir une distribution convenable pour les deux sens de rotation de la machine.

Si nous plaçons maintenant la coulisse dans une position intermédiaire entre les deux extrêmes, on passera d'une marche dans un sens à la marche dans l'autre, par transitions insensibles ; ce qui permettra de réduire l'introduction de la vapeur dans une certaine limite ; dans la position moyenne, c'est-à-dire celle où le coulisseau occupe le milieu de la coulisse, ainsi que le représente la figure 266, la coulisse est dite au *point mort*, et la machine ne peut marcher ni dans un sens ni dans l'autre. Ce n'est que dans une cer-

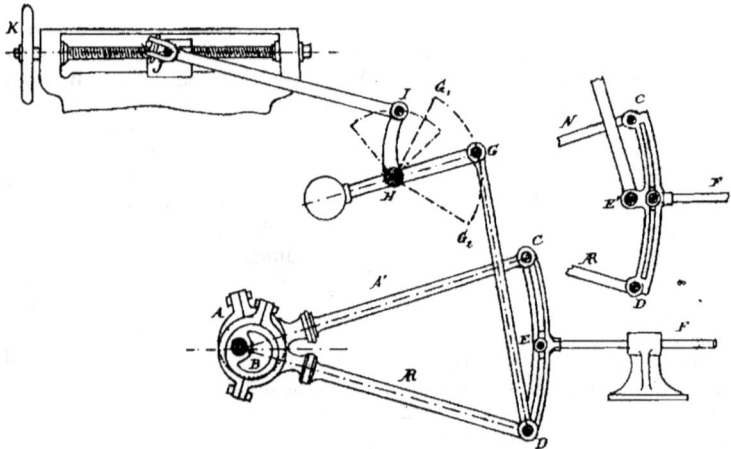

Fig. 266. — Coulisse de Stephenson.

taine région, ne s'éloignant pas beaucoup des extrémités de la coulisse, que l'on peut obtenir, avec des introductions réduites, des régulations admissibles pour la marche correspondante.

Sous ce rapport, la coulisse de Stéphenson et ses dérivées, sont d'un emploi précieux dans les locomotives et dans les machines marines. Nous verrons cependant, qu'au point de vue de la variation de la détente, ces appareils, laissent un peu à désirer ; aussi, dans un certain nombre de machines marines, on ajoute à la coulisse un organe spécial de détente variable.

Avant d'aborder l'étude du mécanisme de la coulisse, nous devons faire re-marquer qu'il existe deux variétés distinctes, jouissant de propriétés légèrement différentes, suivant que la coulisse est à *bielles droites* ou *ouvertes*, comme dans la figure 266, ou bien qu'elle est à *bielles croisées*, c'est-à-dire que la bielle de l'excentrique A est articulée en D, et la bielle de l'excentrique B en C.

L'une et l'autre de ces deux dispositions peuvent être employées ; il suffit simplement de changer l'angle de calage de 180 degrés, pour chacun des excentriques de l'arbre moteur ; dans ce qui va suivre, nous nous occuperons seulement de la première disposition : celle à bielles droites.

Pour une détente donnée, si l'on suppose que l'axe de rotation du pied de la bielle coïncide avec l'axe de la coulisse, on peut déterminer l'angle de calage et le rayon d'excentricité, par l'une des méthodes que nous avons exposées précédemment ; il en est de même pour les dimensions à donner aux recouvrements du tiroir de distribution. Pour la marche en sens inverse, le deuxième excentrique devra être calé symétriquement au premier par rapport à la manivelle.

Si l'axe de rotation du pied de la bielle ne coïncide pas avec l'axe de la coulisse,

le mouvement du tiroir sera différent de celui qui est obtenu par la commande directe d'un excentrique, mais il sera facile de déterminer les déplacements du tiroir, même pour une position quelconque de la coulisse, de la manière suivante : Considérons (*fig.* 267) la coulisse dans une position intermédiaire AB ; le centre de l'excentrique, marche avant, est en AV, celui de marche arrière en AR, symétrique au premier par rapport à la position de la manivelle, dont le bouton est au point O.

Pour déterminer les positions du tiroir

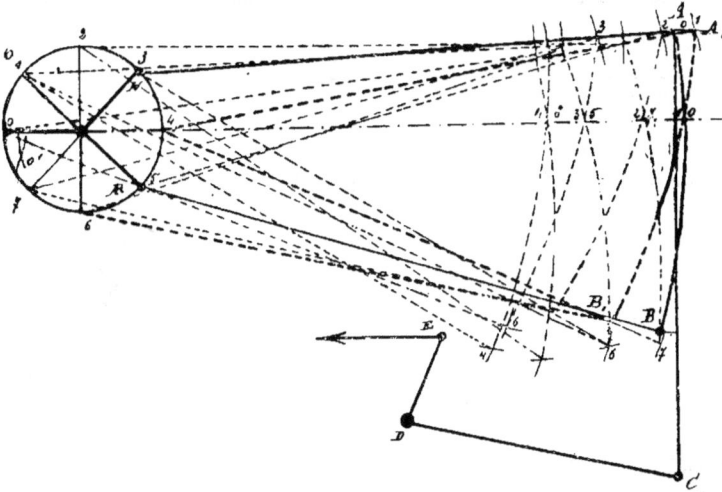

Fig. 267. — Détermination des déplacements du tiroir.

correspondantes aux diverses positions du piston, divisons la circonférence décrite par les centres excentriques (qui est aussi, à l'échelle convenable, celle décrite par le bouton de la manivelle) en un certain nombre de parties égales ; supposons que le bouton de la manivelle passe de O en O_1, le centre de l'excentrique AV occupe la position 4, et celui de l'excentrique AR vient en 6. Pour déterminer la position correspondante de la coulisse, remarquons que l'extrémité A de la coulisse, doit se trouver sur un arc de cercle décrit du point C comme centre, avec la longueur CA de la bielle

de suspension pour rayon ; on obtiendra la nouvelle position de l'extrémité de la coulisse, en décrivant du point 4 comme centre, avec la longueur de la bielle d'excentrique pour rayon, un arc de cercle qui coupera l'arc décrit du point C en A_1. La position B_1 de l'autre extrémité de la coulisse s'obtiendra par l'intersection des deux arcs décrits, l'un du point 6 comme centre, avec la longueur de la bielle d'excentrique pour rayon, et l'autre du point A_1 avec la longueur AB pour rayon. Connaissant les deux points extrêmes A_1 et B_1 de la nouvelle position de la coulisse et son rayon, il est facile de tracer l'arc A_1 B_1 qui, par son intersection avec l'arc de la tige du tiroir donne la nouvelle position du tiroir, ou le chemin parcouru par ce dernier. On obtiendrait de la même manière les déplacements du tiroir, correspondants aux autres positions du bouton de la manivelle.

Cette construction effectuée, nous pouvons construire l'épure sinusoïde représentée par la figure 268 ; soient PB, PH, la loi de mouvement du piston, et TH, TB celle du tiroir, lorsque le coulisseau est à l'une de ses positions extrêmes. Si PHm représente, en fonction de la course du piston, l'avance à l'admission pour l'ori-fice HV, l'introduction commencera par cet orifice lorsque le piston sera en m', à ce moment, le tiroir est en n, distant de sa position moyenne de nh qui représente le recouvrement à l'admission pour l'orifice HV. L'orifice est ouvert en grand lorsque le tiroir est en TB, et l'ouverture maxima est TB, S ; il est fermé lorsque le tiroir est en n' correspondant à la position p du piston, et PHp' représente la durée de la pleine introduction par l'orifice HV ; on déterminerait de la même manière les recouvrements correspondants à l'autre orifice.

Au moyen de l'épure précédente, construisons maintenant la loi du mouvement

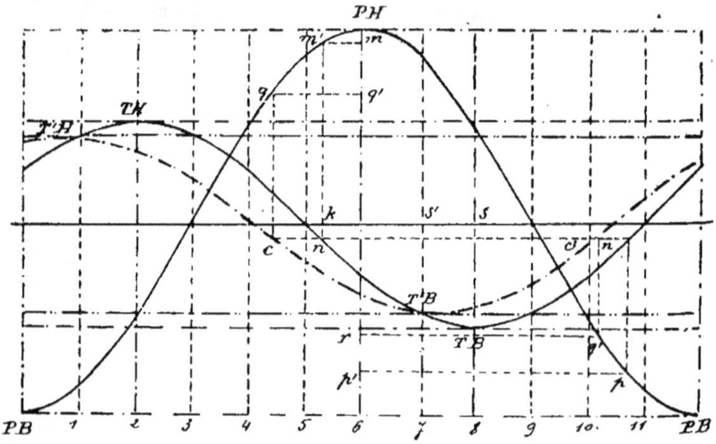

Fig. 268. — Épure sinusoïde de la coulisse.

T'H, T'B correspondant à la position intermédiaire de la coulisse ; comme les recouvrements n'ont pas changé, l'ouverture et la fermeture des orifices se trouveront sur les horizontales, menées à des distances de la ligne mi-course égales aux recouvrements à l'admission et à l'échappement. Ainsi, l'admission commencera par HV quand le tiroir sera en c, correspondant à la position q du piston, elle se terminera en c' correspondant à la position q' du piston ; PHq' et PHr représenteront l'avance à l'admission et la durée de la pleine introduction, obtenues par la nouvelle position de la coulisse.

Nous remarquerons que, par suite du déplacement de la coulisse, il y a eu diminution dans la période de pleine introduction et augmentation de l'avance à l'admission ; de plus, la course du tiroir a été diminuée et l'orifice d'admission moins ouvert, à mesure que la détente a été augmentée. On comprend alors, qu'en plaçant le coulisseau dans les parties qui avoisinent les extrémités de la coulisse, on puisse obtenir la variation de la détente dans la distribution ; lorsque le coulisseau occupe la partie moyenne de la coulisse, la course du tiroir ne permet pas d'obtenir une distribution convenable et la machine cesse de fonctionner.

L'augmentation de l'avance à l'admission qui se produit lorsque la détente augmente, c'est-à-dire lorsque la vitesse de la machine diminue, est un inconvénient que l'on ne doit pas perdre de vue, puisque ce serait précisément le contraire qui devrait avoir lieu ; en employant des bielles croisées, on réalise cette dernière condition. Quant à la période de compression, elle augmente avec la détente, et peut atteindre une valeur trop grande, si le coulisseau se rapproche trop du milieu de la coulisse, on doit éviter que la pres-

sion finale de cette période, dépasse la pression de la vapeur qui règne dans la boîte à tiroir.

A mesure que l'on passe d'une marche extrême à la position moyenne, la course du tiroir diminue ; pour que, dans ces diverses positions, on se trouve toujours dans des conditions admissibles de distribution, il est indispensable que la position mi-course du tiroir reste à peu près constante, sans quoi, l'un des orifices du cylindre s'ouvrirait moins que l'autre, et

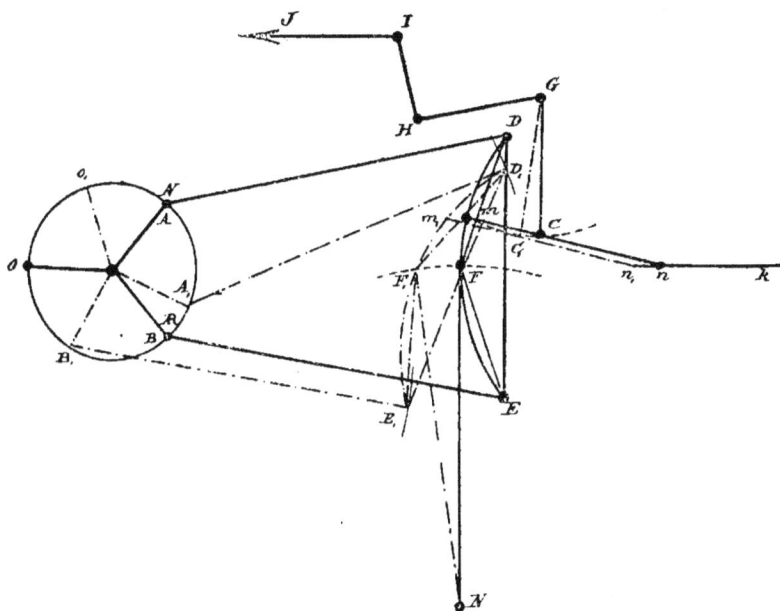

Fig. 269. — Coulisse renversée de Gooch.

l'arrivée correspondante de vapeur serait trop faible. On réalise cette condition en donnant à la coulisse une courbure convenable ; pratiquement, la forme de la coulisse est un arc de cercle, décrit de l'axe de l'arbre moteur comme centre, avec un rayon égal ou un peu supérieur à la longueur de la bielle d'excentrique ; on réalise ainsi, approximativement, une *suspension de tiroir constante*.

258. *Coulisse de Gooch.* — La manœuvre de la coulisse de Stephenson exige que l'on fasse mouvoir l'ensemble

des deux colliers d'excentriques, de leurs bielles et de la coulisse. Pour faciliter cette manœuvre, on équilibre souvent ces diverses pièces au moyen d'un contrepoids ; mais on préfère quelquefois avoir recours à la *coulisse renversée* ou *coulisse de Gooch* (*fig.* 269).

Dans cette disposition, la coulisse DE tourne sa concavité du côté du tiroir, elle est suspendue en son milieu F par un levier dont le centre d'oscillation N est fixe ; la tige nK du tiroir est reliée à la coulisse par une bielle mn, dont on déplace le coulisseau m au moyen d'une série de leviers Gc, GH, HI, etc., oscillant autour du point fixe H. L'étude de cette coulisse se fait d'une façon analogue à celle de la coulisse de Stephenson. Afin de rendre les avances à l'admission à peu près constantes, on donne à la coulisse un rayon égal à la bielle mn du tiroir ; dans ces conditions, aux deux points morts de la manivelle, la corde DE, qui sous-tend la coulisse, est normale à la direction du tiroir et conserve la même position, quelle que soit l'inclinaison donnée à la bielle mn du tiroir. D'autre part, l'effort à développer pour la manœuvre est réduit à celui qui est nécessaire au déplacement de la bielle du tiroir. A côté de ces avantages, la coulisse renversée a l'inconvénient d'exiger une grande distance entre l'arbre moteur, et le tiroir de distribution de la machine, circonstance qui fait quelquefois disposer le tiroir du côté de l'arbre moteur, et alors la concavité de la coulisse se trouve tournée du même côté, comme dans la coulisse de Stephenson. La construction indiquée par la figure 269, montre qu'il est facile de déterminer la position D$_1$E$_1$ de la cou-

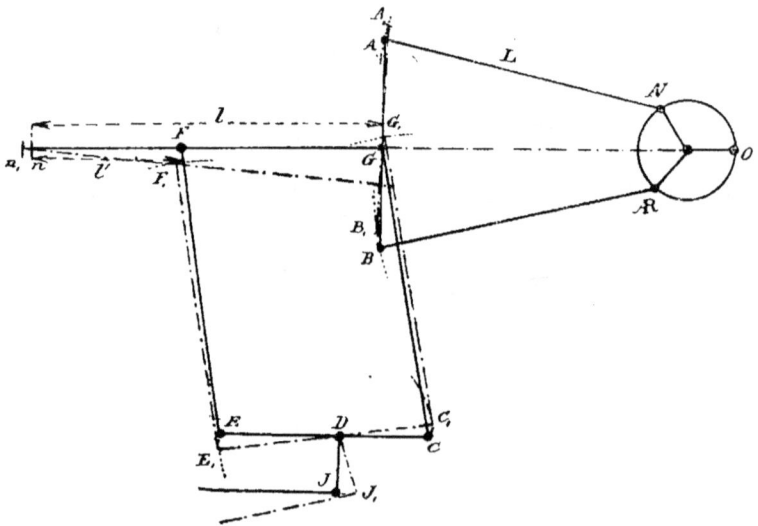

Fig. 270. — Coulisse droite d'Allen.

lisse, correspondant à un déplacement quelconque OO$_1$ du bouton de la manivelle, m_1n_1 est la nouvelle position de la bielle du tiroir, et nn_1 représente le chemin parcouru par ce dernier.

Depuis que l'on fait usage des changements de marche à vapeur, c'est-à-dire manœuvrés au moyen d'un petit piston mû par la vapeur, la coulisse de Gooch a perdu un peu des avantages qu'elle présente pour la manœuvre à la main ; elle est cependant employée quelquefois concurremment avec la coulisse de Stephen-

son et la coulisse droite d'Allen que nous allons étudier ci-après.

259. *Coulisse d'Allen.* — La coulisse d'Allen offre sur les précédentes l'avantage d'être d'une construction facile, elle est rectiligne et participe, comme disposition, des deux systèmes précédents.

La coulisse AB (*fig.* 270), est suspendue à l'extrémité d'un levier DC au moyen de la bielle CG articulée en son milieu ; la bielle nG du tiroir est également suspendue à l'extrémité F du levier EF, articulé lui-même à l'autre extrémité E du levier

DC. La coulisse et la bielle du tiroir sont donc toutes deux suspendues. Pour que le centre d'oscillation du tiroir reste à peu près constant, on donne aux leviers les proportions suivantes :

$$\frac{DE}{DC} = \frac{nF}{L}\left(1 + \sqrt{1 + \frac{nG}{L}}\right)$$

$$= \frac{l'}{L}\left(1 + \sqrt{1 + \frac{L}{l}}\right);$$

ce rapport varie entre 2,3 et 2,8. Si nous supposons, par exemple, que $L = l' = 1^m,25$ et $l = 1^m,50$ on aurait :

$$\frac{DE}{DC} = 2,35.$$

La longueur de la coulisse, prise entre les points d'attache A et B est égale à 4 fois 1/2 le rayon d'excentricité.

En construisant l'épure de distribution de cette coulisse, on verrait que l'avance à l'admission n'est pas constante, elle varie comme dans la coulisse de Stephenson, mais de moins grandes quantités; comme la coulisse de Gooch, elle exige une assez grande longueur disponible entre l'arbre moteur et le tiroir de distribution de la machine.

260. *Coulisse à un seul excentrique.* — On peut remplacer les deux excentriques N ou R de la coulisse, par un autre dont le centre d'excentricité soit placé symétriquement par rapport aux deux premiers, et à l'opposé de la manivelle motrice (1).

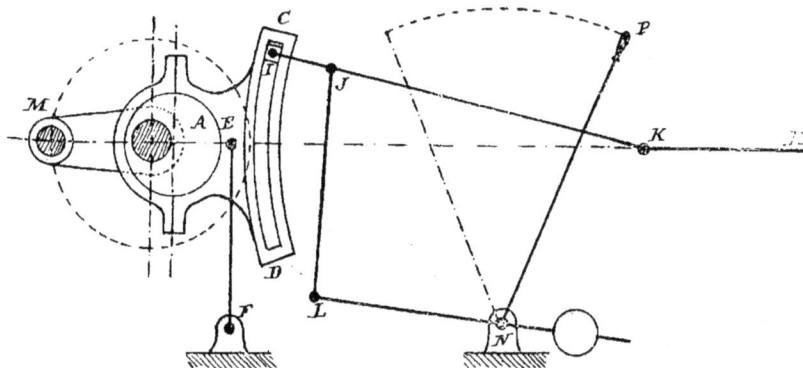

Fig. 271. — Coulisse à un seul excentrique.

Soient (*fig.* 271) A l'excentrique unique et M la position du bouton de la manivelle, si nous nous imposons la condition que l'angle, fait par la bielle du tiroir avec la coulisse, soit invariable et constamment égal à 90 degrés, nous pourrons obtenir les mêmes effets que si la coulisse était actionnée par deux excentriques. C'est ce qui est réalisé par le dispositif représenté par la figure 271, imaginé par Pius Fink, dans lequel la coulisse CD fait corps avec l'excentrique A, dont le point E est assujetti à décrire un arc de cercle de grand rayon, au moyen de la bielle EF articulée au point fixe F ; la tige KK du tiroir est actionnée par la bielle KI qui est elle-même suspendue au levier JL manœuvré par la poignée P. Le rayon de la coulisse est, comme dans celle de Gooch, égal à la longueur de la bielle du tiroir, ce qui rend les avances à l'admission à peu près constantes.

Le dispositif de relevage est quelquefois différent de celui qui est représenté schématiquement sur la figure; il peut être remplacé par une vis, que l'on manœuvre au moyen d'un volant à main, et

(1) Cette disposition s'applique dans le cas où l'admission de la vapeur est réglée par les arêtes extérieures du tiroir; dans le cas où elle serait réglée par les arêtes intérieures, la direction de la manivelle coïnciderait avec celle du rayon de l'excentrique, c'est-à-dire que l'angle de calage de ce dernier serait nul.

qui fait glisser le coulisseau dans la coulisse ; lorsque l'on a simplement en vue d'obtenir la variation de la détente, on fait usage d'une demi-coulisse droite ou courbe. La coulisse de Fink a reçu, à cause de sa simplicité, d'assez nombreuses applications ; mais, en raison de la faible valeur du rayon d'excentricité et de la disposition même des organes, il se produit des efforts considérables aux diverses articulations, et il en résulte une usure rapide qui compromet ensuite le fonctionnement.

Il existe d'autres dispositions de coulisses à un seul excentrique, mais qui sont basées sur un principe différent ; nous aurons l'occasion d'y revenir dans un des paragraphes suivants.

Changements de marche.

261. Les dispositions de coulisses que nous venons d'étudier, sont souvent employées dans le double but de faire varier la détente et de changer à volonté le sens de rotation de la machine. Dans les locomotives et dans les machines marines, leur emploi est surtout précieux, malgré les inconvénients que chaque système de coulisse apporte dans la distribution de la vapeur.

L'usage des coulisses permet de changer très rapidement le sens de rotation de l'arbre moteur, cette opération ne s'effectue, le plus souvent, qu'après l'arrêt de la machine, afin d'éviter les avaries qui pourraient provenir d'un arrêt trop brusque suivi d'une marche en sens inverse ; pour les petits moteurs, cette précaution perd beaucoup de son importance et l'on peut, dans certains cas, rendre le changement de marche instantané, ainsi que nous le verrons ci-après.

Lorsque l'on a simplement en vue d'obtenir le changement dans le sens de rotation de la machine, on peut faire usage des dispositifs autrefois employés dans les machines marines, et connus sous le nom de *changements de marche à toc*.

Le changement de marche à toc est obtenu par le renversement de l'angle de calage de l'excentrique qui actionne le distributeur ; supposons, en effet, que la machine étant arrêtée, on puisse faire tourner l'excentrique et lui donner l'orientation qui convient à la marche en sens inverse. Si, à ce moment, on fixe l'excentrique dans sa nouvelle position sur l'arbre de couche, le tiroir sera disposé pour la marche en sens contraire : il suffira donc de disposer les choses de telle sorte, que l'on puisse donner à l'excentrique l'une ou l'autre des deux positions, qui correspondent aux deux sens de rotation, et le fixer ensuite dans la position choisie.

On pourrait procéder d'une manière inverse, c'est-à-dire supposer le tiroir et l'excentrique qui le conduit immobiles, et faire tourner la machine jusqu'à ce que la manivelle occupe la position correspondant à l'angle de calage, pour la marche en sens contraire.

Que l'on emploie l'un ou l'autre de ces deux moyens, les dispositions des organes sont à peu près les mêmes. La figure 272 représente une application de ce principe à un petit moteur.

Sur l'arbre moteur o de la machine, est calée une clef ou toc c, d'un développement égal à environ un quart de circonférence. Autour de cette clef peut jouer un manchon g qui porte une rainure d, limitée par deux portées ee', sur l'une ou l'autre desquelles vient butter la clef c, suivant le sens de rotation imprimé au manchon. Les détails 1 et 2 de la figure, montrent les deux positions que peut prendre la clef par rapport au manchon.

L'excentrique a qui conduit la tige N du tiroir de distribution de la machine, est de même pièce que le manchon g, la position du rayon d'excentricité dépendra donc de celle qu'occupe la clef dans l'intérieur de la rainure du manchon. Pour marcher dans un sens, il suffit donc de faire tourner le manchon en sens contraire, jusqu'à ce qu'il vienne butter contre la clef ; à ce moment le tiroir sera disposé pour la marche dans le sens choisi, et le moteur fonctionnera.

Pour changer le sens de la marche, on arrêtera la machine, et l'on déplacera le manchon g *dans le sens de la marche qu'il s'agit de renverser*, jusqu'à ce qu'il vienne butter contre la clef.

Il est facile de déterminer quel doit être l'angle de rotation du manchon pendant cette opération; supposons qu'il s'agisse d'un tiroir en coquille, pour lequel l'angle de calage est égal à 125 degrés, l'angle de rotation aura pour valeur (voir *fig.* 267):

$$2(180 - 125) = 110 \text{ degrés};$$

si la machine fonctionne sans détente, avec un angle de calage voisin de 90 degrés, l'angle de rotation se rapprochera de 180 degrés.

La manœuvre du manchon *g* peut s'effectuer à la main, au moyen d'un dispositif quelconque; on peut aussi l'effectuer au moyen de la machine, même par l'intermédiaire du dispositif représenté sur la figure 272.

Dans cette disposition, le déplacement relatif du manchon de l'excentrique est produit par le contact de la roue G dont la jante, à surface rugueuse, peut entraîner le manchon dans le sens de la marche de la machine, c'est-à-dire dans le sens propre au renversement de la marche. A cet effet, la roue G est animée d'un mouvement de rotation au mouvement de la machine motrice; ce moyen est de sens inverse à celui du manchon de l'excentrique, et sa vitesse est plus grande que celle de ce dernier.

En soulevant l'extrémité D du levier, on amène la roue G en contact avec la jante du manchon, qui est également à surface rugueuse, le manchon se trouve entraîné dans le sens de la marche de la machine, mais avec une vitesse plus grande que celle de la clef calée sur l'arbre moteur; il s'ensuit que l'excentrique prend la position qui convient à la marche en sens contraire, et la machine, après s'être arrêtée d'elle-même un très court moment, se remet en marche en sens inverse. Ce dispositif permet donc de changer instantanément la marche de la machine, sans même arrêter cette dernière; pour les raisons que nous avons exposées plus haut, il ne peut guère être appliqué qu'aux moteurs de faible puissance, tels que les servo-moteurs. Lorsqu'il s'agit de machines plus puissantes, telles que les machines marines, on préfère conduire les tiroirs par un arbre spécial, mis en mouvement par l'arbre de couche; le changement de marche s'effec-

tue en décalant le second arbre par rapport au premier, c'est-à-dire en le faisant tourner, dans le sens convenable, d'un nombre de degrés égal à l'angle de décalage.

Le changement de marche du système Mazeline est basé sur ce principe: il permet de renverser l'angle de calage sur tous les excentriques à la fois, par l'intermédiaire d'un train épicycloïdal de roues dentées convenablement disposées. Cette manœuvre est faite, soit à la main,

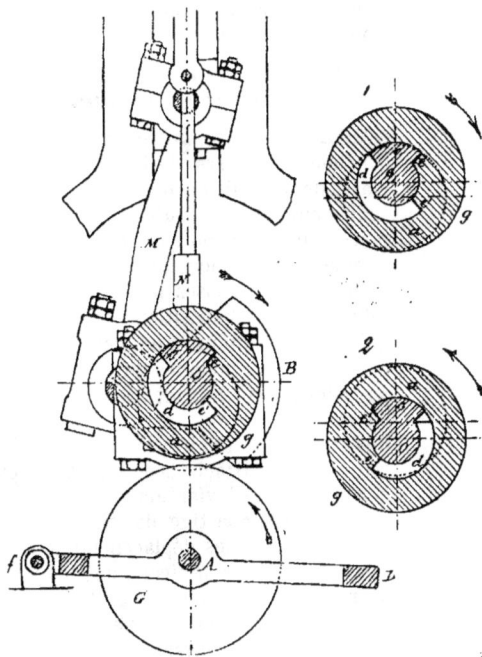

Fig. 272. — Changement de marche instantané.

soit au moyen d'un petit moteur à vapeur spécial, dit de *mise en train*.

Lorsque le distributeur est actionné par une came, le changement de marche peut être obtenu en disposant sur le même manchon, à la suite l'une de l'autre, deux séries de cames disposées, l'une pour la marche avant, l'autre pour la marche arrière; il suffit alors de déplacer le manchon suivant son axe longitudinal, pour opérer le changement dans le sens de rotation.

On peut encore obtenir le changement dans le sens de la marche, en intervertissant le rôle des conduits d'arrivée et d'échappement de la vapeur ; ce renversement de distribution peut être obtenu soit par un jeu de robinets, soit au moyen d'un tiroir convenablement disposé ; dans ce dernier cas, pour que le moteur puisse tourner dans un sens ou dans l'autre, on devra prendre un angle de calage de 90 degrés, ce qui laisse beaucoup à désirer au point de vue de la distribution. On a également proposé d'obtenir le renversement de la distribution, par la variation de la longueur de la tige du tiroir.

Distributions avec un seul ou sans excentrique.

262. Il existe, outre la coulisse de Stephenson et ses dérivés, toute une classe de mécanismes qui permettent, non seulement de produire à volonté la marche en avant ou en arrière, mais encore de faire varier l'introduction de la vapeur dans d'assez larges limites. Ils diffèrent des dispositions étudiées jusqu'ici, en ce qu'ils n'exigent qu'un seul excentrique, quelques-uns même n'en possèdent pas du tout. Dans la plupart de ces dispositions, au lieu d'attaquer directement le tiroir par la bielle d'excentrique, on attache la petite tête de cette dernière à un levier articulé à ses deux extrémités sur la tige du piston et sur celle du tiroir ; les déplacements du piston, reportés sur le tiroir, ont pour effet de rejeter ce dernier, tantôt à droite, tantôt à gauche de la situation qu'il occuperait sans cet intermédiaire. Le mouvement *sinusoïdal* du tiroir se trouve ainsi notablement modifié, et l'on peut arriver, par un choix convenable des données, à une solution satisfaisante ; tel est le système de distribution connu sous les noms de Walschaerts et de Heusinger de Waldegg.

Dans d'autres cas, au lieu de prendre le mouvement sur l'arbre de couche à l'aide d'un excentrique, on l'emprunte à la grosse tête de la bielle qui relie le piston à la manivelle, ou en un point quelconque de cette bielle. Il est alors nécessaire d'intercaler des leviers intermédiaires, de telle sorte que, pour une position donnée du piston, la situation du tiroir soit différente, suivant que le piston se meut dans un sens ou dans l'autre. C'est ainsi que sont constituées les distributions Joy, Marshall et autres, qui offrent certains avantages au point de vue de l'agencement des organes. Dans ces distributions, le mouvement du tiroir reste à peu près sinusoïdal, c'est-à-dire que ses déplacements, en fonction du temps, sont sensiblement proportionnels aux ordonnées d'une sinusoïde, ainsi que cela a lieu dans le cas où le tiroir est directement commandé par un excentrique.

Lorsqu'il s'agit de moteur à allure rapide, on préfère cependant recourir à l'emploi de la coulisse de Stéphenson ou de ses dérivées, à cause de la complication apportée dans les mécanismes par ces dernières dispositions.

263. *Distributions automatiques.* — Dans un certain nombre de moteurs, tels que les pompes à vapeur, on supprime l'arbre moteur afin de simplifier le mécanisme ; le tiroir est généralement actionné par des buttoirs fixés sur la tige du piston, de telle sorte qu'il soit alternativement ouvert pour l'admission et pour l'échappement vers les extrémités de la course. On a soin que l'orifice du cylindre à vapeur soit fermé par le piston moteur, un peu avant chaque bout de course, de façon à produire une compression suffisante pour arrêter ce dernier en temps voulu et l'empêcher de venir frapper contre les fonds du cylindre.

Quand la vitesse est un peu grande, ou que l'on doit craindre que les chocs déterminés par le jeu des buttoirs soient préjudiciables à la solidité du système, on fait usage d'un petit piston auxiliaire qui déplace le tiroir dans le sens voulu, et dont le mouvement est lui-même déterminé par l'ouverture et la fermeture de distributeurs de faible masse, contre lesquels vient butter le piston de la machine motrice.

Dans les pompes à vapeur d'une certaine puissance et à double expansion de vapeur, c'est chacun des deux pistons qui, à mi-course, ouvre et ferme le tiroir de l'autre cylindre ; les deux pistons se meuvent alors, l'un par rapport à l'autre, comme s'ils étaient commandés par des manivelles calées à 90 degrés, ce qui est un avantage important pour le rendement de l'appareil.

La distribution de la vapeur peut encore être simplifiée en supprimant le tiroir, et en faisant ouvrir et fermer les orifices par les pistons moteurs eux-mêmes ; des agencements de ce genre ont été employés quelquefois sur de petits moteurs, mais ils ne sont pas à recommander. Enfin, parmi les machines qui fonctionnent sans distributeurs, il convient de citer les moteurs rotatifs, sur lesquels nous consacrerons un paragraphe à la fin de ce chapitre.

Modes d'emploi des divers systèmes de distribution.

264. Le tiroir en coquille constitue aujourd'hui un des dispositifs les plus usités ; les distributions établies dans ce système sont simples de construction, robustes et durables ; la pression de la vapeur, qui applique le tiroir sur la glace du cylindre, assure une bonne étanchéité. Les grandes vitesses qui sont aujourd'hui en usage, en nécessitant l'augmentation de largeur des lumières et, par suite, celle de la surface du tiroir, sont obtenues par des tiroirs à course réduite ou par des tiroirs équilibrés ou compensés, dans le but de réduire le plus possible les deux facteurs du travail absorbé par le frottement, savoir : le déplacement du tiroir et la pression qui l'appuie sur la glace. Pour les mêmes raisons, on substitue quelquefois, au tiroir en coquille, le système de distributeurs oscillants de Corliss, ou bien l'obturateur est en piston ; l'équilibrage ainsi obtenu est complet, et les passages offerts à l'écoulement de la vapeur ont de grandes sections. En outre, l'appareil de distribution devient plus léger et se prête très bien aux grandes vitesses, mais il donne moins de garanties d'étanchéité que le système précédent.

La transmission destinée à communiquer le mouvement aux distributeurs, peut être divisée en trois catégories principales :

1° Les transmissions *desmodromiques*, c'est-à-dire celles qui sont opérées par des organes rigides et à liaison complète ;

2° Les transmissions par *déclenchement;*

3° Les transmissions *diverses*.

Nous avons étudié quelques-unes des dispositions de la première catégorie, depuis celles où le mouvement du distributeur est simplement pris par une bielle, sur le collier d'un excentrique calé sur l'arbre de couche, jusqu'aux dispositions fort variées, dans lesquelles on obtient la variation de la détente selon le travail à développer par la machine. Dans ces dernières, le mouvement du tiroir est à peu près sinusoïdal, ou bien en diffère notablement ; on peut faire varier la période d'introduction dans des limites fort étendues, sans de bien grandes complications.

Les transmissions par déclenchement sont surtout applicables aux machines à quatre lumières, elles permettent de faire varier les introductions, depuis 0 jusqu'aux 0,8 de la course du piston, en même temps qu'elles réduisent au minimum les pertes dues aux étranglements de vapeur, pendant l'ouverture et la fermeture des orifices. Ce système de transmission est nécessairement applicable aux distributeurs levants, ces derniers ne pouvant donner la fermeture complète, que lorsqu'ils sont appliqués hermétiquement sur leurs sièges, c'est-à-dire indépendants de l'action de la commande. Les distributions par déclenchement procurent des diagrammes d'indicateur à angles nets, se confondant presque avec les diagrammes théoriques ; cet avantage n'est peut-être pas suffisant, pour compenser la complication notable qu'il entraîne dans les mécanismes. D'autre part, le déclenchement ne peut plus s'appliquer, dès que l'on atteint certaines vitesses, la commande desmodromique reste alors seule de mise.

Les transmissions diverses sont, comme nous l'avons vu, extrêmement variées ; les unes permettent de changer le sens de rotation du moteur et de faire varier la détente ; cette dernière fonction est plus ou moins bien remplie, et entraîne quelquefois à des sujétions gênantes; les autres transmissions sont actionnées, soit par des cames, soit par la tige du piston moteur; dans quelques-unes de ces dernières la transmission est alors *par contact* ou *à repos*, comme pour les distributeurs d'échappement des machines du système Sulzer.

Régulation de la vapeur.

265. Quand la machine est en mouvement, il est indispensable de contrôler, au moyen de l'indicateur de Watt, le mode de fonctionnement de la vapeur dans le cylindre; c'est là une opération nécessaire, non seulement pour calculer la puissance développée sur le piston, mais encore pour s'assurer que la distribution est réellement établie dans de bonnes conditions.

Soient (*fig.* 273) ABCDGH le diagramme donné par l'indicateur, MN la ligne atmosphérique, c'est-à-dire celle que trace le crayon de l'indicateur, quand les deux faces de son piston sont soumises à la même tension; prenons, à l'échelle de l'indicateur, MA′ égal à la pression at-

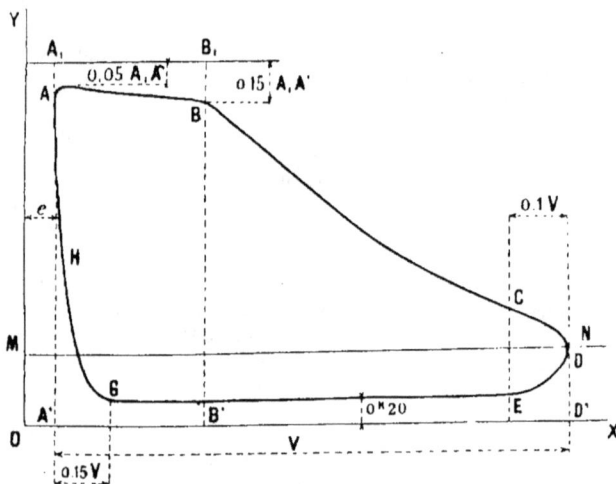

Fig. 273.

mosphérique au moment de l'essai, et traçons *o*X qui représente alors la ligne de pression nulle, ce serait celle que donnerait l'instrument, si la face inférieure de son piston était mise en communication avec le vide absolu.

Prenons également A′A₁ égal à la pression absolue à la chaudière, et soit A′B′ la portion de course correspondant à la pleine introduction. Nous saurons que, pour arriver dans le cylindre et y pénétrer, la vapeur subit une certaine dépression AA₁ provenant des étranglements offerts à son écoulement, des frottements, des condensations extérieures, et des es-

paces morts qu'elle doit d'abord remplir avant d'atteindre sa tension finale.

La valeur de cette dépression, dépend des conditions dans lesquelles s'effectue la distribution de la grandeur des lumières, elle varie de 0,05 à 0,15 de la pression absolue A₁A′, et peut même atteindre 0,20 avec des orifices étranglés et un circuit de vapeur compliqué.

Si l'avance à l'admission est suffisante, et si la fermeture de l'orifice se fait avec rapidité, la ligne AB est à peu près horizontale, mais, avec un tiroir ordinaire, on constate une légère diminution de pression, la chute totale B₁B est environ les 0,15 de la pression absolue à la chaudière. Avec les mécanismes de distribution à déclenchement, on peut admettre que la ligne AB est sensiblement horizontale.

La courbe de détente BC s'écartera d'autant plus de la courbe théorique qui serait obtenue dans un cylindre adiabatique, que les pertes de travail que nous savons dues aux condensations provenant du refroidissement des parois du cylindre seront elles-mêmes plus considérables. On constate cependant que, pour des introductions variant entre 0,8 à 0,3, la courbe suit à peu près celle qui serait déterminée par la loi de Mariotte, tandis qu'aux admissions réduites de 0,10, la courbe réelle de détente s'élève sensiblement au-dessus de l'hyperbole équilatère. Les asymptotes de cette hyperbole sont,

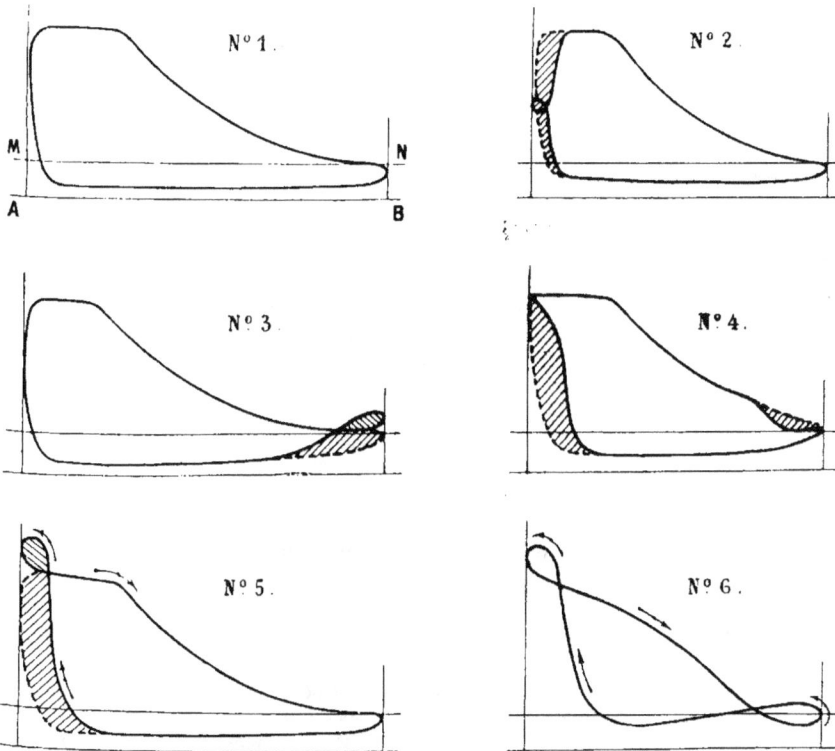

Fig. 274.

l'une sur la ligne oX de pression nulle, l'autre sur la ligne oY des volumes nuls; on peut obtenir cette dernière, lorsque l'on connaît le volume e de l'espace mort en fonction du volume A'D' = V engendré par le piston.

Au point C, environ aux 0,9 de la course, se produit l'avance à l'évacuation; la pression baisse rapidement suivant CD et la course rétrograde commence; au point E, à peu près sur la verticale de C, la contre-pression est établie, et reste sensiblement constante pendant toute la durée de l'échappement. Lorsque la machine est munie d'un condenseur fonctionnant dans de bonnes conditions, la contre-pression peut descendre jusqu'à 0ᵏ,20 ou 0ᵏ,15, et même davantage.

Au point G, c'est-à-dire aux 0,15 de la

course, commence la compression, et la vapeur contenue dans l'espace mort se comprime suivant la courbe GH; enfin, au point H, environ à 0,01 de l'extrémité de course, commence l'avance à l'admission qui fait remonter rapidement la pression, de telle sorte que la tension de la vapeur atteigne, dès le début de la course suivante, la valeur maxima A_1A'.

Cherchons maintenant comment l'on peut reconnaître, par l'examen d'un diagramme, les défauts de régulation; ces défauts ont pour conséquence de modifier la forme des diagrammes et, par suite, de diminuer le travail produit par la vapeur; nous avons vu (§ 214), qu'ils peuvent provenir de plusieurs causes, les unes inhérentes aux conditions d'établissement du cylindre, les autres au fonctionnement du distributeur.

La figure 274 montre six diagrammes, relevés sur différentes machines, nous allons les étudier séparément :

Le diagramme numéro 1 représente la régulation que l'on prend pour modèle, dans une machine à détente et à condensation; le diagramme numéro 2 montre l'effet produit par un *retard à l'admission* et la partie hachée représente la perte de travail qui en provient; le diagramme numéro 3 indique l'effet produit par un *retard à l'échappement ;* quand les avances à l'admission et à l'échappement sont exagérées, on obtient le diagramme numéro 4; le diagramme numéro 5 montre l'effet produit par une *compression exagérée*, la pression de la vapeur de l'espace mort, à fin de course, atteint une valeur plus grande que celle de la vapeur motrice; enfin, le diagramme numéro 6, qui se rapporte à une machine sans condensation, montre les effets produits par une détente prolongée au-delà de la pression atmosphérique et par un refoulement exagéré.

A ces diverses causes de pertes, nous devons ajouter celles qui pourraient provenir d'une mauvaise suspension du tiroir de distribution, ou d'un calage défectueux de l'excentrique, des fuites par le piston ou le tiroir et des entraînements d'eau dans le cylindre.

Les considérations dans lesquelles nous venons d'entrer dans l'étude de la régulation, se rapportent exclusivement aux machines à détente dans un cylindre unique; lorsque la détente s'effectue dans plusieurs cylindres, les diagrammes affectent des formes notablement différentes, ainsi que nous le verrons plus loin.

MACHINES A EXPANSION MULTIPLE

Machines de Woolf.

266. La détente de la vapeur dans un cylindre unique offre plusieurs inconvénients :

1° Les efforts développés par le piston sur la manivelle, sont très variables d'un bout de la course à l'autre, et les organes doivent être calculés pour résister à l'effort maximum;

2° Les espaces morts jouent un rôle très important, et nuisent beaucoup à l'efficacité des grandes détentes;

3° Les fuites qui peuvent se produire par le piston et par le tiroir, occasionnent des pertes qui augmentent avec l'étendue de la détente.

Les machines de Woolf remédient en partie à ces inconvénients; en principe, ce système de machine se compose de deux cylindres de diamètres inégaux (*fig.* 275), juxtaposés ou placés bout à bout, la vapeur est d'abord introduite dans le petit cylindre et, à sa sortie, vient agir par détente dans le grand cylindre. Aussi, c'est la vapeur provenant de l'échappement du petit cylindre qui produit du travail dans le grand : dans cette disposition, la vapeur qui s'échappe de la partie supérieure du petit cylindre sera introduite à la partie inférieure du grand, de telle sorte que les pistons seront entraînés simultanément dans le même sens. La figure 275 représente schématiquement le trajet suivi par la vapeur d'après ce principe. On conçoit tout de suite que, si l'on relie les bielles de chacune des tiges de pistons à l'arbre moteur, on obtient un effort moteur beaucoup plus régulier, et égal à la somme des travaux développés sur chacun des pistons ; lorsqu'il s'agit d'une machine à balancier, les deux tiges des pistons sont ordinairement placées du même côté de l'axe du balancier ; dans les autres machines, les bielles des deux tiges actionnent deux manivelles calées sur l'arbre moteur. En intervertissant le jeu des conduits, on peut disposer les choses de telle sorte, que la vapeur qui a servi à la partie supérieure du petit cylindre, par exemple, soit introduite à la partie supérieure du grand ; dans ce cas, les pistons se meuvent en sens inverse et les manivelles seront calées à l'opposé l'une de l'autre.

On donne presque toujours aux deux pistons la même course, sauf pour les machines à balancier, où l'on doit tenir compte de l'amplitude de l'oscillation, qui correspond à la position de chacun des cylindres.

267. *Travail produit par la vapeur dans une machine de Woolf.* — Nous savons que le travail théorique, produit par la détente d'un volume déterminé de vapeur, dépend de la différence entre les pressions de la vapeur, au commencement et à la fin de la détente il ne dépend donc que du volume final occupé par la vapeur. Le travail théorique, produit par un poids donné de vapeur, sera donc le même, que la détente soit effectuée dans un cylindre ou successivement dans deux cylindres, pourvu que le volume final reste constant. Nous avons vu que ce travail est représenté par la formule (n° 211) :

$$T = V p_0 \left(1 + \log \text{hyp} \frac{z}{z_0} - \frac{p}{p_0} \frac{z}{z_0} \right),$$

dans laquelle :

V représente le volume total engendré par le piston ;

p_0 la pression initiale de la vapeur ;

$\frac{z}{z_0}$, le rapport de détente, c'est-à-dire le rapport entre la course totale z et la

fraction de course z_0 correspondant à la pleine introduction.

Désignons (*fig.* 275) par ω et ω' les surfaces respectives du petit et du grand piston ; z étant la course commune, les volumes respectifs des deux cylindres sont ωz et $\omega' z$, et supposons que la vapeur s'introduise dans le petit cylindre pendant toute la durée de la course. Le volume de vapeur introduit devient $\omega z = V$; les pistons ayant même course, les volumes engendrés par chacun d'eux sont proportionnels à leurs surfaces, et l'on peut écrire :

$$\frac{z}{z_0} = \frac{\omega'}{\omega} = \beta.$$

L'expression du travail devient :

$$T = \omega z p_0 \left(1 + \log \text{hyp} \beta - \frac{p}{p_0} \beta \right).$$

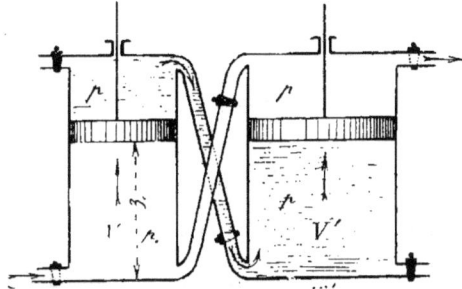

Fig. 275. — Machine de Woolf.

Pour obtenir ce même travail dans un seul cylindre, il aurait fallu introduire un volume $\omega z = V$ de vapeur et le laisser détendre jusqu'à ce qu'il occupe le volume $\omega' z = V'$, ce qui montre que le grand cylindre d'une machine de Woolf doit avoir le même volume que le cylindre d'une machine ordinaire, dans lequel on ferait la même détente, le petit cylindre ayant un volume égal au volume de vapeur introduit dans une machine ordinaire.

268. *Diagrammes dans une machine de Woolf.* — Considérons les deux pistons, lorsqu'ils se trouvent tous deux à l'extrémité inférieure de leur course ; pendant leur mouvement ascensionnel, le petit piston sera soumis, d'un côté, à la pression de la vapeur de la chaudière, et de l'autre, à une contre-pression qui, au début de la course, sera égale à la pression p de la vapeur qui agit sous le grand piston. Mais, à mesure que les pistons se déplacent, le volume occupé par la vapeur, qui a agit sur le petit piston à la course précédente, s'augmente de la différence entre les volumes engendrés par les deux pistons, la contre-pression p diminue donc d'autant, et lorsque les pistons sont en haut de leur course, le volume occupé par la vapeur est égal au volume $V' = \omega'z$, engendré par le grand piston. Nous pouvons déterminer quelle est la pression p qui correspond à ce volume en appliquant la loi de Mariotte, et écrire :

$$\omega'zp = \omega z p_0 ;$$

d'où :

$$p = \frac{\omega p_0}{\omega'};$$

en posant :

$$\frac{\omega'}{\omega} = \beta,$$

il vient :

$$p = \frac{p_0}{\beta},$$

telle est la valeur de la contre-pression au petit cylindre, à l'extrémité de la course. Proposons-nous maintenant de déterminer quelle serait cette contre-pression, après une fraction quelconque z_0 de la course. A ce moment, le volume occupé par la vapeur qui a agit sur le petit piston à la course précédente, est égal à $\omega z - \omega z_0$ dans le petit cylindre et à $\omega'z_0$ dans le grand cylindre ; le volume total occupé est donc égal à :

$$\omega z - \omega z_0 + \omega'z_0.$$

Ce volume de vapeur est à une pression inconnue p ; il occupait précédemment un volume ωz à une pression p_0 ; la loi de Mariotte donne alors :

$$p(\omega z - \omega z_0 + \omega'z_0) = \omega z p_0);$$

d'où :

$$\omega z p \left(1 - \frac{z_0}{z} + \frac{\omega'z_0}{\omega z}\right) = \omega z p_0,$$

$$p\left(1 - \frac{z_0}{z} + \frac{\omega'z_0}{\omega z}\right) = p_0,$$

$$p\left[1 + \frac{z_0}{z}\left(\frac{\omega'}{\omega} - 1\right)\right] = p_0,$$

or :

$$\frac{\omega'}{\omega} = \beta,$$

d'où :

$$p\left[1 + \frac{z_0}{z}(\beta - 1)\right] = p_0,$$

et :

$$p = \frac{p_0}{1 + \frac{z_0}{z}(\beta - 1)}.$$

Telle est la formule qui permet de déterminer la pression p_1 après une fraction quelconque de la course des pistons. En

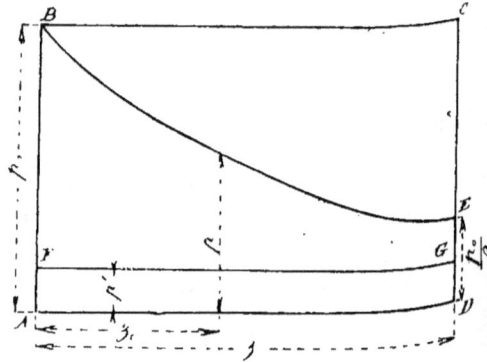

Fig. 276.

portant en ordonnées les différentes valeurs trouvées par cette formule, on aura la courbe qui détermine les pressions au grand cylindre, et les contre-pressions au petit, cette courbe BE est une hyperbole équilatère (fig. 276). Le travail développé dans le petit cylindre, par unité de surface, sera représenté par la surface de la figure BcE et le travail total par $\omega \times$ BcE. Soit AF $= p'$ la pression supposée constante au condenseur et, par suite, la contre-pression au grand cylindre ; le travail développé, par unité de surface, sur le grand piston, sera représenté par la surface FBEG, et le travail total par $\omega' \times$ FBEG.

Au point de vue des efforts transmis sur l'arbre moteur, nous pouvons remarquer que, si la détente a lieu dans un cylindre unique, les différentes ordonnées du diagramme représentent les différentes valeurs de l'effort transmis, *par unité de surface;* en multipliant ces ordonnées par la surface du piston, on obtient les différentes valeurs de l'effort transmis. Dans une machine de Woolf, il faut faire la somme des produits correspondant aux travaux effectués sur chacun des pistons; or, à mesure que les pistons se déplacent, la pression effective au petit cylindre varie comme $p_0 - p$ et celle au grand cylindre diminue; proposons-nous de déterminer quel est l'effort total transmis après la fraction de course z_0 alors que la pression au grand piston et, par suite, la contre-pression au petit est égale à p *(fig. 275).*

A ce moment, la pression effective sur le petit piston est $\omega (p_0 - p)$, celle sur le grand piston est $\omega' (p - p')$; l'effort total F est :

$$F = \omega (p_0 - p) + \omega' (p - p'),$$

d'où :

$$F = \omega p_0 + \omega p \left(\frac{\omega'}{\omega} - 1 \right) - \omega' p';$$

en posant $\frac{\omega'}{\omega} = \beta$, il vient :

$$F = \omega p_0 + \omega p (\beta - 1) - \omega' p'.$$

Nous avions trouvé précédemment :

$$p = \frac{p_0}{1 + \frac{z_0}{z} (\beta - 1)};$$

remplaçant dans l'égalité ci-dessus p par sa valeur, on a :

$$F = \omega p_0 + \omega \; \frac{p_0 (\beta - 1)}{1 + \frac{z_0}{z} (\beta - 1)} - \omega' p'.$$

$$F = \omega p_0 \left[\frac{1 + (\beta - 1)}{1 + \frac{z_0}{z} (\beta - 1)} \right] - \omega' p'.$$

Pour déterminer l'effort au début de la course, c'est-à-dire pour $z_0 = o$, on aura $\frac{z_0}{z} (\beta - 1) = o$, d'où :

$$F = \omega p_0 (1 + \beta - 1) - \omega' p',$$
$$F = \omega p_0 \beta - \omega' p';$$

remplaçant β par sa valeur $\frac{\omega'}{\omega}$, il vient :

$$F = \omega' (p_0 - p');$$

telle est la valeur de l'effort total au début de la course; à la fin de la course, cet effort aura pour valeur, en faisant $z = z$:

$$F = \omega p_0 \left[1 + \frac{\beta - 1}{\beta} \right] - \omega' p'.$$

Dans une machine à cylindre unique dans laquelle on ferait la détente β, l'effort final F' serait égal à :

$$F' = \omega' \frac{p_0}{\beta} - \omega' p',$$

c'est-à-dire plus petit que l'effort produit dans une machine de Woolf, quelque

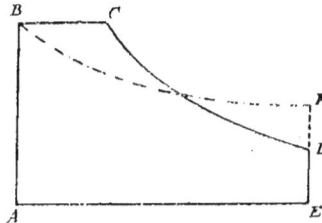

Fig. 277.

petite que soit la quantité $\frac{\beta - 1}{\beta}$. Supposons, par exemple, que $\beta = 4$, on aura :

$$F = \omega p_0 \left(1 + \frac{3}{4} \right) - \omega' p',$$

$$F = \frac{7}{4} \omega p_0 - \omega' p'.$$

En portant sur l'ordonnée du point E *(fig. 277)* le résultat obtenu par la dernière formule, et en déterminant, par la formule générale, les valeurs correspondantes pour les différentes ordonnées, on aura la courbe BF qui représente la loi des efforts transmis dans une machine de Woolf; la comparaison des deux lignes BE et BCD montre que dans ces machines l'effort moteur est plus régulier que dans une machine ordinaire.

Cet avantage est encore plus accentué, lorsque l'on fait de la détente dans le petit cylindre; soient *(fig. 278)*: AB = z, la course commune aux deux pistons; et Ac = z_0, la fraction de course correspondante à la pleine introduction au petit cylindre. Si nous ne tenons pas compte de la contre-pression, le diagramme théorique du petit cylindre est représenté par la figure ADEFB, BF représentant la pression initiale p au grand cylindre, qui est égale à la contre-pression au petit cylindre. Pour déterminer les ordonnées de la courbe F'G, qui représente la pression au grand cylindre, il suffit de prendre la formule :

$$p = \frac{p_0}{1 + \frac{z_0}{z}(\beta - 1)},$$

qui donne la valeur de p à un moment quelconque de la course, et de remplacer p par sa valeur FB. Si nous désignons par β' la détente au petit cylindre, on aura $FB = \frac{p_0}{\beta'}$, et la formule qui donne la valeur de p deviendra :

$$p = \frac{1}{\beta'} \times \frac{p_0}{1 + \frac{z_0}{z}(\beta - 1)}.$$

Cette formule sera représentée sur le diagramme théorique par la courbe F'G, et le travail développé dans le petit cylindre sera égal à :

$$\omega \times F'DEFG.$$

Si $AH = p'$ représente la pression au condenseur, le travail développé au grand cylindre sera égal à :

$$\omega' \times HF'GH',$$

et l'effort total F transmis pendant la période de pleine introduction sera donné par la formule :

$$F = \omega p_0 \left[1 + \frac{1}{\beta'} \times \frac{\beta - 1}{1 + \frac{z_0}{z}(\beta - 1)} \right] - \omega' p'.$$

Pendant la période de détente, après une fraction quelconque z' de la course, l'effort transmis sur le petit piston est $\omega \left(p_0 \frac{z_0}{z'} - p \right)$ et celui transmis par le grand piston est $\omega' (p - p')$; l'effort total est :

$$F = \omega p_0 \frac{z_0}{z'} + \omega \frac{1}{\beta'} \frac{p_0(\beta - 1)}{1 + \frac{z'}{z}(\beta - 1)} - \omega' p';$$

or, on peut écrire :

$$\frac{z_0}{z'} = \frac{z_0 z}{z' z} = \frac{z_0}{z} \times \frac{z}{z'} = \frac{1}{\beta'} \times \frac{z}{z'};$$

d'où :

$$F = \omega p_0 \frac{1}{\beta'} \left[\frac{z}{z'} + \frac{\beta - 1}{1 + \frac{z'}{z}(\beta - 1)} \right] - \omega' p'$$

telle est l'expression du travail total transmis par les deux pistons après une fraction z' de la course.

269. *Influence des espaces morts dans une machine de Woolf.* — Nous avons vu, au numéro 215, combien la présence des espaces morts était préjudiciable à la bonne utilisation de la vapeur dans les machines à cylindre unique ; dans les machines de

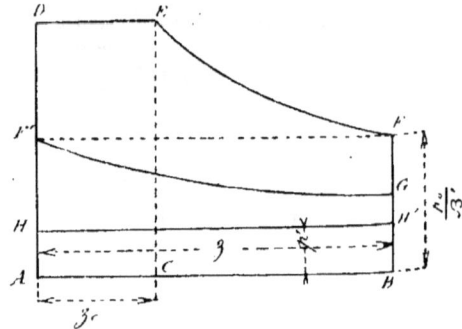

Fig. 278.

Woolf ces inconvénients sont amoindris, la vapeur contenue dans les espaces morts du petit cylindre passe entièrement dans le grand où elle peut agir par détente et, par conséquent, produire un certain travail.

Quant aux espaces morts du grand cylindre leur effet est d'autant moins nuisible que la vapeur a été plus détendue dans le petit cylindre ; comme dans les machines monocylindriques, on atténue leur influence en faisant de la compression au grand cylindre. Cette compression sera d'autant plus efficace pour le grand cylindre que la différence des pressions à l'entrée et à la sortie de la vapeur sera plus faible, c'est-à-dire que la détente aura été plus prolongée au petit cylindre, c'est donc un autre motif pour faire de la détente au petit cylindre.

Dans une machine de Woolf les espaces morts sont composés de deux parties :

1° Des espaces morts du petit cylindre comptés à la manière ordinaire ;

2° De la capacité intermédiaire comprise entre l'orifice d'évacuation au petit cylindre, et l'orifice d'admission au grand.

Lorsque les cylindres sont juxtaposés (*fig.* 281), l'espace mort est assez faible ; mais, lorsque les cylindres sont bout à bout, ou en *tandem* (*fig.* 282), ils peuvent atteindre une certaine valeur.

Cherchons à déterminer ce que devient le travail produit par la vapeur quand on tient compte de la capacité intermédiaire comprise entre l'orifice d'échappement au petit cylindre et l'orifice d'admission au grand ; pour simplifier, nous désignerons le petit cylindre par HP (haute pression), et le grand cylindre par BP (basse pression).

La capacité intermédiaire, étant en communication avec le cylindre BP, jusqu'à la fin de la course, contient de la vapeur à une pression p (*fig.* 275) ; au moment de l'évacuation au cylindre HP, la vapeur remplit d'abord la capacité intermédiaire et, en vertu de la loi de Dalton, elle subit une perte de pression ; la pression initiale sur le cylindre BP, qui est en même temps la contre-pression au cylindre HP, est donc inférieure à p. Soient : ω et ω', les surfaces des deux pistons ; l, la course commune ; et $\alpha\omega l$, le volume de la capacité intermédiaire ; au moment de l'évacuation au cylindre HP, nous possédons dans ce cylindre un volume de vapeur ωl à la pression p_0, et dans l'espace intermédiaire un volume $\alpha\omega l$ à la pression p. Après le mélange, le volume de vapeur est devenu égal à $\omega l + \alpha\omega l$, et il possède une pression p_1, déterminée par la relation connue :

$$\omega l p_0 + \alpha\omega l p = (\omega l + \alpha\omega l)\, p_1,$$

d'où :

$$p_0 + \alpha p = (1 + \alpha)\, p_1,$$

et :

$$p_1 = \frac{p_0 + \alpha p}{1 + \alpha}.$$

Si, à partir du point A (*fig.* 279), nous portons AG $= p_1$, on aura un point de la courbe des pressions communes sur les deux pistons. Pour déterminer la pression finale, remarquons qu'au moment de l'évacuation au cylindre HP nous possédons dans ce cylindre un volume de vapeur ωl à la pression p_0, et dans l'espace intermédiaire un volume $\alpha\omega l$ à la pression p ; à la fin de la course suivante, nous aurons le même volume de vapeur $\alpha\omega l$ à la pression p dans l'espace intermédiaire, et un volume $\omega' l$ à la même pression p dans le cylindre BP. On a donc la relation :

$$\omega l p_0 + \alpha\omega l p = \alpha\omega l p + \omega' l p,$$

d'où :

$$\omega p_0 = \omega' p,$$

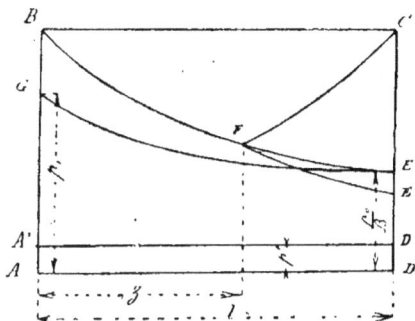

Fig. 279.

et :

$$p = p_0 \times \frac{\omega}{\omega'} = \frac{p_0}{\beta};$$

donc le point E obtenu en portant :

$$DE = \frac{p_0}{\beta}$$

est le point final de la courbe des pressions ; nous devons remarquer que ce point se confond avec le point final de la courbe BE de la figure 276.

Le travail développé dans le cylindre HP, qui était égal à $\omega \times$ BCE, devient alors égal à $\omega \times$ GBCE ; dans le cylindre BP, le travail qui était égal à $\omega' \times$ ABED est maintenant égal à $\omega' \times$ AGED.

Il y a donc, pour le cylindre HP, augmentation de travail de $\omega \times$ BEG et, pour le cylindre HP, diminution de travail de $\omega' \times$ BEG, comme ω' est plus grand que ω, il y a, en définitive, une diminution de travail égale à BEG (ω' — ω).

Cette perte de travail est donc due à la chute de pression, que subit la vapeur en passant dans la capacité intermédiaire; en pratique, on atténue cette perte en limitant l'introduction au grand cylindre, c'est-à-dire en faisant de la détente.

Pendant la période de détente, le petit piston comprime, dans la capacité intermédiaire, la vapeur qui s'y trouve isolée, et si la compression est telle qu'à la fin de la course la pression de la vapeur comprimée soit égale à la pression de la vapeur qui s'échappe du petit cylindre, il n'y aura pas de chute de pression et, par suite, pas de perte de travail.

Proposons-nous de déterminer quelle doit être l'introduction au cylindre BP, pour que cette condition soit remplie.

Soit (fig. 279) ABCD le diagramme du cylindre HP, et BH la courbe des pressions au cylindre BP, qui est aussi celle des contre-pressions au cylindre HP; supposons que nous introduisions la vapeur pendant la fraction z de la course. A ce moment, la vapeur occupe dans le cylindre HP un volume égal à ω (l — z), dans la capacité intermédiaire un volume αωl, et enfin dans le cylindre PB un volume ω'z ; cette vapeur est à une pression inconnue p'_1. Avant l'introduction de la vapeur au cylindre BP, ce même poids de vapeur occupait, dans le cylindre HP, un volume ωl à la pression p_0 et, dans la capacité intermédiaire, un volume αωl à la pression p_0, de sorte que l'on peut écrire la relation :

$$[\omega (l - z) + \alpha\omega l + \omega'z] \, p'_1 = (\omega l + \alpha\omega l) \, p_0,$$

$$p'_1 \left[\omega l (1 + \alpha) + \omega z \left(\frac{\omega'}{\omega} - 1 \right) \right] = \omega l p_0 (1 + \alpha),$$

or :
$$\frac{\omega'}{\omega} = \beta,$$

d'où :

$$p'_1 \omega l \left[(1 + \alpha) + \frac{z}{l} (\beta - 1) \right] = \omega l p_0 (1 + \alpha),$$

et :

$$p'_1 \left[(1 + \alpha) + \frac{z}{l} (\beta - 1) \right] = p_0 (1 + \alpha),$$

enfin :

$$p'_1 = \frac{p_0 (1 + \alpha}{(1 + \alpha) + \frac{z}{l} (\beta - 1)}.$$

Si nous faisons l'introduction au cylindre BP après la fraction z de la course, nous isolons dans le cylindre HP un volume ωl — ωz et, dans la capacité intermédiaire, un volume αωl, tous deux à la pression p'_1. A la fin de la course, cette vapeur est réduite au volume αωl, et sa pression doit être égale à p_0 (d'après ce que nous avons exposé plus haut); on peut donc écrire la relation :

$$(\omega l - \omega z + \alpha\omega l) \, p'_1 = \alpha\omega l p_0,$$
$$\omega l (1 - z + \alpha) \, p'_1 = \alpha\omega l p_0,$$

d'où :

$$\left(1 + \alpha - \frac{z}{l} \right) p'_1 = \alpha p_0.$$

Si nous remplaçons dans cette égalité p'_1 par sa valeur, on a :

$$\left(1 + \alpha - \frac{z}{l} \right) \frac{p_0 (1 + \alpha}{(1 + \alpha) + \frac{z}{l} (\beta - 1} = \alpha p_0,$$

d'où :

$$\left(1 + \alpha - \frac{z}{l} \right) \frac{1 + \alpha}{(1 + \alpha) + \frac{z}{l} (\beta - 1)} = z$$

$$\left(1 + \alpha - \frac{z}{l} \right) (1 + \alpha) = z (1 + \alpha) + \frac{z}{l} \left(\frac{\beta\alpha - \alpha}{1 + \alpha} \right)$$

$$\left(1 + \alpha - \frac{z}{l} \right) = z + \frac{z}{l} \left(\frac{\beta\alpha - \alpha}{1 + \alpha} \right)$$

$$1 - \frac{z}{l} = \frac{z}{l} \frac{(\beta\alpha - z)}{1 + \alpha}$$

$$\frac{z}{l} = \frac{1}{\frac{1 + \beta\alpha - z}{1 + z}} = \frac{1 + \alpha}{1 + \beta z + \alpha - z}$$

enfin :

$$\frac{z}{l} = \frac{1 + \alpha}{1 + \beta z},$$

telle est la formule qui permet de déterminer la durée de l'introduction au grand cylindre quand on ne fait pas de détente dans le petit.

Après la fraction de course z, la contre-pression au cylindre HP augmente constamment pour atteindre, à fin de course, sa valeur maxima $p_0 = CD$; la courbe CF, obtenue suivant la loi de Mariotte, représente les différentes contre-pressions au cylindre HP, et le travail produit dans cylindre est égal à $\omega \times BFC$.

Après cette même fraction z de la course, la vapeur se détend dans le cylindre BP, suivant la courbe FE'; le travail développé dans ce cylindre est égal à $\omega' \times A'BFED'$, $AA' = p'$ représentant la contre-pression au condenseur.

Si l'on fait de la détente dans le petit cylindre, et si nous désignons par β' cette détente et par β la détente totale, on trouverait la relation :

$$\frac{z}{l} = \frac{1 + \alpha}{1 + \dfrac{\beta}{\beta'}\alpha}.$$

Proposons-nous, par exemple, de déterminer les valeurs de $\frac{z}{l}$ pour une détente totale $\beta = 10$, nous obtiendrons les résultats ci-après :

Pour $\beta' = 1$
(Pleine introduction au cylindre HP.)

$$\alpha = 0,1 \quad \frac{z}{l} = \frac{1 + 0,1}{1 + 10 \times 0,1} = 0,55 ;$$

$$\alpha = 1 \quad \frac{z}{l} = \frac{2}{11} = 0,18.$$

Pour $\beta' = 2$

$$\alpha = 0,1 \quad \frac{z}{l} = \frac{1,1}{1,5} = 0,73 ;$$

$$\alpha = 1 \quad \frac{z}{l} = \frac{2}{6} = 0,33.$$

Ces résultats nous indiquent que, pour un espace intermédiaire égal au 0,1 du volume du petit cylindre, les introductions au grand cylindre varient entre 0,55 et 0,73, ces dernières peuvent être obtenues avec un tiroir ordinaire. Mais on est conduit à employer une distribution spéciale pour chacun des cylindres, lorsque les admissions doivent être différentes ; on simplifie quelquefois le mécanisme de commande, en faisant usage d'un excentrique unique qui actionne les deux tiroirs, ou le tiroir commun aux deux cylindres et, dans ce cas, on admet, aux deux cylindres, pendant à peu près la moitié de la course.

La figure 280 représente les diagrammes obtenus sur les deux cylindres d'une machine Woolf et combinés de telle sorte que leur somme se rapproche sensiblement du diagramme théorique ; il est rare qu'on obtienne, en pratique, des résultats aussi satisfaisants, ainsi que nous le verrons ci-après.

270. *Rapport entre les diamètres des cylindres.* — Le rapport entre les diamètres des deux cylindres d'une machine de Woolf varie, pour une même détente totale, suivant l'admission au petit cylindre.

Désignons par V_0 le volume de vapeur à introduire par coup de piston, nous avons vu (n° 222) que le volume de vapeur nécessaire pour obtenir un travail

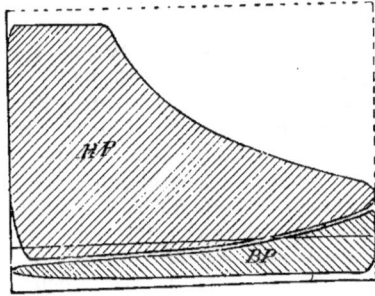

Fig. 280. — Diagramme d'une machine de Woolf.

de N chevaux avec une machine faisant n tours par minute était donné par la formule :

$$V_0 = \frac{N \times 75 \times 60}{2n K h \left(1 + \log \mathrm{hyp} \dfrac{z}{z_0} - \dfrac{h'}{h}\dfrac{z}{z_0}\right)},$$

dans laquelle h et h' représentent les pressions de la vapeur à son entrée et à sa sortie du cylindre et K le coefficient de rendement organique de la machine. En posant $\frac{x}{x_0} = \beta = $ la détente totale, la formule devient :

$$V_0 = \frac{N \times 75 \times 60}{2n K h \left(1 + \log \text{hyp } \beta - \frac{h'}{h} \beta \right)}.$$

Si, par exemple, nous voulons obtenir une détente totale $\beta = 5$ et une détente au petit cylindre $\beta' = 2$, le volume engendré par le piston HP sera égal à $2V_0$ et celui engendré par le piston BV sera égal à $5V_0$.

Ceci posé, désignons par D et d les diamètres respectifs du grand et du petit cy-

lindre et supposons que les courses soient égales à l, les volumes engendrés par chacun des pistons sont proportionnels aux carrés de leurs diamètres ; on a donc :

$$\frac{D^2}{d^2} = \frac{5V_0}{2V_0} = \frac{5}{2} ;$$

$$\frac{D}{d} = \frac{\sqrt{5}}{\sqrt{2}} = 1,58.$$

Si la machine est à balancier, la course du petit piston n'est que les 0,75 environ de celle du grand ; dans ce cas, on a :

$$\frac{D^2 l}{0,75 \, d^2 l} = \frac{5}{2} ;$$

ou :

$$\frac{D^2}{0,75 \, d^2} = \frac{5}{2} ;$$

$$\frac{D}{d} = 1,37.$$

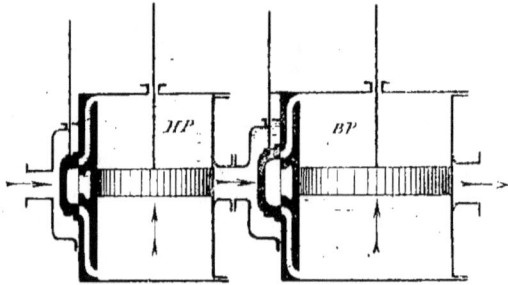

Fig. 281. — Machine de Woolf (cylindres juxtaposés).

Dans les machines de Woolf, si les espaces morts atteignent 5 0/0, environ du volume du petit cylindre, l'augmentation de dépense de vapeur n'est que de 1 0/0, par rapport à la détente nominale, et en supposant que l'on ne fasse pas de détente au petit cylindre ; cette perte s'élève à 4 0/0 si l'introduction par le petit cylindre est réduite de moitié. Si on faisait la même détente dans un seul cylindre l'augmentation de dépense serait beaucoup plus considérable, et pourrait s'élever jusqu'à 10 et 20 0/0.

Lorsque la capacité intermédiaire a un volume égal au 0,1 environ de celui du petit cylindre, la perte de travail est de 2 0/0 environ ; elle atteint 10 et 14 0/0

pour un volume égal à celui du petit cylindre. On peut réduire ces pertes en diminuant la durée de la pleine introduction au petit cylindre.

Les considérations théoriques dans lesquelles nous venons d'entrer ne sont pas les seules qui doivent être mises en cause dans l'étude d'une machine de ce système, la répartition de l'effort moteur sur chacun des pistons, et les conditions d'établissement de la machine jouent un rôle quelquefois très important, et qui ne doit pas être négligé.

271. *Dispositions des machines de Woolf.* — Les machines de Woolf peuvent affecter deux dispositions : suivant que les cylindres sont juxtaposés (*fig.* 281), ou bien qu'ils sont placés bout à bout

(*fig.* 282); cette dernière disposition est
dite en *tandem*. La disposition par cylindres juxtaposés est surtout applicable
aux machines à balancier, la distribution
est alors obtenue au moyen de deux tiroirs,
actionnés chacun par un excentrique ou
par des cames; celle du petit cylindre est
quelquefois à détente variable soit à la
main, soit par l'action du régulateur; les
figures 264 et 265 qui précèdent montrent
l'application de la détente Correy à une
machine à balancier du système Woolf.

La disposition en tandem était autrefois
assez usitée pour les machines marines,
la figure 282 est la représentation schématique de l'ensemble des cylindres et
de la distribution ordinairement employée pour cette disposition. Le piston
du grand cylindre est muni de deux tiges
et relié par une tige axiale au piston du
petit cylindre; la distribution est effectuée par un tiroir unique; les trajets
suivis par la vapeur sont suffisamment
indiqués dans la figure, pour qu'il ne soit
pas nécessaire d'insister sur le jeu de ce
tiroir.

La durée de la pleine introduction, au
petit cylindre, est ordinairement égale à
la moitié de la course, de sorte que, si la
capacité du grand cylindre est égale à

trois fois celle du petit, la détente totale
est égale à six.

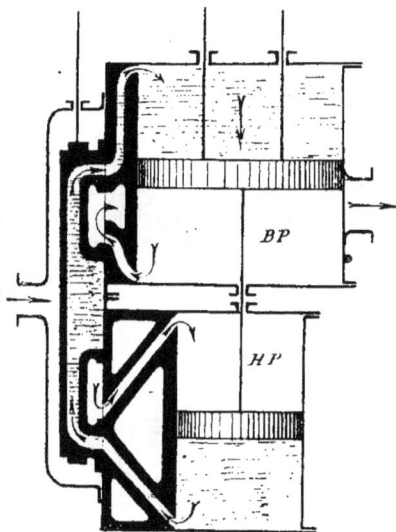

Fig. 282. — Machine de Woolf (cylindres bout à bout).

Ainsi que nous le verrons ci-après, les
machines Woolf, malgré les applications
nombreuses qu'elles ont reçues autrefois,

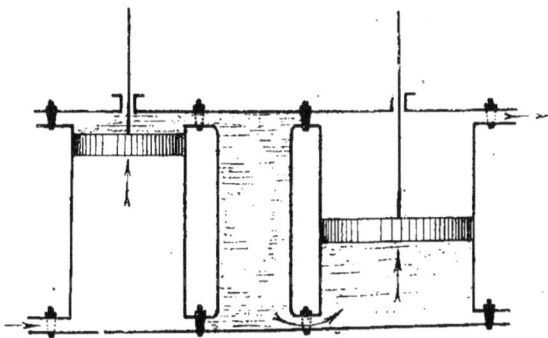

Fig. 283. — Machine compound.

sont un peu délaissées aujourd'hui et ont
cédé la place aux machines compound.

Machines compound.

272. Le principe de ces machines dérive de celles de Woolf; supposons, en
effet, que l'on veuille obtenir un travail
moteur plus régulier que dans ces dernières, et qu'au lieu de caler les manivelles, soit dans la même direction, soit

à 180 degrés l'une de l'autre, on les dispose à angle droit. Quand l'un des pistons sera à l'extrémité de sa course, l'autre ne sera qu'à la moitié environ de la sienne; autrement dit, pendant que l'un des pistons sera au point mort de la manivelle, et produira un effort nul, l'autre piston produira presque son effort maxima. Il s'ensuit une propriété précieuse dans certains cas : outre la plus grande régularité dans les efforts transmis à la manivelle, on peut mettre la machine en marche dans n'importe quelle position ; tandis que, dans les machines de Woolf, les points morts coïncidant, il est nécessaire de prendre certaines précautions au moment de la mise en marche.

Si cette condition est remplie, nous devons remarquer que, lorsque le petit piston commence à descendre (*fig.* 283), le grand piston continue à monter, et la vapeur qui s'échappe du petit cylindre ne peut pas être introduite directement dans le grand, et il faut attendre que le grand piston ait achevé sa course ascensionnelle; de là la nécessité de disposer, entre les deux cylindres, un réservoir intermédiaire qui emmagasine la vapeur d'échappement du cylindre HP, et dans lequel le cylindre BP viendra s'alimenter, comme le cylindre HP s'alimente à la chaudière.

Ces machines ont reçu le nom de machines *composées* ou *compound*.

La figure 284 montre une coupe faite

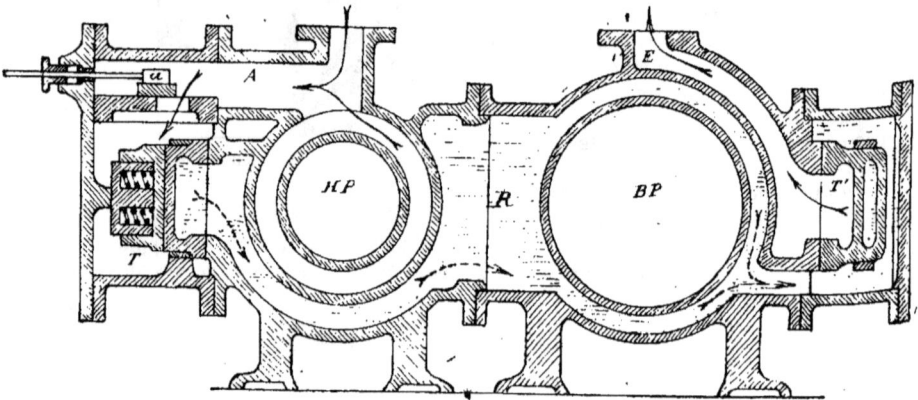

Fig. 284. — Machine compound.

dans une machine compound, par un plan vertical perpendiculaire à l'axe des cylindres ; en A est l'arrivée de la vapeur au cylindre HP et à son enveloppe ; à sa sortie du cylindre HP, la vapeur remplit le réservoir R et sert d'enveloppe au cylindre BP ; en E a lieu l'échappement de la vapeur au condenseur. La distribution est réglée dans les deux cylindres par les tiroirs T et T', et souvent une glissière *a* sert à faire varier la détente au petit cylindre. Le cylindre HP possède, dans cette disposition, une double enveloppe de vapeur, la première remplie par la

vapeur vierge de la chaudière, la seconde par la vapeur du réservoir intermédiaire.

Les machines compound ont reçu de fort nombreuses applications, eu égard aux résultats économiques qu'elles ont donnés, tout en permettant d'obtenir un effort moteur notablement plus régulier que celui qu'on obtient dans le système de Woolf. En ce qui concerne le démarrage, les deux cylindres de ces machines remplacent les cylindres conjugués des machines à simple expansion ; cependant, dans certains cas, tels que les locomotives, malgré les nombreux essais tentés dans cette voie, l'emploi de la disposition compound est encore discuté. Cela tient à diverses considérations : complication des organes, nécessité de prendre certaines dispositions en vue d'avoir, au moment de la mise en marche, une grande puissance disponible sur l'arbre de couche, etc...

Pour les machines fixes de moyenne puissance, il est cependant acquis que la disposition compound procure une économie notable dans la consommation de vapeur ; pour les machines de grande puissance, cette disposition s'impose ; on

a même souvent recours à l'expansion dans plus de deux cylindres (fig. 273).

273. *Travail de la vapeur dans une machine compound.* — Les diverses formules que nous avons obtenues, dans la détermination du travail de la vapeur, dans une machine de Woolf, sont applicables à la disposition compound ; il est cependant nécessaire de tenir compte de la présence du réservoir intermédiaire, dont le volume est ordinairement égal à 1,5 environ de celui du cylindre HP.

Dans les machines compound, on fait toujours de la détente au cylindre HP ;

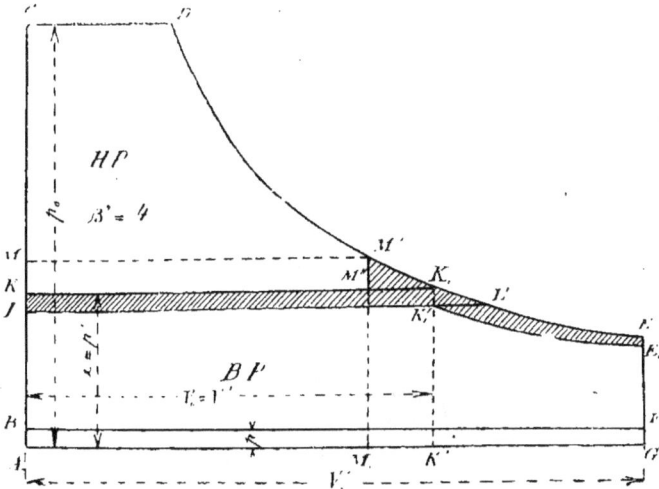

Fig. 287. — Diagramme de machine compound.

la détente totale est, comme dans le cas précédent, égale au rapport $\frac{V}{V_0} = \beta$ du volume V engendré par le grand piston au volume V_0 de vapeur introduit. Désignons par V' le volume engendré par le petit piston, $\frac{V'}{V_0} = \beta'$ représente la détente au cylindre HP. Si nous supposons une machine idéale, dans laquelle le travail total développé soit le même que celui qui serait obtenu dans un cylindre unique, nous pourrons tracer le diagramme BCDEF (fig. 285), qui représente le travail total pour une introduction de

vapeur égale à CD et une contre-pression au condenseur égale à AB. Désignons par p_0 la pression initiale de la vapeur et par p' la pression de la vapeur à la fin de la course du cylindre HP, c'est-à-dire la pression de la vapeur qui s'introduit dans le réservoir intermédiaire ; cette pression p' est déterminée par la relation :

$$V_0 p_0 = V' p'$$

d'où :

$$p' = \frac{V_0 p_0}{V'} = \frac{p_0}{\beta'}.$$

Si V'_0 représente le volume de vapeur introduit au cylindre BP, et x la pression constante au réservoir intermédiaire, à chaque coup de piston, nous enlevons du réservoir un volume V'_0 à la pression x, et nous y introduisons un volume V' à la pression p' ; pour que la pression x reste constante on devra avoir :

$$V'_0 x = V' p'.$$

Nous savons que, pour réduire autant que possible la perte de travail due au réservoir intermédiaire, il faut éviter qu'il y ait une chute de pression entre le cylindre HP et le réservoir ; il faut donc que $x = p'$ et, par suite, que $V'_0 = V'$. Aussi, en prenant le volume correspondant à l'introduction au grand cylindre, égal au volume engendré par le petit piston, la perte du travail sera annulée. Soit $AK' = V'_0 = V'$; la pression x au réservoir intermédiaire est représentée par l'ordonnée KK', c'est aussi la contre-pression au petit cylindre ; le travail développé dans le petit cylindre est égal à $KCDK$, et celui développé dans le grand cylindre à BKK_1EF.

On peut satisfaire à la condition précédente $V_0 = V'$ de plusieurs manières différentes : si on prend d'abord $V_0 = V' = V'_0$, le travail développé dans le petit cylindre sera nul, et tout l'effort sera produit par le grand piston ; en augmentant V' et V'_0 on augmente le travail produit dans le petit cylindre et on diminue celui produit dans le grand. Afin d'obtenir la plus grande uniformité possible dans le mouvement, il convient de répartir sur les deux pistons, aussi également que l'on peut, le travail total produit par la vapeur. La formule qui donne la valeur du travail fourni par la vapeur est (n° 211 et 212) :

$$T = V_0 p_0 \left(1 + \log.\text{hyp.}\,\beta - \frac{p}{p_0}\beta\right) = \frac{N \times 75 \times 60}{2 n K}.$$

En appliquant cette formule au travail t développé dans le petit cylindre, pour lequel la détente est β', on a :

$$t = V_0 p_0 \left(1 + \log.\text{hyp.}\,\beta' - \frac{p'}{p_0}\beta'\right);$$

remplaçant β' par $\dfrac{V'}{V_0}$, il vient :

$$t = V_0 p_0 \left(1 + \log.\text{hyp.}\,\beta' - \frac{V'p'}{V_0 p_0}\right).$$

Si nous admettons que la contre-pre-

sion p' au petit cylindre et, par suite, la pression au réservoir intermédiaire a été déterminée par la relation :

$$V_0 p_0 = V' p',$$

la formule devient :

$$t = V_0 p_0 (1 + \log.\text{hyp.}\,\beta' - 1)$$

d'où :

$$t = V_0 p_0 \log.\text{hyp.}\,\beta'.$$

En écrivant que ce travail sera égal à la moitié du travail total développé par la vapeur, on a :

$$V_0 p_0 \log.\text{hyp.}\,\beta'$$
$$= \frac{1}{2} V_0 p_0 \left(1 + \log.\text{hyp.}\,\beta - \frac{p'}{p_0}\beta\right)$$

d'où :

$$\log.\text{hyp.}\,\beta' = \frac{1}{2}\left(1 + \log.\text{hyp.}\,\beta - \frac{p'}{p_0}\beta\right);$$

telle est la formule qui permet de déterminer la détente β' au petit cylindre, pour des diagrammes théoriques égaux et une perte de travail nulle.

Le volume V' du petit cylindre sera déterminé par la relation :

$$V' = V_0 \beta',$$

et le volume V du grand cylindre par :

$$V = V_0 \beta.$$

En pratique, on n'annule pas complètement la chute de pression entre le petit cylindre et le réservoir intermédiaire, parce que, si l'on procédait autrement, la pression effective sur le petit piston serait nulle à la fin de la course, ce qui serait une mauvaise condition de marche. On conserve alors au petit cylindre une pression AM un peu supérieure (de $0^k,3$ à $0^k,4$) à la pression $AK = p'$ du réservoir intermédiaire ; le volume $AK' = V'$ du petit cylindre devient alors égal à AM, et le travail développé dans ce cylindre est $KCDM'M''$.

Indépendamment de cette perte, il en existe une seconde, provenant de la chute de pression entre le réservoir et le grand cylindre ; cette différence résulte du mouvement de la vapeur à travers les conduits, des condensations, etc.; elle peut atteindre $0^k,1$ environ. En portant $K_1 K'_1$ égale à cette chute de pression, la courbe de détente au grand cylindre devient $K'_1 E_1$, et le travail dans ce cylindre est représenté par $LK'_1 E_1 FB$.

Remarquons que la pression effective E_1F à la fin de la course du grand piston doit être suffisante pour que le travail produit dans le cylindre correspondant puisse au moins vaincre les résistances qui s'opposent à son mouvement. La partie hachée de la figure 285 représente les pertes de travail dues à ces diverses causes; nous n'avons pas tenu compte, dans ces diagrammes théoriques, de la compression de la vapeur produite dans le réservoir intermédiaire par le petit piston, au moment où l'introduction cesse au grand cylindre. Il faut, d'ailleurs, remarquer que le travail absorbé par cette compression se reporte sur le grand piston, à la

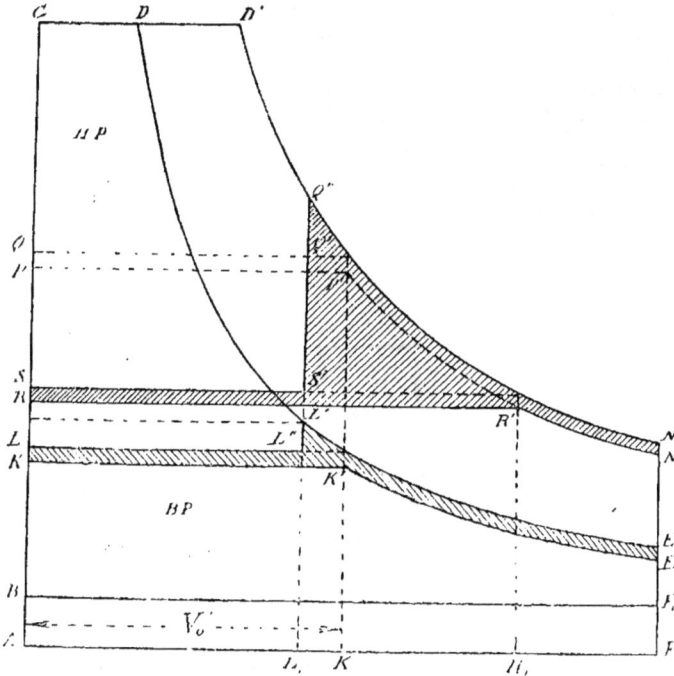

Fig. 286. — Variation de la détente dans une machine compound.

Pour $\beta = 6$, $\dfrac{p'}{p_0} = \dfrac{1}{12}$

$$\log \text{hyp } \beta' = \frac{1}{2}\left(1 + \log \text{hyp } 6 - \frac{p'}{p_0} 6\right)$$

$$\log \text{hyp } \beta' = 1,14588$$

$$\beta' = 3,145$$

$$V' = V_0\beta' = 0,023 \times 3,145 = 0,074$$

Pour $\beta = 3$, $\dfrac{p'}{p_0} = \dfrac{1}{12}$

$$\log \text{hyp } \beta' = \frac{1}{2}\left(1 + \log \text{hyp } 3 - \frac{1}{12} \times 3\right)$$

$$\beta' = 2,52$$

$$V'' = AR_1 = V'_0\beta' = 0,11592$$

course suivante. De même, dès que l'admission commence au grand cylindre, la pression au réservoir intermédiaire diminue constamment, par suite de la différence des volumes engendrés par les deux pistons. C'est ce que l'on pourra constater par les examens des diagrammes, représentés dans la figure 288 ci-après.

271. *Variation de la détente dans une machine compound.* — Lorsque l'on fait varier la détente dans la disposition compound, le régime de la machine se trouve fortement modifié. Supposons une machine construite pour fonctionner à une détente totale $\beta = 10$, et fournissant dans ces conditions des diagrammes théoriques $LCDL'L''$ et $BKK'E_1F_1$, égaux pour les deux cylindres (*fig.* 286). Si l'on veut réduire la détente à la moitié de sa valeur primitive, par exemple, il suffit d'introduire dans le petit cylindre un volume de vapeur double CD' = 2CD; en conservant au grand cylindre une admission V'$_0$ = PP' = AK$_1$, le diagramme du petit cylindre devient 2CD'Q''Q, et celui du grand est BPP'N'E. Ce dernier travail est beaucoup plus considérable que le premier, la différence peut s'élever jusqu'à 50 0/0 environ du travail total développé. Pour ramener la machine à de meilleures conditions de marche, il suffit d'augmenter l'introduction au grand cylindre; supposons que cette dernière devienne égale à AR$_1$: les deux diagrammes sont alors, pour le petit cylindre SCD'S' et pour le grand BRR'N'F$_1$.

Par cette modification on perd une quantité de travail représentée par SS'Q''R'R; cette perte peut atteindre 10 0/0 et plus du travail total, elle ne doit être acceptée qu'autant que l'égale répartition des travaux sur les deux cylindres est absolument imposée.

Dans le cas contraire, c'est-à-dire lorsque l'on augmente la détente, il se produit un effet inverse : le travail produit dans le grand cylindre devient plus petit que celui développé dans le petit cylindre ; on y remédie en diminuant l'introduction au grand cylindre et, si cela est nécessaire, en faisant V'$_0$ < V'.

Ces considérations nous indiquent que, dans ces machines, il faut faire varier la détente à la fois dans les deux cylindres, si l'on veut conserver l'égalité des tra-

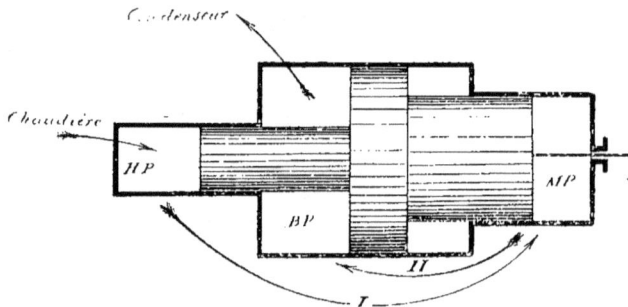

Fig. 287. — Machine Sulzer, à triple expansion.

vaux développés dans chacun d'eux ; cette dernière condition ne doit être abandonnée que lorsqu'elle conduit à une trop grande perte de travail.

Lorsque le système compound est appliqué aux locomotives ou aux machines de bateaux, il est disposé en vue de faciliter la mise en marche; au moyen d'un conduit spécial, on peut faire arriver la vapeur de la chaudière sur les deux cylindres à la fois, ce qui permet de disposer d'un grand effort moteur au moment convenable.

Machines à multiple expansion.

275. Nous avons vu (n° 212) que l'emploi des hautes pressions qui sont aujourd'hui usitées dans les machines pouvait permettre la détente de la vapeur, non seulement dans deux cylindres, mais dans trois, quatre et même cinq cylindres.

Les résultats, que nous avons donnés, montrent quelle est l'économie que l'on peut espérer obtenir de l'adoption de rapports de détente plus élevés que ceux que l'on obtient par l'emploi d'un seul ou de deux cylindres d'expansion.

Dans la pratique, on a rarement dépassé la triple expansion de la vapeur et, dans ce dernier cas, la machine peut être assimilée à une machine compound à trois ou quatre cylindres.

Les figures 287 et 288 représentent deux des dispositions les plus employées; dans la première, la triple expansion est obtenue au moyen de trois pistons ayant même axe; les lettres HP, MP et BP désignent les cylindres de haute, de moyenne et de basse pression, et l'examen de la figure permet de se rendre compte du trajet suivi par la vapeur depuis la chaudière jusqu'au condenseur. Cette disposition de cylindres en *tandem* a reçu quelques applications dans les machines du système Sulzer, que l'on remarquait à l'Exposition de 1889.

La seconde disposition (*fig.* 288), plus employée que la précédente, est aujourd'hui en faveur dans la Marine; les quatre

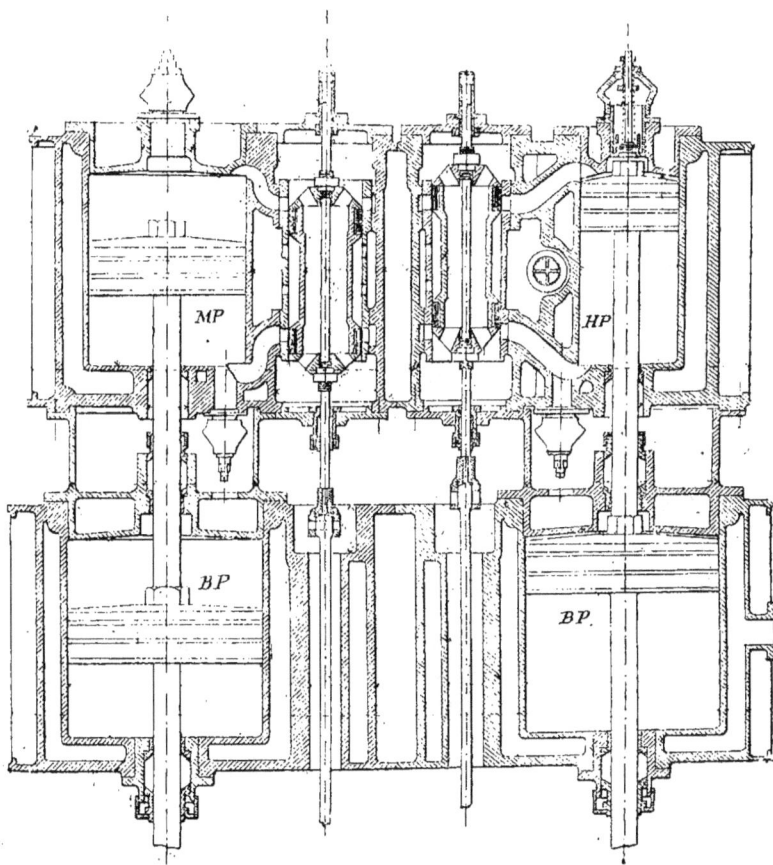

Fig. 288. — Machine à triple expansion.

cylindres, placés au-dessus de l'arbre moteur, sont disposés par paires, suivant deux axes verticaux; le bâti, qui ressemble à celui d'un marteau-pilon à vapeur, a fait donner à cette disposition le nom de *machine pilon*.

La vapeur agit d'abord dans le plus petit cylindre, et s'échappe dans le réservoir qui alimente le moyen cylindre; de ce dernier elle se rend dans les deux cylindres de basse pression, qui sont ordinairement de même diamètre. Dans la disposition représentée par la figure, la distribution est obtenue, pour les cylindres de haute et moyenne pression, au moyen de pistons; celle des deux cylindres de basse pression, est obtenue par deux tiroirs en coquille ordinaires.

Le travail théorique développé par la vapeur peut être déterminé au moyen des formules que nous avons appliquées au travail produit dans les machines compound, mais le calcul devient trop complexe pour le cadre du présent ou-

vrage; nous nous contenterons de donner (*fig.* 289) les diagrammes obtenus sur une machine à triple expansion, dans laquelle la pression initiale était de $8^k,5$ absolus par centimètre carré. Les parties hachées indiquent les pertes de travail, réparties sur chacun des cylindres par rapport au diagramme théorique. On peut se rendre

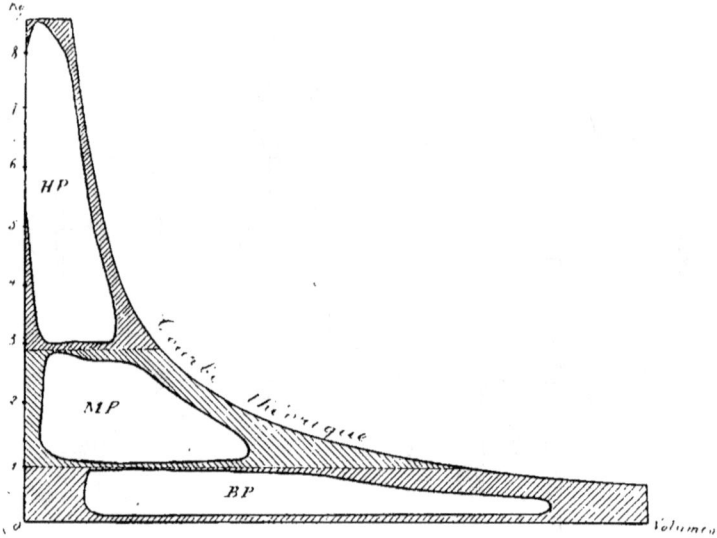

Fig. 289. — Diagramme d'une machine à triple expansion.

compte, par l'inspection des courbes de chacun de ces diagrammes, des effets produits par le laminage de vapeur, et les

différentes conditions pratiques de fonctionnement.

DE LA CONDENSATION

Condensation de la vapeur.

276. Dans l'étude que nous venons de faire de la détermination du travail développé par la vapeur, nous avons vu qu'il y avait avantage à déterminer le plus possible le travail négatif produit par la contre-pression, surtout lorsque l'on avait en vue de faire de grandes détentes. La pression de la vapeur à la fin de la course du piston, devant être supérieure à la contre-pression, plus cette dernière sera

faible et plus on pourra abaisser la pression de la vapeur, qui se détend dans le cylindre.

Nous avons également dit (n° 9) qu'en mettant la vapeur en contact avec un corps froid, celle-ci se condense, et la pression du récipient, dans lequel elle se trouvait renfermée, diminue en raison de la réduction considérable, éprouvée par le volume de la vapeur.

Dans les machines à *condensation* la vapeur, après avoir agi dans le cylindre, au lieu de se répandre dans l'atmosphère, se rend dans une capacité particulière appelée *condenseur*, dont la fonction est de ramener cette vapeur à l'état liquide et, par suite, d'abaisser la contre-pression au piston moteur. Dans les machines sans condensation, cette contre-pression est égale à la pression atmosphérique; dans celles à condensation la contre-pression peut s'abaisser notablement au-dessous, de sorte que le piston est poussé, d'un côté sous l'action de la vapeur motrice, et attiré de l'autre, par le *vide relatif* qui règne au condenseur.

Ces deux effets s'ajoutent pour faire mouvoir le piston dans le sens convenable.

On peut opérer la condensation de la vapeur de deux manières différentes :

1° Par le procédé imaginé par Watt, dit de la *condensation par injection*, obtenu en injectant de l'eau froide dans le condenseur;

2° Par le procédé, imaginé par Hall, dit de la *condensation par surface*, dans lequel la condensation de la vapeur est obtenue par le contact de cette dernière avec des surfaces refroidissantes.

Le premier procédé est généralement adopté pour les machines fixes, le second procédé n'est employé que dans les machines marines et dans quelques autres cas particuliers.

Les appareils de condensation se composent de trois parties principales :

1° Le *condenseur* proprement dit, consistant en une capacité ordinairement en fonte, fermée hermétiquement et en communication avec l'échappement de la machine;

2° La *pompe à eau*, qui fournit l'eau nécessaire à la condensation de la vapeur ou au refroidissement des surfaces en contact avec la vapeur (dans certains, la pompe à eau est supprimée, et la réfrigération des surfaces est obtenue par un courant d'air ;

3° La *pompe à air*, ainsi nommée parce qu'elle extrait du condenseur, en même temps que l'eau et la vapeur condensée, l'air que cette eau tenait en dissolution et qui revient à l'état gazeux sous l'influence de la chaleur.

La tension, à l'intérieur du condenseur, doit toujours être comprise entre $0^m,65$ et $0^m,70$ de mercure, comparée à la pression atmosphérique ($0^m,76$); exprimée en kilogrammes absolus par centimètre carré, cette tension se trouve comprise entre $0^k,09$ et $0^k,13$ on peut arriver à ce résultat, si l'on prend les précautions nécessaires pour éviter les fuites, entre les joints et les garnitures.

On peut supprimer la pompe à eau, lorsque la profondeur du niveau de l'eau qui sert à la condensation ne dépasse pas 4 ou 5 mètres; il suffit, dans ce cas, de faire plonger dans le réservoir, qui contient l'eau de condensation, un tuyau pénétrant dans le condenseur, afin que le vide relatif qui s'y trouve produise, par l'aspiration de l'eau, une injection continue.

L'eau que la pompe à air extrait du condenseur est déversée dans un réservoir quelconque, où la chaudière vient s'alimenter pendant la marche de la machine.

Condenseurs par injection.

277. La figure 290 représente la coupe longitudinale d'un condenseur par injection, formé par une boîte prismatique en fonte, divisée en trois compartiments C, D, H dont les communications sont établies ou interrompues, au moyen d'une série de clapets *aaa'a'* : dans la capacité C, qui constitue le condenseur proprement dit, viennent déboucher le tuyau d'arrivée d'eau d'injection A terminé en pomme d'arrosoir, en regard de ce dernier, le tuyau d'échappement de vapeur de la machine ; dans le compartiment H est disposée la pompe à air B. Au contact de l'eau froide, la vapeur se condense, le mélange d'eau et de vapeur descend dans le compartiment inférieur et est refoulé à l'extérieur par le tuyau E; il est facile de comprendre, par l'inspection de la figure, quel est le jeu des clapets sous l'influence du mouvement alternatif, imprimé au piston B de la pompe à air.

La quantité d'eau injectée est réglée par un robinet R, de manière à condenser

toute la vapeur d'échappement et à réduire, le plus possible, la pression au condenseur ; nous verrons ci-après comment
l'on peut déterminer la quantité d'eau
qui doit être injectée, ainsi que les dimensions de la pompe à air.

Lorsque la condensation par injection
est appliquée à des machines à grande
vitesse, on est obligé de faire donner à la
pompe à air un grand nombre de coups
de piston ; les coups de bélier qui en résultent auraient le grave inconvénient de
détériorer rapidement les clapets, si l'on
ne prenait la précaution d'augmenter le
nombre et le diamètre des soupapes d'aspiration et de refoulement, de manière à
obtenir, pour une très petite levée du clapet, de larges sections de passage au liquide (voir *fig.* 279). Les clapets peuvent
être constitués par des matières plas-
tiques et maintenus étanches, sous l'influence des différences de pression produites par la pompe à air ; ils sont
quelquefois munis de ressorts afin de
mieux assurer la fermeture.

Le piston B de la pompe à air est ordinairement creux, afin que, plongé dans
l'eau et perdant ainsi une partie de son
poids, l'influence du porte-à-faux ne se
fasse pas sentir sur la garniture du presse-

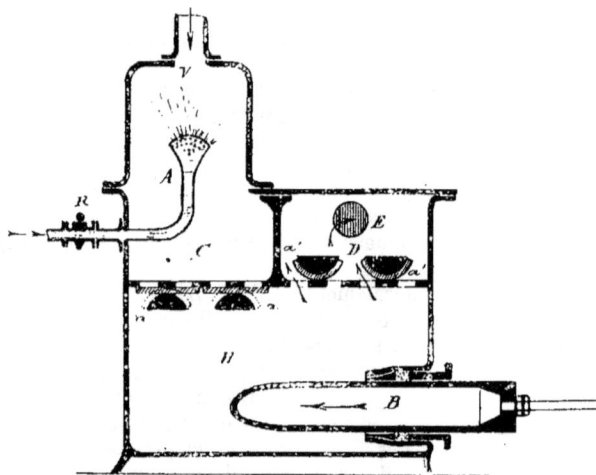

Fig. 290. — Condenseur par injection.

étoupes ; il est terminé par une partie
conique, destinée à faciliter son passage
à travers la masse d'eau qui remplit le
compartiment H.

Dans les machines verticales, la pompe
à air est quelquefois disposée verticalement et, à sa partie inférieure, qui communique avec la capacité dans laquelle
s'opère la condensation, se trouve placé
le clapet d'aspiration ; le clapet de refoulement est situé au-dessus, et entre ces
deux clapets se meut un piston portant
lui-même deux soupapes. L'appareil, ainsi
disposé, ressemble à une pompe verticale à double effet ; la bâche est située au-

dessus du clapet de refoulement. La disposition horizontale représentée par la
figure 290, est la plus généralement
employée, le mouvement de la pompe à
air est pris sur la tige du piston de la
machine, et le condenseur disposé en
contre-bas de la machine ; d'autres fois,
c'est le prolongement de la tige du piston
de la machine qui constitue la tige de la
pompe à air, le condenseur est alors disposé à l'arrière du cylindre de la machine.

278. *Calcul du poids d'eau à injec-*
ter. — Désignons par p le poids de vapeur
à condenser par coup de piston de la
machine, par t la température de la

vapeur d'échappement, et par P le poids d'eau qu'il faut injecter à la température t_0 pour obtenir au condenseur une température t_1. Nous savons (n° 15) que la quantité de chaleur contenue dans un kilogramme de vapeur à t degrés, est représentée par la formule :

$$606,5 + 0,305\ t$$

Le poids p de vapeur, en passant de la température t à la température t_1 du condenseur a perdu une quantité de chaleur égale à :

$$Q = p\ (606,5 + 0,305\ t - t_1)$$

Le poids P d'eau d'injection, qui est à la température t_0, absorbe en passant à la température t, une quantité de chaleur Q' égale à :

$$Q' = P\ (t_1 - t_0)$$

Or, la quantité de chaleur perdue par la vapeur est égale à la quantité de chaleur gagnée par l'eau et $Q = Q'$, d'où

$$p\ (606,5 + 0,305\ t - t_1) = P\ (t_1 - t_0)$$

d'où l'on tire :

$$P = \frac{p\ (606,5 + 0,305\ t - t_1)}{t_1 - t_0}.$$

Telle est la formule qui donne le poids de l'eau injectée. En pratique, on prend pour valeur de P environ une fois et demie celle déterminée par le calcul ; la quantité d'eau d'injection nécessaire par kilogramme de vapeur sera, en faisant $p = 1$:

$$P = \frac{606,5 + 0,305\ t - t_1}{t_1 - t_0} ;$$

appliquons cette formule pour le cas d'une machine, dans laquelle la pression de la vapeur à fin de course serait de $0^k,5$, la température correspondante à cette pression est (n° 16) $t = 81$ degrés, la formule devient :

$$606,5 + 0,305\ t = 631,$$

d'où :

$$P = \frac{631 - t_1}{t_1 - t_0}.$$

La température de l'eau t_0 d'injection varie, suivant la saison et les endroits d'où on l'extrait, entre 5 et 25 degrés ; la température t_1 au condenseur est or-

dinairement de 40 degrés ; en faisant $t_1 = 40$ on aura :

$$\text{pour } t_0 = 5 - P = \frac{631 - 40}{40 - 5} = 16^k,8,$$

$$\text{et pour } t_0 = 25 - P = \frac{631 - 40}{40 - 25} = 39^k,4.$$

Ces résultats nous montrent entre quelles limites la quantité d'eau injectée peut varier suivant les conditions de l'installation ; comme nous l'avons déjà dit, on prend ordinairement pour P une valeur moitié plus grande.

Le rapport du volume du condenseur au volume engendré par le piston à vapeur, est égal à 1 pour les machines de faible puissance (20 chevaux) et de $\frac{1}{1,3}$ à $\frac{1}{1,5}$ pour les machines puissantes ; dans les machines à multiple expansion, ce rapport doit être pris en fonction du volume du grand cylindre.

Pompe à air.

279. La vapeur saturée qui remplit le condenseur y détermine une pression h ; après l'injection une partie de l'air contenu en dissolution dans l'eau (environ 1/20 de son volume) se dégage et augmente la pression d'une quantité qui dépend du volume du condenseur ; cette augmentation de pression s'accentuera davantage à l'injection suivante, puisque le volume du condenseur se trouvera diminué :

1° Du volume v de vapeur condensé ;

2° Du volume v' de l'eau ayant servi à la condensation ;

3° Du volume v'' de l'air qui s'est dégagé de l'eau injectée.

Si nous voulons que la pression reste constante, il faut que la pompe à air enlève du condenseur les volumes $v + v' + v''$ amenés à chaque coup de piston de la machine ; si la pompe à air est à double effet elle devra engendrer pour chaque course simple un volume :

$$V = v + v' + v''$$

Le volume v de vapeur condensée est facile à déterminer, puisque nous connaissons le poids de vapeur à dépenser par coup de piston. Pour obtenir le volume

v' de l'eau nécessaire à la condensation on détermine le poids P d'eau à injecter par kilogramme de vapeur, et $P v = v'$ est le volume cherché.

Pour déterminer v'', rappelons-nous que l'eau, à l'état ordinaire, contient environ $1/20$ de son volume d'air, l'eau injectée contient donc un volume d'air égal à $1/20$, v' à la pression atmosphérique H et à la température inférieure t_0.

Dans la condensation, cet air est à la température t_1 et à la pression h du condenseur; en appliquant la loi de Mariotte on a :

$$\frac{\frac{1}{20} v' \text{H}}{1 + \alpha t_0} = \frac{v'' h}{1 + \alpha t_1},$$

d'où :

$$v'' = \frac{1}{20} v' \frac{\text{H}}{h} \times \frac{1 + \alpha t_1}{1 + \alpha t_0}.$$

Mais la totalité de l'air contenu ne se dégage pas, l'eau en conserve encore $\frac{1}{20}$ de son volume; le volume v'' de l'air qui se dégage est donc égal à :

$$v'' = \frac{1}{20} v \frac{\text{H}}{h} \times \frac{1 + \alpha t_1}{1 + \alpha t_0} - \frac{1}{20} v'.$$

Le volume V engendré par la pompe, devra être égal à :

$$V = v + v' + v'' = v$$
$$+ Pv + \frac{1}{20} Pv \left(\frac{\text{H}}{h} \times \frac{1 + \alpha t_1}{1 + \alpha t_0} - 1 \right)$$
$$V = v \left[1 + P + \frac{1}{20} P \left(\frac{\text{H}}{h} \times \frac{1 + \alpha t_1}{1 + \alpha t_0} - 1 \right) \right]$$

Cette formule montre que le volume V doit être d'autant plus grand, que l'on voudra avoir au condenseur une pression plus faible; dans la pratique, le volume engendré par la pompe à air, si elle est à double effet, doit être égal au $1/8$ ou au $1/10$ du volume engendré par le piston à vapeur; pour une pompe à simple effet le volume serait évidemment le double, c'est-à-dire le $1/4$ ou le $1/5$ de celui du cylindre.

On estime que la pompe à air doit engendrer 4 mètres cubes environ par heure et par force de cheval, ce volume doit être augmenté si la machine fonctionne normalement à une grande introduction de vapeur.

Pompe à eau froide et pompe alimentaire.

280. Pour déterminer les dimensions de la pompe à eau froide, on compte sur 300 à 700 litres d'eau nécessaire par cheval et par heure, selon la température de l'eau d'injection.

La pompe alimentaire doit être calculée pour fournir un poids d'eau égal à deux ou trois fois le poids de vapeur dépensée à la plus grande introduction, c'est-à-dire pour fournir 20 à 30 litres d'eau par cheval et par heure, pour les machines ordinaires et 15 à 20 litres seulement pour les machines à grande détente.

Supposons que l'on veuille construire une pompe alimentaire, devant fournir 20 litres d'eau par cheval et par heure pour une machine d'une puissance de N chevaux. Désignons par D le diamètre du piston de la pompe, par l la course et par n le nombre de tours par minute. Comme ces pompes sont généralement à simple effet, le volume d'eau fourni par la pompe pendant un tour est égal à

$$\frac{\pi \text{D}^2 l}{4},$$

pendant n tours, ou une minute, le volume débité, est égal à :

$$\frac{\pi \text{D}^2 l n}{4};$$

et pendant une heure, il est de :

$$\frac{60 \pi \text{D}^2 l n}{4};$$

on peut donc poser l'égalité :

$$\frac{60 \pi \text{D}^2 l n}{4} = 20 \text{N}.$$

Cette formule permet de déterminer l'une des quantités D ou l quand on connaît l'autre, ou les deux à la fois lorsqu'on s'impose entre elles un certain rapport.

Les travaux absorbés par la pompe à air et par la pompe à eau froide, doivent être retranchés du travail produit sur l'arbre de couche de la machine, lorsque l'on veut connaître l'effet utile du condenseur.

La travail ainsi absorbé, augmente avec la hauteur à laquelle il faut élever l'eau d'injection; lorsque cette hauteur dépasse 30 ou 40 mètres, il n'y a plus intérêt à faire de la condensation, à moins que des considérations spéciales n'entrent en ligne de compte. Pour des aspirations à 15 et 20 mètres, il est bon de diminuer le travail absorbé par les pompes en condensant entre 45 et 55 degrés, tandis qu'aux aspirations de 8 et 10 mètres, on a avantage à condenser entre 40 et 30 degrés.

Enfin, lorsque la hauteur d'aspiration ne dépasse pas 4 ou 5 mètres, on peut aspirer directement l'eau d'injection par le vide relatif qui existe au condenseur.

La section totale des clapets d'aspiration et de refoulement de l'eau provenant de la condensation, doit être aussi grande que possible ; elle ne devra jamais être inférieure à la moitié de la section du piston de la pompe à air, surtout lorsque cette dernière est animée d'une grande vitesse.

L'eau tiède provenant de la condensation est recueillie dans une bâche où la

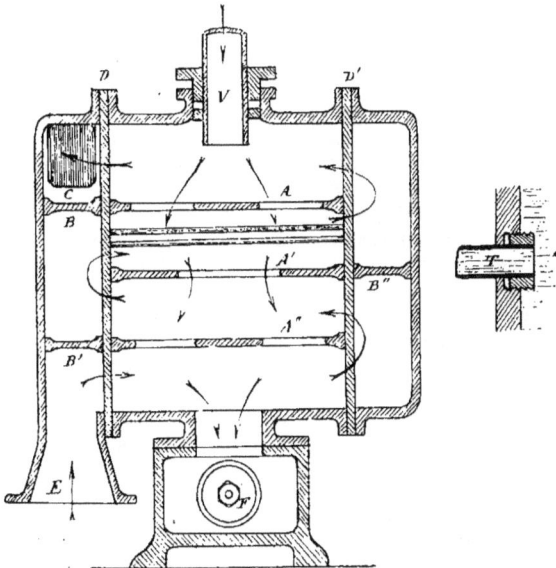

Fig. 291. — Condenseur par surfaces.

pompe alimentaire de la machine vient puiser l'eau pour la refouler à la chaudière, on recueille ainsi une partie de la chaleur conservée par la vapeur après avoir servi dans le cylindre; lorsque des circonstances locales ou des considérations spéciales font rejeter l'emploi du condenseur, la vapeur d'échappement est utilisée avec grand profit au réchauffement de l'eau d'alimentation.

Lorsque l'eau fait défaut, ou devrait être aspirée à une trop grande profondeur, on peut employer les condenseurs dits à *eau régénérée* pour lesquels l'eau nécessaire à la condensation est refroidie après son passage au condenseur, et peut resservir à nouveau à condenser la vapeur ; le refroidissement de l'eau est obtenu par divers moyens qui consistent, en principe, à développer le plus possible le contact de l'eau échauffée avec l'air ambiant.

Dans les installations qui comportent plusieurs machines fixes du système compound, on a avantage à adopter une ou plusieurs pompes à air indépendantes, munies chacune d'un condenseur et, si les pompes à air sont commandées par un moteur spécial, on doit diriger l'échappement du ou des cylindres, qui commandent ce moteur dans le réservoir intermédiaire de la machine principale, de manière qu'il fonctionne aussi, suivant le mode compound.

280. *Condenseurs à surface.* — Pour les machines marines, il est impossible d'approvisionner le bateau de la quantité d'eau nécessaire à l'alimentation des chaudières, et l'eau de mer, qui contient en dissolution une notable quantité de matières salines, ne peut servir à l'alimentation, que si l'on fait usage du procédé fort onéreux des *extractions* (1).

De plus, on ne saurait employer la condensation par injection, puisqu'elle aurait pour inconvénient de mélanger l'eau pure provenant de la vapeur condensée avec l'eau de mer employée à la condensation. On conçoit, dès lors, tout l'avantage que l'on aurait de recueillir l'eau pure provenant de la vapeur condensée, pour la faire resservir indéfiniment à l'alimentation des chaudières; on réalise cette condition par l'emploi des *condenseurs à surface.*

Le condenseur à surface se compose, (*fig.* 291), d'une caisse prismatique en tôle, divisée en plusieurs compartiments par des cloisons, et contenant une très grande quantité de tubes en laiton de 20 millimètres environ de diamètre et disposés en quinconce. La vapeur qui s'échappe du cylindre est amenée dans cette caisse par le tuyau V et est mise en contact avec la paroi extérieure des tubes, dans l'intérieur desquels une pompe dite de *circulation* entretient un courant d'eau continu. Par suite de ce contact, la vapeur se condense, et l'eau provenant de cette condensation tombe à la partie inférieure de la caisse. Une pompe à air F est chargée d'enlever l'eau et l'air qui proviennent de la vapeur condensée et, par suite, de maintenir une pression constante au condenseur; c'est l'eau pure et chaude aussi extraite, qui servira à l'alimentation des chaudières. Les plaques D et D' qui limitent le condenseur pro-

prement dit, et sur lesquelles sont fixés les tubes par les deux extrémités, sont souvent en bronze, le détail représenté à droite de la figure montre l'assemblage des tubes sur ces plaques. L'ensemble du faisceau tubulaire est divisé, dans le sens de la hauteur, en plusieurs séries par les entretoises B, B', B", et l'eau refoulée en E par la pompe de circulation, est obligée de suivre le parcours sinueux indiqué par les flèches, avant de s'échapper par le conduit C placé à la partie supérieure. Des chicanes constituées par les cloisons A, A' et A", obligent également la vapeur à se répartir sur toute la longueur des tubes et favorise sa condensation.

La pompe de circulation est quelquefois constituée par centrifuge ou une turbine actionnée par un moteur spécial.

On emploie quelquefois des condenseurs à surface, dans lesquels la vapeur passe dans l'intérieur des tubes, l'eau circulant à l'extérieur de ces derniers; dans cette disposition, les boues qui sont amenées avec l'eau ne se déposent pas sur les parois des tubes, mais tombent à la partie inférieure de la caisse; de plus, les parvis du condenseur n'ont pas besoin de résister à une pression aussi forte que celle de la vapeur d'échappement, et peuvent être plus minces; enfin le rayonnement du condenseur est moins considérable, et la chambre des machines ne s'échauffe pas autant.

Dans la disposition précédente, celle dans laquelle la vapeur passe à l'extérieur des tubes, la surface de contact avec la vapeur est plus considérable, et l'appareil occupe moins de place, tout en présentant une plus grande simplicité.

On compte ordinairement que le poids d'eau réfrigérante doit être environ 70 fois plus considérable que celui de l'eau d'alimentation, les pompes de circulation débitent un volume qui atteint le 1/20 ou le 1/30 du volume du grand cylindre quand la pompe est à simple effet. La surface réfrigérante totale est ordinairement égale à la moitié de la surface de chauffe des chaudières; quand celles-ci fonctionnent au tirage naturel, ce chiffre équivaut de

---

(1) L'extraction consiste à évacuer à la mer une partie de l'eau chaude contenue dans la chaudière, et de la remplacer par une égale quantité d'eau froide, prise à la mer, et par conséquent moins chargée de sels.

5 à 30 décimètres carrés par force de cheval et par heure; on prend, en moyenne de 25 à 30 fois la force en chevaux.

La quantité de vapeur que peut condenser un mètre carré de surface réfrigérante varie, entre 250 et 500 kilogrammes, mais on n'atteint ce dernier chiffre que dans des conditions exceptionnelles que l'on rencontre rarement dans la pratique.

L'expérience a indiqué que le volume du condenseur à surface, devait être environ le 1/3 ou la moitié au plus de celui du cylindre, mais ces dimensions dépendent surtout du poids de vapeur à condenser à chaque coup de piston ; aussi donne-t-on au condenseur un plus grand volume dans les machines à grande vitesse.

Les condenseurs à surface ont l'avantage précieux de supprimer les dépôts et les incrustations. Dans les chaudières marines, cet avantage a une importance considérable, puisqu'il supprime les extractions ; ils permettent d'employer pour la condensation l'eau la plus impure, sans crainte de porter préjudice aux chaudières. L'économie de combustible qu'ils réalisent et qui peut s'élever jusqu'à 15 et 20 0/0 constitue, pour les longs voyages en mer, une diminution parfois considérable du poids de combustible à embarquer.

En revanche, leur installation augmente l'encombrement et le prix de revient. Comparativement aux condenseurs par injection, la quantité d'eau réfrigérante nécessaire est plus que doublée, parce que l'eau ne sort qu'à une température notablement inférieure à celle des parois des tubes. La puissance absorbée par les pompes à air et par celles de circulation est toutefois assez faible et, dans les grands appareils, ne dépasse guère 1 0/0 du travail total.

Remarquons en terminant que, quelle que soit la disposition adoptée, la circulation des deux fluides, vapeur et eau, doit toujours avoir lieu en sens inverse, l'arrivée de l'eau réfrigérante coïncidant avec la sortie de la vapeur, la quantité de chaleur absorbée par l'eau étant d'autant plus grande que la différence des tempé-ratures des deux fluides est elle-même plus considérable. L'échange de température sera aussi favorisé par la vitesse plus ou moins grande d'écoulement de l'eau et par l'état de propreté des parois des tubes.

Condenseurs divers.

281. Nous avons déjà mentionné les condenseurs dans lesquels on pouvait se servir indéfiniment de la même eau pour condenser la vapeur ; ces appareils, dits à *eau régénérée*, peuvent offrir certains avantages dans le cas où l'eau ne peut pas être obtenue en quantité suffisante pour opérer la condensation. L'eau chaude qui a servi à condenser la vapeur est refroidie dans de grands réservoirs, qui offrent à l'air ambiant une grande surface réfrigérante, ou bien on l'a fait s'écouler, sous forme de filets minces, à travers un château d'eau constitué par des fascines qui ont pour effet de développer considérablement l'action réfrigérante de l'air extérieur; dans quelques dispositions particulières le refroidissement de l'eau est obtenu par un courant d'air lancé au moyen d'un ventilateur mû par une machine ; ce procédé peut surtout s'appliquer lorsqu'il s'agit de condenseurs à surface et permet alors de remplacer l'eau nécessaire à la condensation par l'air pris au ventilateur. La vapeur condensée est alors utilisée pour l'alimentation de la chaudière.

Nous devons faire ici une remarque importante : la vapeur d'échappement contient toujours, en quantité variable, des corps gras provenant des huiles employées au graissage du cylindre et du distributeur ; ces corps gras sont introduits dans la chaudière lorsque la machine est alimentée avec l'eau provenant de la vapeur condensée ; c'est là un inconvénient qui oblige, de temps en temps, à renouveler l'eau de la chaudière par de l'eau nouvelle, ou bien à faire usage d'appareils épurateurs destinés à séparer la graisse de la vapeur condensée.

Parmi ces derniers nous citerons le *condenseur épurateur* à air libre du système Dulac (*fig.* 292) ; cet appareil com-

porte une enveloppe cylindrique verticale D, fermée par deux plaques tubulaires ; le cylindre est traversé, dans le

Fig. 292. — Condenseur à air libre de Dulac.

sens de la longueur, par un certain
nombre de tubes P en laiton ; deux
cylindres concentriques en tôle perforée

occupent le milieu du cylindre. Le cylindre central communique par un tube
abducteur avec l'air extérieur ; et l'espace annulaire compris entre les deux
cylindres est rempli de coke concassé ;
une pompe à galets mue par l'arbre H puise
sans cesse l'eau contenue dans le bac inférieur A, et la remonte sur la plaque tubulaire supérieure en la répartissant sur
chacun des tubes. L'eau retombe dans
chacun de ces derniers ; des distributeurs
l'obligent à prendre un mouvement gira-
toire, afin de mouiller complètement la
paroi interne des tubes ; elle arrive ensuite
dans le bac inférieur, où elle est reprise
à nouveau par la pompe.

L'air destiné à refroidir l'eau échauffée par la condensation est puisé à
l'extérieur et refoulé dans l'espace compris entre le plan d'eau et la plaque tubulaire inférieure ; il pénètre à l'intérieur
des tubes, s'échauffe en empruntant de
la chaleur à l'eau qui circule dans ces
derniers et s'échappe par la cheminée L.

La vapeur d'échappement pénètre
dans le tube central, se débarrasse des
matières grasses qu'elle contient à travers la couche poreuse de coke, et se
condense sur les parois extérieures refroidies des tubes ; une fois condensée et
purifiée, elle est reprise par la pompe à
air, qui la refoule, avec l'air dégagé pendant la condensation, dans le bac alimentaire.

On a cherché à remplacer le condenseur
par l'emploi d'un injecteur modifié en vue
de cette fonction ; l'énergie contenue dans
la vapeur d'échappement se trouve suffisante pour entraîner au dehors l'eau,
l'air et la vapeur non condensée sans le
secours d'une pompe à air. La figure 293
représente un *condenseur à jet d'eau* du

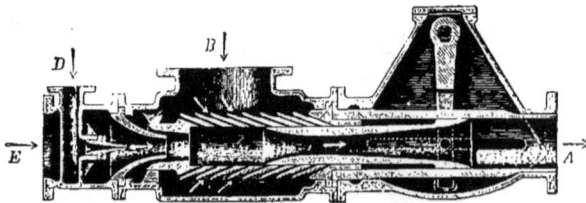

Fig. 293. — Condenseur à jet, système Kœrting.

système Kœrting, qui est l'application de ce principe.

L'eau froide aspirée en E passe dans une tuyère entourée de cônes annulaires à travers lesquels s'écoule la vapeur d'échappement arrivant par la tubulure B; le mélange d'eau et de vapeur condensée est refoulé par la tubulure A dans la bâche alimentaire.

Cet appareil peut être disposé au-dessus du niveau de l'eau de condensation, pourvu que la hauteur d'aspiration n'excède pas de 3 à 5 mètres, mais, dans ce cas, on amorce l'injecteur, au moment de la mise en marche, par un petit jet de vapeur lancé dans la tubulure D ; l'appareil fonctionne ensuite avec la vapeur d'échappement de la machine, qui suffit, à elle seule, en se condensant, à entraîner le mélange au dehors.

La figure 294 représente une application du condenseur Kœrting à une machine à vapeur ordinaire; l'injecteur modifié ou condenseur, placé en C, aspire l'eau froide de condensation sous l'effet de l'entraînement produit par la vapeur d'échappement qui arrive par la tubulure B ; le mélange d'eau et de vapeur conden-

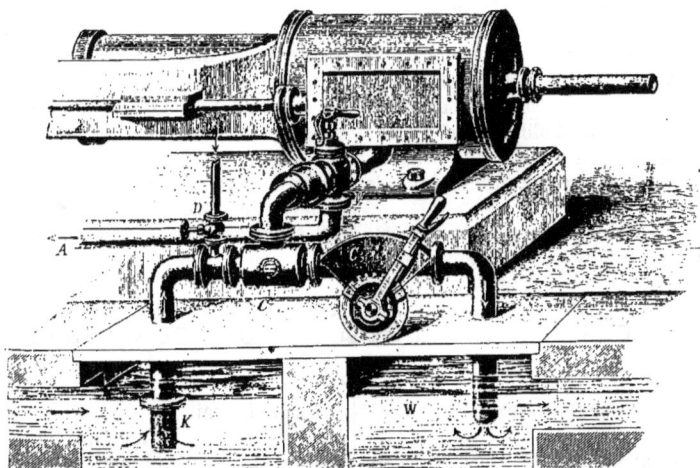

Fig. 294. — Installation d'un condenseur à jet, système Kœrting.
C, condenseur; K, eau froide; W, eau chaude; R, clapet de retenue; V, échappement à l'air libre; B, entrée de la vapeur d'échappement; D, vapeur fraiche pour l'amorçage du condenseur.

sée est évacué au dehors dans le bac à eau chaude W. Le débit de l'eau est réglé, suivant la quantité de vapeur à condenser, par un robinet disposé à la suite du condenseur. En D est disposée la tubulure d'arrivée de vapeur vierge destinée à l'amorçage de l'appareil quand celui-ci est placé au-dessus du niveau de l'eau de condensation ; la tubulure V n'a pas d'autre but que de permettre l'échappement à l'air libre pour le cas où l'appareil cesserait de fonctionner.

Le vide produit par cet appareil peut être aussi complet que celui qu'on ob-

tient avec un condenseur ordinaire et avec une dépense d'eau à peu près la même. La suppression de la pompe à air et le peu de place exigé pour l'installation de cet appareil sont des avantages qui peuvent être précieux dans certains cas particuliers.

Les essais qui ont été tentés jusqu'ici dans le but d'appliquer la condensation aux locomotives n'ont pas abouti ; quelques applications en ont cependant été faites sur des machines de tramways munies de condenseurs à air. L'alimentateur Chiazzari, employé en France, et surtout en Italie, mérite cependant d'être mentionné : cet appareil se compose d'un corps de pompe dans lequel se meut un piston portant une forte tige et produisant, par ses deux diamètres différents, un volume plus grand à l'arrière qu'à l'avant. Le corps de pompe peut être mis en communication avec le réservoir d'eau d'alimentation, avec la vapeur d'échappement des cylindres et avec la chaudière, par le soulèvement de soupapes à boulets qui correspondent à des conduites différentes. L'eau, aspirée et refoulée par la même face du piston, est envoyée dans une capacité appelée *condenseur*, d'où elle revient ensuite derrière le piston. Le volume de cette eau étant inférieur au volume laissé libre, un vide partiel se produit, et la vapeur d'échappement se trouve fortement aspirée; en arrivant au contact de l'eau froide cette vapeur se condense en échauffant l'eau, et le mélange ainsi formé est refoulé dans la chaudière.

En résumé, quel que soit le système employé pour opérer la condensation de la vapeur, les avantages qu'on en recueille sont d'autant plus importants que la détente et plus prolongée ou que la pression initiale de la vapeur est faible. Dans les machines marines, où l'économie de combustible joue un rôle prépondérant, la condensation de la vapeur s'impose ; pour les moteurs de faible puissance, on peut supprimer la condensation et compenser la presque totalité de l'économie qu'on perd de cette suppression en utilisant la vapeur d'échappement pour réchauffer l'eau d'alimentation. On rencontre même des installations d'une certaine importance dans lesquelles les machines, à haute pression, fonctionnent sans condenseurs, la vapeur d'échappement étant uniquement employée à réchauffer et purifier l'eau d'alimentation ; on est quelquefois conduit à des dispositions analogues lorsque l'emploi de la condensation nécessiterait des sujétions gênantes ou coûteuses, telles que le manque de place ou le prix élevé de l'eau qui servirait à la condensation.

MODÉRATEURS OU RÉGULATEURS DE VITESSE

Modérateurs.

282. On appelle *modérateurs* ou *régulateurs*, dans les machines, des organes dont la fonction est de maintenir la vitesse entre des limites données. Ces appareils peuvent être divisés en deux classes :

1° Ceux qui remédient aux variations prévues et périodiques de la vitesse dépendant du fonctionnement de la machine elle-même, ce sont les *volants;*

2° Ceux qui remédient aux variations imprévues de la vitesse résultant des variations de la résistance ou de la puissance, ce sont les *régulateurs* proprement dits.

Si nous désignons par :

T_p, le travail développé par la vapeur sur le piston ;

T_u, le travail utile recueilli sur l'arbre de couche ;

T_r, le travail des résistances surmontées par la machine et qui proviennent des appareils qu'elle met en mouvement.

Comme nous le verrons plus loin, le travail T_p est essentiellement variable, et c'est le *volant* qui a pour unique fonction de rendre le travail T_u, recueilli sur l'arbre de couche, aussi constant que possible.

Le travail T_r des résistances surmontées par la machine est également variable, il dépend du nombre d'appareils qu'elle actionne à chaque instant ; de là, la nécessité de faire varier le travail développé par la vapeur T_p selon les besoins et de satisfaire à l'égalité $T_u = T_r$ pendant la marche de la machine. C'est le *régulateur* qui est chargé de cette fonction.

Volants.

283. Dans les machines à vapeur, la

résistance agit tangentiellement à la circonférence d'une poulie ou d'une roue d'engrenage, et la force motrice est ordinairement transmise au bouton d'une manivelle par l'intermédiaire d'une bielle articulée à l'extrémité de la tige du piston.

Suivant les diverses positions que prend la manivelle pendant son mouvement de rotation les angles formés par celle-ci avec la bielle sont inégaux, il s'ensuit que les bras de levier des efforts transmis par la bielle varient périodiquement à chaque révolution de la manivelle. Pour qu'il y ait toujours équilibre entre la puissance T_p et la résistance T_r, il faudrait que ces efforts soient, pour toutes les positions de la manivelle, inversement proportionnels à leur bras de levier ; de plus, le travail de la puissance T_p varie constamment suivant les diverses phases de la distribution de la vapeur (pleine introduction, détente, compression, etc.). Il s'ensuit que le travail transmis à l'arbre

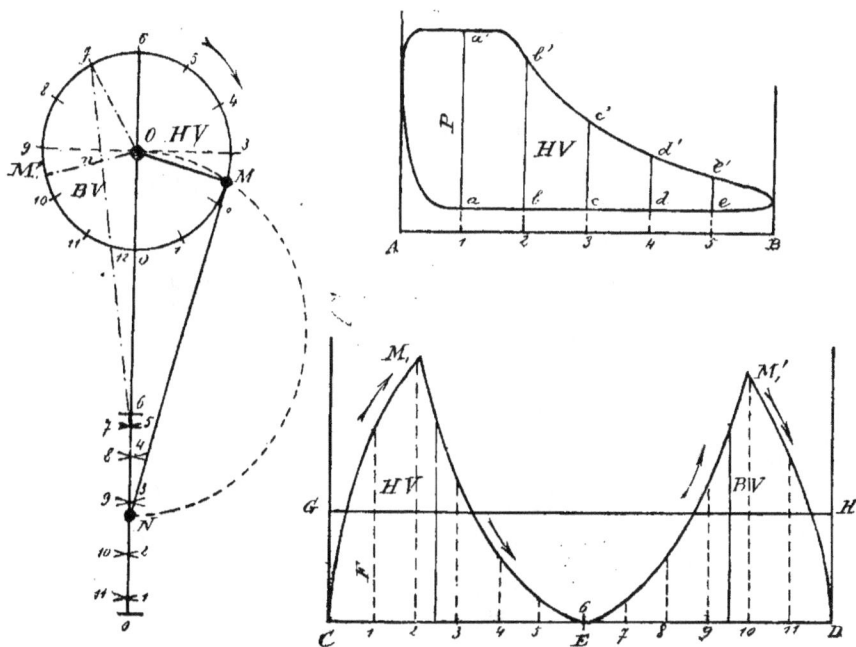

Fig. 295. — Travail produit dans une machine à détente.

de couche variera en fonction de ces deux facteurs : il atteindra sa plus grande valeur quand le produit de ceux-ci sera maximum, c'est-à-dire à peu près au moment où la bielle est à angle droit avec la manivelle, et aura sa valeur minimum aux extrémités de la course du piston, positions qui correspondent aux points morts de la manivelle et pour lesquels le travail est réduit à zéro.

Il est donc nécessaire d'ajouter à la machine un organe capable d'emmagasiner, sous forme de puissance vive, l'excès de puissance lorsqu'il se manifeste, pour le restituer ensuite, lorsqu'elle vient à faire défaut. Dans une machine à vapeur, tous les organes agissent pour accomplir cette fonction dans la mesure de leurs masses et des vitesses qu'ils reçoivent, mais ces masses sont insuffisantes pour recueillir tout l'excès de puissance, sans que leur vitesse se modifie dans une proportion incompatible avec la marche convenable de la machine. Le volant sera donc constitué par une masse plus ou moins considé-rable et proportionnel à la différence en-tre les deux valeurs extrêmes du travail de la puissance T_p.

Pour calculer cette différence, suppo-sons qu'il s'agisse d'une machine mono-cylindrique à double effet conduite par une bielle et une manivelle et détermi-nons d'abord les différentes valeurs de l'effort exercé par le piston sur le bouton de la manivelle.

Soient (fig. 293) OM=R le cercle décrit par le bouton de la manivelle, MN la longueur de la bielle; les bras de levier des efforts transmis par la bielle peuvent être mesurés, pour les diverses positions occupées par la manivelle, par les seg-ments tels que On interceptés par la di-rection correspondante de la bielle sur le diamètre horizontal. Le bras de levier sera maximum et égal au rayon de la manivelle, pour la position OM de la ma-nivelle; l'angle OMN étant égal à 90 degrés on obtient le point M en décrivant, sur la longueur ON de la bielle, une demi-cir-conférence.

Nous pourrons également déterminer la valeur des efforts produits par le pis-ton à chaque position de la manivelle, d'après le diagramme du travail déve-loppé par la vapeur dans le cylindre; ces efforts sont représentés par les ordonnées aa', bb', cc', etc., du diagramme des pressions, obtenues en divisant la course AB en un même nombre de parties égales que la circonférence O.

Si P est la pression effective sur le piston, l'effort développé sur le bouton de la manivelle $F = \dfrac{P \times On}{R}$, O$n$ étant le seg-ment intercepté par la direction de la bielle sur le diamètre horizontal et R le rayon de la manivelle.

Nous pouvons maintenant déterminer les différentes valeurs du travail trans-mis au bouton de la manivelle en portant sur une ligne d'abscisses CD les chemins parcourus par la manivelle et en ordonnées les valeurs correspondantes du produit $\dfrac{P \times On}{R}$. Les diagrammes n'étant pas égaux pour les deux côtés du cylindre, il faut porter de C en E et qui se rapporte

au côté correspondant du cylindre, et de E en D les valeurs trouvées pour l'autre côté; aux points M, et M', qui corres-pondent aux positions OM et OM' de la manivelle, l'effort atteint presque sa valeur maximum; aux points C, D et E, qui correspondent aux points morts, l'ef-fort développé est égal à 0. Le travail total transmis à la manivelle, pendant un tour, est donc représenté par la surface de la figure composée entre la ligne d'abs-cisses CD et les deux courbes CME et DM'E.

Si l'on construit le rectangle CGHD, ayant pour base CD et une surface égale à celle de la figure qui représente le tra-vail transmis à la manivelle, la hauteur CG de ce rectangle représentera l'effort moyen T_m reçu par la manivelle; lorsque T_p sera plus grand que T_m le volant re-cueillera l'excès de puissance développée par la manivelle, et le restituera lorsque T_p deviendra inférieur à T_m. Nous avons supposé dans l'exemple précédent qu'il s'agissait du travail transmis par une manivelle à double effet; on détermine-rait de la même manière les efforts trans-mis dans une machine Woolf ou Compound en totalisant, pour chaque position de l'une des manivelles, les efforts transmis par l'autre manivelle à sa position cor-respondante.

284. *Calcul du poids des volants.* — Lorsqu'il s'agit de déterminer le poids à donner à un volant pour maintenir les variations périodiques de la vitesse entre des limites données, limites qui dépendent de la régularité plus ou moins grande qu'exige le travail à effectuer par la machine, nous supposerons que l'on néglige l'action régulatrice de toutes les pièces en mouvement, même de celle des bras du volant, qui est insignifiante, pour ne nous occuper que de l'action produite par la jante du volant, comme si elle était la seule modératrice du mouvement.

Si nous considérons que les différents éléments de la jante du volant sont tous animés de la même vitesse, ce qui ne constitue pas une erreur sensible, et si nous prenons pour vitesse commune la vitesse V que possède le centre de gra-vité de la section droite de la jante, la quantité de puissance vive possédée par le volant est représentée par la formule :

$$\frac{PV^2}{2g}, \qquad (a)$$

P représentant le poids de la jante du volant ; V, la vitesse moyenne à la jante, en mètres par seconde ; $g = 9,81$, l'intensité de la gravité.

Désignons par v et v' les limites entre lesquelles pourra varier la vitesse du centre de gravité de la section de la jante ; la puissance vive possédée par la jante sera, à la vitesse v :

$$\frac{Pv^2}{2g} ;$$

et à la vitesse v' :

$$\frac{Pv'^2}{2g}.$$

La différence $\dfrac{Pv^2}{2g} - \dfrac{Pv'^2}{2g} = \dfrac{P}{2g}(v - v'^2)$ représente la quantité de puissance vive que doit emmagasiner et restituer à chaque tour le volant, quantité qui doit être égale au plus grand excès du travail T_p transmis à la manivelle sur le travail T_m à transmettre à l'arbre moteur. On peut donc déterminer la valeur de l'expression $\dfrac{P}{2g}(v^2 - v'^2) = T_p$ maximum $- T_m = T$. (1)

La variation de vitesse $v - v'$ est toujours déterminée à l'avance suivant les conditions de régularité plus ou moins grandes imposées à la machine ; elle est ordinairement exprimée en fraction de la moyenne V, et l'on a :

$$v - v' = V \times \frac{1}{K} ; \qquad (2)$$

le coefficient K est ce que l'on appelle le *coefficient* de *régularité* ; il est ordinairement compris entre 30 et 60. Mais on a aussi :

$$v + v' = 2V. \qquad (3)$$

Multiplions les égalités (2) et (3), il vient :

(a) Nous savons que la puissance vive possédée par un corps est égale à la moitié du produit de sa masse M par le carré de sa vitesse, soit $\dfrac{MV^2}{2}$, et comme $M = \dfrac{P}{g}$, l'expression peut s'écrire : $\dfrac{PV^2}{2g}$.

$v^2 - v'^2 = \dfrac{2V^2}{K}$; en remplaçant cette valeur dans l'expression (1), on a :

$$T = \frac{PV^2}{gK},$$

d'où :

$$P = \frac{gKT}{V^2}.$$

Si nous voulons déterminer le poids du volant en fonction de la puissance en chevaux développée par la machine, nous devons d'abord calculer la valeur du coefficient T, qui dépend du mode de transmission du travail à l'arbre moteur.

Pour une machine sans détente et à simple effet actionnée par une manivelle, le travail T emmagasiné par le volant doit s'élever aux 0,55 environ du travail effectif transmis à la manivelle pendant un tour, et aux 0,11 seulement quand la machine est à double effet.

Appliquons ce dernier cas à une machine d'une puissance de N chevaux, faisant n tours par minute, et soit T_m l'effort moyen transmis à l'extrémité de la manivelle de rayon R ; on aura :

$$N = \frac{2\pi T_m R_n}{60 \times 75} = \frac{2\pi T_m R_n}{4\,500} ;$$

d'autre part on doit avoir :

$$T = 0,11\, T_m \times 2\pi R,$$

d'où l'on tire :

$$T_m = \frac{T}{0,11 \times 2\pi R},$$

et :

$$N = \frac{Tn}{4\,500 \times 0,11} \times \frac{Tn}{500} \text{ environ.}$$

La valeur de T est alors exprimée par :

$$T = \frac{500N}{n} ;$$

si nous remplaçons T par cette valeur dans l'expression du poids du volant, on a :

$$P = 500g\, \frac{KN}{nV^2} = C \times \frac{Kn}{nV^2}.$$

Le coefficient C, qui est variable suivant le mode de transmission du travail à l'arbre moteur, a les valeurs approximatives suivantes dans une machine sans détente :

Pour une manivelle à simple effet :
$$C = 24\,300 ;$$

Pour une manivelle à double effet :
$$C = 4\,645 ;$$

Et pour deux manivelles à double effet montées à angle droit :

$$C = 470.$$

Lorsque la machine est à détente, le coefficient c doit être augmenté d'après les résultats obtenus dans l'épure représentative du travail que nous avons indiquée au paragraphe précédent.

Supposons qu'il s'agisse d'une machine monocylindrique à moyenne détente et à condensation pour laquelle le coefficient de régularité K soit égal à 40. Nous pourrons prendre $C = 7\,000$ et appliquer la formule :

$$P = \frac{7\,000 \times 40 \times N}{n V^2};$$

en faisant varier le nombre de tours et le diamètre du volant (ce qui aura pour conséquence de faire varier V'), nous obtiendrons les résultats ci-après pour une puissance en chevaux déterminée.

PUISSANCE EN CHEVAUX N =	20	30	45	60	75	100	150	200
Nombre de tours $n =$	65	60	60	55	55	50	45	40
Diamètre $D =$	2^m,80	3^m,0	3^m,5	4^m,0	4^m,5	5^m,0	5^m,5	6^m,0
Poids $P =$	1 400^k	2 320^k	2 560^k	3 400^k	3 400^k	4 800^k	8 300^k	13 100^k

285. *Proportions des volants.* — L'efficacité d'un volant augmentant avec son poids et avec le carré de la vitesse dont il est animé, on peut obtenir le même résultat en diminuant le poids si on augmente un peu la vitesse ; mais on ne saurait donner à cette dernière une valeur trop grande sans avoir à craindre la rupture de la jante sous l'influence de la force centrifuge qui s'y développe et qui, elle aussi, augmente avec le carré de la vitesse. La vitesse à la jante du volant dépend du diamètre de celui-ci ; il n'existe pas de règle absolue pour déterminer ce diamètre, mais on a avantage à le faire aussi grand que possible, pourvu que les dimensions de la jante restent en proportions convenables avec le diamètre.

Le volant, sous l'action de la force centrifuge, tend à se rompre suivant l'un de ses diamètres, il faudra donc que la résistance des deux sections de la jante à la rupture soit supérieure à la force centrifuge développée dans une moitié de la couronne. On trouvera au volume III les indications relatives au calcul de ces dimensions.

Remarquons cependant que, pour une machine donnée et un nombre de tours égal, les sections à donner à la jante seront inversement proportionnelles aux cubes des diamètres. Soient, en effet, D et D' les diamètres, S et S' les sections respectives, et n le nombre de tours par minute ; les vitesses moyennes à la jante V et V' correspondantes à ces deux diamètres seront exprimées par :

$$V = \frac{\pi D n}{60},$$

$$V' = \frac{\pi D' n}{60},$$

d'où :
$$V' = \frac{D}{D'},$$

et :
$$\frac{V'^2}{V^2} = \frac{D^2}{D'^2};$$

les poids P et P' auront pour valeurs respectives :

$$P = \frac{g K T}{V^2}, \qquad P' = \frac{g K T}{V'^2},$$

$$\frac{P}{P'} = \frac{V'^2}{V^2} = \frac{D'^2}{D^2}. \qquad (1)$$

Or, les poids P et P' ont également pour valeur le produit de la section par la longueur de la circonférence moyenne :

$$P = \pi D S \quad \text{et :} \quad P' = \pi D' S',$$

d'où :
$$\frac{P}{P'} = \frac{S D}{S' D'}; \qquad (2)$$

en comparant les égalités (1) et (2), il vient :

$$\frac{SD}{S'D'} = \frac{D'^2}{D^2},$$

multipliant par $\frac{D'}{D}$, on a :

$$\frac{S}{S'} = \frac{D'^3}{D^3}.$$

Pour les volants des machines ordinaires et même pour celles à grande vitesse, la vitesse moyenne V à la jante du volant a pour valeur limite, en mètres par seconde :

$$V = 0,037 \sqrt{r},$$

r étant la résistance du métal en kilogrammes par mètre carré de section de la jante.

Dans les machines ordinaires et même dans celles à allure rapide, la vitesse V est comprise entre 15 et 20 mètres, en prenant $r = 0^k,25$ par millimètre carré ; si l'on veut prendre pour r une valeur plus grande, on est obligé de consolider le volant au moyen de frettes ; on peut alors porter la vitesse à 25 ou 30 mètres; dans quelques cas particuliers, on est même allé jusqu'à 35 mètres et au delà, mais il ne paraît pas prudent d'atteindre ces limites dans les cas ordinaires.

C'est surtout, entre autres applications, dans la commande des laminoirs que le volant atteint des vitesses à la jante aussi considérables, mais là il a non-seulement pour mission de régulariser les variations périodiques de vitesse de la machine, mais aussi et principalement celles qui proviennent de la variation des résistances extérieures.

La quantité d'énergie qu'il doit emmagasiner pour remplir cette fonction est quelquefois très considérable, ainsi que nous allons le constater dans l'exemple ci-après, qui a été appliqué récemment à la fabrication des tubes sans soudure par le procédé Mannessmann.

Le laminoir qui est employé à cette fabrication est conduit par une machine d'une puissance de 1 200 chevaux, munie d'un volant à bras en tôle et dont la jante est constituée par un fil d'acier enroulé, entre deux plateaux, sur les bras cour-bés et rivés du volant ; la grande résistance opposée par le fil d'acier met la jante à l'abri de tout danger de rupture par la force centrifuge, même pour des vitesses tangentielles de 100 mètres par seconde. Il est facile de se rendre compte de la puissance accumulée dans le volant à de pareilles vitesses ; le poids du volant est de 70 tonnes environ, et son diamètre est de 6 mètres; il fait 240 tours par minute, ce qui lui donne une vitesse tangentielle

$$\text{de } V = \frac{3,1416 \times 6 \times 240}{60} = 75 \text{ mètres}$$

par seconde.

La puissance vive accumulée à cette vitesse est égale à :

$$\frac{PV^2}{2g} = \frac{70\,000 \times 75^2}{2 \times 9,81} = 20\,000\,000$$

de kilogrammètres environ par seconde, ou 74 chevaux par heure. Aussi, une machine de 74 chevaux devrait travailler pendant une heure pour imprimer cette vitesse au volant supposé sans résistances extérieures.

Cette énorme quantité de travail est employée en partie au moment du passage du tube dans le laminoir, la vitesse du volant diminue pendant ce temps de moitié ; si nous supposons que la durée de la passe est d'une demi-minute, nous pouvons déterminer quel est le travail total développé à ce moment par la machine.

La vitesse du volant étant réduite de moitié, sa force vive a diminué de :

$$\frac{P}{2g}\left(V^2 - \frac{V^2}{4}\right) = \frac{3}{4}\frac{PV^2}{2g} = \frac{3 \times 20}{4}$$

$$= 15 \text{ millions de kilogrammètres.}$$

La somme des travaux fournis par la machine de 1 200 chevaux et celle restituée par le volant pendant la passe du tube au laminoir sera à peu près de :

$$1\,200 \times 75 \times 30 + 15\,000\,000$$

$= 17\,700\,000$ kilogrammètres en trente secondes, ce qui équivaut à :

$$\frac{17\,700\,000}{30 \times 75} = 7\,900 \text{ chevaux-vapeur.}$$

La machine de 1,200 chevaux aura donc, pendant la passe, entraîné le laminoir avec autant d'énergie qu'une machine 5 à 6 fois plus puissante sans volant.

Le système du volant à jante à fil d'acier pourra rendre des services précieux dans les cas analogues à celui qui vient d'être cité ; il permet, à poids égal, d'atteindre des vitesses tangentielles beaucoup plus grandes que celles auxquelles on est limité avec les volants en fonte ordinairement employés, et qui sont une cause de danger permanent et parfois d'accidents graves.

La limite des variations de vitesse que l'ou peut laisser se produire sans inconvénient change avec la nature ou la destination des appareils mis en mouvement par la machine. Dans la plupart des cas, il suffit que la plus grande vitesse ne s'écarte pas de la plus petite au-delà de 30, K = 30 ; mais dans les installations où une grande régularité est nécessaire, comme pour les filatures ou la conduite des machines destinées à l'éclairage électrique, on doit prendre ce rapport compris entre 50 et 60. Pour des machines ou des installations qui n'ont pas besoin de grande régularité, moulins à blé, pompes, marteaux de forge, la valeur de K peut s'abaisser jusqu'à 25 et même 20.

Le volant doit être placé le plus près possible du siège de l'irrégularité, afin de réduire les efforts de torsion développés sur l'arbre de couche. Il y a certaines machines qui paraissent complètement dépourvues de volants, et qui ont cependant une action régulatrice très grande ; c'est que ces machines elles-mêmes tiennent lieu de volant, comme, par exemple, les locomotives, où la machine et sa chaudière en font l'office. Enfin, certaines machines sont totalement dépourvues de volants ; la régularité du mouvement est alors obtenue par le mode de fonctionnement de la machine, comme dans les turbines à vapeur, ou bien la régularité, n'étant pas nécessaire, est supprimée, comme dans les pompes à action directe.

Des contrepoids.

286. L'étude des *contrepoids* et de leur action, qui ne présente qu'une importance très secondaire pour les machines à allure lente, offre, au contraire, un intérêt capital dans les appareils à grande vitesse. Dans ce dernier cas, les vitesses imprimées aux différents organes de la machine concourent dans une notable mesure à la régularisation des efforts transmis par la manivelle, mais les effets de l'inertie se font aussi sentir en dehors de la machine et, si ces organes ne sont pas équilibrés en partie, il en résulte des chocs et des vibrations qui peuvent faire souffrir beaucoup la machine et les fondations du bâti.

Le choc que ressent la machine à bout de course est dû au brusque changement de direction de l'effort sur la manivelle à son passage au point mort, lequel entraîne un rappel brusque du jeu qui existe dans les articulations. On ne peut réduire l'importance de ce choc que par l'emploi de dispositions permettant un rattrapage du jeu aussi complet que possible et par une application plus graduelle des efforts rétrogrades, laquelle consiste à augmenter, soit l'avance à l'échappement du côté moteur du piston, soit la compression ou l'avance à l'admission sur l'autre face de celui-ci. En pratique, c'est à la compression que l'on demande surtout de remplir cet office, et c'est grâce à ce procédé que les machines à grande vitesse ont pu entrer dans le domaine des applications courantes. Dans l'étude de l'équilibre à produire dans une machine donnée on doit tenir compte des dispositions d'ensemble et de l'emplacement occupé. Ainsi, une machine verticale, reposant sur un solide massif de fondation, sera surtout équilibrée dans le sens latéral, puisque les efforts verticaux seront toujours combattus par une résistance suffisante. Si, d'autre part, la machine est montée sur une fondation peu rigide, on cherchera à l'équilibrer verticalement, puisque les efforts perturbateurs horizontaux se répartiront sur toute la masse et même à l'extérieur. Si l'on ne peut équilibrer la machine, il vaudrait mieux qu'elle soit verticale dans le premier cas et horizontale dans le second.

Les contrepoids que l'on dispose dans le mécanisme des machines doivent être tels que l'énergie emmagasinée et restituée lors des variations positives ou négatives de la vitesse qu'ils possèdent soit aussi égale que possible à l'énergie qui est, au même moment, restituée et emmagasinée par les organes à équilibrer. Si l'on pouvait obtenir ce résultat d'une manière complète, la machine pourrait être suspendue, en marche, sans qu'elle subisse aucun mouvement propre sous l'action des mouvements d'inertie.

Mais, dans la pratique, on ne peut songer à obtenir une équilibration aussi parfaite ; les contrepoids que l'on installe sont souvent trop faibles pour l'équilibration dans un sens et trop forts pour celle en sens inverse ; on est obligé de leur donner une valeur moyenne, afin de répartir l'équilibre pour les deux sens.

Dans les locomotives, par exemple, l'équilibre est obtenu par un contrepoids disposé à l'intérieur des roues motrices et à l'opposé de la manivelle ; l'équilibre est établi dans un sens, mais il y a production d'un effort perturbateur dirigé dans une autre direction.

On a construit des machines comportant deux pistons, se mouvant en sens inverse, et commandant des organes de poids identiques, qui s'équilibrent mutuellement. Dans ces conditions, la pression sur les paliers moteurs, à chaque course, est réduite considérablement.

Dans les machines à trois cylindres, disposés dans le même plan et actionnant la même manivelle, l'équilibre est complet si les axes des cylindres forment des angles égaux entre eux. Les machines à trois manivelles, dont les cylindres sont parallèles, et qui se trouvent équilibrées au repos ne le sont plus pendant la marche, mais elles se conduisent mieux que les machines à deux cylindres.

Les machines à quadruple expansion, telles qu'on les dispose généralement, présentent aussi, à ce point de vue, des avantages sérieux, mais moins importants que ceux des machines à trois manivelles.

Le moteur Brotherood, à trois cylindres, qui est parfaitement équilibré à l'état de mouvement, a permis d'atteindre des vitesses de 1 000 et même 2 500 tours par minute ; ces vitesses ne peuvent être dépassées que par les turbines à vapeur.

Avant de terminer, proposons nous de calculer le poids nécessaire pour équilibrer une manivelle à simple effet dans une machine sans détente ; le contrepoids sera disposé sur le prolongement de la manivelle, au-delà du centre de rotation de celle-ci et dans une position telle que le travail qu'il absorbera en s'élevant et restituera en descendant soit égal à la moitié de celui que produit la force motrice pour la demi-révolution pendant laquelle elle agit.

La manivelle agira alors comme une manivelle à double effet, et le poids du volant sera donné par la formule (n° 284) :

$$P = 4\,645\,\frac{KN}{nV^2},$$

d'où :
$$PV^2 = 4\,645\,\frac{KN}{n}.$$

Soient Q le poids du contrepoids et v la vitesse moyenne à son centre de gravité ; la puissance vive emmagasinée par seconde est Qv^2 ; elle concoure avec le volant à la régularisation du travail de la manivelle ; on peut donc écrire :

$$PV^2 + Qv^2 = 4\,645\,\frac{KN}{n}.$$

S'il s'agissait d'une manivelle à double effet, le contrepoids serait simplement calculé pour équilibrer la manivelle dans toutes ses positions ; le contrepoids est alors ordinairement disposé dans le prolongement de la manivelle et au-delà du centre de rotation de cette dernière.

Régulateurs.

287. *Modérateur de Watt.* — Nous avons déjà dit (n° 282) que les régulateurs proprement dits avaient pour fonction de remédier aux variations imprévues de la vitesse résultant des variations de la résistance ou de la puissance, autrement dit, de maintenir constamment l'équilibre entre le travail moteur T_m recueilli sur l'arbre de couche et le travail résistant T_r absorbé par les appareils actionnés par la machine.

Comme nous avons étudié ces appareils au volume I de cet ouvrage, nous nous contenterons de rappeler les principes sur lesquels ces appareils sont établis et de décrire quelques-uns des dispositifs les plus employés dans les machines à vapeur.

Le *modérateur* de Watt, connu aussi sous les noms de *régulateur à boules* et de *pendule* conique, se compose (*fig.* 296) d'un arbre vertical AB recevant un mouvement de rotation, dont la vitesse est proportionnelle à celle de la machine, par l'intermédiaire de poulies ou d'engrenages.

Cet arbre porte deux tiges d'égale longueur AG et AH, articulées en A et mu-

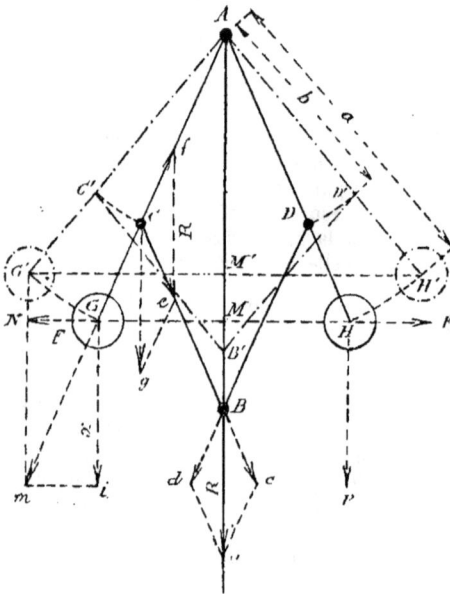

Fig. 296. — Modérateur de Watt.

nies, à leurs extrémités, de deux boules G et H. Aux points C et D sont articulées deux autres tiges dont les extrémités inférieures sont reliées à un manchon B, qui entoure l'arbre A, et qui peut s'élever et s'abaisser verticalement; l'ensemble de la figure ABCD ainsi formé étant ordinairement un losange.

Lorsque la machine sur laquelle le régulateur est appliqué marche à sa vitesse de régime, $T_m = T_r$, les boules, en vertu de la force centrifuge, s'élèvent à une certaine hauteur. Mais si cette vitesse

vient à augmenter, $T_m > T_r$, la force centrifuge augmente également, et les boules, en s'écartant davantage, soulèvent le manchon. Le manchon placé en B, qui tourne avec la tige verticale par suite de sa liaison avec le losange, porte une gorge embrassée par une fourche mobile autour d'un point fixe. Les déplacements verticaux du manchon peuvent donc être transmis à cette fourche et de là, par une série de leviers, au *papillon* ou *valve* placé dans le tuyau d'arrivée de vapeur au cylindre. Quand la vitesse de la machine augmente le levier actionné par le régulateur fait osciller le papillon dans le sens de la fermeture, la section d'écoulement offerte à la vapeur étant plus petite, le volume de vapeur introduit est moindre et, le travail produit dans le cylindre diminuant, la vitesse de la machine reprend sa valeur normale.

Si, au contraire, la vitesse de la machine diminue, $T_m < T_r$, les effets inverses se produisent, le volume de vapeur introduit dans le cylindre est diminué, et la machine ne tarde pas à revenir à sa vitesse de régime.

Il résulte de là que, pour une variation déterminée de la vitesse, les efforts verticaux développés sur le manchon devront être assez puissants pour vaincre les résistances qui s'opposent à son mouvement; il faut donc donner aux boules un poids tel que les variations de la force centrifuge produites par les modifications de la vitesse de la machine soient suffisantes pour faire mouvoir le manchon et les organes commandés par ce dernier.

Désignons par ω la vitesse angulaire de la machine (1), qui est également celle de la tige du régulateur, et supposons que l'action du régulateur doive se faire sentir, lorsque la vitesse ω s'est écartée d'une fraction $\frac{1}{K}$ de sa valeur, c'est-à-dire

_____

(1) On appelle vitesse angulaire, la vitesse, en mètres par seconde, d'un point qui serait situé à un mètre de distance de l'axe de rotation, sa valeur est $\omega = \frac{2\pi n}{60} = \frac{\pi n}{30}$, *n* étant le nombre de tours par minute de la machine.

lorsque la vitesse est devenue $\omega' = \omega \pm \dfrac{\omega}{K}$;

K représente alors le coefficient de régularité du travail moteur T_m sur le travail résistant T_r, il doit être proportionnel au plus grand écart entre ces deux travaux.

Considérons l'appareil, (*fig.* 296) au moment où, sous l'influence d'une augmentation de vitesse, les boules vont se soulever ; désignons par P le poids des boules, et par $R = Ba$ la résistance du manchon. Cette résistance peut être décomposée en deux autres B*d* et B*c* dirigées suivant les bras BC et BD du losange; la composante B*a* peut être supposée transportée en C*e*, sans que l'équilibre cesse de subsister, et être également décomposée en deux autres forces : l'une C*f* dirigée suivant CA, qui est détruite par la réaction du point A, et l'autre suivant la direction verticale C*g*.

Mais les deux triangles B*ca* et C*eg* sont égaux par construction, et on a C*g* $= Ba = R$. La force C*g* peut être décomposée en deux forces parallèles, l'une, appliquée en A et qui est détruite par la réaction de ce point, l'autre G*i*, appliquée au point G, centre de gravité de la boule ; la valeur x de cette dernière force peut être déterminée par la relation connue :

$$\frac{x}{R} = \frac{AG}{AC} = \frac{a}{b},$$

d'où :
$$x = \frac{Ra}{b}.$$

Le bras AG est donc en équilibre sous l'action des trois forces suivantes :

1° La force centrifuge, qui tend à l'entraîner suivant GN, et qui a pour valeur, à l'instant considéré :

$$GN = F = \frac{P}{g} \omega'^2 \times AM = \frac{P}{g} \omega'^2 r,$$

en désignant par r la distance du centre de la boule à l'axe de rotation ;

2° La force P appliquée au point G ;

3° La force x appliquée au même point, de sorte que :

$$Gi = P + x = P + \frac{Ra}{b}.$$

Pour qu'il y ait équilibre, nous devons écrire que les moments de ces forces,

par rapport à l'axe de rotation, sont égaux :

$$\frac{P}{g} \omega'^2 r \times AM = \left(P + \frac{Ra}{b}\right) AM,$$

remplaçant ω' par $\omega + \dfrac{\omega}{K}$ et simplifiant on a :

$$\frac{P}{g} \omega^2 \left(1 + \frac{1}{K}\right)^2 \times \frac{g}{\omega^2} = P + \frac{Ra}{b},$$

effectuant il vient :

$$P\left(1 + \frac{2}{K} + \frac{1}{K^2}\right) = P + \frac{Ra}{b}.$$

Le terme $\dfrac{1}{K^2}$ peut être négligé à cause de la grande valeur de K, il reste alors :

$$P\left(1 + \frac{2}{K}\right) = P + \frac{Ra}{b},$$

d'où :
$$P = \frac{RKa}{2b} = \frac{a}{b} \times \frac{RK}{2}.$$

Telle est la formule connue sous le nom de formule de Watt, dans laquelle on fait ordinairement $\dfrac{a}{b} = \dfrac{2}{3}$; pour déterminer la valeur de R, il suffit de détacher les bielles B*c* et BD et d'attacher le manchon au moyen d'un fil passant sur une poulie de renvoi, le poids qu'il faut suspendre à l'extrémité du fil pour soulever le manchon et les organes qu'il actionne représente la résistance R. Cette formule ne tient pas compte du poids des tiges; la force centrifuge doit donc développer une action plus grande que celle des boules seules. Il est vrai que cet excès est très faible et qu'on peut le considérer comme étant employé à vaincre les frottements dont il est impossible de tenir un compte exact. Il n'y a, du reste, aucun inconvénient à augmenter, dans une faible mesure le poids des boules; il en résulte plus de sensibilité pour l'appareil.

Quant à la valeur à donner au coefficient K, elle ne peut guère dépasser 20 à 30, c'est-à-dire que la variation de vitesse ne peut pas être plus petite que le 1/20 ou le 1/30 de la vitesse normale ; de plus, l'appareil ne peut pas être en équilibre pour des pressions de vapeur et des résistances différentes, et il est impossible d'obtenir une régularité parfaite lorsque ces deux éléments viennent à varier.

Considérons en effet (*fig.* 297) le régulateur dans une position A G' voisine de sa position initiale AG; nous pouvons supposer que l'arc de cercle AG' est une ligne droite perpendiculaire à AG. Pour que le régulateur soit en équilibre, il faut que les travaux des forces F et P soient égaux ; or, ces travaux ont pour valeur le produit de l'effort par la projection de l'espace parcouru sur la direction de la force; en abaissant la perpendiculaire GN on a :

$$F \times GN = P \times G'N,$$

d'où :
$$\frac{F}{P} = \frac{G'N}{GN}.$$

Mais les deux triangles GG'N et AGM

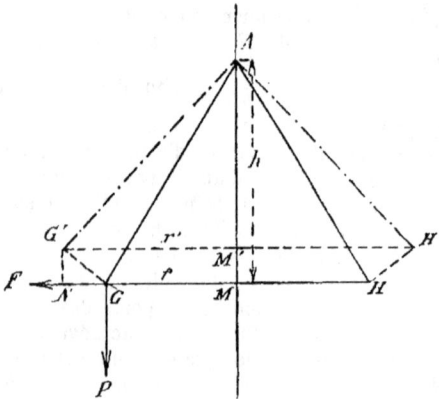

Fig. 297.

sont semblables (côtés perpendiculaires) et donnent :

$$\frac{G'N}{GN} = \frac{GM}{AM},$$

si l'on pose :
$$A - M = h \quad et \quad GM = r,$$

il vient :
$$\frac{F}{P} = \frac{r}{h},$$

d'où :
$$F = \frac{Pr}{h}.$$

Or nous avons :
$$F = \frac{P}{g}\omega^2 r,$$

on en tire :
$$\frac{P}{g}\omega^2 r = \frac{Pr}{h},$$

d'où :
$$\frac{\omega^2}{g} = \frac{1}{h},$$

et enfin :
$$h = \frac{g}{\omega^2} = \text{constant.}$$

Cette expression nous montre que si la machine est construite *pour une vitesse de régime déterminée, la hauteur verticale h des boules au-dessus de l'axe d'oscillation doit rester constante.*

Dans le régulateur de Watt, cette condition n'est pas remplie; si, par exemple, le travail résistant diminue, les boules, après une série d'oscillations, se soulèvent et viennent s'établir dans une nouvelle position pour laquelle une hauteur *h'*, différente de *h*, et déterminée par la relation.

$$h' = \frac{g}{\omega'^2}.$$

Il résulte de là que si l'on veut maintenir la vitesse constante malgré les variations du travail moteur et du travail résistant, il faut que la hauteur *h* reste constante pour toutes les positions d'équilibre du régulateur, et qu'à chaque vitesse angulaire corresponde une valeur déterminée de *h*, ainsi que l'indique le tableau suivant :

h	NOMBRE DE TOURS n	h	NOMBRE DE TOURS n
mètres		mètres	
2.235	20	0.040	150
0.558	40	0.022	200
0.248	60	0.014	250
0.139	80	0.010	300
0.089	100		

$$h = \frac{g}{\omega^2}, \qquad \omega = \frac{\pi n}{30}$$

$$h = \frac{9.8088 \times 900}{\pi^2 n^2} = \frac{894}{n^2}$$

On arriverait d'ailleurs au même résultat en appliquant le théorème des moments qui donne :

$$F \times h = P \times r,$$

or, on peut écrire :

$$Fh = \frac{P}{g} \omega^2 r h,$$

d'où :

$$\frac{P}{g} \omega^2 r h = Pr,$$

$$\frac{\omega^2 h}{g} = 1 \quad \text{et} \quad h = \frac{g}{\omega^2}.$$

Les régulateurs qui satisfont à la condition $h = \frac{g}{\omega^2}$ ont reçu le nom de *régulateurs isochrones* ; ils permettent de maintenir la vitesse de la machine entre des limites très étroites, malgré la variation du travail de la puissance ou de la résistance.

Nous pouvons appliquer ces dernières formules en tenant compte de la résistance R opposée par le manchon au mouvement des boules ; pendant que le régulateur passe de la position AG (*fig.* 296) à la position voisine AG′ le travail de la force F, qui sollicite le point G à s'écarter de l'axe de rotation, doit être égal à la somme des travaux de la force P due au poids de la boule et appliquée au point G, et de la force R, appliquée à l'extrémité B du losange. Nous pouvons exprimer ces travaux en remarquant que le déplacement BB′ du manchon, ou le chemin parcouru par la force R, peut être considéré comme égal à 2MM′=2G′N, pour un très petit déplacement des boules ; l'équilibre de tout le système est alors défini par :

$$2F \times GN = 2P \times G'N + R \times 2G'N,$$

d'où : $F \times GN = G'N (P + R),$

$$F = (P + R) \frac{G'N}{GN},$$

or nous avons obtenu précédemment,

$$\frac{G'N}{GN} = \frac{r}{h},$$

on en tire :

$$F = (P + R) \frac{r}{h} = \frac{P}{g} \omega^2 r,$$

et simplifiant :

$$\frac{P + R}{h} = \frac{P}{g} \omega^2, \quad P + R = \frac{P}{g} \omega^2 h,$$

d'où : $\frac{\omega^2 h}{g} = \frac{P + R}{P} = 1 + \frac{R}{P}.$

la sensibilité du régulateur dépendra donc de la valeur du rapport $\frac{R}{P}$ et elle sera sensiblement proportionnelle au poids des boules.

Appliquons cette formule à un régulateur dans lequel on a :

$$P = 10 \text{ kg}, \quad R = 2 \text{ kg},$$

et pour nombre de tours : $n = 60$.

En vertu de l'égalité $\frac{\omega^2 h}{g} = \frac{P + R}{P}$ on peut écrire :

$$\frac{10 + 2}{10} = \frac{h\omega^2}{g} = 1,2,$$

d'où : $\omega^2 = \frac{1,2 \times g}{h},$

la valeur de h déterminée dans le tableau précédent est $0^m,248$, on a donc :

$$\omega^2 = \frac{1,2 \times 9,81}{0,248} = 47,6,$$

$$\omega = \sqrt{47,6} = 6,89.$$

Mais, $\omega = \frac{\pi n}{30},$

d'où : $\frac{\pi n}{30} = 6,89,$

et, $n = \frac{6,89 \times 30}{3,1416} = 66 \text{ tours}.$

Il faudra donc que le régulateur tourne à soixante-six tours, soit 0,1 de plus, quand la résistance ou la surcharge R sera de 2 kilogrammes.

Lorsque le nombre de tours de la machine dépasse soixante à quatre-vingt tours, il ne serait pas possible de donner à h la valeur indiquée sur le tableau précédent : les dimensions du régulateur se trouveraient beaucoup trop faibles pour se prêter à la construction de l'appareil. Dans ce cas, on applique une surcharge plus ou moins considérable sur le manchon du régulateur ; l'appareil prend alors le nom de régulateur à *masse centrale*. Si nous conservons les dénominations précédentes, et si Q représente la surcharge appliquée au manchon, l'équation précédente devient :

$$\frac{\omega^2 h}{g} = \frac{P + Q + R}{P} = 1 + \frac{Q + R}{P},$$

expression qui montre que la surcharge

joue le même rôle que les boules, mais que la vitesse doit être plus grande. On a en effet:

$$\omega = \frac{\pi n}{30} \quad \text{et,} \quad \omega^2 = \frac{\pi^2 n^2}{900},$$

remplaçons ω^2 par cette valeur dans l'équation précédente, il vient:

$$\frac{\pi^2 n^2 h}{900 \times g} = 1 + \frac{Q + R}{P}.$$

effectuant on a:

$$n^2 = \frac{900 \times g}{\pi^2 \times h}\left(1 + \frac{Q + R}{P}\right),$$

d'où: $\quad n = \sqrt{\dfrac{894}{h}\left(1 + \dfrac{Q + R}{P}\right)}.$

Si le régulateur était sans surcharge on aurait:

$$n = \sqrt{\frac{894}{h}\left(1 + \frac{R}{P}\right)},$$

n aurait dans ce cas une valeur inférieure à la précédente.

Lorsque le régulateur est à surcharge l'augmentation de vitesse due à la résistance R du manchon est notablement plus faible que dans le cas précédent. Si nous reprenons l'exemple cité plus haut, dans lequel $P = 10$ kg, $R = 2$ et $n = 60$, en supposant une surcharge $Q = 20$ kg, l'augmentation de vitesse ne serait que de 0,04 0/0 environ, tandis qu'elle s'éle-

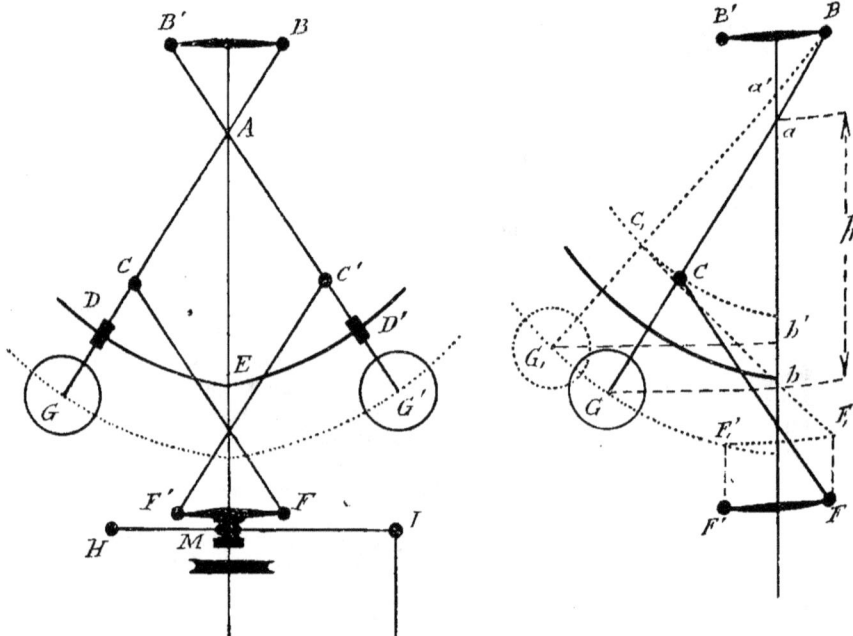

Fig. 298. — Régulateur à bras croisés de Farcot.

vait à 0,1 0/0 dans le régulateur sans surcharge.

En résumé, on peut rendre efficace l'action d'un régulateur contre les variations de la résistance ou de la puissance par deux moyens différents: le premier consiste à maintenir la hauteur h de suspension des boules constante; le second, à modifier la charge du manchon suivant la variation de vitesse du régulateur, de manière à ce que l'équilibre de l'appareil subsiste pour toutes ses positions et satisfasse à l'équation:

$$\frac{\omega^2 h}{g} = 1 + \frac{Q + R}{P},$$

dans laquelle la vitesse ω^2 doit rester constante. Si la hauteur h varie, il est nécessaire de faire varier la surcharge P, puisque le poids P des boules ne peut pas être modifié pendant la marche, et que la résistance R du manchon reste sensiblement constante.

Régulateurs isochrones.

288. Le *régulateur à bras croisés* de Farcot est sensiblement isochrone, la hauteur de suspension étant maintenue approximativement constante, ainsi qu'on le voit sur la figure 298.

Dans ce régulateur, les extrémités des bielles croisées BA et B'A, décrivent des arcs de cercle ayant pour centres les points d'articulation B et B'; ces deux derniers points sont déterminés par la relation $h = \frac{g}{\omega^2}$ qui représente une courbe dont la sous-normale doit être constante, c'est-à-dire une parabole. Après avoir calculé la valeur de h on trace la parabole, puis on cherche le centre de la circonférence osculatrice de cette courbe; on obtient ainsi le point B; le point symétrique B' sera le centre d'oscillation du second bras. Il est facile de se rendre compte qu'avec cette disposition la hauteur de suspension des boules sera à peu près constante. Soit BG, une nouvelle position du bras BG du régulateur; la hauteur h, qui était primitivement égale à ab, est maintenant égale à ab'. Si la hauteur n'a pas changé on devrait avoir $aa' = bb'$. Ainsi qu'on le voit sur la figure, ces deux quantités sont approximativement égales, elles le seraient exactement si l'arc décrit par le centre de la boule était une parabole.

Le régulateur est complété par les bielles cF et $c'F'$, symétriques des deux premières, de telle sorte que le triangle BcF soit isocèle; ces deux bielles sont articulées au manchon M du régulateur, qui tourne avec ce dernier et qui porte une rainure enveloppée par la fourchette du levier HI.

Afin d'éviter les réactions qui pourraient se produire pendant le mouvement de rotation des boules dans les articulations, les bras BG et B'G' portent deux œilletons c et c' qui peuvent glisser à frottement doux sur un guide DED', de forme circulaire, fixé sur la tige du régulateur. Pour les raisons que nous avons exposées plus haut, la machine pourra, suivant les besoins, développer tout ou partie de sa puissance, tout en conservant la même vitesse de régime. Le régulateur Farcot est quelquefois muni d'un ressort qui agit à la partie inférieure du manchon et qui empêche les boules de s'élever outre mesure, sous l'effet d'une brusque variation de vitesse, et les oblige à rester dans la portion de circonférence qui se confond à peu près avec l'arc parabolique; ce ressort a aussi pour effet d'atténuer

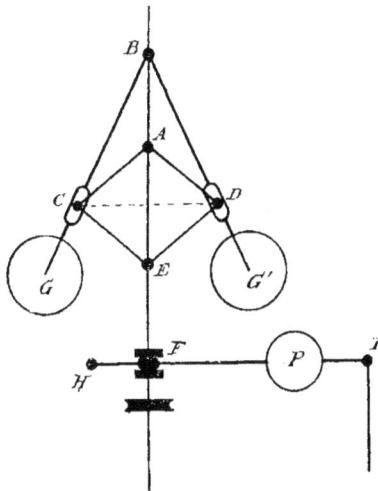

Fig. 299. — Régulateur Andrade.

l'augmentation de force centrifuge qui résulte de l'écartement des bras.

Dans une disposition analogue, inaugurée par *Franke*, on peut obtenir une solution exacte du problème; sur la tige du régulateur est fixé un arc parabolique; des galets, reliés, d'un côté, aux boules, et de l'autre, au manchon du régulateur, sont astreints à rouler sur l'arc parabolique. Cette disposition est peu employée dans la pratique, à cause des frottements qui proviennent des galets de roulement, on lui préfère la solution approximative imaginée par M. Farcot.

Le régulateur imaginé par *M. Andrade*

est basé sur le même principe, mais il présente une disposition différente. Cet appareil est formé (*fig.* 299) de deux leviers à boules BG, BG', et d'un losange articulé ACED dont les quatre sommets ont les fonctions suivantes : le point A est fixe ; le point E peut se mouvoir verticalement sur l'axe du régulateur, et les deux points C et D glissent à frottement doux dans l'intérieur de deux rainures pratiquées dans les branches des leviers à boules. Un manchon mobile F est articulé par sa partie supérieure au point E du losange ; il communique ses déplacements au levier HI, mobile autour du point H et portant

Le régulateur Andrade est pratiquement isochrone et permet de régulariser la vitesse même pour des variations considérables de la puissance ou de la résistance. Pour éviter toute transition brusque dans les écarts de vitesse se produisant la résistance vient à changer brusquement, la tige commandée par le manchon du régulateur est munie d'un petit piston à air ou à huile qui modère les oscillations de l'appareil ; ce régulateur demande une construction très soignée ; son ensemble est assez ramassé et peu encombrant.

289. *Régulateur Foucault.* — Dans ce régulateur, l'isochronisme est obtenu par

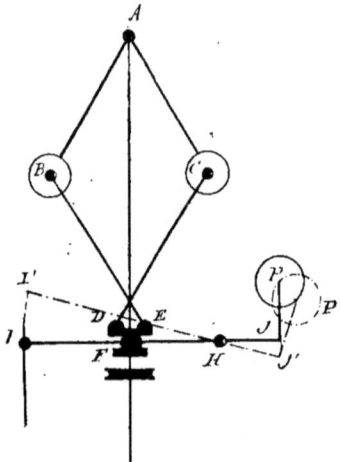

Fig. 300. — Régulateur Foucault.

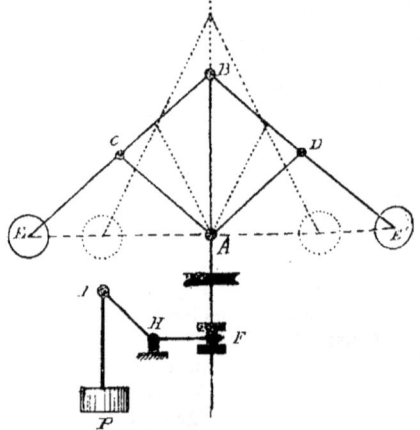

Fig. 301. — Régulateur Babcock et Wilcox.

un contrepoids P. La longueur des quatre côtés du losange doit être rigoureusement égale à la longueur AB ; il serait facile de se rendre compte que, dans ces conditions, la hauteur de suspension des boules est sensiblement constante. Le contrepoids P est fixe pour une même vitesse de régime ; pour faire varier cette vitesse, il suffit de déplacer ce contrepoids le long du levier FI, la variation de surcharge ainsi produite correspondra à une nouvelle vitesse définie par la relation connue :

$$\frac{\omega^2 h}{g} = 1 + \frac{Q + R}{P}.$$

la variation de la surcharge, l'appareil est simplement constitué (*fig.* 300) par un losange articulé, analogue à celui de Watt, portant deux boules aux extrémités B et C ; le centre de chacune des boules peut coïncider avec le centre de l'articulation des bras. Les mouvements du manchon F sont transmis au levier IJ, qui oscille autour du point fixe H et qui porte un contrepoids P disposé en retour d'équerre.

Lorsque, sous l'effet d'une augmentation de vitesse, les boules viennent à s'écarter et à soulever le manchon, le levier prend la position I'J', et le contrepoids P occupe la position P' ; dans cette position le bras de levier du contrepoids est plus grand que dans la position initiale; l'effet produit est donc le même que si la surcharge appliquée au manchon avait été augmentée. En donnant à l'appareil des proportions convenables, on peut faire en sorte que la hauteur h et la surcharge l varient en même temps de quantités telles que la vitesse ω définie par la relation :

$$\frac{\omega h}{g} = 1 + \frac{Q + R}{P} \text{ soit constante.}$$

Comme le régulateur Farcot, cet appareil est souvent muni d'un ressort destiné à contre-balancer les effets produits par l'augmentation de la force centrifuge, lorsque les boules viennent à s'écarter.

Le *régulateur Babcock et Wilcox* (*fig.* 301) est basé sur un principe analogue à celui du précédent; les boules E, E' sont suspendues à des bras disposés comme d'ordinaire et articulés, à leur partie supérieure, à une traverse solidaire de l'arbre AB, lequel peut coulisser verticalement à l'intérieur de l'arbre creux, qui communique aux boules leur mouvement de rotation. L'entraînement des boules se produit par les petites bielles AC et AD, reliées, à leur partie inférieure, à l'arbre commandé par la machine, et, à leur partie supérieure, au milieu des bras; de telle sorte que l'on a : AC = EC = BC. L'ensemble de cette disposition cinématique constitue un parallélogramme ayant pour effet de contraindre les boules à se maintenir dans un plan horizontal.

Dans le régulateur de Watt, les boules se meuvent suivant un arc de cercle commun et s'élèvent à mesure qu'elles s'écartent. Il faut donc, nous l'avons vu, une notable augmentation de vitesse pour qu'elles puissent se maintenir dans leur nouvelle position. Il en résulte que, plus la résistance subie par la machine est faible et plus sa vitesse sera grande, et réciproquement. Dans la disposition ci-contre, au contraire, la pesanteur n'intervient plus que pour rappeler les boules et n'exerce alors aucune influence sur la vitesse de la machine. La force centrifuge oblige les boules à s'écarter, et le rappel est assuré par le contrepoids P suspendu

à un levier coudé FIII, proportionné de telle sorte que la force centrifuge, aux différentes vitesses, soit exactement contre-balancée, pour les positions correspondantes du levier. Il en résulte un isochronisme complet et une régularité absolue de la vitesse, quelles que soient les variations de la puissance ou de la résistance. La plus légère variation de vitesse amènera successivement la prépondérance de l'une des deux forces en

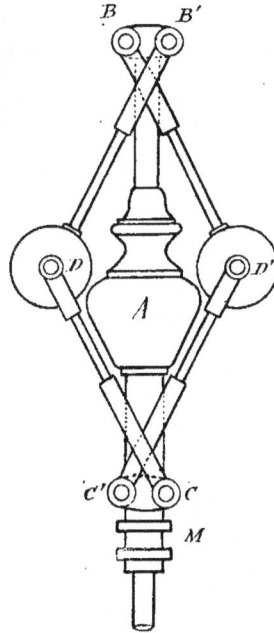

Fig. 302. — Régulateur à masse centrale de Porter.

présence : force centrifuge ou pesanteur, jusqu'à ce que l'admission de vapeur ait été modifiée dans la proportion convenable, et la vitesse ramenée à sa valeur moyenne, pour laquelle l'équilibre des deux forces s'établit de nouveau. On peut obtenir les variations voulues de la vitesse de régime en modifiant la masse du contrepoids, sans détruire sensiblement l'isochronisme de l'appareil.

290. *Régulateurs à masse centrale.* — Nous avons vu que pour des vitesses angulaires un peu grandes la hauteur de suspension des boules devenait trop petite pour permettre la construction du régulateur et qu'en surchargeant celui-ci on pouvait augmenter la vitesse, la surcharge produisant le même effet que les boules. Ces régulateurs peuvent être disposés comme celui de Watt, et comme ils sont ordinairement animés d'une grande vitesse, on donne aux boules de plus petites dimensions ; la surcharge est constituée par une masse de forme cylindrique fixée à la tige du régulateur et qui est reliée ou qui fait corps avec le manchon de celui-ci. Si nous désignons, comme dans la figure 296, par a et b les distances du point fixe des bras aux boules et aux bielles du manchon, le poids des boules serait, s'il n'y avait pas de surcharge, représenté par la formule de Watt (n° 257) :

$$P = \frac{a}{b} \times \frac{RK}{2},$$

mais si nous appliquons une surcharge Q cette formule devient :

$$P = \frac{a}{b} \left(\frac{KR}{2} - Q \right),$$

puisque le poids Q peut être considéré comme étant appliqué au point d'articulation des bras pour lequel son bras de levier est le même que celui de la résistance R du manchon, c'est-à-dire égal à $\frac{a}{b}$.

Le coefficient K est, comme nous l'avons dit, le coefficient de régularité de la machine, c'est-à-dire qu'il représente le plus grand écart de la vitesse angulaire exprimé en fraction de cette dernière.

Dans la disposition de la figure 302, due à M. Porter, les boules sont placées aux points D et D' d'articulation des bielles ; de plus, les bielles sont croisées, ce qui donne aux boules de l'appareil une hauteur de suspension à peu près constante, comme dans la disposition Farcot. La masse centrale A fait corps avec le manchon M qui est relié aux boules par les bielles CD, C'D', articulées à leurs deux extrémités ; la tige du régulateur pénètre à frottement doux dans l'intérieur du manchon et de la masse centrale, et porte, à la partie supérieure, les points d'articulation B et B' des deux bras fixés

aux boules. Dans cette disposition, la formule qui donne le poids des boules devient, en remarquant que le rapport $\frac{a}{b} = 1$,

$$P = \frac{KR}{2} - Q.$$

Les régulateurs à masse centrale affectent des dispositions variées, plus ou moins compatibles avec la fonction qu'ils sont chargés de remplir. Dans le régula-

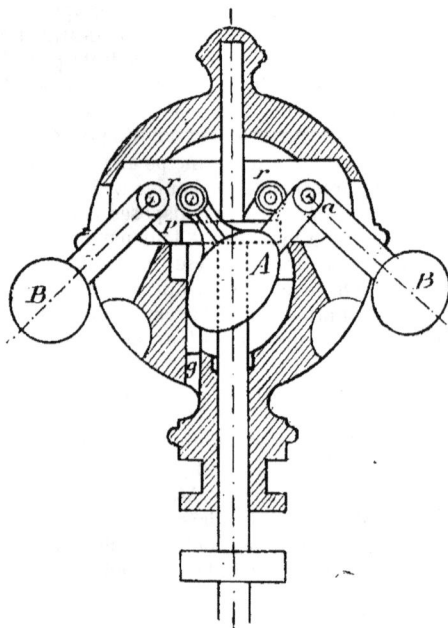

Fig. 303. — Régulateur Buss.

teur Buss (*fig.* 303), connu sous le nom de *régulateur cosinus*, chaque boule B est reliée à une masse additionnelle A ; l'ensemble de la boule et de la masse A peut osciller autour d'un axe a solidaire avec un contrepoids formant manchon. Ce contrepoids se compose de deux calottes hémisphériques emboîtées ensemble. Chacune des masses A, se termine par un bras, dont l'extrémité porte un petit axe et un galet r, légèrement excentré, qui repose sur un plateau P, qui fait corps avec l'arbre. Enfin, une goupille g, fixée au plateau P, s'engage dans la calotte inférieure et entraîne cette dernière dans le mouvement de rotation de l'arbre, tout en lui permettant de s'élever et, par suite, de soulever la calotte supérieure.

Il est facile de voir que, par l'éloignement des boules B, sous l'action de la force centrifuge, l'axe a, prenant appui sur le galet r, sera soulevé et entraînera le manchon, à la partie inférieure duquel est disposée la fourchette du levier du régulateur.

Régulateurs dans le volant.

291. La plupart de ces dispositions peuvent convenir pour les cas ordinaires de la pratique, mais l'isochronisme est plus ou moins sacrifié. On les emploie surtout pour les petites machines à grande vitesse, ce qui permet de leur donner de faibles dimensions et facilite leur installation. La figure 306 ci-après montre l'un de ses régulateurs combiné avec la soupape qui règle l'admission de la vapeur.

292. Dans quelques-uns des régulateurs que nous venons d'étudier, nous avons vu que l'on faisait usage de ressorts, soit pour combattre l'augmentation de la force centrifuge produite par le soulèvement des boules, soit pour équilibrer l'augmentation de résistance subie par celles-ci à mesure que, en s'écartant, elles viennent à se soulever davantage au-dessus du plan horizontal moyen.

On a construit des régulateurs dans

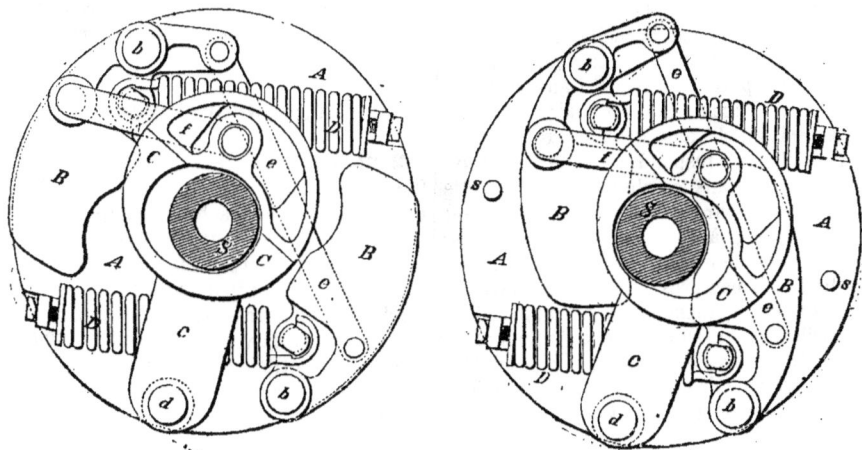

Fig. 304. — Régulateur dans le volant.

lesquels la force centrifuge des masses animées de mouvement de rotation était uniquement contre-balancée par l'action de ressorts, l'action de la pesanteur se trouvant ordinairement complètement supprimée par suite des dispositions cinématiques de l'appareil. Ces régulateurs, appelés *régulateurs à ressort*, n'ont guère reçu d'applications dans les machines à vapeur. La relation qui doit exister entre les variations des efforts produits par la force centrifuge et celles du ressort antagoniste peut se trouver considérablement modifiée suivant la forme donnée au mécanisme chargé de transmettre ces efforts réciproques.

Depuis ces dernières années, on fait cependant un assez fréquent usage de régulateurs à ressorts montés directement sur l'arbre moteur de la machine ; souvent ils sont placés dans l'intérieur du volant, ce qui leur a fait donner le nom de *régulateurs dans le volant*. Dans les appareils de cette catégorie, l'action du régulateur n'est pas ordinairement transmise au papillon d'arrivée de vapeur, elle agit sur l'excentrique de distribution et modifie la détente.

La figure 304 représente une des dispositions de ce système de régulateurs; le disque A, venu de fonte avec la manivelle motrice, est relié à l'excentrique C qui commande le tiroir de distribution par la bielle c, qui fait corps avec lui et qui oscille autour du tourillon d.

Les tourillons bb du disque portent des masses BB qui constituent les poids des régulateurs; ces deux poids sont réunis entre eux par la bielle e, et l'un d'eux seulement est relié à l'excentrique par la bielle f. Les ressorts DD, attachés au disque, produisent le rappel des poids, lorsque la vitesse de la machine vient à diminuer; les arrêts SS limitent le mouvement des poids pendant la marche. L'excentrique C, qui entoure librement l'arbre moteur S, pourra donc prendre, suivant la position occupée par les poids, une orientation différente, qui lui sera communiquée par la bielle f.

La partie gauche de la figure représente l'appareil au repos. Dans cette situation l'excentrique est maintenu dans sa position de plus grande excentricité, laquelle correspond à l'introduction maximum dans le cylindre. Dans la partie droite, l'appareil est représenté pendant la marche, à la position extrême des poids, laquelle correspond à une introduction à peu près nulle au cylindre.

Le fonctionnement de cet appareil est facile à comprendre : sous l'influence de la force centrifuge, les poids tendent à s'écarter de l'axe de rotation, les efforts ainsi développés sont contre-balancés par les ressorts dans une proportion telle, que les effets résultant de la modification de la course et de l'angle de calage de l'excentrique soient en rapport avec le degré de détente qui convient à la résistance appliquée à la machine motrice.

Il est bien évident que le régulateur sera isochrone si la résistance du ressort varie exactement comme la force centrifuge, malgré la variation des distances des poids à l'axe de rotation; il faut donc que la tension initiale du ressort soit telle, que l'accroissement de résistance qu'il oppose à la force centrifurge varie comme cette dernière, tout en laissant à l'appareil une sensibilité suffisante.

On rencontre aujourd'hui un assez grand nombre de machines munies de régulateurs dans le volant analogues à celui que nous venons de décrire; pour les machines à grande vitesse, où l'encombrement doit être réduit à son minimum, ces régulateurs présentent l'avantage d'obtenir la régularisation de la vitesse au moyen d'organes simples et, pour ainsi dire, dissimulés dans la machine. La variation de la détente, qui provient de la modification de la course et de l'angle de calage de l'excentrique du tiroir, permet de porter l'introduction depuis 0 jusqu'à 0,6 environ de la course du piston; dans quelques-uns de ces appareils, la suspension des poids est disposée de telle manière que les avances restent constantes, malgré les variations de la détente; de plus, ils sont généralement disposés de manière à produire l'arrêt de la machine si l'un des organes vient à se rompre.

Régulateurs divers.

293. Les régulateurs à force centrifuge sont appliqués d'une manière presque générale aux machines à vapeur; les nombreux systèmes de *régulateurs à air*, *à eau*, n'ont guère reçu d'emplois que dans des cas tout particuliers et se rapportant à d'autres moteurs que ceux actionnés par la vapeur. Parmi les nombreux dispositifs employés pour la régularisation de la vitesse, nous n'avons pu citer que ceux qui s'adressent aux cas les plus ordinaires de la pratique; on a quelquefois besoin d'appareils répondant à des conditions spéciales, telles que l'énergie ou la promptitude d'action. Les régulateurs employés dans la marine, par exemple, doivent répondre à des conditions complètement différentes de celles qui sont imposées aux autres régulateurs; lorsque le bateau navigue en eau calme, le travail de la machine reste absolument constant pour toute vitesse de propulsion déterminée et, si le débit de la vapeur est convenablement réglé, la vitesse de rotation du moteur restera constante. Mais il n'en est pas de même quand le bateau navigue en mer houleuse, les mouvements de tangage et de roulis peuvent entraîner des variations brusques et considérables de vitesse. A certains intervalles, le propulseur émergeant presque totalement, la résistance diminue énormément, et la machine s'emballe dans une proportion qui peut devenir dangereuse. Aussitôt après, l'hélice s'immergeant complètement, la vitesse de rotation diminue brusquement. Dans les deux cas, la variation de vitesse peut être la source d'avaries graves.

Pour prévenir ces variations de vitesses, il faut un régulateur capable d'agir instantanément, et avec une énergie suffisante, afin de maintenir la vitesse dans des limites au moins compatibles avec la sécurité de la marche. Le régulateur ordinaire à force centrifuge ne saurait se plier à cette application ni convenir à des appareils soumis à des écarts aussi brusque de vitesse, l'inertie de ses organes empêchant qu'on puisse se rendre maître de sa vitesse propre. C'est cepen-

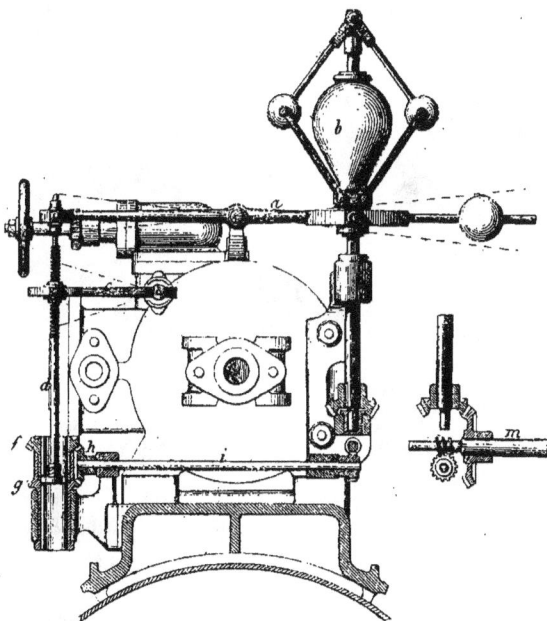

Fig. 305. — Compensateur de régulateur, système Denis.

dant à cette résistance même qu'opposent les forces d'inertie à la variation soudaine de la vitesse que l'on a quelquefois recours pour obtenir les résultats de régularisation que les modérateurs ordinaires seraient impuissants à produire ; mais, dans ce cas, il est presque toujours nécessaire d'asservir au régulateur un appareil auxiliaire, mû par la vapeur, et qui est chargé d'actionner le papillon ou la valve de prise de vapeur.

Les régulateurs dits à *échappement*, rarement adoptés pour les machines à va-

peur, sont d'un usage plus répandu dans les moteurs à gaz et à eau; nous aurons l'occasion d'étudier quelques-unes de leurs dispositions au chapitre X.

Les régulateurs *différentiels* consistent en un ensemble d'organes mécaniques commandés ou contrôlés, les uns par la machine motrice, à une vitesse proportionnelle à celle dont celle-ci est animée, les autres par un régulateur de système quelconque. Dans ce genre d'appareil, on utilise le mouvement relatif qui vient à se produire entre les deux séries d'organes lors des variations de la vitesse, pour régler le débit de la vapeur au cylindre de la machine.

Accessoires de régulateurs.

294. *Compensateurs.* — Les régulateurs qui actionnent le papillon ou la valve de prise de vapeur n'ont pas toujours une énergie suffisante pour vaincre les résistances qui s'opposent au mouvement du papillon à travers les garnitures de la boîte à vapeur ; de plus, il y a quelquefois avantage à modérer les oscillations qui proviendraient d'une trop grande sensi-

bilité de l'appareil. On fait usage, dans ce cas, de *compensateurs*. La figure 305 représente l'application d'un régulateur muni d'un compensateur du système Denis pour la commande d'un papillon de prise de vapeur.

Le manchon du régulateur *b* actionne le levier *d*, qui est relié à la tige du papillon par l'intermédiaire d'une bielle *c*. L'arbre *m*, qui commande le régulateur, porte une vis sans fin engrenant avec un pignon calé sur l'arbre *i* ; cet arbre porte à l'autre extrémité un pignon denté *h*, qui engrène avec deux roues coniques *f* et *g*, folles, autour d'un manchon concen-

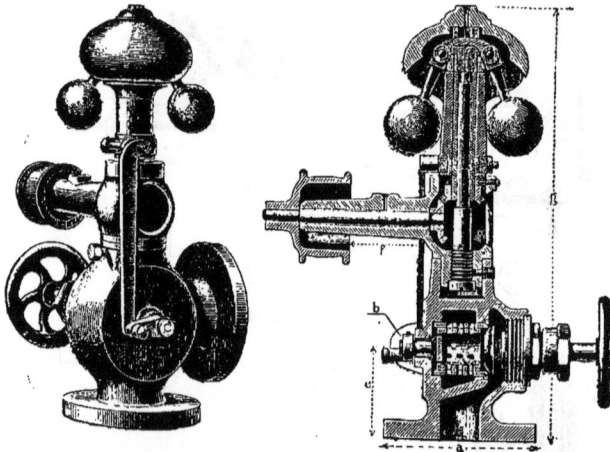

Fig. 306. — Régulateur à soupape équilibrée de Schaeffer et Budenberg.

trique à la tige *d*. Par suite du mouvement de rotation imprimé par la machine à l'arbre *i*, les roues d'angle *f* et *g*, se meuvent en sens inverse l'une de l'autre ; la tige *d* porte, à sa partie inférieure une pièce cylindrique *e* dans laquelle on a ménagé deux rainures. Les douilles des roues d'angle *f* et *g* portent deux ergots qui peuvent s'engager dans les rainures pratiquées dans la pièce *e* ; suivant que cette pièce sera à hauteur de la douille de la roue *f* ou de celle de la roue *g*, elle participera au mouvement de l'une ou de l'autre des deux roues, c'est-à-dire qu'elle tournera tantôt dans un sens, tantôt en sens inverse.

La position de la pièce *e* est réglée par le régulateur à force centrifuge, et le mouvement de rotation imprimé à la tige *d*, par l'une ou l'autre des deux roues d'angle, est transmis au pavillon par l'intermédiaire d'un écrou fileté, articulé à l'extrémité de la bielle *c*. Suivant le sens du mouvement de rotation imprimé à la tige *d*, l'écrou montera ou descendra le long de la partie filetée de cette tige, et la bielle auquel il est attaché transmettra son mouvement au papillon d'arrivée de vapeur. Lorsque la machine aura atteint sa vitesse normale, la tige *d* occupera une position moyenne pour laquelle la pièce *e* ne recevra aucun mouvement des deux roues d'angle, les ergots n'existant que sur une certaine longueur des douilles, à partir des positions extrêmes. Dans ces conditions, on comprend que le régulateur n'a pas d'autre résistance à vaincre que celle nécessaire au soulèvement de la tige *d*; la manœuvre du papillon est assurée par le mouvement pris sur la machine elle-même; en outre, les oscillations qui pouvaient provenir de trop faibles variations de vitesse sont sans effet sur le papillon d'arrivée de vapeur.

Les compensateurs sont quelquefois simplement constitués par des freins à air ou à liquide qui n'ont pas d'autre fonction que de remédier à la trop grande sensibilité du régulateur.

Lorsque le régulateur agit sur la détente de la machine, son action est ordinairement assez énergique pour remplir le but qui lui est assigné; il n'en est pas toujours de même quand il commande un papillon ou une valve d'arrivée de vapeur. La tige qui commande le papillon est obligée de traverser des garnitures qui, pour être étanches, demandent un serrage assez énergique; le travail absorbé pour vaincre le frottement qui en résulte paralyse en partie l'action du régulateur. Il est donc nécessaire de favoriser le plus possible la manœuvre du papillon en évitant le serrage excessif des garnitures et en faisant usage, autant que possible, de papillons équilibrés, n'offrant qu'une faible résistance à l'action du régulateur.

La figure 306 représente un régulateur à grande vitesse qui actionne, à l'aide d'une transmission fort simple, une soupape équilibrée; cette soupape n'offre qu'une très faible résistance au mouvement de rotation.

Lorsque l'on veut s'affranchir d'une manière presque complète des résistances qui proviennent du mouvement du manchon ou du frottement dans les garnitures, on peut employer le dispositif imaginé par M. Raffard que nous avons décrit précédemment (page 211), et qui a été représenté figure 198.

Nous avons déjà vu une application du même principe dans l'appareil de tarage des manomètres de M. Bourdon (n° 154).

En ce qui concerne les moyens employés pour transmettre le mouvement de rotation de la machine au régulateur, on fait usage de poulies embrassées par des courroies ou bien de roues d'engrenages. Ce dernier moyen est préférable à la transmission par courroies, parce qu'il donne un rapport de vitesse constant entre la machine et le régulateur, on n'a pas à craindre le glissement de la courroie, ou la rupture de celle-ci. Dans les régulateurs commandés par courroies on doit prendre des dispositions en vue de produire l'arrêt automatique de la machine, dans le cas où la courroie viendrait à se rompre ou à tomber de la poulie.

CHAPITRE III

Principes généraux.

295. L'étude générale de la machine à vapeur doit avoir pour base les conditions particulières qui présideront à son établissement ou à son fonctionnement, par exemple : l'emplacement qui lui est destiné, la quantité du travail qui devra être développée et les conditions dans lesquelles ce travail sera accompli, le prix d'établissement et les dépenses correspondant au fonctionnement normal.

Quant aux valeurs à donner à la pression, à la vitesse et au coefficient de régularisation, elles dépendent des conditions précédentes, et peuvent être déterminées *à priori* par l'ingénieur ou le constructeur.

Les considérations qui déterminent les types de machine à adopter, pour un emplacement et un but définis à l'avance, sont relatives à l'encombrement ou au poids du moteur, à la dépense de charbon et aux conditions qui gouvernent le régime économique de la machine. Il arrive souvent que les conditions particulières, imposées par les circonstances, sont tellement nettes qu'elles conduisent d'elles-mêmes à l'adoption d'un type de machine parfaitement défini, qui ne saurait être remplacé avantageusement par aucun autre. De là, par exemple, les différences accentuées qui séparent la machine fixe de la machine marine, toutes deux également bien appropriées à la destination qu'elles reçoivent, et qui ne pourraient être, sans inconvénient, remplacées l'une par l'autre. C'est ainsi, qu'en pratique, on peut diviser les appareils à vapeur en trois catégories : les machines fixes, les machines marines et les locomotives.

De même, pour chaque catégorie d'appareils, les circonstances particulières du fonctionnement déterminent, dans le type adopté, des différences qui peuvent être parfois fort accentuées. Ainsi, en ce qui concerne les machines fixes, on distingue entre autres : les machines « à grande ou à petite vitesse », les machines « à distributions par tiroirs » ou « par distributeurs et à déclic », les machines « à détente fixe » ou « à détente variable par le régulateur », les machines à « simple, à double ou à triple expansion », etc...

Dans les machines marines, les différences ne sont pas moins grandes ; tandis que les navires du commerce adoptent presque toujours le type de machine verticale dite à pilon, les vaisseaux de guerre adoptent, le plus souvent, des appareils horizontaux et ramassés sous la ligne de flottaison. Dans les paquebots transatlantiques, où l'on recherche avant tout la légèreté permettant l'accumulation d'une grande puissance sous un faible poids, et les conditions propres à assurer une longue durée sans arrêts, et une grande économie de combustible, on installe des appareils perfectionnés, aptes à remplir ces conditions. Dans les torpilleurs, l'économie de combustible est presque sacrifiée, et l'on dispose un appareil développant une puissance aussi considérable que possible par unité de poids.

On peut exprimer, toutes choses égales, la valeur d'une machine par la puissance qu'elle peut développer relativement à son poids ; les conditions auxquelles elle est soumise peuvent se résumer comme suit :

1° Puissance suffisante ;

2° Dépense minimum de fonctionnement (combustible) ;

3° Dépenses minima d'entretien et de réparations ;

4° Prix minima d'établissement (capital, intérêts) ;

Quels que soient les types ou modèles

de machines adoptés, les conditions qui favorisent son emploi sont, en général, identiques. En ce qui concerne la construction de la machine, les principes qui régissent tous les types d'appareils, peuvent être définis comme suit :

1° Exécution d'un plan d'ensemble, étudié conformément aux conditions particulières de l'installation ;

2° Étude approfondie des proportions convenables à donner aux organes, suivant les efforts auxquels ils seront soumis ;

3° Construction aussi parfaite que possible des organes, laquelle comprend : l'emploi de bons matériaux, un ajustage et un montage précis, une conduite méthodique et un entretien minutieux.

Lorsqu'il s'agit de machines à grande vitesse, les conditions relatives à l'exactitude et aux soins apportés dans l'exécution et le montage des organes, à l'équilibre des moments moteurs et des efforts d'inertie, au graissage, au choix d'une distribution et d'un régulateur puissant et sensible, aux précautions à prendre contre les avaries résultant des coups d'eau, des chocs dus à un mauvais degré de compression ou d'un jeu excessif dans les organes, sont prépondérantes pour assurer à la machine un fonctionnement satisfaisant et durable.

En général, pour assurer un fonctionnement économique, il convient d'adopter des pressions de vapeur aussi élevées que possible, et un rapport de détente aussi voisin qu'il se pourra du chiffre correspondant au rendement maximum pour cette pression.

Si le degré d'expansion est élevé, on devra adopter une chemise de vapeur, de manière à diminuer les pertes par condensations intérieures. Si la détente est très élevée, on devra l'effectuer dans plusieurs cylindres successifs, autant dans le but d'éviter les pertes de chaleur, que dans celui de diminuer les dimensions des organes et d'obtenir un meilleur équilibre des couples moteurs, ce qui se traduit par une réduction des frottements internes.

On devra s'attacher à réduire la contrepression et, dans les machines à condensation, à obtenir un vide aussi complet que possible, sans toutefois réduire outre mesure la température de l'eau dans la bâche, ni surcharger par trop la pompe à air, tous ces éléments entrant en ligne de compte dans le calcul du rendement final.

La vitesse du piston devra toujours être aussi considérable que le permettront les conditions particulières du fonctionnement et la sécurité. Le mécanisme de distribution sera, autant que possible, à détente variable par le régulateur, il devra être simple et robuste.

Le tiroir devra être disposé de manière que la fermeture des lumières soit aussi rapide que possible, sans que, pour cela on soit conduit à adopter des dispositifs fonctionnant par choc, le tiroir sera aussi bien compensé que possible, de manière à réduire l'usure due au frottement et éviter le grippage des glaces.

L'action du régulateur devra être rapide et puissante ; on devra adopter les dispositifs propres à éviter les oscillations fréquentes des boules, source d'irrégularités de vitesse, aussi graves que celles que le régulateur est chargé d'atténuer. On prendra également des dispositions propres à assurer l'arrêt automatique de la machine, si l'action du régulateur, pour une cause quelconque, venait à cesser de se faire sentir.

Le graissage des organes mobiles en contact, sera assuré d'une manière aussi continue que possible, et aussi bien en vue de réduire au minimum le frottement que d'économiser l'huile employée.

Tels sont les principes généraux sur lesquels on peut se baser dans la construction des machines à vapeur. Au point de vue de la résistance des matériaux, le calcul des principaux organes serait facile, si l'on pouvait déterminer exactement la valeur des efforts auxquels sont soumis les organes ; beaucoup d'entre ces derniers seront calculés, suivant des principes un peu différents de ceux qui sont donnés par la résistance des matériaux.

Détermination du type à adopter.

296. Dans l'étude d'un projet d'installation de machine, la première chose à faire, consiste à déterminer le type de moteur qui réalisera le mieux les conditions particulières imposées. Nous avons vu que ces conditions pouvaient provenir de plusieurs motifs différents : tantôt on recherchera l'économie de combustible, ce qui conduira à choisir un système de moteur à rendement élevé, et, par suite, plus compliqué de construction et demandant un entretien plus soigné ; tantôt on imposera au moteur un minimum d'encombrement, ce qui conduira à choisir un système moins économique comme rendement, etc... Le prix d'achat peut aussi entrer en ligne de compte dans ces diverses considérations, mais le plus souvent son importance n'est que secondaire, et l'économie que l'on peut réaliser sur le combustible est généralement plus que suffisante pour compenser l'excès de dépense occasionné par l'installation d'un moteur à rendement plus élevé. La quantité de combustible brûlée par cheval et par heure, peut varier dans de notables proportions, suivant le type de machine et les conditions dans lesquelles elle fonctionne ; il en résulte que, plus la machine sera puissante, plus on aura avantage à adopter un système à rendement élevé. Le bénéfice que l'on recueillera sur l'économie de combustible compensera, et au delà, l'augmentation du prix d'achat et le supplément de dépenses qui pourrait provenir d'un entretien plus onéreux.

Dans les cas exceptionnels, où l'économie de chaleur pourra être en partie sacrifiée, soit que le combustible est à un prix très bas, soit que l'on tienne absolument à réduire les dépenses résultant de l'achat ou de l'entretien, on s'arrêtera à un type de moteur simple et robuste, mais bien construit et présentant toutes les garanties convenables de durée.

Quel que soit le type de moteur adopté, et en outre des principes que nous avons exposés au paragraphe précédent, on s'attachera à faire accomplir à la machine, en régime normal, la puissance pour laquelle elle aura été calculée.

Lorsque l'on aura besoin d'une assez grande élasticité dans le travail à développer, on déterminera le degré de dé-

tente économique qui correspond au travail moyen. A ce point de vue, l'étude d'une machine, à double ou à multiple expansion, présentera certaines particularités que l'on devra faire entrer en ligne de compte ; nous avons vu que la variation de la détente avait pour conséquence de rendre inégaux les travaux développés dans chacun des groupes de cylindres et que, si l'on voulait rétablir l'égalité des efforts, il pourrait en résulter une perte notable de travail.

Lorsqu'il s'agit de moteurs destinés à l'éclairage électrique, on devra s'attacher à obtenir la plus grande régularité possible dans l'allure de la machine ; à cette condition s'ajoutent quelquefois celles imposées par les exigences locales : encombrement faible, légèreté et compacité suffisante, etc... On aura presque toujours recours, dans ce cas, à une distribution à détente variable par le régulateur, le distributeur sera actionné par un mécanisme à déclic ou par une coulisse, ou par un excentrique à course variable. L'uniformité de la rotation sera favorisée par l'emploi de plusieurs cylindres, disposés de manière à rendre l'effort moteur aussi constant que possible, et, par l'adjonction d'un volant de dimensions convenables.

Il sera toujours avantageux d'adopter des bâtis massifs et robustes et des organes mobiles aussi légers que possible : dans les machines à grande vitesse, il sera indispensable d'équilibrer ces derniers et d'apporter des soins tout particuliers dans le montage et l'entretien des mécanismes.

Tous les organes d'une certaine importance, soumis à une usure rapide, devront être munis de rattrapages de jeu, on se trouvera toujours bien de l'adoption de grandes surfaces frottantes et d'un mode de graissage efficace.

Le principe de la condensation sera adopté ou rejeté, suivant la facilité plus ou moins grande, avec laquelle on peut s'approvisionner de la quantité d'eau supplémentaire qu'exige le condensateur.

Dans la grande majorité des cas, à moins qu'il ne s'agisse de moteurs de faible puissance, l'addition d'un condenseur se traduira par une augmentation du rendement total et par une diminution dans la dépense d'eau et de combustible; il en est tout autrement dans certains cas particuliers, comme dans les grandes villes, où il est quelquefois difficile ou onéreux de se procurer la quantité d'eau nécessaire à la condensation. Lorsque ce cas se présentera, il ne faudra pas perdre de vue que les avantages de la condensation diminuent à mesure que les pressions de la vapeur augmentent.

Aujourd'hui, en ce qui concerne les machines cylindriques, fonctionnant à de hautes pressions, on considère qu'il serait plus dispendieux d'adjoindre un condenseur et une pompe à air, que d'utiliser la vapeur d'échappement dans des réchauffeurs d'eau d'alimentation. A la mer, l'emploi du condenseur à surface s'impose, ne serait-ce que pour éviter l'introduction du sel dans les chaudières.

C'est un usage, depuis longtemps adopté, de ne pas recourir à la condensation pour les machines fixes de faible puissance; en ce qui concerne les locomotives, l'usage du condenseur a toujours été repoussé pour des raisons particulières doublées de difficultés matérielles; on a cependant tenté, mais sans grand succès, l'emploi des condenseurs à air sur quelques petites machines de tramways.

Dans les machines monocylindriques, dépourvues d'enveloppes de vapeur, les avantages de la condensation sont, dans beaucoup de cas, contre-balancés par la réduction des dépenses d'entretien, et par l'amélioration de rendement mécanique qui résulte de sa suppression. Lorsque l'on peut adopter un système de réchauffeur, capable d'élever la température de l'eau d'alimentation jusqu'à près de 100 degrés, on peut considérer la suppression du condenseur comme rationnelle, mais il est nécessaire que la pression de la vapeur dépasse 6 kilogrammes environ. Avec les machines compound, il n'en est plus de même, et la limite à laquelle le condenseur cesse d'être économique se trouve reportée à un chiffre de pression notablement supérieur, chiffre qu'il est bien difficile de

RENDEMENT	CONSOMMATION de charbon en kg par cheval et par heure	PUISSANCE en CHEVAUX	TYPE DE MACHINE		ENCOMBREMENT	CONDUITE et ENTRETIEN
Très élevé.	kilog. 0.6 à 0.8	300 à 5 000	Expansion multiple	Horizontale. Pilon (g^de vitesse).	Moyen. Faible.	Difficile. Difficile.
Élevé.	0.8 à 1 kg.	50 à 1 000	Double expansion	Horizontale à balancier Pilon (g^de vitesse).	Moyen. Grand. Faible.	Assez difficile. » Difficile.
Moyen.	0.9 à 2 kg.	30 à 300	Simple expansion et à condensation	Fixes. Mi-fixes.	Moyen. Assez faible.	Facile. Facile.
			Simple expansion, sans condensation et à haute pression	Horizontale (grande vitesse). Locomotives. Pilon à simple effet (grande vitesse).	Moyen. Faible. Faible.	Facile. Facile. Assez difficile.
Faible.	2 à 3	10 à 30	Sans condensation	Fixes et mi-fixes.	Moyen. Moyen.	Très facile Très facile.
Très faible.	3 à 7	10 à 30	Machines rotatives et diverses.		Très faible.	Difficile.

déterminer avec exactitude. Dans les machines à grande vitesse, le fonctionnement de la pompe à air peut créer parfois des ennuis sérieux, il est bien difficile de dépasser cent cinquante à cent soixante coups de piston par minute; lorsque les pompes à air sont indépendantes, on peut, si leur course ne dépasse pas 1^m,50, les actionner à raison de quatre-vingt-dix tours par minute, mais il vaut mieux se tenir au-dessous de cette limite et ne pas dépasser une vitesse de soixante-quinze tours.

Nous nous sommes efforcés, dans ce qui précède, de résumer les principales considérations qui peuvent guider l'ingénieur dans le choix d'un type de machine. Les principes que nous avons exposés sont ceux que la pratique actuelle accepte, et que l'on trouve appliqués dans la plupart des installations d'appareils à vapeur.

296. Le tableau de la page 353 permet de se rendre compte, d'une manière approximative, des principaux caractères inhérents aux divers types de machines adoptés aujourd'hui.

Prix moyen des installations à vapeur.

297. On trouvera dans les tableaux ci-après le coût moyen d'établissement des appareils à vapeur, suivant les différents types, ainsi que la consommation moyenne en combustible et en vapeur qui se rapporte à différentes puissances. On devra considérer ces chiffres à titre d'indication, et comme pouvant seulement servir de base comparative dans le choix du type de machine à adopter.

298. Prix moyens des différents types de moteurs a vapeur.

N, Puissance en chevaux; n, Nombre de tours par minute; P, Prix moyen;

MACHINES FIXES HORIZONTALES											
A UN CYLINDRE						COMPOUND					
SANS CONDENSATION			AVEC CONDENSATION			SANS CONDENSATION			AVEC CONDENSATION		
N	n	P	N	n	P	N	n	P	N	n	P
5	130	1 600	»	»	»	»	»	»	»	»	»
10	120	2 700	»	»	»	»	»	»	»	»	»
15	100	4 000	»	»	»	»	»	»	»	»	»
18	110	5 000	»	»	»	18	110	7 800	»	»	»
20	90	5 500	20	110	8 200	»	»	»	20	110	10 000
25	85	6 200	30	100	10 250	30	100	10 200	30	100	12 800
40	85	8 300	»	»	»	40	95	12 600	»	»	»
50	85	11 800	55	90	13 250	50	90	15 000	55	90	17 800
65	85	14 000	70	85	16 800	65	85	18 000	70	85	21 000
80	70	18 400	80	55	21 500	80	60	23 200	80	55	27 000
100	65	21 500	100	50	24 250	100	55	26 000	100	55	30 000
150	65	25 700	150	50	29 500	150	55	31 800	150	55	37 000

299. MACHINES FIXES VERTICALES											
MONOCYLINDRIQUES							COMPOUND				
SANS CONDENSATION			avec CONDENSATION	A GRANDE VITESSE (éclairage électrique)			SANS CONDENSATION			avec CONDENSATION	
N	n	P	P	N	n	P	N	n	P	P	
80	150	17 500	20 000	10-14	500	3 000	81	150	22 000	25 800	
150	160	24 000	26 000	18-30	400	6 000	150	160	29 500	35 000	
				30-40	350	8 000					
				45-60	300	11 000					

300 MACHINES MI-FIXES (chaudière comprise).											
LOCOMOBILES			HORIZONTALES MONOCYLINDRIQUES			VERTICALES MONOCYLINDRIQUES			HORIZONTALES COMPOUND SANS CONDENSATION		
N	n	P	N	n	P	N	n	P	N	n	P
2	130	3 300	2	130	3 000	1	140	1 800	10	130	7 500
3	130	3 700	3	130	3 500	2	140	2 400	18	110	11 300
4	130	4 000	4	130	3 650	3	135	2 800	25	105	13 000
5	130	4 400	5	130	3 900	4	135	3 300	30	100	16 500
6	125	4 800	6	125	4 300	5	130	3 800	35	110	19 000
8	120	5 900	8	120	5 400	6	130	4 100	40	100	22 000
10	120	6 700	10	120	6 100	8	120	5 200	45	100	25 000
12	115	7 800	12	115	7 000	10	120	6 000	65	95	29 700
15	110	9 400	15	110	8 500	12	115	6 800	70	90	32 500
18	105	10 400	18	105	9 500				85	90	39 000
20	100	11 000	20	100	10 000				100	85	44 000
25	95	13 100	25	95	12 000				130	80	50 000
30	90	14 500	30	90	13 300						
35	90	16 200	35	90	15 000						
40	90	17 200	40	90	16 000						

301. Consommation moyenne de combustible et de vapeur par cheval disponible sur l'arbre.

FORCE en CHEVAUX	MACHINE SANS CONDENSATION		MACHINE A CONDENSATION	
	combustible	vapeur	combustible	vapeur
	kil.	kil.	kil.	kil.
1-3	3.30	30	»	»
3-5	2.90	25	»	»
6-9	2.60	21	»	»
8-12	2.50	20	»	»
10-15	2.40	19	»	»
15-20	2.30	18	»	»
20-25	2.15	17	»	»
25-30	2.00	16	1.35	11.5
30-35	1.90	15.7	1.28	18.8
35-45	1.80	15.3	1.20	10.5
50-60	1.75	14.5	1.15	10.0
65-70	1.60	13.5	1.00	9.0
80-90	1.55	13.0	0.95	8.7
90-100	1.45	12.7	0.85	8.0

302. Chaudières.

Prix moyens par mètre carré de surface de chauffe :

Générateurs semi-tubulaires (au-delà de 30 mètres carrés).............	100 à 110 fr.
Générateur à foyer intérieur........	140 à 160
Générateur Galloway..............	200 à 225
Générateur Belleville.............	250

On compte 1 mètre carré de surface de chauffe par cheval.

La consommation de charbon peut s'évaluer en admettant une vaporisation de 7 kilogrammes par kilogramme de combustible, pour les chaudières de plus de 50 mètres carrés de surface de chauffe et de 5k,5 à 6k,5 pour les chaudières plus petites.

DIVERS SYSTÈMES DE MACHINES A VAPEUR

Machines fixes.

303. Dans la classification qui a été donnée au commencement de cette partie (n° 210), nous avons indiqué les principales variétés de formes que présentent les machines fixes, suivant la nature ou l'emplacement des appareils qu'elles actionnent. La machine fixe est ordinairement monocylindrique, mais on en construit de plus en plus du système compound ou même à triple expansion. Elle se meut, le plus souvent, à une vitesse modérée et possède une distribution à détente variable par le régulateur; mais elle est parfois du type dit à une grande vitesse, avec distribution par tiroirs et un régulateur monté sur l'arbre moteur.

304. *Machines à balancier.* — La machine à balancier est employée comme moteur d'atelier depuis un siècle ; elle dérive des premiers appareils à vapeur dont on faisait usage pour l'épuisement des mines. L'excellent service que l'on obtenait de ce type de machine était dû surtout à l'emploi de pressions et de vitesses de rotation modérées, mais la consommation de vapeur était supérieure à celle des appareils modernes. On voit encore en service des machines à balancier, mais on n'en construit plus guère,

sauf pour des applications spéciales. Nous avons représenté (*fig.* 264 et 265) une machine à balancier, à deux cylindres Woolf et munie d'un système de distribution perfectionné. Les tiges des pistons sont reliées au parallélogramme articulé à l'extrémité mobile du balancier ; nous savons que, dans ces conditions, l'extrémité de la tige du piston décrit sensiblement une ligne droite.

Aux États-Unis, on remplace quelquefois cette transmission, un peu compli-

Fig. 307. — Machine horizontale à connexion directe.

quée, par des glissières. La distribution est ordinairement obtenue par des tiroirs plans commandés par des excentriques ou par des cames, ou bien par des tiroirs Corliss ou des soupapes.

La machine à balancier est soit à un cylindre, soit à deux cylindres conjugués du type Woolf ; le condenseur et la pompe à air sont disposés au-dessous des organes moteurs, et la commande des pompes est prise sur le balancier. Il est nécessaire que le support des tourillons du balancier soit bien rigide, pour supporter les

vibrations des parties supérieures de l'appareil, en raison de l'effort variable supporté par les tourillons pendant les deux courses alternatives du piston.

Ces machines, d'un aspect monumental, demandent une exécution soignée et de solides fondations ; à puissance égale, elles sont d'un prix d'établissement plus élevé que celui des machines à connexion directe, et elles demandent un grand emplacement. On ne peut leur donner une grande vitesse de rotation et, le plus souvent, le volant de la machine est denté extérieurement pour engrener avec un pignon, ce qui permet d'obtenir une vitesse suffisante aux appareils à conduire. Ces inconvénients sont un peu compensés par la régularité du fonctionnement, la facilité de la conduite, et la faible usure des organes, ce qui assure à la machine un long service.

305. *Machines horizontales à un cylindre.* — Aujourd'hui, les machines fixes les plus puissantes sont ordinairement horizontales et à connexion directe; elles sont munies d'un système plus ou moins efficace de détente variable, approprié à leurs dimensions ou à l'économie que l'on désire obtenir. Quelquefois cependant, le régulateur agit sur le papillon d'arrivée de vapeur, mais on préfère, dans les installations un peu importantes, avoir recours à l'un quelconque des systèmes de détente, variable par le régulateur que nous avons étudié précédemment. Les machines de cette classe sont ordinairement de construction robuste et possèdent des bâtis massifs reposant sur de solides fondations. Le cylindre doit être solidement relié au palier de l'arbre moteur par le bâti; quelquefois, le bâti est fondu d'une seule pièce avec le palier de l'arbre de couche, les glissières et le fond du cylindre dans beaucoup d'appareils, comme on pourra le voir (*fig.* 307), la machine repose sur ses fondations par l'intermédiaire de deux supports, placés l'un sous le palier moteur, l'autre sous le cylindre; le second palier, placé à l'autre extrémité de l'arbre, ne supporte guère que des pressions verticales; il repose sur la fondation, sans être directement relié au reste de la machine, dont le sépare la fosse du volant.

On munit parfois le piston d'une contre-tige, pour éviter l'usure inégale du cylindre (ovalisation); mais, si les surfaces frottantes sont suffisantes, cette inégalité est insignifiante. La contre-tige sert souvent à la commande de la pompe à air d'un condenseur placé derrière le cylindre. Cette disposition, assez fréquente aujourd'hui, augmente notablement la longueur de la machine, inconvénient que n'a pas le condenseur placé en contrebas; mais la commande de la pompe à air

est plus facile et les fondations sont plus simples. La figure ci-contre montre la disposition avec condenseur en contrebas; la pompe à air et la pompe alimentaire sont actionnées par une bielle articulée à l'extrémité de la tige du piston de la machine.

La distribution, dans ces moteurs, se fait avec des mécanismes variés, tiroirs superposés, tiroirs plans à déclics, distributeurs oscillants à déclics, soupapes à déclic, robinets à rotation continue, etc... La détente variable par le régulateur est obtenue, soit par un excentrique de détente, soit par une coulisse, soit par un déclenchement. Pour ces moteurs à un cylindre, lorsque la vitesse n'est pas trop grande, les distributeurs du système Corliss, Sulzer et leurs dérivés, sont d'une application avantageuse, à condition toutefois que la compression à fin de course soit suffisante pour amortir le choc qui se produit à l'entrée brusque de la vapeur dans le cylindre, ce qui conduit à adopter de petits diamètres et de longues courses. Le travail d'entretien des organes nombreux des machines à distributeurs séparés est un peu dispendieux, mais il ne porte que sur des organes de petite dimension faciles à remplacer.

La figure 308 représente une machine du système Corliss, à quatre distributeurs séparés actionnés par le mécanisme à déclenchement, dit à lame de sabre, que nous avons étudié précédemment (n°ˢ 250 et 251). Nous mentionnerons également une des machines les plus remarquées de l'Exposition universelle de 1889 (*fig.* 309); ce moteur attirait principalement l'attention par ses proportions imposantes et par son gigantesque volant de 10 mètres de diamètre, et de 1ᵐ,50 de largeur, dont la jante seule pesait 21 000 kilogrammes.

La distribution du genre Corliss, à quatre tiroirs, qui a été décrite au paragraphe 252, est disposée en vue de réduire au minimum le volume de l'espace mort, et les distributeurs oscillants sont placés sur les fonds du cylindre. Le piston a 1 mètre de diamètre et une course de 1ᵐ,80; la puissance développée par la machine atteint 1 000 chevaux-vapeur.

Le régulateur est du type Farcot, à

bras croisés, il est en relation avec les
distributeurs d'admission pour la variation de la détente ; en cas d'accident, il

peut arrêter automatiquement la machine.

Le bâti est d'un seul morceau et pèse

Fig. 308. — Machine Corliss.

Fig. 309. — Machine de 1 000 chevaux du Palais des Machines (Exposition de 1889).

19 000 kilogrammes. Le volant est denté intérieurement, et la mise en marche est facilitée au moyen d'un treuil-vireur dont le débrayage est automatique, par le simple abandon de son conducteur, au moment où la machine se met en mouvement.

La jante du volant est en fonte nervée fondu d'un seul jet; les seize bras sont en tôle rivée à section elliptique, variable depuis le moyeu octogonal qui les supporte jusqu'à la jante. Les tôles composant les bras sont embouties à la presse hydraulique et les bras, rangés dans deux plans parallèles, sont reliés deux par deux par un treillis léger, empêchant toute flexion transversale.

Dans cette catégorie de moteurs, la vitesse de rotation ne peut guère dépasser quatre-vingts à cent tours, à cause du mécanisme de distribution; lorsque l'on veut atteindre une plus grande vitesse, cent à trois cents tours, la machine monocylindrique est actionnée par une distribution à liaison continue. Le distributeur et les organes de la machine qui sont animés d'une certaine vitesse doivent être alors parfaitement équilibrés. Bien construites, les machines de ce type peuvent être adaptées, grâce à leur simplicité et à leurs formes rationnelles, aux grandes vitesses de pistons qui se répandent de plus en plus aujourd'hui. Nous rappelons que l'emploi des grandes vitesses et celui

Fig. 310. — Machine monocylindrique à grande vitesse (Armington et Sims).

des hautes pressions permettent de supprimer la condensation, ce qui réduit d'autant les dépenses d'établissement.

La figure 310 représente un de ces types de machine; le bâti, en forme de V, porte à ses deux extrémités les paliers de l'arbre moteur. Au sommet du bâti est fixé le cylindre; l'extrémité postérieure de ce dernier est libre, ce qui laisse toute facilité aux dilatations; cette disposition d'attache du cylindre lui a fait donner le nom de *cylindre en porte-à-faux*. Le régulateur est placé dans l'un des volants, l'ensemble est compact et d'une grande simplicité.

On désigne quelquefois les machines

sous les noms de *machine à droite*, *machine à gauche*, ou bien de machine à *rotation directe*, machine à *rotation inverse*. Pour un observateur placé contre le couvercle du cylindre, et regardant l'arbre moteur, les machines à droite auront la poulie de commande vers la droite, et inversement pour les machines à gauche. Dans les machines à rotation directe, la partie supérieure du volant tournera dans la direction opposée à celle de l'observateur, et inversement, pour les machines à rotation indirecte.

Il y a lieu de préférer les machines à rotation directe dans lesquelles l'effort de la crosse (extrémité guidée de la tige du

piston) se reporte sur la glissière inférieure qui est toujours mieux supportée
et mieux graissée que la glissière supérieure; on rencontre même certaines
machines dans lesquelles la glissière supérieure est supprimée, on se contente de
retenir la crosse par une contre-plaque
mobile sous la glissière inférieure.

306. *Machines horizontales à cylindres
accouplés.* — Une machine à un cylindre
avec grande détente et une faible vitesse
de rotation exige, si l'on veut une marche
régulière, un volant considérable, qui
consomme en frottements une puissance

notable. Aussi, un volant de 20 000 kilogrammes, faisant cinquante tours par
minute sur des fusées de 200 millimètres,
absorberait un travail de 3 à 7 chevaux,
suivant l'état des surfaces et du graissage.
De plus, nous avons vu (n° 284) qu'on
régularise beaucoup l'effort moteur en
attaquant l'arbre de couche par deux manivelles calées à angle droit ; en même
temps que la mise en marche de la machine se trouve assurée pour n'importe
quelle position à l'arrêt, le poids du volant peut être notablement diminué. Les
deux cylindres sont ordinairement dispo-

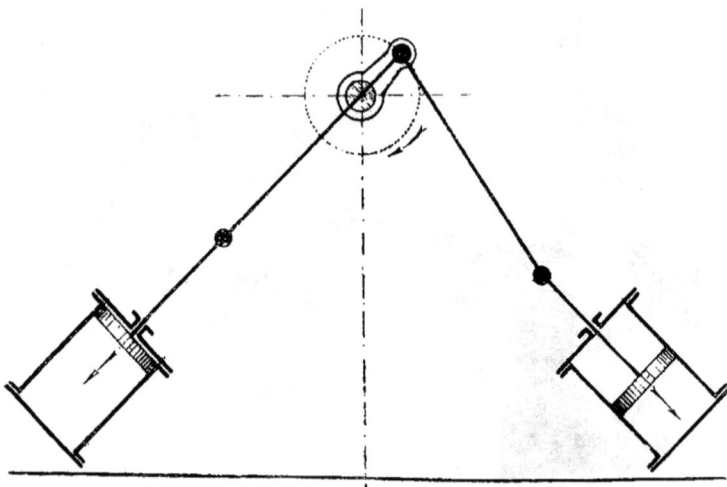

Fig. 311. — Machine à deux cylindres inclinés et à manivelle unique.

sés de chaque côté du volant, suivant des
axes parallèles et attaquent chacun une
manivelle calée à l'extrémité de l'arbre
de couche ; le volant est alors employé
comme poulie motrice, il actionne la
transmission par l'intermédiaire de câbles
ou de courroies.

On a parfois recours à la disposition
représentée par la figure 311; les deux
cylindres sont inclinés à 45 degrés sur
l'horizontale, et ils attaquent une manivelle unique calée à l'extrémité de l'arbre
moteur. Il est facile de se rendre compte
qu'on obtient, avec cette disposition, la
même répartition d'efforts moteurs, que

si l'on employait deux manivelles calées
à angle droit. On peut aussi placer les
axes des deux cylindres à angle droit, en
montant l'un en pilon, et l'autre horizontalement ; mais cette disposition est coûteuse comme établissement.

Les moteurs à deux cylindres accouplés ont surtout des applications, pour les
cas où la puissance motrice doit varier
entre des limites étendues, comme dans
les locomotives. Mais, si l'on admet *a priori*
deux cylindres, et que la condition précédente ne soit pas imposée, on préfère recourir au système compound, qui n'augmente pas notablement le prix de la

machine, et qui procure des avantages économiques. Nous avons vu, en effet (n° 273), l'inconvénient qu'il y avait à faire varier la détente dans des limites un peu étendues pour les machines compound. Le système compound présente encore l'avantage de permettre l'emploi de distributions simples à tiroir ordinaire, mais rien n'empêche de le munir de distributions à déclic, avec obturateurs oscillants ou des soupapes, afin d'augmenter encore l'économie de vapeur. La détente dans le petit cylindre est variable sous l'action du régulateur; elle reste fixe dans le grand cylindre, ce qui évite des pertes de surface de diagramme totalisé,

mais conduit à une inégale répartition du travail moteur entre les deux cylindres, quand on s'écarte trop de la puissance normale de la machine. Le système compound ne peut donc être préconisé que dans le cas où l'on connaît exactement la puissance que l'on demandera habituellement à la machine.

307. *Machines horizontales à cylindres en tandem.* — L'inégale répartition du travail entre les deux cylindres d'une machine compound à deux manivelles cesse d'avoir des inconvénients sérieux si les deux cylindres sont placés en tandem, avec tige unique de piston. Cette disposition, qui a reçu des applications

Fig. 312. — Machine à vapeur, système Bollinckx.

assez nombreuses en Angleterre, présente l'avantage de pouvoir être commandée par un mécanisme unique de distribution; parfois même, on rapproche les deux cylindres, de manière à les commander par le même distributeur. On construit également ce type de machine, en accouplant deux groupes de cylindre compound sur deux manivelles calées à angle droit. C'est toujours la distribution du petit cylindre qui doit pouvoir donner la détente variable.

Pour la triple expansion, on peut avoir aussi un ou deux groupes de cylindres en tandem; la figure 312 représente une machine à triple expansion par trois cylindres en tandem; les distributeurs

d'admission et d'échappement sont actionnés par deux tiges et munis de rappels à déclic.

Lorsque les cylindres sont assez rapprochés pour être commandés par le même distributeur, la machine n'est plus du type compound, mais du type Woolf à passage direct de vapeur; nous avons vu un exemple de cette disposition au paragraphe 270 (*fig.* 282).

La tige commune des pistons doit traverser une garniture intérieure, ce qui donne un entretien un peu délicat, à moins qu'on ait recours à la disposition par trois tiges, dont deux sortent du grand cylindre, par la partie annulaire du fond qui dépasse le petit cylindre, mais cette complication est rarement employée.

C'est dans le but de supprimer cet inconvénient, que l'on a imaginé la disposition de la figure 287 (n° 274), en employant le simple effet pour les deux cylindres extrêmes, c'est-à-dire celui de haute pression, et celui de moyenne pression ; le cylindre central, à basse pression, est à double effet : son piston est relié aux deux autres par des tiges annulaires, qui remplissent presque entièrement les côtés inactifs des deux premiers cylindres.

308. *Machines pilon.* — La disposition pilon, semblable à celle des machines

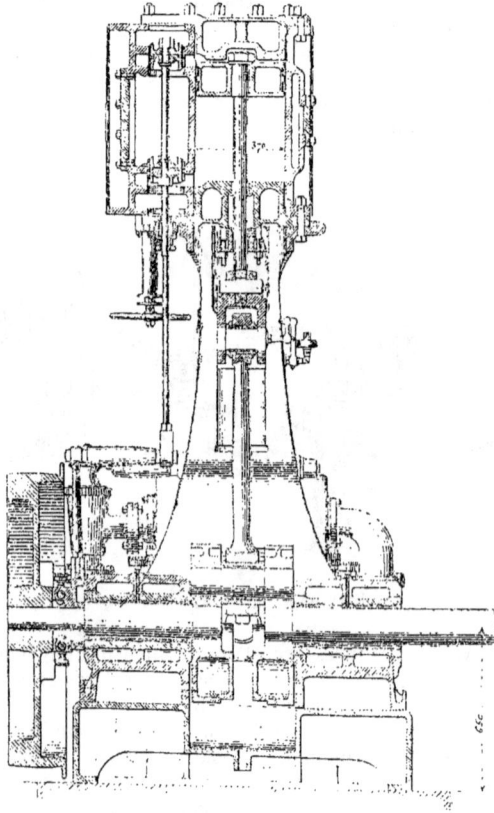

Fig. 313 — Machine-pilon à grande vitesse (Lerouleux et Garnier).

marines est aujourd'hui très employée, surtout dans les installations destinées à l'éclairage électrique, où la place fait ordinairement défaut. La machine repose (*fig.* 313) sur un massif simple de fondations et forme un ensemble compact et peu sujet aux dislocations. Ce sont surtout les distributions par tiroirs, souvent cylindriques, qui sont employées sur ces machines.

Ce genre de moteur se présente quelquefois avec un seul cylindre, mais plus souvent avec deux disposés en compound, ou même avec trois et quatre pour la triple expansion. L'arbre de couche est attaqué par deux ou trois manivelles, suivant la disposition adoptée pour les cylindres ; nous avons indiqué précédemment (*fig.* 288) la disposition d'une machine pilon à triple expansion dans laquelle les quatre cylindres sont placés par paires en tandem.

Quelquefois les manivelles sont à 180 degrés, afin de réaliser la détente Woolf avec un passage très court de vapeur d'un cylindre à l'autre ; nous retrouverons cette disposition dans quelques machines spéciales à grande vitesse.

Dans les machines pilon, la variation de la détente est ordinairement obtenue au moyen d'un régulateur placé dans le volant, et agissant sur l'excentrique qui commande le tiroir de distribution.

La disposition pilon, employée dans certains cas comme moteur à moyenne vitesse, est fréquemment adoptée comme

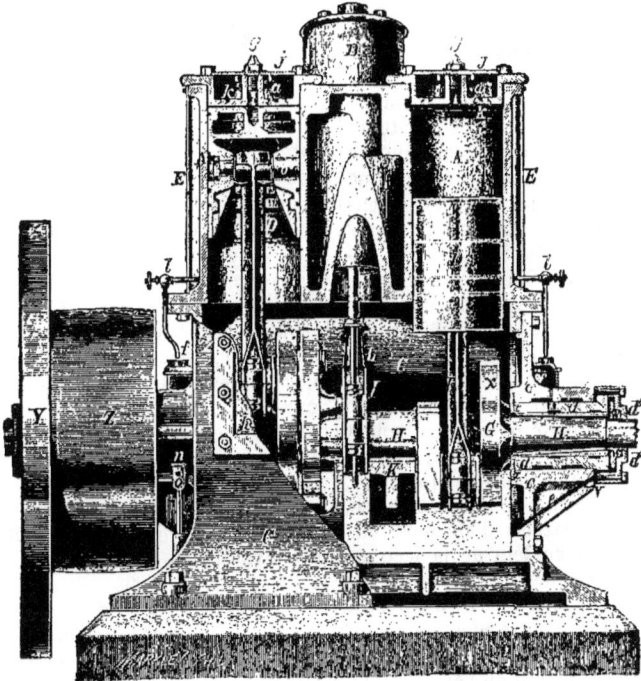

Fig. 314. — Machine Westinghouse, à simple effet et à grande vitesse.

moteur à grande vitesse ; dans quelques installations, le moteur actionne directement les machines dynamos employées pour l'éclairage électrique. Dans ce cas, comme dans certains appareils marins, on remplace les jambages en fonte, de l'un ou même des deux côtés, par des colonnes en fer plus légères, et laissant toute facilité pour la visite et l'entretien du mécanisme. Les systèmes compound et à triple expansion sont souvent adoptés, et les manivelles motrices sont calées de préférence à 180 degrés, pour réduire les efforts des pièces à mouvement alternatif sur les bâtis.

309. *Machines à simple effet et à grande vitesse.* — Les machines à double effet sont exposées à des chocs, provenant du changement périodique du sens de l'effort exercé sur le piston ; le choc se produit aux deux têtes de la bielle motrice, et aussi dans les paliers de l'arbre. Dans les machines rapides, ce choc peut acquérir une violence extrême, dès que le jeu des articulations augmente ; on peut atténuer les effets destructeurs qui en résultent, en augmentant la période de compression jusqu'à ce que la pression finale, devant le piston, soit devenue égale à celle de la vapeur dans la boîte à tiroir. Malgré cette précaution, le jeu nécessaire au fonctionnement des organes ne peut pas être réduit à tel point que le passage des points morts s'effectue sans chocs dans les articulations ; c'est pour remédier à ces inconvénients, que l'on est revenu aux machines à simple effet dans le cas des grandes vitesses de rotation.

C'est à cette catégorie de moteurs qu'appartient la machine Westinghouse (*fig.* 314), que nous choisissons comme exemple. Cette machine consiste, essentiellement, en deux cylindres AA, munis de pistons à simple effet DD. Ceux-ci affectent la forme de fourreaux remplissant la plus grande partie du cylindre, ce qui donne une large surface de contact et assure le guidage et l'étanchéité. Les bielles motrices viennent s'articuler sur ces pistons en un point A*l*, tel que l'obliquité soit assez faible pour qu'elles ne soient pas en contact, lorsque la manivelle est à mi-course avec le bord du fourreau. La partie supérieure du piston est creuse, et renferme un matelas d'air pour empêcher la perte de chaleur de la face active vers l'autre face du piston. Les bielles FF attaquent deux manivelles calées à 180 degrés et se meuvent, ainsi que ces dernières, dans une chambre fermée C, faisant partie du bâti de la machine. Cette chambre forme aussi réservoir d'huile pour les pistons, les bielles et les vilebrequins ; il n'y a pas de graisseurs spéciaux pour ces organes qui sont lubrifiés par les projections d'huile créées par le mouvement du mécanisme. L'huile flotte à la surface de l'eau qui remplit en partie cet espace, et la consommation d'huile est réduite aux pertes inévitables qui se produisent pendant la marche. Ainsi les organes moteurs sont enfermés et dissimulés à la vue, ce qui présente des garanties de sécurité et évite les projections d'huile au dehors.

La distribution est assurée par un tiroir cylindrique, de forme particulière, guidé par un piston placé entre les deux cylindres, et qui sert de distributeur unique à ces derniers. La disposition des manivelles à 180 degrés permet un équilibre parfait des organes moteurs animés d'un mouvement alternatif; il assure la douceur du fonctionnement et l'absence presque absolue des vibrations, à des vitesses qui atteignent jusqu'à 1 000 tours et plus par minute.

Le régulateur a été décrit précédemment (n° 291, *fig.* 304) ; il agit directement sur l'excentrique dont il modifie la course, ce qui amène les variations de la détente. Un des dangers les plus sérieux que présentent les machines à grande vitesse consiste dans les coups d'eau qui peuvent se produire lorsque le piston arrive à comprimer, à bout de course, dans des espaces nuisibles, trop petits pour la recevoir, une certaine quantité d'eau entraînée ou déposée dans le cylindre. Dans le but d'éviter les dangers qui peuvent en résulter, malgré l'installation de purgeurs à ressorts, généralement adoptés pour ces machines, on a, à dessein, disposé dans le cylindre une pièce plus faible que les autres, et destinée à se briser, en cas de coup d'eau, sans entraîner d'autres inconvénients que son remplacement. Dans le cas présent, cette pièce est placée dans le couvercle du cylindre, elle peut être facilement remplacée.

On construit également des machines de ce genre suivant le système compound ; la distribution est alors obtenue au moyen d'un tiroir cylindrique, dont l'axe horizontal passe au-dessus des cylindres, et chargé d'effectuer la distribution dans ces deux derniers à la fois.

Dans ces machines à simple effet, l'effort sur la bielle est toujours dirigé dans le même sens, ce qui évite les chocs résultant des changements de direction de l'effort moteur aux points morts. La machine Westinghouse présente une particularité qui mérite d'être signalée; contrairement à ce qui a lieu dans les autres types de moteurs, l'axe du cylindre ne passe pas par le centre de rotation de la manivelle, mais à quelque distance de ce dernier.

Soit (*fig.* 315) OM la circonférence décrite par la manivelle, lorsque la bielle est symétrique; l'extrémité de la tige du piston parcourt la ligne AB qui, prolongée, passe par le centre de rotation de la manivelle. Dans le cas qui nous occupe, la tige du piston parcourt la ligne A'B', qui s'écarte plus ou moins de la direction précédente; il est facile de se rendre compte que, par cette disposition, la loi de mouvement sera modifiée suivant la courbe représentée sur la figure. La vitesse du piston est donc augmentée pendant la course montante, et diminuée pendant la course en sens inverse; on profite de cette circonstance pour faire agir la vapeur pendant la course descendante, dont la durée est plus prolongée, et pour obtenir le retour rapide au piston pendant la course inactive.

310. La machine à tiroirs centraux,

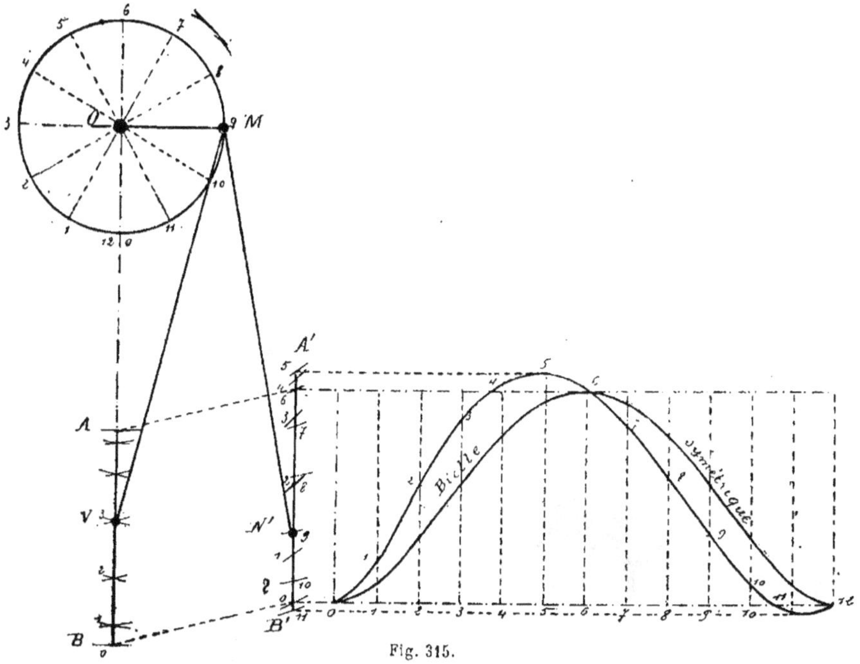

Fig. 315.

système Willans (*fig.* 316), est une modification ingénieuse de la machine compound à simple effet et à mécanisme en veloppé. On construit cette machine en monocylindre, en compound et en triple expansion; celle qui est représentée sur la figure est constituée par deux groupes de cylindres compound montés en tandem. Dans cette disposition, les cylindres superposés ont leurs pistons superposés assemblés sur une tige creuse, qui est mue par une manivelle unique, et dans laquelle se déplace une autre tige portant des tiroirs cylindriques pour la distribution. En principe, la vapeur agit à simple effet sur les pistons, mais cela n'est réellement vrai que pour les machines monocylindriques.

Pour les grandes puissances, on réunit une, deux ou trois machines en une seule, avec un nombre égal de manivelles, correspondant chacune à une ligne de cylindres superposés.

Comme on le voit dans la figure 316, les pistons moteurs sont reliés à l'arbre de couche par une paire de courtes bielles entre lesquelles on trouve l'excentrique qui commande les distributeurs. On obtient ainsi les mouvements relatifs convenables, entre les pistons moteurs et les tiroirs cylindriques pour opérer la distribution.

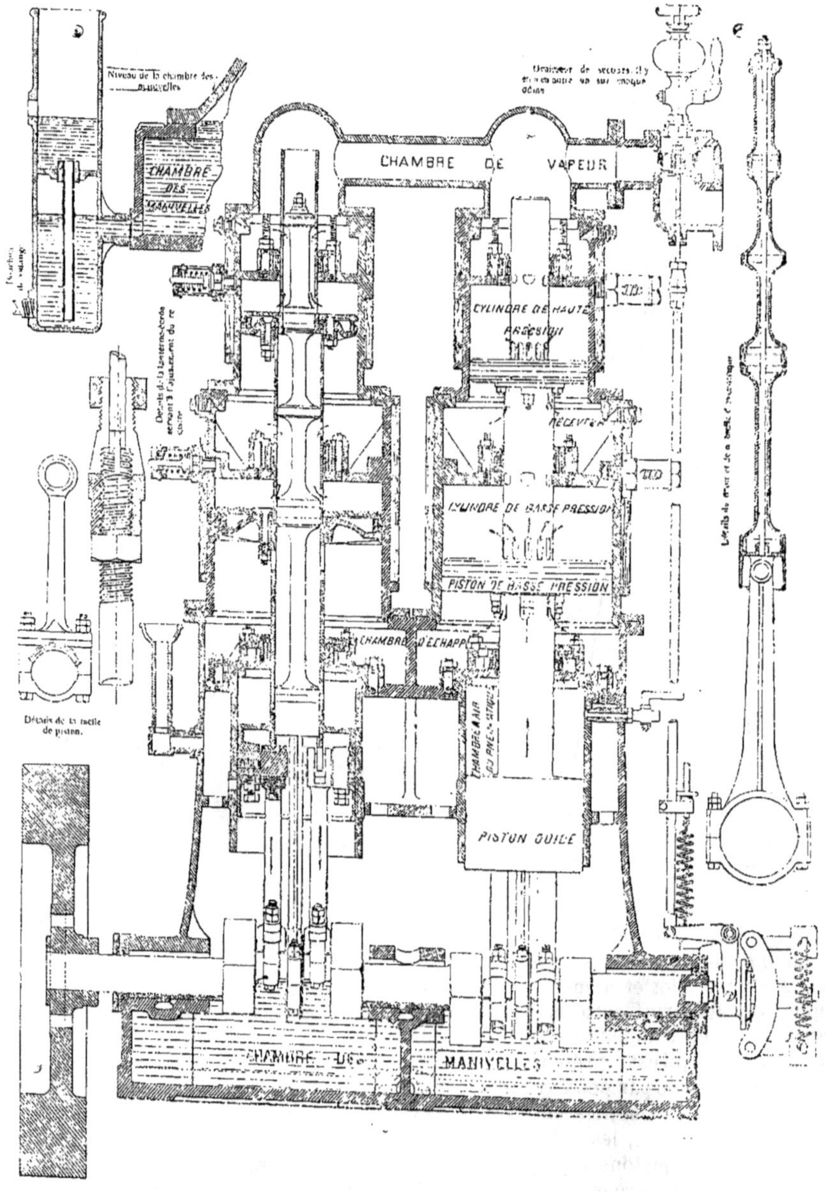

Fig. 316. — Machine compound, à grande vitesse, système Willans.

Une chambre intermédiaire, dite *receveur*, est disposée entre les cylindres BP et HP; elle reçoit, pendant la course ascendante, la vapeur qui a servi dans le cylindre HP pendant la course précédente, et cela sans changement notable de volume et de pression. Cette disposition permet à l'eau de condensation de passer aisément sous le piston et de s'accumuler sans inconvénient au fond du receveur, d'où on l'extrait par des purgeurs automatiques.

La pression constante sur l'arbre est obtenue par un dispositif particulier; la tige de pistons porte, à la partie inférieure, un piston guide, constitué par un fourreau qui se meut dans une enveloppe cylindrique formant glissière. Le piston guide, à son bas de course, découvre une ouverture en communication avec l'atmosphère.

L'air qui pénètre alors dans le cylindre fourreau est comprimé, pendant la course ascendante, à un degré que l'on peut

Fig. 317. — Machine mi-fixe à distributeur rotatif, système Biétrix.

régler suivant la vitesse de la machine. Le contact permanent des coussinets des bielles se trouve ainsi assuré, en même temps qu'il donne à la machine une marche silencieuse et absente de trépidations.

Le travail absorbé par la compression de l'air est rendu, par son expansion à la course inverse, sans perte appréciable.

La régulation est obtenue au moyen d'un régulateur à force centrifuge actionnant, par l'intermédiaire d'une tige, un tiroir ou un registre réglant l'admis-

sion. Un système de ressorts, l'un agissant sur les masses du régulateur, l'autre sur la tige, équilibre les efforts suivant une relation déterminée et permet d'obtenir une vitesse constante, malgré les variations plus ou moins considérables de la résistance.

Le fonctionnement du distributeur est suffisamment indiqué par la figure: la bielle d'excentrique et le tiroir sont dessinés séparément à droite de la coupe des deux groupes de cylindres.

En réalité, les pistons n'agissent pas à

simple effet, car la vapeur renfermée dans le receveur se détend, pendant la course ascendante, en agissant sur la face inférieure du petit piston, dans la disposition compound, et du petit et du moyen piston dans la triple expansion.

La cheminée par laquelle pénètre l'air du cylindre pneumatique sert aussi à introduire l'huile dans le socle du bâti pour le graissage des coussinets, des manivelles et des tête de bielles.

En même temps que cette huile est versée lentement pendant la marche, on fait couler de l'eau dans un récipient, servant de bouteille de niveau, et vissé sur la paroi de la chambre des manivelles (ce dispositif est dessiné en détail sur la partie gauche de la figure). Grâce à la séparation en deux chambres de cette bouteille, et un tube qui les réunit en plongeant jusqu'au fond de la bouteille, on empêche une agitation excessive du mélange d'eau et d'huile que contient la chambre des manivelles. De plus, comme cette bouteille communique avec le fond du bâti, elle ne contient guère que de l'eau dont le trop-plein peut être recueilli et envoyé à la machine, une fois qu'il a été refroidi. Quant aux cylindres, le graissage est effectué au moyen d'un appareil à goutte visible, placé au-dessus du dôme de chaque machine.

L'écoulement de l'eau condensée dans les cylindres est assuré, avons-nous dit, par des purgeurs automatiques; cette disposition a été récemment perfectionnée en établissant, à l'intérieur et dans le plateau de chaque cylindre à détente, un bouchon en bronze, muni de trous et recouvert d'un simple disque, ou valve métallique. Dans les circonstances normales, ce disque est maintenu par l'excès de la pression du receveur sur celle du cylindre inférieur; mais si, par suite de l'accumulation accidentelle de l'eau dans ce dernier, sa pression devient prépondérante, la valve est soulevée et l'eau expulsée. On a, du reste, l'habitude d'établir, en avant de la machine, un séparateur d'eau qui donne à la vapeur un degré de siccité convenable.

Les machines Willans ont reçu des applications récentes assez importantes; les résultats économiques qu'elles ont donné peuvent supporter la comparaison avec les meilleurs moteurs à grande vitesse actuellement en usage. Elles ont, en outre, l'avantage de pouvoir être adaptées directement à la commande des dynamos et de se prêter aux installations où l'espace est très restreint.

Comme tous les moteurs à grande vitesse, elles exigent un entretien minutieux ; l'avenir dira si la faveur dont jouissent actuellement ces types de machines est bien méritée.

Machines mi-fixes.

311. La facilité et l'économie d'installation font souvent employer la machine mi-fixe comme moteur d'atelier, pour des puissances dépassant parfois 60 chevaux. La chaudière est soit du type locomotive, soit cylindrique et à retour de flamme ; sur la chaudière, un bâti en forme de selle porte le cylindre qui attaque l'arbre portant un ou deux volants, servant de poulies de transmission.

La distribution se fait à l'aide du tiroir ordinaire pour les machines à un cylindre; pour les machines un peu fortes, il y a deux cylindres, souvent compound, et la distribution, au cylindre à haute pression, est à détente variable.

La figure 317 représente une machine mi-fixe compound, dans laquelle la distribution est opérée par le robinet tournant, du système Biétrix, que nous avons décrit précédemment (n° 237, *fig.* 238). Les deux cylindres sont disposés en tandem, et reliés par le bâti aux deux paliers entre lesquels se meut la manivelle motrice ; la chaudière est du type locomotive et à haute pression. La variation de la détente dans le petit cylindre est sous l'action du régulateur à force centrifuge.

Dans le but de faciliter les nettoyages et l'entretien du générateur, on fait aussi usage de moteurs disposés sur des chaudières à foyer amovible et à retour de flamme (n° 83) ; le foyer se trouve, dans ce cas, du côté de la cheminée, ainsi qu'on le voit dans les figures 318 et 319. La figure 318 représente une machine mi-fixe à deux cylindres compound, avec manivelles à angle droit; le régulateur, du système Andrade, fait varier la détente au petit cylindre, suivant la puissance à développer.

On dispose quelquefois le moteur, à un ou deux cylindres, simples ou compound, sous la chaudière; le bâti en fonte qui le porte sert en même temps de support au générateur.

Les machines mi-fixe ont l'avantage de tenir peu de place et de pouvoir se prêter assez facilement aux installations temporaires; elles sont d'une installation facile et surtout peu onéreuses, comparativement aux dépenses que nécessitent l'établissement d'une chaudière et d'une machine séparées.

Pour les puissances un peu fortes, la machine mi-fixe compound est d'un rendement satisfaisant, surtout si elle est à condensation.

Locomobiles.

305. Les machines locomobiles sont

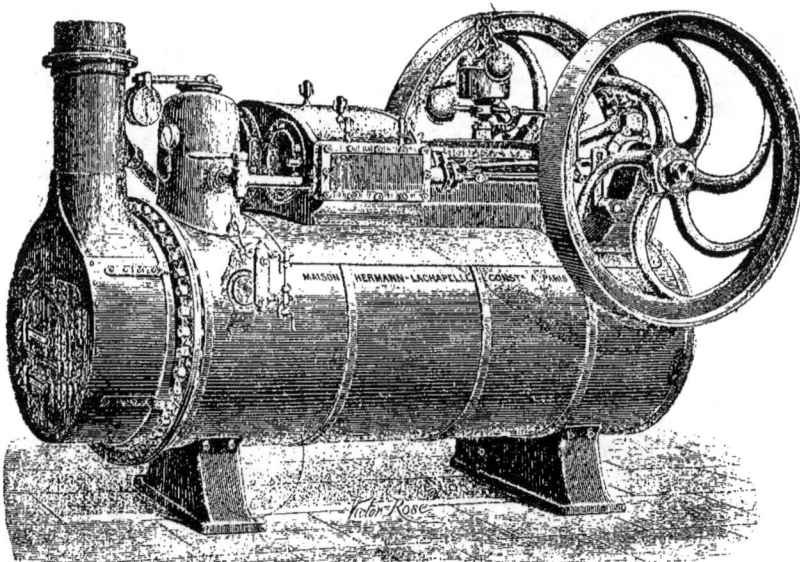

Fig. 318. — Machine mi-fixe compound sur chaudière à foyer amovible.

destinées à pouvoir être facilement transportées d'un endroit à un autre, elles sont disposées d'une manière analogue à celle des machines mi-fixes horizontales, seulement la chaudière est montée sur roues. Ces machines, ordinairement de petites dimensions et de puissance modérée, présentent une grande compacité; elles sont à haute ou à moyenne pression et sans condensation; la chaudière, du type locomotive, sert généralement de support et de bâti à la machine.

La figure 319 représente une locomobile montée sur une chaudière à foyer amovible et à retour de flamme; l'appareil est dessiné le foyer sorti du corps cylindrique au moment du nettoyage.

Si l'on relie par une transmission l'arbre moteur aux roues, convenablement jantées, la locomobile, munie d'un changement de marche et d'un gouvernail de direction à l'essieu d'avant, devient la *locomotive routière* ou le *rouleau compresseur*.

306. *Machines verticales.* — Dans ces machines, le cylindre est placé verticalement et boulonné, par sa partie inférieure, sur un bâti portant deux montants destinés à soutenir les paliers de l'arbre de couche. La tête de la tige du piston est guidée entre des glissières qui sont fixées ou qui font corps avec les montants. Ces

Fig. 319. — Machine locomobile sur chaudière à foyer amovible.

machines étaient employées autrefois, lorsque l'espace disponible ne permettait pas l'établissement d'une machine à balancier; elles étaient ordinairement à double effet, à haute pression et sans condensation. On préfère aujourd'hui, pour les puissances un peu fortes, recourir à la disposition dite « pilon » qui assure plus de stabilité, l'arbre de couche étant placé près du sol, à une faible distance au-dessus de la plaque de fondation. Pour les petites puissances, jusqu'à vingt chevaux, la machine verticale est encore employée, mais le mécanisme moteur est accolé ou placé très près de la chaudière; la machine est alors dite « portative ». La figure 320 représente une des dispositions de ce genre de machine; le cylindre est fixé verticalement à la partie inférieure de la paroi du corps cylindrique de la chaudière, il attaque l'arbre moteur disposé au dessus. Quelquefois, le cylindre est placé en haut, l'arbre de couche très près du sol, comme dans le type pilon. Ces machines sont ordinairement à double effet et sans condensation; elles sont étudiées en vue d'une conduite facile et sans danger.

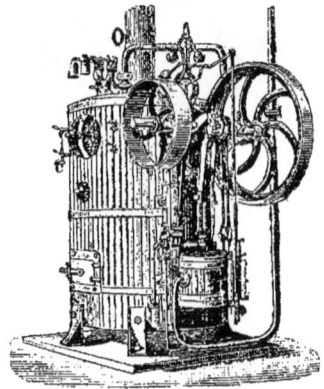

Fig. 320. — Machine mi-fixe verticale.

Machines élévatoires.

307. Pour élever l'eau des villes, on

faisait autrefois usage de la machine de Cornouailles; nous avons vu (§ 62) les premières applications qui furent faites de cette machine à l'épuisement des mines. La machine de Cornouailles verticale à balancier, à distribution par soupapes, et à mouvement rectiligne non transformé fonctionne encore dans quelques installations en Angleterre; la tige de commande des pompes est soulevée par la pression de la vapeur; en redescendant, elle refoule l'eau des pompes. Une soupape d'équilibre laisse passer librement la vapeur, d'un côté à l'autre du piston, pendant la plus grande partie de la course; à fin de course, cette soupape se ferme et la vapeur se trouve comprimée au-dessus du piston, ce qui amène au repos le système pendant un certain temps. Au moyen d'une cataracte, on ouvre à nouveau les soupapes d'admission et d'échappement, et le système repart pour une nouvelle course.

Les inconvénients de la machine de Cornouailles sont graves : pendant une course motrice, la résistance constituée uniquement par le poids des tiges, est constante, ce qui empêche de détendre la vapeur, afin d'avoir un effort moteur à peu près uniforme. A la descente, la résistance est surtout constituée par le poids d'eau soulevé, elle doit être surmontée par le poids non équilibré de la tige; de là, la nécessité de munir la tige de commande des pompes de lourdes masses en fonte.

Le plus souvent, on emploie un moteur ordinaire avec bielle, manivelle et volant, qui commande les pompes par engrenages, ou directement (disposition en tandem).

Le moteur peut fonctionner avec une détente aussi grande que l'on désire, grâce à l'emploi du volant; la seule condition spéciale qu'il doive remplir est de ne pas dépasser une certaine vitesse imposée par les pompes, ce qui conduit à un faible nombre de tours (vingt à trente par minute).

Le travail que doit fournir le moteur est bien déterminé : il augmente avec la vitesse, à cause de l'accroissement du frottement dans les conduites. La dé-

tente variable, entre des limites rapprochées, peut donc convenir, mais il est inutile qu'elle soit commandée par le régulateur, vu la constance du travail pour une même vitesse.

La machine à balancier, dont on trouve de nombreux exemples, convient bien pour la commande des pompes verticales, mais ces machines sont encombrantes et coûteuses. Depuis quelques années, on fait aussi usage de pompes à commande directe, dans lesquelles le piston à vapeur pousse directement celui de la pompe. La bielle, la manivelle et le volant se trouvent donc supprimés.

Dans les petits moteurs, on peut faire déplacer le tiroir de distribution de la vapeur par des taquets, contre lesquels butte la tige du piston à fond de course. Mais, pour les appareils de quelque puissance, cette disposition simple donnerait lieu à des chocs ou à l'arrêt, si le tiroir était insuffisamment déplacé. Aussi commande-t-on le tiroir par un petit piston auxiliaire, auquel le piston principal distribue la vapeur en manœuvrant un organe de petite dimension. On peut aussi réunir côte à côte deux pompes semblables : le piston d'un groupe commandant le tiroir de l'autre d'un mouvement continu, et, quand il passe au milieu de sa course, ouvre l'admission sur l'autre piston, qui est alors à fond de course; les deux groupes, grâce à cette disposition, croisent exactement leurs mouvements, bien que non reliés directement.

Sous leur forme la plus simple, ces machines à commande directe, n'ayant pas de grandes masses en mouvement, ne peuvent guère marcher qu'à pleine pression et, par suite, dépensent beaucoup de vapeur; elles ne sont guère admissibles que comme chevaux alimentaires, et encore, convient-il de réchauffer l'eau refoulée à l'aide de leur vapeur d'échappement.

Pour réduire la dépense de vapeur des grands appareils, on les a munis de cylindres compound en tandem, chaque cylindre ne fonctionnant qu'à pleine pression : pression de la chaudière pour le premier cylindre, pression du réservoir intermédiaire pour le second. Ce travail de la vapeur en cascades réduit la perte;

néanmoins, le travail que pourrait donner la détente dans chaque cylindre est perdu. On peut le recueillir en ajoutant un compensateur, tel que celui des pompes Worthington.

Ce compensateur est formé de petits pistons qui compriment de l'air ou de l'eau au début de la course (pendant le travail à pleine pression); le travail ainsi produit est restitué presque intégralement à la fin

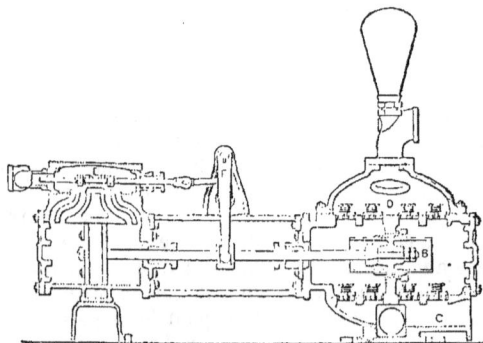

Fig. 321. — Pompe à vapeur Worthington. — Coupe.

de la course, les petits pistons devenant moteurs à leur tour.

La disposition de l'échappement des machines de Worthington est intéres-sante; la lumière d'échappement est sé-parée de la lumière d'admission et ne débouche pas au fond même du cylindre, mais à une certaine distance de ce fond.

Fig. 322. — Machine élévatoire Worthington.

Le piston vient la masquer un peu avant d'arriver au bout de sa course; il empri-sonne de la vapeur qu'il comprime et qui arrête son mouvement. Cette compression est utile, ainsi que nous l'avons vu précé-demment, mais ne doit pas être exagérée; il en résulterait un arrêt brusque, qui pourrait provoquer la rupture des co-lonnes liquides et amener des coups de bélier dans les conduites.

La figure 321 représente, en coupe longitudinale, la vue d'un côté ou d'une moitié d'une pompe à vapeur Worthington, d'un type ordinaire. Le tiroir E est un tiroir en coquille, qui se meut sur une surface plane sur laquelle viennent déboucher les orifices d'admission et d'échappement de la vapeur ; la figure montre que ces orifices sont séparés les uns des autres et que la lumière d'échappement ne débouche pas au fond même du cylindre,

pour la raison que nous avons indiquée plus haut.

Le tiroir est mû par le levier F, qui parcourt toute la course afin d'éviter les chocs des commandes par tocs.

Le plongeur B, à double effet, se meut à travers un anneau profond, non élastique, alésé avec précision. L'eau arrive par la chambre inférieure c, traverse les clapets d'aspiration, passe autour et à l'extrémité du plongeur et se rend dans

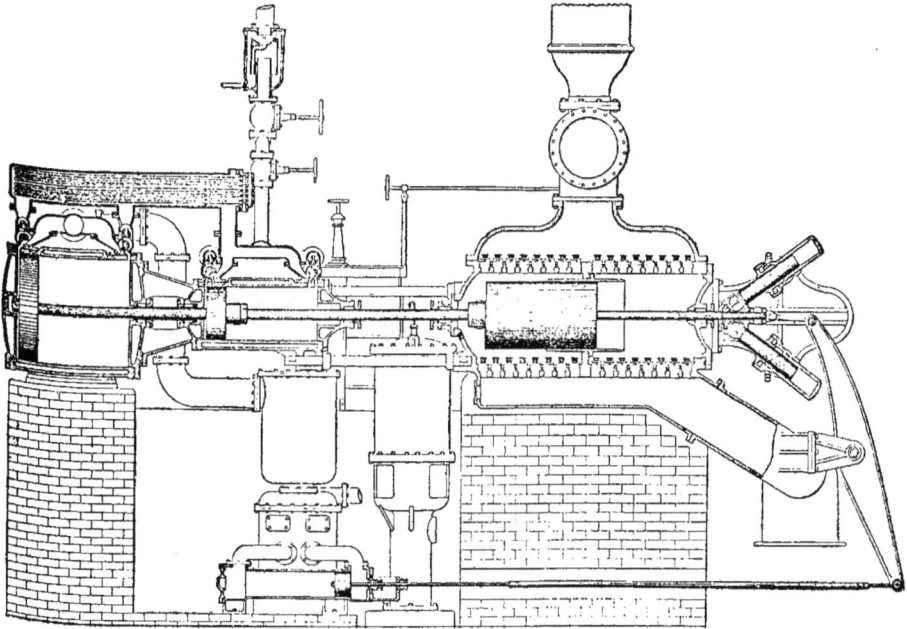

Fig. 323. — Pompe avec cylindre compensateur. — Coupe.

la chambre de refoulement D par les clapets de refoulement, parcourant ainsi un passage très direct.

Nous représentons (*fig. 322*) l'installation d'un groupe de pompes Worthington, type compound en tandem, du modèle

des pompes qui servent à l'élévation de l'eau, dans le réservoir placé à la partie supérieure de la tour Eiffel.

La figure 323 représente le modèle de pompe avec cylindre compensateur, dont nous avons expliqué plus haut la fonction.

MACHINES POUR APPLICATIONS SPÉCIALES

308. Les multiples et nombreuses applications que l'on a faites de la machine à vapeur nous mettent dans l'obligation, pour mieux les exposer et les faire com-

prendre, de subdiviser ce paragraphe.

Nous étudierons donc, successivement, les :

Machines d'extraction ;

Machines d'épuisement ;
Machines soufflantes ; Compresseurs ;
Machines de laminoirs ;
Marteaux-pilons ;
Machines pour applications diverses.

Machines d'extraction.

309. Pendant longtemps, la simplicité de construction et d'établissement était la principale condition que l'on demandait aux machines d'extraction ; l'économie de vapeur n'était considérée qu'en seconde ligne.

Ces machines étaient donc sans détente (*fig.* 324). Il faut dire aussi que le bas prix du charbon, puisque l'on se trouvait sur son lieu d'extraction, et aussi la quantité des débris de houille que l'on ne vendait pas alors et qu'en conséquence on employait à chauffer les générateurs de vapeur, justifiaient cette manière de voir.

Mais aujourd'hui, le prix du combustible s'est élevé, et les procédés de lavage et de triage mis en œuvre s'étant perfectionnés et développés, on en est arrivé à tirer parti de tous les débris, même de la poussière du charbon. Dans ces conditions, et en présence du profit commercial supplémentaire que l'on retirait des restes de l'exploitation houillère, on a

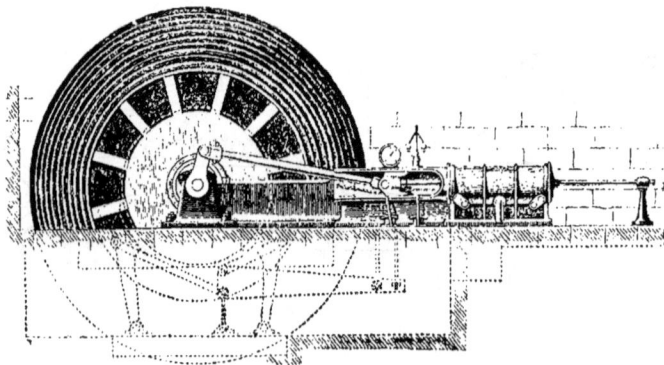

Fig. 324. — Machine d'extraction monocylindrique sans détente, avec tambour pour le câble.

donc dû songer aux économies qu'il convenait de réaliser, et on a été ainsi conduit à appliquer aux anciennes machines en usage, la détente variable, soit à la main, soit par le régulateur.

L'économie de vapeur qu'il a été possible d'apporter de la sorte à l'ancien mode d'exploitation a eu aussi, comme résultat immédiat, de réduire l'importance des générateurs jusqu'alors employés, ou bien de satisfaire à une augmentation de production de puissance avec les appareils déjà installés. Ces économies étaient d'autant plus à considérer que la force des machines mises en mouvement allait en croissant, par suite des besoins d'une extraction plus active et de l'approfondissement des puits des houillères.

Les machines employées maintenant ont presque toujours deux cylindres ; les points morts sont ainsi supprimés, parce que l'on a soin de placer les deux manivelles à angle droit, et l'on régularise ainsi, en même temps, le travail moteur. Les cylindres, le plus souvent horizontaux, sont quelquefois verticaux ; dans ce dernier cas, la machine affecte la forme pilon (voir n° 302).

On n'a plus besoin de volant que dans le cas où, par mesure de sécurité, on veut s'en servir comme application d'un frein à grand rayon.

La plupart des distributions peuvent s'appliquer dans les machines d'extraction, surtout celles par soupapes (voir n° 241). Les cames sont préférables aux déclics, en ce que le changement de marche peut s'effectuer en un point quelconque de la course, ce qui est impossible avec les déclics, lorsque ceux-ci ont abandonné l'organe de distribution.

On peut aussi employer le genre de distribution fait par tiroirs commandés à l'aide de coulisses (voir nᵒˢ 257, 258, 259 et 260), ou par excentrique sphérique Tripier, ou bien encore, la distribution par tiroirs Wheelock (voir nᵒ 253). Les distributeurs tournants, dont nous avons parlé au nᵒ 237, sont aussi appliqués, à la condition qu'ils donnent de grandes périodes d'admission.

Les moteurs construits actuellement emploient la vapeur à haute pression, généralement sans condensation. On a, de la sorte, l'avantage d'avoir un frein à vapeur énergique et l'on est dispensé de l'emploi d'un condenseur encombrant. Si l'on fait de la condensation, ce qui est très rare, il est préférable, dans ce cas, d'avoir un moteur spécial pour les pompes du condenseur ; ce moteur peut alors servir à un groupe de machines.

La machine d'extraction est toujours à détente variable. Il faut marcher à pleine admission, avec pression réduite, au commencement de l'ascension, pour créer la vitesse, et aussi à la fin, pour que le mécanicien, pendant les manœuvres nécessitées par le chargement ou le déchargement, ait bien sa machine en main. Pendant la montée, on fait une assez longue détente, par raison d'économie.

Il y a, en général, un changement de marche très simple qui permet, le cas échéant, de renverser instantanément le sens du mouvement.

On a imaginé divers procédés spéciaux pour faire varier la détente dans les machines d'extraction, sans obliger le conducteur de la machine à une tension d'esprit ou à une fatigue trop grande.

La détente peut s'obtenir par le mécanisme même du changement de marche : c'est ce que l'on peut réaliser, par exemple, avec l'arbre à cames de profil variable commandant les soupapes de distribution. Elle peut se faire aussi à l'aide d'organes reliés directement au régulateur et mis en mouvement par lui. Comme au moment du démarrage, ou pour les manœuvres dans le puits, ou bien encore pendant la descente et la remonte des ouvriers, la vitesse de la machine est toujours ralentie, le régulateur est alors à sa position inférieure ; il n'a, par conséquent, aucune action sur l'introduction, qui se fait, par suite, à son maximum.

Enfin, la détente peut aussi être produite par un mécanisme spécial, mis en marche automatiquement pendant la plus grande partie de l'excursion des cages, et cessant d'agir au commencement ou à la fin de leur course. Dans le système Guinotte, une distribution à deux tiroirs donne divers degrés de détente, variant d'une manière continue et automatique suivant la position des cages et la résistance qui en résulte.

Très rarement on a construit des machines d'extraction compound, car il est très difficile d'obtenir, avec deux cylindres seulement, des efforts de démarrage suffisants dans tous les cas, même en entretenant la pression du réservoir pendant les arrêts.

Dans les machines d'extraction [1] :

La course du piston varie de 1 à 2 mètres;

Le diamètre du piston varie de 0ᵐ,50 à 1 mètre ;

La vitesse moyenne du piston est de 1ᵐ,30 à 1ᵐ,50 par seconde;

Le nombre de tours, par minute, de 15 à 30 ;

La vitesse des bennes, de 0ᵐ,50 à 1ᵐ,50;

La vitesse des cages, comprise entre 4 et 30 mètres par minute ;

La force, en chevaux-vapeur, est comprise, généralement, entre 100 et 150.

Il faut, par mesure de précaution, lorsque l'un des cylindres est au point mort, que l'autre soit capable d'enlever le poids du câble et de la charge qu'il supporte à ce moment.

Machines d'épuisement.

310. Les puissantes machines d'épuisement, employées spécialement pour les mines, furent longtemps à balancier et cataracte, du type classique de Cornouailles.

[1] E.-O. LAMI, *Dictionnaire de l'industrie et des arts industriels* (page 1076).

Nous avons, dans des paragraphes précédents, donné la description de cette machine (voir n° 62), et indiqué les nombreux défauts qui lui appartiennent (voir n° 307).

Les machines à traction directe vinrent ensuite, séduisantes par la simplicité de leur mécanisme, puisqu'il consistait à installer le cylindre moteur directement au-dessus de la maîtresse tige des pompes, ce qui permettait de supprimer le balancier du moteur, mais non les balanciers d'équilibre.

Cette installation du cylindre à vapeur au-dessus du puits n'était, ni très facile ni très commode; aussi, à leur tour, les machines à traction directe ont-elles cédé la place aux machines à rotation, d'une mise en place plus commode, et qui, de plus, se prêtent mieux à une bonne utilisation de la vapeur.

Pour l'épuisement des eaux des mines, on monte soit une série de pompes en reprise les unes au-dessus des autres, en les commandant à l'aide d'une maîtresse-tige, soit une pompe unique avec son moteur au fond de la mine, pour refouler les eaux d'un seul jet.

Nous signalerons aussi l'emploi d'une pompe unique au fond du puits, commandée par une maîtresse-tige; dans ce cas, il faut avoir soin que des contrepoids convenables, s'il s'agit d'un moteur à rotation, ou des balanciers d'équilibre, si l'on emploie une machine à traction directe, évitent la transmission du travail par compression de la tige.

On peut également, et c'est l'installation que l'on emploie de préférence aujourd'hui, se servir de pompes avec moteurs intérieurs; l'ensemble, dans ce cas, est aussi condensé que possible, pour se loger sans trop de peine dans les travaux souterrains; mais l'amenée de la vapeur, habituellement produite au jour, exige certaines précautions dans l'installation et la purge des conduites.

Ces machines (*fig.* 325) ont deux cylindres à double effet commandant deux manivelles à angle droit d'un même arbre (disposition qui permet de beaucoup réduire le volant), et directement attelées aux pompes.

Avec des appareils de ce genre, on est arrivé, dans certaines installations :

Avec un débit de 100 mètres cubes à

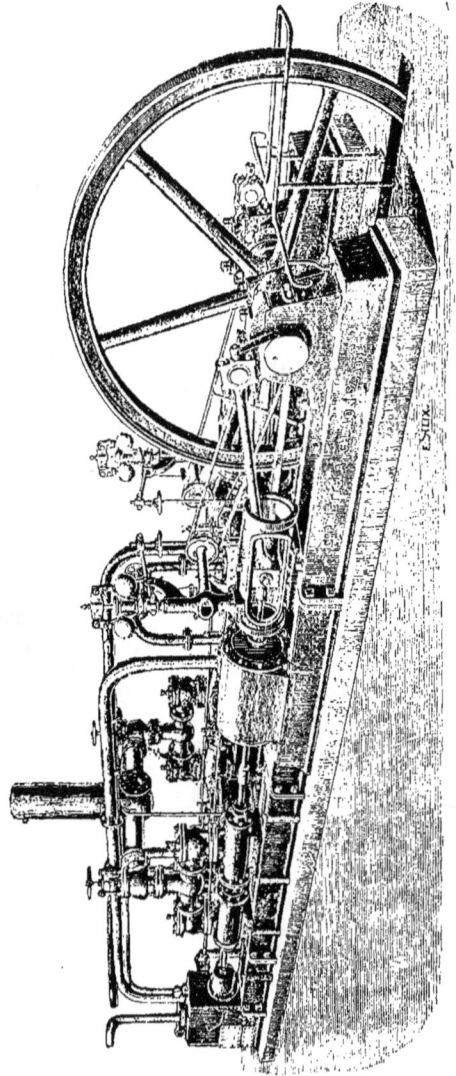

Fig. 325. — Machine d'épuisement à deux cylindres, système G. Pinette.

l'heure, à refouler l'eau à 250 mètres de hauteur ;

Avec un débit de 125 mètres cubes à l'heure, à refouler l'eau à 205 mètres de hauteur ;

Avec un débit de 300 mètres cubes à l'heure, à refouler l'eau à 155 mètres de hauteur.

Egalement, on emploie des appareils à commande directe avec mouvement rectiligne non transformé en rotation (voir n° 307 et figures 321, 322 et 323). Ces appareils sont moins encombrants et leur installation plus commode dans les mines.

Pour des épuisements accidentels, on peut se servir des bennes, que l'on enlève, dans les cages, par la machine d'extraction elle-même.

Dans les irrigations, les dessèchements, l'épuisement des cales sèches, on se sert soit de roues hydrauliques, soit de pompes centrifuges pour refouler de grandes quantités d'eau à de faibles hauteurs. Les roues, tournant lentement, sont mises en mouvement par l'intermédiaire d'un harnais d'engrenage ; les pompes centrifuges sont généralement à commande directe.

Les moteurs de ces appareils n'ont guère de dispositions spéciales pour cet usage : il faut seulement qu'ils fournissent un travail variable, quand le niveau d'aval ou d'amont change.

Les grandes pompes centrifuges installées au Khatatbeh, en Egypte, offrent un exemple assez rare, d'un axe vertical commandé directement par un grand cylindre à vapeur.

Machines soufflantes. Compresseurs.

311. Les appareils destinés à mettre l'air en mouvement peuvent se diviser en deux classes bien distinctes, suivant qu'on leur demande de communiquer une faible vitesse à d'énormes masses gazeuses, ou, au contraire, d'imprimer une assez grande rapidité à des volumes plus restreints.

Ce dernier cas est celui de la métallurgie, pour lequel la pression reste, la plupart du temps, comprise entre 15 et 25 centimètres de mercure. Il est cependant fait exception, dans cet ordre d'idées, pour les machines appelées à fournir de l'air aux convertisseurs, comme dans la fabrication de l'acier Bessemer, par exemple, où alors, la pression dépasse une atmosphère.

La première des deux catégories que nous venons d'indiquer comprend, plus spécialement, les machines employées dans l'aérage des mines, et aussi celles qui sont appelées à fournir aux hauts fourneaux l'air nécessaire à la combustion du coke ou du charbon qu'ils consomment. Les masses gazeuses mises en mouvement étant ici considérables, la pression qui leur est imprimée ne peut être bien élevée ; elle ne dépasse pas, en général, 15 à 25 centimètres d'eau.

La disposition verticale des cylindres à vapeur et à air, dans l'installation des machines soufflantes, est généralement préférée. L'avantage qu'elle présente, au point de vue des frottements, et surtout de l'emplacement, compense largement la facilité d'accès des pièces que présente la disposition horizontale. De plus, on évite l'ovalisation des cylindres et on obtient un guidage plus facile du mouvement des clapets.

En revanche, on s'expose ainsi à l'inconvénient résultant du poids des pistons et des tiges, qui influence inégalement les deux courses. On y rémédie parfois en donnant des recouvrements inégaux aux deux moitiés des tiroirs de distribution de la vapeur motrice.

Dans la disposition horizontale, assez souvent employée, parce qu'elle présente plus de stabilité et que l'accès des différentes parties de la machine est plus commode, on établit souvent la traction directe qui constitue le type tandem.

Le piston à air et le piston à vapeur sont montés l'un et l'autre sur la même tige, qui forme l'axe commun des deux cylindres du moteur et du ventilateur. On peut, dans ce cas, pour soulager les garnitures à l'aide desquelles la tige traverse les fonds des cylindres, soutenir cette tige, dans l'intervalle de l'un à l'autre, au moyen d'un large patin glissant dans un bain d'huile.

On connaît la disposition ancienne à balancier, consistant à placer le cylindre à vapeur à une extrémité et le cylindre soufflant à l'autre extrémité de ce balancier, d'abord sans volant, puis avec l'adoption d'un volant. L'emploi des machines genre Wolf est venu apporter une amélioration, en ce qu'il a permis de réduire le poids du volant, par suite de la plus grande régularité que l'on a dans les efforts que donnent les cylindres de ce genre de machines.

Ce dispositif à volant et balancier est encombrant et coûteux, mais il est préférable au point de vue des frottements des pièces en contact. Quelques-unes des puissantes machines-soufflantes, installées dans les établissements métallurgiques et dans les exploitations houillères, ont été établies d'après ce type.

Dans la disposition verticale, à cylindres superposés, qui supprime le balancier, on a aussi employé deux cylindres à vapeur qui attaquent l'arbre par des bielles en retour.

Le type pilon Corliss (voir n° 202), à triple expansion, a été récemment adopté pour des installations considérables.

Lorsque l'on emploie une machine à rotation, on relie les tiges des pistons par des bielles et des manivelles à un arbre tournant. Pour obvier à l'inconvénient de l'irrégularité de la production du vent, causée par les points morts de la machine motrice, on a soin de croiser les points morts de deux machines semblables, simples ou de préférence compound ; et pour cela, on cale les deux manivelles à angle droit. La présence d'un volant est utile, parce que le travail moteur, par suite de la détente de la vapeur décroît du commencement à la fin de la course, tandis que le travail résistant, lui, croît pendant le même laps de temps. Le cylindre à air est même un instant moteur, au début de la course, lorsque l'air comprimé dans l'espace libre se détend. Une grande uniformité de rotation est inutile, et même un certain ralentissement, en fin de course, facilite la fermeture des clapets en temps opportun. Ces machines doivent donc marcher assez lentement.

Les moteurs des ventilateurs de mines, qui, dans quelques cas, remplacent les machines soufflantes destinées à l'aérage des galeries souterraines, n'offrent pas de particularités bien marquées ; ils doivent avoir une puissance et une vitesse variables, pour pouvoir se subordonner à toutes les exigences de la ventilation des galeries inférieures de l'exploitation minière. Ils doivent, surtout, être simples et exempts de toutes chances d'avaries, de manière à ne pas causer d'arrêts intempestifs.

Les moteurs des compresseurs peuvent être choisis indifféremment ; ce choix dépend absolument des circonstances locales. La transmission du moteur au compresseur doit être étudiée au point de vue de laisser aux deux appareils les vitesses qui correspondent aux meilleurs rendements de chacun d'eux. Dans un grand nombre, on rencontre une transmission directe, les deux pistons de la machine à vapeur et du cylindre du compresseur se trouvant fixés sur la même tige ; c'est le type en tandem, installé horizontalement ou verticalement, à mouvement rectiligne non transformé, comme par exemple les petits chevaux Westinghouse employés pour comprimer l'air servant à actionner les freins de chemins de fer.

Dans le même ordre d'idées, et cette disposition a été employée avec succès dans l'établissement de puissants compresseurs d'air, on peut aussi disposer les pistons directement sur la même tige, en employant deux machines conjuguées, auxquelles on adjoint un fort volant.

Dans d'autres cas, on préfère les transmissions indirectes. Les deux tiges des pistons sont reliées par un système de bielles et de manivelles calées convenablement, pour faire correspondre les efforts réciproques dans les deux machines.

On peut aussi employer le genre pilon, avec plusieurs cylindres, comme dans les compresseurs Brotherhood, où les cylindres à vent sont en tandem, au-dessus de cylindres moteurs, et compriment l'air par reprises successives jusqu'à des tensions fort élevées.

Les clapets qui existaient dans les cylindres à air ont été remplacés par des distributions tout à fait analogues à celles des machines à vapeur. Les fortes pressions auxquelles on est arrivé à comprimer actuellement l'air (120 à 150 kilogrammes par centimètre carré) n'ont pu être atteintes qu'en changeant le mode de réception et d'admission de l'air comprimé, et c'est ainsi que l'on construit des compresseurs d'air avec distribution par tiroir plan (*fig.* 326), ou avec distribution par tiroirs cylindriques (*fig.* 327).

Dans les compresseurs, il est important de prendre diverses précautions, afin d'empêcher l'échauffement de l'air. Une élévation de température exagérée, résultant du fait même de la compression de l'air, risque de paralyser l'action des

rante. On peut même étendre la pénétration de cette dernière jusque dans la tige et le corps du piston.

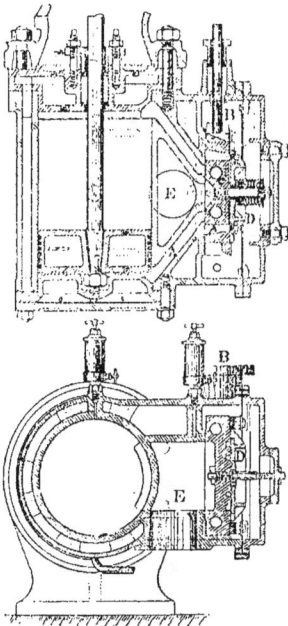

Fig. 326. — Cylindre de compresseur d'air à distribution par tiroir, système Burckhart et Weiss.

lubrifiants en provoquant le grippement des surfaces métalliques.

Aussi doit-on s'efforcer de remédier à cet inconvénient. Dans quelques machines, on se borne à modérer la vitesse de régime : dans d'autres, on immerge les compresseurs dans une bâche d'eau froide incessamment renouvelée, et qui en embrasse toute la surface. On obtient un résultat plus efficace au moyen des doubles enveloppes à circulation réfrigé-

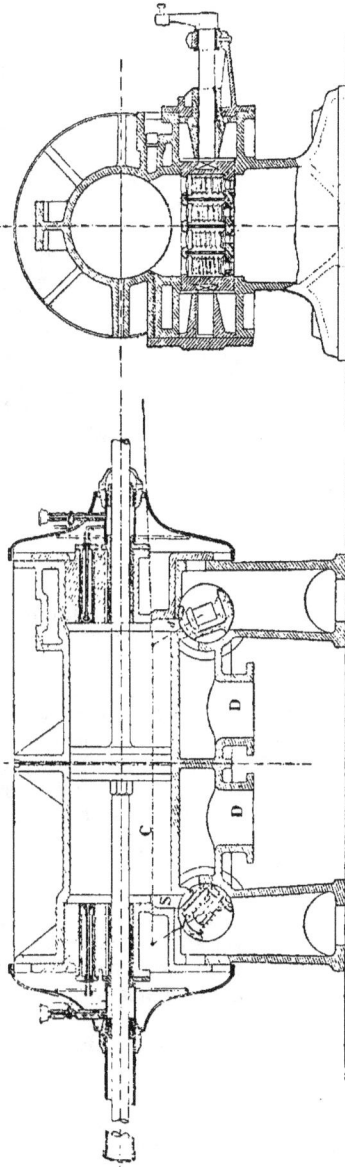

Fig. 327. — Cylindre de compresseur, système Strnad, à tiroirs cylindriques. — Coupes.

En vue d'activer la marche, on a recours, pour la compression à piston sec, à l'injection dans le cylindre du compresseur, sous forme de pluie très fine, d'eau pulvérisée dans la proportion de $1/1000$ à $1/1200$ du volume aspiré.

Machines de laminoirs.

312. Si le laminoir tourne toujours dans le même sens, le moteur qui l'actionne doit avoir un fort volant : c'est une machine horizontale, généralement, simple ou compound, ou bien une machine pilon qui tient moins de place dans la forge. Le système Corliss est fréquemment employé aujourd'hui dans l'établissement des machines de laminoirs. Ces moteurs développent une puissance considérable.

Diverses fabrications, notamment celles des rails d'acier, que l'on fait par grandes longueurs (40 à 50 mètres), emploient des laminoirs pouvant tourner dans les deux sens à grande vitesse, conduits par des machines sans volant, à changement de marche. C'est le système *reversible*.

Ces moteurs reversibles sont généralement composés de deux machines avec deux cylindres sur manivelles à angle droit, machines remarquables par la rapidité de la mise en train et du renversement de la rotation, malgré des dimensions considérables. Un servo-moteur commande l'arbre de relevage de la coulisse ; les tiroirs cylindriques conviennent dans ce genre de machine, pour réduire la fatigue de la distribution. Parfois, deux groupes compound, en tandem, remplacent les deux cylindres simples.

On emploie aussi, comme moteurs de laminoirs, des machines à trois cylindres avec manivelles calées à 120 degrés, qui facilitent le mouvement de rotation sans volant, et assurent la rapidité du changement de marche. Mais cela ne s'obtient qu'au prix d'une complication du moteur.

Marteaux-pilons.

313. On a donné le nom de marteaupilon à un appareil à vapeur à action directe, où une masse, le marteau, habituellement en fonte, est fixée à la tige d'un piston actionné par la vapeur ; ce piston se meut dans un cylindre vertical

placé au-dessus de lui. C'est donc une des applications les plus simples de la puissance de la vapeur.

L'invention du marteau direct à vapeur remonte à 1839, et c'est un ingénieur français, M. Bourdon, qui conçut et fit exécuter (un peu plus tard, en 1840), aux usines du Creusot, le premier appareil de ce genre. Un Anglais, M. Nasmyth, avait bien, en novembre 1839, exécuté un croquis d'un appareil analogue, mais ce ne

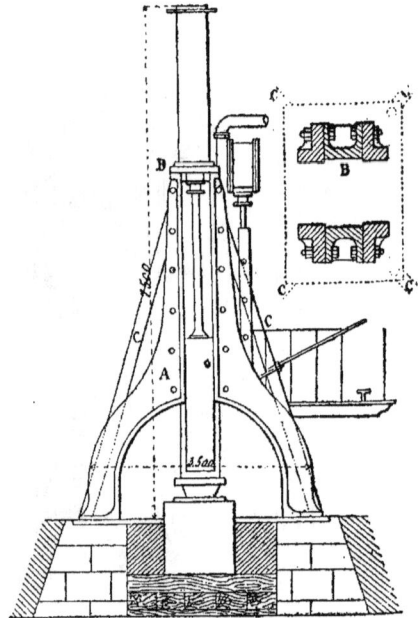

Fig. 328. — Premier marteau-pilon, construit par Bourdon, au Creusot, en 1840.

fut que bien plus tard qu'il mit son idée à exécution, et cela après avoir vu le marteau de Bourdon.

Les marteaux-pilons sont à simple ou à double effet.

Dans les marteaux à simple effet, la vapeur, par l'intermédiaire du piston, enlève la masse de fonte sans servir à augmenter l'énergie du choc à la descente. Elle est admise à pleine pression, et c'est en interceptant cette admission que le machiniste peut limiter la hauteur de course

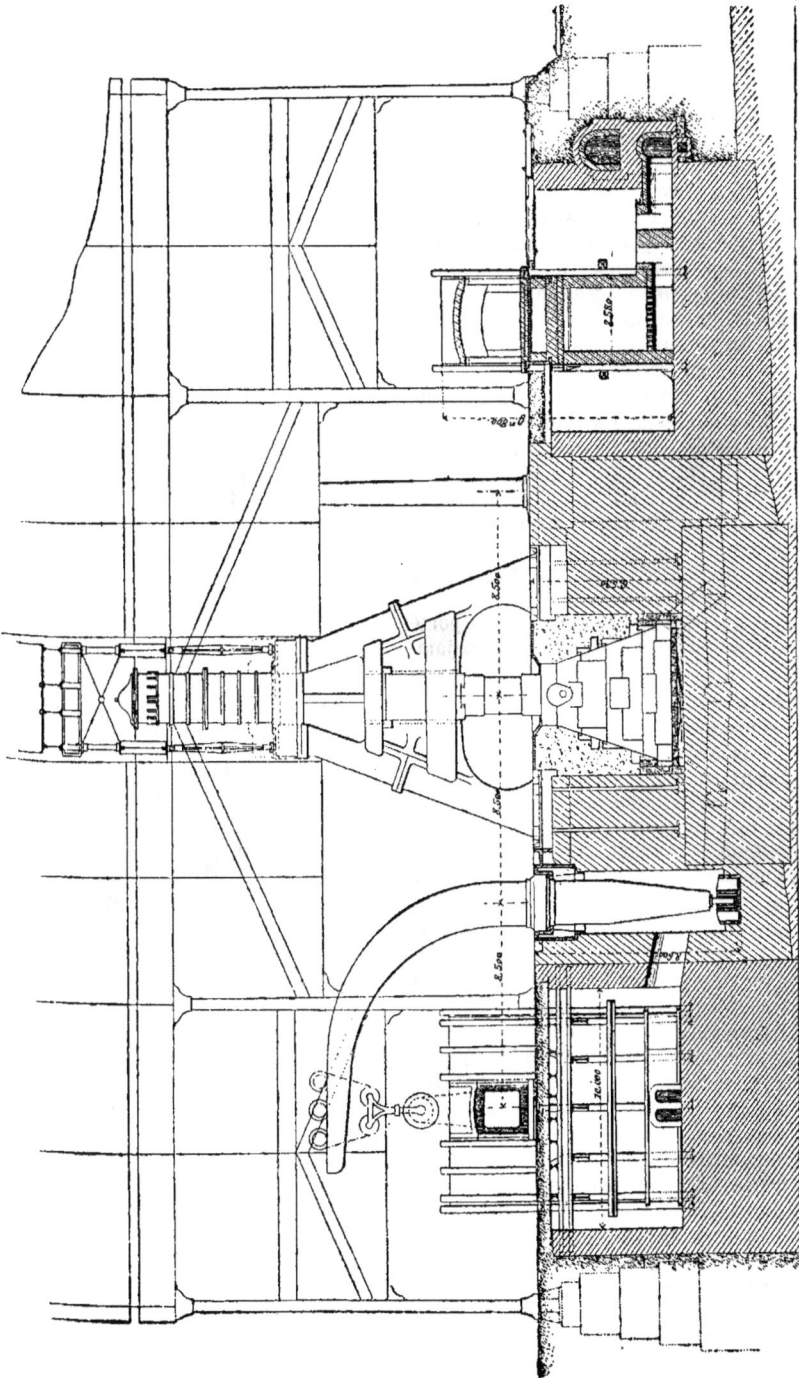

Fig. 329. — Marteau-pilon de 100 tonnes, du Creusot.

qui produira l'effet de percussion voulu. En ouvrant, en même temps, la communication du cylindre de vapeur avec l'atmosphère, le marteau est livré à l'action de la pesanteur, et il tombe.

Dans les marteaux à double effet, on utilise la vapeur pour augmenter l'énergie du choc. Souvent cette vapeur est celle qui a servi à soulever le piston, et qui, en passant au dessus, vient produire un second effet par sa détente. On peut encore laisser échapper la vapeur qui a soulevé le marteau, et en introduire une nouvelle quantité qui vient alors agir sur la face supérieure du piston.

Dans le marteau à double effet, la complication de construction est plus grande que dans le marteau à simple effet, et la tige du piston fatigue beaucoup plus dans le premier cas que dans le second, puisqu'alors, au moment du choc, elle travaille en plus à la compression, par suite de la pression, existant à ce moment sur la face supérieure du piston, de la vapeur qui s'est détendue dans le cylindre.

Le cylindre des petits appareils est porté par un jambage en fonte. Il y a deux jambages, en fonte ou en tôle, pour supporter le cylindre des grands marteaux.

Les organes de distribution, commandés à la main, doivent se manœuvrer aisément; aussi fait-on usage de soupapes ou de tiroirs cylindriques. Les petits marteaux ont quelquefois une commande automatique de distribution.

Pour économiser la vapeur, qui, dans ces appareils, travaille à pleine pression, on a construit des marteaux à double effet, du genre Woolf, où la vapeur se détend en agissant sur un deuxième piston supérieur de plus grand diamètre.

Le premier marteau-pilon construit par Bourdon, au Creusot (*fig.* 328), pesait 2.500 kilogrammes, et avait une enlevée de deux mètres. Depuis on a augmenté de plus en plus la masse frappante, et le dernier appareil de ce genre, installé dans le même établissement, a un poids de 100 tonnes (100.000 kilogrammes) avec une hauteur de chute de 5 mètres (*fig.* 329). Ces chiffres ont encore été dépassés tout récemment par le marteau-pilon installé aux forges de Bethlehem, dans les Etats-Unis d'Amérique. La masse frappante pèse 125 tonnes et est enlevée par un piston de 1^m,90 de diamètre et d'environ 8 mètres de course. La hauteur totale de cet engin est de 27 mètres.

Comme dans certaines industries, comme par exemple l'étampage de petites pièces, on a besoin de marteaux légers et rapides, Farcot a imaginé un petit marteau à double effet (*fig.* 330) d'un maniement très simple et très facile. On est

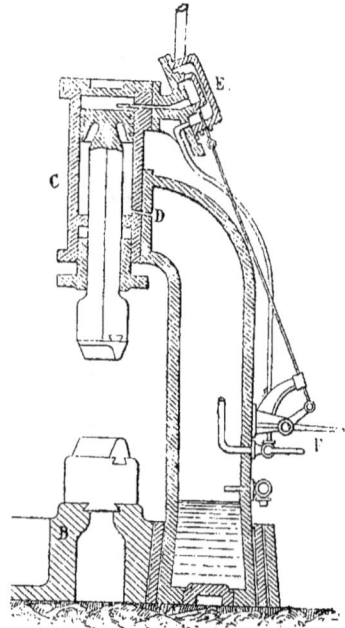

Fig. 330. — Petit marteau-pilon à double effet, de Farcot.

arrivé, en appliquant l'automaticité à ces appareils, à faire frapper, par de petits marteaux-pilons, un nombre de coups variant entre 7 et 800 à la minute. Lorsque la manœuvre est faite à la main, on ne peut guère obtenir, pour un marteau de poids moyen, plus de 80 à 100 coups par minute.

On a essayé de donner la disposition horizontale à un type de marteau-pilon, qui, par conséquent, est d'une construction différente de ceux en usage.

Il se compose principalement de deux masses de fonte, mues dans des directions horizontales et opposées, allant vers le bloc de métal à façonner placé au milieu, de façon que leurs forces additionnées se détruisent par le choc, rendant ainsi inutile l'emploi d'une forte enclume.

Un cylindre à vapeur, par l'intermédiaire de bielles, donne le mouvement à ces deux masses qui sont supportées par des galets roulant sur des glissières disposées à cet effet.

Machines pour applications diverses.

314. Ce paragraphe pourrait être indéfiniment étendu, tant sont nombreuses

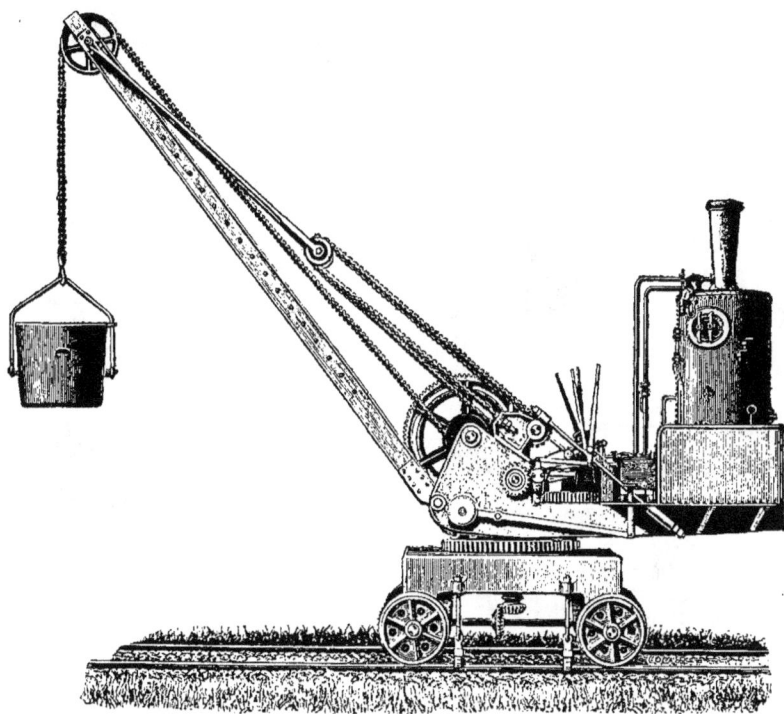

Fig. 331. — Grue automobile à vapeur.

les applications faites par la machine à vapeur à différents travaux. Nous en signalerons cependant quelques-unes :

Les *presses à vapeur*, où on utilise l'action de la vapeur sur un piston pour obtenir de grandes pressions qui peuvent s'élever jusqu'à 100 000 kilogrammes.

Les *grues à pression directe de la vapeur*, dans lesquelles le cylindre à vapeur forme la partie inférieure de la flèche, et le piston agit sur des poulies moufflées.

L'élévation de la charge est ainsi égale à la course du piston multipliée par le nombre de brins de chaîne allant d'une chape à l'autre. On peut ainsi obtenir des levées variables jusqu'à 20 mètres.

Dans les *grues à vapeur* ordinaires, (*fig.* 331), on fait un fréquent usage de petits moteurs à deux cylindres sur manivelles à angle droit, souvent à changement de marche par coulisse. Lorsqu'il y a plusieurs mouvements à produire, ou bien on les commande par embrayages à l'aide d'un moteur unique, ou bien on installe un moteur séparé pour chaque mouvement.

Les moteurs des *bateaux-toueurs*, qui commandent un treuil, sur lequel s'enroule une chaîne, et ceux des *dragues* sont souvent des machines horizontales, car la place ne manque pas à bord pour les installer.

Les *treuils* (*fig.* 332) *et les cabestans à vapeur*, ont pour moteurs une ou plusieurs petites machines à vapeur, faisant mouvoir des vis ou des engrenages agissant sur les tambours des appareils en question. Dans cette même classe, nous pouvons ranger les petits moteurs qui servent

Fig. 332. — Treuil à vapeur.

aujourd'hui à la propulsion des *voitures automobiles*.

Enfin, citons les *scies* à mouvement alternatif, commandées directement par un piston à vapeur, pour abattre et tronçonner les arbres. Ce sont des machines à mouvement rectiligne non transformé, dans lesquelles le piston fait agir directement le châssis portant la scie.

Machines diverses.

315. La construction des machines a pris une telle extension, qu'il arrive fréquemment que l'on se trouve dans l'obligation de mettre en mouvement des masses considérables, et cela, bien souvent dans un très court espace de temps et avec une très grande rapidité.

Pour venir en aide à la force corpo-

relle du mécanicien, un moyen tout à fait décisif consiste à emprunter le secours de la vapeur, de telle sorte que l'on n'ait à fournir qu'un effort absolument insignifiant.

Dans cet ordre d'idées, on a construit une grande quantité d'appareils qui sont connus sous le nom générique de *servo-moteurs*.

Le *servo-moteur*, ou *moteur asservi*, est un moteur dont la grandeur du déplacement et la vitesse sont, à tout instant, à la volonté de l'homme qui le conduit. Celui-ci, par le déplacement qu'il donne à un organe appelé *manipulateur*, règle celui du moteur, et, par la vitesse qu'il imprime au manipulateur, règle celle du moteur.

Dans les servo-moteurs, on ne s'occupe guère de la dépense de vapeur, toujours peu considérable. Grâce à la docilité de ces appareils, non seulement ils peuvent remplacer plusieurs hommes, mais ils les remplacent avec grand avantage : aucune hésitation, aucun temps perdu, aucun excès de course n'est à craindre avec un bon servo-moteur.

Le rôle d'un moteur, ainsi conduit et guidé, est réduit à celui d'auxiliaire ; il obéit avec rapidité et précision à tous les ordres reçus, et l'homme, intelligent et faible, trouve en lui un serviteur puissant et soumis, pour actionner les plus lourdes masses et mettre en mouvement les outils les plus résistants. Au contraire, avec un moteur ordinaire actionné par un fluide élastique, quand la manœuvre n'est réglée que par l'ouverture de la valve, il n'y a aucune précision à attendre de son fonctionnement, car la fermeture de la valve n'est pas suivie de la cessation immédiate du mouvement.

Il faut distinguer, au point de vue de l'asservissement, les moteurs où la tige du piston conduit directement l'outil, et ceux où le mouvement rectiligne alternatif du piston est transformé en mouvement de rotation avant d'actionner l'outil.

Les premiers sont les *servo-moteurs à translation* et les seconds les *servo-moteurs à rotation*.

Il est clair que, pour asservir un moteur à translation à allure lente, il pour-

rait suffire, à la rigueur, de faire commander son tiroir, non pas par l'arbre ni
par le mécanisme, mais bien par le mécanicien lui-même, et que, pour un moteur
de rotation à allure rapide, devant faire
un grand nombre de tours pour produire
un certain déplacement de la masse à
mettre en mouvement, on pourrait se
contenter de mettre à la disposition du
mécanicien un organe de mise en train
(organe de changement de marche et de
détente), tel que la coulisse. Cette solution n'est pas pratique, parce qu'elle exige
que le mécanicien suive des yeux, sans
se laisser distraire un seul instant, le
mouvement de l'outil ou de la masse, de
façon à fermer à la vapeur, en temps
voulu, le tiroir ou la mise en train, et
aussi parce qu'il faut une certaine habitude pour régler correctement la vitesse
du moteur.

Toutefois, si la solution indiquée ci-

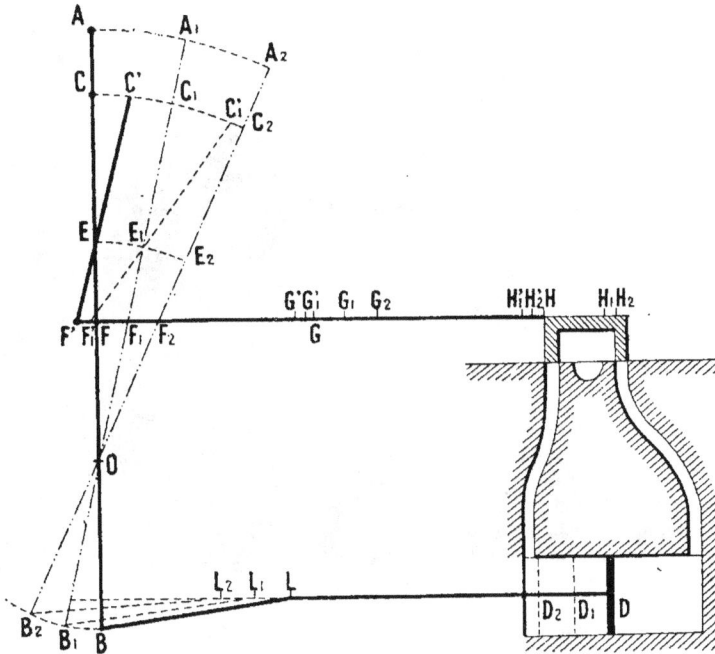

Fig. 333. — Schéma d'un servo-moteur à translation.

dessus est imparfaite, elle n'en est pas
moins propre à nous montrer qu'au point
de vue de l'asservissement l'organe à
actionner devra être différent, suivant
que le moteur sera à translation ou à
rotation. Sur un moteur à translation, on
devra mettre en mouvement le tiroir;
sur un moteur à rotation, on devra agir
sur la mise en train.

Si, au lieu de confier au mécanicien, ou
au manipulateur, la double mission d'ouvrir et de fermer le distributeur en temps
voulu, on relie simultanément le distributeur au manipulateur et à l'outil, de
telle façon que le tiroir (ou la mise en
train), après avoir été ouvert par le manipulateur, soit refermé par le moteur
lui-même, au fur et à mesure de son déplacement, on obtient ainsi la solution
parfaite du problème de l'asservissement,
et les conditions d'obéissance du moteur
au manipulateur, tant au point de vue de

la grandeur du déplacement que de la vitesse de manœuvre, sont convenablement satisfaites.

L'usage des servo-moteurs s'est tellement répandu, et on leur demande de rendre des services si différents les uns des autres, que nous croyons devoir insister, d'une manière particulière, sur son mode de fonctionnement.

316. Nous prendrons d'abord comme exemple de moteur de translation le servo-moteur de la machine d'extraction d'un puits de mine, représenté par la figure schématique numéro 333.

Le levier principal AOB tourne sur le point O. Il actionne la distribution du moteur à l'aide d'intermédiaires, supprimés sur ce croquis pour plus de simplicité. En un point C du levier, est articulée une seconde barre CEF, ordinairement couchée le long de la précédente, sur laquelle la rappelle un ressort, quand on l'a écartée et qu'on l'abandonne à elle-même.

Son extrémité F commande, au moyen d'une tringle FG, la tige GH du tiroir normal, de la distribution d'un cylindre auxiliaire, dans lequel joue le piston D.

Celui-ci, par sa tige DL et la bielle LB, attaque la queue du levier AOB, de manière à le mouvoir (et avec lui la distribution), d'après les impulsions que lui imprimera, ainsi que nous allons l'expliquer, la volonté du mécanicien.

Ce dernier agit sur la poignée E et l'écarte en E', pour amener en C'EF' le petit levier. L'extrémité F vient en F', tire à elle G et H en G' et H'. Le tiroir démasque, par suite, l'orifice de droite. La vapeur presse de ce côté le piston D qu'elle pousse vers la gauche, en faisant basculer le grand levier OA, dans la direction même où le machiniste a incliné la barre CE.

Quand le système AOBC'EF' est parvenu, sous l'influence de cette poussée, dans la situation $A_1OB_1C'_1E_1F'_1$, le mécanicien, jugeant que la distribution du moteur est suffisamment modifiée, lâche la main et le ressort rappelle aussitôt $C'_1E_1F'_1$ en $C_1E_1F_1$. La distance OF (qui a été, pour plus de clarté, exagérée à dessein sur la figure) est, en réalité, assez faible pour que F_1 diffère très peu de F. Le tiroir

se trouve donc ramené à sa position normale, et cesse de fournir de la vapeur par la lumière de droite. A la vérité, celle qui est déjà entrée tendrait à continuer l'action commencée, et à pousser le piston D_1 vers la gauche; mais, aussitôt, un antagonisme va se produire et l'immobiliser, au contraire, dans la position qu'il vient d'atteindre.

En effet, supposons que D_1 tende à prolonger son mouvement pour parvenir en D_2, en amenant le reste du système en

Fig. 334. — Servo-moteur appliqué à une machine à gouverner les navires.

$D_2L_2B_2OA_2C_2E_2F_2G_2H_2$. Le résultat serait de démasquer la lumière de gauche, en admettant la vapeur sur la face gauche du piston D_2 et opérant la condensation sur la face droite. Ce dernier aura donc tendance à rebrousser chemin dès qu'il a dépassé la position voulue, et c'est ce qui assure la précision de l'arrêt.

317. Comme exemple de servo-moteur à rotation, nous donnerons l'appareil employé dans certaines machines à gouverner les navires, et que représente la figure 334.

Le manipulateur M est monté sur l'extrémité filetée de l'arbre O, et forme écrou sur cette vis. Le sens de la rotation imprimée au manipulateur sur l'arbre à vis, alors fixe, lui donne une avance longitudinale dans un sens donné, que l'on transmet, par des renvois appropriés N, au tiroir-valve, ce qui fait partir le moteur dans un sens déterminé.

Pour qu'il y ait asservissement, il faut que la rotation correspondante de l'arbre O et de sa vis, lequel est relié par une vis sans fin à l'arbre moteur, se fasse précisément dans le même sens où a tourné le manipulateur M, car, si l'on maintenait fixe ce manipulateur, après l'ouverture du tiroir-valve, cette rotation de l'arbre O ramènerait alors M à sa position longitudinale primitive, et le tiroir valve à la fermeture. Le mouvement serait donc arrêté.

Les servo-moteurs sont aussi fréquemment employés pour les changements de marche, les treuils, monte-escarbilles, etc.

Pour éviter les frétillements qui sont inévitables avec l'emploi d'un fluide, tel que la vapeur, M. Farcot a eu l'idée de demander la force motrice, non plus à l'action directe de cette vapeur, mais à celle d'une certaine quantité d'eau mise par elle sous pression, et dont la commande devient géométrique en raison de l'incompressibilité de ce liquide. Cette transformation est d'ailleurs facile, car les servo-moteurs fonctionnent toujours à pleine pression, et sans expansion élastique de la vapeur.

318. *Moteur Broterhood.* — Cette machine a une grande analogie avec les machines rotatives, que nous étudierons dans un prochain paragraphe, mais c'est néanmoins une machine à piston.

Elle se compose de trois cylindres placés à des angles de 120 degrés, comme nous le montre la figure 335 ; ces cylindres sont en communication avec une chambre centrale. Les tiges des pistons servent de bielles et sont attachées toutes trois sur le bouton de manivelle, dont l'extrémité est fixée sur un disque servant de tiroir. Les ouvertures d'introduction et d'échappement de ce tiroir sont, par suite de ce mouvement de rotation, mises successi-vement en communication avec les conduits de vapeur de chacun des cylindres.

La vapeur est admise dans la chambre centrale où se meut la manivelle et exerce une pression uniforme sur les surfaces extérieures des trois pistons ; mais, par le tiroir, elle arrive aussitôt sur la face arrière d'un des pistons, qui se trouve ainsi équilibré, tandis que les deux autres restent soumis à l'action de la pression

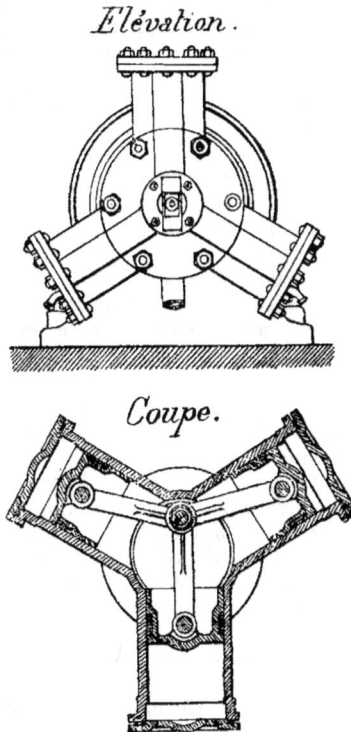

Fig. 335. — Moteur Broterhood.

effective de la vapeur. Il en résulte nécessairement un mouvement de rotation de la manivelle et, par suite, du disque servant de tiroir. Les autres pistons sont soumis alternativement comme le premier à l'action de la vapeur, la pression effective agissant d'une manière constante sur une surface et demie de piston.

On remarquera que, quand l'un des pistons se meut dans une direction, il pousse la manivelle, et que, dans la course inverse, il est, au contraire, refoulé par cette même manivelle ; les bielles sont donc toujours soumises à un effort de compression ; on n'a donc à craindre aucun choc sur les têtes de bielle lorsque le piston change de direction. Cette machine, parfaitement équilibrée, peut marcher à 2 000 tours par minute ; le volant est inutile, puisqu'il n'y a pas de point mort. Elle peut être attelée directement, sans transmission, aux pompes rotatives, ventilateurs, scies circulaires, hélices, etc.

319. *Moteur à vapeur à piston distributeur.* — Nous signalerons ce moteur à action directe, inventé par M. de Montrichard, à cause de son originalité, et aussi parce qu'il est d'une combinaison et d'une simplicité de construction tout à fait remarquables.

Nous donnons, sur la figure 336, les coupes longitudinale, horizontale et transversale de ce moteur, que son inventeur, par suite de son application plus spéciale à la mise en marche de pompes, a dénommé aussi moteur à *piston captant.*

La pièce principale de ce système est le piston ; ce piston P est un cylindre métallique dont les sections transversales sont obliques par rapport à l'axe. Il est placé entre deux galets en bronze, de forme conique, g, montés sur des axes de forme correspondante qui font partie des bouchons G vissés sur le corps du cylindre même. Ces galets tournent librement sur leur axe, qui est lubrifié au moyen d'un graisseur à compression g' vissé sur le bouchon.

Les faces du piston en contact avec ces galets présentent deux rampes en rapport avec les dimensions des galets, et établies de manière à obtenir un roulement aussi parfait que possible. Cette disposition a pour effet de transformer toute impulsion rotative ou rectiligne, exercée sur l'axe en *mouvement elliptique.*

On comprend dès lors très bien que, si, par exemple, la tige T est actionnée longitudinalement par le piston B, ce mouvement de va-et-vient se fera en même temps qu'un mouvement de rotation sur l'axe.

Le piston P sert ainsi de distributeur de vapeur.

Dans cette machine, la conduite qui amène la vapeur en présence du piston moteur B se prolonge en une boîte *d* creusée dans l'enveloppe cylindrique D, suivant un arc de cercle dont la longueur est en raison de la durée que l'on veut donner à l'admission. L'échappement se produit par une autre boîte *d'*, d'une longueur telle que chaque lumière est ouverte successivement, pendant le parcours du demi-cercle correspondant à une course entière du piston.

Au milieu du corps cylindrique C, et à la hauteur à laquelle se trouvent les lumières lorsque le piston est à bout de course, on fait déboucher un graisseur D', dont l'orifice se trouve toujours en face d'une partie pleine du piston ; l'utilisation du lubrifiant est donc complète, et elle produit d'excellents effets sur le fonctionnement de la machine.

On peut placer des segments aux deux extrémités du piston B, ou y pratiquer seulement des rainures circulaires, comme l'indique le dessin. Ce long piston, par cette disposition particulière, coupe parfaitement la vapeur.

Entre les couvercles et le piston, on ne laisse que l'espace voulu pour conserver un matelas de vapeur, sur lequel se produit le choc des pistons. Les lumières par lesquelles se fait la distribution de vapeur présentent, comme on le voit, une capacité bien inférieure à celle qu'exige la présence d'un tiroir quelconque ; les espaces nuisibles sont donc moindres que dans les machines ordinaires, et la suppression des tiroirs représente une diminution notable de frottement, d'entretien et de mécanisme.

Le piston captant P de la pompe étant réuni par la tige T au piston moteur B, il en résulte que le second imprime le mouvement rectiligne alternatif, et le premier le transforme en mouvement elliptique. La pompe que l'on construit ainsi jouit des mêmes propriétés et présente les mêmes exigences qu'une pompe actionnée par une poulie.

L'introduction d'air, notamment dans la conduite d'aspiration, est une condition es-

sentielle du bon fonctionnement de l'appa- | nagé dans le socle S. Un diaphragme s, des
reil. Le récipient à air d'aspiration est mé- | cendant verticalement du plafond du socle,

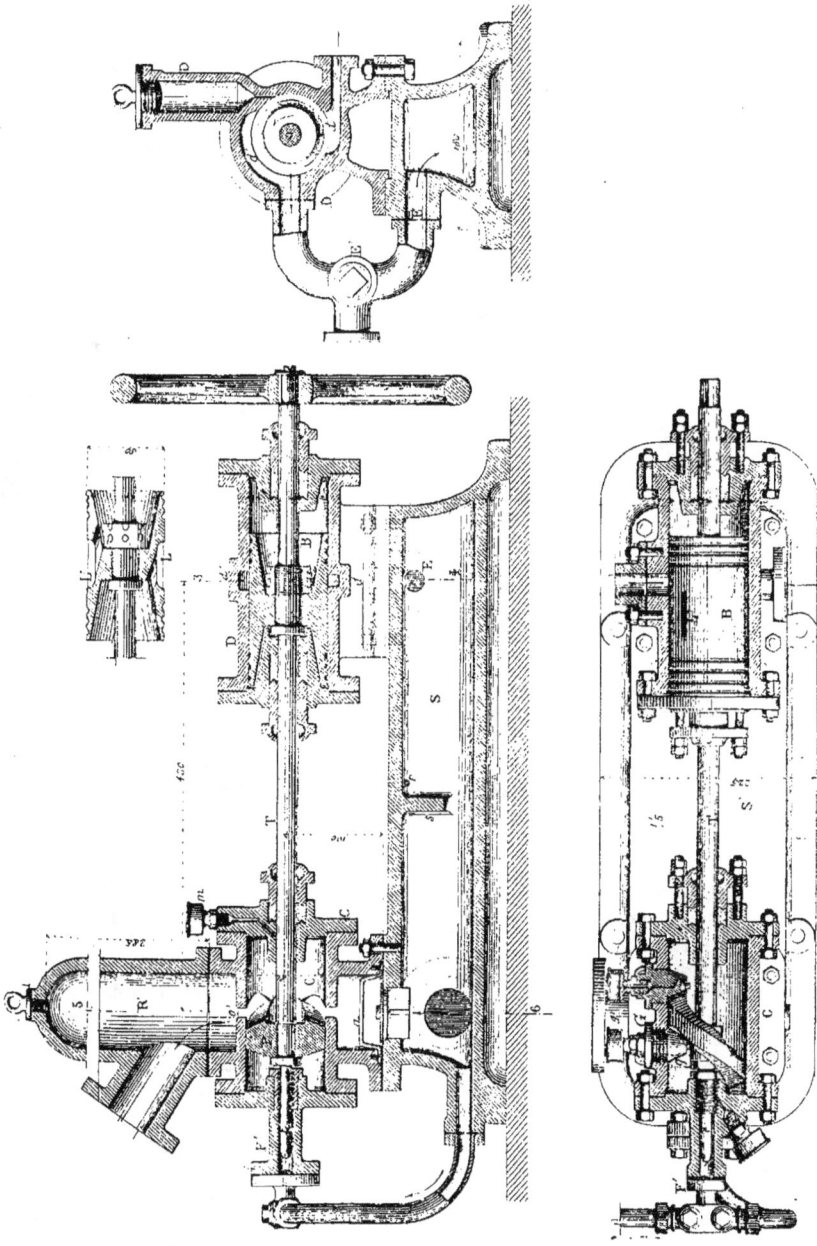

Fig. 336. — Moteur à vapeur à piston distributeur, de M. de Montrichard.

forme une cloche qui retient l'air introduit par l'orifice r. Dans cette cloche débouche, par l'orifice E, la conduite d'échappement de la vapeur. Comme la pompe fonctionne avec aspiration, on a dans la cloche à air le vide produit par cette aspiration; la vapeur qui se précipite dans les eaux du réservoir subit donc une condensation. Un robinet à trois voies E′ permet de rejeter au dehors, au moment de la mise en marche, les eaux condensées dans le moteur et les conduits.

La boîte d'admission d de la vapeur se trouve sous le piston, afin que la pression latérale de la vapeur agisse en sens inverse de la pesanteur. La pompe d'alimentation F′ du générateur a son piston t formé par l'arbre T lui-même, et son cylindre venu de fonte avec le couvercle de la pompe.

Ce moteur est susceptible d'atteindre

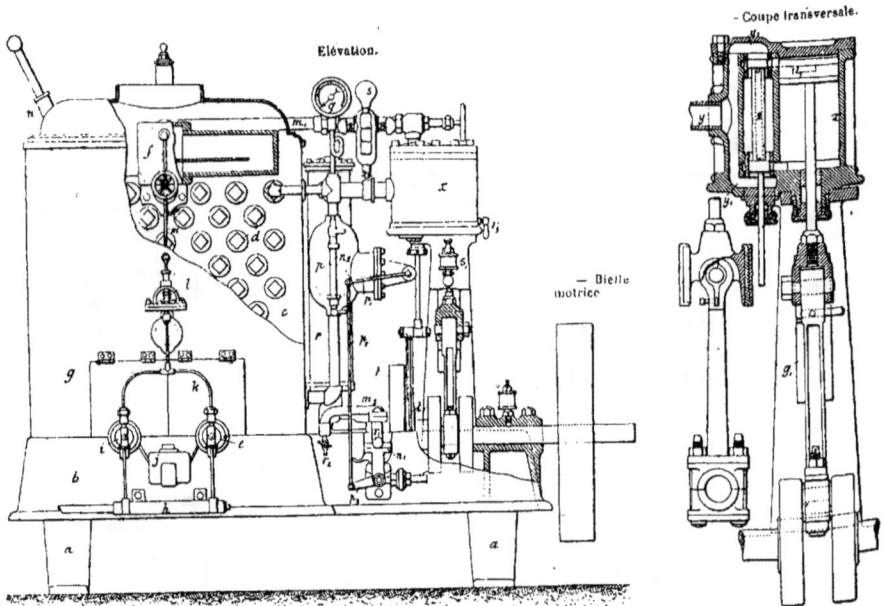

Fig. 337. — Machine à vapeur et chaudière chauffée au pétrole.

d'assez grandes vitesses, et l'on peut dépasser facilement 400 tours par minute dans les petits moteurs.

Machine à vapeur avec chaudière chauffée au pétrole.

320. Le prix peu élevé du pétrole, résultant de la découverte de nombreux et puissants gisements d'huile minérale dans certaines contrées, en Russie et en Amérique, permet de tenter avec succès et économie son emploi comme combustible dans les machines à vapeur marines ou autres. Nous avons indiqué (numéro 144) l'un des nombreux appareils qui sont utilisés pour la combustion de ce liquide.

L'emploi de ce mode de production de vapeur tendant à s'étendre de plus en plus, puisque déjà on a construit de grands navires où les chaudières sont chauffées par l'huile de naphte, nous allons donner quelques détails sur l'un des appareils de ce genre les plus intéressants.

La machine représentée par la figure 337 est construite par la « Shipman Engine C° »; elle fournit le cheval-vapeur pour une consommation moyenne d'environ 2, 3 litres de pétrole.

L'emploi du pétrole ne présente d'ailleurs pas de danger, l'hydrocarbure brûlant dans une sorte de lampe qui offre une très grande sécurité.

Le chauffage est produit sous la chaudière dans le foyer *e*, au moyen d'un mélange de vapeur et d'huile en proportions déterminées, exécuté par le vaporisateur *i*. La combustion est aussi complète que dans une lampe bien réglée, et elle ne donne lieu à aucun dégagement de fumée.

Une pompe à main sert à mettre la machine en marche et à produire dans la chaudière la pression nécessaire à la mise en train.

L'appareil est automatique en ce qui concerne l'alimentation du combustible et de l'eau. Le diaphragme *l* sert pour le premier ; il s'élève sous l'action de la pression de la vapeur dans la chaudière, et il est réglé de façon à arrêter l'admission de la vapeur dans le vaporisateur, lorsque cette pression atteint la valeur limite qu'elle ne doit pas dépasser. Quant à l'alimentation de l'eau, elle est assurée par une pompe commandée par la machine même, et automatiquement réglée par le flotteur *p* qui, par l'intermédiaire de la tige p_2, agit sur la soupape de la pompe.

Les machines Shipman fixes sont munies d'un régulateur de détente qui assure la constance de la vitesse, que la machine soit à pleine charge ou bien qu'elle marche à vide. Ce régulateur n'existe pas dans les appareils de la marine qui, par contre, possède un mécanisme de changement de marche.

Ces quelques explications, jointes à la nomenclature des pièces que nous donnons ci-dessous, permettront facilement de se rendre bien compte de la disposition de la machine Shipman.

a. — Pieds qui supportent le bâti unique de la chaudière et de la machine, en l'élevant à une petite distance au-dessus du sol. Ces pieds n'existent pas dans les appareils de la marine, dont les bâtis sont fixés directement après la coque des navires.

b. — Bâti ou socle, auquel sont fixés, indépendamment de la chaudière et de la machine, tous les organes mobiles.

c. — Corps de la chaudière, en fer forgé ou en acier, renfermant les tubes *d*, destinés à la vaporisation de l'eau, et qui sont en plus ou moins grand nombre, suivant la force de la machine que la chaudière doit alimenter de vapeur.

e. — Foyer: il existe deux foyers par chaudière, et chacun d'eux renferme un écran de déviation pour les flammes et un séparateur.

f. — Sécheur de vapeur, en fer forgé : de cet appareil la vapeur se rend dans la machine par le tuyau m_1 et sur le diaphragme par le tuyau *m*.

g. — Enveloppe de la chaudière, formée de deux feuilles de fer, séparées par une couche d'asbeste, de manière à empêcher la radiation de la chaleur. L'ensemble est surmonté d'un couvercle, au centre duquel est une ouverture pour l'échappement de la fumée qui se rend dans la cheminée.

h. — Réservoir à pétrole formé d'un tube en bronze, d'où partent deux tubes vissés, conduisant au vaporisateur *i* qui opère le mélange de la vapeur et du pétrole, avant de l'envoyer dans le foyer.

j. — Lampe allumée pendant que le vaporisateur envoie le mélange dans le foyer.

k. — Conduites de vapeur réunissant le vaporisateur *i* au diaphragme *l*. Ce diaphragme est à ressort central et vis de réglage, pour régulariser automatiquement l'intensité du chauffage et la pression de la vapeur dans la chaudière. La chaudière est reliée au diaphragme par la conduite de vapeur *m*, qui est pourvue d'une soupape de fermeture.

n. — Pompe à main pour comprimer de l'air dans la chaudière au moment du démarrage, jusqu'à ce que le foyer soit allumé. Quand l'eau est froide, l'allumage est produit avec un mélange de pétrole et d'air.

o. — Soupape de sûreté automatique qui agit dès que la pression dans la chaudière devient trop élevée. Cette soupape et le diaphragme assurent ainsi une double protection.

m_1. — Conduite amenant la vapeur sèche dans la machine et munie de la valve d'admission *v*.

p. — Flotteur relié aux leviers p_1, p_2,

p_3, pour régler le robinet de la pompe d'alimentation de l'eau n_4, et contrôler automatiquement l'arrivée de l'eau dans la chaudière ; p_4 est le levier du flotteur ; p_2, la tige du flotteur commandant la pompe, et p_3, le levier manœuvrant le robinet de la pompe d'alimentation n_4.

r_4. — Robinet de purge de l'air qui aurait pu s'introduire dans les conduites, et empêcher le fonctionnement régulier des soupapes d'aspiration d'eau.

m_2. — Conduite amenant l'eau de la pompe dans le réchauffeur r, et de là dans la chaudière.

x. — Cylindre à vapeur contenant le piston moteur u, et robinet de purge permettant à la vapeur condensée de se rendre dans le réchauffeur r.

s_4. — Graisseurs des glissières g' de la traverse.

t. — Régulateur dont l'excentrique t_4 communique avec la tige du tiroir cylindrique z, dont les échappements ont lieu en yy_4.

MACHINES ROTATIVES

Machines rotatives proprement dites.

321. L'idée de communiquer au cylindre un mouvement d'oscillation avait permis la suppression de la bielle. On a été plus loin dans la même voie, et une simplification plus radicale encore a donné lieu à l'invention des *machines rotatives*.

L'enceinte dans laquelle se produit le travail moteur présente bien encore la forme d'un cylindre de révolution, mais les conditions du fonctionnement y sont totalement changées. Tandis qu'ordinairement cette surface est engendrée par la translation d'un piston circulaire, parallèlement à lui-même, elle l'est maintenant par la rotation d'un piston rectangulaire autour de l'un de ses côtés pris comme axe.

322. La machine rotative la plus simple et qui réalise à peu près le système qui vient d'être indiqué est celle imaginée par Watt, et que représente la figure 338.

On voit que le piston est remplacé par une espèce de dent adaptée à l'axe : un clapet assemblé sur l'enveloppe extérieure, et qui s'appuie contre la partie cylindrique de l'axe, forme la cloison qui sépare la chaudière du condenseur. Dans son mouvement, la dent repousse le clapet dont l'axe de rotation est sur la circonférence intérieure de l'enveloppe ; il s'efface dans une cavité ménagée dans le cylindre, puis reprend sa position habituelle par l'effet d'un ressort. Les chocs brusques de la dent contre le clapet sont un inconvénient de cette machine, la plus simple des machines rotatives qui ont été inventées depuis en si grand nombre.

Les avantages, que l'on peut retirer de la transformation que l'on a ainsi fait subir à la disposition des machines, sont nombreux et importants.

En premier lieu, le mécanisme se trouve très réduit : il ne reste plus que l'arbre tournant et le piston lui-même, directe-

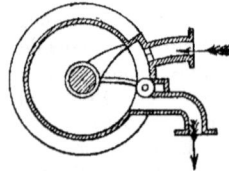

Fig. 338. — Machine rotative de Watt.

ment monté sur cet axe qui traverse les deux fonds du cylindre, par des colliers étanches. La tige du piston, la bielle, la manivelle ont disparu.

On évite donc de la sorte les effets refroidissants produits dans les machines ordinaires, par la sortie et la rentrée alternative de la tige du piston, ainsi que les condensations correspondantes.

On atténue les vibrations, bien plus accusées avec le mouvement de va-et-vient que pour une rotation continue.

On supprime les points morts, et, en même temps, les inconvénients qu'ils présentaient au point de vue du démarrage.

En effet, le point mort résulte ordinairement de la superposition, en ligne droite, de la tige, de la bielle et de la manivelle. Or, ces trois organes sont tous absents, par suite de la disposition affectée par la nouvelle combinaison.

On obtient, pendant la pleine pression, une constance absolue du moment moteur, et sa valeur ne se modifie que par la détente et l'échappement, ce qui est inévitable dans n'importe quel système de machine. Avec les moteurs ordinaires, au contraire, il s'ajoute aux variations de la force celles du bras de levier, qui croît à partir de zéro jusqu'à un maximum égal au rayon de la manivelle.

Les machines rotatives sont essentiellement à simple effet; elles permettent, en raison de leur grande vitesse, de concentrer une grande puissance sous un faible volume.

Les machines rotatives construites jusqu'ici ont toutes présenté quelques défauts, en apparence accessoires, tels que l'action des parois, les fuites et les frottements. Ou bien les machines perdent, ou bien les frottements deviennent trop intenses, quand on veut, par le serrage, assurer l'étanchéité des joints.

Nous signalerons quelques-unes de ces machines, qui ont donné d'assez bons résultats, mais qui, en tous cas, se signalent par certaines combinaisons cinématiques extrêmement ingénieuses.

323. *Machines Pecqueur.* — L'une des plus simples, parmi les machines rotatives, et l'une de celles qui ont eu le plus de succès, est la machine Pecqueur. On pratique dans la paroi du cylindre deux logements diamétralement opposés; des cloisons peuvent y rentrer, quand elles se trouvent refoulées par le passage du piston. Mais des ressorts placés au fond de ces cavités, ou des biellettes commandées par un excentrique monté sur l'arbre même de la machine, ramènent ces cloisons en contact avec l'arbre. Il y en a donc toujours au moins une qui touche l'arbre moteur, lors de l'arrivée du piston dans leur plan, et toutes les deux s'y appuient à la fois en dehors de cet instant précis (*fig.* 339).

La capacité du cylindre se trouve,

d'après cela, partagée en deux hémicycles. L'un de ces derniers est à son tour divisé par le piston en deux compartiments. Deux conduits pénètrent suivant l'axe de rotation, et se coudent pour déboucher en *a* et en *b* (*fig.* 339 *bis*). L'un d'eux établit la relation avec la chaudière, l'autre avec l'échappement. De ce fait, l'une des chambres se trouve donc pleine de vapeur, alors que l'autre est vide. Dès lors, la pression différentielle, qui existe dans l'un des hémicycles, pousse le piston qui commu-

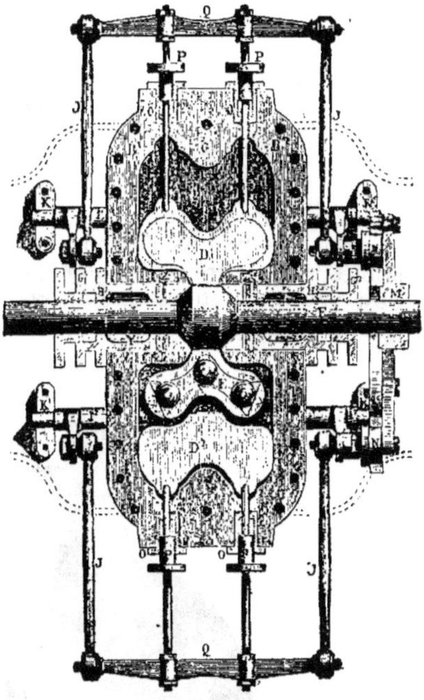

Fig. 339. — Machine Pecqueur. — Coupe horizontale.

nique à l'arbre son mouvement de rotation. Quand le piston approche du plan médian, il refoule la cloison et le conduit d'évacuation pénètre dans l'autre chambre qui était restée jusque-là pleine de vapeur. Le vide s'y produit au-devant du piston, et le conduit d'alimentation continue à y fournir le fluide à l'arrivée de cet organe.

La détente, dans cette machine, s'obtient à l'aide d'une soupape qui coupe la vapeur avant son entrée dans le tourillon. On peut la faire varier en conduisant cette soupape à l'aide d'une came héliçoïdale, ou manchon à bosses. Le renversement de la marche est réalisé au moyen d'un commutateur qui échange, entre les deux conduits a et b, les fonctions de l'admission et de l'échappement.

324. *Machine Thomson.* — Cette cu-

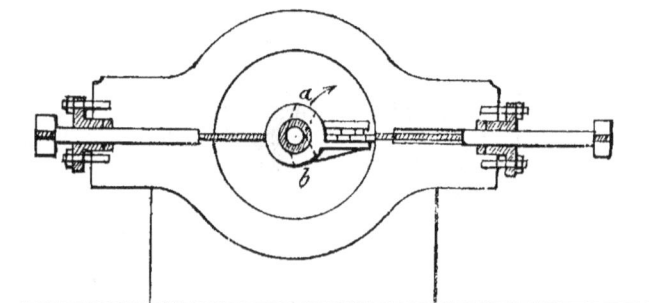

Fig. 339 *bis.* — Machine Perqueur. — Coupe schématique transversale.

rieuse machine est à deux pistons, dont les mouvements relatifs dépendent des propriétés des engrenages elliptiques. Elle est vraiment intéressante au point de vue cinématique.

La vapeur agit à la fois sur deux pistons composés chacun de deux secteurs pleins, diamétralement opposés, et fixés tous deux à des arbres dont l'axe coïncide avec celui du cylindre. L'arbre du

Fig. 340. — Machine Thomson. — Élévation.

piston A (*fig.* 340 et 341) porte une roue d'engrenage elliptique; le rapport des axes de l'ellipse primitive est de 1 à 2. Le piston B se termine de l'autre côté du cylindre par un arbre qui porte aussi une roue dentée elliptique égale à la première, mais calée à angle droit avec celle-ci. L'arbre, qui porte le volant-

poulie, est muni de deux ellipses dentées
égales aux premières, comme elles calées
à angle droit, et engrenant respectivement avec elles.

La vapeur s'introduit entre les deux
pistons A et B et s'en échappe par quatre

Fig. 341. — Machine Thomson. — Coupe.

lumières deux à deux diamétralement
opposées. Le tuyau d'admission et le
tuyau d'évacuation sont placés l'un à
côté de l'autre et ouverts ou fermés par
un seul robinet, dont la clé est percée
de deux trous rectangulaires correspondant chacun à l'un des deux tuyaux pré-

cités. La vapeur introduite pousse les

Fig. 342. — Machine rotative de Behrens.

pistons A et B dans des sens opposés; par
suite de liaison qui existe entre les axes

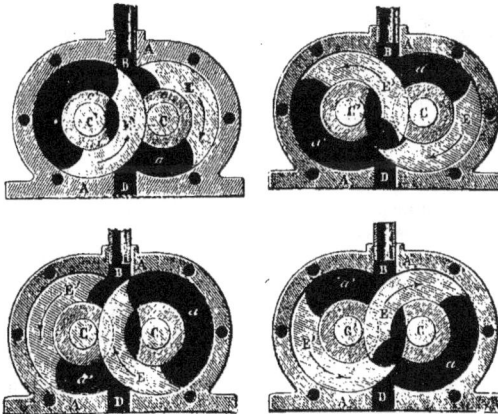

Fig. 343. — Machine à vapeur rotative de Behrens. — Phases diverses d'un mouvement complet de rotation.

du piston et l'axe du volant, et de l'engrènement des roues elliptiques, le piston B marche plus rapidement que le piston A pendant un certain temps, après lequel sa vitesse diminue, en même temps que celle du piston A augmente, chaque période durant ainsi un quart de révolution de l'arbre du volant.

Cette machine, où la détente ne peut être employée et dans laquelle les garnitures ne sauraient avoir la précision de celles des pistons à vapeur ordinaires, est d'une construction difficile, à cause de l'emploi des roues elliptiques et des chocs des dents, résultant du mouvement rapide que l'on demande à cet appareil, qui peut marcher avec une vitesse de 500 tours à la minute.

325. *Machine Behrens.* — Cette machine, dont la figure 342 donne la vue extérieure, est un des moteurs qui ont eu le plus de succès ; elle était principalement destinée à faire marcher des pompes rotatives. Les deux appareils hydrauliques et à vapeur sont montés sur les mêmes arbres, que l'on place bout à bout dans deux enceintes distinctes et presque contiguës. L'intervalle qui les sépare est occupé par un train de roues dentées, de diamètres égaux, qui assurent aux deux axes des vitesses angulaires identiques et de sens contraire. La figure 343

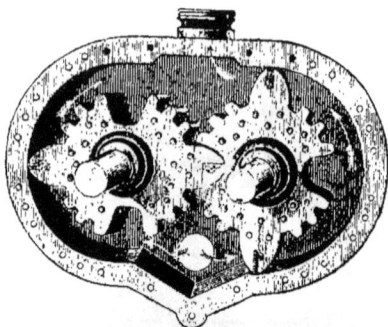

Fig. 344. — Pompe à incendie Silsby. — Coupe du cylindre à vapeur.

représente quatre phases subséquentes de la même demi-révolution ; les flèches indiquent le sens de rotation de chaque arbre.

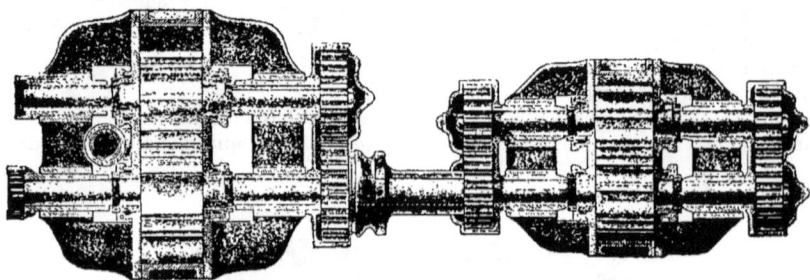

Fig. 345. — Pompe à incendie Silsby. — Coupe par l'axe des cylindres à vapeur et de la pompe.

L'enceinte se compose, comme on le voit, de deux cylindres mordant l'un sur l'autre, mais réduits, comme espace engendré par le mouvement des pistons, à des couronnes circulaires, en raison de la présence des noyaux intérieurs. Ceux-ci sont eux-mêmes échancrés pour permettre les mouvements respectifs de chacun d'eux ; des conduits B et D établissent la communication, l'un avec la chaudière, l'autre avec le condenseur.

Les deux roues s'évitent mutuellement dans leurs rotations opposées. A chaque instant, l'une d'elles est motrice, subissant sur une de ses faces la tension du générateur, et sur l'autre, celle de l'échappement. Pendant ce temps, la seconde est équilibrée, ayant ses deux faces à la même pression : soit celle de la chaudière, soit celle du condenseur. Mais les rôles s'échangent alternativement, d'une demi-révolution à la suivante ; de plus, la communication établie par les roues dentées transmet d'ailleurs, d'une manière incessante, l'effet moteur. Aussi ce changement périodique de fonctions exige-t-il dans les engrenages une grande précision pour éviter les à-coups.

326. A la dernière exposition de Chicago, en 1893, le moteur d'une pompe à incendie, très remarqué, offrait quelque analogie avec la machine Behrens. C'était la pompe *Silsby*, construite par l'*American Fire Engine C°*, de Seneca Falls. Nous donnons (*fig.* 344) la coupe du cylindre à vapeur et (*fig.* 345) la coupe par l'axe des cylindres. Les flèches indiquent la marche de la vapeur.

327. *Machine à disque.* — Cette machine, dont la composition curieuse mérite l'attention, consiste essentiellement, comme on le voit sur la figure 346, en une enveloppe fixe, formée intérieurement d'une zone sphérique et de deux surfaces coniques, ou plutôt deux nappes d'une même surface conique ayant même centre que la zone sphérique. Les deux surfaces coniques sont interrompues près de leur sommet commun, et remplacées par une sphère mobile à laquelle sont invariablement fixés un disque circulaire de même diamètre que la zone sphérique, et un bras implanté perpendiculairement au plan du disque. L'angle au centre des nappes coniques étant supérieur à 90 degrés, lorsque le disque touche ces deux nappes, suivant deux génératrices placées sur le prolongement l'une de l'autre, le bras est contenu dans l'intérieur de l'une des nappes ; et, quand le disque se meut en restant toujours tangent aux nappes coniques, ce bras décrit dans l'espace un cône, et par conséquent son extrémité une circonférence dont le centre est situé sur l'axe de ces nappes.

Dans l'espace annulaire limité par la zone sphérique, les nappes coniques et la sphère centrale, est une cloison plane fixée à l'enveloppe, qui se prolonge jusqu'à la sphère centrale et dont la forme est celle d'un secteur circulaire. Le disque mobile est fendu suivant un de ses rayons, pour laisser passer la cloison fixe, des deux côtés de laquelle sont situés les orifices d'admission et de sortie de vapeur.

Quand la vapeur est admise, elle presse d'un côté sur la cloison, et, de l'autre, cherche à passer entre la nappe conique et le disque ; comme elle ne peut le faire, elle communiquera ainsi un mouvement circulaire au disque, puisque la cloison ne peut bouger. Un mouvement oscillatoire et de rotation sera ainsi transmis à la sphère centrale et, par suite, le bras

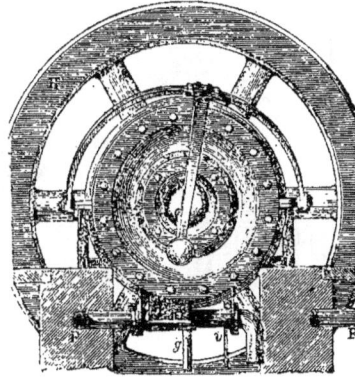

Fig. 346. — Machine à disque.

fixé à cette sphère pourra engendrer un mouvement de rotation continue, et le communiquer à un arbre de couche extérieur. Une machine de ce genre a fait mouvoir avec succès l'hélice d'un bateau à vapeur de 80 chevaux de force.

Turbines à vapeur.

328. Dans les machines rotatives, ainsi que nous venons de le voir, de l'ancienne machine à vapeur, le piston seul subsistait. Dans une autre catégorie de moteurs, les *turbines à vapeur*, il disparaît à son tour. Bien entendu, il n'en faut pas moins, pour recueillir le travail, qu'il subsiste dans le système quelque surface mobile contre laquelle la vapeur vient exercer son action : c'est actuellement l'enceinte elle-même qui vient jouer ici ce rôle. Elle est autant cylindre que piston, ou, pour mieux dire, il n'y a plus ici ni l'un ni l'autre, et la fonction de l'ancien moteur à pression se trouve dénaturée : il a cédé la place à la *machine à réaction*.

Il a suffi, pour cela, de remonter à la première tentative que l'histoire ait enregistrée pour l'utilisation de la vapeur, c'est-à-dire à l'*Eolipyle d'Héron* (voir n° 59, *fig.* 22), dont l'invention a pu être rendue industrielle tout à la fois par la perfection actuelle de l'outillage et par le besoin d'énormes vitesses destinées à la commande directe des dynamos.

Nous savons, en effet, que des pressions notables produisent, pour la vapeur, des vitesses d'écoulement gigantesques, et que, pour utiliser convenablement la force vive du fluide qui circule dans une turbine, il faut communiquer à celle-ci des

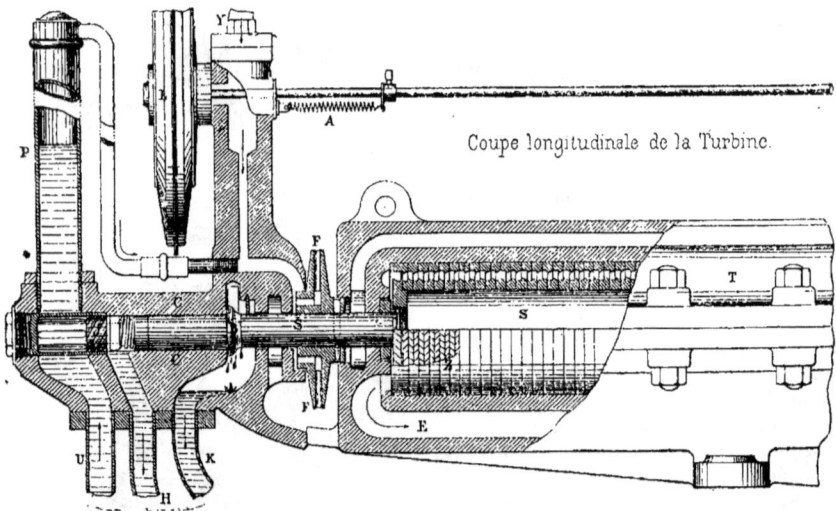

Coupe longitudinale de la Turbine.

Fig. 347. — Turbo-générateur de Parsons.

vitesses du même ordre. Cette propriété des turbines à vapeur constitue, pour la pratique, leur véritable raison d'être.

Le mouvement continu de ces appareils présente, en outre, l'avantage de ne donner aucune prise aux condensations si nuisibles qui sont dues essentiellement au mouvement alternatif des moteurs ordinaires. On a réalisé également : la constance absolue du moment moteur, puisqu'il n'y a plus de manivelle qui le fasse varier ; l'action exercée toujours dans le même sens, puisque le mouvement de rotation de l'organe moteur est con-

tinu ; la suppression de l'espace nuisible ; la suppression du laminage de la vapeur, les passages d'admission et d'évacuation restant continuellement ouverts en grand.

On peut reprocher à ce système de machines la délicatesse des organes du mécanisme, l'énormité de la force centrifuge qui résulte de leur mouvement de rotation rapide et qui croît beaucoup plus par l'effet de l'accélération de la vitesse que par l'augmentation du rayon de l'organe tournant ; enfin, la difficulté d'appliquer à leur fonctionnement l'emploi du condenseur. De plus, les grandes vitesses de la vapeur déterminent contre les parois des frottements intenses; mais l'échauffement qui en résulte n'a pas grand inconvénient, car il vient contre-balancer le refroidissement par l'air extérieur.

C'est ainsi que l'on a construit toute une série de *machines* ou *turbines à réaction*, dont nous allons citer les principales, suivant l'ordre de leur apparition.

329. En premier lieu, nous devons

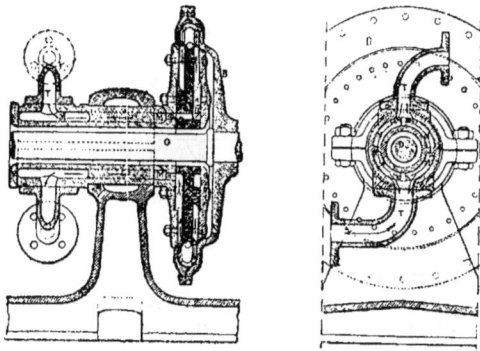

Fig. 348. — Turbine Dumoulin. — Coupe longitudinale et transversale par les tuyaux d'admission et d'échappement.

citer la turbine *Girard*, qui ne nous est connue que par un mémoire de Foucault.

330. En 1884, *Parsons* réalise son turbo-générateur électrique ; les premières turbines de cet inventeur étaient du type Jonval à circulation parallèle à l'axe de rotation. Elles sont caractérisées par le fait que la chute de pression de vapeur ne se fait pas d'une seule fois, mais s'opère graduellement, en passant par une série

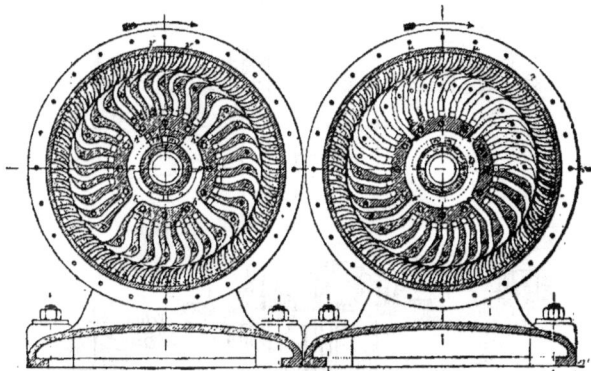

Fig. 349. — Turbine Dumoulin. — Faces d'admission et d'échappement.

de distributeurs fixes et de roues-turbines. Il faut donc, pour réduire les pertes de vapeur, diminuer autant que possible le jeu existant entre les parties fixes et les parties mobiles (*fig.* 347).

331. En 1885, paraît la turbine d'*Isaac Last*. Le disque mobile, calé sur l'arbre moteur, porte des ailettes disposées en face d'autres ailettes fixées sur l'enveloppe. La vapeur se dirige du centre à la périphérie, puis de la périphérie au centre, et ainsi de suite, en faisant mouvoir la ou les zones réceptrices.

332. Presque en même temps (1886), paraît la turbine *Dumoulin* (*fig.* 348 et 349). L'enveloppe B, calée sur l'arbre O,

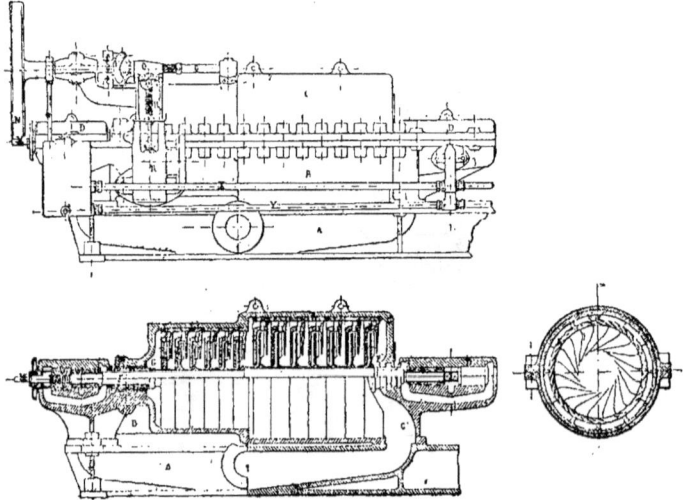

Fig. 350. — Turbine centripète Parsons. — Élévation et coupes.

peut se mouvoir autour d'un disque fixe. L'ensemble est divisé en quatre secteurs par les conduits d'admission aa'' et d'échappement hh''. Dans chacun de ces

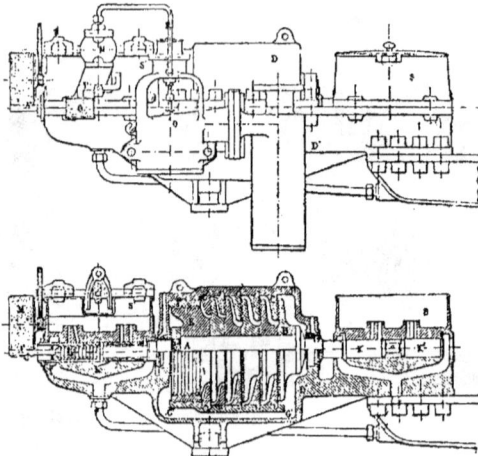

Fig. 351. — Turbine centrifuge Parsons. — Élévation et coupe.

groupes, la vapeur, admise en aa'' par TMmDD′, passe successivement du disque fixe à la couronne de l'enveloppe mobile, puis de cette couronne au disque, jusqu'à l'échappement h'' qui l'amène à l'air libre, après avoir produit son effet sur les aubes u, v de la couronne et s'y être détendue jusqu'à la pression de l'échappement.

333. La *turbine centripète Parsons* fut créée en 1890 ; le cylindre de la turbine (*fig.* 350) est en deux parties B et C boulonnées ensemble. L'arbre J' qui le traverse porte une série de roues mobiles de deux diamètres différents, afin que la détente se fasse en compound d'une série à l'autre. Toutes portent des ailettes rayonnantes F. Les couronnes directrices E sont fixées aux demi-cylindres B et C. Toutes les pièces tournantes sont ajustées avec précision, de manière à ne laisser que le jeu strictement nécessaire.

La vapeur arrive par la soupape R, s'épanouit sur l'écran E', traverse l'espace annulaire S, s'engage dans les distributeurs qui la dirigent, en un flux centripète, sur les autres réceptrices. D'une turbine elle passe à l'autre en se détendant graduellement.

334. En 1891, le même inventeur établit la *turbine centrifuge Parsons*, représentée sur la figure 351. Dans ce type, la vapeur est admise en F. Les turbines B, calées sur l'arbre A, se touchent par les moyeux dont le diamètre décroît progressivement du côté de l'échappement. La

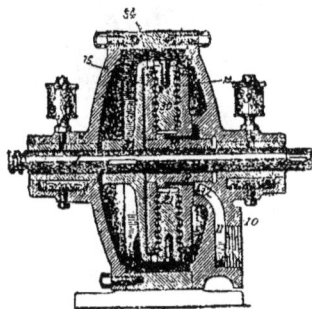

- Coupe longitudinale   · Détail des disques ..

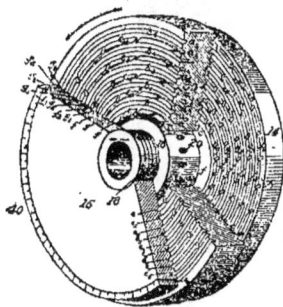

Fig. 352. — Turbine Edwards.

vapeur passe par les cercles de directrices de la couronne C, puis par les aubes du premier disque mobile B ; elle passe ensuite du dernier cercle de B aux directrices c suivantes, et ainsi de suite en se dilatant successivement de manière à s'échapper en G dans l'atmosphère sous une faible pression.

L'échappement G communique avec la face extérieure du piston E. Ce piston, garni de nervures circulaires emboîtées dans les rainures correspondantes de son cylindre F, est calculé de façon à presque équilibrer la vapeur qui tend à écarter les disques B des couronnes C.

335. La *turbine Edwards* (1892) se compose, comme le montre la figure 352, d'un disque 30, mobile entre deux plateaux fixes 14 et 15, et entraînant l'arbre

de couche par le plateau 31. La vapeur, admise par 10, 11, 12 et 21, entre le disque mobile et les deux disques fixes, s'échappe par 33 après avoir opéré sa détente entre les aubes réceptrices et distributrices du moteur.

Pour obtenir un bon fonctionnement, le jeu entre le disque moteur et les deux plateaux ne doit pas dépasser 7/100 de millimètre ; on peut le régler avec une très grande précision au moyen de verniers 40 tracés sur les plateaux 14 et 15.

336. En 1893, parut la *turbine Dow* (*fig.* 353 et 354). La vapeur entre par A, pénètre par les ouvertures C_1 des rondelles fixes C et les jeux ii', ménagés entre ces rondelles et le disque F calé sur l'arbre D, entre les aubes d'une première paire de roues EE, et les directrices correspondantes des disques $c, c,$ pour s'en échapper radialement dans une chambre L, d'où

elle passe à une seconde paire de récepteurs A', E, puis à une troisième A^2E, d'où

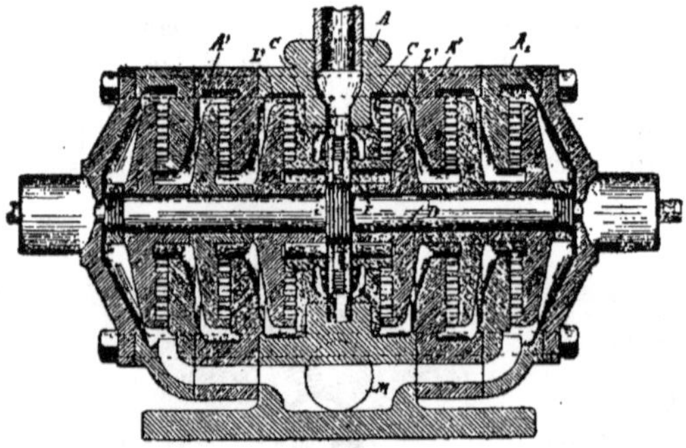

Fig. 353. — Turbo-moteur Dow. — Coupe longitudinale.

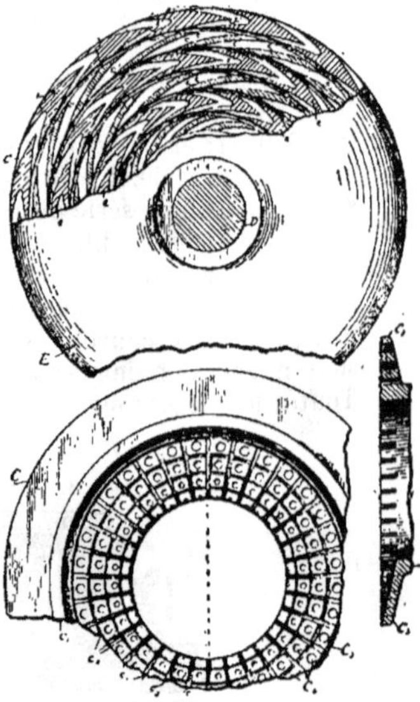

Fig. 354. — Turbine Dow. — Coupes.

la vapeur s'échappe en M sous une faible pression. Le tracé des directrices cc' et des aubes ee' est représenté sur la figure 354.

La turbine Dow est une turbine centrifuge.

337. Dans la *turbine d'Isaac Schmitt* (1893), la vapeur admise au centre suit un chemin sphéroïdal en se détendant.

338. La *turbine Mac-Elroy* (1893) est une turbine centripète. — La vapeur est admise en JH (*fig.* 355) autour du disque moteur A ; elle s'échappe du centre G par gg après avoir parcouru les canaux spiraloïdes K des plateaux F, canaux allant en s'élargissant vers le centre, de manière à permettre à la vapeur de se détendre en même temps qu'elle réagit sur les aubes du disque A.

En 1893, également, fut connue la *turbine à réaction Parsons*, qui rappelle l'éolipyle d'Héron d'Alexandrie. La vapeur admise en B (*fig.* 356) pénètre par les trous C' et C^2 dans le premier bras A_2, d'où elle s'échappe par les orifices tangentiels aa, dans la première chambre D_2 ; puis elle

passe de cette chambre, par l'orifice annulaire, ménagé autour de l'arbre C dans

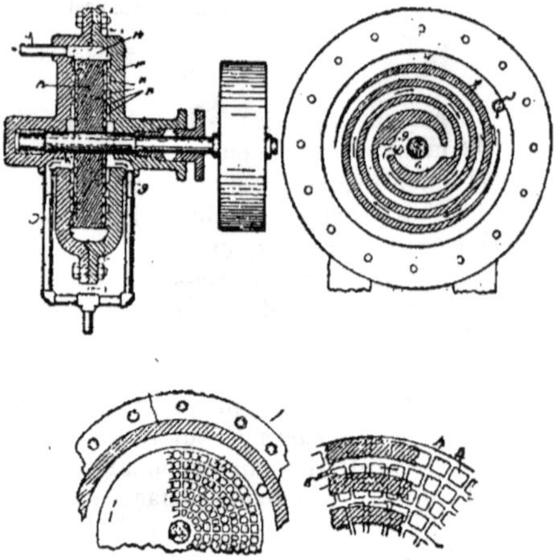

Fig. 355. — Turbine Mac-Elroy. — Détails.

le second bras A_1, et ainsi de suite jusqu'à

la dernière chambre D, d'où elle s'échappe par F, soit directement, soit après avoir épuisé sa force sur une turbine K. La vapeur se détend donc d'un bras à

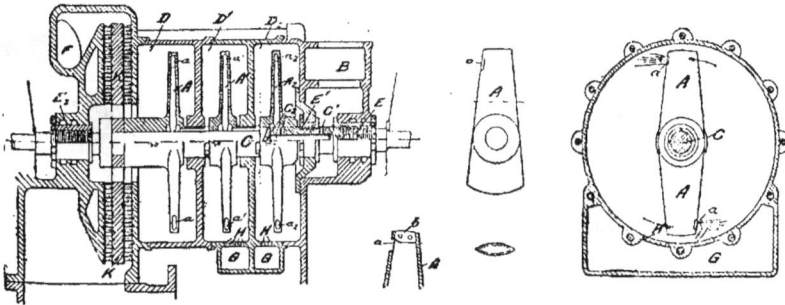

Fig. 356. — Turbine Parsons à réaction. — Détails.

l'autre, au travers des chambres successives.

339. Dans la *turbine Hopkins* (1894), deux disques sont collés l'un contre l'autre, et fixés, sur l'arbre moteur. Ils portent dans leur partie évasée les aubes réceptrices. Les distributeurs sont cylindriques, et la vapeur s'échappe par un espace annulaire.

340. Au lieu d'utiliser la pression de la vapeur, un ingénieur suédois, M. de Laval, a eu, en 1889, l'idée de laisser cette vapeur se détendre d'elle-même, en prenant la vitesse déterminée par la pression des deux milieux où l'on opère, puis d'utiliser cette énergie dans un mécanisme semblable aux turbines hydrauliques. Au contraire des autres turbines qui sont à réaction, l'appareil de M. de Laval est une *machine d'action*.

Le principe fondamental de la *turbine de Laval* est que la vapeur à haute pression arrive entièrement détendue sur les aubes de la roue réceptrice. Cette détente se fait dans les distributeurs, et la vapeur acquiert ainsi une force vive considérable telle que, puisque la densité du fluide employé est très faible, le principal facteur de cette force vive est la vitesse.

La vapeur s'écoulant dans l'air sous pression, par un orifice de faible section, prend des vitesses considérables, qui atteignent 735 mètres par seconde à la pression de 4 atmosphères à la chaudière, et 892 pour celle de 10.

Si la pression du milieu, où a lieu

Fig. 357. — Roue de la turbine de Laval.

l'échappement, ne dépasse pas 0,1 d'at-

mosphère, ces vitesses s'élèvent réciproquement à 1070 et 1187 mètres par seconde. La vitesse de la vapeur à la sortie
des distributeurs étant énorme, il en sera
de même de la vitesse de rotation de la
roue réceptrice, laquelle fait de 8 000 à
30 000 tours par minute, avec des vitesses
linéaires variant de 175 à 400 mètres par
seconde.

Le corps de la turbine est monté sur
un axe en acier qui repose sur deux coussinets à ses extrémités, et tout l'ensemble tourne dans une chambre (Voyez

La turbine de Laval se compose d'une
roue à aubes (*fig.* 357) sur laquelle la
vapeur, complètement détendue, est amenée par plusieurs ajutages coniques, dont
l'axe est faiblement incliné sur le plan de
la roue. Ces jets de vapeur pénètrent dans
les conduits récepteurs en glissant le long
des aubes en vertu de la vitesse relative,
et en leur communiquant la force vive de
la vapeur.

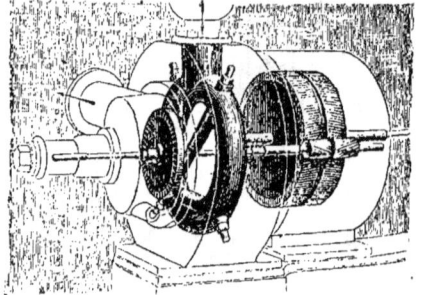

Fig. 358. — Turbine de Laval. — Vue d'ensemble
l'enveloppe supposée transparente.

Le corps de la turbine est monté sur
un axe en acier qui repose sur deux *fig.* 358 et 359) où sont ménagées des ouvertures *aa* dans lesquelles viennent se fixer

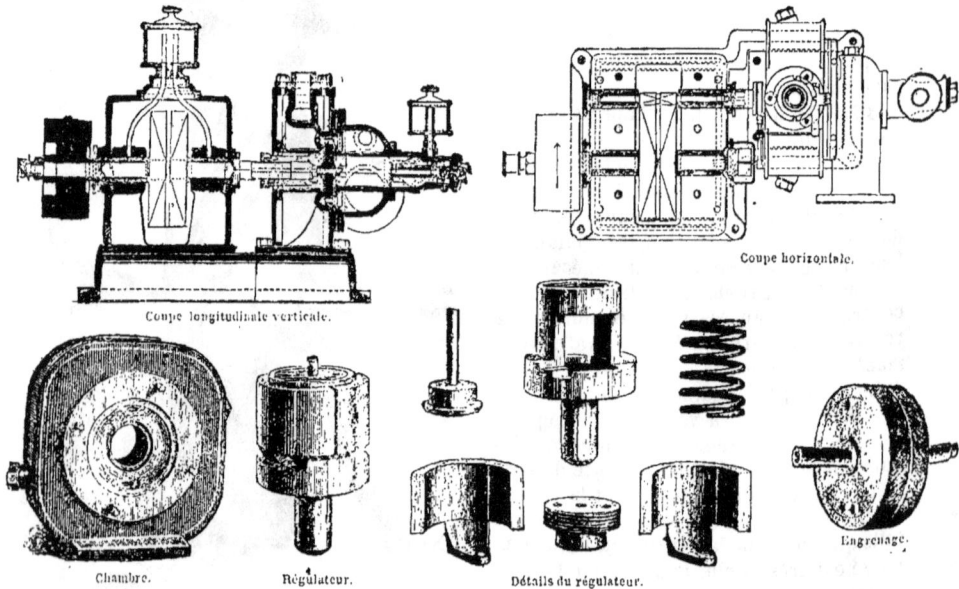

Coupe longitudinale verticale.

Coupe horizontale.

Chambre.   Régulateur.   Détails du régulateur.   Engrenage.

Turbine de *Laval* avec sa transmission.

Fig. 359. — Détails.

les ajutages distributeurs. A l'une des
extrémités se trouve le régulateur qui
agit, par un levier, sur une soupape
équilibrée placée à l'entrée de la vapeur
dans la turbine. Un train d'engrenage
complète l'ensemble du moteur, et réduit
la vitesse de la turbine dans le rapport
que l'on désire.

Pour éviter les échauffements qui, avec les vitesses auxquelles marche ce moteur, ne manqueraient pas de se produire sur les coussinets, M. de Laval emploie un arbre flexible de 0ᵐ,006 de diamètre d'une très grande portée. Il utilise ainsi les propriétés gyrostatiques des corps, et arrive de la sorte à faire que le centre de gravité de la roue viennent à chaque instant coïncider avec l'axe géométrique de l'arbre, et que son plan de symétrie lui soit perpendiculaire.

Les bases du régulateur de vitesse formées par deux demi-cylindres (*fig.* 359) pivotent à couteau sur la gaine et les talons qui servent de base à ces demi-cylindres appuient contre la tête d'une pointe agissant, par l'intermédiaire d'un levier, sur la soupape d'admission.

La pointe est retenue par un ressort antagoniste enfermé dans la gaine à l'aide d'un écrou. Le régulateur agit donc sur la valve d'admission de la vapeur et assure une parfaite régularité à la machine, quelle que soit la charge.

La turbine de Laval peut remplacer les moteurs à vapeur dans toutes leurs applications, surtout pour la conduite des dynamos et celle des pompes centrifuges.

341. Nous terminerons ce paragraphe des machines rotatives en donnant la description du *moteur-bouteille Siemens.* Cette machine, ainsi appelée à cause de sa forme extérieure, se compose d'une enveloppe en tôle inclinée sur l'horizon, et susceptible de tourner sur un axe qui lui est assemblé à ses deux extrémités, mais ne le traverse pas à l'intérieur. Cet espace est occupé par un organe hélicoïdal dont le pas est croissant du bas vers le haut. Le noyau axial est vide et d'un diamètre qui croît proportionnellement à celui de la bouteille, dont il forme environ le quart. A la partie supérieure, cet hélicoïde communique avec un serpentin destiné à présenter une grande surface de contact avec l'air extérieur.

Dans ce système, on a introduit une certaine provision d'eau, après quoi l'on a bouché l'orifice ayant servi à l'introduire. Cette eau, contenue dans l'intérieur, se rassemble par son poids à la base de cet appareil, qui est préservée par une enveloppe réfractaire et soumise à l'action d'un foyer. La vapeur se forme, s'élève en agissant sur l'hélicoïde, dont elle détermine la rotation, et en subissant une détente progressive prononcée, d'après l'ampliation du volume des spires. Elle s'engage dans le serpentin, s'y condense, et reprend la forme d'eau liquide, laquelle, remontée par la rotation jusqu'au goulot d'après le sens des spires, redescend de là au pied de la bouteille par le serpentin. En raison de la continuité de cette circulation, le système tend vers un état stable de température, aussi rapproché que possible de l'accord cherché entre celle du fluide et de la paroi.

MACHINES MARINES

342. Les premières machines à vapeur qui furent utilisées sur les bateaux ne pouvaient être autres que celles que Watt venait d'apprendre à construire. La suppression du volant, qui eût encombré la cale du navire, fit adopter, pour avoir un mouvement uniforme, deux machines distinctes, d'égale force et accouplées sur deux manivelles calées à angle droit sur l'arbre des roues.

La machine se trouvant entourée d'eau de toutes parts, la pompe et la bâche à eau froide étaient devenues inutiles ; dès lors, le coffre qui formait la base de la machine de Watt (voir n° 64, *fig.* 31) a pu être supprimé et remplacé par une plaque de fonte, dite plaque de fondation, sur laquelle s'assemblent le cylindre, le condenseur, la pompe à air et les supports de l'arbre.

La position de l'arbre des roues étant déterminée par le diamètre de celles-ci, il eût fallu placer le balancier en haut d'un échafaudage, pour avoir une longueur de bielle suffisante, si on n'avait trouvé le moyen, en le partageant en deux flasques latérales au bâti, de le placer à la partie inférieure, en conservant une longueur de bielle convenable.

Telle fut le système de machines généralement employé pour les grands navires à roues. Nous donnons, sur la

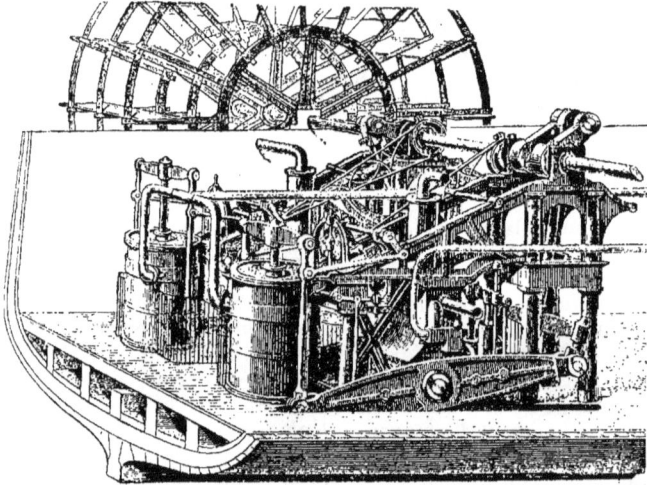

Fig. 360. — Machine à balancier du navire à aubes *le Sphinx*.

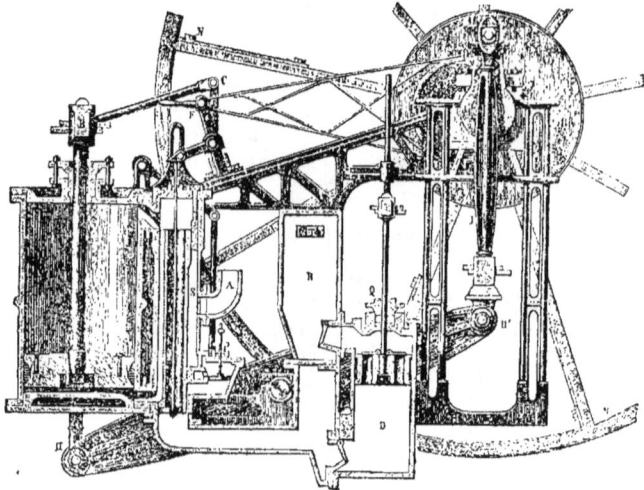

Fig. 361. — Machine à balancier (coupe).

figure 360, une vue d'une machine de ce genre, qui était placée sur le navire à aubes *le Sphinx*. Elle avait deux cylindres et, par suite, l'arbre des roues

était attaqué par deux manivelles que l'on calait à angle droit.

Dans la figure 361, pour bien faire voir la disposition de toutes les pièces du mécanisme et leur assemblage sur le bâti, nous donnons la coupe d'une machine marine à balancier de ce genre.

Le principal mérite de ces machines consistait dans une grande solidité, une parfaite liaison de toutes les parties qui en assurait la solidité, un balancement des pièces principales, cause de sécurité contre les avaries.

Ce type fut longtemps conservé par la marine militaire, qui ne l'abandonna que lorsque l'hélice à mouvement rapide eut remplacé les roues.

Les machines à balancier étaient très lourdes, très volumineuses, aussi a-t-on cherché à adopter un autre système. L'emploi de la machine à cylindre oscillant, qui supprime la bielle et le balancier, tenta quelques constructeurs. La légèreté de ces machines les fit adopter avec succès, d'abord pour la navigation des rivières à faible tirant d'eau, puis plus tard, on les adopta comme moteurs de grands navires. La nécessité de faire circuler la vapeur dans les tourillons qui supportent les cylindres, jointe à celle de mettre en mouvement, à l'aide du piston et de sa tige, des poids qui deviennent énormes pour des machines de 4 à 500 chevaux, l'usure rapide des guides du piston qui en résulte, surtout si l'on veut rendre la vitesse du piston un peu grande, ne permet pas de considérer le système des machines oscillantes, comme celui qui doit être recommandé pour les très grandes constructions maritimes.

Aucun inconvénient de ce genre ne se rencontre dans la machine à action directe, c'est-à-dire dont la bielle, assemblée d'une extrémité à la tige du piston, agit par l'autre extrémité sur l'arbre moteur. Toutes les conditions, propres à donner et à assurer la meilleure utilisation de la vapeur, peuvent être remplies dans ce genre de machines, à la condition que l'on ait assez de place pour donner à la bielle une longueur de quatre à cinq fois le rayon de la manivelle. Si on reste au-dessous de cette limite, les pressions qui s'exercent sur les guides de la tige du piston deviennent considérables, et, dans de grandes machines, entraînent des consommations de travail, des chances de détériorations très grandes. Aussi, dans grand nombre de puissantes machines de ce genre, dans lesquelles les cylindres sont verticaux et placés au-dessous de l'arbre des roues, les courses des pistons ont été extrêmement réduites, tout en exagérant le diamètre des roues, pour placer l'arbre plus haut, ce qui fait que leur vitesse est trop grande, ou celle du piston trop petite.

Pour remédier à ces défauts, on a tenté deux élégantes solutions. La première consiste à employer deux cylindres accouplés, les deux têtes des tiges des pistons sont assemblées à une traverse horizontale, à laquelle est réunie la tête de la bielle par l'intermédiaire d'une barre verticale, descendant dans l'espace resté libre entre les deux cylindres. Cette disposition, qui éloigne autant que possible,

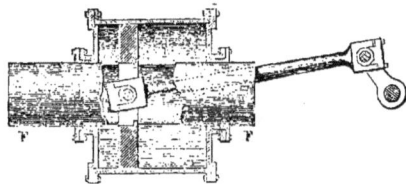

Fig. 362.—Cylindre, manchon et bielle de la machine à fourreau de Penn.

la tête de la bielle de l'axe des roues, permet, par suite, de lui donner une grande longueur.

L'impossibilité de faire marcher constamment les deux pistons dans des conditions identiques, explique les résistances intérieures nuisibles qui ont empêché le succès de ce système.

La seconde solution est la machine à fourreau, surtout préconisée par le constructeur anglais Penn, qui l'a beaucoup employée dans l'établissement des moteurs de la marine anglaise.

Dans cette disposition (fig. 362), la tige du piston est elle-même supprimée et la bielle directement articulée au piston lui-même. Le mouvement oscillant de cette bielle se fait dans un manchon ou fourreau cylindrique traversant le cylindre, et que le piston enveloppe complètement.

Ce dispositif diminue la surface du piston frappée par la vapeur ; il faut donc compenser cette diminution par un accroissement de diamètre du cylindre.

L'inconvénient de ce mécanisme très simple, est aisé à comprendre : d'une part, la vapeur se refroidit plus promptement, puisque la surface en contact avec l'air est plus grande ; d'autre part, les fuites s'y produisent plus facilement soit autour du manchon, soit par les rainures qui permettent le mouvement du piston.

On a aussi mis en pratique le système que nous avons décrit au numéro 300 (*fig.* 312), et qui consiste à avoir deux cylindres inclinés à 45 degrés sur l'horizon, et dont les bielles attaquent la même manivelle de l'arbre moteur.

On voit que cette disposition permet d'allonger les bielles et de réduire les diamètres des cylindres moteurs. Pour parer à l'inconvénient résultant de la réduction des diamètres des cylindres, on pourra composer l'appareil moteur de deux ou trois couples semblables pour les bateaux à grande vitesse. En calant convenablement les manivelles sur l'arbre, on pourra éviter toutes les secousses qui se produisaient auparavant. On y sera encore aidé au besoin par l'adaptation de contrepoids aux roues, pour balancer les actions perturbatrices qui deviennent sensibles quand on augmente beaucoup les vitesses des pièces à mouvement alternatif.

343. Les roues à aubes, qui suffisent parfaitement pour la navigation des rivières, offrent beaucoup d'inconvénients dans la navigation maritime. Le roulis du navire fait sans cesse immerger une des roues, en élevant l'autre hors de l'eau, ce qui cause des à-coups continuels et des variations très nuisibles à la machine et au bateau ; l'action n'ayant plus lieu que sur une roue, on est obligé de diminuer l'entrée de la vapeur et, par suite, le travail de la machine, alors qu'il serait le plus souvent nécessaire de l'augmenter. Enfin, les tambours des roues offrent prise au vent, et rendent le bateau mauvais voilier.

Au point de vue militaire, les roues complètement exposées aux coups des projectiles, rendent le bateau à vapeur d'une valeur à peu près nulle pour une lutte d'artillerie.

On comprend alors très bien, d'après cela, combien il était intéressant de trouver un propulseur à action continue, agissant toujours sous l'eau, ce qui permettait de placer les machines motrices au-dessous de la flottaison, sans rien changer à la forme extérieure. Aussi l'application de l'hélice comme propulseur immergé eut-elle pour effet de transformer complètement les marines de guerre.

C'est un capitaine du Génie français, *Delisle*, qui proposa au ministre de la Marine, dès 1823, un système bien étudié, qui ne fut expérimenté que longtemps après, quand les Anglais, plus avisés que nous, l'eurent fait passer dans la pratique. Un autre Français, M. *Sauvage*, perfectionna cette invention et fit faire un grand pas à l'application de l'hélice comme propulseur. Aujourd'hui, l'hélice a remplacé presque partout, surtout pour la navigation maritime, les roues à aubes.

Les premières machines adoptées lorsqu'on commença à appliquer l'hélice à la navigation maritime, furent les mêmes qui servaient à mettre les roues en mouvement. Ainsi, en disposant les deux cylindres d'une double machine oscillante dans l'axe du navire, ils feront tourner un arbre parallèle à cet axe. C'est cette disposition, souvent appliquée alors avec succès, que représente la figure 363. En munissant cet arbre d'une forte roue d'engrenage, qui commande un pignon monté sur l'arbre parallèle au premier qui porte l'hélice, on fera mouvoir celle-ci avec la rapidité nécessaire au bon fonctionnement de ce propulseur.

Mais ce système présentait de graves inconvénients : le frottement des engrenages, leur poids énorme, les arrêts causés par la rupture des dents, tout cela devait faire penser à des machines à action directe.

La première machine construite dans cette idée donna des résultats tels que l'on vit que c'était bien là le genre de moteur à employer, et le type en fut adopté par les ingénieurs de l'État. Dans cette disposition, la course du piston était petite,

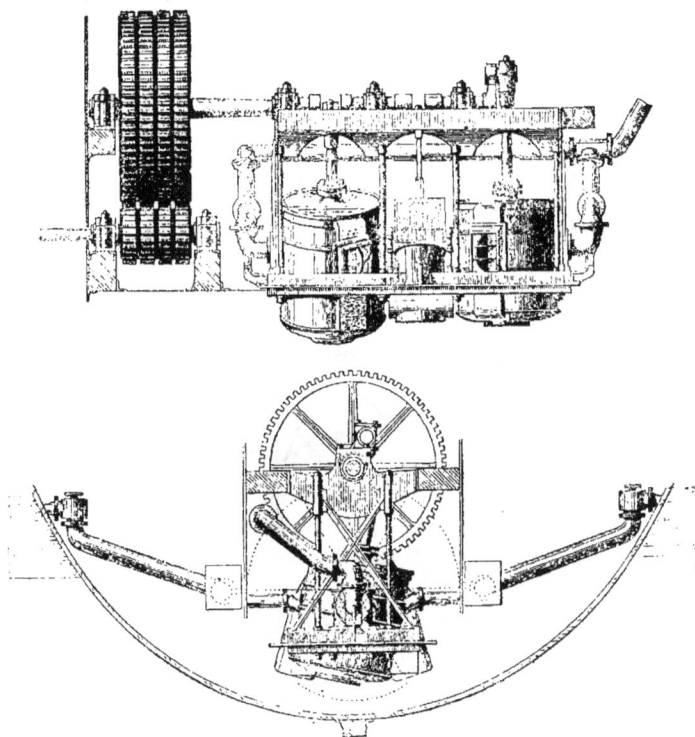

Fig. 363. — Machine oscillante pour bateau à vapeur.

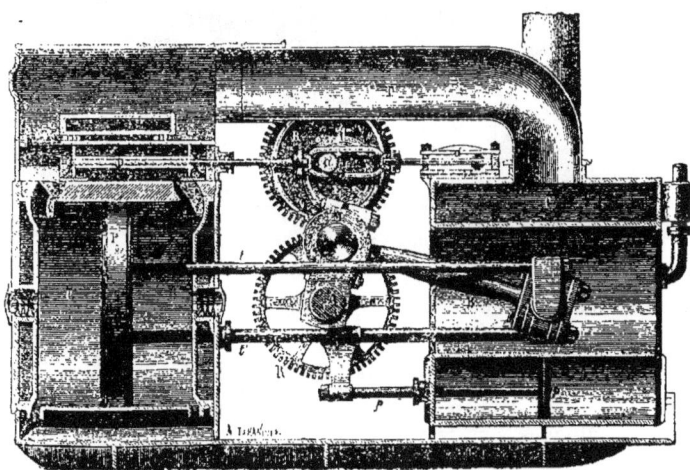

Fig. 364. — Coupe de la machine à 2 cylindres de M. Dupuy-de-Lôme.

et une seconde tige, adaptée à ce piston moteur, faisait marcher la pompe à air du condenseur.

On a trouvé avantageux, dans les constructions plus récentes, pour pouvoir obtenir de plus grandes courses de piston, d'aller chercher, de l'autre côte de l'arbre de l'hélice, les guides des têtes des pistons, portant deux tiges pour le passage de l'arbre de l'hélice, aux manivelles duquel s'assemblent les extrémités des bielles. C'était un progrès important, constituant un très bon modèle de moteur de navire.

C'est le dispositif qu'employa M. *Dupuy-de-Lôme*, lorsqu'il appliqua le système Woolf aux machines marines (*fig.* 364).

La machine de M. Dupuy-de-Lôme,

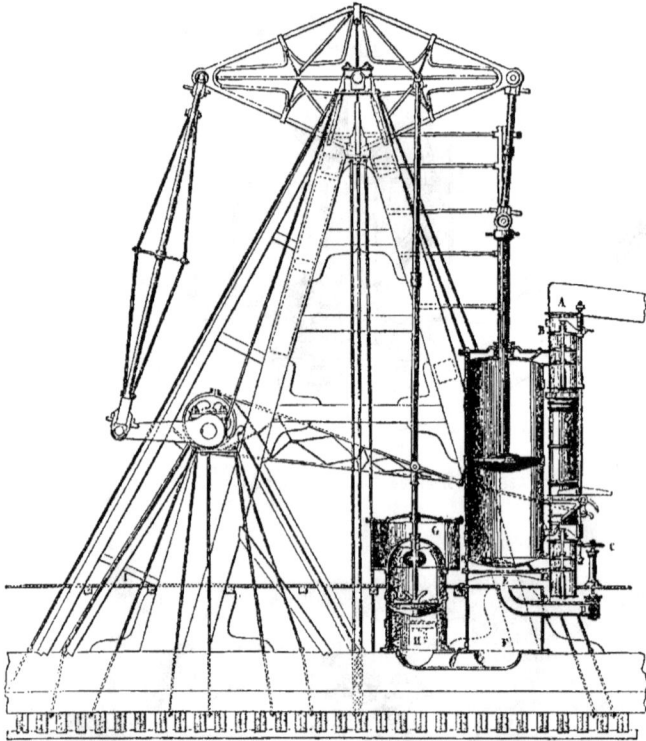

Fig. 363. — Machine à roues, à balancier supérieur.

qui devint à son tour le type de la marine de l'État, opérait la détente de la vapeur dans des cylindres séparés de celui où se faisait l'introduction directe. Il employait trois pistons de même diamètre et de même course, conjugués sur le même arbre, sans qu'aucun des points morts ne se correspondissent. Deux condenseurs, munis chacun d'une pompe à air, étaient destinés à condenser la vapeur à l'issue des cylindres extrêmes.

A son tour, la machine à action directe horizontale fut remplacée par le type pilon, qui, par suite des réels avantages qu'il offrait, prit une très grande extension, surtout après l'application du système compound, et la mise en service des machines à plusieurs expansions.

Après cet historique de la machine marine dans la plupart de ses transformations, nous allons dire un mot des systèmes le plus généralement employés maintenant.

344. *Machines à roues.*—Ces machines ne sont plus guère employées que pour la navigation fluviale et pour les paquebots à courte traversée.

Aux États-Unis, l'ancienne machine à balancier supérieur, et à grande course de piston, placée dans l'axe du navire, est restée en faveur, faveur qui s'explique par la simplicité et le fonctionnement économique des machines lentes à grands cylindres. Le cylindre est unique ; quelquefois deux cylindres Woolf attaquent le balancier.

Une machine de ce genre, représentée par la figure 365, a donné, avec une vitesse égale à celle des meilleurs bateaux, une économie sensible de combustible, grâce à l'emploi d'une détente à moitié et une longue course de piston. Le cylindre permettait une course de $3^m,64$. Les inconvénients attachés à l'emploi d'un balancier fixé à une très grande hauteur au-dessus du pont sont si évidents qu'on ne peut recommander un tel système pour la navigation maritime.

La machine verticale à connexion directe s'installe difficilement au-dessus des roues : il faut trop réduire la course et la longueur de la bielle.

La machine oscillante, après de nombreuses applications, n'est plus beaucoup employée maintenant.

Dans les constructions récentes, on commande habituellement l'arbre des roues au moyen de cylindres inclinés ou même horizontaux. La simple détente est rare dans ces appareils, qui ont au moins deux cylindres compound, ou comportent deux groupes compound. La triple expansion y est également appliquée.

La position horizontale des cylindres est toujours employée lorsqu'il s'agit de bateaux, avec roues à l'arrière, servant à la navigation sur les rivières, qui ne donnent pas une grande largeur utile.

345. *Machines pilons simples et compound.* — Pour commander l'hélice, la machine pilon serait exclusivement em-

ployée si l'on ne tenait à placer le moteur, qui est une des principales forces du navire dans ce cas, en dessous de la ligne de flottaison, dans certains bâtiments de guerre. Les machines à cylindres séparés ne se voient plus guère ; on rencontre encore assez souvent des machines compound à deux cylindres, de construction un peu ancienne. La distribution se fait au moyen de tiroirs ordinaires ou à doubles orifices ; quelquefois on applique la détente Meyer sur le cylindre à haute pression, pour se donner la facilité de faire varier, entre des limites étendues, la puissance motrice.

Sur certains bâtiments, la machine à trois cylindres de Dupuy-de-Lôme se voit encore. On y a dédoublé le cylindre à basse pression.

346. *Machines pilons à plusieurs expansions.* — C'est le type de la machine marine ; le modèle généralement employé à l'heure actuelle est l'appareil à triple expansion.

Il est employé pour les navires de charge, dans lesquels on cherche surtout la solidité et la rusticité de la machine; on le trouve également dans les grands paquebots, où il faut atteindre les puissances les plus considérables, sans exagérer les poids et la place occupée.

Le type le plus simple est à trois cylindres sur trois manivelles ; la puissance produite étant à peu près constante, on répartit bien le travail entre les trois cylindres lors de l'étude de la machine. La distribution se fait en employant de plus en plus les tiroirs cylindriques, même pour les cylindres à basse pression, où, pendant très longtemps, on avait conservé les tiroirs-plans dont l'étanchéité est meilleure. Dans les trois grands cylindres, la quantité de vapeur consommée est considérable ; on est conduit bien souvent, pour avoir des sections suffisantes de passage, à employer deux ou plusieurs tiroirs au lieu d'un seul, et on les conduit par un mécanisme de changement de marche, en préférant les systèmes sans excentriques.

Il existe certaines précautions à prendre pour le montage des machines marines de grandes dimensions. Il faut prévoir les dilatations inégales des cylindres, portés à des températures moyennes différentes, puisque la vapeur s'y détend de l'un à l'autre. Quelques constructeurs, pour parer à cet inconvénient, établissent les trois cylindres en trois massifs à peu près indépendants l'un de l'autre.

Comme la place ne manque pas en hauteur, on réalise quelquefois la triple expansion à l'aide de machines à cylindres en tandem : on n'a plus que deux manivelles, mais quatre cylindres, le cylindre à basse pression étant divisé en deux. Si l'on veut la même disposition avec trois manivelles, il faut employer six cylindres : un à haute pression, deux intermédiaires et trois à basse pression. L'emploi de plus en plus répandu de la double hélice, pour les grands bâtiments, réduit la dimension des moteurs et permet presque toujours l'emploi de la machine simple à trois cylindres.

On trouve quelques installations avec la disposition à quatre cylindres deux à deux en tandem, dans laquelle on fait emploi de la quadruple expansion.

347. *Machines pilons pour marine militaire.* — Certains navires de guerre, ayant besoin, le cas échéant, de pouvoir marcher à une grande allure, portent aussi des machines pilons. L'établissement de ces machines sur ces bâtiments, en général les croiseurs, est plus difficile que pour les navires de commerce, parce qu'on demande, d'habitude, une marche à outrance et une marche à allure réduite. On trouve difficilement une solution satisfaisante autre qu'une simple réduction de la pression initiale de la vapeur. On a bien essayé d'arriver au même résultat par d'autres procédés, tels que la transformation de la machine à triple expansion en machine compound, soit pour la marche à allure modérée, en découplant l'un des cylindres, soit, au contraire, dans la marche à outrance, en admettant directement la vapeur dans le second cylindre comme dans le premier.

Une autre difficulté de la construction des appareils moteurs de la marine militaire, provient de l'extrême légèreté qu'on est souvent obligé de leur donner, toute la charge utile étant réservée, pour la plus grande part, à assurer la protection du navire et à permettre un plus fort armement.

348. *Machines marines horizontales.* — La disposition horizontale est adoptée pour abriter les machines contre les projectiles. L'axe de l'hélice coïncidant avec l'axe du bateau, en plan, si on installe une machine à connexion directe, même en inclinant légèrement l'axe des cylindres, on ne peut mettre qu'une machine forcément très courte, c'est-à-dire avec faible course et bielle de longueur insuffisante. Dans les bâtiments à deux hélices, on a plus de facilité pour loger les deux moteurs entre les deux lignes d'arbres. C'est encore la triple extension que l'on emploie ; les cylindres ne peuvent être en tandem, faute de place, et, par conséquent, commandent trois manivelles.

349. *Machines de torpilleurs.* — Pour les torpilleurs, il faut que les machines installées soient extrêmement puissantes et légères. Si l'établissement des chaudières de ce genre de navire a donné lieu à de nombreuses difficultés, les machines ont, au contraire, mieux réussi : ce sont de petits moteurs-pilons rapides, donnant trois cents tours et plus par minute, compound ou à triple expansion. Les cylindres sont supportés, au lieu des jambages ordinaires de fonte, par des colonnes en fer ou des bâtis en acier ou en bronze, avec tirants en fer.

Pour éviter l'excès de compression qui se produit souvent dans les machines à grande vitesse, M. Normand a disposé des clapets légers qui s'ouvrent de l'intérieur du cylindre dans la boîte à vapeur, en remplissant ainsi le rôle de soupape.

350. *Moteurs de canots.* — Ces machines sont, le plus souvent, analogues aux machines des torpilleurs. On s'est contenté de réduire les dimensions.

MACHINES LOCOMOTIVES

351. Nous avons vu, dans l'un des paragraphes précédents (n° 65), l'histoire de la locomotive à vapeur, depuis le premier essai de Newton, en 1680, jusque vers 1833, époque où la traction à vapeur remplaça, en France, la traction animale, et où les locomotives circulèrent pour la première fois sur la voie ferrée de Saint-Étienne à Lyon.

Nous avons également étudié la chaudière tubulaire plus spécialement appliquée aux machines locomotives (voir n° 79) et nous nous sommes occupés des dispositions données aux foyers de ces machines au numéro 138 (*fig.* 111). Il ne nous reste donc qu'à voir, avec quelques détails, l'installation du mécanisme des locomotives actuellement en usage sur la plupart de nos grandes lignes de chemins de fer.

Avant d'aborder cette étude, nous donnerons quelques généralités, qui peuvent s'appliquer, pour la plupart, à tous les types de machines en usage.

Les machines se présentent avec leurs cylindres extérieurs ou bien placés à l'intérieur des roues. Lorsque les cylindres sont extérieurs, les bielles motrices agissent sur des boutons de manivelles fixés sur des renflements du moyeu de chacune des roues motrices. Quand les cylindres sont à l'intérieur des roues, les bielles agissent sur des manivelles formées par des coudes de l'essieu des roues motrices.

Ces deux manières de placer les cylindres à vapeur sont également employées, et ont chacune leurs partisans : les inconvénients d'un système sont contre-balancés par les avantages que celui-ci offre sur l'autre disposition.

Le mécanisme placé entre les roues, sous la chaudière, est d'un examen difficile et d'un entretien peu commode ; mais il se trouve presque complètement à l'abri. Lorsque, au contraire, on installe les cylindres et tout le mécanisme extérieurement, on a l'avantage de donner au mécanicien une facilité de surveillance très grande, mais aussi on expose les différentes pièces à être facilement faussées, puisqu'elles ne sont plus garanties.

On peut également diviser les locomotives en machines à cylindres séparés et en machines compound. Les diverses locomotives à cylindres séparés présentent peu de différences importantes : les deux pistons attaquent deux manivelles à angle droit d'un même essieu ; la distribution par tiroir simple commandé par coulisse doit permettre au démarrage un grand effort moteur, et la puissance comme la vitesse doit varier entre des limites très étendues : la locomotive est le type de la machine simple à grande vitesse, à haute pression et à forte compression. Une particularité des locomotives est la marche fréquente et souvent prolongée, sans vapeur, dans des conditions peu favorables, à cause de la communication de l'échappement avec la boîte à fumée. On atténue ou même on supprime cet inconvénient, en ayant recours à l'injection de vapeur dans l'échappement et à des soupapes de rentrée d'air dans la boîte à tiroir.

L'appareil de distribution le plus répandu est la coulisse de Stephenson (voir n° 257). Les autres systèmes de coulisses, Gooch (voir n° 258), Allan (voir n° 259), à un seul excentrique (voir n° 260), sont aussi d'un emploi fréquent, mais, pratiquement, ne donnent une distribution ni meilleure ni moins bonne. C'est la commodité d'installation dans chaque cas qui fait préférer tel ou tel système de coulisse.

On commence à faire un fréquent usage de la locomotive à crémaillère : un mécanisme à deux cylindres commande directement, ou avec engrenages intermédiaires, le pignon qui s'engage sur la crémaillère. Souvent l'appareil est mixte et porte deux mécanismes distincts, un pour les roues à adhérence ordinaire et l'autre pour le pignon.

La locomotive compound s'est rapidement multipliée depuis quelques années. Sous sa forme la plus simple, elle n'a que deux cylindres; mais si ses appareils sont puissants, les deux cylindres se logent difficilement à l'intérieur, ou, s'ils sont extérieurs, le cylindre à basse pression présente une saillie excessive. Un mécanisme spécial est indispensable pour assurer le démarrage lorsque la machine a un effort de traction assez grand à vaincre.

La disposition à trois cylindres se prête à un arrangement symétrique de la machine : le mieux paraît alors d'avoir un cylindre unique médian à haute pression, avec deux cylindres à basse pression extérieurs. Mais la disposition inverse est la plus répandue : deux petits cylindres extérieurs à haute pression commandent un

essieu, un cylindre médian à basse pression unique en attaque un autre : la distribution de ce dernier se fait simplement à l'aide d'un excentrique unique à toc, qui donne toujours la même admission, pour les deux sens de la marche.

Les types à quatre cylindres sont fort nombreux : les quatre cylindres, ou bien forment deux groupes attaquant chacun un essieu, ou sont par paire avec un appareil unique de distribution, c'est-à-dire du système Woolf plutôt que compound. Chaque paire comprend deux cylindres en tandem ou superposés, avec bielle unique.

Les avantages économiques des locomo-

Fig. 366. — Locomotive à grande vitesse, système Crampton.

tives compound sur les locomotives ordinaires ont été très discutés. Les conditions de travail de ces machines varient tellement que l'économie de vapeur obtenue pour certaines marches de la compound peut disparaître à d'autres moments et être peu importante en moyenne : cela dépend absolument du service habituel de chaque locomotive.

Ces généralités étant connues, nous pouvons maintenant examiner les différents genres de machines locomotives actuellement en service.

Locomotives à essieux indépendants.

352. Le type le plus connu en France

de machines locomotives à essieux indépendants est celui de l'ingénieur anglais Crampton (*fig.* 366).

Cette machine, qui a eu tant de succès dans notre pays, n'a guère fait de service en Angleterre. Elle est remarquable par la simplicité et l'élégance de sa construction. La position de l'essieu moteur, avec roues de grand diamètre, monté derrière le foyer, a permis de placer très bas la chaudière, disposition à laquelle on n'attache plus d'importance aujourd'hui.

Malgré son excellent service, on a dû renoncer à la machine Crampton, qui est devenue insuffisante : la grille en est trop petite ; la pression dans la chaudière est trop faible ; les cylindres n'en sont pas assez grands, l'adhérence en est insuffisante, la roue motrice à l'arrière n'étant pas fortement chargée. Par l'addition de masses en fonte à l'arrière et même de lourds moyeux aux roues mêmes, on a bien augmenté le poids adhérent de certaines machines de ce type, mais, même avec cette adjonction, elles ne conviennent plus guère aux services actuels.

En Angleterre, on construit encore des locomotives à essieux indépendants dans lesquelles on place l'essieu moteur dans le corps cylindrique qui le charge ainsi fortement.

Ces machines, appartenant pour la plupart au Midland Railway, sont d'un bel aspect extérieur; avec leur forte chaudière, leurs grands cylindres intérieurs, elles assurent la remorque d'express très rapides à charge moyenne et à rares arrêts, car ce n'est guère qu'aux démarrages qu'on peut sentir leur faible défaut d'adhérence.

Le diamètre des roues motrices des locomotives à essieux indépendants, destinées au service des trains à grande vitesse, dépasse généralement deux mètres.

Locomotives à deux essieux couplés.

353. L'accouplement de deux essieux est très fréquent pour les locomotives des

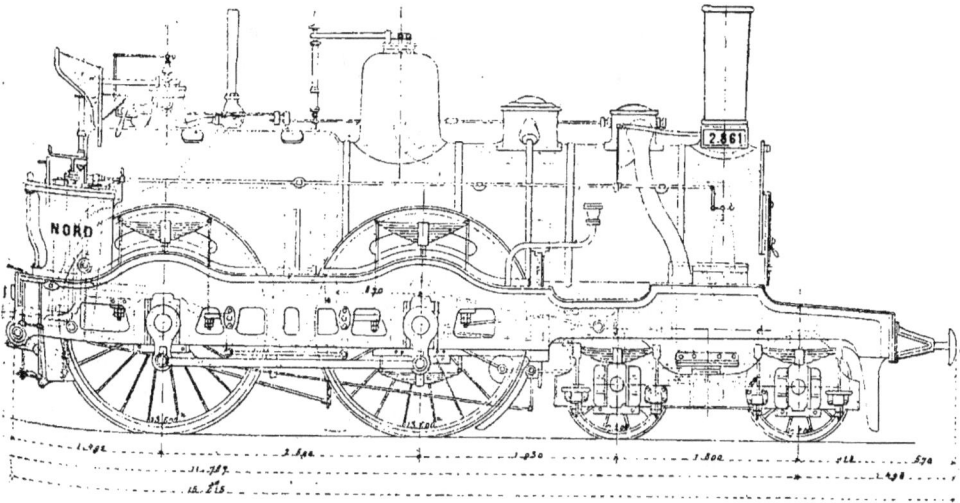

Fig. 367. — Locomotive à deux essieux moteurs et bogie.

tinées au service des trains de voyageurs. Ces essieux sont le plus souvent ceux d'arrière. Le foyer peut descendre entre eux ou bien s'étendre au-dessus du dernier essieu, ce qui donne une grille plus allongée pour une même longueur de la bielle d'accouplement. La première disposition est usuelle en Angleterre, et la seconde très employée en Belgique.

Ces deux dispositions se retrouvent dans les locomotives américaines. Dans ces machines, les cylindres sont toujours extérieurs: le tiroir est placé au-dessus du cylindre, dans une boîte à vapeur rapportée, et commandé par l'intermédiaire d'un arbre de renvoi, le mécanisme de distribution étant à l'intérieur du châssis.

L'avant des machines américaines repose, en général, sur un *bogie.* Le bogie est un petit véhicule à deux essieux rapprochés, parfois simplement articulés autour d'un pivot central ou *cheville ouvrière.* Le poids de la machine porte alors, soit sur le milieu, soit sur les deux côtés. D'autres fois, on permet au pivot de se déplacer transversalement sur la machine, en le rappelant toujours vers la position centrale à l'aide de ressorts: il est plus libre alors de suivre toutes les sinuosités de la voie, ou de se plier plus facilement aux inégalités ou déformations qui peuvent exister partout sur cette voie. Le bogie remplace ainsi, avec un grand avantage, un essieu porteur, et est très utile dans le passage des courbes.

Comme nous l'avons dit, l'usage du bogie est général en Amérique; on l'emploie fréquemment aujourd'hui en Europe, à l'avant des locomotives à deux essieux couplés (*fig.* 367). On l'applique également quelquefois à l'avant des locomotives à trois essieux couplés, ou bien à l'arrière de certaines machines-tenders, marchant indifféremment dans les deux sens.

Dans la catégorie des locomotives à deux essieux couplés, le diamètre des roues motrices varie beaucoup; mais il ne descend qu'exceptionnellement au-dessous de 1^m,500, parce que, avec de trop petites roues, l'adhérence ne suffit plus pour l'effort de traction. Le plus souvent, le diamètre se tient entre 1^m,700 et 2^m,100.

L'*essieu moteur*, ou directement commandé par les cylindres, est presque toujours le second à partir de l'arrière; les cylindres sont ou intérieurs ou extérieurs. Quelquefois, comme dans les machines de l'Est, les cylindres extérieurs, attaquent l'essieu d'arrière.

L'avant de la machine peut reposer sur un seul essieu moteur; mais on préfère aujourd'hui le bogie américain, qui fatigue moins la voie et se prête mieux au passage des courbes raides.

Certaines locomotives pour trains à moyenne vitesse ont les deux essieux d'avant accouplés; ils sont placés sous le corps de la chaudière et commandés par des cylindres intérieurs inclinés; un essieu porteur passe sous le foyer ou derrière celui-ci. La construction de ce type est simple, et les essieux à grandes roues s'y montent plus facilement qu'à l'arrière.

Dans le type des machines des chemins de fer de Lyon et d'Orléans, ces deux essieux couplés sont aussi placés sous le corps cylindrique, avec un essieu porteur à chaque extrémité.

Avec la disposition *compound*, si l'on n'emploie que deux cylindres, ils prennent la place des deux cylindres égaux, soit à l'intérieur, soit à l'extérieur. Seulement, dans l'une ou l'autre disposition, il est souvent difficile ou impossible de loger le grand cylindre, quand on veut lui donner une dimension suffisante. C'est pour ce motif, et aussi pour avoir une machine symétrique, qu'on a porté à trois et à quatre le nombre des cylindres. Dans la disposition à trois cylindres, celui à haute pression est divisé en deux petits qui attaquent l'essieu d'arrière, tandis que le cylindre à basse pression, unique, placé sous la boîte à fumée, commande l'essieu d'avant.

Si on se sert de quatre cylindres, deux, à basse pression, extérieurs, commandent l'essieu d'arrière, et deux, intérieurs, à haute pression, actionnent l'essieu d'avant (*fig.* 368 et 369).

Locomotives à trois essieux couplés.

354. L'accouplement de trois essieux est des plus fréquents pour les machines destinées à remorquer les trains de marchandises à charge moyenne, et les trains de voyageurs dont la vitesse n'est pas très grande. Sous leur forme la plus simple, ces machines n'ont pas d'autres essieux, et elles ont une adhérence totale; les cylindres sont extérieurs ou intérieurs; dans le premier cas, ils sont nécessairement en avant des roues du premier essieu; dans le second cas, il suffit qu'ils soient en avant de l'essieu, ce qui diminue leur porte-à-faux; leur axe est alors incliné.

Le foyer peut être en arrière, en porte-à-faux, ou bien posé au-dessus du dernier essieu, ce qui est préférable, pour peu qu'on veuille donner à la grille une dimension un peu grande; enfin, on peut également installer le foyer en avant du dernier essieu.

La disposition compound peut très bien s'appliquer à cette disposition de locomotives (*fig.* 370 et 371).

Pour rendre ces machines plus stables, et plus douces à la voie, on les munit parfois d'un essieu porteur à l'avant, ou bien d'un bogie.

Elévation

Demi-coupe horizontale

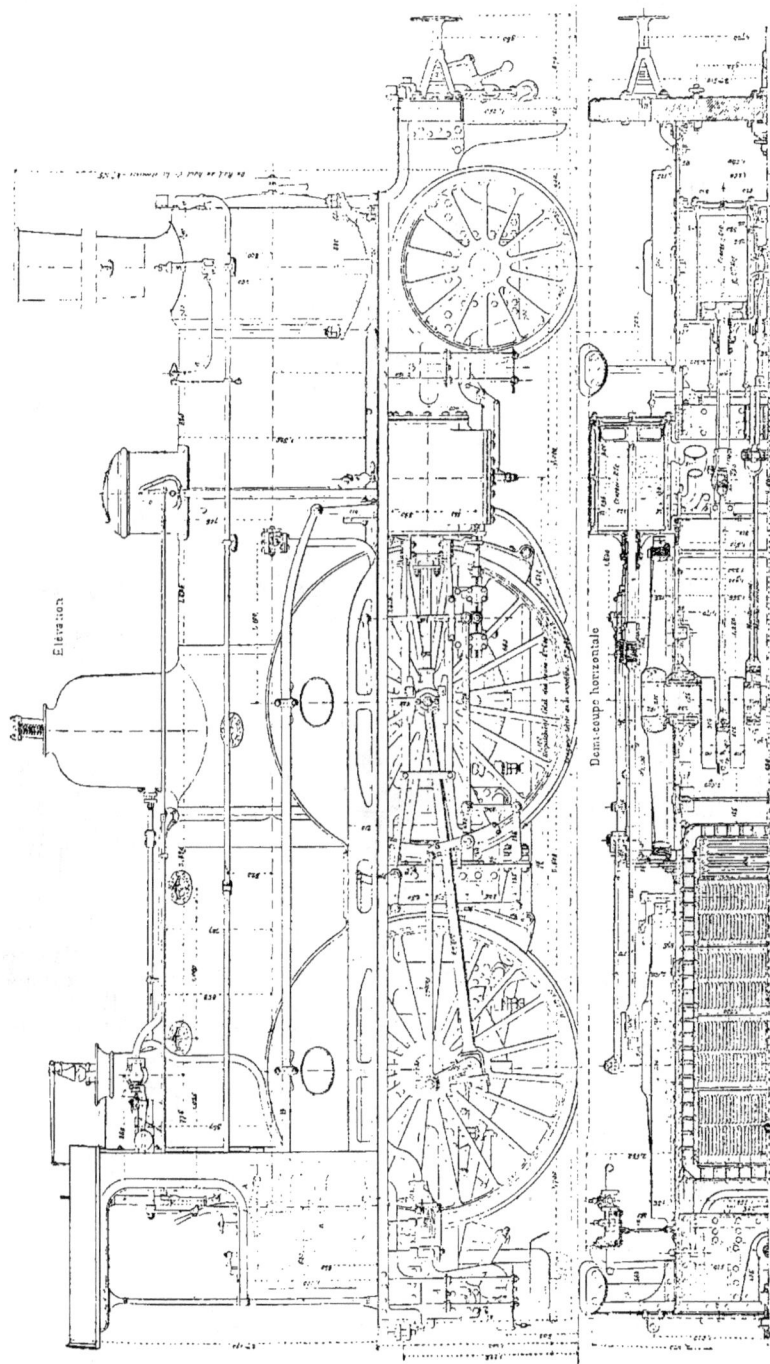

Fig. 368 et 369. — Locomotive à deux essieux couplés, compound à quatre cylindres.

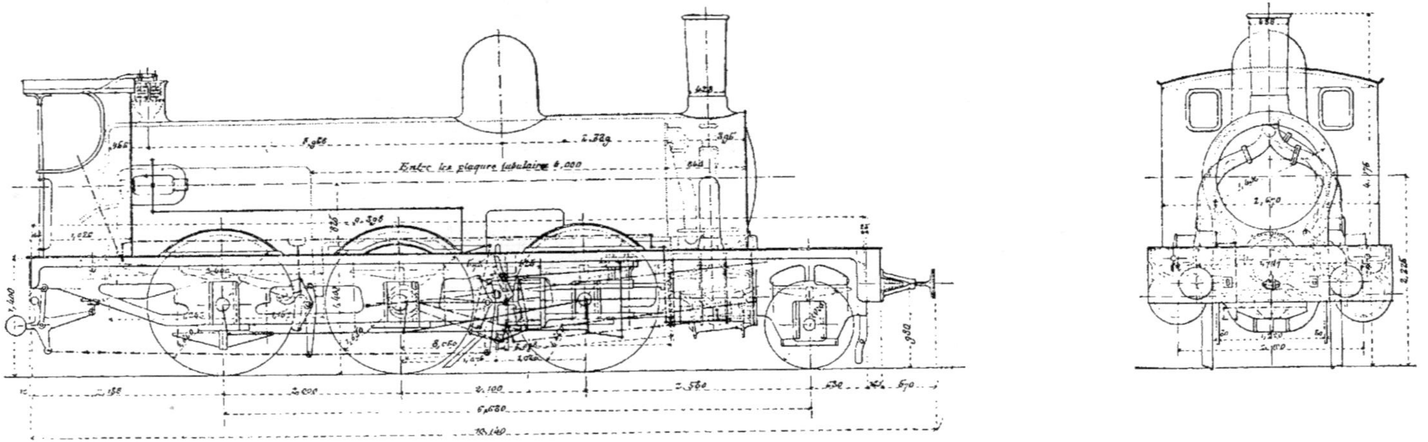
Entre les plaques tubulaires 4.000
2.000
2.100
2.560
6.680
10.140

Fig. 370 et 371. — Locomotive compound à trois cylindres et avec trois essieux couplés pour trains mixtes.

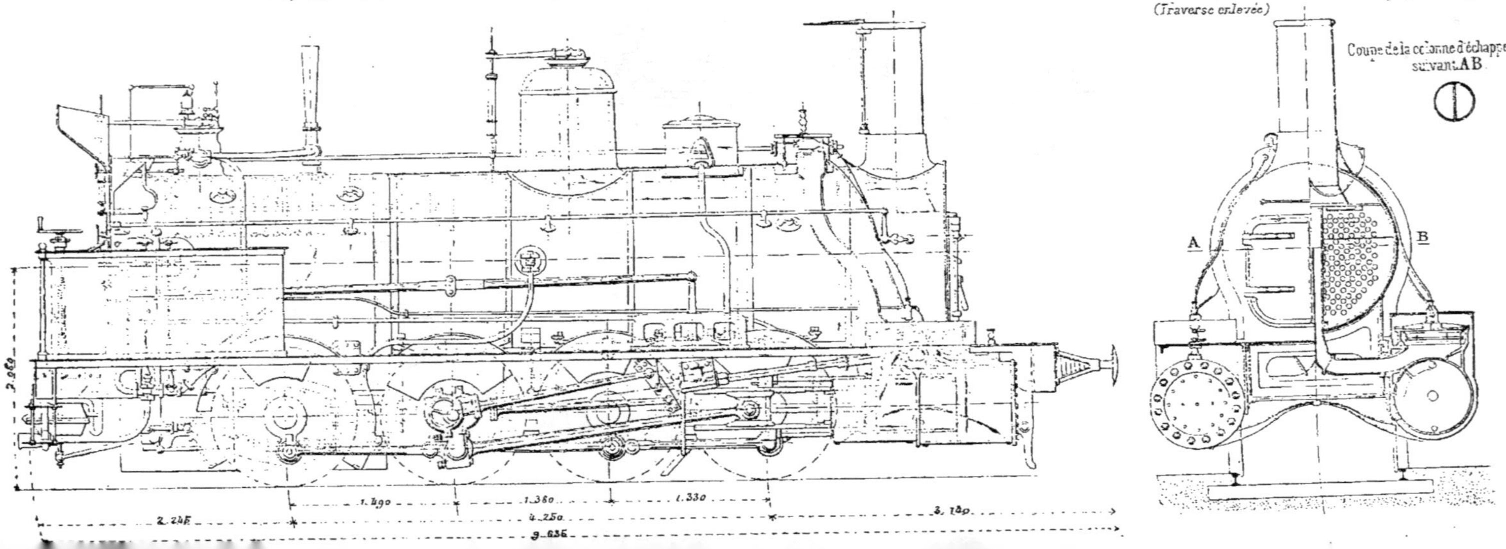
Vue d'avant.
(Traverse enlevée)
½ Coupe par l'échappement
Coupe de la colonne d'échappem^t suivant AB
A
B
1.290
1.380
1.330
2.245
4.250
3.180
9.636

Locomotives à quatre essieux couplés.

355. Pour faire le service de fortes rampes ou pour remorquer les grands trains de marchandises, les machines doivent exercer un effort de traction considérable: on est conduit alors à faire porter la machine sur quatre essieux avec roues de petit diamètre (1ᵐ,300 environ), toutes accouplées. Les cylindres sont presque toujours à l'extérieur; on peut appliquer à ces machines le système Woolf (*fig.* 372 et 373).

La Compagnie de Lyon a tout derniè-rement mis en service des locomotives à quatre essieux couplés, remarquables par le grand diamètre de leurs roues, qui est de 1ᵐ,500. Ces machines sont du système compound à quatre cylindres, et le timbre de la chaudière est de 15 kilogrammes. Elles sont destinées à remorquer de forts trains de marchandises à une vitesse accélérée.

Locomotives à tender moteur.

356. Cette disposition de machines, due à l'ingénieur autrichien Engerth, dont elle a conservé le nom, était caractérisée par la liaison du tender à la loco-

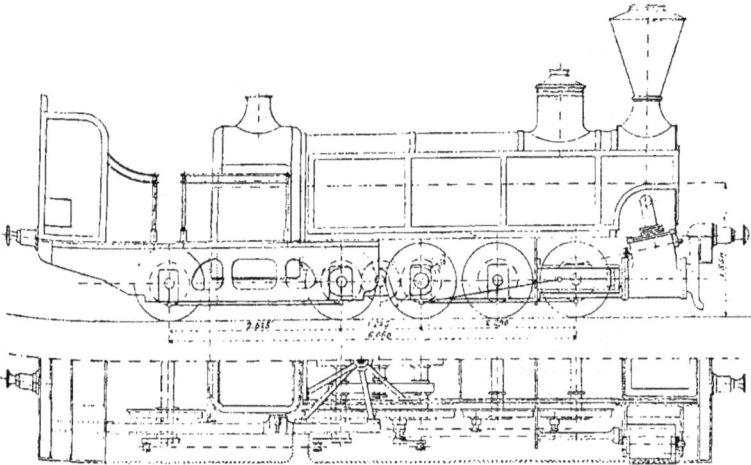

Fig. 374. — Locomotive Engerth, à tender moteur.

motive, et par la transmission du mouvement aux essieux du tender, dont on utilisait ainsi le poids pour augmenter l'adhérence. Cette transmission se faisait au moyen d'engrenages (*fig.* 374).

La complication qu'entraîne la réalisation de ce système, les difficultés et les dépenses d'entretien qui en résultent ont fait renoncer aux dispositions d'Engerth.

La Compagnie de l'Est a tenté de réaliser le type de locomotive à tender moteur, en installant sur le tender deux cylindres, avec mécanisme complet, qui actionnaient deux essieux dont les roues étaient accouplées; c'est la chaudière de la locomotive

qui fournissait la vapeur aux cylindres du tender. On avait, en somme, deux locomotives pour une seule chaudière, qui risquait fort d'être insuffisante. Les frais élevés de construction et les dépenses considérables d'entretien d'un tel système ont fait renoncer à ce genre de machines.

Machines-tenders.

357. La suppression du tender, qui est possible en faisant porter à la locomotive ses approvisionnements d'eau et de combustible, offre de très grands avantages : débarrassée de ce véhicule supplémentaire, la machine est plus courte et plus compacte, ce qui est commode pour les manœuvres dans les gares ; elle peut être facilement disposée de manière à circuler aussi bien dans un sens que dans l'autre, quelle que soit sa vitesse, ce qui est précieux pour les services d'embranchements et de banlieue. Le poids total est réduit par suite de la suppression du tender, mais tout ce poids total est utilisé pour l'adhérence.

La difficulté de faire porter par une machine-tender des quantités suffisantes d'eau et de combustible empêche souvent de les employer, malgré ces avantages. En outre, les soutes latérales, pour peu qu'elles soient un peu grandes, rendent peu commode l'accès du mécanisme s'il est intérieur.

La machine-tender peut être, comme sur les chemins de fer de l'Ouest, à trois essieux couplés, et même, dans quelques types, avoir en plus un essieu porteur à l'arrière, comme le modèle de la Compagnie de l'Est. On emploie aussi des machines à quatre essieux couplés, quand on veut leur faire faire le service des trains de marchandises.

M. Mallet a construit, pour la ligne du Saint-Gothard, qui présente des rampes de 20 à 26 millimètres par mètre sur une longueur de 30 à 40 kilomètres, une machine-tender compound portée sur deux

Fig. 375. — Machine-locomotive de gare.

groupes de trois essieux couplés, chacun commandé par une paire de cylindres : la vapeur travaille d'abord dans deux cylindres à haute pression, commandant l'un des groupes, puis dans deux cylindres à basse pression, montés sur l'autre groupe. Des articulations convenables permettent le passage facile dans les courbes. Le poids de la machine garnie, avec 5 tonnes de combustible et 8 mètres cubes d'eau dans les soutes, est de 85 tonnes.

Machines de gares.

358. La machine de gare, qui peut facilement renouveler ses approvisionnements, est généralement sans tender. Elle a de petites roues, car on lui demande un grand effort de traction, sans vitesse. Comme on en manœuvre incessamment le régulateur et le changement de marche, il convient que ces manœuvres soient faciles et rapides : c'est pourquoi l'on préfère souvent le levier de changement de marche à la vis pour ces machines. Il convient aussi, pour les mêmes raisons, d'avoir un frein d'un système très simple (*fig.* 375).

Locomotives pour voies étroites.

359. La voie normale des chemins de fer français est d'une largeur d'environ

1^m,450, comptée d'axe en axe des rails (1). Mais on construit aujourd'hui beaucoup de chemins de fer dits à voie étroite; souvent la largeur descend à 1 mètre, et aussi, dans certains cas, à 0^m,60. Le chemin de fer Decauville, de l'Exposition universelle de Paris, en 1889, était du type de 0^m,60.

Les locomotives pour voies étroites ne diffèrent pas essentiellement de celles qui circulent sur les voies normales; mais presque toujours les cylindres en sont extérieurs, à cause du peu de largeur disponible entre les roues. Ce sont généralement aussi des machines-tenders qui se prêtent bien à l'exploitation de ces lignes, où l'on ne fait guère de grands parcours sans arrêt.

Locomotives à crémaillère.

360. Les locomotives ordinaires, fonctionnant par simple adhérence des roues, peuvent remonter des rampes très raides, pouvant même atteindre 60 à 70 millimètres par mètre. Mais, si la déclivité du terrain dépasse cette limite, cette adhérence seule ne peut plus servir, et l'on est obligé d'avoir recours à une crémaillère.

La crémaillère est installée dans l'axe de la voie; une roue dentée, montée sur un arbre commandé par les pistons de la machine engrène sur cette crémaillère. Le diamètre de cette roue dentée est généralement plus petit que celui des roues qui portent la locomotive; on peut même la commander par un harnais d'engrenages, ce qui augmente la force, mais en réduisant la vitesse.

On peut remonter ainsi des inclinaisons de 20, 30, 40 centimètres par mètre. Parfois même, la ligne entière est à crémaillère; d'autres fois, elle a des parties peu inclinées avec voie ordinaire seule. Dans ce dernier cas, les locomotives sont disposées pour fonctionner à volonté par adhérence ou avec la crémaillère : un mécanisme ordinaire fait tourner les roues pour la marche par adhérence; un second mécanisme commande la roue dentée pour la marche à la crémaillère. On peut donc, si l'on veut, mettre en marche, dans les montées, les deux mécanismes, de sorte qu'on profite de l'adhérence pour soulager le travail de la crémaillère.

Locomotives de tramways.

361. Nous ne ferons que signaler ces machines, qui sont établies généralement sur des plans analogues à ceux des locomotives pour voies étroites, auxquelles elles peuvent être assimilées à certains égards. De même, elles doivent se rapprocher aussi des locomotives de gares, en raison des fréquents arrêts, pour ainsi dire instantanés, qu'elles doivent subir.

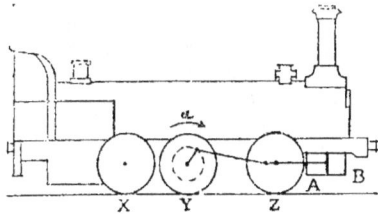

Fig. 376.

Adhérence des locomotives.

362. Nous avons souvent parlé, dans l'étude qui précède, des différents types de locomotives, de l'adhérence des machines. Comment déterminer cette adhérence, et comment une locomotive peut-elle remorquer, avec une certaine vitesse, un train beaucoup plus lourd qu'elle?

La figure 376 indique sommairement comment l'action de la vapeur, agissant sur le piston, se transmet aux roues motrices. D'un côté, par exemple, la vapeur arrive en A, dans le cylindre, pousse le piston de A vers B, et si la roue Y était suspendue à la locomotive sans toucher le rail, elle tournerait sur elle-même dans le sens de la flèche a. Il en serait de même pour la roue, calée sur le même essieu, qui se trouve de l'autre côté de la machine.

(1) Quelques chemins de fer ont été construits avec des voies de largeur supérieure à la normale. La plus large (2^m,15) a été établie par l'ingénieur Brunel sur le Great Western Railway, en Angleterre. Elle a servi jusqu'en mai 1892.

Si cette roue Y, au lieu d'être suspendue, vient à toucher le rail, il en résulte, aux points de contact une certaine résistance, un frottement de glissement qui ralentit le mouvement de rotation de cette roue autour de son axe. Ce frottement de glissement dépend :

1° De la nature des surfaces en contact ;

2° De la pression exercée par la roue sur le rail.

En moyenne, dans les chemins de fer, on l'évalue au 1/6 ou 0,166 de la pression exercée sur la roue.

Si cette pression est suffisante, le mouvement de rotation de la roue peut être arrêté : la roue a prise sur le rail, il y a *adhérence*. Alors, au lieu de tourner sur elle-même, elle s'avance sur le rail et, si elle est actionnée par le piston, elle tourne en entraînant la locomotive et le train.

Pour que ce résultat se produise, il faut que l'action de la vapeur qui agit puisse faire mouvoir la roue avec une force capable de vaincre la résistance du train, et que, d'autre part, l'adhérence soit supérieure à cette force.

La résistance qui s'oppose au mouvement d'un train sur un chemin de fer en rampe, faisant avec l'horizontale un angle a, a pour valeur (1) :

$$(M + P) (0,005 + \text{tg } a);$$

M étant le poids de la locomotive ;

P, celui de tous les wagons attelés à sa suite.

L'adhérence de la locomotive est, d'après ce que nous avons vu plus haut, représentée par $1/6 \times m$, en appelant m la portion du poids de la machine qui est répartie sur les roues motrices.

Pour que la locomotive puisse entraîner le train, il faut donc que l'on ait la relation :

$$\frac{1}{6} \times m > (M + P) (0,005 + \text{tg } a). \quad (1)$$

Supposons, par exemple, une locomotive à six roues, pesant 36 tonnes, réparties uniformément à raison de 12 tonnes par essieu, et proposons-nous de déterminer sur quelle pente cette machine,

(1) Formule et calculs extraits du *Traité des Chemins de fer*, par M. Auguste Moreau.

avec seulement deux roues motrices, pourra remorquer un train de 150 tonnes.

D'après la relation (1) on devra avoir :

$$\frac{1}{6} \times 12 > (36 + 150) (0,005 + \text{tg } a).$$

On tire successivement de cette relation :

$$2 > 186 (0,005 + \text{tg } a),$$
$$2 -- 186 \times 0,005 > 186 \text{ tg } a,$$
$$\frac{1,07}{186} > \text{tg } a, \quad \text{ou}: \quad \text{tg } a < \frac{1,07}{186},$$

soit : $\text{tg } a < 0^m,0057.$

Dans ces conditions, le remorquage du train ne pourrait avoir lieu que sur un chemin présentant une faible pente.

Mais si, au lieu de n'avoir qu'un seul essieu moteur, on peut en avoir deux en reliant les roues X et Y par des bielles

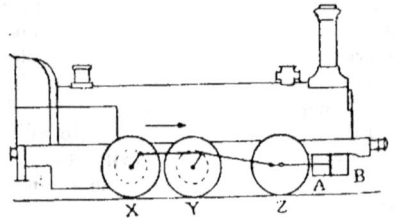

Fig. 377.

d'accouplement, comme le représente la figure 377, on porte à 24 tonnes le poids utile produisant l'adhérence.

De la relation (1), on déduit successivement :

$$\frac{1}{6} \times 24 > (36 + 150) (0,005 + \text{tg } a),$$

soit : $4 > 0,93 + 186 \text{ tg } a,$

ou : $\frac{3,07}{186} > \text{tg } a, \quad \text{ou}: \quad \text{tg } a < \frac{3,07}{186},$

soit enfin : $\text{tg } a < 0,0165.$

En accouplant deux essieux, on voit, par la valeur que l'on trouve, que la même locomotive pourra remorquer le même train sur une rampe presque triple de celle du cas précédent.

Si la machine a ses trois essieux X, Y, Z accouplés, disposition de la figure 378, la même relation (1) permet de déduire :

$$\frac{1}{6} \times 36 > (36 + 150)(0,005 + \text{tg } a),$$

soit : $6 > 0,93 + 186 \text{ tg } a,$

ou : $\frac{5,07}{186} > \text{tg } a,$ ou : $\text{tg } a < \frac{5,07}{186},$

soit : $\text{tg } a < 0,0272.$

On voit donc quels services précieux peuvent rendre ces accouplements de roues.

On peut maintenant se demander quelle est la rampe sur laquelle la locomotive ne pourrait que se remorquer elle-même.

En admettant le cas des trois essieux couplés, la relation (1) devient :

$$\frac{1}{6} \times 36 > 36 \,(0,005 + \text{tg } a),$$

$$\frac{1}{6} > 0,005 + \text{tg } a,$$

$$0,166 - 0,005 > \text{tg } a,$$

ou : $\text{tg } a < 0,161.$

Donc, sur une rampe de cette importance, la locomotive dont nous parlons ne pourrait plus produire de travail utile. Si l'on veut marcher quand même, il faut venir en aide à l'adhérence de la machine, en faisant, par exemple, comme nous l'avons vu, agir une roue dentée sur une crémaillère.

On voit, en résumé, qu'en se servant de locomotives lourdes, à essieux tous accouplés, on peut remorquer des trains d'un certain tonnage sur des rampes très fortes, grâce à l'adhérence produite par cette disposition. Le poids à répartir sur chaque roue a cependant une limite imposée par la résistance des rails, qui, eux, ne sont supportés que de distance en distance par des traverses. En moyenne, ce poids est de 15 tonnes par essieu.

Dans une locomotive, l'adhérence ne suffit pas ; il faut encore pouvoir lui donner une certaine vitesse, ce qui ne peut avoir lieu qu'avec une consommation de vapeur, à une pression déterminée, dans un temps donné. Or, cette production de vapeur est limitée par les dimensions du foyer et de la chaudière. L'action de la vapeur permettra donc : ou de remorquer de très lourds trains à des vitesses modé-rées, ou de remorquer des trains plus légers à de très grandes vitesses. Ce sont ces considérations qui ont guidé l'établissement des divers types de locomotives que nous avons étudiés.

Locomotives routières.

363. On a essayé, dans ces dernières années, d'appliquer la locomotive à la traction sur routes ordinaires, surtout pour le transport des lourds et des encombrants fardeaux.

Comme formes générales et dispositions principales, les locomotives routières se rapprochent ordinairement des locomotives-tenders employées sur les voies ferrées ; elles doivent, comme elles, transporter leur eau et leur combustible. Tous les organes doivent être aussi simples que

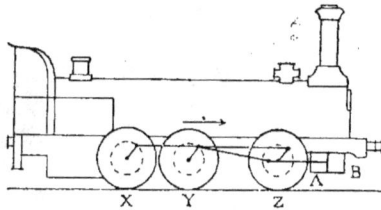

Fig. 378.

possible, de manière à être d'un entretien facile. Le châssis supportant la chaudière et le mécanisme repose à l'arrière sur un essieu qui porte les roues motrices, et, à l'avant, sur un avant-train qui porte deux roues, folles sur un essieu ; il peut pivoter autour d'une cheville ouvrière ordinaire, de façon à permettre les changements de direction. Dans quelques modèles, cet avant-train n'a qu'une seule roue.

Les organes moteurs se composent de un ou deux cylindres, dont les tiges de piston agissent, par l'intermédiaire de bielles, sur un arbre moteur ; cet arbre transmet le mouvement aux roues motrices, soit au moyen d'un système d'engrenage différentiel, ce qui permet aux roues, dans les courbes, de prendre la différence de vitesse nécessaire sans glisser, soit au moyen d'une chaîne genre

Galle ou Vaucanson, actionnant une roue dentée calée sur l'arbre moteur.

364. Les *rouleaux compresseurs*, fréquemment employés par les administrations pour la remise en état des routes, sont un genre particulier de locomotive routière. Les roues ont un bandage très large, l'avant-train d'avant est remplacé par un rouleau, de telle sorte que les roues d'arrière, qui sont les roues motrices, passent un peu sur le chemin déjà parcouru par le rouleau d'avant (*fig.* 379). Quelquefois, dans certains modèles, on remplace les roues d'arrière par un seul cylindre, de telle sorte que le rouleau compresseur se trouve être placé sur deux cylindres d'égal diamètre. On transmet alors, dans ce cas, le mouvement soit au cylindre d'arrière, soit aux deux cylindres mêmes.

Fig. 379. — Rouleau compresseur.

CHAPITRE II

ACCESSOIRES DE MACHINES A VAPEUR

Bâtis. — Fondations.

365. *Bâti.* — Les diverses pièces qui composent un moteur à vapeur ne sauraient reposer indistinctement sur des appuis isolés et dépourvus de solidarité. La moindre inégalité dans les effets de tassements y déterminerait des porte-à-faux inattendus, qui se traduiraient par des tensions nuisibles et un supplément de frottement. Autant que possible, on assure l'unité de l'assiette par l'emploi d'un même bâti métallique, sur lequel sont boulonnés les organes de la machine.

Le bâti est donc l'organe qui sert à la fois de support et d'attache à la machine sur ses fondations, et de liaison rigide entre le cylindre et les paliers moteurs, de manière à résister aux efforts longitudinaux exercés alternativement par la pression de la vapeur sur les deux faces du piston, aux efforts transversaux développés par l'action oblique de la bielle motrice sur les glissières et aux efforts d'inertie. Le bâti a, en outre, pour but de supporter certains organes accessoires, tels que les guides de tiges de tiroirs, les régulateurs, etc.

Comme tous les organes qui, n'étant animés d'aucun mouvement propre, ayant un rôle uniquement passif et dont on a peu d'intérêt, sauf dans quelques applications spéciales, à réduire le poids, qui joue lui-même un rôle important, pour combattre les efforts d'inertie et diminuer les trépidations, les bâtis se construisent entièrement en fonte. On ne fait exception à cette règle que pour les bâtis de quelques machines verticales à pilon, surtout dans la marine, pour lesquelles on recherche la légèreté et l'accessibilité des organes ; les cylindres sont alors fréquemment supportés, dans ce cas, au-dessus d'un massif en fonte ou en acier coulé, par des colonnettes en fer ou en acier forgé.

La fonte est, en effet, dans l'espèce, le seul métal qui réunisse les conditions voulues, pour la construction de pièces aussi volumineuses, lourdes, et souvent de formes compliquées, dans des conditions satisfaisantes d'économie et de simplicité.

Le bâti constitue, en réalité, l'ossature de la machine ; il doit être robuste, rigide et absolument indéformable. Pour arriver à ce résultat, on est quelquefois conduit à lui donner un grand poids.

Les bâtis sont soumis à des efforts si variables et si mal définis, qu'il est à peu près impossible d'en calculer les échantillons, même après investigations soigneuses. Aussi, doit-on se contenter des données de la pratique et de comparaisons avec des appareils existants. D'ailleurs, quand cet organe est suffisamment résistant pour recevoir les diverses attaches qui viennent s'y fixer, quand son épaisseur est assez grande pour satisfaire aux exigences du moulage et de la fonderie, il se trouve généralement assez robuste pour répondre, sans trop de fatigue, aux différents efforts auxquels il est soumis.

C'est généralement l'épaisseur des parois du cylindre qui peut servir de guide dans la détermination des échantillons du bâti. La première e, étant prise comme unité, l'épaisseur des parois du bâti est généralement comprise entre $0,75e$ et $0,9e$; le coefficient de 0,8 paraît être le plus applicable dans la majorité des cas [1].

Autrefois les bâtis se faisaient à nervures, en section à I ; aujourd'hui, on les fait plutôt creux, et en forme de boîte. On obtient ainsi une meilleure utilisation de la matière, et les bâtis, ne présentant

(1) Demoulin, *Construction des machines à vapeur.*

plus aucune saillie ni creux où puissent s'accumuler la graisse et la poussière, sont d'un aspect plus satisfaisant et d'un entretien plus facile. La forme de cette plaque de fondation avait été de même un peu négligée; mais, depuis quelque temps, l'attention des constructeurs s'y est portée d'une manière toute particulière ; comme nous le disons ci-dessus, la matière a été économisée et mieux répartie, les efforts plus coordonnés, les parties inutiles supprimées. Toutefois, des tendances variables se manifestent encore à cet égard suivant les circonstances.

Des bonnes dispositions des fondations et des appuis d'un édifice quelconque, dépend la durée de cette construction : il ne faut donc les établir qu'après une étude soignée. Pour les machines, les bâtis et les fondations doivent être tels, que les dimensions des machines qu'ils supportent soient rigoureusement invariables.

En résumé, les bâtis doivent être soumis aux règles suivantes:

1° Leur disposition doit être simple et leur construction solide;

2° Ils doivent solidariser parfaitement les diverses parties d'une machine, surtout celles qui doivent être à des distances rigoureusement déterminées, comme, par exemple, les cylindres et les arbres que commandent les bielles et tiges de piston, les trains d'engrenages, etc.;

3° Ils doivent se prêter à un entretien et à un graissage commodes de tous les organes de la machine ;

4° Ils doivent laisser une circulation aisée autour de la machine et de ses parties principales. On doit avoir soin, d'ailleurs, de disposer autour des organes mobiles, qui constituent de sérieux dangers, les protections nécessaires pour éviter les accidents de personnes.

Le bâti de la machine Corliss a été, dès son apparition, remarqué par sa forme spéciale : c'est maintenant ce genre qui est le plus employé et qui s'applique aussi bien aux machines de force moyenne, depuis 30 chevaux, jusqu'aux appareils les plus puissants que l'on construise.

Ce type de bâti, que l'on applique aux machines de toutes classes, a été introduit pour la première fois vers 1860 par M. Corliss, mais ne s'est réellement répandu en Europe qu'après l'Exposition de 1867. Il ne s'est même généralisé, d'une manière à peu près complète, que depuis une quinzaine d'années, les Expositions de 1878 et de 1889 ayant successivement montré les progrès réalisés sous ce rapport.

Le bâti Corliss n'est, en réalité, qu'une entretoise rigide, portant les glissières et reliant d'une manière logique et complète le palier et le cylindre qui reposent l'un et l'autre, séparément, sur le massif de fondation.

Grâce à cette disposition ingénieuse et logique, ce bâti réunit les conditions permettant de combiner la rigidité et la résistance avec le moindre poids et la construction la plus économique, car l'ajustage des différentes parties peut se faire entièrement à la machine, avec la plus grande exactitude.

Dans le bâti type Corliss, le cylindre horizontal est boulonné, en porte-à-faux, à l'extrémité de la plaque, en vue de lui laisser toute liberté pour sa dilatation. La fatigue se trouve reportée, aussi directement que possible, sur les paliers principaux. Le bâti américain ne touche pas à la maçonnerie. Le système est supporté par deux pattes assemblées au palier et au cylindre, afin d'éviter l'influence nuisible des tassements.

Nous donnons, sur la figure 380, deux vues du *bâti Corliss* ou à *Baïonnette*, du type le plus simple. Il se compose d'une seule pièce de fonte, comprenant un palier creux B, en forme de cloche rectangulaire, reposant sur les fondations par un patin D, comportant quatre boulons d'attache *a*. Ce patin est réuni aux glissières C et C', solidaires du plateau E qui sert d'attache au cylindre, par une entretoise creuse A, de section rectangulaire, et présentant en plan une forme particulière adaptée aux conditions de résistance, et permettant de relier directement le palier au cylindre.

Le fond du cylindre vient s'ajuster dans une collerette tournée dans le plateau E, auquel il est relié par une rangée circulaire de prisonniers.

Comme on le voit, les glissières sont formées par une partie cylindrique A', concentrique au cylindre, qui les relie entre elles et les rattache à la partie A. Cette pièce A' est évidée sur le devant en *dc*, pour rendre la crosse accessible du dehors ; les glissières sont, en outre, consolidées longitudinalement par les nervures *h* et *h₁*, et rattachées à la partie E par deux congés circulaires, de grand diamètre.

Comme accessoires du bâti, nous citerons les supports *n* et *l*, destinés à recevoir les axes des différents organes de la distribution, et le graisseur *g*, destiné à lubrifier les glissières.

Le bâti-cadre de la Société du *Phœnix* assure aux paliers une assiette transversale développée. Le guide y peut recevoir une grande surface en restant supporté dans toute son étendue sans porte-à-faux. Le cylindre est assemblé à la plaque à l'aide de boulons à œil oblong, qui permettent la dilatation.

Le bâti à baïonnette d'Allan, que construisent les ateliers Babcock et Wilcox, est coulé d'une seule pièce avec le grand palier et boulonné au cylindre.

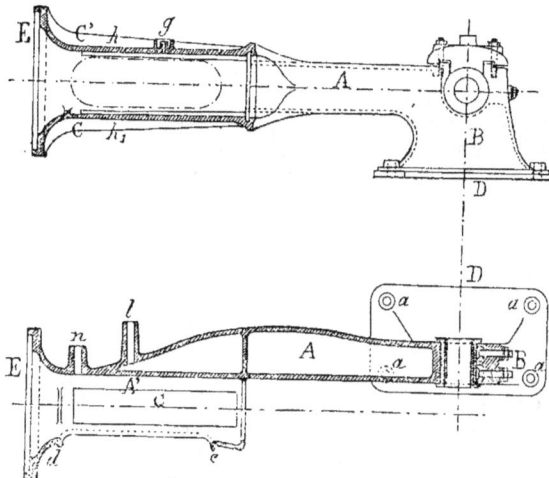

Fig. 380. — Bâti Corliss.

Dans les machines rapides, on procure au système de longues portées. Le bâti repose par trois points seulement comme un trépied, de manière à rester toujours en équilibre, même sur un sol variable.

La manière dont la machine est assise présente, en effet, la plus grande importance. Dans certaines conditions, il y a lieu de se précautionner, d'une manière toute particulière, contre les affaissements du sol : par exemple, pour les installations qui reposent directement sur des travaux de mines. A Montrambert, on a disposé des vérins qui permettent de rectifier la position du cylindre, si elle vient à être déjetée. Dans les ateliers Fourneyron, l'on a, pour des conditions analogues, construit une machine en candélabre, dans laquelle on rattache à un pied unique, dont la faible étendue prévient les tassements inégaux, deux cylindres inclinés attaquant un arbre supérieur au moyen de bielles remontantes.

Certains moteurs, relativement petits, ne s'assemblent pas toujours à une plaque horizontale. Ils sont suspendus à la muraille à l'aide de consoles, ou couchés sur les montants inclinés d'un chevalement de mines pour les manœuvres de cabestan, etc.

Nous avons vu, dans le chapitre précédent, que la Marine n'employait plus guère que des machines genre pilon.

Les bâtis des machines marines à pilon appartiennent, en principe, à quatre catégories principales (1) :

1° Les supports des cylindres, des deux côtés de l'arbre, sont en fonte et creux ou à nervures. D'une part, ils sont venus de fonte avec le condenseur ou boulonnés à sa partie supérieure. Le condenseur forme alors partie intégrante du bâti. Les supports de droite et de gauche sont symétriques à leur partie supérieure et portent chacun une des faces des glissières. C'est le type le plus usité pour les grands navires de la Marine du commerce;

2° Même disposition que ci-dessous, en ce qui concerne le condenseur. Les supports, placés du côté opposé, sont plus légers et ne portent pas de glissières. Ce sont souvent de simples colonnes en fonte ou en acier forgé ; cette disposition est adoptée pour beaucoup d'appareils de la Marine marchande dont la puissance ne dépasse pas 2.000 chevaux ;

3° Le condenseur est complètement indépendant de la machine. Les supports des cylindres, en fonte ou en acier moulé, sont symétriques et portent tous des glissières. C'est un type fréquemment usité, dans la Marine militaire, et pour les machines de quelques paquebots à grande vitesse;

4° Le condenseur est complètement indépendant de la machine, et les cylindres sont supportés des deux côtés par des colonnes en fer ou en acier forgé, solidement entretoisées en travers et dans le sens de la longueur. Les glissières sont rapportées. C'est le genre de bâti généralement employé pour les appareils de torpilleurs ou de petits croiseurs à grande vitesse, dans lesquels on recherche avant tout la légèreté.

Les bâtis de machines marines doivent être étudiés en vue de résister, non seulement aux efforts intérieurs créés par l'action de la vapeur sur le piston, ou par l'inertie des organes alternatifs mis en mouvement, mais encore aux efforts développés par le poids propre de l'appareil, quand le navire s'incline sous l'action du tangage et surtout du roulis. Les plaques de fondation doivent être solidement attachées au carlingage sur lequel elles reposent, et les supports des cylindres devront, en conséquence, être calculés à la flexion.

La plaque de fondation des machines-pilons porte les paliers de l'arbre à manivelles; dans la plupart des cas, il y a deux paliers par manivelle, situés de part et d'autre de celle-ci. Cette plaque de fondation est composée d'un nombre de pièces variables avec les dimensions de l'appareil, pour la facilité du moulage et du montage à bord.

Dans les petites machines, destinées, par exemple, aux canots et aux embarcations à vapeur, généralement le bâti tout entier est venu de fonte d'une seule pièce.

366. *Fondations.* — Le bâti d'une machine à vapeur doit reposer sur des fondations particulièrement soignées. A cet égard, indépendamment de la solidité de l'assiette qui prévient les tassements, il importe d'amortir autant que possible la transmission des vibrations dans le sol.

La force vive d'une machine se compose, en effet, d'après le théorème de Coriolis (1), de celle qui correspond au mouvement visible de chaque pièce, réduite par la pensée à son solide moyen, et de la force vive du mouvement vibratoire rapportée à ce solide. Cette agitation moléculaire exige, pour sa production, une quantité correspondante de travail; mais si elle persiste sans communication avec l'extérieur, la dépense reste limitée, et se récupère d'ailleurs intégralement au moment où l'appareil rentre dans le repos. Il en est tout autrement pour un moteur dont les vibrations se transmettent à la fois à l'atmosphère, sous la forme sonore, et dans le sol où se produit un écoulement incessant d'énergie proportionnel au temps.

Pour remédier à cette cause de perte, il convient, dans l'établissement d'un projet

(1) DEMOULIN, *Construction des machines à vapeur.*

(1) RÉSAL, *Traité de cinématique* (page 399).

de machine, de rechercher le type le moins favorable au développement des vibrations. Ces mouvements étant d'une nature essentiellement périodique, on s'attache à en briser les harmonies en désaccordant, autant que possible, leurs causes de production, les chocs particulièrement.

Les fondations doivent donc être assujetties aux conditions suivantes (1) :

1° Porter sur un bon sol et ne pas lui faire supporter une charge supérieure à 2 kilogrammes par centimètre carré de surface;

2° Présenter une masse suffisante pour éviter tous les déplacements et absorber les vibrations;

3° Offrir les emplacements pour le logement de certains organes de la machine, tels que fosses à volants, fosses pour pompes et condenseurs;

4° Permettre le montage et le démontage des boulons de fondation maintenant le bâti, et permettre également la visite des organes que ces fondations renferment.

Il faut, dans certains cas, comme par exemple pour les machines à vapeur, et les machines-outils installées dans les immeubles des grandes villes, employer pour les fondations des matériaux peu propres à transmettre les vibrations au terrain environnant.

La Compagnie parisienne de l'Air comprimé parvient à ce but en installant, sous certaines fondations de machines, un tapis en fibres de coco, matière à la fois élastique et incorruptible.

On a employé aussi le bois pour rendre élastiques les fondations des machines, notamment celles des marteaux-pilons, dont les chocs sont renvoyés par les fondations rigides. Ce système est imparfait et d'une courte durée d'ailleurs. L'isolement par tranchées autour des fondations est mauvais, et n'empêche pas la transmission du bruit.

Un ingénieur, M. Anthoni, est parvenu à opérer l'isolement complet, au point d'amortir même les ébranlements déterminés par les marteaux-pilons, en établissant les machines sur des supports en

(1) GOUILLY, *Eléments et organes des machines* (p. 360).

caoutchouc, ce qui forme un très bon isolant, car les corps durs et rigides transmettent les vibrations et le bruit, ce que ne font pas les corps mous, dans lesquels les vibrations rapides se transforment en pression dont l'action est lente.

Le système de M. Anthoni consiste à interposer des rondelles en caoutchouc, en nombre suffisant, et à les maintenir au bâti et au sol par des boulons, les serrant en les comprimant juste au degré voulu. Il faut avoir soin de mettre ces rondelles à l'abri de l'huile qui aurait pour effet de dissoudre le caoutchouc.

Cylindre.

367. *Cylindre proprement dit.* — Le cylindre, organe fondamental, constitue la partie vitale de la machine où s'accomplit la transformation, en travail mécanique, de l'énergie calorique contenue dans la vapeur. A dire vrai, les autres parties du moteur ne sont, en réalité, que des organes ayant pour effet de transformer le mouvement alternatif rectiligne du piston en mouvement circulaire continu, ou que des accessoires propres, par exemple, à effectuer la distribution de la vapeur sur les deux faces du piston, ou à assurer la régularisation du mouvement.

Le cylindre d'une machine à vapeur se compose essentiellement d'une capacité cylindrique, dans laquelle se meut le piston ; il est exactement alésé sur une longueur un peu supérieure à la course du piston, augmentée de l'épaisseur de ce dernier. Le cylindre est fermé à l'une des extrémités par un couvercle ou plateau fixe ou mobile, à travers lequel passe la tige du piston ; à l'autre, par un fond, fixe ou mobile à volonté, que l'on peut, le cas échéant, retirer pour faire entrer ou sortir le piston lorsqu'on le répare (*fig.* 381).

Les lumières d'introduction viennent aboutir aux deux extrémités de ce cylindre où leur prolongement est souvent marqué sur le couvercle et le fond, et quelquefois même sur les deux faces du piston.

On doit, en effet, laisser le moins de jeu possible entre le piston et les fonds, de manière à avoir le moins possible d'espace nuisible aux extrémités de la course.

Le cylindre à vapeur se coule en fonte dure, à grain serré ; c'est le seul métal, qui permette d'obtenir, à un prix raisonnable, des organes de formes aussi compliquées, en raison des conduites de distribution et d'évacuation de la vapeur, des fonds, desenveloppes, des brides, conduits, bossages et pattes d'attache.

Pour cet organe, comme du reste pour tous les autres, le choix des matériaux doit être l'une des principales préoccupations du constructeur. Certains ateliers possèdent, dans ce but, une fonderie spéciale, à laquelle on consacre des soins attentifs.

De plus, la fonte offre une surface dure, et susceptible de prendre et de conserver un beau poli. Le seul inconvénient de ce métal réside dans sa faible ténacité, qui oblige à adopter des épaisseurs plus considérables que cela ne serait nécessaire avec d'autres métaux offrant plus de résistance à la traction.

Comme nous l'avons dit, le cylindre est alésé avec soin, et est dressé en même temps sur le tour. On lui donne parfois un excédent d'épaisseur en sus de ce qui est indispensable au point de vue de la résistance, afin de pouvoir renouveler le dressage et l'alésage au bout d'un certain temps de service. Toutefois, il y aurait inconvénient à entraver, par une exagération sous ce rapport, le jeu de la transmission calorique de la part de la double

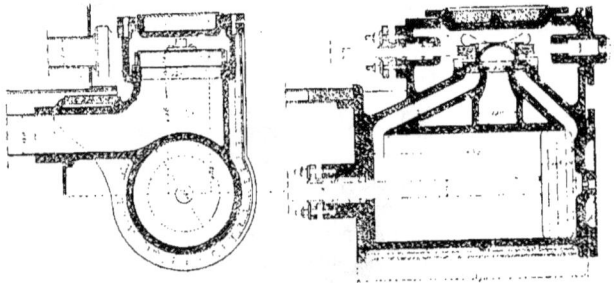

Fig. 381. — Cylindre avec revêtement en bois recouvert d'une feuille de métal.

enveloppe. On lui assemble les fonds, les pièces de l'enveloppe, la glace du tiroir.

Le cylindre peut être fixe ou oscillant ; lorsqu'il est fixe, il peut être disposé verticalement, horizontalement ou incliné.

Le cylindre vertical présente une assiette plus régulière, peu encombrante, et sans porte-à-faux. Mais la pesanteur intervient dans le jeu du piston et influence les deux courses d'une manière différente sous le rapport du travail. Ce qu'elle retranche dans un cas à l'action motrice de la vapeur, elle l'ajoute pour la course inverse.

Avec le cylindre horizontal, cet inconvénient disparaît; mais, en revanche, l'emplacement nécessaire devient beaucoup plus notable, si l'on remarque qu'à la longueur du cylindre lui-même doit succéder, d'une part, celle de la tige, qui, à un certain moment, sort tout entière au dehors, et, en outre, la bielle qui s'ajoute en prolongement et a pour longueur, en général, cinq fois celle de la manivelle, égale elle-même à la moitié de la course. Le total forme d'après cela quatre fois et demie la longueur du cylindre.

Il arrive même, dans certains cas, que, pour ne pas mettre le piston en porte-à-faux à l'extrémité de la tige, on le soutient à l'aide d'une contre-tige, qui sort par le fond opposé. Cette disposition ajoute une fois de plus à l'ensemble la longueur de la course. L'avantage réalisé par cette combinaison est, d'ailleurs, contrebalancé par la nécessité d'une garniture supplémentaire pour la traversée du fond du cylindre.

Un autre inconvénient de la disposition horizontale est que le poids du piston fatigue d'une manière plus marquée la moitié inférieure du cylindre, en provoquant l'usure de cette partie, et la production de fuites sur le cintre supérieur. Le cylindre tend, de son côté, à s'ovaliser par son propre poids, en déterminant un serrage du piston suivant son diamètre vertical, et des fuites sur les côtés.

Malgré ces divers défauts, cette disposition est très employée, toutes les fois qu'il devient particulièrement utile de permettre, aux regards du mécanicien, de planer facilement sur toutes les parties de l'appareil.

Les cylindres inclinés ne se rencontrent que très exceptionnellement en dehors des machines de la Marine qui, elle, en fait au contraire une fréquente application. Nous avons signalé, dans le paragraphe traitant des *machines marines*, la disposition dans laquelle deux cylindres inclinés à 45 degrés, dans deux sens opposés, attaquent, à l'aide de bielles remontantes, une manivelle unique commandant un arbre horizontal.

Il est difficile de fondre d'un seul jet un cylindre de grande dimension, et quelque peu compliqué, qui soit parfaitement sain. Or, si de légères piqûres dans le corps du cylindre ne compromettent pas sa solidité, elles peuvent entraîner de graves inconvénients, si elles se trouvent sur la surface intérieure que parcourt le piston. Elles rayeront les segments, dont l'action

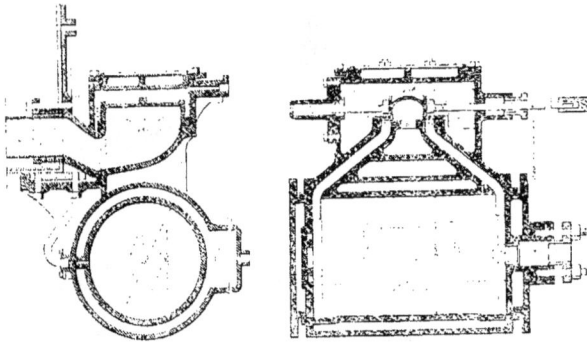

Fig. 382. — Cylindre avec enveloppe de vapeur.

aura tendance à élargir ces soufflures et à effriter l'intérieur du cylindre ; il pourra en résulter des grippages et une usure rapide, pour ne rien dire des fuites qui auront lieu autour du piston.

En outre, les nécessités de la coulée exigent l'emploi, pour les parties qui ne sont pas d'une grande simplicité, d'une fonte assez douce et ayant la propriété de rester plus fluide et de mieux se mouler que les fontes dures. Or, cette fonte douce s'use rapidement sous l'action du piston, et il faut procéder à des réalésages fréquents. Il y a donc tout intérêt à offrir, au mouvement de va-et-vient du piston, une surface plus dure, susceptible de prendre et de conserver un beau poli et ne donnant lieu qu'à une usure inappré-

ciable. C'est pourquoi on ajoute le plus souvent, surtout dans les grandes machines, une *chemise* intérieure, qui n'est en somme qu'un cylindre géométrique, et dont la grande simplicité de forme permet l'exécution en fonte dure à grain serré. On a même quelquefois, en Angleterre, fait emploi de chemises en acier comprimé de Whitworth. On pouvait réduire ainsi l'épaisseur ordinaire du cylindre ; mais, par contre, on avait l'inconvénient résultant de la différence de dilatation de deux métaux différents, sous l'action de la chaleur.

La condensation d'eau qui se produit sur les parois intérieures du cylindre, ainsi que nous l'avons expliqué au n° 217, est combattue par l'emploi des enveloppes de vapeur (*fig.* 382), dont nous avons fait ressortir l'utilité dans un paragraphe précédent (voir n° 218, page 237).

L'enveloppe peut être coulée avec le cylindre, ou rapportée, ce qui a lieu le plus souvent. Dans ce dernier cas, le cylindre est placé dans l'enveloppe que l'on a chauffée au préalable, de manière à la dilater, et l'étanchéité du joint est obtenue, en général, au moyen d'un cercle de cuivre ou d'un autre métal mou, maté dans une rainure pratiquée dans les deux pièces. Sous l'influence de la chaleur, le cuivre se dilatant beaucoup plus que la fonte, exercera une pression plus forte sur les parois de la rainure, de telle sorte que les fuites ne peuvent que fort difficilement se produire (*fig.* 383).

Pour diminuer encore le refroidissement de l'enveloppe, on la recouvre de corps ayant un faible pouvoir émissif : on emploie généralement le feutre, la sciure de bois, le liège en petits fragments, etc., que l'on recouvre encore d'une enveloppe en bois vernis ou en métal poli, parce que les surfaces brillantes conservent mieux la chaleur que les surfaces ternes.

Pour que l'enveloppe puisse donner des résultats réellement économiques, il est nécessaire de prendre, dans son installa-

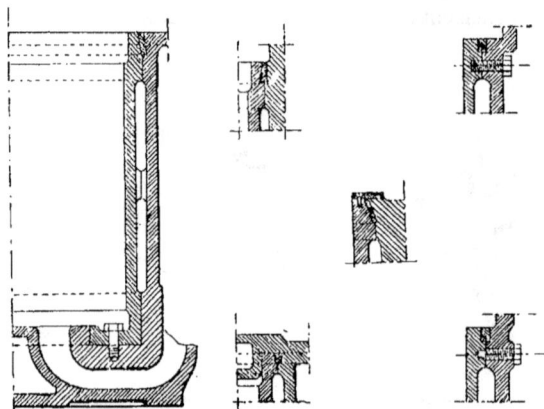

Fig. 383. — Différents modes d'assemblage des chemises ou des enveloppes de vapeur avec le corps du cylindre.

tion, quelques précautions indispensables, dont la négligence pourrait compromettre le résultat final.

La première de ces précautions doit consister à assurer le drainage complet de l'enveloppe et la siccité absolue, autant que possible, de ses parois. L'eau, en s'accumulant dans l'enveloppe, paralyserait son action. Il en serait de même de la présence de l'air dans la chemise de vapeur : aussi devra-t-on prendre les dispositions nécessaires pour en permettre l'évacuation. La quantité de vapeur amenée dans l'enveloppe devra, en outre, être toujours suffisante : les tuyaux d'amenée devront donc avoir une section en conséquence. La plupart des constructeurs, pour répondre à ces diverses obligations établissent, pour l'alimentation de l'enveloppe, un tuyautage absolument indépendant, et en assurent le drainage efficace à l'aide de purgeurs automatiques, dont l'emploi se généralise de plus en plus (voir n° 196).

Beaucoup d'entre eux reprennent ces eaux de purge, encore très chaudes, pour les retourner aux chaudières. Dans ce dernier cas, on peut appliquer le *Steam loop*, dont nous avons parlé avec détail au numéro 197 (voir p. 214).

Nous avons vu plus haut l'idée qui a présidé à l'emploi des enveloppes de vapeur, et dont l'application date de l'origine même de la machine à vapeur, car son invention est due à Watt lui-même, qui paraît en avoir compris les effets généraux et en recommandait l'application.

On a été plus loin, dans l'étude de la recherche des pertes résultant du rayonnement de la chaleur au travers des parois du cylindre, et l'on a fait quelques essais tendant à diminuer la conductibilité des parois internes des corps des cylindres et leur pouvoir rayonnant. Déjà, dans la pratique, ce résultat est un peu obtenu, par suite du poli de ces surfaces dû au frottement du piston et à la présence d'une mince couche de matières grasses, résultant du graissage du cylindre.

M. Emery, en 1889, a essayé de garnir les surfaces intérieures des cylindres et de leurs fonds, de corps mauvais conducteurs, pouvant supporter le frottement du piston. Il employait dans ce but le verre ou la porcelaine. Mais la fragilité même de ces matériaux est peut-être la cause que ces dispositions ne se sont pas généralisées.

De même, la Compagnie Westinghouse avait entrepris, dans le même ordre d'idées, une série d'expériences se rapprochant du procédé de M. Emery. On garnissait également de porcelaine les surfaces intérieures des couvercles du cylindre et les faces du piston ; mais le bénéfice obtenu fut assez minime pour que l'on pût attribuer au procédé une valeur pratique.

Enfin, plus récemment, M. Thurston imagina d'enduire les plaques du cylindre d'une petite machine, d'une couche de vernis spécial, mis à chaud, et pénétrant la fonte, assez poreuse. Après des essais faits avec le plus grand soin, il a constaté que cette méthode donnait lieu à un gain bien constaté de 10 0/0.

Nous avons vu, au numéro 222 (page 242), dans l'étude du cylindre, le moyen de déterminer les dimensions à donner à un cylindre de machine à vapeur.

L'épaisseur minimum à donner au corps du cylindre lui-même est limitée par la formule :

$$R = \frac{PD}{2e},$$

établissant, dans les récipients cylindriques à minces parois, la relation qui existe entre la pression intérieure effective P, le diamètre D, l'épaisseur e et l'effort R, par unité de section, que peut supporter en toute sécurité le métal dont le cylindre est composé. Si l'on appliquait strictement cette formule à la détermination de l'épaisseur d'un cylindre à vapeur, même en attribuant à R, pour la fonte, une valeur très inférieure à sa charge de sécurité, on trouverait des épaisseurs notablement inférieures à celles que la pratique a consacrées. C'est que, en effet, le cylindre est soumis, d'une part, à des efforts anormaux, comme par exemple des chocs et, des coups d'eau, et, d'autre part, à une usure et à une ovalisation notables, nécessitant de temps à autre de légers réalésages entraînant une diminution d'épaisseur.

Il devient donc nécessaire d'introduire dans la formule, donnant l'épaisseur du cylindre, en outre du coefficient dont elle sera frappée, une constante déterminée fixant, pour les plus petites machines, l'épaisseur minimum au-dessous de laquelle on ne pourra descendre, et pour les cylindres de grand diamètre, de tenir compte de certaines conditions pratiques.

Il est aussi nécessaire d'établir une distinction entre les cylindres admetteurs et détendeurs des appareils à expansion fractionnée, les premiers naturellement devant avoir une épaisseur plus forte que les seconds, puisque la pression intérieure qu'ils supportent est plus considérable.

Il est donc très difficile de donner des règles absolues pour la détermination des épaisseurs de cylindres, et l'on est ainsi obligé d'avoir recours à des formules pratiques, que l'expérience et l'usage ont consacrées.

Pour les machines fixes, les deux formules habituellement employées sont celles de :

Weisbach : $e = 0,005 \ PD + 0,020$,

et de :

Reuleaux : $e = \dfrac{D}{100} + 0,020$,

où P représente la pression intérieure

effective, exprimée en kilogrammes par centimètre carré, D le diamètre du cylindre et e son épaisseur, tous deux exprimés en mètres.

A titre d'exemples, nous donnerons l'épaisseur relevée sur les cylindres de quelques machines fixes, de construction récente, fonctionnant à des pressions de 6 à 8 kilogrammes (1).

Dans les deux tableaux qui suivent:

D, représente le diamètre des cylindres à l'alésage;

e, l'épaisseur du corps de cylindre;

e′, l'épaisseur de la chemise intérieure.

MACHINES MONOCYLINDRIQUES

D	e	e′
m.	m.	m.
0.130	0.012	»
0.280	0.020	0.022
0.350	0.026	0.030
0.500	0.027	0.030
0.650	0.027	0.035
1.000	0 021	0.022
1.200	0.038	»

MACHINES COMPOUND

Cylindres HP			Cylindres BP		
D	e	e	D	e	e′
m.	m.	m.	m.	m.	m.
0.280	0.018	0.021	0.336	0.016	0.022
0.500	0.030	0.032	1.000	0.032	0.034
0.900	0.032	0.034	1.260	0.037	0.038

Les formules précédentes donneraient des épaisseurs un peu exagérées pour les machines marines, dans lesquelles, comme nous l'avons expliqué, on vise davantage à la légèreté.

Les formules mises en usage, dans ce cas, sont généralement l'une des suivantes :

Etablissements d'Indret
$$\begin{cases} \text{Cylindres} \\ \text{H. P} \end{cases} \begin{cases} e = 0,005\,PD + 0,010 \\ e' = 0,005\,PD + 0,012 \end{cases}$$
$$\begin{cases} \text{Cylindres} \\ \text{B. P} \end{cases} \begin{cases} e = 0,012\,D + 0,015 \\ e' = 0,012\,D + 0,017 \end{cases}$$

(1) DEMOULIN, Construction des machines à vapeur.

Unwin : $e = 0,038\ PD + 0,016$;

Hutton : $e = 0,027\ PD + 0,015$;

Seaton : $e = 0,032\ PD + 0,012$.

Dans les locomotives, la détermination de l'épaisseur des parois des cylindres est plus facile : le diamètre de ces cylindres ne variant que dans une limite très étroite (de $0^m,400$ à $0^m,500$), en raison de la puissance peu différente de ces machines et de la pression à peu près uniforme de la vapeur que l'on emploie ; l'épaisseur de leurs parois est également peu variable : cette épaisseur varie de $0^m,022$ à $0^m,029$ pour des diamètres variant eux-mêmes de $0^m,430$ à $0^m,480$.

On peut encore renforcer extérieurement le corps du cylindre par des nervures circulaires. L'emploi de ces renforts permet de donner une épaisseur un peu moindre au corps du cylindre. La saillie de ces nervures, espacées d'environ 12 fois l'épaisseur de la fonte, sera d'environ $0,80e$, et leur épaisseur de 1,5 à 1,6 de e,

Quant à l'épaisseur des autres parties du cylindre, elle se détermine toujours en fonction de celle du corps.

Posons $M = e + 0,005$; l'épaisseur des autres parties du cylindre sera, en mètres :

Epaisseur des parois des conduits de vapeur . . . . . . 0,60 M ;

Epaisseur des parois de la boîte à tiroir. . . . . 0,65 M ;

Epaisseur du couvercle de la boîte à tiroir. . . . . 0,70 M ;

Epaisseur du fond de cylindre . 1,10 M ;

Epaisseur du couvercle de cylindre . . . . 1,00 M ;

Epaisseur des brides du cylindre. . . . . 1,40 M ;

Epaisseur des brides du couvercle . . . . 1,30 M ;

Epaisseur de la glace du tiroir. 1,20 M.

La largeur des brides du cylindre devra être, au plus, égale à trois fois la largeur des prisonniers qui servent à fixer le couvercle ou le fond.

Pour terminer ce qui concerne le cylindre proprement dit, nous donnons ci-après les rapports entre les différents cylindres des appareils à multiple expansion, le volume du cylindre admetteur étant pris comme unité:

DÉSIGNATION	Pression de régime	VOLUMES RELATIFS DES CYLINDRES			
		1er cyl.	2e cyl.	3e cyl.	4e cyl.
Machines compound	Kgr. 6.00 10.00	1 1	2.3 3.5	» »	» »
Machines à triple expansion	10.00 12.00	1 1	2.7 2.8	7.2 7.5	» »
Machines à quadruple expansion	12.00 15.00	1 1	2.1 1.7	4.1 4.1	8.2 11.4

368. *Couvercles et fonds de cylindres.* — Nous avons vu que l'on ménageait dans le cylindre, au moins d'un côté, une ouverture ayant un diamètre légèrement supérieur à celui du piston, afin que l'on puisse procéder à l'alésage, mettre le piston en place, et le retirer de temps en temps pour le visiter. Quand on ne munit le cylindre que d'un seul couvercle mobile, ce dernier est toujours placé du côté opposé à l'arbre, afin que l'on puisse, pour les visiter, sortir le piston et la tige sans démonter les glissières ou le bâti.

Le couvercle n'est donc, en réalité, qu'une porte étanche destinée à fermer le cylindre, et n'ayant aucun effort à transmettre. On l'établit donc en vue de résister à la pression de la vapeur qui agit sur sa face intérieure, sa couronne travaillant au cisaillement ; nous avons donné plus haut les rapports de l'épaisseur des différentes parties du couvercle avec les autres éléments du cylindre. On ne doit pas non plus perdre de vue que les plateaux, appelés à être fréquemment démontés à main d'homme, doivent être aussi légers que possible, afin de faciliter leur maniement.

Dans les petites machines, on emploie généralement, comme couvercle, un disque en métal, tourné, tout au moins sur les faces s'ajustant sur les brides du cylindre. Un couvercle aussi simple peut être confectionné en fer ou en acier, en le découpant dans une tôle épaisse ou en le forgeant.

Les plateaux ne doivent pas avoir seulement pour but de fermer le cylindre ; ils doivent encore être disposés de ma- nière à remplir l'espace mort sans boucher les lumières. A cet effet, ils pénètrent d'une certaine quantité dans le cylindre, de manière à ne laisser entre leur face intérieure et le piston, à bout de course, que le jeu strictement nécessaire au bon fonctionnement. La partie pénétrant ainsi dans le cylindre doit être tournée exactement, de manière à s'ajuster à frottement doux ; elle assure ainsi un montage correct des plateaux, et recouvre le joint de la bride, ce qui concourt à l'étanchéité en soustrayant le joint à l'action directe de la vapeur.

Il arrive fréquemment que la bride du cylindre se trouve à une distance assez considérable de l'arête, terminant l'alésage du cylindre ; pour éviter d'avoir des espaces morts exagérés, on fait pénétrer le couvercle d'une très grande quantité dans le cylindre. On ne peut, dès lors, faire ce plateau plein, car on perdrait beaucoup de matière, et le couvercle aurait un poids exagéré ; en outre, cette masse de métal serait soumise à des effets de retrait susceptibles d'amener des ruptures. On donne donc au plateau, en tous ces points, une épaisseur uniforme, un peu inférieure à celle des brides ; il prend extérieurement la forme convenable pour remplir le vide du cylindre, ses deux faces présentant sensiblement le même profil. Pour le consolider, on dispose alors des nervures rayonnantes en nombre variable suivant l'importance du couvercle. On est alors conduit, surtout dans les machines verticales, à recouvrir le couvercle d'une enveloppe en tôle ou en bois, destinée à masquer les cavités pratiquées dans ce plateau, et d'éviter ainsi l'accumulation d'huile et de poussière.

Mais la plupart des constructeurs trouvent plus rationnel de faire venir cette enveloppe extérieure de fonte avec le couvercle, et de la faire concourir à la rigidité de l'ensemble. Les deux toiles du plateau sont alors réunies par des nervures intérieures rayonnantes, et on peut ainsi diminuer l'épaisseur sans compromettre la solidité de l'ensemble. C'est surtout dans les grandes machines que l'on emploie ainsi des couvercles ou fonds creux.

On profite même de cette disposition pour envoyer, à l'intérieur de ces couvercles, une circulation de vapeur vive comme dans l'enveloppe du cylindre, de telle sorte que la capacité intérieure du cylindre se trouve être enveloppée de toutes parts par une circulation de vapeur.

Les joints des plateaux et du cylindre doivent être parfaitement étanches. La partie du couvercle ou du fond qui vient s'ajuster sur les brides du corps du cylindre est, comme nous l'avons dit, exactement tournée, et on a soin de pratiquer à sa surface des stries concentriques, de 1 à 2 millimètres de profondeur, destinées à retenir le mastic ou le corps destiné à assurer l'étanchéité.

Le joint doit être aussi mince que possible, car il est alors plus facile à tenir, et on a moins à craindre une inégalité d'épaisseur qui obligerait le couvercle à prendre une certaine obliquité, en forçant ainsi sur les prisonniers et, s'il comporte un presse-étoupes, l'axe de celui-ci ne correspondrait plus exactement avec l'axe du cylindre, ce qui pourrait entraîner des échauffements et des grippages.

Les joints se sont longtemps faits et se font encore au moyen d'une couche de minium, ou mieux d'un mastic composé d'un mélange de minium, de céruse et de filasse. Ces joints sont épais, se désagrègent facilement au contact de la chaleur et empêchent un montage rigoureux.

Dans les machines construites aujourd'hui, grâce à un excellent ajustage, on peut se contenter d'imprégner d'huile les deux surfaces de la bride et du couvercle qui viennent en contact, et de serrer énergiquement le joint. Avec un tel procédé, on est certain que le couvercle est bien exactement perpendiculaire à l'axe du cylindre.

On peut aussi employer le papier ou le carton huilé, que l'on interpose entre les deux parties en contact.

Quelquefois, on se sert d'un disque en métal mou, comme le cuivre ou le plomb, pour faire des joints.

L'amiante, soit pure, soit mélangée avec de la pâte de carton, est aussi utilisée : on découpe dans des plaques les disques ou couronnes destinés à être interposés entre les couvercles et le cylindre.

Un mince treillis métallique, recouvert de caoutchouc, peut aussi être employé pour les cylindres à basse et moyenne pression : la grande chaleur des autres cylindres ferait fondre le caoutchouc.

En mélangeant des chiffons avec de la gomme, ou caoutchouc pur, on obtient ainsi un genre de feutre compressible, mais non extensible, dont l'emploi, comme joint, donne de bons résultats.

Quelle que soit la matière employée pour rendre étanche le joint du couvercle, elle se durcit en service et adhère quelquefois si fortement aux deux surfaces, qu'on ne peut plus les séparer, d'autant plus que l'on a peu de prise sur les couvercles. Pour éviter les inconvénients qui peuvent résulter d'un semblable état de choses, on munit souvent les brides des plateaux de vis, dites de décollement ou de décollage, se vissant dans ces brides et s'appuyant sur le cylindre. Une fois tous les écrous du plateau démontés, on fait tourner ces vis qui soulèvent le plateau et décollent le joint.

369. *Robinets de purge. — Soupapes de coups d'eau.* — Nous avons expliqué, au numéro 106, comment la vapeur entraînait avec elle de l'eau dans les conduites reliant la chaudière à la machine, et au numéro 107, les moyens de prévenir cet entraînement ou *primage*.

Lorsque la vapeur arrive dans la machine, cylindre ou enveloppe de vapeur, elle se condense au contact des parois métalliques. L'accumulation de cette eau ainsi condensée dans le cylindre aurait de graves inconvénients, car il arriverait certainement un moment où l'eau remplirait complètement l'espace qui reste libre, entre la face du piston et le couvercle du cylindre. Comme l'eau n'est pas compressible, le couvercle sauterait.

Pour obvier à ce grave inconvénient, on munit les plateaux des cylindres de robinets de purge ou purgeurs. De temps à autre, on les ouvre, et l'eau est chassée extérieurement par la pression de la vapeur. Au commencement de la mise en marche de la machine, tant que le cylindre n'est pas bien réchauffé, il est prudent de

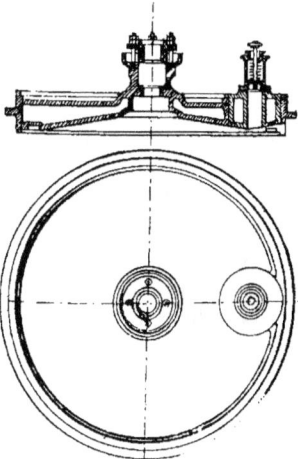

Fig. 384. — Plateau de cylindre avec cou; age des coups d'eau.

laisser les robinets de purge ouverts pendant quelque temps.

Lorsque la machine comporte une enveloppe de vapeur au cylindre, il est bon de faire arriver la vapeur dans cette enveloppe, quelque temps avant la mise en marche de la machine. Nous avons dit plus haut, dans l'étude du cylindre, comment opéraient la plupart des constructeurs pour l'alimentation en vapeur de l'enveloppe du cylindre.

Dans certaines machines, pour plus de sécurité, on munit les couvercles de cylindre de soupapes de sûreté, dites soupapes de coups d'eau, destinées à éviter

que les coups d'eau ne viennent briser les plateaux du cylindre (fig. 384).

Ces soupapes s'ouvrent de l'intérieur à l'extérieur, et leur clapet est maintenu appliqué sur son siège par un ressort. Quand l'eau est accumulée jusqu'à une certaine limite, pour laquelle est réglée la soupape, cette eau, sous l'action de la

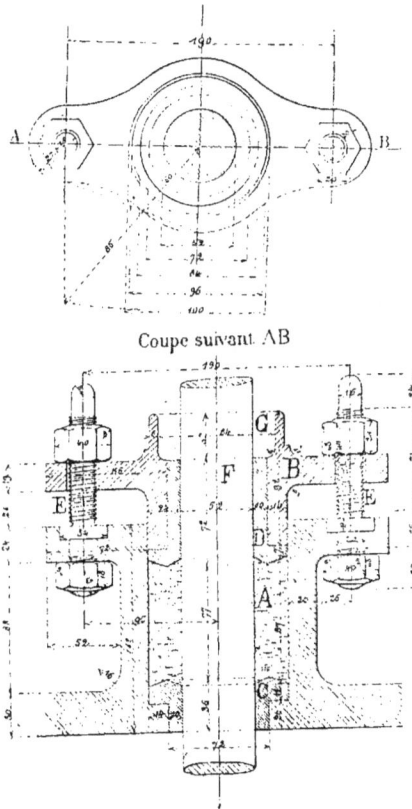

Coupe suivant AB

Fig. 385. — Presse-étoupes; A, chambre du presse-étoupes; B, chapeau; C, grain ou bague de fond; D, bague du chapeau; E, boulons de serrage; F, tige; G, graisseur.

pression de la vapeur à l'intérieur, est rejetée au dehors.

370. *Presse-étoupes. Garnitures diverses, métalliques et autres.* — Les presse-étoupes, ou *stuffing-box*, sont des pièces destinées à intercepter la communication entre deux milieux, dans lesquels se meut

une tige, qui traverse ainsi la cloison sé- |
parant ces deux milieux.

Dans les machines à vapeur, les presse-
étoupes sont généralement employés pour
assurer l'étanchéité des tiges de piston et
de tiroir.

Le couvercle du cylindre, ou de la boîte
à tiroir (*fig.* 385), porte une saillie cylindrique, dans laquelle est ménagée une
chambre dont le fond comporte une bague
en bronze dite *grain* ou *bague de fond*,
alésée intérieurement à un diamètre très
légèrement supérieur à celui de la tige.
Des garnitures, composées de tresses
annulaires en différentes matières, sont
placées dans la chambre et serrées contre
la tige, au moyen d'un chapeau sur lequel
on agit au moyen de boulons. Ce chapeau,
qui est souvent en fonte, est garni intérieurement d'une bague en bronze rapportée.

Ces bagues se remplacent facilement
après usure, sans qu'il soit nécessaire de
retoucher à aucune des pièces essentielles
du presse-étoupe. Les surfaces de pression
des bagues sont planes, biseautées ou
légèrement arrondies.

Pour les petites tiges, la boîte est filetée extérieurement, et reçoit un écrou,
formant chapeau, qui vient serrer la garniture par l'intermédiaire d'une douille
intérieure.

Quand le presse-étoupes et la garniture
sont rigides dans le sens latéral, ce qui
est le cas le plus général, il est indispensable que les axes de la tige et des bagues
du presse-étoupes coïncident exactement,
sans quoi la tige plierait ou gripperait.
L'ovalisation qui se produit dans le cylindre, et aussi l'usure des glissières,
amènent un désaxement qui se traduit
par un accroissement des résistances passives, et souvent une usure et un grippage anormal de la tige ou de la garniture.

On a cherché à remédier à cet inconvénient, en donnant aux bagues de fond et
de chapeau un jeu transversal de quelques
millimètres, qui permet à la tige de se
déplacer autour de l'axe du cylindre,
d'une quantité suffisante pour répondre
à quelque défaut d'ajustage, ou à l'usure
du cylindre et des glissières.

Dans les presse-étoupes, dont le serrage
se fait au moyen du chapeau, on doit serrer alternativement, d'un quart ou d'un
demi-tour au plus, les boulons qui le commandent, afin d'éviter que le chapeau ne
s'enfonce obliquement dans la boîte, et ne
vienne serrer inégalement la garniture et
faire coincer la tige. Pour éviter cette
manœuvre, qui demande du soin et de
l'habitude, on adopte ordinairement, pour
les grands presse-étoupes, la disposition
suivante : les deux boulons du chapeau
portent des écrous dont les têtes sont constituées par des pignons à denture hélicoïdale, engrenant sur deux vis sans fin
pratiquées dans un petit arbre maintenu
sur le chapeau du presse-étoupes. En faisant tourner l'arbre, on détermine la rotation des écrous et l'*égal* enfoncement du
chapeau. Quand il y a trois boulons de
serrage, on remplace l'arbre à vis sans
fin par une crémaillère concentrique à la
tige, dentée intérieurement ou extérieurement, mise en mouvement au moyen
d'une clé et actionnant ainsi les trois pignons montés sur les têtes des écrous.

Les garnitures que l'on emploie dans les
presse-étoupes doivent être parfaitement
étanches et souples, présenter un frottement aussi faible que possible, sans parties de dureté inégale pouvant rayer les
tiges ; enfin, elles ne doivent pas être susceptibles de se décomposer ou de se durcir
sous l'action de la vapeur.

Les garnitures en chanvre ou en coton,
autrefois les seules usitées, sont à peu près
abandonnées aujourd'hui, même pour les
petites machines. Ce fait est dû surtout à
l'élévation des pressions et, par conséquent,
des températures de la vapeur, défavo-
rables à la durée des garnitures végétales,
et à l'apparition d'autres systèmes de garnitures ou à l'emploi de matériaux d'origine minérale, et autrefois peu connus.

Les garnitures en *amiante* sont actuellement très en faveur, surtout dans la
Marine, car elles répondent à peu près à
toutes les conditions des bonnes garnitures.

L'amiante se tisse comme le chanvre
ou le coton; on profite de cette qualité
pour en faire des tresses, dont l'âme est
en coton ou en chanvre, et qui se logent

dans la chambre du presse-étoupes. L'amiante présente, de plus, ces grands avantages de ne pas se détériorer ni se durcir sous l'action de la vapeur à haute pression, et de donner une surface onctueuse qui diminue beaucoup le frottement.

La figure 386 donne la coupe d'un presse-étoupes avec garniture en tresses d'amiante. On voit que, comme dans toutes les garnitures composées de tresses ou de rondelles, on a le soin d'alterner les joints des extrémités, à seule fin d'éviter de créer ainsi un petit vide par où pourrait s'échapper la vapeur.

Les garnitures à bourrage, qu'elles soient en coton, en chanvre ou en amiante, nécessitent un entretien dispendieux, des visites et des réglages fréquents. En outre, on est toujours dans l'incertitude sur le serrage donné, serrage qui peut être quelquefois excessif, et amener un frottement exagéré et des grippages. On a cherché à parer à ces inconvénients, en employant des garnitures métalliques.

Ces garnitures se composent de bagues jointives, en métal mou (bronze, cuivre, laiton, métal blanc, métal anti-friction, etc.). Dans le type le plus simple, ces bagues sont simplement disposées les unes au-dessus des autres, à l'intérieur d'une boîte à garniture ordinaire, et serrées par un chapeau. Elles sont alésées intérieurement et fendues de manière qu'elles puissent s'ouvrir ou se fermer légèrement, pour leur mise en place et leur réglage. Elles peuvent présenter aussi une section transversale triangulaire, et, comme elles s'emboîtent l'une dans l'autre, elles forment ainsi mutuellement office de coin, et le serrage du chapeau tend à les fermer et à les appliquer contre la tige.

Comme cette disposition peut encore laisser une incertitude, au point de vue du serrage, on peut remédier à cet inconvénient, en disposant un ressort hélicoïdal autour de la tige, ressort qui exerce sur la tige un serrage déterminé, facile à régler une fois pour toutes. Le chapeau ne sert plus alors qu'au démontage et à la visite des segments : il est serré bloc.

On emploie aussi des bagues à section rectangulaire, de diamètres extérieurs décroissants, pénétrant dans une douille conique à l'intérieur, ce qui a pour effet, en serrant le chapeau, de rapprocher les deux portions de la coupure de chaque bague, et, par conséquent, de l'appliquer sur la tige.

On peut aussi, avec des fils d'acier, de fer, de cuivre, de laiton très fins, fabriquer des tresses métalliques que l'on applique dans les chambres des presse-étoupes, de la même manière que les garnitures en amiante, dont nous avons parlé plus haut.

Les garnitures, quelles qu'elles soient, végétales ou minérales, doivent être

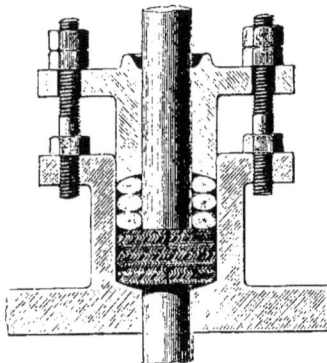

Fig. 386. — Presse-étoupes avec garniture en tresses d'amiante.

graissées avec soin. Dans les machines horizontales, on munit le chapeau d'un simple trou de graissage ou d'un graisseur quelconque. Ce trou, ou le conduit du graisseur, aboutit le plus près possible de la garniture. Dans certaines machines, on fractionne la garniture en deux, au moyen de bagues métalliques creuses, dans lesquelles arrive l'huile.

Pour les machines verticales, on peut ménager, sur le chapeau, au pourtour de la tige, une petite cuvette que l'on maintient toujours remplie d'huile.

Nous donnons, ci-après, quelques chiffres relatifs aux dimensions des différents éléments des presse-étoupes.

TABLEAU DES DIAMÈTRES DES TIGES, CHAPEAUX ET BOULONS
POUR PRESSE-ÉTOUPES, EN MILLIMÈTRES

DIAMÈTRES des TIGES	DIAMÈTRES des CHAPEAUX	DIAMÈTRES des BOULONS	DIAMÈTRES des TIGES	DIAMÈTRES des CHAPEAUX	DIAMÈTRES des BOULONS
10	30	10	55	95	18
12	35	10	60	100	21
15	40	10	65	110	21
18	45	12	70	120	21
21	50	12	75	130	25
25	55	12	80	135	25
30	65	15	85	140	25
35	70	15	90	150	30
40	75	15	95	155	30
45	85	18	100	160	30
50	90	18			

Pistons, tiges, crosses et glissières.

371. *Pistons.* — *Différents genres.* — *Segments.* — Le piston est destiné à transmettre à la bielle motrice, par l'intermédiaire de sa tige, les efforts de traction et de poussée alternativement exercés sur ses deux faces. Le piston nous représente donc, en quelque sorte, le fond mobile d'un cylindre de hauteur variable, dont le volume croît depuis zéro jusqu'à un maximum déterminé, pour diminuer de nouveau jusqu'à zéro. Dans cette enceinte dilatable s'exerce la tension de la vapeur; la pression de ce fluide agit sur un piston en l'accompagnant dans son mouvement de translation. De là, un travail engendré qui forme l'équivalent du calorique, développé originairement dans le foyer inoculé à l'eau pour la convertir en vapeur, et apporté par celle-ci dans ce laboratoire, où s'opère la conversion de la chaleur en énergie dynamique.

En ce qui concerne la manière dont se développe ce mode d'action, nous savons qu'il y a lieu de distinguer les moteurs à *simple effet* ou à *double effet*, suivant que le piston ne reçoit l'impression de la vapeur que sur une de ses faces dans une même révolution, ou alternativement sur l'une et l'autre.

Il faut, pour que le piston soit absolument efficace, que cet organe constitue une cloison mobile parfaitement étanche, séparant les deux parties du cylindre, sans qu'il se produise de fuite entre l'admission et l'échappement.

Dans un piston, il faut considérer deux choses : le *corps* ou *souche* et les *garnitures*, que ces dernières soient végétales, minérales, ou composées de segments, bagues, ressorts, etc.

Le corps du piston doit posséder la légèreté maximum, compatible avec la solidité et la rigidité indispensables à son bon fonctionnement, surtout dans les machines à grande vitesse, où les forces perturbatrices, développées par l'inertie des organes alternatifs sont particulièrement sensibles.

Les corps de piston se confectionnent généralement en fonte, par raison d'économie : cependant, dans les machines à grande vitesse, fixes ou marines, et aussi dans les locomotives, où la résistance des organes doit être supérieure, on emploie d'autres matériaux, tels que le fer forgé, l'acier moulé ou forgé et le bronze.

Dans l'origine, on employait les garnitures en chanvre. Tant que l'on n'a fait usage que de machines à basse pression, ces garnitures ont donné des résultats satisfaisants, bien qu'elles eussent l'inconvénient de se déchirer souvent, aux soufflures que l'alésage du cylindre rend apparentes, et qu'il n'est pas toujours possible de boucher avec du plomb ou du mastic spécial.

Mais, quand on a voulu appliquer ce genre de piston à la haute pression, la surface du chanvre se carbonisant légèrement, l'action des éraflures du cylindre était bien plus active, et il fallait changer les garnitures beaucoup trop souvent. Alors on imagina d'employer les pistons à garnitures de chanvre recouverte d'un cercle de fer.

Après ce genre de pistons à garnitures mixtes, vinrent les pistons à garnitures métalliques. Ces garnitures sont constituées par des *bagues* ou *segments*, en fonte dans l'immense majorité des cas. On emploie encore quelquefois les garnitures discontinues, composées de segments jointifs ne possédant aucune élasticité propre, et qui sont pressés contre le cylindre, au moyen de ressorts ou de coins de serrage. Dans ce dernier genre, les ressorts perdent peu à peu leur élasticité, et, à la longue, l'encrassage rend les segments immobiles.

Les segments se font généralement en fonte parce que le frottement de fonte sur fonte, est l'un des meilleurs qui soient; ce métal présente, en outre, une grande élasticité et une dureté remarquable; il est peu coûteux et susceptible de prendre un beau poli.

On emploie aussi, pour la confection des segments, l'acier ou le bronze phosphoreux. Il est très important d'employer pour les bagues un métal plus mou que celui du cylindre, afin que l'usure se produise principalement sur celles-ci. Il est, en effet, beaucoup moins coûteux, et plus facile de remplacer la garniture du piston que de procéder au réalésage du cylindre.

Les segments sont composés d'une seule bague en fonte, comprise entre deux cercles légèrement excentrés l'un par rapport à l'autre. La différence d'épaisseur détermine des tensions moléculaires, au moment de la coulée du métal, en raison d'un refroidissement inégalement rapide. Quand on vient ensuite à couper la partie mince, le corps cède à son élasticité interne, et son rayon de courbure tend à augmenter. En le resserrant sur lui-même pour l'enfiler dans le cylindre, on le voit réagir et se maintenir en contact en raison de sa propre tension.

Généralement, on fait la coupure de la partie mince suivant une ligne inclinée par rapport à la génératrice, afin de ne pas rayer le cylindre. Le segment doit s'ajuster à frottement doux, dans la cannelure du piston destiné à le recevoir, pour que la vapeur ne puisse le contourner et passer d'un côté dans l'autre. De plus, pour, également, éviter les fuites, il faut alterner les coupures des segments, c'est-à-dire qu'à la partie la plus épaisse d'une bague corresponde, sur la même génératrice, la coupure de la bague voisine. Pour éviter tout déplacement des segments, une fois mis en place, on les maintient dans leur position primitive au moyen de taquets attachés après le corps du piston.

Une bonne garniture ne doit pas laisser passer la vapeur entre le piston et le cylindre, car la moindre fuite occasionne

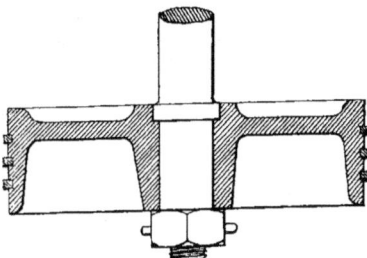

Fig. 387. — Piston Ramsbottom.

une perte de travail relativement considérable.

En effet, supposons une fuite de 25 millimètres carrés de surface. Si la pression de la vapeur à la chaudière est de 5 atmosphères, et la contre-pression de 2/10 d'atmosphère, la vitesse d'écoulement de la vapeur, dans ces conditions, est de 800 mètres environ.

La perte de vapeur, pour une seconde, sera donc :

$$0,000025 \times 800 = 0^{mc},020.$$

c'est-à-dire 20 litres par seconde, soit 72 mètres cubes par heure.

Si la densité de la vapeur est de 0,3, le poids de vapeur perdu est donc de :

$$72^{mc} \times 0,3 = 21^{kg},6, \text{ par heure.}$$

372. Le *piston Ramsbottom* (*fig.* 387), l'un des premiers employés, est d'une seule pièce, soit de fonte, soit de fer forgé ou étampé. La garniture est faite avec des segments d'acier, logés dans des rainures extérieures au corps du piston. Ces segments sont suffisamment élastiques pour s'appliquer sur le cylindre, dont ils usent vite l'intérieur.

Pour remédier à cet inconvénient, on a disposé la garniture en deux anneaux de

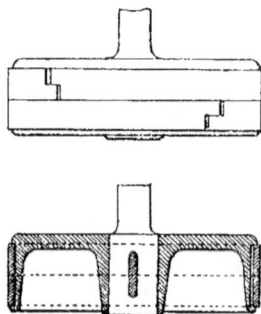

Fig. 388. — Piston Suédois.

fonte jointifs, ou même en une seule bague du même métal. C'est cette disposition qui constitue le *piston suédois*, et qui est fréquemment employée aujourd'hui (*fig.* 388).

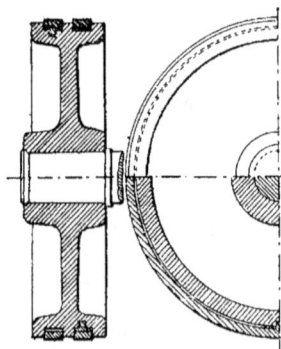

Fig. 389.

373. Un genre de piston très employé, surtout à une certaine époque, pour les petites machines, est représenté (*fig.* 389). Il se compose d'une âme unique en fonte ou en fer forgé, rattachée en son centre à un bossage destiné à le fixer sur la tige et appelé moyeu, et portant à sa circonfé-

rence une couronne de plus grande hauteur qui reçoit la garniture.

Un tel piston, appliqué à des cylindres de grands diamètres, ne pourrait avoir la rigidité nécessaire, que grâce à une épaisseur excessive de matière, entraînant par suite un très grand poids; aussi, pour les machines dans lesquelles on emploie la fonte, préfère-t-on des pistons à souches creuses.

Ces pistons sont composés de deux parois relativement minces, parallèles, séparées par une distance égale à la hauteur du piston, et reliées entre elles et au moyeu par des nervures rayonnantes. Des boulons assurent la liaison complète des deux parties de la souche. C'est avec

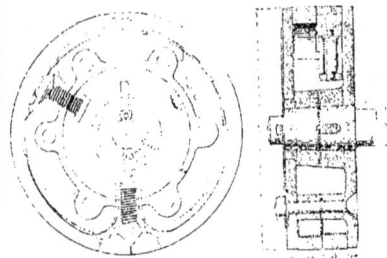

Fig. 390. — Piston creux, en deux.

des pistons de ce genre de construction, que l'on emploie surtout les garnitures à segments séparés, pressés contre le cylindre au moyen de ressorts, ou bien, comme le représente la figure 390, la garniture faite de bagues métalliques, dont l'application contre le cylindre est assurée par des coins intérieurs agissant, sous l'action de ressorts, contre les biseaux taillés de chaque côté de la coupure de la bague.

374. Une autre manière d'assurer la pression des segments, contre la paroi du cylindre, consiste à employer l'une des deux dispositions figurées sur la figure 391.

Le segment est composé de deux parties, jointives ou non, symétriques par rapport au plan médian du piston, et présentant une coupe en forme de Γ. Derrière les bagues, on dispose un ressort à boudin, faisant le tour du piston à l'intérieur, et s'appliquant contre les rebords des bagues. Par suite, ce ressort, qui a tendance à s'ouvrir et à se redresser, applique, avec une forte pression, les bagues contre le cylindre et contre les couronnes du piston.

Les pistons creux sont trop lourds pour les applications dans lesquelles, par suite de la grande vitesse de la machine, on doit redouter les effets de l'inertie des organes alternatifs. Dans ces machines, on revient alors aux pistons à souches pleines, à âme unique, mais en adoptant, pour leur confection, un métal plus résistant que la fonte. Pour augmenter la ri-

Fig. 391. — Segment de piston avec ressorts à boudin.

gidité du corps du piston, que l'on fait en acier moulé, forgé ou étampé, en fer ou en bronze, on lui donne une forme légèrement conique, comme l'indique la figure 392. On a ainsi l'avantage, puisque ces pistons sont de faible hauteur, et surtout si l'on a le soin de donner aux plateaux du cylindre une forme correspondante, de diminuer la longueur et, par conséquent, le poids du cylindre.

Dans les locomotives, pour éviter, autant que possible, les fuites de vapeur par le fait des segments, on tourne le corps du piston à un diamètre inférieur d'un millimètre environ au diamètre intérieur du cylindre, de sorte que la bague ne fait plus saillie que d'un demi-millimètre en moyenne au-dessus de la couronne du piston ; on réduit donc à presque rien la section de la partie par où peuvent se produire les fuites de vapeur.

Toujours dans le même ordre d'idées, les Américains, qui aiment beaucoup à simplifier leurs machines, emploient, pour certains appareils à grande vitesse, un piston sans segment. Le corps de ce piston est creux, très haut et fort léger ; il est tourné sensiblement au diamètre du cylindre et garni, sur son pourtour, d'une mise en antifriction, destinée à porter sur la surface intérieure du cylindre. De

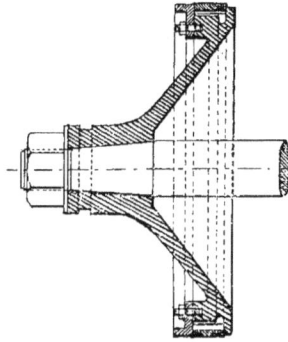

Fig. 392. — Piston à âme conique.

chaque côté, on creuse deux cannelures circulaires appelées à diminuer l'action des fuites de vapeur. Ces pistons donnent de bons résultats dans les machines à grande vitesse, mais demandent un ajustage des plus soignés, et font courir le risque d'avaries graves en cas de chauffage, quoique l'antifriction, dont on a muni le corps du piston, soit aussi mise là pour éviter cet inconvénient, en fondant en cas d'échauffement anormal du piston.

Il est certain que le meilleur piston, si le travail des outils était d'une perfection assez grande, se composerait d'un simple disque tourné au même diamètre que l'alésage du cylindre, avec un très faible jeu pour qu'il puisse glisser à frottement

doux. Mais, en pratique, la perfection
que demanderait un tel ajustage n'est pas
encore réalisée, et, de plus, par suite de
l'usure, soit du piston, soit de la paroi du
cylindre, les fuites qui se produiraient
sur le pourtour du corps du piston ne
feraient qu'augmenter rapidement.

Cependant, si on pratique des rainures
circulaires sur le corps du piston, sans
les munir de bagues ou de segments, on
connaît l'influence de ces gorges sur la
diminution des fuites autour du piston,
que deux d'entre elles suffisent à déduire
douze fois.

Certains constructeurs, en présence de
ces circonstances, se sont donc demandé
si, dans certaines applications, il n'y
aurait pas avantage à se servir d'un piston ainsi conditionné, dans lequel le
corps, un peu allongé, serait muni d'une
série de rainures, et c'est ainsi que l'on
a établi des machines de petites dimensions, où la précision de l'ajustage peut
être poussée assez loin, fonctionnant à
grande vitesse et avec une pression ne
dépassant pas 4 à 5 kilogrammes par centimètre carré.

375. *Tiges de piston.* — Les tiges de
piston se font toujours en acier, de préférence en acier mi-dur, afin qu'elles soient
moins sujettes à s'user, ou à se rayer
dans les garnitures. Elles doivent présenter une cylindricité absolue et une
surface parfaitement polie.

La tige du piston est presque toujours
unique et centrale. Pour les pistons très
grands, ou de forme annulaire, ou dans
les machines à bielles en retour, on en dispose quelquefois deux ou plusieurs; dans
ce dernier cas, elles sont installées suivant les sommets d'un polygone régulier. On ne doit avoir recours à cette disposition à plusieurs tiges qu'en cas d'absolue nécessité, car elle demande un très
grand soin dans l'ajustage et le montage:
il faut que les trous d'assemblages des
diverses tiges dans le piston, et ceux des
garnitures, soient exactement parallèles,
pour que les tiges ne forcent pas dans les
presse-étoupes. De plus, la présence de
plusieurs presse-étoupes demande plus
d'attention, plus de surveillance et plus
d'entretien, si l'on ne veut pas qu'il se

produise d'échauffement ni de grippages.

L'assemblage de la tige sur le piston
s'effectue suivant des dispositifs très variés, mais se divisant en deux classes,
suivant que la tige, se démontant sur la
crosse, est fixée à demeure au piston, ou
suivant que, fixée à demeure sur la crosse,
elle forme avec le piston un assemblage
facilement démontable. Dans les deux cas,
cet assemblage doit être fait d'une manière très soignée, présenter la plus grande
solidité et ne permettre aucun ébranle-
ment. Il faut, de plus, qu'il soit étanche
pour que la vapeur ne puisse passer d'un
côté du cylindre dans l'autre. En outre,
il est nécessaire que le montage soit fait
de telle sorte, que l'axe de la tige se con-
fonde exactement avec celui du cylindre
et du presse-étoupes.

Les assemblages non démontables de
tiges sur les pistons sont employés surtout pour les petites machines et les marteaux-pilons. Dans quelques cas, on fait
même venir la tige de forge, avec le corps
du piston, celui-ci alors en fer.

Le plus simple des dispositifs de cette
catégorie consiste en ce que la tige porte,
du côté de l'arbre, un collet qui vient
s'appliquer sur le moyeu du piston. Elle
est, en outre, entrée à frottement très dur
dans le bossage, soit à l'aide de la presse
hydraulique, soit en chauffant le corps
du piston. L'assemblage est complété par
une rivure à froid, de l'extrémité de la
tige, dans une fraisure ménagée de l'autre
côté du bossage. On peut aussi donner à
l'emmanchement une légère forme conique
qui, en cas de démontage forcé de la tige,
permet de retirer plus facilement celle-ci
du corps du piston (voir figures 389
et 391).

Dans les locomotives, on visse la tige
sur le piston, après avoir eu soin de
chauffer celui-ci; le refroidissement amène
un serrage énergique, et l'on empêche le
desserrage qui pourrait se produire en
rivant le bord de l'extrémité de la tige
dans une petite rainure ménagée dans le
piston à cet effet.

Dans toutes les machines où l'on veut
que l'on puisse opérer le remplacement
d'une tige de piston, pour une raison
quelconque, vivement et simplement, on

emploie les assemblages démontables de tiges sur les pistons. Le piston est serré au moyen d'une clavette ou d'un écrou, contre un collet ou un cône ménagé sur la tige.

Les clavettes ne s'emploient plus guère, parce qu'elles ont une tendance à se desserrer : on en trouvera un exemple sur les figures 387 et 389.

Le mode d'assemblage le plus répandu, surtout dans les appareils de navigation, est à collet ou cône et écrou vissé sur la tige.

La figure 386, représentant le piston Ramsbottom, donne un exemple du premier système : la tige porte un collet sur lequel vient s'appliquer le moyeu. Afin de diminuer le volume de l'espace mort, ce collet est noyé dans le bossage du piston, tourné et alésé en ce point. L'autre partie de la tige porte un filetage sur lequel vient se visser un écrou qui se serre sur le moyeu. Une fois serré, cet écrou est maintenu par une goupille qui le traverse, ainsi que la tige elle-même.

Il est préférable d'adopter les assemblages sur cône, comme celui de la figure 391, qui donne la coupe d'un piston à âme conique. Avec ce dispositif, si l'inclinaison du cône de la tige est suffisante, on détache facilement le piston après le desserrage de l'écrou. Afin de faciliter encore ce démontage, il est bon de supprimer complètement la partie cylindrique et de donner au cône toute la hauteur du bossage.

Dans les machines de grande puissance, comme les écrous de tiges de pistons auraient des dimensions excessives, et, par conséquent, seraient peu maniables, on remédie à cet inconvénient en employant quelquefois la disposition indiquée sur la figure 393.

La tige de piston se termine par un petit plateau tourné, parfaitement perpendiculaire à l'axe de la tige, et qui vient s'ajuster sur le piston. L'assemblage est opéré à l'aide de trois ou quatre boulons, traversant complètement le piston.

Quand la tige de piston n'est pas venue de forge avec la crosse, elle est, dans l'immense majorité des cas, fixée à cette dernière, au moyen d'un emmanchement conique et d'une clavette. S'il en est ainsi, la tige peut être démontée avec le piston, si elle est fixée sur lui.

376. Les tiges de piston doivent être calculées pour la résistance à compression : c'est pourquoi on les fait généralement en acier.

Pour des pressions de vapeur ordinaires, jusqu'à 5 atmosphères environ, on prend :

$$d = \frac{1}{7} D,$$

d étant le diamètre de la tige, et D le diamètre intérieur du cylindre à vapeur.

Dans les machines Corliss monocylindriques récentes, on prend le plus souvent :

$$\frac{d}{D} = 0,20 \text{ à } 0,25,$$

pour des pressions variant de 6 à 8 kilogrammes.

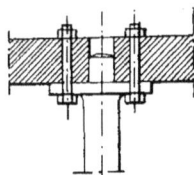

Fig. 393. — Assemblage de la tige et du piston dans les machines de grande puissance.

En général, on peut calculer une tige de piston en employant la formule :

$$\frac{d}{D} = 0,0373 \sqrt{\frac{L}{D} \sqrt{n}},$$

qui donne le rapport des diamètres de la tige et du cylindre, et dans laquelle n est la pression effective en atmosphères qui s'exerce sur le piston, et L la longueur de course.

Dans les machines à expansion fractionnée, on donne, pour des raisons de symétrie, d'économie, de main-d'œuvre et de facilité de rechange, le même diamètre à toutes les tiges de piston. Ce diamètre est celui qui résulte du calcul pour celui des pistons qui est soumis à la poussée maximum.

377. *Contre-tiges de piston.* — Nous avons donné plus haut les raisons qui justifiaient l'emploi de contre-tiges de piston, surtout dans les machines horizontales de grandes dimensions, pour éviter le porte-à-faux du piston, l'usure et l'ovalisation de la paroi du cylindre.

La contre-tige, dans sa forme la plus simple, n'est, en somme, qu'un prolongement de la tige du piston, traversant le couvercle du côté opposé à l'arbre dans un presse-étoupes.

Comme on est obligé de donner à la contre-tige un diamètre un peu inférieur à celui de la tige du piston, afin de permettre le montage de celui-ci, il en résulte une usure plus grande du presse-étoupes de la contre-tige et de celle-ci, par suite du poids du piston. Aussi, pour éviter cet inconvénient, beaucoup de constructeurs, surtout dans les machines de grande force, terminent la contre-tige

par un coulisseau qui se meut dans une glissière isolée, reposant sur des colonnettes soutenues par le massif des fondations ou un prolongement du bâti.

On peut se servir de la contre-tige du piston pour actionner les pompes du condenseur de la machine.

378. *Crosse, glissières et coulisseaux.* — La crosse de tige de piston, guidée par les glissières, et sur laquelle vient s'articuler la bielle motrice, assure le mouvement rectiligne de la tige de piston, malgré la composante transversale due à l'obliquité de la bielle. On se rend bien compte, d'ailleurs, de la nécessité de guider la tige du piston en remarquant (*fig.* 393) que la force totale F, qu'elle exerce à l'extrémité de la bielle, est la résultante de la force AB, agissant dans la direction de la bielle, et de la force AC, perpendiculaire à la tige

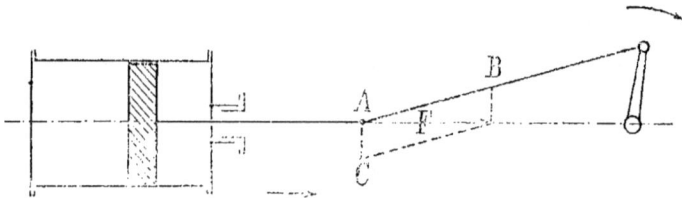

Fig. 394.

du piston. En vertu de l'égalité de l'action et de la réaction, la bielle exerce, sur la tige du piston, outre une force égale et contraire à AB, une force égale et contraire à AC. Cette dernière force aurait pour effet de produire l'usure du cylindre très rapidement, et d'exiger, pour la tige du piston, un diamètre plus considérable que celui qu'il suffit de donner quand la tige est guidée. Le guidage a donc pour but d'éviter les effets de la force perpendiculaire à la tige du piston.

La disposition générale de l'attache et du guidage de la tige du piston peut se résumer de la manière suivante : une *traverse* est perpendiculaire à la tige du piston, dont la tête s'engage dans un *bloc* et y est retenue par une clavette en un écran ; la traverse reçoit les attaches de la bielle ; celles-ci sont constituées par un jeu de coussinets placés dans la tête de la

bielle, ou dans les deux branches d'une fourche terminant la bielle ; enfin, les deux extrémités de la traverse portent des patins ou *coulisseaux* qui se déplacent en s'appuyant constamment sur des *glissières*.

L'ensemble de la traverse, du bloc et des coulisseaux prend le nom de *crosse de piston*.

Les glissières, qui ont remplacé l'ancien parallélogramme servant à guider la tête de la tige du piston, suivant une ligne droite, doivent présenter une section suffisante pour résister sans fléchir à la composante transversale due à l'obliquité de la bielle, et les patins des coulisseaux de la crosse, une surface frottante assez étendue pour qu'il ne se produise qu'une usure très minime. Pour un sens déterminé de rotation, cette composante est dirigée du même côté, et, par conséquent, applique toujours le coulisseau sur la même glissière.

Il suffirait donc, pour les machines appelées à tourner toujours dans le même sens, d'une seule glissière placée du côté voulu du piston. Toutefois, comme on peut être amené à faire tourner la machine en sens arrière, et aussi pour assurer un guidage absolu de la tige du piston, on place toujours deux glissières pour assurer un mouvement absolument rectiligne à la tige du piston.

379. Les crosses et les glissières présentent une très grande variété dans leur système et dans leur mode de construction, mais elles peuvent se rattacher à trois types principaux (1):

1° Dispositif comportant quatre glissières situées deux à deux, de part et d'autre de la tige;

2° Dispositif comportant deux glissières placées dans le plan d'oscillation de la bielle, de chaque côté de la tige:

3° Dispositif comportant une seule glissière, située dans le plan d'oscillation de la bielle et d'un côté de la tige, dont les deux faces servent l'une pour la marche avant, l'autre pour la marche arrière.

Ces trois systèmes sont à peu près également répandus, toutefois le second est presque seul usité pour les machines fixes à bâti genre Corliss, et, avec le troisième, le seul adopté pour les machines marines. Le premier est surtout employé pour les locomotives et les machines fixes horizontales à grande vitesse.

La figure 395 représente un dispositif à quatre glissières. La tige du piston T est fixée à l'aide d'un assemblage conique dans un bossage que porte la fourche F de la crosse, en acier ou en fer forgé. Celle-ci porte le tourillon D qui reçoit en son milieu, entre les deux branches de la fourche de la crosse, la petite tête de bielle motrice et se termine par deux portions de plus faible diamètre, D', sur lesquelles sont ajustés les coulisseaux en fonte BB', saisis chacun entre deux glissières. Ces coulisseaux sont quelquefois articulés sur les tourillons, de manière à se plier à quelque irrégularité de montage,

(1) DEMOULIN, *Construction des machines à vapeur.*

s'il y a lieu. Cette disposition est celle généralement employée pour les locomotives.

Comme variante à cette installation, on peut quelquefois remplacer les quatre glissières par deux, de section rectangulaire, placées latéralement et dans le même plan horizontal que la tige du piston, et qui sont embrassées par des crosses en forme de fourches. Une de leurs faces sert pour la marche avant, et l'autre, pour la marche arrière; il n'y a que deux glissières, mais bien quatre surfaces frottantes.

Comme nous l'avons dit plus haut, le dispositif à deux glissières est généralement employé pour les machines à bâti genre Corliss. Les deux glissières sont situées dans le plan d'oscillation de la

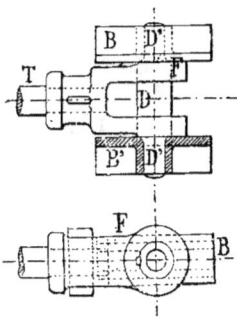

Fig. 395. — Dispositif à quatre glissières.

bielle; cette dernière est souvent à fourche et embrasse la crosse, qui porte deux tourillons latéraux; dans les machines fixes, la bielle est le plus souvent droite, et c'est la crosse qui forme fourche, la bielle venant s'articuler à son intérieur. Il faut donc que l'écartement des deux glissières soit suffisant pour permettre le jeu de la bielle, puisque toutes trois se trouvent dans le même plan.

Quand la crosse est destinée à s'appliquer à des glissières formées de barres rectangulaires, les patins de cette crosse portent, de chaque côté, un épaulement destiné à leur servir de guide. Quand, au contraire, les glissières sont venues de fonte avec le bâti, ce sont elles, qui portent les épaulements de guidage, et les patins des crosses sont plans.

Nous donnons, sur la figure 396, les coupes des différentes glissières et crosses employées dans la construction des machines à bâti genre Corliss.

Les glissières cylindriques, concentriques au cylindre, sont adoptées par un certain nombre de constructeurs, parce qu'elles présentent l'avantage de pouvoir être alésées ensemble, sur l'outil même qui sert à dresser la face d'attache du cylindre. On assure ainsi leur parallélisme et la direction de leur axe, qui est nécessairement perpendiculaire à la face d'attache. Toutefois, ce genre de glissières, dont le dressage est des plus économiques, a l'inconvénient de ne pas s'opposer à tout mouvement de rotation de la crosse et de la tige du piston autour de leur axe horizontal, ce qui peut amener des coïncements de la tête de bielle sur son maneton.

Les glissières en V n'offrent pas cet inconvénient; elles sont dressées non plus à l'alésoir, mais à la machine à raboter. Elles permettent, en outre, de rattraper le jeu qui peut se produire aussi

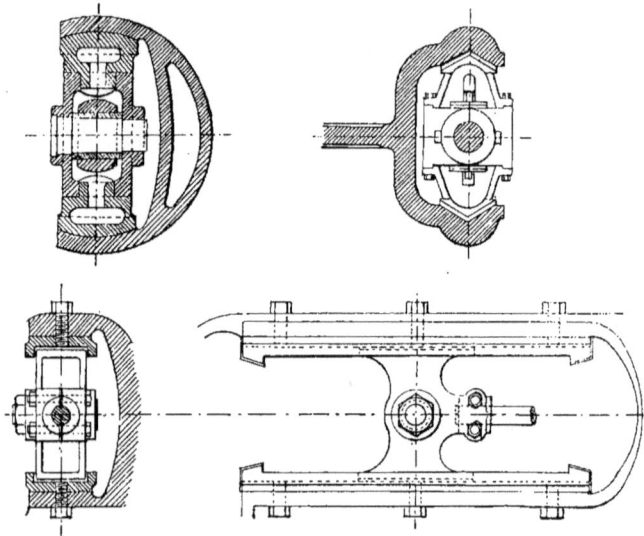

Fig. 396. — Crosses et glissières employées dans les machines genre Corliss : cylindriques, en V et plates.

bien transversalement que verticalement; mais, d'autre part, elles sont d'un ajustage dispendieux et ne retiennent pas facilement les matières lubrifiantes.

Aussi, préfère-t-on, bien souvent, les glissières plates qui présentent de grands avantages, tant au point de vue des facilités d'ajustage que de celui du graissage.

Dans le système à une seule glissière, celle-ci, composée d'un guide unique situé d'un côté de la tige du piston, dans le plan d'oscillation de la bielle, est constituée soit par une simple barre embrassée par la crosse, soit par une surface rabotée, ménagée dans le bâti, la crosse étant maintenue dans l'autre sens, par deux barres rapportées s'appuyant sur les parties dressées, pratiquées de part et d'autre du patin, du côté intérieur (fig. 397).

Ce dispositif de glissière unique est fort employé dans la Marine, surtout pour les machines à pilon. Autant que possible, on s'attache à ce que ce soit la face de la glissière tournée vers la tige, qui serve d'appui pour le sens de marche le plus usuel, afin d'en faciliter le graissage.

Ce système a l'avantage de dégager

parfaitement la crosse et de rendre la petite tête de bielle très accessible. Comme il faut, à l'ensemble de la tige de piston et de la crosse, une grande rigidité, on fait, dans ce cas, venir de forge la crosse avec la tige.

Les crosses de tiges de piston se confectionnent le plus souvent en fer ou en acier forgé, mais il convient alors de rapporter les patins que, généralement, on exécute en fonte, parce que, comme nous l'avons déjà vu plus haut, c'est le métal qui donne le meilleur frottement. Quelquefois, on fait toute la crosse en fonte.

Les tourillons des crosses sont, soit venus de fonte ou de forge ou rapportés sur la crosse, soit fixés à la bielle motrice. Quand ils sont rapportés, on les fait, autant que possible, en acier mi-dur ou en fer cémenté et trempé.

Les glissières s'établissent en fonte, en acier mi-dur ou, plus rarement, en fer cémenté et trempé.

La fonte est le métal qui convient le mieux au point de vue du frottement; on doit faire choix d'une fonte dure à grain serré. Dans les machines fixes et marines, ce métal est, pour ainsi dire, le seul employé, les glissières faisant le plus souvent partie du bâti. On n'emploie l'acier que pour les machines d'une très grande légèreté, où l'usage de la fonte conduirait à un trop grand poids; ces glissières sont alors rapportées.

On peut également rapporter des glissières en fonte, quand on a besoin que la surface frottante soit composée d'un mé-

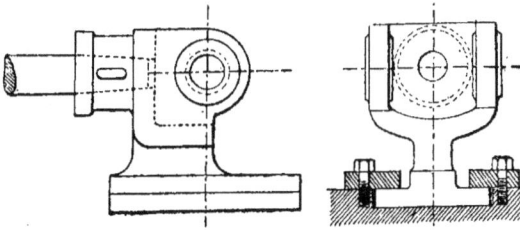

Fig. 397. — Dispositif à une seule glissière.

tal à grain, plus serré et plus dur que celui employé pour le bâti.

Aux extrémités de chaque glissière, il est bon de pratiquer, au point où s'arrête le patin du coulisseau à fond de course, un petit évidement transversal, ayant pour but d'empêcher que la glissière, se creusant sous l'action de l'usure, le patin ne vienne, à chaque extrémité, lever des copeaux et former un épaulement qui empêcherait de sortir la crosse lors d'un démontage. Un autre avantage de cet évidement est de recueillir le lubrifiant étendu sur les surfaces frottantes, et de faire en sorte qu'une partie du patin vienne, à chaque course, plonger dans un bain d'huile.

Des bielles.

380. *Bielles motrices.* — Les bielles sont, en général, des tiges rigides réunissant des pièces en mouvement. Dans les machines motrices, la bielle est une tige articulée, d'une part, à la crosse de la tige du piston et de l'autre à la manivelle motrice. Dans les machines à balancier, la bielle est la tige qui est articulée au balancier par une extrémité, et à la manivelle par l'autre.

La bielle est donc l'organe de transmission reliant la tige du piston à la manivelle, et servant à transformer le mouvement rectiligne alternatif du piston, en mouvement circulaire continu ou mouvement de rotation.

Dans les locomotives, la bielle motrice est le levier qui communique aux roues motrices le mouvement venant du piston, et l'on nomme *bielles de connexion* ou *bielles d'accouplement*, celles qui rendent une ou plusieurs paires de roues solidaires des roues motrices. Nous avons expliqué, en effet (voir § 312), que cette disposition avait pour but de mieux profiter de l'adhérence que peut produire le poids de la locomotive qui se répartit sur les essieux.

La bielle se compose d'un *corps* et de deux *têtes* d'articulation ; généralement, l'attache avec la crosse de la tige du piston se fait avec la *petite tête*, et la bielle communique le mouvement à la manivelle par sa *grosse tête*.

La bielle doit avoir environ cinq fois la longueur du bras de manivelle, c'est-à-dire deux fois et demie celle de la course, sous peine d'exagérer beaucoup les inconvénients qui résultent de son obliquité, ainsi que nous l'avons examiné au paragraphe précédent.

Cependant, comme dans la marine, la place faisant bien souvent défaut, on est obligé de construire des machines très ramassées sur elles-mêmes, occupant peu d'espace ; on réduit cette proportion et, dans ce cas, bien souvent, la bielle n'a que quatre fois, même trois fois et demie, la longueur de la manivelle.

La section transversale de la bielle est fonction de sa longueur et de l'effort longitudinal qu'elle doit supporter, car cet organe a à résister à des efforts de compression.

La tige peut être simple ou à fourche, elle peut être exécutée en bois, en fer ou en acier forgés, en acier ou en fonte moulés. Le choix de la matière dépend du service que doit rendre l'organe. Ainsi, une bielle, attachée à un balancier, à l'extrémité opposée à celle où s'attache la tige du piston, sera exécutée en fonte ou en acier moulé, afin que son poids puisse équilibrer celui du piston. Dans tous les cas, la bielle étant une pièce non encastrée, comprimée dans le sens de sa longueur, il faudra, dans le calcul de ses dimensions, tenir compte de cette circonstance, comme indique de le faire la théorie de la résistance des matériaux. On renforce les bielles par des nervures, quand elles sont en fonte ou en acier moulés, et par un renflement quand elles sont en fer ou en acier forgés.

Nous avons vu qu'il existait une relation entre la longueur de la bielle et celle de la course ; ces rapports sont à peu près invariables et ils permettent de déterminer le diamètre de la bielle en fonction en celui de la tige du piston.

Dans les machines marines des navires du commerce, la longueur de la bielle, d'axe en axe des tourillons, est égale presque toujours à 4R (R étant le rayon de la manivelle, c'est-à-dire la demi-course) ; dans la marine militaire, cette longueur est égale à 3,5R ; enfin, pour les machines fixes, à 5R. On pourra donc employer les mêmes rapports entre les diamètres des tiges de piston et ceux des bielles motrices.

Pour le calcul des bielles à section circulaire, on emploie généralement la formule suivante :

$$d = 5,5 \sqrt[4]{PL^2},$$

dans laquelle :

d = diamètre minimum en millimètres.

P = pression sur la bielle en kilogrammes.

L = longueur de la bielle exprimée en mètres et mesurée d'axe en axe des tourillons.

Si la section est rectangulaire, de côtés b et h, on se sert de la formule :

$$b = 0,87d \sqrt[4]{\frac{b}{h}} ;$$

le rapport $\frac{h}{b}$ peut varier en pratique de 1,80 à 3,00.

Bien souvent, dans la pratique, le diamètre minimum de la bielle est pris variant entre 1,00 et 1,10 du diamètre de la tige de piston ; le diamètre maximum de la bielle, généralement situé au milieu, est ordinairement les 1,10 du diamètre minimum.

Dans les machines à expansions successives, on donne le même diamètre aux bielles des différents groupes, comme aux tiges de piston, pour des raisons de symétrie et de facilité de construction ou de remplacement.

Les bielles se terminent, à leurs deux extrémités, par des cages appelées têtes, destinées à recevoir les coussinets dans lesquels s'ajustent d'un côté le tourillon de la manivelle, et de l'autre celui de la crosse. La première est la *grosse tête* de la bielle, la seconde, la *petite tête*. Dans la marine, on désigne aussi respectivement ces deux extrémités par les noms de *tête* et de *pied de bielle*, la plupart des bielles étant disposées verticalement.

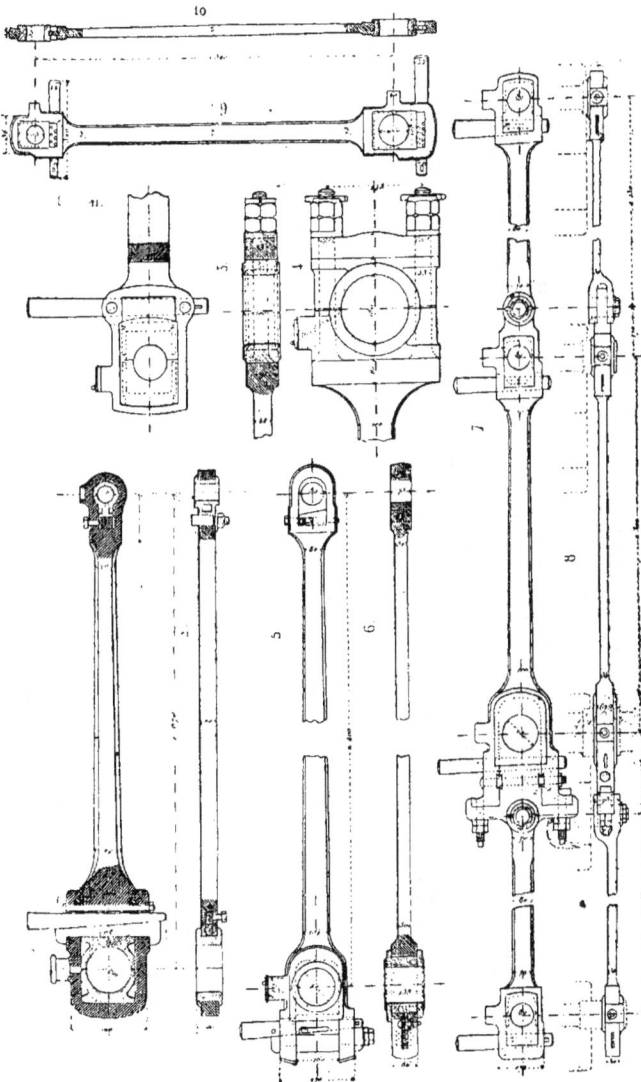

Fig. 398. — Différents genres de bielles motrices; Fig. 1 et 2, bielle avec petite tête fermée et grosse tête ouverte à chape mobile et clavetage; Fig. 3 et 4, grosse tête de bielle avec chape maintenue par des boulons à tête noyée; Fig. 5 et 6, bielle avec petite tête fermée et grosse tête en forme de fourche contenant les coussinets maintenus par clavetage : Fig. 7 et 8, bielles d'accouplement du locomotive pour quatre paires de roues ; Fig. 9 et 10, bielles à têtes fermées, venues de forge avec le corps de bielle; Fig. 11, grosse tête de bielle à chape forgée avec le corps de bielle.

La forme de tête la plus simple consisterait simplement en un œil circulaire percé d'un trou, et garni intérieurement d'une bague en bronze ou en métal blanc.

C'est le type le plus ordinairement employé pour les bielles d'accouplement des locomotives.

Les têtes de bielles doivent être disposées, de manière à maintenir invariable la distance entre le centre du maneton de la manivelle, et l'axe de la traverse de la crosse du piston. Les coussinets des têtes sont réglés par des clavettes que l'on peut serrer plus ou moins, d'après le degré d'usure des coussinets, ce qui permet le rattrapage du jeu qui se produit ainsi.

381. On distingue deux espèces de de têtes de bielles : les *têtes fermées* et les *têtes ouvertes*.

Nous donnons, sur le tableau composant la figure 398, différents modèles de bielles motrices.

Les têtes de bielles fermées sont celles qui sont formées par des coussinets engagés dans un évidement terminant la tige de la bielle ; elles ne peuvent s'appliquer qu'aux manetons des manivelles en porte-à-faux, comportant seulement du côté extérieur un collet, de diamètre peu supérieur à celui du tourillon, de sorte qu'il suffit d'écarter les coussinets en desserrant les clavettes qui les retiennent pour sortir la tête et démonter la bielle.

Les têtes de bielles sont dites ouvertes quand elles se composent d'une sorte de fourche terminant la tige, fourche où les coussinets sont logés et retenus par un système de clavette et de contre-clavette. Elles s'emploient avec les arbres coudés ou vilebrequins, dans lesquels les bras de la manivelle empêcheraient de sortir la bielle, si on ne démontait pas entièrement un côté de sa tête. Quand la partie mobile de la tête ouverte est en place, les bielles se comportent absolument comme avec des têtes fermées.

382. Les coussinets, dont sont munis les têtes fermées ou ouvertes des bielles, servent donc à adoucir le mouvement de rotation de l'axe dans leur intérieur et à maintenir toujours serré.

Les coussinets sont en plomb et régule, laiton, bronze, maillechort, fonte ou acier, suivant le cas de leur emploi.

On les fait en plomb et régule, lorsque le mouvement est lent, et que l'on tient essentiellement à ne pas user la pièce qui se meut dans leur intérieur ; mais il ne faut pas qu'ils soient soumis à des efforts considérables.

Le laiton est employé, lorsque l'on ne peut se procurer du bronze de bonne qualité, et aussi parce que ce procédé est économique, l'alésage du laiton se faisant plus facilement que celui du bronze ; de plus, le laiton a encore l'avantage de moins user les tourillons que le bronze.

Le coussinet en bronze est le meilleur sous tous les rapports ; le maillechort n'est employé que dans certains cas particuliers, plutôt comme luxe qu'autrement.

La fonte joue un grand rôle aujourd'hui comme métal de coussinet, car, ainsi que nous l'avons déjà fait remarquer, c'est le métal par excellence du frottement.

Quant à l'acier, il ne convient que lorsque l'on emploie des axes en acier, c'est-à-dire pour des cas où il y a une grande vitesse de rotation.

Les coussinets sont à extérieur en ogive, octogonal ou carré.

Le contour en ogive présente le grave inconvénient de ne pas fixer le coussinet dans sa chape, d'une manière assez stable pour l'empêcher de tourner. On obvie à cet inconvénient généralement, en plaçant des ergots se logeant dans la tête de bielle.

Le contour octogonal est bon, car le coussinet ne tourne pas ; mais le meilleur est le contour carré qui se fixe absolument et reste parfaitement en place ; mais ce dernier demande plus de métal que les deux autres dispositions.

383. Dans les têtes ouvertes, les coussinets sont placés, ainsi que nous l'avons dit, dans un logement qui est, en général, une chape ou bride embrassant ces coussinets, et relié au bloc terminant la tige par un système de clavette et de contre-clavette ou par un prisonnier.

Les chapes s'établissent en fer ; elles ont le minimum d'épaisseur nécessaire pour la résistance qu'elles ont à vaincre et la facilité de l'exécution. A l'endroit où est percée la mortaise donnant passage aux clavette et contre-clavette, l'épaisseur du métal est plus considérable.

Les clavettes se font également en fer ; elles servent uniquement pour le serrage des coussinets, serrage qu'on obtient au moyen d'une légère inclinaison d'une des faces de la clavette. Avec la clavette se trouve la contre-clavette, dont le rôle est de servir à empêcher l'écartement des deux branches de la chape, et au besoin, la désunion de la chape d'avec la bielle dans le cas où la clavette viendrait à tomber. L'une des faces de la contre-clavette a aussi une légère inclinaison, et sert d'appui à la face inclinée de la clavette.

Les clavettes, accompagnées ou non de contre-clavettes, fixent les coussinets dans les têtes de bielles; elles sont maintenues en place par des goupilles placées au-dessous, quelquefois même au-dessus, ce qui empêche les clavettes de se desserrer ou de se resserrer au delà de ce qui est nécessaire. Souvent, on fixe la clavette en pratiquant, sur sa tranche et sur celle de la contre-clavette, des encoches demi-cylindriques réparties suivant un écartement différent pour chacune d'elles; cette disposition, imitée du vernier, est telle, qu'il y a toujours deux encoches qui se correspondent ou que l'on peut faire correspondre sans faire varier, d'une manière appréciable, le serrage; lorsqu'elles sont exactement en regard, elles forment un trou cylindrique dans lequel on passe une goupille qui rend la clavette solidaire de la contre-clavette. On peut aussi fixer les clavettes au moyen d'un écrou qui est vissé dans la tête de bielle, et vient presser contre les clavettes. Une autre disposition consiste à fileter la petite extrémité de la clavette, et à la maintenir au moyen d'un ou deux écrous qui s'appuient, par l'intermédiaire de rondelles, sur la tête de bielle. Ce dernier système permet de racheter continuellement le jeu qui se produit dans les coussinets; il suffit, pour cela, de faire tourner l'écrou d'une certaine quantité, en le vissant : la clavette est attirée par cet écrou, et, du fait de l'obliquité de sa tranche, elle force les coussinets à se rapprocher.

Lorsqu'il n'y a qu'une seule clavette, on y perce deux rangées de trous parallèles, disposées en forme de quinconce, et, par une très faible augmentation ou diminution de serrage, on arrive tou-

jours à placer un trou tangentiellement au côté supérieur ou inférieur de la chape, pour y passer une goupille.

384. *Écrous de sûreté.* — Les vis et les écrous employés dans le montage des bielles doivent être assujettis avec le plus grand soin, car les secousses et les vibrations indéfiniment répétées, que toutes les parties du système éprouvent, tendent à les faire desserrer.

Pour empêcher cet inconvénient de se produire, on emploie *des freins* qui s'opposent aux mouvements des écrous.

L'un des freins les plus simples, mis en usage dans ce but, consiste à se servir d'une goupille qui, traversant soit la partie filetée seule, soit le boulon et l'écrou ensemble, empêche toute mise en marche de l'écrou. On peut, à la place de la goupille, introduire dans la mortaise faite dans la partie filetée, une clavette légèrement conique, dont l'obliquité permet, en l'enfonçant plus ou moins, de racheter le jeu que peut amener le serrage de l'écrou.

Le système le plus fréquemment pratiqué dans les machines, pour empêcher le desserrage des écrous, consiste dans l'emploi d'un *contre-écrou*. L'écrou du boulon étant en place et serrant l'assemblage, on serre dessus un deuxième écrou. Par l'effet de ce nouveau serrage, les filets de la vis, engagés dans le premier écrou, sont comprimés vers l'assemblage, et ceux engagés dans le deuxième écrou sont comprimés en sens contraire. Ce double serrage rend très difficile le déplacement des écrous dans un sens ou dans l'autre. C'est peut-être le meilleur des freins en usage.

On peut donner aux écrous une embase ou collerette taillée en forme de rochet, et dont les dents engrènent avec un petit ressort en acier qui permet de serrer, mais qui empêche tout desserrage spontané; il suffit même de faire appuyer un ressort un peu fortement bandé sur l'un des pans de l'écrou pour que, dans une machine à allure lente, la fixité de l'écrou soit assurée.

Dans d'autres cas, l'écrou se termine, en haut, par une partie en saillie comportant deux ou quatre rainures, diamétralement opposées, dans lesquelles pénètrent, quand le tout est en place, deux dents faisant partie d'un chapeau fixé sur la tête du boulon par un prisonnier et un écrou. Quand on veut desserrer l'écrou, après avoir dévissé le faux écrou, on remonte le chapeau de la quantité nécessaire pour que ses dents échappent des rainures, et on tourne l'écrou dans le sens et de l'angle voulus. On abaisse ensuite le chapeau que l'on vient serrer fortement, et qui sert de frein.

Certains constructeurs rapportent, après coup, une pièce qui empêche l'écrou de tourner ; cette pièce, découpée suivant le contour de l'écrou, vient s'emboîter sur ce dernier, et est elle maintenue en place par une ou deux vis pénétrant dans la chape. D'autres prolongent l'extrémité inférieure de l'écrou par une partie cylindrique, qui s'engage dans une cavité de diamètre un peu plus grand pratiqué à la partie supérieure de la tête de bielle. On vient, à l'aide d'une vis, exercer un serrage énergique contre la partie cylindrique, souvent munie, sur sa circonférence, de petites cavités dans lesquelles vient pénétrer l'extrémité de la vis.

Nous venons d'indiquer un certain nombre de moyens employés pour éviter le desserrage des écrous : ce ne sont que ceux les plus généralement employés, car, presque toujours, chaque constructeur a un procédé à lui pour s'opposer à ce grave inconvénient.

Manivelles. — Excentriques. Arbres.

385. *Manivelles.* — Le mouvement du piston, nous l'avons déjà dit, est généralement communiqué à l'arbre de la machine au moyen d'une bielle, articulée d'une part à la tige du piston et de l'autre à un levier, nommé *manivelle*, calé sur l'arbre.

Nous savons qu'il existe un autre mode de communication du mouvement du piston à l'arbre de la machine, par l'intermédiaire d'un balancier et des bielles, cet arbre étant encore actionné par une manivelle.

La manivelle se compose de trois parties : le corps, la grosse tête ou *moyeu*,

clavetée sur l'arbre, et la petite tête qui porte un boulon dit *maneton* ou *bouton*, sur lequel vient s'articuler la bielle (*fig.* 399).

On voit que la manivelle est un organe soumis à un effort de flexion résultant de la traction ou de la poussée, produite par la bielle, et à une torsion produite par l'action même de la bielle, parce que celle-ci n'agit pas dans le plan de rotation de la manivelle. Si la manivelle n'était soumise qu'à un effort de flexion, on pourrait lui donner une forme de solide d'égale résistance, comprise entre deux faces parallèles limitées chacune par un profil parabolique. La grande ordonnée de la parabole passerait par l'axe de l'arbre et le sommet serait au centre du maneton.

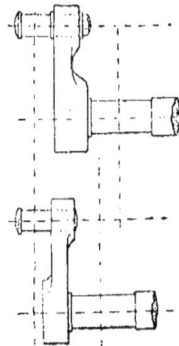

Fig. 399. — Manivelle droite et retournée.

Ce profil a besoin d'être modifié, d'abord pour obtenir les moyeux, celui qui porte sur l'arbre et celui qui reçoit le maneton.

Ces moyeux doivent avoir une longueur suffisante, pour assurer un bon clavetage sur l'arbre et la stabilité, et de la manivelle sur l'arbre, et du maneton sur la manivelle. Pour cette raison, la manivelle présente, à chaque extrémité, un renflement dans le sens de l'axe de l'arbre.

En vue de résister à l'effet de torsion, on a soin d'armer d'une nervure médiane toute manivelle faite en fonte ou en acier moulé, et d'augmenter l'épaisseur près de l'arbre pour les manivelles en fer.

Généralement, la manivelle est calée sur une portée dont le diamètre est plus grand que celui de l'arbre. Ce renflement a pour but d'éviter l'affaiblissement de l'arbre, par la rainure nécessaire au clavetage.

Les manivelles se font généralement en fer et surtout en acier forgé: on ne les établit plus que rarement en fonte.

Quelquefois, quand il s'agit de manivelles forgées, on peut faire venir de forge le maneton. Le plus souvent, le bouton de manivelle est rapporté sur celle-ci ; on ajuste très exactement l'œil de la manivelle et le maneton, en donnant, à la surface de contact, une forme conique assez accentuée, et on maintient le maneton par un écrou serré énergiquement. Le bouton ne doit pas tourner dans la manivelle ; pour obtenir cette fixité, on met un ergot. On préfère cependant river le maneton sur la manivelle en l'assemblant à chaud ou en le forçant à froid à l'aide de la presse hydraulique, ce qui est moins coûteux et plus solide que l'emmanchement par écrou.

La manivelle est calée sur l'arbre tournant au moyen d'une clavette, ou mieux en forçant simplement l'assemblage à l'aide de la presse hydraulique, après avoir chauffé l'anneau de la manivelle avant de l'enfiler sur le bout de l'arbre. Le refroidissement détermine un serrage énergique, qui n'est pas tel toutefois qu'un choc violent ne puisse déterminer une rotation relative des deux pièces, au lieu de la rupture complète, que rendrait inévitable leur réunion par l'intermédiaire d'un prisonnier ou d'une clavette.

Le bouton de la manivelle ne doit pas, dans sa rotation, approcher assez près du sol pour que la main risque d'être écrasée, si on l'a glissée imprudemment par-dessous.

On substitue souvent à la manivelle ordinaire un *plateau-manivelle* plein, qui offre plus de sécurité pour les hommes, supprime la résistance de l'air et se trouve constamment équilibré. Ces plateaux s'établissent en fonte ou en acier moulé.

386. *Excentriques.* — Certains organes, comme le tiroir de distribution de la vapeur, la pompe alimentaire, ont un mouvement rectiligne qui leur est communiqué par l'arbre. Ce n'est pas par une manivelle simple que l'on effectue la transformation pour ces organes, parce que la course est faible, tandis que le diamètre de l'arbre moteur est relativement considérable. On obtient la transformation par l'organe particulier, nommé *excentrique*, qui prend peu de place et peut être fixé en un point quelconque de l'arbre (*fig.* 400).

Un excentrique se compose essentiellement d'un disque, calé sur l'arbre, et dont le centre est situé à une distance de l'arbre, égale au rayon d'excentricité ou à la demi-course du tiroir ou de la pompe, si la commande s'effectue directement, sans intermédiaire de mouvement de renvoi. Ce disque est d'un diamètre tel qu'il déborde l'arbre, du côté diamétralement

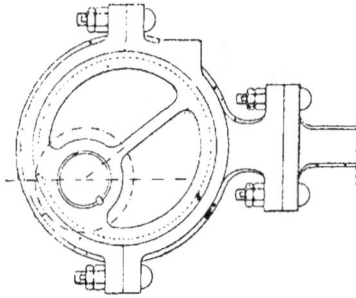

Fig. 400. — Excentrique avec collier en deux parties.

opposé à son centre, de la quantité voulue, pour assurer son calage invariable. Autour de ce disque est fixé un *collier* qui peut tourner sur lui à frottement doux et fait corps avec la bielle ou *barre d'excentrique*. Quand le système tourne, la barre est animée d'un mouvement identique à celui que posséderait une bielle ordinaire articulée sur une manivelle de rayon égal au rayon d'excentricité.

Le disque ou *poulie d'excentrique* se fait ordinairement en fonte ; le plus souvent, pour permettre sa mise en place sur l'arbre, on le confectionne en deux pièces séparées, suivant un plan diamétral de l'arbre. Les deux portions sont alors réunies par des boulons transversaux ou par des vis.

Les colliers se confectionnent en fonte,

en bronze, en fer ou en acier forgés. Dans ce dernier cas, ils sont toujours munis intérieurement d'un garnissage en bronze, et portent quelquefois des barres venues de forge. Dans les autres cas, le collier frotte directement sur la poulie et les barres sont toujours rapportées.

Les colliers se font quelquefois d'une seule pièce, que l'on entre par bout, mais généralement, il sont en deux parties pour faciliter leur montage et permettre de rattraper le jeu : ils sont coupés par un plan diamétral et réunis par des oreilles que traversent des boulons.

Afin d'éviter les glissements latéraux du collier sur la poulie d'excentrique, on munit celle-ci d'une partie en saillie qui s'engage à frottement doux dans une gorge circulaire ménagée dans l'intérieur du collier.

Les barres d'excentriques sont quelquefois venues de forge avec la partie antérieure du collier (quand ce dernier est en fer ou en acier) si elles sont courtes. En cas contraire, elles doivent être rapportées ; si elles viennent à casser ou à se fausser, elles n'entraînent plus le rebut du collier et inversement.

Comme les bielles, les barres d'excentriques peuvent être de section circulaire ou rectangulaire. Dans le premier cas, leur diamètre maximum est très souvent fixé au milieu de la longueur, tandis que dans le second cas, la plus grande section est située du côté de l'excentrique. Les barres rondes sont d'exécution plus facile et moins coûteuse que les barres rectangulaires.

Ces barres se terminent, à une extrémité, par l'embase ou la patte qui sert à les fixer au collier de l'excentrique, à l'autre extrémité, par un œil ou une fourche articulée à la tige du tiroir ou de la pompe. Dans les grandes machines, les barres comportent de vraies têtes de bielles à rattrapage de jeu.

387. *Arbre.* — L'arbre moteur d'une machine est soumis à une torsion, résultant de forces s'exerçant dans des plans perpendiculaires à l'arbre : l'une qui provient de l'action de la bielle sur la manivelle, l'autre qui provient de la résistance opposée par les outils sur la poulie

motrice calée sur l'arbre. Les arbres sont soumis, en outre, à des efforts de flexion provenant de ces mêmes forces et aussi du poids des organes qui y sont calés : volant, poulie, etc.

Généralement, les arbres sont pleins ; mais au point de vue de la bonne résistance à la flexion et à la torsion, il y aurait intérêt à les faire creux. Pour un poids donné, pour une quantité de matière donnée, un arbre résistera à de plus grands efforts de flexion s'il est creux que s'il est plein.

Les arbres des appareils à vapeur se font invariablement en fer ou en acier forgés, seuls métaux présentant la ténacité nécessaire pour cet usage. Les arbres en fer forgé ont l'inconvénient de présenter quelquefois, dans leur structure, des pailles provenant d'un défaut de sondage. On ne peut obtenir le polissage parfait de leurs tourillons, par suite de la présence de ces pailles qui, de plus, ont le désagrément d'user rapidement les coussinets en certains points et même d'amener des grippages.

L'acier, beaucoup plus homogène, ne présente pas ce genre de défaut, et il permet d'obtenir des surfaces parfaitement lisses et bien polies. On emploie donc de préférence ce métal pour la fabrication des arbres de machines à vapeur.

Quelquefois, pour améliorer les frottements des arbres en fer, on les cémente, ce qui a pour effet de durcir la surface des tourillons et des collets.

Les arbres moteurs sont droits ou coudés. Les arbres droits, employés dans les machines à manivelle rapportée en porte-à-faux sur les arbres, consistent simplement en pièces cylindriques finies au tour, présentant des collets destinés à limiter les tourillons, et des portées ou embases pour le calage des volants, des manivelles et des excentriques. Les tourillons doivent être parfaitement cylindriques et aussi bien polis que possible ; s'ils sont cémentés et trempés, on devra les rectifier à la meule à émeri.

Si l'on veut éviter le porte-à-faux de la manivelle simple, on accouple deux manivelles, ou on coude les arbres.

Les arbres coudés présentent une grande

variété de formes, les constructeurs cherchant à les approprier le mieux possible aux différents services qu'ils ont à remplir, à diminuer leur prix de revient ou à accroître leur solidité.

Ces arbres peuvent présenter un ou plusieurs vilebrequins. Dans le premier cas, ils sont généralement exécutés d'une seule pièce de forge. Quand ils comportent deux manivelles, ils sont d'une seule pièce dans les petites machines, et en deux pièces dans les grosses machines et dans les appareils de navigation. Il en est de même pour les arbres à trois ou quatre manivelles, ces derniers très rares.

Dans les vilebrequins venus de forge, à manivelle unique, celle-ci peut être obtenue de deux façons différentes : par ployage à chaud ou par mortaisage. Le premier système ne s'emploie guère que pour des arbres de petit diamètre.

Quand on forge des arbres avec plusieurs manivelles, comme il est bien difficile de donner exactement à celles-ci les angles de calage voulu, on est obligé de laisser une plus grande quantité de matière, qui permet, à l'aide du tour et de la raboteuse, de finir exactement ces pièces.

Le forgeage, l'usinage et le montage des arbres moteurs à deux et trois manivelles des grosses machines présenteraient de très grandes difficultés. Pour parer à ces inconvénients, au lieu de confectionner l'arbre en une seule pièce, on le compose de fractions d'arbres jointives, réunies par des plateaux boulonnés et comportant chacun une manivelle. Ce système est très employé dans les machines marines, car il offre encore l'avantage, en cas d'une rupture en un point quelconque, d'éviter de changer l'arbre en entier : on remplace le plateau ou la fraction d'arbre hors de service par un plateau ou une fraction similiaire.

On donne généralement aux tourillons de l'arbre moteur le diamètre minimum indiqué par la résistance des matériaux. Les autres parties peuvent être renflées pour former les collets maintenant l'arbre dans le sens longitudinal contre les joues des coussinets, pour former le portage d'une poulie ou d'un volant, ou pour résister à des efforts de flexion.

388. La résistance d'un arbre à la torsion étant proportionnelle au cube de son diamètre, et le couple de rotation ou couple moteur pouvant se représenter par $\dfrac{F}{n}$, où F est la force totale en chevaux de la machine, et n le nombre de tours par unité de temps, on devra avoir entre le diamètre de l'arbre et la puissance de la machine une relation de la forme (1).

$$d = a \sqrt[3]{\frac{F}{n}}.$$

Il suffira donc de déterminer, suivant les différents cas que l'on peut rencontrer et suivant le métal employé, la valeur qu'il faut attribuer au coefficient a.

F étant exprimé en chevaux indiqués et d en mètre, n représentant le nombre de tours de l'arbre par minute, le coefficient a variera entre

0,08 pour l'acier

0,10 pour le fer.

Les arbres n'affectent pas toujours la forme cylindrique. Dans les machines fixes comportant un volant de grand poids, placé entre deux paliers, on renfle souvent l'arbre au portage de ce volant, et le bossage ainsi obtenu est relié aux tourillons par des troncs de cône très allongés, de manière à donner sensiblement à l'arbre la forme d'un solide d'égale résistance à la flexion.

Le diamètre d de l'arbre moteur, déterminé en fonction de celui des cylindres, dans les machines compound à deux manivelles, peut être trouvé au moyen de la formule :

$$d = \sqrt{\frac{D^2 P + 1,05 d'^2}{C}} R,$$

où D = diamètre du cylindre à haute pression, en millimètres,

d' = diamètre du cylindre à basse pression, en millimètre,

P = pression en kilogrammes par centimètre carré,

R = rayon de la manivelle, en millimètres,

(1) DEMOULIN, *Construction des machines à vapeur.*

C = constante, dont la valeur est :

C = 2,47 pour les manivelles calées à 90 degrés,

C = 2,28 pour les manivelles calées à 100 degrés,

C = 1,75 pour les manivelles calées à 180 degrés.

Les constructeurs américains admettent souvent que pour les machines Corliss, et pour leurs machines à grande vitesse, tournant entre 120 et 150 tours, on donne à l'arbre un diamètre égal à la moitié de celui du cylindre. En Europe, cette proportion est un peu réduite pour les machines fixes à simple expansion, où le diamètre de l'arbre est les 0,45 de celui du cylindre. Pour les machines compound à deux manivelles, le diamètre de l'arbre est compris entre 0,50 et 0,52 du diamètre du petit cylindre.

Les proportions des différents éléments des vilebrequins se déduisent du diamètre de l'arbre.

On doit considérer deux cas, suivant que l'arbre est forgé avec le coude, ou bien qu'il est formé de pièces assemblées à chaud.

Dans le premier cas, soit :

a, la largeur du bras de manivelle,

b, l'épaisseur du bras de manivelle,

et D le diamètre de l'arbre ;

on aura :

$$a = 0,65\,D \qquad \frac{a}{b} = 0,54,$$
$$b = 1.25\,D$$

ou bien :

$$a^2 + b = 0,013 \times \frac{\text{Force en chevaux}}{\text{Nombre de tours par min.}}$$

Dans le second cas, on doit considérer les vilebrequins comme les manivelles ordinaires, seulement l'assemblage étant fait à chaud, et entraînant quelquefois une soudure du bras sur l'arbre, on peut ménager moins de matière aux bossages. S'il n'y a pas de soudure, le diamètre du bossage de la manivelle ou la largeur du bras, quand ceux-ci ne sont pas renflés aux têtes, devra être de 1,80 aux 1,90 du diamètre D du tourillon, sur lequel ils s'ajustent ; leur épaisseur sera les 0,75 D.

389. Nous avons dit plus haut que, dans l'établissement des arbres à plusieurs manivelles, on se servait de *plateaux de jonction* ou *tourteaux*.

Le diamètre de ces plateaux doit être assez grand pour que l'on puisse loger facilement les têtes des boulons de jonction, résultat que l'on obtient en donnant aux plateaux un diamètre égal à 1,8 D ou 2 D (D étant le diamètre de l'arbre). Leur épaisseur ne peut être inférieure à 0,3 D.

Le diamètre des boulons employés pour la jonction se détermine d'après la règle empirique suivante :

NOMBRE DE BOULONS DU PLATEAU	DIAMÈTRE DES BOULONS EN FONCTION DU DIAMÈTRE D de l'arbre.
3	0,32 D
4	0,28 D
5	0,25 D
6	0,22 D
7	0,21 D
8	0,20 D
9	0,18 D
10	0,17 D

Du reste le nombre des boulons doit dépendre du diamètre absolu de l'arbre, sans jamais être inférieur à 3. On compte généralement, pour les machines marines, où les plateaux de jonction sont fréquemment employés, un boulon par 0m,050 de diamètre de l'arbre.

Dans son *Traité de la machine à vapeur*, M. le professeur Thurston recommande, lorsque l'on emploie le fer pour l'établissement des tiges et des arbres, de veiller à ce qu'il soit autant que possible, donné de forge, à ces tiges ou arbres, la forme qu'ils doivent présenter une fois terminés ; ainsi, tous les épaulements, collets, etc., devront être indiqués sur la pièce brute de forge. C'est une pratique défectueuse de les pratiquer seulement par le travail d'un outil quelconque, qui enlève plus ou moins de matière aux endroits voulus. Le corps de la tige ou de l'arbre doit en effet se relier d'une manière complète avec les parties de diamètre différent, et, pour cela, il est indispensable de contraindre le grain ou le nerf du métal à épouser la forme extérieure dès le dégrossissage et à une bonne chaude suante. Il en est de même des bielles, particulièrement pour les bielles à nervures évidées, si répandues aujourd'hui.

Du volant.

390. Nous nous sommes occupés dans les paragraphes nᵒˢ 283 à 285 (pages 328 et suivantes), de l'étude du volant, de la nécessité d'avoir un volant à une machine, du calcul du poids et des proportions à donner à cet organe. Nous allons donc nous contenter de parler, dans ce qui va suivre, des différentes manières d'établir un volant.

Le mode de construction du volant dépend du type adopté.

Tantôt le volant sert en même temps de poulie de transmission, tantôt il constitue simplement un organe régulateur; il n'est plus que rarement, dans la pratique moderne, constitué par une roue dentée.

Quand le volant ne sert pas à la transmission, les seules précautions à prendre dans sa construction consistent à assurer son équilibre parfait à l'état statique ou dynamique, et la symétrie complète des organes qui le constituent, à éviter tout « faux rond », à recourir, pour sa construction, à l'adoption des matériaux convenables et aux soins nécessaires, pour en assurer le fonctionnement, dans des conditions complètes de sécurité.

Ces précautions se résument par le rebut de toute pièce de fonte d'apparence défectueuse, par l'adoption de boulons et de couvre-joints en fer ou en acier de première qualité et parfaitement sains, et par un alésage précis du moyeu.

Quand le volant doit servir à la transmission, soit par engrenages, soit par courroies ou par câbles, on devra tourner sa circonférence extérieure après que les différents segments qui composent la jante auront été définitivement assemblés. Les boulons servant à la réunion des segments seront tournés avec soin et devront avoir un diamètre tel qu'ils ne puissent pénétrer qu'à frottement dur, dans les logements destinés à les rece-

voir. On devra veiller à ce qu'ils ne puissent se desserrer, et, dans ce but, l'on emploiera l'un des moyens dont il a été question au paragraphe des écrous de sûreté.

Dans les volants destinés à recevoir une courroie, on devra déterminer le bombement de la jante nécessaire, pour empêcher la courroie de tomber, sans toutefois l'exagérer au point de fatiguer cette dernière.

Quand la transmission est opérée par engrenages, les dents, généralement rapportées, sont en bois dur. On termine complètement le volant avant d'y ajuster les dents, préalablement découpées suivant le profil adopté, conformément à des calibres en métal. Quelquefois cependant, la denture est en fonte et alors rapportée sur le volant; elle est dans ce cas, composée de secteurs jointifs reliés entre eux et à la jante par des queues d'arondes ou des clavettes, et, en outre, maintenus de distance en distance sur la jante par des boulons.

Lorsque l'on emploie des câbles pour opérer la transmission du mouvement, la jante du volant présente souvent une largeur plus grande encore que lorsque l'on se sert de courroie. Elle est alors munie, à sa circonférence extérieure, de gorges circulaires et parallèles destinées à recevoir les câbles de transmission.

Cette transmission par câbles, avec volant à gorges est aujourd'hui beaucoup employée pour les machines d'une force au-dessus de 100 à 150 chevaux. Dans ce cas, le bon fonctionnement de la transmission dépend surtout du profil adopté pour les gorges.

391. Jusqu'au-dessous de trois mètres de diamètre, on peut faire les volants d'une seule pièce de fonte.

Au-delà de ce diamètre, les volants ne seraient plus aisément maniables ni transportables; en outre, les effets de retrait seraient plus à redouter. C'est là, en effet, un écueil auquel on risque de se buter, en coulant les volants d'une seule pièce. Si l'on ne prend pas des précautions spéciales, l'inégalité du retrait des différentes parties du volant entraîne des soufflures internes ou des ruptures pendant le refroidissement, qui se produisent surtout à la jonction des bras avec la jante ou le moyeu. Il arrive souvent aussi que, bien qu'il ne se produise pas de rupture, le retrait amène la création d'efforts internes normaux et d'une fatigue moléculaire que l'on ne peut évaluer, que souvent même on ne soupçonne pas, et qui mettent pour ainsi dire le métal constituant le volant dans un état d'équilibre instable; il n'est donc plus à même de résister aux efforts internes qu'il devrait supporter, et se rompt alors en service, souvent au bout d'un temps très court.

Pour parer à cet inconvénient très grave du retrait, on est conduit à raccorder les bras à la jante et au moyeu au moyen de congés de grand diamètre, ou bien à donner aux bras une forme courbe qui leur donne ainsi une certaine élasticité qui leur permet de se plier aux effets du retrait. On est aussi amené, surtout pour les volants de 3 à 5 mètres, à les couper en deux suivant un diamètre. Cette disposition permet aux deux parties de prendre, sans création d'efforts internes, la forme que le retrait tend à leur donner. L'assemblage est ensuite fait par des boulons et des couvre-joints.

Au-delà de 5 mètres, on doit de préférence établir les volants en plusieurs pièces: bras, fraction de jante et de moyeu. Le mode de construction et d'assemblage de chacune de ces parties est extrêmement variable, suivant les circonstances ou les préférences du constructeur.

A mesure que les vitesses augmentent, les volants sont appelés à subir des efforts de plus en plus grands de la part de la force centrifuge, et l'on doit veiller à proportionner les bras et la jante, de manière qu'ils donnent toute sécurité à cet égard.

Chaque fois que cela sera possible, particulièrement pour les volants de grand diamètre, — et l'on en a construit ayant jusqu'à 10 mètres de diamètre, — ces volants devront être tournés sur leur arbre même.

Nous citerons, pour terminer, les vo-

lants à bras en tôle, tels que celui de la grande machine de 1 000 chevaux exposée par M. Farcot, en 1889, et qui est indiquée sur la figure 309 (p, 358). Ce genre de construction, très coûteux, n'est à recommander que pour les cas où il est nécessaire d'avoir, dans de très fortes machines, des volants à la fois légers et puissants.

Appareils de changement de marche ou de mise en marche.

392. On appelle appareil de changement de marche ou de mise en train, le mécanisme qui, actionné ou contrôlé par le personnel de la machine, sert à manœuvrer les coulisses de distribution dans le sens transversal de la machine, de manière à varier le degré d'introduction ou le sens de la marche.

Cet appareil peut être mû à la main ou par l'intermédiaire de la vapeur, suivant que les manœuvres doivent être plus ou moins fréquentes et rapides et selon la puissance de l'appareil, la surface et le nombre des tiroirs.

En général, l'appareil de changement de marche est actionné à la main dans les machines dont la force ne dépasse pas 500 à 600 chevaux environ; pour les machines plus puissantes, ce sont de petits appareils mis en marche par la vapeur et qui, par la volonté du mécanicien modifient les coulisses ou agissent sur le système de distribution.

Nous n'entrerons pas ici dans le détail des appareils de changements de marche ou de mise en train mus à la main; il nous suffira de renvoyer le lecteur au paragraphe n° 261 (page 296), où l'étude en a été faite, et aussi aux quelques paragraphes précédents (n°ˢ 236 à 260), dans lesquels il est question des différents genres de coulisses de distribution, qui, pour la plupart, servent également de changement de marche.

Dans les très puissantes machines, on a depuis longtemps senti la nécessité d'adopter des appareils de changement de marche à vapeur, la manœuvre à la main ne permettant pas, quand les organes à manœuvrer présentent une certaine importance, et les tiroirs une surface considérable, d'opérer assez rapiment le changement de la marche.

Il existe un grand nombre d'appareils à vapeur employés dans ce but; la plupart d'entre eux consistent en un mécanisme, mû par la vapeur, qui actionne directement un levier de changement de marche, analogue à celui dont on se sert pour la manœuvre à la main.

D'autres, au contraire, constituent des appareils nouveaux, indépendants de la commande à la main. Dans un grand nombre de machines marines, l'appareil de changement de marche se compose d'une petite machine à vapeur, boulonnée au bâti, à un ou deux cylindres, suivant l'importance de l'appareil, tournant toujours dans le même sens, et qui actionne l'arbre de relevage par l'intermédiaire d'une vis sans fin et d'une roue dentée. Les bras de rappel ou de relevage possèdent un rayon égal à la moitié du déplacement transversal de la coulisse. Le mécanicien stoppe cette machine dès que les coulisses occupent la position qu'il veut leur donner. Le volant de la machine auxiliaire sert pour la manœuvre à la main, à froid.

Dans d'autres dispositions, comme celle de MM. Elder, l'appareil de changement de marche à vapeur agit sur l'excentrique directement, en permettant de modifier à volonté le calage de ce dernier.

On a aussi fréquemment employé, surtout sur des locomotives, un appareil à vapeur, consistant en un cylindre dans lequel la vapeur agit sur un piston dont la tige est directement attelée sur la barre de relevage. Un index, actionné par une vis solidaire de la tige, indique constamment au mécanicien la position exacte des coulisses. Il lui est donc facile de stopper dès que celles-ci sont arrivées au point voulu.

Pour mieux mettre en main un appareil déjà aussi efficace, on le complète par l'adjonction d'un frein hydraulique. Au cylindre à vapeur se trouve associé un cylindre à eau glycérinée ou à l'huile, dont les deux extrémités sont mises en relation au moyen d'un conduit latéral, plus ou moins étranglé par le jeu d'un robinet. Son piston est monté sur la même tige que celui du précédent, et le mouvement de cet organe fait passer le liquide d'une face à l'autre à travers le tube, en surmontant cette résistance variable à volonté. On peut même la transformer en un verrou absolu, en fermant complètement le robinet, car l'eau est incompressable et les pistons se trouvent alors immobilisés.

Il est indispensable de prendre, dans la construction d'un appareil de ce genre, toutes les précautions nécessaires pour éviter les fuites autour du piston hydraulique et à travers la valve du verrouillage.

On a même eu l'idée, pour simplifier ce changement de marche à verrou hydraulique, de supprimer le cylindre à vapeur et de faire agir, dans le cylindre hydraulique, l'eau sous pression de la chaudière. Mais, lorsque l'eau n'est plus en communication avec la chaudière, elle se refroidit et diminue de volume en laissant se produire dans le cylindre un vide qui nuit au verrouillage complet. Cet inconvénient est cause que ce système ne s'est pas répandu.

Enfin, nous rappellerons que l'on se sert fort souvent, maintenant, des *servomoteurs*, ou moteurs *asservis*, dont la réalisation, due à M. Joseph Farcot, a permis de porter à sa perfection la commande des machines.

Nous avons décrit ce genre d'appareil dont les paragraphes numéros 315 à 317 (page 384 et suivantes), auxquels nous renvoyons le lecteur.

393. Après avoir ainsi étudié les différents modes de construction des principaux organes des machines à vapeur, nous croyons devoir, comme conclusion, donner ici le tableau suivant, qui renferme les dimensions de ces principaux organes pour trente forces différentes de machines, depuis un quart de cheval environ, jusqu'à cinq cents chevaux.

Les chiffres mentionnés ci-après ont été extraits d'articles de MM. Ch. Laboulaye et Jullien, chiffres que nous avons condensés et disposés de manière à rendre ce tableau aussi clair et aussi logique que possible.

TABLEAU des PROPORTIONS CONVENABLES à DONNER aux PRINCIPAUX ORGANES des MACHINES A VAPEUR.

N° d'ordre	FORCES EN CHEVAUX	DIAM. CYL. A DÉTENTE sans cond. (m.)	DIAM. CYL. A DÉTENTE à cond. (m.)	DIAM. CYL. SANS DÉTENTE sans cond. (m.)	DIAM. CYL. SANS DÉTENTE à cond. (m.)	COURSES des PISTONS (m.)	ÉPAIS. des cyl. (mill.)	ÉPAIS. pistons au centre (mill.)	ÉPAIS. jeu des pistons (mill.)	ÉPAIS. entrée des fonds (mill.)	LONG. des bielles (m.)	LONG. des cyl. (m.)	DIAM. tiges des pistons (mill.)	DIAM. tiges des tiroirs (mill.)	DIAM. boulons des cyl. (mill.)	MANIV. rayons (m.)	MANIV. Entrées des arbres en fer (mill.)	MANIV. Boutons en fer (mill.)	VOLANTS diamètre (m.)	POIDS JANTES sans détente (kgr.)	POIDS JANTES à détente sans cond. (kgr.)	POIDS JANTES à détente à cond. (kgr.)
1	0.25	0.025	0.050	0.035	0.040	0.10	8	50	20	20	0.25	0.190	12	5	6	0.05	30	15	0.30	30	45	60
2	0.5	0.050	0.100	0.070	0.080	0.20	10	60	24	24	0.50	0.308	15	6	8	0.10	50	21	0.60	58	86	114
3	0.75	0.075	0.150	0.105	0.120	0.30	12	70	28	28	0.70	0.426	18	8	10	0.15	65	25	0.90	86	127	167
4	1.0	0.100	0.200	0.140	0.160	0.40	14	80	32	32	1.00	0.544	21	8	12	0.20	80	30	1.20	112	164	216
5	2.0	0.125	0.250	0.175	0.200	0.50	16	90	36	36	1.25	0.662	25	8	12	0.25	100	35	1.50	220	320	420
6	3.0	0.150	0.300	0.210	0.240	0.60	18	100	40	40	1.50	0.780	30	10	13	0.30	120	40	1.80	324	467	611
7	4.0	0.175	0.350	0.245	0.280	0.70	20	110	44	44	1.75	0.898	35	12	15	0.35	130	45	2.10	424	607	790
8	6.0	0.200	0.400	0.280	0.320	0.80	22	120	48	48	2.00	1.016	40	12	18	0.40	150	50	2.40	624	844	1145
9	9.0	0.225	0.450	0.315	0.360	0.90	24	130	52	52	2.25	1.134	45	15	18	0.45	170	55	2.70	920	1297	1675
10	12.0	0.250	0.500	0.350	0.400	1.00	26	140	56	56	2.50	1.252	50	15	20	0.50	190	60	3.00	1200	1650	2160
11	16.0	0.275	0.550	0.385	0.440	1.10	28	150	60	60	2.75	1.370	55	18	21	0.55	220	65	3.60	1585	2242	2835
12	20.0	0.300	0.600	0.420	0.480	1.20	30	160	64	64	3.00	1.488	60	18	21	0.60	240	75	3.90	1960	2720	3480
13	25.0	0.325	0.650	0.455	0.520	1.30	32	170	68	68	3.25	1.606	65	21	25	0.65	260	80	4.20	2420	3330	4270
14	30	0.350	0.700	0.490	0.560	1.40	34	180	72	72	3.50	1.724	70	21	25	0.70	280	85	4.50	2880	3960	5040
15	35.0	0.375	0.750	0.525	0.600	1.50	36	190	76	76	3.75	1.842	75	25	25	0.75	325	90	4.80	3330	4540	5780
16	40.0	0.400	0.800	0.560	0.640	1.60	38	200	80	80	4.00	1.960	80	25	30	0.80	350	100	5.10	3760	5130	6500
17	50.0	0.425	0.850	0.595	0.680	1.70	40	210	84	84	4.25	2.078	85	30	30	0.85	375	110	5.40	4650	6290	7950
18	60.0	0.450	0.900	0.630	0.720	1.80	42	220	88	88	4.50	2.196	90	30	30	0.90	400	120	5.70	5500	7420	9330
19	75.0	0.475	0.950	0.665	0.760	1.90	44	230	92	92	4.75	2.314	95	33	35	0.95	450	130	6.00	6825	8662	11500
20	100.0	0.500	1.000	0.700	0.800	2.00	46	240	96	96	5.00	2.432	100	35	35	1.00	500	140	6.60	9000	12000	15000
21	125.0	0.550	1.100	0.770	0.880	2.20	48	250	104	104	5.50	2.650	110	35	40	1.10	550	150	7.20	11100	14750	18400
22	150.0	0.600	1.200	0.840	0.960	2.40	50	260	108	108	6.00	2.868	120	40	40	1.20	600	160	7.80	14000	17400	21600
23	175.0	0.650	1.300	0.910	1.040	2.60	52	270	112	112	6.50	3.086	130	40	40	1.30	650	170	8.40	17400	19950	24700
24	200.0	0.700	1.400	0.980	1.120	2.80	54	280	116	116	7.00	3.304	140	40	45	1.40	700	180	9.00	21300	24550	27600
25	250.0	0.750	1.500	1.050	1.200	3.00	56	290	120	120	7.50	3.522	150	45	45	1.50	750	190	9.60	25300	27300	33800
26	300.0	0.800	1.600	1.120	1.280	3.20	58	300	124	124	8.00	3.740	160	45	45	1.60	840	200	10.20	29000	32400	39600
27	350.0	0.850	1.700	1.190	1.360	3.40	60	310	128	128	8.50	3.958	170	45	50	1.70	850	220	10.80	33000	37100	45200
28	400.0	0.900	1.800	1.260	1.440	3.60	62	320	132	132	9.00	4.176	180	50	50	1.80	900	240	11.40	37000	41550	50300
29	450.0	0.950	1.900	1.330	1.520	3.80	64	330	136	136	9.50	4.394	190	50	50	1.90	950	250	11.70	45850	55200	
30	500.0	1.000	2.000	1.400	1.600	4.00	66	340			10.00	4.612	200	50	50	2.00	1000	260	12.00	50000	55000	60000

DU GRAISSAGE

Du frottement dans les machines.

394. Toute machine a pour but de transmettre le travail moteur à un opérateur, mais nécessairement ce travail est diminué de toutes les résistances propres de la machine, que l'on appelle *résistances passives*.

Parmi ces résistances, l'une d'entre elles, le *frottement*, joue un grand rôle dans la marche et l'économie même de la machine ; nous devons donc nous y arrêter, et faire connaître les moyens mis en œuvre pour le combattre et en diminuer l'importance. On sait que c'est par le *graissage* que l'on arrive à ce but, et nous sommes ainsi conduits à nous occuper de cette opération toute particulière de la conduite d'une machine à vapeur, dont les conséquences peuvent être des plus graves.

Les lois du frottement sont connues, et à la suite d'expériences très sérieuses, on a depuis longtemps admis les trois grandes lois suivantes :

1° *Le frottement est proportionnel à la pression ;*

2° *Le frottement est indépendant de l'étendue des surfaces en contact ;*

3° *Le frottement est indépendant de la vitesse du mouvement.*

Nous rappellerons aussi que le frottement est une cause constante d'échauffement.

Le frottement et la chaleur qui s'en suit, étant le résultat de la résistance qui s'oppose au mouvement de surfaces en contact, on a donc tout intérêt, pour diminuer cette résistance, à employer les moyens suivants :

1° Donner de la dureté et un grand poli aux surfaces frottantes ;

2° Employer des enduits gras pour les séparer.

On sait que, dans la pratique, on satisfait ces conditions, les surfaces frottantes étant, le plus souvent, en acier trempé ou en fer cémenté, c'est-à-dire aussi dures qu'il est possible de les obtenir, et toujours baignées dans la graisse ou dans l'huile.

Du reste, l'examen des tableaux suivants, où sont relatées les valeurs des coefficients de frottement, fera voir quelle est l'importance de l'état des surfaces et de l'enduit qui les sépare.

Rappelons auparavant qu'on appelle *coefficient de frottement* le rapport constant du frottement à la pression qui sert à le mesurer pour chaque corps, de telle sorte que P étant la pression, F le frottement, f le coefficient, on a toujours :

$$F = Pf.$$

Il en résulte que le travail absorbé par le frottement pour parcourir le chemin E est :

$$T = PfE.$$

395. TABLEAU DES VALEURS DU COEFFICIENT DE FROTTEMENT DES SURFACES PLANES, D'APRÈS LES EXPÉRIENCES DU GÉNÉRAL MORIN.

INDICATION des SURFACES FROTTANTES	DISPOSITION des FIBRES	ÉTAT des SURFACES	RAPPORT DU FROTTEMENT A LA PRESSION	
			Au départ, après quelque temps de contact	Pendant le mouvement
Chêne sur chêne..........	Parallèles	Sans enduit	0.62	0.48
	d°	Frottées de savon sec	0.44	0.16
	Perpendiculaires	Sans enduit	0.54	0.34
Fer sur chêne.............	Parallèles	Sans enduit	0 62	0.62
	d°	Mouillées d'eau	0.65	0.26
	d°	Frottées de savon sec	»	0.21
Fonte sur chêne..........	d°	Sans enduit	»	0.49
	d°	Mouillées d'eau	0 65	0 22
	d°	Frottées de savon sec	»	0.19
Cuivre jaune sur chêne......	d°	Sans enduit	0.62	0.62
Cuir de bœuf, pour garniture de piston, sur fonte......	A plat ou de champ	Mouillées d'eau	0.62	»
	d°	Enduites de suif, saindoux, huile	0.12	»
Fer sur fer................	d°	Sans enduit	Les surfaces	se rodent
Fer sur fonte.............	d°	Très légèrement onctueuses	0.19	0.18
Fer sur bronze............	d°	d°	»	0.18
Fonte sur fonte...........	d°	d°	0.16	0.15
Fonte sur bronze..........	d°	d°	»	0.15
Bronze sur bronze.........	d°	Sans enduit	»	0.20
Bronze sur fonte...........	d°		»	0.22
Bronze sur fer.............	d°	Très légèrement onctueuses	»	0.16
Chêne, orme, fonte, fer, acier et bronze, glissant l'un sur l'autre ou sur eux-mêmes	d°	Lubrifiées à la manière ordinaire, de suif, d'huile, de saindoux ou de cambouis mou	»	0.07 à 0.08
Les mêmes................	d°	Légèrement onctueuses au toucher	»	0.15

396. TABLEAU DES VALEURS DU COEFFICIENT DE FROTTEMENT DES AXES EN MOUVEMENT SUR LEURS COUSSINETS.

1° D'après le Général Morin

INDICATION DES		NATURE DES ENDUITS	RAPPORT DU FROTTEMENT A LA PRESSION	
AXES	COUSSINETS		GRAISSAGE ordinaire	GRAISSAGE continu
Fonte	Fonte	Huile d'olive, saindoux, suif ou cambouis mou	0.07 à 0.08	0.054
d°	d°	Surfaces onctueuses..................	0.14	»
Fonte	Bronze	Huile d'olive, saindoux, suif ou cambouis mou	0.07 à 0.08	0.054
d°	d°	Surfaces onctueuses..................	0.16	»
Fonte	Gaïac	Sans enduit (le bois étant un peu onctueux).	0.18	»
d°	d°	Huile ou saindoux....................	»	0.090
Fer	Fonte	Huile d'olive, saindoux, suif ou cambouis mou	0.07 à 0.08	0.054
Fer	Bronze	d° d° d° d°	0 07 à 0.08	0.054
Fer	Gaïac	Huile ou saindoux....................	0.11	»
Bronze	Bronze	Huile ou saindoux....................	0.10 à 0.09	»
Bronze	Fonte	Huile ou suif.......................	»	0.045 à 0.052
Gaïac	Fonte	Saindoux...........................	0.12 à 0.15	»
Gaïac	Gaïac	Saindoux...........................	»	0.07

2° D'après Coulomb

INDICATION DES		NATURE DES ENDUITS	RAPPORT DU FROTTEMENT à la pression
AXES	COUSSINETS		
Fer	Cuivre	Sans enduit.......................	0.155
d°	d°	Suif..............................	0.085
d°	d°	Huile d'olive......................	0.130
Bois	Gaïac	Suif..............................	0.035
Fer	Bois	(Sans désignation d'enduit).........	0.050

397. Nous avons donné plus haut les trois grandes lois fondamentales du frottement, ou admises comme telles. Cependant des expériences très sérieuses et très précises, faites pour les vérifier, ont donné des résultats quelque peu satisfaisants de ces lois, ainsi que nous allons le voir.

Des expériences faites par M. Jules Poirée, sur le chemin de fer de Paris-Lyon-Méditerranée, ont fait voir que pour des vitesses supérieures à 4 ou 5 mètres par seconde, le frottement diminue à mesure que la vitese augmente. Dans cette série d'essais, on a serré les freins d'un wagon de manière à empêcher les roues de tourner, et on l'a fait mouvoir sur les rails comme un traîneau ; la vitesse a été portée jusqu'à 22 mètres par seconde, et, à l'aide d'un dynamomètre, on a constaté que le frottement de glissement des roues sur les rails diminuait à mesure que la vitesse devenait plus grande.

Ces expériences ont été complétées par M. Bochet, ingénieur des mines, par une nouvelle suite d'essais faits sur le chemin de fer de l'Ouest, et les conclusions en ont été les suivantes :

1° Que la diminution du frottement à mesure que la vitesse augmente est un phénomène général pour des vitesses de 0 à 25 mètres par seconde ;

2° Que le frottement cesse d'être proportionnel à la pression, et par suite n'est plus indépendant de l'étendue des surfaces frottantes, quand la pression cesse d'être petite ;

3° Qu'il n'y a pas, en général, de frottement spécial au départ, ce dernier étant très peu supérieur à celui correspondant à une vitesse extrêmement petite.

398. Nous avons dit plus haut que le frottement est proportionnel à la pression des surfaces entre elles ; mais cela n'a lieu que jusqu'à une certaine limite ; au-delà, les surfaces grippent, c'est-à-dire s'entament en s'échauffant, et le frottement devient considérable sans varier suivant aucune loi. Pour reculer considérablement cette limite, tout en diminuant le frottement, on se sert de corps onctueux qui viennent lubrifier les surfaces en contact : l'huile, la graisse, le savon peuvent être utilement employés, et la diminution de frottement est d'autant plus grande que l'enduit est renouvelé avec plus de continuité.

L'eau pure est un mauvais enduit, surtout pour les métaux : souvent même, elle augmente le frottement.

L'expérience prouve aussi que lorsque deux surfaces ont été en contact et en repos relatif pendant un certain temps, le frottement de glissement est plus considérable au premier instant du mouvement, que quand le mouvement a lieu. Cela est d'autant plus sensible que la pression est plus grande, et que les corps sont plus compressibles ; ces deux circonstances tendant à faire pénétrer les surfaces et à chasser l'enduit.

M. le professeur Thurston a été conduit, par une grande série d'expériences, aux énoncés les plus inattendus. C'est ainsi que, d'après ses conclusions, avec une bonne lubrification, le frottement de la machine reste sensiblement constant et indépendant de la charge. En d'autres termes, le coefficient de frottement des surfaces en contact, au lieu de rester invariable, irait en décroissant quand la force transmise augmente. L'effet nuisible paraît d'ailleurs s'accroître avec la vitesse.

Une première étude sur le frottement interne des machines avait été faite, et avait donné les résultats suivants, sur une machine à tiroir équilibré devant développer 30 chevaux indiqués :

NOMBRE DE TOURS	PRESSION	PUISSANCE AU FREIN	PUISSANCE A L'INDICATEUR	DIFFÉRENCE	FROTTEMENT p. 0/0
232	3.51	4.06	7.41	3.35	45
230	4.42	6.00	10.00	4.00	40
230	5.13	8.10	11.75	3.65	32
230	5.62	12.00	15.17	3.17	21
231	5.00	20.1	22.07	2.06	9
229	4.21	29.55	33.04	3.16	9.5
229	4.92	39.85	43.05	3.19	7.4
230	6.32	50.00	52.60	2.60	4.9

D'autres expériences, aussi scrupuleusement faites, sont venues confirmer les résultats obtenus lors de la première série d'essais.

L'examen du tableau précédent nous montre que la différence entre la puissance indiquée et la puissance au frein, correspondant au frottement interne de la machine, a varié quelque peu au cours des essais, suivant la pression de la vapeur et le travail total développé.

Toutefois, cette variation présente des irrégularités qui paraissent provenir d'erreurs d'observation, et auxquelles il ne convient pas d'attacher trop d'importance.

D'autres essais, faits sur une machine construite dans ce but spécial, et dont le cylindre présentait un diamètre de 175 millimètres et une course de 305 millimètres, ont, en deux séries différentes, donné les résultats relatés ci-dessous :

NOMBRE DE TOURS par minute	PRESSION	PUISSANCE au FREIN	PUISSANCE INDIQUÉE	PRESSION MOYENNE	DIFFÉRENCE due au frottement EN CHEVAUX	PRESSION MOYENNE équivalant au frottement	FROTTEMENT p. 0/0	
282	1.336	0	2.26	»	2.26	0.260	100	
286	4.640	7.61	10.95	»	3.33	0.368	30	
285	4.992	13.10	15.99	»	2.61	0.298	18	
284	5.203	18.35	20.73	»	2.65	0.293	12	
279	4.570	23.61	25.95	»	2.33	0.263	9	
280	5.062	29.03	32.22	»	3.19	0.361	10	
250	1.758	»	6.01	0.762	»	0.136	18	
285	2.953	»	7.17	0.797	»	0.255	32	4ᴷ,7
271	4.078	»	6.81	0.792	»	0.222	28	sur
286	4.781	»	7.77	0.861	»	0.344	40	le frein
296	5.765	»	7.87	0.844	»	0.328	39	
279	5.670	»	1.995	0.226	»	0.226	100	
275	2.460	»	1.71	0.197	»	0.196	»	Frein
272	1.758	»	1.876	0.218	»	0.219	»	non
270	1.055	»	1.712	0.201	»	0.201	»	chargé

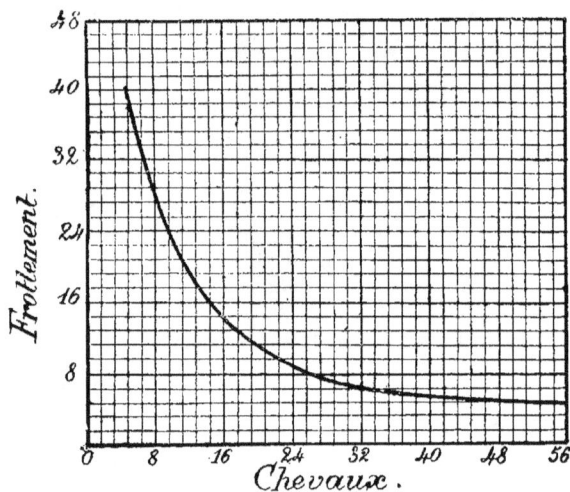

Fig. 401.

Ces expériences ont amené à découvrir que le frottement total variait, à vitesse et puissance égales, en raison directe de la pression de la vapeur.

M. Thurston a également recherché et représenté graphiquement ce mode de variation de la résistance intérieure des machines, en pourcentage de la puissance développée, suivant les changements dans les puissances produites par la machine. Dans le diagramme ainsi tracé, et qui est représenté (*fig.* 401), la courbe que l'on obtient est très sensiblement hyperbolique.

On peut donc, d'après ce qui précède, conclure des expériences mentionnées plus haut que, dans toute machine le frottement est sensiblement constant pour toutes les puissances, à une vitesse donnée ; pour des vitesses variables, il varie également, mais il est indépendant de la charge. Avec une augmentation de pression de la vapeur, le frottement augmente aussi ; enfin, il faut également remarquer que le frottement intérieur d'une machine se trouve réduit d'une manière appréciable par un fonctionnement prolongé, lorsque l'entretien ne laisse rien à désirer.

399. *Répartition du frottement intérieur d'une machine à vapeur.* — Il était intéressant de chercher à se rendre compte de quelle manière se répartissait, sur les différents organes, le frottement interne d'une machine à vapeur.

C'est le but que s'est donné M. le professeur Thurston qui, dans cet ordre d'idées, a entrepris une étude, appuyée d'expériences précises, pour arriver à cette détermination.

L'expérience montre que le frottement, dans une machine à vapeur, se compose surtout, le plus souvent, des résistances propres à l'arbre moteur, au piston et aux organes de distribution pour la marche sans condensation. Dans les machines à condensation, il faut y ajouter la résistance de la pompe à air, proportionnelle au travail fourni. De premières recherches exécutées par MM. Carpenter et Preston, ont donné les résultats suivants sur une machine à grande vitesse munie d'un tiroir non équilibré, et d'une distribution commandée automatiquement par le régulateur. Le frottement total s'élevait à 10 0/0 de la puissance nominale de la machine, soit 20 chevaux :

	FROTTEMENT EN CHEVAUX		FROTTEMENT EN CENTIÈMES
Arbre moteur et excentrique.	0,867	....	42,4
Tiroir à trois orifices.	0,560	....	27,4
Piston et sa tige.	0,328	....	16,1
Crosse et son bouton.	0,174	....	8,5
Tourillon moteur.	0,115	....	5,6
TOTAL.	2,044	....	100,0

Avec un tiroir équilibré, les frottements, dont le total s'élevait à 7 1/2 0/0 de la puissance nominale, se distribuaient de la manière suivante :

	FROTTEMENT EN CHEVAUX		FROTTEMENT EN CENTIÈMES
Arbre moteur et excentrique.	0,867	....	56,9
Tiroir.	0,038	....	2,6
Piston et sa tige.	0,328	....	21,6
Crosse et son bouton.	0,174	....	11,5
Tourillon moteur.	0,115	....	7,4
TOTAL.	1,522	....	100,0

On ne peut déterminer avec certitude le coefficient de frottement que pour les tourillons moteurs, puisque, dans les autres organes, tels que bagues de piston, presse-étoupes, etc., il y a toujours un élément inconnu : la pression qu'il exerce sur les surfaces frottantes.

Les tableaux suivants donnent la valeur du coefficient pour plusieurs genres de machines, ainsi qu'un résumé de résultats d'expériences :

COEFFICIENT DE FROTTEMENT DANS LES PALIERS MOTEURS DES MACHINES A VAPEUR

TYPES DE MACHINES	FROTTEMENT en chevaux DES PALIERS moteurs	EFFORTS sur LES PALIERS en kilogrammes	COEFFICIENT DE FROTTEMENT en CHARGE	à VIDE	DIAMÈTRES des TOURILLONS en millimètres	NOMBRE DE TOURS par minute
Cylindres :						
152ᵐᵐ×305ᵐᵐ. A grande vitesse.....	0.85	680	0.06	0.10	76	230
305 ×457 . A détente automatique.	3.70	1 179	0.05	0.19	127	190
178 ×254 . Locomotive routière..	0.68	226	0.08	0 31	69	200
533 ×508 . A condensation......	3.30	1 814	0.04	0.09	139	206

DISTRIBUTION DU FROTTEMENT DANS LES MACHINES A VAPEUR.

DÉSIGNATION DES ORGANES	RÉPARTITION POUR CENT DU FROTTEMENT TOTAL				
	MACHINE à grande VITESSE TIROIR équilibré	MACHINE à grande VITESSE TIROIR non équilibré	MACHINE routière DISTRIBUTION par coulisse	MACHINE à distribution automatique TIROIR équilibré	MACHINE à condensation TIROIR équilibré
Paliers moteurs.........................	47.0	35.4	35.0	41.6	46.0
Piston et sa tige........................	33.0	25.0	21.0	»	»
Bouton de manivelle.....................	6.8	5.1	13.0	49.1	21.0
Crosse et son tourillon..................	5.4	4.1		»	»
Tiroir et sa tige.........................	2.5	26.4	22.0	9.3	21.0
Collier d'excentrique....................	5.3	4.0		»	»
Coulisse et excentriques.................	»	»	9.0	»	»
Pompe à air.............................	»	»	»	»	12.0
TOTAL.......................	100.0	100.0	100.0	100.0	100.0

L'examen des chiffres des tableaux précédents montre quelle est l'importance du frottement des tourillons. On remarquera aussi l'énorme différence qui se manifeste suivant que le tiroir est ou n'est pas équilibré, circonstance essentielle au point de vue de la commande par le régulateur. Le frottement du piston et de sa tige a aussi une grande importance. Les garnitures ne doivent pas être trop serrées ; si avec le temps, un serrage très prononcé leur devient nécessaire pour assurer l'étanchéité, il convient plutôt de les renouveler.

On peut donc conclure de tout ce qui précède, que les meilleurs moyens de réduire la perte due au frottement dans les machines consistent :

1° A diminuer autant que possible le frottement de l'arbre dans ses coussinets, par un choix judicieux des matériaux et des proportions générales, ainsi que par un ajustage parfait ;

2° A réduire le frottement du piston en donnant la bande minimum possible à ses bagues ;

3° A adopter un tiroir convenablement compensé (ce qui d'ailleurs est nécessaire quand la détente est commandée par le régulateur) ;

4° A assurer un graissage aussi efficace que possible.

On recommande souvent de ne graisser que dans la mesure strictement nécessaire, au point de vue de l'économie, en même temps que pour ne pas encombrer d'huile le condenseur, et comme conséquence, la chaudière. Certains auteurs, cependant, sont d'avis, au contraire, de lubrifier avec profusion, sauf à reprendre l'huile en trop au moyen d'appareils de récupération des huiles de graissage, puis à l'épurer en se servant d'épurateurs, de purificateurs ou de filtres de systèmes quelconques.

Dans les machines à condensation, il s'ajoute une nouvelle résistance créée par l'extraction de l'eau du condenseur et par son refoulement au dehors. Il convient également de faire entrer en ligne de compte la puissance absorbée par les frottements de la pompe à air et de son mécanisme de commande, ainsi que ceux de la pompe de circulation, lorsque l'on se sert d'un condenseur par surface.

De la lubrification.

400. La lubrification, c'est-à-dire l'interposition, entre les parties frottantes, de matières onctueuses, diminue beaucoup le frottement ainsi que nous l'avons vu, tandis qu'un frottement à sec rend très rapide l'usure et le grippement, ainsi que la production d'arc-boutements. Les substances lubrifiantes ou enduits doivent être renouvelés souvent, car ils se chargent de poussières et de parcelles détachées des corps frottants, et ils forment une matière visqueuse nommée *cambouis*, qui augmente le frottement.

Lorsque les surfaces frottantes sont appliquées l'une contre l'autre par une pression trop considérable, les enduits prennent une liquidité qui a fait supposer que leurs molécules s'écrasaient. Ils sont alors expulsés hors des parties en contact, et celles-ci, ou bien graissées qu'elles étaient, deviennent simplement onctueuses. A l'onctuosité succède bientôt le frottement à sec, puis le grippement, pour peu que le mouvement le prolonge.

Pour ce motif, il est donc très nécessaire de calculer l'étendue des surfaces d'appui, de façon que la répartition par centimètre carré de la pression totale ne soit pas suffisante pour déterminer l'expulsion des enduits. On admet qu'il ne faut pas excéder 25 à 30 kilogrammes par centimètre carré, sous peine d'annuler l'effet du graissage.

La lubrification, enfin, est aussi importante pour la conservation des organes d'une machine que pour diminuer le frottement. L'usure détériore les pièces, nécessite des rattrapages de jeu et finit par mettre le matériel hors de service. Depuis un certain temps, on s'attache à rendre moins sensible pour la machine, en général, l'usure des pièces, par la fabrication des *pièces interchangeables*.

On s'applique à étudier un type de machine avec le plus grand soin, de manière à l'établir sur des bases fixes pour en graduer l'échelle et pouvoir fournir diverses puissances dynamiques. On reproduit alors en grand nombre les diverses pièces que l'on prend la précaution de désigner par des numéros d'ordre. Lorsque, par suite d'usure ou d'accident, l'acheteur de la machine se trouve forcé de remplacer une pièce quelconque de son appareil, ou lorsqu'il n'a pas les moyens de réparation nécessaires, il lui suffit de s'adresser au constructeur pour lui réclamer, par son numéro, une pièce neuve. Celle-ci vient prendre sa place dans le moteur, en se substituant à l'organe qu'il y a lieu de rebuter.

401. *Des lubrifiants.* — Les substances lubrifiantes sont tous les corps gras et onctueux tels que l'huile, la glycérine, le suif, les graisses, le savon, la plombagine, etc.

En dehors de ces substances, on peut encore mentionner quelques cas particuliers :

Le *métal blanc*, ou *antifriction*, est très doux, et permet d'établir des contacts à vif sans enduit. Sa composition, un peu variable, semble osciller autour de la suivante :

Plomb.	80
Étain	12
Antimoine	8
	100

On s'est aussi servi, pour le graissage des presse-étoupes de la poudre de talc impalpable, que l'on introduisait dans les tresses servant à façonner la garniture.

Certains constructeurs mettent à profit l'onctuosité que présente le bois de gaïac pour établir des coussinets ou des surfaces flottantes, dans lesquels le contact se fait par l'intermédiaire de billes ou de réglettes de gaïac. Là non plus, on ne met aucun enduit.

On peut encore citer le remplacement du glissement par le roulement dans les paliers à billes. Cet emploi si heureux que les Américains font des billes est de plus en plus répandu aux États-Unis, et sert pour réduire considérablement le frotte-

On distingue les huiles d'origine organique et les huiles minérales.

Les premières sont empruntées au règne animal, comme l'huile de baleine ou spermaceti, et l'huile de pied de bœuf ou de pied de mouton, ou au règne végétal, comme l'huile d'olive, de lin, de chanvre, de faîne, de noix, d'œillette ou pavot, de colza, de palme, etc., etc.

Parmi les huiles organiques, il y a des huiles grasses douées particulièrement de cet onctueux qui les fait rechercher

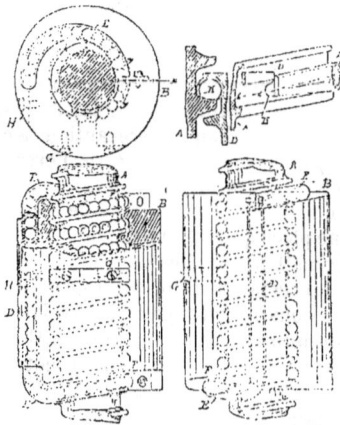

Fig. 402. — Écrou Lieb: La circulation des billes s'opère par un tube en trois parties E, D, E, dont les embouchures EE se raccordent aux filets B, par une languette K et peuvent s'incliner d'un angle i sur le plan z, z' tangent au filet en z. L'introduction des billes se fait par l'ouverture G, fermée ensuite.

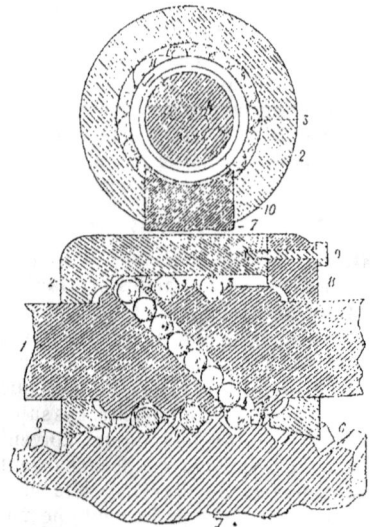

Fig. 403. — Transmission hélicoïdale roulante de Wellmann; 1, arbre moteur; 2, palier de l'arbre moteur; 3, billes; 4, canal; 6, dents du pignon, 7, pignon hélicoïdal; 8, couvercle; 9, boulous; 11 et 12, guides.

ment des axes, des butées, des plateaux. Les figures 402 et 403 en donnent deux exemples : l'écrou *Lieb* et l'engrenage hélicoïdal roulant de *Wellman*, particulièrement ingénieux, et qui suffiront pour montrer toute la fécondité de ce principe.

Au premier rang des enduits, nous avons nommé l'huile : ses propriétés générales sont d'être insoluble dans l'eau, de n'entrer en ébullition que vers 315 degrés, mais sa décomposition commençant entre 150 et 200 degrés. Son point de congélation varie de 0 à — 22 degrés.

comme matière lubrifiante ; et il y a des huiles siccatives qui, au lieu de rester liquides comme les premières, s'épaississent et se déssèchent promptement. Enfin toutes ces huiles rancissent à l'air et à la lumière ; alors elles se décolorent, perdent leur onctueux, puis deviennent visqueuses, infectes et acides. Mais l'époque de cette altération varie beaucoup suivant les espèces.

Il s'ensuit donc que toutes les huiles organiques ne sont pas propres en graissementsage des machines. Doivent être rejetées celles qui sont :

1° Trop siccatives, comme l'huile de lin, de chanvre, de faîne, de noix, d'œillette;

2° Trop facilement liquéfiables;

3° Rances, impures, décolorées, acides et mucilagineuses.

Dans le premier cas, elles se convertissent rapidement en cambouis, dans le second, elles manquent leur but et ne lubrifient pas ; dans le troisième cas, elles attaquent les pièces et font chauffer les parties frottantes.

L'huile de colza est l'une des meilleures parmi les huiles d'origine végétale : peu siccative, peu liquéfiable, elle n'a d'autre défaut que de rancir assez vite, de geler à — 3 degrés et d'être encore assez coûteuse. On peut, avec avantage, y faire dissoudre un peu de caoutchouc.

Les huiles de navette et de cameline valent à peu près celle de colza, quoique un peu plus siccatives.

L'huile d'olive est bonne, mais d'un prix élevé.

Certaines huiles organiques, d'origine animale, semblent réunir toutes les conditions désirables comme substances lubrifiantes. L'huile de pied de bœuf est dans ce cas : très liquide et cependant très onctueuse, sans goût ni odeur, résistant longtemps à l'altération ; mais elle est rare, coûteuse, et, par suite, employée seulement dans la petite mécanique. On la remplace bien souvent pour les grosses machines, par l'huile de pied de mouton, dont le prix de revient est moins élevé, et qui présente presque les mêmes avantages.

L'huile de spermaceti, extraite de la cétine ou blanc de baleine, lorsqu'elle est bien purifiée, est le meilleur des enduits. Elle est liquide, onctueuse, sans acidité et peu figeante au froid.

Les suifs et les graisses pâteuses sont quelquefois employés dans les machines, et jouent le principal rôle pour les véhicules de chemin de fer.

On sait que l'habitude générale est de placer un morceau de suif (ou autre graisse concrète), dans le chapeau des coussinets des wagons, et puis d'alimenter, en outre, ceux-ci d'huile, par intermittences rapprochées, ou d'une manière continue. L'huile ici ne peut pécher par un excès de bonne qualité (et par suite de fluidité), car, tant qu'elle lubrifie convenablement, les pièces changent peu de température et il se consomme peu de suif ; qu'au contraire, pour une raison ou une autre, l'huile soit momentanément expulsée d'entre les surfaces en regard, à l'instant, les pièces vont s'échauffer davantage et il y affluera plus de suif en raison de sa plus grande viscosité, il séparera davantage les surfaces, le frottement diminuera. On reconnaît ainsi aisément que l'espèce d'équilibre qui s'établit, par suite du mélange spontané de deux graisses l'une très fluide, l'autre concrète, est précisément tel qu'on obtient un minimum de frottement.

L'emploi des matières lubrifiantes d'origine organique ne donne pas toujours de bons résultats pour le graissage des pistons et cylindres à vapeur. Ces matières, sous l'influence de la chaleur et de la vapeur d'eau, se décomposent en acides gras et en glycérine. Elles se dessèchent en rongeant les segments du piston et en les encrassant. D'autre part, ces matières s'amassent dans le fond du cylindre et corrodent la fonte.

Aussi, en présence de ces désagréments, l'emploi des huiles minérales, dont la mise en usage est relativement récente, s'est-il répandu avec une grande rapidité, sous les divers noms d'*asbestoline*, *cancasine*, *déodoroline*, *dynamine*, *neutraline*, *pétréoline*, *pétroléïne*, *piméléine*, *valvoline*, *vaseline*, *etc.*, *etc.*

Ces matières, qui, en général, sont des hydrocarbures ou huiles minérales, présentent une composition plus fixe ; elles ne se résinifient pas ; elles sont par elles-mêmes neutres, et n'attaquent pas les métaux, comme le font quelquefois les huiles organiques. Elles gèlent moins facilement et ont moins de tendance à la formation du cambouis; tout au contraire, les huiles minérales délayent ce produit, et succèdent en quelque sorte, à une lessive générale des machines dans lesquelles on vient à les substituer aux huiles organiques. Avec elles, il est plus facile d'éviter les dépôts pour les condenseurs à surfaces, et elles exposent moins facilement à la formation, dans les chaudières, de savons gras pulvérulents, qui sont la source de graves dangers.

Les huiles minérales gèlent, suivant leur degré de fluidité, entre 0 et — 12 degrés ; elles entrent en ébullition vers 300 degrés. Leur densité, à la température de 15 degrés est de 0,915 à 0,910 pour les huiles lourdes destinées au graissage des cylindres et des tiroirs, et de 0,907 à 0,905 pour les produits plus fluides employés dans les mécanismes.

Nous avons déjà dit que l'eau pure était un mauvais enduit. Il est évident que ce liquide nuit au frottement du bois, dont il attendrit la substance, fait gonfler les fibres et dresser les aspérités. Avec les métaux, son influence n'est pas aussi certaine. Quand l'eau est abondante, elle semble nuisible. C'est ainsi cependant qu'on lubrifie les paliers de buttée dans les navires à hélices et les tourillons de roues hydrauliques.

Mais c'est moins un lubrifiage proprement dit qu'un moyen d'empêcher le grippement qui résulterait d'un frottement à sec. Les fusées prennent d'ailleurs un beau poli qui adoucit le frottement, et, en somme, on obtient de bons résultats. En petite quantité, telle qu'elle se rencontre dans la nature sous forme de brouillard, pluie fine ou vapeur aqueuse, l'eau paraît diminuer le frottement. Ainsi s'expliquent le patinage des locomotives sur rails humides et la conservation des tiroirs des machines à vapeur, qui frottent souvent sans interposition d'huile et sous de fortes pressions ; ils devraient gripper promptement, et cependant ils ne grippent pas, parce que la vapeur, toujours un peu humide, suffit pour lubrifier passablement les surfaces frottantes ; mais lorsque la vapeur est bien sèche, il devient alors très nécessaire de lubrifier les tiroirs et les pistons.

402. *Essais des lubrifiants.* — On voit, d'après ce qui précède, combien le choix des huiles et enduits lubrifiants est important. C'est ainsi que la plupart des compagnies ou sociétés industrielles ont établi un service spécial affecté à l'essai et à la vérification des échantillons de matières destinées au graissage qui leur sont présentés. On procède dans ces laboratoires à des opérations chimiques, physiques ou mécaniques.

Il existe divers moyens mécaniques d'essayer les huiles : *l'appareil de Nasmith* consiste en une tablette inclinée en fer ou en cuivre, sur laquelle ont été tracées des rainures parallèles. On y verse une goutte des huiles à essayer, et, après quelques heures au contact du métal et de l'air, on reconnaît, d'après leur coloration et la quantité dont elles sont descendues dans leur rainure respective, leur degré de viscosité, acidité et siccativité.

L'Éprouvette de Mac-Naught consiste en deux disques de cuivre bien rodés, montés verticalement sur un axe. L'un, celui du dessous, est fou sur son axe et est à bord relevé ; on y verse l'huile à essayer. Le disque supérieur est plat et repose sur la couche d'huile versée sur le premier. On lui imprime un mouvement de rotation, et dès que l'huile devient visqueuse, on voit le disque fou entraîné dans la rotation, du disque moteur. On reconnaît comparativement par là la liquidité de diverses huiles, ainsi que le temps au bout duquel, à circonstances égales, elles deviennent visqueuses et impropres à faciliter le mouvement en adoucissant le frottement.

Mais, de tous les procédés pour essayer les huiles et matières lubrifiantes, le plus péremptoire est *l'épreuve directe*, à l'aide d'un appareil qui, en principe, se compose ainsi qu'il suit : sur marbre bien tourné en forme de tourillon d'essieu, et monté de manière à se mouvoir rapidement, s'appuie un coussinet ordinaire à l'aide d'un levier chargé d'un poids tel que la pression par centimètre carré de surface frottante surpasse d'environ 10 kilogrammes celle qui existe dans les machines à graisser avec la matière essayée. Celle-ci se place dans un réservoir ménagé sur le dessus du coussinet ; un petit orifice, appelé *lumière*, la laisse descendre entre les surfaces frottantes, où il est aisé de voir comment elle se comporte. La tendance à chauffer, à épaissir et à noircir sont des faits sur lesquels on est bientôt édifié.

Un procèdé, très pratique d'épreuve, cité par M. Hirn, est le suivant ; il semble à la fois commode et passablement concluant. Ayant graissé les tourillons d'un tambour avec l'huile qu'on veut éprouver, on laisse marcher pendant quelques heures, puis, à un moment donné, on abat la courroie de commande, et l'on compte le nombre de tours que fait le tambour pour arriver au repos. Comme c'est uniquement la résistance de l'air et le frottement des tourillons qui annihilent peu à peu l'impulsion primitive et que c'est le frottement qui est ici la force accélératrice négative dominante, on conçoit aisément que le nombre de tours du tambour donne une idée très approximative du pouvoir lubrifiant de l'huile.

Il est évident que d'autres pièces des machines à vapeur pourraient être employées de la même manière que ce tambour. Les résultats seront d'autant plus exacts que le moment d'inertie de ces pièces sera plus grand, et que cette espèce de volant improvisé offrira moins de prise à l'air.

403. *Machines à essayer le pouvoir lubrifiant des huiles et des graisses.* — Parmi ces machines, que l'on nomme aussi *frictomètres*, nous en signalerons plusieurs.

Dans *l'appareil Deprez et Napoli*, (*fig.* 404), un disque de fer A tourne sur son axe avec une vitesse constante, obtenue par un dispositif spécial, et que l'on peut faire varier de cinquante à trois cents tours par minute, suivant les besoins.

Un second disque B, portant des saillies de bronze dont la surface est connue, repose sur le premier, et peut s'y appliquer plus ou moins fortement à l'aide d'une romaine R, sur laquelle on peut placer des poids variant suivant la charge que l'on veut obtenir par centimètre carré. Le disque supérieur serait entraîné par le disque inférieur si aucun lien ne le retenait. Cet entraînement serait d'autant plus énergique que la vitesse du disque inférieur serait plus grande, la charge qu'il supporte plus considérable, et, d'autre part, toutes choses égales

d'ailleurs, que l'huile ou la graisse interposée entre les deux disques serait plus ou moins lubrifiante.

On voit donc qu'en conservant une vitesse constante au disque de fer, et une charge déterminée sur le disque superposé, l'entraînement, ou pour mieux dire le frottement sera d'autant plus grand que la matière lubrifiante sera moins bonne. Donc, en évaluant ce frottement, il sera facile de se rendre compte de la valeur des matières essayées.

M. Lebeau s'est servi du fléau de la balance pour la détermination de la puissance lubrifiante des huiles ou corps gras.

Sa machine (*fig.* 405) se compose essentiellement d'un fléau parfaitement équilibré à chacune de ses extrémités par deux disques de métal d'un poids cons-

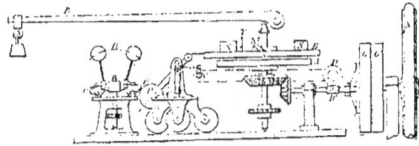

Fig. 404. — Appareil Deprez et Napoli, pour l'essai des huiles.

tant ; ce fléau oscille librement autour d'un tourillon mobile animé d'un mouvement de rotation, variable à volonté, au lieu d'osciller sur un simple couteau.

L'objet à peser est la force dépensée par le frottement par les surfaces en contact du tourillon mobile et de la chape pratiquée au centre du fléau et embrassant exactement une demi-circonférence du tourillon.

On mesure cette force en kilogrammes et fractions de kilogramme par une série de poids ou par des appareils, tels que pesons, etc., appliqués, à l'extrémité du fléau mobile, du côté opposé à celui où se produit l'entraînement. C'est cette évaluation qui permet de se rendre compte des qualités des produits mis en essai.

De même, également dans la *machine de M. Van Alstein* (*fig.* 406) le degré lubrifiant des huiles est déterminé par un

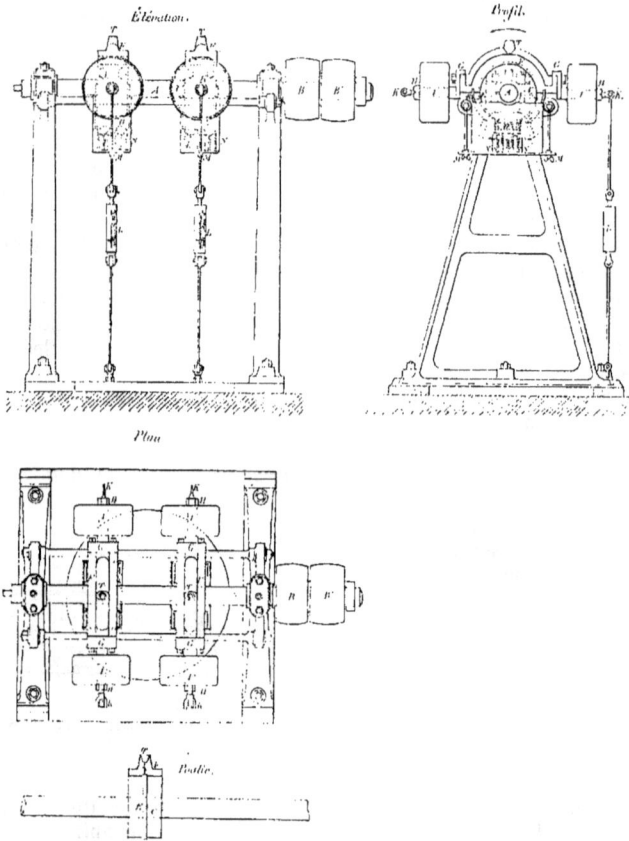

Fig. 405. — Appareil Lebeau, pour l'essai des lubrifiants.

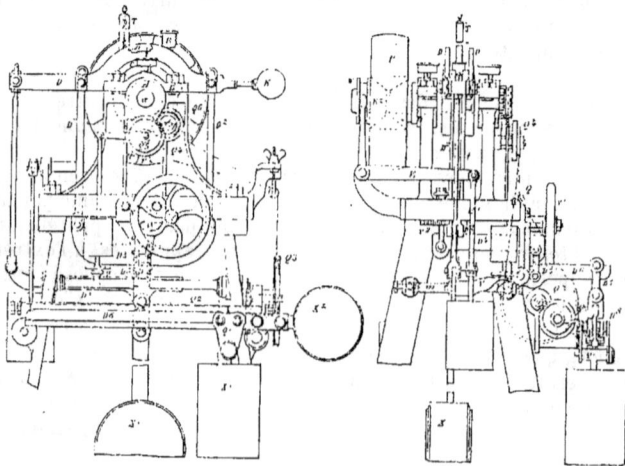

Fig. 406. — Machine Van Alstein, pour l'essai des lubrifiants.

levier agissant en couvercle de coussinet placé librement au-dessus d'un galet d'essai. Le poids à curseur d'une romaine agit par sa pesanteur sur ce levier, et ce poids est arrêté, lors de la limite du pouvoir lubrifiant, par le désembrayage automatique du mécanisme qui l'actionne.

On ne saurait trop recommander, dans l'établissement des appareils à essayer les huiles de graissage, de donner une valeur considérable aux charges agissant sur les parties frottantes ; en effet, il faut que la goutte d'huile que l'on essaie soit, sous l'action d'une très forte pression, réduite à une épaisseur aussi petite que possible, quelques centièmes de millimètres, pour que les résultats obtenus puissent être probants.

404. *Répartition des lubrifiants.* — Comme nous l'avons vu, un bon graissage est une condition essentielle du bon fonctionnement et de la durée des machines. Avec un mauvais graissage, la dépense en combustible, les dépenses d'entretien, celles de main-d'œuvre peuvent croître jusqu'à être le double de ce qui est nécessaire. On conçoit donc toute l'importance qu'il y a pour les industriels, après s'être procuré de bonnes huiles, à les bien employer en les répartissant d'une manière convenable.

Les principes évidents d'une bonne répartition des lubrifiants sont :

1° L'alimentation surabondante, mais sans excès ;

2° La circulation surabondante entre les surfaces frottantes ;

3° La préservation des lubrifiants et des surfaces frottantes contre les poussières extérieures.

La première et la deuxième condition sont résolues avec une arrivée continue d'huile, en s'imposant toutefois comme nous l'avons dit une limite de pression par unité de surface entre les corps en contact; quant à la troisième condition, on y satisfait en installant des enveloppes protectrices on en donnant des formes spéciales aux appareils de graissage, qui rendent les articulations impénétrables.

Pour répartir les corps gras sur les surfaces frottantes, on dispose de différents moyens.

On peut d'abord faire intervenir la pesanteur, en versant l'huile au point le plus haut, d'où elle redescend par la gravité. On facilite au besoin sa dispersion en ménageant entre les surfaces frottantes une série de rigoles ou canaux ramifiés en divers sens, et que l'on nomme *pattes d'araignées*. Ces sillons sont gravés en creux à l'intérieur du coussinet supérieur suivant deux arcs d'hélice, de manière que le liquide lubrifiant rencontre chacune des génératrices en quelque point, à partir duquel la rotation l'étale sur toute une circonférence.

En opérant d'une manière inverse, on a recours au relèvement. Un bain d'huile séjourne au point le plus bas, et l'on y puise au moyen de *releveurs*, tels qu'un disque monté sur l'arbre tournant. La périphérie de ce disque plonge dans le liquide par la partie inférieure, qui devient immédiatement la plus haute, par suite de la rotation. L'huile coule de là sur le noyau de l'arbre.

Au lieu d'un disque, on peut aussi se servir d'une petite *chaînette*, qui, reposant sur l'arbre, plonge dans le bain d'huile. La rotation de l'arbre entraîne celle de la chaînette, et l'huile qui est maintenue et entraînée par les maillons se répand sur la surface à lubrifier.

On a également recours, dans le même ordre d'idées, à un rouleau de liège, appelé *grenouille*, qui tend à surnager, sans pouvoir émerger tout à fait, attendu qu'il vient buter sous la surface de l'arbre. Le mouvement de ce dernier détermine par contact celui du flotteur mouillé d'huile, qui en imprègne toute la surface métallique.

On emploie de même des *lécheurs*, sorte de pinceaux imbibés d'huile, contre lesquels les pièces mobiles viennent, à chaque course, se recouvrir de lubrifiant.

On fait intervenir le refoulement lorsque le corps gras, ayant été versé dans un récipient, la vapeur y est admise pour faire pénétrer ce liquide à l'intérieur d'une enceinte fermée.

La condensation de la vapeur est aussi mise en œuvre pour le même objet. On fait passer ce fluide dans un serpentin qui le refroidit sous forme d'eau liquide, dont la pression hydrostatique, s'ajoutant à celle de la vapeur, agit sur l'huile, la déplace et la force à se rendre dans les organes.

La compression est mise en œuvre surtout lorsqu'on se sert des graisses consistantes. La matière lubrifiante est renfermée dans des vases ou godets et un piston, qui, quelquefois, est le couvercle même de l'appareil, mû à la main ou actionné par la machine elle-même, comprime cette graisse et la force à suivre

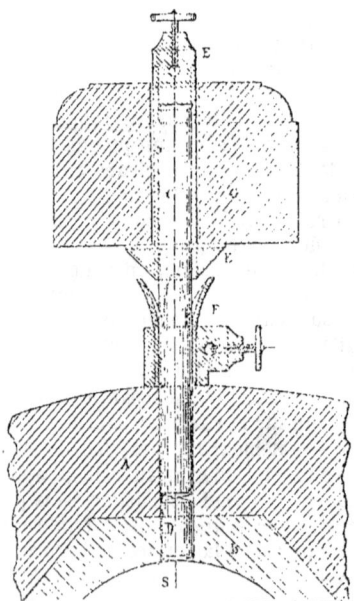

Fig. 407. — Appareil avertisseur J. Raffard, pour l'échauffement des tourillons.

les canaux qui la conduisent aux surfaces dont elle doit adoucir le frottement.

La force centrifuge est utilisée pour le graissage des poulies folles. On emploie à cet effet une substance semi-fluide, sur laquelle cette influence agit directement, ou par l'intermédiaire d'un piston assez lourd.

La capillarité est mise à contribution, depuis longtemps, sous la forme de mèches de coton, qui font monter l'huile d'un bain inférieur jusqu'au point à lubrifier.

Ce procédé est quelque peu défectueux. On lui préfère soit la mèche métallique, soit le rotin, ou jonc perméable de l'Inde, à travers les fibres duquel s'opère une ascension régulière du liquide. De petits bouts de ce rotin sont implantés dans l'appareil graisseur, qu'ils traversent de manière à venir au contact de l'arbre, tandis que leurs extrémités inférieures restent plongées dans le corps gras.

Aucun principe ne saurait être plus efficace, d'après M. Haton de la Goupillière (Cours de machines), que l'immersion pure et simple dans un bain statique. On voit, par exemple, dans les machines horizontales, de larges patins carrés, destinés à supporter la crosse d'une lourde tige de piston, glisser au sein de l'huile qui remplit une baignoire large et peu profonde. De même, les pivots et les crapaudines des turbines noyées sont immergés sous une cloche, que l'on remplit d'huile au moyen d'un tube hydrostatique plus élevé que le niveau du bief inférieur, en vertu du principe des vases communicants. Citons encore la tige à fourreau de Penn, au fond de laquelle l'articulation de la bielle baigne dans le corps gras, la pompe Fixary, la machine Westinghouse, etc.

Un principe nouveau, d'une efficacité remarquable, et qui a été employé par divers constructeurs, a été appliqué par M. L.-D. Girard. On injecte, à l'aide d'une pression suffisante, un courant dynamique d'huile, ou même d'eau additionnée de glycérine, pour prévenir la gelée. Le liquide s'échappe entre les surfaces frottantes, en les écartant, par sa pression, d'une quantité pour ainsi dire inappréciable, mais capable cependant de détruire l'adhérence. Les corps ne sont plus alors à proprement parler en contact, et le glissement n'est plus celui d'un solide sur un autre, mais d'un métal sur une couche liquide. Son coefficient se trouve par là réduit à une valeur absolument minime.

On obtient d'excellents résultats en graissant dans la vapeur. On verse alors le lubrifiant par petits jets, ou goutte à goutte, sur le trajet du fluide moteur. L'huile se trouve finement divisée, et portée par la vapeur elle-même dans toutes les parties où pénètre celle-ci. Le graissage est alors excellent ; mais la quantité de matières grasses entraînées au condenseur se trouve augmentée.

Il peut arriver que par suite de quelque oubli, de quelque négligence dans le service du graissage, ou bien par l'obstruction accidentelle des petits canaux amenant l'huile, des pièces commencent à chauffer. Dans ce cas, on doit tout d'abord les arroser avec une petite quantité d'eau, pour les refroidir doucement sans déterminer un changement trop brusque de température, puis on en verse davantage jusqu'à complet rafraîchissement. Il est bon, à cet effet, de ménager à l'avance, dans le voisinage des machines, des robinets au-dessus des parties les plus menacées, ou de disposer des lances d'eau sous pression.

M. N.-J. Raffard a proposé, en vue de cette circonstance, d'adapter sur les points dangereux, un petit cylindre en métal fusible, destiné à couler en cas d'échauffement. Un poids placé au-dessus de ce cylindre déterminerait par sa chute le contact de deux pièces métalliques reliées à une sonnerie électrique, dont la mise en train annoncerait l'échauffement qui se produit (*fig.* 407).

Des appareils de graissage.

405. Par suite de l'emploi de machines à vapeur à hautes pressions ou à grandes vitesses, et par la mise en usage de distributeurs destinés à obtenir le meilleur rendement possible de la vapeur, la question du graissage dans les machines, et celle des appareils le répartissant dans les organes, devient, chaque jour, plus importante.

Les constructeurs de machines recherchent des graisseurs faciles à installer et offrant une sécurité de service qui mette leurs machines à l'abri des arrêts onéreux.

Les industriels, eux, demandent à leurs appareils de lubrification, de produire économiquement un bon graissage, afin d'éviter toute perte de force et de pouvoir employer les huiles de qualité supérieure, qui sont nécessaires pour le bon entretien des pièces de la machine.

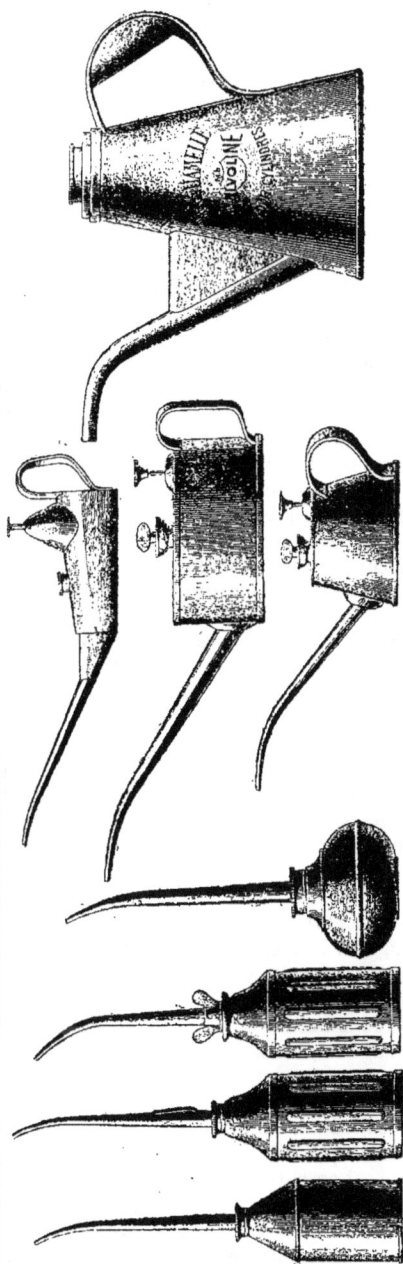

Fig. 408. — Différents types de burettes employées pour le graissage des machines à vapeur.

Enfin les mécaniciens, conducteurs des machines, réclament des appareils dont le fonctionnement et la surveillance soient aussi faciles que possible. Il faut donc qu'un graisseur présente des commodités de remplissage et de réglage, qu'il débite l'huile d'une façon automatique et continue, enfin, qu'il permette, à chaque instant, de faire varier dans de grandes limites le débit.

406. *Burettes.* — L'instrument indispensable au mécanicien-conducteur d'une machine est la burette (*fig.* 408). Il s'en sert soit pour verser, au moment opportun, quelques gouttes d'huile dans un petit orifice appelé *œil*, qui conduit aux parties à graisser, soit pour remplir les godets ou vases graisseurs qui débiteront automatiquement le lubrifiant.

Il faut une certaine habitude pour graisser sans perdre inutilement la matière lubrifiante, sans oublier aucune des surfaces frottantes et sans s'exposer à être blessé quand on graisse la machine en marche. Il faut y aller avec beaucoup de prudence, s'occuper d'abord de se placer de manière à ne pas être atteint par les organes en mouvement ; ne pas passer entre eux et se contenter des passages que le constructeur a dû ménager pour la facilité du graissage.

Afin de n'oublier aucun des yeux ou réservoirs, le mécanicien les remplit à la suite, toujours dans le même ordre, en les comptant et en appelant leurs numéros d'ordre : au bout de quelques jours, le conducteur en connaît le nombre par cœur, et si ce nombre diffère de celui des yeux et réservoirs emplis, les oublis sont manifestes.

407. *Yeux.* — L'œil est l'appareil de graissage le plus simple : il consiste tout simplement en un trou cylindrique qui conduit la matière lubrifiante sur les surfaces en mouvement. La partie extérieure de ce trou affecte la forme conique, évidée qu'elle est en entonnoir, et que l'on a obtenue à l'aide d'une fraise ou d'un alésoir.

C'est sur les yeux que l'on installe les procédés automatiques de graissage, consistant soit en godets, soit en vases graisseurs, et dont nous nous occuperons plus loin.

408. *Paliers-graisseurs.* — Le plus simple des paliers-graisseurs est évidemment le palier ordinaire, dans lequel on se contentait de percer un œil au travers du chapeau et du coussinet jusqu'à la rencontre de l'arbre. L'huile était versée par petite quantité et souvent dans cet œil ; les soins et l'attention que nécessitait ce genre de graissage étaient, pour les industriels, une cause continuelle de dépenses d'entretien et de matières lubrifiantes. Avec cette installation, le graissage n'est pas régulier : au moment où l'on vient de verser de l'huile, il est trop abondant, et le liquide se répand hors du palier ; au bout de quelques tours, l'huile est épuisée, et, si l'on ne vient à temps pour en renouveler la provision dans le conduit de l'œil, le frottement peut amener des grippements.

Pour recueillir, et aussi pour empêcher l'huile qui s'écoulait hors du palier de venir tout graisser en tombant à terre, on était obligé d'installer des récipients sous les paliers. Ces récipients étaient soit rapportés, soit venus de fonte avec la semelle du palier.

On a donc été conduit à rechercher une autre manière de graissage et à installer des réservoirs d'huile dans le corps même du palier, et c'est à ce mode particulier d'installation que l'on donne plus particulièrement le nom de palier-graisseur. Il est évident que ce genre de palier réunit à des degrés plus ou moins grands les qualités d'économie, de propreté et de bon graissage que l'on peut désirer.

Dans tous les paliers-graisseurs, l'huile qui a passé dans le coussinet retombe dans deux boîtes en forme de coquilles fondues avec le corps du palier, et qui prolongent le réservoir d'huile extérieurement à la portée.

Les paliers-graisseurs, suivant le principe auquel se rattachent les moyens employés, peuvent se classer en quatre catégories.

Pour la première catégorie, ce principe consiste à faire baigner dans le réservoir d'huile, la partie même de l'arbre, ce qui oblige à avoir sur les arbres autant de parties renflées que de portées, d'où fabrication des arbres très coûteuse, perte de travail moteur résultant de l'augmentation du diamètre des parties flottantes, montage et démontage rendus plus difficiles.

Dans la deuxième catégorie, l'huile est élevée du réservoir inférieur et répandue sur le tourillon par un organe quelconque : chaînette, rondelle, bague, vis, etc.; cet organe se place au milieu du coussinet qui est ainsi divisé en deux parties; l'ajustement est plus coûteux et l'assise du coussinet moins grande.

L'arbre, dans les paliers de la troisième catégorie, est en contact, par sa génératrice inférieure avec un frotteur circulaire, galet en métal maintenu appuyé contre l'arbre par un contrepoids ou un ressort, ou bien flotteur cylindrique en bois, en liège ou en métal mince qui plonge en partie dans l'huile et qui, dans le mouvement de rotation que lui imprime la friction de l'arbre dépose l'huile à la surface de la fusée.

Les trois catégories que nous venons d'examiner présentent un inconvénient très grave, celui d'agiter l'huile plus ou moins fortement, de produire un courant excessivement abondant et de provoquer ainsi, par cette agitation et par ce contact si développé avec l'air ambiant, un épaississement et une oxydation très rapides, qui augmentent singulièrement la résistance au mouvement et obligent à renouveler fréquemment la matière lubrifiante.

Les paliers de la quatrième catégorie sont les paliers graisseurs à mèches. Dans ces appareils, on utilise la propriété qu'ont les matières poreuses, telles que les textiles, les végétaux ou les faisceaux de tubes fins ou de lames très rapprochées, d'attirer dans leurs vides capillaires les liquides qui les mouillent et dans lesquels ils sont plongés; ces liquides s'élèvent au-dessus de leur niveau à une hauteur qui dépend de la finesse des espaces capillaires.

L'huile est ainsi amenée par la capillarité de la mèche, au contact de l'arbre qui l'entraîne et produit ainsi sur la mèche une espèce d'aspiration qui oblige l'huile à monter d'une manière régulière et à remplacer au fur et à mesure celle qui s'est écoulée hors du coussinet.

Ce procédé de graissage, dans les paliers, est certainement l'un des meilleurs : l'huile qui est contenue dans le réservoir ne subit aucune agitation ; les impuretés qui peuvent pénétrer dans le réservoir se précipitent au fond et ne sont pas ramenées sur le coussinet; la matière lubrifiante reste très longtemps fluide et limpide ; elle est amenée sur la portée en quantité largement suffisante mais non surabondante, et proportionnée à la vitesse de l'arbre. Cependant, il arrive que, à la longue, les mèches de coton, de bambous, d'amiante, ou métalliques, employées dans cette disposition, s'encrassent et ne donnent plus passage à l'huile dans leurs conduits capillaires ; il suffit alors de changer la mèche et de remplacer l'ancienne par une neuve.

Après toutes ces notions générales sur les paliers-graisseurs, nous allons signaler les types principaux de ces appareils en usage.

Le *palier Avisse*, un des premiers en date, repose sur ce principe de faire baigner l'arbre dans un bain d'huile. Seulement, pour y arriver, il faut naturellement grossir le tourillon à l'endroit des portées, pour qu'il puisse rencontrer le niveau de l'huile contenue dans un réservoir qui a nécessité l'ouverture du coussinet inférieur. Il se produit un double graissage qui se fait à la partie supérieure, parce que les collets de l'arbre, qui sont d'un diamètre plus grand que le tourillon, entraînent de l'huile.

L'emploi de ce système rend l'établissement des arbres relativement coûteux, à cause de la main-d'œuvre supplémentaire, et le déplacement des paliers est rendu presque impossible.

La compagnie des chemins de fer du Midi emploie, pour ses chariots roulants pour wagons, un palier graisseur du genre Avisse. Le graissage est fait par les collets des tourillons, lesquels présentent des cavités qui s'emplissent d'huile à la partie inférieure du palier et déversent le liquide à la partie supérieure, dans une rainure de la coquille supérieure du coussinet. Dans cette disposition, l'inconvénient résultant de l'agitation de l'huile est moins grave, car les chariots roulants n'ont qu'une

vitesse de marche qui n'est pas considérable.

Dans le *palier Decoster*, *à bague fixe* sur
l'arbre, l'arbre est graissé automatiquement pendant qu'il est en mouvement. La
fusée est cylindrique, du même diamètre
que l'arbre, et reçoit une rondelle ou
disque, venue de forge ou simplement
rapportée, qui vient chercher l'huile dans
le réservoir ménagé dans le bas du palier.
Cette bague, plongeant ainsi dans l'huile
en ramène une certaine quantité à la surface de l'arbre. Presque toujours, le coussinet est divisé en deux parties pour
laisser passer ce disque. Ce palier est bon
pour les petits arbres à grande vitesse, à
la condition d'employer une huile parfaite.
Si la vitesse est petite, le graissage est

insuffisant ; si l'huile est mauvaise, elle se
transforme rapidement en camboui par le
fait de l'agitation du liquide et de l'oxydation rapide du lubrifiant qui se produit
dans ce cas.

Le *palier Vaissen-Regnier*, *à bague
mobile* sur l'arbre est du même genre que
le palier Decoster et bon pour le même
usage. Une bague métallique d'un diamètre beaucoup plus grand que celui de
l'arbre, est passée autour de celui-ci. Cette
bague repose sur le tourillon et trempe par
sa partie inférieure dans un bain d'huile.
L'entraînement de la bague a lieu dès que
la surface de l'arbre n'est plus suffisamment lubrifiée et que, par suite, le frottement entre la bague et l'arbre augmente.
Ce dispositif a l'avantage de permettre de

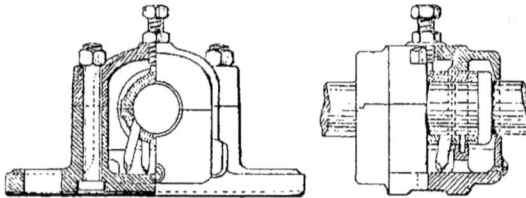

Fig. 409. — Palier graisseur à rotins.

ne couper que le coussinet supérieur, le
coussinet inférieur étant en entier compris dans l'intérieur de la bague.

Le *palier double graisseur Boudin-Var-
let*, à mèche en coton, repose sur l'avantage que présente les fibres du coton, dont
la capillarité est très grande. C'est cette
capillarité qui agit pour faire monter
l'huile à une certaine hauteur ; le liquide
est puisé dans le réservoir inférieur du
palier, et amené au contact de l'arbre qui
l'entraîne dans sa rotation en le distri-
buant sur toute la longueur de la fusée.
L'excédent retombe dans le réservoir et
il s'en perd ainsi fort peu. Dans ce palier
les limailles et les poussières restent dans
le fond du réservoir d'huile ; cette installation peut rester très longtemps sans nettoyage, d'où une notable réduction de

main-d'œuvre, d'entretien, et par suite de
chances d'accident.

Ces mèches en coton ont été remplacées
par des bouts de rotins, dans le *palier
graisseur à rotins*, que représente la figure
409.

Les appareils auto-graisseurs de cette
fabrication sont basés sur un système
d'alimentation, par capillarité et aspiration pneumatique. L'agent conducteur de
l'huile est du jonc ou rotin de l'Inde implanté par petits bouts dans le coussinet
à graisser, qu'il traverse de façon à venir
en contact intime avec l'arbre à lubrifier,
son extrémité opposée plongeant dans
l'huile contenue dans un réservoir convenablement disposé.

Le fonctionnement de cet appareil est
tout simple : quelque temps après le rem-

plissage du réservoir, selon la longueur du rotin en rapport avec la dimension du palier, l'huile, montant par les conduits capillaires, est parvenue à l'extrémité du jonc en contact avec l'arbre et y forme un joint hermétique en amorçant le rotin. L'arbre, en tournant, entraîne l'huile et produit une succion énergique du fait de l'action de la pression atmosphérique

Dans le *palier graisseur à mèche métallique, système Piat et fils* (fig. 410), la mèche de coton ou le rotin est remplacée par une mèche formée au moyen d'une feuille mince de laiton repliée un certain nombre de fois sur elle-même, en composait ainsi un faisceau de lames métal-

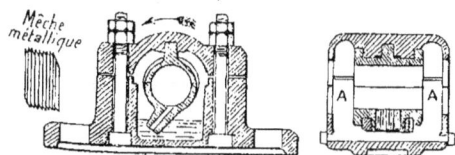

Fig. 410. — Palier graisseur Piat et fils, à mèche métallique.

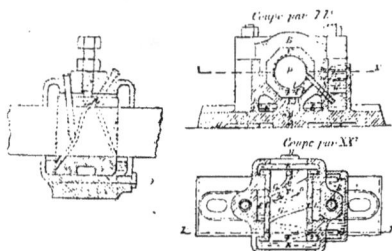

Fig. 411. — Palier graisseur Hignette.

L'huile lubrifie ainsi l'arbre en divers points à la fois, se répartit le long du coussinet, puis retombe par ses extrémités dans le réservoir. Aucune huile ne se répand en dehors de la cage, d'où propreté de l'appareil et économie de lubrifiant. Aucune oxydation n'est non plus à craindre, le liquide n'étant pas agité.

liques très rapprochées. Cette mèche est contenue dans une gaîne rectangulaire ménagée dans le coussinet inférieur ; son contact épouse la forme du tourillon contre lequel elle est poussée légèrement par un petit ressort fixé sous le coussinet. L'huile monte par la capillarité, absolument comme dans les autres systèmes de

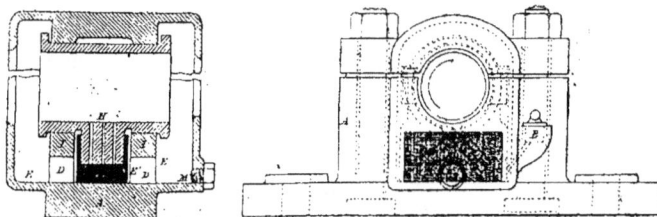

Fig. 412. — Palier graisseur Chataignier, avec filtre.

mèches ; les plis de la feuille métallique sont cependant légèrement ouverts, de manière que toute obstruction soit impossible. L'usure de la mèche sur l'arbre est pour ainsi dire nulle, et lorsqu'elle est encrassée, il suffit de la retirer du palier, de la passer dans un bain de potasse pour obtenir une pièce pour ainsi dire neuve.

L'inclinaison donnée à la mèche a pour résultat de fournir un graissage un peu meilleur lorsque l'arbre tourne dans le sens indiqué sur la figure par la flèche, que lorsqu'il est animé d'un mouvement de rotation en sens contraire.

Le principe du *palier-graisseur Hignette*, que représente la figure 411, est que l'huile est entraînée, dans la rotation de l'arbre, par un effet mécanique, de bas en haut, en suivant une rainure hélicoïdale faite dans le coussinet. Un réservoir fixe, placé à la partie inférieure du coussinet, contient l'huile et l'une des extrémités de la rainure plonge, soit directement, soit par l'intermédiaire d'un tube qui la prolonge dans la cuvette contenant le lubrifiant. L'arbre, en tournant, aspire le liquide, qui, suivant la rainure, vient graisser toutes les parties de l'arbre. Pour avoir un bon graissage, il faut avoir soin, en l'emplissant à la mise en route, d'amorcer la rainure d'huile. On peut obtenir cet amorçage automatiquement en installant un deuxième réservoir latéral relié au pre-

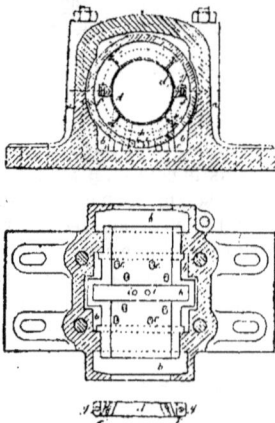

Fig. 413. — Palier graisseur à rotins et à collier d'alimentation.

mier par un tube trop plein et qui sert en même temps de tube amorceur.

Dans son système de palier graisseur, M. Chataignier se sert de la capillarité en appliquant en outre le principe pneumatique, et cela sans mèche ni conducteur quelconque. Le coussinet inférieur de ce palier, que donne la (*fig.* 412), est percé de petits trous H, assez petits pour être capillaires, mais assez grands pour livrer un passage suffisant à l'huile appelée et entraînée par l'arbre. De plus, M. Chataignier établit un filtre autour du réservoir central dans lequel aboutissent ces petits conduits capillaires. L'huile qui remplit

le palier est versée extérieurement par le godet B, qui communique avec un premier réservoir EE. De cette cavité, pour passer dans la capacité où les petits trous H viennent puiser l'huile de graissage, le liquide est obligé de traverser la toile métallique C qui fait office de filtre : les impuretés contenues dans l'huile, ainsi que les poussières qui auraient pu pénétrer dans l'intérieur de ce palier, ne viennent donc pas obstruer les conduits du lubrifiant. Comme dans les autres paliers, l'huile qui a circulé entre l'arbre et le coussinet retombe dans le premier réservoir d'où elle ne peut resservir qu'en étant filtrée à nouveau.

La société pour l'exploitation d'engins graisseurs à alimentation pneumatique a établi un système de *paliers graisseurs à rotins et à colliers d'alimentation* dans lequel se combine le graissage par rotins et celui par disque monté sur l'arbre.

La cage du palier (*fig.* 413) forme réservoir à huile *b* dans lequel plonge le bout des rotins *c* enfilés et maintenus dans des cavités pratiquées au travers de la partie inférieure du coussinet. Ces rotins assurent déjà le graissage par capillarition et appel pneumatique de l'huile, ainsi que nous l'avons expliqué dans le palier à rotins. Sur l'arbre, est monté un collier *d* qui supporte des aubes obliques *e*, et qui tourne en même temps que l'arbre dans une gorge à huile *h* pratiquée dans le coussinet, de façon que les aubes, en plongeant alternativement dans le lubrifiant, en recueillent une certaine quantité qui, par le mouvement de rotation de l'arbre, vient se répandre sur le tourillon.

Ce système a pour avantage de mettre le graissage en marche dès les premiers tours de l'arbre, c'est-à-dire pendant que les rotins se mettent en fonction.

409. *Paliers graisseurs verticaux.* — Les arbres verticaux peuvent, comme les arbres horizontaux, être maintenus par des paliers ordinaires fixés le long des murs ou des piliers ; le graissage se pratique en faisant égoutter l'huile sur la joue supérieure du coussinet creusée, à cet effet, en forme de rigole circulaire. Comme les arbres verticaux participent généralement au mouvement d'arbres horizontaux, par l'intermédiaire d'engrenages, il est utile de pouvoir rectifier leur montage lorsque, par suite de l'usure des coussinets ou de mouvements des supports, il s'est produit une variation dans

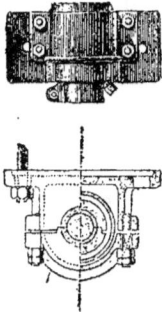

Fig. 414.— Palier graisseur Piat, pour arbre vertical.

la position de l'axe; au lieu de paliers analogues à ceux des arbres horizontaux on emploie, alors, un organe spécial appelé *boitard*.

Il se compose d'une boîte rectangulaire ou ronde, en fonte, fixée au plancher par

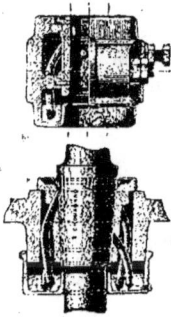

Fig. 415. — Palier graisseur à rotins, pour arbre vertical.

quatre boulons, renfermant deux demi-coussinets, en métal ou en bois dur, dont on règle l'approche sur l'arbre au moyen de vis munies de contre-écrous. Le graissage a lieu par la partie supérieure, que l'on doit recouvrir d'une plaque pour

préserver le coussinet de la poussière. Ces dispositions du boitard ont pour inconvénient d'obliger à renouveler l'huile très souvent et à prendre des précautions spéciales de propreté.

On a donc été conduit à établir des paliers graisseurs pour arbres verticaux.

Dans le *palier système Piat* (*fig.* 444) le corps du palier est cylindrique; il est garni d'une douille en bronze servant de coussinet; le corps et la douille plongent presque entièrement dans un godet cylindrique enfilé sur l'arbre, sur lequel il est fixé par un boulon de serrage; à cet effet, le collier du godet est fendu d'un côté seulement, et porte deux brides dans lesquelles pénètre le boulon. Le godet contient de l'huile jusqu'à une certaine

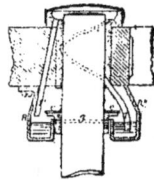

Fig. 416. - Palier graisseur Hignette, pour arbre vertical.

hauteur, et la communication de ce godet avec l'intérieur du palier est assurée par un trou percé un peu au-dessous du niveau de l'huile; cet appareil est complété par une rainure en hélice pratiquée a l'intérieur et sur toute la hauteur du coussinet. Elle aboutit à une gouttière creusée dans l'épaulement qui surmonte le coussinet.

Le fonctionnement de ce palier est simple : l'arbre entraîne, dans sa rotation, le réservoir d'huile; le coussinet et son hélice restent fixes; celle-ci sert de ramasseur et l'huile se trouve refoulée jusqu'au sommet du coussinet, où elle se répand dans la gouttière, et de là, retombe dans le réservoir par un trou latéral.

On emploie aussi le *palier à rotins*, disposé comme le montre la figure 415, pour le graissage des arbres verticaux. Le réservoir d'huile se trouve à la partie inférieure du palier et des rotins, plongeant dans le liquide, le conduisent sur toute la longueur du tourillon. Le retour de l'huile y est absolument garanti par des gorges de retour et, au besoin, par des collerettes ou lanières fixées sur l'arbre, entre le coussinet et les bords des réservoirs.

Dans le *palier graisseur Hignette*, pour arbres verticaux (*fig.* 416), une hélice est gravée en creux dans toute la hauteur du coussinet; la partie inférieure de cette hélice est prolongée par un petit tube, qui prend l'huile dans le réservoir placé à la partie inférieure du palier. Par suite de la rotation de l'arbre, et de la capillarité, l'huile, entraînée, parcourt toute la longueur du tourillon en suivant l'hélice et vient aboutir dans une gorge

circulaire placée sur la partie supérieure du coussinet; de là, elle retombe, par un

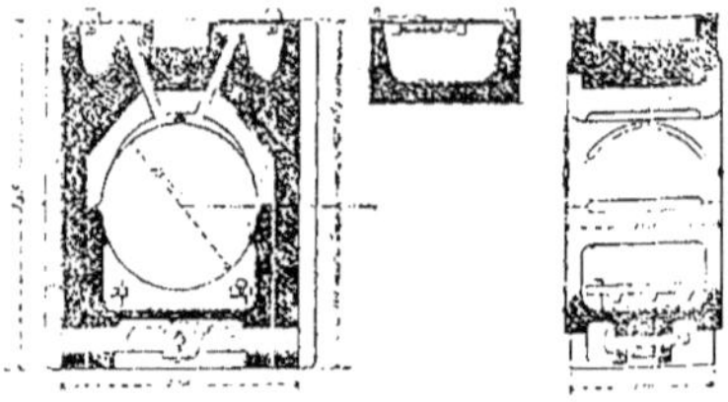

Fig. 417. — Boîte à graisse à siphon d'huile.

tube de retour, dans le réservoir inférieur.

410. *Boîtes à graisse.* — Les boîtes à

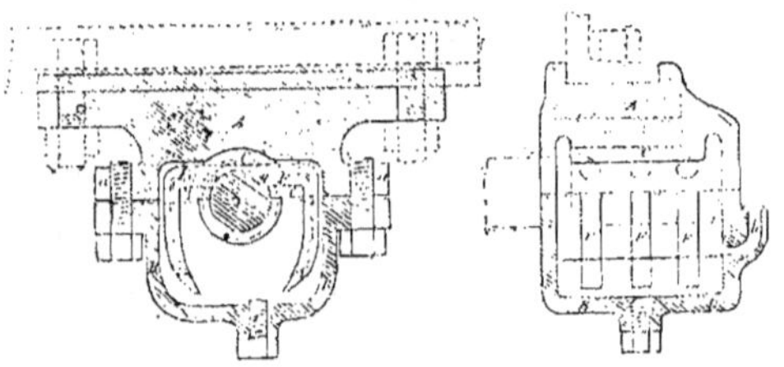

Fig. 418. — Boîte à graisse à rotins.

graisse affectent la forme d'un anneau qui enveloppe la fusée de l'essieu lorsque le châssis du wagon est intérieur, et celle

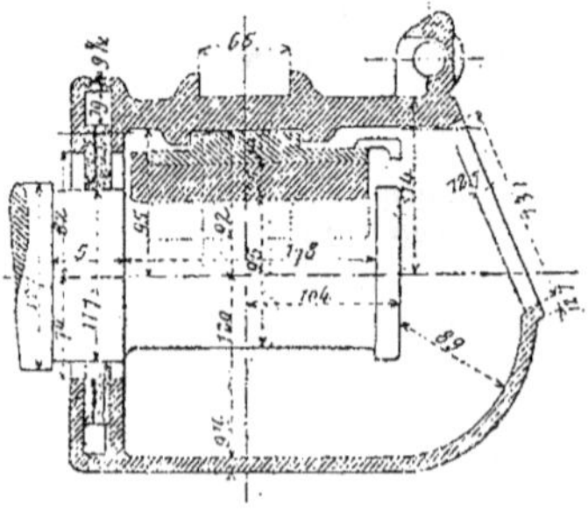

portent un réservoir qui sert de réceptacle à l'huile ou à la graisse qui doit lubrifier la fusée de l'essieu pendant le mouvement. Ce réservoir est placé à la

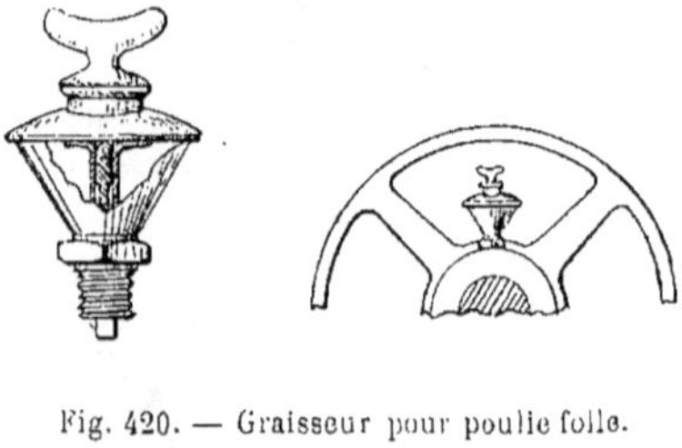

Fig. 419. — Boîte à graisse américaine.

Fig. 420. — Graisseur pour poulie folle.

partie supérieure de la boîte, et communique par deux lumières avec des trous semblables percés dans le coussinet et qui donne accès au lubrifiant sur la

d'une boîte fermée sur cinq de ses faces, lorsque le châssis est extérieur et que la fusée forme l'extrémité de l'essieu. Elles fusée de l'essieu. Il importe que le réservoir soit bien fermé par un couvercle à charnière ou à coulisse, pour empêcher le sable de la voie et la poussière d'y pénétrer.

Quand la graisse est employée, c'est la chaleur engendrée par le frottement qui la fait se liquéfier et descendre entre les parties frottantes. Lorsque l'huile est employée, il est bon de munir le réservoir d'un siphon, comme l'indique la figure 417.

On peut aussi mettre en usage le système qu'emploie M. Decauville, et que donne la figure 418. C'est l'application du graissage par rotins aux boîtes à graisse. L'huile est versée dans un réservoir placé à la partie inférieure de la boîte, et des rotins recourbés viennent chercher ce liquide pour le conduire, par leur porosité, sur la fusée de l'essieu.

Enfin, la figure 419 est la coupe de la boîte à graisse la plus communément employée par les chemins de fer américains.

Dans cette boîte, l'espace vide situé au-dessous et en avant de la fusée se trouve rempli de déchets de laine imbibés d'huile, qui, étant en contact avec la partie inférieure de la fusée, en assurent le graissage.

De temps en temps, on visite ces déchets, et on les remue, de façon d'en amener une autre portion au contact de l'essieu ; au besoin, on ajoute un peu d'huile fraîche.

On emploie généralement dans ces boîtes un pétrole désigné sous le nom d'*huile de pins*, dont le point d'inflammation est à 177 degrés.

411. *Graissage des poulies folles.* — On s'est contenté, longtemps, pour le graissage des poulies folles, d'un simple œil percé au travers du moyeu et aboutissant sur le tourillon de l'arbre, dans lequel on versait de temps en temps quelques gouttes d'huile. Mais comme ce liquide s'échappe facilement d'entre les surfaces frottantes, on en a été amené à installer un graisseur sur cet œil, comme le montre la figure 420. Il faut, bien entendu, que le couvercle de ce récipient soit fixé d'une manière ferme au godet graisseur, sans quoi, la force centrifuge

développée par la rotation de l'arbre aurait vite fait de le détacher. De même, il est nécessaire, pour la même cause, que le graisseur soit lui-même fixé d'une manière solide au moyeu, et pour cela, on le visse dans l'œil au lieu de l'entrer à frottement doux.

Le graissage à l'aide de rotin peut aussi être employé. Le moyeu de la poulie folle (*fig.* 421) contient un réservoir circulaire dans lequel on introduit de l'huile par un petit regard fermé d'une vis. Des rotins, enfilés au travers du coussinet, plongent dans le bain d'huile, et, par l'effet de la capillarité de leurs conduits, l'huile, aspirée par le mouvement de l'arbre vient continuellement le lubrifier.

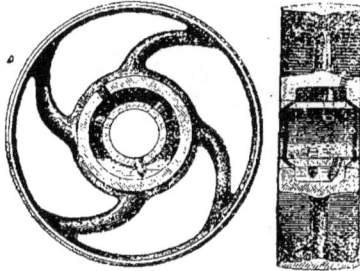

Fig. 421. — Poulie folle à graissage par rotins.

Il faut avoir soin de n'emplir le réservoir d'huile que jusqu'au niveau de la bague intérieure, pour que la poulie ne puisse pas baver étant au repos.

Un procédé original de graissage est celui qu'a inventé M. Egli sous le nom de graisseur tubulaire de poulies folles.

Cet appareil, que représente la figure 422, se compose d'un récipient tubulaire de métal qui peut être établi en une ou plusieurs pièces et qui est destiné à recevoir le lubrifiant ; ce réservoir est recourbé sur une demi-circonférence à peu près, de manière à s'adapter sur le moyeu de la poulie à laquelle il doit être appliqué, et l'une de ses extrémités est coudée à angle droit, de façon à pénétrer dans l'œil du moyeu ; un mastic ou une garniture quelconque, assure l'étanchéité du joint.

L'autre extrémité du récipient porte un bouchon vissé renfermant une soupape régulatrice qui ne laisse entrer l'air que lentement, et juste en quantité suffisante pour les besoins du graissage ; un ressort à boudin dont on peut faire varier la tension permet de régler le jeu de cette soupape.

En disposant convenablement le récipient tubulaire du graisseur, par rapport au sens de rotation de la poulie, l'huile qu'il contient se trouve, par le fait même de cette rotation, chassée vers le bec recourbé qui pénètre dans le moyeu, où

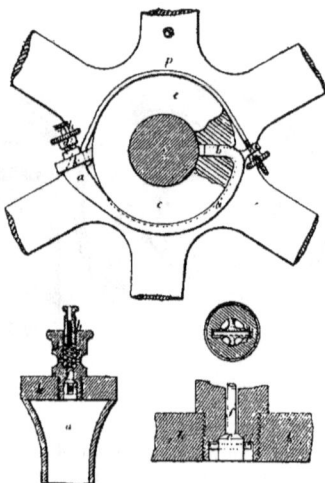

Fig. 422. — Graisseur tubulaire Egli pour poulies folles.

elle est, en outre, de plus en plus constamment appelée à cause du vide que tend à produire l'écoulement continuel de l'huile entre l'arbre et la poulie.

D'autre part, la soupape régulatrice, mentionnée plus haut, ne laisse rentrer d'air que peu à peu, par l'effet du ressort dans le réservoir tubulaire, et ralentit ainsi l'écoulement du liquide qui se produit alors d'une façon régulière et sans aucune projection de matière grasse en dehors de l'appareil ; le graissage est ainsi assuré pour une durée correspondant à la capacité du tube recourbé, qui peut varier avec les dimensions des poulies. La figure

422 montre cet appareil, avec le détail de la soupape de rentrée d'air, celui de l'embase du clapet de cette même soupape.

Vases et godets graisseurs.

412. Le peu de capacité que présentent les *yeux*, pour le graissage des parties frottantes, nécessite, de la part du mécanicien chargé de la conduite d'une machine, une grande attention à ce que le manque de lubrifiant ne vienne pas occasionner des échauffements, puis des grippements.

Pour parer à ce grave inconvénient, on a donc été tout naturellement conduit à installer au-dessus de ces yeux des vases

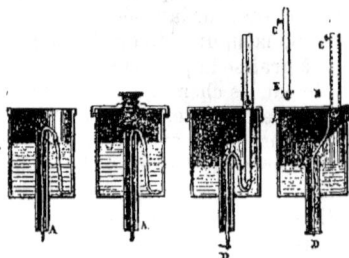

Fig. 423. — Godet graisseur à syphon ou à mèche.

ou godets contenant la matière destinée au graissage, et dont l'écoulement se faisait peu à peu. Si l'on s'était contenté de placer ainsi un récipient quelconque auquel on aurait fait une simple ouverture communiquant avec l'œil, il est évident que le lubrifiant, pour peu qu'il fût un peu fluide, n'aurait pas mis grand temps à s'écouler. De là, le grave inconvénient d'une dépense considérable, et aussi l'ennui résultant d'une arrivée excessive d'huile ou de graisse. Il faut donc n'employer que des appareils qui ne permettent qu'un écoulement lent de la matière lubrifiante.

Pour l'emploi des graisses solides au graissage des surfaces tournantes, le récipient que l'on place au-dessus de l'œil ne présente qu'une seule capacité à laquelle on donne ordinairement la forme d'un entonnoir, dont le col est traversé par un tube métallique, qui, traversant également l'œil, repose sur l'arbre. La chaleur produite par le frottement de l'arbre dans les coussinets se transmet par ce tube au réservoir de graisse et fait fondre celle-ci sur son contour.

113. *Godet à siphon.* — Pour l'application des huiles et des graisses liquides, on se sert d'un appareil très simple, fonctionnant d'une manière continue, et qui repose sur le principe du siphon.

Un godet, représenté en coupe, figure 423, porte un tube A ouvert par les deux bouts, qui s'élève jusqu'à une certaine hauteur au-dessus de son fond ; on verse de l'huile dans le godet, et on prend une mèche de coton que l'on imbibe, au préalable, d'huile ; après, on la passe dans le tube A, et on la fait retomber dans l'huile. Cette mèche forme siphon en vertu de sa capillarité, et l'huile s'écoule par son extrémité inférieure sur la pièce à graisser, avec une vitesse qui dépend de la longueur, de la grosseur et du plus au moins de compacité de la mèche.

Afin de pouvoir descendre la mèche dans le tube, comme elle manque de rigidité, on lui incorpore un bout de fil de fer, ou bien on fait la mèche en double et

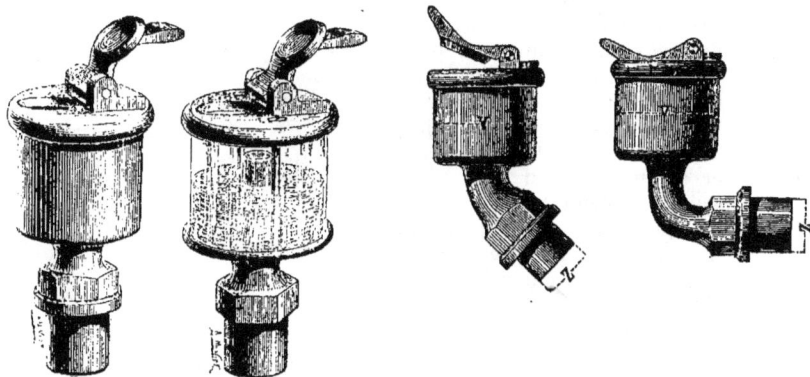

Fig. 424. — Différents genres de godets graisseurs à fermeture hermétique.

on la prend en son milieu dans l'œil d'une petite pince également en fil de fer, qu'on peut faire soi-même.

La mèche doit être proportionnée à la grosseur intérieure du siphon ou tube et le remplir, mais librement, c'est-à-dire sans que les brins y soient serrés ; trop grosse, elle ne laisserait pas descendre l'huile, et elle boucherait le siphon. Il importe encore que les brins de la mèche ne soient pas tordus, qu'ils restent parallèles entre eux, et que la mèche ne soit pas trop longue. Si elle remplit le godet ou si elle nage dans l'huile, elle en diminue la capacité. Il faut, enfin, que la mèche atteigne les surfaces frottantes, sans cependant les toucher, car elle serait en-

traînée et pourrait alors produire des grippements.

Cette disposition de godet à mèche a le grand inconvénient d'être continu, c'est-à-dire que le graissage se fait aussi bien lorsque la machine marche que lorsqu'elle ne fonctionne pas. On a eu recours à divers artifices pour obvier à cet inconvénient qui amène une grande déperdition de liquide.

Pour éviter que le graissage ne se continue quand il n'est plus utile, on arrête l'écoulement de l'huile en appuyant, comme le représente la deuxième disposition de la figure 422, sur l'ouverture supérieure du tuyau A une vis qui traverse le couvercle du godet.

On peut remplacer cette vis par la disposition représentée sur les deux dernières coupes de la figure 422 : cette disposition consiste dans l'emploi d'une tringle métallique, mobile dans une coulisse, et à laquelle on fixe en E l'extrémité supérieure de la mèche; lorsque l'on veut que l'écoulement de l'huile cesse, on soulève la tringle, en la saisissant par le bouton C, jusqu'à ce que la mèche ne trempe plus dans le liquide. L'extrémité inférieure de la mèche est traversée par un petit fil de métal, qui est arrêté en D, et qui peut servir, plus tard, lorsqu'elle est encrassée ou usée, à la retirer.

La disposition de graisseur à siphon ou à mèche est surtout employée pour des organes restant fixes. Si l'on veut se servir de ce système pour des parties animées de mouvements tant soit peu rapides, on est obligé de munir les récipients de couvercles les fermant hermétiquement pour éviter les projections d'huile surtout, et aussi empêcher les poussières de pénétrer à l'intérieur du graisseur. Généralement, dans ce but, la partie supérieure des récipients est munie d'un petit couvercle à ressort, que l'on peut ouvrir facilement à l'aide du bec allongé dont il est muni. Ces graisseurs se font à corps métalliques ou bien avec enveloppes de verre ; on peut leur donner différentes formes (*fig.* 424), de manière à s'en servir dans toutes les positions : horizontales, verticales ou inclinées.

M. Schmidt a établi un genre de graisseur à mèche d'une grande simplicité, qui permet de régulariser la consommation d'huile.

Dans ce graisseur, que donne la figure 423, un tube central A passe dans le bouchon en bois B servant à fermer hermétiquement le récipient en verre C rempli d'huile.

La partie supérieure du tube A est fermée par le bouchon *a* une fois la mèche D placée à l'intérieur ; le tube A porte, en outre, une ouverture E laissant la mèche à nu et en contact avec l'huile.

Un second tube F, faisant corps avec une molette *f*, afin d'en faciliter la manœuvre, est monté à friction sur la partie supérieure du tube A et est muni également d'une ouverture G en rapport avec l'ouverture E ; il est facile de comprendre qu'en tournant le tube F, à l'aide de la molette *f* sur le tube A, les deux ouvertures se trouvant plus ou moins superposées, alors on couvre où l'on découvre plus ou moins la partie de la mèche en contact avec l'huile et, par là, on arrive à régler le graissage à volonté.

Pour l'arrêt absolu de l'écoulement de l'huile, il n'y a qu'à tourner le tube F de manière à ce que l'ouverture E soit complètement recouverte par ce tube.

414. *Godets graisseurs avec tige filetée.* — Les inconvénients résultant de l'emploi

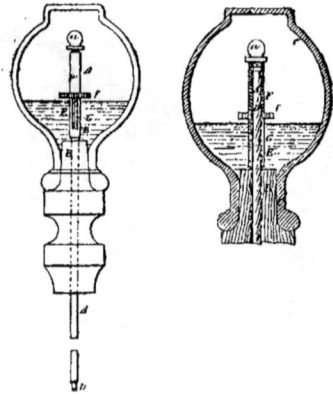

Fig. 423. — Graisseur Schmidt.

des mèches en coton qui quelquefois étaient entraînées par les pièces en mouvement, ou bien s'encrassaient avec une très grande rapidité par suite de la mauvaise qualité de l'huile employée, ont conduit à les remplacer par des tiges rigides, métalliques, qui, comme elles, sont contenues dans un fourreau formé par un tube. Pour obtenir l'écoulement de l'huile, on a fileté ces tiges sur toute leur longueur, de telle sorte que l'huile, pour aller de l'intérieur du récipient jusqu'aux surfaces à lubrifier, suit le chemin hélicoïdal déterminé par les spires de la vis. Ces tiges glissent dans l'intérieur des tubes et viennent s'appuyer sur les tourillons des arbres.

On peut donc régler le débit de l'huile en prenant des vis dont le pas sera plus ou moins grand, selon que l'on voudra que le liquide s'écoule plus ou moins vite.

Ces godets peuvent affecter différentes formes, comme le montre la figure 426. Généralement, on fait le récipient en verre, fermé complètement, de telle sorte

Fig. 426. — Différents modèles de graisseurs à tige filetée.

que l'on peut ainsi se rendre compte de la quantité d'huile qui reste dans le vase. Lorsque l'on veut les remplir d'huile, il suffit tout simplement de dévisser le chapeau qui se trouve à la partie inférieure

On peut, comme l'indique la figure 427, placer dans le récipient, autour de la tige mobile, un filtre en toile métallique, dont le but est de modérer l'écoulement et de

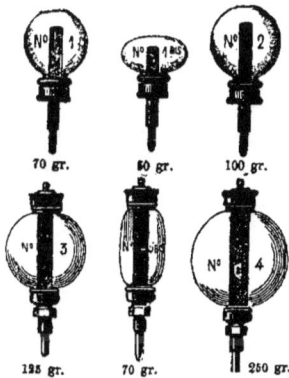

Fig. 427. — Godets graisseurs avec filtre métallique.

Fig. 428. — Graisseur centrifuge Piat, à huile, pour pièces animées d'un mouvement de rotation.

et de garnir le récipient de liquide. Comme la tige filetée porte sur l'arbre, le moindre mouvement de celui-ci produit une oscillation qui fait couler le long de la tige une quantité d'huile toujours proportionelle à la vitesse de rotation.

purifier les huiles qui seraient chargées de matières étrangères. Pour donner plus de résistance encore aux récipients, on peut les munir, à la partie supérieure, de pièces métalliques qui les consolident.

415. *Graisseur centrifuge Piat.* — Dans les pièces animées d'un mouvement de rotation, l'huile doit lutter contre la force centrifuge qui tend à l'éloigner des pièces à lubrifier. La maison Piat a imaginé un appareil dans lequel le graissage se fait automatiquement, en mettant à profit l'action de la force centrifuge.

Dans un récipient métallique ou en verre (*fig.* 428) se meut un piston qui porte une garniture étanche formée d'une rondelle de cuir. A ce piston est fixée une petite tige creuse, coulissant dans un petit presse-étoupes et par laquelle s'écoule l'huile.

Sous l'action de la force centrifuge, le piston est repoussé ; il chasse l'huile devant lui et la refoule par le tube central.

Le réglage se fait au moyen de la petite vis A, qui porte trois ou quatre encoches, et qui obstrue ainsi plus ou moins l'orifice du tube central, selon la position qu'elle occupe.

Le débit de ce graisseur étant fonction du nombre de tours par minute de la pièce sur laquelle il est monté, il est indispensable de le régler par expérience à la mise en marche.

416. *Graisseur à vis de pression.* — Ce graisseur, imaginé par M. Stauffer, en 1878, consiste en un corps cylindrique creux, muni intérieurement d'un filet, et destiné à recevoir l'huile, le pétrole, l'eau de savon, etc. Dans ce cylindre se trouve ajusté un piston à filet extérieur, et, comme les deux organes, fixe et mobile, sont reliés l'un à l'autre par le taraudage, il existe entre eux un joint presque parfait qui empêche les fuites, même avec une pression un peu forte. Dans la plupart des cas, ce piston n'est qu'une simple vis à filet triangulaire, que l'on actionne directement à la main, ce qui permet de la faire avancer ou reculer à volonté. Quelquefois même, la vis reste fixe, et c'est le réservoir à huile qui est mobile.

En serrant le piston, le liquide renfermé dans le cylindre se trouve comprimé ; il s'échappera par le trou de graissage percé ou dans le piston ou dans le cylindre. Si ce trou est en communication, par l'intermédiaire d'un tuyau, soit avec un palier, soit avec toute autre surface frottante, le lubrifiant s'y rendra forcément, par suite de la pression à laquelle il est soumis.

Dans un palier, si on tourne un peu rapidement le piston, les plus petits vides qui existent entre l'arbre et les coussinets ont beaucoup de chance de se remplir de liquide, et l'on obtient ainsi un graissage simple, s'effectuant d'une manière commode et parfaite.

Si, avec un seul graisseur, on veut des

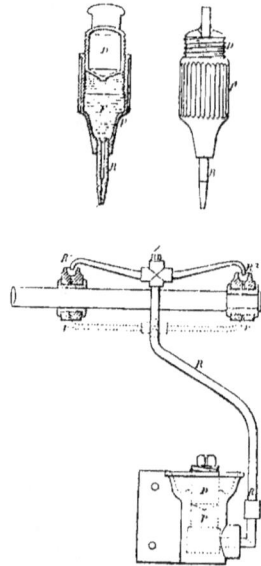

Fig. 429. — Graisseur à vis de pression, système Stauffer.

servir plusieurs organes en même temps, il suffit de mettre chacun de ceux-ci en communication par un tube avec l'appareil central ; en munissant chaque tuyau d'un petit robinet, on aura un système comparable à celui d'une conduite d'eau ou de gaz, et l'on voit que l'on pourra graisser, à volonté, telle ou telle partie d'une machine, ou toutes simultanément. Il va de soi que les dimensions de l'appareil graisseur doivent être toujours déterminées de telle façon que le graissage de tous les organes avec lesquels il communique soit suffisant ; le débit de l'huile sera, du reste, facile à régler par les robinets.

La figure 429 représente d'une part le dispositif de graissage de M. Stauffer et, d'autre part, son application à un cas de graissage multiple :

D, vis de pression, ou piston ;

P, corps de cylindrique, ou réservoir ;

F, matière grasse ;

R, tuyaux de conduite.

Le piston creux D est muni d'une manette plate ; le tuyau R, effilé au bout, est solidement emmanché à vis dans le réservoir P, cannelé extérieurement ; L'huile est introduite dans le réservoir P et, autant que possible, privée d'air ; après quoi, on remet le piston D en place. En tournant celui-ci, le lubrifiant remplit exactement tous les interstices du réservoir et du tube R ; en continuant de serrer, l'huile s'échappe sous forme d'un filet. En disposant donc l'appareil sur un palier, par exemple, le trou du chapeau, la patte d'araignée du coussinet et les espaces vides entre celui-ci et l'arbre se remplissent de liquide. Aussitôt qu'on le voit apparaître sur le bord des joues, on arrête le mouvement du piston D, pour ne pas gaspiller l'huile.

Pour l'application de ce système à un cas de graissage multiple, que représente la vue inférieure de la figure 428, il est tout naturel de penser que le premier soin à prendre avec cette disposition est de remplir d'huile le réservoir P et les tuyaux de conduite R,R'... On voit que, lorsque l'on veut lubrifier, il suffit de tourner un peu la vis D, que l'on a à cet effet pourvue d'une manette plate, pour que les extrémités R', R², des tubes donnent quelques gouttes d'huile.

Cette application peut être étendue à un plus grand nombre de graisseurs ; il suffit alors, comme nous l'avons déjà dit, de prendre un réservoir à lubrifiant de capacité suffisante pour alimenter d'un seul coup toutes les parties frottantes.

Graisseurs réglables.

417. Dans les graisseurs ordinaires, le lubrifiant destiné à adoucir le contact des surfaces frottantes s'écoule avec une grande rapidité, et le graissage n'est plus dès lors assuré, en dehors des courts moments qui suivent l'instant où l'on vient de remplir les godets, que par l'huile qui est restée adhérente aux organes en mouvement. Pour remédier en partie à cet inconvénient, on a établi des systèmes de graisseurs d'où l'huile, au lieu de s'échapper d'un seul coup du réservoir à lubrifiant, coule goutte à goutte, de manière à venir continuellement graisser les parties frottantes. C'est par le plus ou moins grand nombre de gouttes d'huile qui tombent que l'on lubrifie plus ou

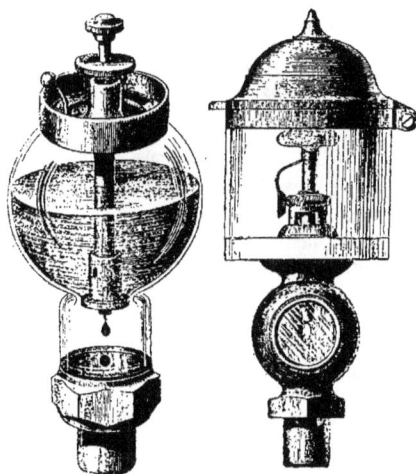

Fig. 430 — Graisseurs réglables Hamelle.

moins. La plupart des constructeurs ont même établi des modèles de ce genre d'organes dans lesquels la goutte qui s'échappe du réservoir peut être parfaitement vue, d'où le nom de *graisseur à goutte visible*.

Les godets et graisseurs réglables que construit la maison Hamelle (*fig.* 430) ont leurs réservoirs en verre montés sur cuivre ; à la partie inférieure de ces réservoirs se trouvent des parties également en verre au travers desquelles on voit tomber l'huile goutte à goutte. A la partie supérieure, ou bien dans l'intérieur du vase, se trouve un écrou molleté ou une

clé qui permet d'élever ou d'abaisser la | terminée en cône, ce qui permet de régler
tige centrale qui les traverse, tige qui est | ainsi à volonté le débit de l'huile.

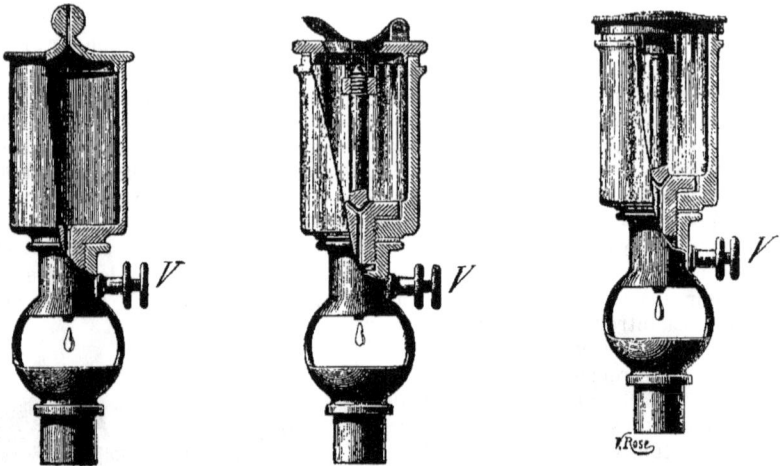

Fig. 431. — Graisseurs réglables à goutte visible de MM. Muller et Roger.

Ces graisseurs sont hermétiquement fermés, la poussière ne peut y pénétrer, et on peut ainsi s'en servir pour des organes mis en mouvement, tels que têtes de bielle, glissières, etc.

MM. Muller et Roger obtiennent le réglage de l'écoulement de l'huile au moyen d'une petite vis V placée à la partie inférieure de leurs vases graisseurs (fig. 431). Ces récipients sont établis avec réservoirs métalliques ou en verre ; à leur partie inférieure, ils sont percés intérieurement de petits trous qui aboutissent à un autre petit réservoir, d'où l'huile s'écoule par un canal dont le passage est plus ou moins réduit, selon que l'on a plus ou moins serré la vis V. Dans ces appareils, comme, du reste, dans tous ceux qui ont une enveloppe transparente, on peut facilement constater la dépense d'huile. La disposition à goutte visible, non fermée par des plaques de verre, ne permet pas beaucoup d'employer ces appareils autrement que pour des parties fixes, ou bien pour des organes animés d'une très faible vitesse.

Le graisseur réglable système J. Hochgesand, que représente la figure 432, est surtout employé pour les têtes de bielles, ou pièces mobiles animées d'un mouvement de rotation ou de translation.

Fig. 432. — Graisseur réglable, système Hochgesand.

Ce graisseur se compose d'un godet en verre d'une forte épaisseur, d'un couvercle à fermeture hermétique et d'un pied relié avec ce couvercle par une colonne creuse qui traverse le godet en renfermant la tige régulatrice, laquelle est terminée par une partie conique à son extrémité inférieure.

Dans le pied de l'appareil se trouve des regards pratiqués pour vérifier le débit, et un tube en verre empêche la poussière d'y pénétrer. Dans les six pans inférieurs se trouve une douille, munie d'un filetage pour fixer l'appareil, et qui sert à tenir le tube. De plus, des rondelles en cuir placées entre métal et verre concourent à assurer l'étanchéité complète.

La tige régulatrice de ce graisseur est ronde, conique à son extrémité et pourvue à sa partie supérieure d'une partie filetée qui se visse dans la colonne. La manette, fixée sur cette tige régulatrice, sert à régler l'écoulement de l'huile et l'écrou moleté sert à fixer la manette une fois réglée pour le débit voulu. C'est en tournant cette manette à droite ou à gauche qu'on fait monter ou descendre la tige régulatrice, dont le bout conique donne plus ou moins de passage à l'huile.

Pour remplir ce graisseur, on tourne à gauche la partie supérieure du couvercle (en entonnoir), au moyen du bord moleté, jusqu'à ce que les trous pratiqués dans les deux parties du couvercle se présentent l'un en face de l'autre. On verse la matière lubrifiante dans l'entonnoir, d'où elle passe dans le godet en verre. On ferme ensuite le couvercle en tournant en sens inverse jusqu'à ce qu'une butée se fasse sentir.

Graisseurs automatiques.

418. Dans les appareils réglables que nous venons d'étudier, l'huile tombe goutte à goutte, mais cet écoulement est permanent, que la machine soit en activité de service ou bien qu'elle soit au repos. On n'a que la ressource, au moment de l'arrêt, si l'on veut que le graissage cesse, de fermer toutes les clés ou de tourner toutes les vis qui réglaient le débit goutte à goutte. Mais, au moment où l'on reprendra la marche, il faudra que l'on règle à nouveau toutes ces clés ou toutes ces vis, d'où perte de temps,

sans compter qu'il sera bien difficile de tomber exactement sur le même débit qu'auparavant. On a donc été dans l'obligation de chercher un système qui obvie à cet inconvénient, et les graisseurs automatiques ont été créés dans ce but. Avec ces appareils, une fois le débit bien réglé, on peut à volonté mettre le graissage en œuvre ou le supprimer sans que ce débit soit en rien altéré, c'est-à-dire que lorsqu'on ouvrira à nouveau le passage à l'huile, celle-ci s'écoulera avec le même débit que lorsque l'on avait arrêté la marche du graisseur.

Dans les graisseurs ordinaires, l'écoulement de l'huile est continu; dans les graisseurs réglables, cet écoulement se

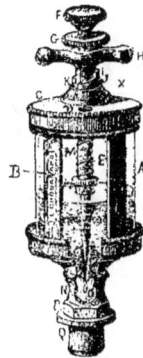

Fig. 433. — Graisseur automatique à ressort.

fait avec le débit que l'on veut, mais généralement d'une manière permanente; enfin, dans les graisseurs automatiques, le débit est également variable, mais il cesse et recommence à volonté.

Dans le modèle, adopté par la Compagnie parisienne du Gaz, de graisseur automatique à ressort, et que donne la figure 433, le débit est réglable et peut cesser à volonté sans dérégler l'appareil.

Pour le mettre en marche, on soulève la flèche H qu'on tourne de droite à gauche jusqu'au cran d'arrêt; pour augmenter l'écoulement du liquide lubrifiant, on tourne la vis F de droite à gauche, et pour le diminuer, de gauche à droite; on peut même arrêter instantanément le débit, sans que l'appareil soit pour cela déréglé ; il suffit de soulever la flèche F et de la tourner de droite à gauche jusqu'à la rainure ; la tige régulatrice s'introduit alors à fond dans le trou d'alimentation, l'obstrue et arrête immédiatement l'écoulement de l'huile. Pendant le repos, après que l'on a exécuté la manœuvre indiquée ci-dessus, la fermeture hermétique est assurée par un ressort qui, d'une part, s'appuie sur le couvercle et, de l'autre, agit sur une bague fixée sur la tige régularisatrice.

Dans la figure 433, les lettres indiquées correspondent aux pièces ci-après énumérées :

A. Réservoir en verre de forte épaisseur ;

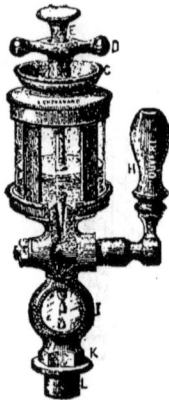

Fig. 434. — Graisseur automatique régulateur.

B. Blindage en bronze fondu. Ce blindage, qui relie d'une façon fixe et solide la partie inférieure de l'appareil au couvercle, donne plus de sûreté et plus de rigidité à l'ensemble, tout en venant consolider le réservoir en verre ;

C. Couvercle, supportant l'ensemble de la tige régulatrice et du système automatique ;

D. Orifice pour l'introduction de l'huile ;

E. Tube mobile taraudé intérieurement pour recevoir la tige régulatrice ;

F. Bouton de la tige régulatrice, qui sert à donner à cette dernière le mouvement nécessaire pour augmenter ou diminuer le débit du lubrifiant ;

G. Contre-écrou de serrage, moleté, dont le but est de fixer d'une manière permanente la tige régulatrice sur le tube mobile, une fois que le débit de l'huile a été bien réglé ;

H. Flèche, ou manette, servant à actionner le tube mobile E ;

I. Nervure sur le tube mobile, qui sert à fixer ce dernier au cran de marche ou au cran d'arrêt ;

J. Cran d'arrêt où repose la nervure quand l'appareil est en action ;

K. Rainure où retombe la nervure I quand on manœuvre la flèche H pour mettre le graisseur au repos ;

M. Ressort ;

N. Regard en cristal, permettant de voir tomber la goutte d'huile ;

O. Goutte d'huile ;

P. Écrou pour fixer l'appareil ;

La figure 434 donne un autre modèle de graisseur automatique ayant quelque analogie avec le système que nous venons de décrire.

Cet appareil comporte également un blindage, lui donnant plus de solidité, et le débit est aussi à goutte visible.

Ce genre de graisseur présente l'avantage de pouvoir être rempli pendant la marche, sans, pour cela, que le débit en soit modifié ; le réservoir transparent permet de surveiller facilement l'écoulement du liquide.

Pour placer convenablement l'appareil, on commence par le visser solidement, au moyen de la tige L, que l'on aura taraudée, à l'endroit où ce graisseur doit être placé. Après avoir ouvert la clé D, on verse de l'huile dans la cuvette formant entonnoir, d'où elle se rend dans le réservoir, puis l'on referme, si l'on veut, la manette D. Le débit est amené au point voulu à l'aide de la tige régulatrice E, que l'on actionne de gauche à droite, pour l'augmenter, ou de droite à gauche, pour le diminuer, selon que l'on désire un écoulement plus ou moins abondant. Pour mettre le graisseur en marche, il suffit d'ouvrir la clé du robinet d'arrêt H en la plaçant dans le sens vertical, indiqué par la figure.

Au moment du repos, ou si l'on veut arrêter instantanément l'écoulement de l'huile, sans dérégler l'appareil, il suffit de mettre dans le sens horizontal la poignée H, qui fera fermer le robinet d'arrêt.

Pour la reprise du graissage, la poignée sera redressée, et l'on obtiendra le même débit que celui qui existait avant que l'on ait interrompu l'écoulement du liquide.

C'est au moyen d'une tige terminée par une partie conique, que MM. Muller et Roger viennent, dans leur graisseur automatique, interrompre le débit de l'huile.

Dans cet appareil, que représente la figure 435, le réglage se fait par la vis inférieure, et l'arrêt, par la vis supérieure, de telle sorte que, une fois le graisseur réglé pour une dépense d'un certain nombre de gouttes de lubrifiant à la minute, on peut l'arrêter et le remettre en marche au moyen de la vis supérieure, qui vient fermer complètement l'orifice de sortie du liquide, sans pour cela avoir à modifier le débit.

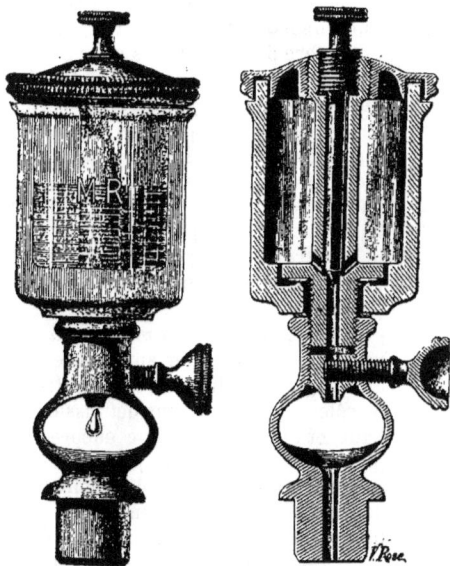

Fig. 435. — Graisseur automatique Muller et Roger.   Fig. 436. — Graisseur automatique Hochgesand.

Ce graisseur étant en action, on peut facilement l'alimenter sans influencer la dépense d'huile : il suffit de retirer le chapeau, ou couvercle, et de verser du lubrifiant dans le réservoir.

Le graisseur automatique système Hochgesand présente une grande analogie avec le graisseur réglable du même inventeur.

Le godet en verre et le couvercle sont les mêmes, ainsi que la partie inférieure et la colonne creuse reliant le pied au couvercle. La tige régulatrice présente des différences qui transforment le godet réglable en graisseur automatique.

La tige régulatrice est ronde et conique à son extrémité inférieure, mais elle est unie sur toute sa longueur et entre librement dans la colonne en traversant l'écrou moleté. Une fois entrée, un système à baïonnette l'empêche de ressortir. Elle est à sa partie supérieure articulée et suspendue dans une entaille du bouton, lequel repose sur un écrou ; cet écrou est moleté, vissé sur le bout de la colonne et sert à régler le débit. C'est en vissant ou dévissant cet écrou qu'on fait également descendre ou monter la tige régulatrice avec son bouton, et le bout conique de la première donne plus ou moins de passage à l'huile. Le bouton et son articulation avec la tige régulatrice ont un service spécial, celui d'arrêter l'écoulement de l'huile sans en dérégler le débit, lequel reste toujours le même, et peut être très économique, une fois réglé.

C'est en couchant ce bouton qu'on lui donne la position indiquée sur la figure 436, et qu'alors la tige, au lieu d'être suspendue après ce bouton, descend plus bas et vient buter avec son extrémité conique et fermer ainsi la sortie de l'huile.

Il est facile de comprendre que, à la mise en marche, on n'a qu'à relever le bouton en le laissant rentrer dans l'encastrement de l'écrou (ce qui le tient droit malgré des vibrations possibles) pour avoir exactement le même débit qu'avant l'arrêt. Ceci entraîne une économie d'huile appréciable et facilite le service; si on désire déboucher le passage d'écoulement du liquide, on n'a qu'à imprimer un mouvement de va-et-vient à la tige régulatrice en tirant par le bouton pour avoir un nettoyage parfait, et cela sans dérégler le débit fixé ni avoir besoin de vider l'appareil.

Le remplissage du réservoir se fait comme celui de l'appareil réglable.

Ce graisseur est surtout employé pour les paliers ou autres pièces fixes et même mobiles, pourvu que le mouvement de ces dernières ne puisse faire sauter la tige régulatrice, qui ne repose que par son propre poids.

Graisseurs pour cylindres à vapeur.

419. Le mauvais graissage des cylindres à vapeur peut entraîner une perte de combustible allant jusqu'à 20 0/0 de la consommation dans les machines sans condensation. Pour ces machines, chaque échappement se faisant avec une grande vitesse de la vapeur, le cylindre est purgé d'huile. On peut dire que, si le graissage est intermittent, ces machines fonctionnent sans autre graissage que celui que produit la vapeur.

Les robinets de graissage pour cylindres à vapeur, et pour toute enceinte où il existe une pression supérieure à la pression extérieure, doivent donc être disposés de telle sorte que l'huile ne soit pas chassée par la vapeur au moment où l'on opère le graissage. Comme il s'agit par le fait de faire pénétrer le corps gras dans une enceinte où s'exerce une pression, on est obligé de constituer un sas que l'on met successivement, par un jeu de robinets ou de clés, en communication avec l'extérieur et l'intérieur.

Depuis quelque temps, le graissage des cylindres des machines à vapeur a pris une importance considérable; l'élévation du timbre des chaudières pour un emploi plus économique de la vapeur; l'introduction, dans les cylindres, de cette vapeur à plus haute pression et, par suite, à plus haute température; enfin, l'augmentation de vitesse des machines plus particulièrement destinées à produire l'électricité, ont imposé aux constructeurs la recherche de moyens de graissage plus perfectionnés que ceux employés jusqu'à présent.

420. *Graisseur à la main ou à double robinet.* — Le premier appareil destiné au graissage des cylindres, qui rentre dans le rôle de sas que nous définissions plus haut, et que l'on retrouve encore sur la plupart des machines de petite dimension, est le graisseur à double robinet, ou à double boisseau, dont le moindre inconvénient est de consommer une énorme quantité d'huile, dont une grande partie en pure perte.

Le graissage au moyen de ces appareils dont la figure 437 donne deux spécimens, se fait en manœuvrant successivement les deux robinets composant le graisseur. L'huile, versée dans l'entonnoir supérieur, pénètre, en traversant le robinet supérieur ouvert, dans le réservoir dont on a eu soin d'interrompre la communication avec le cylindre enfermant le robinet inférieur. Une fois le récipient rempli d'huile, le robinet supérieur est fermé, puis l'inférieur est ouvert à son tour. L'huile le traverse et se rend dans le cylindre.

Ces appareils ont, en définitive, l'inconvénient de produire un graissage intermittent. En effet, l'huile introduite dans le réservoir est vidée d'un seul coup dans le cylindre, qui, pendant un court moment, est surabondamment graissé. Mais, après quelques courses du piston, l'huile est entraînée complètement par la vapeur d'échappement, et, jusqu'à nouvelle manœuvre du graisseur, le lubrifiant va en s'épuisant, puisqu'aucune arrivée de liquide ne vient l'entretenir.

La lubrification produite par cet appareil est donc très défavorable, surtout dans les machines sans condensation. De plus, il exige une attention continuelle de la part du conducteur qui, ne sachant quelle quantité exacte d'huile existe pour graisser le cylindre, ne sait pas à quel moment précis il doit en remettre à nouveau et, quelquefois, laisse se produire des grippements dans la machine.

421. *Graisseurs automatiques pour cylindre à vapeur.* — Les ennuis résultant de l'emploi du graisseur à main, pour lubrifier les cylindres et enveloppes de

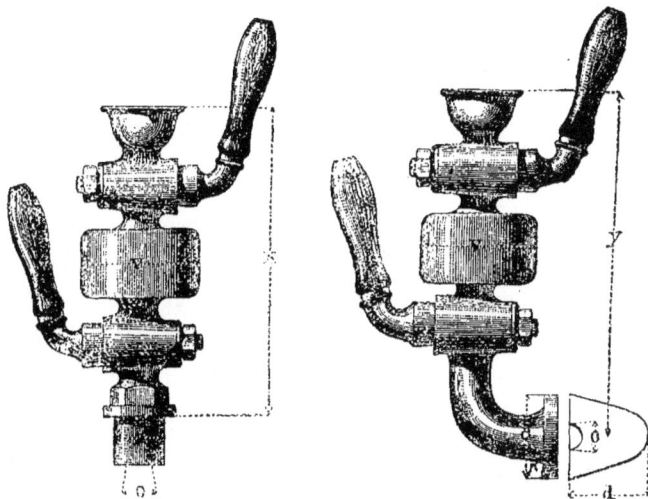

Fig. 437. — Graisseur à la main, pour cylindres à double robinet.

vapeur sont manifestes, et on a été obligé de chercher un moyen de faire pénétrer l'huile dans les enceintes où existe une pression plus forte que la pression atmosphérique.

Trois procédés semblent avoir été mis en œuvre pour arriver à ce but.

Le premier est l'emploi de la condensation de la vapeur. Dans le graisseur même débouche un petit tube qui est en relation avec la conduite de vapeur. Un réfrigérant quelconque maintient le réservoir d'huile à une température voisine de la température ambiante, de telle sorte que la vapeur qui arrive, d'une manière continue ou par intermittence, se condense et se transforme en eau qui tombe au fond du récipient. On aide à cette condensation en introduisant d'avance un peu d'eau sous la couche d'huile qui séjourne dans le graisseur. L'eau de condensation augmente de quantité par suite de la condensation pour ainsi dire permanente de la vapeur, le niveau de l'huile s'élève constamment, de telle sorte que, comme l'on a eu soin d'établir un tube d'écoulement qui pénètre d'une certaine quantité dans l'intérieur du graisseur, le débit de l'huile est le résultat de cette élévation de niveau, le liquide gras s'écoulant au fur et à mesure que sa hauteur dépasse le sommet supérieur du tube intérieur. On a pris la précaution d'établir une purge à la partie basse du réservoir pour évacuer l'eau lorsque le niveau de celle-ci aura atteint l'orifice du tube à lubrifier. A ce moment, après avoir vidé une certaine quantité de l'eau de condensation, il n'y aura qu'à remettre de l'huile dans le graisseur pour que l'appareil continue à fonctionner.

Il est évident qu'en donnant des dimensions convenables au récipient d'huile, et en ayant une arrivée de vapeur très petite, la provision de liquide n'aura plus besoin d'être renouvelée fréquemment.

Dans le second procédé employé, on se sert encore de la vapeur, dont on utilise la pression. Soit en permanence, soit à chaque coup de piston, le fluide arrive dans le réservoir à huile et, par l'influence de la charge qui s'exerce alors sur le lubrifiant, celui-ci s'écoule par un canal, dont on règle l'ouverture au moyen d'une vis extérieure.

Enfin, le troisième procédé est mis en action par la machine elle-même. Le récipient à huile affecte alors généralement la forme d'un corps de pompe, dans lequel se meut un piston. Ce piston porte une tige filetée ou une crémaillère actionnée par un écrou ou par une vis sans fin qui sont placés à demeure sur la partie extérieure du corps de pompe ; l'écrou est lui-même actionné par une vis sans fin. Les vis sans fin sont commandées par un cliquet ou par tel autre moyen mécanique qui permette de faire avancer le piston.

A chaque tour de la machine, le cliquet est mis en action ; il en résulte que le piston s'enfoncera de plus en plus dans le corps de pompe, en comprimant dans sa descente l'huile que contient le réservoir.

On voit donc le mécanisme de ce procédé de graissage, l'un des plus favorablement accueillis par l'industrie : à chaque coup de piston de la machine correspond un avancement du piston du lubrificateur qui envoie dans les organes à graisser une quantité d'huile plus ou moins grande. Il est facile, en effet, de régler la marche du débit de l'appareil en faisant en sorte que le nombre de dents pris par le rochet du cliquet soit plus ou moins grand, en prenant une vis et une tige filetée dont les pas seront plus ou moins accentués.

De même, la capacité du réservoir permettra de faire varier à volonté les espaces de temps dans lesquels ce réservoir se videra complètement. Il est bon d'ajouter que, dans les appareils construits d'après ce procédé, la plupart présentent un système automatique qui arrête la marche du piston compresseur, lorsque celui-ci est arrivé à fond de course.

Avec ces différents graisseurs, on pratique le *graissage par la vapeur*, dont les résultats sont excellents. Ainsi que nous l'avons déjà dit, cette méthode consiste à introduire le lubrifiant par petits jets, ou goutte à goutte, sur le trajet du fluide moteur. L'huile est entraînée, se trouve finement divisée dans ce parcours et est portée par la vapeur elle-même dans toutes les parties où pénètre celle-ci.

Nous allons étudier maintenant un certain nombre de graisseurs automatiques qui rentrent dans les trois catégories que nous venons de définir.

422. *Graisseur discontinu Thiébaut.* — L'un des premiers appareils qui aient été employés pour graisser sous pression est celui de Thiébaut. L'huile est versée dans un entonnoir supérieur et est admise à l'aide d'un robinet dans un récipient fermé qui lui-même est séparé du conduit du graisseur par un second robinet, qui, dans ce cas, se trouve fermé. Après avoir isolé l'enceinte pleine d'huile en fermant le robinet supérieur, on ouvre le robinet inférieur qui, par deux trous d'inégal diamètre, donne passage à la vapeur sous pression. Au-dessus du trou du plus grand diamètre se trouve un tube qui le continue jusqu'à une certaine hauteur dans le réservoir intérieur. La vapeur se trouve donc agir ainsi en même temps au-dessus et au-dessous du corps gras, mais, comme l'un des conduits est plus grand que l'autre, il s'établit à la fois, en raison de cette facilité et de la pesanteur, un courant ascendant de vapeur et un flux descendant du lubrifiant.

423. *Graisseur Courbebaisse et Penelle.* — En 1874, MM. Courbebaisse et Penelle ont mis en usage la condensation de la vapeur pour l'établissement de leur système de lubrificateur.

L'appareil de ces inventeurs, qui se

trouve être l'un des plus anciens mis en usage, se compose en principe :

1° D'un vase approprié au dispositif de la machine renfermant la matière lubrifiante ; ce vase est en communication soit avec la conduite générale de vapeur, soit avec l'un des organes à lubrifier, au moyen d'un tuyau qui aboutit dans une cavité ménagée à la partie supérieure du vase ;

2° D'un récipient de métal mince, aussi mince que possible, eu égard à la pression, et bon conducteur de la chaleur, de forme quelconque, telle que serpentin, sphère, etc. ; ce récipient communique, d'une part, avec la partie supérieure de la cavité ménagée dans le haut de son graisseur et, d'autre part, avec le fond du vase ;

3° D'un tube niveleur dont la partie inférieure est en relation avec le fond du vase au point le plus bas, et dont la partie supérieure débouche au bout du vase un peu au-dessous de l'extrémité supérieure du tuyau arrivant des organes à graisser ;

4° D'un entonnoir par lequel se fait le remplissage par l'intermédiaire d'une soupape.

La disposition adoptée de faire aboutir le conduit, par lequel arrive l'eau de condensation, à la partie inférieure du réservoir, présente l'avantage suivant : l'eau qui s'introduit au fur et à mesure que le lubrifiant s'écoule ne se mélange pas à l'huile restante, de telle sorte que c'est toujours de l'huile pure ou presque pure que l'on envoie dans les organes à lubrifier.

Dans la figure 438, qui donne le détail de cet appareil, on a :

A, réservoir de matières lubrifiantes ;

E, capacité condensante ;

G, tube qui les fait communiquer et conduit l'eau que produit la condensation de la vapeur dans la partie inférieure du réservoir à graisse ;

H, tube qui amène la vapeur dans la capacité condensante, et sert à l'écoulement de l'huile goutte à goutte dans l'organe à graisser. A cet effet, à la hauteur de la partie supérieure du réservoir à huile, ce tube est interrompu en I ; c'est

par là que l'huile se déverse au fur et à mesure qu'elle est déplacée en bas par l'arrivée de l'eau ;

J, tube de niveau permettant de contrôler la consommation de lubrifiant et l'allure de l'appareil ;

K, soupape par laquelle on vide l'eau

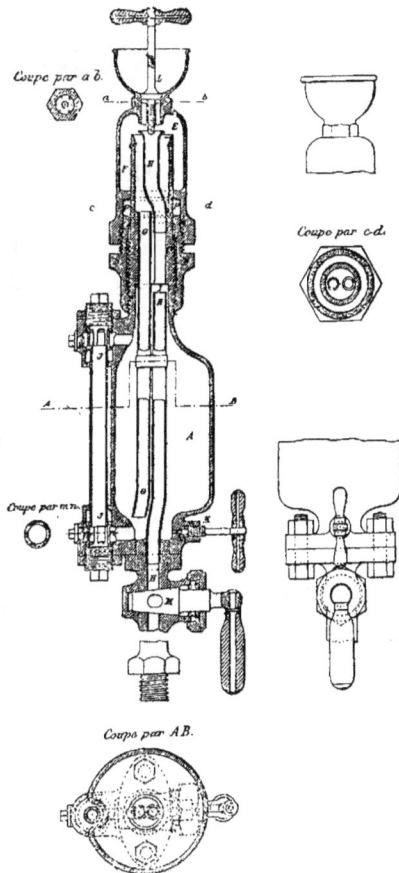

Fig. 438. — Graisseur Courbebaisse et Penelle pour cylindres à vapeur.

accumulée dans le réservoir A ; lorsqu'il faut le remplir d'huile de nouveau, ce remplissage se fait par la soupape L ;

M, robinet servant à mettre l'appareil en communication avec l'appareil à vapeur qu'il s'agit de graisser.

La faculté de modifier le débit, dans ce graisseur, s'obtient en faisant varier l'étendue de la surface condensante. A cet effet, la capacité condensante E peut s'éle-ver ou s'abaisser sur la tubulure oo' ; la surface avec laquelle la vapeur est en contact avec la paroi réfrigérante est limitée à la hauteur de o', la partie de la

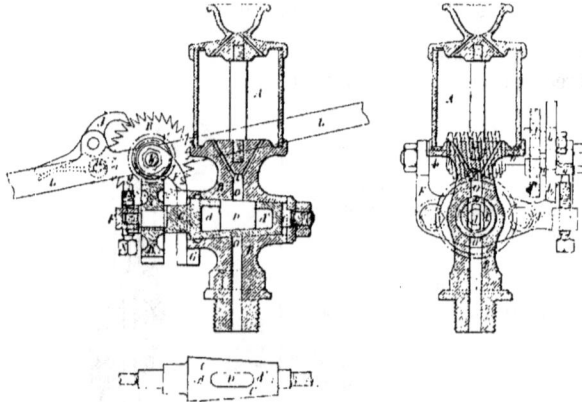

Fig. 439. — Graisseur Vaillant et Wyseur pour cylindres.

cloche comprise au dessous restant toujours pleine d'eau. Ce déplacement de la capacité E s'opère en la faisant tourner à droite ou à gauche et, par conséquent, monter ou descendre sur le filetage pratiqué à l'extérieur de la tubulure o.

424. *Robinet jaugeur automoteur Vaillant et Wyseur.* — Cet appareil, en même temps qu'il introduit la matière lubrifiante dans les cylindres, tiroirs, etc., en règle automatiquement la dépense.

Il se compose de plusieurs parties (*fig.* 439) savoir :

A, réservoir transparent, permettant de constater à chaque instant la dépense d'huile ;

B, boisseau faisant communiquer par les conduits oo' le vase A avec la pièce à graisser ;

C, clé munie d'un seul orifice D, faisant partie d'une chambre intérieure dd', contenant la matière lubrifiante et jaugée pour une capacité déterminée ;

D, appareil distributeur comprenant les pièces suivantes : L, levier oscillant librement sur l'arbre h, lequel est monté sur un support F, vissé sur la bride G du boisseau B ; R, rochet calé sur cet arbre ; il entraîne, au moyen du cli-quet J la vis sans fin V, qui elle-même communique un mouvement rotatif à l'engrenage K, fixé sur la clé C, et permet à l'orifice D de se présenter alternativement aux conduits oo', pour remplir ou vider la capacité dDd'.

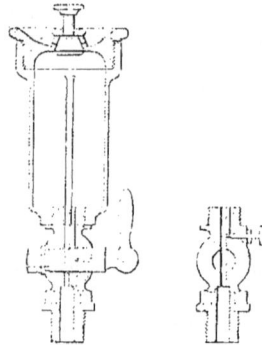

Fig. 440. — Graisseur continu Salomon et Touchais, pour cylindres à vapeur.

A chaque coup de piston, ou pour chaque tour de la machine, le levier L, sollicité par un mécanisme approprié, oscille autour de l'arbre h et, au moyen du cliquet J, pousse le rochet R, qui entraîne la vis sans fin V et, par suite, fait tourner la clé C sur laquelle est fixé l'engrenage K. Il est évident que l'orifice D étant en face du conduit O, la capacité Dd' se remplira, puis, au bout d'un temps voulu, cet orifice viendra en O', et ainsi de suite. Il suffit donc de déterminer le nombre de dents du rochet pour obtenir telle période de graissage qu'on voudra et connaître exactement la dépense de lubrifiant.

La vis X, réglant la butée du levier L, dont le mouvement rétrograde s'opère soit par un ressort, soit par un contrepoids, permet au cliquet J de pousser le rochet par une ou plusieurs dents, suivant la vitesse de rotation à obtenir.

425. *Graisseur continu Salomon et Touchais.* — A la partie inférieure d'un vase fermé par un couvercle dans lequel est ménagée une soupape conique manœuvrée par une vis, se trouve le robinet mettant en relation l'intérieur du vase avec l'organe à alimenter d'huile. La soupape du couvercle permet de déboucher ou de fermer ces orifices destinés à l'introduction de l'huile dans l'intérieur du réservoir (*fig.* 440).

Un tube, monté sur le robinet, traverse le graisseur et vient aboutir à la partie supérieure du vase. Deux petits conduits à angle droit, ménagés dans le robinet, mettent en communication la partie inférieure du récipient avec le canal du robinet correspondant au tube central. Une vis à pointe permet d'ouvrir plus ou moins ces conduits et de régler l'introduction du lubrifiant à l'intérieur du cylindre à vapeur.

L'objet du tube central est d'équilibrer la pression au-dessus du liquide lubrifiant, qui s'écoule alors par les petits conduits d'une façon continue et réglée au moyen de la vis à pointe.

On peut aussi, si l'on veut se rendre compte de l'écoulement de l'huile, installer un tube de niveau extérieur, ou bien faire le corps du graisseur en matière transparente.

426. *Graisseur de vapeur Cadiat.* — Cet appareil, représenté par la figure 441, a pour objet de graisser les organes inté-rieurs des machines à vapeur en introduisant par petites quantités le lubrifiant dans le tuyau d'arrivée de vapeur, où cette vapeur s'en empare et l'entraîne avec elle.

Il consiste en une plaque d'assise D percée de deux lumières, l'une A, dans laquelle en laisse arriver d'une manière permanente l'huile contenue dans le réservoir A', l'autre B, par laquelle cette

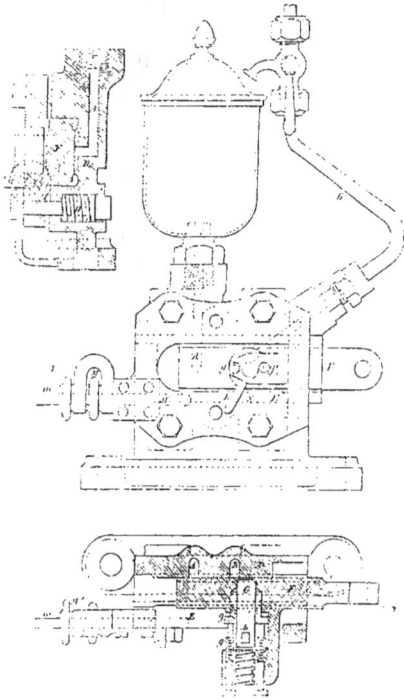

Fig. 441. — Graisseur de vapeur Cadiat.

matière lubrifiante est envoyée par le tuyau B' dans la machine qu'il s'agit de graisser.

Un tiroir F, recevant un mouvement de va-et-vient d'un des organes de la machine, se meut sur cette plaque, pour présenter successivement devant chacune des lumières A et B une cavité dont il est muni, qu'il traverse et dans laquelle se meut le piston G, qui est guidé par la boîte à bourrage g et serré par les vis g'.

Le prolongement du piston G porte un filetage I engagé dans un écrou K solidaire du tiroir, et un linguet L. Ce linguet, engagé dans une mortaise pratiquée dans le piston, vient rencontrer, à chaque fin de course du tiroir, les touches M et N. A la rencontre de la touche M, le filetage se dévisse d'une fraction de tour, le piston descend, et la cavité se remplit d'huile qu'elle aspire par la lumière A. Au contact de la touche opposée N, le filetage se visse, le piston remonte, et l'huile contenue dans la chambre du piston est chassée dans la lumière B.

La quantité d'huile ainsi chassée dépend naturellement de la course du piston ; pour varier cette course suivant les besoins, la touche M peut être déplacée, et, pour cela, elle fait partie d'une vis m commandée par l'écrou à têtes moletées M', qui permet d'avancer la touche plus ou moins vers le centre. De cette manière on réglera son graisseur au débit que l'on voudra.

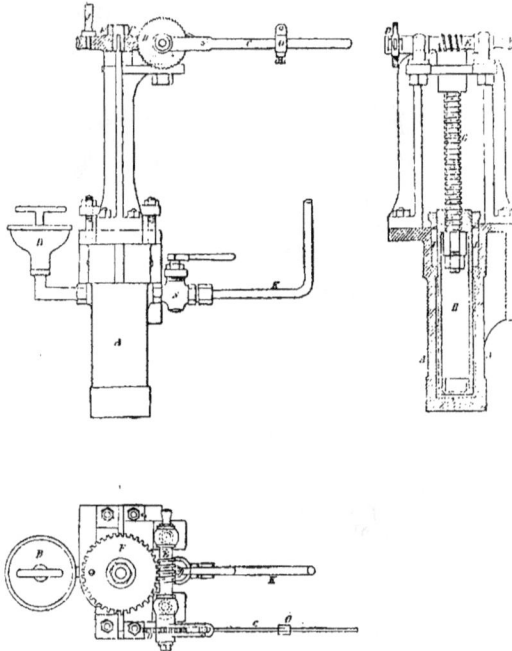

Fig. 442. — Graisseur mécanique Mollerup.

427. *Graisseur mécanique Mollerup.* — Dans le graisseur de ce système, un corps de pompe, isolé, généralement, tout à la fois de l'atmosphère et de la machine à l'aide de deux robinets, se trouve rempli d'un certain volume d'huile, progressivement chassée par la rentrée d'un piston plongeur. Ce mouvement est déterminé avec une lenteur suffisante par une vis sans fin actionnée par la machine elle-même, par l'intermédiaire d'un cliquet.

La figure 442 représente le dessin du brevet (1) pris par M. Mollerup en 1881, qui définit ainsi son invention :

L'huile est introduite dans le cylindre A par la soupape alimenteur B. D'ici, chaque coup de piston dans le cylindre à vapeur la chasse, par l'effet du piston H, à travers le tuyau K, jusqu'à un point du conduit de vapeur juste au-dessus de

(1) Brevet d'invention de quinze ans, n° 144,655, pris, le 11 juillet 1881, par M. Mollerup.

l'embouchure de ce dernier, dans le tiroir. La quantité d'huile ainsi chassée est exactement ce qu'il faut pour graisser le cylindre et le tiroir à vapeur. Le courant de vapeur entraîne ensuite l'huile dans le tiroir et le cylindre à vapeur. Le piston H marche d'une manière étanche dans la boîte à étoupe I, qui forme couvercle au cylindre A. Le bout supérieur du piston creux H forme écran pour la vis G, qui fait mouvoir le piston et qui est fixée dans un collet porté par des montants sur le cylindre A. La vis, de son côté, est mue par la roue dentée F sur son extrémité supérieure, roue qui engrène avec l'hélice E. Par la roue à cliquet D, l'axe de l'hélice E est tourné d'un petit mouvement par chaque coup de piston dans le cylindre et toujours dans la même direction. Le cliquet est placé sur le bras c mobile autour de l'axe commun de l'hélice E et de la roue D. Un curseur o et des fils de fer mettent le bras c en communication avec la machine à vapeur, d'une telle manière que le bras c monte et descend une fois pour chaque coup de piston accompli par la machine. Aux machines de Marine, les fils de fer seront remplacés par des tringles. La grandeur des mouvements du bras c peut être réglée par déplacement du curseur o, et ainsi, par le même fait, le degré de l'alimentation est réglé suivant le besoin. Lorsque, pendant la marche de la machine, le piston H atteint sa position la plus profonde, il rencontre un collet au bout inférieur de la vis qui empêche la vis de s'enfoncer davantage dans le piston. La vis forcera alors le piston à suivre sa rotation, de sorte qu'aucune des parties de l'appareil ne peut se briser. Lorsqu'on veut remplir d'huile le cylindre A, on met hors de communication avec la roue F l'hélice E, dont les coussinets peuvent être déplacés; le robinet S du tuyau K est fermé; la soupape d'alimentation B, ouverte, et on fait monter le piston H, en tournant à la main le petit manchon J de la roue dentée F.

428. *Graisseur à soupapes Quesnot.* — Ce lubrificateur permet de graisser au repos, ou en marche, les organes des machines.

L'appareil qui le compose est interposé entre le réservoir d'huile M (*fig.* 443), fermé par un simple couvercle, et le tiroir, le cylindre ou l'organe quelconque C qu'il s'agit de lubrifier; il se compose essentiellement de deux tubes cylindriques A et Q, communiquant entre eux, et dont les axes sont perpendiculaires. Le tube A, en outre de sa commu-

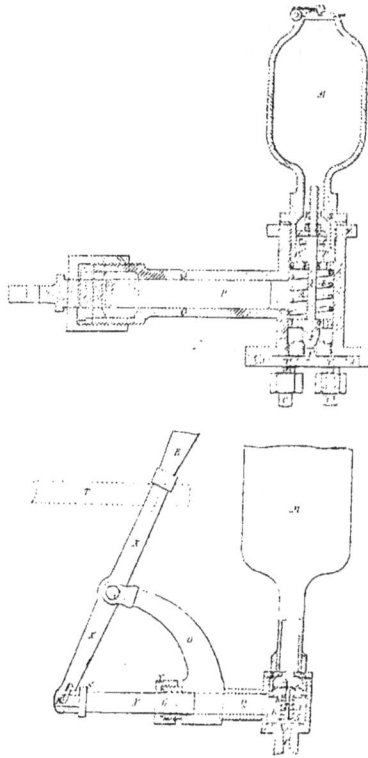

Fig. 443. — Graisseur à soupapes Quesnot.

nication avec le tube Q, est percé de deux orifices : l'orifice supérieur, percé dans le bouchon fileté Z, qui le met en rapport avec le réservoir M, et l'orifice du plateau inférieur, correspondant à l'organe à graisser C.

Ces deux orifices peuvent être respectivement fermés par deux soupapes S et s; la soupape S est vissée sur l'extrémité filetée d'une tige r; la soupape s est venue de fonte avec cette même tige; il en résulte que les deux soupapes et la tige ont des mouvements solidaires.

Dans la position du dessin, le ressort R intercalé entre la rondelle fixe h et la rondelle g, qui est mobile, presse cette dernière; il en résulte que la soupape S dégage l'ouverture du bouchon Z et laisse pénétrer le liquide dans les chambres A et Q. La soupape s ferme l'orifice de l'organe à graisser C.

Dans le tube Q s'engage un piston P qui peut être enfoncé dans le cylindre Q sous l'action du levier coulissé XX et du bouton K, que le mécanicien actionne, sur place, avec la poignée B, à distance, à l'aide de la tringle T. La course du piston P est limitée par la rencontre d'un anneau butoir N avec le bouton fileté Y, qui ferme le tube Q.

On conçoit dès lors que le mécanicien agissant sur la poignée B du levier T, le piston P pénètre à l'intérieur du tube rempli de liquide ainsi que la chambre A. La pression exercée, que l'on peut développer autant que l'on veut, agit sur les deux soupapes S et s, et comme la surface de S est beaucoup plus grande que celle de s, il en résulte que la soupape S ferme l'orifice du bouchon Z et que la soupape s dégage l'ouverture du tube C, permettant ainsi au liquide comprimé de s'échapper par l'orifice ouvert et de se rendre dans l'intérieur de l'organe à graisser. Le jet, très énergique, peut être au besoin brisé ou divisé.

Ce mouvement de projection du liquide par l'orifice de la soupape s se continue pendant toute la durée de la marche en avant du piston P; il cesse en même temps que le déplacement du piston, parce que la pression disparaît au moment de l'arrêt, ce qui fait replacer les soupapes S et s dans leurs positions primitives. On peut débiter le contenu du cylindre Q par petites quantités; mais, lorsque le piston est à fond de course, le mécanicien doit ramener en arrière le piston, pour que le cylindre se remplisse à nouveau d'huile.

La pression que l'on peut exercer, au moyen du levier XX, sur le liquide étant

bien supérieure à la charge que supporte l'huile du fait de la pression de la vapeur, on voit donc que ce dispositif pourra être employé pour le graissage des machines à vapeur. Quand le mécanicien jugera le moment opportun de graisser, il agira sur la poignée B et de là enverra une certaine quantité d'huile dans le cylindre ou dans l'enveloppe du cylindre.

429. *Graisseur Degoix.* — Cet appareil fonctionne par l'effet de la condensation de la vapeur, qui est obtenue par le refroidissement de ce fluide dans un ser-

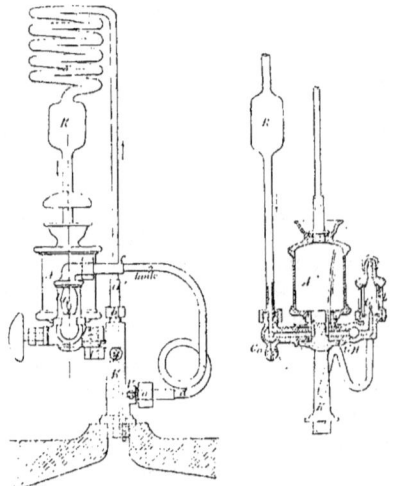

Fig. 444. — Graisseur Degoix pour cylindres à vapeur.

pentin formé par le tuyau même d'arrivée de vapeur.

Le graisseur A (*fig.* 444) est muni de deux robinets destinés : l'un GO, à l'entrée de l'eau de condensation, l'autre GH, à la sortie de l'huile du récipient qui la contient. Ce graisseur porte à sa partie inférieure une petite patte P, par laquelle il est fixé, au moyen de la vis V, au support K, qui soutient tout l'ensemble.

Ce support K, simplement vissé sur la pièce où l'on veut introduire l'huile, porte deux tubulures communiquant avec l'intérieur par des conduits séparés. Le raccord vertical b envoie la vapeur à condenser dans le serpentin, lequel, par suite, fournira l'eau nécessaire à faire monter progressivement le niveau de l'huile dans le graisseur. Le raccord de côté *a* recevra l'huile qui viendra du réservoir A par l'intermédiaire du tuyau *cd*.

Une lanterne compte-gouttes L est intercalée, presqu'à la sortie du réservoir, sur ce tuyau, entre le vase alimenteur A et l'entrée de l'huile dans le cylindre ; elle est placée directement en prolongement du robinet GH de règlement d'écoulement d'huile. Cette lanterne sera faite d'un tube cylindrique en verre ou de deux glaces parallèles réunies par un cylindre en métal. Comme elle est remplie d'eau de condensation, l'huile, par suite de son faible écoulement, traversera l'eau goutte à goutte, et l'on pourra ainsi se rendre compte d'une manière évidente du débit de l'appareil.

Le serpentin condenseur S est suivi d'un petit réservoir d'eau R, afin de pouvoir, si le besoin s'en fait sentir, augmenter la dépense d'huile à volonté, en faisant arriver dans le vase A une plus grande quantité d'eau, arrivée qui déterminera un plus grand départ de lubrifiant.

430. *Graisseur Arnier, pour l'intérieur des machines à vapeur.* — Il est facile de comprendre que la pression de la vapeur arrivant de la chaudière dans les organes des machines empêche l'huile de pénétrer dans leur intérieur, et qu'il faut, à cet effet, une pression supérieure dans le godet supérieur pour qu'elle puisse s'y introduire, et en même temps que cette pression entretienne l'huile à une température plus basse que celle de la vapeur qu'on y fait venir de la chaudière.

Pour arriver à ce résultat, M. Arnier a adapté sur la pompe alimentaire de la chaudière un petit tuyau qui refoule de l'eau d'alimentation à la température du condenseur et la fait arriver dans le godet par le petit clapet *a* (*fig.* 445), et elle ne peut s'y introduire qu'au fur et à mesure que l'huile se dépense par le robinet *b*, qu'on règle à volonté, selon les besoins de la machine.

Quand l'eau a remplacé l'huile et qu'on a besoin de regarnir le godet, il faut fermer les deux robinets de l'eau *d* et de l'huile *b*, ouvrir le bouchon *c* pour laisser introduire de l'air au-dessus de l'eau par le petit trou *e*, dévisser celui du bas *f*, à seule fin que l'eau qui a chassé l'huile puisse s'échapper par le petit trou *g*, en ayant soin de fermer ce dernier aussitôt que l'eau sera sortie ; alors seulement on pourra verser l'huile dans la cuvette du godet, en dévissant le bouchon *h* ; une fois le réservoir plein, on fermera les

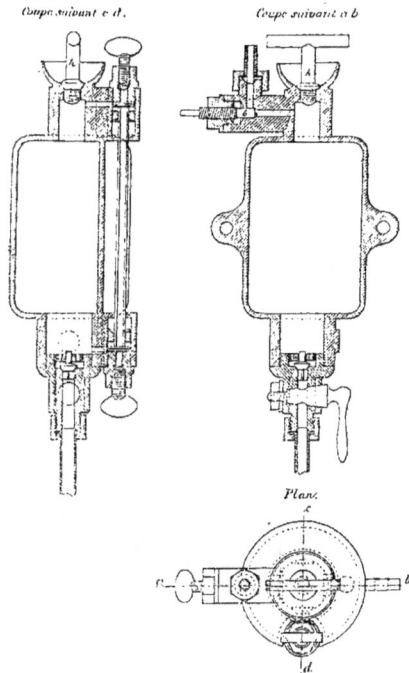

Fig. 445 — Graisseur Arnier pour l'intérieur des machines à vapeur.

bouchons *c* et *h* avant d'ouvrir les deux robinets de l'huile *b* et de l'eau *d*.

431. *Godet graisseur Marchant.* — Cet appareil appartient à la classe des graisseurs dans lesquels un piston est employé pour refouler la matière lubrifiante sur les parties qui l'exigent, et son principal but est de refouler cette matière lubrifiante du godet en petites quantités et sous une pression considérable, de façon que ladite matière, au lieu de suinter ou de s'écouler lentement du godet, soit énergiquement lancée hors du godet. Par cette combinaison, la matière lubrifiante peut être dirigée avec une rapidité bien plus grande sur la partie qui en a besoin et, au moyen d'une ou plusieurs valves intermédiaires, le passage peut être fermé immédiatement après que l'huile est passée, en empêchant ainsi la vapeur de forcer sa communication du cylindre dans le godet graisseur.

Le dessin que nous reproduisons de cet appareil (*fig.* 446) représente deux variantes de la manière de l'établir.

A, enveloppe extérieure ou godet con-

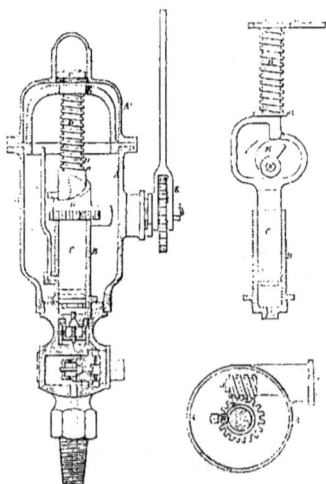

Fig. 446. — Godet-graisseur Marchant.

tenant la matière lubrifiante, et qui est recouverte au moyen du dôme A′;

Dans l'intérieur du godet est un cylindre B, garni d'un solide piston ou plongeur C, dont la moitié supérieure est réduite en diamètre et passe à travers un collier dans la bride E, qui est fixée au moyen de l'anneau à rebord e à l'intérieur du godet. Le collier a un filetage formé sur sa surface extérieure, sur lequel le dôme ou couvercle est vissé;

D, ressort à spirale qui repose entre l'épaulement a du piston ou plongeur et la face inférieure de la bride E;

F, roue de vis sans fin sur laquelle

est formée la came ou bossage incliné G. La roue-came est ajustée librement sur le piston plongeur et repose sur le sommet du cylindre. Le taquet H est fixé au piston, et le galet de friction qui y est placé reçoit la pression de la came, comme nous l'indiquons ci-après:

J, vis sans fin, fixée sur un arbre qui passe en dehors du godet et reçoit le mouvement rotatif de la roue à rochet et de son fût actionné par le levier K; celui-ci est relié à la traverse ou tête du piston ou autre pièce mouvante de la machine;

L, valves qui permettent à la matière lubrifiante de passer dans le cylindre, mais empêchent l'écoulement de la vapeur dans la direction opposée.

L'appareil fonctionne de la manière suivante:

Le piston, tel qu'il est représenté dans la coupe longitudinale, est presque à sa position la plus basse; mais, quand le mouvement est communiqué par la vis J à la roue F et à la came G, celle-ci, agissant sur le taquet-buttoir H, élève le piston jusqu'à ce que le fond en soit au-dessus de l'ouverture c; une certaine quantité d'huile entre alors dans le cylindre à travers cette ouverture, en remplissant la partie laissée libre par la sortie du piston.

Pendant le même temps, le taquet ou buttoir H est au point le plus haut de la came G; et comme celle-ci continue à tourner, elle passe au-delà du taquet. Le piston est rendu libre sans support et il est refoulé en contrebas par le ressort D, ce qui presse la matière lubrifiante à travers les valves L dans le cylindre.

Ce ressort D étant très puissant, l'éjection de matière lubrifiante est presque instantanée, et l'espace entre les valves L étant toujours rempli d'huile sous pression, le passage de la vapeur dans le godet est impossible.

La vue de droite de la figure donne le moyen d'élever le piston par une came M fonctionnant sur un petit arbre horizontal N et actionnant le châssis P formé sur la partie supérieure du piston.

432. *Graisseur compte-gouttes automatique, système Consolin.* — Cet appareil est l'un de ceux qui sont le mieux établis et qui donnent une solution convenable du problème du graissage automatique dans les enceintes où règne une certaine pression.

Un récipient cylindrique *a* (*fig.* 447), qui se place vecticalement, présente à la partie supérieure l'entonnoir de remplissage *r* et reçoit, en haut et en bas, les branchements horizontaux *b, c, d, f,* qui sont, deux à deux, dans le prolongement l'un de l'autre. Les branchements de gauche *b* et *d* sont réunis par le tube de niveau *n*, et ceux de droite *c* et *f* par le tube compte-gouttes *g*. Les soupapes *b'*, *d'* sont pour isoler, quand il est utile, le récipient *a* et le tube à niveau *n*, lequel porte des divisions indiquant la consommation d'huile de 50 en 50 grammes.

Au branchement *d* est rapporté, en continuation du niveau, le robinet de vidange *p*. De l'autre côté, le branchement *c* est muni de deux soupapes *h, h'*, dont les vo-

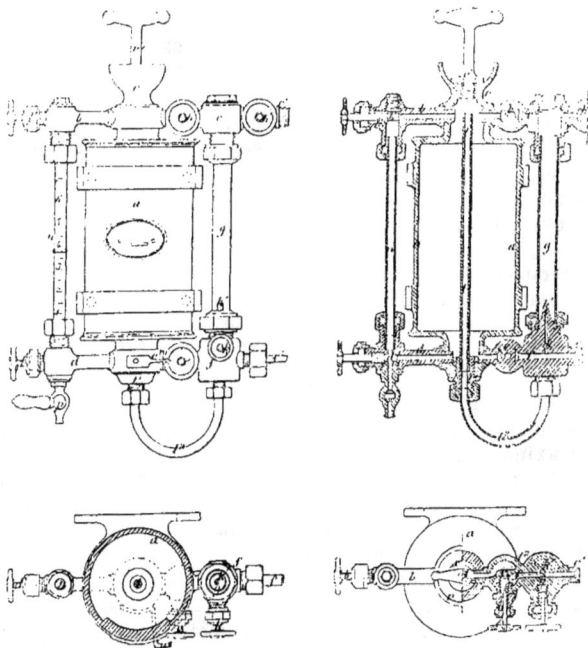

Fig. 447. — Graisseur compte-gouttes automatique Cousolin.

lants de manœuvre portent tous deux l'inscription : *huile*; le branchement inférieur *f* est garni de la soupape *e*, sur le volant de laquelle est inscrite la désignation : *eau*, puis de la soupape *h*, qui est destinée à ouvrir ou interrompre la communication *h'*. L'aiguille *e* sert à repérer l'arrivée de l'eau froide.

Dans l'axe du cylindre *a* est disposé un tube *t*, qui monte jusqu'au niveau supérieur des conduites des branchements *b* et *c*, et qui fait joint en bas dans un bouchon *t'*, auquel se fixe le raccord *t²*, destiné à établir la communication entre le tube intérieur *t* et le tube en verre *g*. Au branchement *f*, en *f'*, se raccorde un tuyau qui vient d'un serpentin de condensation en charge par rapport au récipient *a* et mis en communication avec la conduite de vapeur. Au branchement *e*, en *e'*, se raccorde le tuyau de conduite d'huile qui dirige le lubrifiant aux cylindres ou aux tiroirs de la machine.

Le fonctionnement de l'appareil s'opère

de la façon suivante : le tube compte-
gouttes *g*, qui est placé au-delà des soupapes *h* et *c*, débouche en haut, entre les
soupapes *h* et *h'*, et, en bas, il communique, par les conduites *h'*, ou avec le
branchement *f*, ou avec le tube intérieur *t*.

Pour mettre l'appareil en marche, et les
tuyaux de raccord en *f'*, *c'*, supposés l'un
plein d'eau et l'autre plein d'huile, on commence par fermer les soupapes *h'*, *e*, *d*,
puis on ouvre les soupapes *b'*, *d'*; alors on
enlève le bouchon *r'* de l'entonnoir *r* et
on ouvre la soupape *h*.

En ouvrant à ce moment légèrement la
soupape *d*, l'eau monte dans le tube *g*
jusqu'à l'emplir complètement; alors,
fermant les soupapes *d* et *h*, on fait le
simplein d'huile de l'appareil et on remet en
place le bouchon *r*. L'appareil est alors
prêt à fonctionner.

En effet, si, ouvrant un peu la soupape
e et la soupape *h'*, même en grand, l'eau
entre dans le récipient *a* par la soupape *e*
et chasse une quantité égale d'huile par
l'orifice supérieur du tuyau intérieur *t*,
cette huile vient se présenter à l'orifice *h'*
du compte-gouttes, placé, comme on le
voit, à la base et à l'intérieur du tube *g*;
elle se forme en goutte, et quand elle
atteint son maximum de déplacement,
elle monte visiblement à travers l'eau
contenue dans ledit tube *g* pour se rendre
par la soupape *h'* au point de graissage,
où est fixé le robinet qui donne accès
dans les cylindres de la machine.

Si, pour une cause de grippement du
tiroir, il est nécessaire de distribuer
immédiatement une quantité d'huile plus
considérable que ne peut donner le
compte-gouttes, on ouvre la soupape *h*, et
l'appareil fonctionne directement, le tube
gradué *n* indiquant la quantité dépensée.

Il peut aussi arriver que le tube *g* du
compte-gouttes vienne à se remplir invo-
lontairement d'huile; il n'y a, dans ce cas,
qu'à fermer la soupape *e* et à ouvrir la
soupape *k*; l'eau montant dans le tube
chasse l'huile par les soupapes *h* ou *h'*.

Enfin, la soupape *k*, communiquant à
l'orifice *h'* du compte-gouttes, permet,
en laissant passer l'eau, de nettoyer cet
orifice, s'il venait à se boucher.

433. *Graisseur automatique de vapeur
Brinkmann.* — Cet organe appartient au
genre d'appareils dans lesquels un dispositif, fonctionnant en principe comme
pompe, est monté dans l'appareil graisseur et mis en mouvement par la pression
variable dans le cylindre à vapeur ; ce
mouvement a pour résultat de mélanger
la matière lubrifiante avec la vapeur en
faible quantité et en un point convenable.

Un inconvénient des appareils de ce
genre consiste en ce que la vapeur qui actionne directement le piston de la pompe,
en pénétrant facilement dans le réservoir
de matières lubrifiantes, occasionne un
trop grand échauffement de cette matière
et, par suite, un graissage irrégulier. Le
réglage de la lubrification, dépendant simplement de la variation de la grandeur
de l'ouverture d'entrée de l'huile dans le
corps de pompe, présente ainsi de grands
ennuis, et, comme conséquence, les appareils de ce genre ne possèdent peut-être
pas toute la sûreté de fonctionnement
qu'il est désirable d'obtenir des systèmes
de cette nature.

M. Brinkmann a cherché à remédier à
ces inconvénients en faisant agir la vapeur, non pas directement sur le piston
de la pompe, mais sur une membrane
intermédiaire, et il a disposé l'ensemble
de la pompe de manière à permettre un
réglage relativement facile de l'élévation
de son piston.

Dans son graisseur (*fig.* 448), la pression variable de la vapeur, s'exerçant à
l'intérieur du cylindre de la machine, se
transmet par l'intermédiaire du canal *a*
à la membrane *c* disposée à la partie inférieure de l'appareil, et sur laquelle repose
le piston *d* pressé de haut en bas par le
ressort *e*. Ce ressort peut être serré plus
ou moins par la clé *g*, et on règle ainsi le
mouvement ascensionnel du piston *d*. Le
corps de pompe est constitué par une
capacité P, reliée à l'intérieur du réservoir par l'intermédiaire de la soupape à
ressort *h* et à la chambre de refoulement
D par la soupape *i* ; le tympan *k* communiquant avec cette chambre D, sert à amener le lubrifiant au contact de la vapeur.

Pendant la marche de l'appareil, la
pression variable de la vapeur agissant

dans le cylindre à vapeur se transmet à la chambre *b* par le canal *a* et imprime un mouvement de va-et-vient à la membrane *c*. Ce mouvement se transmet au

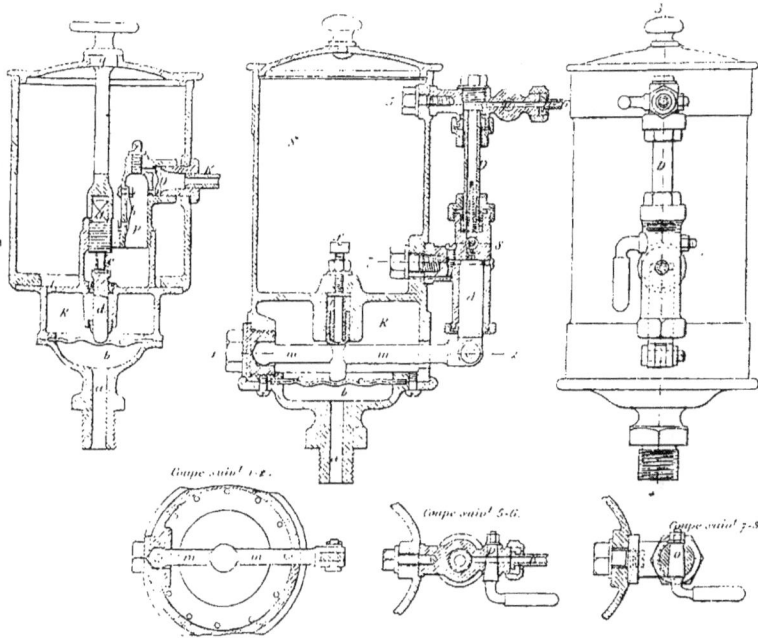

Fig. 448. — Graisseur automatique de vapeur Brinkmann.

piston *d*, qui reçoit ainsi un mouvement alternatif continu; à chaque pression, la matière lubrifiante passe alors par la soupape *i* de la chambre P dans l'enceinte D et est appelée à la vapeur neuve par le tuyau *k*; à chaque dépression, le lubrifiant passe de S en P par la soupape *h*.

Par suite de cette disposition, l'appareil ne peut donc fonctionner que lorsque la machine est en marche.

On peut installer ce graisseur en mettant la pompe à l'extérieur du réservoir S et de la chambre B; il faut, dans ce cas, intercaler un levier *m* qui a pour but de transmettre le mouvement de la membrane flexible *c* au piston *d* de la pompe. On peut aussi remplacer la soupape à ressort par des soupapes coniques, et transformer la chambre de refoulement D en un compte-gouttes D muni de robinets *o*, *p*.

434. *Injecteur lubrificateur Macabies.* — Cet appareil, dont la figure 449 donne une vue et une coupe, se compose d'un cylindre B à double compartiment; dans

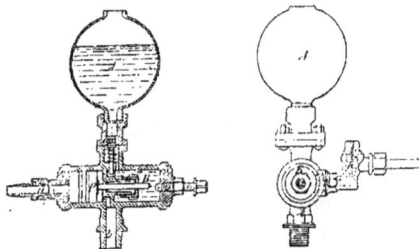

Fig. 449. — Injecteur lubrificateur Macabies.

l'un de ceux-ci joue un piston P, dont on met les deux faces en communication avec les deux extrémités du cylindre à vapeur de la machine; de cette façon, le petit piston P obéit au mouvement du grand piston de la machine et effectue les deux courses en même temps que celui-ci.

On peut, si l'on veut, ne prendre la vapeur que sur une seule extrémité du cylindre de la machine, en remplaçant la communication existant de l'autre côté par un ressort à boudin : ce ressort fléchirait sous l'action de la vapeur et renverrait ensuite le piston P lorsque la vapeur s'en échapperait par le cylindre de la machine.

La tige *t* que porte le piston P et qui traverse la cloison intermédiaire fait fonction de piston plongeur de pompe; c'est elle qui injecte l'huile de graissage au point que l'on choisit pour la faire pénétrer soit en-dessous, soit en-dessus de l'appareil. A cet effet, une soupape d'aspiration *m*, maintenue par un petit ressort, est placée au bas du réservoir d'huile, et une soupape de refoulement *n* est installée sur le côté de l'appareil.

Pour régler le débit de l'huile, on fait usage de la vis *v*, qu'on peut manœuvrer extérieurement, et qui règle la course des deux pistons P et *t* et le débit de la pompe.

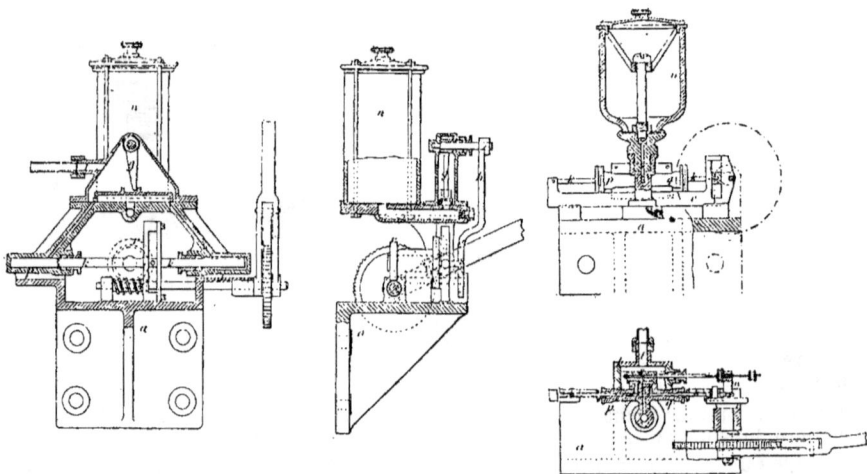

Fig. 450. — Graisseur Rost.

435. *Graisseur Rost.* — Pour graisser les surfaces frottantes, en général, et les pistons des machines à vapeur, en particulier, à une pression supérieure ou inférieure à la pression atmosphérique, M. Rost se sert de petites pompes, mues mécaniquement, recevant d'un réservoir la matière lubrifiante d'une manière continue, et la refoulant ensuite sur l'objet à graisser.

Dans la disposition qu'il a adoptée (*fig.* 450), qui est à double effet, il y a deux petites pompes *p* et *q* à pistons plongeurs *k*, disposées l'une en face de l'autre sur une console et commandées par une manivelle qui reçoit son mouvement par l'intermédiaire de la roue sans fin *r*, de la roue à vis *i* et d'un encliquetage.

Au-dessus des corps des pompes, se trouve un tiroir commun *s*, qui reçoit un mouvement de va-et-vient de la manivelle, au moyen des leviers *g* et *h*, de telle sorte que la matière lubrifiante se trouve aspirée lentement du godet au réservoir *a*, puis, quand le mouvement change de sens, est refoulée par l'ouverture *z* jusqu'aux surfaces à graisser.

Au lieu de mettre les pistons plongeurs se mouvant dans l'espace intérieur des deux corps de pompes, on peut installer les deux pompes p et q d'une seule pièce, comme le montre l'une des dispositions de la figure. Les deux pistons k sont réunis par un étrier c, qui est guidé par la console. Cet étrier est actionné par le moteur même par l'intermédiaire d'une petite manivelle et d'un encliquetage comprenant un levier, un cliquet, une roue à rochet, etc.

Le graisseur de M. Rost, que nous venons de décrire avec deux pompes, peut aussi être construit à simple effet, les deux corps de pompes p et q étant alors remplacés par un seul avec un unique piston.

436. *Graisseur Hochgesand, pour toutes pressions.* — La plupart des appareils graisseurs en usage qui ont été mis en

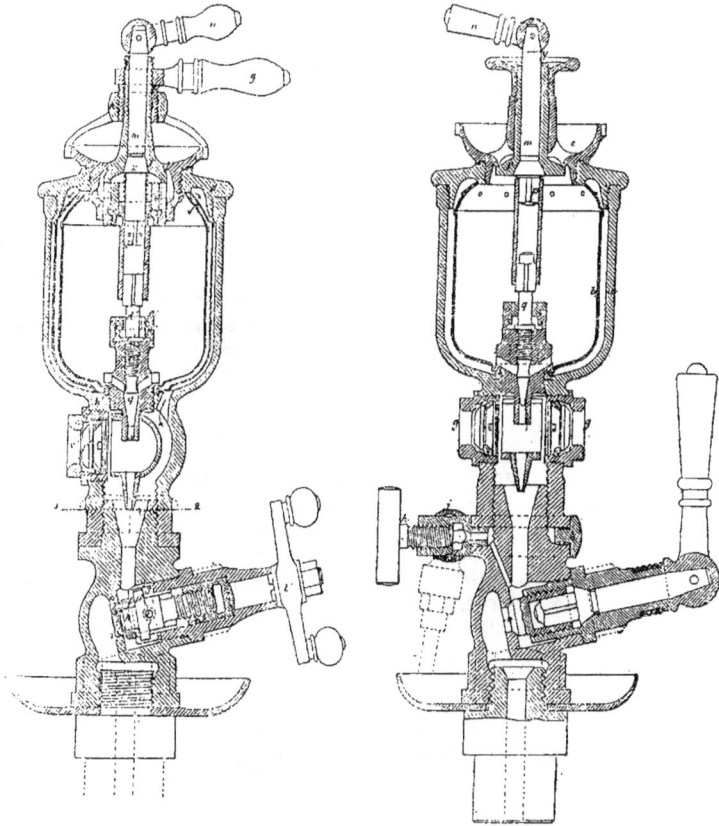

Fig. 551. — Graisseur Hochgesand, pour toutes pressions.

pratique pour arriver à lubrifier d'une façon régulière et économique les pièces de la machine qui sont sous l'action du fluide moteur, sont : ou des graisseurs à condensation, utilisant la différence de densité existant entre l'eau et l'huile pour forcer cette dernière à se déplacer au moyen de l'eau de condensation de la vapeur, ou des graisseurs mécaniques, refoulant la matière lubrifiante au moyen d'une pompe ou d'un piston plongeur à mouvement continu ou alternatif.

Le graisseur Hochgesand ne rentre pas dans l'une de ces catégories : son fonctionnement est basé sur le principe de laisser s'écouler l'huile par son propre poids à travers l'orifice réglable d'un vase ouvert, renfermé dans le fluide en pression qui agit sur les organes. Cet appareil paraît être caractérisé spécialement :

1° Par le dispositif d'introduction de l'huile dans le corps du graisseur, évitant toute surprise de projection et d'un nettoyage facile, en même temps que d'un fonctionnement extrêmement simple ;

2° Par la mise en usage de regards amovibles séparément ;

3° Par l'application d'une soupape à mouvement automatique dans le corps du robinet ;

4° Par l'emploi d'une double enveloppe intérieure donnant un chauffage par circulation, permettant de maintenir la matière lubrifiante à une température telle qu'elle soit toujours dans un état fluide suffisant pour assurer le bon fonctionnement du graissage et éviter, dans la plus large mesure, tout effet de condensation.

Le graisseur Hochgesand (*fig.* 451) se compose d'un réservoir a, destiné à recevoir la matière lubrifiante ; ce réservoir est muni d'une enveloppe intérieure b, simple ou double, dans laquelle circule un courant de vapeur dans le but spécifié ci-dessus. A la partie supérieure du réservoir a est vissé le couvercle d, sur lequel est également vissé le godet en entonnoir e, qui sert à l'introduction de l'huile dans le corps du graisseur ; à cet effet, le godet e est percé d'un trou central dans lequel coulisse sans tourner la surface f, que met en mouvement la manette g à moyeu fileté h, par l'intermédiaire de la partie filetée i fixée en faisant corps avec la soupape f, et de l'écrou k, tenu par l'arcade de la partie supérieure du godet e.

Le mouvement de cette soupape est accéléré, attendu que les filets extérieur et intérieur du moyeu h sont en sens inverse, de telle sorte que, pour un tour de la manette g, on avance de deux fois le pas de la vis.

La partie l du godet e forme le siège de la soupape f, de manière que, cette soupape étant remontée à fond, le joint

soit aussi parfait que possible entre ces deux pièces ; la forme de la cavité du godet e et la forme extérieure de la soupape f sont telles que, dans la position susdite, elles n'offrent aucune solution de continuité et soient d'un nettoyage extrêmement facile.

L'introduction de vapeur dans le graisseur étant fermée, on comprend facilement qu'en tournant doucement la manette g dans le sens voulu, on abaisse la soupape f ; par suite, la vapeur restant enfermée dans le vase de l'appareil aura le temps de s'échapper sans produire les inconvénients inhérents à ce genre d'appareil ; la vapeur étant évacuée, on verse l'huile dans le godet e et, de cette manière, on évite toute projection d'huile.

La tige filetée de la soupape i est creuse et reçoit dans son axe la partie supérieure de la tige régulatrice d'écoulement m terminée par une manette n ; cette tige porte un carré p et commande par l'intermédiaire du manchon t, sous l'effet du mouvement de rotation imprimé à la manette n, la partie conique q surmontée d'une vis r, qui se meut dans un écrou fixe s, en lui imprimant soit un mouvement de montée, soit un mouvement de descente ; ce mouvement sert à régler le débit.

Un ressort à boudin y tend à appuyer constamment la tige m, par un épaulement rodé z, contre la partie intérieure de la soupape f, et le mouvement de montée et de descente de la partie conique q est limité par le bouchon conique a' et l'écrou b', entre lesquels se meut l'épaulement c' que porte la tige inférieure d'.

On peut facilement se rendre compte à tout moment du bon fonctionnement de l'appareil au moyen des regards e' ; ceux-ci sont formés chacun d'une glace f', que l'on fait en cristal de roche, afin de résister à l'action corrosive de l'huile et de la vapeur, fixée de manière convenable dans le bouchon fileté g', qui se visse dans une ouverture ménagée à cet effet à la partie inférieure de l'appareil.

Le lubrifiant qui s'écoule du conduit v traverse le robinet sur lequel est vissé le graisseur ; ce robinet, ayant une soupape libre x sur laquelle agit la pression de la vapeur pour la maintenir ouverte, laisse passer le lubrifiant, et, en raison même de cette liberté de la soupape, lorsque la pression cesse, elle retombe sur son siège en fermant complètement le passage à l'huile. La manette v sert à tirer complètement la soupape x lorsqu'on veut un écoulement à plein orifice, ainsi que pour la fermer.

M. Hochgesand a perfectionné son appareil de graissage, que nous venons de décrire, en lui ajoutant un purgeur mobile qui permet d'évacuer complètement la vapeur contenue dans l'appareil.

C'est cette disposition que représente la coupe de droite de la figure 451.

Le nouveau système consiste essentiellement dans le dispositif et le mode d'adaptation du purgeur h, monté au-dessous de la soupape x au moyen d'un collier k, avec lequel ce purgeur peut tourner pour prendre la position la plus convenable par rapport à sa facilité d'accès.

Un pointeau sphérique sert d'obturateur, et cette partie du purgeur comporte un raccord au joint universel j permettant de diriger la tête du purgeur dans un sens quelconque, ainsi que le représente entre autres le tracé ponctué du dessin. Ce dispositif de purgeur permet, en assurant la fermeture de la soupape x, de purger complètement la vapeur contenue dans l'appareil.

L'opération se conduit de la manière suivante: la soupape x étant maintenue fermée, on desserre le petit volant v, puis on ouvre le purgeur, alors la pression cesse de maintenir la soupape f contre son siège, celle-ci tombe d'elle-même en dégageant les orifices du godet e, et en permettant ainsi le remplissage du récipient ; il suffit alors de revisser le volant v, de fermer le purgeur et de débloquer la soupape x pour que la remise en marche se fasse d'elle-même. Ce fonctionnement offre une grande sécurité par le fait que l'appareil s'ouvre de lui-même et seulement lorsqu'il n'y a plus de pression intérieure.

Cet appareil, étant construit sur le principe de laisser s'écouler l'huile par son propre poids, demande un montage conforme aux règles sur lesquelles est basé son fonctionnement, car, souvent, de bons appareils ne donnent pas les résultats que l'on en espérait, par suite de leur montage défectueux.

Ce graisseur, d'après les détails qui précèdent, étant en quelque sorte une burette renfermée dans la vapeur, doit fonctionner aussi bien qu'à l'air libre, et, si le graissage ne s'effectue pas, ce dont on s'aperçoit généralement en voyant l'huile remplir la boîte à regards, ou si le graissage se fait mal, c'est-à-dire exige une trop grande dépense d'huile, cela ne provient que d'un défaut dans le montage qui ne permet pas à l'huile de s'écouler librement, ou bien l'amène en un point où son mélange avec la vapeur ne peut se produire.

Pour assurer au lubrifiant un écoulement facile, il faut donner à tous les conduits une pente continuelle vers la machine, et leur conserver une section au moins égale à celle de l'orifice du graisseur lui-même. Toute partie horizontale serait nuisible, et toute montée amènerait un engorgement. Il est donc indispensable de donner une certaine pente à tout tube employé, et, si sa longueur est grande, de lui donner plutôt une section encore plus grande que celle de l'orifice de l'appareil ; on agit de même si le tuyau doit faire des coudes, sans quoi on risque d'empêcher le libre écoulement de l'huile.

On recommande aussi de ne jamais graisser la vapeur avant son entrée dans l'enveloppe de vapeur, au risque d'y laisser se perdre la plus grande partie de l'huile.

Pour les machines compound, dont les deux cylindres se trouvent dans la même enveloppe, laquelle sert en partie de réservoir intermédiaire (type Weyher et autres), un seul graisseur sur la boîte à tiroir du petit cylindre suffit généralement ; quant aux machines de grandes dimensions, du même type, et notamment pour toutes celles dont les cylindres sont séparés l'un de l'autre, avec réservoir intermédiaire, il faut généralement opérer le graissage de chaque cylindre à part, vu que la vapeur, après son parcours d'un cylindre à l'autre, ne se trouve plus suffisamment grasse pour lubrifier le second cylindre, à moins d'une dépense exagérée.

De même, le remplissage du graisseur, en raison de son fonctionnement, goutte à goutte à volonté, ne devrait se faire pendant la marche de la machine que dans des cas exceptionnels, si l'on ne veut pas risquer de perdre une certaine quantité d'huile à chaque remplissage, soit par le trop-plein, soit par celle qui pourrait se trouver expulsée en purgeant.

Il ne faut donc pas prendre un appareil trop petit, et, dans le choix d'une grandeur de graisseur, tenir compte, non seulement de la force de la machine, mais aussi de la durée du travail. Un petit appareil, nécessitant un remplissage fréquent, consommera davantage d'huile qu'un grand graisseur demandant un remplissage moins souvent répété.

437. *Appareil graisseur dit Excelsior.* — Cet organe, construit par la Société *Prager Maschinenbau Actiengesellschaft*, et que représente la figure 452, a pour

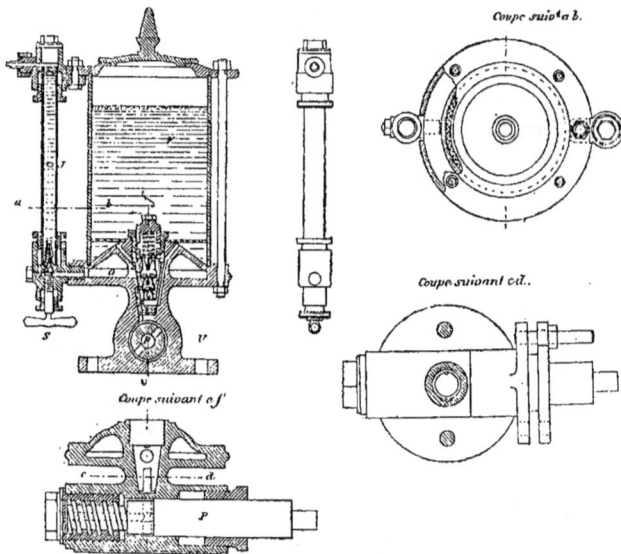

Fig. 452. — Appareil graisseur dit *Excelsior*.

but d'introduire la substance lubrifiante d'une manière continue et dans une proportion qui correspond aux besoins de la machine, en réglant seulement la vis S, sans toucher aux organes de transmission de l'appareil.

La matière lubrifiante sort du réservoir F, par la soupape I, et entre dans la boîte du socle, où se meut le piston. Ce piston porte, d'un côté, un tenon auquel on assujettit un levier de marche, et, de l'autre, il est muni d'une surface directrice qui peut affecter différentes formes. En général, ce qui convient le mieux,

c'est l'emploi d'une vis, comme le représente le dessin. La surface directrice doit être construite de telle façon que le mouvement oscillant communiqué au piston par la machine soit en même temps transformé en un mouvement de haut en bas du piston, dans le sens de son axe longitudinal. Le piston P refoulera ainsi, en entrant dans la boîte, la matière lubrifiante qui, par la soupape I, s'est introduite devant la surface du piston, et la poussera par la soupape II dans le canal O.

La course et la surface du piston restant invariables pendant la marche, il en résulte que des quantités égales de matière lubrifiante seront constamment refoulées dans le canal O.

Cet appareil est muni d'un indicateur J se composant d'une partie inférieure avec un distributeur et une vis de réglage, et d'une partie supérieure munie d'un regard en verre.

La vis régulatrice est munie d'une extrémité en forme d'aiguille ou d'une pointe Z, qui s'adapte dans une douille correspondante de la partie inférieure. La position du distributeur, par rapport à la douille, règle la quantité de matière lubrifiante qui doit passer. Cette huile, qui a traversé la douille, monte d'une manière continue dans le verre de l'indicateur, et cela à de plus grands intervalles et en plus grandes quantités, suivant la marche et la course du piston et la position du distributeur.

Pour pouvoir, le mouvement du piston P restant le même, amener néanmoins des quantités variables de matière lubrifiante aux différents mécanismes, la soupape de déversement III est en communication

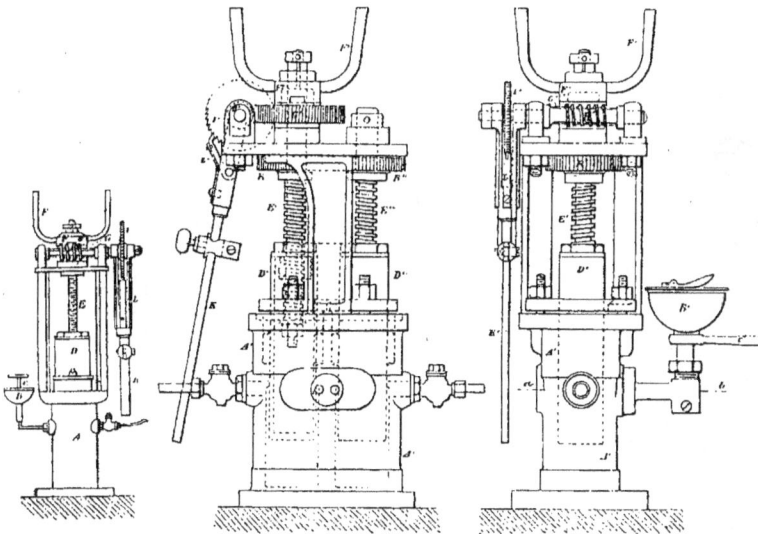

Fig. 453. — Lubrificateur mécanique Drevdal.

avec le canal O; par cette soupape III, le lubrifiant, qui est amené en excès par le piston P, relativement à la quantité que la vis de réglage a laissé passer, peut être refoulé en arrière dans le réservoir F.

438. *Lubrificateur mécanique Drevdal.* — Cet appareil, dont l'emploi s'est répandu avec une si grande rapidité, est spécialement établi pour le graissage des cylindres, tiroirs et autres organes en contact avec le fluide moteur des machines à vapeur; mais il est cependant applicable à tout autre genre de machine et peut être également mis en usage pour le graissage de tout autre organe ou mécanisme.

Ce graisseur (*fig.* 453) consiste en un corps de pompe A, qui reçoit l'huile par le godet B, muni d'une clé à béquille C. Le piston plongeur D est destiné, dans son mouvement de descente au travers d'un presse-étoupes, à refouler l'huile. Ce piston est commandé par la tige filetée E, qui est reliée par une poignée F à la roue dentée G. Cette roue est mue par une vis sans fin H qui tourne avec le rochet I sous l'impulsion du levier K, au moyen du cliquet L.

Le piston plongeur étant à fond de course, on remplit d'huile le godet, après ouverture de la clé à béquille, et l'on soulève la poignée F, calée sur la tige filetée E, pour la rendre indépendante de la roue dentée G. On tourne cette poignée à droite pour remonter le piston, en continuant de verser l'huile dans le godet, au fur et à mesure de l'aspiration. Quand le piston est arrivé en haut de sa course, et l'appareil, par conséquent, plein, on laisse retomber à sa place la poignée F, pour qu'elle s'embraie avec la roue dentée, et l'on ferme la clé à béquille.

Pour certaines machines, il est quelquefois préférable d'introduire de l'huile deux fois par chaque révolution, c'est-à-dire quand le piston se trouve en avant et quand il se trouve en arrière. A cet effet, on emploie un rochet à double encliquetage, dont les deux cliquets se trouvent disposés de telle sorte que l'un d'eux fait avancer le rochet, lorsque le piston avance, et l'autre, quand il recule.

Pour le graissage des cylindres des locomotives, et, en général, pour celui des machines à deux cylindres, on a mis en usage un lubrificateur Drevdal à deux

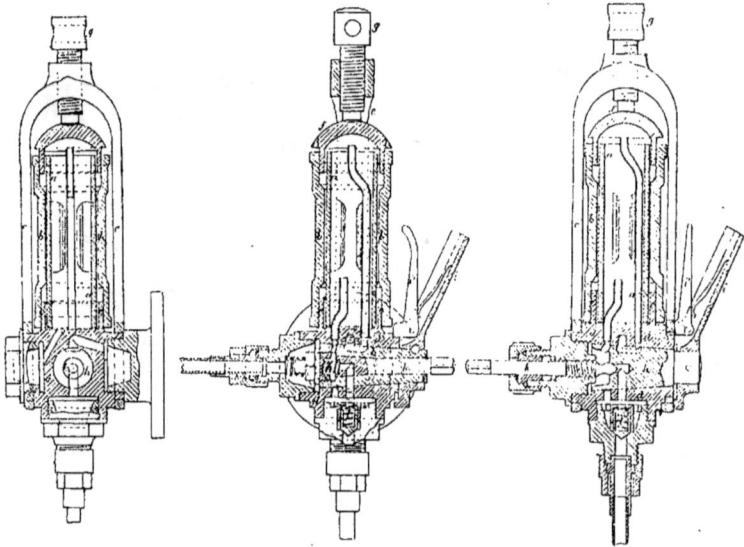

Fig. 454. — Compte-gouttes Hochgesand, pour appareils de graissage.

pistons, tel que l'indique les deux vues de droite de la figure 453.

Les deux cylindres composant le corps de pompe A' reçoivent simultanément l'huile par un seul godet B' au moyen d'un robinet à deux voies actionné par la poignée de manœuvre C'. Quand ce robinet est ouvert, il met le godet en communication directe avec les deux cylindres, qui se remplissent d'huile en même temps. En fermant le robinet, les cylindres cessent d'être en communication.

Les deux pistons plongeurs D', D², sont destinés, dans leur mouvement de descente, à refouler l'huile, comme nous l'avons dit plus haut, dans l'appareil à distribution simple. Ils sont commandés par les tiges filetées E', E², dont l'une E' est reliée par une poignée F à la roue dentée G', dont la mise en mouvement est identique à celle que nous avons indiquée dans le lubrificateur à piston unique.

Le mouvement descendant et ascendant des deux pistons plongeurs D', D², est simultané et solidaire au moyen des deux engrenages R′, R², calés sur les tiges filetées E′, E², en dessous du plateau supportant le mécanisme. Dans cet appareil à deux distributions, comme dans ceux que l'on peut établir avec un nombre plus considérable de pistons plongeurs, il n'y a qu'une seule manœuvre de remplissage du réservoir commun et une seule commande de mouvement. De plus, on peut installer les distributions d'huile distinctes et indépendantes l'une de l'autre, et, si l'on désire que le graissage soit double à chaque révolution, on peut monter un encliquetage double sur l'appareil.

439. *Compte-gouttes, système Hochge-* *sand, pour appareils de graissage.* — Ce système de compte-gouttes comporte diverses particularités qui rendent sa construction plus simple et son fonctionnement plus pratique dans les diverses applications dont il est susceptible.

Cet appareil (*fig.* 454) est composé d'un tube de verre *a* se logeant dans une cage métallique *b*, ajourée pour permettre de voir le débit de l'huile. Cette cage est constituée à ses deux extrémités de manière à faire une boîte à étoupes, chacune de ces boîtes se trouvant à l'opposé de l'autre. Cette disposition de presse-étoupes permet d'enlever le verre et sa cage en même temps que la garniture. L'un des

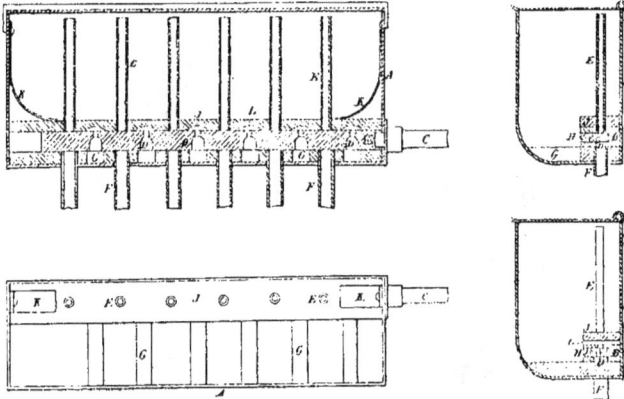

Fig. 455. — Appareil de graissage Anderson.

presse-étoupes *e*, qui fait corps avec le boisseau *d*, reste en place, et l'autre *f* est un simple chapeau fermant en même temps le tube *a* à sa partie supérieure et recevant la pression de la vis de serrage *g* portée par l'étrier *c*, qui est articulée autour de l'axe du boisseau.

De cette façon, il suffit de placer le tube dans sa cage, d'y appliquer aux deux extrémités la garniture se logeant dans l'espace annulaire ménagé entre le tube et la cage, opérations qui peuvent se faire dans la main, indépendamment du reste de l'appareil, de même qu'on peut enlever le tube avec sa cage sans déran-

ger les garnitures, quand il s'agit de nettoyage.

La clé *h* se manœuvre au moyen d'un bouton ou manette *i*, muni d'un loqueteau à ressort *i′*, formant arrêt dans les trois positions que doit prendre cette clé, laquelle peut obturer les orifices des tubes aboutissant dans le verre, de manière à permettre d'enlever ceux-ci sans interrompre la marche de l'appareil. Ce fonctionnement s'effectue grâce à la disposition spéciale des orifices de la clé. Le réglage de l'écoulement se fait au moyen d'une partie creuse *h₁*, constamment poussée par un ressort antagoniste *l*.

On peut, comme le représente l'une des coupes de la figure 453, remplacer la partie creuse par un tige filetée à pointeau *k*, qui permet d'effectuer également le réglage du débit de l'huile.

440. *Appareil de graissage Anderson, susceptible de réglage.* — La disposition de ce nouveau genre de graisseur est telle qu'il peut déterminer la quantité d'huile devant être fournie à différents organes d'une machine.

L'appareil que représente la figure 455 se compose d'une boîte A dans le fond de laquelle sont pratiquées des rainures transversales G, sur toute ou presque toute la largeur de ce fond. Dans les projections formées entre les rainures G sont percés des trous dans lesquels sont rapportés des tuyaux F, destinés à conduire l'huile aux endroits qu'il s'agit de graisser.

Sur le fond de la boîte A, on place une coulisse B, qui est elle-même percée d'autant de trous qu'il y a de rainures G dans le fond de la boîte. Au-dessus de la pièce à coulisse B, est placée une plaque de

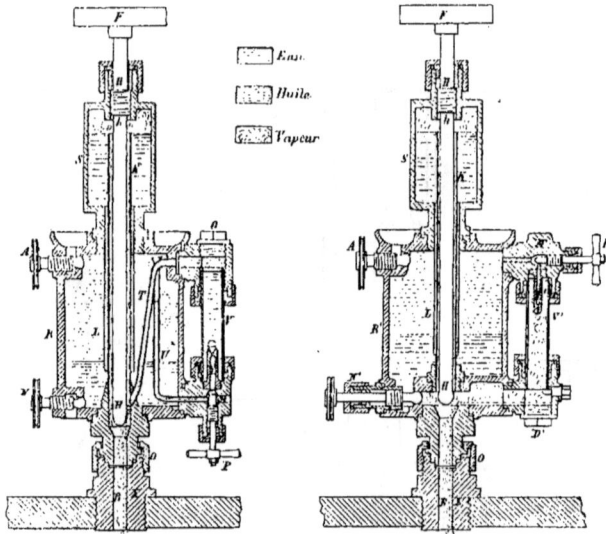

Fig. 456. — Graisseur Bourdon à circulation centrale.

fermeture J, qui est repoussée uniformément de haut en bas, soit au moyen de ressorts K, soit par un autre système approprié. Cette plaque J est munie de tuyaux E, qui se trouvent dans le prolongement des tuyaux F ; les tuyaux viennent jusqu'en haut de la boîte, de manière à toujours être en contre-haut du niveau de l'huile. Dans le dessous de la plaque J ont ménagées des rainures L qui se trouvent au-dessus des rainures G et qui s'étendent sur toute la largeur de ladite plaque.

Lorsque la pièce à coulisse B se trouve dans la position indiquée dans la coupe longitudinale et le plan de la figure 455, l'huile contenue dans le réservoir A pénètre, en passant par les rainures G du fond et par les rainures L de la plaque J, dans les trous D de la pièce B. Ces trous D se remplissent d'huile, et l'air contenu dans chacun d'eux s'échappe par les rainures L. Si l'on fait glisser la pièce B pour amener les trous D sous les tuyaux E, ces trous et ces tuyaux, prolongés par les tuyaux F, forment un passage vertical continu. L'air entrant dans les tubes E fait descendre jusque dans les tuyaux F l'huile contenue dans les trous D ; de là le lubrifiant est conduit aux surfaces frottantes. Lorsque l'on ramène la pièce à coulisse B dans sa position première, les trous D se remplissent de nouveau d'huile, et on dispose de celle-ci comme on a disposé du lubrifiant contenu auparavant dans ces ouvertures. La quantité d'huile qui s'écoule peut se déterminer au moyen des vis H insérées dans chaque trou D. En faisant pénétrer la vis plus ou moins profondément, on règle la capacité du trou D et, par suite la quantité d'huile qui s'écoulera à chaque déplacement de la coulisse B.

Cette pièce B est reliée à une tige C qui, elle-même, est mise en communication avec l'une des pièces mobiles de la machine, de telle manière que la coulisse B puisse recevoir le mouvement de va-et-vient voulu.

441. *Graisseur sous pression, à circulation centrale, de M. Bourdon.* — Cet appareil, dont la figure 456 indique les dispositions intérieures, fonctionne d'après le principe d'une colonne d'eau en charge forçant l'huile à s'écouler goutte à goutte d'une façon visible, à travers un tube de verre. De plus, ce graisseur est caractérisé par la combinaison de deux tubes concentriques, servant l'un à l'arrivée de la vapeur au condenseur, l'autre à la descente de l'eau dans les réservoirs d'huile, et d'une tige centrale permettant d'obtenir à volonté l'ouverture ou la fermeture du tuyau servant à la fois pour l'arrivée de vapeur et à la descente de l'huile dans la partie à graisser.

La figure que nous donnons de cet appareil montre d'un côté une coupe d'un graisseur combiné comme il est expliqué ci-dessus, et dans lequel les gouttes d'huile sont rendues visibles par leur passage de bas en haut dans un tube plein d'eau. L'autre coupe est celle d'un organe du même système, dans lequel les gouttes d'huile tombent de haut en bas dans un tube en verre plein de vapeur.

Les deux tubes concentriques K et L renfermés dans le réservoir R, ont pour objet, le premier, K, d'amener la vapeur venant du conduit B dans le condenseur supérieur S, le second, L, de permettre l'écoulement de l'eau condensée, renfermée dans ce récipient S, dans le réservoir R ; l'huile, poussée par l'air de condensation, dont le niveau s'élève de plus en plus, s'échappe par le tuyau U pour se rendre par l'ajutage Y dans le tube de verre rempli d'eau à travers laquelle elle monte en gouttes, pour venir à la partie supérieure du tube V, et, de là, rejoindre le tuyau T qui amène cette huile dans le conduit B d'arrivée de vapeur, d'où elle s'écoule dans l'organe à lubrifier. L'ouverture et la fermeture de ce conduit B sont réglées par la tige H, filetée à sa partie supérieure.

Dans la deuxième disposition, le départ de l'huile du réservoir R', pour se rendre au tuyau B, est un peu modifié. Cette huile s'échappe tout simplement par la partie supérieure du réservoir, pénètre dans la boîte M', où se trouve le pointeau de réglage d'alimentation P' ; de là, elle passe par l'ajutage Y' pour tomber en gouttes, en traversant la vapeur contenue dans le tube V', à la partie inférieure de ce tube ; elle s'écoule alors, pour venir rejoindre le conduit B. Le bouchon D' sert au nettoyage du tube V'.

Le remplissage des réservoirs R et R' se fait au moyen des pointeaux A, et leur vidange, l'un à l'extérieur, par le pointeau N, l'autre à l'intérieur du conduit B par le pointeau N'.

Dans le cas où la manœuvre du volant F deviendrait difficile à cause de sa position élevée, on peut, sans rien changer aux tubes concentriques, remplacer la tige H par un robinet à vis ou à rodage placé en bas, entre le joint *o* et le fond du récipient.

C'est en se basant sur cette remarque que M. Bourdon a perfectionné son invention, en y apportant des modifications justement rendues possibles par l'emploi de ce système de robinet, particulièrement la combinaison, avec ce système de graisseur, d'un récipient supérieur servant de condenseur et de réservoir d'eau et pouvant ou non servir lui-même pour le remplissage de l'appareil.

Dans la figure 456 *bis*, nous représentons deux nouvelles dispositions du graisseur sous pression Bourdon ; l'une, celle de gauche, dans laquelle le récipient supérieur, servant de condenseur et de réservoir d'eau, peut s'enlever et découvrir l'orifice à cuvette, disposé pour le remplissage. Dans l'autre, celle de droite, ce récipient supérieur est lui-même surmonté d'un orifice a cuvette, servant à la fois aux trois fonctions suivantes : introduire l'huile dans le réservoir inférieur; introduire l'eau dans le récipient supérieur; purger la colonne d'arrivée de vapeur.

Ces deux appareils comprennent :

1° Celui de gauche : un récipient cylin-

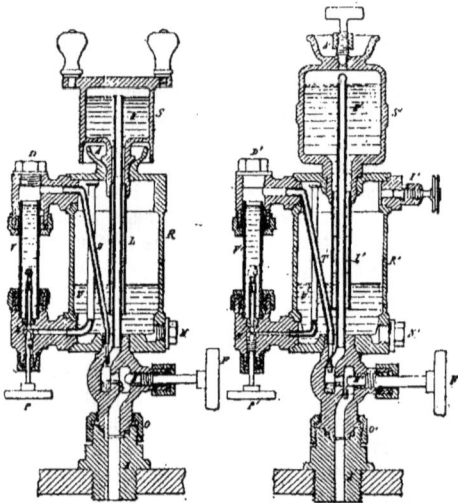

Fig. 456 *bis*. — Nouveau graisseur Bourdon
à circulation centrale.

drique en bronze R, surmonté d'une cuvette A, fermée par un réservoir démontable S, formant condenseur et permettant, lorsqu'il est enlevé, d'effectuer le remplissage du vase R par l'orifice A. Un robinet F sert à l'arrivée de vapeur et à la descente de l'huile dans la partie à graisser ; sur ce robinet est monté le tuyau d'arrivée de vapeur K.

On commence, lorsque l'on veut faire fonctionner le graisseur, par fermer le robinet F, pour empêcher toute sortie de vapeur; on ouvre alors l'orifice de vidange N, qui permet l'écoulement à l'extérieur de l'eau remplissant les réservoirs R et S.

Ceci fait, on ferme l'orifice N, on dévisse le récipient S, et l'on remplit d'huile le réservoir R, jusqu'à ce que le liquide affleure la partie supérieure du tuyau U, ce dont on s'aperçoit au moment où l'on voit une goutte d'huile monter dans le tube V. On remet alors en place le récipient S, on ouvre le robinet F, et tout le système est prêt à fonctionner ;

2° Celui de droite comprend de même un récipient R' surmonté d'un réservoir fixe S' servant à la condensation et portant lui-même, à la partie supérieure, un

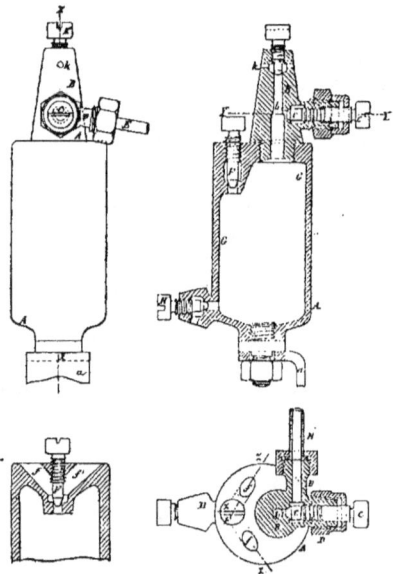

Fig. 457. — Graisseur automatique Belleville.

orifice à cuvette A' permettant l'introduction de l'huile et de l'eau.

L'appareil fonctionne comme le précédent, avec la seule différence que le remplissage s'effectue par la partie supérieure du second récipient, ce qui permet, lorsque l'huile a été introduite dans le récipient R', de remplir d'eau le récipient S', de façon à mettre l'appareil en état de fonctionner immédiatement, sans avoir besoin d'attendre qu'il y ait déjà une certaine quantité de vapeur d'eau condensée dans le récipient S'.

Le pointeau I' permet, au moyen d'une

ouverture convenable, de s'apercevoir si le remplissage du récipient R' est terminé. Le tube U' sert au départ de l'huile, dont l'écoulement est réglé par le robinet de sortie M' et le pointeau P'.

Ces deux appareils sont munis de compte-gouttes, qui permettent de se rendre compte du débit de l'huile. Suivant que le tube est rempli d'eau ou bien contient de la vapeur, l'huile monte ou bien les gouttes du lubrifiant tombent.

442. *Graisseur automatique Belleville.* — Le dispositif de ce graisseur automatique, comme le montre la figure 457, a pour base essentielle la mise en communication de l'appareil graisseur avec l'appareil à graisser, par un plan incliné continu, pour assurer son bon fonctionnement dans toutes les conditions de sa mise en usage.

La vapeur qui pénètre dans la chambre de condensation du graisseur, et l'huile qui doit s'écouler du réservoir intérieur jusque dans l'organe à lubrifier, passent par le même conduit. Leurs marches parallèles et de sens contraires sont possibles, sans interruption du fonctionnement, à la condition expresse que le conduit ait une pente continue suffisante, c'est-à-dire sans aucune partie horizontale. L'expérience a montré que cette pente peut varier dans des limites très larges, entre 10 et 45 degrés par exemple.

Pour effectuer le remplissage du graisseur, le robinet C, étant fermé, on dévisse de trois à quatre tours les robinets K et E; on verse de l'huile dans le réservoir par l'un des orifices latéraux f ou f' du robinet F jusqu'à ce que l'huile apparaisse à l'autre orifice. On ferme alors les robinets F et K.

Pour la mise en marche, on ouvre le robinet C, puis, pendant quelques secondes, le robinet K, afin d'expulser, au moyen d'un jet de vapeur, l'air contenu dans le tuyau E, ainsi que dans le graisseur. Lorsque le robinet K est fermé, la vapeur se condense en eau au fond du réservoir G, et le niveau de l'huile monte jusqu'à ce qu'elle se déverse par le tuyau E et s'écoule le long de la génératrice inférieure de ce conduit, tandis que la vapeur continue de monter en suivant la génératrice supérieure. L'écoulement de l'huile s'effectue ainsi d'une manière continue et proportionnellement au volume de l'eau provenant de la condensation de la vapeur.

443. *Graisseur Mékarski.* — Cet appareil est destiné au graissage des tiroirs et des cylindres des machines à vapeur ou analogues utilisant l'expansion des gaz. Il convient spécialement à celles sur lesquelles l'installation d'un graisseur à condensation présenterait des inconvénients.

Son fonctionnement est basé sur les fluctuations qu'éprouve la pression dans les boîtes de distribution, au commencement et à la fin de l'admission et, dans les cylindres, aux différentes phases de la distribution. A cet effet, le réservoir de lubrifiant communique avec la machine par deux orifices distincts : l'un, dont la section peut être réglée comme l'on veut par un obturateur mobile, sert à l'écoulement de l'huile ; l'autre, dont la section est également fort petite, mais invariable, permet à la pression intérieure de s'exercer sur le liquide.

La petitesse de ce dernier orifice maintient la pression presque constante dans le réservoir d'huile, tandis qu'elle varie sensiblement dans la machine. Il en résulte sur le liquide que contient le réservoir, à chaque coup de piston, une sorte de poussée, susceptible de déterminer la sortie d'une goutte d'huile plus ou moins forte par l'orifice d'écoulement.

Le graissage est ainsi rendu continu et proportionnel au travail de la machine ; l'orifice d'écoulement peut, d'ailleurs, être assez peu ouvert, pour que, lorsque le travail s'arrête, l'écoulement d'huile devienne à peu près négligeable.

Les conditions que nous venons d'indiquer semblent être réalisées dans le graisseur Mékarski, dont la figure 458 donne les détails de construction.

Le réservoir d'huile A est traversé par une tige creuse, à base conique f, servant à régler l'écoulement de l'huile par un orifice S percé au fond du réservoir et jouant le rôle de conduit de communication entre la machine et la partie supérieure du réservoir. Cette communication est établie par un trou de très petite dimension O percé au sommet de cette sorte de tube.

L'obturateur est manœuvré de l'extérieur par l'intermédiaire d'une pièce filetée *p* jouant dans le couvercle de l'appareil et présentant un évidement dans lequel s'engage un bouton par lequel se termine la tige *f*; celle-ci peut ainsi obéir librement à son guidage dans le conduit S. La pièce *p* est elle-même conduite, au moyen d'un carré, par la tige *t*, qui traverse le couvercle en formant un joint à embase conique que l'on peut appliquer par l'intermédiaire de l'écrou *e* sur une fraisure pratiquée autour du trou. Le robinet à trois voies R sert à isoler, lorsque l'on veut, le réservoir A et à le soustraire ainsi à l'influence de la pression de la vapeur.

444. *Graisseur Bailey.* — Cet appareil a été plus spécialement établi pour les machines locomotives. Il est combiné de telle sorte que le graissage s'effectue toujours lorsque la machine marche, par la vapeur ou bien sans vapeur, lorsque, par exemple, la locomotive descend une pente, et, au moment des arrêts, ce graissage cesse de lui-même automatiquement.

Dans la figure 459, qui montre par dif-

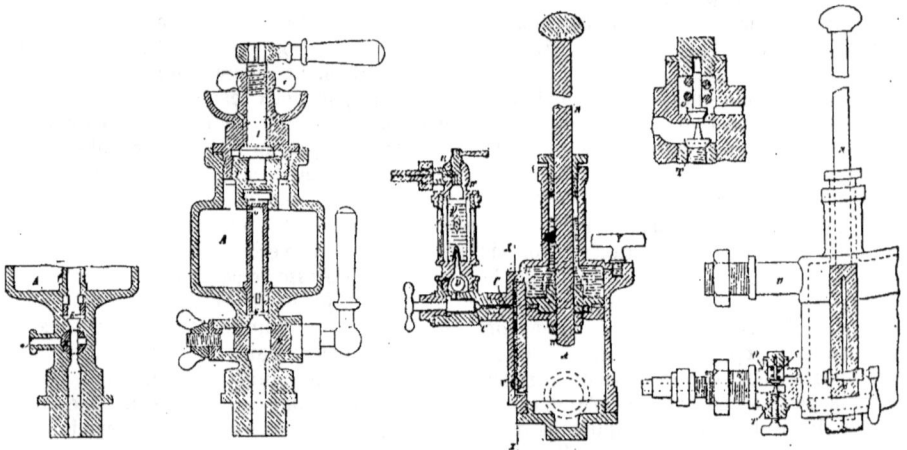

Fig. 458. — Graisseur Mékarski.   Fig. 459. — Graisseur Bailey.

férentes coupes les détails de cet organe, le cylindre A, fixé par le bras fileté U en quelque partie appropriée de la locomotive, contient le piston à garniture étanche P, dans lequel est fixée la tige du piston N.

La vapeur vive pénètre par le canal du fond, va à travers la soupape de contre-pression O et arrive dans le cylindre A au-dessous du piston. L'huile qui se trouve au-dessus du piston passe, quand celui-ci s'élève, dans le cylindre, en descendant, par le canal *c*, au bouchon vissé C, à cône régulateur, qu'elle dépasse en se dirigeant vers la partie inférieure du boulet D. Ce boulet, lorsque la loco-motive est en marche, roule sur son siège concave en permettant à l'huile de passer dans le tube en verre Q, à travers l'eau dans laquelle elle monte en gouttes pour sortir au-dessus par le robinet R et se rendre vers les parties de la machine à lubrifier. Le boulet D agit aussi comme une soupape pour retenir l'eau dans le tube transparent.

Lorsque l'huile est épuisée, le piston P est refoulé au fond du cylindre A, l'eau provenant de la condensation s'échappe en traversant la soupape O, qui s'ouvre par la pression du petit ressort S commandé par la vis T, en retournant à la boîte à vapeur, quand la soupape peut se fermer et agir de nouveau comme sou-pape de contre-pression.

Si la machine locomotive marche sans vapeur, comme lorsqu'elle descend une pente, l'écoulement d'huile est maintenu par l'air contenu dans l'espace annulaire formé autour de la tige du piston, lequel air a été comprimé par la colonne d'huile, qui s'élève dans cet espace, jusqu'à ce que la vapeur vienne de nouveau agir sous le piston, lequel, pendant ce temps, est resté stationnaire, ayant été maintenu

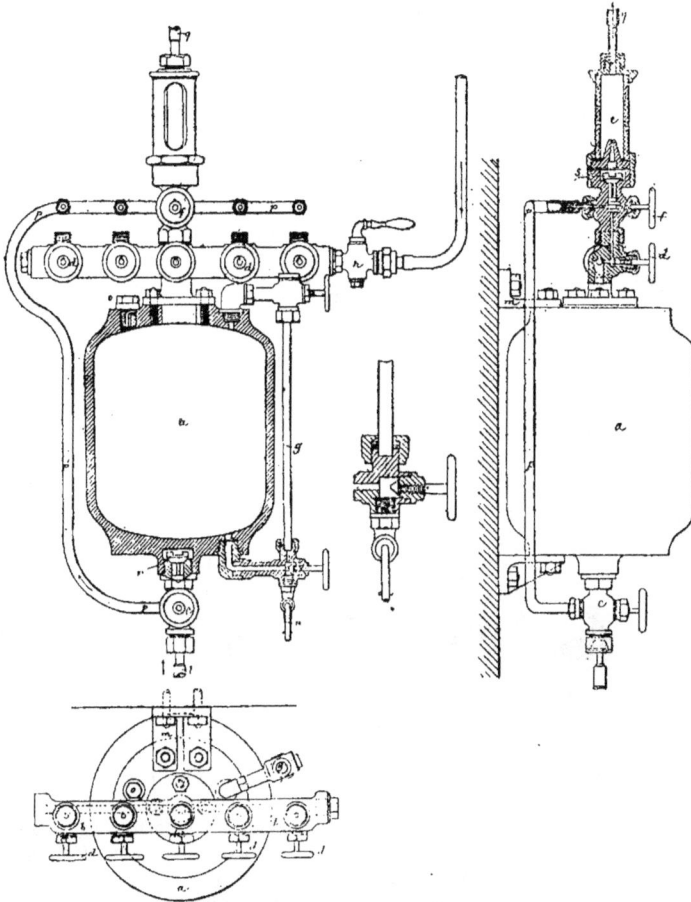

Fig. 460. — Collecteur-régulateur de graissage Arnier.

en position par la fermeture de la soupape de contre-pression.

Si la locomotive s'arrête, le boulet D, cessant de rouler dans son assise con-cave, ferme l'ouverture au-dessous de lui en arrêtant le débit de l'huile.

445. *Collecteur régulateur de graissage de M. Arnier.* — Le graissage des organes intérieurs des machines à triple expan-sion et autres similaires devenant de plus en plus difficile, vu la haute tension de la vapeur, il était nécessaire d'avoir un appareil fonctionnant à une basse température à la portée des mécaniciens.

Pour arriver à ce résultat, M. Arnier a imaginé un appareil représenté par la figure 460, auquel il a donné le nom de *collecteur régulateur de graissage.*

Cet appareil est basé sur l'adaptation à un réservoir plein d'huile, constamment en communication avec le tuyau des pompes alimentaires ou avec les chaudières, d'un collecteur composé d'autant de compte-gouttes qu'il y a de moteurs ou de mouvements à graisser dans un endroit donné, dans la chambre des machines par exemple. Il est, en outre, carac-

térisé par l'ensemble de sa disposition, dont la figure 460, à laquelle se réfère la description qui suit, donne un spécimen.

Le réservoir d'huile *a* reçoit le lubrifiant d'une caisse à huile par le robinet *h*; il possède un tube de niveau *g*, un tampon d'aérage *v*, une valve *c* pour l'introduction de l'eau sous pression qui, venant des chaudières ou des pompes alimentaires, arrive par le tuyau *l*, et un clapet *r* servant à maintenir constante la pression dans ledit réservoir. De plus, ce réservoir communique avec un collecteur de grais-

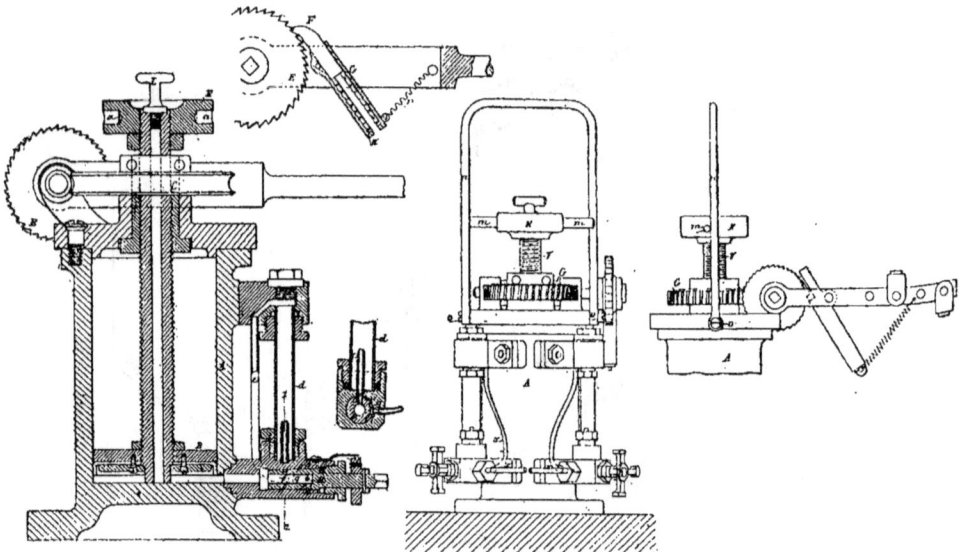

Fig. 461. — Graisseur Hamelle à pression constante.

sage *b*, surmonté des compte-gouttes *e*, en nombre quelconque, reliés chacun aux mouvements à lubrifier par les tuyaux *q*. Parallèlement au collecteur *b*, et un peu au dessus, se trouve un tuyau collecteur d'eau *p*, branché sur la valve *c* à l'aide du tuyau *p'*. Pour chaque compte-goutte *e*, le collecteur *b* possède une soupape *d* pour régler le graissage, et celui *p* une soupape *f* pour le réglage de l'eau. Ces deux soupapes sont placées l'une au-dessus de l'autre et sont surmontées d'un clapet de retenue.

L'appareil ainsi disposé fonctionne de la manière suivante : l'huile contenue

dans le réservoir *a* et introduite à l'aide du collecteur *b* est soumise à la pression de l'eau amenée par le tuyau *l* et réglée par la valve *c*. Sous l'influence de cette pression, l'huile et l'eau s'échappent par leurs soupapes respectives *d* et *f*, soulèvent le clapet *s* et se rendent dans les compte-gouttes *e*, où il est aisé de voir l'huile, entraînée par l'eau sous pression, s'élever goutte à goutte et se rendre dans les tubes *q*, chargés de la conduire aux points d'utilisation.

Tous les compte-gouttes sont indépendants, et le mécanicien peut régler lui-même l'intensité du graissage, pour chaque canalisation q, en agissant sur les soupapes d; il règle de même le débit de l'eau pour chaque compte-gouttes, en agissant sur les soupapes f. Cet appareil peut être placé en n'importe quel endroit, loin des appareils à graisser; il peut comporter un nombre quelconque de compte-gouttes, suivant la capacité de son réservoir à huile, qui doit être appropriée au nombre d'engins à lubrifier.

416. *Graisseur Hamelle à pression constante.* — Comme le montre la coupe de la figure 461, cet appareil se compose d'un cylindre A dans lequel se meut un piston B par l'intermédiaire d'une roue dentée C actionnée par une vis sans fin D. Cette vis est elle-même commandée par une roue à rochet E, d'une disposition spéciale, comme l'indique le dessin. Le cliquet F est installé dans une gaine G pivotante en O, avec un ressort de rappel R ; un ressort est disposé autour de la tige du cliquet. Le levier L, qui porte le cliquet, peut être actionné par la tige d'un tiroir de machine à vapeur, ou par toute autre pièce en mouvement de la machine motrice.

L'appareil fonctionne sous pression constante ; pour le faire voir, il suffit de remarquer que, si, l'appareil étant en marche et plein d'huile, nous fermons le robinet R de distribution d'huile, le levier continuera de fonctionner, mais le cliquet F n'entraînera la roue E qu'autant que cette dernière ne lui offrira pas une résistance supérieure à celle du ressort H sur lequel il est monté. Lorsque cette résistance sera atteinte, le cliquet F s'enfoncera dans sa gaine G sans mettre en mouvement la roue E. Si, ensuite, nous ouvrons le robinet R, pour laisser un petit passage à l'huile, le cliquet entrainera de nouveau la roue à rochet, jusqu'à ce que la pression dans le cylindre soit assez grande pour que la résistance sur le rochet soit telle qu'il s'enfonce de nouveau dans sa gaine sans actionner la roue.

Cette disposition du rochet permet donc de conserver dans l'appareil une pression constante, pression qu'il est impossible de dépasser, et, d'un autre côté, de pouvoir laisser marcher le graisseur sans craindre une rupture des organes par suite d'un butage à fond de course ou de toute autre cause.

Si l'on a besoin d'un graissage anormal plus abondant, on peut, si cela est nécessaire, vider l'appareil en quelques instants en actionnant le piston à la main par la pièce K. Des trous a, pratiqués dans cette pièce, permettent d'y passer une broche. D'autre part, le robinet distributeur est disposé pour que le courant d'huile, lors d'un grand débit, ne passe pas par le compte-gouttes.

Une molette gravée m permet de régler le débit par le compte-gouttes, d'isoler celui-ci, ou bien de fermer l'écoulement. Le remplissage du réservoir se fait en enlevant la vis à béquille L ; on verse l'huile dans le trou pratiqué dans la tige du piston, en remontant ce dernier par un mouvement de rotation qu'on imprime à la pièce K. Comme tous les organes sont indépendants, l'appareil peut continuer à fonctionner pendant le remplissage; il suffit seulement de fermer le robinet de distribution.

Pour empêcher la vis V de tourner en entraînant le piston dans sa rotation, on peut placer à demeure sur la pièce k, comme le représente l'élévation de la figure 461, deux bras m qui viennent buter sur une arcade n à charnière, articulée en o sur le couvercle du cylindre A. Les bras m étant ainsi maintenus, la pièce k ne peut donc que descendre sans être actionnée par la rotation de la roue G.

447. *Graisseur différentiel continu C. Meyer.* — Ce système de graisseur, construit par MM. Muller et Roger, et qui est représenté par la figure 462, peut être monté sur les tuyaux de prise de vapeur, sur les boîtes à tiroirs et sur les cylindres des machines à vapeur. Quoique le fonctionnement soit basé sur la condensation, le débit, qui est réglable, reste uniforme, quelles que soient les variations de la température extérieure, et cela dans toutes les positions du réglage. La régularité du débit est obtenue au moyen d'un système différentiel qui élimine automatiquement l'eau de condensation produite par une surface condensante en excès.

Le graisseur différentiel C. Meyer se compose d'un vase en bronze de capacité variable, surmonté d'une coupe c destinée à recevoir l'huile. Un orifice, fermé par un bouchon à barrette M permet l'introduction de l'huile. La purge se fait par un conduit de la clé V. A l'intérieur du réservoir se trouvent deux tubes concentriques T, T'. Le tube T est fixé à la poignée M, au moyen d'un filetage gras qui permet au tube T de tourner dans le manchon X. Le tube T laisse à la partie inférieure du graisseur un espace annulaire O' ; il est percé, à sa partie supérieure, d'un petit trou o. Le manchon X porte en regard de l'ouverture o un trou cylindrique O, de telle sorte qu'en tournant la poignée M et le tube T, les

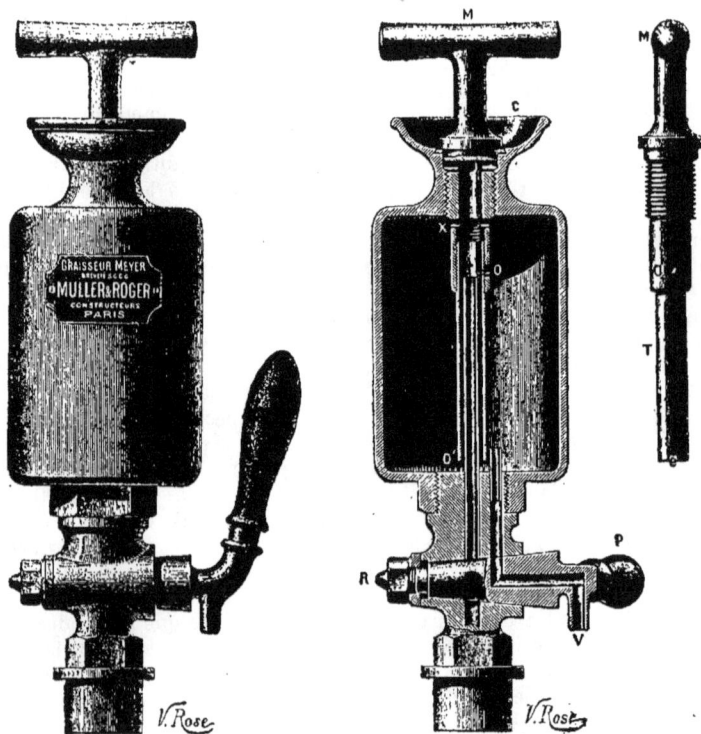

Fig. 462. — Graisseur différentiel continu C. Meyer.

circonférences venant à se couper, on diminue progressivement l'ouverture Oo, jusqu'à la fermer complètement. L'encoche e permet de faire tourner le conduit T au moyen d'un tournevis.

Le robinet R permet d'intercepter la communication du graisseur avec la vapeur. En ordre de marche, la poignée P de ce robinet est relevée verticalement ; pour faire la vidange de l'eau de condensation, on rabat horizontalement la poignée P, de telle sorte que le bec V se trouve au dessous.

Pour remplir le graisseur, on ferme le robinet R, en plaçant la poignée P horizontalement, le bec V en dessus. On enlève le bouchon M et on charge complètement le vase. Après avoir revissé le bouchon M, on ouvre le robinet R.

Ce robinet étant ouvert, la vapeur pénètre dans le graisseur, l'eau de condensation tombe au fond du vase en raison de sa densité, et l'huile s'écoule dans le cylindre par la petite fenêtre en O. Comme la surface condensante de l'appareil est trop grande, comparativement au débit demandé, il se produit un excès d'eau de condensation qui tombe dans le cylindre après avoir passé dans l'espace annulaire formé par les tubes T et T'. La colonne d'eau formée par ces deux tubes fait équilibre à la colonne d'huile dans le réservoir ; mais, en raison des différences de densités, le niveau de l'huile dans le récipient sera toujours plus élevé que l'extrémité supérieure du tube T', de sorte que son écoulement dans ce tube est assuré et continu.

Comme nous l'avons dit, pour diminuer le débit, il suffit de diviser le tube T, de manière à masquer plus ou moins la petite fenêtre en O.

448. *Graisseur Haeser et Billard.* — L'organe actif de cet appareil est actionné par la vapeur, et il n'entre en fonction qu'autant que celle-ci est admise dans le cylindre et à chaque coup de piston. Le graissage se fait donc automatiquement, en quantité proportionnée à la vitesse, et n'a lieu qu'autant que la machine est en marche ; le débit est réglable à volonté par le mécanicien.

Ce graisseur, représenté par la figure 463, se compose de deux vases superposés A et B, vissés en *m* et mis en communication permanente au moyen du robinet D et par intermittence à l'aide du clapet *g*. Le vase supérieur A ou réservoir d'huile est fermé par le couvercle vissé C au centre duquel se trouve un bouchon *c* pour l'introduction de l'huile. Le fond de ce vase est percé d'un trou *a*, traversant le boisseau D du robinet, et que la clé *d*, pourvue d'une échancrure *e* intercepte plus ou moins, de manière à régler le débit de l'huile. Au-dessous du robinet D se trouve une chambre E, réservée au clapet *g*, qui, au repos, s'appuie sur le siège *h* et obture complètement le passage de l'huile. Le récipient inférieur, ou réservoir d'attente, reçoit une soupape *k*, munie de rainures *r*, et dont la tige *k'* pénètre à l'intérieur du vase B. Cette soupape, à l'état de repos, est éloignée de son siège, de manière à établir une communication entre le vase B et le cylindre à graisser.

Le fonctionnement de cet appareil est le suivant : lorsque la vapeur est admise dans le cylindre, la soupape *k*, sous l'influence de la pression, est soulevée, et, en même temps qu'elle, le clapet *g*. Il en résulte donc, d'une part, que la communication entre les réservoirs A et B est établie et que l'huile passe en quantité déterminée par le degré d'ouverture de la clé *d*, et, d'autre part, que la communication entre le vase B et le cylindre à graisser est rompue par la soupape *k*, qui s'applique fortement sur son siège.

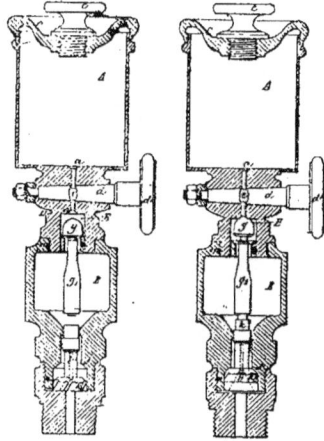

Fig. 463. — Graisseur Haeser et Billard.

Lors de l'échappement de la vapeur, la soupape *k* redescend, de telle sorte que l'huile précédemment déversée dans le récipient B passe dans le cylindre, tandis que le clapet *g*, qui s'est abaissé en même temps, intercepte toute communication entre les réservoirs A et B. Le cylindre à vapeur ne communique donc jamais directement avec le réservoir supérieur, et l'écoulement de l'huile ne s'effectue qu'autant que la machine est en marche, et en quantité plus ou moins grande, suivant que la vitesse de celle-ci est plus ou moins rapide.

449. *Lubrificateur Brunbauer.* — Dans ce graisseur, tel que le montre la figure

464, lorsqu'on ouvre la soupape à vapeur placée à la chaudière, la vapeur, arrivant par le tuyau S, entre dans le condenseur E, et l'eau de condensation qui en résulte se trouve conduite par le passage V et le tube V au fond du réservoir à huile I. L'huile étant plus légère que l'eau monte et entre dans le tuyau à P son extrémité supérieure ; elle s'écoule par là et arrive dans le canal transversal J, d'où

elle est distribuée aux deux pièces de raccord inférieures N_1. L'huile passe ensuite aux soupapes d'alimentation C et au bec f et monte, goutte à goutte, à travers l'eau des tubes K ; elle passe finalement par les ouvertures de sortie T dans le tuyau H qui relie le lubrificateur avec la chemise du tiroir destinée à être lubrifiée. Avant d'ouvrir la soupape D, de façon que l'eau de condensation puisse

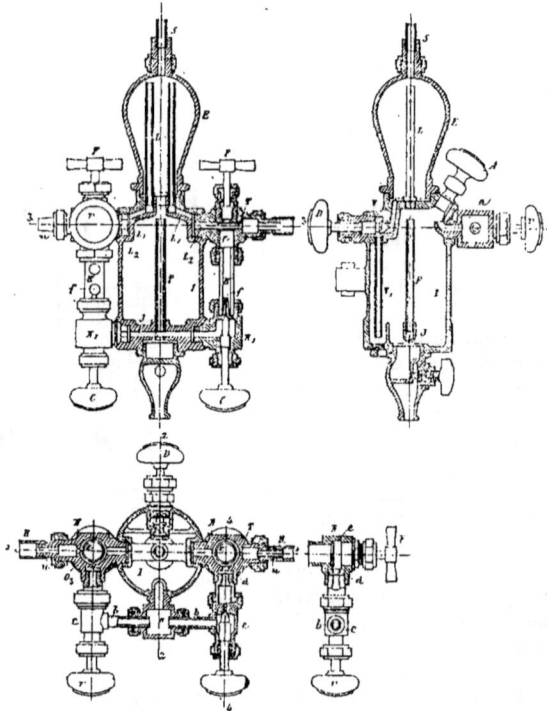

Fig. 464. — Lubrificateur Brunbauer.

arriver du condenseur au réservoir à huile, on fait passer la vapeur par les tubes L et les passages L_1 et L_2, jusque dans les tubes d'alimentation à vue, où elle est condensée de façon à les remplir d'eau.

En même temps que l'huile traverse le chemin indiqué, il y a un passage de jets de vapeur du condenseur à travers les tubes L, les ouvertures L_1 et L_2 et les orifices de sortie T, jusque dans les

tuyaux de décharge ; il en résulte une pression directe sur le dessus de l'huile, de façon que celle-ci est chassée à travers les passages T par la pression hydrostatique de la colonne d'eau dans le condenseur et le tube de communication V.

M. Brunbauer a ajouté à son appareil, qui est surtout destiné aux machines locomotives, un système de graissage auxiliaire destiné à être mis en fonctionnement au cas d'une rupture d'un des tubes de verre, ou de la production d'une avarie quelconque dans le lubrifieur. La mise en marche s'effectue d'une manière simple, instantanément, sans nécessiter d'apport d'huile de l'extérieur; le fonctionnement est continu et automatique, complètement indépendant de la marche de la locomotive. On peut donc, si, sur l'un des points du parcours, on veut produire un graissage plus intense, faire fonctionner simultanément le graisseur principal et le système auxiliaire.

L'huile à destination des graisseurs auxiliaires c est prise directement à la partie supérieure du réservoir d'huile par la pièce de raccord a, se rend par des tuyaux b à l'intérieur des boîtes c où des tiges filetées r en règlent l'écoulement, et passe, par le conduit d dans la chambre de vapeur e, d'où elle se rend par l'ouverture T dans l'orifice du tuyau de décharge H.

La mise en train de ce graisseur auxiliaire s'opère en suivant la marche ci-après : supposons que le tube de verre K de droite vienne à se rompre; on n'a qu'à fermer les valves de droite C et F, et à donner à la valve r du graisseur auxiliaire de droite une ouverture égale à celle qu'avait auparavant la valve de réglage de l'huile C; cela fait, le graisseur auxiliaire remplira aussitôt sa fonction, la quantité d'huile fournie restant la même. Il s'ensuit que la partie gauche de l'appareil lubrificateur peut continuer à fonctionner, en produisant son graissage ordinaire, à gouttes visibles.

450. *Graisseur Popp.* — Ce système de graisseur automatique sous pression d'air équilibré et à débit visible a été établi pour être surtout employé pour lubrifier les organes intérieurs, tels que cylindres et tiroirs, des moteurs à air comprimé. Il peut être ou à débit constant ou à débit variable.

Le graisseur automatique à débit constant (*fig.* 465) est composé d'un tube en métal hermétiquement fermé, formant le réservoir d'huile. Le tube b sert à l'écoulement de l'huile dans une chambre c ménagée à la base du graisseur, et dont les parois sont transparentes. Un tube a,

dit *d'équilibre* a pour but de maintenir la même pression dans le réservoir d'huile et dans la chambre c. L'introduction de l'huile se fait par un bouchon vissé sur le réservoir. Le tube a débouche au sommet du réservoir, au-dessus de la surface de l'huile.

On comprend que la pression qui s'exerce dans la chambre c vient agir à la surface de l'huile en traversant le tube a et que l'huile coule goutte à goutte en vertu de son propre poids. Lorsque la

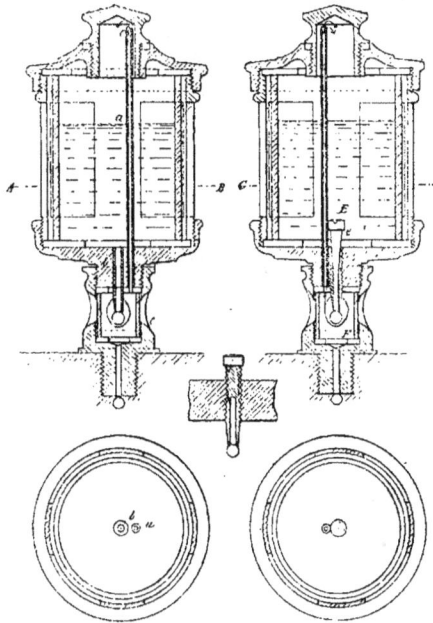

Fig. 465. — Graisseur Popp.

quantité d'huile dépensée pour lubrifier l'organe est moindre que celle débitée par le tube b, la chambre c se remplit peu à peu d'huile, et la communication de l'air de c avec celui du réservoir se trouve interrompue; l'écoulement de l'huile par le tube b est ainsi arrêté jusqu'au moment où l'orifice inférieur du tube a se trouve de nouveau dégagé.

Si l'on veut transformer ce graisseur en appareil à débit variable, il suffit d'y faire l'addition d'une vis de réglage e, placée sur l'extrémité supérieure du tube *b*, et munie de deux méplats et d'un trou. On peut ainsi, au moyen de cette vis, régler le débit de l'huile à volonté, en l'engageant plus ou moins dans le tube de communication.

451. *Robinet graisseur de la Société des établissements Weyher et Richemond.* — L'inconvénient des graisseurs généralement employés consiste en ce que la vapeur ou le fluide sous pression s'introduit dans le réservoir d'huile par les fuites de la ou des clés, et empêche ainsi l'introduction du lubrifiant.

La Société des établissements Weyher et Richemond a cherché à combattre cet inconvénient en munissant la partie supérieure du réservoir de deux trous distincts servant : l'un à l'introduction de l'huile, et l'autre à l'échappement de la

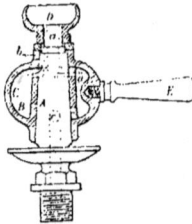

Fig. 466. — Robinet graisseur de la Société des établissements Weyher et Richemond.

vapeur ou du fluide qui peut arriver dans le réservoir par l'effet des fuites de la clé.

La figure 466 donne le dessin de la coupe de ce robinet graisseur. L'appareil consiste en une clé verticale A, fixée sur la machine; cette clé est coiffée par un boisseau B formant réservoir annulaire C. La partie supérieure de la clé se termine par un petit entonnoir D servant à verser l'huile, lorsque le boisseau est tourné à l'aide du manche E dans la position indiquée en coupe sur la figure. L'huile versée dans la capsule supérieure s'écoule dans le réservoir par le trou *a*, en même temps que l'air, la vapeur ou le fluide quelconque qui arrive dans le réservoir par les fuites de la clé s'écoule par le trou d'air *b*, de sorte que le remplissage se fait à coup sûr. Lorsque le réservoir

est plein, un quart de tour donné au boisseau à l'aide de la manette ferme les trous *a*, *b*, et découvre le trou *c*, qui permet à l'huile de s'écouler dans la machine.

452. *Graisseur Meyer.* — Ce système de graisseur peut être monté sur les cylindres et les boîtes à tiroirs des locomotives, des machines à condensation et, en général, sur les machines qui ont des alternatives de marche avec le régulateur ouvert et fermé. Le graissage n'a lieu que pendant la marche à régulateur fermé, et, dans les machines à condensation, pendant la période d'échappement.

Le fonctionnement de cet appareil est le suivant : pendant la marche à régula-

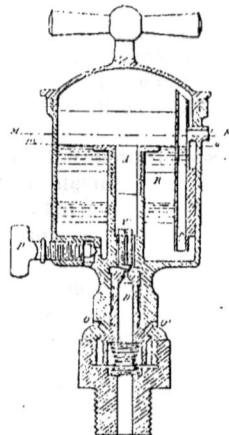

Fig. 467. — Graisseur Meyer.

teur ouvert, la pression applique le clapet D (*fig.* 467) sur son siège. Un léger filet de vapeur, qu'on règle une fois pour toutes au moyen de la vis V, pénètre dans la partie supérieure du réservoir en passant par les quatre rainures de la vis V. L'eau de condensation produite tombe au fond du réservoir et fait monter le niveau de l'huile, qui reste stationnaire, quand il a atteint la hauteur MN. A partir de ce moment, toute l'eau de condensation qui continue à se produire s'écoule par le tube C*c*, qui forme, avec le réservoir, vase communiquant. Au moment de la fermeture du régulateur, le vide qui se produit derrière le piston fait tomber le clapet D, toute la couche d'huile MN*mn* passe alors dans le cylindre par le petit orifice du clapet qui s'échappe du pointeau de réglage.

Lorsque l'on ouvre de nouveau le régulateur, une couche MN*mn* se reforme, et ainsi de suite. Une mèche, introduite dans la partie centrale de l'appareil fournit le graissage, lorsque la locomotive roule avec le régulateur fermé : cet emploi de mèche est, du reste, facultatif. En consultant le dessin, on voit que le siège du clapet D est partagé en deux par une gorge annulaire, qui est en communication avec l'atmosphère, au moyen

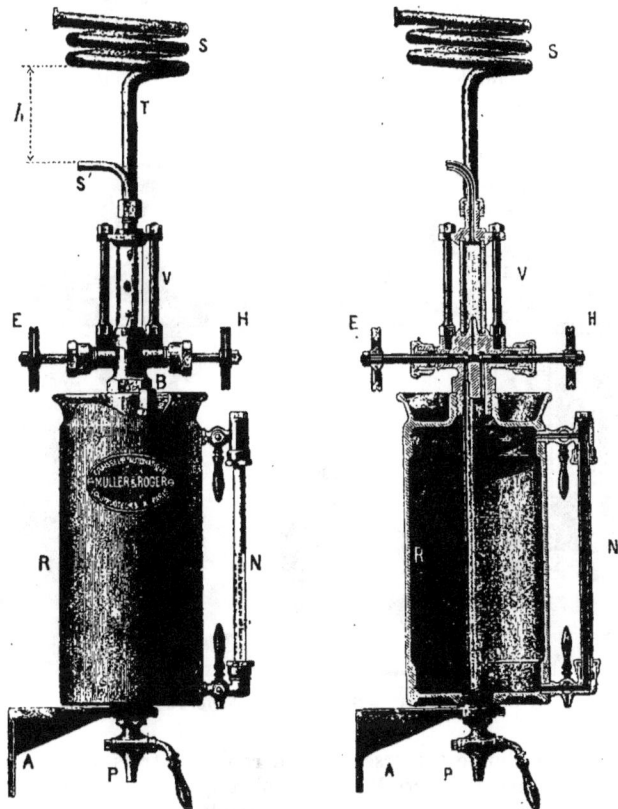

Fig. 468. — Graisseur Muller-Roger.

des orifices O et O'. Cette disposition a pour but de rendre le clapet D absolument étanche, par rapport à l'intérieur du **graisseur**.

453. *Graisseur Muller-Roger.* — Cet appareil est installé de telle sorte que le graissage de la vapeur s'effectue avant son arrivée dans le cylindre ; les organes des tiroirs et des détentes sont donc lubrifiés. En outre, son débit peut être réglé à volonté, et, la goutte d'huile étant visible, on peut donc se rendre compte du fonctionnement du graisseur. Dans un certain nombre des appareils de graissage où la condensation de la vapeur est mise en œuvre, l'huile est forcée de descendre par un tube intérieur pour remonter ensuite dans le vase à goutte visible.

Cette disposition permet à l'air de s'introduire dans le tube et d'empêcher le fonctionnement du graisseur. Dans l'appareil Muller-Roger, l'huile est chassée directement par l'eau condensée, ainsi que l'on peut s'en rendre compte par la figure 468, qui représente l'un de ces appareils, et dont la légende suit :

R, vase contenant de l'eau à la partie inférieure et de l'huile à la partie supérieure ;

B, bouchon à vis par lequel on introduit l'eau ou l'huile dans le vase R ;

E, robinet à pointeau permettant à l'eau de condensation du vase R de remplir le tube V ;

H, robinet réglant le débit de l'huile ;

T, tuyau d'arrivée de l'eau provenant du serpentin condenseur S ;

P, robinet de purge ;

V, tube en verre rempli d'eau, que la goutte d'huile traverse visiblement ;

N, tube de niveau d'huile et d'eau.

Si dans le vase R, rempli préalablement d'huile, on fait pénétrer une goutte d'eau, un même volume d'huile sera poussé dans le conduit en H, et comme la densité de l'huile est moindre que celle

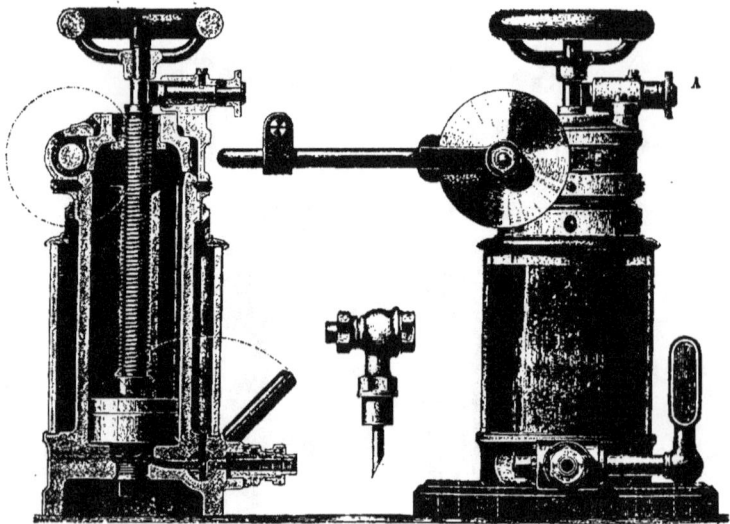

Fig. 469. — Graisseur Schaeffer et Budenberg.

de l'eau, la goutte d'huile traversera la colonne d'eau du tube en verre V et y passera ainsi visiblement.

La poussée de l'huile est due à la pression exercée par la colonne d'eau h, qui doit être de $0^m,50$ au minimum. C'est la pression de cette colonne d'eau h qui détermine la poussée de l'huile du vase R dans le tube V, d'où elle passe par le tuyau S′ dans la conduite de vapeur à graisser.

454. *Graisseur mécanique à piston Schaeffer et Budenberg.* — C'est cet appareil que représente la figure 469.

Après avoir rempli d'huile le vase cylindrique en verre, on place la poignée du robinet à trois voies de façon que le mot *remplissage* soit visible. On recule ensuite le guide A pour dégager la tige du piston, que l'on remonte, en tournant le grand volant à gauche. Quand la buttée du piston contre le haut du cylindre se fait sentir, ce dernier est rempli d'huile : tout le liquide contenu dans le récipient annulaire en verre est passé dans le réservoir intérieur de l'appareil, qui se trouve ainsi chargé. On replace alors le guide A dans la rainure de la tige et, après avoir mis la poignée du robinet dans la position *graissage*, on relie le levier du cliquet à la pièce de la machine qui doit l'actionner ; le graissage commence immédiatement.

Le rôle du guide A est, dans le mouvement de rotation qui est communiqué à la vis du piston, d'empêcher celle-ci de remonter ; de plus, on a ainsi la facilité de fournir immédiatement, si le besoin s'en fait sentir, et en reculant simplement ce guide, une grande quantité d'huile en agissant à la main sur le volant placé à la partie supérieure de la vis du piston.

Dès que le piston arrive à bout de course, il se dégage automatiquement, et la vis peut continuer à tourner sans avoir aucune action sur lui. Le réglage du débit de l'huile se fait en donnant plus ou moins de course au levier du cliquet, faisant ainsi varier le nombre de dents dont la roue avance à chaque tour de manivelle. On peut aussi, au lieu d'un rochet ordinaire ; remplacer ce dernier par une roue de friction ; dans ce cas, la mise en mouvement de la vis sans fin se fait ainsi sans bruit.

455. *Graisseur sous pression Bourdon.* — Ce dispositif de graisseur sous pression est destiné à introduire l'huile dans les enceintes où existe la pression de la vapeur, en faisant ou non usage à cet

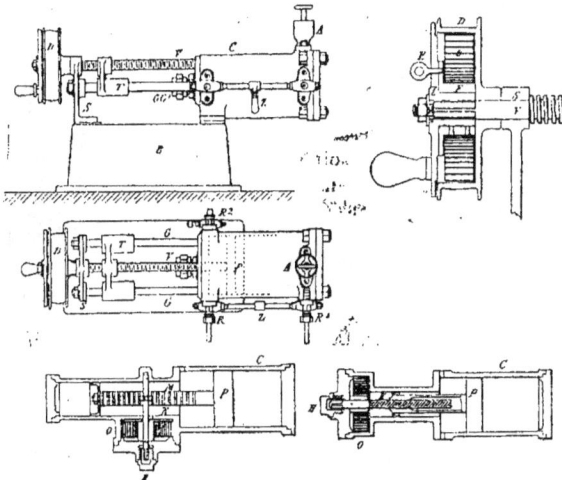

Fig. 470. — Graisseur sous pression, Bourdon.

effet de l'eau de condensation provenant de la machine elle-même pour forcer l'huile à se rendre aux parties à lubrifier. Dans la généralité des graisseurs à déplacement d'huile employés par les constructeurs, l'eau de condensation agit par son propre poids pour déplacer l'huile, ce qui exige une installation en hauteur parfois assez considérable. La disposition imaginée par M. Bourdon permet de supprimer complètement la nécessité de la hauteur ou de la charge d'eau en la remplaçant par une force élastique constante qui produit le même effet que la colonne d'eau de condensation.

Le système de graisseur établi suivant ces indications, comporte en principe :

1° Un cylindre, dans lequel un piston est soumis sur ses deux faces à la pression sous laquelle il faut introduire l'huile ;

2° Un organe élastique formant le moteur ou servant d'intermédiaire entre un moteur quelconque et l'appareil.

Dans ces conditions, on voit que le piston, étant en équilibre sur ses deux faces sous la pression de la vapeur, sera indépendant de cette pression et que toute l'action de l'organe élastique ou ressort sera employée pour pousser le piston et produire dans un sens le refoulement nécessaire à l'introduction de l'huile dans la machine.

L'appareil comprend un socle B (*fig.* 470) sur lequel sont montés, d'une part, le cylindre-récipient C, d'autre part, un support S qui soutient un système de vis d'entraînement V et de guides-entretoises GG' sur lesquels glisse un écrou à deux coulisseaux T entraînant la tige du piston sous l'action d'une poulie D qui sert à faire tourner sur place la vis fixe V. Le piston P, qui se déplace dans le cylindre C, est à deux membranes, il est porté par une tige qui fait corps avec l'écrou T. Le cylindre récipient C comporte un godet de remplissage A, un robinet d'arrivée d'eau R, un robinet de départ d'huile R_1 et un robinet de vidange d'eau R_2, les robinets R et R_1 peuvent, du reste, être manœuvrés avec une seule et même poignée Z. L'appareil peut, du reste, fonctionner sans arrivée régulière d'eau ; il suffit que le robinet R soit en communication avec la vapeur à la même pression que celle dans laquelle s'écoule l'huile s'échappant en R_1.

La poulie D, qui contient l'organe élastique, est à joues et montée folle sur la vis V, avec laquelle elle peut être reliée par l'intermédiaire du ressort O. Ce ressort, maintenu à friction sur la surface cylindrique intérieure de la poulie D, est fixé à l'autre extrémité sur la bague F. Cette bague, munie d'une embase, est rendue solidaire du plateau L par le moyen de la broche E. Le plateau L est emmanché à carré sur la vis V ; un bouton permet de l'actionner à la main.

L'appareil fonctionne de la manière suivante : par suite du mouvement communiqué à la poulie D par la courroie motrice, le ressort élastique D est tendu par enroulement jusqu'au moment où, par suite de cette tension, l'entraînement cesse faute d'adhérence. Ce ressort se trouve donc dans la même situation qu'un ressort de pendule qui serait constamment remonté, il conserve donc toujours la même force d'enroulement qui est celle employée pour actionner le piston P. Lorsque le récipient C est plein d'eau et vide d'huile, il convient de le vider et remplir à nouveau, et, pour cela, il est nécessaire de ramener le piston en sens inverse, ce que l'on obtient en retirant la broche E et en faisant tourner le plateau L en sens inverse au moyen de la poignée de manœuvre Q.

On peut rendre le ressort O complètement moteur ; dans ce cas, il est enfermé dans le corps de l'appareil et il fonctionne alors comme dans les instruments d'horlogerie en le remontant au moyen d'une clé ; il agit directement sur le piston équilibré, soit par un pignon, soit par une crémaillère.

Indépendamment de ce mode d'action d'un ressort-moteur intérieur, ou d'une

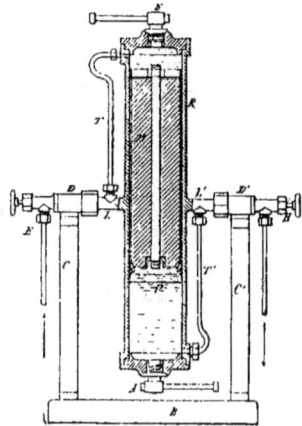

Fig. 471. — Graisseur à renversement, Bourdon.

poulie extérieure contenant une transmission élastique, pour maintenir l'huile refoulée à une pression constante, M. Bourdon a imaginé une troisième combinaison basée sur l'emploi d'une masse pesante agissant directement sur le piston pour mettre le lubrifiant sous charge et l'envoyer dans les différentes parties de la machine. Le piston est toujours en équilibre de pression, ayant l'huile sur une face et l'eau sur l'autre, avec l'impulsion supplémentaire obtenue par le moyen d'un poids.

L'appareil réalisant cette troisième combinaison est fort simple en principe ; il se compose d'un cylindre vertical dans lequel un piston chargé refoulera l'huile et descendra au fur et à mesure de son écoulement. Lorsque le piston sera arrivé au bas de sa course, il faut agir sur lui pour le remonter et introduire l'huile à nouveau. Cette opération peut se faire de différentes manières, soit en agissant sur le piston par une vis, une crémaillère ou toute autre transmission de mouvement, soit en refoulant l'huile dans le graisseur au moyen d'une petite pompe qui ferait une pression suffisante pour relever le piston et la charge, soit aussi en plaçant le récipient sur deux tourillons centraux de façon à pouvoir lui faire faire une demi-révolution. On comprend que, dans ce dernier cas, le récipient étant renversé, l'action du poids changera de sens et toutes les manœuvres s'exécuteront facilement.

C'est ce système à renversement que représente la figure 471, dans laquelle :

P, piston à double garniture étanche;

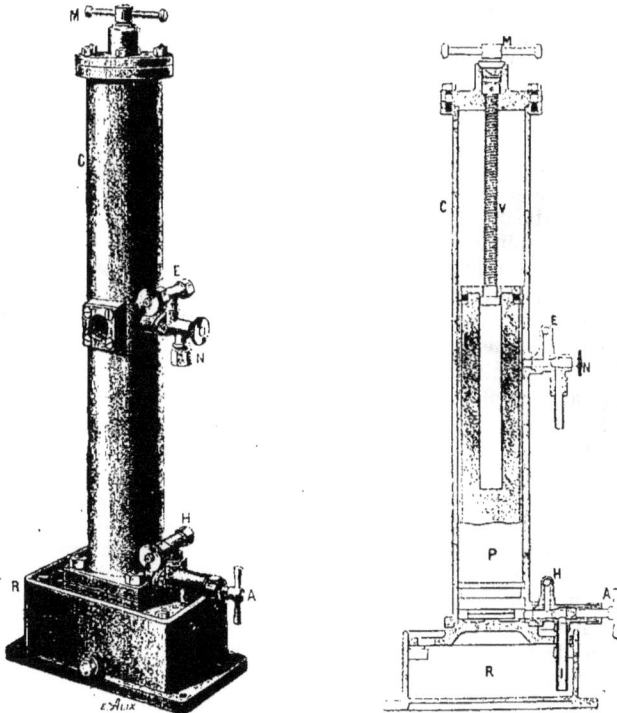

Fig. 472. — Graisseur *Self-acting* Bourdon.

M, masse de plomb formant charge sur le piston P;

A et N, orifices pour l'introduction de l'huile et l'évacuation de l'eau;

L et L′, tourillons creux supportant le récipient R;

T et T′, tuyaux reliant les deux extrémités du récipient avec les tourillons;

D et D′, paliers avec presse-étoupes, supportés par les chaînes C et C′;

E, robinet d'arrivée d'eau;

H, robinet de départ de l'huile.

Dans la position indiquée par la figure, le piston MP, produit par l'action de sa masse le départ de l'huile qui s'échappe par TL′D′H. A fin de course, le système sera renversé, on fera écouler l'eau par l'orifice N; le piston descendra par son propre poids et l'on pourra introduire l'huile par l'orifice A préalablement ouvert. L'appareil sera ensuite redressé et se trouvera alors prêt à fonctionner dès que l'on aura ouvert les robinets E et H, l'eau arrivant par EDLT.

Transformant encore cette disposition, M. Bourdon a établi une nouvelle combinaison à laquelle il donne le nom de *graisseur Self-acting*, de ce fait qu'elle renferme en elle-même son moteur. Cet appareil se compose d'un cylindre vertical C (*fig.* 472), fermé à ses deux extrémités par des plateaux étanches et monté sur un socle rectangulaire R formant réservoir d'huile. Le cylindre porte à l'extérieur deux groupes de robinets. Dans le groupe supérieur, le pointeau E met le cylindre en communication avec la prise de vapeur faite sur la machine, et le pointeau N sert à l'évacuation de l'eau quand on remplit le graisseur. Dans le groupe inférieur, le pointeau H sert à l'écoulement de l'huile de graissage, et le robinet A permet d'aspirer l'huile dans le socle R, au moment du remplissage.

A l'intérieur du cylindre, se trouve un piston P chargé de plomb et garni d'amiante à la partie supérieure. Une vis V permet de remonter le piston au moyen d'une manivelle que l'on place sur le carré de vis, après avoir enlevé le bouchon M. Enfin, sur le piston, est fixée une règle graduée, visible de l'extérieur par le regard placé sur le devant du cylindre. Cette disposition permet de connaître à tout moment la disposition du piston dans le cylindre.

D'après ce qui précède, on voit que le graisseur Self-Acting n'a besoin ni d'une charge d'eau, ni d'un mouvement mécanique pour produire l'écoulement de l'huile. Le piston P, soumis sur ses deux faces à la pression de la vapeur, agit sur l'huile par son poids, et lui communique une pression supplémentaire toujours constante. Cette charge est d'environ trois hectogrammes par centimètre carré.

Pour la mise en service de cet appareil, on verse d'abord l'huile en quantité suffisante dans le socle R, puis, les pointeaux H et E étant fermés, on ouvre les pointeaux A et N et on enlève le bouchon supérieur M, pour placer la manivelle sur le carré de vis. En actionnant la mani-

velle, on remonte le piston qui s'élève en aspirant l'huile dans le socle. Lorsque le piston est entièrement élevé, on ferme les robinets A et N et on replace le bouchon M.

Le remplissage étant ainsi effectué, pour la mise en marche, on ouvre doucement et en plein le pointeau E, et ensuite le robinet H; l'huile s'écoule alors et on règle le débit en ouvrant plus ou moins les pointeaux des compte gouttes placés sur la conduite d'huile. Pendant le fonctionnement du graisseur, tandis que le piston descend, la partie supérieure du cylindre se remplit d'eau de condensation. Lorsqu'on refait l'opération du remplissage, le piston, en remontant, chasse cette eau qui s'écoule par l'orifice du pointeau N.

L'application de cet appareil à une machine à vapeur ne présente aucune difficulté. Il peut être placé à un endroit quelconque, puisqu'il ne demande aucune liaison avec les organes en mouvement de la machine. Pour le mettre en communication, il suffit de deux petits tuyaux l'un pour l'arrivée de pression, l'autre pour le refoulement de l'huile. Le piston moteur étant équilibré dans le milieu en pression, se trouve par ce fait à l'abri des variations de cette pression; il en résulte que le débit du graisseur est indépendant des variations qui peuvent se produire dans la pression du fluide moteur.

456. *Graisseur Hamelle.* — Cet appareil fonctionne sous pression de vapeur; il est principalement adopté pour les machines Farcot à quatre tiroirs. C'est ce graisseur dont la figure 473 est une représentation, et dans laquelle on a :

R. Récipient principal, muni d'une double enveloppe pour empêcher le refroidissement.

C. Cuvette de remplissage fermée par le robinet à pointeau A.

K. Tuyau amenant la pression de la vapeur dans le réservoir d'huile R.

T. Tuyau d'écoulement du lubrifiant dont le débit est facilement réglable par le robinet P, terminé par un pointeau.

O. Orifice laissant passer l'huile goutte à goutte; ce passage s'effectue entre deux regards munis de glaces, ce qui permet de se rendre compte de la dépense de liquide.

F. Robinet à vis, permettant d'isoler entièrement le graisseur ; la manœuvre de ce robinet est facilitée par le volant B, établi en caoutchouc durci.

M. Joint démontable permettant de séparer le graisseur de son pied ou douille X.

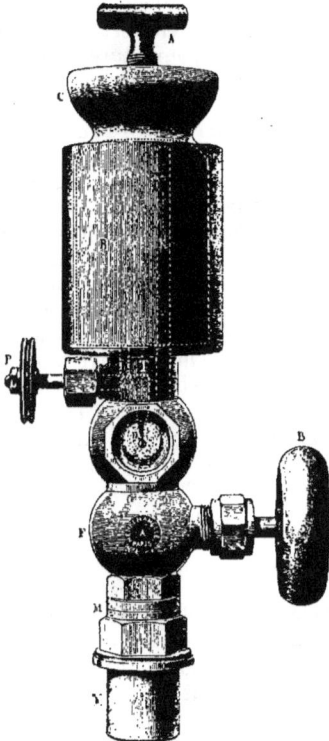

Fig. 473. — Graisseur Hamelle.

La vapeur arrive librement par le tuyau K, exerce sa pression sur l'huile du réservoir, laquelle s'écoule par son propre poids et sous l'effet de la pression en passant par le conduit T. La double enveloppe du récipient R a pour but d'empêcher autant que possible la condensation de la vapeur ; la petite quantité d'eau qui peut encore se former malgré cela se mélange à l'huile et est entraînée sans

qu'il en résulte aucun inconvénient pour le graissage.

Lorsque l'on veut remplir le réservoir de lubrifiant, on commence par fermer le robinet F et le pointeau P ; on ouvre en-

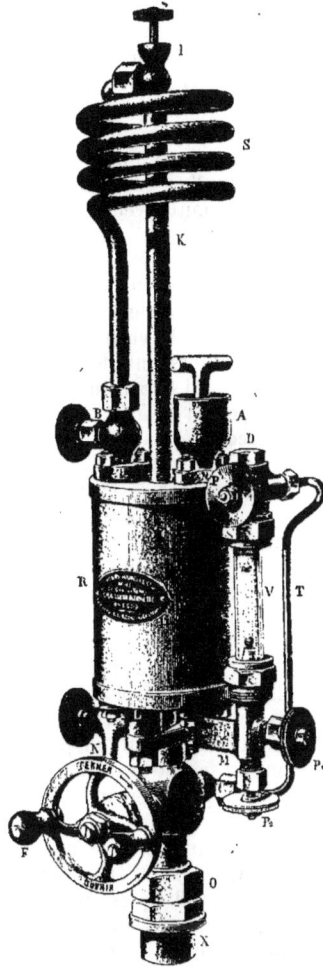

Fig. 474. — Graisseur Hamelle-Bourdon.

suite la clé A pour mettre la cuvette C en communication avec le graisseur R, que l'on garnit ainsi d'huile, mais en ayant soin de ne pas faire monter le liquide plus haut que l'extrémité supérieure du tube K. L'appareil étant plein, on ferme

la clé A, on ouvre le robinet F et légèrement le pointeau P, de façon à laisser
s'écouler l'huile goutte à goutte.

Ce graisseur peut également être installé pour le graissage des pistons des
machines à vapeur à condensation ; mais
il faut avoir soin, pour cet usage, de garnir la partie supérieure du tube K d'un
petit clapet indispensable.

457. *Graisseur Hamelle-Bourdon.* — Un
cylindre R (*fig.* 474) de section annulaire
avec orifice au centre pour laisser passer
le tuyau K, est rempli d'huile, que l'on y
verse au moyen d'un godet à vis A. Un
tube communiquant avec le robinet B
descend presque jusqu'à la partie inférieure du cylindre ; c'est par ce robinet B
que se fait l'introduction de l'eau de condensation dans le récipient. Le robinet F
permet d'admettre la vapeur de la conduite sur laquelle est monté le graisseur
dans le tube K, qui se continue en S sous
forme de serpentin où a lieu la condensation et redescend à travers le robinet B
jusqu'à la base du récipient. La vapeur
condensée au contact de l'atmosphère se
transforme en eau qui s'écoule à l'intérieur du cylindre R ; ce liquide, en raison
de la pression hydrostatique, vient soulever l'huile qu'il fait refluer par le robinet
distributeur M, à travers le tube de cristal V rempli d'eau. On y voit les gouttes
d'huile monter l'une après l'autre pour se
réunir à la partie supérieure, où une vis
à pointeau P sert à en régler l'écoulement
dans le conduit de retour T, qui ramène
le lubrifiant au sein de la vapeur du tuyau
d'amenée, pour procéder au graissage de
ce fluide moteur.

Le robinet distributeur M porte deux
robinets à pointeaux, P_1 et P_2 ; lorsque le
pointeau horizontal P_1 est ouvert, c'est
de l'huile qui s'écoule dans le tube en
verre ; lorsqu'au contraire le pointeau
vertical P_2 est ouvert, c'est de l'eau qui
arrive dans ce tube. Sur le tuyau d'arrivée de vapeur K, on a installé une vis de
purge I ; lorsque l'on veut faire la vidange
du cylindre, il suffit d'ouvrir le robinet de
purge N.

Des bagues en bois L empêchent la chaleur du robinet F de se communiquer au
récipient ; de plus tout l'appareil est

monté sur un joint tournant à écrou O
permettant de l'orienter dans la position
convenable. Enfin un bouchon démontable
D permet de nettoyer ou de remplacer
facilement le tube en cristal V, en cas de
rupture.

Une fois l'appareil installé, la mise en
fonction se fait de la manière suivante :
on commence par fermer les robinets
B, N, F, ainsi que la vis P, puis on dispose le distributeur M en ouvrant légèrement P_1. Le tube en verre est ensuite
rempli d'eau par l'ouverture laissée libre
par le bouchon D que l'on a enlevé. Il ne
reste plus qu'à remplir d'huile le récipient R par l'intermédiaire du robinet du
godet A.

On ouvre alors le robinet principal F,
en tournant le volant doucement ; la vapeur monte dans le tuyau K et se condense dans le serpentin S ; la purge d'air
se fait par la vis I. Lorsque l'eau est en quantité suffisante, on ouvre complètement
les robinets B et P, puis on tourne lentement la vis P_1 ; l'huile arrive alors dans
le tube de cristal, et on règle l'écoulement
des gouttes en manœuvrant la vis P_1. Si
les gouttes d'huile ne montent pas régulièrement, il faut ouvrir en plein, pendant un moment, la vis P_1, et la replacer
ensuite à son point de réglage.

Lorsqu'il n'y a plus de lubrifiant dans
le réservoir R, il faut le remplir ; pour
cela, on ferme les pointeaux B et P, on
ouvre le godet A et le robinet de vidange
N ; quand il n'y a plus d'eau, on ferme la
vis N et on verse l'huile dans le godet A.
Pour remplir plus facilement, on peut
verser l'huile dans l'entonnoir A pendant
que l'eau s'écoule ; on met ainsi à profi-
l'aspiration produite à l'intérieur du récipient par l'écoulement de l'eau. Une fois
le récipient garni d'huile, on visse A et
l'on remet en fonctionnement en ouvrant
d'abord le robinet B et ensuite le pointeau P.

Après quelques jours de marche, une
fois l'écoulement de l'huile réglé en proportion du graissage que l'on veut obtenir, il est bon de faire sur le volant de
P_1 un repère quelconque permettant de
retrouver facilement la position de réglage.
Avant d'arrêter la machine, il est bon

d'arrêter la marche du graisseur en fermant d'abord le pointeau P, puis, le robinet F en tournant le volant dans le sens indiqué ; il n'est pas nécessaire de fermer le pointeau P, qui peut rester ainsi pour donner toujours le même débit.

Ce système de graisseur fonctionne très bien sur les machines compound à deux cylindres, comme celles de MM. Weyher et Richemond, de Pantin, par exemple.

458. *Graisseur - tandem Bourdon.* — Ce système de graisseur oléomètre direct, appelé par son inventeur graisseur-tandem, est composé de deux récipients superposés placés sur le même axe et combinant leurs actions pour produire

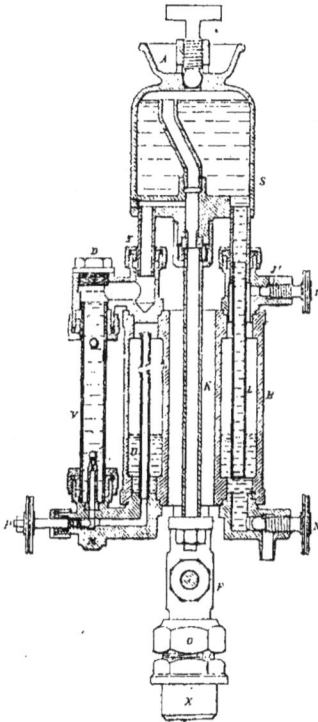

Fig. 475. — Graisseur-tandem Bourdon.

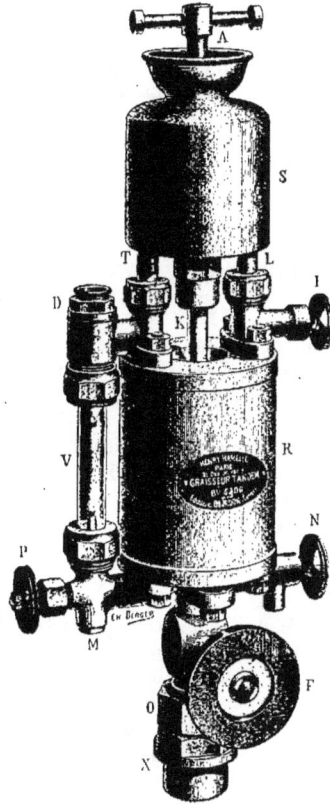

l'écoulement de l'huile dans la vapeur en pression. Le fonctionnement de l'appareil est basé sur le principe d'une charge d'eau forçant l'huile à s'écouler en passant goutte à goutte dans un tube en verre plein d'eau. Le récipient inférieur est établi avec un conduit central, laissant le passage à un tuyau vertical qui amène la vapeur au récipient supérieur.

Les deux vases superposés, combinant leurs actions, sont assemblés par trois tuyaux placés parallèlement dans un même plan et servant aux trois circulations de vapeur, eau et huile. Un orifice supérieur central sert à la fois aux trois fonctions suivantes :

1° Introduire l'huile dans le récipient inférieur ;

2° Introduire l'eau dans le récipient supérieur ;

3° Purger la colonne de vapeur.

Dans la figure 475, on a la coupe et la vue d'un appareil de ce genre, dans lequel :

R, récipient en bronze, de section annulaire, avec orifice au centre pour laisser passer le tuyau K d'arrivée de vapeur. Ce récipient est fixé sur le pied X au moyen d'un joint tournant O. Sur ce réservoir R est fixé, au moyen de bagues isolantes, un robinet principal F, servant à l'arrivée de la vapeur et au départ de l'huile.

S, récipient formant condenseur et réservoir d'eau ; il est surmonté d'un orifice à cuvette A, permettant l'introduction de l'huile et de l'eau. Les récipients R et S sont mis en communication au moyen du tuyau L.

V, tube compte-gouttes, constamment rempli d'eau.

M, robinet servant au départ de l'huile amenée par le tube U, ce robinet étant muni, à cet effet, d'un pointeau de réglage P.

D, bouchon permettant de mettre en place le tube en verre, de le remplir d'eau, de le nettoyer et de le remplacer en cas de rupture.

T, tuyau de communication amenant l'huile dans le tuyau K.

N, pointeau de vidange.

I, pointeau d'évacuation permettant le remplissage du réservoir R.

L'appareil fonctionne de la manière suivante : Supposons que, par la cuvette A, le récipient R a été rempli d'huile jusqu'au pointeau I, ce qui a lieu lorsque le liquide lubrifiant vient affleurer en I', on ferme alors le pointeau I et l'on remplit d'eau le récipient S et le tube L par la même cuvette A. Ceci fait, l'appareil est en état de fonctionner ; on ouvre alors le tube F par lequel arrive la vapeur qui vient se condenser en S, puis redescendre au bas du récipient R par le tube L, forçant une quantité équivalente d'huile à s'échapper par le tube U, le robinet M, et à venir passer goutte par goutte dans le tube V, d'où elle se rend par le tube T dans le tube de vapeur K, où elle se mélange avec

la vapeur. Lorsque le récipient R ne renferme plus d'huile, on ferme le robinet F, on ouvre le robinet A et l'on vidange alors l'eau qui est contenue dans le réservoir R par le pointeau N ; la capacité S se vide également. Ouvrant alors le pointeau I pour permettre à l'air de s'échapper, on ferme le pointeau N et l'on remplit l'appareil par le robinet A comme nous l'avons dit. On ferme ensuite le pointeau I et le robinet A et le graisseur est alors prêt à fonctionner de nouveau.

Au moment de la mise en marche expliquée précédemment, il peut se faire que les gouttes d'huile ne se montrent pas dès l'ouverture du pointeau de réglage P. Ce serait l'indication que le conduit vertical est obstrué par l'eau ou l'huile. Dans ce cas, il suffit d'ouvrir le robinet supérieur A jusqu'à ce que la vapeur s'échappe librement. Après la fermeture de ce pointeau, l'écoulement de l'huile se fait sans hésitation. Lorsque le graisseur est au repos, avec le robinet F fermé, le refroidissement produit dans l'appareil un vide partiel qui pourrait ensuite causer quelque embarras au moment de la remise en marche. Pour éviter tout inconvénient de cette nature, il suffit, après avoir arrêté l'appareil, de laisser le pointeau A légèrement ouvert. Il est aussi préféralbe, avant d'arrêter la machine à vapeur, d'isoler le graisseur en fermant le robinet principal F et le pointeau F.

On établit ce genre d'appareil avec deux compte-gouttes, et alors la disposition adoptée est celle donnée par la figure 476 ; les deux introductions d'huile sont : le pied X du graisseur lui-même et le robinet séparé Q. On peut également ne pas se servir du pied X, et cela, par l'adjonction, à chaque compte-gouttes, d'un tuyau G et d'un robinet Q. L'introduction de l'huile a lieu alors sur la machine par ces robinets Q, l'orifice du pied X servant seulement à l'arrivée de la vapeur dans le graisseur.

Le fonctionnement de cet appareil est le même que le précédent, avec, en plus l'amorçage du ou des tubes G. Cette opération a lieu avant de mettre le graisseur en marche et a pour but de remplir d'huile ce ou ces tuyaux de communication. Pour cela, on commence par enlever le pointeau de l'orifice horizontal du robinet Q, puis on ouvre doucement le pointeau P; on voit alors l'huile passer dans le tube en verre par gouttes fréquentes, et s'écouler au bout de quelques instants par l'orifice ouvert. On replace alors le petit pointeau sur le robinet Q et on ferme le robinet P sur le graisseur.

Dans le genre de graisseur que nous venons de décrire par ses deux applications, l'huile s'élève goutte à goutte en traversant le tube V qui est toujours rempli d'eau. On construit également des types de ce genre dans lesquels ce tube V contient de la vapeur. C'est cette disposition que montre la figure 477; les récipients R et S sont traversés par deux tubes concentriques, l'un amenant la

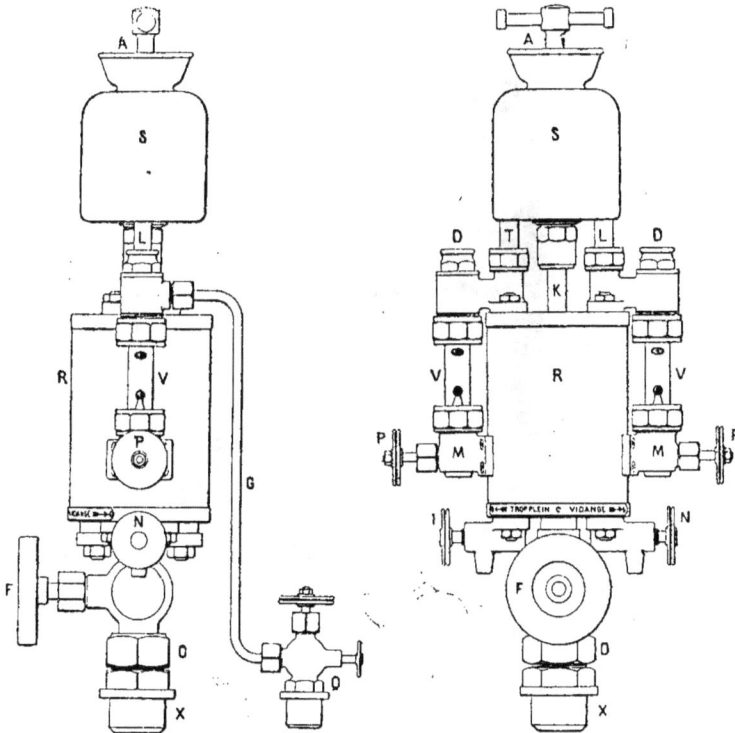

Fig. 476. — Graisseur-tandem Bourdon à deux compte-gouttes.

vapeur dans le haut du condenseur S, l'autre conduisant l'eau de condensation dans le bas du réservoir d'huile R. L'huile est refoulée par la pression de l'eau; elle s'écoule par l'orifice du robinet M, lequel est muni d'un pointeau P pour régler le débit de l'huile. La partie inférieure porte une vis P_1, destinée à purger le conduit T, et le bouchon démontable D.

Pour la mise en marche, tous les pointeaux étant serrés, on ouvre en plein le robinet F, puis on tourne le pointeau P; l'huile ne tarde pas à tomber goutte à goutte dans le tube en verre, et on règle le débit en ouvrant plus ou moins le pointeau P. Si quelquefois le tube V se remplissait d'eau ou d'huile, il serait facile de le purger à l'aide de la vis P_1. Les autres opérations s'opèrent comme dans le graisseur à goutte montante.

Le graisseur tandem à goutte tombante

doit être fixé sur la boîte de distribution ou sur tout conduit amenant la vapeur. Si la place fait défaut sur la machine même, on peut monter le graisseur à l'extrémité d'un tuyau droit ou recourbé, communiquant avec l'arrivée de vapeur. Il faut avoir soin d'établir ce tuyau avec un orifice et une pente convenables, pour que l'eau ou l'huile ne puissent, en s'y amassant, arrêter le fonctionnement du graisseur.

Graisseurs multiples.

459. Pour certaines machines de grandes dimensions ou de disposition toute particulière, il devient peu pratique d'avoir un appareil spécial de graissage sur chaque organe.

Pour les machines à vapeur qui fonctionnent à des allures variables, comme les locomotives ou les moteurs de bateaux, on emploie généralement pour la lubrifi-

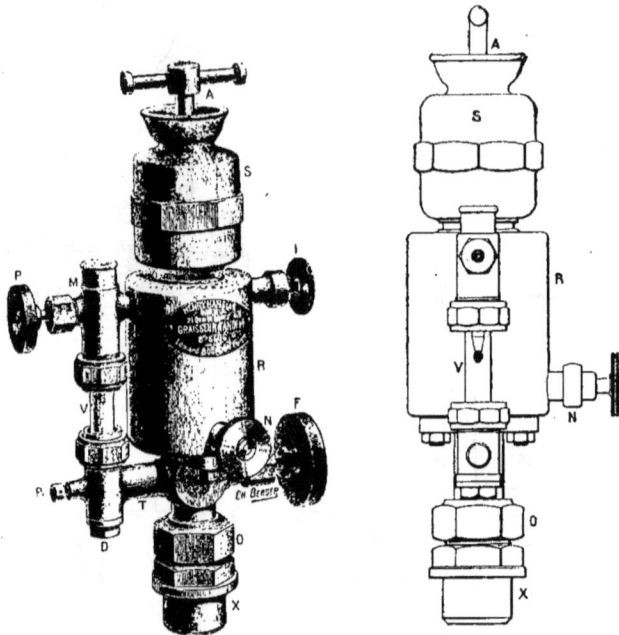

Fig. 477. — Graisseur-tandem Bourdon à gouttes.

cation de leurs cylindres des appareils qui débitent l'huile proportionnellement à la vitesse de la machine. Un des moyens d'obtenir ce résultat consiste à rendre solidaire du mouvement du moteur, le mécanisme du graisseur. Les appareils ordinairement mis en usage, dans cet ordre d'idées, se composent d'un cylindre et d'un piston plongeur actionné d'une manière quelconque. Si, en principe, ils satisfont à cette condition du débit de l'huile, proportionnel à la vitesse de la machine, ils présentent d'autre part le défaut de ne pas permettre la répartition du lubrifiant qu'ils refoulent, en sorte que l'on est forcé de prendre autant de pistons plongeurs que l'on a de points différents à graisser.

On a aussi cherché la solution du cas tout spécial des appareils graisseurs multiples aux machines à vapeur en employant le fluide moteur comme agent principal ou auxiliaire de refoulement d'huile dans les tuyaux d'amenée.

Un grand nombre des graisseurs pour cylindres à vapeur et enveloppes où règne une certaine pression que nous venons d'étudier peuvent être employés pour répartir le lubrifiant dans différentes directions, soit en se servant des dispositions que nous avons signalées à l'occasion, le cas échéant, soit par l'adjonction de compléments de robinets, de tuyaux ou de compte-gouttes.

Mais, comme certains constructeurs ont imaginé des appareils tout à fait spéciaux pour cet usage, nous allons nous occuper des principaux d'entre eux mis en service pour des machines de très fortes puissances ou animées d'une grande vitesse.

460. *Appareil Bourdon à plusieurs compte-gouttes.* — M. Bourdon a d'abord cherché à résoudre ce problème des graisseurs multiples en reliant plusieurs compte-gouttes à un seul réservoir d'huile. Nous verrons plus loin quel autre moyen il emploie pour arriver à cette solution.

La première disposition mise en pratique est représentée par la figure 478. Un réservoir d'huile R reçoit par le godet de remplissage A le liquide lubrifiant dont on peut vérifier le niveau au moyen de la glace circulaire G munie d'un réflecteur intérieur. La vapeur arrive par le tuyau K et se condense dans un récipient S à réservoir central, à nervures et enveloppe pour faciliter le refroidissement; de là elle se rend par le tube U dans le récipient R. L'huile chassée par l'eau de condensation s'écoule par le tube T pour aller au réservoir à compte-gouttes R' placé sur l'organe à graisser. Après avoir traversé le tube en verre, elle passe par le pied taraudé X de l'appareil intermédiaire. Celui-ci, en plus du compte-gouttes comporte également un réservoir auxiliaire d'huile, ce qui fait que l'on peut s'en servir comme d'un graisseur ordinaire. Tout cela se fait avec l'aide d'un jeu de robinet et de pointeau dont l'examen de la figure permet de se rendre facilement compte.

Il est bien évident que l'on peut faire partir du réservoir central d'huile R autant de tubes T que l'on voudra, qui auront pour but de faire parvenir à un même nombre de réservoirs intermédiaires à compte-gouttes l'huile sous pression qui serait envoyée par l'effet de la vapeur condensée dans les récipients S et R.

461. *Graisseur multiple Muller-Roger.* — Cet appareil diffère du précédent en ce que les compte-gouttes, au lieu d'être placés immédiatement sur l'endroit où l'on doit lubrifier, sont installés sur le réservoir même d'huile.

Ce graisseur présente des dispositions presque identiques à celles que nous avons décrites pour l'appareil simple des

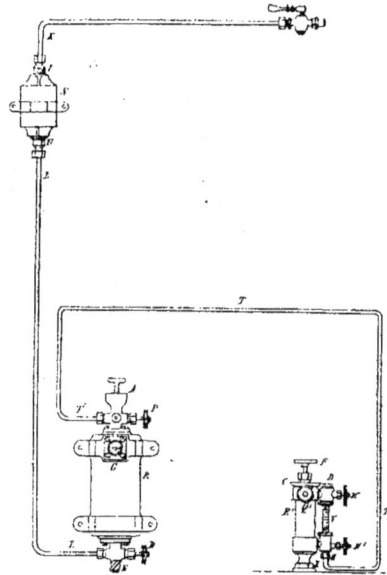

Fig. 478. — Appareil Bourdon à plusieurs compte-gouttes.

mêmes constructeurs (voir n° 453). On peut s'en rendre compte par la figure 479 qui représente un lubrificateur multiple avec deux départs d'huile. La vapeur, après avoir traversé et s'être condensé en grande partie dans le serpentin S vient agir sur l'huile contenue dans le réservoir V, et dont le niveau peut se suivre à l'aide du tube N, ce qui permet d'en constater ainsi le débit. A et C' sont les robinets d'arrivée d'eau; B et D les robinets d'arrivée d'huile et C l'arrivée de l'eau condensée. On purge le réservoir

par le robinet P, et les petits pointeaux *r* | celui de l'appareil précité : l'huile se rend
et *r'* servent de reniflards d'air. | à droite et à gauche et s'écoule par les
   Ce fonctionnement est le même que | compte-gouttes H et H'.

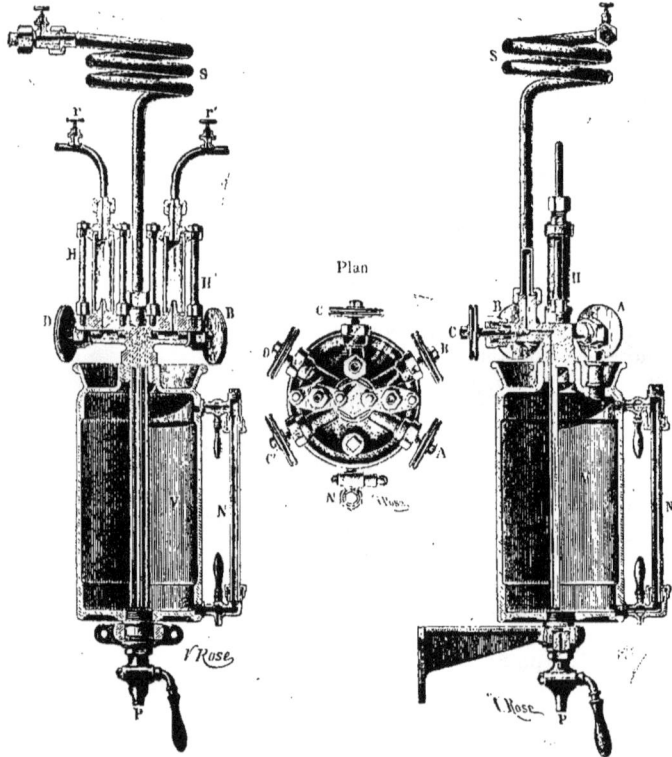

Fig. 479. — Graisseur multiple Muller-Roger.

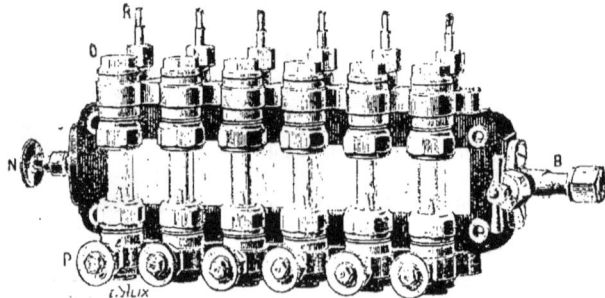

Fig. 480. — Distributeur d'huile sous pression.

On peut facilement installer le nombre | **462.** *Graissage multiple par le Self-*
de départs d'huile que l'on veut sur ce | *acting Bourdon.* — L'application du grais-
graisseur multiple. | seur self-acting que nous avons étudié

plus haut (voir n° 455) au graissage multiple se fait à l'aide d'un *distributeur d'huile sous pression*.

Ce distributeur (*fig.* 480) est destiné à être placé entre la machine que l'on veut lubrifier et un graisseur capable de refouler l'huile d'une façon continue. Il permet d'envoyer l'huile à différents points, et rend le débit apparent au moyen des compte-gouttes dont il se compose. Ces compte-gouttes sont fixés sur un bâti en fonte vernie avec partie blanche formant réflecteur. Le robinet B reçoit la conduite d'huile venant du graisseur, le pointeau N sert à purger l'air au moment de la mise en fonctionnement. Les pointeaux P ouvrent le passage de l'huile et servent au réglage du débit. L'huile traverse les tubes en verre remplis d'eau et s'écoule par les raccords R mis en communication avec les divers points à lubrifier. Les bouchons D permettent de mettre en

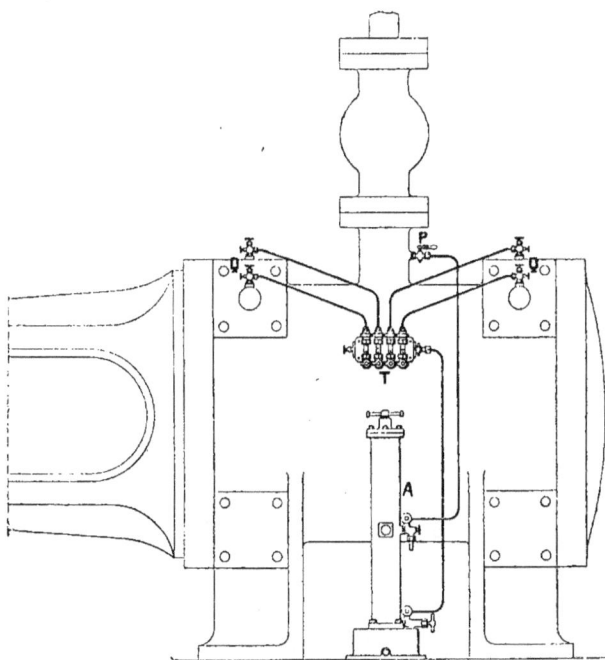

Fig. 481. — Graissage par le graisseur multiple *Self-acting* Bourdon.

place les tubes en verre et de les remplir d'eau.

Nous donnons sur la figure 481 la disposition employée pour l'application du graisseur self-acting Bourdon à une machine à quatre distributeurs, dans laquelle il effectue le graissage simultané des deux introducteurs de vapeur et de leurs tiges.

L'huile provenant du graisseur A passe par le distributeur T, où elle est divisée en quatre par autant de compte-gouttes qui l'envoient aux différents points à lubrifier; en chacun de ces points on place un robinet spécial d'introduction d'huile Q. Chaque compte-gouttes porte un pointeau de réglage qui permet de faire varier le débit et de proportionner l'écoulement de l'huile au travail effectué par l'organe.

Les deux seules précautions à prendre pour l'installation de l'appareil sont les suivantes :

1° La prise de vapeur ne doit jamais être placée au-dessous du plancher de la machine, elle peut être faite au même niveau que le sommet du graisseur, ou, de préférence, en un point situé plus haut que l'appareil ;

2° La position ainsi choisie pour la prise de vapeur doit être telle que la pression ne puisse jamais y être inférieure à celle qui existe en un quelconque des points à graisser. Cette dernière condition se trouvera remplie si on fait la prise de vapeur, soit sur l'enveloppe du

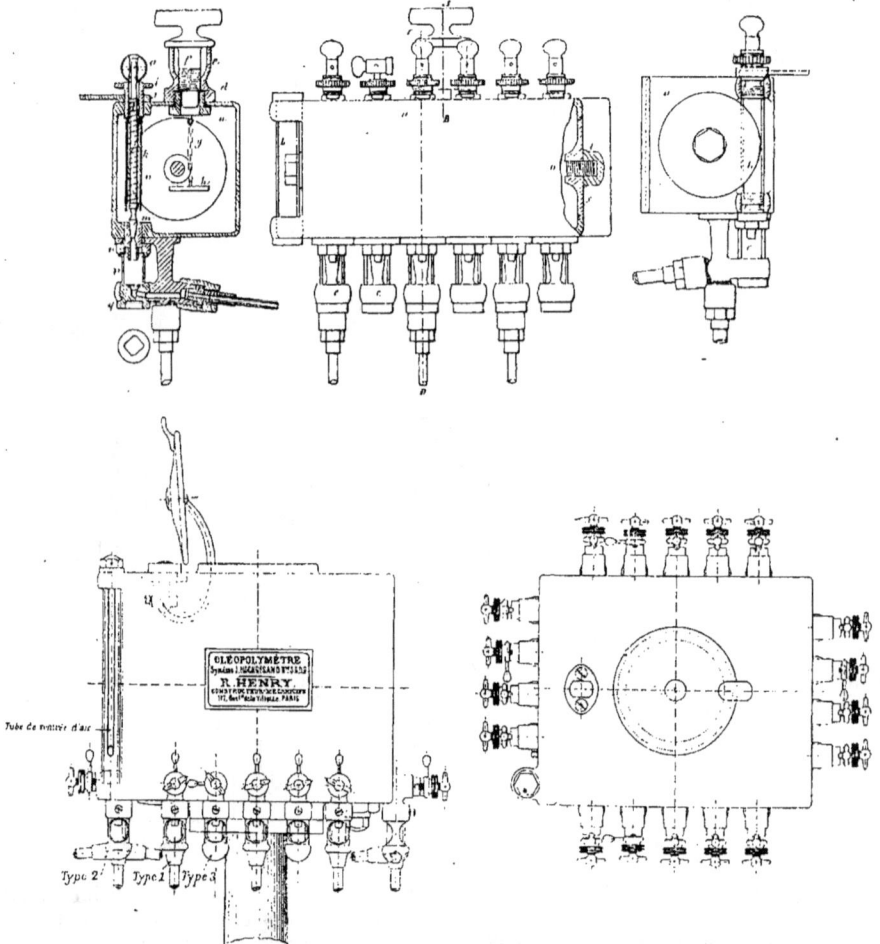

Fig. 482. — Oléopolymètres système Hochgesand.

cylindre, soit sur la tubulure d'arrivée de vapeur, ainsi que cela est indiqué sur le dessin (robinet P).

163. *Oléopolymètres système Hochgesand.* — Cet appareil (*fig.* 482) est constitué par une boîte métallique dont la longueur varie avec le nombre de débits de-mandés. Les extrémités sont fermées par deux plateaux réunis par un boulon afin de permettre un démontage facile. Un tube de niveau indique la quantité d'huile restant dans ce réservoir. Chaque débit est réglable, comme dans le graisseur ordinaire Hochgesand, au moyen d'une tige conique à son extrémité, qui repose sur un écrou moleté par l'intermédiaire d'un bouton articulé. En vissant ou dévissant cet écrou moleté, on abaisse ou on soulève la tige régulatrice, ce qui diminue ou augmente le débit ; un contre-écrou à manette fixe l'écrou moleté dans la position du réglage.

La boîte métallique a un orifice de remplissage qui est fermé soit par un bouchon à vis, soit par une fermeture hermétique à levier, comme le montrent les deux dispositions représentées dans la figure.

Le tube de rentrée d'air est placé soit dans le tube plongeur contenant la tige régulatrice, soit dans le niveau même. Cette dernière disposition du tube d'entrée d'air dans le niveau, permet d'observer, par les bulles d'air traversant l'huile du niveau, si la boîte est bien fermée. Dans le cas contraire, l'air pouvant pénétrer autre part, son entrée n'est plus visible dans le niveau, et alors le débit de l'huile devient variable avec la quantité de liquide contenue dans la boîte.

On peut très bien appliquer ce système d'oléopolymètre au graissage des voitures automobiles, grâce à la faculté que l'on a de donner à l'appareil des dimensions très restreintes.

464. *Graissage par rampes, système Henry.* — Lorsque les machines sont d'une certaine importance, les points à graisser sont assez éloignés les uns des autres et les dispositions où sont employés les compte-gouttes ordinaires nécessiteraient de trop longs tubes circulant dans la machine ; on emploie dans ce cas une ou plusieurs rampes constituées par un tube de fort diamètre de façon à être assez solide pour permettre au mécanicien de s'y appuyer en toute sécurité. Ces rampes sont mises en communication avec un réservoir d'huile (dont les dimensions varient suivant l'emplacement dont on dispose) et circulent devant la machine ou le groupe de machines.

Des compte-gouttes (*fig.* 483) à débit visible, avec un dispositif de réglage — système Hochgesand — permettant de donner le débit à flot et l'arrêt sans dérégler et munis d'un index facilitant la surveil-

lance en laissant voir, même de loin, si le débit est ouvert ou fermé, s'appliquent sur ces rampes au point le plus accessible en même temps que le plus près des organes à graisser. De cette façon, le travail du mécanicien est réduit au minimum, et la sécurité de graissage est absolue, car le réservoir contient de l'huile pour un temps plus ou moins long et peut même être muni d'un flotteur avec contact électrique communiquant à une sonnerie qui avertirait quand l'huile vient à manquer.

Une installation de ce genre avec rampes de graissage système R. Henry, a été faite dans une des stations d'électricité de Paris, sur un groupe de quatre moteurs de 300 chevaux marchant à l'allure de 130 tours.

465. *Graisseur multiple Bourdon.* —

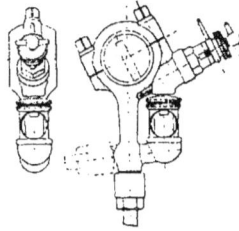

Fig. 483. — Compte-gouttes Hochgesand, pour rampes de graissage.

Cet appareil est constitué par un récipient vertical R (*fig.* 484 et 485) portant une semelle SS pour la fixation et fermé dans le haut par un couvercle B muni d'une ouverture A pour le remplissage. Sur une des faces est monté le mouvement à encliquetage comprenant : un levier L, un plateau oscillant K, une roue à rochet O et deux linguets NN'. Ces pièces sont robustes, ayant de grandes surfaces de frottement pour éviter l'usure rapide qui se produit sur les encliquetages ordinaires. Un volant E permet d'actionner le graisseur à la main.

La roue O et le volant E sont fixés sur un arbre horizontal qui traverse le récipient R et se termine de l'autre côté par un plateau-manivelle M. Cette manivelle met en mouvement la coulisse F, maintenue dans le haut par le guide G et réunie dans le bas à la tige de piston T. Au-dessous se trouve le corps de pompe CC, communiquant avec le récipient R par le tuyau d'aspiration I, et portant, pour le refoulement de l'huile, les quatre boîtes à clapets H_1, H_2, H_3, H_4. La vis P, placée près du presse-étoupes est un pointeau de purge d'air que l'on ouvre au moment de la mise en marche.

Sur un des côtés du récipient R est placé un tube en verre V, permettant de constater le débit de l'huile et de connaître la quantité disponible. Le tube, abrité par deux cornières, est maintenu à ses extrémités par les pièces YZ, garnies de bagues en caoutchouc. La pièce Y porte un robinet de fermeture et un bouchon Q pour la vidange du récipient. La pièce Z est munie d'un bouchon démontable D permettant le remplacement du tube en verre lorsque le besoin s'en fait sentir.

Le fonctionnement de ce graisseur multiple est basé sur les combinaisons de la pompe CC qui permet, avec un seul piston, d'envoyer l'huile dans quatre directions. Le véritable piston de cette

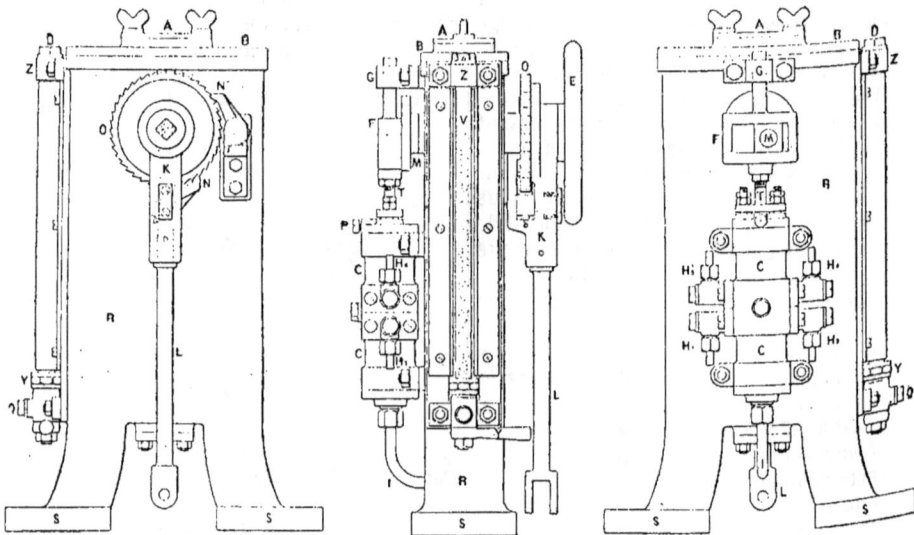

Fig. 484 et 485. — Graisseur multiple Bourdon.

pompe est la tige T passant à travers le presse-étoupe. Elle entraîne à l'intérieur un segment élastique percé de quatre trous qui viennent successivement se présenter devant les quatre orifices du cylindre. L'huile, refoulée, se trouve donc divisée, soit en quatre parties égales, soit en toute autre proportion, suivant la façon dont les orifices sont découpés dans le segment distributeur. Dans ces conditions, l'huile est envoyée dans les quatre directions, même s'il y a des différences de pression et on peut donner à chaque point la quantité de lubrifiant nécessaire pour assurer le graissage.

Les boîtes à clapets placées sur les orifices de refoulement ont pour but d'empêcher le retour de la pression dans le cylindre, lorsqu'il n'y a pas d'écoulement d'huile. L'aspiration de l'huile se fait à la partie inférieure de la pompe par l'intermédiaire du tuyau I; elle se fait à l'aide d'un segment cylindrique fonctionnant comme un tiroir.

Lorsque l'appareil est en service, il peut fonctionner sans aucun arrêt. Il suffit de remplir le récipient R quand le niveau indique que cela est nécessaire.

Le graisseur multiple Bourdon, d'après ce que nous venons de voir, présente entre autres les avantages suivants : l'huile peut être refoulée en plusieurs points, au moyen d'un seul piston et d'un seul cylindre ; le remplissage peut se faire très facilement et rapidement sans nécessiter l'arrêt de l'appareil ; enfin, la contenance du réservoir d'huile peut être aussi importante que l'on voudra, puisque l'augmentation de son volume ne modifie en rien les dimensions du cylindre distributeur.

Cet appareil que nous venons de décrire, refoulant l'huile dans quatre directions, peut être appliqué au graissage soit des quatre cylindres d'une locomotive compound, ou d'une machine de bateau à quadruple expansion ; soit des distributeurs d'une machine fixe genre Corliss.

466. *Graisseur à départs multiples, système Hamelle.* — La maison Henry Hamelle a spécialement étudié un appareil lubrificateur, pour machines à grande vitesse et pour voitures automobiles, qui devait répondre à des conditions variées :

1° Assurer le graissage de plusieurs points soumis à des pressions et des frottements différents ;

2° N'avoir pas d'organes extérieurs nécessitant un graissage particulier ;

3° Permettre de régler les divers débits indépendamment les uns des autres, et avec un débit constant pour le même degré de réglage, quelle que soit la température ambiante ;

4° Etre actionné par une transmission élastique, par efforts minimes, et donnant un mouvement régulier, les glissements étant rendus pratiquement nuls ;

5° Commencer à fonctionner et s'arrêter avec la machine à lubrifier, sans qu'il soit besoin de l'intervention du mécanicien conducteur.

Un des premiers points à déterminer, en vue de ce graissage des machines à grande vitesse et plus spécialement des moteurs de voitures automobiles, était de savoir s'il était pratique d'utiliser les compte-gouttes comme moyen de contrôle et d'examen du fonctionnement, ce qui aurait procuré l'avantage de n'employer qu'un seul organe moteur pour refouler l'huile dans les conduits. Mais leur mise

en usage a dû être rejetée pour les raisons suivantes :

En plaçant les compte-gouttes près du moteur, ils sont inutiles, étant hors de la vue du conducteur ; installés près de celui-ci, ils deviennent gênants et dangereux, en raison du bris toujours à craindre des tubes de verre, et des projections d'huile qui en seraient la conséquence.

En cas de froid un peu vif, l'huile s'allonge dans les compte-gouttes en filet continu, au lieu de s'échapper par gouttes, et ne donne plus qu'une indication insuffisante ; en cas de gelée, l'eau contenue dans les tubes en verre les ferait éclater.

Le choix a, en conséquence, été donné à un système de pompes foulantes placées en charge, sans clapet d'aspiration, et donnant de deux à quinze coups de piston par minute. Les essais de cet appareil, aussi bien en ce qui concerne la sensibilité de son réglage que la solidité de son dispositif et la constance de son débit, malgré les plus brutales expériences ont démontré qu'il répondait bien aux conditions imposées.

Le graisseur Hamelle, à départs multiples, est représenté (*fig.* 486) il est contenu dans une caisse rectangulaire remplie d'huile, hermétiquement close. A l'extérieur sont disposés les départs d'huile, et une poulie à gorge servant à commander le mécanisme intérieur. Cette poulie reçoit son mouvement de la machine par l'intermédiaire d'un cordon en cuir ou en boyau.

Chacun des départs d'huile est desservi par une pompe MNK. Le corps de pompe N reçoit à sa partie supérieure, un cuir embouti, et, à sa partie inférieure, le clapet de refoulement. La pièce M sert de guide au piston ; une mortaise la traverse de part en part sur une portion de sa hauteur supérieure ; un peu au-dessous, au ras du collet, deux trous latéraux servent d'admission d'huile ; la partie inférieure de la pièce M maintient le cuir sur le corps de pompe N, tout en servant d'embase de fixation à la pompe. La boîte à clapet de refoulement P sert en même temps d'écrou de mise en place ; son extrémité libre se prolonge pour recevoir un écrou de raccord, et une douille à souder destinée à être reliée au tuyau d'amenée d'huile. Le piston K porte dans sa partie supérieure une traverse limitant sa course, et coulissant librement dans la mortaise de la pièce M ; cette traverse est poussée par un ressort qui maintient le piston en haut de sa course, et permet le libre accès de l'huile dans le corps de pompe. Une crépine en toile métallique entourant la pièce M empêche les corps étrangers de pénétrer dans la pompe.

L'arbre A, mis en mouvement par la poulie à gorge, entraîne avec lui une vis sans fin B qui commande la roue dentée C, calée sur l'arbre D. Cet arbre, dont le corps est excentré dans toute sa longueur, tansmet le mouvement, par l'intermédiaire des petites bielles E, à autant de leviers H que l'appareil comporte de pompes. Chacun de ces leviers porte une vis J à tête crénelée, dont l'extrémité inférieure vient à chaque tour de l'arbre D appuyer sur le piston correspondant. Cette vis J est limitée dans sa course ; le vissage à fond correspondant au débit minimum, et le dévissage complet au débit maximum, les positions in-

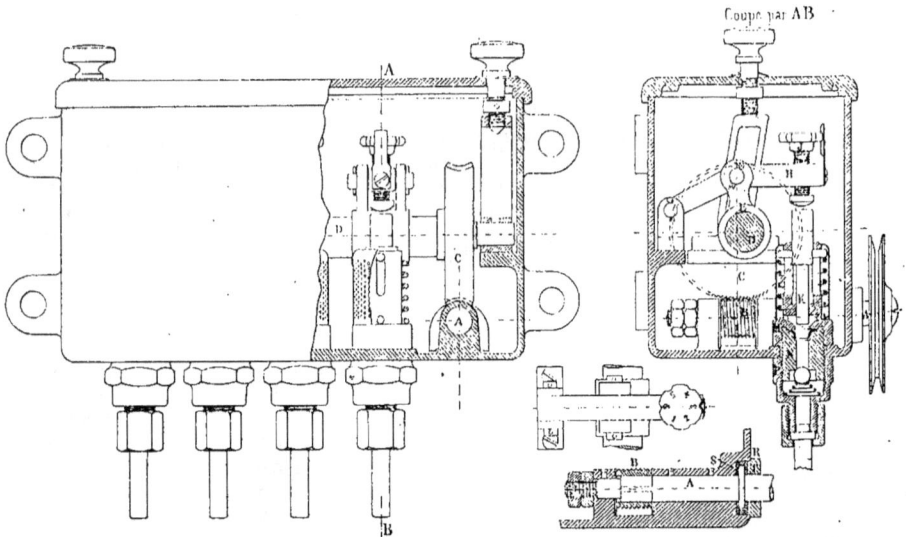

Fig. 486. — Graisseur à départs multiples, système Hamelle.

termédiaires étant réglées par un ressort se logeant à volonté dans les encoches de la tête.

Une disposition particulière assure l'étanchéité de la caisse à la sortie de l'arbre A : deux rondelles S en feutre, maintenues par une bague R et une bride ovale T, forment joint à frottement doux sur les deux faces de l'embase de l'arbre A, établissant ainsi une chicane qui arrête toute perte d'huile.

Un conduit pour la rentrée d'air est ménagé dans un angle de la caisse et débouche sous le couvercle par un orifice muni d'une toile métallique.

Le fonctionnement de cet appareil est des plus simple. L'arbre A commande l'arbre excentré D qui, à son tour, commande un certain nombre de leviers H dont le mouvement alternatif est transmis par les butées J, suivant leur position, aux têtes des pistons K. Pendant la course descendante, les butées J poussent les pistons K, qui, à leur tour, refoulent l'huile à travers chaque boîte à clapet. Pendant la course ascendante, les pistons K, poussés par leurs ressorts reviennent à la limite de leur parcours, livrant ainsi passage à l'huile qui emplit à nouveau les corps de pompe. Dans la pratique, on répartit à des distances angu-laires égales les joints d'attache des bielles E sur la circonférence de l'arbre D, suivant le nombre de départs du grais-seur. En évitant ainsi de caler toutes les bielles sur une même génératrice de l'arbre excentré, on évite toute irrégula-rité d'effort et de vitesse.

Un écueil tout particulier était à éviter dans la conception de ce graisseur ; il fallait supprimer, pour les machines à grande vitesse, la proportion directe entre le nombre de tours de la machine et celui de l'arbre excentré. Le mode de transmission adopté permet d'obtenir les rapports de vitesse les plus variés. De par son dispositif, on peut toujours faire donner aux pistons un nombre de coups par minute bien au-dessous de celui li-mité au-delà duquel le fonctionnement des pompes devient défectueux.

Épuration et filtrage des huiles de graissage.

467. L'huile qui a servi au graissage des surfaces frottantes, soit qu'on l'ait mise à la main, soit qu'un appareil méca-nique quelconque l'ait envoyée entre ces surfaces, entraîne en s'écoulant quelques impuretés telles que le cambouis qui a pu se former, ou de petites parcelles de mé-tal qui se sont détachées. Quoique ainsi souillée, l'huile n'a pas perdu ses qualités graissantes qui la font employer pour combattre le frottement. On recueille donc dans de petits récipients convena-blement placés l'huile qui s'écoule après avoir fait son service de lubrifiant, puis on s'occupe de l'épurer pour la faire ser-vir à nouveau.

Si l'huile n'est pas trop chargée de ma-tières étrangères, on peut se contenter de réunir dans un grand récipient le contenu de tous les petits réservoirs recueillant l'huile de graissage après emploi; on laisse reposer pendant un certain temps cet ensemble : les matières en suspension dans le liquide tombent au fond et il ne reste plus qu'à soutirer la partie supé-rieure pour avoir de l'huile pour ainsi dire neuve.

Mais, pour gagner du temps et écono-miser du liquide, il vaut mieux filtrer les résidus du graissage : l'huile que l'on re-cueille ainsi est beaucoup plus pure et plus apte à une nouvelle lubrification.

468. *Filtre Simplex.* — Cet appareil, que montre la figure 487, se compose de deux réservoirs contenus l'un dans l'autre. L'huile qui a servi et que l'on veut épurer est versée dans le récipient supérieur d'où elle pénètre dans un cy-lindre-tamis pour passer ensuite dans le filtre proprement dit par un tuyau arri-vant par le fond de ce filtre. La matière filtrante contenue dans ce dernier est gé-néralement composée de déchets de co-ton ou produits analogues. L'huile tra-

Fig. 487. — Filtre Simplex.

verse donc cette matière en allant de bas en haut, déborde le réservoir filtre, et tombe finalement dans le récipient collec-teur, placé à la partie inférieure de l'appa-reil, complètement purifiée. On n'a donc plus qu'à la soutirer par un robinet.

Lorsque la masse filtrante a absorbé une grande quantité de matières en sus-pension dans l'huile, elle devient très compacte et livre difficilement passage au liquide. Il est donc bon de renouveler de temps en temps les déchets dont on se sert pour purifier l'huile.

469. *Filtre Hamelle.* — Cet appareil, représenté par la figure 488 est plus par-ticulièrement destiné à la filtration des huiles minérales ayant servi au graissage d'organes mécaniques quelconques.

Ce filtre mesure 1m,30 de hauteur et 0m,30 de diamètre, il est fait en forte tôle vernie. Il se compose d'un cylindre R contenant intérieurement un autre récipient B surmonté d'un tube d'aération t auquel est attaché l'appareil filtrant F composé de disques de tôle interposés entre des rondelles de tissu fin d'amiante pur.

Le fonctionnement de cet appareil est des plus simple. Le couvercle enlevé, on verse les huiles à filtrer dans le cylindre; la toile métallique P arrête les plus grosses impuretés, et le liquide passe dans le récipient R. Les matières solides en suspension dans l'huile se déposent dans le fond de l'appareil en même temps que l'eau qui peut y avoir été mélangée. La pression de la colonne de liquide supérieure au filtre F oblige l'huile à passer au travers de celui-ci pour arriver à la partie supérieure, passer par les trous de la tige et tomber dans le récipient central B; le niveau de l'huile filtrée sera indiqué dans le tube extérieur n. Le robinet r permet de soutirer cette huile absolument pure et claire, et le tampon T de nettoyer de temps à autre le fond du cylindre où s'accumulent les impuretés du liquide.

L'huile s'écoulant de bas en haut, le filtre ne s'encrasse pour ainsi dire pas, puisque les matières étrangères n'y adhèrent pas.

La chaleur ayant pour effet de rendre l'huile plus fluide, on recommande de placer ces appareils épurateurs dans l'endroit le plus chaud de l'usine, ou bien d'y ajouter un serpentin réchauffeur dans lequel on fera passer un courant de vapeur ou même d'eau chaude.

On peut pour le filtre Hamelle, remettre à neuf de temps en temps les matières filtrantes. Comme elles sont en amiante pur, il suffit de les passer au feu pour qu'elles soient débarrassées de toutes les impuretés qu'elles avaient retenues.

Graissage à la graisse consistante.

470. Nous avons dit, dans les considérations générales sur l'utilité du grais-

sage, que l'on employait, pour annihiler les effets du frottement, généralement des corps gras comme l'huile ou la graisse. Tous les appareils de lubrification que nous avons étudiés jusqu'à présent fonctionnent en utilisant l'huile; nous allons

Fig. 488. — Filtre Hamelle.

maintenant examiner les différents appareils qui consomment de la graisse comme matière lubrifiante.

471. *Godets à graisse.* — Le plus simple des godets à graisse est évidemment un petit réservoir placé au-dessus de l'œil de graissage. Dans ce récipient on met une certaine quantité de graisse, et, par le fait de la chaleur résultant du frottement, la graisse fond et s'écoule entre les surfaces en contact.

Mais, comme il peut se faire que la fusion de la graisse soit lente à se produire, ou bien qu'elle ne se fasse pas en quantité suffisante, on a été conduit à rechercher une graisse qui ait suffisamment de consistance sans être trop dure, et des appareils qui permettent de lancer cette matière entre les surfaces frottantes de manière à ce qu'elle pénètre dans toutes les parties de celles-ci. La graisse qui remplit ce but, et que l'on emploie actuellement, est extraite des huiles lourdes de

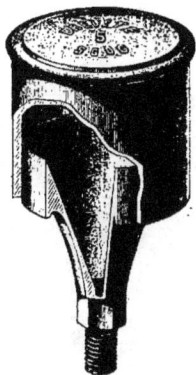

Fig. 490. — Graisseur à compression par piston à charge variable.

charge plus ou moins grande que l'on veut appliquer sur la graisse pour en forcer l'écoulement. On enfile des rondelles de plomb ou de fonte sur cette tige; suivant que l'on en met un plus ou moins grand nombre, la charge exercée est plus ou moins forte, ce qui permet de régler le débit de la matière lubrifiante.

474. *Graisseur à piston.* — La figure

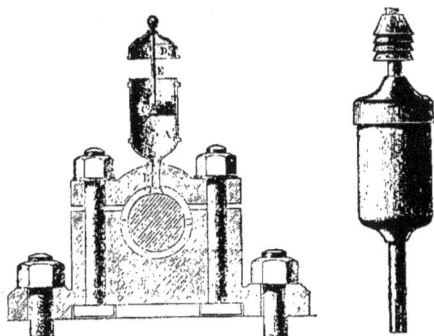

Fig. 489. — Godet à compression par le couvercle.

pétrole et mise en vente dans le commerce sous différents noms (voir n° 401).

472. *Godets à compression automatique par le couvercle.* — L'un des modèles de ce genre est représenté par la figure 489. Le graisseur fonctionne par le fait du poids de sa partie supérieure formant couvercle ; ce couvercle est pourvu d'un petit trou pour le dégagement de l'air. On remplit le vase de graisse jusqu'à la hauteur de ce petit trou.

473. *Godet à compression automatique par piston à charge réglable.* — Dans ces appareils, comme le montre la figure 490, la graisse est poussée dans le tube graisseur par un piston surmonté d'une tige. C'est sur ce piston que l'on fait agir la

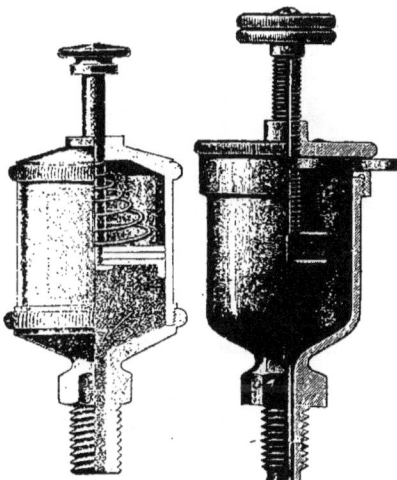

Fig. 491. — Graisseurs à piston.

491 en donne deux spécimens; dans l'un deux, l'appareil consiste en un vase avec couvercle pour recevoir la graisse con-

sistante ; une tige taraudée et à rainure est reliée au piston faisant pression sur la graisse. Un cliquet d'arrêt s'introduit dans la rainure et empêche le mouvement rétrograde du piston, il indique exactement le nombre de tours qui doivent être faits après certains intervalles pour lubrifier.

Dans l'autre modèle, la compression du piston sur la matière lubrifiante est l'effet d'un ressort ; pour le remplissage, on dévisse la partie inférieure de l'appareil et

par la plupart des constructeurs, grâce à leur grande simplicité et à leur facilité de manœuvre.

Ils se composent (fig. 492) d'un couvercle creux, fileté sur toute sa hauteur, intérieurement ; un plateau fileté également, mais extérieurement, vient s'ajuster dans ce couvercle, formant ainsi piston lorsque l'on visse la partie supérieure. Ce genre de piston porte un tube creux qui conduit la graisse, refoulée par le couvercle, jusqu'aux endroits où elle doit agir. C'est la partie inférieure au piston que l'on place sur l'œil de graissage où la lubrification doit se faire.

Comme on peut facilement s'en rendre

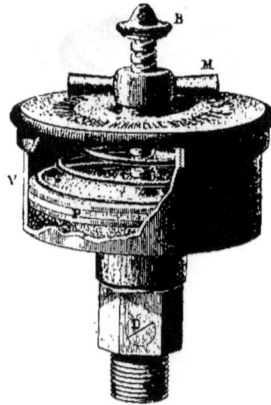

Fig. 493. — Godet compresseur Hamelle.

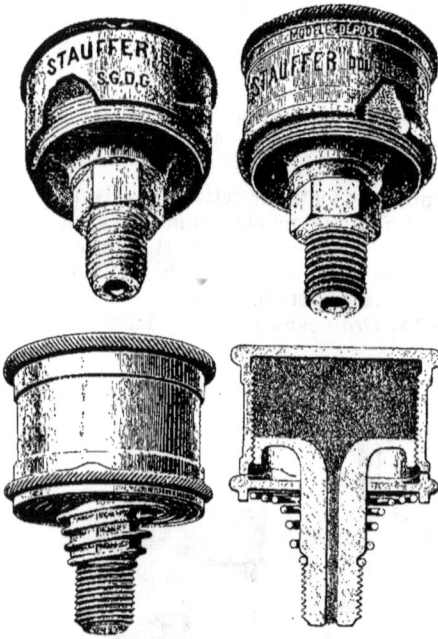

Fig. 492. — Graisseurs Stauffer.

on remplit de graisse la partie supérieure en refoulant à la main le piston ; on a soin de garnir celui-ci d'une manchette en cuir pour obtenir une plus grande étanchéité. Un dispositif existe pour l'arrêt du piston.

Ce genre d'appareil est plus spécialement appliqué à la lubrification des machines animées de très grandes vitesses, comme les dynamos, par exemple.

475. Graisseur Stauffer. — Les appareils Stauffer sont, actuellement, employés

compte, le maniement de cet appareil est des plus facile : on emplit presque complètement de matière grasse le couvercle, et on engage quelques filets de celui-ci sur le plateau piston, jusqu'à ce que la graisse apparaisse à l'extrémité inférieure de la tige, que l'on met alors en place. Lorsque l'on veut lubrifier les organes de la machine, il suffit de tourner légèrement, en vissant, le couvercle du graisseur, pour qu'une certaine quantité de graisse soit introduite entre les surfaces frottantes.

476. Godet compresseur Hamelle. — Cet appareil est automatique et réglable ; il est représenté par la figure 493. Il consiste en un vase recevant la graisse conˢistante à l'intérieur. Le couvercle est traversé par une tige filetée attenant à un piston P du diamètre exact du vase. Entre le piston P et le couvercle se trouve un ressort d'acier qui agit directement sur ce piston. Au moyen de la manette M, on comprime le ressort et on l'aplatit contre le couvercle.

Si dans cette position nous vissons le couvercle sur le vase rempli de matière lubrifiante, le plateau P vient s'appliquer sur la surface de la graisse ; en remontant la manette M contre le bouton supérieur B, le ressort n'étant plus maintenu exerce sa pression sur le plateau qui comprime la graisse vers le fond du vase V. Au moyen de la vis B, que l'on desserre à volonté, on règle le débit de graisse d'une façon rigoureuse. On arrêtera l'écoulement en ramenant la manette M contre le couvercle ; elle paralysera ainsi l'action du ressort.

477. *Graisseur Automate.* — Cet appareil, qui réunit les avantages de la vis de pression avec ceux du ressort, peut être considéré comme l'un des meilleurs graisseurs à graisse en usage ; son fonctionnement, qui est automatique, peut se régler à volonté, suivant la force et la vitesse de la machine sur laquelle il se trouve appliqué.

On a remarqué que les ressorts faisant fonctionner automatiquement les appareils à graisse consistante ne produisaient de l'effet que jusqu'à un certain point ; c'est ce qui a amené dans l'*Automate* la combinaison de la vis et du ressort.

Cette combinaison se fait de deux manières différentes, comme on peut s'en rendre compte en examinant les types représentés par la figure 494.

Dans le premier modèle, la partie supérieure qui se visse sur la partie inférieure contient le ressort, de sorte qu'en la tournant, le ressort est tendu à nouveau et fonctionne avec sa force primitive. En vissant la partie supérieure sur la partie inférieure, le piston et avec lui la plaque indicatrice remonte ; si celle-ci est redescendue, on donne de nouveau quelques tours à la boîte pour remettre l'appareil en charge. Quand on ne peut plus serrer la boîte, c'est que le graisseur est vide et doit être de nouveau garni de matière lubrifiante.

Dans la seconde disposition, la tension du ressort s'obtient en faisant descendre

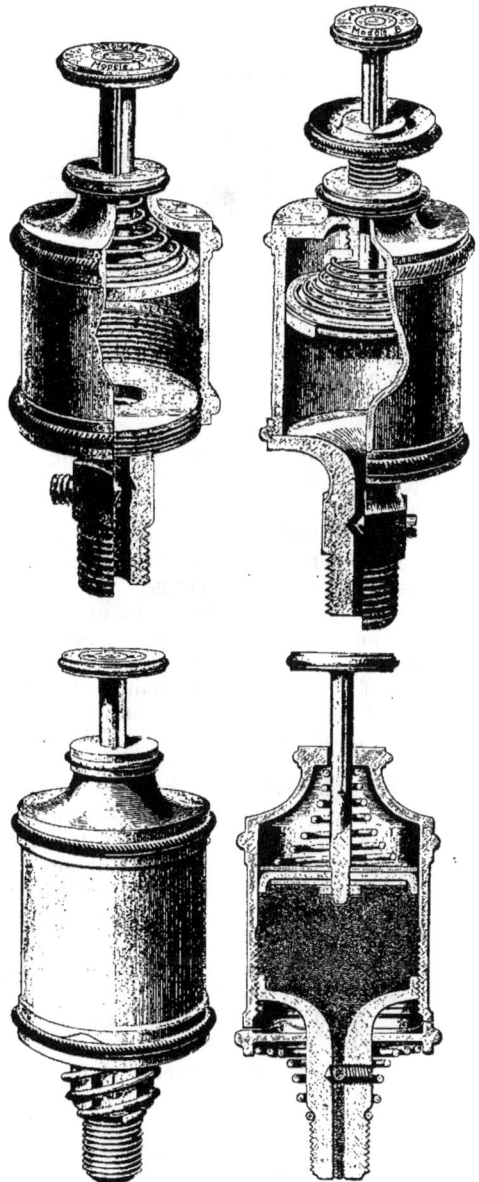

Fig. 494. — Graisseurs *Automate.*

la vis centrale au lieu de tourner la boîte entière comme dans le premier spécimen. On a de plus l'avantage d'une fermeture hermétique qui empêche les poussières de venir se mélanger avec la graisse.

L'un et l'autre de ces modèles sont mu- nis d'une vis de réglage qui permet de fixer le débit de la graisse d'une manière absolument sûre. La position une fois réglée, les graisseurs peuvent servir pendant longtemps, sans qu'on ait besoin de s'en occuper autrement que de les rem-

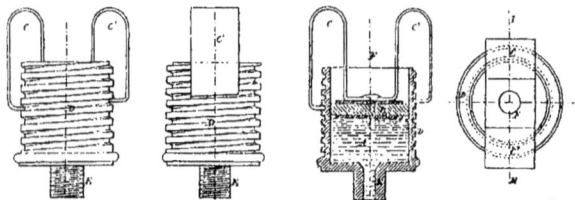

Fig. 495. — Graisseur Falk.

plir à certains termes. Les pistons sont rendus étanches par une garniture en cuir.

Pour éviter que la poussière ou autres corps étrangers ne se logent dans les filets, la partie inférieure de chaque appareil peut être munie d'une fermeture automatique, assurée par un ressort, dont la disposition est de manière à empêcher en même temps le couvercle de se dévisser pendant la marche.

478. *Graisseur Falk.* — Ce graisseur, reproduit dans la figure 495 consiste en un cylindre D, muni extérieurement d'un filet de vis; à l'extrémité inférieure est réservé le tenon E qui permet de placer l'appareil à l'endroit qu'il doit occuper.

Dans l'intérieur du cylindre D se place un piston B s'adaptant exactement ; sur lequel est fixé un ressort dont les deux branches C, C′ sont recourbées en bas et entrent dans le filet extérieur du cylindre, en faisant ainsi l'office d'écrou. Lorsque le cylindre est rempli de graisse, le piston se trouve dans sa position la plus élevée et les bouts des branches du ressort entrent dans le pas de vis supérieur. En abaissant le ressort, le piston descend également et force la graisse à sortir par le trou intérieur du tenon E.

Lorsque ce ressort a été abaissé à plusieurs **reprises**, de sorte qu'il est arrivé au dernier pas de vis, le piston se trouve dans la position la plus basse et le graisseur est vide. On voit que la position du ressort permet de déterminer à tout instant le volume de graisse restant dans l'intérieur du cylindre.

479. *Graisseur Breuil et Risacher.* —

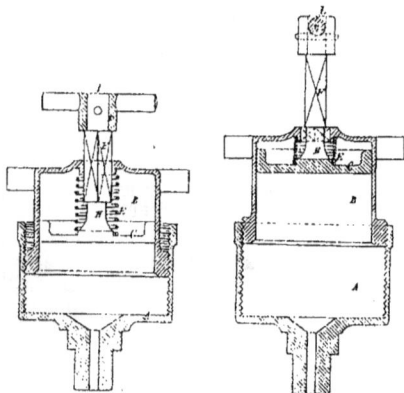

Fig. 496. — Graisseur Breuil et Risacher.

Cet appareil, à double récipient (*fig.* 496), à compression et à fonction automatique, est aussi une combinaison de la vis et du ressort. Le piston compresseur est double: d'abord une partie extérieure, B, formant cloche, filetée extérieurement, qui pénètre dans le godet A, puis à l'intérieur de la cloche, fonctionnant à frottement doux, un piston lisse C sur lequel vient agir un ressort à boudin E.

Pour remplir le graisseur, on relève au moyen de la tige F, le piston lisse et on le maintient ainsi comprimant le ressort en tournant légèrement la tige carrée F. Les deux récipients A et B sont garnis de graisse ; on visse le piston B sur le godet A en engageant seulement quelques filets. Pour le faire fonctionner, on remet en place la tige F, et le ressort à boudin, pouvant dès lors agir sur le piston C, la graisse est chassée par cette pression et s'écoule. Lorsque le piston C s'est avancé de toute la longueur de la tige F, on le remonte et on visse le piston B dans le godet A d'une quantité suffisante pour que le piston C puisse de nouveau venir presser sur la graisse.

480. *Graisseur Delettrez.* — Il se compose d'un corps cylindrique A (*fig.* 497), fermé par un couvercle B à charnière *a* ; ce couvercle est assez haut pour recevoir le piston P qui refoule la graisse contenue dans le cylindre. Un tourniquet *b* assure la fermeture de ce couvercle. Le piston P est monté sur une tige circulaire C filetée extérieurement pour pénétrer dans un écrou D ajusté dans un disque E qui tourne sur le couvercle B. Le disque E ne fait pas corps avec l'écrou D ; il n'y est relié que par l'intermédiaire d'un goujon *g*. Tant que ce goujon est en place, l'écrou D est solidaire du disque E.

Le disque E engrène avec une vis sans fin F mise en mouvement par un rochet actionné par un cliquet monté sur le levier *l*. Ce dernier est relié par la bielle *m* au levier *n* de l'axe *o* ; cet axe *o* comporte également un levier *p* dont le galet *q* obéit à la commande de l'excentrique X. La tige C du piston présente dans toute sa longueur une rainure dans laquelle on peut introduire ou retirer à volonté l'extrémité de la tige *t* fixée sur le couvercle.

Le graisseur fonctionne de la manière suivante : sous l'action de l'excentrique X, et par l'intermédiaire des leviers et bielles susindiquées, la roue hélicoïdale E est animée d'un mouvement de rotation, et, par conséquent, l'écrou D, qui en est solidaire suit cette rotation. La tige C, guidée par la pointe *t* descend et fait

descendre le piston P, qui agit sur la graisse.

Un déclanchement *u*, mis en œuvre par le volant G, lorsque le piston arrive au fond du cylindre, fait sortir le goujon *g* de son logement commun de l'écrou D et du disque E, de telle sorte que ce disque peut continuer à tourner sans que le piston continue à descendre. Il n'y a donc, de cette manière, aucune rupture de pièces à craindre.

Lorsque le graisseur est vide on re-

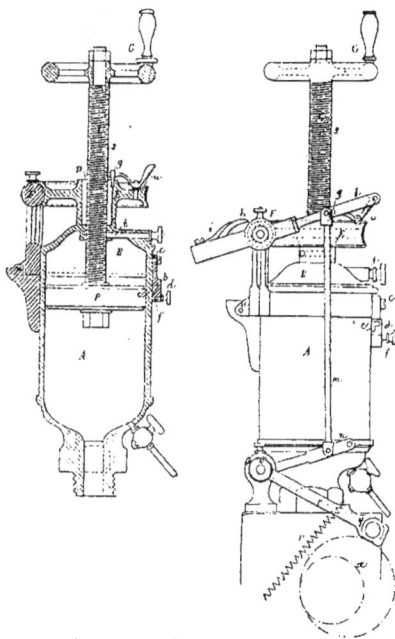

Fig. 497. — Graisseur Delettrez.

monte, après avoir retiré la tige *t*, le piston à l'aide du volant G, et on garnit à nouveau le réservoir de graisse.

M. Delettrez a disposé son appareil de manière à en faire un graisseur multiple, comme le représente la figure 498, qui en est une application à une machine marine. La graisse, comprimée automatiquement dans le réservoir A, est divisée par le pied sectionné B, muni de manchons à vis de réglage, elle est conduite par des tubes fixes, ou articulés au moyen de rotules aux différentes parties à graisser :

C c, rotule fixe à une sortie appliquée sur le bâti de la machine ;

D d, rotule intermédiaire à deux coudes ;

E e, rotule à double distribution fixée sur le pied de bielle. Cette rotule, par sa disposition intérieure, divise le graissage et alimente à la fois la tête et le pied de la bielle ;

F f, fourche de division alimentant les deux axes du pied de bielle.

Le graisseur A doit être actionné par

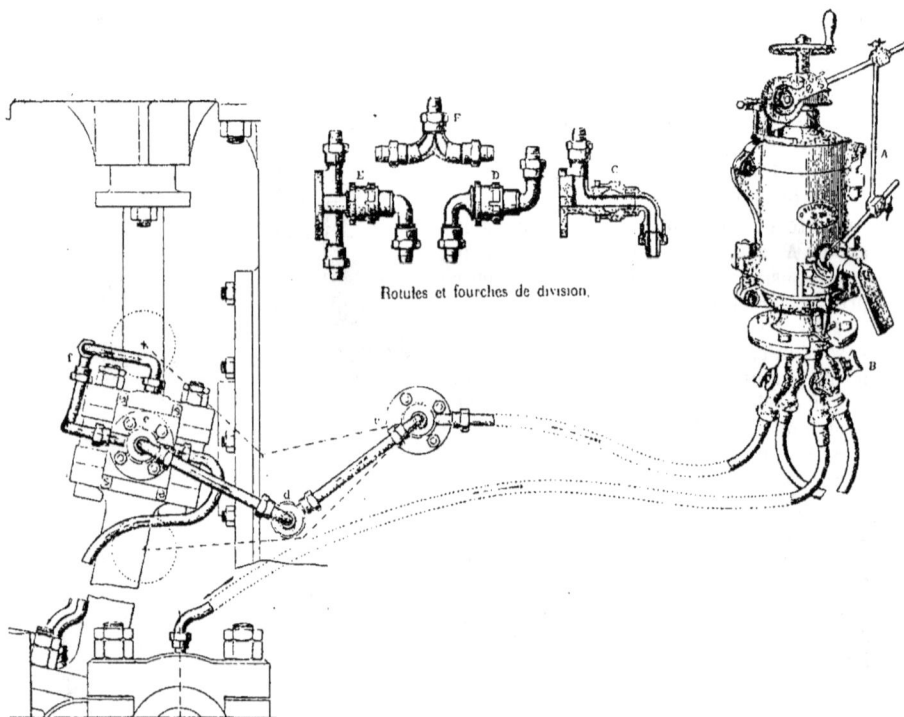

Rotules et fourches de division.

Fig. 498. — Graisseur multiple Delettrez, pour graisse consistante.

un mouvement quelconque de la machine, ce qui permet de la placer à l'endroit le plus facile pour la surveillance. La compression obtenue par l'appareil en mouvement est assez forte pour pouvoir envoyer la graisse à des distances de 10 à 15 mètres. Un déclanchement à ressort existe au pied du graisseur : le piston arrivant à fond de course, pousse la tige du déclanchement et supprime ainsi tout danger d'avaries.

CHAPITRE III

MESURE DE LA FORCE DES MACHINES

But des essais de machines.

481. — Les essais de machines, destinés à déterminer leur force, ont généralement pour but de s'assurer que le constructeur a convenablement rempli ses engagements indiqués dans les conditions du cahier des charges du marché, plus spécialement en ce qui concerne la puissance développée et le régime économique de l'appareil. Chaque fois qu'un moteur à air, à gaz ou à vapeur, est établi en vue d'un acheteur déterminé, il est d'usage que son constructeur s'engage, par écrit, à fournir un appareil capable de développer une puissance déterminée. Lorsque la machine, définitivement montée, se trouve dans son état normal de fonctionnement, on procède alors à l'essai destiné à la vérification des résultats obtenus.

Dans d'autres circonstances, le propriétaire d'un appareil moteur procède à des essais pour s'assurer que ses machines se trouvent toujours en bon état de fonctionnement. ou pour rechercher si certaines modifications apportées, soit à différents de leurs organes, soit simplement à leur conduite, peuvent avoir un effet avantageux.

Dans tous les cas, et quel que soit le but final des expériences entreprises, ces essais ont pour objet la détermination de certaines quantités susceptibles d'être exactement mesurées et de servir de base au calcul des résultats cherchés. Ceux-ci permettent d'établir la puissance de la machine considérée, soit directement, soit par comparaison avec d'autres appareils réputés pour leur bon fonctionnement.

On peut aussi quelquefois procéder sur les machines à vapeur à des essais dont le but est de faire des recherches scientifiques. Dans cette étude, on est conduit à réunir un bien plus grand nombre de données, car on cherche alors et avant tout, soit à déterminer l'action de la vapeur au cours du cycle auquel elle est soumise dans le cylindre, soit à connaître la perte ou le gain thermodynamique qu'elle subit en chaque point de la course du piston et à rechercher les relations existant entre cette dépense de chaleur et la quantité totale d'énergie mise en œuvre.

On peut, comme l'indique le Professeur Robert H. Thurston dans son *Traité de la machine à vapeur* procéder à de tels essais suivant deux méthodes.

Dans la première, on établit des relations thermodynamiques d'après les indications relatives à la mesure des volumes et des pressions données par les diagrammes relevés en marche dans le cylindre. Dans ce cas, la forme du diagramme acquiert une importance capitale car les gains ou les pertes de chaleur, en chaque point de la course, doivent être déterminés par la position des points successifs de la figure obtenue, position que l'on doit comparer à celle qu'occupent les points correspondants d'une courbe connue ayant des propriétés déterminées.

La seconde méthode a été imaginée par M. Hirn, qui lui a donné le nom de méthode pratique. On néglige complètement l'observation de la forme des diagrammes ; les seuls points importants dont on s'occupe consistent dans la détermination du travail extérieur accompli entre deux points donnés, et la recherche des volumes occupés par le fluide moteur, aux principales phases du cycle.

On considère que la machine reçoit, au moment de l'admission, une certaine quantité de calorique ; celle-ci subit, pendant la période d'introduction, une réduction par suite du travail extérieur produit et des pertes par conductibilité ; elle se trouve au contraire augmentée de la chaleur contenue dans la vapeur qui, au début de la course, remplissait les espaces morts. On obtient alors la quantité de chaleur contenue dans la vapeur au moment où va commencer la détente. Celle-ci, à son tour, diminuée de la quantité de chaleur correspondant au travail extérieur accompli pendant la détente et de celle qui correspond aux pertes physiques, doit être égale à la chaleur qui subsiste au moment de l'échappement. Le calorique, rejeté dehors en pure perte, est mesuré indépendamment et sert à la vérification des résultats obtenus. La différence qui existe entre cette quantité de chaleur et celle qui subsistait au commencement de la période d'échappement, diminuée dans la proportion convenable pour tenir compte du travail extérieur et des pertes internes, constitue le calorique restant au moment de la compression.

De cette sorte, on peut ainsi établir les relations qui existent entre les pertes internes et la quantité totale de chaleur fournie, en tout point de la course ; ces données sont donc de grande valeur en ce qui concerne la détermination du rendement de la machine à vapeur.

Dans les marines de guerre, on procède à des essais de machines pour différents motifs. Les essais préliminaires, suivis des essais officiels, ont pour but de s'assurer que tout bâtiment neuf répond aux conditions imposées au constructeur. Ces essais comprennent non seulement un essai de l'appareil moteur, mais aussi un relevé de la vitesse correspondante, soit au moyen du loch, soit sur une base mesurée. On soumet aussi à des essais les navires qui ont subi une réparation importante et dont les machines ont été modifiées, ou simplement, avant leur mise en service, les bâtiments restés longtemps en réserve, pour s'assurer de leur bon fonctionnement.

La mesure technique de la force d'une machine consiste à déterminer le nombre de chevaux-vapeur qu'elle produit. Nous rappellerons ici que le *cheval-vapeur* adopté comme unité de mesure de la puissance d'une machine est de 75 kilogrammètres par seconde, soit 270 000 kilogrammètres par heure.

Le Congrès international de mécanique appliquée, qui s'est tenu à Paris, pendant l'Exposition de 1889, a cherché à ramener l'évaluation de la puissance au système métrique et décimal. Il proposa l'adoption d'une unité nouvelle, de 100 kilogrammètres par seconde, à laquelle il donna le nom de *Poncelet*, rendant ainsi hommage à la mémoire de l'un des créateurs de la mécanique expérimentale.

482. *Exécution des essais.* — Le mode d'exécution des essais est généralement stipulé dans les conventions passées avec le constructeur, et on doit, autant que possible, rédiger les programmes d'expériences conformément à des méthodes usuelles et reconnues.

Les appareils mis en usage pour l'étude de la mesure de la force d'une machine doivent être exécutés et vérifiés sur des étalons avec tout le soin que comporte la construction des appareils de précision. On devra les choisir avec le plus grand soin et n'employer que ceux provenant de bonnes maisons. Avant de s'en servir, on les examinera avec attention, on les essayera et on les comparera avec des étalons bien reconnus pour leur parfaite justesse. On notera scrupuleusement les plus légères irrégularités dans leur fonctionnement. Il en sera ainsi des instruments de mesure de longueur ou de poids, des manomètres, des indicateurs (ces derniers essayés à froid et à chaud) et des dynamomètres.

L'expérience et l'habitude ont déterminé la manière précise dont on doit se servir des différents instruments. On ne saurait donc apporter trop de soin à leur mise en usage, car un montage défectueux ou un emplacement erroné peuvent suffire pour causer des erreurs sensibles dans les résultats obtenus.

Les données nécessaires à la détermination de la puissance ou du régime d'une machine résultent de l'observation permanente ou tout au moins périodique et répétée à des intervalles fréquents et irréguliers, des instruments employés, enregistrée de manière à fournir une suite non interrompue de résultats, pendant toute la période assignée aux essais. Ces observations doivent être suffisamment fréquentes et nombreuses pour permettre le calcul de moyennes très précises et, quand on emploie les méthodes graphiques de tracer des courbes régulières, ne présentant aucun point d'inflexion et capables de représenter l'ensemble des résultats.

En résumé, on doit prendre toutes les précautions que l'on juge nécessaires pour empêcher la production des erreurs ou des irrégularités qui peuvent tendre à se produire dans la conduite des essais ou dans les observations auxquelles ils donnent lieu.

Mesure de la force des machines.

483. Mesurer la force d'une machine, c'est se rendre compte : soit de la puissance en chevaux-vapeur que le fluide moteur développe en agissant sur le piston et en l'actionnant dans le cylindre, soit de la force, en même unité, que l'on peut utiliser sur l'arbre de couche de la machine.

Le travail développé dans le cylindre par la vapeur prend le nom de *travail indiqué* ou *chevaux indiqués*.

La puissance qu'on peut recueillir sur l'arbre est le *travail effectif*, ou *travail utile*, ou *chevaux effectifs*.

La mesure du premier s'obtient soit directement par le calcul, soit par des méthodes graphiques qui permettent de le déterminer très exactement. La valeur du second est généralement obtenue par l'emploi d'appareils spéciaux tels que les freins et les dynamomètres.

Le travail développé sur le piston n'est pas celui que l'on peut recueillir sur l'arbre de couche, car la transmission du mouvement du piston à l'arbre détermine des frottements qui absorbent une certaine quantité de cette puissance produite par le fluide moteur.

Le travail utile Tu d'une machine à vapeur diffère donc du travail Tp,

développé sur le piston, de tout le travail absorbé par les résistances passives.

Si Tf représente cette perte de force, il est évident que l'on aura :

$$Tp = Tu + Tf.$$

Le rapport

$$\frac{Tu}{Tp} \text{ ou } k$$

est ce que l'on appelle le *coefficient de rendement*, ou simplement *rendement d'une machine*.

Lorsque l'on veut construire une machine à vapeur, on se donne le travail Tu à obtenir sur l'arbre de couche. Il faut donc construire un cylindre dans lequel la vapeur développe un travail Tp suffisant. Il est donc nécessaire de connaître le rapport $\dfrac{Tu}{Tp}$.

Ce rapport se détermine de la façon suivante : sur une machine se rapportant au type de l'appareil moteur que l'on veut construire, on mesure, au moyen d'un indicateur quelconque, le travail Tp développé sur le piston et, au moyen d'un frein ou d'un dynamomètre, le travail Tu, disponible sur l'arbre. Connaissant ces deux nombres, on pourra obtenir facilement le rapport k, ou coefficient de rendement, dont le tableau suivant donne quelques valeurs.

VALEURS DE k.

NOMBRES de Chevaux-vapeur	MACHINES sans CONDENSATION	MACHINES à CONDENSATION	MACHINES de WOLF
3 à 5	0.60 à 0.65	»	»
6 à 12	0.67 à 0.72	0.60 à 0.65	0.50 à 0.55
12 à 30	0.73 à 0.77	0.66 à 0.70	0.56 à 0.60
30 à 50	0.78 à 0.82	0.71 à 0.75	0.60 à 0.65
50 à 100	0.82 à 0.85	0.76 à 0.78	0.66 à 0.68
100 à 200	»	0.79 à 0.81	0.69 à 0.75

Ces chiffres sont applicables aux machines neuves.

Connaissant le coefficient k et le travail Tu, l'égalité :

$$\frac{Tu}{Tp} = k$$

fournit :

$$Tp = Tu \frac{1}{k}.$$

Ainsi, pour qu'une machine fournisse un travail disponible de 20 chevaux-vapeur, par exemple, c'est-à-dire 20 fois 75 ou 1 500 kilogrammètres dans une seconde, il faut que la vapeur développe sur le piston un travail tel que :

$$\mathrm{T}p = \frac{1\,500}{\mathrm{K}}$$

ou

$$\mathrm{T}p = \frac{1\,500}{0,80} = 1\,875 \text{ kilogrammètres,}$$

pour $k = 0,80$.

INSTRUMENTS EMPLOYÉS POUR LA MESURE DE LA FORCE DES MACHINES

484. Les instruments employés dans les essais de machines comprennent : les *indicateurs*, les *freins*, les *dynamomètres*, les *compteurs de tours*, les *appareils enregistreurs* ou *indicateurs de vitesse*, les *chronomètres à secondes*, les *manomètres*, etc. Nous ne nous occuperons pas ici des *manomètres* et autres *appareils indicateurs de la pression*, les ayant déjà étudiés dans le chapitre des *Accessoires de chaudières à vapeur*, nos 151 à 156. (Voir p. 159 à 166.)

Indicateurs.

485. Le but de l'indicateur est de mesurer toutes les fluxuations de volume et de pression subies par la vapeur à l'intérieur du cylindre sur les deux faces du piston, la puissance développée sur ce dernier et, en un mot, le travail brut accompli par la transformation de l'énergie calorifique en énergie mécanique.

D'après le professeur Thurston, les principes qui régissent le fonctionnement de l'indicateur, qui président à son action et définissent sa valeur relative, peuvent se résumer comme suit :

L'indicateur devra relever avec précision la pression de la vapeur contenue dans le cylindre en tout point de la course ; il doit donner les positions relatives du piston correspondant à une pression donnée. Le diagramme doit être tracé automatiquement par l'instrument, et de telle sorte que ses ordonnées soient exactement proportionnelles aux pressions et ses abscisses proportionnelles aux trajets effectués par le piston. Les diagrammes ne doivent être nullement affectés par les forces agissant sur la machine et autres que celles à la mesure desquelles ils sont destinés, ou par celles qui peuvent agir sur l'instrument lui-même, qu'elles soient actives ou passives, dues à l'inertie ou au frottement.

Les points qu'il est essentiel de ne pas perdre de vue, dans la construction des indicateurs, sont les suivants :

L'indicateur devra posséder une forme qui lui permettra de répondre d'une manière satisfaisante aux conditions générales prescrites : précision aussi grande que possible dans la représentation graphique et automatique des variations simultanées de la vapeur dans le cylindre et des positions correspondantes du piston. Il devra être d'une grande simplicité pour n'être pas soumis à des irrégularités de fonctionnement provenant du mauvais état ou du dérangement d'un de ses organes. Moins ceux-ci seront nombreux, et moins grandes seront ces chances. Les organes dont il sera composé seront aussi légers que possible, tout en étant très rigides pour que leur inertie ne vienne pas fausser les indications. Il sera essentiellement mobile, facile à monter, à démonter et à manipuler en toutes circonstances.

En résumé, les qualités essentielles d'un bon indicateur sont : légèreté, rigidité et précision. Les ressorts seront tarés avec soin ; l'instrument devra rester de petit volume, être très portatif, et cependant donner des diagrammes aussi grands que l'on pourra.

Par son enregistrement graphique, l'indicateur fournit une analyse détaillée des pressions qui se produisent dans un cylindre de machine à vapeur ; de là à l'employer comme instrument de recherche et d'étude, il n'y avait qu'un pas, et ce pas a été franchi. Sous sa forme actuelle, quoique bien perfectionnée, il ne paraît pas que l'indicateur présente un degré d'exactitude comparable à celui des instruments ordinaires de laboratoire [1]; il est sujet à des erreurs dues notamment aux frottements, à l'imperfection du tarage et à l'inertie des organes, et il semble bien difficile de s'en affranchir complètement pour des expériences précises. Ces causes d'erreur deviennent bien plus graves encore lorsqu'on opère sur des moteurs à allures vives, ou dans lesquels les pressions, varient rapidement, tels que les machines à gaz par exemple.

L'indicateur dynamométrique des pressions, inventé au siècle dernier par James Watt, était, dans la pensée de son auteur, un instrument d'usage commercial, tel que la balance ou la bascule; il servait au règlement des comptes pour les machines à vapeur qu'il livrait à l'industrie; mais, comme nous venons de le dire, l'étude l'a fait entrer en usage dans les laboratoires, et il y est devenu un instrument de recherches.

Tout indicateur doit être essayé, vérifié et étalonné avant sa mise en usage. Nous avons vu plus haut que, pour donner des résultats rigoureux, l'appareil dont on se sert doit donner un diagramme dont les abcisses et les ordonnées représentent respectivement, et d'une manière absolument exacte, les diverses positions du piston et les pressions correspondantes de la vapeur aux mêmes instants. Le poids et l'inertie des organes de l'appareil introduisent des erreurs qui, si elles ne peuvent être complètement annulées, sont du moins susceptibles, grâce à la diminution des causes qui tendent à les produire et à certains expédients, d'être réduites dans une notable proportion. Ces perturbations sont toutefois, comme on le comprend, d'autant plus difficiles à éviter que la vitesse de rotation de l'appareil et les pressions augmentent. Il est toutefois impossible, malgré tous les soins apportés actuellement à la construction des indicateurs, d'éliminer complètement les effets de l'inertie et des frottements dans les articulations ou les guides, le frottement du crayon sur le papier ou les effets de la variation de tension du ressort de rappel du tambour enregistreur. Aussi, pour rechercher dans quelles proportions ces perturbations tendent à se produire, doit-on étalonner l'indicateur avant de le mettre en service; nous verrons un peu plus loin différents moyens employés pour arriver à ce but.

486. *Montage des indicateurs.* — Avant de passer à l'examen des différents genres d'indicateurs mis en usage pour évaluer la puissance des machines, nous allons dire quelques mots se rapportant aux dispositions générales à prendre pour le montage d'un indicateur, ou aux différents accessoires qui sont le complément de cet appareil.

L'indicateur se place dans la position la plus convenable pour son facile maniement, autant que possible, verticalement aux extrémités du cylindre ou sur les fonds, soit directement, soit en employant des tubulures droites ou courbes, avec ou sans robinets. Les tubulures à robinets permettent de démonter l'appareil sans arrêter la marche de la machine; il faut éviter les coudes brusques et leur donner un diamètre d'environ 15 millimètres au moins.

Lorsque l'on monte l'indicateur sur le cylindre même, il importe de s'assurer que le piston moteur, arrivé à bout de course, ne vient pas boucher les orifices des prises de vapeur. On doit éviter de placer un appareil de ce genre directement sur les conduits de vapeur, car, en raison de la vitesse que celle-ci y possède, il se produirait sous le piston de l'appareil une dépression qui fausserait le diagramme.

Si l'on n'emploie qu'un appareil par cylindre, et c'est généralement le cas qui se présente le plus souvent, on dispose un tuyau unique portant en son milieu un robinet à deux voies, sur lequel se monte d'abord le robinet de purge de l'indicateur, puis l'indicateur lui-même. Les deux branches de ce tuyau, munies chacune à son extrémité d'un robinet obturateur, aboutissent à des conduits percés dans la paroi du cylindre et de manière à aboutir dans l'intérieur des orifices. Lorsqu'il n'est pas possible de

[1] J. Hirsch, *Rapport sur l'Exposition de 1889.*

faire aboutir ces conduits dans les orifices mêmes, et qu'on est obligé de les percer en plein dans la paroi du cylindre, il faut au moins 'les faire aboutir dans l'espace libre, afin, comme nous l'avons dit plus haut, qu'ils ne soient pas bouchés par le piston pendant les derniers instants de sa course.

Le mode de transmission du mouvement du piston moteur au tambour à papier se fait par l'intermédiaire de l'un des organes de la machine, et, par conséquent, varie pour ainsi dire avec chaque cas. Autant que possible, on fixe le crochet de la corde directement après l'une des pièces en marche. Une autre manière très simple consiste à disposer, sur le même axe de rotation, deux leviers ayant entre eux le rapport voulu. L'un d'eux est réuni au coulisseau par une fourche ou par une petite bielle, et communique ainsi le mouvement alternatif à l'autre levier.

Dans les machines à balancier, le mouvement est pris sur le balancier ou sur le parallélogramme. Si le coulisseau de la machine est peu accessible, comme dans les locomotives à mouvement intérieur, on établit sur le bout de l'arbre et dans le plan de la manivelle une cheville excentrée, sur laquelle on fixe l'extrémité de la cordelette.

Pour les machines oscillantes, on se sert généralement de la tête du piston. Le mouvement est alors communiqué au tambour à papier, soit au moyen d'une corde et de poulies de réduction, soit au moyen d'une main glissant sur une barre à arêtes contournées en hélice, laquelle tourne dans une douille fixée sur le couvercle du cylindre à vapeur, et porte à sa base une demi-poulie. Cette poulie fait avec la barre contournée un demi-tour à chaque coup de piston et enroule ainsi la corde du tambour.

Nous donnons, par la figure 499, un exemple d'installation d'un indicateur Richard, dont nous expliquons le mécanisme plus loin (Voir n° 494) sur une machine à très grande vitesse.

A, indicateur monté sur le robinet de purge A', qui lui-même est placé sur la tubulure L qui sert de communication entre l'indicateur et le robinet à deux voies A_1.

A_1, robinet à deux voies pouvant établir, à tour de rôle, la communication de l'indicateur avec chacun des bouts du cylindre de la machine au moyen des tuyaux L' pour le bas du cylindre et L″ pour le haut du même cylindre.

C, cylindre à vapeur de la machine, cette dernière étant du genre pilon.

c, crayon de l'indicateur.

c', c″, c‴, parallélogramme du porte-crayon.

D, bras fixe monté sur une des colonnettes n du cylindre à vapeur, et des-

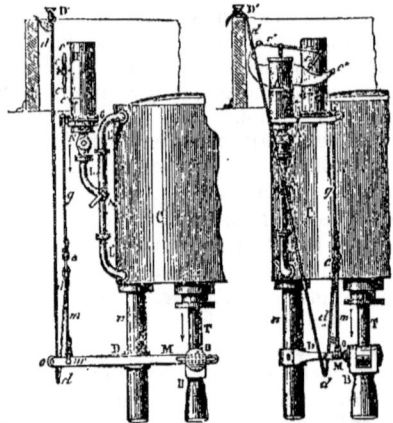

Fig. 499. — Installation d'un indicateur Richard sur une machine à très grande vitesse. — Élévation transversale et vue de bout.

tiné à porter l'articulation du levier M, au moyen duquel on réduit la course du piston.

d, cordon destiné à suspendre le fonctionnement de l'indicateur. Ce cordon est amarré sur l'anneau double e du cordon g ; il passe en retour sous le support D, et va se fixer en un taquet D'. On donne du mou à ce cordon pour que l'indicateur fonctionne.

Quand la courbe est relevée, on hale sur le cordon d ; le ressort de l'indicateur est tendu, le cylindre porte-papier H est près de son arrêt supérieur, et le piston de la machine fonctionne sans actionner l'indicateur, car le cordon *m* a un mou suffisant.

e, anneau double fixé à l'extrémité du cordon *g*, et recevant, d'une part, le cordon *m* qui transmet le mouvement du piston et, d'autre part, le cordon *d* qui sert à suspendre le fonctionnement de l'indicateur.

F, plate-forme de l'indicateur.

G, poulie à gorge sur laquelle est enroulé le cordon *g* en passant sur l'avant.

H, cylindre porte-papier, relié à la poulie à gorge G.

M, levier articulé en *o* à l'extrémité du support D, et actionné par un boulon fixé sur l'axe du pied de la bielle. Ce boulon passe dans une rainure que porte l'extrémité du levier M.

m, cordon amarré sur l'anneau double *e*, et venant se fixer à une boucle *m'*, tenue sur le levier M par un petit boulon. La course du piston de la machine est réduite dans la proportion de *om'* à *oO*. Cette réduction doit être d'autant plus grande que la vitesse de rotation est plus rapide. Pour une machine donnant plus de 400 tours par minute, le rapport de *om'* à *oO* doit être environ de 1/8.

n, colonnette de support du cylindre de la machine sur laquelle est monté le bras D.

o, articulation du levier M sur le bras D.

T, tige du piston de la machine.

Dans la position indiquée par la figure 499, l'indicateur est en fonction, et les communications sont ouvertes pour relever une courbe du haut. Le piston moteur descend et se trouve vers le milieu de sa course ; le cordon *d* a assez de mou pour ne pas gêner le fonctionnement. Quand la courbe est relevée et la ligne atmosphérique tracée, on hale sur le cordon *d* : toute la transmission de mouvement est actionnée comme si le piston moteur tirait lui-même, et le cylindre porte-papier arrive au haut de sa course. Le cordon *d* est alors amarré au taquet D', et l'indicateur reste immobile, le cordon *m* ayant assez de mou. On peut alors enlever le tambour à papier et en changer la feuille. Si l'on veut obtenir de nouvelles courbes, il suffit de desserrer le

cordon *d* ; le ressort de l'indicateur rappelle le tambour en arrière, le cordon *m*, étant raidi, et l'instrument fonctionne.

Si le cordon *m* se rompait, il faudrait arrêter la machine pour le remplacer. Pour éviter autant que possible cet accident, on fait le cordon *m* en corde à boyau très forte, qui, tout en ayant une flexibilité suffisante pour se plier et se tendre quand l'indicateur ne fonctionne pas, offre cependant une grande résistance.

Le système de cordon *d*, qui sert à suspendre le fonctionnement de l'appareil, peut être remplacé par une rainure pratiquée sur le levier M parallèlement à

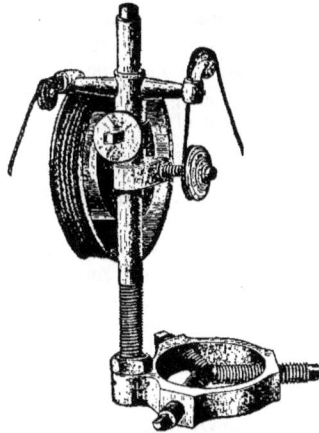

Fig. 500. — Poulies de réduction de course.

l'axe de ce dernier, au-dessus de la ligne *om'*, et portant deux encoches à sa partie supérieure pour recevoir le bouton de la boucle *m'*. L'une de ces encoches serait à la hauteur du point fixe *o*, et l'autre au point que l'on voudrait, suivant la réduction convenable à faire de la course du piston de la machine. Cette disposition a l'avantage de permettre de remédier, en marche, à toute rupture du cordon de l'indicateur, dont la longueur serait alors réglée sur le point fixe *o*. Il va de soi que le point d'attache *m'* du cordon pourrait être très bien placé de l'autre côté de l'axe d'oscillation *o*.

Dans certaines machines, la course du

piston à vapeur est très longue, et il serait très difficile de trouver une réduction de course suffisante avec le système que nous venons de mentionner. Il faut donc employer un dispositif qui permette de diminuer cette longueur et de la ramener à celle nécessaire pour faire tourner le tambour à papier d'un tour complet au plus. L'un des artifices le plus souvent employés dans ce but est l'appareil connu sous le nom de *poulies de réduction de course*. La disposition adoptée par Stanek dans ce but est l'une des meilleures, et elle est représentée par la figure 500. Deux poulies de diamètre en rapport avec la réduction à obtenir sont montées sur un même axe vissé dans une douille mobile sur une tringle. Cette tringle, droite ou courbée, est vissée par un bout sur un anneau muni de trois vis qui permettent de l'assujettir à une pièce fixe quelconque de la machine. Les cordes sont guidées par deux poulies à chape tournante. A chaque tour, les poulies se déplacent, parallèlement à leur axe, d'une quantité égale au pas de vis ou à l'épaisseur de la corde, de façon à éviter sa superposition. Un ressort, placé dans la grande poulie, se tend quand sa corde se déroule et assure son enroulement au retour. La petite poulie, qui reçoit la corde du tambour, et dont le rapport avec la grande constitue la réduction, se change suivant la course de la machine.

Avant de se servir d'un indicateur, il faut s'assurer que son fonctionnement ne laisse rien à désirer. On commence par se rendre compte que le piston n'éprouve pas de frottement sensible en le faisant mouvoir à la main, et en dévissant, au besoin, le couvercle. Un piston un peu libre occasionne des fuites qui sont sans importance dans les machines sans condensation ; mais, dans les machines à condensation, il se produit des rentrées d'air qui altèrent le vide sous la pression de l'indicateur. Cet effet est surtout sensible si la conduite de vapeur sous ce piston est longue et étroite [1].

Quand les tuyaux de communication

sont trop longs, de section insuffisante ou sinueux, il se produit un laminage de la vapeur qui a pour effet une diminution de la pression sur le piston de l'appareil, qui fausse ses indications. Pour y remédier, il convient donc de disposer les tuyaux aussi directement que possible. La clé du robinet de l'indicateur doit comporter une ouverture au moins égale à la section des tuyaux eux-mêmes. On ménagera en outre, sur le côté de cette clé, un petit trou destiné à purger l'instrument des eaux de condensation qui peuvent s'y accumuler, particulièrement au début de l'opération.

En ce qui concerne la disposition du ressort, un point des plus importants consiste à prendre les dispositions nécessaires pour que le ressort n'agisse pas obliquement sur le piston de manière à le forcer sur un des côtés du cylindre, ce qui entraînerait un coïncement dont le résultat serait inévitablement de fausser les indications de l'appareil dans une très large mesure. Il vaut mieux tolérer, autour de ce piston, une légère fuite pour le rendre suffisamment libre.

Comme le ressort est l'organe le plus important de l'indicateur, on doit avoir soin, en le plaçant, de le visser à fond à chacune de ses deux extrémités. Il est bon de faire, avant et après chaque expérience, la vérification de l'échelle de flexion, en opérant à froid et à chaud. Quand on opère à froid, on fixe l'indicateur dans un étau, puis on charge le piston, bien verticalement, de poids successifs. On mesure les flexions correspondant à chaque charge en faisant tracer au crayon une ligne sur le papier mû à la main ; on répète les observations en déchargeant graduellement le piston. Pour opérer cette vérification à chaud, on place l'indicateur sur un récipient communiquant par un robinet avec un générateur et avec un manomètre à air libre, puis on fait arriver la vapeur graduellement dans le récipient, et, à chaque accroissement de pression de 1 kilogramme, on fait, comme précédemment, tracer au crayon une ligne qui mesure la flexion. Quand la pression maximum est atteinte, on ferme le robinet d'arrivée de vapeur ;

[1] Buchetti, *Essai des Machines.*

celle-ci se condense et repasse par les mêmes pressions. On vérifie alors si le crayon donne bien les mêmes marques à la descente que celles qu'il indiquait pour la montée. En continuant ainsi pour les pressions inférieures à l'atmosphère, on détermine l'échelle du ressort pour son extension. Cette échelle peut différer un peu de celle qu'on aurait trouvée pour la compression. On doit, à chaque observation, imprimer une légère vibration au ressort, sans quoi on observerait des différences exagérées entre la montée et la descente, différences pouvant provenir du ressort, du jeu des articulations ou des flexions des pièces, s'il y a frottement du crayon.

Nous verrons plus loin un ingénieux appareil à vérifier les ressorts d'indicateurs, dû à M. V. Lefebvre, ainsi que le moyen employé par M. Jourdain dans le même but.

Les *crayons* employés pour le tracé des courbes données par les indicateurs sont généralement en mine de plomb dure. Mais le plus souvent le *style* ou *traçoir* mis en pratique est une petite tige de métal dont l'extrémité est arrondie pour ne pas déchirer le papier, qui marque, sur une feuille de papier préparée au blanc de zinc, un trait pâle. Lorsque le diagramme est pris, on peut repasser ce trait à l'encre pour en rendre la marque plus durable. Le crayon doit effleurer le papier sans frottement; il doit être léger ainsi que sa douille, car leur poids agissant à l'extrémité du levier, où la vitesse est à son maximum, tendrait à accroître les oscillations. Le frottement du crayon a bien pour effet d'atténuer ces oscillations, mais naturellement cela fausse quelque peu les diagrammes.

Le *tambour à papier* doit être parfaitement rond, et le papier bien tendu à sa surface; le mouvement lui est transmis par des cordes ou cordons en matières diverses, toutes plus ou moins élastiques. Il résulte de cette élasticité qu'au début de la course, la corde ayant à vaincre l'inertie des tambours et poulies et la tension du ressort, elle s'allonge plus ou moins; le tambour est alors en retard; puis la corde, reprenant sa longueur primitive, finit par donner au papier un mouvement proportionnel à celui du piston. Dans d'autres cas, comme dans les machines à allures rapides, il se produit souvent un allongement du diagramme résultant du lancé du tambour. En raison de ces faits, les diagrammes que l'on obtient se trouvent donc allongés ou raccourcis dans une petite proportion. Les indicateurs qu'emploient des commandes de tambours au moyen d'engrenages ne présentent pas cet inconvénient.

La *corde* ou *cordon* qui communique au tambour à papier le mouvement du piston à vapeur doit être flexible et non élastique. Elle est le plus souvent en chanvre ou en boyau; mais on emploie aussi des fils métalliques ou des rubans d'acier. La corde en chanvre est tendue avant sa mise en usage; elle doit être aussi sèche que possible, car l'humidité augmente son élasticité; on doit l'installer aussi directement et aussi courte que l'on pourra et, de plus, on fera en sorte de lui faire imprimer un mouvement droit, régulier, sans secousse ni oscillation. On en règle la longueur lorsque la machine est encore en repos; de plus, pour pouvoir, pendant l'exécution des essais, rattraper le jeu qui aurait pu se produire pendant les expériences, on se sert d'une petite planchette, percée de trois ou quatre trous, que l'on fait coulisser le long de la corde.

487. *Appareil à vérifier les ressorts, de M. Lefebvre.* — M. Victor Lefebvre, constructeur à Paris, ayant été frappé de la fréquence des vérifications que l'on doit faire subir aux ressorts d'indicateurs, a imaginé un petit appareil simple et commode pour remplir ce but. Ces vérifications doivent être fréquentes, car, malgré toutes les précautions prises, il arrive qu'au bout de quelque temps de service, le ressort de flexion se fatigue, et ses indications deviennent inexactes. Il faut donc s'assurer de temps à autre du degré de sensibilité des ressorts, et c'est dans cette pensée que M. Lefebvre a construit son appareil à vérifier les ressorts, représenté par la figure d'autre part.

Il se compose (*fig.* 501) d'une règle en bronze le long de laquelle coulisse verticalement une échelle N divisée en millimètres. Un vernier V', donnant les dixièmes de millimètre, coulisse également dans une ouverture en queue d'aronde pratiquée au milieu et sur toute la longueur de cette échelle. Le vernier porte, à sa base, un trou dans lequel on introduit le crayon de l'indicateur.

Cette règle en bronze est disposée de telle sorte qu'on peut la mettre à la place du cylindre porte-papier de l'appareil dont on veut vérifier la tare du ressort. L'indicateur est assujetti sur une pièce métallique rectangulaire K, destinée à recevoir les crochets du plateau T, sur lequel on mettra les poids ; on fait la tare de toutes les pièces que l'on défalquera du poids que l'on doit faire supporter par le ressort. On introduit alors le pivot R dans la douille de l'indicateur, dont le piston est muni, à cet effet, à son centre, d'une petite pointe qui se place dans une fraisure faite au sommet du pivot, et on règle l'équilibre de l'appareil au moyen du contrepoids B. On place les poids sur le plateau T, et l'indication fournie par le crayon pour une charge donnée du plateau, diminuée de la tare, permettra de se rendre compte immédiatement du degré de sensibilité du ressort à essayer et, après plusieurs opérations analogues, des corrections qu'il est nécessaire de faire subir aux indications données par l'appareil.

488. *Appareil à vérifier les ressorts, de M. Jourdain.* — Le moyen employé par M. Jourdain pour vérifier et tarer les ressorts d'indicateur, et qui permet de le faire directement dans l'indicateur même, lui a été suggéré par le procédé imaginé dans ce but par M. Salleron.

Pour faire la vérification avec l'appareil Salleron, l'indicateur étant complètement monté, on fait reposer le piston sur une pointe fixée sur un bâti en bois, puis on relie à l'indicateur un plateau de balance sur lequel on met des poids. Sous l'action de cette charge, le ressort se comprime ; on appuie, pour chaque poids ajouté, le crayon sur le cylindre enregistreur, et le chemin parcouru par celui-ci permet, connaissant la section du piston, de calculer l'échelle. Dans le tarage par extension, c'est-à-dire pour les pressions inférieures à la pression atmosphé-

rique, on relie le plateau au piston par l'intermédiaire d'un crochet vissé dans le piston. Cette méthode présente le grand inconvénient de rendre l'opération assez longue et pénible, car, à chaque poids nouveau, il faut faire prendre à l'appareil une position d'équilibre.

M. Jourdain a simplifié cette manière

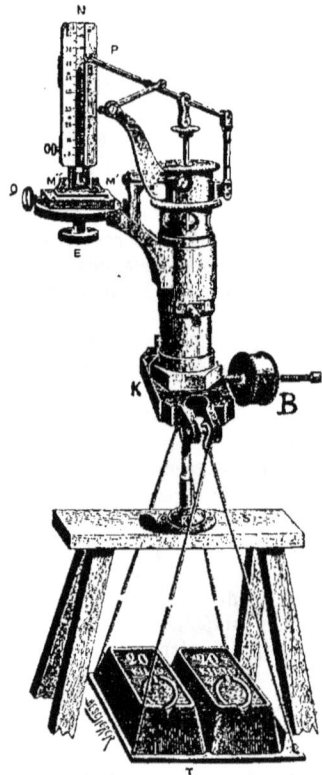

Fig. 501. — Appareil à vérifier les ressorts d'indicateurs, de M. Victor Lefebvre.

de faire, et a adopté la disposition représentée par la figure 502. On fixe l'indicateur A sur la traverse horizontale B d'un bâti en bois, et on visse dans le piston de l'instrument une petite tige métallique terminée à sa partie inférieure par une poulie P.

Pour la vérification ou le tarage de la compression du ressort, on passe une corde sous la poulie P et sur les deux poulies p, et on fixe à ses deux extrémités un plateau de balance C, dans lequel on place les poids destinés à faire fléchir le ressort, comme dans la méthode Salle-

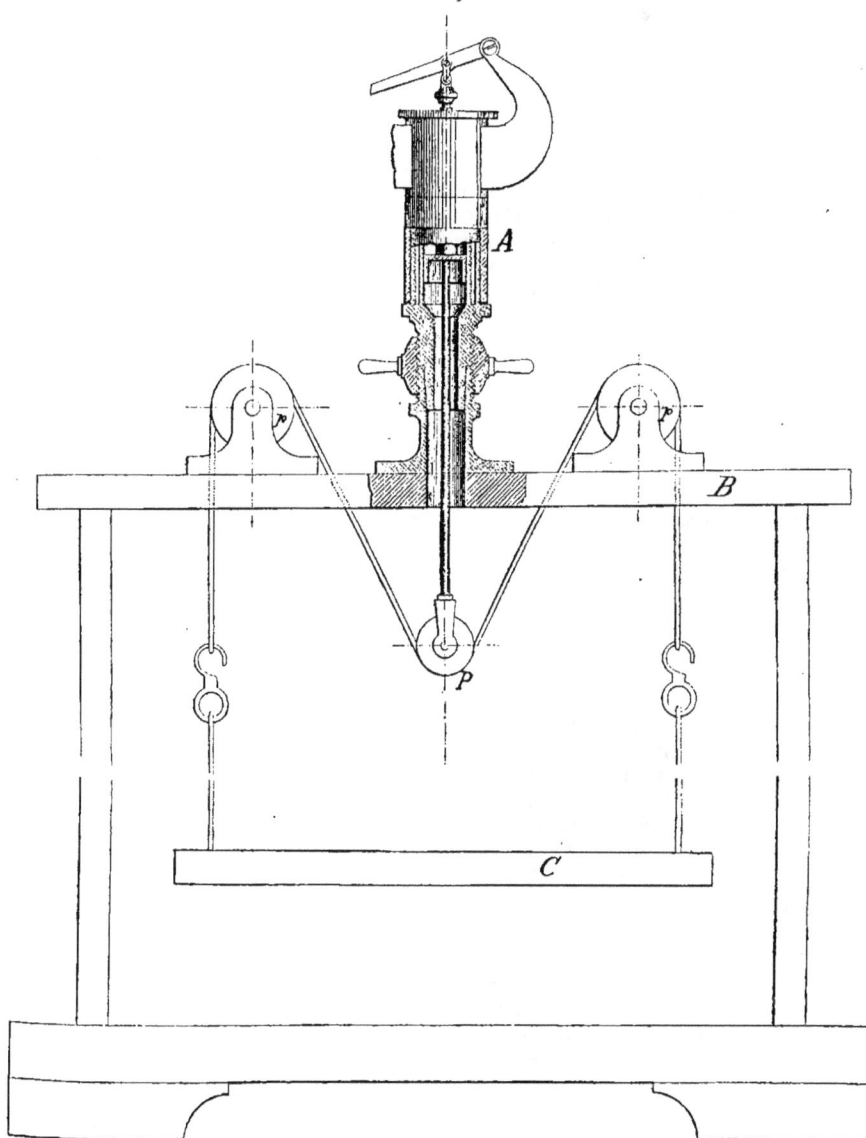

Fig. 502. — Appareil à vérifier les ressorts d'indicateurs, de M. Jourdain.

ron. Pour le tarage de l'extension, on fixe simplement les cordes du plateau C à la tige de la poulie. De cette façon le tarage complet peut être fait très rapidement. Ce procédé présente en outre l'avantage de faire ces opérations à chaud. On peut, en effet, fixer l'indicateur sur le bâti après l'avoir mis en communication avec le cylindre d'une machine ou un tuyau de vapeur, et le ressort conserve sensiblement sa température pendant tout le temps que dure la vérification ou le tarage.

489. *Relevé des courbes d'indicateur.* — L'indicateur étant monté et réglé, le cordon qui lui transmet le mouvement n'est attaché à la tige du piston qu'au moment où on se dispose à prendre des courbes. Ce cordon est terminé par un anneau allongé que l'on fixe sur le crochet de la tige du piston, au moment où ce dernier achève sa course descendante. Dans cette opération, la main doit suivre le mouvement de la tige du piston, et l'anneau du cordon est abandonné au point mort. Ceci fait, on s'assure que le tambour porte-papier fonctionne bien entre ses deux arrêts sans les toucher. Pour certains appareils, il faut s'assurer en outre que le cordon de transmission n'est pas trop court.

L'instrument fonctionnant bien, on établit sa communication avec l'un des bouts du cylindre, le bas par exemple ; on laisse faire deux ou trois tours, puis on abaisse le crayon pendant la course d'évacuation. La courbe est tracée dans un tour de la machine, et le crayon est relevé. La communication étant ensuite, établie pour l'autre bout du cylindre, on trace de même la courbe correspondante. Pour tracer la ligne atmosphérique, la communication de l'indicateur avec le cylindre est supprimée, et le robinet de purge de l'appareil est ouvert à l'atmosphère. On fait jouer le ressort de l'indicateur en appuyant sur sa tige, pour s'assurer que la communication est bien établie, puis on abaisse le crayon pour tracer la ligne atmosphérique, opération qui se fait dans une seule course ; on met ensuite l'indicateur au repos.

A cet effet, il faut décrocher le cordon ; cette opération s'effectue de la manière suivante : le cordon étant pris à la main, mais sans être serré, on avance la main de manière que l'on puisse saisir l'anneau allongé un peu avant la fin de la course et, dès qu'on tient cet anneau, on le décroche vivement, par un mouvement effectué dans le sens de la course montante du piston.

Quoi qu'il en soit, lorsque l'indicateur

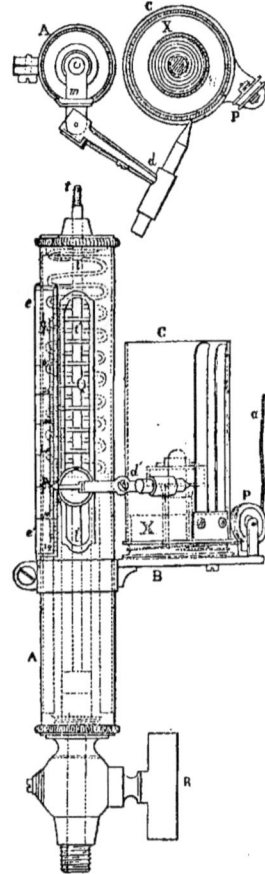

Fig. 503. — Indicateur de Watt.

est au repos, le cylindre porte-papier est démonté, le papier est enlevé, et on remet une feuille nouvelle. Les feuilles de papier sont préalablement coupées de longueur ; pour les mettre en place, on commence par engager un des angles sous la plus longue branche de la fourchette qui maintient le papier, puis on enroule la feuille sur le tambour et on vient engager l'autre angle sous la petite branche de la même fourchette. On joint alors les deux bouts de la bande de papier, en tirant un peu pour bien l'appliquer contre le cylindre à papier; puis, maintenant la tête de la fourchette d'une main, on fait glisser la feuille jusqu'au rebord inférieur du tambour. Le papier est ensuite plié contre les branches de la petite fourche et se trouve ainsi maintenu. Le cylindre porte-papier est ensuite remis en place à son repère, et on est prêt à relever une nouvelle courbe (¹).

490. *Indicateur de Watt.* — La figure 503 représente l'indicateur dû au génie du grand inventeur James Watt, et qui a été introduit en France par Combes. Il se compose d'un cylindre ou corps de pompe A dans lequel se meut un petit piston dont la tige tt' passe au milieu d'un ressort à boudin Q, fixé par le haut au couvercle du cylindre A, et, par le bas, à une embase placée sur la tige du piston. Le robinet R sert à ouvrir ou fermer la communication entre l'intérieur du cylindre à vapeur et le dessous du piston de l'indicateur. Dans l'appareil primitif de Watt, les indications des oscillations du petit piston communiquées au porte-crayon étaient tracées sur une petite planchette recouverte au besoin d'une feuille de papier. Cette planchette, ajustée dans un châssis fixe, recevait, au moyen d'une corde et d'un contre-poids, un mouvement de va-et-vient proportionnel à la course du piston moteur. Mac-Naught, en présence des inconvénients de cette disposition, a remplacé la planchette par un tambour ou cylindre mobile C, placé latéralement au cylindre A, et autour duquel on roule la feuille de papier destinée à recevoir la trace faite par le crayon ou style. La courbe ainsi déterminée est le *diagramme.* Ce cylindre C est supporté par une pièce B reliée au corps de pompe A. Le tambour C porte à sa partie inférieure une poulie portant une rainure hélicoïdale dans laquelle est logée le cordon a, qui, après avoir passé sur la

poulie de renvoi P vient se fixer à l'extrémité d'un appendice fixé sur le piston de la machine à vapeur, ou en un point du parallélogramme articulé qui ait un mouvement moindre, mais proportionnel; ou bien on l'attache à un réducteur de course quelconque.

Le support B est relié au cylindre C par un barillet X faisant corps avec celui-ci, qui renferme un ressort de montre en spirale enfilé sur une tige fixée au support B. Ce ressort sert à faire rétrograder le cylindre et à tenir le cordon a constamment tendu pendant la course descendante du piston de la machine à vapeur. Dans le corps de pompe A on a ménagé, suivant une génératrice, une fente longitudinale ll', dans laquelle passe le bras m articulé avec le porte-crayon d; le long de cette fente est placée une échelle graduée ee', dont les divisions correspondent chacune à une pression de 1/10 de kilogramme sur 1 centimètre carré. Quand le robinet R est fermé, l'index placé sur le bras m correspond au zéro de l'échelle; quand il est ouvert, la pression de la vapeur est marquée par les degrés supérieurs au zéro de l'échelle, et le vide par les degrés inférieurs.

Pour se servir de l'indicateur que nous venons de décrire, on le visse dans une ouverture correspondant avec l'intérieur du cylindre à vapeur. Une fois qu'il est mis en place, on enveloppe le cylindre mobile C d'une bande de papier coupée à demande, en pinçant ses deux bords sous deux ressorts qui la maintiennent, en ayant soin qu'elle soit bien lisse et bien tendue, en en repliant les bords pour bien l'assujettir. Le petit ressort qui presse le porte-crayon d ne doit pas agir trop énergiquement sur celui-ci; il faut que la pointe du crayon ou du traçoir exerce seulement une légère pression sur le papier dont elle touche la surface. On laisse donner à la machine quelques coups de piston sans ouvrir le robinet de l'indicateur, pour que le crayon marque la ligne correspondant au zéro de l'échelle. On relève le crayon et on ouvre le robinet R; le piston de l'indicateur suit alors les tensions de la vapeur. Au bout de quelque temps, lorsque l'on juge le ré-

(¹) Lemeu, *Nouvelles Machines marines.*

gime de la machine bien établi, et sans rien déranger d'ailleurs à l'instrument, on amène le crayon au contact de la feuille de papier, où il trace une figure représentant exactement la tension de la vapeur et le degré de vide de l'intérieur du cylindre à vapeur, à chaque instant de la course du piston.

Nous verrons plus loin ce que l'on peut tirer du diagramme ainsi obtenu, et surtout la manière de calculer la puissance de la machine.

491. *Indicateur Clair.* — Lorsque, dans des courses successives, l'on tire divers diagrammes avec l'indicateur Watt, on est frappé des dissemblances très sensibles que présentent entre elles ces figures. Quand on laisse le crayon parcourir plusieurs fois le profil, au lieu de repasser exactement dans le même tracé, il suit quelquefois des routes voisines, et l'ensemble aboutit à une sorte de brouil-

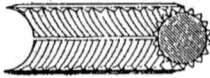

Fig. 504. — Indicateur de Clair.

lage d'une certaine épaisseur au lieu d'un trait fin. Il semble donc qu'il y ait utilité à détacher ces représentations les unes des autres, de manière à en obtenir des figures graphiques distinctes et consécutives.

Dans l'appareil de Clair, qui a été conçu et ingénieusement disposé dans cet ordre d'idées, on substitue au mouvement d'allée et venue d'un carré de papier le déplacement continu d'une bande. Celle-ci se déroule d'un cylindre pour se réenrouler sur un second, en passant tangentiellement devant un rouleau intermédiaire. Ce dernier sert de point d'appui, pour la pointe traçante, dont le mouvement vertical s'opère le long de la génératrice de contact. La partie inférieure du diagramme doit alors se retourner sur elle-même pour cheminer, non plus en retour, mais en prolongement de la branche supérieure, jusqu'à ce qu'elle se

soude plus loin au graphique d'une course nouvelle, qui fait suite au précédent.

Pour obtenir ce résultat, on dispose sur l'axe oscillant des saillies représentant ce qui resterait d'une vis à filet triangulaire, si on la faisait tarauder par une vis de sens contraire, identique comme dimensions, et montée sur le même noyau. On fait engrener cette pièce assez originale avec deux portions de tore, filetées respectivement comme les écrous de ces vis (*fig.* 504). Chaque oscillation de l'axe imprime à ces roues des rotations contraires, qui changent de sens l'une et l'autre en même temps que l'axe. Ces organes actionnent l'axe de l'appareil à bande par l'intermédiaire de deux encliquetages Dobo, disposés en même sens. Par là, elles n'agissent sur cet axe, que dans un même sens, et de plus, il y en a toujours une, et une seule, qui transmet le mouvement [1].

492. *Indicateur Paul Garnier.* — Dans le premier modèle d'indicateur construit par M. Paul Garnier, et que donne en élévation, coupes et détails, la figure 505, l'appareil entier est supporté par un robinet A, que l'on visse sur le couvercle ou le fond du cylindre de la machine à vapeur ou, plus généralement, sur les corps du tuyau dont les bouts vont aboutir aux extrémités du cylindre. Le robinet B met en communication ce robinet A avec l'indicateur même ; la noix de B est percée d'un petit trou *i* qui sert, soit à purger l'instrument en étant mis en communication avec une autre petite ouverture *i'* pratiquée dans le boisseau, soit à tracer la ligne atmosphérique en étant tourné en haut. Dans le cylindre C est ajusté libre, mais étanche, le piston D, sur lequel agit la vapeur qui arrive par l'orifice F ; ce piston est fixé à l'extrémité inférieure de la tige E.

Sur cette tige E, est attenant le collet *d*, attaché par une vis-goupille qui traverse le trou *m''* ou *h''*, selon que l'on emploie les ressorts à moyenne ou à haute pression, ressorts qui sont comprimés par ce collet *d*. Un bras *a* est fixé à *d* et se

[1] Haton de la Goupillière, *Cours de Machines.*

prolonge par un avant-bras b, qui, dans une douille appropriée b', reçoit le crayon traceur b''. Le bras a porte aussi un index c, qui parcourt les divisions de l'échelle graduée ; son mouvement est guidé par l'entaille verticale H′ pratiquée dans la boîte H. Dans cette boîte H, se trouvent également les deux ressorts G et G′ qui sont fixés chacun par un bout, au moyen de vis, l'un G′ au couvercle I′ de H, et l'autre G à la base I de cette boîte. L'autre bout des ressorts est libre pour agir dans le sens qui lui est propre. De cette façon, chaque ressort fonctionne séparément, et tous deux n'agissent que par compression et jamais par extension.

Un collier J attache à la boîte H la plate-forme K, sur laquelle est monté le système d'enroulement du papier. Sur les deux cylindres P et P′ s'enroule la

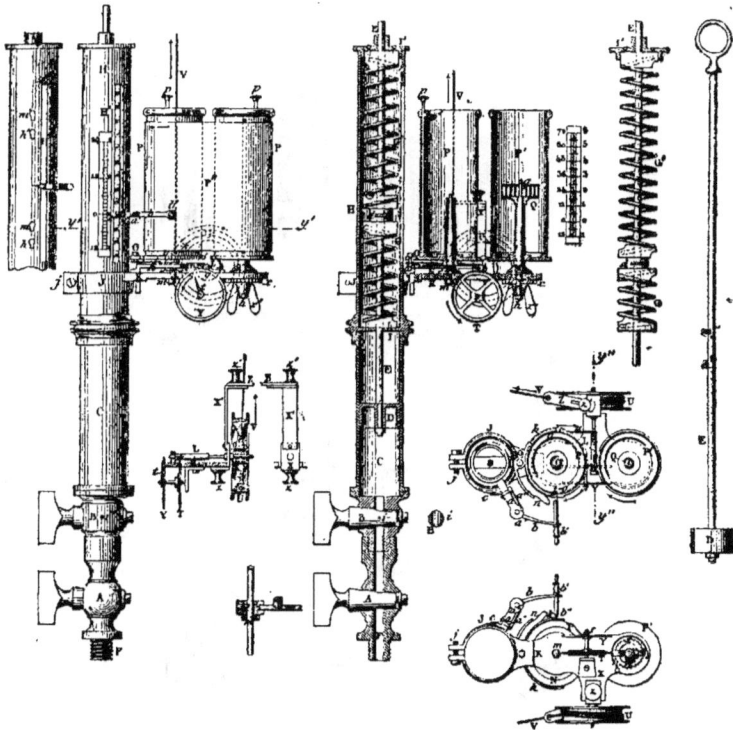

Fig. 505. — Indicateur Paul Garnier.

bande de papier P″, à laquelle on fait faire, pour servir de provision, plusieurs tours sur le cylindre P. Ce dernier tourne librement sur la douille de la poulie N, et celle-ci tourne à son tour sur un arbre en acier M, fixé par m à la plate-forme K. Grâce à cette disposition, les deux cylindres à papier peuvent à volonté tourner indépendamment l'un de l'autre et du cordon de commande V attaché au pis-ton de la machine. Le second cylindre P′ tourne sur un axe en acier M′ enfilé dans une douille terminée à sa partie supérieure par un barillet Q, contenant un ressort dont l'un des bouts lui est attaché, et dont l'autre extrémité est reliée à M′. Ce ressort a pour but de tenir toujours tendue la bande de papier P″ ; il sert en même temps à produire le mouvement de rappel du système d'enroulement du papier, quand la tige du piston de la machine revient du côté de l'indicateur.

La poulie U, sur laquelle vient s'enrouler la seconde extrémité du cordon V, est montée sur l'arbre L, autour duquel s'enroule la petite corde à boyau u entraînant de son côté la poulie N ; c'est le système de réduction de course.

Le fonctionnement de cet appareil se comprend aisément : la vapeur agissant sur le piston D comprime, lorsque sa pression est supérieure à la pression atmosphérique, le ressort supérieur G', et, lorsqu'ensuite le vide se produit, l'effort de compression s'exerce sur le ressort inférieur G. Ces alternances de pressions communiquent au crayon traceur b'' des fluctuations qui lui font marquer sur la bande de papier le diagramme de la machine.

Ce premier modèle d'indicateur était compliqué ; aussi M. Garnier a-t-il été

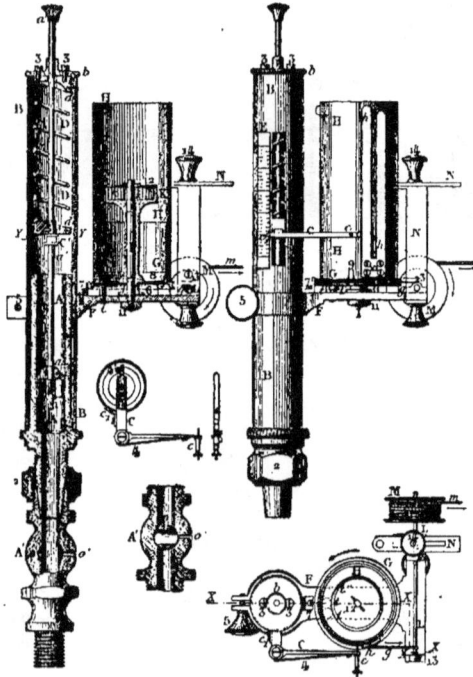

Fig. 506. — Nouvel indicateur Paul Garnier.

conduit à le simplifier et à imaginer une nouvelle disposition beaucoup plus pratique.

La figure 506 donne différentes vues et coupes de cet instrument simplifié, qui diffère du premier modèle par les points suivants : les deux ressorts sont remplacés par un seul, qui agit alternativement par compression et par extension ; il n'existe également qu'un seul cylindre porte-papier au lieu de deux ; enfin, le petit mécanisme qui, sur l'ancien modèle, servait à mesurer le développement du papier, est supprimé.

Le robinet de purge de l'instrument est fixé à la base du cylindre A, avec lequel il fait joint étanche au moyen d'un emmanchement conique rodé. La jonction est effectuée par l'écrou 2, qui porte deux filetages de pas différents ; le serrage est produit par la différence des pas. Le ressort unique D est fixé au couvercle b de la boîte B, et son autre extrémité est soudée au talon d' du porte-crayon c de l'indicateur. Le ressort D agit par compression pendant que la pression de la vapeur est supérieure à celle de l'air ; il agit par extension lorsque la pression de l'air est supérieure à celle de la vapeur. Ce ressort est construit pour que ses allongements et ses compressions soient d'une égale valeur pour une même différence des pressions qui agissent sur les faces du piston de l'indicateur. De cette façon, toutes les parties des ordonnées d'une même courbe sont à la même échelle. L'instrument possède trois jeux de ressorts qui ont d'ailleurs la même longueur, et ne diffèrent que par le diamètre du boudin. Les flexions respectives de ces ressorts sont généralement de 20, 15 et 10 millimètres par kilogramme de pression effective sur chaque centimètre carré de la surface du piston a de l'indicateur.

Pour changer un ressort, on commence par enlever le porte-crayon, puis on dévisse le couvercle b et on l'enlève en sortant en même temps le piston de l'indicateur. On dégage le talon d' qui est attaché au porte-crayon, puis le talon d fixé au couvercle b. Les talons d et d' du nouveau ressort sont respectivement fixés à leurs places,.et le couvercle b est remis à son poste en même temps que l'on enfonce dans le cylindre le piston a. Il faut avoir soin de changer également l'échelle graduée E et remplacer la première par celle qui convient au ressort que l'on vient de mettre en place, en observant de mettre le zéro de la graduation correspondant à la pointe de l'index c du porte-crayon, lorsqu'il y a égalité de pression sur les deux faces du piston a.

L'indicateur Garnier nouveau modèle possède, sur l'ancien, les avantages suivants :

Il est beaucoup moins volumineux et d'une construction moins dispendieuse. En raison de ce que le ressort de rappel n'a qu'un cylindre à mettre en action, l'inertie de l'instrument est moins considérable, et l'action du ressort est par suite plus efficace. Le changement de

bandes de papier s'effectue avec beaucoup plus de facilité sur le nouvel appareil que sur l'ancien. L'emploi d'un ressort unique tenu par ses deux extrémités fait diminuer l'amplitude et la durée des oscillations qui se produisent au moment de l'avance à l'introduction, et les courbes sont plus régulières.

193. *Indicateur Hopkinson.* — La figure 507 donne la vue, en élévation,

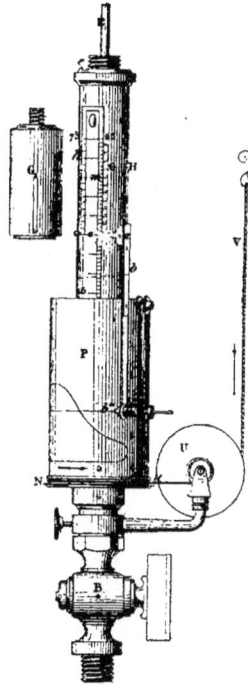

Fig. 507. — Indicateur Hopkinson,

de l'indicateur construit par l'Anglais Hopkinson. La légende de ce dessin est la suivante :

B, robinet de communication de l'indicateur avec le cylindre de la machine.

H, enveloppe contenant les ressorts, et surmontant le cylindre, où se meut le piston de l'appareil, dont on voit l'extrémité supérieure de la tige en E.

G, ressort servant seul, quand on expérimente une machine à basse ou à moyenne pression. Ce ressort met en mouvement le bras *a*, qui porte d'une part un index *c* parcourant les divisions de l'échelle de pression, et d'autre part une tige *b* terminée par une douille *b″* où s'enfile le crayon *b″*.

G₁, boîte renfermant un ressort et s'employant quand la machine essayée fonctionne à haute pression. On visse alors cette boîte en *c* sur le haut du cylindre

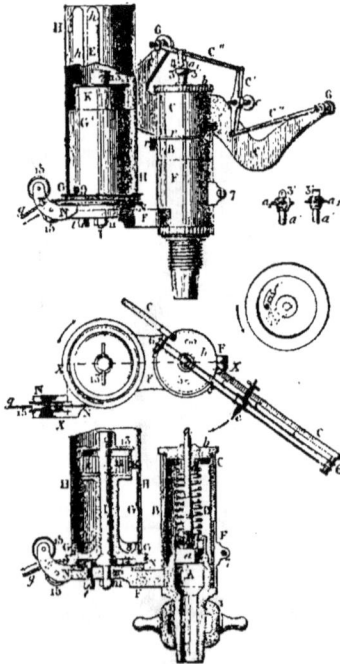

Fig. 508. — Indicateur Richard.

H en enfilant son ressort sur la tige E. Celle-ci vient appuyer sur un disque fixé à la partie supérieure du nouveau ressort. De la sorte, ce dernier ajoute sa résistance à celle du ressort G, et permet d'apprécier de hautes tensions.

h et *m*, échelles parcourues par l'index *c*, et correspondant à l'emploi d'un ou des deux ressorts.

P, cylindre à papier, entraîné par la corde *u* qui s'enroule autour des poulies N et L.

U, poulie montée sur le même axe que la poulie L, et sur laquelle s'enroule le fil V qui va s'amarrer à la tige du piston à vapeur de la machine. Cette poulie doit être choisie d'un diamètre convenable pour que le mouvement communiqué à la poulie L soit suffisant à faire parcourir à la poulie N et, par suite, au cylindre porte-papier, un cercle presque complet.

494. *Indicateur Richard.* — L'indicateur Richard est l'un des modèles les plus répandus dans la pratique. L'auteur s'est attaché à mettre son appareil en état de résister aux causes du lancé. Pour cela, il emploie un ressort relativement dur ; mais comme il en résulte que les déformations restent très petites, il amplifie ces dernières au moyen d'un appareil analogue au pantographe. Le piston fonctionne librement, mais avec un faible jeu ; l'influence du frottement s'en trouve d'ailleurs d'autant plus atténuée. Une enveloppe préserve le petit cylindre des chocs et du refroidissement, en même temps qu'elle le rend, pendant les essais plus maniable, malgré la chaleur.

Dans cet appareil (*fig.* 508) le cylindre A est surmonté de la boîte à ressort B ; le piston *a* supporte, à sa partie supérieure l'action d'un ressort à boudin D, qui s'appuie, d'autre part, sur le plateau supérieur *b* du cylindre de l'appareil. La tête du piston *a₁* est attachée par une coulisse *k*, à un levier C″, ce qui permet de communiquer au crayon *c* un mouvement d'une amplitude beaucoup plus grande que celle du piston lui-même, et, par conséquent, de diminuer la course de ce dernier, afin d'atténuer les effets de l'inertie. Le porte-crayon *c*, est guidé, par une disposition cinématique formée des bielles C″, C′C″, analogue au parallélogramme de Watt, suivant une ligne droite et parallèlement à la direction du piston. Le papier est enroulé autour du cylindre rotatif H, et maintenu à ses extrémités par les pinces à ressort *h*, *h*.

Ce cylindre peut tourner autour de son axe sous l'action d'une corde, enroulée sur la poulie G et attachée par son autre extrémité, à la crosse de la tige de piston par l'intermédiaire d'un mouvement réducteur de course.

La communication entre le cylindre de l'appareil et celui de la machine est établie à l'aide d'un passage ménagé dans le robinet supportant l'indicateur. L'instrument est maintenu en place par un support vissé sur un raccord solidaire du tuyau aboutissant aux deux extrémités du cylindre. Quand l'appareil est en marche le robinet est ouvert et le dessous du piston *a* en communication avec l'intérieur du cylindre à vapeur, du côté correspondant au sens suivant lequel le robinet est ouvert. Ce piston monte et descend alors, suivant les fluctuations de la pression dans le cylindre moteur, tandis que le tambour sur lequel est fixé le papier reçoit un mouvement alternatif de va-et-vient sous l'action du piston moteur. Quand l'appareil est prêt à fonctionner et que son cylindre a été suffisamment réchauffé, on pousse légèrement, avec la main, le crayon contre le papier, ce qui a pour résultat le tracé d'un diagramme représentant toutes les variations successives du volume et de la pression du fluide moteur pendant la période de contact.

Dans cet appareil, l'action du ressort D est analogue à celle que nous avons décrite dans l'indicateur P. Garnier nouveau modèle. L'instrument possède quatre jeux de ressorts, dont les flexions respectives, mesurées aux déplacements du crayon *c*, sont de 6, 10, 15 et 20 millimètres par kilogramme de pression effective sur chaque centimètre carré de la surface du piston *a*. Pour changer de ressort, on opère d'une manière semblable à celle précitée dans l'appareil Garnier.

Cet instrument est applicable quelle que soit la vitesse de rotation. Il suffit, lorsque celle-ci est considérable, d'employer un ressort de grande résistance et de réduire dans de grandes proportions la course du piston de la machine. Un des petits inconvénients de cet indicateur est que, le mouvement du porte-crayon étant amplifié, les erreurs de flexion du ressort de l'appareil sont également amplifiées dans la même proportion, qui est généralement le triple, dans le tracé de la courbe. Il résulte donc de ce fait qu'il

ne faut employer que des ressorts d'une très grande exactitude.

494. *Indicateur Martin-Garnier.* — M. Martin-Garnier, dans l'établissement de son appareil indicateur, a cherché également à diminuer les causes mêmes du lancé. Au lieu de faire arriver directement la vapeur sous le piston de l'instrument, il l'introduit dans une chambre qui en est séparée par une soupape. Le choc du fluide se trouve ainsi amorti ; un purgeur permet d'évacuer l'eau qui peut se former dans cette capacité au-dessous du clapet. Le ressort de rappel

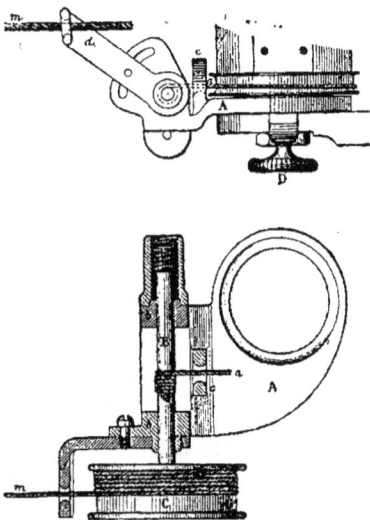

Fig. 509. — Indicateur Duvergier.

du cylindre à papier, au lieu d'être adapté après ce tambour, est fixé à un pignon hélicoïdal engrenant avec ce dernier. En variant le diamètre de la poulie sur laquelle s'enroule la corde, on obtient un réducteur arbitraire de courses qui permet de mettre l'appareil en rapport avec l'amplitude des divers moteurs.

496. *Indicateur Duvergier.* — M. A. Duvergier, constructeur à Lyon, frappé de l'ennui que l'on a, dans la presque totalité des cas, lorsque l'on se sert de l'indicateur Richard, d'être obligé d'employer un agencement cinématique spécial pour chaque machine que l'on veut soumettre à l'expérience, afin d'établir un rapport convenable entre la course de l'indicateur et celle de la pièce de la machine sur laquelle on prend le mouvement, a cherché à éviter cet inconvénient.

La modification qu'il a ainsi été conduit à faire subir à l'appareil Richard a pour objet de supprimer l'agencement intermédiaire que nous venons de citer. La figure 509 représente en plan et en élévation l'indicateur Richard ainsi simplifié.

Le perfectionnement apporté consiste dans la substitution de la pièce A avec ses accessoires à la pièce portant les deux poulies guides de la corde *a* de traction. Cette pièce A porte deux supports *bb* et un guide *c* pour la corde de traction du tambour portant le papier; le guide *c* a son ouverture concentrique avec la corde *a*, tangente à la gorge de la poulie du tambour, dont le centre est en *o* de la pièce A ; les deux supports *bb* soutiennent un arbre B perpendiculaire à la corde *a* et à une hauteur telle que cette même corde passe tangentiellement à la génératrice supérieure de l'arbre B ; les directions de la corde *a* et de l'arbre B sont parallèles au plan de la poulie du cylindre à papier.

L'arbre B sert de treuil d'enroulement à la corde *a ;* il porte à l'une de ses extrémités la poulie C recevant le mouvement alternatif de la machine au moyen de la corde *m*; l'autre extrémité porte une partie filetée à un pas égal aux diamètres des cordes *a* et *m*. Ce filetage se meut dans une douille taraudée et détermine ainsi un mouvement de va-et-vient de l'arbre B, toujours en rapport avec son mouvement de rotation. Un guide *d*, mobile autour de l'axe B est fixé à un secteur à coulisse au moyen d'une vis de pression aux différentes hauteurs dont on a besoin pour atteindre la direction de la corde *m*, qui varie avec les différents diamètres qu'il convient de donner à la poulie C.

On comprend facilement, d'après ce qui précède, que les cordes *a* et *m*, ayant le même diamètre, s'enrouleront respecti-

vement sur l'arbre B et sur la poulie C suivant des hélices d'un pas égal à ce diamètre, c'est-à-dire au pas de la partie filetée de l'axe B ; or, cet axe se déplaçant horizontalement d'une quantité égale et de sens contraire à celle dont se déplaceraient les cordes *a* et *m*, ces dernières conservent leurs directions primitives, quelles que soient les amplitudes des oscillations de la machine, et maintiennent ainsi, dans toutes les positions, les rapports respectifs des mouvements de la machine et du barillet portant les diagrammes.

497. *Indicateur Marcel Deprez.* —

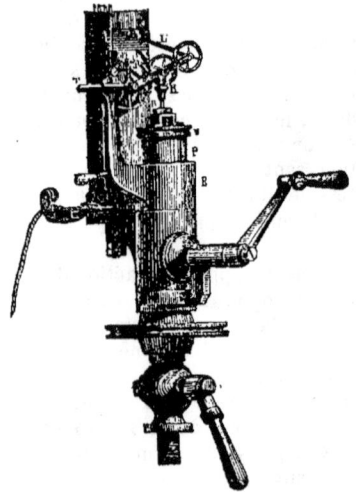

Fig. 510. — Indicateur Marcel Deprez.

Cet appareil a pour but de relever les diagrammes sur les machines de toutes sortes, et il trace, quelle que soit la vitesse de marche du piston moteur, des courbes exactes et exemptes des causes d'erreur dues à l'inertie des pièces mises en mouvement. Pour cela, l'inventeur ne laisse tracer, dans toute l'étendue d'une course du moteur, qu'un simple élément de la courbe (un seul point, en quelque sorte), et prend pour cela le ressort à l'état de repos. Seulement, on réitère l'opération, en demandant aux diverses courses successives des éléments consécutifs dont l'ensemble constitue le tracé intégral, obtenu ainsi à l'abri de toute influence dynamique.

La vapeur pénètre dans l'indicateur par le tube central, qui peut être fermé à volonté au moyen du robinet placé à la partie inférieure de l'appareil. Le piston A de l'indicateur (*fig.* 510) et (*fig.* 511), se meut dans un tube cylindrique fixe, parfaitement alésé, et transmet à chaque instant la pression de la vapeur dans le cylindre à vapeur, à un ressort taré, fixé par sa partie inférieure au piston A et par sa partie supérieure à la calotte G, vissée elle-même sur le tube fixe C. Ce tube C est fileté extérieurement, à sa partie supérieure, et ce filetage correspond à un filetage de même pas pratiqué sur la paroi intérieure du tube mobile F. Ce tube F porte à sa partie inférieure une série de dents longitudinales, qui engrènent avec les dents de la roue dentée D, mue elle-même par une manivelle. Si on fait tourner cette manivelle, la roue D, engrenant avec les dents longitudinales du tube mobile F, fait tourner ce tube, qui, en tournant, monte ou descend sur le filetage du tube C, suivant le sens de la rotation.

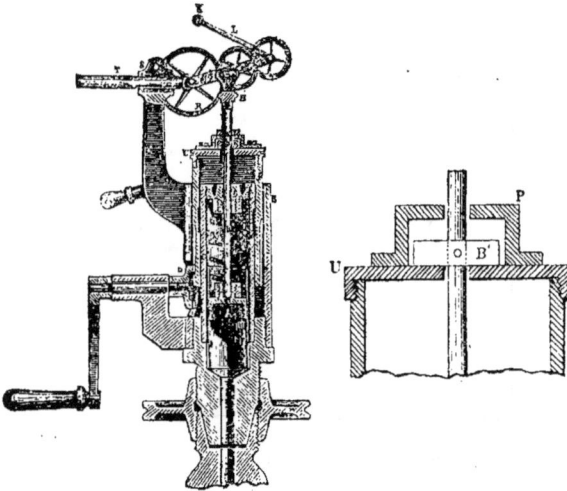

Fig. 511. — Indicateur Marcel Deprez. — Coupes.

Le tube F porte à sa partie supérieure un chapeau U (Voir la figure donnant les coupes), et un pont P entre lesquels peut se mouvoir un butoir B'. La tige du piston traverse librement le chapeau, le pont et le butoir, mais peut être fixée sur ce dernier au moyen d'une goupille. Lorsque cette goupille est placée, la tige du piston ne peut s'élever ou s'abaisser que d'une hauteur égale au jeu du butoir dans le pont. La goupille enlevée, la tige du piston n'est plus arrêtée dans sa course par le butoir. Si l'on fait tourner la manivelle qui commande la roue dentée, le tube F monte ou descend suivant le sens de la rotation, et si la goupille qui relie la tige du piston au butoir B' est placée, le piston monte ou descend et, par conséquent, le ressort de l'indicateur est comprimé ou détendu. La tête de la tige du piston est fixée au moyen d'une goupille sur un système de trois roues dentées destinées à amplifier le mouvement rectiligne du piston.

L'indicateur fonctionne de la façon suivante : supposons l'appareil installé sur le fond d'un cylindre où la vapeur arrive avec une pression initiale de 5 atmosphères et se détend lorsque le piston est arrivé à moitié de sa course.

Supposons également placée la goupille qui fixe le butoir sur la tige E ; faisons tourner la manivelle de façon à comprimer le ressort jusqu'à 2 atmosphères par exemple, et ouvrons le robinet qui laisse la vapeur arriver sous le piston de l'indicateur.

Soit ABCD la feuille de papier enroulée sur le tambour (*fig.* 512), CD la ligne atmosphérique et E la hauteur du crayon correspondant à une tension du ressort égale à 2 atmosphères. Ouvrons le robinet qui donne passage à la vapeur venant du cylindre, et cela au moment où le piston moteur est à moitié de sa course, par exemple, et supposons l'in-

dicateur placé du côté de l'échappement. Le crayon est alors au milieu de la ligne NS ; le piston de l'indicateur est poussé sur sa face supérieure par le ressort dont la tension est de 2 atmosphères et sur sa face inférieure par la vapeur d'échappement. Le butoir reste donc appliqué sur la face inférieure du pont ; le crayon trace sur le papier, qui se déroule, une droite parallèle à la ligne atmosphérique. Vers la fin de la course du piston moteur, l'échappement se ferme, la vapeur est comprimée, et sa tension s'élève progressivement. Quand cette tension devient égale à 2 atmosphères, le piston de l'indicateur est en équilibre

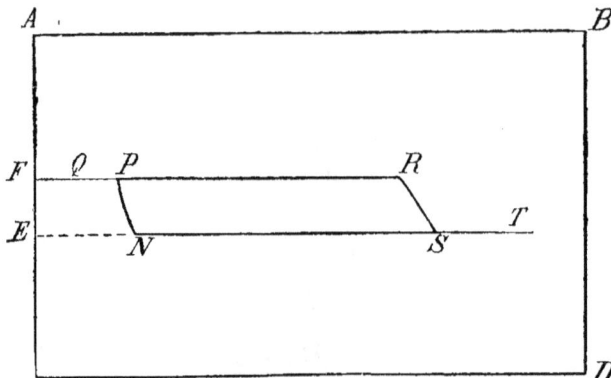

Fig. 512. — Diagramme élémentaire obtenu avec l'indicateur Marcel Deprez.

instable, et, cette tension augmentant, il est soulevé ; le butoir vient s'appliquer alors sur la face supérieure du pont, et le crayon trace sur le papier un élément NP du diagramme. Le piston moteur achevant sa course, le crayon marque une nouvelle droite PQ parallèle à la ligne atmosphérique et à une distance de la droite SN égale au jeu du butoir, multiplié par l'ampliation donnée par le système des roues dentées.

Le piston moteur recommençant sa course à pleine pression, le butoir reste appliqué sur la face supérieure du pont tant que la tension de la vapeur est supérieure à la tension du ressort. Pendant ce temps, le crayon marque sur le papier

une droite QR parallèle à la ligne atmosphérique. La détente se produisant dans le cylindre à vapeur, il arrive un moment où la pression de la vapeur devient égale à la tension du ressort, le piston de l'indicateur est alors en équilibre instable, et, la tension de la vapeur diminuant, le piston de l'indicateur cède à la pression du ressort, et le crayon trace un élément RS du diagramme. Le piston moteur continuant sa course, le crayon trace la droite ST, repart de T lorsque le piston est arrivé à fin de course, et pendant la période d'échappement, décrit une ligne qui, dirigée suivant TN, aboutit au point de départ.

On a donc ainsi tracé pendant un coup

de piston un diagramme PNRS correspondant à une variation de pression de la vapeur comprise entre EC et FC. En faisant tourner la manivelle d'une façon continue, on fait passer le ressort de l'indicateur par toutes les valeurs de la tension de la vapeur et on arrive finalement à avoir un diagramme composé d'une série de diagrammes partiels qui se raccordent parfaitement, comme le montre le diagramme de la figure 513, relevé sur une machine marchant à 250 tours par minute.

498. *Indicateur Thomson.* — Cet appareil présente une grande analogie avec l'indicateur Richard, en ce qui concerne les dispositions d'ensemble ; le parallélogramme a été modifié et ses deux points fixes font partie du cylindre de l'appareil ; ses organes sont plus légers, ce qui fait

que cet indicateur se prête à des vitesses plus considérables que l'appareil Richard.

Dans les indicateurs Thomson de construction récente, le tambour à papier est disposé de telle sorte que la force du ressort qui le commande peut être rendue variable pour les différentes vitesses auxquelles il est appelé à fonctionner. En outre, ce ressort est réglable entre des limites très étroites. On peut lui donner une tension suffisante pour que la corde qui le commande soit tendue dans toutes ses positions. Tous ces indicateurs possèdent des pistons présentant un diamètre de 20^{mm},3 et une section de 32^{mm2},3 ; les ressorts qu'on y applique peuvent permettre de fonctionner jusqu'à des pressions de 17^{kg},5 par centimètre carré. Quand l'instrument doit être employé pour des pressions plus élevées, on subs-

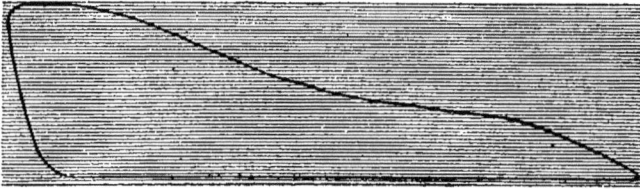

Fig. 513. — Diagramme complet obtenu avec l'indicateur Marcel Deprez.

titue un autre piston, ayant une section moitié moindre, ce qui double la résistance relative du ressort, et permet d'enregistrer les pressions de 35 kilogrammes.

499. *Indicateur Tabor.* — Cet appareil est caractérisé par la manière particulière dont on effectue le guidage du crayon. A cet effet, on a disposé une petite plaque fixe, solidaire du cylindre, dans laquelle est creusée une fente circulaire, contenue dans un plan parallèle à la direction de l'axe du cylindre de l'instrument. Le bras porte-crayon est muni d'un petit index à galet qui coulisse dans cette fente, avec le minimum possible de frottement. Le rayon de courbure de cette fente, et la position donnée à l'index sur le bras sont tels, que l'extrémité qui porte la pointe à tracer décrit une ligne droite parallèle à l'axe du

cylindre. Ce bras est relié à la tige du piston et au support par deux petites bielles parallèles. La courbure de la coulisse a pour but de compenser la tendance que possède le crayon à décrire un arc de cercle par suite de la suppression du balancier qui le porte.

Le cylindre de l'appareil et le support du tambour sont venus de fonte. Le cylindre comporte une petite chemise intérieure dans laquelle se meut le piston ; l'appareil se fixe au moyen d'un filetage ménagé à la partie inférieure du cylindre. La partie supérieure est percée de deux orifices permettant l'échappement direct de toute la vapeur qui pourrait fuir par le piston.

Le mécanisme est solidaire du plateau du cylindre. Le couvercle est fixe et comporte une petite plaque mobile, ajustée avec précision, qui supporte les organes en mouvement. On amène le crayon au contact du papier en faisant tourner légèrement à la main le système mobile et la plaque dont nous venons de parler. Le mécanisme qui actionne le crayon est articulé sur la plaque mobile par l'intermédiaire de la coulisse, d'une part, et d'un support articulé de l'autre. La tige du piston est en acier, creuse à la partie supérieure qui traverse le couvercle, et pleine dans sa partie inférieure, dont le diamètre est réduit. Le piston comporte plusieurs rainures annulaires, tracées sur sa périphérie, et qui ont pour but de lui tenir lieu de garniture. Les ressorts sont du système dit *duplex*, c'est-à-dire

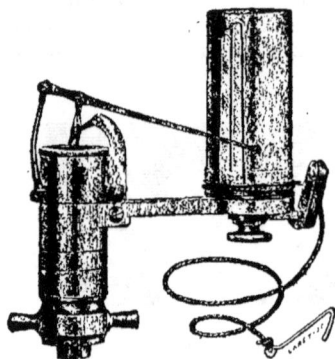

Fig. 514. — Indicateur Crosby.

qu'ils sont doubles et croisés ; ils sont disposés pour que les deux extrémités aboutissant sur le piston et le plateau de jonction viennent à l'extrémité de deux diamètres opposés.

500. *Indicateur Crosby.* — Cet appareil donne toute satisfaction pour les essais de machines animées de grandes vitesses. Le porte-crayon, extrêmement léger, est guidé et mis en mouvement au moyen d'un parallélogramme particulier (*fig.*514) qui est à la fois d'une grande légèreté et d'une rigidité satisfaisante. La disposition générale de l'indicateur Crosby et de son tambour est sensiblement la même que dans les appareils Richard et ses analogues.

C'est au moment où la corde qui s'enroule sur le tambour exerce son effet

maximum, que le ressort doit offrir la tension minimum. Au commencement de la course, quand le ressort doit vaincre l'inertie et le frottement du tambour, sa résistance propre doit être maximum, puis décroître ensuite.

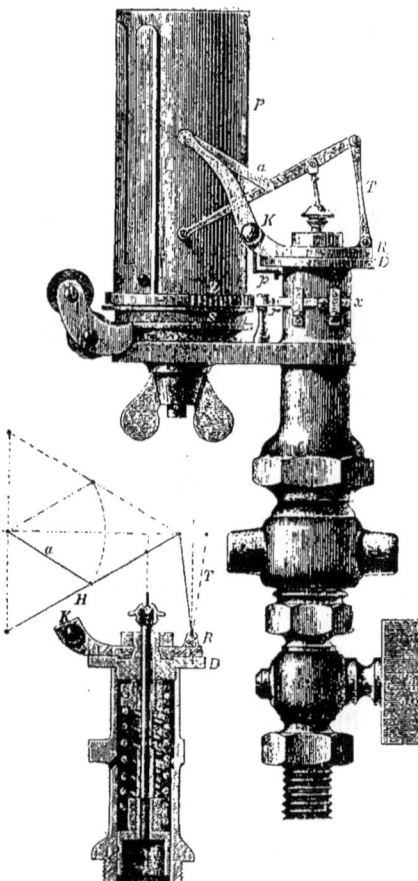

Fig. 515. — Indicateur Rosenkranz.

501. *Indicateur Rosenkranz.* — Cet appareil emploie le parallélogramme d'Evans, à bielle courte, comme le montre la figure 515. Ce parallélogramme est supporté par une plaque K, mobile sur le chapeau D du cylindre de l'indicateur ; son mouvement, pour éloigner ou rapprocher le crayon du papier, est limité par la patte p venant butter contre deux petites tiges fixées sur le cylindre. La corde du tambour est guidée par une double poulie, montée sur une pièce mobile, ce qui permet de lui donner la direction que l'on veut, et, par suite, faire tourner le tambour P dans un sens ou dans l'autre, suivant que l'indicateur est placé à l'arrière ou à l'avant du cylindre à vapeur.

La disposition du tambour est telle que l'on peut arrêter son mouvement sans détendre la corde. Dans ce but, la poulie S, munie d'un ressort intérieur tendant à la ramener toujours à sa position première, est indépendante du tambour P, qu'elle conduit au moyen de vis intérieures. Dès que ce tambour est arrivé au bout de sa course, il est arrêté par le rochet r, et la poulie continue son mouvement alternatif en maintenant la corde tendue.

502. *Indicateur Lefebvre.* — Cet appareil, imaginé par M. Victor Lefebvre, présente sur les types plus anciens d'indicateurs quelques avantages. En premier

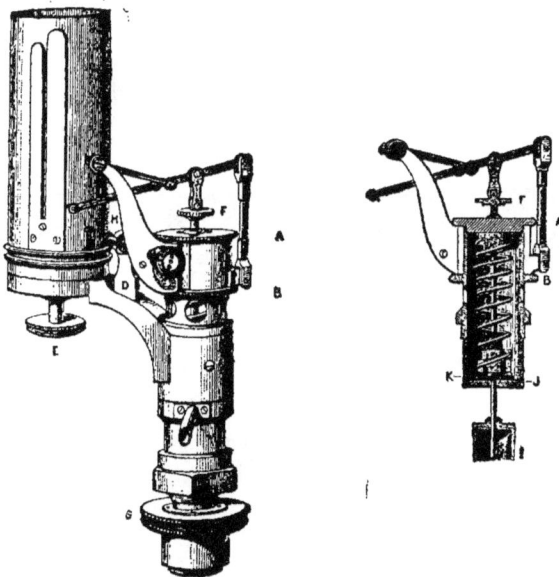

Fig. 516. — Indicateur Victor Lefebvre.

lieu, l'inventeur a cherché à soustraire le ressort de flexion à l'action de la vapeur, qui l'oxyde et en modifie la trempe et la flexibilité A cet effet, il place le ressort dans un cylindre étanche, séparé de celui dans lequel se meut le piston soumis à l'action de la vapeur, et percé à sa partie inférieure de cinq ouvertures permettant la libre circulation de l'air autour du ressort pour le préserver de l'échappement et de l'oxydation. Le bouton F (*fig.* 516) est muni de trois petites vis au moyen desquelles on rectifie aisément le mécanisme du porte-crayon, s'il y a lieu. La vis de rappel C est disposée de telle façon que l'on peut facilement régler le crayon pendant toute la durée des expériences, sans risquer de se brûler les doigts ni de déchirer le papier. La marche verticale du piston se trouve assurée par le guidage aux trois points F, K, I. Enfin, le montage de l'appareil sur le robinet de la machine se fait par un simple écrou de raccord G, pourvu d'une tête en matière mauvaise conductrice de la chaleur, au lieu de l'écrou différentiel généralement employé.

503. *Indicateur optique Perry.* — Au

lieu de tirer un diagramme isolé, M. Perry s'est proposé de maintenir sous les yeux du mécanicien une image permanente de ce diagramme, avec les fluctuations de formes qu'il peut à l'occasion traverser. Il y est arrivé par l'invention de son indicateur optique. Ce n'est plus alors un tracé matériel et effectif que l'on obtient, mais une simple impression lumineuse due à la persistance des impressions produites sur la rétine par un point brillant, en mouvement rapide sur sa trajectoire.

M. Perry emploie comme pièce principale de son appareil, une plaque dont la période d'oscillation n'est que de 1/500 de seconde ; c'est cette condition qui rend l'appareil susceptible de donner des dia-

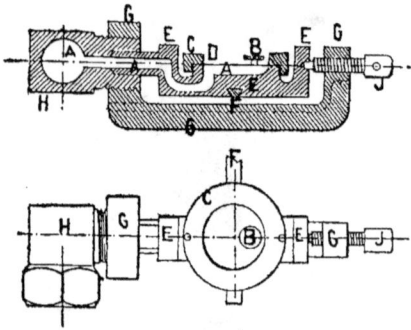

Fig. 517. — Indicateur optique J. Perry.

grammes exacts avec des vitesses angulaires de 1 500 tours par minute.

L'indicateur représenté en élévation et en coupe (fig. 517), se compose d'une boîte mince en fonte ou en bronze, fermée sur l'une de ses faces par un mince disque d'acier D. L'un de ces disques, employé pour des pressions effectives ne dépassant pas 2 kilogrammes par centimètre carré, a 3 centimètres de diamètre et 0mm,4 d'épaisseur. On peut faire usage de disques plissés qui donnent plus de sensibilité, mais ils sont d'un prix plus élevé; les disques plans donnent d'ailleurs une sensibilité parfaitement suffisante. Lorsque la boîte de l'indicateur communique avec le cylindre du moteur, le disque se gonfle plus ou moins, en fonction de la pression s'exerçant sur sa sur-

face interne. Ce déplacement est considérablement amplifié en fixant sur le disque, à mi-distance entre le centre et la périphérie, un léger miroir B.

En faisant tomber sur le miroir un rayon lumineux fourni par une lampe à huile, et en faisant réfléchir ce rayon sur une feuille de papier blanc, il se promène sous la forme d'une trace identique à celle que ferait un index de plus de 1 mètre de longueur. Dans ces conditions, on obtient un diagramme de 5 à 10 centimètres de longueur.

En employant des lentilles et une source

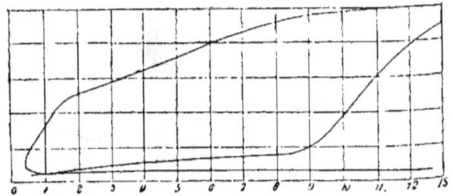

Diagramme obtenu à 200 tours par minute.

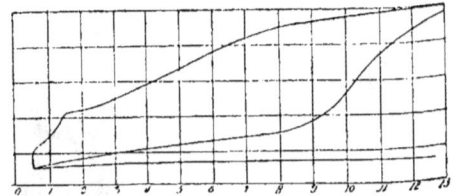

Diagramme obtenu à 500 tours par minute.

Fig. 518. — Diagrammes obtenus avec l'indicateur optique J. Perry.

de lumière très intense, on peut placer l'écran à 12 mètres de distance et obtenir avec la même facilité des diagrammes de près de 2 mètres de longueur. L'extrémité du bras F reçoit, par l'intermédiaire de leviers convenablement disposés, un léger mouvement oscillatoire synchronique avec celui du piston et dans une direction perpendiculaire à celle du rayon lumineux produit par le déplacement du disque. On a ainsi visible à l'œil, d'une façon permanente, le diagramme du travail de la vapeur, ainsi que les modifications qui lui sont apportées à chaque instant par les changements de la pression initiale, de la charge résistante ou de la détente. Lorsqu'un régime permanent est établi, les tracés successifs se superposent et le diagramme apparaît sous la forme d'une ligne continue, pourvu que la vitesse angulaire dépasse 60 tours par minute. Il est donc facile d'en suivre le tracé avec un crayon et d'en garder l'image en plaçant au préalable une feuille de papier sur l'écran; on peut également photographier ces courbes lumineuses.

Nous donnons (*fig.* 518) deux diagrammes ainsi obtenus sur une petite machine de démonstration établie au *Finsbury College*, de Londres, pour des vitesses angulaires très différentes : 200 et 500 tours par minute.

504. *Indicateur dynamométrique continu de Richard.* — L'appareil représenté par la figure 519 réalise le problème de prendre automatiquement de suite une série illimitée de diagrammes, ce qui permet de contrôler la marche et le rendement d'une machine à vapeur pendant un temps assez long. Les diagrammes s'y

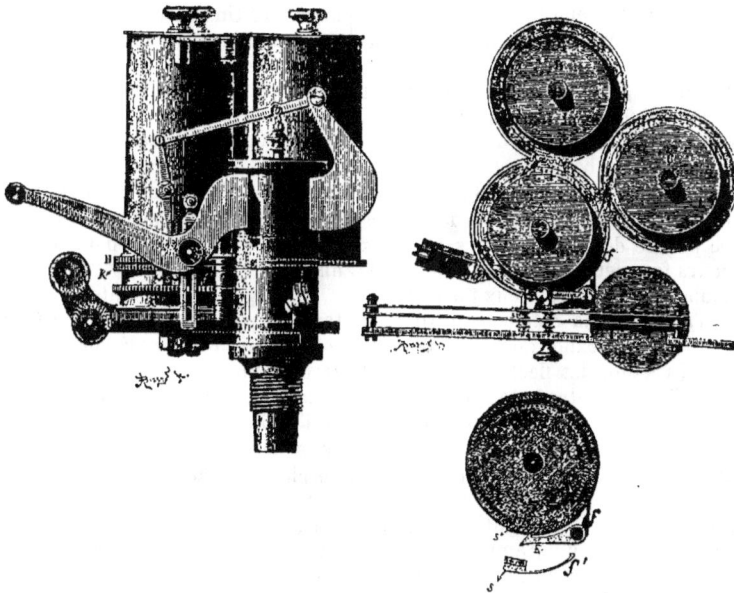

Fig. 519. — Indicateur continu Richard.

produisent horizontalement, l'un à côté de l'autre, et leurs lignes atmosphériques forment une ligne droite continue, ce qui contribue à leur donner une netteté très grande et en facilite l'aperçu.

Des trois tambours dont est composé l'appareil, celui marqué A sert à la prise des diagrammes, le tambour B est le magasin de papier d'où la bande se déroule, et celui C reçoit le papier, une fois les diagrammes pris. Au moyen de roues d'engrenage, le tambour B communique avec la pièce portant les poulies, et le tambour C avec celui A. Ce dernier se trouve en rapport avec la pièce portant les poulies par la roue d'encliquetage R et le cliquet *f'*.

En faisant fonctionner l'appareil, le mouvement des trois tambours est simultané et leur coefficient de vitesse le même, aussi bien pour la marche en avant que pour la marche en arrière. La marche graduelle en avant de la bande de papier qui est indiquée sur la figure au moyen de flèches, s'opère de la manière suivante :

Le cliquet K, dont la partie opposée *f*

se termine en un arrêt recourbé formant ressort, tourne sur son axe et est fixé sur le socle de l'indicateur. Ce cliquet, qui est généralement mis hors fonction au moyen d'un ressort, engrène de temps en temps avec la roue d'encliquetage R, fixée sur le bas du tambour A, comme il est mentionné ci-dessus. Si alors la patte s, qui est solidement assemblée avec la pièce portant les poulies et le ressort f', est suffisamment tournée, elle glisse en dessous de l'arrêt recourbé du cliquet K. Ce dernier, recevant une impulsion, tourne et engrène avec la roue R ; par ce moyen, le tambour servant à la prise des diagrammes et celui marqué C sont arrêtés, tandis que la pièce portant les poulies et le tambour B font un mouvement de plus, jusqu'à ce qu'ils touchent une joue.

L'arrêt des tambours A et C et le mouvement continu du tambour B produisent le déroulement de la bande de papier portée par ce dernier. Si alors les trois tambours font leur mouvement de recul, la distance parcourue par eux jusqu'à leur point d'appui est la même pour tous. Il en résulte que la bande de papier se meut dans la direction des flèches autant qu'il y a de différence entre le tour en plus fait par le tambour B et le moment d'arrêt des tambours A et C.

Cet arrêt des tambours A et C se fait aussi longtemps que la patte s et le bout recourbé f du cliquet restent en contact. La distance d'un diagramme à l'autre dépend donc uniquement des temps plus ou moins courts que ces surfaces se touchent.

505. *Indicateur continu, compteur enregistrant de Ashton et Storey.* — Les diagrammes relevés avec les indicateurs ordinaires, à des intervalles plus ou moins grands, ne donnent la puissance exacte de la machine que pour les instants où on a relevé les courbes. On peut, il est vrai, tenir compte du nombre moyen de tours correspondant à la période entière des expériences ; mais il n'en résulte pas moins beaucoup d'aléa dans la mesure de la puissance de la machine. Les variations de la pression, la vitesse, l'augmentation ou la diminution de résistance que peut éprouver une machine sont laissées à

l'écart. MM. Ashton et Storey ont imaginé un indicateur continu, compteur enregistrant, qui permet de totaliser le travail effectif d'une machine pour une période quelconque de fonctionnement.

Cet indicateur est représenté par la figure 520, dont voici l'explication :

A, piston se mouvant dans un petit cylindre, semblable à ceux d'un indicateur ordinaire, sauf cette différence que les deux extrémités du cylindre sont en communication par un tuyau séparé avec les extrémités du cylindre à vapeur de la machine. Un autre robinet permet également de le mettre en relation avec l'atmosphère ;

B, tige du piston de l'indicateur, reliée par son sommet à un ressort ordinaire à boudin C, qui est comprimé ou détendu, selon que le piston se trouve au-dessus ou au-dessous du milieu de sa course. Le ressort C est fixé lui-même, à sa partie supérieure, à la boîte contenant tout le mécanisme ;

D, long pignon, monté sur la tige B, terminé par une roue pleine G, appelée *roue intégrante*, dont le bord est adouci et arrondi ; le système du pignon et de la roue est emmanché sur la tige B du piston de l'indicateur et maintenu dans le sens de la hauteur par les deux colliers E, E. Le pignon D actionne le compteur enregistrant ;

H, disque en bronze tournant sur un axe court perpendiculaire à la tige B du piston de l'indicateur. Le bord de la roue G est constamment en contact avec la face verticale du disque H, qui est continuellement pressé contre la roue intégrante G par un petit ressort à spirale J, qui agit contre l'extrémité de l'arbre porte-disque ; la pression de ce ressort est réglée par une vis, et elle est suffisante pour que le mouvement de la roue H soit transmis intégralement à la roue G sans glissement de la part de celle-ci. Le mouvement d'une pièce choisie dans la machine est communiqué à l'arbre qui porte le disque H par l'intermédiaire de la roue dentée K, de sorte que le disque H tourne alternativement dans un sens et dans l'autre en transmettant à la roue R un mouvement de rotation proportionnel à la distance du point de contact au centre de H :

F, roue droite actionnée par le pignon D; l'axe de cette roue transmet le mouvement à l'enregistreur ;

L, compteur enregistreur. Ce système est formé d'une série de pignons et de roues dans le rapport constant de 1 à 10.

Sur l'axe de chaque roue se trouve une aiguille qui indique sur un cadran extérieur les tours accomplis en sus des dizaines accusées par l'aiguille du cadran suivant ;

W, cylindre porte-papier pour relever les courbes comme à l'ordinaire, et muni

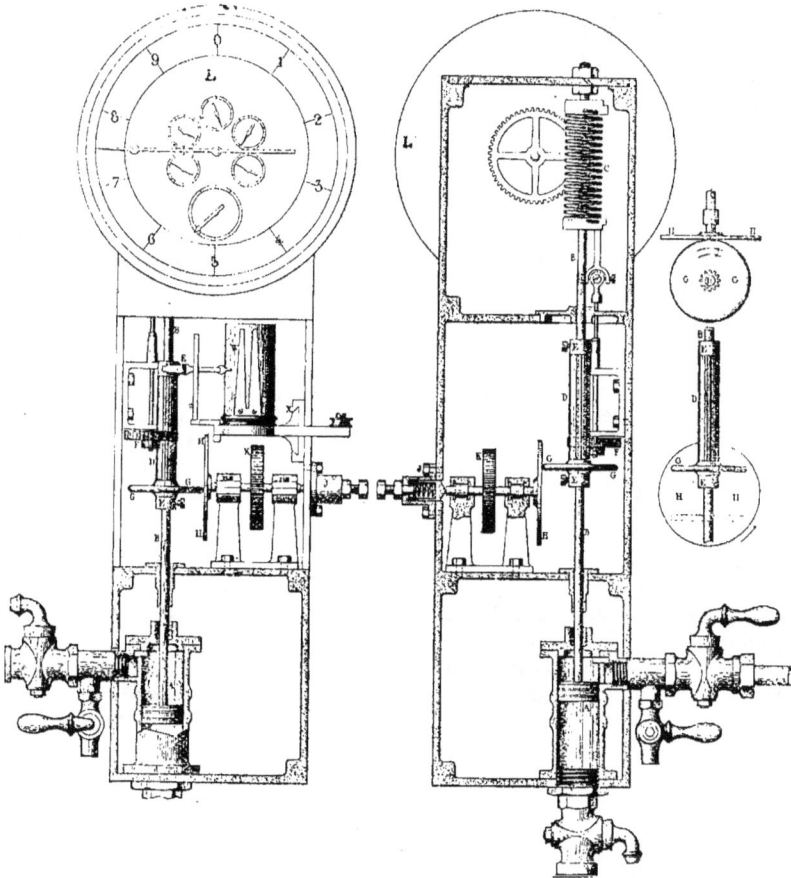

Fig. 520. — Indicateur continu, compteur enregistrant de Ashton et Storey.

d'une poulie à gorge pour recevoir le cordon qui, d'autre part, est actionné par le piston de la machine en passant sur une petite poulie de renvoi. Le porte-crayon du cylindre W est fixé à demeure sur le collier supérieur E, qui maintient l'ensemble du pignon D et de la roue G.

L'appareil fonctionne de la manière suivante : chacun des bouts du petit cylindre étant en communication avec une des extrémités du cylindre de la machine, le piston A est soumis aux mêmes pressions que le cylindre moteur, et la tension du ressort C mesure la différence de ces pressions. Lorsque cette différence est nulle, le piston A est à demi-course, et la roue G est juste à la hauteur du centre du disque H. Ce dernier, recevant son mouvement du piston moteur, à l'aide d'une transmission convenable, tourne tantôt dans un sens et tantôt dans un sens contraire. Lorsque la roue intégrante G ne se trouve pas à la hauteur du disque H, elle reçoit de celui-ci un mouvement de rotation qui est ensuite transmis au compteur.

Partons du point mort bas du piston moteur ; l'introduction a lieu par le bas du petit cylindre de l'indicateur, et l'évacuation se fait par le haut. Le piston A est repoussé vers le haut de son cylindre, jusqu'à ce que le ressort C étant suffisamment comprimé, sa tension fasse équilibre à la pression effective sur le petit piston A. La roue G s'élève et reçoit alors un mouvement angulaire de rotation proportionnel à celui que le piston donne au disque H, multiplié par la distance du plateau G au centre de ce disque. Or, cette dernière distance est proportionnelle à la pression effective sur le piston A, et par suite, sur le piston moteur. Donc le mouvement angulaire de la roue G est proportionnel au travail effectif développé sur le piston moteur.

Quand l'introduction cesse et que la détente se produit, la pression effective sur le piston A diminue ; le ressort C est moins comprimé, et la roue G descend. Pendant la période d'évacuation et juste au moment où la pression est égale sur les deux faces du piston moteur, par suite de la compression du haut, la roue G se trouve juste au centre du disque H ; puis la pression effective devient négative jusqu'à la fin de la course ; la roue intégrante passe alors au-dessous du centre de H, et comme le sens de rotation de ce disque H n'a pas encore changé, la roue G prend un mouvement de sens contraire au premier, et le compteur retranche du travail effectif déjà enregistré tout le travail négatif qui est produit jusqu'à la fin de la course.

Au point mort haut du piston moteur, le piston A est renvoyé dans le bas de son cylindre, le ressort C agit par exten-sion pour résister à la pression effective, et la roue intégrante descend au-dessous du centre du disque H. A ce même point mort, le mouvement de H change de direction, mais la roue G étant au-dessous de l'axe de ce disque, cette roue tourne dans le même sens que précédemment pour enregistrer le travail effectif.

On voit donc que l'on enregistre ainsi continuellement les efforts exercés sur le piston de la machine et que l'index donne la somme de ces efforts. L'indication sur le cadran est constamment d'accord avec les courses successives de la machine ; le piston de l'indicateur subissant les mêmes influences que le piston de la machine, la puissance indiquée est le compte net de la puissance développée jusqu'au moment où on fait la lecture du cadran.

Des diagrammes.

506. D'après ce que nous avons vu dans l'étude qui précède des différents genres d'indicateurs, les diagrammes ou courbes tracées par ces instruments sur le papier, ayant des ordonnées proportionnelles à la pression de la vapeur et des abscisses proportionnelles au chemin parcouru par le piston, leur aire est proportionnelle au travail de la vapeur sous le piston, et la quadrature de cette superficie en fournira la mesure à une certaine échelle.

Ces courbes sont fermées et comprises entre deux lignes parallèles entre elles et perpendiculaires à la ligne des tensions nulles, ou ligne atmosphérique, que le crayon a tracée, lorsque le cylindre de l'indicateur était isolé du cylindre de la machine.

Les ordonnées de la courbe comptées à partir de la ligne atmosphérique indiquent, à l'échelle de l'indicateur, les excès de pression de la vapeur sur la pression atmosphérique, ou les excès de la pression atmosphérique sur celle de la vapeur contenue dans le cylindre, suivant que ces ordonnées sont en dessus ou en dessous de la ligne atmosphérique.

Le diagramme accuse donc les pressions de la vapeur sur la face supérieure du piston de la machine ; si les pressions se succèdent de la même manière et dans le même ordre sur la face inférieure, et il doit en être à peu près ainsi dans une machine à double effet, la distribution de la vapeur se faisant symétriquement dans le haut et dans le bas du cylindre, on pourra admettre que la partie inférieure du diagramme donne les pressions qui s'exercent sur la face inférieure du piston pendant la course descendante ; seulement, pour avoir les pressions qui ont lieu aux mêmes instants sur les deux faces, il faudra supposer que la courbe inférieure est retournée bout pour bout. La longueur d'une ordonnée, terminée de part et d'autre à la courbe, représenterait alors, à l'échelle de l'indicateur, la mesure de la différence des pressions sur les deux faces du piston, c'est-à-dire de la pression motrice. Comme d'ailleurs le retournement de la partie inférieure de la courbe ne modifie point l'aire renfermée dans son périmètre, on peut prendre pour mesure du travail moteur la surface du diagramme tel qu'il est donné par l'instrument.

Il est bon de remarquer que la tige du piston doit donner lieu à une petite correction. En effet, lorsque le piston descend, la vapeur n'agit que sur la section occupée par la tige ; lorsqu'il monte, au contraire, la vapeur fait remonter la tige du piston, au mouvement de laquelle s'oppose la pression atmosphérique qui avait agi inversement à la descente. On peut donc prendre pour travail moyen transmis au piston pendant une excursion simple l'expression :

$$A\left(S - \frac{s}{2}\right),$$

A, étant l'aire du diagramme ;
S, la surface totale du piston ;
s, la surface de la tige ;
La section du piston de l'indicateur étant l'unité.

507. *Quadrature de la surface des diagrammes.* — Comme nous venons de le voir plus haut, on peut prendre la superficie d'un diagramme pour mesure du travail moteur. Il faut donc déterminer l'aire comprise dans la courbe tracée par l'indicateur, c'est-à-dire en faire la *qua-*

drature. Plusieurs procédés sont mis en usage pour cela, soit qu'on le fasse au moyen de formules ou graphiquement, soit que l'on se serve d'instruments imaginés à cet effet.

Un moyen original et pratique, et qui donne une grande approximation, consiste à découper avec des ciseaux la surface inscrite dans la courbe ; puis, dans la même feuille de papier, que l'on doit prendre aussi homogène que possible, on découpe également une supeficie bien déterminée, 1 centimètre carré, par exemple, ou une surface plus grande, sui-

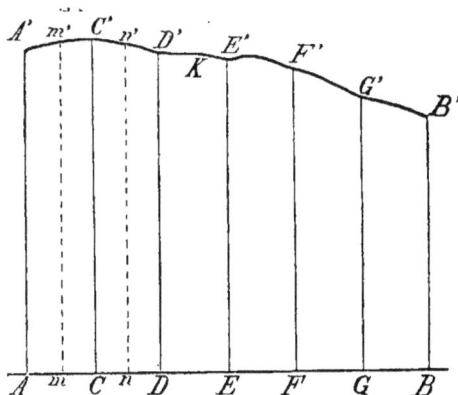

Fig. 521. — Quadrature des surfaces par la méthode Thomas Simpson.

vant la grandeur de la figure dont on veut faire la quadrature. On pèse ensuite bien exactement les deux fractions de papier que l'on vient ainsi de détacher de la feuille, et en comparant les poids obtenus pour la surface dont l'aire est connue et pour la superficie à mesurer, on en déduit facilement la valeur de la surface comprise dans le tracé de l'indicateur.

508. *Méthode de Thomas Simpson pour la quadrature des surfaces.* — Soit à déterminer la surface comprise entre une courbe A'KB' (*fig.* 521), la base rectiligne AB et deux perpendiculaires à la base. Divisons la droite AB en un nombre pair de parties égales : AC, CD, DE, EF, FG, GB ; élevons les perpendiculaires CC', DD'....., puis considérons deux ordonnées de rang impair, AA' et DD'. Divisons AD en trois parties égales :

$$Am = mn = nD,$$

et menons les perpendiculaires mm' et nn'.

La figure AA'$m'm$ peut être considérée comme un trapèze, dont la surface serait :

$$\frac{Am}{2}(AA' + m'm).$$

Or :

$$Am = \frac{AD}{3} = \frac{2AC}{3};$$

donc :

$$\frac{Am}{2} = \frac{AC}{3},$$

et la surface du trapèze AA'$m'm$ peut s'exprimer :

$$\frac{AC}{3}(AA' + mm')$$

Pour la même raison, le trapèze élémentaire $mm'n'n$ a pour superficie :

$$\frac{AC}{3}(mm' + nn'),$$

et également la surface du trapèze nn'D'D a pour valeur :

$$\frac{AC}{3}(nn' + DD')$$

En faisant la somme de ces trois superficies, on voit que la surface s comprise entre les ordonnées AA' et DD' sera :

$$s = \frac{AC}{3}(AA' + 2mn' + 2nn' + DD')$$

Or, remarquons que l'ordonnée CC' joint les milieux des côtés concourants du trapèze $mm'n'n$; par conséquent :

$$mm' + nn' = 2CC'$$

et

$$2mm' + 2nn' = 4CC'.$$

On aura donc :

$$s = \frac{AC}{3}(AA' + 4CC' + DD')$$

On trouverait de même que la surface s', comprise entre DD' et FF' serait :

$$s' = \frac{AC}{3}(FF' + 4GG' + BB').$$

et que la surface s'', comprise entre FF' et BB', aurait pour valeur :

$$s'' = \frac{AC}{3}(FF' + 4GG' + BB').$$

En faisant la somme de ces trois superficies s, s', s'', on obtient la surface totale S, qui est :

$$S = \frac{AC}{3}(AA' + 4CC' + 2DD' + 4EE' + 2FF' + 4GG' + BB').$$

On peut déduire de cette formule la règle suivante, connue sous le nom de *formule de Thomas Simpson*, pour déterminer l'aire d'une surface plane :

La surface totale est égale au tiers de l'une des divisions de la base divisée en un nombre pair quelconque de parties égales, multiplié par la somme des ordonnées extrêmes augmentées de deux fois la somme des ordonnées impaires et de quatre fois la somme des ordonnées paires.

Nous allons examiner maintenant quelques-uns des instruments imaginés pour obtenir l'aire des diagrammes.

509. *Planimètre Oppikofer.* — Cet appareil est représenté par la figure 522. Son organe essentiel est un cône métallique A, dont l'axe est incliné de telle sorte que l'arête supérieure soit horizontale. Cet axe est monté en pointes sur des supports fixés à une platine BB, qui peut recevoir un mouvement de translation perpendiculairement à l'arête horizontale du cône ; pour cela, elle est guidée, du côté gauche, par des galets roulants sur un rail longitudinal, et, du côté droit, par des roulettes sans rebord, roulant sur une bande métallique noyée dans le bois du plateau qui supporte tout l'appareil.

La platine BB porte avec elle une coulisse CC, à laquelle on donne le nom de *directrice*, et qui est munie à son extrémité gauche d'une pointe D et à son extrémité droite d'une poignée E. Il résulte d'abord de cette disposition qu'en faisant mouvoir la platine dans le sens des deux mouvements à angle droit qu'elle peut recevoir, on peut toujours amener la pointe D en un point quelconque du plateau.

L'axe du cône porte une roulette F, qui repose sur une bande métallique établie au-dessus de la platine, sur toute la longueur de l'appareil. La bande métallique et le rebord de la roulette sont tous deux striés pour éviter les glissements. Quand on fait mouvoir la platine dans le sens XX', la roulette F tourne sur la bande striée, et le cône A prend un mouvement de rotation proportionnel au déplacement de la platine. Sur ce cône, et perpendiculairement à la génératrice supérieure, repose une autre roulette GG, dont l'axe est porté par des supports liés à la directrice CC, en sorte que, quand on fait glisser la directrice dans le sens de sa longueur, la roulette GG s'approche ou s'éloigne du sommet du cône. La vitesse à sa circonférence étant la même qu'au point de la surface du cône où a lieu le contact, il en résulte que, lorsque la platine se déplace dans le sens XX', le nombre de tours que fait la roulette GG est proportionnel à la fois au chemin décrit par la platine ou par la pointe D et à la distance de la roulette au sommet du cône, c'est-à-dire au produit de ces deux quantités.

L'appareil est complété par un compteur, établi sur les mêmes supports que l'axe de la roulette. Celui-ci porte une roue engrenant avec un pignon à axe vertical b, qui fait marcher une aiguille c sur un cadran horizontal. Le prolongement de ce même axe de la roulette forme, en outre, un pignon d engrenant avec une roue dentée e qui fait tourner une aiguille f sur un cadran vertical, qui donne les mille et les dizaines de mille, le cadran horizontal indiquant les unités, dizaines et centaines.

Le compteur est mobile autour d'un axe horizontal terminé par deux tourillons fixés dans le montant, de sorte qu'on peut soulever légèrement le compteur d'une main et l'empêcher de marcher, pendant que l'on pousse le chariot dans un sens ou dans l'autre. On peut également ment, en relevant légèrement le compteur, faire tourner à la main l'une des deux roues dentées, de manière à amener les aiguilles sur les zéros des cadrans.

510. *Planimètre polaire d'Amsler.* — Dans la figure 523, on a représenté trois dispositions ou modifications du planimètre imaginé par M. Amsler, et qui ne diffèrent les unes des autres que par des changements de très peu d'importance et ne portant aucunement sur le principe général de l'invention.

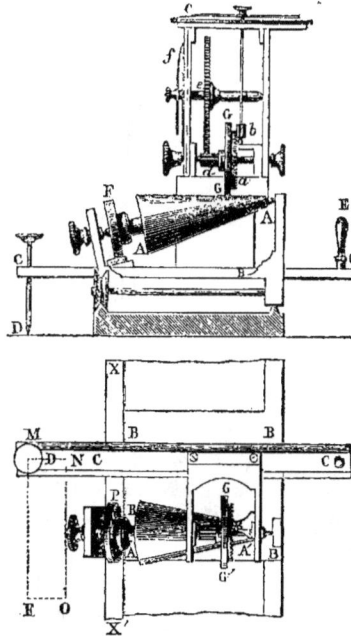

Fig. 522. — Planimètre Oppikofer.

Les parties essentielles de l'instrument sont deux règles A, B, soit en bois, soit en métal, massives ou creuses, et jointes à une charnière par une tige en acier C. La règle A porte à l'un de ses bouts une poulie D, et à l'autre bout elle est munie d'une pointe ou style vertical F, à pointe un peu aiguë. L'autre règle B porte à son extrémité une pointe d'aiguille E qui lui sert de centre fixe.

Les proportions entre ces parties et leur

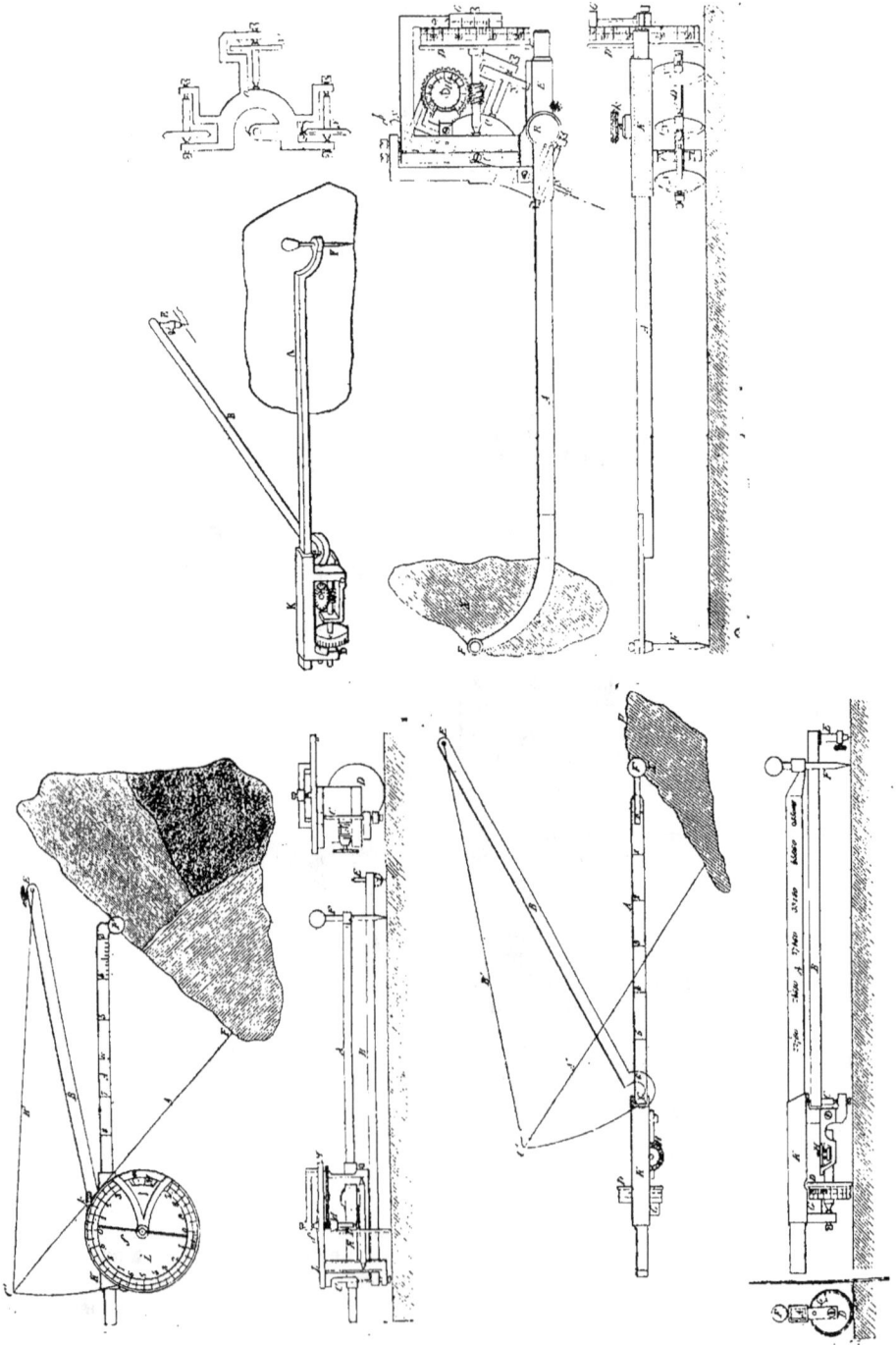

Fig. 523. — Planimètre Amsler.

arrangement ne sont pas essentielles, sauf que l'axe de la poulie doit être parallèle au plan vertical passant par l'axe C et par la pointe du style F. Le limbe cylindrique de la poulie est divisé en 100 degrés, afin qu'on puisse observer exactement sa rotation relative au vernier G porté par la règle A, et à l'aide duquel la position de la poulie peut être déterminée jusqu'au dixième d'un degré. Le nombre des rotations entières est compté par la petite roue H qui commande une vis sans fin sur l'axe de la poulie.

La distance de la pointe F à l'axe vertical C peut être changée, vu que la règle A est seulement jointe à cet axe par une coulisse K, dans laquelle elle est retenue par le frottement et par la pression d'un ressort plat, dont les bouts sont marqués sur la figure. On peut, au besoin, y ajouter une petite vis de pression k. La position exacte de la règle A peut être reconnue à l'aide d'une échelle appliquée à la face supérieure.

Pour employer cet instrument à la détermination de l'aire d'une surface plane, par exemple celle marquée X, on le met sur le papier, de manière qu'on puisse circonscrire avec le style F le contour entier de cette figure. Après avoir enfoncé légèrement la pointe E dans le papier, on place la pointe du style F sur un point p du périmètre choisi à volonté, et on note les nombres marqués par le compteur H et par le vernier G ; on suit le contour de la surface avec la pointe F en marchant toujours dans la même direction, jusqu'à ce qu'on revienne au point de départ p. Pendant tout ce temps, la partie saillante en forme de V de la poulie D a roulé sur le papier ; on note de nouveau la position du compteur et du vernier, et l'on soustrait les deux nombres trouvés l'un de l'autre.

Quand la pointe E se trouve en dehors de la surface à mesurer, comme c'est le cas dans la figure 523, la différence trouvée donne l'aire cherchée, en supposant l'unité de surface égale à un rectangle dont la base est la distance du style F à l'axe C, et dont la hauteur est égale à la centième partie de la circonférence de la poulie. Quand la pointe se trouve comprise

dans la figure, on doit ajouter à cette différence un nombre constant gravé sur la règle A. Ce nombre est égal à l'aire d'un cercle dont le rayon se termine de la manière suivante :

On amène l'instrument à une position telle que le plan passant par l'arête de la poulie D passe en même temps par le point E. La distance EF est le rayon cherché ; il est entendu que ce nombre est en rapport avec l'unité des aires indiquée ci-dessus.

Dans l'une des dispositions données par le dessin, on voit que la poulie D n'a plus son limbe cylindrique divisé ni son vernier. Elle commande par friction une petite roue conique d sur l'axe d'une aiguille indicatrice f tournant au-dessus d'un cadran gradué L Les tours entiers se lisent sur un cadran mobile M denté à sa circonférence, commandé par un petit pignon i, et dont on voit apparaître les indications par une ouverture m du cadran L.

Il est également à remarquer que l'axe C, au lieu de parcourir un cercle cc', peut être astreint à suivre une ligne droite, comme c'est le cas dans la combinaison indiquée dans la dernière disposition de la figure. La branche B, avec son centre fixe E, est alors supprimée, et l'appareil supporté par des poulies N, N' montées sur un support O pivotant sur un axe C, se manœuvre comme les précédents ; seulement les poulies N et N' et l'axe C suivent sans dévier la droite cc'. Pour atteindre ce dernier but, on se sert d'une grande règle en bois ou en métal, dans laquelle on a creusé une légère rainure rectiligne en forme de V, qui oblige les poulies N, N' à parcourir une ligne absolument droite.

Comme nous l'avons dit plus haut, il faut, pour mesurer l'aire d'une surface, suivre avec le style le contour de la figure ; il faut faire cette opération en allant de gauche à droite, dans le sens des aiguilles d'une montre.

Supposons, pour éclaircir les explications données précédemment au sujet de la lecture du nombre donné par l'instrument, que l'on ait fait arriver à l'extrémité de la coulisse le trait marqué 100 millimètres carrés ; cela veut dire que chaque division de la roulette D indiquera une surface parcourue de 100 millimètres carrés. Si, après avoir parcouru le périmètre de la figure, la roue H indique 3 et la rou-

lette D 47,8, la surface sera de 347,8 unités,

soit $347,8 \times 100 = 34\ 780$ millimètres carrés, si la pointe E était fixée en dehors

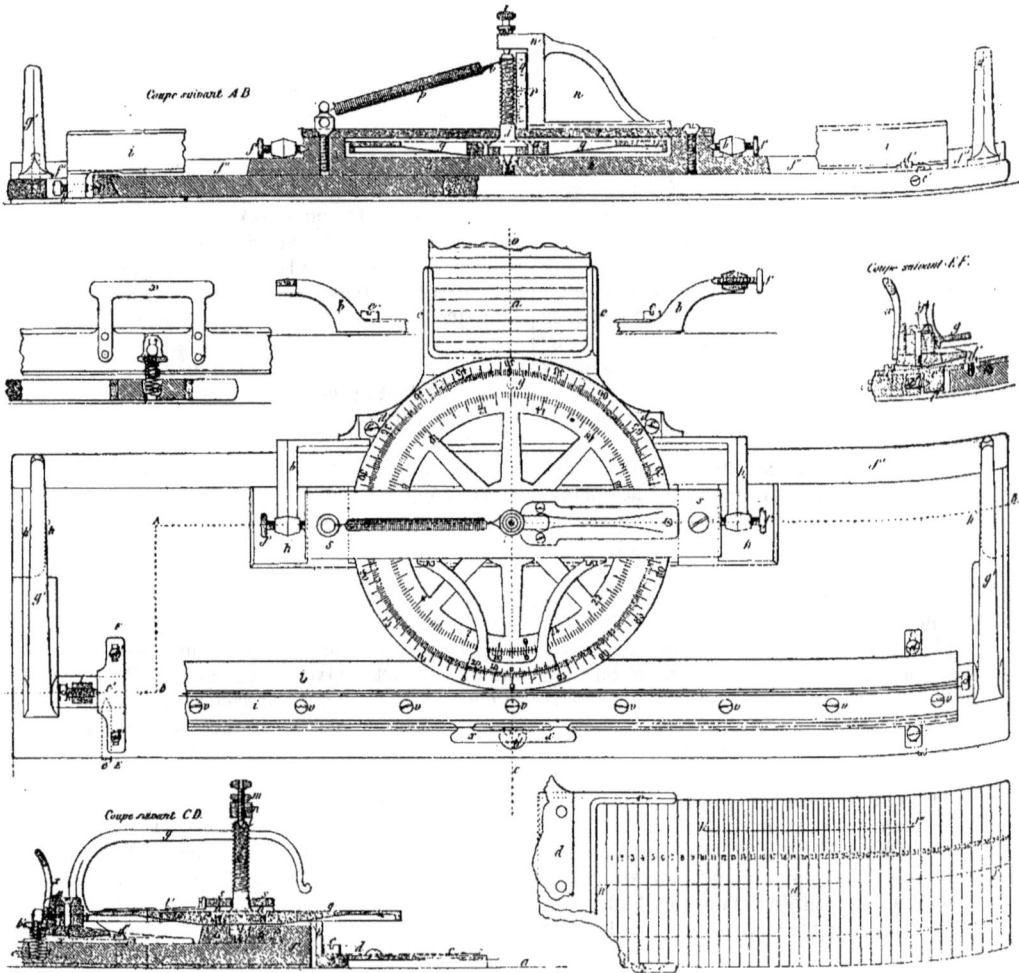

Fig. 524. — Planimètre Beuvière.

de la figure. Dans le cas où cette pointe aurait été placée dans l'intérieur, il faudrait ajouter au nombre 347,8 le chiffre qui se trouve indiqué à côté du trait 100.

511. *Planimètre-sommateur Beuvière.*

— Le planimètre Beuvière (*fig.* 524) a pour principe :

1° La subdivision de la figure à calculer en bandes ou zones, de largeur constante et la même pour chacune d'elles;

2° La transformation de chacune de ces zones, qui affectent généralement la forme de trapèzes mixtilignes, en un rectangle équivalent de même largeur que la bande qu'il remplace;

3° Enfin, le relèvement et la sommation, ou totalisation, des longueurs des rectangles, substitués aux bandes qui composent la figure.

L'appareil qui doit tracer et relever les bandes se compose d'une échelle *a* et d'un porte-échelle *b*. Le système de ces deux pièces est entraîné et dirigé par la pièce mobile *h*. L'échelle *a* consiste en une lame de verre épais et dressé sur les deux faces; sur la face supérieure, on a gravé des parallèles équidistantes dont l'intervalle constant, estimé à l'échelle du plan au 1/2 000, multiplié par la circonférence de la roue, estimée à la même échelle, donne 1 hectare. Dans l'instrument dont il s'agit, les parallèles sont à $0^m,005$, et au nombre de quarante. La circonférence de la roue a $0^m,500$ de développement; chaque intervalle est numéroté, et ceux qui s'étendent du n° 10 au n° 31 sont subdivisés par moitié.

L'appareil propre à faire la somme des bandes rectangulaires comprend deux dispositifs, dont l'un sert à compter les dix millièmes de tour de roue, ou les centiares, et l'autre sert simplement à enregistrer les tours de roue ou les hectares. Il se compose :

1° d'une roue *g* à axe fileté *j*;

2° d'un porte-roue *h*;

3° enfin, d'une règle tangente *i*.

La roue *g* porte deux divisions : l'une, la plus rapprochée du centre, sert pour les plans faits au 1/1 000, et la seconde est employée pour les plans établis à l'échelle de 1/2 000 ou $0^m,005$ pour mètre.

Le porte-roue *h* contient la crapaudine sur laquelle tourne très librement l'axe fileté *j* de la roue; cet axe porte vingt pas, dont les filets triangulaires, bien évidés, reçoivent successivement, dans leur creux, la bague *o* que le ressort *p* force à se tenir constamment au plus près du centre de la vis et assimile ainsi à un écrou. Parallèlement à l'axe *j* se trouve l'échelle *q*, qui porte sur ses deux faces des divisions, dont chacune se rap-

porte spécialement à l'une de celles de la roue.

La règle *i* est venue de fonte et dressée; elle se meut autour d'un axe fictif passant par les pointes des deux vis *y* et *z*. Elle est constamment poussée contre la roue *g* par un ressort *a'*, de manière à ce qu'il y ait contact continu et une adhérence que l'on peut, dans certaines limites, faire varier à volonté.

La transformation de chaque zone en un rectangle équivalent est faite à vue et au jugé, au moyen de lignes de foi, telles que *j'k'*, *j''k''*, que l'on amène en compensation sur la partie du périmètre comprise dans la bande que l'on veut transformer; c'est-à-dire que l'on amène la ligne de foi de manière à rendre équivalentes à la vue les deux petites figures, généralement triangulaires et mixtilignes, qui terminent chaque zone ou bande.

Le relèvement et la sommation des longueurs des rectangles ainsi substitués se font au moyen de la roue *g* qui développe, en roulant sur la règle *i*, un chemin précisément égal au déplacement de la ligne de foi.

La quadrature d'une surface quelconque, au moyen de cet appareil, s'opère de la manière suivante :

On étend avec soin la feuille de papier qui renferme la figure à mesurer sur une table bien plane ; on dispose l'appareil de manière à ce que la ligne de foi détermine, avec les bandes ou zones, des triangles mixtilignes à chacune de leurs extrémités. On fait coïncider les zéros de la roue et du vernier ; on amène la ligne de foi en compensation à l'extrémité droite, par exemple, de la première bande; on laisse tomber et agir par pression la règle *i* sur la roue *g*, au support de laquelle on imprime, le long du plateau, un mouvement de transport, jusqu'à ce que la ligne de foi soit arrivée en compensation à l'extrémité gauche de la bande considérée. Cette bande est alors relevée, c'est-à-dire que sa longueur a été enregistrée par la roue *g* en tournant sur la règle *i*. Pour relever les longueurs des bandes suivantes, on renverse la règle tangente *i*, pour soustraire la roue à son action ; on ramène la ligne de foi en compensation à l'extrémité droite de la bande n° 2, on laisse agir de nouveau la règle sur la roue, jusqu'à ce que l'on fasse la compensation de l'extrémité gauche de cette même bande. Lorsque l'on y est arrivé, la longueur de cette bande n° 2 est aussi relevée, et évidemment ajoutée, totalisée avec celle de la première. On continue ainsi cette manœuvre, jusqu'à ce que toutes les bandes aient été alternativement compensées et, à la fin de l'opération, les longueurs de toutes les zones qui composent la figure sont enregistrées et cumulées sur la roue du compteur.

La surface correspondant à cette somme est facile à établir, puisqu'il suffit de lire, sur la graduation de la roue, le nombre de divisions dont elle a tourné. Lorsque l'on traite des diagrammes, la surface donnée par la figure est alors en vraie grandeur ; la roue ayant $0^m,500$ de circonférence et l'intervalle des parallèles de l'échelle a étant de $0^m,005$, le nombre de divisions marqué par l'index de la roue g exprimera la valeur de la surface du diagramme en petits carrés de $1/2$ millimètre de côté chacun.

512. *Intégromètre Marcel Deprez.* — Cet appareil a été imaginé par M. Marcel Deprez, dans le but de faire connaître l'aire, le centre de gravité et le moment d'inertie d'une figure plane quelconque.

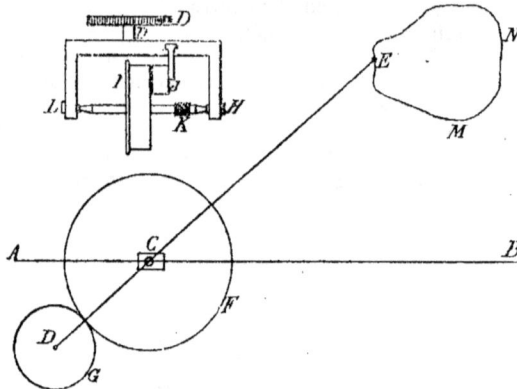

Fig. 525. — Intégromètre Marcel Deprez.

En ce qui nous occupe actuellement, nous ne nous occuperons que de la détermination de la surface.

L'intégromètre Marcel Deprez, représenté schématiquement par la figure 525, se compose :

1° D'une règle AB que l'on fixe sur le papier sur lequel est représentée la figure EMN, dont on cherche la superficie ;

2° D'une tige ECD dont l'extrémité E porte un style avec lequel on suit le contour de la figure EMN. Cette tige pivote librement en C autour d'un axe fixé au coulisseau C, qui peut glisser le long de la règle AB ;

3° De deux roues dentées F et G, dont les centres sont situés sur la tige ECD.

La roue C est solidaire du coulisseau C et ne peut, par conséquent, prendre qu'un mouvement de translation suivant AB. La roue G peut, au contraire, tourner autour du point D et entraîne dans son mouvement de rotation le système compteur fixé au coulisseau C ;

4° D'un système, représenté en projection verticale, et qui comprend une sorte d'étrier LDH, solidaire de la roue G. Cet étrier sert à supporter l'axe LH d'une roulette 1, qui repose sur le papier. La circonférence de cette roulette, dont la partie en contact avec le papier est presque tranchante, est divisée en cent parties égales, et un vernier J, fixé à l'étrier LDH, permet d'apprécier les dixièmes de division. Enfin, l'axe LH de la roulette porte en K une vis sans fin, engrenant avec un petit disque horizontal (non représenté sur la figure), maintenu également par l'étrier, et qui fait un tour quand la roulette en fait vingt. Ce disque a pour but de totaliser le nombre des tours faits par la roulette.

Lorsque l'on veut déterminer la surface d'une figure plane, on supprime les deux roues dentées F et G et l'on fixe l'axe D de l'étrier, de façon que l'axe LH de la roulette soit constamment dans le prolongement de DE. Puis, plaçant le style au point E de la figure sur laquelle on opère et la roulette au zéro de la division, on fait parcourir au style le périmètre de la figure, jusqu'à ce qu'il soit revenu à son point de départ E, et on lit le nombre de divisions n_1 (le disque qui engrène avec la vis sans fin K donne les centaines de divisions) parcourues par la roulette.

L'aire de la figure sera égale à :

$$kn_1 \times l,$$

k désignant une constante ;
l étant la longueur de la tige CE.

513. *Planimètre Richard.* — Dans la plupart des planimètres mis en usage pour obtenir la valeur de l'aire d'un diagramme, le principal organe consiste en une petite roulette qui glisse et tourne sur le papier en proportion de l'inclinaison des lignes formant le périmètre. Dès lors, le total des tours de la roulette dépend un peu de la surface plus ou moins lisse du papier, et, suivant l'état de cette surface, le chiffre indiqué est légèrement variable.

MM. Richard frères ont étudié, dans le but de remédier à cet inconvénient, un planimètre dont l'organe compteur n'est pas mis en contact avec le papier et qui présente de grandes facilités de manipulation. Cet appareil est représenté par la figure 526.

Pour trouver l'aire d'une courbe tracée sur le papier, on place celui-ci sur le cylindre de l'appareil, et on met toutes les aiguilles du compteur à zéro. Puis, tenant l'index de la main droite, et le maintenant buté contre la partie inférieure du cylindre, on tourne la petite manivelle

jusqu'à ce qu'une des ordonnées, passant par un point quelconque de la courbe, vienne se présenter sous l'index. On marque le point de la courbe d'un coup de crayon comme point de départ, et, après y avoir amené l'index, on tourne la petite manivelle soit dans un sens, soit dans l'autre, en suivant la courbe, jusqu'à ce qu'on soit revenu au point de départ. A ce moment on ramène l'index, contre sa butée inférieure et on lit la surface du diagramme, dont la valeur est donnée en millimètres carrés.

514. *Détermination de l'effort moyen sur les pistons, d'après les diagrammes.* — On appelle *effort moyen constant,* ou *effort moyen* d'une force variable, une force constante capable de produire la même

Fig. 526. — Planimètre Richard.

somme de travail que l'effort. en faisant parcourir au point d'application le même chemin.

Pour déterminer l'effort moyen d'une force variable, il suffit de diviser le travail total effectué par la force variable par le chemin parcouru. En effet, si nous désignons par T l'effort total, par E le chemin parcouru et par F l'effort moyen capable de remplacer la force variable pendant le même temps, nous aurons :

$$T = F \times E,$$

d'où l'on tire :

$$F = \frac{T}{E}$$

Comme on voit, une fois la surface

totale du diagramme connue, pour en déduire la valeur de l'effort moyen, il suffît de diviser l'aire que l'on obtient, soit par le calcul, soit par les appareils, par la longueur de ce même diagramme. Le quotient que l'on obtient, exprimé en millimètres de flexion du ressort est ensuite transformé en pression en kilogrammes par centimètre carré.

Actuellement, l'effort moyen qui entre dans le calcul de la puissance des machines s'exprime toujours en kilogrammes par centimètre carré; la flexion des ressorts d'indicateurs est aussi fixée d'après la même unité.

L'effort moyen peut également se calculer sans être obligé de mesurer la surface des diagrammes donnés par la machine.

M. Thurston indique, pour cette détermination, un procédé qui, algébriquement, peut être représenté comme suit :

On divise la longueur du diagramme en un nombre quelconque n de parties égales, et on mesure les ordonnées des deux extrémités et des $n-1$ points de division, de telle sorte que les ordonnées soient mesurées en $n+1$ points également distants.

Soient p_0 la première, p_n la dernière et p_1, p_2.... les ordonnées intermédiaires de la courbe supérieure ; soient p'_0 la première, p'_n la dernière et p'_1, p'_2,... les ordonnées intermédiaires de la courbe inférieure ; soient également p_m la pression moyenne agissant sur la face travaillante du piston, p'_m celle qui s'exerce sur la face contraire et s'oppose au mouvement; la pression moyenne effective sera $p_m - p'_m$.

On a :

$$p_m = \frac{1}{n}\left(\frac{p_0 + p_n}{2} + p_1 + p_2 + \ldots\right)$$

et :

$$p'_m = \frac{1}{n}\left(\frac{p'_0 + p'_n}{2} + p'_1 + p'_2 + \ldots\right)$$

d'où l'on tire :

$$p_m - p'_m = \frac{1}{n}\left(\frac{p_0 + p_n}{2} + p_1 + p_2 + \ldots - \frac{p'_0 + p'_n}{2} - p'_1 - p'_2 - \ldots\right)$$

Les pressions moyennes effectives peuvent aussi se calculer immédiatement en mesurant les ordonnées successives équidistantes comprises entre les courbes inférieure et supérieure des diagrammes et en prenant la moyenne. Si, par exemple, b_0 est la première ordonnée, b_n la dernière et b_1, b_2,... les ordonnées intermédiaires, on a :

$$p_m - p'_m = \frac{1}{n}\left(\frac{b_0 + b_n}{2} + b_1 + b_2 + \ldots\right)$$

515. *Appareil Masson pour déterminer l'effort moyen des diagrammes.* — L'appareil imaginé par M. Masson pour diviser les diagrammes et en déterminer ainsi

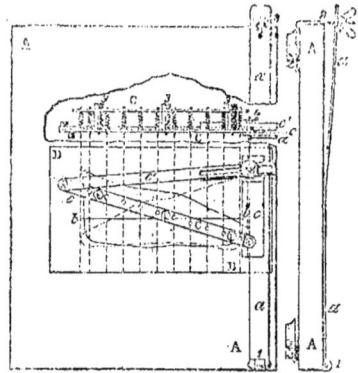

Fig. 527. — Appareil Masson pour diviser les courbes d'indicateur.

l'effort moyen est la mise en pratique de la méthode algébrique que nous venons de voir. Ce petit instrument est représenté par la figure 527.

Sur l'un des bords de la planchette A, parfaitement dressée, se trouve fixée la lame métallique a formant ressort ; cette lame a est articulée par son extrémité 1, et serrée contre la planchette par l'autre extrémité, au moyen d'un boulon articulé 2, pénétrant dans une entaille de la lame a et retenue par un écrou à oreilles. La feuille de papier B sur laquelle sont tracées les courbes d'indicateur, est pincée sur un de ses bords par la lame a, et cette feuille est orientée au moyen d'une équerre appliquée contre la lame a, de manière que cette dernière soit tangente aux courbes et normalement à la ligne atmosphérique bb.

Le diviseur C est formé de deux lames parallèles maintenues à distance par les douilles et vis 3 ; il porte onze styles en laiton semblables à celui de l'indicateur. Ces styles sont mis en place avant que les deux lames du diviseur soient fixées l'une à l'autre ; ils portent une embase qui, au repos, appuie sur la lame inférieure ; et entre cette embase et la lame supérieure se trouve un petit ressort à boudin destiné à appuyer le style sur le papier. Ces styles sont espacés des quantités qui correspondent aux ordonnées extrêmes d'un diagramme et aux ordonnées menées par les milieux des divisions égales de la ligne atmosphérique. Il manque un douzième style, à droite, qui tracerait la ligne du bord de la lame a, laquelle ligne est tracée directement à la main. Le diviseur C est monté avec articulation sur une traverse c, façonnée comme le rebord d'une équerre à chapeau ; cette traverse s'applique contre la lame a, et sert de guide à l'instrument. Une deuxième traverse c', articulée à l'extrémité de C, vient se fixer sur la traverse c au moyen de la vis 4 taraudée dans cette dernière, et passant dans une mortaise pratiquée sur l'extrémité de c'. Par cette disposition, on peut régler le diviseur pour que la traverse c étant appliquée sur la règle a, le dernier style de gauche passe par l'extrémité de la ligne atmosphérique.

L'instrument ainsi disposé, il n'y a plus qu'à le faire glisser sur le papier des courbes, en tenant la traverse c appliquée contre la lame a, et les courbes sont divisées.

Pour déterminer l'ordonnée moyenne, on enlève la feuille de papier en desserrant le boulon 2, puis on rectifie, s'il y a lieu, les courbes dont les ondulations sont très prononcées. On peut alors faire la somme des ordonnées. A cet effet, on se sert d'une règle graduée en demi-millimètres et qu'on munit d'un curseur. Le zéro de la règle étant placé sur l'extrémité de la première ordonnée, on amène le curseur sur l'autre extrémité et on le fixe ; la règle est ensuite posée sur la deuxième ordonnée, de manière que la pointe du curseur soit sur une de ses extrémités, puis, en maintenant la règle immobile, on desserre le curseur et on le porte sur l'autre extrémité de l'ordonnée, et ainsi de suite. On ajoute de cette manière toutes les ordonnées, et le nombre lu en regard de l'index du curseur dans sa dernière position, donne la somme, que l'on écrit en millimètres ; le simple déplacement de la virgule d'un rang sur la gauche donne l'effort moyen, exprimé en millimètres de flexion du ressort de l'indicateur, que l'on transforme ensuite en kilogrammes par centimètre carré.

516. *Calcul du travail indiqué.* — La détermination du travail indiqué, c'est-à-dire du travail développé par la vapeur sur le piston, se déduit en se servant de l'effort moyen que donne le diagramme d'une machine.

Le travail indiqué d'une machine pour chaque course est le produit de l'ordonnée moyenne par le volume engendré par le piston pour cette course.

Soit $p_1, p_2, p_3, \ldots p_n$, les efforts moyens, en kilogrammes par centimètre carré, déduits des courbes d'indicateur pour chacun des cylindres ordinaires que possède le moteur. Chacun de ces efforts étant le résultat de la moyenne entre la courbe du bas et celle du haut du cylindre correspondant, on a, en désignant par P l'effort moyen général :

$$P = \frac{p_1 + p_2 + p_3 + \ldots + p_n}{n}.$$

Soient :

A, le nombre des cylindres égaux de la machine ;

D, en mètres, le diamètre de ces cylindres ;

C, en mètres, la course des pistons ;

P, en kilogrammes par centimètre carré. l'effort moyen déduit comme ci-dessus des courbes d'indicateur ;

Et N, le nombre de tours de la machine par minute.

On a évidemment :

$$\left.\begin{array}{l}\text{Pression totale effective}\\ \text{sur chaque piston}\end{array}\right\} = 10\,000\,\frac{\pi D^2}{4} \times P \text{ kilogrammes.}$$

$$\left.\begin{array}{l}\text{Travail par course sur}\\ \text{chaque piston}\end{array}\right\} = 10\,000\,\frac{\pi D^2 CP}{4} \text{ kilogrammètres.}$$

La machine faisant N tours par minute, chaque piston fait $\frac{2N}{60}$ courses par seconde. Dès lors, le travail par seconde dans chaque cylindre vaut :

$$F^{km} = 10\,000\,\frac{\pi D^2 CP \times 2N}{4 \times 60}.$$

Il suffit de multiplier cette expression par A pour obtenir le travail total de la machine par seconde, et, en divisant par 75, on aura ce travail en *chevaux indiqués réalisés*. En représentant ce travail par F, il vient :

$$F^{ch} = \frac{10\,000 \times \pi D^2 C \times P \times 2N \times A}{4 \times 60 \times 75}$$
$$= \frac{AD^2 CNP}{0,28647}.$$

M. Thurston, dans son *Traité de la Machine à Vapeur* indique la formule suivante, qui donne la puissance en chevaux développée sur le piston :

$$F^{ch} = 3,49\,D^2 \times C \times N \times P,$$

où D représente le diamètre du cylindre, et **C** la course du piston, exprimés en mètres, N le nombre de tours par minute, et P la pression moyenne sur le piston en kilogrammes par centimètre carré. Le coefficient 3,49 a pour but de tenir compte des différentes unités, et de ramener l'expression de la puissance à la mesure normale en chevaux, et non en kilogrammètres. Or, de toutes ces quantités, P est la seule qui ne puisse être relevée directement avant ou pendant l'essai ; elle est donnée par le diagramme.

Il va sans dire également que l'on doit, dans la détermination des surfaces, tenir compte de la section de la tige du piston, qui diminue d'autant l'aire utilisable du piston du côté où elle se trouve. Nous avions déjà signalé ce fait un peu plus haut.

Nous donnons ci-contre, d'après Rankine, un tableau propre à fixer les idées sur la manière d'opérer dans la recherche de la force d'une machine à vapeur.

Les données mentionnées sur ce tableau sont relatives aux deux cylindres d'une machine compound. Le diagramme a été divisé en dix ordonnées également espacées.

517. *Calcul du travail développé dans une machine Woolf.* — Dans les machines Woolf en usage (Voir n°s 266 et suivants, p. 302 à 311), tous les pistons ont généralement la même course ; les cylindres admetteurs et les cylindres détendeurs diffèrent seulement par leurs diamètres. L'effort moyen étant déduit des courbes d'indicateurs qui correspondent à chaque catégorie de cylindres, on a, en affectant de l'indice 1 ce qui se rapporte aux cylindres admetteurs :

$$F^{ch}_1 = \frac{A_1 D_1^2 CNP_1}{0,28647}$$

et :

$$F^{ch} = \frac{AD^2 CNP}{0,28647},$$

les données admises dans ces formules étant celles que nous avons citées au commencement du paragraphe précédent (n° 516) relatif au calcul du travail indiqué.

La puissance totale F de l'appareil sera donc :

$$F^{ch} = \frac{CN}{0,28647}(A_1 D_1^2 P_1 + AD^2 P).$$

DIAGRAMMES D'UNE MACHINE COMPOUND.

(*Tableau extrait du « Traité de la Machine à vapeur » de M. Thurston.*)

	CYLINDRE HP		CYLINDRE BP	
	HV	BV	HV	BV
b_0	1.90	2.53	1.13	0.87
b_{10}	0.91	0.84	0.14	0.27
Somme	2.81	3.37	1.27	1.14
Demi-somme	1.40	1.68	0.63	0.57
b_1	5.84	6.82	0.74	0.76
b_2	6.40	6.75	0.60	0.63
b_3	6.40	5.91	0.52	0.56
b_4	4.50	4.50	0.49	0.50
b_5	4.01	4.01	0.46	0.47
b_6	3.73	3.23	0.44	0.42
b_7	2.95	2.81	0.42	0.39
b_8	2.46	2.25	0.36	0.38
b_9	1.55	1.57	0.32	0.36
Somme S	39.24	39.51	4.98	5.04
$\frac{S}{10}$ = pression moyenne P^m	3.924	3.931	0.498	0.504
Pression moyenne HV et BV	3.937		0.501	
Surface de piston, en centimètres carrés	2 525.72		8 902.89	
Effort moyen en kilogrammes	8 763.4		4 463.1	
Course = 0m,762				
Nombre de tours par minu' 52,5				
0,762 × 52,5 × 2	80.01		80.01	
Kilogrammètres par minute	699.867		56 432.3	
Total	1 056 299.3			
Soit en divisant par 4.500	232 chevaux indiqués			

On sait que théoriquement, dans les machines Woolf, les choses se passent au point de vue du travail de la vapeur, comme si les cylindres détenteurs existaient seuls et qu'on admit directement, dans ces cylindres la quantité de vapeur de la chaudière qui entre à chaque coup de piston dans les cylindres, admetteurs. L'effort moyen qui aurait dû agir sur les pistons des cylindres détenteurs, pour produire dans ces cylindres tout le travail de la machine fonctionnant au Woolf, se nomme l'*effort moyen pratique* propre à la machine ordinaire équivalente. Cet effort moyen pratique P_p a pour valeur :

$$P_p = \frac{A_1 D_1^2 P_1 + AD^2 P}{AD^2} = \frac{A_1 D_1^2 P_1}{AD^2} + P$$

On appelle *effort moyen fictif* la valeur qu'aurait dû avoir l'effort moyen sur tous les pistons pour produire le même travail que les efforts moyens réels. Sa valeur P' est :

$$P' = \frac{A_1 D_1^2 P_1 + AD^2 P}{A_1 D_1^2 + AD^2}.$$

La considération de l'effort moyen fictif est relativement peu usitée.

518. *Interprétation des diagrammes.* — L'interprétation des diagrammes est généralement facile, et leur examen approfondi permet ordinairement de se rendre compte de la nature et des causes de la plupart des irrégularités constatées dans la variation des volumes et des pressions du fluide moteur et de contrôler,

avec la plus grande exactitude, le fonctionnement de la distribution et la régulation, ainsi que de vérifier si les sections
de passage sont partout suffisantes.

Les causes qui tendent à modifier les
formes des diagrammes, sont en général,
assez simples et faciles à analyser. Le
diagramme réel ne diffère du diagramme
théorique que grâce au concours d'un
certain nombre de conditions plus ou
moins désavantageuses, et qui amènent
justement les pertes de travail dans la
machine pratique, que nous avons examinées dans les § 214 et suivants (V.
page 232). Les différents diagrammes modifiés par ces pertes et que donnent les
figures, rapprochés des diagrammes représentés par les figures 19 et 21 dans
l'étude du cycle de la vapeur, permet-

tront de se rendre immédiatement compte
des divers changements qui en résultent
pour la forme même de la courbe que
trace l'indicateur de pression. Nous ne
nous étendrons donc pas davantage sur
ce sujet, mais, cependant, nous indiquerons une pertubation qui peut arriver
dans le fonctionnement des organes de
distribution, et que montrent bien nettement les diagrammes.

Ainsi, un diagramme qui, dans la partie relative à l'admission, affecte la forme
I de la figure 528, indique que l'avance à
l'admission est insuffisante, puisque la
pression de la vapeur qui agit dans le
cylindre ne devient maximum qu'après
la fraction de course AB.

Au contraire, un diagramme, conforme
à la disposition II de la même figure,

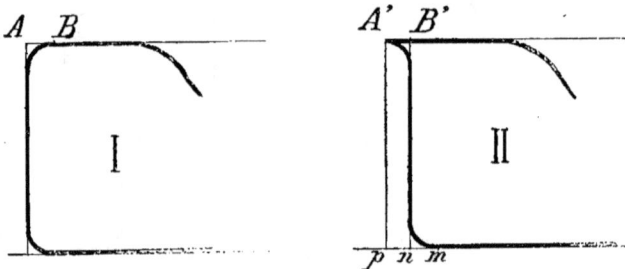

Fig. 528. — Interprétation des diagrammes.

montre que l'avance à l'admission est trop
grande, puisque la pression de la vapeur
qui travaille dans le cylindre est maximum lorsque le piston a encore à parcourir la fraction de course A'B'. Cet
excès d'avance correspond à une perte
de travail représentée par la surface
A'B'pn.

Lorsque les diagrammes fournis par le
haut et le bas du cylindre affectent la
forme indiquée en I, c'est que le tiroir est
trop long ou que l'angle d'avance est trop
petit. Si, au contraire, ces diagrammes
présentent la disposition II, le tiroir est
trop court, ou l'angle d'avance trop grand.
Enfin, si l'un des diagrammes affecte la
forme I et l'autre la disposition II, c'est
que le tiroir a été mal réglé, ou qu'il s'est

déplacé dans la direction de l'orifice qui
a fourni le premier diagramme.

Mesure du travail utile.

519. Comme nous l'avons déjà dit,
le travail que l'on recueille sur l'arbre
d'une machine à vapeur, et que l'on peut
employer utilement, n'est pas la totalité
de l'effort développé par le fluide moteur
dans le cylindre de cette machine, résultant par conséquent des pressions variables qui s'exercent sur le piston, et
dont on peut calculer la puissance au
moyen des diagrammes fournis par les
indicateurs. La différence est la conséquence des pertes de toute nature qui se
produisent fatalement dans la transmis-

sion entre le piston et le point où le travail doit être utilisé. De là la distinction que nous avons faite entre la puissance *indiquée* et la puissance *effective* ou *utile*.

Si la première de ces dénominations est tout à fait précise, il n'en est pas de même de la seconde, car l'énergie transmise se dissipe constamment pendant son voyage dans la transmission, de même que, dans une conduite d'eau, la charge va sans cesse en diminuant; suivant donc que les mesures seront prises en un point de la transmission plus ou moins rapproché du moteur, la puissance effective ou utile pourra varier dans des limites étendues. Ordinairement, ce terme s'entend de la puissance mesurée sur l'arbre du volant.

En second lieu, la quantité de travail que peut fournir, dans un temps donné, un moteur déterminé, dépend, dans de larges limites, de l'allure à laquelle il fonctionne. S'il s'agit d'un moteur à vapeur cette quantité varie avec la vitesse, la pression, le degré de détente, etc. Lorsque la machine est pourvue d'un régulateur, la puissance qu'elle développe se modèle, à chaque tour, sur les résistances qu'elle a à surmonter, de sorte que les mesures que l'on peut relever ne sont autre chose que celles des résistances opposées à la machine [1].

Lorsqu'il s'agit de mesurer le travail développé par une machine motrice, le procédé simple et classique consiste à se servir du frein de Prony. Monté sur un arbre tournant, le frein de Prony absorbe, par frottement, la totalité du travail communiqué à l'arbre ; il permet de mesurer le moment moteur par une pesée. Le produit du moment par le nombre de tours exécutés dans un temps donné fournit la valeur du travail transmis pendant le même temps. Mais le frein de Prony, absorbant la totalité du travail moteur, n'est applicable que dans le cas où ce travail n'a pas besoin d'être utilisé.

La solution complète du problème, d'après M. Hirsch, supposerait un appareil intercalé sur le parcours de la transmission, traversé par le courant d'énergie et

[1] Hirsch. *Rapport sur l'Exposition universelle de* 1889.

donnant à chaque instant la valeur de ce courant ; ce serait là le véritable compteur de travail. Les conducteurs d'électricité se prêtent, dans certaines limites, à des mesures de cette espèce, par les phénomènes particuliers dont l'espace qui les environne est le siège, phénomènes que l'on peut mesurer, sans modifier sensiblement les éléments du courant qui traverse le conducteur. Cette remarque a donné lieu, dans ces dernières années, à des applications du plus grand intérêt ; néanmoins, on ne peut pas dire que l'électricité ait fourni jusqu'ici aux mécaniciens des procédés simples et certains pour mesurer le travail développé par un système de transmission.

Cette mesure est donnée par les instruments appelés *dynamomètres de transmission*, par opposition aux freins qui eux pourraient être nommés *dynamomètres d'absorption*. Le dynamomètre de transmission consiste en une série de poulies disposées de manière qu'elles puissent être interposées entre le premier moteur et les mécanismes à actionner, tandis que l'effort exercé se trouve généralement mesuré à l'aide de ressorts interposés entre les poulies génératrices et réceptrices. Le plus souvent, on relève automatiquement, et d'une façon continue, la valeur de cet effort sur un tambour ou un ruban entraîné par un mécanisme d'horlogerie, ce qui permet d'obtenir des courbes capables de servir à la détermination du travail moyen développé, égal au produit de l'effort par la vitesse constatée au point où ce dernier est mesuré.

Des Freins.

520. *Frein de Prony.* —Le frein dynamométrique de Prony est un appareil qui permet d'évaluer, par une seule opération, le travail transmis par un arbre d'une machine. Cette invention a été un pas immense pour les progrès de la mécanique pratique, en permettant d'évaluer directement le travail transmis par les récepteurs et, par suite, de comparer pratiquement les dispositions diverses de ceux-ci, pour s'arrêter aux plus convenables.

Ce frein, tel qu'il a été proposé et décrit par M. de Prony, consiste (*fig.* 529) en un levier *ab*, garni d'un coussinet *e* qui repose sur l'arbre tournant *c*, auquel la direction du levier est perpendiculaire. Une autre pièce *a'b'*, placée sous l'arbre, est réunie à la première *ab* par deux boulons *d*, *d*, au moyen desquels on peut serrer à volonté l'arbre entre les pièces *ab* et *a'b'*, qui prennent, par suite de cette destination, le nom de *mâchoires du frein*. De la compression de l'arbre *c* entre ces mâchoires résulte à sa circonférence un frottement, qui, pendant le mouvement, tend à entraîner le levier *ab* et à le faire participer à la rotation de l'arbre ; mais un poids P, constant s'il agit à une distance variable de l'axe *c*, ou variable s'il est posé dans un plateau fixé au bout du levier, s'oppose au mouvement de celui-ci, et fait constamment équilibre au frottement qui se développe sur la circonférence de l'arbre : c'est ce dont on s'as-

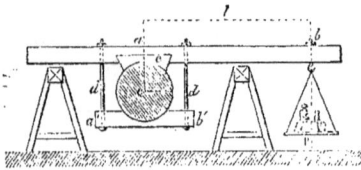

Fig. 529. — Frein de Prony.

sure pendant l'expérience en faisant varier le poids P ou sa distance à l'axe *c*, de manière que le levier *ab* soit toujours horizontal ; on n'oscille que faiblement au-dessus ou au-dessous de cette position. Cet appareil peut, d'ailleurs, s'appliquer aux arbres verticaux ; mais alors il convient de soutenir le long bras du levier, dont le poids occasionnerait une torsion de la bride, et de suspendre le poids P à une corde passant sur une poulie de renvoi et tirant le levier horizontalement. Ainsi modifié, il a été employé avec succès.

Cela posé, et la machine étant parvenue à la vitesse du régime qu'on veut obtenir, il est évident que, en vertu du principe de la transmission de l'action, la quantité de travail transmise à l'arbre sera mesurée d'abord par le produit du frottement F, qui se développe à sa cir-

conférence, et du chemin parcouru par cette circonférence, et, en appelant *n* le nombre de révolutions qu'elle fait en une seconde, *r* le rayon, ce travail aura pour expression :

$$F \times n \times 2\pi r ;$$

mais le poids P placé à l'extrémité du levier *ab*, à une distance horizontale *l* de l'axe *c*, et dans laquelle nous comprendrons la composante du poids propre du levier qui agirait à la même distance pour le faire baisser, étant disposé de manière à faire sans cesse équilibre au frottement F, on aura :

$$Pl = Fr ;$$

d'où :

$$2\pi ln P = 2\pi rn F ;$$

donc le travail transmis à la circonférence de l'arbre *c* a aussi pour mesure le produit du poids P, qui maintient le levier *ab* dans la position horizontale, par le chemin que parcourrait son point d'attache *b*, si le levier tournait autour de l'arbre avec la vitesse angulaire de cet arbre.

On voit donc que l'on n'a besoin de connaître ni la pression exercée par les mâchoires du frein sur l'arbre, ni le rapport de cette pression au frottement F qu'elle produit, et qu'il suffit de la faire varier en serrant ou desserrant les boulons *d*, *d*, et en augmentant ou diminuant proportionnellement le moment du poids P, jusqu'à ce que l'arbre ait pris la vitesse de régime sous laquelle on veut opérer.

Généralement, la vitesse de l'arbre est indiquée en nombre de tours par minute, et l'on désire savoir de suite la quantité de chevaux-vapeur que l'on peut utiliser sur l'arbre.

Si P est le poids, comprenant celui du plateau, *l* la distance horizontale de l'axe du plateau à l'axe de l'arbre, et N le nombre de tours par minute, la formule devient alors :

$$T^{ch} = \frac{P \times 2\pi l \times N}{75 \times 60} = 0,0014 \, PlN$$

En pratique, l'emploi du frein n'est pas sans difficulté. Les oscillations perpétuelles auxquelles il donnent lieu rendent l'observation du moment d'équilibre un peu difficile. Quand on a l'habitude de ce genre d'expériences, on peut, avec un peu d'adresse, diminuer ces oscillations dans les machines à mouvement uniforme ; mais, dans celles où le moment est variable de sa nature, il serait presque impossible d'observer exactement les différentes valeurs des efforts exercés par ces oscillations, et qui viendraient augmenter ou diminuer la valeur même du frottement représentant le travail.

M. Poncelet a proposé de placer parallèlement au frein un plateau tournant (*fig.* 530), mis en mouvement par une ficelle ou une petite corde sans fin qui passerait dans une rainure pratiquée sur l'arbre, et qui recevrait d'un style fixé au ressort une trace permanente des différentes valeurs de la tension. Au moyen de cette disposition, il devient facile de connaître, pour chacun des espaces décrits par l'arbre, non seulement l'effort exercé sur le levier et, par suite, celui qui est transmis à la circonférence de cet arbre, mais encore le travail absorbé par le frottement du frein, qui est évidemment en rapport avec les aires décrites par les rayons vecteurs, qui mesurent les tensions du ressort sur le plateau tournant.

Les localités s'opposent quelquefois à l'emploi de la pièce inférieure $a' b'$ (*fig.* 529); dans ce cas, et souvent même seulement dans le but d'embrasser l'arbre sur une plus grande étendue, on la remplace par une bande de tôle mince, demi-circulaire, qui s'accroche aux boulons d, d. Mais cette bande, qui doit résister à une tension considérable, est rarement assez flexible pour s'appliquer exactement sur tout le pourtour de l'arbre, de sorte que l'on n'est pas certain que la pression se répartisse sur une surface assez considérable pour que les corps en contact ne se rôdent pas, ce qui offre des inconvénients, parce que les particules enlevées, s'accumulant entre l'arbre et la bride, occasionnent des inégalités de résistance qui augmentent les secousses du levier. Pour remédier à ce défaut, on peut former la bride de maillons plats en tôle, articulés, qui se ploient facilement sur la circonférence de l'arbre et permettent aux corps

étrangers, s'il y en a, de se loger dans les angles de deux maillons consécutifs.

Il faut avoir soin, lorsque l'on emploie le frein de Prony pour des essais, de tenir compte du poids du levier et du plateau supportant la charge, dans les calculs que l'on fait, pour obtenir la mesure du travail utile. Bien souvent, pour ne pas avoir cette préoccupation, on équilibre le frein avant la série d'expériences que l'on entreprend. Équilibrer un frein, c'est faire de telle sorte que le poids de toutes les parties qui le composent se répartisse de manière à ce que son action sur l'arbre lui-même se fasse sur la verticale passant par l'axe de cet arbre, de façon à avoir un moment nul. Une manière pratique de faire cet équilibre consiste à placer la mâchoire supérieure du frein sur une arête vive ; comme le levier

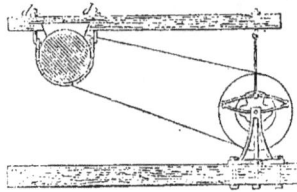

Fig. 530. — Frein de Prony, modifié par Poncelet.

le fait pencher d'un côté, au moyen d'un contre-poids placé de l'autre côté, on rétablit l'horizontalité, et on n'a plus à s'occuper de la tare du frein dynamométrique.

Le peuplier est le bois qui convient le mieux pour la fabrication des sabots ou mâchoires de freins dynamométriques, mais, quand on prend les précautions voulues pour l'arrosage et le graissage, tous les bois sont également appropriés. Toutefois, il vaut mieux donner la préférence aux bois tendres placés de bout. Pour éviter que, par suite du frottement, le bois ne s'enflamme ou ne se charbonne, il est bon de prévoir un système d'arrosage qui vienne constamment absorber une grande partie de la chaleur produite par le frottement. On peut faire arriver l'eau soit entre les mâchoires du frein et l'arbre ou le volant de la machine, soit dans la caisse fermée que l'on obtient en appliquant de chaque côté du volant ou de la poulie deux plaques métalliques qui bouchent exactement toutes les ouvertures.

521. *Mécanisme de Poncelet pour régulariser spontanément l'action du frein dynamométrique.* — Les oscillations continuelles du levier, quand on fait un essai

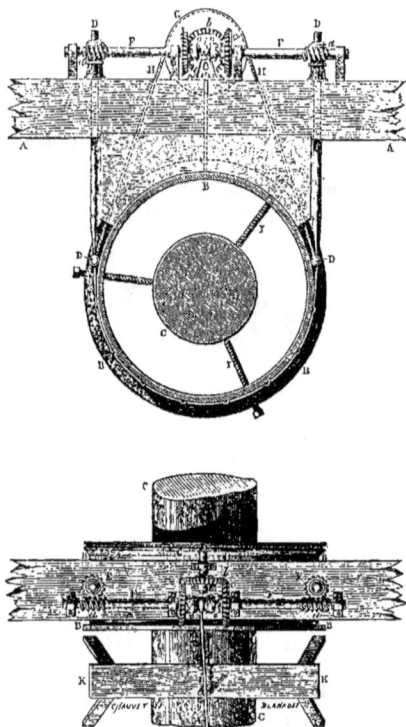

Fig. 531. — Mécanisme de Poncelet pour régulariser spontanément l'action du frein dynamométrique.

à l'aide du frein de Prony, sont un grand ennui, parce que, constamment, il faut serrer ou desserrer la bride de l'appareil pour chercher à avoir un équilibre presque parfait, en restant dans sa position moyenne.

Poncelet a employé, pour obvier à cet inconvénient, le mécanisme représenté par la figure 531, et dont la légende qui suit rendra l'intelligence facile :

AA, levier en bois du frein ;

BBB, collier à gorge en fonte, établi sur l'arbre horizontal CC de la machine dont on veut mesurer le travail disponible ;

I, I, I, vis servant à centrer la gorge du collier par rapport à l'axe de cet arbre, avant que de garnir de coins en bois l'intervalle qui les sépare ;

DD, DD, vis de pression servant à bander symétriquement la chaîne de friction, à plaques articulées, qui embrasse la gorge du collier B ;

E, E, écrous dentés de ces mêmes vis, conduits par les vis sans fin a, a, montées sur l'arbre FF, composé d'une seule pièce, et dont les filets ont des directions respectivement parallèles, ainsi que ceux des vis précédentes, afin de les faire agir de la même manière sur la chaîne de friction ;

GG, poulie motrice du régulateur, mise en mouvement par la corde sans fin GH, GH, qui passe sur une autre grande poulie faisant corps avec l'anneau du collier de friction, ou qui est montée à part sur l'arbre CC de la machine ;

bb, roue d'angle fixée sur l'arbre horizontal de la poulie GG, et conduisant simultanément les deux roues d'angle cc, cc, qui tournent à frottement doux sur l'arbre FF, des vis a, a ;

oo, manchon à griffes embrayant alternativement avec les roues d'angle cc, cc, lorsque sa gorge vient à être poussée, de gauche ou de droite, par le bouton ou la fourche dont est armée l'extrémité de la tige ii, qui reste fixe dans l'espace, pendant que le levier AA du frein oscille de part et d'autre de sa position moyenne ;

KK, chevalet servant à soutenir la tige dont il s'agit.

Le manchon d'embrayage oo, qui est susceptible de glisser à frottement doux, le long de son arbre FF, ne peut, au contraire, tourner sans l'entraîner dans son mouvement, quand il est uni avec l'une ou l'autre des roues d'angle cc, ce qui produit l'effet désiré sur les vis de pression DD, DD, du frein.

522. *Frein de Prony modifié par M. Denton.* — M. J.-E. Denton remplace, dans le frein de Prony que nous avons décrit, les segments en bois de la poulie de frein par une corde disposée de la manière suivante : l'un des bouts de cette corde FJ (*fig.* 532) se divise en deux parties de diamètre plus faible que la corde principale et qui se fixent sur une pièce transversale H. Entre ces deux parties passe la corde principale, qui vient se placer dans une pince portée par une tige filetée à manette G. Le bâti qui porte la traverse H et la tige G reposant sur le plateau d'une bascule, le chiffre lu sur le levier, diminué du poids du bâti, correspond à l'effort total de frottement exercé par la corde sur la poulie de frein C. L'avantage préconisé par M. Denton consiste

lateur, pourvu qu'on détermine la tension à l'aide de la manette G ; il suffit alors d'observer, non plus le poids à faire mouvoir, mais l'aiguille d'un tachéomètre A. Si cette dernière se maintient à peu près fixe, on peut être assuré que le poids fait équilibre au frottement, tandis que, si l'on essaie de régler la tension de la corde par l'observation directe du levier, on verra se produire des variations considérables dans la vitesse, le levier constituant un appareil de réglage très peu sensible dans son action sur la vitesse.

Grâce à ce mode de réglage, il est possible de prolonger les essais dans les machines sans régulateur, et sans, pour cela, que le nombre de tours enregistré

Fig. 532. — Frein de Prony, modifié par M. Denton.

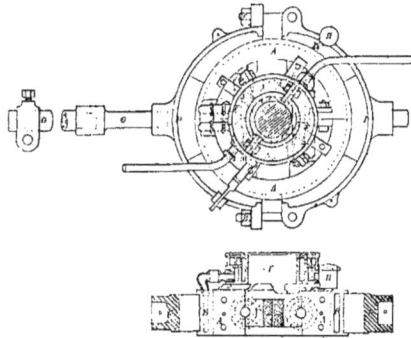

Fig. 533. — Frein Thiabaud.

en ce que les conditions du frottement exercé par une corde sur une poulie en fer ne se modifient pas sensiblement en présence de l'eau, qui peut séjourner dans la jante creuse de la poulie, quand on l'arrose pour empêcher l'échauffement. Avec des segments en bois, la projection de l'eau sur la jante amène de telles variations dans le frottement, qu'il devient très difficile d'observer d'une manière régulière le poids sur le levier, et, par suite, l'essai des machines dont on ne peut régler la vitesse à l'aide d'un régulateur ne donne des résultats exacts que s'il est court. L'emploi des cordes permet, au contraire, de se passer de régu-

par le compteur B donne des différences sensibles.

523. *Frein Thiabaud.* — Le frein dynamométrique Thiabaud, à courant d'eau, donné par la figure 533, se compose :

1° De la poulie A, divisée en deux pièces réunies au moyen de boulons, dans laquelle a été pratiquée la chambre B pour la circulation de l'eau réfrigérante ;

2° Des mordaches C, qui servent à fixer la poulie A sur l'arbre moteur ;

3° Du collier D, divisé aussi en deux pièces, portant les leviers auxquels se suspendent les poids pour la mesure du travail dynamique du moteur ; la pression exercée par le collier sur la couronne de la poulie s'obtient par le moyen des vis E ;

4° Du distributeur automatique F, par le moyen duquel l'eau réfrigérante entre dans la chambre circulaire B de la poulie et, après l'avoir entièrement parcourue, en sort librement ;

5° Du levier G, auquel s'accroche directement, ou par le moyen d'une poulie de renvoi, le poids qui sert à déterminer la force que l'on veut mesurer ;

6° Du récipient à huile H, qui sert à lubrifier le pourtour de la poulie, qui est en contact avec les mordaches de bois du collier D.

La valeur du travail moteur, au moyen de cet appareil, s'obtient d'une manière

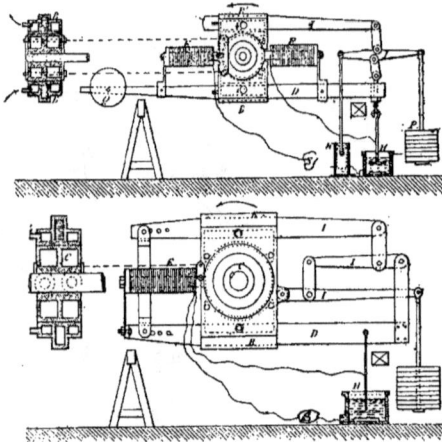

Fig. 534. — Frein électrique de M. Raffard.

identique à celle que l'on emploie lorsque l'on opère avec le frein de Prony.

524. *Frein dynamométrique électrique de M. Raffard.* — Le frein électrique de M. Raffard est basé sur l'utilisation du frottement produit par les mâchoires d'un frein de Prony et sur celle du frottement variable et complémentaire résultant de l'action d'un ou de plusieurs électro-aimants.

Dans la figure 534, qui donne deux dispositions du frein électrique Raffard, avec un ou avec deux électro-aimants, on a :

A, coquille du frein, de forme particulière, assurant son refroidissement ;

B, poulie évidée formant la mâchoire inférieure. Cette coquille a deux trous, marqués 1 et 2, le premier servant à l'admission de l'eau froide, le second devant être relié au trou marqué 3 de la mâchoire supérieure, au moyen d'un petit tube en caoutchouc ;

B', coquille de la mâchoire supérieure ; elle a aussi deux trous, marqués 3 et 4, par lesquels l'eau entre et sort, après avoir refroidi l'appareil ;

C, poulie du frein, calée sur l'arbre du moteur dont il s'agit de mesurer la puissance ;

D, bras principal du frein ;

E, électro-aimants maintenus par des attaches qui leur permettent de s'approcher de la poulie ;

I, leviers et tirants au moyen desquels le poids P produit le serrage des mâchoires, étant donnée cette modification au frein de Prony ;

H, appareil régulateur du courant d'une source d'électricité S ;

K, ralentisseur des mouvements brusques qui pourraient résulter des variations subites de l'intensité du frottement ;

P, poids de charge du frein ;

Q, contrepoids.

Considérons d'abord la disposition avec deux électro-aimants, et l'appareil en marche normale, les pièces dans la position indiquée, les deux électro-aimants E, E, modérément appliqués contre la poulie C. Supposons que, par suite d'une diminution graduelle du frottement au pourtour de la poulie, le bras D, perdant son horizontalité, s'abaisse, sans que le ralentisseur K y fasse aucun obstacle ; le disque du régulateur H, s'approchant du fond, diminue l'épaisseur de la couche du liquide peu conducteur qui le sépare de ce fond ; le courant électrique, passant plus aisément, excite davantage les électro-aimants E, lesquels en s'appliquant plus fortement contre la poulie C, y font naître un frottement complémentaire qui s'oppose à l'abaissement du bras D. Au contraire, le frottement devient-il graduellement trop fort au pourtour de la poulie et de manière que le bras D s'élève au-dessus de sa position horizontale, aussitôt le disque du régulateur H s'éloigne du fond, le courant passe plus difficilement, la puissance d'attraction des électro-aimants diminue d'autant et, par suite, la valeur du frottement complémentaire qu'ils font naître. On voit qu'ainsi les électro-aimants E, E, jouent le rôle de régulateurs du frottement pour maintenir le frein dans sa position normale, correspondant à l'horizontalité de la barre D.

Dans ce qui précède, on a admis dans le frottement provoqué au pourtour de la poulie une variation graduelle, quel qu'en fût le sens ; le piston du ralentisseur K, se mouvant avec jeu, n'oppose, dans ce cas, aucune résistance appré-ciable, le liquide ayant tout le temps nécessaire pour passer d'une face à l'autre du piston par les petites ouvertures ménagées à cet effet. Au contraire, si la variation du frottement survenait brusquement, le piston du ralentisseur K résisterait à la manière d'un frein, tendant à serrer les mâchoires en cas d'un abaissement brusque du levier D, et, au contraire, tendant à les desserrer en cas de relèvement brusque de ce même levier. Ce serrage et ce desserrage opportuns se déduisent du mode de liaison du levier intermédiaire I avec le levier supérieur I et le bras D.

Pour refroidir les coquilles B et B', et

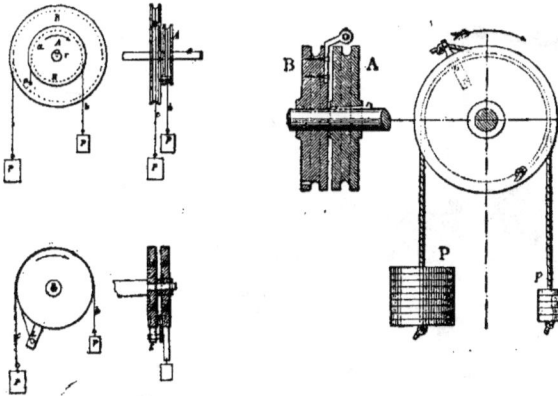

Fig. 535. — Frein Carpentier.

conséquemment la poulie C, on fait arriver de l'eau froide par l'orifice 1, laquelle, par le conduit 2 et au moyen d'un tube en caoutchouc, pénètre par l'orifice 3 dans la coquille supérieure, d'où elle sort par l'ouverture 4.

Les considérations qui précèdent s'appliquent également à la combinaison dans laquelle il n'existe qu'un seul électro-aimant et où les leviers I et D sont reliés d'une manière différente. L'extrémité en contact de cet électro-aimant est attachée par une bride à la coquille supérieure B'.

Nous avons vu que l'intensité du courant électrique était réglée par un appareil actionné par le bras même du frein, et qui augmente la résistance du circuit lorsque le bras s'élève, la diminuant, au contraire, quand il s'abaisse au-dessous de sa position horizontale. Cet appareil pourrait aussi bien être un commutateur quelconque à résistances variables.

525. *Frein Carpentier.* — Le frein de Prony, généralement employé pour la mesure de la force motrice des machines, présente en pratique un certain inconvénient : il laisse aux variations du coefficient de frottement une influence perturbatrice considérable dans les évaluations auxquelles on le destine.

Le système de frein imaginé par M. Carpentier pare en grande partie à ce défaut. Il est représenté par la figure 535 ; il se compose de deux poulies A, B, montées sur l'arbre O du moteur à essayer ; l'une d'elles A est fixée sur l'arbre O ; l'autre B est folle sur ce même arbre. La poulie A, clavetée sur O, tourne dans le sens indiqué par la flèche ; elle est en avant de la première et se trouve embrassée par une corde flexible ab, dont l'un des bouts est rendu solidaire de la poulie B par l'entremise d'une cheville a, et dont l'autre extrémité porte un poids p.

Sur la jante de la poulie B s'enroule également un brin flexible c, attaché à elle par l'une de ses extrémités, et portant à l'autre un poids P.

Supposons le moteur en marche et les poids P et p convenablement choisis ; nous verrons la poulie B prendre une position déterminée, la poulie A glissant serrée par le cordon ab sur un arc a. La tension t du brin a est :

$$t = P \times \frac{R}{r}.$$

celle du brin b est égale à p.

Le travail absorbé par le frein est t-p, multiplié par le chemin parcouru par le poids pendant une seconde sur la circonférence de la petite poulie.

Si l'on fait les poulies de diamètres égaux, c'est la différence des poids multi-

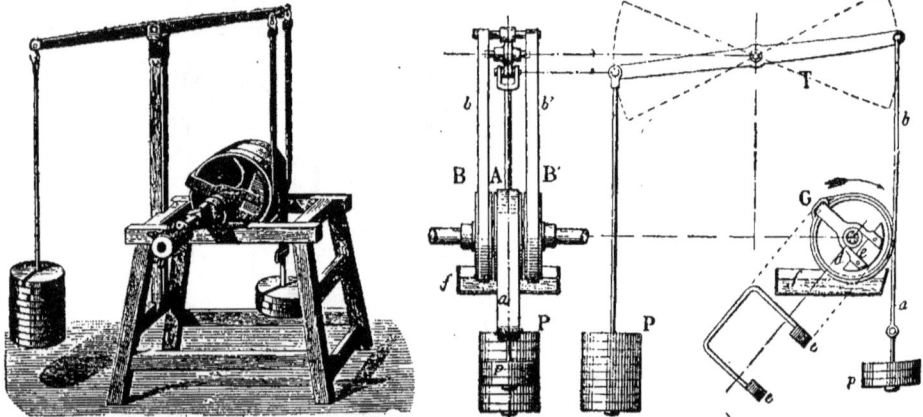

Fig. 536. — Balance dynamométrique de M. Raffard.

pliée par la vitesse par seconde à la jante qui donne immédiatement la valeur du travail à mesurer. Dans cette disposition, indiquée à la partie inférieure de la figure, la poulie folle B porte une pièce L à laquelle est fixée par l'une de ses extrémités une lame de ressort bien flexible ou une corde, qui vient passer ensuite sur la jante de A et supporte à son autre extrémité un poids p. En un point m de la jante de B, s'attache l'un des bouts d'une seconde lame de ressort ou d'une corde qui supporte le poids P.

526. *Balance dynamométrique Raffard.* — Lorsqu'on fait usage du frein de Prony sous sa forme habituelle, il faut

beaucoup d'attention pour maintenir la pression du sabot exactement au degré voulu ; d'ordinaire, un observateur spécial est chargé de cette mission. On a imaginé un grand nombre de dispositifs pour écarter cette difficulté. L'un des plus ingénieux est celui inventé par M. N.-J. Raffard, auquel il a donné le nom de *balance dynamométrique*. Il dérive du principe suivant : soit un lien flexible appliqué, en guise de sabot, sur la jante de la poulie qui reçoit la puissance motrice ; ce lien reçoit à ses deux extrémités des tensions constantes ; pour une valeur donnée du coefficient de frottement, le moment résistant total variera rapidement avec la longueur de l'arc embrassé ; on peut donc, en réglant convenablement cette longueur, et sans changer la tension du lien, compenser les variations qui se produisent incessamment dans l'état des surfaces frottantes, et cette compensation peut être rendue automatique.

Le principe dont il s'agit avait été appliqué au même objet par divers inventeurs, notamment par M. Carpentier, dont nous avons précédemment décrit le frein. M. Raffard a créé des agencements fort bien compris ; la figure 536 représente l'un de ces dispositifs, dont l'organe principal, qui se retrouve, d'ailleurs, dans toutes les variantes que l'inventeur a imaginées, est constitué par trois poulies de même diamètre disposées sur un arbre commun : l'une, A, clavetée sur l'arbre, participe à son mouvement de rotation, les deux autres, B et B', placées à droite et à gauche de A, sont folles sur l'arbre qui les supporte. L'ensemble formé par les trois poulies est embrassé par un étrier Gd, équilibré par rapport à l'axe de rotation, au moyen de deux contrepoids e et e' fixés aux branches d par des vis de réglage. Sur la poulie A repose une sangle en chanvre ou en lin. L'une de ses extrémités supporte le poids p ; l'autre vient se fixer sur le milieu de l'étrier auquel elle transmet l'effort du poids p augmenté de celui qui est développé par le frottement de la poulie entraînée. Sur les poulies folles B et B', s'enroulent en sens inverse deux sangles de *même épaisseur* que la première, mais de largeur *moitié moindre*. Les extrémités inférieures de ces deux sangles sont attachées à l'étrier G, et les extrémités supérieures à un palonnier articulé qui égalise les tensions développées et les transmet à une des extrémités d'un fléau de balance T qui supporte un poids P fixé à son autre extrémité. L'arbre du frein est muni d'un manchon d'accouplement constitué par un double joint de cardan. Enfin, un tube de laiton muni d'un ajutage à robinet qui permet de régler l'écoulement sur la sangle de frottement d'un filet d'eau savonneuse, et un réservoir f, destiné à recueillir l'eau échauffée, complètent l'appareil.

Ainsi établi, le frein Raffard est absolument automatique, car, si par suite d'un changement survenu dans l'état des surfaces glissantes, le frottement vient à augmenter ou diminuer, l'arc d'enroulement varie immédiatement en sens inverse et rétablit ainsi l'équilibre. Lorsque l'écoulement de l'eau savonneuse est bien réglé, le frein peut fonctionner plusieurs heures sans qu'on ait à y toucher. Le frottement ayant une valeur constante et égale à P — p, la puissance développée est donnée par l'une des formules :

$$(P - p)\,\frac{\pi DN}{60}, \text{ en kilogrammètres,}$$

ou :

$$(P - p)\,\frac{\pi DN}{60 \times 75}, \text{ en chevaux-vapeur.}$$

Dans ces formules, l'effort P—p est appliqué non pas sur le bras du levier $\frac{D}{2}$, mais sur ce bras de levier augmenté de la demi-épaisseur de la sangle. Pour déterminer la valeur exacte de la circonférence πD, les poids P et p étant en place, on applique sur une plate-bande ménagée sur le moyeu du manchon d'accouplement une équerre à niveau, et on trace une ligne de repère sur les sangles à la hauteur de leur contact avec les poulies, puis on fait tourner celles-ci d'un angle exactement égal à 180°, ce qui est facile avec l'équerre à niveau, et on trace une nouvelle ligne de repère ; la distance qui sépare les repères donne exactement la longueur de la demi-circonférence d'enroulement. En répétant la même mesure au commencement et à la fin de chaque expérience, on a ainsi un moyen de contrôle qui permet d'apporter dans les calculs les petites corrections jugées nécessaires.

M. Raffard a apporté quelques modifications à son appareil, dictées par l'expérience, de façon à simplifier sa construction et à généraliser son emploi. La disposition qu'il a ainsi adoptée, et à laquelle il donne le nom de *frein dynamométrique équilibré* (*fig.* 537) rappelle assez bien le balancier à lanière des vieilles presses d'imprimerie. Les extrémités des sangles sont fixées directement sur les deux plus petits côtés d'un cadre en bois, mais qu'il est préférable de construire en partie avec des tubes de fer. Les parties supérieures et inférieures de ce châssis sont constituées par deux fortes traverses auxquelles sont fixées les tiges des boucles qui reçoivent les extrémités des sangles. Ces tiges, filetées et munies d'écrous à oreilles, sont destinées à régler et à maintenir la tension initiale des sangles, de manière à

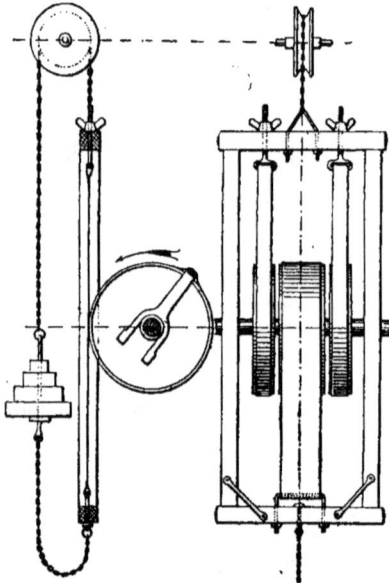

Fig. 537. — Frein dynamométrique équilibré de M. Raffard.

produire le frottement nécessaire à l'équilibre de la charge du frein.

L'ensemble, constitué par le châssis et ses sangles, est suspendu à l'extrémité d'une chaîne qui, après avoir passé sur une poulie de renvoi, descend verticalement et vient se fixer à la partie inférieure du châssis. Cette disposition en boucle a pour but d'équilibrer le poids de la chaîne par rapport à l'axe de la poulie de renvoi, et cela quelle que soit la position de la charge P. La tare du châssis et la charge du frein se placent sur une tringle munie de deux oreilles et d'une

rondelle d'arrêt. Cette disposition est préférable à la précédente, puisqu'elle évite les frottements développés sur les axes des poulies.

Lorsque l'axe du moteur sur lequel on désire effectuer les mesures est placé très près du sol, on dispose le châssis horizontalement, et on assure l'horizontalité de ses déplacements à l'aide de petits galets placés sous lui. A chaque extrémité du châssis, on fixe une chaîne qui, après s'être étendue horizontalement, passe sur une poulie et descend verticalement jusqu'au sol. Les chaînes sont assez longues pour ne jamais quitter le sol, de façon à maintenir l'équilibre entre les brins déroulés et enroulés, quels que soient les déplacements du châssis.

527. *Frein Thurston.* — Dans les nombreuses expériences faites au *Sibley College* dont il est le directeur, M. Thurston s'est servi pour les essais de machines d'un frein particulier qui lui a toujours donné satisfaction, et dont il recommande vivement la forme et l'emploi. Ce frein comprend une poulie démontable, en deux pièces, que l'on vient caler sur l'arbre moteur et qui doit être suffisamment robuste pour résister facilement aux efforts les plus considérables que le frein soit appelé à supporter. Sur la jante de cette poulie plate, tournée et polie avec soin, vient s'enrouler la bande du frein munie de sabots en bois, avec serrage à volonté de l'expérimentateur. La jante présente en coupe la forme d'un U renversé, dont la partie concave regarde l'arbre. Cette disposition permet de diriger à l'intérieur de la poulie un courant d'eau froide continu qui empêche l'échauffement excessif du frein et facilite le dégagement de la chaleur résultant de la transformation du travail mécanique. Le levier du frein se compose de deux madriers disposés en triangle et fixés à la couronne du frein aux extrémités du diamètre vertical. L'extrémité commune, correspondant au sommet du triangle, repose sur le plateau d'une bascule très sensible, construite spécialement pour cette application.

Quand l'arbre tourne, la bascule tend à s'opposer au mouvement de rotation du levier du frein, dans le plan de la poulie. L'effort ainsi mesuré, multiplié par la vitesse relative de l'arbre et du point du levier supporté par le plateau de la bascule, donne la mesure du travail développé.

On arrose la poulie à l'aide d'une manche branchée sur la source dont on dispose ; l'eau s'échappe d'une manière analogue. Grâce à l'action de la force centrifuge, l'eau reste en contact avec la jante en U de la poulie du frein, ce qui assure un refroidissement régulier. Elle s'échappe grâce à son inertie et à sa vitesse acquise, en se précipitant dans la manche de sortie, dont l'orifice, élargi, est disposé dans le sens du courant. Ce

système permet d'obtenir un arrosage convenable, sans qu'il soit nécessaire de mélanger du suif ou du savon à l'eau réfrigérante.

528. *Frein automatique Ringelmann.* — Le frein Ringelmann a été étudié plus spécialement par son inventeur pour les essais des moteurs à gaz. Dans ces machines, le travail moteur subit de brusques variations : ainsi dans les moteurs à gaz du cycle à 4 temps, le travail est faible à la première course (aspiration) ; il est minimum à la deuxième (compression) ; maximum à la troisième (explosion) et faible à la quatrième (échappement). Non seulement le travail moteur varie dans chaque course de ces 2 tours, en pleine

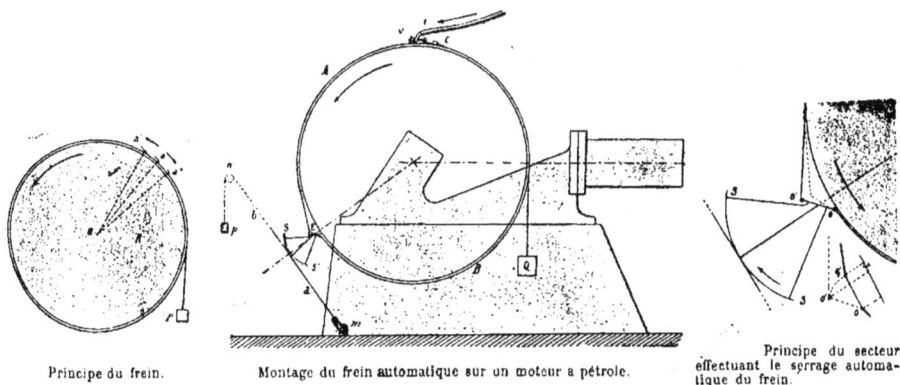

Fig. 538. — Frein automatique Ringelmann.

charge, mais la vitesse du moteur suit le même régime. On voit donc que, si on emploie un frein à réglage par vis, il faut desserrer un peu le frein à la première course, le desserrer beaucoup à la deuxième, le serrer brusquement à la troisième et le desserrer à la quatrième, et ainsi continuellement et même irrégulièrement lorsque le moteur fonctionne à demi-charge.

Pour réaliser un réglage automatique, sans faire varier le poids ou l'effort tangentiel, M. Ringelmann a eu recours aux déplacements mêmes du frein sous l'influence de la variation de travail fourni par le moteur.

Considérons la roue R (*fig.* 538), sur

laquelle est appliqué le poids P fixé au crochet a du frein. Pour un travail constant, le crochet a n'oscillera que dans de très faibles limites ; si le travail augmente brusquement, le frein est entraîné dans le sens du mouvement, et le crochet de a passe en a' : il faut desserrer le frein ; si le travail diminue, le crochet descend de a en a'': il faut serrer le frein. Il fallait donc imaginer un mécanisme utilisant ces déplacements aa', aa'' pour régler le serrage du frein ; mais, comme il fallait en même temps que ce dernier puisse servir pour tous les moteurs, ce mécanisme devait se trouver à l'extérieur même du volant et ne pas comporter de pièces nécessitant des axes ou des appuis près de l'arbre de la machine.

Le frein ainsi combiné se compose d'un collier en fer feuillard, dont les deux parties sont reliées par une vis V de réglage ; cette vis ne sert qu'à la mise au point au début de l'essai, et l'on n'a pas à y toucher pendant toute la durée de l'expérience ; sa monture reçoit le tuyau t d'arrivée de l'eau de savon. La partie B supporte le crochet C de la corde à laquelle on attache la charge Q. Les deux parties A et B sont reliées par une entretoise E, solidaire avec un secteur SS′ d'un rayon quelconque. Une corde a est attachée au point S et à un point fixe m ; une seconde corde b est attachée en S′, passe sur une poulie n et est tendue par un poids p quelconque. Le réglage de la position moyenne du secteur est fait de façon que les deux cordes a et b soient dans le prolongement l'une de l'autre et que la droite mn soit normale au prolongement d'un rayon quelconque du volant ; pour faciliter ce réglage préalable, la corde a est attachée à un petit tendeur à treuil m. Le poids p est quelconque, n'ayant pas d'action sur le frein c, son effort se reportant au point m qui est fixé au sol par un procédé quelconque.

Lorsque le frein est entraîné par le volant, le secteur SS′ descend, ainsi que le point O, dans le sens indiqué par la flèche, mais en roulant sur la corde a, l'ensemble OO′SS′ s'anime d'un mouvement angulaire, le point O′ se rapproche de la jante du volant vers O′₁, allonge le frein d'une quantité y variable avec l'angle décrit par le secteur. Si le frein se desserre, le mouvement inverse se produit sous la chute du crochet C, le secteur tourne en sens inverse, le point O₁ s'écarte du volant et serre le frein d'une quantité y d'autant plus élevée que son mouvement angulaire est plus grand.

Afin de maintenir constant pendant toute l'expérience le réglage préalable du frein par la vis V, le frottement et la température, il fallait avoir recours à un graissage uniforme. Nous donnons le dispositif employé par M. Ringelmann dans ces circonstances, parce qu'il peut être avantageusement employé avec la plus grande partie des freins en usage,

avec lesquels on doit avoir un système absolument régulier de graissage et d'arrosage, dans les essais que l'on entreprend au moyen de ces appareils.

Sur un bâti convenablement surélevé est placé, comme l'indique la figure 539, un réservoir A à tube de niveau n, qui déverse l'eau de savon par un robinet r dans le second réservoir B, d'où elle s'échappe par le robinet R et le tuyau T qui la conduit au frein. Le graissage serait uniforme si, pour une ouverture quelconque, mais invariable, du robinet R, on avait une charge d'eau constante h

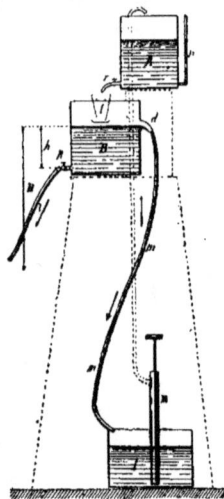

Fig. 539. — Appareil à charge constante pour la lubrification des freins.

sur le robinet R, et par suite H sur le frein. Le robinet r étant réglé pour débiter plus que le robinet R, le niveau constant de B est assuré par un déversoir d qui renvoie l'eau par le tuyau m dans le bac inférieur I, d'où on la reprend par une pompe à main M pour l'élever en A. Sans avoir à regarder le réservoir B, placé à une certaine hauteur, il suffit d'observer si le tuyau m débite une petite quantité d'eau pour être certain de la constance du niveau dans le bac B. Pour éviter les arrêts dus aux engorgements, on peut placer en f un filtre avec déversoir circulaire.

DES DYNAMOMÈTRES.

529. Les dynamomètres sont des instruments destinés, d'après leur étymologie, à mesurer les forces, mais qui, en réalité, sont aujourd'hui des appareils servant à mesurer ie travail des forces.

La mesure d'une force a pour objet de comparer cette force à l'unité de force, au kilogramme. Divers procédés sont employés pour effectuer cette comparaison. Le plus simple consiste à faire équilibre à la force à mesurer, à l'aide de leviers et de transmissions mécaniques, par des poids. Le rapport des chemins virtuels parcourus par le point d'application de la force et par les poids résulte des conditions de transmission et permet de calculer immédiatement l'effort. C'est le principe de la balance et de la bascule.

Ce procédé est exact et certain ; on est toujours obligé d'y revenir lorsqu'on a à vérifier n'importe quel instrument de mesure. Il a l'inconvénient d'exiger des appareils volumineux et encombrants lorsque les forces à mesurer sont un peu grandes. Il ne s'applique d'ailleurs qu'à l'état statique, sur des organes au repos, ce qui en limite forcément l'emploi.

On se sert souvent de ressorts : un ressort bien construit prend, dans certaines limites, des flèches proportionnelles aux charges qu'il supporte ; le vulgaire instrument appelé *peson* n'est autre chose qu'un ressort. Mais, grâce aux recherches des Morin, des Phillips et autres savants, les règles à observer dans la construction des ressorts ont été définitivement établies ; Morin, en particulier, a fait de ces sortes d'organes des applications étendues et du plus haut intérêt à la mesure des forces ; entre ses mains, le dynamomètre à ressort est devenu un outil exact et d'un usage commode.

La méthode imaginée par le général Morin a été appliquée par lui dans un grand nombre d'expériences. Le travail étant le produit de deux facteurs, force et chemin parcouru, Morin mesurait la force par la flexion d'un ressort taré ; la mesure du chemin parcouru étant fournie par une simple transmission mécanique, agissant sur un organe indicateur. Les dynamomètres employés étaient, suivant les cas, enregistreurs ou totalisateurs. Dans les appareils enregistreurs, l'organe indicateur était une bande de papier, se déroulant d'un mouvement proportionnel à celui du point d'application de la force ; sur cette bande, et perpendiculairement à son mouvement, un crayon traçait une ligne dont les abscisses étaient proportionnelles à la flexion du ressort, c'est-à-dire à la force. L'aire de la surface ainsi déterminée donnait le travail transmis. Dans les dynamomètres totalisateurs, un disque, tournant d'un mouvement proportionnel au déplacement, recevait le contact d'une roulette, dont la distance au centre de rotation du disque était proportionnelle à la flexion du ressort ; l'angle de rotation de la roulette donnait la mesure du travail transmis, et cette mesure était recueillie par un compteur de tours.

Chacun de ces deux procédés présente des avantages : l'enregistreur fournit et conserve la trace fidèle de tous les faits qui se sont passés dans l'instrument ; mais, par son détail même, il nécessite un détail long et laborieux. Ce dépouillement se trouve tout fait dans le totalisateur, qui n'exige que deux lectures, l'une au commencement, l'autre à la fin de l'expérience, mais le détail des phénomènes disparaît.

Les dynamomètres que l'on construit sont applicables aux deux cas les plus usuels : déplacement rectiligne du point d'application de la force, et rotation de ce point autour d'un axe. C'est ainsi que l'on a les dynamomètres de traction et les dynamomètres de rotation.

L'indicateur de Watt et le frein de Prony ont été tout de suite employés par les mécaniciens qui en ont fait le plus large usage. Au contraire, les dynamomètres ne se sont que lentement répandus dans les ateliers ; les premiers construits étaient plutôt des instruments de recherche et de laboratoire, un peu délicats de construction et de maniement. Et cependant, tout le monde en avait le sentiment, il y aurait eu un intérêt de premier ordre, aussi bien commercial que technique, à pouvoir compter le travail comme on compte n'importe quelle marchandise ; à constater à chaque instant la quantité de travail que développe tel moteur, on qu'absorbe telle machine-outil sous les allures variables imposées par les exigences des ateliers. Mais on reculait devant les difficultés du problème (1).

D'après le général Morin, les conditions essentielles auxquelles doivent satisfaire les dynamomètre sont les suivantes :

1° La sensibilité de l'instrument doit

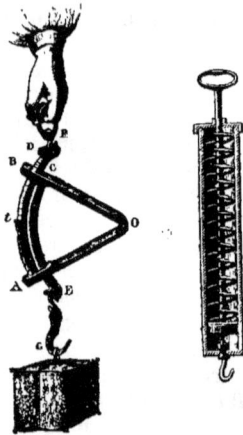

Fig. 540. — Pesons.

être proportionnelle à l'intensité des efforts à mesurer, et ne doit pas s'altérer par l'usage ;

2° Les indications des flexions du ressort doivent être obtenues sans l'intervention de l'observateur, et, par conséquent, fournies par l'instrument lui-même au moyen de tracés ou de résultats matériels qui subsistent après l'expérience ;

3° Il faut que l'on puisse obtenir l'effort exercé en chaque point de l'espace parcouru par le point d'application de l'effort

(1) HIRSCH. — *Rapport sur l'Exposition universelle de* 1889.

ou, dans certains cas, à chaque instant de la durée des observations ;

4° Si l'expérience doit être, par sa nature, continuée longtemps, il faut que l'appareil permette de totaliser facilement la quantité d'action ou de travail dépensée par le moteur.

Pour satisfaire à la première condition, il faut employer des lames de ressort qui prennent des flexions proportionnelles aux efforts exercés. La section verticale des ressorts est un rectangle, et la section horizontale, celle du solide d'égale résistance, c'est-à-dire parabolique. Par suite de l'élasticité des ressorts du dynamomètre, la distance du milieu du ressort mobile à sa première position indiquera en chaque instant la valeur de l'effort exercé. Si donc on munit cette partie d'un style ou d'un crayon pressant sur un papier mobile, on trouvera sur celui-ci l'indication de la valeur des efforts.

Pesons.

530. La figure 540 donne les deux types de pesons mis généralement en usage. Dans le premier, c'est une lame élastique repliée BOA qui mesure les efforts. A l'une des extrémités de la branche BO est fixé un arc de cercle métallique qui traverse la branche OA et qui porte à sa partie inférieure un anneau ou un crochet E auquel on peut suspendre un poids ou appliquer une force quelconque. A la branche OA est fixé un second arc de cercle qui peut glisser sous le premier ; il traverse la branche BO du ressort, et se termine par un anneau qui sert à soulever l'instrument ou à le suspendre à un point fixe. Ce second arc de cercle est gradué depuis l'extrémité D jusqu'à un talon *t* qui fixe la limite de l'effort à appliquer à l'appareil. Pour graduer le peson, celui-ci étant attaché par l'anneau D, on suspend au crochet E un poids de 1 kilogramme, par exemple ; sous cette charge, les branches du ressort se fermeront, l'arc D*t* dépassera la branche OB d'une certaine quantité, et l'on pourra tracer une indication correspondante. On répètera ensuite cette opération pour les poids de 2, 3..... kilogrammes jusqu'à la limite de charge que peut supporter l'appareil.

Il existe d'autres pesons dans lesquels le ressort est disposé en hélice ; ce ressort est enfermé dans un cylindre métallique auquel il est fixé à la partie supérieure. L'extrémité inférieure est assemblée à un disque A portant une tige qui occupe l'axe de la boîte cylindrique et vient sortir par un orifice percé dans le chapeau du cylindre. La tige se termine par un anneau. On suspend le poids ou on applique la force à un crochet adapté à la base in-

truit un appareil, qui est en même temps plus précis, consistant en deux lames d'acier réunies par leurs extrémités (*fig.* 541). L'effort appliqué à l'une des lames la faisant s'écarter de l'autre, fixée à la résistance, est évalué par une aiguille dont le mouvement résulte de cet écartement. Les divisions du cadran sur lequel se meut cette aiguille sont déterminées préalablement au moyen de poids connus. Dans l'appareil que montre la figure, comme cet instrument est construit pour de fortes charges, on a doublé le nombre des lames de ressort ; néanmoins le principe reste le même.

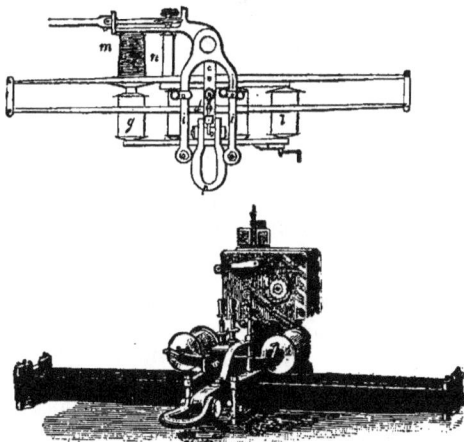

Fig. 542. — Dynamomètres de traction.

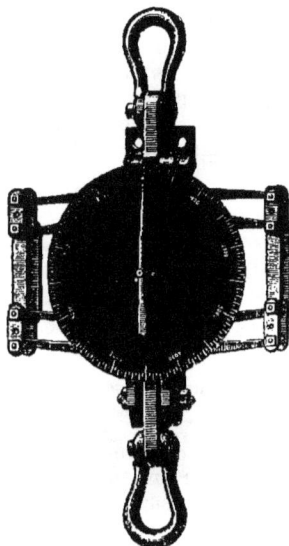

Fig. 541. — Dynamomètre de Régnier.

férieure ; sous l'action de cette force, le ressort est comprimé et la tige sort de la boîte d'une quantité d'autant plus grande que l'effort sera plus considérable. Des divisions, gravées sur la tige, et que l'on détermine comme pour l'autre type de peson, indiquent la valeur de l'effort.

531. *Dynamomètre de Régnier.* — Les appareils que nous venons de décrire ne s'emploient guère que pour de faibles charges ; ils ne donnent pas, en général, d'indications supérieures à 100 kilogrammes. Pour mesurer les forces plus grandes que ce chiffre, Régnier a cons-

Dynamomètres de traction.

532. Quoique les instruments dont nous venons de parler (pesons et appareil de Régnier) soient déjà de petits dynamomètres de traction, on donne plus spécialement ce nom aux appareils employés dans les expériences relatives à la détermination du tirage des voitures, des charrues, bateaux, locomotives, etc.

On se sert généralement pour cette évaluation de ressorts disposés comme ceux du dynamomètre Régnier ; mais les appareils mis en usage dans ce cas comportent presque tous un enregistreur qui permet de relever le travail dépensé et

d'en connaître la valeur. A chacun des ressorts est fixé un crochet ou un anneau, et, suivant le système employé, les ressorts dynamométriques sont ou comprimés à l'intérieur, ou tirés extérieurement.

Le papier sur lequel le tracé doit être fait circule entre deux cylindres (*fig.* 542) sur l'un desquels, *g*, il s'enroule, pendant qu'il se déroule sur l'autre, *l*. Le mouvement est imprimé par une courroie qui passe sur l'essieu des roues et sur une poulie montée à l'extrémité de l'axe *n*; à cet axe est fixée une ficelle, qui s'enroule sur la fusée *m*, disposée sur l'axe du tambour *g*, et qui, en se déroulant, communique au papier une vitesse de translation indépendante du changement de diamètre qui résulte de son enroulement, car on a eu soin de donner à la fusée *m* une forme conique, qui compense, dans le déroulement du papier, la diminution successive du diamètre du tambour à papier.

La vitesse du papier étant dans un rapport connu avec le chemin réel parcouru, et la tension du ressort étant indiquée par la distance comprise entre la courbe tracée par le crayon lorsque la charge agit sur les ressorts, et celle marquée lorsque la tension est nulle, il est évident que l'aire de la surface, qui représente ainsi le produit de l'effort par le chemin parcouru, représente aussi, dans un rapport connu, la quantité de travail cherchée.

Un autre moyen propre à faire mouvoir le papier indépendamment du système sur lequel on opère, consiste en un moteur chronométrique, muni d'un volant à ailettes pour obtenir une régularité suffisante. Un des axes de ce moteur transmet par un engrenage le mouvement à l'axe du petit tambour enveloppé par la ficelle, et, par suite, au papier. Dans ce cas, l'aire obtenue représente le produit de l'effort par le temps écoulé, d'où l'on déduit exactement l'effort moyen qui, opérant pendant le même temps ou parcourant le chemin observé directement, produirait un travail égal à celui qui a été réellement développé.

533. *Dynamomètre de traction de Pon-*

celet. — Poncelet, qui a été, pour ainsi dire, le créateur de la mécanique expérimentale, avait imaginé, pour ses essais, le dynamomètre de traction représenté par la figure 543. Il l'employait surtout pour mesurer les efforts développés dans le tirage des voitures. Le ressort, destiné à évaluer ces efforts, était analogue à ceux des voitures elles-mêmes, et transmettait au véhicule la traction du moteur. Les fluctuations de cette traction étaient relevées par un crayon, monté sur la tige du crochet d'attache ou d'attelage, qui inscrivait sur une bande de papier se déroulant régulièrement les différentes pressions supportées par le ressort.

Un autre crayon, fixe celui-là, donnait la ligne des efforts nuls, de sorte que la distance séparant les deux traces marquées par les crayons représentait à chaque instant la valeur de la traction.

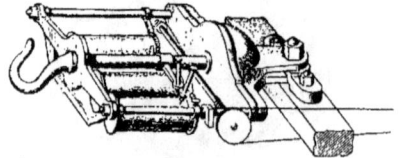

Fig. 543. — Dynamomètre de traction de Poncelet.

Le mouvement de déroulement du papier était obtenu par une courroie qui passait sur l'un des essieux de la voiture et sur une petite poulie mettant en marche le cylindre qui emmagasine le papier.

534. *Dynamomètre de traction de Morin.* — Cet appareil est celui qui a été mis en pratique par MM. Morin et Tresca, pour leurs nombreuses expériences faites sur le tirage des voitures, sur l'influence de telle ou telle nature du sol, sur le tirage des charrues, sur le travail dépensé par un convoi en marche, etc. Pour l'application aux chemins de fer, l'instrument à six lames de ressort, de chacune 1^m,10 de longueur, était installé sur un truc spécial; en introduisant ce truc dans un convoi en service courant, le dynamomètre fournit de nombreuses indications sur l'importance des différentes causes de résistance.

Pour les essais de tirage ou de charrue, la disposition employée est donnée par la figure 544. L'avant-train de l'appareil se compose d'un bâti en fer A supporté par quatre roues B, B'; trois d'entre elles sont de même dimension, et elles peuvent individuellement s'élever ou s'abaisser au moyen des tiges *b*, qui portent leurs fusées, et qui se fixent au bâti au moyen des boulons *c*. La quatrième roue B' est

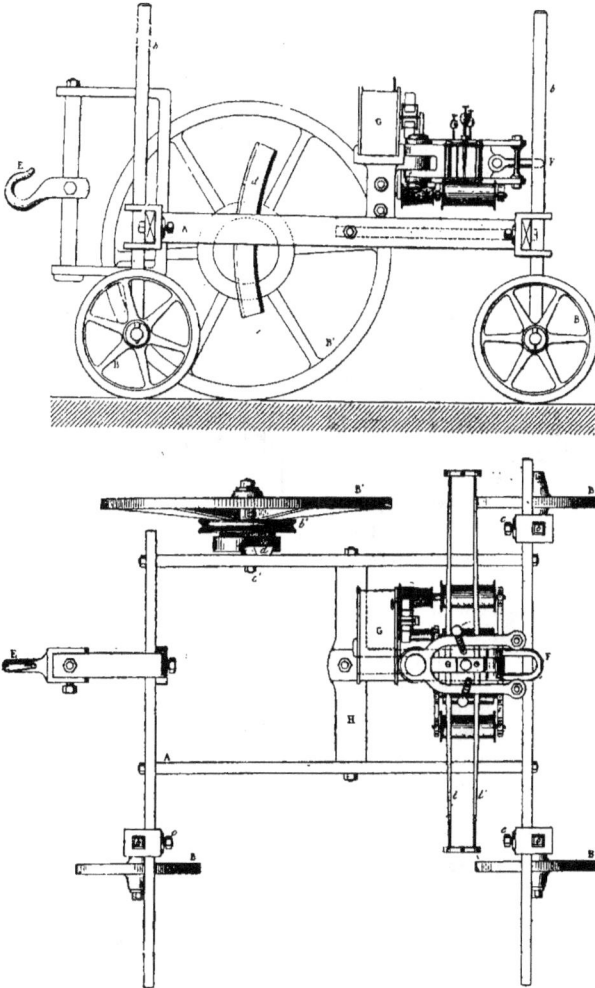

Fig. 544. — Dynamomètre de traction de Morin.

d'un diamètre plus grand, et elle porte une poulie à gorge *b'*, à l'aide de laquelle on peut au besoin transmettre le mouvement au papier enregistreur; cette roue peut glisser sur l'arc en fer *d*, et se fixe d'ailleurs à la hauteur convenable au moyen de l'écrou *c'*. En se servant de cette transmission, le papier se meut proportionnellement au nombre de tours de la roue, mais les inégalités du terrain peuvent empêcher la roue B′ de rouler sur le sol, et il est plus exact de faire mouvoir le papier par un mouvement d'horlogerie placé dans la boîte G, qui fait partie du dynamomètre, solidement fixé lui-même sur la traverse H et dont on voit les lames en *l* et *l′*.

L'effort moteur et la résistance à vaincre se relient aux crochets E et F. Dans les expériences, il est bon d'éviter les efforts brusques, surtout au départ, et bien que l'on place des heurtoirs à cet effet, il arrive quelquefois que les lames cassent.

535. *Dynamomètre de traction de Taurines.* — La figure 545 en donne l'élévation et le plan, et sa légende est la suivante :

A. Massif où est fixé le crochet d'attache *a* du dynamomètre.

B. Chaîne pour relier le dynamomètre au crochet *a*.

B′ Chaîne ou amarre allant de l'appareil au point d'application de la résistance à mesurer.

CC. Traverses aux extrémités desquelles sont fixés les ressorts DD. Les milieux de ces traverses sont articulés en deux sens contraires et réunies par un écrou à douille *c*. Cet écrou sert à marier directement entre elles les deux traverses, et ne laisse jouer les ressorts D, D, que quand il est desserré. Une semblable disposition est utile pour ne mettre ces ressorts en fonction qu'une fois les chaînes ou amarres roidies, ou pour suspendre leur action à un moment quelconque.

D, D. Ressorts dynamométriques, au nombre de deux. Ces ressorts sont fixés à chacune des extrémités des traverses C, C. Quand le dynamomètre fonctionne, ces ressorts supportent l'effort de traction en travaillant dans le sens longitudinal, au lieu de le faire dans le sens transversal, comme dans beaucoup d'autres dynamomètres. Les déformations destinées à accuser les efforts supportés ne sont plus alors des flexions transversales, mais des flexions angulaires, c'est-à-dire des variations de l'angle formé par les tangentes menées aux deux extrémités du ressort. Ce mode de travail des ressorts, à l'im-portance duquel on n'avait jamais songé avant M. Taurines, caractérise les dynamomètres de ce savant ingénieur. Ces appareils peuvent ainsi résister à de grandes tractions, tout en conservant une parfaite élasticité, et ont les variations de leurs mouvements rigoureusement proportionnelles aux variations des efforts.

E, E. Traverses reliant les ressorts D, D aux ressorts F, F.

F, F. Ressorts multiplicateurs au

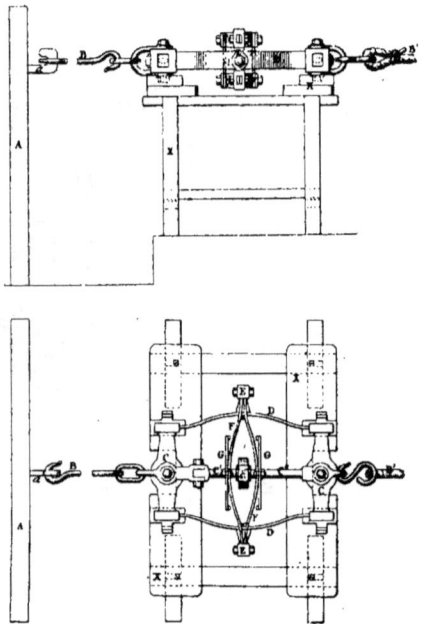

Fig. 545. — Dyanamomètre de traction de Taurines.

nombre de quatre, deux au-dessus, deux au-dessous des ressorts D, D, et servant à amplifier les mouvements de ces derniers. Ils fonctionnent absolument de la même manière que les ressorts D, D, mais sont plus faibles qu'eux ; de cette façon, ils ploient davantage et ont ainsi leurs flexions multiples de celles des ressorts dynamométriques.

G, G et H, H. Traverses formant un cadre qui relient entre elles les deux paires de ressorts F, F.

X X. Chevalets supportant l'appareil.

On relie les ressorts multiplicateurs à un système d'enregistreur, de manière à obtenir la trace permanente des déviations que l'effort de traction fait subir aux ressorts dynamométriques. Nous verrons plus loin, en décrivant le dynamomètre de rotation de M. Taurines, la disposition imaginée par cet inventeur pour relever les courbes décrites par les ressorts.

536. *Tractiomètre Bollée.* — Cet appareil, que représente la figure 546, a pour objet de mesurer les efforts de traction ; c'est donc un véritable dynamomètre.

A est un anneau creux de caoutchouc, renfermant un liquide en communication, par un tuyau plus ou moins long, et flexible s'il est utile, avec un manomètre gradué.

B est une boîte métallique contenant l'anneau de caoutchouc.

C est un plateau ou piston muni d'une tige D, passant par les centres de l'anneau de caoutchouc et du fond de la boîte métallique ; à l'extrémité de la tige est un crochet, anneau ou agrafe de forme quelconque.

E est un plateau ou traverse relié à la boîte B et muni, comme la tige D, d'un appareil d'accrochage.

F est le tuyau de communication, reliant le tractiomètre au manomètre G, d'un système quelconque, mais dont la graduation est spéciale.

Si l'on tire sur la tige D et par suite sur le plateau C, le liquide renfermé dans l'anneau de caoutchouc sera comprimé en offrant une résistance proportionnelle à l'effort de traction, et la mesure de cet effort sera indiquée par le manomètre en communication avec le liquide. Pour que l'appareil fonctionne bien, il est urgent que le liquide ne puisse pas s'échapper, puis encore que le plateau et la tige soient libres sans frottements. On pourrait supprimer l'emploi du caoutchouc et agir sur un piston ordinaire ; mais l'emploi donne l'avantage d'un joint hermétique et évite les frottements du piston et de la tige, qui n'ont pas besoin de joindre à la boîte.

Lorsqu'on emploie le tractiomètre à mesurer des efforts subits considérables, comme, par exemple, le démarrage, d'un train, on interposera au besoin un réservoir élastique dans le tuyau communiquant au manomètre ; on évitera ainsi des soubresauts trop violents au mécanisme de ce dernier appareil.

Le tractiomètre pourra donc, pendant les transports, mettre en tout temps sous les yeux l'effort variable de l'organe moteur ; mais, pour que l'appareil soit complet et utile en certains cas, il faut que l'instrument puisse enregistrer des efforts irréguliers. Pour arriver à ce résultat, M. Bollée fait dérouler une bande de papier sous l'action d'une des roues libres du véhicule, par exemple, et dans une proportion déterminée à l'avance, au

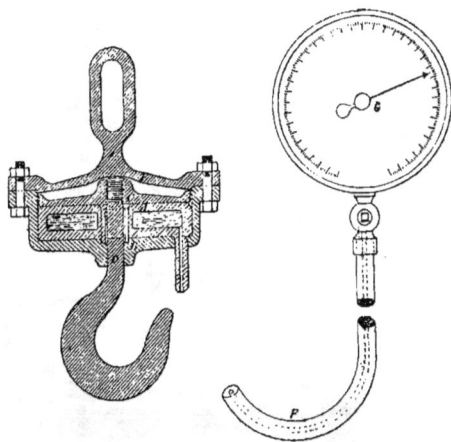

Fig. 546. — Tractiomètre de M. Bollée.

moyen d'un galet pressé par un ressort contre la circonférence extérieure de la roue. Le papier parcourra une certaine quantité, supposons 0^m,05 pour 1 000 mètres ; il portera des rayures transversales espacées de 5 en 5 millimètres qui, dans le même ordre d'idées, représenteront une translation de 100 mètres, et des rayures longitudinales écartées de 1 millimètre, représentant chacune 100 kilogrammes d'effort du tractiomètre. Le manomètre, placé en regard de la bande de papier, portera un crayon mis en mouvement par une crémaillère ou un levier actionné par l'arbre de l'aiguille.

Lorsqu'il n'y aura pas fonction des roues, tout sera en repos ; mais aussitôt le démarrage, la bande de papier se déroulera, et le crayon, sous l'action du manomètre indiquant les efforts plus ou moins considérables du tractiomètre, tracera une ligne longitudinale plus ou moins sinueuse. En comparant la ligne ainsi marquée avec celles tracées à l'avance sur le papier, on trouvera les efforts pour un point quelconque du trajet.

537. *Dynamomètre de traction Richard frères.* — Le dynamomètre hydraulique Richard, qui offre quelque analogie avec l'appareil de M. Bollée, est égale-ment disposé pour la mesure de la résistance à la traction. Il se compose (*fig.* 547) essentiellement d'une cuvette cylindrique en acier, pleine d'eau, fermée à la partie supérieure par une membrane en caoutchouc, sur laquelle s'appuie un piston de même diamètre que l'intérieur de la cuvette. Deux tiges métalliques sont boulonnées, d'une part, sur le plateau dans lequel est creusée la cuvette et, d'autre part, sur une traverse d'acier portant un œillard. D'équerre avec le cadre ainsi formé, est placé un deuxième cadre cons-

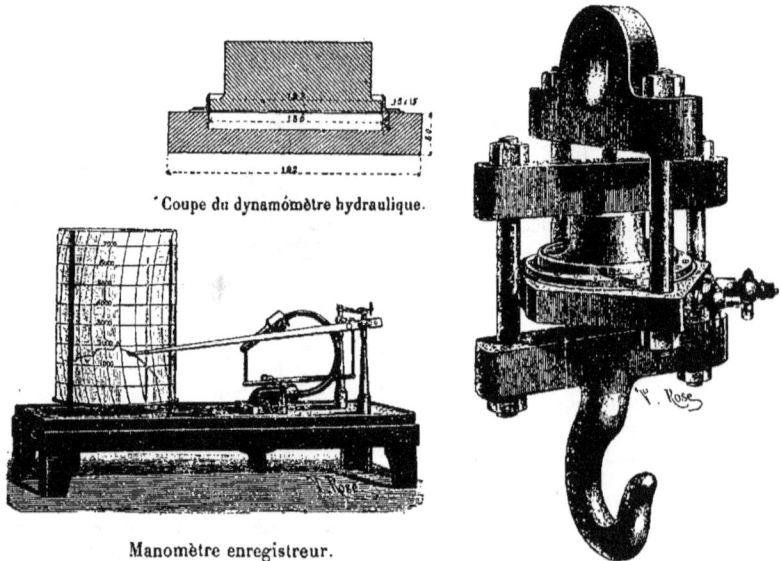

Coupe du dynamomètre hydraulique.

Manomètre enregistreur.

Fig. 547. — Dynamomètre de traction Richard frères.

titué par deux traverses en acier entretoisées, dont l'une porte le piston, pendant que sur le milieu de l'autre est ménagé un solide crochet d'attelage. Au moyen d'un câble passant dans l'œil de la traverse supérieure, le premier cadre est attaché à l'effort à évaluer, tandis que le crochet d'attelage est fixé à un point fixe, ou inversement; de cette façon, tout l'effort de traction se transmet intégralement à l'eau contenue dans la cuvette.

L'ensemble forme un tout solidaire, maniable sans précaution, mais très sensible. Afin de réduire au strict minimum les frottements résultant du guidage du piston, et d'éviter les coïnçages dans sa couronne, il n'a le diamètre de la couronne que sur une très faible hauteur.

Dans le but d'évaluer les efforts développés, et aussi pour en conserver la trace, le dynamomètre est relié par un tube de cuivre de petit diamètre à un manomètre enregistreur, du type Richard frères, dont l'aiguille indicatrice marque sur le papier toutes les fluctuations de pressions qui ont eu lieu dans la cuvette.

La relation qui existe entre l'effort exercé sur le dynamomètre et les indications du manomètre est :

$$F = pS,$$

où F désigne l'effort en kilogrammes exercé sur le dynamomètre S, la surface en centimètres carrés du piston ou de la cuvette de l'appareil, et p, la pression sur le liquide en kilogrammes par centimètre carré. C'est cette relation existant entre cette dernière pression par centimètre carré et l'effort exercé sur le dynamomètre, qui donne la valeur du travail développé.

Dynamomètres de rotation.

538. Les systèmes que nous avons décrits ci-dessus ne s'appliquent qu'aux appareils qui sont transportés, et nullement aux machines qui garnissent les ateliers, et dans lesquelles le travail mécanique est toujours transmis par des systèmes animés d'un mouvement circulaire continu. Nous allons voir comment on a résolu cette question par la mise en usage des dynamomètres en question.

539. *Manivelle dynamométrique.* — Lorsque l'effort que l'on a à évaluer n'est pas de grande importance, et presque toujours quand il s'agit de petites machines mues à bras, le système employé de préférence est la manivelle dynamométrique du général Morin. Cet appareil est représenté par la figure 548.

Le manchon cylindrique A, qui porte huit vis calantes, se fixe solidement à l'aide de ces vis sur l'axe de la machine

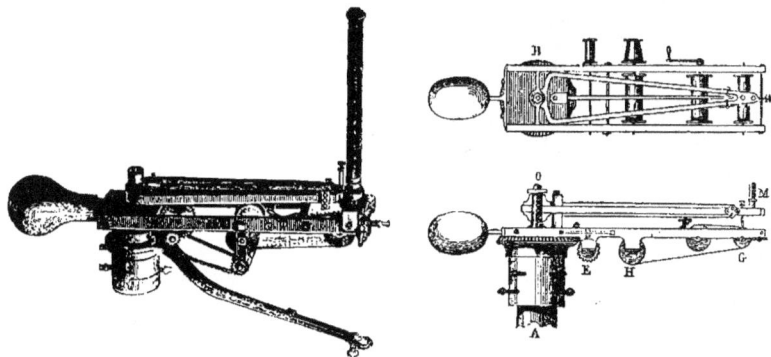

Fig. 548. — Manivelle dynamométrique de Morin.

qu'il s'agit d'essayer. Le dynamomètre proprement dit se compose de deux bâtis en fer superposés : l'un, le principal, rectangulaire, encadre pour ainsi dire toutes les autres pièces ; l'autre, triangulaire, peut tourner autour d'un axe perpendiculaire et fixé au premier bâti. Si l'appareil se bornait à ces deux pièces, cette dernière portant à son extrémité le manche M de la manivelle, lorsqu'un effort viendrait s'exercer sur lui, le bâti triangulaire seul prendrait un mouvement de rotation ; mais une lame de ressort encastrée dans sa partie la plus épaisse, et embrassée par deux couteaux à son autre extrémité, s'oppose à son in-

dépendance, et c'est par son intermédiaire que se communique le mouvement. Ce ressort s'écarte d'autant plus de sa position normale que l'effort exercé sur lui est plus considérable, et, si l'on sait à l'avance quelle est la grandeur de cet écartement pour chaque valeur d'effort, on aura la mesure de celui-ci par l'observation de celle-là.

Supposons qu'un crayon placé à l'extrémité du ressort soit mobile avec lui, tandis qu'un autre reste invariablement à la place que ce premier crayon occuperait si le ressort ne fléchissait pas ; supposons également que ces deux crayons appuient à la fois sur une même feuille de papier entraînée d'un mouvement régulier suivant une ligne parallèle à la direction primitive du ressort, chacun d'eux tracera une ligne, et l'écartement de ces deux tracés sera en chaque point la mesure exacte de l'écartement du crayon mobile, et par conséquent de la flexion du ressort. Pour produire l'entraînement du papier, on a placé sur le manchon A une couronne dentée B qui glisse à frottement doux dans une gorge pratiquée dans ce manchon; cette couronne, au moyen d'un dispositif particulier, peut être rendue fixe, dès lors; un petit pignon d'angle, qui engrène avec elle, tourne quand la manivelle travaille; ce pignon porte une vis sans fin qui fait mouvoir la roue dentée E, portant sur son axe et en dehors du bâti une petite bobine ou fusée cylindrique, sur laquelle un fil s'enroule à mesure qu'il se déroule de la fusée conique montée sur un axe parallèle.

Le reste de la disposition est facile à concevoir. Trois bobines F, G, H, sont placées sur trois axes parallèles, fixés en travers du bâti; une feuille de papier, primitivement enroulée sur la première à l'aide d'une petite manivelle spéciale, embrasse la bobine G et vient s'attacher à la troisième, H, montée sur l'axe même de la fusée conique, qui, en tournant, fait enrouler le papier sur cette dernière bobine.

Au commencement de l'expérience, il faut s'assurer que les deux lignes tracées par les crayons se superposent exactement lorsque aucun effort n'est exercé sur le ressort; si cette coïncidence n'est pas parfaite, deux petits écrous permettent de rappeler à la position convenable et d'y assurer sans crainte de variation le crayon fixe.

Le dispositif employé pour rendre à volonté la couronne dentée immobile pendant que la manivelle tourne, se compose d'une vis à tête saillante fixée sur une couronne mobile, mais ne pénétrant pas jusqu'au fond de la gorge qui reçoit cette couronne; elle est destinée à former arrêt au moment où une pièce mobile, convenablement coudée pour ne pas gêner la manœuvre, vient buter contre

elle. A partir de ce moment, la couronne ne peut plus se mouvoir, et le papier se déroule comme nous l'avons indiqué.

Pour que la manivelle soit équilibrée, on place sur le cadre rectangulaire, du côté opposé au mécanisme, une masse formant contrepoids.

540. *Pandynamomètre de Hirn.* — M. Hirn a eu l'idée de faire accuser le travail d'une manière continue en se servant de la déformation élastique des organes mécaniques parcourus par le courant d'énergie, angle de torsion pour les arbres tournants, flèches de balanciers de machines à vapeur, etc.; ces déformations, amplifiées par des leviers multiplicateurs, étaient enregistrées ou totalisées. En se basant sur ce principe, M. Hirn a créé toute une classe de dynamomètres, qu'il a désignés du nom de *pandynamomètres*.

L'idée sur laquelle repose le pandynamomètre est la suivante : L'arbre de rotation transmettant le travail moteur, par suite de la résistance, subira nécessairement une torsion, et deux traits situés sur le prolongement l'un de l'autre, aux deux extrémités de l'arbre, éprouveront un déplacement relatif pendant la marche de la machine, pour revenir dans le prolongement l'un de l'autre, à l'état de repos. Cette torsion est en raison de l'effort transmis. Si donc on parvient à mesurer la valeur moyenne de cette torsion pour une période assez régulière, puis, qu'au repos on mesure l'effort qu'il faut exercer dans le sens de la rotation pour le produire, il est évident qu'en multipliant cet effort par le chemin parcouru par le point d'application pendant le travail, on aura la valeur de celui-ci.

L'appareil de M. Hirn est disposé de façon à donner d'une manière continue l'indication de la torsion de l'arbre. A cet effet, deux roues d'engrenages sont calées à ses extrémités, commandant deux roues pareilles; toutefois, une roue intermédiaire détermine le mouvement de ces dernières en sens contraire. Chacun des axes des dernières roues porte une roue d'angle engrenant avec une roue d'angle différentielle, laquelle est folle sur un levier qui commande un mécanisme traçant sur un plan mû proportionnellement aux tours de l'arbre. Lorsqu'il n'y a pas de torsion, la roue folle ne se déplace pas, tandis que tout mouvement de torsion fait naître un déplacement de la roue et, par suite, du levier qui la porte.

Malheureusement, la torsion étant né-cessairement minime, pour la solidité même de la construction, les imperfections des dentures des roues viennent fournir des indications trop petites pour que l'évaluation ne laisse pas bien des chances d'erreur. C'est pourquoi l'auteur a employé des moyens d'amplification de ma-

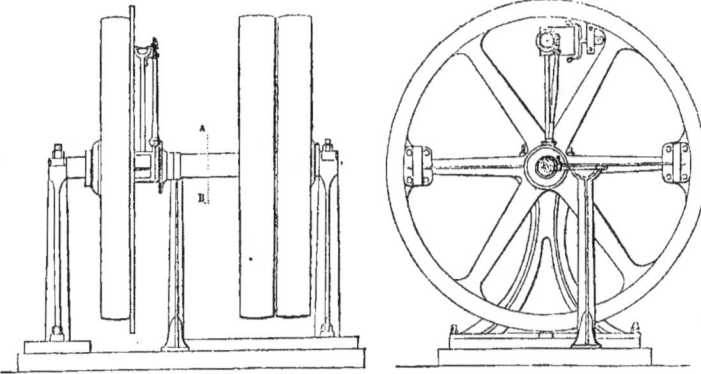

Fig. 549. — Dynamomètres de rotation.

nière à rendre l'instrument plus facile à observer.

541. *Dynamomètre de rotation de Morin.* — Sur un arbre posé sur deux supports fixés sur un plateau sont placées trois poulies de même diamètre : l'une est fixe ; l'autre, voisine de la première, est folle, et la dernière est mobile autour de l'arbre dans les limites que nous indiquerons. Cet appareil étant interposé entre un arbre et une machine dont on veut mesurer la résistance, la courroie placée d'abord sur la poulie folle est amenée sur la poulie solidaire de l'arbre, et, par suite, celui-ci est mis en mouvement. La troisième poulie reçoit la courroie qui transmet le mouvement à la machine et doit vaincre la résistance. L'arbre, mis en mouvement, l'entraîne bien qu'elle soit folle sur l'arbre, par l'effet d'un arrêt faisant corps avec elle et qui vient buter sur une lame de ressort, implantée dans l'arbre suivant un de ses rayons. Cette lame, tournant avec l'arbre, agit sur l'arrêt, dont la résistance la fait fléchir, et quand sa résistance à la flexion est susceptible de vaincre celle que la machine oppose, le mouvement commence, et se trouve ainsi transmis de l'arbre moteur à la machine en expérience par l'intermédiaire d'une lame de ressort, dont les flexions mesurent la résistance à vaincre.

Un style ajusté sur l'un des bras de la poulie trace les courbes sur un papier doué d'un mouvement en rapport constant avec celui de l'arbre. Ce mouvement du papier est obtenu par un système analogue à celui que représente la figure 549 qui indique les dispositions du système ci-dessus, destiné à constituer un dynamomètre de rotation à compteur. Un anneau, à frottement doux sur l'arbre, est denté en roue d'angle ; il engrène avec un pignon conique dont l'axe rencontre à angle droit celui de l'arbre. L'axe de ce pignon se termine par une vis sans fin qui conduit une roue dentée dont l'axe, parallèle à celui de l'appareil, porte à un autre bout un plateau de cuivre dont le plan est perpendiculaire à l'arbre. La poulie porte un compteur à roulettes, qui se déplace avec cette poulie d'une quantité proportionnelle à la flexion des lames.

Quand on veut obtenir des indications du compteur, on rend immobile l'anneau denté au moyen d'un embrayage. Le pignon, emporté par l'arbre, roule alors autour de l'anneau denté fixe dans l'espace, et imprime au plateau un mouvement de rotation.

Pour le dynamomètre à style, l'anneau monté sur l'arbre est denté en hélice et engrène avec un pignon perpendiculaire à l'arbre, mais qui ne le rencontre pas. C'est ce pignon qui met en mouvement le papier sur lequel s'effectue le tracé, à l'aide d'un style placé sur un des bras [de la poulie.

542. *Dynamomètre de rotation Taurines.* — Ce dynamomètre offre cette heureuse disposition que les efforts de traction s'évaluent par le rapprochement de ressorts, suivant une ligne perpendiculaire à l'axe de rotation, d'où résulte, avec une très grande résistance qui permet d'appliquer ce dynamomètre à de puissants efforts, une grande facilité d'obtenir des tracés dans la circonstance la plus générale des machines industrielles.

Ce dynamomètre consiste, réduit à sa plus simple expression, en un système de ressorts paraboliques assemblés par une extrémité à une manivelle calée sur l'arbre mû par la puissance, et de l'autre à un système semblable appartenant à l'arbre sur lequel la résistance vient s'exercer. Ces deux manivelles, ou l'une d'entre elles, peuvent être un rayon d'une roue ou d'un volant ; c'est toujours la même disposition. Lorsque la machine est en mouvement, la flèche de courbure des ressorts s'infléchit en raison des efforts de traction, les milieux des deux ressorts se rapprochent. Si donc une tige est articulée d'une extrémité à l'un des ressorts, et de l'autre à une pièce glissant dans une rainure circulaire d'un anneau monté sur l'arbre de rotation et pouvant s'avancer sur celui-ci, il est clair que cet anneau se déplacera en raison des efforts. Un papier, roulé sur lui, recevra donc d'un crayon fixe un tracé qui sera en raison de la rotation de l'arbre et de l'effort de traction nécessaire pour le mouvoir.

La figure 550 représente cet appareil.

A et A'. Arbres supportant chacun respectivement les doubles manivelles B et B', clavetées l'une sur A, l'autre sur B'.

C'. Tourteau monté fou sur l'arbre A' ; il porte deux soies c, c, placées en diagonale et le traversant de part en part ; il est, en outre, percé de deux trous b'', b'', pareillement situés en diagonale, et dans lesquels pénètrent les soies b', b', de la manivelle B'.

D, D. Ressorts dynamométriques incrustés chacun dans une des soies c, c du tourteau C', et dans celle des soies b' b', de la manivelle B′, qui se trouve du même côté, par rapport à l'arbre, que la première soie considérée.

E, E. Système de tenons et de traverses reliant les ressorts dynamométriques aux ressorts multiplicateurs F, F, que d'autres tenons et traverses G, G, mettent en relation avec les ressorts H, H.

H, H. Ressorts indicateurs, amplifiant encore les flexions des ressorts précédents, et du mouvement desquels on déduit l'indication des efforts exercés.

h, h. Tringles attachées aux ressorts H, H, et commandant l'appareil de relèvement des courbes de rotation.

Cet appareil, un peu compliqué, mais

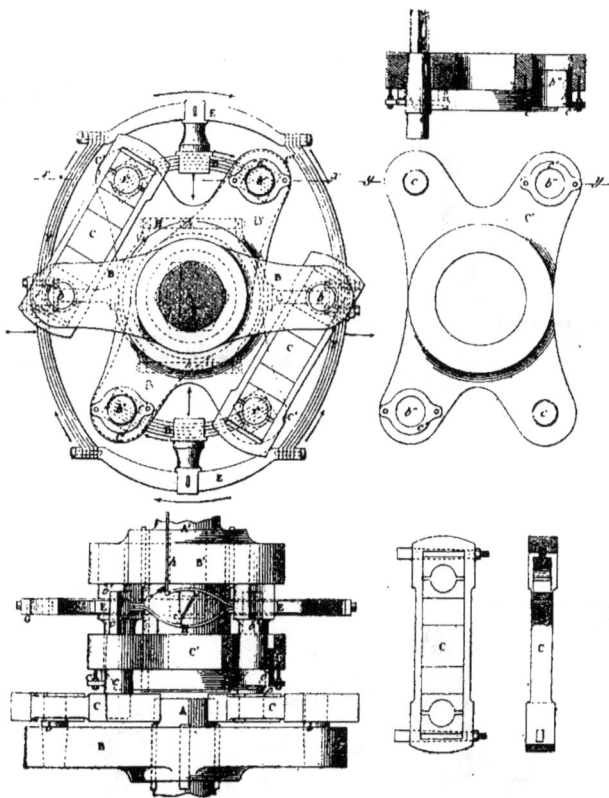

Fig. 540. — Dynamomètre de rotation de Taurines.

très ingénieux est représenté par la figure 551.

h′. Cadre attaché aux deux tringles précédentes h, h, et communiquant le mouvement de ces tringles au système des deux colliers B, B′, par l'intermédiaire des bielles i, i.

B, B′. Système de deux colliers pouvant glisser le long du manchon en bronze, I,

monté à demeure sur l'arbre. Ce système est guidé dans son mouvement longitudinal par deux lunettes oblongues i′, i′, embrassant les galets i″, i″, dont les axes ont leurs pieds fixés dans l'arbre de couche. Il a, d'ailleurs, sa course limitée par un bourrelet I′ qui fait partie du manchon I, et il participe à la rotation de l'arbre.

J. Roue d'engrenage fixée au collier

B′, et commandant la roue J′ montée sur l'axe j. Cette roue porte deux joues qui embrassent la roue J, et servent à communiquer à l'axe j, outre le mouvement de rotation de l'arbre A, le mouvement longitudinal du collier B′.

M. Roue montée à frottement doux sur l'axe j et maintenue dans le sens de la longueur de cet axe à l'aide de joues embrassant la vis sans fin m, qui communique successivement le mouvement de rotation à une autre vis $m′$ et, par suite,

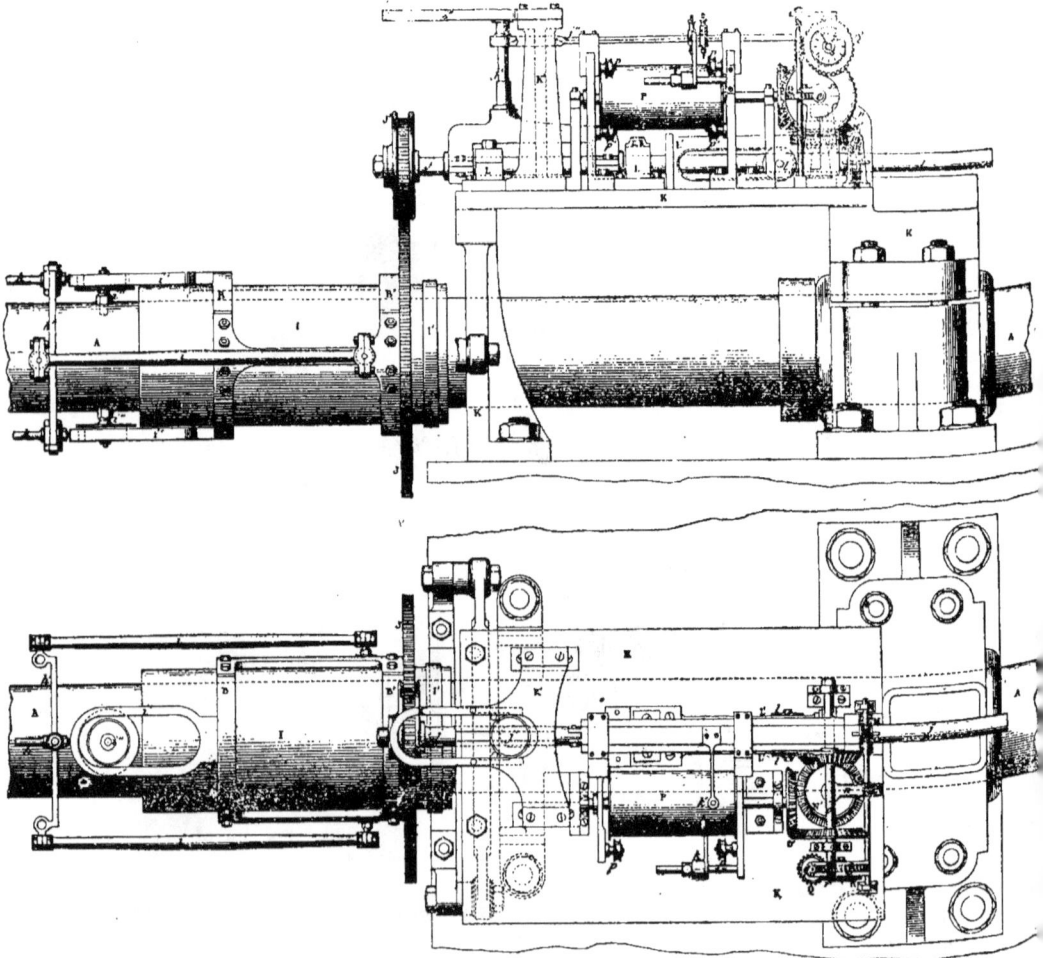

Fig. 551. — Appareil enregistreur du dynamomètre de rotation de Taurines.

aux roues N, N′, O, O′, O″, cette dernière actionnant le cylindre à papier. Sur ce papier, deux crayons h et $k′$ tracent : le premier la ligne de repère des courbes,

et le second, $k′$, les courbes résultant des fluctuations des efforts.

543. *Dynamomètre de White.* — La construction de cet appareil repose sur une disposition analogue à celle du mouvement différentiel que cet inventeur américain a appliqué dans un grand nombre de cas. Il consiste (*fig.* 552) en deux systèmes de poulies AA', BB', tournant autour d'un arbre C, C ; de chaque côté la poulie extrême est folle. La poulie fixe B' et la roue d'angle voisine sont toutes deux attachées sur l'arbre C ; la roue d'angle D est ajustée sur un tube lié à la poulie A. Les roues E, E', sont portées par la barre G, qui peut tourner autour de l'arbre C.

Pour se servir de ce dynamomètre, la courroie conductrice venant du moteur agit sur la poulie B', pendant que la courroie conduite passe sur la poulie A pour se rendre aux machines dont il s'agit d'étudier la consommation de travail. Il est clair que si les roues E, E' sont maintenues dans la position horizontale et ne peuvent tourner autour de l'arbre C, la roue d'angle et la poulie A avec laquelle elle fait corps, tourneront aussi vite que la poulie B'. Alors le poids nécessaire pour maintenir les roues EE dans leur position mesure l'effort nécessaire pour faire mouvoir les poulies et la roue d'angle montée sur l'arbre. Ce poids est obtenu à l'aide du levier GH, qui est employé comme le bras d'une romaine.

Le bras HG est adapté au centre des roues EE, par les pièces a, a ; il est partagé en parties égales. Le poids M sert à équilibrer la barre et est fixé par une vis. Quand les roues EE conservent leur position par l'effet du levier GH, il est évident qu'un poids de 20 kilogrammes agissant sur la poulie A équilibrera le même poids sur les poulies B. La distance du centre de l'arbre C à la distance sur le levier marquée 1, est égale au rayon de ces deux poulies ; par suite un poids de 20 kilogrammes en 1 contre-balancera le même poids sur A, c'est-à-dire qu'en négligeant le frottement, l'effort peut s'évaluer par le poids nécessaire à la poulie motrice pour que le système conserve sa figure, c'est-à-dire lorsque la résistance est égale à la puissance.

Pour mettre la machine en mouvement, on fera donc passer les courroies des poulies folles sur les poulies fixes, puis l'on fera glisser le poids sur le levier jusqu'à ce qu'il ne soit plus entraîné ; le poids ainsi indiqué sur le levier, multiplié par le rapport de la distance au point marqué 1, du point où il est suspendu, permet d'évaluer l'effort nécessaire pour mouvoir la machine.

544. *Dynamomètre totalisateur Valet.* — L'organe principal de cet appareil est une poulie dynamométrique consistant en une couronne A (*fig.* 553) fondue avec un croisillon composé de quatre bras B et d'un moyeu C, et montée à l'intérieur d'un croisillon double à quatre bras D,

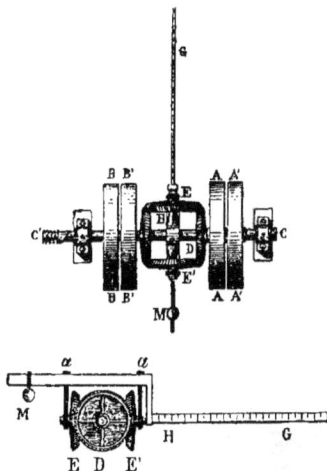

Fig. 552—. Dynamomètre de rotation de White.

construit en deux parties et claveté avec l'arbre E de transmission.

En fait, la poulie A est montée folle sur le noyau intérieur du croisillon fixe D ; mais ces deux parties deviennent solidaires par l'interposition de quatre ressorts F, qui sont appelés à fléchir pendant la transmission du travail entre le croisillon fixe et la courroie qui entoure la poulie. Sur l'une des faces du croisillon D, se trouve appliqué un manchon cylindrique G, entouré d'une bague à gorge H, armé de deux écrous b, traversé par des vis I, dont l'axe est fixe longitudinalement et porte un petit pignon c. Ce pignon en-

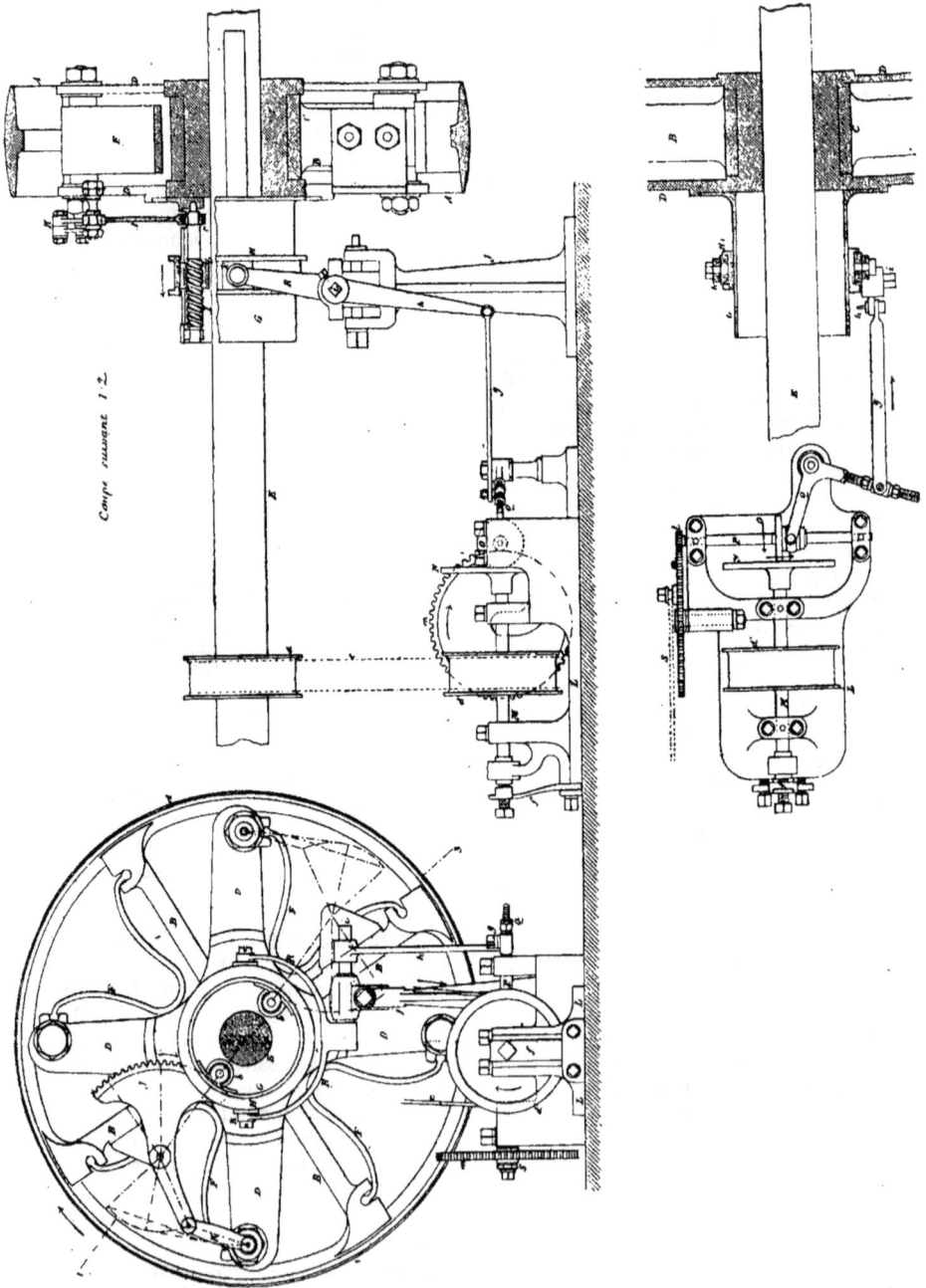

Fig. 353. — Dynamomètre de rotation de Valet.

grène avec un secteur J, dont le centre d'oscillation est monté sur un point fixe appartenant à l'un des bras B de la couronne A, tandis que le bras opposé du même secteur est assemblé par une petite bielle K avec un point fixe pris sur l'un des bras du croisillon D. Il est évident que dans les moments de flexion les deux secteurs J agissent sur les pignons correspondants c, font tourner les vis I, et que, par suite, la bague H, qui participe, d'ailleurs, au mouvement de rotation du croisillon D,

se déplace longitudinalement sur le manchon G.

Les déplacements de cette bague étant regardés comme exactement proportionnels aux angles de flexion, il s'agit maintenant d'en transmettre les effets à un petit appareil disposé à côté de l'arbre sur un support *ad hoc*, et combiné comme il suit :

Cet appareil intermédiaire est formé d'une plaque L offrant les supports d'un axe M, qui reçoit de l'arbre E, par les

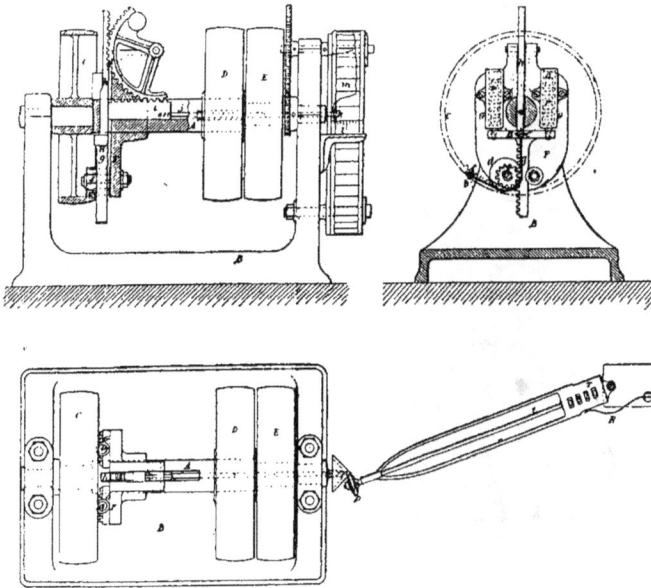

Fig. 554. — Dynamomètre Morin et Sellière.

poulies *d* et *d'* et la courroie *e*, un mouvement de rotation continu exactement correspondant à celui de l'arbre. Cet axe M, libre dans ses supports, et constamment soumis à l'action d'un ressort *f*, se termine du côté opposé par un disque plan N, avec lequel se trouve en contact un disque analogue O monté sur un axe P, sur lequel il peut se déplacer longitudinalement. Or, ce second disque est en prise par une gorge avec une équerre de renvoi Q, qui est assemblée par sa branche opposée avec une bielle *g*, qui est reliée de même avec un bras de levier *h*, dont

l'axe *i*, monté sur un support fixe *j*, porte, par son centre, une fourche R dont les branches sont assemblées aux deux coussinets *k*, engagés librement dans la gorge de la bague H. Il résulte de cette disposition que les déplacements de cette bague ont pour effet de mobiliser l'équerre Q, et, par suite, de déplacer le petit disque O sur son axe P, et la vitesse de rotation de ce dernier est variable dans le même sens que la flexion des ressorts, suivant que le disque O se rapprochera ou s'éloignera davantage du centre du disque N. Un système particulier permet au moyen de la roue dentée m et des nombres de tours faits par les arbres E et P de déterminer la quantité de travail qui a été consommée.

545. *Dynamomètre Morin et Sellière.* — Ce dynamomètre se compose (*fig.* 534) d'un arbre A tournant dans deux paliers fondus avec le bâti B ; sur cet arbre sont montées trois poulies : l'une C, qui reçoit la courroie motrice, la seconde D qui transmet ce travail, et la troisième E qui est folle et voisine de D pour recevoir la courroie lorsque l'on veut arrêter le mouvement. La poulie C est folle sur l'arbre A, et elle transmet la force à la poulie D, calée sur cet arbre, par l'intermédiaire d'un système élastique, porté par un plateau F, calé sur l'arbre A, et, par conséquent, solidaire de la poulie D. Ce système élastique comporte deux pesons formés chacun d'un ressort à boudin r, enfermé dans une boîte G et comprimé par la tête d'une tige a ; les deux tiges a se vissent sur une traverse II, et cette

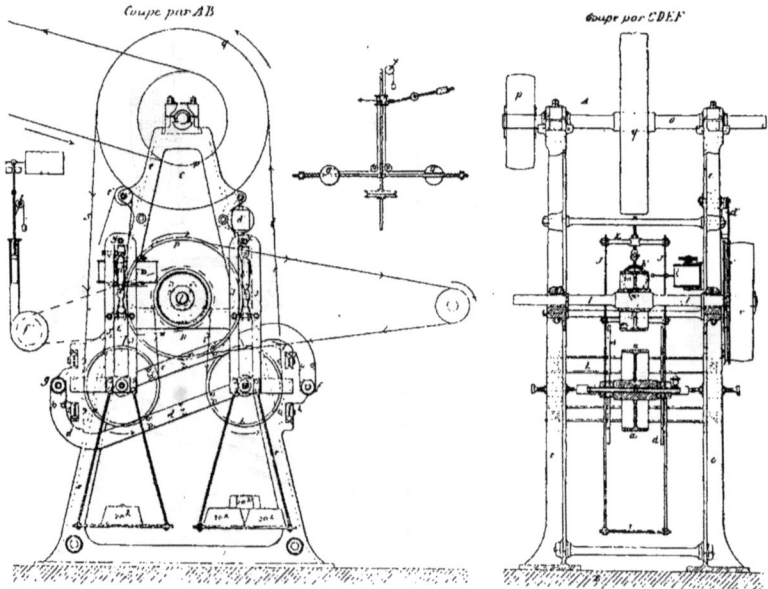

Fig. 55. — Dynamomètre Farcot.

traverse est reliée à la poulie C de manière à reproduire exactement sur les pesons l'effort exercé par la courroie motrice ; ces pesons se compriment donc proportionnellement à cet effort.

Par un système de crémaillères et de secteurs dentés, cette compression des pesons est transmise à la tige j située dans un forage pratiqué au centre de l'arbre, et qui se termine, hors de l'arbre, par un petit disque à arête vive k. Si donc on adapte une échelle convenablement graduée, en l, la position de l'arête de j sur cette échelle montrera à chaque moment le nombre de kilogrammes d'efforts exercés sur les pesons. En multipliant cet effort par le chemin parcouru en mètres, on obtiendra la valeur de la force motrice.

On peut installer sur cet appareil un totalisateur, comme le montre le plan de la figure. Pour cela, on remplace le disque k de la tige j par un cône n et on dispose près du dynamomètre un compteur T dont l'axe t porte à son extrémité une petite poulie p, munie d'une jante de caoutchouc ; un ressort R force la poulie p à être toujours adhérente au cône n.

546. *Dynamomètre Farcot.* — Dans cet appareil, que représente la figure 555, on a deux poulies qui sont montées folles chacune sur une entretoise reliant les extrémités libres de deux leviers articulés sur le bâti de l'instrument, et qui constituent deux balances dont les fléaux seraient articulés à l'une de leurs extrémités, tandis que l'autre, qui est libre, soutient la poulie et un plateau situé au-dessous et pouvant recevoir des poids.

Ces deux poulies sont soutenues, l'une par le brin tendu ou entraînant, et l'autre par le brin lâche ou de retour de la courroie qui transmet le mouvement de rotation de la machine motrice aux différentes pièces du dynamomètre. A cet effet, cette courroie passe d'abord sur une poulie montée à la partie supérieure de l'appareil, sur un arbre prenant son mouvement directement sur une machine motrice ou sur l'arbre de couche.

La courroie descend alors pour soutenir les deux poulies de balance, puis remonte de part et d'autre pour passer sur une poulie de renvoi placée entre les deux poulies de balance un peu au-dessus d'elles ; elle est montée sur un arbre fixe, qui est l'arbre principal du dynamomètre, et sur lequel l'outil dont on veut mesurer la résistance prend aussi son mouvement.

On fait d'abord marcher l'appareil à blanc, afin qu'on puisse enregistrer les tensions initiales ; on rend la tension première des deux brins assez grande pour que la courroie ne puisse glisser pendant toute la durée de l'expérience. Au moment où l'on attelle sur le dynamomètre un outil quelconque, la tension du brin tendu augmente proportionnellement à la résistance de cet outil. Dès lors la poulie correspondante est soulevée si l'on ne prend soin de mettre des poids dans le plateau dépendant. La valeur de ces poids est en relation simple avec l'augmentation de tension du brin tendu. On connaît, d'ailleurs, la vitesse de la poulie de renvoi sur laquelle passe la courroie, par suite, on comprend qu'il sera facile d'obtenir une relation permettant d'évaluer le travail résistant qui correspond aux poids que l'on a mis. Des compteurs de tours sont disposés sur toutes les parties de l'appareil.

Dans notre figure, les poulies de balance *a*, *b*, sont suspendues aux leviers *c*, *d* articulés aux flasques *e* du bâti en *f*, *g*, et soutenant à leurs extrémités libres les entretoises *h*, sur lesquelles sont montées les poulies *a*, *b*, au-dessous desquelles sont placés les plateaux. A la partie supérieure du bâti, se trouve l'arbre *o*, qui porte les deux poulies *p* et *q* : la première est la poulie motrice, la seconde reçoit la courroie du dynamomètre. Sur l'arbre *l*, de la poulie de renvoi, se trouve une autre

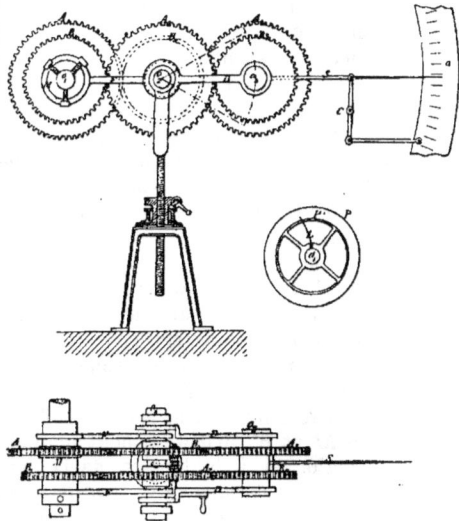

Fig. 556. — Dynamomètre de Marcel Deprez.

poulie *r*, sur laquelle passe la courroie qui transmet le mouvement à l'outil dont on veut mesurer la résistance.

547. *Dynamomètre Marcel Deprez.* — Cet appareil permet de transmettre les indications qu'il donne à poste fixe, sans frottement ni glissement, et avec telle amplification que l'on désire.

Il se compose d'un train épicycloïdal de six roues à denture fine A^1, A^2, A^3, B^1, B^2, B^3 (*fig.* 556) montées deux à deux sur l'arbre O^1 et les axes O^2 et O^3. Les roues A^1, A^2 et A^3 sont de même rayon R, tandis que B^1, B^2 et B^3 ont un rayon

plus petit, et égal, *r*. La première partie
A^{1}B^1 est montée sur un manchon M, d'un
diamètre intérieur suffisant pour pouvoir
être placé sur différents arbres ; trois vis
à 120° le traversent et permettent de le
centrer exactement. L'arbre sur lequel
est fixé le dynamomètre porte en
outre deux poulies : l'une P, clavetée,
l'autre P' folle, mais entraînée par l'arbre
au moyen de la lame flexible L. C'est à la
poulie P' qu'est reliée la roue A^1, folle
sur M, la roue B^1, au contraire, étant
solidaire de ce manchon. Quant aux
roues A^2 et B^2, elles sont folles toutes
deux sur leur axe commun O^2, engrenant
d'un côté avec B^1 et A^1 et de l'autre avec
B^3 et A^3, qui sont solidaires et liées invariablement ensemble.

L'arbre O^2 est maintenu entre deux
flasques F ; deux bielles D relient les
arbres O^2 et O^3 et sont maintenues par
un support qui permet d'en faire varier
à volonté la hauteur au-dessus du sol.

Si l'arbre n'est soumis à aucun effort
tangentiel, ce qui correspond à une tension nulle du ressort de la poulie P', les
roues A^1 et B^1 restent animées d'une vitesse
égale qu'elles communiquent aux deux
autres paires, et les six roues tournent
simultanément sans déplacement relatif.
Quand, au contraire, le ressort de P'
vient à se tendre, il se produit entre les
roues A^1 et B^1 un déplacement angulaire
proportionnel à la tension de la lame
flexible. Ce décalage est transmis aux
quatre autres roues, et, en vertu des
propriétés des trains épicycloïdaux, ce
déplacement relatif des roues A^1 et B^1 a
pour conséquence un déplacement angulaire de la ligne des centres O^2, O^3, autour
de l'axe O^2.

On est donc maître de traduire ce déplacement angulaire par un mécanisme
quelconque qui fera mouvoir un crayon C
inscrivant sur une bande de papier la
flexion du ressort. Le levier, qui forme
en quelque sorte le prolongement de la
bielle D, peut encore être terminé en aiguille S, qui vient indiquer directement en
regard d'un limbe gradué *a* les tensions
successives du ressort L.

548. *Dynamomètre Bourry.* — Dans
cet appareil, pour mesurer la force mo-

trice tant absorbée que produite, on emploie une paire de balances comparativement puissantes, se contre-balançant
réciproquement et pourvues de ressorts
en guise de poids, et qui se trouve interposée entre la partie mouvante et la partie mue.

Un entablement A (*fig.* 557) porte deux
coussinets dans lesquels tourne l'arbre B,
qui porte la poulie folle destinée à recevoir la courroie motrice, et la poulie D,

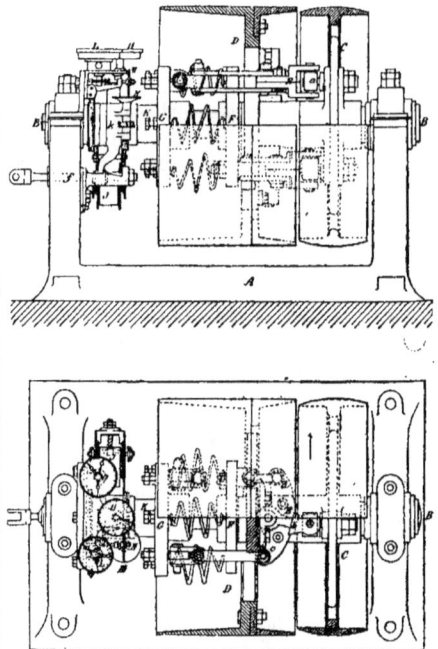

Fig. 557. — Dynamomètre Bourry.

de largeur double, qui est fixée sur l'arbre
et sur laquelle passe la courroie allant
aux résistances à mesurer. L'assemblage
élastique entre les poulies C et D est fait
de la manière suivante : Deux balanciers
ou fléaux de balance E, en forme de T, à égale
distance de l'arbre, et sur le même diamètre, oscillent en position de tangente
sur des pivots radiants par rapport à
l'arbre B, et qui sont portés par la poulie D.
Les extrémités des bras *b* desdits fléaux
sont articulés sur des tourillons *a* appar-

tenant à la poulie C, tandis que les bras c, d sont rattachés à des disques F, G, au moyen de tringles; entre ces disques, glissant librement sur l'arbre, en sens opposé l'un de l'autre, sont disposés un certain nombre de ressorts compressifs ou extensifs, selon les circonstances.

Le disque G est pourvu d'un long moyeu K, qui est muni d'un collier libre k, retenu dans son mouvement de rotation par la tige f et servant à commander les divers instruments de mesurage et de contrôle appliqués à ce dynamomètre. Le jeu de l'appareil se produit de la manière suivante ; la poulie C étant sous l'influence d'une force motrice, fait agir ses tourillons a sur les bras b des fléaux E ; il s'ensuit que les bras c attirent le disque G, et les bras d refoulent le disque F, comprimant ainsi les ressorts interposés, en proportion de la résistance opposée à la force motrice. Le disque G, transmet cette force au moyeu K, puis au collier k, et l'indication du nombre des kilogrammètres dépensés est donnée sur le cadran H.

549. *Dynamomètre de M. Banki.* — L'arbre W (*fig.* 558) portant les poulies folles B, B', est maintenu par le support A et sert d'axe de rotation au levier à deux branches C. Sur l'une des branches de ce levier se trouve la tête croisée D, qui peut être réglée à l'aide d'une vis E. Dans la

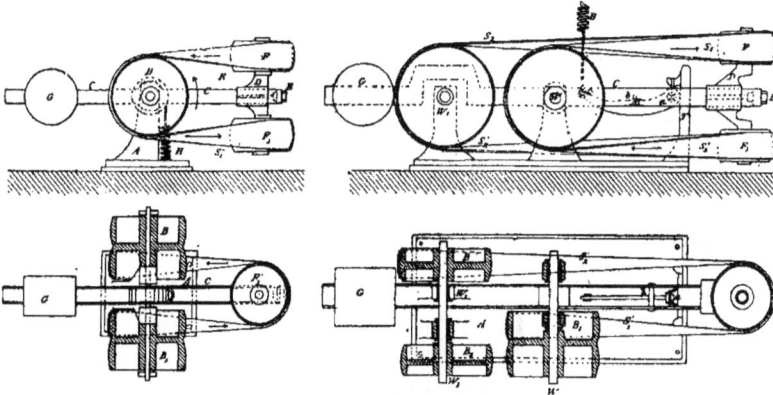

Fig. 558. — Dynamomètre de Banki.

tête D sont fixés les tourillons autour desquels tournent les poulies mobiles F, F'. Sur la branche opposée de ce levier, se trouve un contre-poids G pour contrebalancer le levier.

Un ressort H est fixé sur la plaque du support, et relié au levier C à l'aide d'une bande en acier. Une courroie sans fin passe autour des poulies B, F, B', F'. Lorsque l'appareil se trouve en activité, cette courroie transmet le mouvement de l'une des poulies B à l'autre B'.

Supposons, par exemple, que la poulie B soit mue par le moteur dans la direction des flèches, et que la poulie B' transmette le mouvement à la résistance : les parties supérieures S_1, S_2, de la courroie sont, dans ce cas, tendues, et les parties inférieures S'_1, S'_2, relachées. La différence des deux tensions de courroie

$$(S_1 + S_2) - (S'_1 + S'_2)$$

agit sur le mouvement des branches de levier C avec le bras de moment R dans un sens opposé à l'élasticité du ressort H. Un appareil enregistreur marque les mouvements du ressort et permet d'avoir à chaque instant la quantité de force absorbée par la machine dont on mesure la résistance.

On peut employer un arbre auxiliaire W_1 : la poulie B est suffisamment large pour pouvoir recevoir la courroie de transmission. Sur l'arbre W est calée, en outre de la roue B, la roue B_2, destinée à recevoir la courroie d'impulsion de la machine résistante. Par suite de la différence des tensions S'_1, S'_2, S_1, S_2, de la courroie, le levier C exerce au point b une pression sur le levier M, dont le point de suspension se trouve en a, et dont l'extrémité est reliée au ressort H, qui reçoit la pression du levier C et contrebalance ce dernier. Les mouvements du ressort H peuvent alors être relevés et enregistrés comme précédemment.

550. *Dynamomètre Leneveu.* — Cet

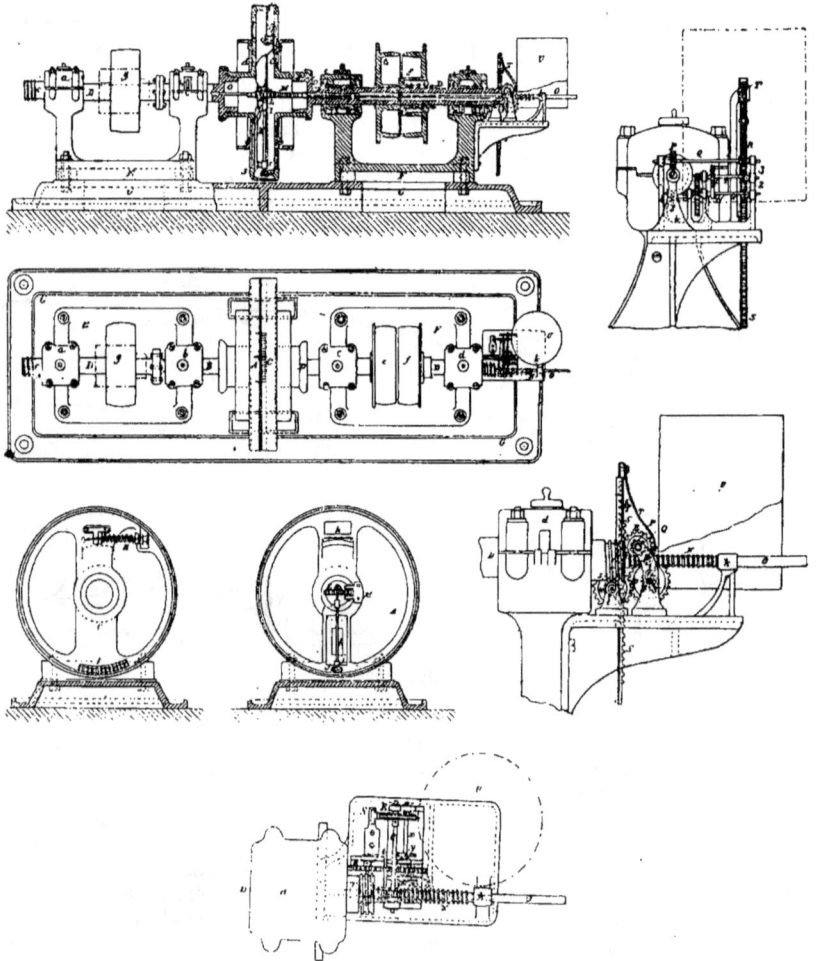

Fig. 559. — Dynamomètre Leneveu.

appareil comprend deux plateaux circulaires A et C (*fig.* 559), respectivement calés sur les arbres indépendants B et D, situés sur le même axe, et tournant dans les paliers ab, cd, fondus avec les poupées E et F fixées sur le bâti G. Les arbres B et D sont organisés, pour ne pas glisser longitudinalement ; l'un, D, porte les poulies fixe et folle e, f, l'autre, B, porte la poulie g de même diamètre que les poulies e et f.

La poulie *e* reçoit la commande et la poulie *g* la transmet à la machine à essayer.

Les plateaux A et C sont rendus solidaires, dans un certain sens, au moyen d'un ressort à boudin H fixé sur l'un d'eux et auquel l'autre plateau est attaché par deux lames d'acier très flexibles ou par deux chaînettes. Le ressort H est enfilé sur une tige maintenue par deux supports, et porte une pièce cylindrique sur laquelle sont attachées les chaînettes ou lames flexibles fixées, d'autre part, sur un arc de cercle ayant son centre sur l'axe des plateaux. Les chaînettes exercent leur traction suivant une direction parallèle à l'axe du ressort à boudin.

De cette façon, l'arbre D, mis en mouvement, entraîne l'arbre B au moment où la traction exercée par les chaînettes du plateau C sur le ressort H est suffisante pour vaincre la résistance qu'oppose la machine à essayer. Cette traction sur le ressort H a pour effet de le comprimer et, par suite, de le raccourciret, finalement, l'effort exercé sur la poulie *e* se traduit par un déplacement angulaire des deux plateaux, que l'on peut apprécier à l'aide d'un index appartenant au plateau A et se déplaçant en regard d'une graduation appropriée faite sur le plateau C.

A ce dynamomètre est joint un indicateur-enregistreur disposé de la façon suivante : sur le plateau C se trouve un arc

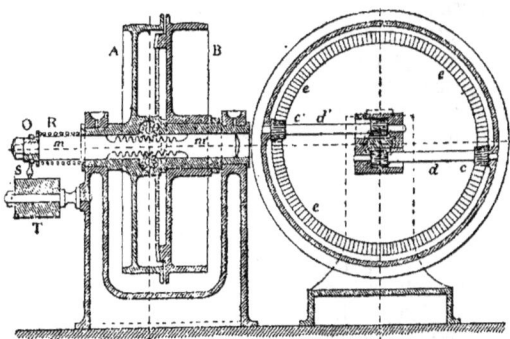

Fig. 360. — Dynamomètre de rotation de Raffard.

denté, I, engrenant avec le pignon d'angle J, monté sur l'arbre K fixé au plateau A par les coussinets *i* et *j*, qui le retiennent longitudinalement. Cet arbre porte, outre le pignon J, une roue dentée I en prise avec une crémaillère T, convenablement guidée, et qui se prolonge dans l'arbre B sous forme de tige O, pour venir saillir à l'extérieur et être supportée par la douille K. La partie de la tige O, qui fait saillie à l'extérieur, porte elle-même une crémaillère circulaire M, engrenant avec le pignon P, calé sur l'arbre Q, muni d'une roue R qui commande à son tour la crémaillère S.

Cette dernière porte le style ou crayon T destiné à tracer le diagramme sur un papier enroulé autour du cylindre U,

actionné par un mouvement d'horlogerie. Sous l'influence de cette transmission, le déplacement de l'un des plateaux du dynamomètre par rapport à l'autre, produit une montée ou une descente de la crémaillère S, que le crayon T enregistre immédiatement sur le cylindre rotatif U.

551. *Dynamomètre de rotation de Raffard.* — Une grande partie des dynamomètres de rotation mis en usage ont pour principal défaut d'avoir des pièces mobiles dans le sens du rayon, qui, sous l'influence de la force centrifuge, agissent sur les ressorts destinés à mesurer les efforts et en faussent par conséquent les indications, d'autant plus que la vitesse de rotation est plus grande; on devra donc tenir compte, le cas échéant, de cette action.

Pour mesurer la très petite quantité de travail dépensée par les petites machines-outils, on peut se servir d'un poids moteur dont on mesure la chute, mais lorsque le travail sera plus considérable et surtout que la vitesse sera très grande, on emploiera avec avantage le dynamomètre imaginé à cet effet par M. Raffard, et dont les indications sont tout à fait à l'abri de la résistance de l'air et des effets de la force centrifuge.

Ce dynamomètre est celui représenté par la figure 560. A est une poulie d'une seule pièce avec l'arbre du dynamomètre, qui est creux, B est une autre poulie pouvant tourner sur cet arbre, mais qui est entraînée dans la rotation de la poulie A, par une transmission aboutissant à un ressort R qui est comprimé plus ou moins, selon que la torsion entre ces deux poulies est plus ou moins grande. Cette transmission se compose d'une roue dentée e, e, e, appartenant à la poulie B, et dans laquelle engrènent deux petits pignons d'angle c et c′ fixés aux arbres d et d′ montés sur la roue A. Les arbres d et d′, qui traversent l'arbre du dynamomètre à une petite distance de l'axe, portent chacun dans cette partie un pignon droit taillé dans la masse. Ces deux pignons engrènent d'un côté et de l'autre d'une tige méplate mm′ taillée en crémaillère de chaque côté. La tige m m′ méplate en son milieu, mais ronde à ses extrémités, porte un écrou à embase O qui s'appuie sur le ressort R, auquel il transmet les pressions qui résultent de la résistance que la poulie B éprouve de la part de l'outil. Les flexions de ce ressort étant proportionnelles à ces pressions, le travail dépensé par l'outil est enregistré au moyen du collier S, libre de tourner sur l'écrou O. A cet effet, ce collier porte un petit crayon qui inscrit, sur le tambour T, la grandeur de ces efforts.

Dans le cas où la résistance de la machine-outil serait très irrégulière, et pourrait même, à certains moments, devenir négative, il sera bon alors d'employer deux ressorts antagonistes que l'on placera symétriquement aux extrémités de l'arbre du dynamomètre.

552. *Dynamomètre universel Trouvé.*

— M. Trouvé a été conduit, par le besoin de l'emploi fréquent de ces appareils, à combiner un appareil de mesure d'un usage général, simple dans son installation, sûr dans ses indications et dont les résultats peuvent être, à chaque instant, établis, lus et compris sans le secours d'opérations mathématiques, par tous ceux intéressés à l'emploi et préposés à la conduite des machines.

Cet appareil comporte deux parties distinctes : celle destinée à mesurer les efforts, et celle indiquant les vitesses ou plus exactement le chemin correspondant parcouru par l'effort. Le travail, produit de ces deux facteurs, est représenté par l'expression : .

$$\underset{\text{TRAVAIL}}{T} = \underset{\text{EFFORT}}{E} \times \underset{\text{VITESSE}}{V}$$

Le dynamomètre de M. Trouvé donne à tout instant et toujours la valeur des deux facteurs de ce produit.

La mesure de l'effort peut être obtenue par un grand nombre de ressorts dynamométriques de formes variées. M. Trouvé a choisi de préférence un ressort à lame élastique plate (*fig.* 561 à 563) qu'il loge dans l'axe même du dynamomètre pour le soustraire, d'une part, aux chocs extérieurs, et, d'autre part, pour éliminer toute cause de perturbation dans les indications, par suite de la force centrifuge, qui, ici, n'a aucune prise. Cette lame travaille à la torsion, sans frottement, loin de sa limite d'élasticité, de manière à lui assurer une constance rigoureuse.

L'axe que traverse cette lame est creux et il est composé de deux tubes se recouvrant concentriquement ; les deux extrémités de la lame sont fixées à ces tubes qui peuvent suivre les mouvements de rotation et de glissement longitudinal (ce dernier insignifiant) que leur imprime la torsion de la lame. Un des tubes comporte un manchon fixe B découpé en plan incliné ; un autre manchon D′, libre sur le second tube, est constamment ramené contre le manchon fixe par un ressort antagoniste F, à boudin, de manière qu'au repos les deux plans inclinés s'appliquent l'un contre l'autre. Au début, M. Trouvé employait un pas héliçoïdal, mais les indications du dynamomètre n'avaient lieu que lorsque celui-ci tournait dans un sens déterminé; avec les plans inclinés, les indications sont toujours exactes, et ont toujours lieu, sans qu'on ait à se préoccuper ni du sens du mouvement, ni de la position relative des machines entre elles. Le manchon mobile B' est muni d'une coulisse qui ne lui laisse prendre sur le second tube qu'un mouvement longitudinal sous l'action des efforts de torsion exercés sur l'axe du système, et c'est précisément ce mouvement longitudinal qui est employé pour conduire l'aiguille indicatrice des efforts

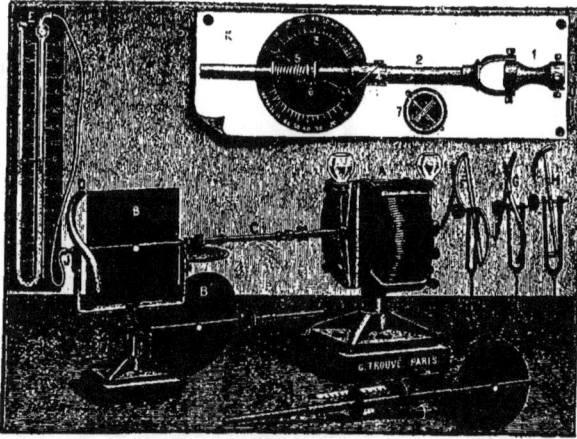

Fig. 561. — Dynamomètre d'absorption pour les petites forces. Modèles divers de compte-tours.

A, moteur en expérience pouvant développer 30 à 40 kilogrammètres par seconde. B, B', frein dynamométrique d'absorption à palette carrée ou circulaire appropriée à la mesure des petites forces, depuis celles de quelques grammètres jusqu'à celles de 30 à 40 kilogrammètres. C, dynamomètre à indication curviligne de l'effort sur un cadran dont on voit les détails amplifiés à la partie supérieure de la figure. D, compte-tours en S agissant par aspiration sur le manomètre E. E, manomètre à liquide. F, compte-tours en S à section carrée. G, compte-tours également en S à section ovoïle. H, compte-tours à branches droites avec ajutages mobiles aux extrémités pour fonctionner dans les deux sens. I, autre disposition du dynamomètre : indication rectiligne des efforts par le jeu d'un manchon à crémaillère et à pignon. J, Presse-étoupe pour assurer l'étanchéité. K, détails amplifiés du dynamomètre. 1, Manchon universel à la Cardan, s'adaptant sur l'arbre du moteur en expérience; 2, dynamomètre à ressort plat fixé par chacune de ses extrémités à deux tubes concentriques constituant l'axe du système et dont les positions relatives déterminent les différents degrés de torsion du ressort dynamométrique indiqués par une aiguille sur le cadran 3 ; 3, cadran gradué expérimentalement indiquant les efforts dynamométriques ; 4, plans inclinés transformant le mouvement de torsion du ressort en mouvement longitudinal actionnant soit l'aiguille du cadran 3, soit la crémaillère du mouvement rectiligne de l'index du dynamomètre I ; 5, ressort antagoniste ramenant la partie mobile du manchon dans sa position normale ; 6, gorge profonde sur le manchon mobile dans laquelle s'engage l'arbre coudé de l'aiguille pour l'entraîner dans son mouvement ; 7, coupe transversale du ressort dynamométrique, qui peut être composé de plusieurs lames.

sur un cadran A où sont inscrites empiriquement leurs variations, à la suite d'une façon spéciale de graduation.

Dans cette opération, cette graduation du cadran ayant été faite du maximum au minimum, sera toujours plus exacte que la détermination faite en sens contraire. Les efforts seront évalués, de cette manière, avec la plus grande précision, et toute erreur d'appréciation se trouve éliminée : tout se borne à lire les chiffres indiqués par l'aiguille sur le cadran, qui donne ainsi toutes les valeurs de l'effort E.

La vitesse angulaire est l'élément généralement observé pour obtenir le second facteur du travail, c'est-à-dire le chemin parcouru. M. Trouvé se sert de la disposition suivante :

Un tube, formant tourniquet, est monté en son milieu sur un axe creux avec lequel il communique, et est relié à un manomètre E ; ce tube participe au mouvement du système, et il résulte de sa rotation plus ou moins rapide une aspiration plus ou moins intense, et, par suite,

une dépression plus ou moins importante du manomètre. Comme ce dernier a été gradué en conséquence, et expérimentalement, on obtient de suite, par une simple lecture, le chiffre cherché, qui est le deuxième facteur du travail.

L'appareil dynamométrique ainsi constitué peut être soit appliqué isolément sur un moteur, et donner ainsi le travail moteur fourni par celui-ci, soit intercalé

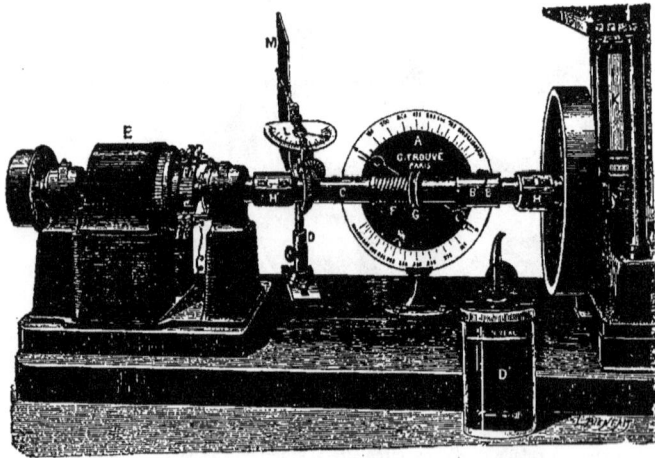

Fig. 562. — Dynamomètre d'absorption de M. Trouvé, avec emploi d'une machine dynamo-électrique. A, cadran indicateur de l'effort dynamométrique ; B, B', manchons à plans inclinés : B est fixé sur l'arbre C ; B' est mobile dans le sens longitudinal et transforme ainsi le mouvement de torsion du ressort dynamométrique en un mouvement rectiligne qui actionne l'aiguille du cadran A ; C, arbre du dynamomètre ; D, tourniquet à succion remplacé par l'appareil OLM ou indicateur des vitesses angulaires. Cet indicateur des vitesses est une réduction du dynamomètre proprement dit ; E, machine dynamo d'absorption ; F, ressort antagoniste ramenant le manchon mobile B', sur le manchon fixe B, de façon que les deux plans inclinés coïncident dans la position normale du repos ; C, gorge profonde dans laquelle pénètre la petite manivelle qui entraîne l'aiguille du cadran A ; H, H', colliers à écrous réunissant l'appareil dynamométrique au moteur K et à la dynamo E ; K, machine motrice à vapeur ; L, cadran indicateur des vitesses angulaires ; OLM, appareil indicateur des vitesses angulaires, en tout semblable au dynamomètre proprement dit, composé des mêmes organes, mais en réduction. M est un volant à palettes légères indéformables.

entre ce moteur et la résistance et donner alors le travail absorbé.

La première disposition (*fig.* 561) montre l'application de l'appareil à l'essai d'un moteur de 30 à 40 kilogrammètres par seconde, et d'une vitesse angulaire de 2 400 tours environ par minute. Le frein d'absorption est une plaque rectangulaire B montée sur l'axe ; on peut également, si l'on veut, monter à la place de B une plaque circulaire B', qui, obtenue à

l'emporte-pièce, permet d'avoir des palettes exactement semblables. En se servant de palettes de dimensions progressives, qui peuvent être rapidement montées sur l'axe à la place les unes des autres, on peut essayer le moteur à différentes vitesses, déterminer la palette correspondant au maximum de travail et établir, une fois pour toutes, trois courbes d'étalonnage permettant de connaître ensuite par une seule observation, la vitesse angulaire, l'effort et le travail produit.

Pour les moteurs à grande puissance, à petite ou grande vitesse, l'absorption se fera par une dynamo appropriée, dans le circuit de laquelle on intercalera des résistances variables suivant les conditions de l'expérience. Cette dernière mise en pratique est celle qui est représentée par la deuxième disposition (fig. 562).

Le tourniquet indicateur de vitesse est remplacé ici par un appareil en tout semblable à celui employé pour la mesure des forces, mais de dimensions très réduites, et qui sert d'indicateur de vitesse.

La troisième disposition donnée par la figure 563 est le dynamomètre de transmission. L'appareil est actionné d'un côté par le moteur et les organes de transmission : courroies, engrenages, etc., et transmet, de l'autre côté, la force à une autre machine par l'intermédiaire d'organes analogues. Comme dans les deux cas précédents, les deux éléments du travail sont indiqués constamment sur leur cadran respectif.

553. *Dynamomètre de rotation de MM. Richard frères.* — MM. Richard frères ont construit un dynamomètre de rotation qui réunit tous les avantages des ap-

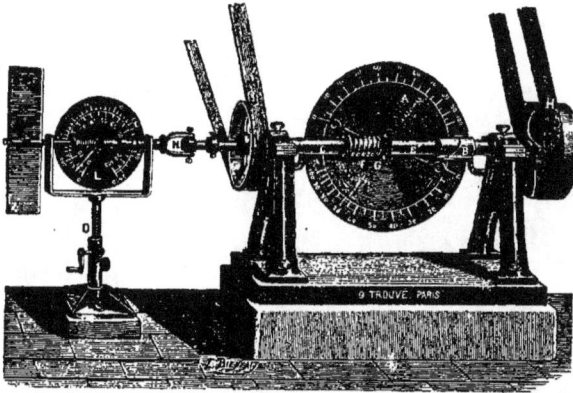

Fig. 563. — Dynamomètre de transmission de M. Trouvé.

A, cadran indiquant l'effort dynamométrique; B, B', manchons fixe et mobile à plans inclinés actionnant l'aiguille du cadran A; C, arbre du dynamomètre; F, ressort antagoniste à boudin ramenant le manchon mobile B' dans sa position normale au repos; G, gorge profonde du manchon mobile B' agissant sur l'arbre coudé de l'aiguille du cadran A; H, poulies fixe et folle de commande recevant la courroie du moteur; I, poulie de transmission ou de distribution; L, cadran indiquant les vitesses angulaires par un mécanisme en tout semblable, mais en réduction, à celui du dynamomètre d'absorption à palettes.

pareils employés à la mesure du travail fourni par un moteur : 1° les deux facteurs du travail : couple moteur, déplacement angulaire, sont mesurés directement et simultanément; 2° cette mesure est effectuée sans qu'il soit nécessaire de débrayer l'outillage ; 3° l'enregistrement des mesures peut se faire sans difficulté pendant un temps aussi long que l'on veut ; 4° le fonctionnement de l'appareil est très simple ; 5° son installation est peu coûteuse.

L'appareil se compose d'un engrenage différentiel de White, dans lequel la force qui tend à entraîner la roue différentielle agit sur une cuvette remplie d'eau semblable au dynamomètre de traction des mêmes constructeurs. Un manomètre enregistreur écrit la pression, et un indicateur de vitesse marque le vitesse tangentielle par seconde. Il suffit donc de multiplier les deux ordonnées correspondantes pour avoir le nombre de kilogrammètres dépensés.

Dans la figure 564, A, A' sont des poulies, dont l'une est folle sur son axe, qui reçoivent la courroie motrice. Une roue d'angle B est calée sur l'arbre des poulies A, A'; la courroie actionnant l'usine est reçue par la poulie C. Une autre roue d'angle, D, calée sur ce dernier arbre, est commandée par la roue E, folle sur le levier horizontal F. Ce levier peut prendre dans un plan vertical un petit mouvement de bascule autour de l'articulation H.

Il est bien évident que si la roue B entraîne la roue D, par l'intermédiaire de E, sans transmettre de travail, le levier F reste horizontal. Si, au contraire, le moteur met l'usine en mouvement, la roue E est sollicitée par deux forces de même intensité et de même sens provenant de l'action de la roue B et de la réaction de la roue D, et le levier F tend à pivoter autour de l'articulation H. Ce mouvement est empêché par l'action d'un dynamomètre hydraulique I, sur lequel agit le levier H. L'effort qui doit être mesuré par ce dynamomètre est transmis au manomètre M et enregistré par ce dernier sur une feuille de papier enroulée sur le tambour. La vitesse est évaluée par un indicateur placé en K, et également transcrite sur un deuxième papier, que porte le même tambour.

La connaissance de la puissance du moteur résulte donc de l'interprétation

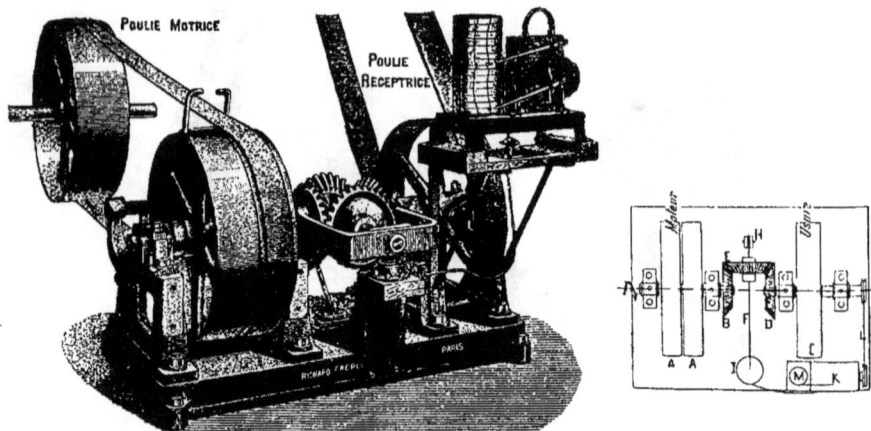

Fig. 564. — Dynamomètre de rotation de Richard frères.

de deux diagrammes donnant, à des échelles connues, l'un le couple moteur, l'autre la vitesse angulaire. Il est facile d'en déduire, à toute époque, la puissance, en faisant le produit des deux ordonnées correspondantes des diagrammes.

554. *Dynamomètre Panhard et Levassor.* — La figure 563 représente le dynamomètre construit par MM. Panhard et Levassor. La courroie motrice agit sur la poulie A, folle sur son axe ; sur le même axe sont montées les poulies folle B, et fixe C, qui reçoivent la courroie de transmission ; le mouvement est communiqué à l'arbre par les deux cylindres D, D, solidaires de la poulie A et remplis de li-quide ; la pression est transmise par deux pistons hydrauliques au croisillon EE, calé sur l'arbre commun, la mesure de cette pression est donnée par le manomètre F et les communications *aab*, passant par le presse-étoupe *c*. On peut enregistrer le travail en remplaçant le manomètre F par un indicateur de pression, qui n'est autre chose qu'un indicateur de Watt, dans lequel le déroulement est continu et commandé par le mouvement de l'arbre du dynamomètre.

555. *Compas dynamométrique de MM. Piguet et Cie.* — Messieurs Piguet et Cie ont imaginé un instrument très simple qui permet, par une seule lecture, d'évaluer la puissance d'une machine dans les diverses phases de la variation de la détente, et qui, de plus, est d'un maniement facile et en quelque sorte mécanique.

Ce compas est vissé sur un mur à une distance quelconque du moteur et au besoin sur la machine elle-même. Il consiste (*fig.* 566) en un quadrant A portant trois graduations B, C, K, sur des

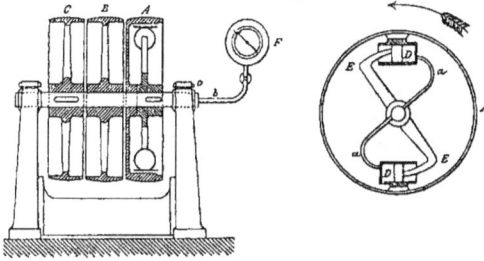

Fig. 565. — Dynamomètre Panhard et Levassor.

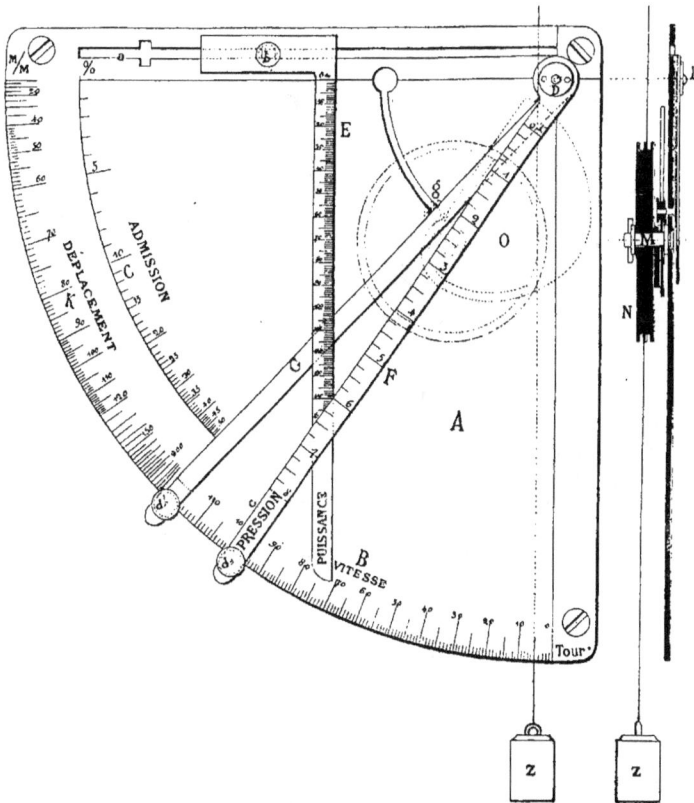

Fig. 566. — Compas dynamométrique de MM. Piguet et Cⁱᵉ.

arcs ayant leur centre commun en D; deux sont en prolongement l'une de l'autre à la périphérie du quadrant, et la troisième leur est intérieure. La division de B est faite en nombre de tours, celle de C en centièmes d'introduction de la vapeur, et la troisième. K, en millimètres de déplacement du tiroir de détente. Dans une coulisse horizontale de ce quadrant, est mobile une règle E à vis d'arrêt *b*, dont la graduation est faite en chevaux-vapeur ; enfin, autour du sommet D peuvent tourner deux aiguilles F et G à vis de serrage *d* et *d'* ; la première porte une division en kilogrammes de pression par centimètre carré ; dans l'autre, qui est lisse, l'arête dirigée suivant un rayon,

sert d'index pour la lecture sur la règle E de la puissance développée.

Sur l'axe M, de l'appareil, qui fait saillie à l'arrière, tourne librement une came en forme d'escargot O, sur laquelle reste en contact un galet *g* dont l'axe traverse une rainure circulaire du quadrant pour être fixé à l'index G; cette came est réunie avec une poulie à deux gorges N, dans l'une desquelles est fixé un fil qui va rejoindre le tiroir de détente variable, ou mieux, l'un des organes du régulateur qui le commande ; l'autre fil sert simplement à maintenir la tension du premier au moyen du contrepoids Z. Dans ces conditions, les déplacements du tiroir de la détente, et, par suite, les va-

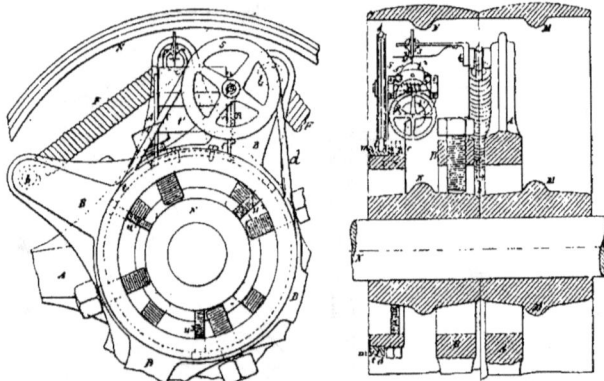

Fig. 567. — Dynamomètre de M. Kazalowski.

riations de l'admission de vapeur, sont reportés sur l'instrument par l'aiguille G dont le galet *g* suit les déplacements que la came O prend en oscillant.

Connaissant les dispositions de cet appareil, il est facile d'en comprendre la manœuvre. Au préalable, on note la pression de la vapeur, soit dans la chaudière, soit dans la boîte à vapeur, suivant l'étalonnage de l'échelle F, puis on amène l'arête graduée de F, sur la division qui, dans l'échelle B, correspond au nombre de tours de la machine. On fait ensuite coulisser le curseur E, jusqu'à l'intersection de son côté gradué avec la division indiquant sur F la pression lue au manomètre. Une fois ces échelles mises

à l'arrêt, l'instrument est prêt à indiquer le travail de la machine, pourvu que, pendant la durée de l'expérience, la pression de la vapeur et la vitesse restent constantes. Il suffit de lire cette puissance sur l'échelle de E, à l'intersection de l'arête radiale de l'aiguille G, manœuvrée par le tiroir de détente.

Comme il est inutile de laisser continuellement le galet *g* en contact avec la came O, ce qui amènerait bientôt des altérations dans le profil de cette dernière, on immobilise, entre les lectures, l'aiguille G au moyen de sa vis d'arrêt *d'*, dans la position horizontale de déclenchement.

556. *Dynamomètre Kasalowski*. — Les

anneaux A, B (*fig.* 567) sont respective-ment montés, tout près l'un de l'autre sur les moyeux de la poulie folle M et de la poulie fixe N, et, autant que possible, concentriquement à l'axe X de l'arbre. Chaque anneau porte une croix dont les bras sont munis chacun d'une goupille, comme *a*, *b*, par exemple. Ces goupilles servent à attacher quatre ressorts à boudin F, qui consti-tuent la liaison élastique entre les an-neaux A et B et, par conséquent, entre les poulies fixe N et folle M, pour la trans-mission du mouvement. Sur l'une des goupilles vissé est un petit bras qui porte un style Y, à friction douce, lequel, par l'action du ressort *f*, est constamment appliqué contre une bande de papier por-tée par un cylindre-tambour t^2. Cette bande passe du cylindre t^2 sur le cylindre

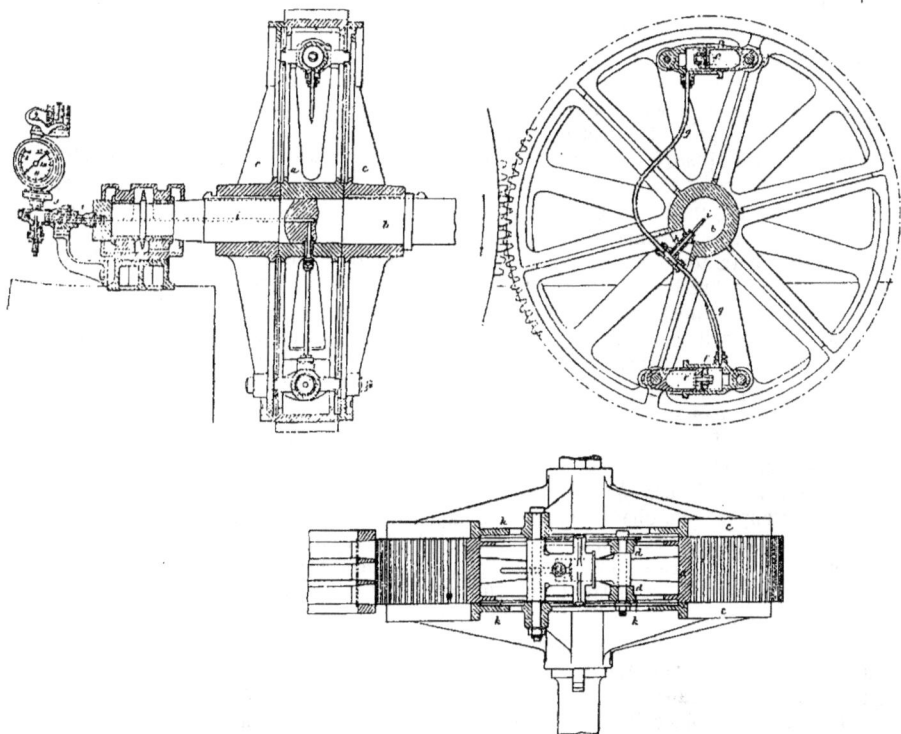

Fig. 568. — Dynamomètre Barnier.

t', mais seulement quand l'appareil enre-gistreur marche. Cet enregistreur con-siste en un engrenage héliçoïdal dont la roue R tourne avec le tambour t' et sur le même axe, tandis que l'axe de l'hélice *r* porte encore une poulie à rainure S. Ce petit appareil, par son châssis C, est fixé sur un anneau V, monté concentrique-ment sur le côté extérieur du moyeu N par trois vis u^1, u^2, u^3. Cet anneau porte lui-même un collier *m*, muni de deux rai-nures, dont celle inférieure est située dans le même plan vertical que la rainure de la poulie S, avec laquelle elle est accou-plée par la corde *d*.

Quand on communique le mouvement au dynamomètre, par suite de l'effort transmis, les ressorts à boudin F se tendent plus ou moins; le style prend une position correspondant à cet effort. Mais la bande de papier ne s'enroule pas. Si, par n'importe quelle manière, on arrête le collier *m*, la poulie S tourne en proportion de la vitesse de giration de l'axe X, la bande de papier circule du tambour *t²* sur *t'*, et le crayon marque les fluctuations de la force transmise. Comme on connaît la relation existant entre les déplacements du style et les valeurs des efforts, il est facile de trouver, d'après le diagramme tracé, la quantité de force que le dynamomètre a transmise.

557. *Dynamomètre hydraulique Barnier*. — Cet appareil est destiné à indiquer et enregistrer, d'une manière continue, le travail effectif transmis par un moteur.

La figure 568 représente la disposition appliquée à un pignon d'engrenage droit. Ce pignon *a* est ajusté à frottement doux sur l'arbre *b*, devant transmettre le mouvement à un appareil quelconque. Il est fou sur cet arbre et est maintenu latéralement par deux tourteaux *c* clavetés et solidaires de l'arbre lui-même.

C'est par l'intermédiaire de l'appareil hydraulique décrit ci-après que le travail développé sur la couronne du pignon est communiqué à la circonférence des tourteaux, et par suite à l'arbre. Ces tourteaux, ainsi que le pignon, sont pourvus d'un croisillon (double pour le pignon) formé de six bras à nervures. Sur deux bras opposés de chaque croisillon, et à égale distance du centre, sont venues de fonte deux douilles *d*, qui, alésées en une seule opération, permettent de réunir à l'aide de deux grands boulons et de rendre absolument solidaires, lorsque l'on ne veut pas se servir du dynamomètre, le pignon et les tourteaux.

Pour mettre en place l'appareil hydraulique, on enlève les deux grands boulons, et on fait rétrograder d'un douzième de tour le pignon fou, de façon que ses deux bras portant les douilles se trouvent en arrière (par rapport au sens du mouvement) des deux bras à douille des tourteaux. Dans l'intérieur du pignon et entre les deux douilles de son croisillon double se place un piston *e* en bronze, muni d'un cuir embouti à son extrémité et supporté et rendu solidaire du pignon par un boulon court passant au travers

de la tête du piston. Entre les deux tourteaux, et fixé à ceux-ci, se dresse un pot de presse hydraulique *f*, destiné à recevoir le piston ci-dessus. Deux appareils de pression semblables sont placés symétriquement de chaque côté de l'axe. On conçoit que lorsque le pignon est entraîné par le moteur, il transmet le mouvement aux deux tourteaux et par conséquent à l'arbre, par l'intermédiaire des deux pistons. Si on remplit les pots d'un liquide quelconque, la pression exercée par ces deux pistons sera intégralement appliquée sur les surfaces liquides. Il suffira d'en connaître la valeur par centimètre carré pour déterminer, à l'aide des surfaces des pistons, l'effort total supporté par ces derniers.

Pour permettre de connaître et d'indiquer cette pression par unité de surface, les pots de presse sont en communication, par les tuyaux *g* et le T de raccord *h*, avec une ouverture pratiquée dans l'extrémité libre de l'arbre. Celle-ci communique à son tour par le tube *i* avec la boîte J, montée sur tourillons, et sur cette boîte se trouve installé un manomètre enregistreur à cadran dont les indications sont relevées sur une feuille de papier enroulée sur un tambour mû par un mouvement d'horlogerie.

558. *Dynamomètre de Vuaillet*. — Cet appareil est fort ingénieusement combiné : l'arbre moteur et l'arbre récepteur, placés dans le prolongement l'un de l'autre, portent des roues dentées égales, lesquelles engrènent avec une paire de roues satellites, solidaires d'un arbre oscillant autour de l'axe commun ; le mouvement ne peut être transmis d'un arbre à l'autre que si une résistance suffisante est opposée au déplacement de l'arbre des satellites ; le moment de cette résistance est proportionnel au moment moteur ; la mesure en est donnée par la flexion d'un ressort. L'appareil est à volonté enregistreur ou totalisateur (1).

Sur un bâti général, un arbre A (*fig.* 569), actionné par un moteur quelconque, transmet le travail à mesurer à l'arbre B par l'intermédiaire du train épicycloï-

(1) Hirsch. — *Rapport sur l'Exposition universelle de* 1889.

dal C. L'arbre B, à son tour, communi- quera l'énergie motrice à l'outil, l'instru- ment ou la machine dont on cherche à déterminer la consommation de travail mécanique. L'emploi du train épicycloï- dal C, comme moyen de liaison des arbres A et B, sous-entend, d'une part, que ces arbres sont sur le prolongement l'un de l'autre, et, d'autre part, que l'engre- nage conique intermédiaire E, monté en pointes dans un bâti D, oscillant et équi-

libré, peut osciller avec celui-ci autour de l'axe des arbres A et B.

La transmission du mouvement de l'arbre A à l'arbre B par le train épicycloï- dal ne peut avoir lieu qu'à la condition d'arrêter la rotation du bâti D autour de son axe d'oscillation par une résistance suffisante. Cette résistance est obtenue par le moyen d'une came a, en forme de développante, agissant sur un galet b re- tenu par un axe dans une mortaise de la

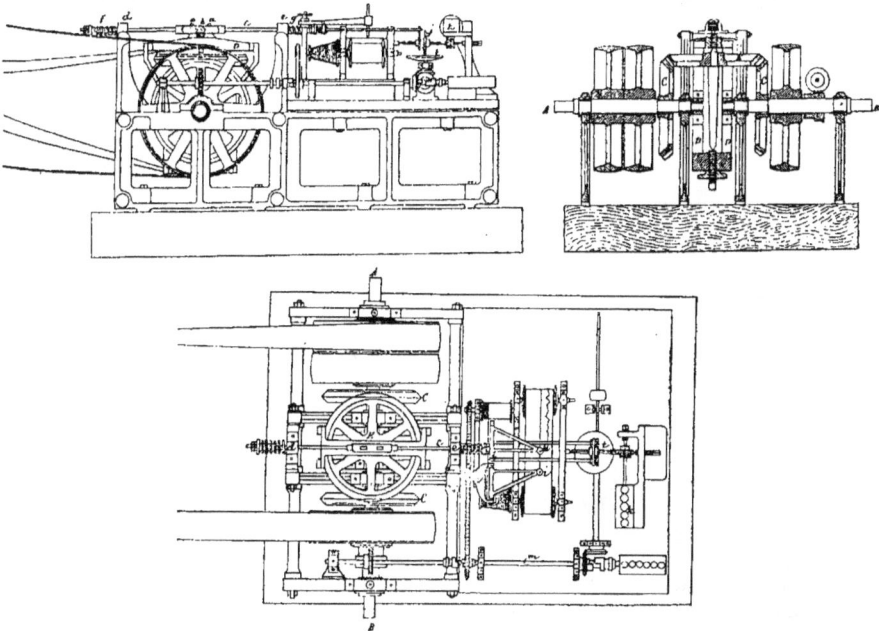

Fig. 569. — Dynamomètre Vuaillet.

tige c; le galet transmet donc longitudi- nalement à cette tige, l'effort tangentiel qui tend à faire tourner le bâti D. Cette tige c, coulissant dans les supports fixes d et e est arrêtée dans son mouvement longitudinal par les ressorts opposés f et g.

La tige c porte en h un crayon qui trace sur une bande de papier se déroulant sur une table, les déplacements successifs de la tige ou du point d'arrêt mobile repré- senté par le galet b. Un crayon fixe i, accordé pendant le repos de l'appareil avec le crayon mobile h, tracera de son

côté la ligne de base, qui, avec la ligne sinueuse marquée par le crayon h, repré- sentera le diagramme du travail transmis. C'est le système enregistreur.

Pour le totalisateur, sur le prolonge- ment de la tige c, et reliée à celle-ci par un petit cadre, se trouve une chape pen- dante qui entraîne, par le moyen d'une gorge, un galet j coulissant sur un axe, relié lui-même à un compteur k par une vis sans fin et une roue héliçoïdale. Au dessous du galet j, se trouve un plateau horizontal l, dont le centre coïncide avec le contact du galet lorsque les deux crayons sont d'accord, c'est-à-dire au repos de l'appareil. Ce plateau reçoit de l'arbre B, par une transmission, un mouvement de rotation qu'il transmet au galet j par son contact avec celui-ci, de sorte que le nombre de rotations de ce galet j, variant avec la vitesse de l'instrument, d'une part, et avec les efforts transmis, d'autre part, représentera au compteur k le travail total transmis à l'aide de l'appareil.

559. *Dynamomètre Mascart.* — Ce dynamomètre de transmission, à lecture directe, avec ou sans enregistrement photographique, a pour avantage de permettre la lecture des indications marquées sur un appareil tournant et même de les enregistrer d'une manière continue.

Deux poulies A et B (*fig.* 570) attachées l'une à l'arbre de commande A', l'autre à l'arbre conduit B', sont réunies par des ressorts. L'une quelconque des poulies porte une division graduée, la seconde un repère I. Le numéro de la division en face de laquelle se trouve le repère dépend de la valeur du couple transmis; un tarage de l'appareil permet de connaître la valeur du couple qui correspond à chacun des déplacements du repère, par rapport à la division voisine.

La division, au lieu d'être tracée sur une surface cylindrique centrée sur l'axe

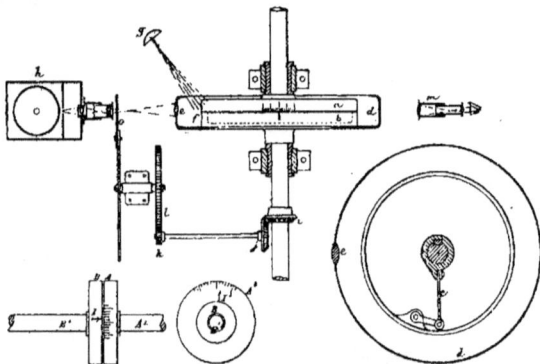

Fig. 570. — Dynamomètre de M. Mascart.

commun des arbres peut être tracée sur un disque A', attaché à l'une quelconque des poulies, l'index de repère I étant fixé à l'autre poulie.

Dans les deux cas, la lecture peut être faite suivant une direction quelconque, mais il est préférable que l'observation ait lieu dans une direction normale à la surface qui porte les divisions. M. Mascart a imaginé plusieurs méthodes différentes permettant de faire la lecture sans interrompre la rotation de l'appareil. Ces méthodes sont:

1° L'éclairage instantané;

2° L'observation instantanée;

3° L'observation d'une image maintenue fixe pendant une fraction notable de chaque révolution.

Les images temporaires dues aux deux premières méthodes peuvent être recueillies par la photographie. Une série d'épreuves, à des intervalles de temps arbitraires, donnera donc les déplacements correspondants du repère.

La figure donne également un exemple d'appareil construit d'après les données de M. Mascart, et dans lequel on a combiné l'observation directe et l'enregistrement photographique.

Les poulies a et b sont montées respectivement aux extrémités des arbres, et elles sont liées entre elles par une ou plusieurs lames de ressort c. Le pourtour de ces deux poulies, sur lequel sont d'une part les divisions, d'autre part l'index, est caché dans une enveloppe d, munie en un point d'une lentille *e*. Au moment de leur passage en *f*, l'index et les divisions sont vivement éclairées à l'aide d'une source lumineuse placée en un point convenable, et dont les rayons sont projetés par un miroir *g* ; à ce moment, l'image est reçue dans l'appareil photographique *h*, placé en regard de la lentille *e*. Un obturateur *o*, dont le mouvement de rotation est déterminé par l'arbre au moyen d'engrenages *i*, *j*, *k*, *l*, vient intercepter les rayons lumineux qui entrent dans la chambre *h*, après un certain nombre de tours de l'arbre. La vision directe s'effectue à l'aide de la lunette *m*.

560. *Dynamomètre de rotation Frémont.* — Cet appareil se place entre la poulie motrice et la poulie de l'outil ou de la transmission à essayer. Il se compose (*fig.* 571) de trois poulies placées l'une contre l'autre sur le même arbre. La première est folle ; elle permet d'arrêter à volonté la rotation du dynamomètre, et, par suite, la transmission de la force. La seconde poulie entraîne le dynamomètre ; la courroie qui vient de la poulie motrice passe donc sur ces deux premières poulies. La troisième commande la machine à essayer ; elle est libre sur l'arbre, mais elle est entraînée par la seconde poulie avec laquelle elle est en connexion avec deux ressorts en réaction.

Plus la machine-outil absorbe de force, plus les ressorts varient de longueur ; il suffit donc de mesurer cette variation, ou mieux de l'enregistrer, pour connaître la force dépensée. Un tarage préalable donne la valeur de cette variation ou, ce qui est la même chose, la variation dans le déplacement angulaire des poulies. Un système de leviers rigides combinés en mouvement de sonnette et monté sur pointes reporte au bout et au centre de l'arbre ce déplacement angulaire des poulies, ce qui donne la mesure de l'effort transmis par la courroie.

Cette mesure de l'effort cherché peut être indiquée par une aiguille sur un cadran gradué en kilogrammes, mais il est beaucoup plus pratique, plus exact et plus certain d'enregistrer le travail trans-

mis, car on a ainsi un diagramme qui en conserve la trace authentique et permet de connaître le travail maximum, le travail moyen et la distribution des efforts de la courroie. L'appareil enregistreur que représente la figure se compose d'une série de roues destinées à entraîner le cylindre porte-papier ; il n'y a pas de glissement possible, et le rapport de la vitesse du papier à la vitesse de la cour-

Fig. 571. — Dynamomètre Frémont.

roie peut varier dans des limites très étendues.

L'expérience indique qu'il faut faire avancer le papier d'au moins un millimètre par mètre de vitesse de la courroie. Beaucoup de machines-outils marchent à la vitesse de 4 à 6 mètres à la seconde, le papier doit donc avancer de 4 à 6 millimètres, ce qui fait un débit de 15 à 20 mètres de bande à l'heure. Le papier doit donc être en rouleaux d'une grande longueur ; il ne faut pas espérer pouvoir se servir de bandes courtes, comme on en fait usage dans les enregistreurs à marche lente.

Un premier crayon, maintenu fixe, trace la ligne initiale des abscisses au milieu de la bande. Un second crayon, monté

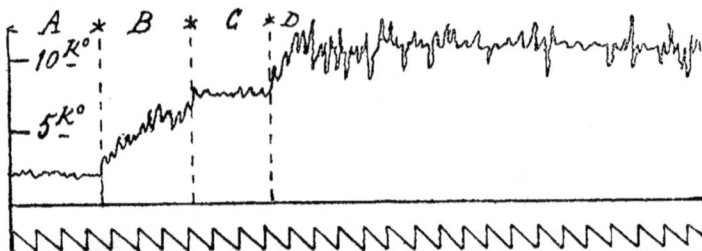

Fig. 572. — Fragment de diagramme. Essai d'une machine à scier le fer à froid. — A. La scie tourne sans couper. — B. La scie entame doucement. — C. La scie coupe par son propre poids. — D. La scie coupe sous une pression plus forte.

Fragment de diagramme. Essai d'une poinçonneuse-cisaille.

Fig. 572 et 573. — Diagrammes obtenus avec le dynamomètre Frémont.

à l'extrémité du levier qui indique les variations d'efforts, trace sur le papier, suivant la génératrice du cylindre, les ordonnées du diagramme qui représente ainsi les efforts de la courroie. Enfin, un troisième crayon, mis en mouvement par un mécanisme d'horlogerie à remontage automatique, donne le temps par un tracé sous forme de dents au bord du papier. L'écartement de deux dents voisines indique l'avancement du papier dans 1, 2, 3, 4, 6 ou 12 secondes, suivant que le levier qui porte le crayon est poussé par telle came qu'on a choisie d'avance. Les figures 572 et 573 donnent deux diagrammes obtenus au moyen du dynamomètre Frémont.

Il suffit de mener des parallèles par les sommets des dents tracés, pour connaître exactement le travail transmis par le dynamomètre, puisque la surface ainsi limitée du diagramme donnera en abscisses l'espace parcouru par la courroie dans un élément de temps connu, par conséquent sa vitesse, et, en ordonnées, les efforts qu'elle a transmis. On voit donc qu'un seul diagramme suffit pour indiquer le travail, même avec des vitesses très variables d'un instant à l'autre.

Une seconde manette, placée plus bas

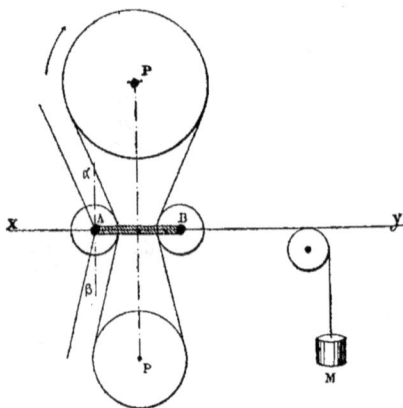

Fig. 574. — Principe du dynamomètre Siemens et Halske.

et dans le plan vertical, commande le dévidement du papier et le remontage du chronomètre ; quel que soit le sens de la marche de la courroie, il suffit de tourner cette manette du côté de la sortie de la courroie.

561. *Dynamomètre de Siemens et Halske.* — Lorsqu'une courroie embrasse deux poulies immobiles, il y a égalité de tension dans toutes les portions de cette courroie ; mais, si un mouvement de rotation se produit dans l'une des poulies, l'autre est entraînée à tourner sous la traction de la courroie, et le brin qui va de la réceptrice à la motrice est plus tendu que l'autre. Il s'ensuit que s'il existe entre les deux brins de la courroie un galet dont l'axe puisse être déplacé latéralement, ce galet sera pressé davantage par le brin moteur et, par conséquent, sera transporté latéralement avec une force d'autant plus grande que la force motrice, elle-même, sera plus considérable.

L'appareil de MM. Siemens et Halske, basé sur ce principe, se compose (*fig.* 574), des deux poulies P motrice et P' réceptrice ou actionnée ; la courroie passe sur un système rigide de deux poulies A et B, dont l'ensemble peut se déplacer librement à droite ou à gauche sur XY. L'appareil est disposé de telle sorte que le milieu de AB tombe sur la ligne PP' pendant le repos. Mais, si la poulie motrice tourne dans le sens APB, le brin passant sur A est plus tendu, et le système AB se déplace vers la gauche X. On le ramène à sa position primitive au moyen d'un poids M, et il est facile de voir que ce poids est proportionnel à la force motrice.

Le dynamomètre proprement dit est fait d'un cadre rigide X, X', X'', X''' (*fig.* 575), soutenant quatre poulies égales A, B, A', B', et deux autres poulies plus petites *p*, *p'*. Une poulie G est portée par un cadre mobile autour de l'axe *p'*, et qui, dans son mouvement, déplace le poids M ; mais ce poids peut être ramené à sa position initiale par le ressort R à la disposition de l'opérateur, et la tension de ce ressort, mesurée sur une échelle graduée en conséquence, fait connaître la tension

du brin de la poulie, et, par suite, la force agissante.

Compteurs de tours. Appareils enregistreurs ou indicateurs. Chronomètres à secondes.

562. Ces instruments ont pour objet la mesure de la vitesse. La vitesse est l'espace parcouru dans l'unité de temps ; si l'espace est une longueur, la vitesse est dite linéaire ; si c'est un angle, la vitesse est angulaire ou de rotation. L'expression la plus usitée d'une vitesse angulaire est

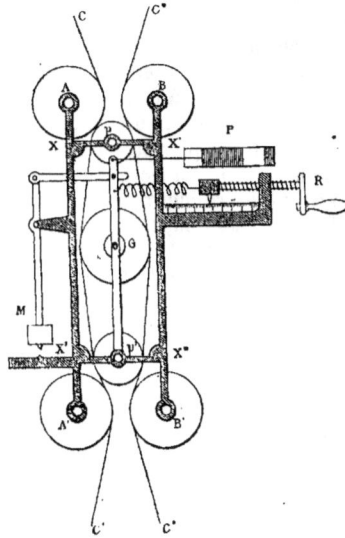

Fig. 575. — Dynamomètre Siemens et Halske.

le nombre de tours faits par l'arbre tournant dans l'unité de temps, seconde, minute ou heure. Parmi les procédés employés pour mesurer les vitesses, le plus simple et le plus en usage consiste à mesurer séparément, et par des instruments spéciaux, les deux éléments dont se compose la vitesse, c'est-à-dire le temps et l'espace.

Le temps se mesure au moyen de montres et d'horloges ; mais, pour l'application spéciale que nous avons en vue, les horloges affectent fréquemment des dispositions particulières, destinées à en rendre l'usage plus commode ; elles prennent alors le nom de compteurs chronométriques. Il y en a de deux espèces : dans certains compteurs, le départ et l'arrêt sont commandés par un bouton ; les aiguilles étant ramenées au zéro et le mouvement arrêté, au moment où commence le phénomène à mesurer, l'observateur presse le bouton, et le compteur se met en route ; une seconde poussée, pratiquée à la fin de l'opération, détermine l'arrêt des aiguilles ; dès lors une simple lecture suffit pour donner la valeur du temps qui s'est écoulé entre les deux poussées. Dans les compteurs dits à pointage, la marche est continue ; l'aiguille principale, celle des secondes d'ordinaire, entraîne avec elle une pointe fine imbibée d'encre ; à chaque observation à relever, l'observateur, en pressant un bouton, fait marquer par la pointe un point sur le cadran. La lecture de l'intervalle existant entre deux de ces points donne la durée du temps qui s'est écoulé entre les instants où ils ont été tracés. Quelquefois les deux dispositifs sont combinés dans un même compteur chronométrique. Quel que soit le genre d'appareil dont on fait usage, il importe de vérifier s'il est bien réglé et si les indications qu'il fournit sont correctes.

La mesure d'un espace revient pratiquement au comptage du nombre de fois qu'un même effet se reproduit. Ce comptage peut se faire à la vue, à l'ouïe ou au toucher ; mais cette méthode de compter, fort simple et naturelle, expose à de graves erreurs, lorsqu'on a affaire à des mouvements un peu rapides ou prolongés. Il faut alors avoir recours à des compteurs mécaniques. Dans ces appareils, chaque fois que se reproduit le phénomène à compter, une roue dentée avance d'un cran, et ce mouvement se transmet, par engrenages, à un système indicateur. Ce système est lui-même constitué de deux façons : ou bien ce sont des aiguilles se mouvant sur un cadran divisé, ou bien ce sont des disques mobiles, portant à la circonférence des chiffres qui viennent apparaître dans des fenêtres ; la lecture se fait ainsi, soit sur une graduation,

soit en chiffres. Il existe un grand nombre de dispositions diverses adaptées aux différents genres d'observations qui peuvent se présenter. Les compteurs les plus en usage sont les appareils alternatifs qui comptent les oscillations, telles que celles d'un piston ou d'un balancier, et les compteurs continus, qui indiquent directement le nombre de tours d'un arbre.

La mesure simultanée du temps et de l'espace exige, en général, la collaboration de deux observateurs. Pour éviter cet

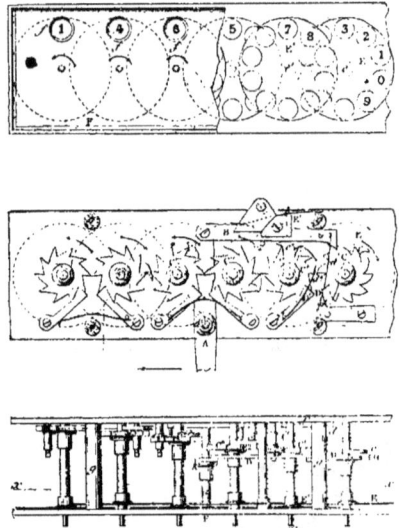

Fig. 576. — Compteur de tours Paul Garnier.

inconvénient, on dispose quelquefois les choses de telle sorte qu'un seul déclic fasse partir, puis arrêter, à la fois, le compteur d'unités et le compteur chronométrique. Dans tous les cas, la vitesse obtenue en divisant l'espace par le temps est la vitesse moyenne pendant la durée de l'observation ; cette durée ne peut être moindre qu'une minute ou une demi-minute.

Un moyen employé pour connaître la vitesse instantanée d'un organe de machine consiste à le relier à un système déformable dont les déformations varient avec la vitesse. Les indicateurs de vitesse ainsi constitués prennent le nom de tachymètres; leurs indications sont ordinairement données par les mouvements d'une aiguille sur un cadran[1].

563. *Compteur de tours Paul Garnier.* — Cet appareil est représenté par la figure 576 où on le suppose en fonction ; les diverses flèches indiquent les sens correspondant des mouvements simultanés des différentes parties.

Un balancier A, monté sur l'axe *a*, reçoit un mouvement de va-et-vient d'une des pièces de la machine ; une bielle B, articulée avec A, et ayant son extrémité libre convenablement taillée, engrène avec la roue C, avec laquelle elle est maintenue en contact par le ressort *b*. A chaque oscillation complète de A, la roue C tourne de un dixième de tour, et lorsqu'elle a accompli une révolution entière, un doigt *c* rencontre une autre roue C', également à rochet et la fait avancer d'un dixième de tour. De même après une révolution, C' communique le mouvement à la roue suivante C'' qu'elle fait tourner d'un dixième, et ainsi de suite, chaque roue à rochet, après un tour complet, faisant avancer la roue suivante d'un dixième de tour. Des cadrans E, E'... sont montés sur les axes des roues, et portent sur leurs pourtours les chiffres 0, 1, 2, 3,...9, destinés à venir se montrer successivement à travers les petites fenêtres *ff* de la paroi antérieure F de la boîte du compteur. Ces cadrans sont calés sur les axes de manière que tous les 9 étant en l'air, chaque doigt *c*, *c'*... se trouve en prise avec la roue suivante. Cela posé, il est évident que les chiffres du premier cadran indiqueront les unités de tours de la machine, ceux du second les dizaines de tours, et ainsi de suite. Pour ramener les compteurs à 0, on se sert d'une clé spéciale qui entre sur le petit carré *e* existant sur l'extrémité de chaque axe.

564. *Compteur de tours Sainte.* — Un étrier *a* (*fig.* 577), fixé dans un manche *b*, comporte deux branches 1 et 2, traversées par un axe *c*, fileté à sa partie médiane pour former une vis sans fin, *d*. Cette dernière

engrène sur un disque denté, *f*, calé sur un petit tourillon, *g*, qui est fixé à une petite plaque, *m*, épousant la forme de la branche 3 de l'étrier *a*. Cette plaque est mobile et pivote en *x*, en glissant dans une rainure pratiquée dans la branche 2. La mobilité de cette plaque a pour effet de désembrayer à volonté le disque *f* et la vis *d*. Le disque *f* porte un petit pignon, *h*, qui engrène avec un autre disque denté, *i*, pivotant sur un petit support, *j*, fixé sur la branche 2 de l'étrier. Les disques *f* et *i* portent des divisions indiquant respectivement les unités en *f* et les dizaines en *i*. La lecture de ces divisions est facilitée par

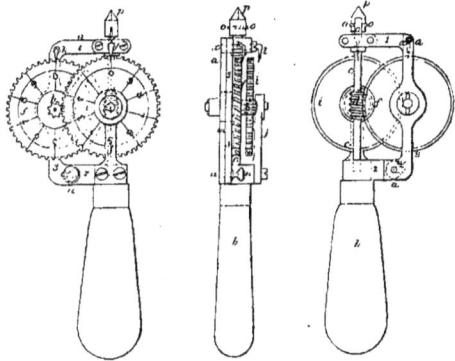

Fig. 577. — Compteur de tours Sainte.

deux petits index *k* et *l*, fixés sur la branche 1 de l'étrier. L'extrémité de l'arbre *c*, qui dépasse la branche 1 est destinée à recevoir un petit dé terminé par une pointe triangulaire *p*.

Lorsque l'on veut savoir le nombre de tours effectués par un arbre de transmission, on applique la pointe *p* dans l'extrémité de l'arbre ; le mouvement de rotation entraîne la pointe *p* et, par suite, la vis sans fin *d*, faisant corps avec elle, et qui actionne les disques *f* et *i*; ces derniers indiquent le nombre de tours faits par l'arbre pendant le temps qu'a duré l'observation.

565. *Compteur de tours Japy.* — La forme de cet appareil est exactement celle d'une montre ; il porte un seul cadran qui en a toutes les divisions ; à chaque divi-

[1] J. Hirsch. — *Rapport sur l'Exposition de 1889.*

sion du cadran correspond une aiguille : la première indique toutes les unités, de 0 à 100, la deuxième les centaines et la troisième les mille. Cette disposition per-

met de remettre les aiguilles à zéro toutes les fois que l'on veut s'en servir. Celles-ci tournent toujours dans le même sens, quel que soit le sens de rotation de l'arbre dont

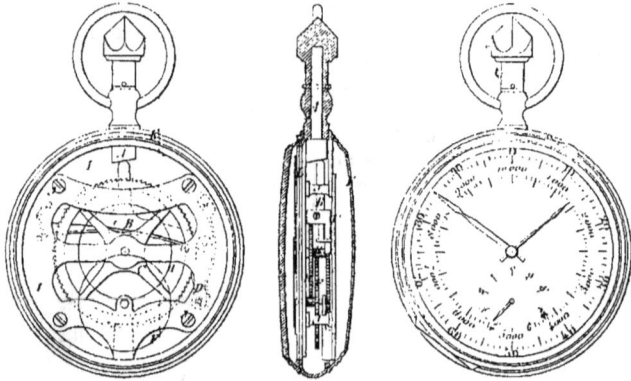

Fig. 578. — Compteurs de tours Japy.

on veut mesurer la vitesse. La disposition du mécanisme de ce compteur est donnée par la figure 578.

A l'extrémité extérieure de l'axe A, qui traverse le pendant, se fixe la pointe recevant le mouvement de rotation. La partie intérieure de la pièce A est en plan incliné, et agit sur un levier B, portant à

l'une de ses extrémités un ressort faisant cliquet et transmettant le mouvement à la roue C, qui actionne l'aiguille des unités. Le cliquet D arrête la roue C; sur l'axe de cette roue se trouve le pignon E qui commande la roue F, donnant le mouvement à la roue des centaines. L'axe de la roue F porte le pignon G qui commande

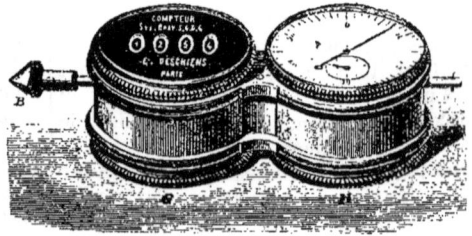

Fig. 579. — Compteur de tours Deschiens.

la roue H actionnant l'aiguille des mille; cette roue est placée sur l'axe de la roue C et tourne librement dessus. Les platines I, I', recevant les mobiles, sont réu-

nies par les piliers J, et le tout est contenu dans une boîte en forme de montre K.

566. *Compteurs de tours Deschiens.* —

M. Eug. Deschiens s'est fait une spécialité de la construction des compteurs et a imaginé un grand nombre de dispositifs nouveaux s'adaptant aux divers genres d'observations que l'on peut avoir à relever. Il fabrique des compteurs alternatifs et des compteurs continus. La figure 579 représente deux types de compteurs continus fort commodes pour les expériences sur les moteurs à vapeur et autres. L'arbre principal de l'appareil peut recevoir des abouts de différentes formes, A, B, C, E, F; généralement c'est la disposition B que l'on emploie le plus. Pour

567. *Compteur de tours Desdouits.* — L'appareil de M. Desdouits, représenté par la figure 580, comporte :

1° Un vase A, en partie rempli de liquide, mobile autour d'un axe vertical et relié au mouvement du moteur par une connexion qui assure une proportionnalité rigoureuse des nombres de tours ;

2° Un levier coudé ou fléau de balance *aob*, monté sur un axe horizontal et très mobile ; le plus grand bras de ce levier, placé dans une position inclinée, porte à son extrémité une lentille pesante P ; à l'autre bras est suspendu, par l'intermédiaire d'une tringle légère, un

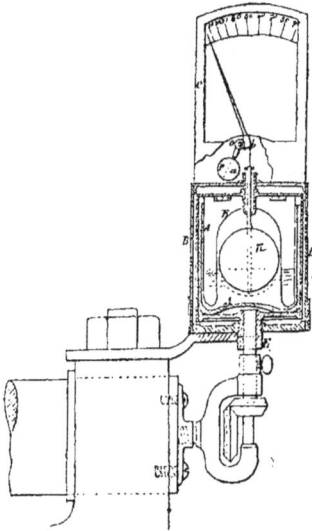

Fig. 580. — Compteur de tours Desdouits.

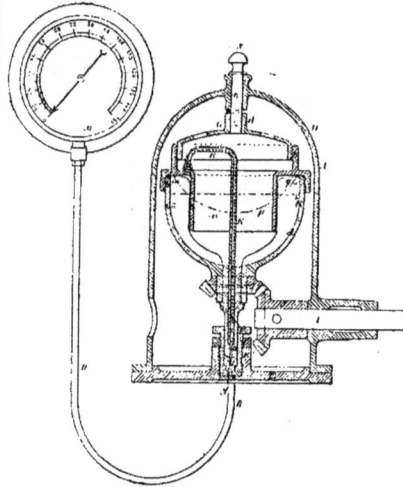

Fig. 581. — Indicateur de vitesse Sevry et Digeon.

éviter la nécessité de deux opérateurs, M. Deschiens a établi le deuxième modèle donné sur la figure. G est le compteur de tours, mis en liaison avec l'arbre du moteur de son about pyramidal B; H est un compteur chronométrique à départ. La pression exercée sur l'extrémité de l'arbre suffit pour faire partir ce compteur, de sorte que le compteur de tours et le chronomètre partent et s'arrêtent en même temps ; les observations ainsi faites présentent beaucoup de commodité et de sécurité. Les deux compteurs sont pourvus d'une remise à zéro indépendante.

plongeur de forme cylindrique ou sphérique π, dont l'axe coïncide avec celui du vase tournant, et qui, au repos, se trouve en partie immergé dans la masse liquide.

Sous l'action de la force centrifuge développée par la rotation, la loi des pressions et des poussées hydrostatiques se modifie ; le poids apparent du plongeur π subit une variation correspondante qui détermine un changement dans l'équilibre du levier *aob*. L'oscillation de ce levier est accusée par le mouvement d'une longue aiguille dont l'extrémité se meut sur un secteur gradué indiquant le nombre de tours correspondant faits par l'arbre du moteur. Une palette E, solidaire du couvercle du vase A, assure l'entraînement du liquide employé, qui est généralement du mercure, car ce dernier a le double avantage de ne pas s'évaporer et de produire, sous l'effet de la rotation, une variation de poussée beaucoup plus grande.

568. *Indicateur de vitesse Sévry et Digeon.* — Cet appareil est basé sur l'utilisation de la courbure que prend la surface d'un liquide dans un vase tournant autour d'un axe, pour comprimer de l'air à des pressions variables qui sont fonction de la vitesse de rotation de l'appareil lui-même, et, par suite, de la machine dont il sert à enregistrer la vitesse ; ces pressions sont transmises à un manomètre dont l'aiguille indique les vitesses correspondantes aux pressions.

La figure 581 représente cet appareil

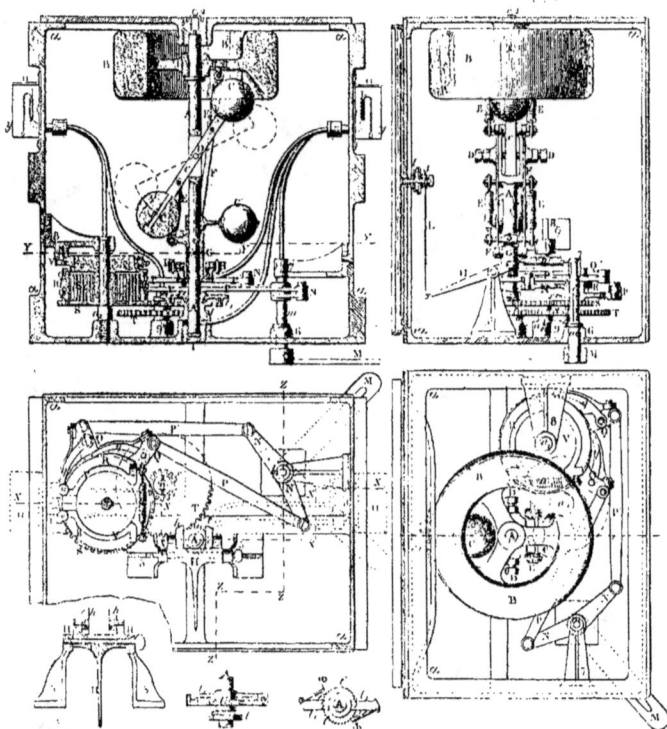

Fig. 582. — Indicateur de vitesse Madamet.

qui se compose d'un vase A, tournant autour de l'axe *xy*, terminé à la partie inférieure par un pivot *a* et surmonté d'un couvercle B faisant joint en *b*. Ce couvercle B porte une cuvette renversée G surmontée du pivot supérieur *c* tournant dans la douille *d* du support D fixé à la plaque E, qui sert de base à l'appareil. Le mouvement de rotation est transmis au vase A, au moyen des roues coniques J, par l'arbre I, qui reçoit la commande de la machine. Le vase A étant rempli d'un liquide non susceptible d'évaporation jusqu'à la ligne *vz*, et l'air entier pouvant exister au-dessus de ce niveau dans la partie centrale de l'appareil seulement, sous l'action de la force centrifuge développée par la rotation, la surface *vz* se modifiera et prendra une forme parabolique telle que *mnpq* ; parsuite, le volume de la capacité de révolution, correspondant au rectangle 1, 2, 3, 4, se trouvera réduite, et l'air qui y était emmagasiné au début sera comprimé. Cette compression sera transmise par le conduit K, qui traverse le pivot et débouche dans l'orifice du grain d'acier *f*, au manomètre, et l'on conçoit qu'il en sera de même pour n'importe quelle allure de vitesse, avec des pressions en rapport, de façon à indiquer, par exemple, les variations comprises entre 0 et 150 tours.

569. *Indicateur de vitesse Madamet.* — L'appareil imaginé par M. Madamet, ingénieur de la marine, est basé sur l'emploi de la force centrifuge. Un arbre vertical A (*fig.* 582), muni d'un fort volant en bronze B, et animé d'un mouvement de rotation proportionnel à celui de la machine, entraîne avec lui deux boules C, C, pouvant osciller autour de l'axe D. La force centrifuge développée par les boules C est équilibrée par quatre ressorts à boudins E, égaux deux à deux. En s'écartant

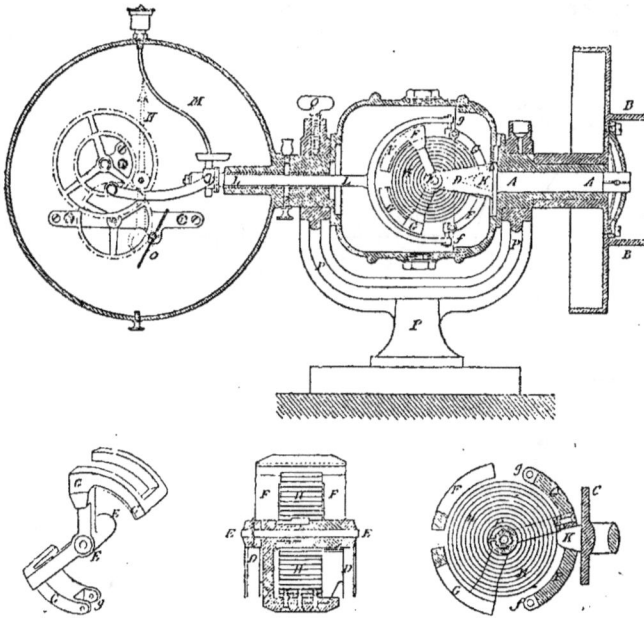

Fig. 583. — Tachymètre Buss.

de l'axe, les boules font descendre, au moyen des bielles F, le manchon G, muni d'une embase *4* sur laquelle reposent les talons *h, h* ; ceux-ci sont placés sur des axes fixés à l'extrémité d'un levier à fourche H ; ce levier est constamment tiré de bas en haut par la chaîne métallique L, qui s'enroule sur le tambour J ; l'axe de ce dernier porte l'aiguille indicatrice I, mobile sur le cadran où est tracée la graduation de l'instrument. La traction produite par la chaîne L est déterminée par

un ressort-spiral très faible, *l* ; son action a pour effet de détruire l'influence des jeux qui existent dans l'ensemble des articulations et qui, sans cette précaution, nuiraient à l'exactitude des indications.

Le mouvement de rotation de l'arbre A lui est communiqué par le levier M, animé par la machine d'un mouvement oscillatoire, et actionnant, au moyen du levier N et des bielles P, P', et des linguets *q, q'*, le tambour R muni extérieurement de six longues dents obliques. Dans l'intérieur de R se trouve un gros ressort-spiral S_1, dont l'une des extrémités est fixée sur une douille de la roue dentée S, dont le mouvement est transmis, considérablement amplifié, à l'arbre A, au moyen des engrenages sT et t. Grâce à la présence du spiral S_1 et à celle du volant B, le mouvement saccadé du tambour R est transformé en mouvement continu et uniforme de l'arbre A. La graduation de cet appareil se détermine par la pratique, en l'installant sur une machine que l'on fait tourner à diverses allures.

570. *Tachymètre Buss.* — Cet appareil est également basé sur le principe de la force centrifuge : un axe, mis en relation avec l'arbre en mouvement, porte par des articulations deux masses excentrées, qu'un ressort tend constamment à ramener vers le centre ; il s'établit, pour chaque vitesse, une position d'équilibre ; les déplacements centrifuges des masses sont renvoyés, par transmission, à une aiguille indicatrice.

La figure 583 représente le tachymètre Buss. AA est l'axe principal, portant une poulie B, qui reçoit la courroie passant sur une poulie montée sur l'arbre à expé-

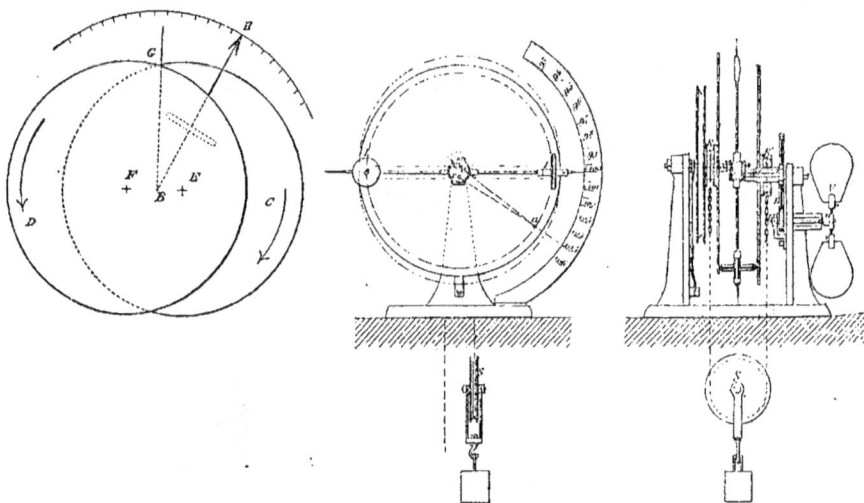

Fig. 584. — Contrôleur de vitesse Duveau.

rimenter ; le plateau C, solidaire de A, porte, par les deux potences DD, l'axe transversal EE, sur lequel pivotent les deux masses EF et EG. Ces masses sont assemblées, l'une au centre, l'autre à la périphérie d'un grand ressort-spiral II, qui tend constamment à les ramener au contact de l'appui commun K. Lorsque, par l'effet de la rotation imprimée au système, la force centrifuge devient suffisante pour surmonter la résistance opposée par le spiral, les masses s'écartent, et leur écart augmente en même temps que la vitesse. En f et g, ces masses s'articulent sur une fourchette, qui transmet, par l'axe LL, les déplacements à l'appareil indicateur M ; celui-ci se compose d'un train d'engrenage et communique, en les amplifiant, les déplacements à l'aiguille N, qui les indique sur un cadran ; un papillon O, mû par le même train, s'oppose aux effets de vibration et de lancé. Les masses mobiles sont tracées de telle sorte que leur centre de gravité commun soit toujours sur l'axe de rotation, ce qui permet d'incliner l'appareil dans toutes les directions sur son support à fourche P. La course de la tige L est faible, et, par suite, les déplacements sont sensiblement proportionnels aux vitesses, ce qui facilite beaucoup la graduation du cadran.

571. *Contrôleur de vitesse Duveau.* —

M. Duveau a imaginé, pour déterminer les vitesses de rotation, un appareil aussi ingénieux qu'original. L'inventeur mesure la vitesse d'un arbre en la comparant à celle d'un axe tournant d'un mouvement uniforme. Une roulette, folle sur son axe BH (*fig.* 584), lequel pivote autour du point fixe B, est pressée entre deux disques C et D, tournant en sens inverse l'un de l'autre; ces deux disques sont excentrés l'un par rapport à l'autre, et leurs axes E, F, sont situés à égale distance de part et d'autre de B. Le disque D reçoit, d'un appareil chronométrique, un mouvement uniforme de rotation; le disque C est mis en relation avec l'arbre à expérimenter. Si les vitesses des deux disques sont égales, il est clair que l'axe de la roulette viendra se placer suivant la normale BG à la ligne des centres F, B, E; si la vitesse de C devient prépondérante, la roulette sera entraînée dans le sens de cette vitesse, et

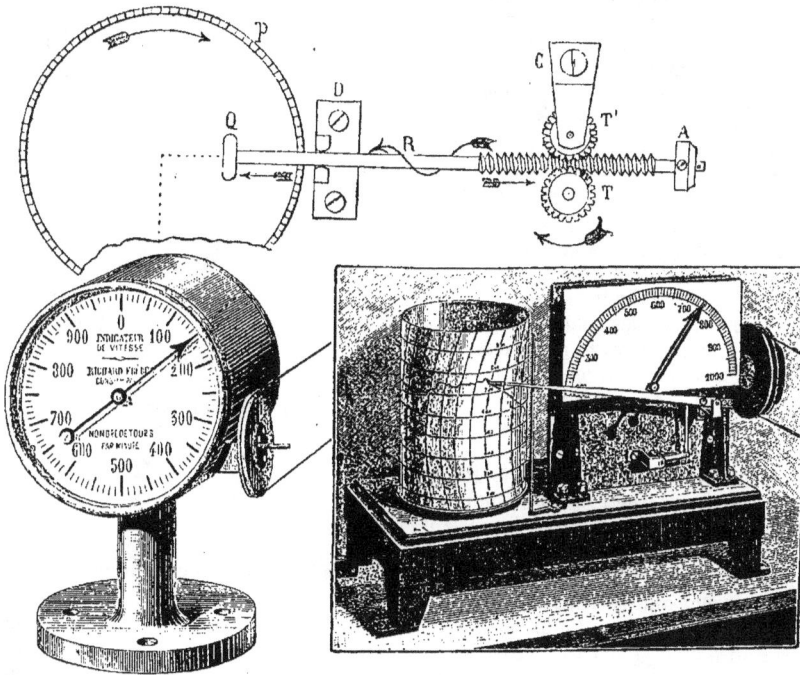

Fig. 585. — Cinémomètre Richard.

s'arrêtera dans une position d'équilibre, telle que BH, dépendant de l'écart entre les vitesses des deux disques; ces écarts sont indiqués sur un cadran gradué, parcouru par l'aiguille C, montée sur l'axe de la roulette.

Le mouvement uniforme du disque D est donné par un moteur électrique régularisé par un diapason interrupteur du courant. Les déplacements de l'aiguille H peuvent être facilement transmis à un enregistreur.

572. *Cinémomètre Richard.* — L'appareil créé par MM. Richard frères indique d'une façon continue et automatique soit le nombre de tours par minute au moyen d'une aiguille sur un cadran, soit la courbe de vitesse, si l'instrument est muni d'un système enregistreur écrivant sur un papier qui se déplace en fonction du temps. L'appareil représenté par la figure 585 donne rigoureusement ce résultat, qui est, à proprement parler, la solution continue de l'équation

$$\frac{\text{Chemin parcouru}}{\text{Temps}} = \text{vitesse.}$$

Il se compose de deux plateaux circulaires P, tournant en sens contraire en fonction du temps et faisant rouler entre leurs surfaces une roulette Q, qui est éloignée de leur centre proportionnellement au nombre de tours de la machine. Cet éloignement est obtenu au moyen d'une roue à fente héliçoïdale T, qui agit à la façon d'un pignon menant une crémaillère, sur une vis sans fin R, dans le prolongement de laquelle est calée la roulette. Les plateaux, mus par une petite quantité de mouvement fourni par la machine et ayant une vitesse rendue rigoureusement isochrone par un régulateur, ont pour effet, en faisant tourner la roulette sur elle-même, de dévisser la vis sans fin dans la roue héliçoïdale comme le ferait une vis mobile dans un écrou fixe; ils tendent, par suite, à ramener la roulette à leur centre. Cette dernière se trouve donc soumise à un double mouvement : 1° elle est entraînée avec rapidité vers la périphérie des plateaux, proportionnellement au nombre de tours de la machine ; 2° elle est ramenée au centre des plateaux proportionnellement au temps. Il en résulte qu'elle prend entre les plateaux une position d'équilibre, qui correspond au rapport des deux facteurs, c'est-à-dire au quotient exact du nombre de tours par l'unité de temps. Ce quotient est exprimé par la distance momentanée du plan de la roulette au centre des plateaux, distance qui se traduit à l'œil par le déplacement d'une aiguille devant un cadran ou d'un style enregistreur sur un papier en ordonnées absolument proportionnelles. On peut munir le cinémomètre d'un compteur de tours ordinaire, qui sert alors de totaliseur.

573. *Chronomètres à secondes.* — Nous avons déjà dit plus haut quelques mots des appareils employés pour la mesure du temps dans les observations de machines. L'unité est la minute ; mais les instruments que l'on met en œuvre sont presque toujours divisés en secondes. Bien souvent, surtout dans les expériences demandant quelque précision, la seconde est elle-même fractionnée en quantités plus petites, et l'on construit dans ce but des chronomètres donnant le 1/5, le 1/10, le 1/20, le 1/50, le 1/100, voire même le 1/1000 de seconde.

L'un de ces derniers est représenté par la figure 586. Le principe de l'appareil repose sur l'emploi, pour marquer les millièmes de seconde, du mouvement du balancier d'un chronomètre battant les cinquièmes de seconde, un mécanisme spécial faisant décrire chaque fois au balancier un angle complet de 360°. Si sur l'axe d'un tel balancier on vient à fixer une aiguille, on voit que celle-ci décrira, cinq fois par seconde, tantôt dans un sens, tantôt dans l'autre, un cercle entier, et que si ce cercle est divisé en 200 parties, chacune de ces divisions correspondra à un millième

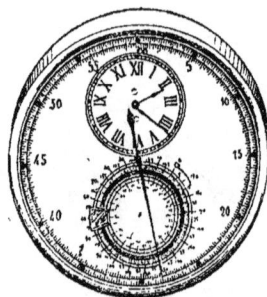

Fig. 586. — Chronomètre donnant le $1/1000$ de seconde.

de seconde. Comme à chaque mouvement du balancier la vitesse part de zéro pour revenir à zéro en passant par un maximum, il en résulte que le chemin parcouru n'est pas le même pour la même durée de temps. Il a fallu tenir compte de ce fait dans la graduation du cadran, où les divisions sont plus serrées à l'origine et à la fin qu'au milieu de la course.

En outre, comme l'aiguille marche tantôt dans un sens, tantôt dans l'autre, pour connaître le sens de la marche, au moment où l'on arrête pour faire la lecture, il existe une petite aiguille, située à gauche du cadran, qui indique, lorsqu'elle est abaissée, que la lecture doit se faire de droite à gauche, et de gauche à droite lorsqu'elle est relevée.

TRAITÉ DE MÉCANIQUE

NEUVIÈME PARTIE

MOTEURS A GAZ

CHAPITRE PREMIER

HISTORIQUE

Période d'invention.

574. C'est à l'abbé Jean Hautefeuille, fils d'un boulanger d'Orléans, que l'on attribue la paternité de l'invention des moteurs à gaz.

Le point de départ, pour la question qui nous occupe, remonte au xviie siècle, en 1678 : mais quelques-uns veulent le reculer d'une année ou deux (1680), en considérant la machine d'Huyghens comme la première de ce genre, quoique la description de cette dernière n'ait été publiée dans aucun recueil avant 1693 (1).

La première date ne saurait pourtant faire l'objet d'un doute, puisqu'elle résulte d'un opuscule imprimé sous ce titre : *Manière d'élever l'eau par le moyen de la poudre à canon*, et qui se trouve dans les œuvres diverses de Hautefeuille, où il figure sous forme de lettre datée du 4 août 1678.

L'ingénieux inventeur y décrit deux systèmes différents. Le premier se compose d'une boîte rectangulaire dans laquelle on introduit de la poudre dans « une coulisse en manière de bassinet ». Un tube recourbé est fixé à la paroi supérieure de ce vase et son extrémité inférieure plonge dans une nappe d'eau. Lorsque la poudre a librement fait explosion et que les clapets se sont renfermés, la pression atmosphérique chasse l'eau de la nappe dans le tuyau; après chaque opération, on fait écouler celle qui est parvenue dans la caisse, et on recommence l'opération. La force d'expansion produite par l'explosion n'est donc pas mise en œuvre directement, mais on utilise le vide partiel qui résulte du refroidissement des gaz restés dans le cylindre.

Dans son second plan, Hautefeuille paraît avoir eu quelque tendance à utiliser directement l'action première de la poudre : son tube élévatoire vertical est muni de distance en distance de soupapes de retenue; le tube est recourbé à angle droit à la partie inférieure qui plonge dans l'eau; la poudre doit être placée dans une petite branche verticale, qui fait suite à la précédente, et une tubulure ouverte est représentée dans le milieu de la branche horizontale. Aucun réservoir n'est nécessaire : la poudre, par son explosion, chasse l'eau en partie dans le tube vertical : une portion encore rentre par l'effet du vide. « L'expérience, dit-il, n'a été faite qu'en petit ».

En 1682, dans ses *Réflexions sur quel-*

ques machines à élever les eaux (lettre à la duchesse de Bouillon), l'abbé Hautefeuille exprime la pensée que le meilleur appareil pour l'élévation des eaux devrait être fondé sur le même principe que la circulation du sang, produite, dit-il, « par la dilatation et la contraction alternatives du cœur ».

Quoi qu'il en soit, il ressort de ses écrits et des témoignages contemporains que l'abbé Hautefeuille proposa le premier un appareil méritant le nom de machine, dans toute l'acception moderne du mot, et nous devons reconnaître qu'il a eu la priorité de l'invention. Huyghens, à qui l'on attribue quelquefois la première machine à explosion ne vint qu'après lui (1).

L'idée du piston paraît appartenir à uyghens, quoique la date de sa présentation à l'Académie des Sciences ne soit accusée d'une manière précise par aucune publication avant l'année 1693. A cette date on trouve, dans un volume intitulé : *Divers ouvrages de mathématiques et de physique par Messieurs de l'Académie des Sciences*, le mémoire original qui constitue l'invention. Il porte pour titre : *Nouvelle force mouvante par le moyen de la poudre à canon et de l'air*, par M. Hugens de Zulichem.

L'appareil se compose d'un cylindre creux muni d'un *piston ;* une petite capsule est vissée au fond du cylindre : elle contient de la poudre et la mèche qui doit y mettre le feu. A la partie supérieure du cylindre se trouvent deux tubes en cuir librement ouverts ; lors de l'explosion, les produits de la combustion s'échappent librement par ces tubes, qui se ferment sous l'action de la pression atmosphérique, lorsque les gaz qui y sont restés se refroidissent : le piston descend alors sous cette même influence, et entraîne avec lui un poids plus ou moins considérable attaché à l'extrémité d'une corde qui passe sur des poulies de renvoi.

« On verse, dit l'inventeur, un peu d'eau sur le piston, qui doit être arrêté par en haut pour qu'il ne puisse sortir du cylindre ; on met dans la boîte un peu de poudre à canon et on serre bien cette boîte

par le moyen de sa vis. La poudre, venant un instant après à s'allumer, remplit le cylindre de flamme et en chasse l'air par les tuyaux de cuir, qui s'étendent et sont aussitôt refermés par l'air du dehors : de sorte que le cylindre demeure vide d'air, ou du moins pour la plus grande partie. Ensuite le piston est forcé par la pression de l'air, qui pèse dessus, à descendre, et il tire ainsi la corde et ce à quoi on l'a voulu attacher. »

On comprend que des soupapes de la nature de celles-ci ne devaient pas être fort efficaces et que l'appareil ne serait jamais devenu applicable aux épuisements, si Denis Papin n'avait imaginé les soupapes à joint hydraulique, dont nous trouvons la description dans les actes de l'Académie de Leipsick, publiés en 1688, sous ce titre : *Excerpta ex viri clarissimi Dyonisii Papini, Mathematum in Academia Marpurgensi professoris publici, litteris ad... de novo pulveris Pyrii usu.*

Les insuccès de ces premières machines amenèrent Papin à employer la vapeur d'eau, et dès lors tous les efforts se portèrent sur la machine à vapeur, dont nous avons donné l'historique dans une autre partie de cet ouvrage (voir chapitre iv, page 53).

Pendant une longue période d'années, les machines à explosion paraissent avoir été totalement oubliées. Ce n'est qu'en 1791 qu'un ingénieur anglais, John Barber, songea de nouveau à utiliser la force motrice de l'air dilaté et prit, le 31 octobre de cette année, une patente pour la production de la puissance par ce moyen. Nous avons donc un siècle d'arrêt à enregistrer ainsi dans l'histoire de nos moteurs.

John Barber est le premier, parmi cette suite nombreuse d'inventeurs qui proposeront pour le même objet l'inflammation de l'hydrogène ou celle de l'hydrogène carboné. Il mélangeait deux jets d'air et de gaz carburés, et il les enflammait à l'entrée d'un vaisseau à explosion. Il semble qu'il ait eu ainsi l'idée première des machines à combustion continue.

Thomas Mead et Robert Street, en 1794, s'appuient sur des principes différents. La patente de Mead se borne plus spécia-

---

(1) Aimé Witz.— *Traité des moteurs à gaz.*

lement à une analyse d'effets mécaniques produits par des phénomènes analogues à l'acte de la respiration. L'appareil décrit se compose de trois pièces cylindriques emboîtées, communiquant entre elles au moyen de deux tubes coudés ; deux robinets établissent ou suppriment la communication.

Le brevet de R. Street du 7 mai 1794 constitue une véritable machine ; il est relatif à la « *production d'une force de vapeur inflammable par le moyen de liquide, d'air, de feu et de flamme pour mettre en mouvement les machines et les pompes* ». Il n'emploie pas les gaz tout formés, dit M. H. Tresca, mais il fait tomber sur le fond d'un cylindre, de l'huile de pétrole, de térébenthine ou autres matières analogues pouvant se réduire en vapeur ; un piston solide de fer est soulevé et, dans sa course, il fait entrer de l'air dans le cylindre : ce piston se soulève encore, et une longue tige à laquelle il est articulé soulève en même temps le piston d'une pompe. L'action est alternative, mais la réalisation et le fonctionnement de cette action auraient présenté de grandes difficultés.

Tels étaient les procédés, lorsque Philippe Lebon d'Humbersin prit en France son brevet principal du 6 vendémiaire an VIII (28 sept. 1799) pour de *nouveaux moyens d'employer les combustibles plus utilement, soit pour la chaleur, soit pour la lumière, et d'en recueillir divers produits*. Dans ce brevet principal, qui se réduit d'ailleurs à quelques lignes, on trouve la description d'un fourneau rudimentaire propre à la fabrication du gaz, et ce n'est que dans le certificat d'addition du 25 août 1801, que Lebon propose l'emploi du gaz comme force motrice (1). Il expose son projet de moteur à gaz en ces termes : « Je vais maintenant indiquer les moyens de recueillir cette force expansive, d'en modérer l'énergie, et de ne la déployer qu'à mesure et en proportion des besoins et de la solidité des machines que l'on pourra employer... Dans le cy-

lindre F (1) s'opère la combustion du gaz inflammable, qui y est introduit par le tuyau *t″*, tandis que l'air atmosphérique nécessaire pour la combustion y est refoulé par le tuyau *t′*. Le cylindre A reçoit les vapeurs produites par cette combustion ; son piston P intercepte toute communication entre les parties E et E′ (ces deux parties E et E′ sont les parties antérieure et postérieure du cylindre)... La tige du piston P se partage en dehors du cylindre en trois autres tiges... ; l'une d'elles fait mouvoir le piston P′ d'une pompe à air atmosphérique à double effet ; une autre fait mouvoir le piston P″ d'une semblable pompe à gaz inflammable ; la troisième, enfin, est destinée à s'appliquer aux résistances que l'on se propose de vaincre... » Quant à l'inflammation, on pourrait disposer une machine électrique, qui serait mue par celle à gaz, de manière à répéter les détonations dans les instants dont l'intermittence pourrait être réglée et déterminée. Toute la machine est dans ces mots.

A partir du commencement du dix-neuvième siècle, la première machine que nous rencontrons dans l'ordre chronologique est celle de MM. Niepce, en 1806, qui imaginèrent de lancer successivement, dans un cylindre à piston, et à l'aide d'un soufflet, du lycopode, ou, à défaut, une composition de houille et de résines pulvérisées, qui prend feu en passant devant la flamme d'une lampe et qui dilate l'air contenu dans le cylindre, dessous le piston.

M. de Rivaz prend, le 30 janvier 1807, un brevet pour la manière de se servir de la déflagration des gaz inflammables, à l'effet d'imprimer le mouvement à diverses machines et de remplacer la vapeur d'eau. C'est une machine à simple effet, communiquant avec une vessie pleine d'hydrogène au moyen d'un robinet à plusieurs crans. L'inflammation est produite de différentes manières, comme, par exemple, la chute de grains de poudre sur un fond entretenu rouge, la compression de l'oxygène, l'étincelle électrique, etc.

(1) Philippe Lebon, ingénieur au corps des Ponts et Chaussées, avait obtenu en 1792 une récompense nationale de 2 000 livres, pour des expériences qui avaient pour objet d'améliorer les machines à feu.

(1) Cette description peut être facilement suivie sans figure.

En 1810, Henri se sert d'une machine à battre les pieux, dans laquelle le mouton est lancé par l'action de la poudre.

La machine de Samuel Brown est décrite dans la patente 4 874, du 4 décembre 1823. « Mon invention consiste dans la combinaison suivante: Du gaz inflammable est introduit par un tuyau dans un cylindre. Une flamme placée près de l'extérieur du cylindre brûle constamment, et, venant périodiquement au contact, enflamme le gaz qui s'y trouve. Le cylindre est alors fermé étanche, et un obstacle s'oppose à la communication entre la flamme et le gaz du cylindre. »

Faraday, en 1823 également, fit connaître à la Société royale de Londres ses importants travaux sur la condensation et la solidification des gaz. Ces propriétés nouvelles furent aussitôt mises à profit par divers inventeurs pour produire un travail moteur: Chaussenot, en France, (7 octobre 1824); Brunel en Angleterre (1825), dont la patente fut reproduite en France par Andrieux (5 mai 1826) utilisèrent les observations faites par le grand physicien.

MM. Galy-Cazalat et Dubain, dans leur brevet d'invention du 10 novembre 1826 et leur certificat d'addition du 30 mai de l'année suivante, indiquent l'emploi du gaz hydrogène pour remplacer la vapeur d'eau. C'est par la réaction de l'acide sulfurique sur le zinc que la production de l'hydrogène est assurée ; ce gaz se réunit en haut de la caisse à réaction et est partiellement introduit dans deux vases, où il se mélange avec de l'air, et au sortir desquels il s'enflamme en produisant un jet rapide.

La patente anglaise 6 525, du 16 décembre 1833, concerne la machine de Lemuel Wellmann Wright. « Mon procédé, dit l'inventeur, consiste dans l'arrangement de moyens par lesquels certains organes constituent une machine à explosion dans laquelle des gaz inflammables, mélangés avec de l'air, sont enflammés dans un espace clos pour développer une force d'expansion qui agit sur un piston moteur placé dans un cylindre ». La machine est verticale, à double effet, et l'inflammation est produite par la flamme d'un bec de gaz. Un régulateur à boules est employé pour modifier la composition du mélange explosif par son action sur deux petites pompes d'alimentation. La richesse du mélange en hydrogène diminue si la marche s'accélère, de manière à réduire le travail moteur toutes les fois qu'il devient prépondérant.

William Barnet revint à l'idée de Lebon et il décrivit, dans son brevet du 18 avril 1838, un moteur à double effet et à compression ; deux pompes spéciales comprimaient séparément l'une de l'air, l'autre du gaz, et alimentaient le cylindre moteur. La mise de feu à ce gaz tonnant comprimé se faisait à l'aide d'un boisseau de robinet creux, animé d'un mouvement de rotation continu et renfermant un bec de gaz.

Dans la machine de MM. Demichelis et Monnier, brevetée le 7 mai 1840, l'hydrogène est fabriqué dans l'appareil par un moyen quelconque. Une pompe double l'introduit dans un gazomètre avec deux fois son volume d'air ; un piston aspire le mélange dans un cylindre moteur; aussitôt après l'introduction de ce mélange, la communication est fermée par un robinet, et l'étincelle électrique l'enflamme. On voit, dans cette machine, l'idée de l'emploi du gaz courant.

James Johnston ne fut pas moins ingénieux que Wright : il imagina une machine à gaz à condensation. Sa patente, du 8 février 1841 dit : « Ma machine fonctionne comme suit : supposons que le piston soit au bas du cylindre ; de l'oxygène et de l'hydrogène sont introduits sous le piston ; la soupape d'admission des gaz est alors fermée, et ceux-ci sont enflammés par l'un des moyens ordinaires. Aussitôt que l'explosion a lieu, le piston est chassé jusqu'au sommet du cylindre ; mais, quand l'explosion a cessé, il s'est produit un vide au-dessous du piston, les deux gaz s'étant combinés pour former de l'eau. Tout l'espace compris au-dessous du piston est donc vide, à l'exception d'une petite quantité d'eau... Le piston est ensuite chassé en sens inverse par les gaz, qui sont introduits et enflammés au-dessus de lui ; un vide se forme au-dessus ; et de cette manière la machine continue à fonctionner, tant que les gaz sont introduits et enflammés alternativement au-dessus et au-dessous du piston, chaque explosion faisant rétrograder le piston dans le vide formé par l'explosion produite... Je me réserve d'utiliser la condensation dans les machines qui emploient l'explosion du gaz oxhydrogène. »

Dans la machine Perry (1845), la force motrice est développée par l'expansion qui résulte de la combustion de la vapeur d'essence de térébenthine, ou d'autres liquides volatils et inflammables, ou de gaz et de vapeurs combinés provenant de la distillation de la térébenthine, de la résine, ou d'autres substances, etc..., dans un cylindre semblable à celui de la machine à vapeur.

Le 11 septembre 1858, divers brevets furent pris par M. Hugon, pour 1° l'application aux machines d'un générateur permettant d'utiliser la force produite par l'explosion résultant de la combinaison de l'hydrogène pur ou des différentes espèces de gaz de l'éclairage avec l'air ou l'oxygène ... ; 2° une machine utilisant la force explosible et le vide résultant de la combinaison de l'hydrogène pur ou des divers gaz de l'éclairage.

Sir William Siemens fit breveter, en 1860, une machine ingénieuse comportant quatre cylindres groupés autour d'un réservoir à gaz combustible comprimé, et actionnant l'arbre moteur au moyen d'un disque oscillant.

En somme, on peut affirmer en toute vérité, dit M. Witz, qu'avant 1860, aucune machine à gaz n'a pu être utilisée industriellement. Le moteur était bien inventé, mais il s'agissait de le faire marcher. Ce fut le mérite de M. Lenoir.

Période d'application.

575. Le brevet de M. Lenoir porte la date du 24 janvier 1860 ; il est spécifié : *Moteur à air dilaté par la combustion du gaz*. Le mélange explosible d'air et de gaz, formé dans le tiroir de distribution, était enflammé dans le cylindre au moyen d'une étincelle produite par une bobine d'induction. La machine était horizontale à double effet; un courant d'eau circulait autour des orifices de distribution et dans une enveloppe concentrique au cylindre, pour empêcher une élévation de température trop considérable. Rien de particulier, ni de bien original, dans cette disposition ; cependant ce moteur différait de tous ceux que nous avons signalés dans la période d'invention, en ce qu'il marchait et fournissait un travail régulier et continu.

Nous avons mentionné plus haut le brevet pris par M. Hugon en 1858 pour une machine utilisant la force explosible de la combinaison de l'hydrogène ; mais ce n'est guère qu'en 1862 que le moteur Hugon entra dans le domaine de la pratique. Il différait en deux points de la machine de Lenoir : d'abord le mélange détonant était enflammé par un brûleur ; de plus, le cylindre était refroidi à l'intérieur et lubrifié par une injection d'eau pulvérisée qui, se transformant en vapeur, ajoutait sa force expansive à celle du gaz au moment de l'explosion.

Deux moteurs anglais parurent ensuite : le premier est celui de Kinder et Kinsey ; dans le second, imaginé par Millon dès 1861, l'inventeur applique utilement, le premier, la compression préalable, déjà indiquée par Lebon.

C'est en 1862, le 7 janvier, que M. Beau de Rochas a pris son brevet, qui est plutôt un mémoire scientifique, intitulé: *Nouvelles recherches sur les conditions pratiques d'emploi de la chaleur*. Ce savant y expose très nettement les principes généraux qu'on doit suivre, et pour les réaliser, il propose d'opérer de la manière suivante:

1° Aspiration du mélange tonnant pendant une course entière du piston ;

2° Compression de ce mélange pendant la course suivante;

3° Inflammation au point mort et détente pendant la troisième course;

4° Refoulement des gaz brûlés hors du cylindre au quatrième et dernier tour.

L'ensemble de ces opérations, qui constitue le cycle de M. Beau de Rochas est, par suite, le *cycle à quatre temps*.

A l'Exposition universelle de Paris, en 1867, parut le moteur envoyé par la maison Otto et Langen, de Deutz, près Cologne. Cette machine est du type dit atmosphérique; le cylindre vertical renferme un piston dont la tige est reliée au volant par un dispositif de crémaillère et de pignon à embrayage, n'agissant qu'au moment de la descente du piston. Le mélange d'air et de gaz, en détonant, projette le piston de bas en haut, en faisant le vide par en dessous. Le piston retombe ensuite et détermine le mouvement de l'arbre de couche dont il est devenu solidaire; dans cette seconde phase, la pression atmosphérique est motrice.

L'emploi du gaz n'est généralement possible que dans les villes, car là il existe une grande source de production. Aussi depuis longtemps cherchait-on à créer un moteur qui pût fonctionner partout. C'est dans cette idée que M. J. Hoch, de Vienne, prit en 1873 un brevet pour des moteurs au pétrole. Il faisait passer un courant d'air au travers d'un hydrocarbure léger et suffisamment volatil pour donner des vapeurs abondantes à la température ordinaire. L'air, après ce contact, se trouve suffisamment carburé pour devenir un gaz inflammable, propre à la production de la force motrice. Hoch combina sur ces données une machine qui fonctionna très régulièrement, en employant du pétrole léger.

En 1876, un ingénieur américain, Brayton, dont la patente remontait à 1872, lançait dans l'industrie son moteur à huile lourde de pétrole. L'air, comprimé par une pompe, pénètre dans le cylindre en traversant une série de disques en bronze perforés, entre lesquels se trouve une masse spongieuse imprégnée d'un hydrocarbure lourd par une petite pompe alimentaire.

Dans la machine Gilles, que nous voyons apparaître à Cologne, vers la même époque, on avait cherché à corriger les défauts du moteur Otto et Langen, en remplaçant par deux pistons adossés la roue dentée et la crémaillère; le premier piston était moteur et le second avait pour but d'atténuer les chocs.

A l'Exposition de Paris, en 1878, on vit le nouveau moteur à gaz Otto, qui longtemps fut la perfection du genre. En même temps figuraient les machines de Bisschop, L. Simon et fils de Nottingham, et Ravel.

La machine nouvelle d'Otto est horizontale, se rapprochant du type Corliss; le cylindre, soutenu en porte-à-faux, est terminé par une culasse dans laquelle est disposé l'appareil de distribution. Le cylindre sert à deux fins : de pompe de compression et de moteur; le cycle à quatre temps y est déterminé en deux révolutions de l'arbre moteur.

Le moteur de M. de Bisschop appartient à une classe mixte : il utilise l'explosion à l'ascension du piston et la pression atmosphérique à la descente. Le mélange explosif est cantonné au bas du cylindre, et il existe, entre ce mélange et le piston, un coussin d'air qui se chauffe et se comprime pendant l'explosion, pour se refroidir aussitôt après.

MM. L. Simon et fils présentaient un moteur que l'on peut caractériser par les deux traits suivants : la combustion y est réellement lente et graduelle, et les chaleurs perdues sont utilisées à former de la vapeur, dont la force élastique vient s'ajouter à celle du gaz. La compression se fait dans un cylindre séparé, d'où le mélange détonant passe dans le cylindre de travail, en s'enflammant progressivement au contact du brûleur. En s'échappant, les gaz chauffent une petite chaudière tubulaire alimentée par l'eau qui a circulé autour du cylindre; la vapeur produite pénètre dans le cylindre et vient joindre son action à celle du mélange explosif.

La machine de M. Ravel, appelée par son inventeur à centre de gravité variable, était oscillante, et la force explosive était employée à soulever un piston pesant. Cette masse ayant atteint la partie supérieure du cylindre, agissait à son extrémité comme un levier, et le faisait basculer autour des tourillons dont il était muni. Mais dès que le piston était revenu occuper le point le plus bas, une nouvelle explosion se produisait et le chassait à l'autre extrémité. Sous cette impulsion périodique, l'arbre de couche qui formait le prolongement des tourillons prenait un mouvement continu de rotation.

C'est de cette époque que date vraiment

la création de l'industrie des moteurs à gaz. A l'Exposition de Paris de 1878, figuraient six moteurs; en 1889, 31 exposants présentaient 53 moteurs à gaz de types différents, dont la puissance totale dépassait 1 000 chevaux.

Nous ne pouvons donc plus signaler tous les moteurs qui virent le jour depuis cette époque, car de nombreux chercheurs se mirent à l'œuvre et produisirent des machines qui obtinrent plus ou moins de succès dans leurs applications à l'industrie. Les uns ont continué leurs travaux dans le sens de la mise en œuvre du gaz d'éclairage; d'autres, voulant rendre l'emploi de ces machines plus général, ont pris spécialement pour objectif la marche à l'air carburé. Il ne faut point, pour cette dernière marche, de grandes modifications essentielles au moteur; mais le carburateur doit être étudié avec soin, si l'on veut obtenir une marche bien régulière. Aujourd'hui, un certain nombre de moteurs sont établis pour les deux systèmes : marche avec le gaz d'éclairage, ou marche avec l'air chargé de vapeurs de carbures.

Pour résumer cet historique des moteurs à gaz, nous croyons intéressant de donner la liste déjà longue, mais non encore close, des principales machines à mélanges détonants, enregistrées depuis 1860. Les unes ne sont jamais sorties de leur période d'essais, d'autres n'ont pas été construites; d'autres enfin se partagent aujourd'hui la faveur du public. Dans cette énumération d'ingénieurs et de constructeurs éminents, tous ont le mérite d'avoir contribué, en apportant chacun le fruit de leurs longues et patientes recherches, à amener le moteur à gaz à l'état de perfection dans lequel nous le trouvons actuellement.

Lenoir		1860
Kinder et Kinsey		1861
Millon		1861
Hugon		1862
Otto et Langen		1867
De Bisschop	1870-1871-	1874
Brayton (*Ready Motor*)		1872
Hoch		1872
Gilles		1874
Hallewel		1875
Otto	1876	1877
Ravel		1878
Simon et fils		1878
Dugald Clerk		1879
Turner		1879
Kœrting-Lieckfeld		1879
Sombard		1879
Wittig et Hess		1879
Linford		1879
Otto Crossley		1880
Rider		1880
Ord		1881
Bénier		1881
Otto-Schleicher-Schumm		1881
Foulis		1881
Robson		1881
Parker		1882
Hutchinson		1882
Crowe		1882
François		1882
Forest		1883
Baker		1883
Economic Motor		1883
Maxim		1883
Lenoir		1883
Griffin		1883
Livesay		1883
Schweizer		1883
Crown		1884
Andrew (Stockport)		1884
Benz		1884
Delamare et Malandin (*le Simplex*)		1884
Martini	1884-	1886
Warchalowski		1884
Ravel		1885
Kœrting-Boulet (vertical)	1885-	1887
Sombard		1885
Durand		1885
Daimler		1885
Atkinson	1885-	1888
Rollason		1886
Tenting		1886
Belmont, Chabot, Diedrichs		1887
Adam		1887
Laviornery		1888
Baldwin		1888
Taylor (Midland et Dot)		1888
Ragot		1888
Forest	1888-	1890
Noël		1888
Trent		1889
Charon		1889

Classification des moteurs à gaz.

576. Quel que soit le nombre déjà grand des moteurs actuels, on peut les diviser, au point de vue des opérations successives provoquées par la course du piston dans le cylindre, en quatre types principaux (1) :

1er *type :* Moteur à explosion sans compression.

2° *type :* Moteur à explosion avec compression.

3e *type :* Moteur à combustion avec compression.

4° *type :* Moteurs atmosphériques et mixtes.

577. *Moteurs du premier type.* — Dans ces machines une certaine quantité d'air et de gaz est aspirée dans le cylindre, sous la pression atmosphérique ; à mi-course du piston, l'entrée de ce mélange est interrompue, et une étincelle vient en provoquer la détonation. Il en résulte une expansion subite qui pousse le piston en avant, et les gaz se détendent jusqu'à fond de course. Le retour du piston provoque l'évacuation des gaz de la combustion dans l'atmosphère. L'ancien moteur Lenoir est un exemple de cette catégorie, dont le cycle, c'est-à-dire l'ensemble des opérations qui se représentent d'une façon périodique, est le suivant :

1° Aspiration du mélange sous la pression atmosphérique ;

2° Explosion à volume constant ;

3° Détente ;

4° Refoulement et échappement des produits de la combustion.

(1) Classification adoptée par M. Aimé Witz.

578. *Moteurs du deuxième type.* — Au lieu d'aspirer le mélange détonant et de l'enflammer aussitôt, sous la pression atmosphérique, on le comprime d'abord à trois ou quatre atmosphères et on en provoque l'explosion sous le volume réduit qu'il occupe dans le cylindre : c'est la compression préalable. Celle-ci peut se faire dans un récipient spécial ou bien dans le cylindre moteur lui-même, qui doit alors être pourvu d'une chambre de compression, ce qui augmente évidemment le volume de ce qu'on appelle l'espace nuisible. Le cycle de cette catégorie de moteurs peut se définir ainsi :

1° Aspiration du mélange sous la pression atmosphérique ;

2° Compression du mélange ;

3° Explosion à volume constant ;

4° Détente ;

5° Refoulement et échappement des gaz brûlés.

Pratiquement, il y a lieu de subdiviser les appareils du deuxième type en trois classes, suivant que le cycle s'accomplit en deux, quatre ou six temps : le moteur Otto appartient à la première classe, le moteur Clerk est le modèle le plus connu de la seconde, et Griffin a créé la troisième.

579. *Moteurs du troisième type.* — Dans les deux catégories précédentes, l'explosion du mélange est instantanée ; dans le troisième type, on fait brûler graduellement le mélange, sous pression constante, et ce type est ainsi caractérisé par la combustion du gaz et non plus par son explosion. Le reste des opérations est identique aux transformations des deux premières catégories, comme le montre le cycle de cette classe :

1° Aspiration du mélange sous la pression atmosphérique ;

2° Compression du mélange ;

3° Combustion à pression constante ;

4° Détente ;

5° Refoulement et échappement des produits de la combustion.

En utilisant ou pulvérisant du pétrole dans l'air, Hoch et Brayton ont réussi à faire mouvoir économiquement de petites machines : ces appareils et leurs analogues appartiennent bien à la famille des moteurs à gaz tonnants, mais on doit les ranger dans le troisième groupe, parce que la combustion de l'air carburé par ce procédé est toujours graduelle et lente (1).

580. *Moteurs du quatrième type.* — C'est le groupe des moteurs atmosphériques, dont la machine Otto et Langen est le prototype. On y fait aussi entrer la catégorie des moteurs mixtes, avec l'appareil de Bisschop comme exemple. Le gaz soulève le piston et la pression de l'air le fait redescendre. La suite des opérations composant le cycle de cette catégorie est dès lors :

1° Aspiration du mélange sous la pression atmosphérique;

2° Explosion à volume constant en course libre;

3° Détente;

4° Refoulement du piston par l'atmosphère en course libre;

5° Refoulement et échappement des gaz brûlés.

Gaz combustibles et mélanges tonnants.

581. *Gaz d'éclairage.* — Nous avons déjà examiné plus haut (voir n° 35 page 32)

(1) A. WITZ. — *Traité des moteurs à gaz.*

au point de vue combustible industriel le gaz d'éclairage. Sa composition est aussi variable que complexe; M. de Marsilly a montré que les gaz extraits par distillation des diverses qualités de charbon peuvent contenir un volume de 3 à 56 0/0 d'hydrogène et de 29 à 89 0/0 de gaz des marais. La température des fours, la marche des fours, ainsi que les procédés d'épuration physique et chimique viennent encore modifier le résultat final de la fabrication. Un certain nombre d'analyses ont conduit M. Hudelo à attribuer la composition suivante aux gaz des différentes usines de la Compagnie parisienne :

ÉLÉMENTS	EN VOLUME	EN POIDS
Hydrogène (H).........	50.1	8.8
Oxyde de carbone (CO)..	6.3	15.6
Azote (Az).............	2.7	6.7
Gaz des marais (C²H⁴)....	33.1	47.3
Éthylène (C⁴H⁴)........	5.8	14.4
Acide carbonique (CO²)..	1.5	5.8
Acide sulfhydrique (HS).	0.5	1.4
	100.0	100.0

M. Aimé Witz a établi ainsi qu'il suit le pouvoir calorifique du gaz type :

ÉLÉMENTS	H	CO	C²H⁴	C⁴H⁴	CARBURES DIVERS
	lit.	lit.	lit.	lit.	lit.
Volume du combustible.................	1116.0	119.6	684.3	103.6	12
Volume du comburant (oxygène)..........	558.0	59.8	1368.6	310.8	72
	cal.	cal.	cal.	cal.	cal.
Chaleur dégagée par gramme de combustible..	29.50	2.435	13.34	12.19	8
Chaleur totale dégagée..................	2950	365.25	6536.6	1584.7	240
	lit.	lit.	lit.	lit.	lit.
Produits de la combustion en volumes..... { CO²...	1116.0	»	1368.6	207.2	48
{ HO...	»	119.6	684.3	207.2	48

Le volume d'oxygène exigé par la combustion d'un kilogramme de gaz d'éclairage est donc de 2 369ⁱⁱ,2 : le cube d'air équivalent est égal à 11 390 litres ; c'est 5,4 fois le volume de gaz dépensé.

Le nombre total de calories dégagé par la combustion d'un kilogramme de ce gaz est égal à 11 676 ; cela fait par mètre cube de gaz 5 520 calories, à 0 degré et 760 millimètres. Tous ces chiffres sont théo-

riques ; cependant, dans la pratique, on admet, avec M. H. Tresca, le nombre de 6 000 comme valeur exacte de la quantité de calories dégagées dans la combustion, mais c'est un chiffre un peu élevé, et on devrait se contenter de prendre une valeur d'environ 5 300 calories.

582. *Air carburé.* — Indépendamment des appareils de production du gaz d'éclairage, il existe divers genres d'appareils gazogènes qui peuvent fournir une autre solution non moins remarquable du problème : ce sont les hydrocarburateurs à froid. En saturant l'air, à la température ordinaire, de vapeurs d'essences volatiles, telles que la gazoline ou les essences de pétrole, on constitue un mélange combustible qui présente les propriétés du gaz d'éclairage. Le mode de carburation varie beaucoup. Dans le système très connu de M. Mille, l'air est appelé dans un réservoir d'essence de pétrole par la volatilisation et la chute même de la vapeur, qui est plus dense que l'air : ce réservoir est placé à un niveau supérieur, et un tube de caoutchouc, partant du fond, conduit le gaz combustible au brûleur.

Le succès du gaz Mille encouragea les inventeurs à suivre cette voie, et nombreux sont aujourd'hui les appareils de carburation proposés aux industriels. Le carburateur Lefrogne est un des plus anciens : la saturation y est obtenue à l'aide d'un petit moteur à air chaud.

Dans les systèmes Hearson, Pluyer et Muller (de Birmingham), c'est un compteur mis en mouvement par la descente d'un poids, qui fait l'office de ventilateur pour l'appel d'air.

Un des gazogènes les plus intéressants est celui de M. Rouillé : une sorte d'injecteur Giffard y remplace tous les mécanismes employés pour déplacer l'air. Le carbure se volatilise dans une petite cornue, chauffée par la flamme d'un simple brûleur, et s'échappe par un orifice très étroit dans un canal aboutissant au gazomètre, en entraînant l'air extérieur qui est appelé par un orifice latéral. On peut débiter le gaz dans les conduites sous la pression de 40 millimètres d'eau.

M. Faignot aspire l'air au lieu de le comprimer ; un mécanisme de tournebroche actionne à cet effet le compteur d'appel et refoule ensuite l'air carburé dans un gazogène. La gazoline est contenue dans des caisses rectangulaires divisées en plusieurs étages par des claies poreuses : un jeu de robinets permet d'ouvrir alternativement les caisses et de maintenir constante la richesse du gaz ; on peut même, au besoin, ouvrir plusieurs caisses à la fois.

Tous ces appareils ne sont applicables avantageusement qu'à des canalisations peu étendues, car, si l'air se carbure facilement, il se décarbure non moins rapidement, lorsqu'il est soumis à des frottements prolongés ou à de trop basses températures. Il convient, en conséquence, de placer le carburateur le plus près possible du moteur qu'il dessert, dans la salle même et à côté de la machine, si l'appareil est bien clos et qu'il n'y ait point d'explosion à craindre (1).

Certains constructeurs ont établi des carburateurs absolument appropriés à l'emploi de producteurs d'air carburé pour moteur à gaz. MM. Mignon et Rouart ont construit, d'après les indications de M. Lenoir, un carburateur très ingénieusement conçu : sa forme est celle d'un cylindre dont l'axe est horizontal ; on lui fait accomplir à l'aide d'une roue dentée qui le commande, et qui est mue par un pignon, une révolution en cinq minutes. Des cloisons verticales, perforées, divisent le cylindre en compartiments qui sont alternativement vides et remplis d'étoupes : la gazoline humecte constamment cette dernière par capillarité et, en vertu du mouvement continu de l'appareil, l'air appelé entre par une extrémité, traverse le cylindre en se saturant de vapeurs combustibles et sort par l'autre bout pour se rendre au moteur. Ce dispositif, déjà très simple, a été encore modifié de la façon suivante : la paroi intérieure du cylindre est garnie d'augets, faisant l'office de noria ; le carbure remplit ces augets et il s'élève avec eux dans la rotation ; il se déverse quand ceux-ci ont atteint leur position culminante. L'air traverse donc incessamment ces filets de liquides, et sa carburation complète est de plus assurée par la rapidité de rotation du cylindre, qui fait de cinq à six tours par minute.

M. Schrab emploie un procédé assez original pour produire la carburation : l'hydrocarbure est renfermé dans l'enveloppe même du cylindre du moteur, où il remplace l'eau en bénéficiant de la chaleur perdue par la paroi ; de là, il passe à une température d'environ 80° dans un réci-

(1) A. Witz. — Traité des moteurs à gaz.

pient de carburation, à plusieurs compartiments, que traversent les gaz de la décharge du moteur. Les gaz brûlés sont donc refoulés dans le liquide bouillant, où ils se recarburent et redeviennent aptes à rentrer dans le cycle et à produire une nouvelle explosion, à la condition de retrouver toutefois l'oxygène nécessaire à leur combustion.

Dans le carburateur que MM. Delamare et Malandin ont adjoint à leur moteur *Simplex*, la gazoline contenue dans un réservoir placé à une certaine hauteur s'écoule par un mince filet dans un conduit dans lequel se trouve installée une brosse de crin de forme héliçoïdale. Ce conduit est, en même temps, parcouru par un jet d'eau chaude provenant de l'eau de circulation du cylindre. L'eau contribue, par sa température, à faciliter la vaporisation du carbure, et les deux liquides tombent ensemble dans un vase clos : la gazoline, plus légère, surnage sur l'eau, où on peut la recueillir.

M. Durand a établi un carburateur automatique qui, non seulement fonctionne seul, mais encore se règle de lui-même. Dans un récipient cylindrique, hermétiquement clos, flotte à la surface du liquide un macaron poreux, en liège, qui s'imprègne complètement de pétrole. L'air à carburer arrive par un tuyau traversant le couvercle de l'appareil et qui débouche au milieu d'une éponge : l'évaporation est donc toujours superficielle. Le pétrole employé est une essence relativement lourde, de densité comprise entre 0,70 et 0,72. En hiver, on réchauffe l'appareil en y lançant les gaz de la décharge ; mais la carburation se fait généralement bien sans cela. Cet appareil comporte une mise en train très facile.

Le carburateur de M. Daimler offre avec le précédent une certaine analogie, car il s'y trouve aussi un flotteur ; l'aspiration d'air se fait à peu près de la même manière.

La plupart des carburateurs dont nous venons de parler utilisent des hydrocarbures très volatils qui sont en général des essences diverses. Le dispositif mis en usage par M. Brayton a rendu possible l'emploi, pour la production de force motrice, des huiles lourdes de pétrole, lampantes et autres, voire même des huiles épaisses qui n'entrent en ébullition que vers 150 degrés et pèsent plus de 800 grammes le litre. Le moteur Brayton, sur lequel cet appareil est installé, comporte deux cylindres, l'un de travail, l'autre de compression, qui refoule l'air dans le premier. Cet air arrive sous deux formes : l'air pur, par une soupape communiquant avec l'extérieur, et l'air sous pression, qui est injecté par un tube de faible diamètre. Sur le chemin de cet air se trouvent différentes chambres qu'il doit traverser, et dans lesquelles on a disposé du feutre, des éponges, de la laine, de la filasse, etc. Sur ces différents produits, une pompe spéciale injecte, à chaque tour de manivelle, une certaine quantité de pétrole, de telle sorte que la carburation de l'air s'opère très facilement, et le gaz entraîne même avec lui une certaine quantité d'huile à l'état de vésicules ou de poussières.

Pour la carburation de l'air au moyen des huiles lourdes, qui sont relativement de bas prix, on cherche à favoriser la volatilisation de ces liquides en élevant leur température.

MM. Belmont-Chabout et M. Diederichs font couler lentement le pétrole, dans un serpentin contenu dans une chambre traversée par les gaz de décharge. Les vapeurs formées à cette température élevée ont une tension suffisante pour constituer une sorte d'injecteur à aspiration qui entraîne l'air, lequel, par son mélange avec ces vapeurs, produit le mélange tonnant.

M. Ragot se sert d'un vaporisateur de pétrole composé de deux cônes en cuivre, emboîtés l'un dans l'autre et boulonnés sur un support de fonte ; dans l'intervalle des deux cônes coule un mince filet de pétrole en même temps qu'un petit injecteur y laisse pénétrer un peu d'air pur par une ouverture étroite. Cette capacité est reliée par une conduite au fond du cylindre ; elle est de plus chauffée soit par une petite lampe, soit par les gaz de la combustion. Le pétrole se vaporise donc dans l'intervalle des cônes ; le piston du moteur aspire la vapeur de pétrole et le peu d'air fourni par l'injecteur ; le complément de l'air nécessaire pour former un mélange explosif est fourni par une capacité disposée à cet effet.

583. *Gaz à l'eau et gaz pauvres.* — Nous avons déjà vu deux des combustibles qui peuvent assurer la marche des moteurs à gaz : le gaz d'éclairage et l'air carburé. Nous allons nous occuper d'un troisième procédé qui consiste à décomposer l'eau en ses éléments et à utiliser ceux-ci pour l'alimentation des machines. Le résultat de cette opération a reçu le nom de *gaz à l'eau*.

Les premiers essais remontent à une cinquantaine d'années et furent faits par Kirklian ; pendant tout ce temps, les recherches ont continué, et on a enfin trouvé un mode de préparation du gaz à l'eau assez pratique, pour donner des résultats satisfaisants. Le procédé consiste essentiellement à mettre en présence, à une température élevée, de la vapeur d'eau et du carbone ; la moitié de l'oxygène de l'eau se combinera avec le carbone pour donner de l'acide carbonique, l'autre donnera de l'oxyde de carbone, et l'hydrogène restera en liberté. La réaction est la suivante :

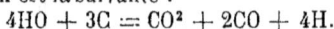

$$4HO + 3C = CO^2 + 2CO + 4H.$$

Le gaz résultant de l'opération est combustible, car il contient 57 0/0 d'hydrogène et 28 0/0 d'oxyde de carbone. Mais on peut faire subir aux gaz obtenus de la sorte une seconde transformation, soit en faisant intervenir une plus grande quantité de vapeur d'eau, soit en augmentant la proportion de carbone ; les deux formules ci-dessous indiquent les réactions qui se produisent dans les deux cas (1) :

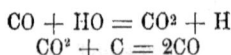

$$CO + HO = CO^2 + H$$
$$CO^2 + C = 2CO$$

Le résultat final peut, dès lors, être représenté de la manière suivante :

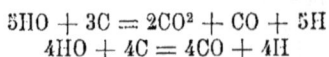

$$5HO + 3C = 2CO^2 + CO + 5H$$
$$4HO + 4C = 4CO + 4H$$

Le gaz à l'eau ainsi produit a un pouvoir calorifique d'au moins 3 200 calories

(1) Voir A. WITZ. — *Traité des moteurs à gaz.*

par mètre cube ; mais il n'est pas pur et contient un peu d'azote et d'acide carbonique qui abaissent son pouvoir calorifique à 2 400 ou 2 800 calories. Cependant les mélanges tonnants formés avec ce produit ont à peu de chose près le même volume et dégagent le même nombre de calories que ceux qu'on obtient avec le gaz d'éclairage, attendu que le gaz à l'eau n'exige que 2 à 3 volumes d'air, au lieu de 6.

Tessié du Motay s'est beaucoup occupé en France de la production de ce gaz, et son procédé de fabrication a eu un certain succès.

De même Strong et Lowe ont mis chacun en pratique un mode de préparation qui est encore en usage.

Dans l'appareil Strong, on fait brûler dans un générateur du charbon, de l'anthracite ou du coke, qu'on charge par morceaux soit par le haut, soit par des portes latérales. Un courant d'air forcé pénètre sous la grille, alimente le foyer et chasse les gaz produits successivement dans deux chambres contiguës, garnies de briques réfractaires, où s'effectue leur combustion et où elle s'achève par l'effet de courants d'air venant de l'extérieur.

Sous l'action du courant d'air, la masse de combustible renfermée dans le générateur est, au bout d'un certain temps, en pleine combustion, au rouge vif, et la combustion des gaz a pour effet de chauffer à blanc les briques réfractaires. A ce moment, on ferme l'arrivée de l'air, et on envoie de la vapeur d'eau dans l'appareil en lui faisant suivre une marche contraire à celle des produits de la combustion. La vapeur se surchauffe au contact des briques et vient traverser la colonne de combustible incandescent. Le gaz à l'eau produit est recueilli et conduit au gazomètre. La composition du gaz à l'eau produit par l'appareil Strong est, d'après M. Moore, la suivante :

Hydrogène	53 volumes.
Oxyde de carbone.....	35　　»
Carbures............	4　　»
Gaz inertes..........	8　　»

100 volumes.

La densité moyenne est égale à 0,54 ;

son pouvoir calorifique ne dépasse pas 2.500 calories par mètre cube, et il exige pour brûler complètement 2 volumes d'air.

Le gaz Lowe est obtenu par un procédé ne différant pas sensiblement du précédent : on se sert également d'un générateur et de chambres de surchauffe. Sa composition est, d'après une analyse faite par M. Remsen :

Hydrogène.......... 30 volumes.
Oxyde de carbone.... 28 »
Carbures............ 34 »
Gaz inertes.......... 8 »
_____
100 volumes.

Dans la fabrication du gaz à l'eau, on produit deux sortes de gaz : du gaz à l'eau, obtenu quand la colonne de charbon est en pleine incandescence, et un gaz pauvre, contenant encore de l'hydrogène et de l'oxyde de carbone en notable quantité, mais fortement mêlé d'azote, ce qui diminue son pouvoir calorifique. En Angleterre et en France, au lieu de fabriquer tour à tour ces deux gaz, et de les mélanger ensuite, on dispose les appareils de manière à obtenir les deux gaz à la fois, non plus par intermittence, mais d'une façon continue. Le résultat de l'opération s'appelle un *gaz pauvre*.

Gazogènes.

584. Les appareils employés pour la production des gaz à l'eau et des gaz pauvres sont des gazogènes. C'est à Thomas et Laurens, vers 1843, que revient l'honneur de cette invention. La disposition qu'ils employaient ressemblait à celle dont faisaient usage Strong et Lowe, surtout lorsqu'ils eurent découvert qu'il était utile d'injecter de la vapeur d'eau surchauffée. Après eux, Siémens s'occupa beaucoup de cette productions de gaz pauvres, et en 1861, ce savant eut l'idée de les appliquer aux divers chauffages industriels et ses gazogènes eurent un grand succès, dans la métallurgie et la verrerie, pour le chauffage des fours.

Depuis, cette idée a marché, et un certain nombre d'ingénieurs et de constructeurs se sont appliqués à la perfectionner

et produisent les appareils actuellement en usage, dont nous allons examiner les principaux.

585. *Gazogène Dowson.* — L'appareil Dowson (*fig.* 587) est l'un des plus répandus pour le service des moteurs à gaz. On le construit de toutes grandeurs. Le premier brevet de M. Emerson Dowson est du 10 octobre 1878, mais les appareils actuels reproduisent plutôt les disposi-

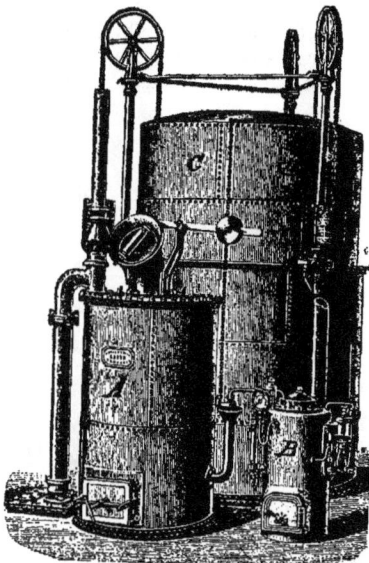

Fig. 587. — Gazogène Dowson.

sitions d'un second brevet pris le 10 juillet 1883.

Un gazogène Dowson se compose d'un *générateur* A, d'un *surchauffeur de vapeur* B, d'un *barillet*, d'un *laveur* et d'un *gazomètre* C.

Le générateur est une cornue à gaz d'un genre particulier composée d'un cylindre en terre réfractaire entouré d'une enveloppe de tôle.

Le combustible est introduit par une grille placée à la partie supérieure, et à la partie inférieure se trouve une chambre dans laquelle est lancé sans interruption le courant d'air et de vapeur mêlés ensemble qui donneront lieu simultanément aux phénomènes de dissociation et de combustion par lesquels le gaz est produit.

La vapeur est fournie par le surchauffeur B qui se compose d'une petite chaudière à serpentin à laquelle est adjointe une petite pompe alimentaire. La vapeur d'eau qui s'échappe du surchauffeur traverse un injecteur du genre Kœrting, et, de ce fait, entraîne l'air. Au sortir du générateur, les produits gazeux traversent d'abord un barillet, divisé en deux par une cloison verticale; le niveau de l'eau détermine la pression sous laquelle fonctionne le gazogène. Puis ces produits entrent dans le laveur, où le gaz est refroidi et lavé par de l'eau se déversant en fines gouttelettes sur des fragments de coke; le gaz est ensuite épuré au passage d'une caisse à sciure de bois, et arrive enfin au gazomètre C où il est emmagasiné pour aller alimenter les moteurs qu'il doit faire marcher.

Les combustibles à employer sont l'anthracite et le coke de fonderie; le gaz produit a une densité d'environ 0,833 et son pouvoir calorifique par mètre cube atteint 1.400 calories.

586. *Gazogène Buire-Lencauchez.* —

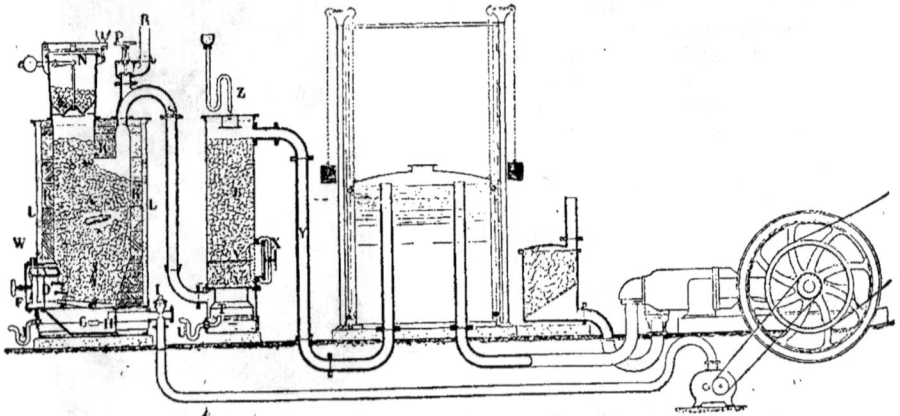

Fig. 588. — Gazogène Buire-Lencauchez.

M. Lencauchez est l'un des ingénieurs français qui se sont le plus occupés de la question des gazogènes, et en particulier, des gazogènes pour moteurs à gaz. Après avoir étudié différentes dispositions d'appareils, il a créé, en collaboration avec les ingénieurs des chantiers de la Buire, à Lyon, un appareil qui produit un gaz de composition bien régulière, et d'une richesse suffisante, parfaitement approprié aux moteurs. La caractéristique du gazogène Buire-Lencauchez est la suppression de la chaudière à vapeur.

Nous donnons dans la figure 588 une coupe verticale des différents éléments d'un gazogène Buire-Lencauchez.

Le gazogène A se compose d'un cylindre de tôle garni intérieurement de briques réfractaires K, dont il est séparé par une couche de sable L. Le charbon est versé par la trémie MN et tombe sur la grille C. Des barreaux obliques D, D, E, empêchent le charbon de tomber dans le cendrier et laissent filtrer l'air au travers du charbon porté au rouge. Un robinet à eau W laisse tomber un mince filet d'eau dans le barreau creux E, d'où elle retombe dans le cendrier. Sous l'action de la chaleur du foyer et des grilles, cette eau du cendrier est en partie vaporisée et la vapeur pénètre la masse incandescente.

Un ventilateur, mu par la machine, envoie un courant d'air sous le foyer;

cet air pénètre en H et entraîne avec lui la vapeur d'eau. Il se produit alors de l'oxyde de carbone, de l'hydrogène et des hydrocarbures, qui, mélangés à l'azote de l'air, donnent un gaz pauvre d'un pouvoir calorifique d'environ 1 500 calories.

Au sortir du gazogène, le gaz s'écoule par le conduit S et pénètre dans le laveur B; il doit vaincre la faible résistance du joint hydraulique T destiné à empêcher tout retour du gaz vers le gazogène. Le gaz traverse ensuite une colonne de coke retenue par les grilles VV ; il s'y débarasse de ses poussières et se refroidit au contact de l'eau tombant en pluie du siphon Z et de son disque dentelé. Le gaz lavé et refroidi se rend ensuite au gazomètre par le tuyau Y, pendant que l'eau s'écoule au dehors en V. Le gazomètre sert de réserve au gaz; il est toujours plein et permet la mise en route immédiate. Il se soulève au fur et à mesure qu'il se remplit. Arrivé au haut de sa course, la cloche agit sur un levier de sonnette relié par un fil de fer à un clapet placé sur la conduite de l'air venant du ventilateur. Ce clapet se ferme alors et l'air s'échappe extérieurement.

La charge du gazogène se fait en marche toutes les 4 ou 6 heures, suivant les dimensions de l'appareil; il suffit pour cela de soulever le couvercle N, de remplir la trémie, de la fermer, pour faire basculer ensuite le cône M au moyen du contrepoids pour introduire ainsi la charge dans le foyer. Toutes les 24 heures, l'on ouvre la porte F pour retirer la cendre du foyer et piquer le feu entre les barreaux DD.

La maison Matter et Cⁱᵉ, de Rouen, qui construit le gazogène Buire-Lencauchez, a fait un grand nombre d'installations de ces appareils, qui actionnent des moteurs à gaz de toutes forces. Aux moulins de Pantin, une machine à gaz *Simplex*, de 320 chevaux, est actionnée par une installation de ce genre. Une autre alimente un moteur de 200 chevaux à la minoterie Leblanc, à Pantin ; une troisième fournit une force motrice de 240 chevaux, à la fabrique d'engrais chimiques de M. Linet, à Aubervilliers.

587. *Gazogène Gardie.* — Dans cet appareil, l'air est débité par un compresseur spécial sous une pression de 6 à 7 kilogrammes, et il est mélangé avec de la vapeur d'eau ayant une tension égale. L'emploi de ces pressions élevées a pour effet que l'action de l'oxygène et de l'acide carbonique sur le carbone incandescent est plus énergique et la combustion plus méthodique.

Le gazogène, par lui-même, a la forme d'un cubilot ; le charbon est soutenu par des étalages. L'air comprimé, mêlé de vapeur d'eau, débouche dans la cuve par une couronne de tuyères traversant l'épaisse garniture de briques réfractaires dont elle est garnie. Les gaz s'échappent par la partie supérieure et chauffent en passant un serpentin contenant la vapeur d'alimentation. Le courant gazeux traverse ensuite un cylindre nettoyeur où il se dépouille de ses impuretés.

588. *Gazogène Taylor.* — L'inventeur de cet appareil, M. Taylor, a déclaré lui-même, d'après M. Witz, avoir établi son gazogène en empruntant aux ingénieurs qui l'ont précédés dans cette voie, tous les détails de construction que leurs procédés avaient de bons.

En collaboration avec MM. Fichet et Heurtey, M. Taylor a étudié un dispositif répondant à un double but que ces inventeurs s'étaient proposés :

1° D'utiliser la chaleur des gaz produits par le gazogène au réchauffement de l'air qui y est introduit ;

2° De faciliter le décrassage de l'appareil.

Dans la plupart des gazogènes, la haute température des gaz à leur sortie du foyer est perdue, puisqu'on les refroidit dans les laveurs : il y a donc un bénéfice important à réaliser en restituant ce calorique au gazogène, et pour cela on réchauffe l'air mélangé de vapeur qui doit être injecté au travers du charbon incandescent.

Pour faciliter le décrassage, M. Taylor a imaginé une sole tournante actionnée par un arbre traversant l'enveloppe du générateur. Au-dessous du plateau mobile est un plateau fixe sur lequel le premier repose par l'intermédiaire d'une couronne de boulets sphériques logés dans une rainure. Pour faire tomber les cendres et le mâchefert, on voit qu'il suffit de faire tourner la sole mobile, et on active au besoin cette chute à l'aide de ringards que l'on introduit dans des trous ménagés à cet effet dans l'enveloppe extérieure.

L'installation et la marche générale de l'appareil, à part les modifications que nous venons de signaler, sont analogues à celles des autres gazogènes.

589. *Gazogène Kitson.* — Cet appareil est pourvu, comme le précédent, d'une sole tournante, à décrassage automatique. Elle est en terre réfractaire, et présente la forme d'un cône très surbaissé : des trous sont percés dans la masse pour donner passage à l'air d'insufflation. Le mouvement de cet air est obtenu par des injecteurs à vapeur, mais M. Kitson emprunte au gazogène lui-même le calorique nécessaire à la production de la vapeur. A cet effet, un double serpentin est logé dans la chemise réfractaire de la cuve ; l'un produit la vapeur, l'autre la surchauffe.

590. *Gazogène Thwaite.* — Cet appareil est, en même temps, carburateur, en ce sens qu'il n'est pas seulement alimenté d'air, de vapeur d'eau et de charbon, mais encore de pétrole brut surchauffé. Le pétrole et la vapeur arrivent au sommet de la cuve ; on injecte de plus de la vapeur sous la grille avec une très faible pression. L'air n'est admis que par intermittence, pour amener le charbon à l'incandescence.

591. *Gazogène Wilson.* — Le gazogène de M. A. Wilson se distingue par sa forme tronconique disposée de manière que sa partie supérieure constitue une véritable cornue de distillation du combustible. La conicité est plus forte au sommet qu'à mi-hauteur. Le soufflage se fait par une injection de vapeur entraînant l'air dans la proportion de 20 p. 1 de vapeur en poids, sous une pression assez faible pour brûler des poussiers. Ce mélange arrive au milieu du gazogène, au lieu d'y pénétrer par les côtés, de manière qu'il n'ait aucune tendance à s'échapper latéralement avec une action incomplète ; la pression varie de 20 à 25 millimètres d'eau.

Deux portes sont percées à la base de la cuve : on manœuvre par ces portes des hélices en fonte, sur lesquelles le charbon brûlé et les scories reposent d'une part, tandis qu'elles baignent de l'autre dans l'eau du cendrier qui les maintient froides. La rotation de ces hélices opère l'extraction des résidus de la combustion : le décrassage est donc automatique.

Pour activer le soufflage, M. Wilson recourt quelquefois au moteur à gaz lui-même, en lui faisant actionner une petite pompe auxiliaire qui refoule de l'air dans un réservoir en entraînant avec lui de l'eau fournie par un injecteur disposé sur la conduite.

Les gazogènes Wilson, simples et peu coûteux, sont très actifs : ils brûlent, en moyenne, 130 kilogrammes de combustible par heure et par mètre carré de sole.

592. *Gazogène universel Loomis.* — Le gazogène Loomis peut produire à volonté du gaz d'éclairage, du gaz métallurgique et du gaz à l'eau. On emploie de préférence les houilles grasses, bitumineuses, en gaillettes, que l'on charge par le haut du générateur. Ce combustible s'agglomère et forme voûte, au point d'empêcher la houille de descendre vers la partie inférieure de la cuve. Pour triompher de cette difficulté, M. Loomis fait venir de haut en bas, et non plus de bas en haut, le courant d'air destiné à entretenir la combustion ; l'air n'est pas insufflé par le haut, mais il est aspiré par le bas. Après son passage ainsi descendant au travers de la colonne de combustible, l'air circule dans un surchauffeur placé au-dessous du gazogène, et de là se rend dans le gazomètre.

593. *Gazogène Bénier.* — Après de longues recherches et divers essais, M. Léon Bénier est parvenu à établir un système de gazogène qui paraît appelé à un certain avenir. Ce nouveau gazogène est à aspiration : c'est le moteur lui-même qui aspire à chaque coup de piston le mélange d'air et de vapeur qui doit traverser le foyer pour former le gaz ; celui-ci n'est donc fabriqué qu'au fur et à mesure de la consommation. On supprime ainsi le réservoir intermédiaire ou gazomètre.

Les figures 589 à 594 donnent diverses

Coupe 5.6

Vue en Plan

Coupe 3.4.

Coupe 9.10.11.12.13.14

Coupe 1.2.

Coupe 7.8.

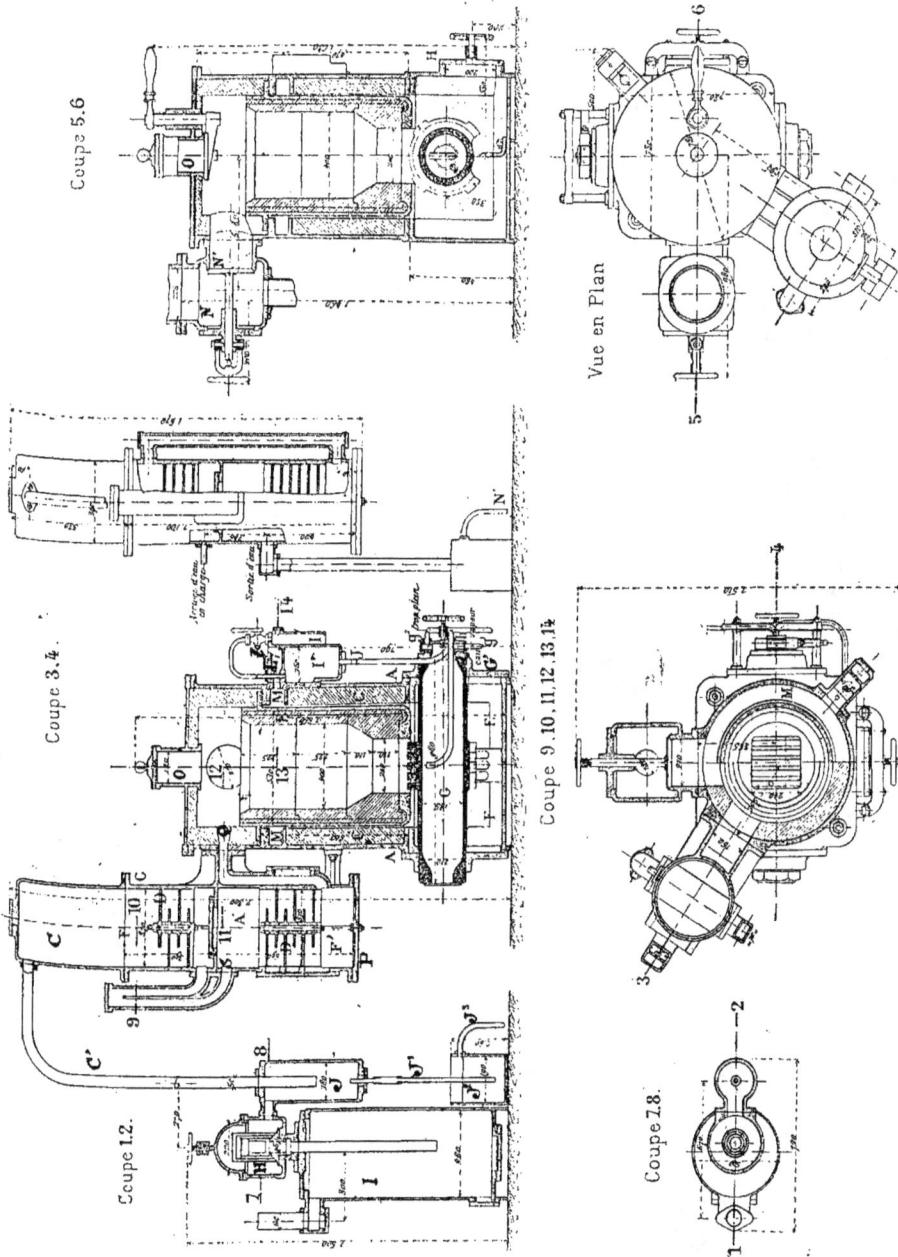

Fig. 589 à 594. — Gazogène Bénier.

vues ou coupes de cet appareil qui est constitué par deux cuves métalliques et concentriques A et B, à garnitures réfractaires dont la chambre centrale est occupée par le combustible à gazéifier; celui-ci est chargé au moyen du gueulard O pourvu de deux portes qu'on ouvre successivement, de façon à ne jamais mettre le gazogène en communication avec l'atmosphère. Pour l'allumage, on a établi, au pied de la cheminée N, une boîte latérale pourvue d'une soupape N', qu'on tire à soi pour l'ouvrir, et qui est maintenue fermée en marche par la vis d'un étrier à bascule.

Le combustible repose sur une grille rotative creuse G, formant, en même temps, le générateur de la vapeur nécessaire à la fabrication du gaz. Cette grille tourne, dans le socle F, sur deux coussinets; à gauche, un six-pans en bout, permet, au moyen d'une grosse clé, de la faire tourner et de présenter successivement au feu chacune de ses quatre rangées circonférentielles de barreaux. Grâce à cette disposition, on peut marcher longtemps sans arrêt; toutes les trois ou quatre heures, on fait tourner la grille d'un quart de tour, ce qui force les barreaux à se décrasser sur un peigne fixé à la base du socle F. Dans la grille circule l'eau qui rafraîchit le métal et fournit de la vapeur à une pression de quelques centimètres d'eau. A l'une des extrémités de cette grille se trouve un bouchon de fonte, restant fixe, auquel aboutissent trois tuyaux : deux, partant de tubulures diamétralement opposées, servent l'un à l'arrivée de l'eau, et l'autre à l'écoulement du trop-plein. Quant au troisième tuyau J, il conduit la vapeur développée dans la boîte I'; de là elle passe dans la boîte latérale I, en communication avec l'atmosphère et elle s'y détend.

Sous l'effet de l'aspiration exercée dans le gazogène par la pompe du moteur, cette vapeur traverse les petits trous i et arrive dans le conduit L où elle se mélange avec de l'air pénétrant par l'ouverture réglable l. La conduite L communique avec une chambre annulaire M dans laquelle circule le mélange qui est ainsi réchauffé et qui vient ensuite déboucher dans la chambre E de la grille G pour, de là, remonter au travers du combustible en ignition et former le gaz à l'eau qui sort du générateur par le conduit Q, pour se rendre au laveur boulonné sur le gazogène.

Ce laveur est divisé en deux compartiments F et F' par une cloison étanche, pourvue, ainsi que le fond P, d'une série de plateaux superposés en quinconce. Ces compartiments contiennent de l'eau continuellement déplacée au moyen d'une circulation intérieure. Après avoir traversé les deux parties F et F' en se débarassant de ses impuretés, le gaz s'élève dans le dôme C, et, par le tuyau C', arrive dans le sécheur épurateur J. Là l'eau entraînée se sépare par gravité et s'écoule par le tuyau J'. Quant au gaz, il remonte dans une boîte H contenant des chicanes qui le dépouillent des dernières poussières; ainsi épuré, il débouche dans le réservoir I, constituant une poche à gaz, qui, par sa capacité, régularise l'aspiration dans le gazogène. Ce réservoir est relié par une conduite au moteur.

Du pétrole.

594. Aux trois genres de combustibles pour moteurs à gaz que nous examinons plus haut (gaz d'éclairage, air carburé, gaz à l'eau et gaz pauvres), il convient d'ajouter une quatrième catégorie, qui, peut-être deviendra la plus importante : nous voulons parler des produits du pétrole. (Voir n° 38, page 34.)

L'origine et la formation du pétrole sont encore inconnues. La composition des huiles minérales que l'on désigne sous ce nom est très variable, ainsi que leurs propriétés physiques et chimiques. Les produits qui se dégagent de la distillation des pétroles bruts sont, en général les suivants : des essences, des huiles lampantes, des carbures éthyléniques, acéthyléniques et aromatiques du coke et de l'hydrogène. Les plus employés dans les moteurs sont les *huiles lampantes* et les *gazolines*, principalement ces dernières, moins coûteuses et d'une carburation plus facile à froid en raison de leur plus grande volatilité. La décomposition du pétrole brut, par la distillation, a lieu de la manière suivante :

1° De 0 à 38 degrés: des essences de pétrole, formant de 5 à 20 0/0 du volume primitif, de densité comprise entre 0,62 et 0,75 ;

2° De 150 à 275 degrés : des huiles lampantes, formant de 7 à 45 0/0 du volume primitif ;

3° Au delà de 275 degrés : des huiles lourdes, huiles lubrifiantes, goudrons, vaselines, paraffines, et enfin un coke.

Pour pouvoir manipuler sans danger tous ces produits, il faut que leur point d'inflammabilité ne dépasse pas 35 degrés, c'est-à-dire que l'on doit pouvoir promener sans l'allumer une flamme à peu de distance de la surface du pétrole porté à 35 degrés. C'est la limite légale admise en France pour les huiles lampantes du commerce, presque toujours dépassée pour les gazolines employées avec les moteurs, dont les carburateurs doivent être, par conséquent, absolument étanches. La détermination exacte du point d'inflammabilité est très délicate ; il varie avec la température de l'atmosphère et un peu avec sa pression : de 0°,30 environ par centimètre de mercure. On peut le déduire approximativement de la densité ou de la tension de vapeur, qui mesure la volatilité du pétrole. A 15° et à la pression atmosphérique, les tensions de vapeur sont données en fonction des densités par la table suivante, due à MM. Urbain et Salleron :

DENSITÉ à 15°	TENSION DE VAPEUR EN MILLIMÈTRES D'EAU.
0,812	0ᵐᵐ
0,797	5
0,788	15
0,772	40
0,762	85
0,756	125
0,735	410
0,695	930
0,680	1 185
0,650	2 110

La puissance calorifique des pétroles varie naturellement avec leur composition ; on admet généralement 10 000 calories par kilogramme. MM. Deville, Robinson et Goulishambarof ont trouvé les nombres suivants :

	CALORIES.
Pétrole lourd de Pensylvanie (0,886)	10 680
Pétrole lourd de Virginie	10 102
Pétrole russe (0,884)	12 650
— — (0,938)	10 750
Pétrole de Bakou (0,938)	11 200
— — (0,928)	10 760

Généralités sur les principaux modes de distribution, d'allumage et de régularisation employés dans les moteurs à gaz.

595. *Distribution.* — Si nombreux et variés que soient les moteurs connus, on peut, au point de vue du mode de distribution employé, les diviser en deux groupes :

1° Distribution par tiroirs { plans, cylindriques, coniques ou robinets ;

2° Distribution par soupape.

Les *distributions par tiroirs plans* à mouvement alternatif ont l'avantage d'être relativement simples, compactes et aisées à commander par un nombre réduit d'organes peu compliqués. Mais les tiroirs plans s'échauffent, s'grippent facilement. On remédie bien un peu au dernier de ces inconvénients par un graissage abondant, mais cela entraîne la formation de cambouis obstruant en partie les lumières et demandant des nettoyages fréquents. De plus, il est indispensable de faire dresser de temps en temps les faces de la glace du tiroir. Aussi ces divers ennuis d'entretien et de réparations incessantes font que les tiroirs tendent à disparaître de la pratique pour être remplacés par des soupapes.

Dans les *distributions par tiroirs cylindriques*, ceux-ci peuvent être soit à mouvement alternatif, soit à mouvement rotatif. Dans l'un et l'autre cas, en dehors de la difficulté de leur construction, ils sont peu étanches, s'échauffent, s'encrassent et grippent très vite et demandent comme les précédents un graissage dispendieux et un nettoyage fréquent. L'usure produit, au bout de quelque temps de marche un jeu impossible à rattraper et qui entraîne toujours le remplacement de cette partie du moteur.

Les *distributions par tiroirs coniques ou robinets* ont des organes encore plus délicats à construire et présentent tous les inconvénients du type précédent. Ils exigent, pour être étanches, un serrage qui, quels que soient les moyens employés pour les équilibrer, favorise le grippage et l'usure.

Les *distributions par soupapes* sont actuellement les plus répandues. C'est un mécanisme simple, peu coûteux, aisé à commander par des cames agissant sur des leviers appropriés, d'un démontage et d'une visite rapide, d'une réparation facile et économique. Les soupapes, généralement en fer ou en acier, sont renfermées dans une boîte en fonte (boîte d'admission ou boîte d'échappement suivant les cas), dont la paroi intérieure, disposée à cet effet, leur sert de siège. Le desserrage des écrous qui fixent le couvercle de cette boîte permet de les mettre à nu et de se prêter à une visite rapide ou à un rôdage quand il y a lieu. Les soupapes ont encore l'avantage de n'exiger aucun graissage, d'où il résulte qu'elles ne s'encrassent pour ainsi dire jamais. Comme elles sont soumises à de très hautes températures, elles pourraient se déformer et occasionner des fentes ; il est donc très utile d'établir une circulation d'eau dans la boîte qui les contient et autour de leur siège, afin de diminuer la chaleur qui agit sur le métal.

Les distributions par soupapes se prêtent bien à l'*automacité*, c'est-à-dire à leur mise en action par les pressions mêmes des gaz en jeu dans le moteur ; seulement les températures de ces derniers n'étant pas toujours régulières, il s'ensuit que l'élasticité du ressort de rappel peut être influencée d'une manière quelconque, et, par suite, apporter quelque trouble à la marche de la machine.

596. *Allumage.* — La combustion du mélange détonnant étant très rapide, la flamme s'éteint après l'explosion ; il faut donc opérer un nouvel allumage à chacun des cycles d'opération. Dans les moteurs en usage, le rallumage s'obtient par des procédés fort divers, et qui donnent presque tous des effets réguliers. Voici quelques-uns des plus répandus :

Par un jet de flamme. Dans les moteurs sans compression préalable, le jet de flamme pénètre directement dans le mélange détonnant par l'ouverture d'une petite soupape, qui se referme d'elle-même, dès que la pression intérieure devient prépondérante, par le fait même de l'explosion ; dans les moteurs à compression préalable, l'application de ce procédé d'allumage exige quelques dispositifs assez compliqués.

Par déplacement d'une flamme. Un jet de gaz, allumé par une flamme fixe, est renfermé dans une cavité mobile, qui, par un léger et rapide déplacement, est mise en communication avec le mélange explosif ; l'allumage ainsi obtenu est fort régulier, lorsque la machine est bien établie et convenablement réglée.

Par incandescence. Ce mode d'allumage, qu'il soit par tube, éprouvette ou capsule incandescente, est simple et donne d'excellents résultats. C'est le procédé peut-être le plus généralement employé, surtout celui par tube incandescent. Ces tubes se font ordinairement en fer, quelquefois en platine. La durée de ces derniers est plus longue, mais aussi leur prix est plus élevé. Les tubes en fer sont rapidement mis hors d'usage : leur durée moyenne est d'environ 100 heures de marche. Le remplacement du tube après un temps aussi court devient ainsi onéreux ; de plus il exige la précaution d'avoir toujours sous la main quelques tubes de rechange, et comme il importe de faciliter le plus possible leur remplacement, les constructeurs ont obtenu ce résultat par des moyens fort variés.

Par l'étincelle électrique. C'est un système simple, peu coûteux et sûr. L'étincelle jaillit entre deux pointes métalliques isolées ; on utilise généralement les organes de commande de la distribution pour la faire jaillir en temps voulu. Le courant à haute tension est fourni soit par une bobine d'induction, soit par une pile. Pour supprimer l'inconvénient de l'entretien des piles, on emploie quelquefois de petites dynamos ou des magnétos mises en marche par le moteur lui-même. On peut aussi employer un appareil assez analogue comme principe au coup de poing de Breguet, et dans lequel une bobine induite passe rapidement entre les pôles d'un aimant, sous l'action d'un fort ressort, déclanché au moment voulu par le mouvement du moteur. L'allumage par étincelle électrique permet la mise en marche instantanée, ne dépense rien au repos, supprime toute chance d'incendie et fonctionne quelle que soit la richesse du gaz. Ce mode d'allumage est presque exclusivement employé dans les moteurs à air carburé. Son emploi est justifié par les bons résultats qu'il donne.

Dans tous les procédés, que nous venons de voir, l'allumage, provoqué en un point, s'étend, par propagation, à tout le mélange. On semble avoir trouvé avantage à faire varier le dosage, de telle sorte que la partie du mélange qui avoisine le point d'allumage soit plus riche que le reste en éléments combustibles.

Il est un procédé d'allumage qui, pour n'avoir pas été appliqué d'une manière tout à fait pratique, ne semble pas absolument inapplicable : il consiste à exercer, sur le mélange explosif, une compression qui l'échauffe et détermine la réaction ; si le mélange est déjà chaud et contenu dans une capacité chaude, il suffit d'une compression assez modérée pour le porter à la température d'inflammation ; avec ce procédé, la combustion se produirait presque instantanément dans toute la masse comprimée.

597. *Régularisation.* — Depuis l'adoption presque générale des moteurs à quatre temps et à compression, la nécessité d'une régularisation efficace a pris une importance capitale. Autrefois, les moteurs étant généralement de faible force, un réglage opéré à la main sur le robinet d'arrivée de gaz et un fort volant étaient des moyens suffisants. Mais avec l'adoption des moteurs à quatre temps, ne donnant qu'une impulsion tous les deux tours, et en vertu de la compression donnant cette impulsion d'une façon très

vive, d'une durée très courte, pour décroître ensuite progressivement pendant les autres temps du cycle, la nécessité d'une régularisation automatique s'est, dès lors, imposée pour combattre les variations périodiques du travail moteur. Ces variations, dans la plupart des moteurs à explosion, sont beaucoup plus étendues que dans les machines à vapeur, ce qui entraîne à donner au volant une grande puissance. Pour réprimer les écarts permanents de régime, résultant des variations du travail résistant, on a généralement recours au régulateur à force centrifuge. Le régulateur fonctionne de diverses manières.

Parfois il agit par étranglement, en créant, sur le passage des courants gazeux, des pertes de charge variable. Ce mode d'action, très usité dans les machines à vapeur, est beaucoup plus limité dans ses résultats lorsqu'il s'applique à des machines à explosion.

Dans un grand nombre de moteurs à gaz, le régulateur agit sur l'admission du gaz combustible. Il est délicat de modifier la teneur du mélange explosif, dont la composition doit être maintenue entre des limites resserrées, au-delà desquelles l'allumage ne se ferait plus. Ce moyen a cependant été appliqué dans certaines machines et a pu réussir, grâce à des artifices ingénieux. Le plus souvent, on procède autrement ; la puissance du moteur est réglée de manière à l'emporter, en marche normale, sur le travail résistant : la vitesse tend donc constamment à s'accroître. Dès qu'elle dépasse la limite fixée, le régulateur déplace une came, et l'admission se trouve supprimée pendant un ou plusieurs cycles. Le mouvement continue en vertu de la force vive accumulée dans le volant ; quand la vitesse a suffisamment diminué, le régulateur reprend sa position ordinaire, et l'admission du gaz se rétablit.

L'action du régulateur à force centrifuge résulte de la force d'inertie des boules, force variable avec la vitesse. Dans quelques nouvelles machines, on a eu l'idée ingénieuse d'utiliser sous une autre forme la variation de la force d'inertie : la pièce mobile est oscillante et non pas tournante ; les régulateurs ainsi agencés sont parfois d'une grande simplicité.

Quelques constructeurs emploient avantageusement un type de régulateur pendulaire et quelquefois un régulateur à air. Les ingénieurs anglais et américains appliquent avec succès les régulateurs à masse situés dans les volants. Citons, pour terminer, les régulateurs électriques qui, pratiqués dans certains cas particuliers d'installations électriques, devront être rejetés par suite de leur trop grande complication.

CHAPITRE II

MONOGRAPHIE DES PRINCIPAUX MOTEURS

Moteurs du premier type.

598. *Moteur Lenoir primitif.* — Le dispositif de cette machine ne diffère pas sensiblement du type des machines à vapeur horizontales à bielles articulées.

Les figures 595 à 597 représentent le moteur à gaz Lenoir, construit par M. Marinoni, et sur lequel furent faites les expériences de M. H. Tresca, en 1861, au Conservatoire des arts et métiers. B est le cylindre moteur ; il est fondu avec son enveloppe B′ et porte sur ses faces latérales des bossages destinés à recevoir les appareils de distribution et de décharge E et E′ ; il est boulonné sur un bâti de fonte à grande surface, lequel soutient tout l'ensemble des organes de transmission et de modification de mouvement. Ceux-ci comprennent un arbre coudé A portant deux poulies servant de volants A′ et A″, l'un de 0^m,975 et l'autre de 0^m,745 de diamètre ; cet arbre est attaqué par une bielle à fourche, reliée à la crosse de la tige de piston dont le mouvement rectiligne est assuré par le support C″. De chaque côté de l'arbre de couche sont calés les excentriques qui commandent les tiroirs D et D′.

Le piston C est à garnitures métalliques ; on a ménagé sur ses deux faces un évi-

dement destiné à laisser pénétrer dans son épaisseur l'extrémité des inflammateurs K et K′, qui font saillie intérieurement sur les fonds, afin de diriger l'étincelle dans l'axe des canaux d'admission du mélange explosif. La machine est à double effet. Le gaz arrive par un tuyau à deux branches *c*, dans deux chapelles E de forme cylindrique, munies d'un orifice rectangulaire du côté du tiroir ; ce tiroir glisse entre deux surfaces dressées.

Le tiroir, qui est l'organe le plus délicat du moteur, est en bronze ; il présente sur toute sa hauteur des évidements rectangulaires qui livrent passage à l'air ; les évidements sont formés de tubes cylindriques *d′* de 2 millimètres de diamètre, alternant avec des trous de 6 millimètres. Le gaz de la chapelle entre par les tubes, tandis que l'air appelé du dehors par le piston pénètre en traversant les trous ; le mélange des veines d'air et de gaz est donc fait bien intimement, et l'explosion est provoquée par une étincelle produite par une bobine de Ruhmkorf et jaillissant en K et en K′. C'est à mi-course du piston que le tiroir D se ferme et que l'explosion a lieu ; sous cette impulsion, le piston achève sa course, puis, le tiroir de décharge D′, placé de l'autre côté du cylindre, laisse échapper les gaz plus ou moins distendus. Les chapelles d'échappement E' sont symétriques des chapelles d'admission E : elles conduisent les produits de la combustion dans un collec-

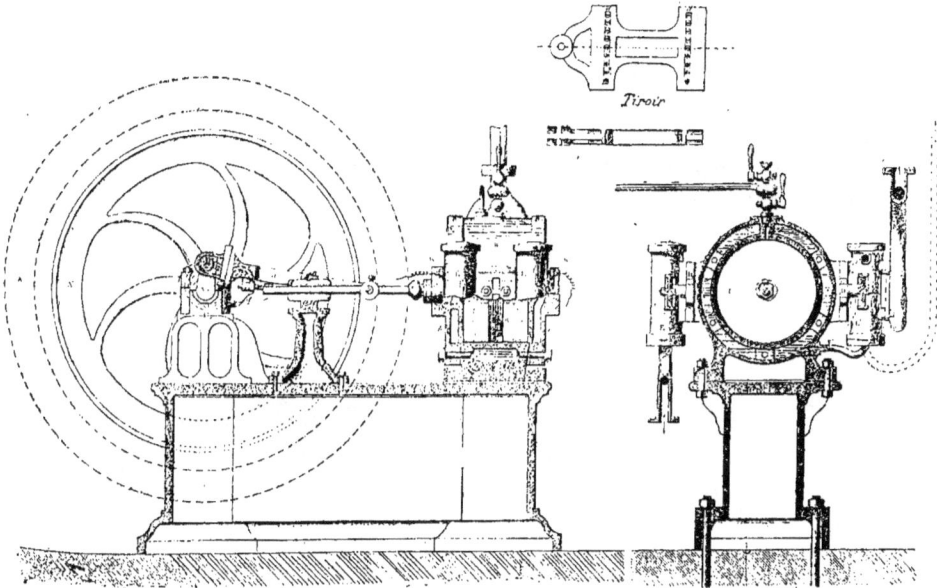

Fig. 595 à 597. — Moteur Lenoir primitif.

teur e' qui s'élève verticalement. Une circulation d'eau, entrant par le tuyau F pour sortir par le tube G, rafraîchit constamment les parois du cylindre et les chapelles d'admission et de décharge.

599. *Moteur Bénier.* — Il semble que la principale préoccupation de l'inventeur de cette machine ait été de créer un type simple, compact et peu coûteux. Ses formes sont extrêmement ramassées, ainsi qu'on en peut juger par la figure 598, sans que toutefois les organes essentiels de la machine aient cessé d'être aisément abordables, tant le mécanisme est peu compliqué. Le cylindre A est vertical ; il agit sur l'extrémité d'un balancier horizontal BC oscillant autour du point C, et commandant, par une bielle DE articulée vers son milieu, la manivelle F. L'admission et l'allumage se font par un tiroir unique E, mû par la came G ; des ressorts de rappel r maintiennent le tiroir au contact de cette came. Le piston aspire l'air et le gaz jusqu'à moitié course, puis le

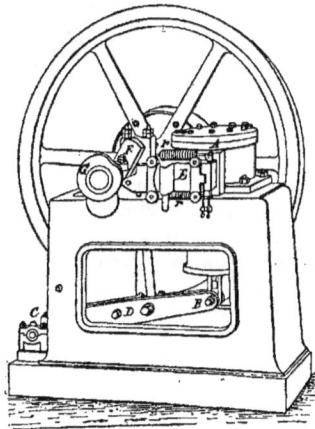

Fig. 598. — Moteur Bénier.

tiroir amène une flamme dans l'axe de la

lumière d'admission et l'explosion a lieu ; un bec veilleur rallume cette flamme à chaque coup. La décharge s'opère par une soupape d'échappement disposée derrière la machine et conduite par une came spéciale. Le refroidissement est assuré par une circulation d'eau froide à travers l'enveloppe du cylindre.

600. *Moteur Forest.* — Cet appareil, comme ses devanciers, est constitué par un cylindre à simple effet, dans lequel se meut un piston, auquel la déflagration du mélange tonnant imprime une impulsion par tour. Il n'y a pas de compression préalable. C'est donc un moteur destiné aux petits ateliers. La machine à gaz de M. Fernand Forest est représentée par les figures 599 à 601.

Le cylindre A, horizontal, est garni de nervures en hélices, qui suffisent pour limiter l'élévation de température dans ces machines de faible puissance. La bielle B, articulée directement sur le piston, agit sur un balancier EF, pivotant sur l'axe F, et qui, par l'intermédiaire d'une bielle en retour GG, actionne la manivelle de l'arbre du volant H. L'ensemble, comme on le voit, est à la fois

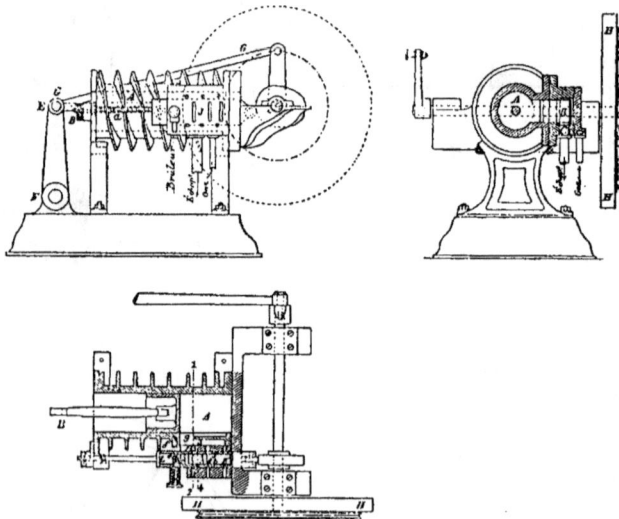

Fig. 599 à 601. — Moteur Forest.

compact et léger ; l'arbre de couche, très voisin du fond du cylindre, commande directement le tiroir de distribution J, à l'aide d'une came calée sur l'arbre et d'un galet ; le ressort *a* rappelle constamment le tiroir vers la droite, en appuyant le galet sur la came de commande.

Le tiroir est creux et commande deux cavités distinctes: la première K est la chambre de mélange, la deuxième L est la chambre d'allumage. Les parois latérales de la chambre K sont percées d'ouvertures *b*, *b*, qui correspondent en temps utile avec des ouvertures analogues pratiquées dans la glace et dans la contreplaque ; la lumière C, percée dans le dessous du tiroir, sert à l'échappement ; les petits canaux *d*, *d* amènent le gaz qui pénètre dans la chambre de mélange par un grand nombre de petits trous. La chambre d'allumage L reçoit la flamme par un bec intermittent *e* qui se rallume, à chaque révolution, à un brûleur permanent *f*.

601. *Moteur Bisschop.* — Le moteur Bisschop dérive directement de la machine Otto et Langen, qui fit si bruyamment son apparition à l'Exposition de 1867. Dans un cylindre vertical se meut un piston dont la tige, glissant le long d'une rainure, entraîne une bielle de retour, semblable à celle qu'on emploie dans les machines marines ; son extrémité s'articule sur une manivelle de grand rayon très rapprochée du piston. Cette disposition, dont les figures 602 et 603 permettent de se rendre compte, a l'avantage de donner une solide assiette à l'arbre de couche et de diminuer considérablement la place occupée par la machine.

Le cylindre est venu de fonte avec son soubassement et il est muni de nombreuses ailettes refroidissantes ; il porte un guidage cylindrique dans lequel se meut le tiroir de distribution. Le fond supérieur du cylindre est fermé par un couvercle faisant corps avec le coulisseau alésé qui sert de glissière à la tête du piston : cette même pièce porte le canon dans lequel tourne l'arbre moteur sur lequel se trouvent calés le volant et l'excentrique de distribution qui actionne le tiroir par l'intermédiaire d'un petit balancier. Le piston étant en bas de sa course, laisse au-dessous de lui un es-

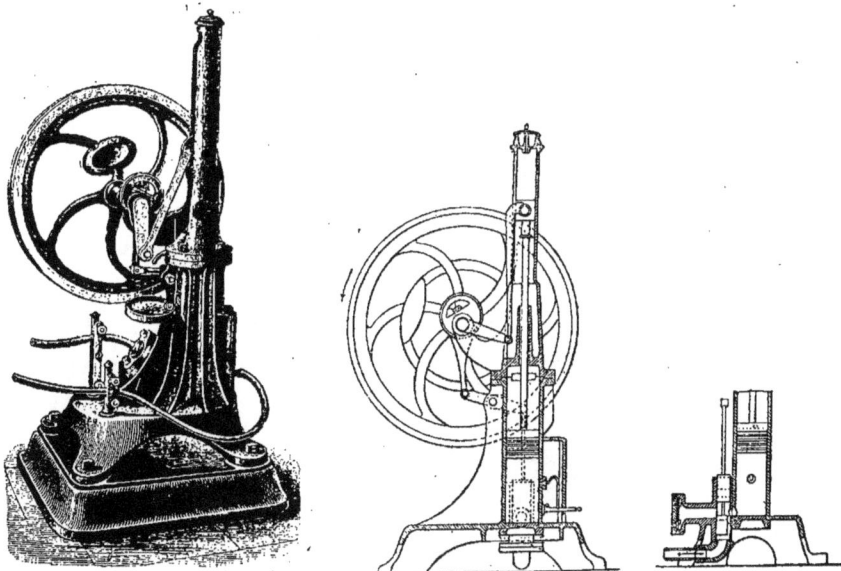

Fig. 602 et 603 — Moteur Bisschop.

pace nuisible d'environ 30 centimètres dans lequel restent confinés des gaz inertes qui ont pour mission d'adoucir le choc de l'explosion. Le gaz pur arrive au moteur en traversant deux poches plates en caoutchouc : l'une est un magasin de gaz, l'autre agit comme modérateur de la machine, car elle limite la vitesse à un maximum réglé d'avance.

Le distributeur est cylindrique ; ce tiroir est plein en son milieu et porte une entaille à faces obliques ; sa partie inférieure au contraire et présente un orifice latéral. L'admission se fait par l'entaille, la décharge par l'orifice latéral et le tube creux. L'allumage s'effectue par succion de flamme.

La machine agit à pression dans la course ascendante, et sous l'action du vide pendant la descente. La consommation de ce moteur est modérée ; il occupe peu de place, se transporte facilement, se met en marche instantanément, consomme très peu d'huile et supporte facilement un service continu très prolongé. MM. Rouart frères, qui construisent cette machine, ont apporté à son établissement des améliorations qui ne sont pas sans importance. Du reste, ils se sont sagement gardé de chercher à construire sur ce type des moteurs de grande puissance : c'est une machine domestique, et elle doit conserver ce caractère.

602. *Moteur Lentz.* — Il est difficile de simplifier davantage le moteur à gaz que ne l'a fait M. Lentz. Dans un cylindre moteur (*fig.* 604 à 606), protégé contre le rayonnement de la chaleur et relié à un cylindre-guide ouvert sur ses deux côtés, le piston moteur est animé d'un mouvement de va-et-vient qui, par l'intermé-

diaire d'une *bielle élastique*, est alternativement transmis et restitué par un disque excentrique ou faux rond calé sur l'arbre du volant : le cylindre moteur communique avec une chambre d'explosion établie à part, et est pourvu d'une soupape d'échappement, dont l'ouverture, au moment voulu, est commandée par le disque excentrique, lorsque celui-ci réagit sur le piston. Entre les deux cylindres est interposé un joint fait en matières mauvaises conductrices de la chaleur, pour empêcher la haute température qui règne dans le cylindre moteur de se propager au piston. L'appareil d'inflamma-

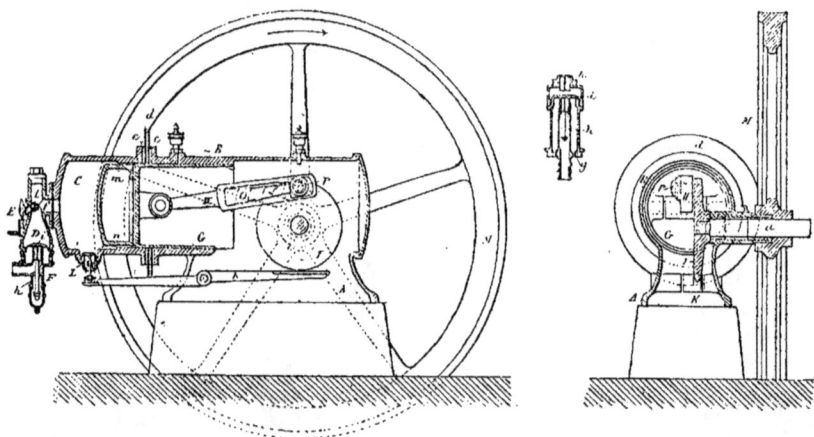

Fig. 604 à 606. — Moteur Lentz.

tion peut, comme le montre la figure, consister en une flamme de gaz (bec Bunsen) qui pénètre dans la chambre d'explosion D par une lumière *l*.

L'originalité de cette machine est la bielle élastique qui amortit le choc de l'explosion sur la manivelle. M. Lentz arrive à ce résultat en faisant une longue tête de bielle en coulisseau, dans laquelle le tourillon est maintenu contre l'extrémité par un vigoureux ressort en spirale ou volute : il en résulte une grande élasticité qui atténue la poussée du coup moteur.

Moteurs du second type.

603. *Moteurs à deux temps.* — *Moteur Dugald Clerk.* — M. Dugald Clerk a créé le type des moteurs à compression préalable donnant une impulsion à l'arbre moteur par tour de manivelle et marchant par suite à deux temps. La machine Clerk est d'une construction extrêmement simple, ne comportant aucun engrenage ; les pressions sur les tiroirs sont diminuées considérablement, et, il marche très régulièrement et sans bruit. Il est composé de deux cylindres disposés parallèlement :

l'un est le cylindre de travail, l'autre le cylindre de compression appelé aussi déplaceur, attendu qu'il a pour mission subsidiaire de balayer dans le premier cylindre les résidus d'une explosion antérieure. Le piston moteur est relié à l'arbre de couche, à la manière ordinaire, par une bielle et une manivelle : le piston du déplaceur, qui n'est pas appelé à exercer un effort considérable, est commandé par un bouton fixé sur un des bras du volant, à 90 degrés de la manivelle, avec une légère avance. Quand le piston du déplaceur marche en avant, il aspire, pendant la moitié de la course, un mélange tonnant au 1/7 ; ensuite, l'afflux du gaz combustible cesse, et il se fait un appel d'air pur pendant l'autre moitié de la course. Ce mélange tonnant est introduit derrière le piston et comprimé par lui dans la chambre d'explosion.

M. Clerk a perfectionné son moteur par un brevet en date du 4 avril 1890. Il emploie deux pistons contenus dans le même cylindre du moteur, comme l'indiquent les figures 607 et 608. Le piston moteur A est représenté complètement rentré, et la charge existe à l'état comprimé entre ce piston moteur et le piston secondaire G. C'est dans cette position que les gaz sont enflammés et que la pression produite par l'explosion chasse le piston moteur en avant. La valve I, qui sert à admettre du gaz et de l'air est automatique ; elle se ferme par un ressort ou par son propre poids, dès que la charge cesse d'entrer. Il existe une circulation d'eau pour refroidir le cylindre.

604. *Moteur Stockport, d'Andrew.* — Le cylindre de compression de la machine de M. Andrew est disposé en face du cylindre moteur, sur le prolongement du même axe : un demi-manchon rend les deux pistons solidaires l'un de l'autre. Le piston moteur commande la manivelle de l'arbre du volant et entraîne le piston de compression. Les deux cylindres communiquent entre eux par des conduits dissimulés dans le bâti. Chaque cylindre a son tiroir ; un mélangeur alimente le comprimeur d'une quantité d'air et de gaz limitée par le régulateur ; ce mélange est refoulé dans le cylindre moteur à tra-

vers un tiroir auquel est dévolu l'allumage. L'échappement se fait par une soupape spéciale. Le tiroir d'admission, disposé verticalement, emprunte son mouvement à l'oscillation de la tige même qui actionne le tiroir d'allumage.

605. *Moteur Ravel.* — La machine inventée par M. Ravel est construite par la Société des moteurs à gaz français, à Paris. La course motrice se fait dans les conditions ordinaires des machines à gaz, c'est-à-dire qu'elle comporte l'inflammation du mélange tonnant, préalablement comprimé, et la détente des gaz chauds

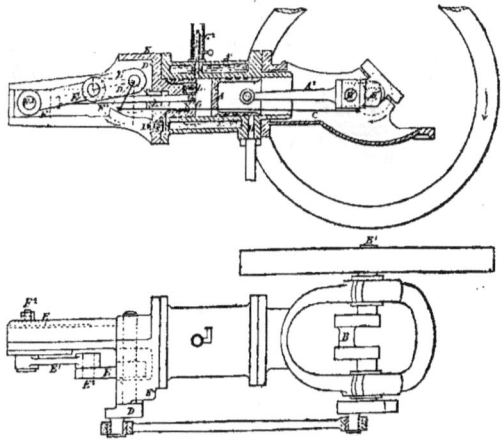

Fig. 607 et 608. — Moteur Clerk modifié.

de la combustion. La course rétrograde se divise en deux périodes : Dans la première période, l'échappement s'ouvre à l'un des bouts du cylindre, tandis qu'à l'autre bout, le mélange tonnant est introduit en poussant devant lui les produits brûlés ; pour que cette opération s'accomplisse, il est indispensable que le mélange soit introduit à une pression supérieure à la pression atmosphérique. Dans la deuxième période, le mélange se comprime et devient prêt pour l'allumage.

Les figures 609 et 610 montrent les organes au moyen desquels ce fonctionnement est réalisé. La culasse A du cylindre est percée d'une lumière *a*, par laquelle se fait l'admission du mélange ; cette admission a lieu par deux soupapes, manœuvrées par un excentrique calé sur l'arbre moteur ; comme la durée de l'admission est très courte, les soupapes ont été faites larges, légères, et elles sont appuyées par des ressorts sur leur siège ; B est la soupape d'admission de l'air. La lumière *a* débouche tangentiellement au creux de culasse A, de manière à imprimer

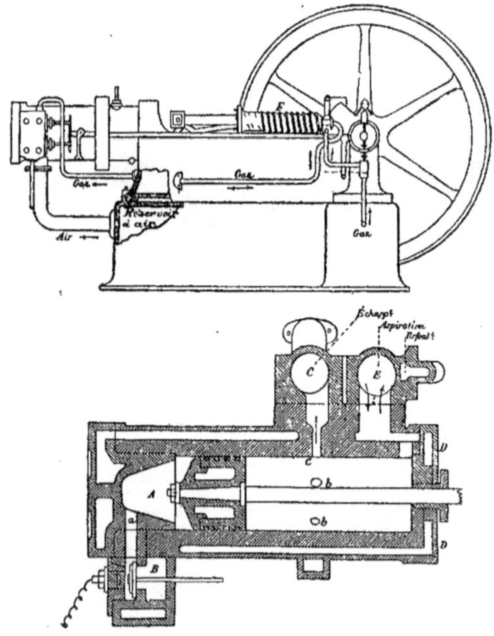

Fig. 609 et 610. — Moteur à gaz Ravel.

au mélange affluant un mouvement hélicoïdal, qui l'empêche de se diffuser trop rapidement dans les produits brûlés qu'il expulse devant lui. L'échappement débouche dans les trous *b*, que le piston découvre lorsqu'il arrive à fin de course ; ces trous communiquent avec le canal *c*, qui contourne une partie du cylindre, avec la soupape d'échappement C manœuvrée par l'excentrique ; enfin, comme on l'a vu, il est nécessaire de comprimer le gaz et l'air avant de les introduire dans le

cylindre, généralement à 1/4 ou 1/5 d'atmosphère. La compression de l'air est produite par la face avant du piston ; à cet effet, la partie antérieure du cylindre est fermée par un fond D, que la tige du piston traverse ; l'air, aspiré par la soupape E, est refoulé dans un réservoir constitué par le socle en fonte de la machine. Quant au gaz, il est aspiré par une petite pompe F, mue par le piston, et refoulé dans un réservoir spécial, également disposé dans le socle. L'inflammation est électrique ; la régulation est obtenue par un pendule conique, supprimant l'arrivée du gaz en cas d'excès de vitesse.

L'allure du moteur Ravel est fort régulière ; en chargeant convenablement le pendule conique, on peut faire varier beaucoup la vitesse et même la ralentir considérablement ; l'agencement des organes et l'aspect de la machine sont très satisfaisants.

606. *Moteur Benz.* — Le moteur Benz, dont le brevet en France est concédé à M. Roger, dont MM. Panhard et Levassor sont les constructeurs, ressemble par plus d'un point à celui de M. Ravel : le cylindre est fermé par un couvercle, et la face avant du piston agit à la façon d'une pompe, pour aspirer l'air extérieur et le refouler dans le socle de la machine ; le gaz est également comprimé par une petite pompe spéciale, mais toutefois le mode de fonctionnement en est un peu différent. La soupape d'échappement A (*fig.* 611 et 612) est placée tout à l'arrière du cylindre ; l'air comprimé arrive, par le large tube B, à la soupape automatique C ; lorsque, à la fin de la course motrice, le piston arrive au point mort, la soupape d'échappement A se soulève pendant un temps très court, mais qui est suffisant pour faire tomber la pression et, en même temps, pour permettre à l'air comprimé de soulever la soupape C et de chasser hors du cylindre la plus grande partie des produits de la combustion ; cette chasse est favorisée par l'ajutage D, qui dirige le courant d'air vers l'avant. Puis la soupape d'échappement s'abaisse et ferme l'issue à la masse gazeuse existant dans le cylindre ;

la soupape automatique C se referme donc à son tour et le piston continue la compression. A ce moment s'ouvre l'admission du gaz combustible, refoulé par la soupape E ; ce gaz est réparti dans le cylindre par le diffuseur *a*. Lorsque la compression est terminée, les produits brûlés occupent principalement le fond de la culasse, aux environs de la soupape d'échappement A, tandis que la masse en contact avec la surface du cylindre est constituée par un mélange riche, qui remplit également la capsule F ; à ce moment éclate dans cette capsule une étincelle d'induction, qui met le feu au mélange riche.

Cette machine marche à une allure relativement lente, 120 à 140 tours par minute, nécessaire pour laisser aux opérations successives le temps de s'effectuer.

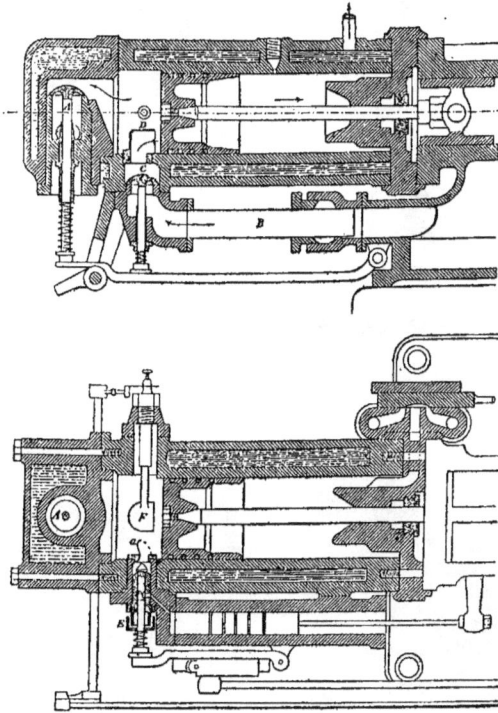

Fig. 611 et 612. — Moteur à gaz Benz.

M. Roger a donné beaucoup de notoriété à cette machine, en l'appliquant aux services les plus variés. Il a créé un type de locomobile, dans laquelle l'alimentation est faite par un carburateur à gazoline ; il a également appliqué ce moteur à des voitures et, en conjuguant deux cylindres, à des machines de bateaux se prêtant fort bien à la marche en avant et en arrière.

607. *Moteur Baldwin.* — Cette machine est à double effet, comme celle de Benz ; par sa face antérieure, le piston est compresseur, tandis qu'il est moteur par sa face arrière ; le bâti constitue un réservoir intermédiaire entre les deux parties du cylindre, dans lequel est remisé le mélange tonnant. Le cycle de ce moteur est le suivant : dans sa marche arrière, le piston aspire d'abord un mélange d'air

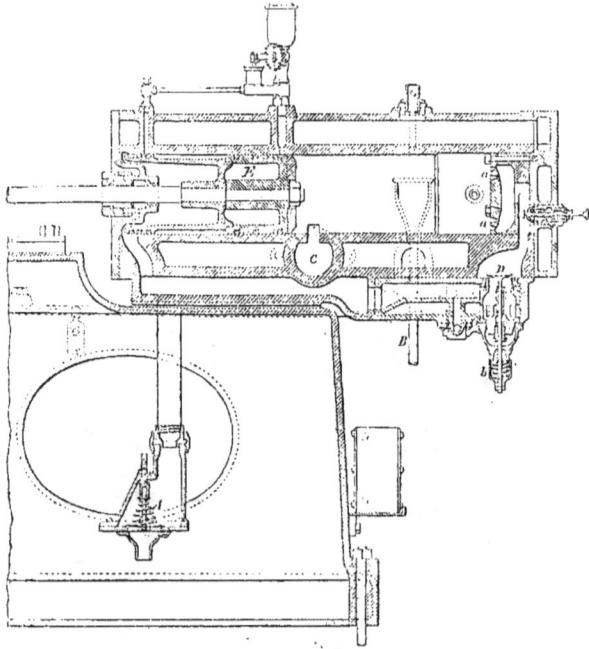

Fig. 613. — Moteur Baldwin.

Fig 614. — Moteur Bénier, à deux temps.

et de gaz toujours uniforme et il le com- | la partie antérieure du cylindre, d'où il
prime, en revenant sur lui-même, dans | passe dans le réservoir. Ce réservoir

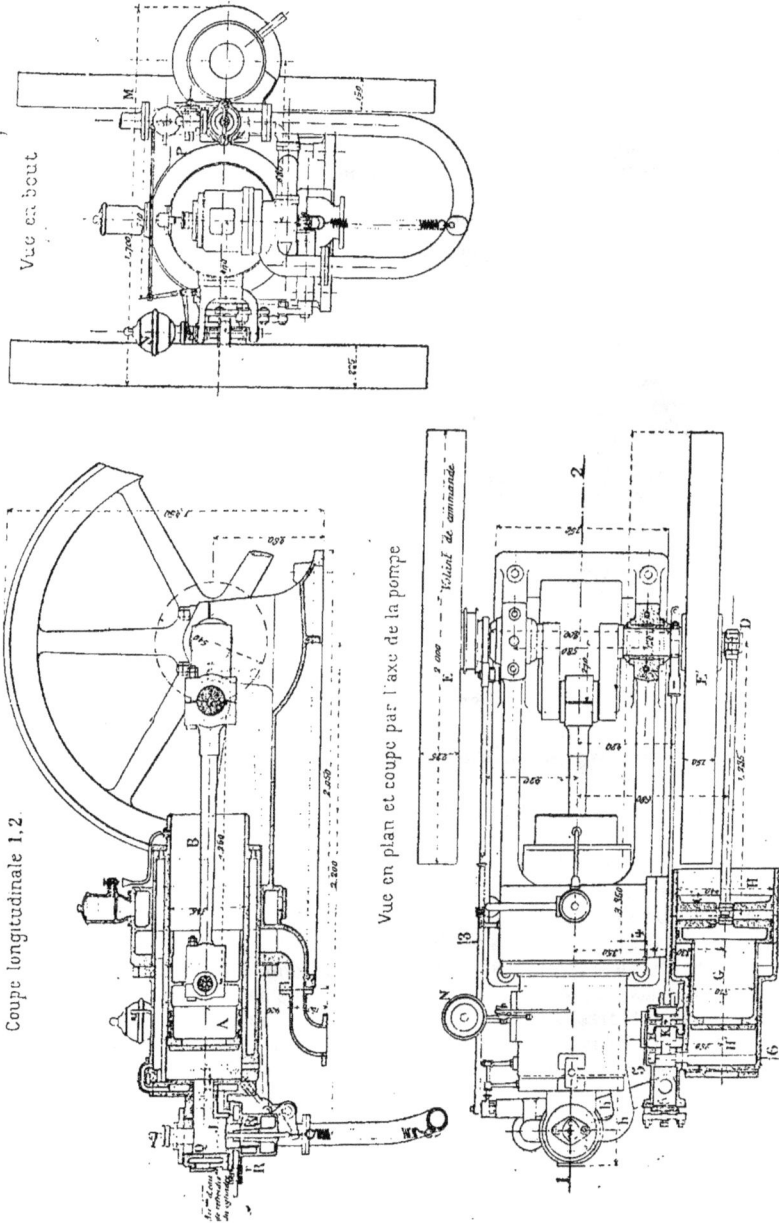

Vue en bout

Coupe longitudinale 1.2.

Vue en plan et coupe par l'axe de la pompe

Fig. 615 à 617. — Moteurs Bénier, à deux temps — Coupes.

communique, par une soupape automobile, avec la chambre de combustion : dès que le piston quitte le fond, la soupape se soulève et les gaz pénètrent dans la chambre, dans laquelle une étincelle électrique jaillit en temps voulu.

Les constructeurs de ce moteur sont MM. Atis frères, de New-York, et la machine Baldwin qu'ils avaient exposée en 1889, à Paris, étonnait fort les visiteurs avec son inscription : *pas de tiroir, pas de tige d'excentrique, pas de came, pas de soupape de décharge*. La figure 613, qui représente ce moteur, donne l'explication

du mystère : des soupapes automatiques existent dans l'intérieur du socle de la machine.

Le piston E, par sa face extérieure, agit comme piston de pompe, il aspire l'air par la large soupape A, et le gaz par une soupape alimentant le canal B ; il refoule le mélange ainsi formé dans le réservoir que forme le bâti. L'ouverture de l'échappement se produit par le mouvement même du piston ; à cet effet, cet organe, arrivé vers la fin de sa course motrice, découvre la lumière C, pratiquée dans la paroi même du cylindre ;

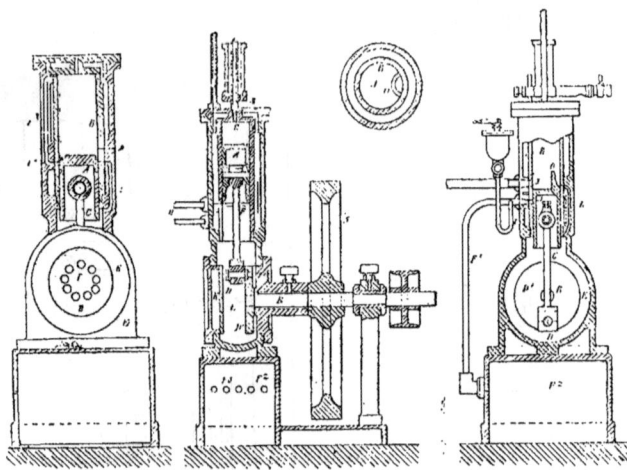

Fig. 618 à 621. — Moteur Day.

immédiatement la pression tombe, et le mélange tonnant, soulevant la soupape à double siège D, s'introduit dans le cylindre en chassant devant lui les produits brûlés ; pour atténuer la diffusion rapide du mélange frais, un diaphragme *aa*, percé de trous, est dressé en avant de la culasse. Le piston comporte deux jeux de segments, séparés par un intervalle assez long pour que la partie avant du cylindre ne soit jamais en relation avec la lumière C. L'allumage est électrique ; il est produit par une petite dynamo, dont la poulie reçoit, par simple contact, son mouvement de la jante du volant.

608. *Moteur Bénier.* — Le moteur établi par M. Bénier est fait pour marcher avec le gazogène, du même inventeur, que nous avons décrit plus haut. Ce moteur donne un coup par tour, grâce à l'emploi de deux cylindres, l'un de compression, l'autre moteur, dont les axes sont disposés parallèlement, et les manivelles calées à 90 degrés. Nous donnons, par les figures 614 à 617, la vue perspective et les différentes coupes de ce moteur très ingénieux.

C'est par les tuyaux *h* et *h'* (figures des coupes) que l'air et le gaz arrivent respectivement des pompes H et H' dans la boîte à soupapes d'admission Q ; ils viennent s'y mélanger par l'intermédiaire de la bague en cuivre R qui porte des orifices pour le passage des gaz, et des gou-jons r pour diviser l'air et faciliter le mélange. Dans les pompes H et H' fonctionne le double piston GG' qui refoule le mélange dans le cylindre moteur B.

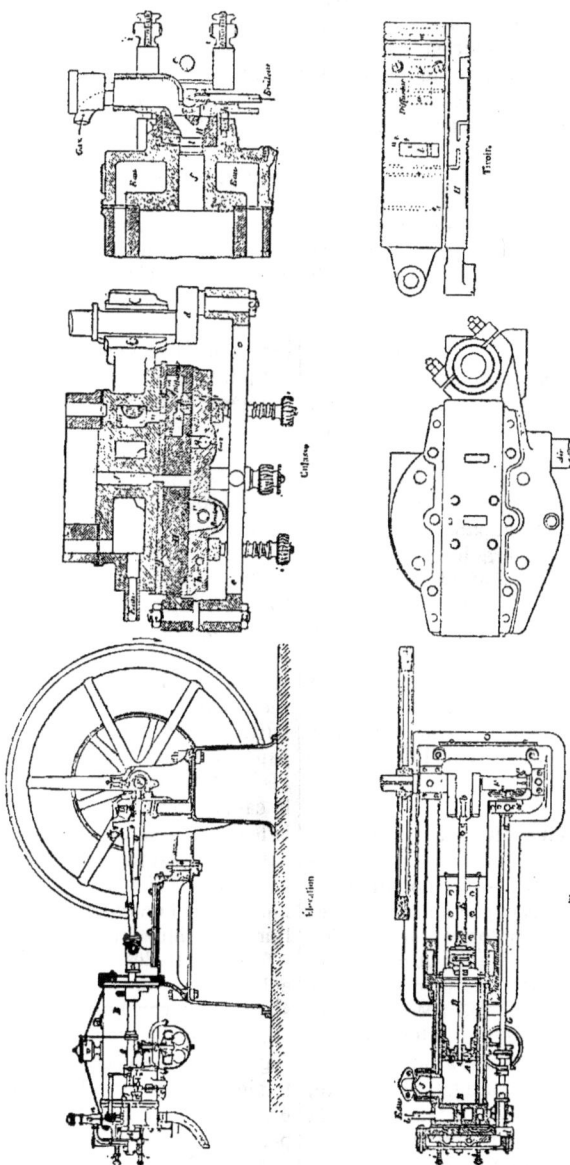

Fig. 622 à 627. — Moteur Otto.

C'est le volant E' qui, calé sur l'arbre D, actionne le double piston, tandis que le volant E sert de poulie motrice. L'arbre est mû par le piston A se mouvant dans le cylindre B. Il existe deux organes de distribution : d'abord la soupape d'introduction J, du mélange, puis le tiroir de distribution K, pour l'air et le gaz des deux pompes. Il y a enfin un régulateur N qui commande un pavillon M sur le tube d'arrivée des gaz et un robinet P pour graduer les rentrées d'air. L'allumage se fait électriquement, au moyen d'une bobine d'induction.

609. *Moteur Day.* — Dans sa machine (*fig.* 618 à 621), M. Day utilise les deux faces du piston, l'une pour recueillir l'énergie rendue disponible dans l'explosion du mélange, l'autre pour préparer, aspirer et comprimer ce mélange. Pour cela, il faut disposer d'un réservoir intermédiaire, et le bâti est utilisé à cet effet. Le moteur Day est aussi une machine pilon : la face inférieure du piston aspire et comprime dans la cavité étanche du bâti renfermant bielle et manivelle, l'air et le gaz : aucune soupape n'intervient, et le piston seul opère les mouvements des gaz en démasquant et recouvrant certains orifices pratiqués dans la paroi du cylindre. La force supérieure du piston appelle le mélange déjà comprimé dans le bâti, active sa compression et reçoit l'impulsion motrice. Ce moteur marche indifféremment dans un sens ou dans l'autre, suivant l'impulsion initiale donnée à son volant.

Moteurs à quatre temps.

610. *Moteur Otto.* — Ce moteur est le plus célèbre de tous et partant le plus répandu ; la réputation dont il jouit est bien justifiée. C'est que le moteur Otto termine, on peut le dire, cette période des longs et pénibles tâtonnements qui précèdent toujours la naissance d'une industrie nouvelle ; avec lui, la machine à gaz est entrée de plein-pied dans les usages. Sans doute, il reste encore beaucoup à faire : c'est la période de raffinement qui commence ; elle sera probablement moins longue que pour la machine à vapeur, qui, d'ailleurs,

a fourni au nouveau moteur un contingent considérable de matériaux et de connaissances acquises.

Rappelons en premier lieu les dispositions de la machine horizontale, laquelle a servi de point de départ à toutes les autres variétés.

Le moteur horizontal Otto est représenté par les figures 622 à 627. Le piston A ne reçoit la poussée des gaz que par sa face postérieure ; il en résulte que la machine ne donne qu'une impulsion motrice par deux révolutions, ce qui exige l'addition d'un puissant volant ; le cylindre B est ouvert en avant, de telle sorte que la paroi intérieure soit, à chaque excursion du piston, en contact avec l'air extérieur ; le refroidissement est complété par une circulation d'eau *b*. La bielle E est articulée directement sur le piston, le cylindre moteur fonctionnant comme glissière ; elle attaque par un vilebrequin l'arbre de couche F.

Le cylindre est en porte-à-faux ; il s'assemble sur un bâti américain, qui repose sur un soubassement en fonte ou en maçonnerie. Les quatre phases du cycle se reproduisent de deux en deux révolutions de l'arbre de couche ; il en résulte que l'arbre de distribution doit ne faire qu'un tour quand l'arbre moteur en fait deux ; cet arbre G est commandé par l'arbre du volant à l'aide d'un engrenage conique *a*, réduisant la vitesse de moitié. La distribution se fait par un tiroir H et une soupape J. La soupape ne sert que pour l'échappement ; elle est commandée par la came *j*, actionnant à l'aide d'un galet le levier *c*.

Le tiroir est mis en marche par l'excentrique *d*, à l'aide de la bielle *e*. Il communique avec la culasse du cylindre par la lumière unique *f*; il a la forme d'une plaque à faces parallèles, glissant entre la glace *g* et la contre-glace *h*; cette dernière exerce sa pression par l'intermédiaire des boulons à ressort *i*, *i*, dont le serrage peut être réglé à la main. Le tiroir remplit une triple fonction : 1° admission du mélange d'air et de gaz ; 2° fermeture de la lumière pendant la détente ; 3° allumage.

A cet effet, il comporte deux cavités *k* et *l*; la cavité d'admission *k*, au moment de l'introduction, se place de telle sorte que la branche *m* communique avec la conduite *n*, correspondant à l'air extérieur, que la branche *o* communique avec la lumière *f*, et la branche *p* avec la prise de gaz *q* ; cette dernière est constituée par une série de petits trous superposés, qui laissent passer le gaz en minces filets ; ces filets, rencontrant le courant d'air, s'y mélangent intimement. L'inventeur attache une certaine importance à ce que le mélange gazeux soit disposé dans le cylindre en couches de teneurs variables, de telle sorte qu'au moment de l'explosion, la couche la plus riche soit en contact immédiat avec la flamme d'allumage. Le procédé pour obtenir cette disposition consiste simplement, par un tracé convenable des lumières, à donner un peu de retard à l'admission du gaz. Pendant la course de refoulement, la lumière *f* reste obstruée par la partie pleine du tiroir.

L'allumage se fait par transport de flamme. Un bec fixe *r* brûle constamment à la base de la cheminée qui le surmonte. Les petits canaux *s*, *s*, fournissent un filet de gaz qui débouche vis-à-vis du bec fixe *r*, qui l'enflamme. Le tiroir étant rappelé vers la droite, cette flamme continue à brûler pendant un temps très court. Il s'agit de la mettre, sans l'éteindre, en communication avec le mélange détonnant comprimé en *f*. L'artifice employé est des plus ingénieux : la communication avec *f* est établie d'abord par un très petit canal *t*, qui lance avec vitesse un filet de mélange explosif ; ce filet prend feu, et, en même temps, rétablit l'équilibre de pression entre le cylindre et la cavité d'inflammation *l* ; presque aussitôt la communication s'ouvre entre ces deux capacités, et le mélange s'enflamme dans le cylindre. Le système est assez délicat ; mais lorsqu'il est bien établi et en bon état, il fonctionne fort régulièrement et sans ratés.

La régularité de marche est assurée par un procédé qui consiste à supprimer l'admission du gaz, dès que la vitesse dépasse celle du régime. A cet effet, la soupape d'admission du gaz *u* est manœuvrée, à chaque tour de l'arbre de distribution, par une came *z* montée sur cet arbre. La came *z* peut coulisser le long de l'arbre sous l'action du régulateur à force centrifuge L ; quand la vitesse normale est dépassée, les boules s'élèvent, la came est déplacée, la soupape d'admission ne s'ouvre plus, et la machine doit faire au moins deux tours sans nouvelle impulsion ; la vitesse se ralentit, le régulateur ayant repris sa position, la came d'admission du gaz se trouve de nouveau en prise.

Le graissage du cylindre se fait par une petite roue élévatoire *v*, tournant dans un godet graisseur ; elle distribue l'huile au tiroir et au cylindre au moyen de deux conduits inclinés, et reçoit son mouvement de l'arbre de distribution au moyen d'une corde sans fin. La conduite d'échappement est souvent coupée par un récipient de grand volume, ou pot en fonte, qui atténue le bruit et le rend insensible. Des poches en caoutchouc sont montées sur les tuyaux d'amenée de gaz, afin de régulariser la pression et de supprimer les vacillations des becs montés sur la même conduite. Pour diminuer la dépense d'eau de refroidissement, on se sert souvent d'un grand réservoir, réuni à l'enveloppe réfrigérante par un double tuyau formant thermo-siphon qui fait s'établir dans le système une circulation automatique permettant à l'eau chaude de se refroidir.

Le moteur Otto, que nous venons d'étudier se construit sur ce modèle pour des puissances variées allant jusqu'à 25 chevaux. Pour une force motrice plus considérable, on attelle sur un même arbre deux ou quatre machines simples. Cette combinaison n'a pas seulement l'avantage de simplifier la construction, elle a surtout pour objet d'assurer d'une manière plus parfaite la régularité d'allure.

La fabrication de la machine Otto est assurée, pour la France, par la Compagnie française des moteurs à gaz. Indépendamment du type horizontal, cette Société établit aussi des machines à explosion, du type vertical. Faciles à installer, n'exigeant aucune fondation, occupant fort peu de place, ces moteurs conviennent fort bien pour la petite industrie. Les figures 628 et 629 représentent l'élévation et la coupe d'une de ces machines.

Le cylindre A, placé verticalement, l'ouverture en haut, est entouré d'une circulation d'eau, constituée par une enve-loppe B, qui porte, par deux pattes venues de fonte, les deux paliers de l'arbre de couche; la transmission du piston à la manivelle est directe. La distribution est faite par soupapes; la soupape d'admis-sion b, appuyée sur son siège par un léger ressort, se soulève automatiquement par

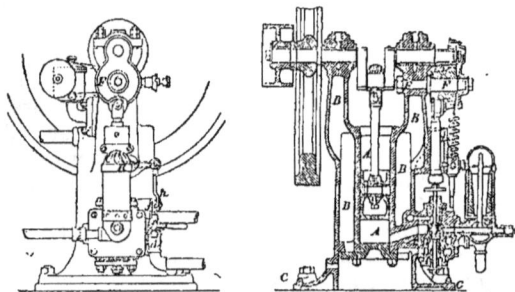

Fig. 628 et 629. — Machine verticale à explosion de la Cie française des moteurs à gaz.

Fig. 630. — Moteur Crossley, type horizontal.

le fait de l'aspiration produite par le pis-ton; en se levant, elle démasque, non seulement l'orifice central de son siège, qui livre passage à l'air, mais encore une série de trous percés sur le pourtour du-dit siège, lesquels livrent passage au gaz fourni par le canal anulaire c.

L'échappement se fait par la soupape E maintenue sur son siège par un ressort; cette soupape est manœuvrée par une came montée sur l'arbre F, lequel reçoit, par un engrenage, un mouvement de rotation moitié moins rapide que celui de l'arbre de couche. Le cycle de cette machine est à quatre temps, comme celui des moteurs Otto horizontaux. La régulation s'obtient également par la suppression de l'arrivée du gaz lorsque la vitesse dépasse celle de régime. Le gaz est délivré par un robinet gradué d et admis par une soupape e, dont la tige f est actionnée par un excentrique calé sur l'arbre de distribution ; cette transmission s'opère par l'intermédiaire d'une bielle brisée gh, terminée par un crochet. L'allumage, dans ce type de moteur, est obtenu par deux dispositions différentes : certaines de ces machines comporte un tiroir spécial, analogue à celui des moteurs horizontaux, tandis que dans certaines autres, l'allumage se fait par un tube incandescent.

611. *Moteur Crossley.* — MM. Crossley frères, d'Openshaw (Manchester), sont concessionnaires des brevets Otto en Angleterre ; mais leur construction diffère certainement plus du moteur Otto classique que la plupart des moteurs similaires à quatre temps qui sont actuellement en vogue. Ils ont absolument perfectionné l'ensemble du moteur Otto en lui donnant un type qui leur est particulier.

Dans le moteur Crossley, la compression préalable est poussée jusqu'à 5 atmosphères ; de plus, au lieu de chercher à produire la combustion retardée, comme cela se passe dans l'Otto, les constructeurs rendent cette combustion aussi rapide que

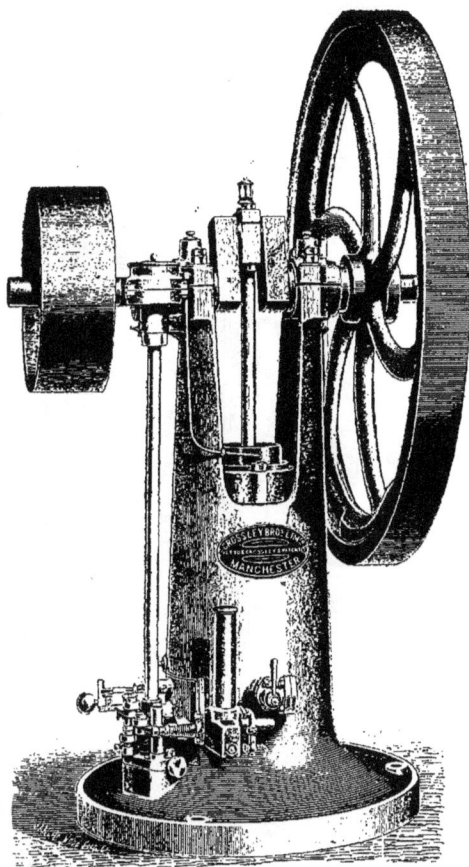

Fig. 631. — Moteur Crossley, type vertical.

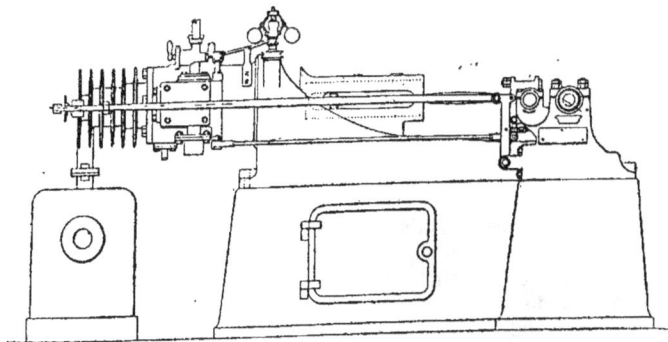

Fig. 632. — Nouveau moteur Lenoir, type horizontal.

possible. Enfin, ils ont forcé la vitesse du piston : quelques-unes de leurs machines font jusqu'à 250 tours par minute. Nous donnons, dans les figures 630 et 631, la reproduction de deux machines Crossley, l'une du type horizontal, l'autre du type vertical.

Dans les moteurs verticaux, le tiroir plan et l'allumage d'Otto ont été conservés ; mais les moteurs horizontaux ont

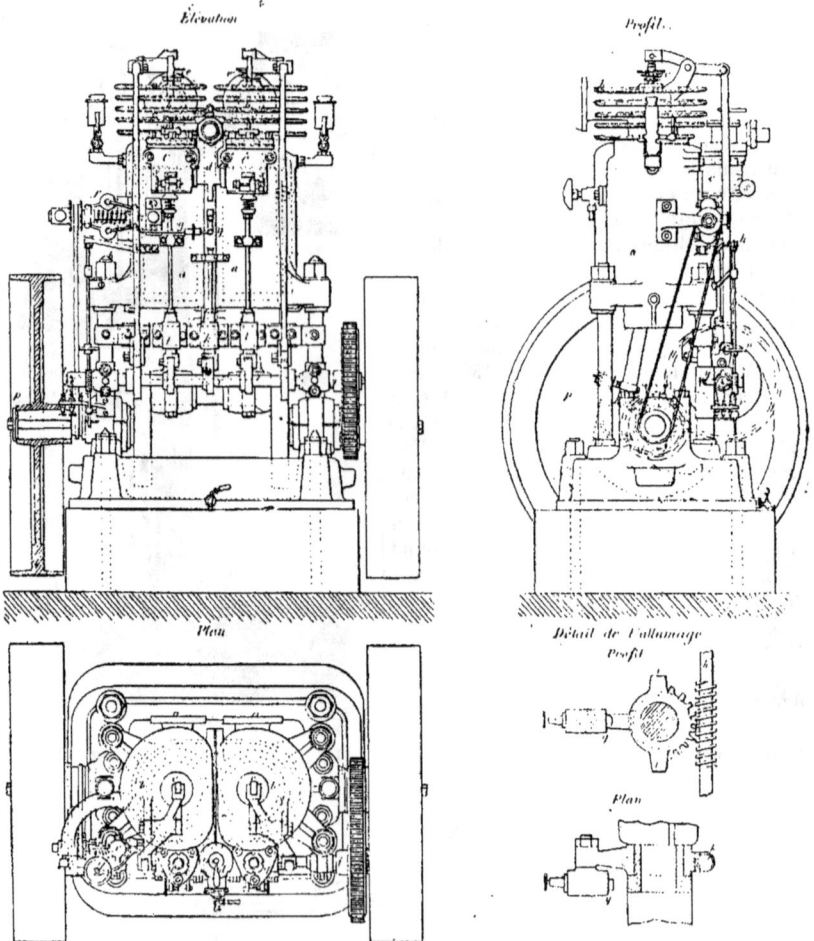

Fig. 633 à 637. — Moteur Lenoir, à grande vitesse, type vertical.

leur distribution à soupapes, et l'allumage est opéré par un tube incandescent. MM. Crossley ont abordé la construction des moteurs de grande puissance, et ont fait de nombreuses installations de 90,120 et même 150 chevaux par deux cylindres.

612. *Nouveau moteur Lenoir.* — M. Lenoir est, comme nous l'avons vu, l'inventeur de la première machine à gaz qui ait fonctionné d'une manière réellement industrielle ; cette machine était à double effet et sans compression. Dans ses dernières créations, M. Lenoir a abandonné son système primitif pour adopter le fonctionnement à quatre temps. Ces nouvelles machines sont construites par la maison Rouart frères, de Paris. Leur disposition d'ensemble se rapproche de celle de la machine Otto (*fig.* 632); le cycle est à peu près le même; le cylindre horizontal et en porte-à-faux est à simple effet; il commande par connexion directe la manivelle de l'arbre de couche, et, entre le piston et la bielle, on a interposé une tige et une crosse coulissant dans une glissière circulaire. Le cylindre dans lequel se meut le piston est terminé par une culasse rapportée et est refroidi par une circulation d'eau; la culasse est simplement rafraîchie par des nervures fortement saillantes, qui ont pour but de réduire les pertes de la chaleur par les parois; la culasse constitue la chambre de compression et d'inflammation.

L'admission de l'air se fait par une soupape automatique se soulevant pendant l'aspiration; l'admission du gaz et l'échappement ont lieu par deux soupapes commandées à l'aide de tringles et d'excentriques par l'arbre de distribution; ce dernier reçoit son mouvement de l'arbre moteur par un train d'engrenages réduisant la vitesse de moitié. Le courant de gaz combustible arrive dans la chapelle de la soupape d'aspiration de l'air, en traversant un diffuseur, qui opère le mélange intime des deux gaz. L'allumage est produit par une étincelle électrique fournie par une bobine de Ruhmkorf.

M. Lenoir a également établi une disposition principalement applicable aux moteurs à grande vitesse, dans laquelle le moteur, qui est alors du type vertical, se compose de deux cylindres fondus séparément et réunis entre eux par un boulonnage central (*fig.* 633 à 638). Quatre colonnes relient les cylindres au bâti de la machine. Deux des colonnes sont reliées par une traverse sur laquelle sont placés tous les organes de distribution; elles supportent également l'arbre des cames de distribution qui est actionné à l'une de ses extrémités par deux roues d'engrenage, dont l'une a des dents en fibre comprimée ou en bois, de façon à

éviter le bruit; à l'autre extrémité se trouvent le distributeur d'électricité et la came d'allumage.

Un régulateur *f*, à force centrifuge, actionné par une courroie, sert à régler l'introduction du gaz ou de l'air carburé, par l'intermédiaire des leviers *g*; il actionne en outre un levier *h*, qui transmet le mouvement à une tige *h'*, qui porte une partie filetée engrenant avec un secteur denté *i*, sur lequel se trouve placée la came d'allumage *y*, de façon que, lorsque la vitesse de la machine change, le régulateur agisse sur le secteur denté et fasse changer l'angle de calage de la came. Cette disposition est très importante pour les machines à grande vitesse à allumage électrique.

Les soupapes de mélange sont com-

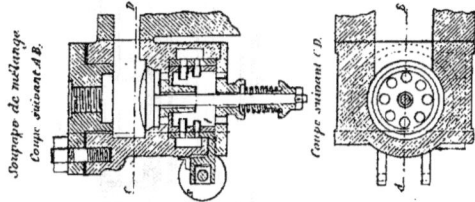

Fig. 638. — Moteur Lenoir, à grande vitesse, type vertical. — Détail d'une soupape de mélange.

mandées par deux cames spéciales; de plus, une disposition particulière permet de faire varier le mélange, et cela en tournant le bouton S; la partie *t* se déplace alors et bouche les trous d'air et de gaz (*fig.* 638). Les soupapes d'échappement *c, c'*, sont commandées par des cames et des bielles.

613. *Moteur Simplex.* — Ce moteur a été établi sur les plans de MM. Delamarre, Deboutteville et Malandin et construit par la maison Matter et Cie (anciennement Ch. Powell), de Rouen. Cette machine est représentée par les figures 639 à 644. Le fonctionnement est à quatre temps et à simple effet, comme les moteurs Otto. Le cylindre est enveloppé d'une circulation d'eau. La distribution est commandée par un arbre spéciale A, qui reçoit son mouvement de l'arbre de

couche dans la proportion réduite de | organes, un tiroir et une soupape. Le
1 à 2. Cette distribution se fait par deux | tiroir B, mis en mouvement par l'arbre

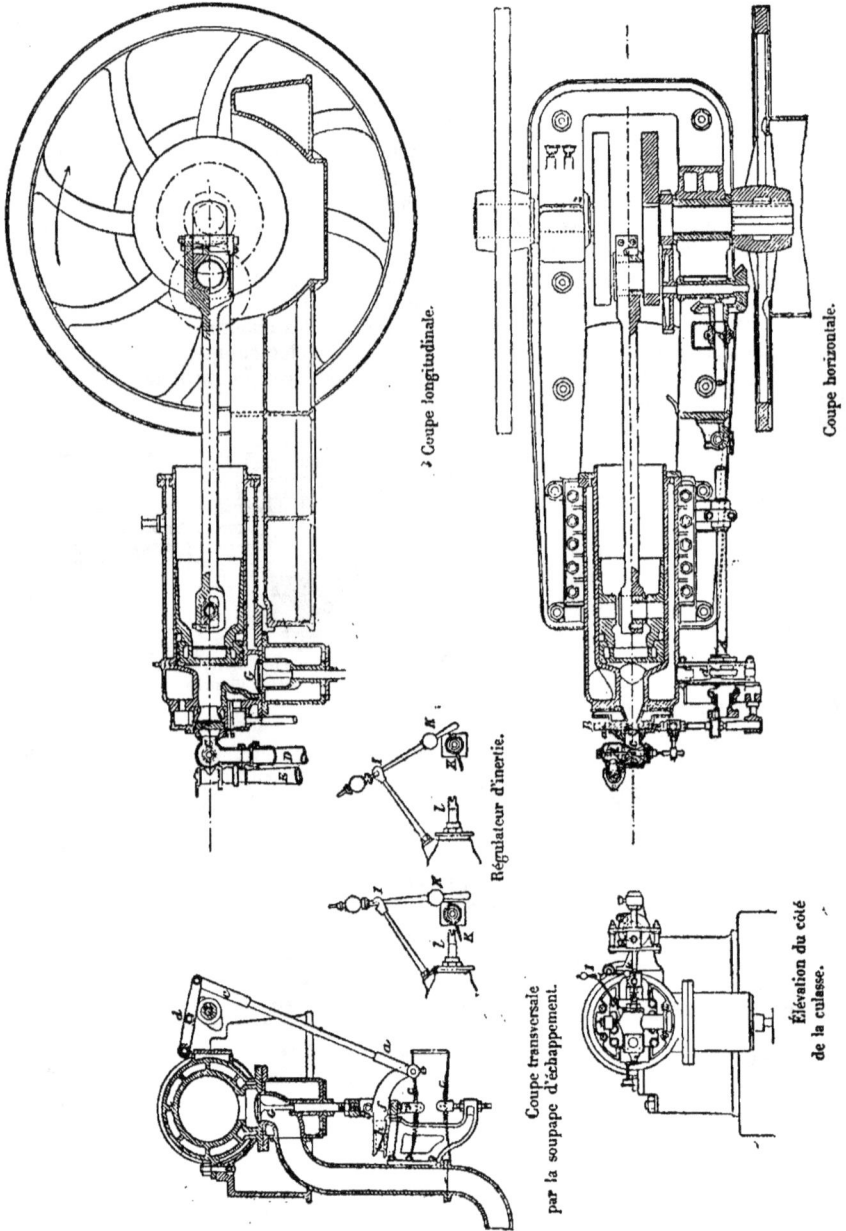

Coupe longitudinale.

Coupe horizontale.

Régulateur d'inertie.

Coupe transversale
par la soupape d'échappement.

Élévation du côté
de la culasse.

Fig. 639 à 643. — Moteur Simplex. — Coupes et détails.

de distribution à l'aide d'une manivelle et d'une coulisse, comporte une lumière d'admission _a_ du mélange détonnant, et une lumière _b_ d'allumage, laquelle, au moment voulu, se présente devant un inflammateur, constitué par une pointe

Fig. 641. — Moteur Simplex.

Fig. 645. — Moteur Simplex de 320 chevaux.

de platine lançant une étincelle d'induction. Le mélange est préparé dans la boîte C, où arrivent l'air par D, et le gaz par E; le passage du gaz est réglé par une soupape F qui, par un mécanisme dont nous parlerons ci-après, reste fermé lorsque la machine dépasse sa vitesse de régime. L'échappement est donné par la soupape G ; cette soupape, maintenue par les ressorts c, c', est soulevée en temps utile par l'arbre de distribution, à l'aide d'une transmission ingénieuse : une came, montée sur cet arbre, agit sur le galet d et soulève, par la tringle e, le levier ef, lequel actionne la soupape G par le galet g.

Les organes de régularisation sont aussi fort simples et bien entendus ; on a vu plus haut que l'admission de gaz com-bustible est supprimée dès que la vitesse de régime est dépassée ; ce résultat est obtenu à l'aide d'un pendule IK, oscillant autour d'un centre fixe I, et dont la masse mobile K est écartée par un toc fixé à la tige du tiroir de distribution ; si la vitesse n'est pas très grande, cette masse retombe en suivant le toc dans son mouvement rétrograde ; si la vitesse dépasse une certaine limite, le contact cesse, et alors la lame h s'incline en tournant sur son axe, et échappe la tige l, de la soupape d'ad-mission F, laquelle, par suite, cesse de

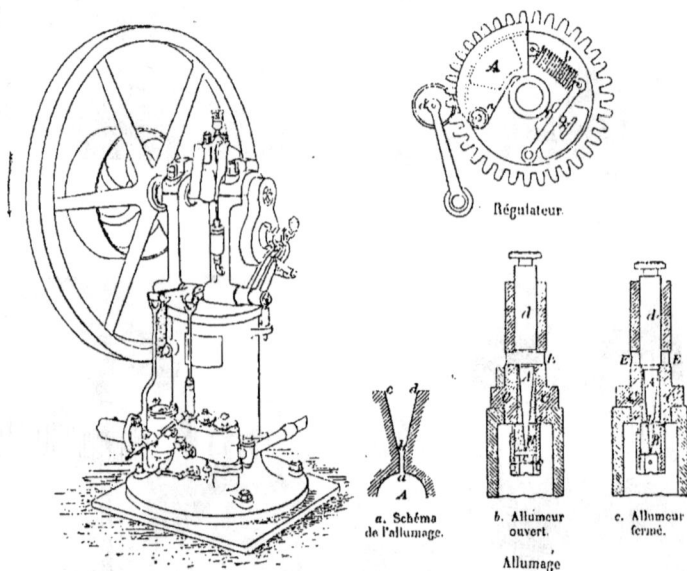

Régulateur.

a. Schéma de l'allumage. b. Allumeur ouvert. c. Allumeur fermé.

Allumage

Fig. 646 à 650. — Moteur Kœrting-Lieckfeld.

s'ouvrir. Le procédé de mise en train est fort élégant. Le piston étant arrêté à mi-course, on fait pénétrer dans le cylindre, par des robinets convenablement ouverts, un mélange détonnant, qui chasse peu à peu les gaz inertes ; au bout de quelques instants, le déplacement est complet ; on donne le feu, et la machine est lancée.

A l'Exposition de 1889, MM. Matter et Cⁱᵉ avait exhibé un moteur monocylin-drique de 100 chevaux indiqués, qui a parfaitement fonctionné. Le diamètre du cylindre était de 575 millimètres, et la course du piston, de 950 millimètres. Plus récemment, un moteur de 320 chevaux, également produits par un seul cylindre, était installé aux grands moulins de M. Abel Leblanc, à Pantin. Le cylindre a 870 mil-limètres de diamètre, la course du piston est de 1 mètre et le nombre de tours de 100 à la minute. La figure 645 donne une vue de ce moteur.

614. *Moteur Kœrting-Lieckfeld.* — Les petites machines verticales du sys-tème Kœrting-Lieckfeld, construites par la maison G. Boulet et Cⁱᵉ, de Paris, son fort remarquables par leur simplicité et leur régularité de marche. Comme dispositions générales (*fig.* 646 à 650), elles ne diffèrent pas des moteurs verticaux d'Otto : cycle à quatre temps, cylindre vertical avec circulation d'eau, arbre de couche supérieur. L'admission de l'air et celle du gaz se font par soupapes automatiques ; l'échappement, par une soupape que commande un excentrique calé sur l'arbre de distribution.

Il existe dans cette machine deux dispositifs remarquables et très ingénieux : la régulation et l'allumage. La régulation se fait par l'échappement : dès que la vitesse de régime est dépassée, la soupape d'échappement ne se referme pas, de sorte que l'aspiration de l'air et du gaz se trouve suspendue, l'intérieur du cylindre restant en communication permanente avec l'atmosphère. A cet effet, l'arbre moteur porte, logé dans la roue dentée qui commande la distribution, un petit régulateur à force centrifuge, constitué par une masse excentrée A, mobile autour du point d'articulation *a*, et rappelée constamment par le ressort *b* ; quand la vitesse normale, qui est fonction de la flexibilité du ressort et du poids de la masse excentrée vient à être dépassée, cette masse s'écarte et vient toucher le galet *d*, qui, par un système d'enclenchement, met à l'arrêt la soupape d'échappement dans sa position d'ouverture.

L'allumage est produit à l'aide d'un dispositif imaginé par M. Kœrting. En voici le principe. Imaginons un réservoir A (voir les détails de l'allumage sur la figure) plein de mélange tonnant sans pression ; il communique librement, par un canal très étroit *a b*, avec un ajutage vertical *b c d*, évasé en forme de cône allongé ; le mélange s'échappera par cet ajutage et le parcourera en prenant des vitesses variées : la vitesse, très grande au sommet, ira constamment en diminuant jusqu'à la base *c d*, où elle sera très faible. En approchant une flamme de cette base, le mélange s'enflammera, et communiquera le feu à l'intérieur de l'ajutage, en sens inverse du courant. Mais cette propagation ne se prolonge pas indéfiniment ; la flamme s'arrête et se fixe en un point

où la vitesse du courant gazeux est égale à la vitesse de propagation. C'est ce principe qui est appliqué dans la fusée Kœrting employée pour l'allumage. Le cône allongé A est creusé dans un plongeur B qui glisse à frottement doux, en formant piston, dans le cylindre C C ; la pression du mélange repousse ce plongeur vers le haut et appliqua contre son siège l'embase *a* ; une soupape *d*, manœuvrée par la distribution, s'applique sur les bords du cône et pèse sur le plongeur, qu'elle maintient abaissé. Au moment de l'allumage, la soupape *d* est soulevée, le mélange gazeux qui remplit le cône vient s'allumer au contact d'un brûleur fixe en E ; immédiatement, la soupape *d* s'abaisse, en refoulant le plongeur B ; l'écoulement étant supprimé, la flamme se propage dans l'intérieur, et vient, par les petits canaux *b* et *c*, communiquer la combustion au mélange détonant. Ces mouvements se succèdent très rapidement, de sorte que la dépense de mélange pour l'allumage est fort petite.

615. *Moteur Durand.* — L'inventeur s'est proposé de construire un moteur pouvant fonctionner à volonté au gaz ou bien au pétrole, marchant sans surveillance, avec une grande régularité, occupant peu de place, robuste, et n'exigeant pas trop de soin ni d'entretien. Le moteur établi suivant ces données par M. E. Durand est à quatre temps ; l'allumage est électrique ; pour la marche au pétrole, le carburateur automatique est placé au-dessus et tout près du cylindre, et il est traversé par les gaz de la décharge, afin de bénéficier des chaleurs perdues.

Le gaz combustible traverse la soupape d'admission, et son débit est modéré par un régulateur à boules ; l'air est appelé directement par le piston à travers un tamiseur spécial réchauffé par les produits de la décharge. La soupape d'échappement est appliquée sur le fond du cylindre ; elle est mue par une came ou un excentrique, placé sous la poulie motrice. Un agencement spécial de cette soupape permet son nettoyage et facilite un rôdage fréquent. L'allumage est électrique ; il se fait par une petite machine magnéto pourvue d'un dispositif pour recueillir l'extra-courant de rupture. Une aiguille communique avec l'un des balais, l'autre est relié à un pignon denté qui tourne d'une fraction de tour au moment même de l'allumage.

616. *Moteur Daimler.* — C'est un moteur léger et puissant ; il est donc animé d'une grande vitesse. Pour avoir une grande vitesse, il est nécessaire d'employer un mélange très riche pour lequel la vitesse de propagation de la flamme soit supérieure à celle du piston.

La machine de M. Daimler (*fig.* 651 à 653) est complètement enfermée dans une caisse métallique étanche, enveloppant même le volant ; cette enveloppe étanche est munie d'une soupape automatique s'ouvrant du dehors en dedans. Comme l'enceinte communique avec la partie ouverte du cylindre, il en résulte que la descente du piston aspire de l'air dans la caisse, et que cet air s'y trouve comprimé dans le mouvement inverse du piston.

Le moteur proprement dit se compose de deux cylindres, légèrement inclinés sur la verticale, et disposés au-dessus de l'arbre moteur ; les bielles attaquent directement deux plateaux manivelles, dont les plateaux sont placés diamétralement. Les pistons portent au centre une

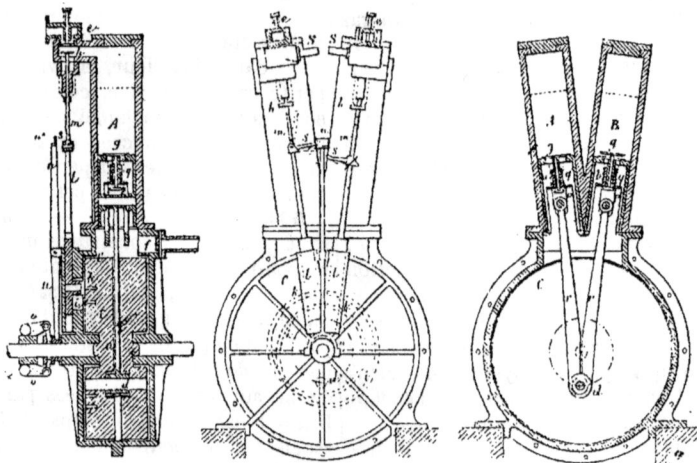

Fig. 651 à 653. — Moteur Daimler.

soupape *g* s'ouvrant vers le fond du cylindre ; un des cylindres est au premier temps (aspiration) quand l'autre est au troisième (explosion motrice) ; au moment où l'aspiration s'achève, et où la détente finit, la soupape *g* du piston s'ouvre sous l'action de fourchettes disposées à cet effet. L'air comprimé de la caisse commence la compression du mélange dans le premier cylindre et détermine une chasse d'air dans le second, ce qui balaye celui-ci des gaz de la combustion.

La soupape automatrice d'admission est placée dans une boîte contenant également la soupape d'échappement et le tube incandescent qui sert à l'allumage. Le régulateur est fixé sur l'arbre moteur : il est à force centrifuge et actionne un levier de décharge.

A l'exposition de 1889, un moteur Daimler était mis sous les yeux du public ; il faisait 700 tours. Cette machine n'occupait sur le sol que 12 décimètres carrés et avait 72 centimètres de hauteur ; elle développait une puissance dépassant un cheval-vapeur.

617. *Moteur Forest.* — En s'associant avec M. Pers, M. Forest a étudié un moteur assez original d'aspect, que construit M. Delahaye, de Paris, et qui est représenté par la figure 654. Deux cylindres à simple effet, A et B, réunis dos à dos, sont disposés horizontalement dans le bas de la machine, à laquelle ils servent de piédestal; l'arbre de couche placé au-dessus porte deux manivelles C, directement opposées, que les pistons attaquent à l'aide des bielles D, D et des balanciers E et E. Le fonctionnement est à quatre temps; le mélange tonnant est introduit entre les deux pistons qui sont moteurs tous deux; ceux-ci le compriment entre eux à 5 kilogrammes. L'allumage étant fait, les deux pistons reculent en s'écartant l'un de l'autre, et contribuent chacun par moitié au travail qui est recueilli sur l'arbre de couche sans qu'il y ait de points morts. On a ainsi un système qui est l'équivalent d'une machine à deux cylindres attaquant une seule manivelle. La distribution se fait par soupapes. L'allumage est obtenu par l'étincelle d'induction qu'envoie une petite machine magnéto F. Ce qu'il y a de remarquable dans cette machine, c'est le groupement des organes, qui la rend extrêmement compacte et facile à installer partout et sans grand frais.

618. *Moteur Charon.* — Dans sa machine, M. Louis Charon a cherché à

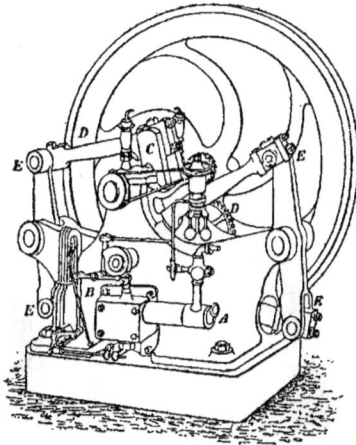

Fig. 654. — Moteur Forest.

proportionner la consommation de gaz à la résistance à surmonter, sans interrompre l'action motrice de la machine.

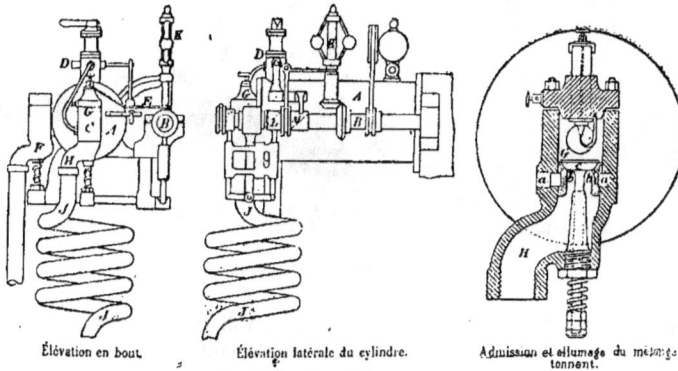

Élévation en bout.   Élévation latérale du cylindre.   Admission et allumage du mélange tonnant.

Fig. 655 à 657. — Moteur Charon.

Le cycle du moteur Charon est à quatre temps, mais le volume de mélange tonnant admis est variable, par l'action du régulateur. Les figures 655 à 657 représentent cette machine. En A est le cylindre; B est l'arbre de distribution, dont la vitesse de rotation est moitié de celle de l'arbre de couche. Sur cet arbre sont montées les cames, qui agissent, par des leviers appropriés, sur les divers organes de la machine, savoir: la soupape C d'admission du mélange, le tiroir

D d'admission du gaz, le contact électrique E et enfin la soupape d'échappement F. Le mélange se forme et s'allume
dans la chambre G montée sur la culasse
du cylindre, et dans laquelle le gaz afflue
par les canaux *aa* et *bb* et l'air par la
tubulure H. Sur cette dernière est monté
un long serpentin J, que l'air traverse
pour se rendre dans la chambre d'inflammation G, et qui joue un rôle principal

dans le fonctionnement du moteur. En
effet, la soupape C reste ouverte pendant
une partie de la course rétrograde du
piston, et par conséquent le mélange
introduit dans le cylindre, au lieu d'être
comprimé, est simplement refoulé par la
tubulure H dans le serpentin J, où il
s'emmagasine, pour être repris et aspiré
dans un cycle ultérieur ; la durée de cette
levée de la soupape C est variable avec la

Fig. 658. — Moteur Charon à deux cylindres.

position du régulateur K ; quand les
boules s'élèvent, cette durée diminue ;
par conséquent, le volume du mélange
actif et le degré de compression de ce
mélange diminuent en proportion. Quant
à la transmission du régulateur à la soupape, elle se fait par l'intermédiaire de la
came à échelons L, laquelle se déplace le
long de l'arbre de distribution ; une
came M, symétrique et solidaire de la
première, fait varier la durée de l'ouver-

ture du distributeur de gaz D. Le refoulement dans le serpentin peut s'étendre
des 4/10 aux 8/10 de la course du piston ;
on remarquera que le volume du mélange
enfermé étant, avant la compression,
toujours plus petit que celui d'une cylin-
drée, la détente se trouve prolongée plus
loin que dans les moteurs ordinaires à
quatre temps.

La Société nouvelle des moteurs à gaz
français, qui construit le moteur de

M. Charon, a donné un très grand déve-loppement à cette fabrication, qui est perfectionnée continuellement. Les moteurs qu'elle livre au public sont à un ou deux cylindres, suivant la force, et, à partir de 8 chevaux, elle garantie une con-sommation de gaz de 500 litres par cheval effectif et par heure. Nous donnons, par la figure 658, la vue du type des moteurs à deux cylindres, dont la force peut atteindre 100 chevaux au frein.

619. *Moteur Niel.* — Le moteur Niel

Fig. 659. — Moteur Niel.

(*fig.* 659 et 660) est caractérisé par son genre de distribution, qui est produite à l'aide d'un organe animé d'un mouvement de rotation continu ; ce distributeur est constitué par un robinet à boisseau percé d'ouvertures convenables; mais, comme on sait, les organes de cette nature ne sont étanches qu'à la condition que la clé soit fortement serrée contre le boisseau, et alors les frottements deviennent importants et absorbent beaucoup de travail. Pour échapper à ce double inconvénient, M. Niel a eu recours à un artifice ingénieux : à l'état ordinaire, la clé tourne libre dans son boisseau ; elle ne se serre qu'au moment voulu, c'est-à-dire quand la pression se produit dans le cylindre ; à cet effet, cette clé A (*fig.* 660) est solidaire d'une membrane métallique BB, qui reçoit la pression par l'intermédiaire du petit canal *cc*; sous l'action de cette pression, la membrane fléchit légèrement et serre la clé contre le boisseau. La large ouverture D sert au passage du mélange d'air et de gaz aspiré par le piston, et l'allumage de ce mélange a lieu au moyen d'un tube incandescent.

Pour les grandes puissances, le robinet tournant était mal indiqué, et on lui a substitué des soupapes.

620. *Moteur de la Compagnie parisienne du gaz.* — C'est un moteur vertical

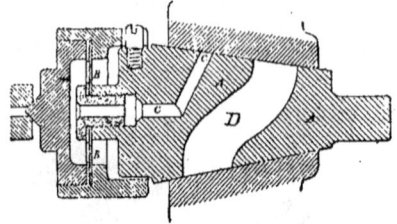

Fig. 660. — Robinet distributeur du moteur Niel.

à grande vitesse (*fig.* 661 à 663) à quatre

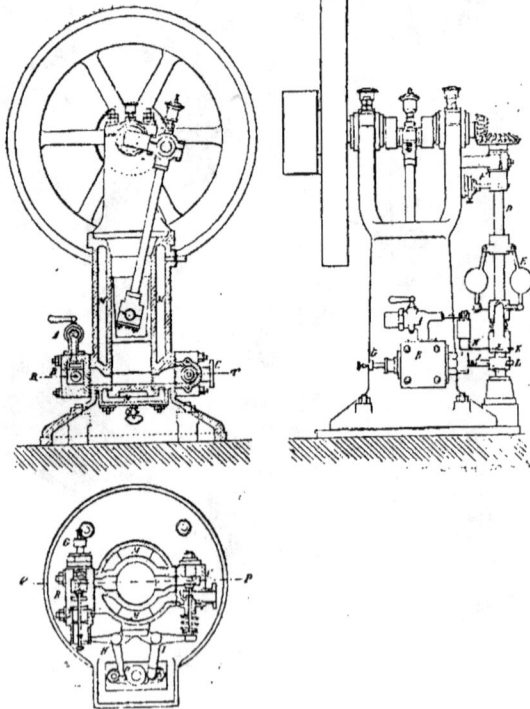

Fig. 661 à 663. — Moteur de la Compagnie parisienne du gaz.

temps ; un arbre de distribution vertical, faisant un tour pour deux du moteur, porte à la partie supérieure une touche d'allumage par l'électricité, puis un régulateur à boules, et à la partie inférieure, deux cames d'admission et d'échappement. L'allumage se fait par le contact de la touche avec un conducteur relié au pôle d'une bobine d'induction ; l'étincelle jaillit entre les pointes de la bougie au moment où se produit le contact. Le manchon du régulateur porte la came d'admission, laquelle commande la valve par un levier coudé. Un autre levier, mû par la seconde came, actionne la soupape de décharge. Le cylindre est refroidi par une circulation d'eau. La vitesse est de 400 tours pour les petits moteurs d'un quart de cheval, et de 250 tours pour les moteurs de trois chevaux.

621. *Moteur Stockport* (*Le Triomphe*). — Ce moteur, qui réalise le cycle Otto à quatre temps, est construit par les ateliers Andrew et Cⁱᵉ de Reddish (Angleterre), et est, en France, appelé *le Triomphe ;* il offre quelque analogie avec le moteur Crossley, ayant comme celui-ci des soupapes au lieu de tiroirs (*fig.* 664).

L'arbre de distribution est placé assez bas sur le côté du cylindre, et il porte des cames à bossages, commandant trois leviers coudés qui agissent, par dessous le cylindre, sur les diverses soupapes. L'allumage se fait par un tube incandescent qui est fait d'une composition spéciale, renfermant un certain alliage d'argent qui le rend inoxydable et infusible. Les ateliers de Reddish ont installé un moteur

Fig. 664. — Moteur Stockport « Le Triomphe ».

Stockport de 400 chevaux à Godalming (Surrey) ; ce moteur est à deux cylindres, disposés en tandem, mais fonctionnant indépendamment l'un de l'autre ; ils ont 648 millimètres de diamètre et une course de 916 millimètres ; la vitesse normale est de 120 tours par minute. Cette machine est alimentée par un gazogène Dowson.

622. *Moteur Forward.* — Cette machine (*fig.* 665) est du type Otto, à quatre temps ; MM. Barker et Cⁱᵉ, de Birmingham, qui la construisent, lui ont apporté diverses modifications, comme la distribution par soupapes, l'allumage par tube et la régularisation par suppression du gaz. Les organes de distribution sont groupés d'un même côté du cylindre, et comprennent deux soupapes d'admission, l'une automatique pour l'air, l'autre commandée pour le gaz, et une soupape commandée pour la décharge. De plus, la came qui agit sur la soupape d'entrée du gaz, est soumise à l'action du régulateur de telle façon qu'elle n'ouvre plus quand le moteur prend une trop grande vitesse. MM. Barker ont substitué au mode d'allumage par transport de flamme, qu'ils avaient d'abord adopté, le système de mise de feu par tube incandescent.

623. *Moteur Cuinat.* — L'évacuation

des produits de la combustion, dans les moteurs à gaz, a donné lieu à des appré- ciations diverses de la part des construc- teurs de ces machines. Certains se sont

Fig. 665. — Moteur Forward.

Fig. 666. — Moteur Cuinat.

servi des produits de la combustion comme auxiliaires pour obtenir, dans le cylindre des moteurs, une combustion lente et progressive; d'autres, au contraire, considèrent la présence de ce gaz inerte comme nuisible à la bonne inflammation du mélange détonnant. M. Cuinat se range parmi ces derniers, et c'est en se basant sur cette théorie qu'il a établi le moteur représenté par la figure 666.

Dans la machine Cuinat, l'inventeur chasse les gaz brûlés et les remplace par une masse d'air formant matelas, pour amortir le choc de l'explosion, et qui, de plus, agit comme comburant pour propager l'inflammation, la rendre graduelle dès le début de l'allumage et même prolonger la détente. La distribution comprend quatre soupapes, toutes commandées par l'arbre latéral du moteur, qui tourne moitié moins vite que la manivelle. L'allumage est obtenu, soit par une étincelle électrique, soit par un tube incandescent.

Moteurs à six temps.

624. *Moteur Griffin.* — Le cycle du moteur Griffin est particulier, attendu qu'il ne s'y produit que deux explosions tous les trois tours; comme cette machine est à double effet, on obtient en somme une explosion par tour et demi. Les diverses phases du cycle sont les suivantes :

1° Aspiration du mélange d'air et de gaz;

2° Compression du mélange;

3° Course motrice, par allumage, explosion et détente;

4° Refoulement des gaz brûlés;

5° Aspiration d'une chasse d'air pour compléter l'expulsion des produits de la combustion ;

6° Echappement de cette chasse d'air.

L'allumage a lieu par transport de flamme dans un tiroir commandé par une bielle; ce même tiroir est chargé de l'admission : ses lumières mettent tour à tour le cylindre en relation soit avec la conduite de gaz, soit avec l'atmosphère et cette conduite, soit avec l'allumeur ou avec l'atmosphère seulement, suivant l'ordre des opérations du cycle. L'échap-

pement a lieu par deux soupapes mues par des cames, qui les ouvrent chaque tour et demi, et opèrent alternativement la décharge des gaz brûlés à l'avant et à l'arrière du cylindre.

625. *Moteur Rollason.* — C'est encore un moteur à six temps; les deux temps ajoutés au cycle ordinaire à quatre temps sont nécessités par une injection d'air pur. Le tiroir présente une certaine analogie avec celui des machines Otto; la soupape d'admission du gaz est placée sur la contre-plaque de ce tiroir.

La machine est munie d'un régulateur électrique composé d'une bobine, alimentée par un courant continu produit par une dynamo dont le mouvement est solidaire de la machine. Un noyau de fer doux glisse le long de l'axe de la bobine, s'élevant plus ou moins suivant que l'intensité du courant et par suite la vitesse du moteur augmentent; ce noyau actionne, par un levier coudé, une petite valve qui proportionne l'entrée du gaz au travail à développer pour entretenir une vitesse constante. L'expulsion des gaz brûlés facilite la combustion et permet l'emploi des mélanges très dilués.

Moteurs du troisième type.

626. *Moteur Brayton.* — Les types de machines à gaz imaginés par M. Brayton sont très nombreux : le premier qui ait obtenu du succès remonte à 1872, et, depuis, l'inventeur n'a cessé de perfectionner son système, dont les figures 667 à 669 représentent l'un des derniers types.

Le moteur Brayton est une machine à combustion lente, sous une pression constante. Il se compose de deux cylindres, l'un A, qui comprime l'air dans un réservoir J^3, l'autre B, qui produit le travail. De plus, une petite pompe d'injection alimente le carburateur d'huile de pétrole. La pompe à air J est conjuguée au cylindre moteur B par un balancier D. L'air est comprimé à 4 ou 5 atmosphères dans le réservoir J^3, d'où il passe à la soupape d'admission h_3 et d'allumage f, par le tube e, et où il se trouve en contact avec le pétrole arrivant par e'. L'air et l'hydrocarbure pénètrent dans le cylindre au travers d'une crépine en toile métallique feutrée, qui en achève le mélange et la vaporisation au droit du brûleur G. L'échappement se fait par une large soupape centrale H, abaissée, au moyen de la tige h_5, par le balancier F, qui commande également la soupape d'admission.

Le pétrole est injecté en e_4 par une petite pompe spéciale de dosage K, dont

le piston est mené par l'excentrique M. Le brûleur G est constitué par une chambre à deux compartiments séparés par une toile perforée ; le compartiment de droite, rempli d'amiante, reçoit constamment du tuyau g un mélange d'air comprimé et de pétrole qui, une fois la machine en train, se vaporise par la chaleur du milieu, et brûle constamment au contact des spirales de platine renfermées

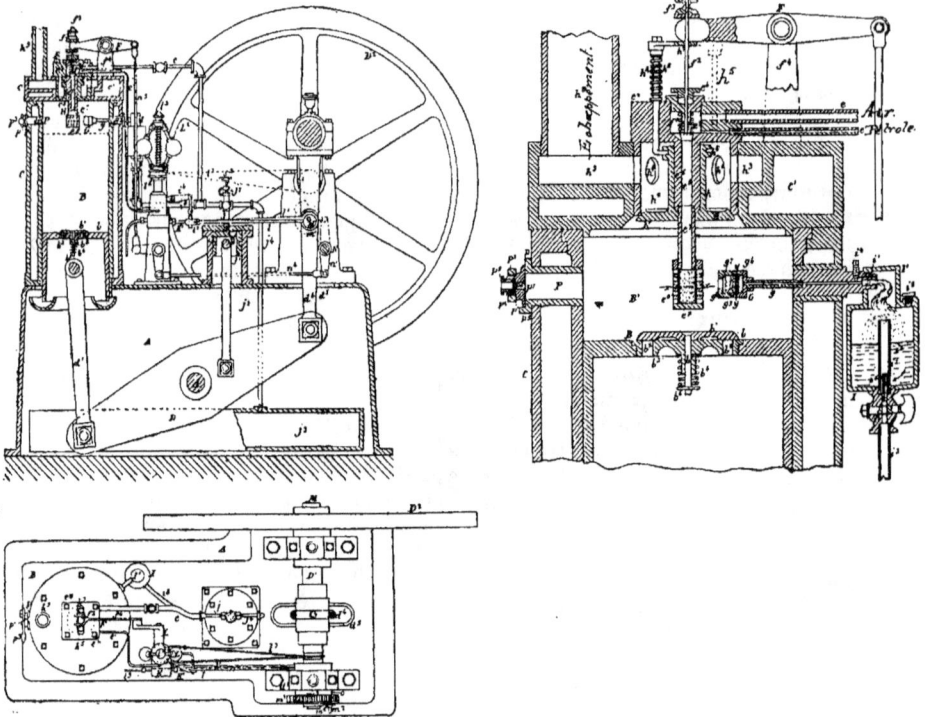

Fig. 667 à 669. — Moteur Brayton.

dans le compartiment d'avant. Ce mélange de pétrole et d'air comprimé est fourni au brûleur par un vaporisateur spécial I, qui reçoit l'air comprimé du réservoir par un tuyau spécial i_3.

L'introduction du mélange actif d'air et de vapeur de pétrole, au droit du brûleur, au milieu même de l'air comprimé surabondant, doit en assurer la combustion presque complète.

627. *Moteur Crowe.* — Ce moteur, qui parut en 1890, est extrêmement ingénieux, et avait excité l'attention des ingénieurs anglais. Trois cylindres, dont deux sont compresseurs et placés en tandem, le troisième seul étant moteur, sont disposés côte à côte; les deux premiers aspirent l'air et le gaz, et les refoulent dans le troisième, en faisant passer le mélange devant un tube incandescent, qui l'enflamme ; en brûlant, le mélange augmente de volume sans augmenter de pression, et pousse le piston en avant. Les deux manivelles sont calées à 90 degrés. L'arrière du cylindre constitue une chambre de combustion à haute température ; elle est chauffée par la combustion qui s'y opère, et par le contact des gaz brûlés qui l'entourent avant de s'échapper. Le piston porte à sa partie postérieure un prolongement ne touchant pas la paroi, et recevant le coup de feu des gaz ; cette annexe est isolée du piston par une garniture, mauvaise conductrice

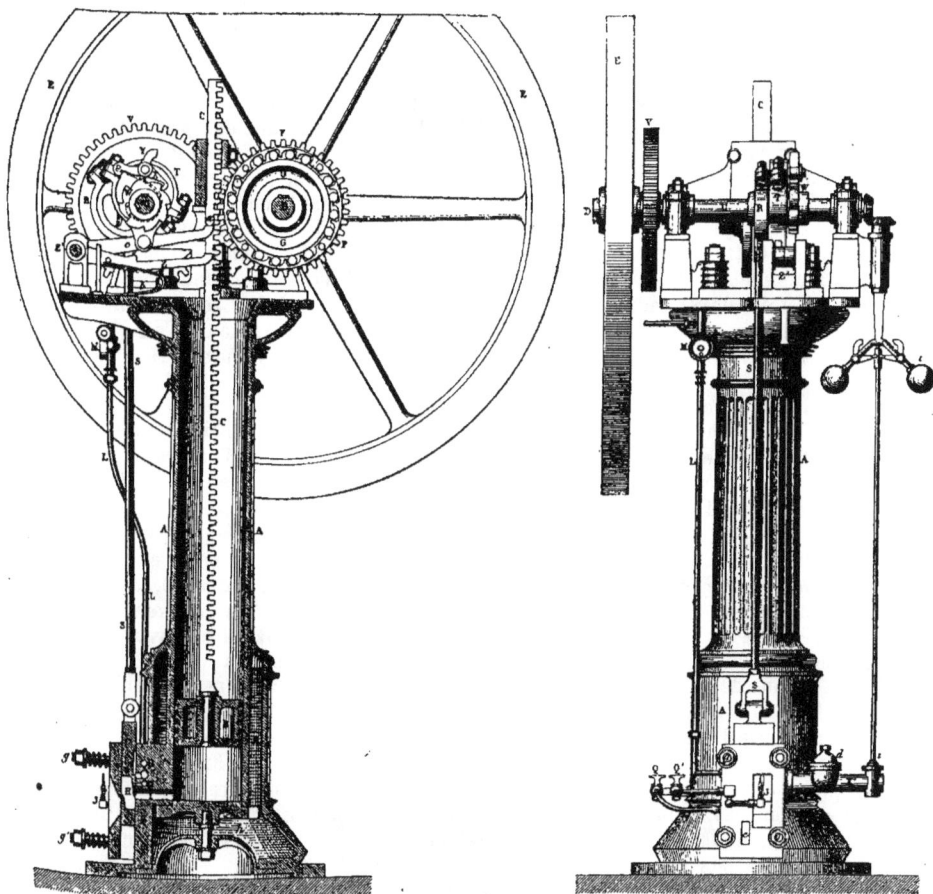

Fig. 670 et 671. — Moteur Otto et Langen.

de la chaleur : on ménage donc ainsi la partie étanche de cet organe.

Moteurs du quatrième type.

628. *Moteur Otto et Langen.* — La machine Otto et Langen n'est pas à double effet, mais du genre de celles que l'on désignait autrefois sous le nom de moteurs atmosphériques. Comme nous l'avons déjà dit, le mélange d'air et de gaz qui y est d'abord introduit par l'orifice d'admission lance de bas en haut, au moment de l'inflammation, le piston et sa tige qui sont en ce moment rendus indépendants de l'arbre moteur, et qui éprouvent, dans cette première course ascensionnelle, la résistance atmosphérique. A la descente, au contraire, le piston et sa tige sont rendus solidaires de l'arbre moteur, et la pression atmosphérique devient motrice, tandis que c'est celle du résidu gazeux contenu dans la chambre unique du cylindre qui devient pression résistante. Le moteur Otto et Langen a paru au moment de l'Exposition de 1867, à Paris ; il y a fonctionné et a été l'objet de nombreuses expériences ; d'après les essais de M. H. Tresca, sa consommation était de 1 250 litres de gaz environ, par cheval et par heure. Cette machine ne se construit plus, mais elle a une si grande importance dans l'histoire des moteurs à gaz que nous croyons devoir en donner la description.

Elle se compose d'un cylindre très long A (*fig.* 670 et 671), ouvert à son extrémité supérieure, et parcouru par un piston B dont la tige C porte une crémaillère qui règne à peu près sur toute sa longueur, et commande un pignon F placé sur l'arbre D du volant E. Ce pignon est fou sur cet arbre, dans la rotation qui correspond à l'ascension du piston ; il entraîne, au contraire, l'arbre dans sa rotation inverse.

Ce résultat est obtenu par l'emploi du manchon en fonte G, calé sur l'arbre D, entre la roue dentée F et cet arbre. La périphérie intérieure de la roue F est munie d'une série d'encoches, dans lesquelles sont logés des galets ou rouleaux d'acier ; les encoches sont plus larges que les galets et n'ont pas la même hauteur dans toute leur étendue. Lorsque la crémaillère monte, les galets restent dans la partie la plus large des encoches, et, par conséquent, la roue F et le manchon demeurent indépendants. Au contraire, lorsque la crémaillère redescend, la roue F tournant de droite à gauche, entraîne les galets dans la partie la plus étroite des encoches ; il y a alors coincement de ceux-ci, et, par suite, la roue F, de folle qu'elle était, devient fixe sur le manchon G et entraîne l'arbre moteur et le volant.

Ce dispositif étant compris, voyons comment fonctionne le moteur. La figure 670 (coupe) représente le moteur au moment où va se produire l'explosion du mélange d'air et de gaz, en vertu de laquelle le piston doit être vivement projeté en l'air. Lorsque les gaz engendrés par l'explosion se sont refroidis, il se forme nécessairement sous le piston un vide qui est à peu près de 2/3 d'atmosphère. La pression de l'air, jointe au poids du piston, fait redescendre celui-ci et, pour qu'à un moment donné de sa descente il ne rencontre pas d'obstacle de la part des produits de la combustion, ceux-ci, à ce moment, s'échappent en dehors, par une ouverture du tiroir. Lorsque le piston est arrivé au bas de sa course, le tiroir ferme la communication avec l'atmosphère, en même temps qu'il ouvre l'orifice d'admission du gaz qui arrive par le tube L, et que l'air entre de son côté par l'orifice O. L'air et le gaz remplissent, dans la proportion voulue, l'espace que le piston laisse libre au-dessous de lui, jusqu'au moment où, arrivé au 1/7 de sa course, il se retrouve dans les conditions que nous avons examinées ci-dessus, c'est-à-dire au moment où doit avoir lieu l'explosion.

Le tiroir est commandé par l'excentrique R et la bielle S ; mais l'excentrique R n'est pas calé sur l'arbre D, car il faut qu'il ne se mette en mouvement que chaque fois que cela est nécessaire, c'est-à-dire quand le piston, descendu à fond de course, demande une nouvelle introduction de mélange explosif. L'excentrique doit donc être complètement aux ordres du piston, et l'attendre s'il est longtemps à redescendre. Or, ce résultat est obtenu par le jeu, qu'il serait un peu long de décrire ici, des pièces marquées T, U, V, W, X, Y, Z, *a*, *b* et *c*, dans la figure.

On règle la vitesse du moteur en ouvrant plus ou moins le robinet du gaz. Mais il importe de faire remarquer que l'on possède, en outre, le moyen de modérer la marche de la machine en réduisant la section de l'orifice d'échappement : dans ce cas, en effet, la descente du piston est ralentie et le nombre des coups du piston diminue par minute.

CHAPITRE III

MOTEURS A PÉTROLE

629. Le plus grand nombre des machines à gaz que nous venons de voir peuvent être transformées en moteurs à pétrole par de très simples modifications et par l'adjonction d'un carburateur quelconque. L'étude de ces moteurs, surtout ceux de création récente, a été faite dans ce sens, et ils marchent aussi bien en employant le gaz d'éclairage que l'air carburé ou que le gaz provenant d'un gazogène. Mais, cependant, en présence du grand développement qu'ont prises les ap-

Fig. 672. — Moteur à pétrole Crossley-Holt.

plications des machines à pétrole, certains constructeurs n'ont pas hésité à établir des appareils spéciaux seulement alimentés avec cet hydrocarbure, offrant de grandes analogies avec les moteurs à gaz qu'ils construisaient auparavant, et même, dans certains cas, à lancer des machines à pétrole d'un type tout particulier. Nous allons donc dire quelques mots d'un certain nombre d'entre ces nouveaux appareils.

630. *Moteur Crossley-Holt.* — Dans ce moteur (*fig.* 672), le pétrole est iénject au vaporisateur en fonte par une pompe soumise au régulateur-pendule. Le vaporisateur est chauffé, ainsi que le tube d'allumage, par une même lampe sans mèche, alimentée d'air par un éjecteur annulaire relié à une poche en caoutchouc, où l'air est refoulé par une pompe qu'actionne le levier d'échappement. Le piston de cette pompe ne frotte pas dans son cylindre, de sorte qu'il n'est pas nécessaire de le graisser. Le pétrole est fourni à la lampe sous niveau constant par une réserve à déversoir, dans laquelle on le pompe en excès. Pour la mise en train, on doit faire marcher à la main la pompe à air de la lampe : au bout d'une dizaine de minutes, le vaporisateur est assez chaud pour le démarrage. Le tube d'allumage est pourvu d'une soupape de purge qui le balaye d'un courant d'air à chaque aspiration du cylindre moteur. Les autres parties de la machine se rapprochent beaucoup de celles du moteur à gaz Crossley.

631. *Moteur Grob.* — Le type de cette machine est celui dit à pilon : le cylindre, placé à la partie supérieure, est ouvert par le bas, et la tige du piston actionne de haut en bas le vilbrequin de l'arbre de couche (*fig.* 673 et 674). La marche est à

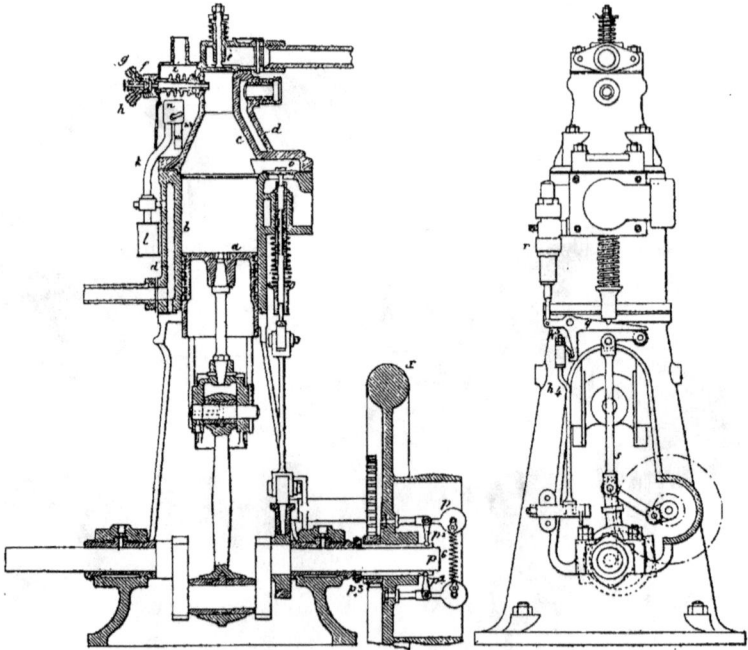

Fig. 673 et 674. — Moteur à pétrole Grob.

quatre temps, avec admission par une soupape automatique placée au haut du cylindre ; la décharge se fait par une autre soupape placée sur le côté droit, à la hauteur du raccordement du cylindre avec la chambre d'explosion. Cette chambre a la forme d'une coupole tronconique : le vaporisateur de pétrole y débouche directement.

En descendant, le piston aspire, par la soupape automatique, un certain volume d'air qui traverse en presque totalité le vaporisateur et se carbure ; en remontant, il comprime sa charge, car la soupape se referme aussitôt d'elle-même sous l'action d'un ressort à boudin. Lorsque l'explosion se produit, le piston est chassé vers le bas, et reçoit ainsi une impulsion motrice. Le piston étant à bout de course, il s'agit d'évacuer les gaz brûlés : la soupape de décharge s'ouvre donc et donne passage aux produits de la combustion. Le mouvement de cette soupape est commandé par une tringle d'excentrique, qui appuie sur sa tige et la soulève. Une circulation d'eau refroidit constamment le cylindre.

632. *Moteur Griffin.* — M. Griffin a abandonné les six temps pour son moteur à pétrole et a adapté le cycle Otto à sa

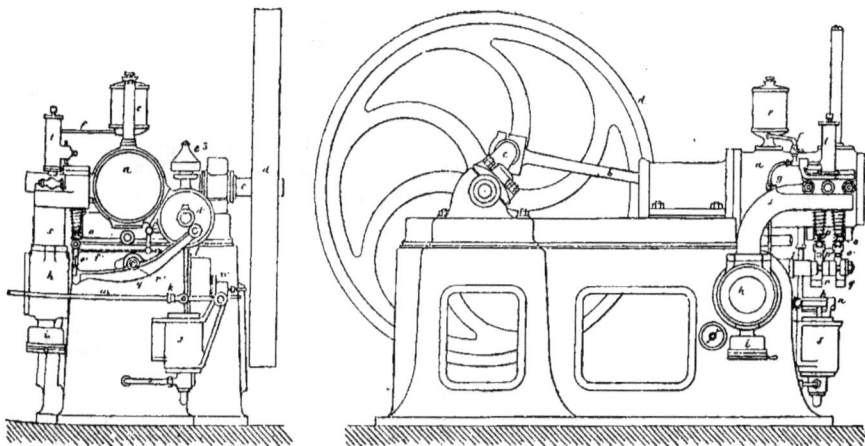

Fig. 675 et 676. — Moteur à pétrole Griffin.

nouvelle machine. Le vaporisateur dont on la munie est en fonte ; il est disposé transversalement (*fig.* 675 et 676) dans le socle et chauffé par le gaz d'échappement. Une pompe, actionnée par un excentrique calé sur un arbre latéral de distribution d', comprime l'air à $0^k,8$ environ dans un réservoir logé dans le socle. Cet air s'échappe et passant dans un pulvérisateur à aiguille, aspire le pétrole dans une

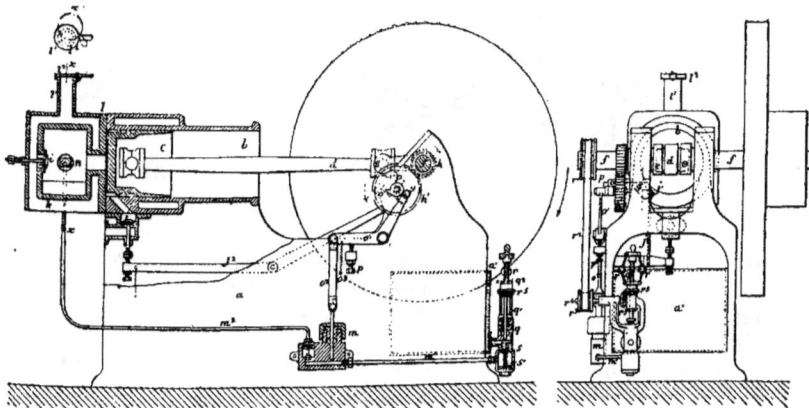

Fig. 677. — Moteur à pétrole Stuart et Binney.

cavité inférieure et l'entraîne avec lui en le réduisant en fines gouttelettes. Le vaporisateur est enveloppé par la décharge, qui élève sa température au degré voulu, tout en réchauffant en même temps l'air du mélange. Le réglage de la machine s'opère par la suppression de l'arrivée de l'air comprimé au vaporisateur : la pulvérisation cesse aussitôt. L'allumage se fait par un tube maintenu au rouge par un brûleur alimenté par la combustion d'un air fortement carburé par une pulvérisation de pétrole.

633. *Moteur Stuart et Binney.* — Le pétrole est vaporisé dans une chambre assemblée au cylindre (*fig.* 677) avec qui elle est en communication ; dans l'intérieur de la chambre, pour augmenter la surface de chauffe, sont disposées un certain nombre de cloisons en métal. On maintient ce vaporisateur à la température voulue au moyen de la chaleur provenant des gaz de l'échappement ; cette chaleur sert aussi à enflammer le mélange explosif produit à l'intérieur, de façon à supprimer l'emploi d'une soupape ou d'un tube de mise de feu. Afin de prévenir l'inflammation prématurée du mélange explosif, par suite de la température élevée du vaporisateur, on comprime d'abord le volume d'air néces-

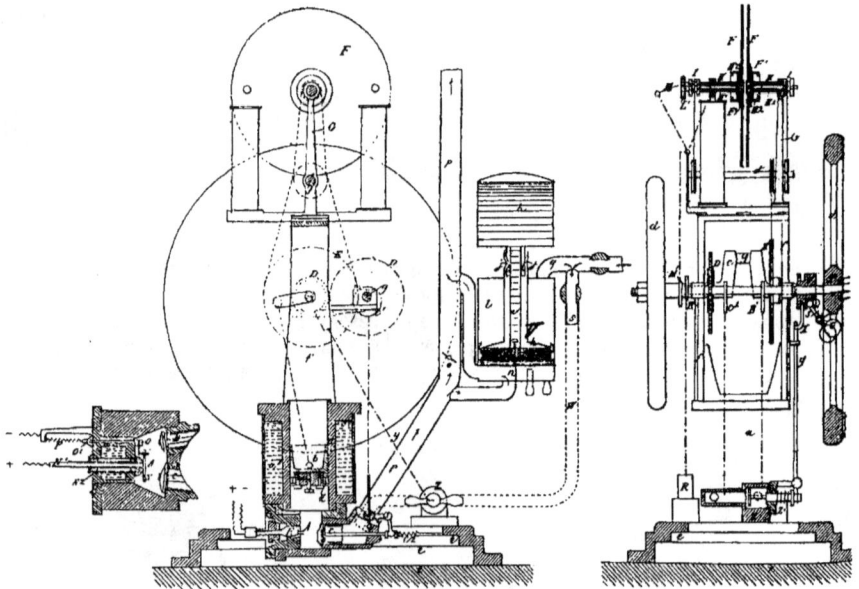

Fig. 678 à 680. — Moteur à pétrole Balbi.

saire pour la chárge, puis on injecte du pétrole dans cet air au moyen d'une pompe, en réglant l'injection d'après la position du piston où l'explosion doit se produire. Pour régler la température du vaporisateur, celui-ci est placé dans une enveloppe ouverte à la base, et dont le couvercle est également percé d'ouvertures. Un clapet ou registre, disposé sur le sommet du couvercle, permet de régler le volume d'air passant autour du vaporisateur. Le régulateur agit sur la soupape d'aspiration, de manière à la fermer lorsque la machine s'emballe et à l'ouvrir quand la vitesse se ralentit.

634. *Moteur Balbi.* — Le moteur de M. Balbi fonctionne à quatre temps et est à soupapes. Les figures 678 à 680 montrent la disposition des pièces qui le composent. Le fonctionnement des soupapes est assuré d'une manière très simple : la soupape d'admission B est actionnée par la simple aspiration produite par le piston moteur dans le cylindre ; la soupape d'échappement C est commandée par un petit excentrique qui le fait s'ouvrir pendant un quart de tour du volant. L'inflammation du mélange gazeux est obtenue ici, dans la chambre de combustion A, non à l'aide de piles, mais au moyen d'une petite machine statique F, genre Wimshurst modifié. Le mouvement est transmis à cette machine par des courroies; l'étincelle est produite à chaque mouvement du piston entre les deux pôles de la machine à l'aide d'une disposition spéciale animée d'un mouvement de va-et-vient. Le circuit se trouve fermé par des fils de cuivre à l'intérieur du cylindre, où l'étincelle jaillit également.

Le carburateur V, à alimentation continue, renferme une couche très mince de liquide à évaporer, dans laquelle plonge une ceinture annulaire formée de toiles métalliques très fines dont la partie supérieure est traversée par l'air à carburer ; ce carburateur est monté très près du cylindre moteur, de préférence sur le conduit d'évacuation des gaz brûlés qui sont employés au chauffage de l'appareil, dont

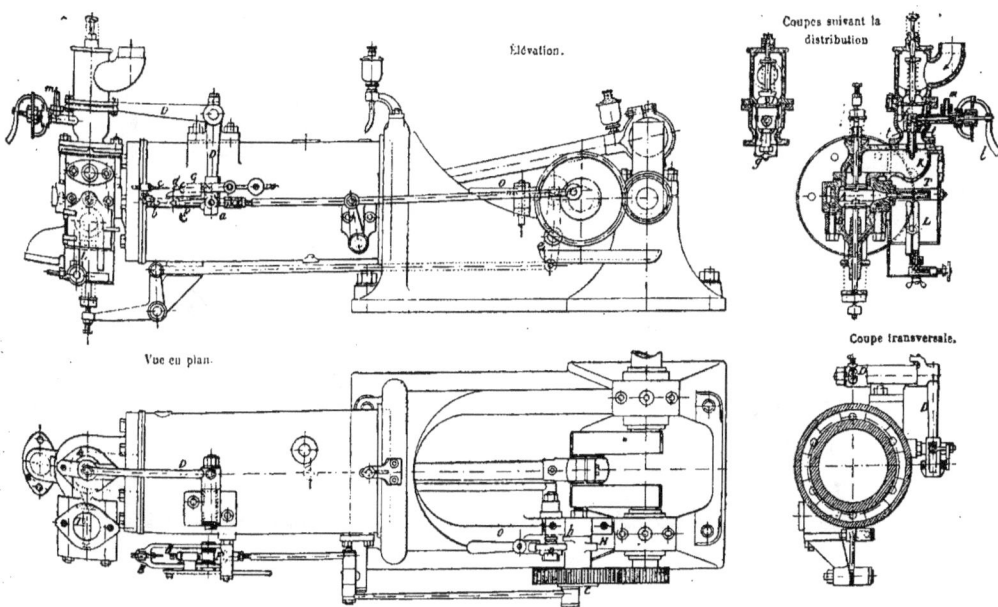

Fig. 681 à 685. — Moteur à pétrole Hille.

l'agencement varie suivant que ce chauffage doit être plus ou moins énergique, c'est-à-dire suivant le degré de volatilité des hydrocarbures employés.

Le refroidissement du cylindre est assuré par une circulation d'eau puisée à l'aide d'une petite pompe. Enfin, un petit régulateur à force centrifuge ferme l'arrivée du mélange gazeux, lorsque la vitesse dépasse une certaine limite.

635. *Moteur Hille.* — Cette machine est du type à quatre temps, avec allumage par tube incandescent et distribution par soupapes. On voit, par les figures 681 à 685, les dispositions générales du modèle horizontal de ce moteur. La soupape d'admission A et celle d'échappement B sont placées l'une au-dessous de l'autre dans une boîte coulée avec le fond du cylindre. La première est manœuvrée par un levier coudé D qui lui-même est commandé, ainsi que toute la distribution, par une roue d'engrenage faisant un nombre de tours égal à la moitié des tours faits par l'arbre moteur. L'échappement du gaz est produit, par l'action, sur la soupape B, d'un mouvement à sonnette, disposé en dessous du cylindre et commandé au moyen d'une tringle qui reçoit son mouvement d'un balancier e, dont le galet R est mis en œuvre par la came H fixée sur l'arbre portant la roue de l'engrenage de distribution.

Le nombre de tour de la machine est réglé par un pendule à levier G, dont on peut déplacer le contrepoids, suivant la vitesse que l'on désire.

L'arrivée de l'air se fait par une tubulure recourbée vers le haut et débouchant au-dessus d'une soupape conique f qui s'ouvre d'elle-même sous l'aspiration du piston. Le pétrole arrive par la conduite m d'un réservoir en charge; il s'échappe à travers les trous circonférentiels tt dans

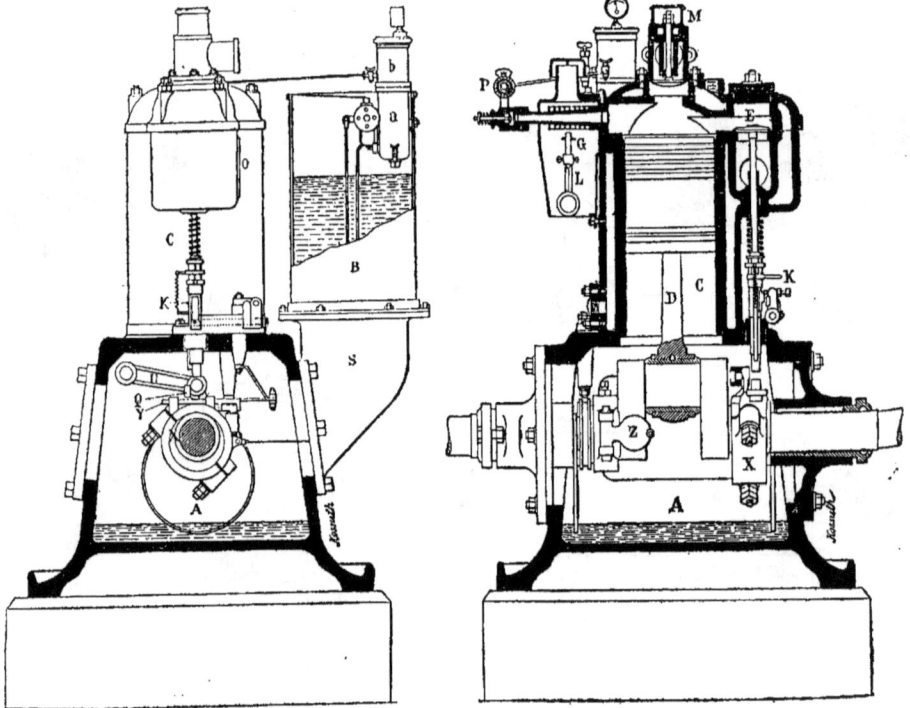

Fig. 686 et 687. — Moteur à pétrole « Le Gnome ».

le vaporisateur K, où il se mélange intimement avec l'air admis et se gazéifie. Le vaporisateur est porté et entretenu à la température convenable par la lampe L, qui, en outre, porte à l'incandescence le tube d'allumage T. De plus, une circulation d'eau refroidit constamment le cylindre, son fond et la boîte à soupapes.

636. *Moteur « Le Gnome ».* — Cette machine, construite par M. Louis Seguin, se compose (*fig.* 686 et 687) d'un bâti A, dont la partie inférieure est remplie d'huile qui sert à lubrifier tous les organes situés à l'intérieur de ce bâti, sur lequel viennent s'assembler le cylindre C et les supports d'arbre. La bielle D transmet le mouvement du piston à l'arbre moteur.

Le pétrole, contenu dans un récipient B est emmagasiné, puis distribué, soit au vaporisateur, soit à la lampe L. L'air arrive par la soupape supérieure M et par un petit orifice P; ce dernier courant entraîne le pétrole au travers du gazéificateur, qui est chauffé par la lampe L. L'admission est automatique; la soupape d'échappement E est commandée par un excentrique X. Le régulateur à boule Z agit en supprimant l'aspiration du pétrole, c'est-à-dire en laissant la soupape d'échappement levée.

Le cycle de ce moteur est à quatre temps. Une fois le mélange d'air et de pétrole fait, le piston le comprime, et c'est au moment où celui-ci atteint le terme de sa course que le mélange devient inflammable et détonne après avoir été allumé par la lampe du vaporisateur; les gaz se détendent et chassent le piston vers le bas, puis la soupape d'échappement est ouverte pour l'évacuation des produits de la combustion.

637. *Moteur Otto.* — Dans cette machine (*fig.* 688 à 690) un seul excentrique *a* commande à la fois la soupape d'échappement F et la pompe P d'injection du pétrole au pulvérisateur à aiguilles N, qui

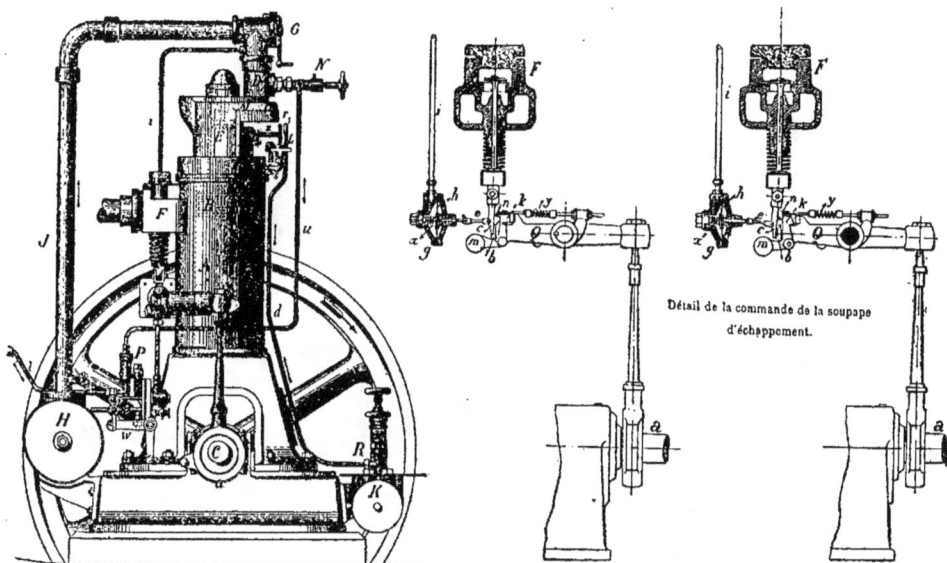

Fig. 688 à 690. — Moteur à pétrole Otto. — Élévation et détails de la commande de la soupape d'échappement.

l'envoie au vaporisateur M chauffé par la lampe *rs*, qui porte en même temps au rouge le tube d'allumage *z*, constamment ouvert au cylindre moteur A. La soupape d'aspiration d'air E fonctionne automatiquement. A chaque fin de course motrice, en vitesse normale, le doigt *b* du levier Q, solidaire du régulateur pendule *mbn*, soulève par le doigt *c* la soupape d'échappement F, puis au commencement de l'aspiration, mise constamment en rapport, par le tuyau *i*, avec la poche *g* de la membrane *h*, cette membrane se cour-

bant, déclenche *c* de *b*, et laisse retomber la soupape d'échappement. La membrane conserve cette position pendant toute la course d'aspiration du mélange moteur d'air et de pétrole, puis revient à sa position primitive pendant la compression, mais pas assez vite pour renclencher *c* avec *b*, de sorte que la soupape d'échappement ne s'ouvre pas pendant la compression; elle ne s'ouvre ainsi qu'une fois tous les deux tours, et cela pourvu que le moteur ne dépasse pas sa vitesse normale. Dans ce cas, à la seconde montée du levier Q, l'inertie de la masse m fait que le régulateur pivotant autour de l'axe b, repousse le doigt c et laisse la soupape d'échappement fermée. L'admission n'a donc pas lieu à la course suivante, et la machine tourne à cylindre fermé jusqu'à la reprise de sa vitesse normale, comprimant puis détendant alternativement les gaz brûlés confinés dans son cylindre : c'est une mode de régularisation des plus simples et aussi des plus économiques, parce qu'il refroidit le

avec l'aspiration d'air du cylindre. Quand la machine s'emporte, on maintient la soupape d'échappement n constamment ouverte au moyen de l'arrêt x, ce qui a pour effet d'arrêter en même temps le fonctionnement de la soupape automatique d'admission m. Le cylindre est refroidi par une circulation d'eau L, entretenue d'une façon fort ingénieuse par le volant même de la machine ; à cet effet, la jante de ce volant est creuse et reçoit

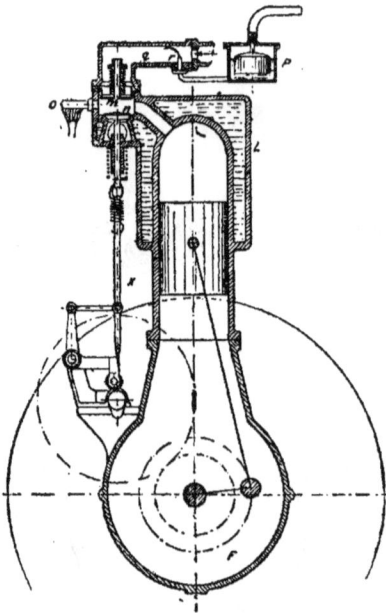

Fig. 691. — Moteur à gazoline Daimler.

Fig. 692. — Moteur à pétrole Priestman.

moins possible l'intérieur du cylindre pendant la marche à vide.

638. *Moteur Daimler.* — L'un des moteurs les plus employés pour les voitures automobiles est celui à gazoline de Daimler, représenté par la figure 691. C'est un moteur à quatre temps, à un cylindre et à volant. Le carburateur assez compliqué des autres moteurs est remplacé par un petit flotteur p, à aiguille réglant le niveau de son récipient qui communique, par un pulvérisateur rq,

par un tuyau central l'eau venant du réservoir L ; cette eau, entraînée par la force centrifuge, s'étale sur la jante du volant, où elle se refroidit, puis est reprise par un ajutage placé tangentiellement à l'intérieur de la jante, qui la ramène au réservoir d'alimentation.

639. *Moteur Priestman.* — Ce type de moteur, représenté par les figures 692 à 696, est du type pilon, à deux cylindres à double effet, avec carburateur vaporisateur spécial pour les machines à double effet. Ce vaporisateur A, est à enveloppe *a* communiquant avec les aspirations des cylindres par les tuyaux *ggg;* une auto-clave *bc* permet de le chauffer pour la mise en train par une lampe B dont la flamme enveloppe, par *aC*, le vaporisa-teur, qui est protégé par un écran *a'* de l'action directe de la flamme. Une fois le réchauffeur porté à la température vou-lue, on enlève la lampe, on ferme l'ori-fice *c* de *b*, et l'on fait passer tout ou une partie de l'échappement du cylindre, par *b'aC*, autour du réchauffeur. En *b'* est l'échappement des gaz brûlés dans l'enve-loppe du carburateur, dont l'évacuation se fait par *c*.

Pour mettre la machine en train, on refoule dans une chambre D de l'air qui s'échauffe et achève de se comprimer par la chaleur de la lampe. Quand cet air est

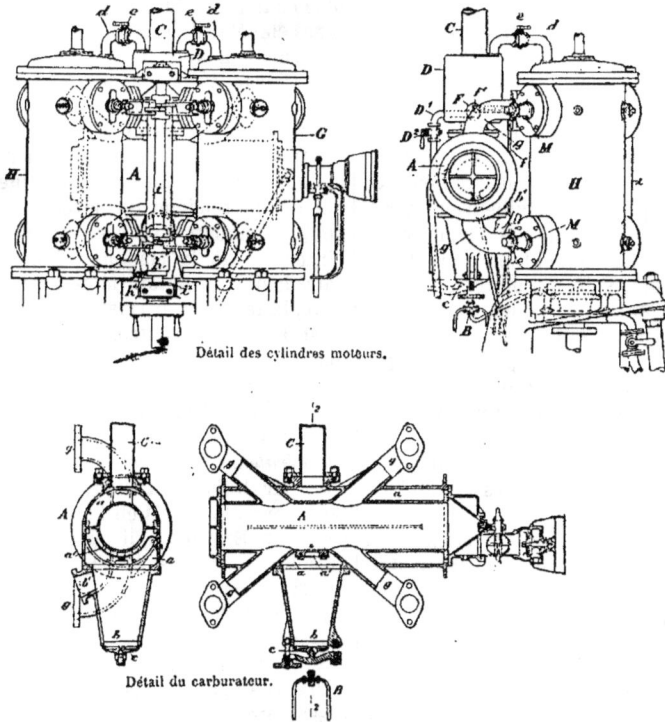

Détail des cylindres moteurs.

Détail du carburateur.

Fig. 693 à 696. — Moteur à pétrole Priestman. — Détails.

suffisamment chaud et comprimé, on injecte dans le vaporisateur A une charge de pétrole, puis, aux cylindres, par *de,* une charge motrice de ce pétrole et d'air de D mélangés en *ff,*E. L'échappement a lieu par le tuyau C ; la distribution est commandée par l'arbre *i* qui porte la came de mise en train *h ;* l'admission a lieu par les soupapes M.

TRAITÉ DE MÉCANIQUE

DIXIÈME PARTIE

MACHINES THERMIQUES DIVERSES

Moteurs à air chaud.

640. La houille, le coke, les combustibles solides en général, sont, par le fait de leur bas prix, les véritables combustibles industriels. C'est du côté de leur utilisation directe que se sont tournés la plupart des inventeurs qui ont cherché à se servir de l'air comme véhicule pour transformer la chaleur en puissance mécanique. Malheureusement, en même temps que de la chaleur, les combustibles solides donnent, en brûlant, des cendres et de la suie, qui en rendent l'emploi fort gênant; c'est pourquoi, les premiers inventeurs, qui se sont occupés de la question, ont jugé indispensable d'opérer une séparation, une sorte de filtration de la chaleur en la transmettant au fluide par l'intermédiaire d'une paroi métallique. Les anciennes machines à air chaud sont presque toutes à chauffage extérieur.

Dans ces machines, la température du fluide, enfermé dans un récipient métallique, est élevée au moyen d'un foyer extérieur, par transmission à travers les parois du récipient. Ce mode de chauffage est fort commode : la pureté du gaz n'est pas notablement altérée et le combustible, employé sans difficulté, peut être de qualité ordinaire et à bas prix. Mais au point de vue de l'emploi de la chaleur, le système est moins satisfaisant : la paroi métallique transmet assez mal la chaleur à l'air, beaucoup plus mal que dans les chaudières à vapeur, où la transmission se fait de la tôle à l'eau, sans chute notable de température. De plus, la surface de chauffe est presque nécessairement insuffisante; aussi l'utilisation du calorique du combustible est-elle fort médiocre. D'autre part, le métal ne peut communiquer à l'air, avec lequel il est en contact,

des quantités un peu importantes de chaleur, qu'à la condition d'être beaucoup plus chaud que lui ; mais, aux températures élevées, il perd sa résistance et s'altère rapidement. Pour ménager les enveloppes, il faut donc modérer le chauffage et, par suite, renoncer à donner à l'air les hautes températures qui seules permettraient d'obtenir un rendement thermique suffisant. On voit donc que pour obtenir des rendements élevés, il convient que la combustion se fasse directement à l'intérieur de la machine; dans ce cas, l'air devient à la fois moteur et comburant; la température maxima qu'il atteint n'est autre que la température de combustion.

Dans le but d'améliorer le rendement des machines à chauffage extérieur, on a eu quelquefois recours à l'artifice des *régénérateurs de chaleur.* Proposés dès 1816 par Robert Stirling, les régénérateurs ont été remis en honneur en 1851 par John Ericson, qui les appliqua à de grandes machines à air chaud, avec foyers extérieurs.

En principe, un régénérateur est un massif poreux, traversé par un courant gazeux, auquel il présente une très grande surface de contact sous un volume réduit; il est interposé entre deux capacités à températures différentes ; l'air le traverse alternativement dans deux sens opposés ; lorsque le courant gazeux a lieu du récipient chaud vers le froid, l'air se dépouille de sa chaleur au contact des surfaces multipliées qu'il vient lécher, et sort froid de l'appareil ; lorsque, au contraire, le courant est dirigé du froid vers le chaud, l'air reprend la chaleur déposée dans les mailles du régénérateur et arrive déjà échauffé dans le récipient à haute température.

Ericson avait constitué ses régénérateurs à l'aide de toiles métalliques superposées en forme de paquets ; mais ces toiles amenaient des pertes de pression considérables, et, de plus, elles s'altéraient rapidement. D'autres inventeurs ont modifié plus ou moins les dispositions de la machine d'Ericson, et se sont heurtés aux mêmes obstacles. En somme, les régénérateurs sont à peu près abandonnés aujourd'hui dans la construction des machines thermiques ; le principe n'est plus guère appliqué que dans les opérations nécessitant, soit l'obtention de températures très élevées, soit une économie dans l'emploi de la chaleur. Pour ces objets, ils se construisent sur une immense échelle et rendent les plus éminents services. Ericson lui-même ne tarda pas à laisser de côté l'usage des régénérateurs, et il s'appliqua à la construction des petites machines à air chaud ([1]).

641. *Machine à air chaud de Stirling.* — La première machine à air chaud qui ait été imaginée, remonte à 1816. Elle est due à Robert Stirling. Il importe d'en donner une description sommaire, car elle constitue une machine à cylindre fermé, et où par suite la masse de fluide moteur demeure toujours la même, ce qui est absolument exceptionnel.

La machine de Stirling comprend :
1° Un cylindre moteur C (*fig.* 697) et son piston P ;
2° Un second cylindre C' communiquant sans cesse avec le premier par un conduit A. Ce dernier récipient sert à la fois de générateur pour la partie basse, dont le fond est soumis à l'action d'un foyer, et de réfrigérant par sa partie supérieure, dont le couvercle est constamment refroidi. Ces deux parties sont d'ailleurs séparées et isolées l'une de l'autre à l'aide d'un piston mobile P', extrêmement épais et rempli de matières mauvaises conductrices de la chaleur. Elles peuvent, au contraire, communiquer entre elles à travers un régénérateur de chaleur ab.

Ainsi, si l'on vient à soulever le piston P', l'air de dessus viendra se réchauffer en dessous en traversant le régénérateur,

([1]) J. HIRSCH. — *Rapport sur l'Exposition universelle de* 1889.

où il prendra déjà de la chaleur. La pression qui s'égalise constamment dans tout l'appareil, eu égard à la communication incessante des diverses parties de celui-ci, s'élèvera alors dans toutes ces parties, sans qu'il y ait changement de volume du corps travailleur, jusqu'à ce qu'elle soit assez forte pour vaincre la résistance opposée par le piston P. A ce moment, le piston P' devra être arrivé en haut de sa course, où on le maintiendra quelque temps. De son côté, le piston P montera sous l'action de la masse d'air se dilatant à une température constante, intermédiaire entre celle du dessus et celle du dessous du piston P', mais très voisine de cette dernière.

Une fois le piston P arrivé au haut de

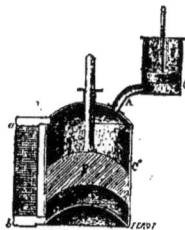

Fig. 697. — Machine à air chaud de Stirling.

sa course, on l'y maintiendra un instant ; puis on fera descendre P', de façon à contraindre l'air en contact avec le foyer à passer au-dessus de celui-ci, à travers le régénérateur ab : cela aura lieu sans changement de volume de toute la masse gazeuse, grâce à l'immobilité momentanée de P'. L'air abandonnera alors une partie de sa chaleur au régénérateur, et viendra achever de se refroidir au contact du couvercle de C'. A partir de ce moment, la pression baissera dans tout le système et, en particulier dans le cylindre C, dont on obligera le piston P à descendre, dès que P' sera arrivé au bas de sa course. Dès lors, l'air situé au-dessous de P se comprimera à une température constante, encore intermédiaire entre celle du dessous et celle du dessus de C', mais très voisine, cette fois, de cette dernière température. En recommençant la série d'opérations que nous venons de décrire, on entretiendra ainsi de suite le mouvement alternatif du piston moteur P.

642. *Machine à air chaud d'Ericson.* — Dans ces machines, l'air moteur est échauffé dans un récipient distinct du foyer ; puis il est employé à pousser un piston ; après avoir accompli ce travail, il s'échappe dans l'atmosphère. Il en existe deux types.

Dans le premier, datant de 1831, ledit échappement s'opère à travers un compartiment C (*fig.* 698) rempli d'un système de toiles métalliques, qui n'est autre qu'un régénérateur ; l'air froid appelé dans la machine pour y être chauffé passe aussi par ce compartiment, en s'y introduisant pendant les intervalles des périodes d'évacuation. De la sorte, l'air chaud, en s'échappant, abandonne au régénérateur une partie de la chaleur qu'il emporte avec lui, et l'air froid d'alimentation s'en empare à mesure qu'il s'introduit dans le cylindre, et l'on n'a besoin que de compléter son calorique, au lieu de lui fournir toute la chaleur qui lui est nécessaire.

Le piston moteur P se meut dans un cylindre A, dépourvu de couvercle à sa partie supérieure, et dont le fond a une forme convexe. Le dessous du piston a lui-même une forme semblable ; il est formé d'une enveloppe métallique remplie de plâtre pour éviter les refroidissements. Ce piston P commande, au moyen de deux tiges *t t* un second piston P', dont la surface n'est que les deux tiers de celle du piston P, et qui se meut dans un corps de pompe B, ouvert à sa partie inférieure, et dont le fond supérieur est muni de deux soupapes K et L, la première communiquant avec l'atmosphère, et la seconde avec un tuyau de conduite M'. L'ensemble du récipient B et du piston P' forme ainsi une pompe aspirante et foulante qui puise de l'air dans l'atmosphère pour le refouler dans le tuyau M'.

Ce tuyau descend verticalement et, par un embranchement M, il communique avec une caisse fermée R, placée sous le fourneau, la mettant ainsi en relation avec la chambre c, où se trouve le régénérateur. Les soupapes S et S' font respective-

ment communiquer C avec le tuyau M' et avec l'air extérieur. Au-dessous du régénérateur, un conduit relie la chambre C avec le fond du cylindre. Le cylindre A repose sur un foyer F, dont la flamme et les gaz passent par le carneau G et la cheminée H. L'arbre de couche et un volant K' sont mis en mouvement par la bielle I articulée au piston moteur P. Les soupapes K, L, S et S' sont actionnées par la machine elle-même au moyen d'arbres auxiliaires à cames.

Modifiée radicalement dans ses disposi-

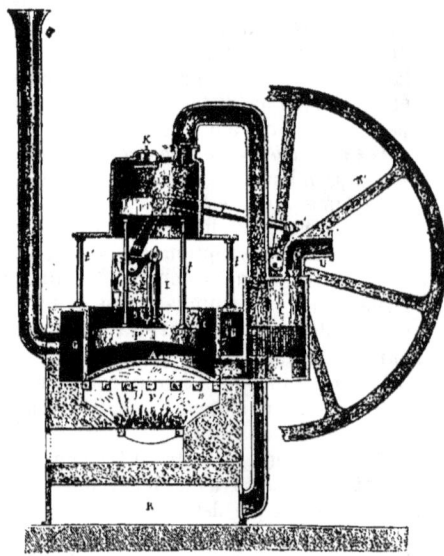

Fig. 698. — Machine à air chaud d'Ericson.
1er type.

tions, la machine Ericson est devenue un nouveau type tout à fait distinct du premier, et qui est très répandu en Amérique pour les faibles puissances (au plus 50 chevaux). Ce deuxième type de machine Ericson peut se décrire comme il suit :

Imaginons un cylindre A (*fig.* 699 et 700) alésé sur la moitié environ de sa longueur. Dans la partie non alésée est logée une cuve en fonte B fixée sur les brides du cylindre et contenant une grille qui forme avec elle le foyer. La flamme, après avoir circulé dans les carnaux dd, sort par une cheminée. Dans la partie alésée du cylindre se meuvent deux pistons P et R ; la face gauche de ce dernier s'applique exactement sur le fond de la cuve B ; de plus, il est muni de deux soupapes a, a, qui ouvrent du côté de B. Le piston P est également muni de quatre soupapes b, b,

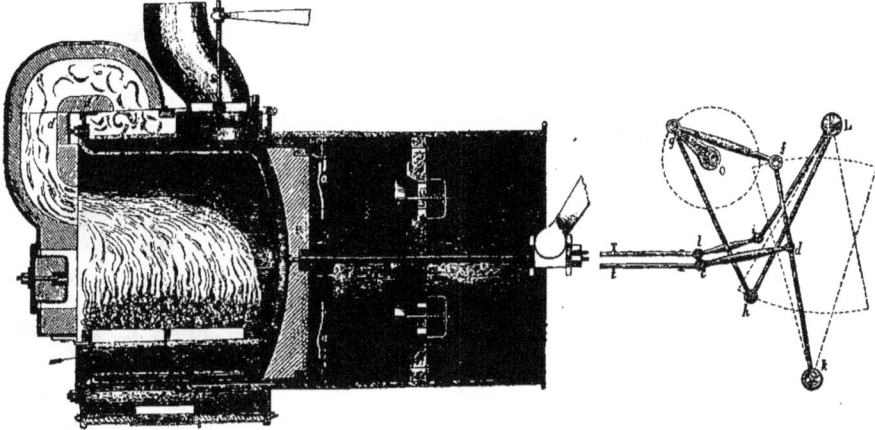

Fig. 699 et 700. — Machine à air chaud d'Ericson. — 2ᵉ type.

dont deux seulement visibles sur le dessin ; ce piston P est le piston moteur proprement dit, le piston R ne constituant qu'un organe de déplacement actionné par l'arbre de couche, au lieu de contribuer à sa rotation. Les deux pistons ne

Fig. 701. — Machine à air chaud de Belou.

sont pas fixés à la même tige T, qui n'est solidaire que de R, traversant à frottement doux le piston P. Ce dernier actionne l'arbre O, de la machine, au moyen de deux tiges spéciales tt, et d'une série de transmissions de mouvement représentées à part sur la figure.

Cet agencement assez compliqué pro-

duit, en définitive, grâce au jeu particulier du piston R, une aspiration de l'air
extérieur dans les premiers moments où
le piston P s'enfonce dans le cylindre.
Aux environs du milieu de cette course
descendante, les soupapes *bb* se ferment ;
les soupapes *aa* s'ouvrent, et l'air aspiré
s'introduit derrière le piston R. Il s'échauffe
au contact des parois du foyer, sa pression augmente ; et lorsque le piston P
commence sa course montante, cette pression est arrivée à un degré suffisant pour
produire un travail utile. C'est dans la
course montante que le travail moteur
est accompli.

643. *Machine à air chaud de Belou.* —
Le principe de cette machine consiste en
ceci :

1° Comprimer, à l'aide d'une pompe B
(*fig.* 701), de l'air à deux, trois ou quatre
atmosphères ;

2° Le déverser dans cet état de compression par les conduits C et D tant
dessus que dessous la grille F d'un foyer
clos, et augmenter ainsi notablement son
volume sans changer sa pression ;

3° Envoyer les gaz du foyer dans une
chambre G où ils déposent les particules
étrangères entraînées ;

4° Enfin, admettre les gaz ainsi
dépouillés dans un cylindre A pour y
faire fonctionner le piston moteur, et
s'évacuer ensuite dans l'atmosphère.

Le foyer est extérieur ; le combustible
se charge à travers une trémie KI qui
communique avec le foyer par l'intermédiaire d'une chambre d'équilibre E
fermée par deux tiroirs T et T'.

644. *Machine à air chaud de Wilcox.*
— Cette machine, représentée figure 702,
se compose simplement d'un soubassement formant fourneau, sur lequel sont
établis deux cylindres verticaux A et B.
Le premier cylindre A est directement
placé au-dessus du foyer F, et c'est dans
sa chambre inférieure que l'air est porté
à la plus haute température. Cet air est
d'abord aspiré, à la température ordinaire, dans la chambre supérieure de ce
cylindre, comprimé un peu pendant le
mouvement de retour du piston, puis
chassé par lui au travers d'un robinet M
de distribution et à travers des canaux

remplis de feuilles métalliques, au contact desquelles il se réchauffe, dans le
bas du cylindre à simple effet B, chargé
d'utiliser une partie seulement de la chaleur perdue du foyer. Enfin, cet air arrive
dans le fond de A, où il développe le plus
grand travail moteur avant de s'échapper
au travers des feuilles métalliques qui le
dépouillent de la plus grande partie du
calorique, qu'il emporte en allant se
perdre dans l'atmosphère.

Les organes de transmission res-

Fig. 702. — Machine à air chaud Wilcox.

semblent beaucoup à ceux d'une machine
verticale à vapeur à deux cylindres ;
l'arbre horizontal est coudé pour recevoir
l'action de la bielle motrice, et il porte à
son extrémité une manivelle N à laquelle
est assemblée la tige articulée du piston B. Un régulateur à boules agit à la
manière ordinaire pour faciliter ou
entraver, selon le cas, l'introduction de
l'air sur lequel la chaleur doit développer son action motrice.

645. *Moteur à air chaud Brown.* — Après avoir figuré à l'Exposition de 1878, le moteur Brown a fait de nouveau son apparition à celle de 1889, où il était présenté par M. J. Le Blanc, constructeur à Paris. Cet appareil ne diffère que par des détails de la machine à air chaud de Belou ; la figure 703 en donne une vue extérieure :

A. Pompe puisant l'air dans l'atmosphère ;

B. Foyer sous pression : c'est une enveloppe métallique munie intérieurement d'une grille et d'une garniture réfractaire ;

C. Cylindre moteur, à simple effet et à piston plongeur ;

a. Trémie à sas pour le chargement du coke ;

b.b. Regard et porte de décrassage du foyer ;

d. Distributeur à came et soupapes.

Le système se comprend de lui-même : l'air, comprimé a une pression de $1^{kg},30$ à $1^{kg}66$, est envoyé sous la grille, où il produit la combustion ; les produits

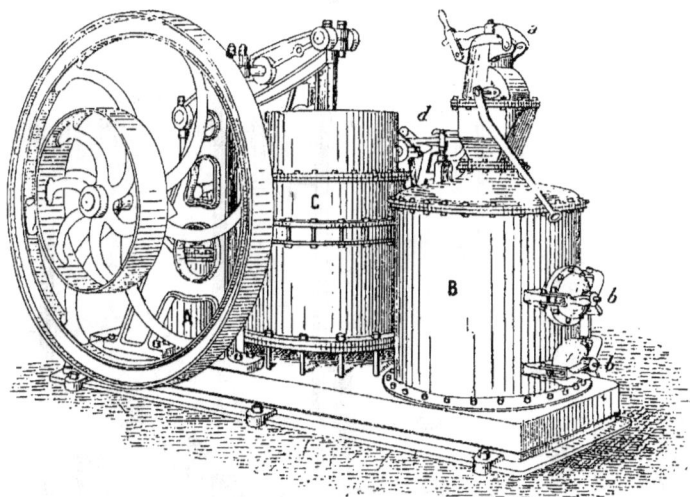

Fig. 703. — Machine à air chaud Brown.

gazeux et chauds s'emmagasinent dans la vaste capacité du foyer, où ils ont le temps de se décanter ; de là ils sont envoyés dans le cylindre moteur par la distribution.

Le combustible employé est du coke, dont on fait le chargement au moyen de la trémie à sas *a*. Le régulateur agit sur une valve, qui étrangle plus ou moins le courant d'air comprimé envoyé sous la grille.

646. *Moteur à air chaud Bénier.* — La machine imaginée par M. Bénier, et que construit la Compagnie française des moteurs à air chaud, est fondée sur les mêmes principes que la machine Brown, dont elle diffère cependant par un point important. Dans le moteur Bénier, il n'y a pas de distribution entre le foyer et le cylindre moteur ; ce dernier sert lui-même de foyer ; il en résulte ce grand avantage, que la distribution est baignée par un fluide froid ; à chaque pulsation, l'air refoulée par la pompe vient s'échauffer au contact du foyer et agit immédiatement sur le piston moteur. Les figures 704 à 706 représentent la machine Bénier :

A. Foyer entouré d'une enveloppe réfractaire ;

B. Cylindre moteur ;

C. Pompe à air ;

D. Balancier, actionné par le piston moteur ;

EE. Arbre de couche et volant ;

F. Manivelle recevant son mouvement du balancier et le transmettant au piston C de la pompe à air; on voit que le mouvement des deux pistons est discordant: l'un est à l'extrémité de sa course lorsque l'autre est à moitié de la sienne ;

G. Tiroir de distribution;

a. Contre-plaque, appliquant le tiroir G sur sa glace.

b. Conduite d'aspiration de l'air frais;

elle puise l'air dans le bas de la machine, lequel communique librement avec l'atmosphère ;

c. Conduite de communication avec la pompe à air ;

d. Conduite de communication avec le cylindre moteur ;

g. Orifice d'échappement pour l'arrêt de la machine ;

h. Robinet que l'on ouvre pour stopper ;

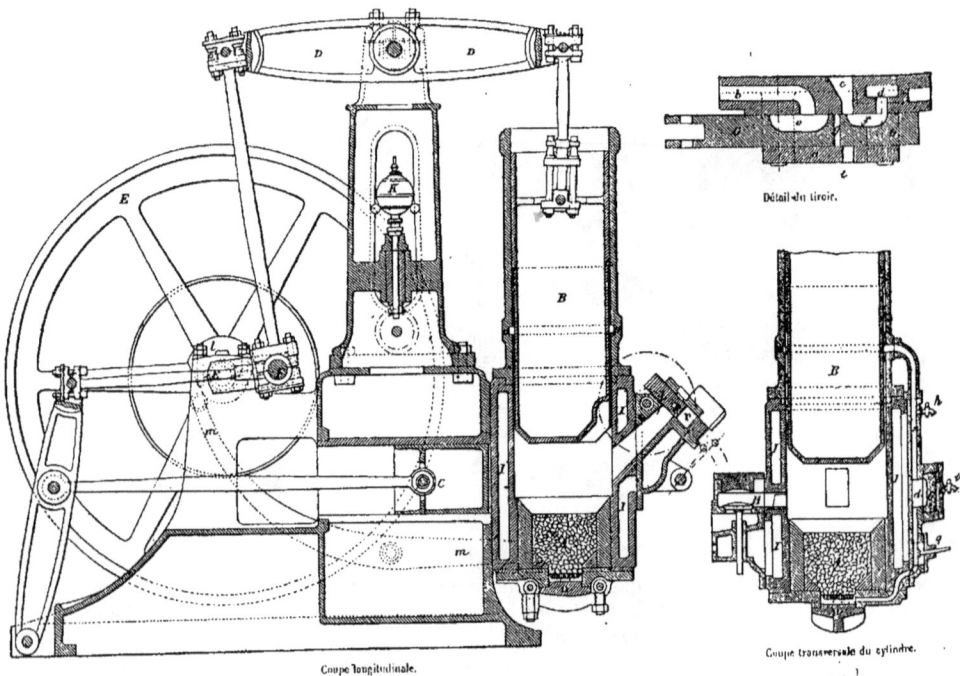

Détail du tiroir.

Coupe longitudinale.

Coupe transversale du cylindre.

Fig. 704 à 706. — Machine à air chaud Bénier.

H. Soupape d'échappement commandée par la came l ;

I. Circulation d'eau ;

K. Régulateur à force centrifurge.

Le fonctionnement de la machine est le suivant: l'air frais aspiré est ensuite comprimé jusqu'à mi-course du piston de la pompe; à ce moment, le piston moteur étant au bas de sa course, la communication s'établit entre les deux cylindres. L'air s'échauffe au contact du foyer et

soulève le piston moteur pendant que le piston soufflant achève sa course ; puis la communication est fermée et l'air agit par détente pendant la moitié de la course du piston moteur.

Ce dernier piston a, comme le montre la figure, la forme d'un plongeur ; c'est la partie supérieure seule qui fait joint ; elle ne comporte pas de garniture, elle est simplement tournée très juste au diamètre d'alésage du cylindre, de manière à frotter doux, et c'est la grande longueur de la partie frottante et le graissage qui en assurent l'étanchéité.

La machine marche au coke, concassé à une grosseur à peu près uniforme ; le distributeur de chargement représenté en L est un tiroir qui reçoit du moteur un mouvement alternatif lent ; il porte en son milieu une lumière r, dans laquelle un enfant dépose un à un les morceaux de coke.

647. *Moteur à air chaud de Farcot.* — La machine de M. Farcot est basée sur la disposition d'organes mécaniques ayant pour objet l'utilisation de la puissance motrice que l'on peut recueillir par les dilatations et les contractions successives d'un volume d'air contenu dans un

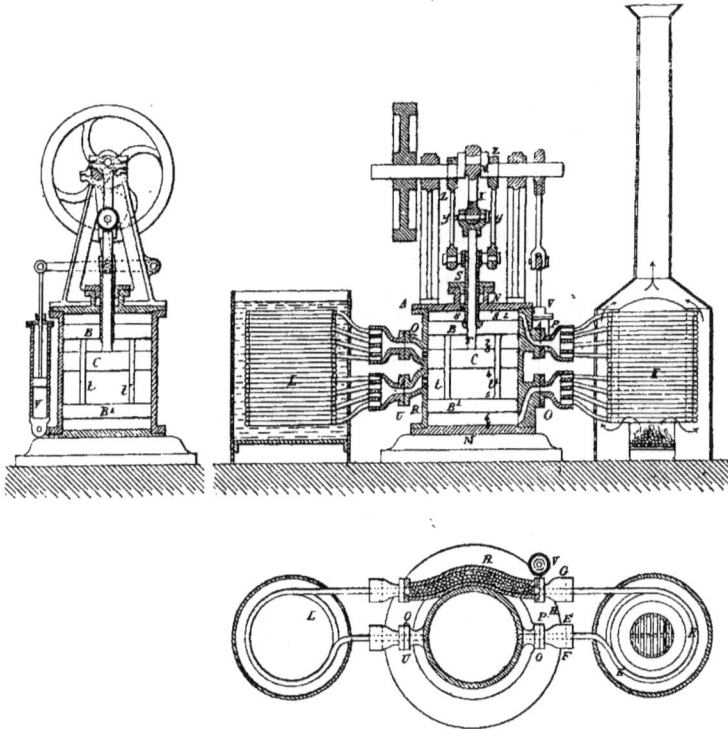

Fig. 707. — Moteur à air chaud de Farcot.

cylindre, que l'on déplace d'un côté ou d'un autre d'un piston moteur, en le faisant passer à travers un réchauffeur et un réfrigérant composé de tubes en métal. Entre le réfrigérant et le réchauffeur se trouve un régénérateur qui absorbe et rend une partie de la chaleur qui se perdrait dans le réfrigérant. Le figure 707 représente un appareil moteur basé sur le principe ci-dessus.

Ce moteur se compose d'un cylindre A fermé d'un côté par un fond M plein, de l'autre par un fond N muni d'un presse-étoupe. Dans ce cylindre se meuvent trois pistons B, B', C, dont les deux premiers sont réunis ensemble par deux tiges tt' formant entretoise et traversant à frottement doux le piston moteur C. La tige S du piston est creuse de manière à laisser passer dans son milieu la tige T du piston moteur C, qui est étanche, à garniture en cuir ou en métal. Le cylindre A porte quatre tubulures : deux O et P, aux extrémités, et deux Q et U situées vers le milieu. Sur les tubulures O et P s'adapte le réchauffeur K, constitué par un faisceau tubulaire chauffé par un foyer à combustible quelconque ; il communique avec le régénérateur R composé d'un tube rempli de toile métallique, de paille de fer, de billes ou de sphères en métal de petit diamètre, etc., dans le but d'offrir une grande surface sous un petit volume. Le régénérateur R se raccorde au réfrigérant L ; celui-ci est formé d'un faisceau tubulaire plongé dans un récipient, contenant de l'eau froide, et qui se termine aux tubulures Q et V auxquelles il s'adapte.

Supposons le piston C au commencement de sa course ; les pistons B et B' seront alors à la place déterminée par l'angle d'avance, soit 90 degrés en avant ou en arrière. Le piston déplaceur B sera donc en avance de près de la moitié de la course sur le piston moteur C. Dans son parcours, il a refoulé l'air qui se trouve entre la face 2 de B et la face 3 de C. Cet air passe à travers le réfrigérant L, se charge de chaleur dans R, se chauffe complètement dans le réchauffeur K, et vient combler le vide produit par le déplacement du piston, en ayant augmenté de pression ; son action se fait sentir sur la face 3 de C, qui tend alors à descendre vers M. Le piston B', solidaire de B, suit le même mouvement. L'air compris entre la face b de B et le fond M, refoulé à travers le réchauffeur, dépose sa chaleur sur le régénérateur, se refroidit dans le réfrigérant, et comble le vide produit par le déplacement du piston B'. Ce refroidissement de l'air fait que le piston C est appelé par le vide ainsi produit.

On aura pression d'un côté et vide de l'autre, et le mouvement de descente du piston C. Quand ce dernier sera arrivé à l'extrémité de sa course, un phénomène inverse se produira et le piston C remontra vers N. En utilisant ce travail sur une manivelle m, par l'intermédiaire d'une bielle X, on obtiendra un mouvement continu de va-et-vient et une force motrice dont on pourra tirer parti. Le mouvement de la tige S des pistons BB'

sera obtenu par des bielles Y et une manivelle ou excentrique Z, calée à l'angle d'avance déterminé de façon à pouvoir changer le sens de rotation comme par une coulisse.

Machines à ammoniaque.

648. *Machine à ammoniaque de M. Frot.* — A l'Exposition universelle de 1867, M. Frot, ingénieur de la marine, avait fait figurer un moteur à gaz ammoniac. Ce fluide possède, lorsqu'il est dissout dans l'eau, qui, à 15 degrés centigrade en absorbe 500 fois son volume, et que le le titre de cette dissolution atteint 15 à 20 degrés au pèse-alcali volatil, une chaleur latente quatre fois et demie moindre que celle de l'eau ; d'autre part, la pression est d'environ 6 à 8 atmosphères à 118 degrés. On a donc essayé d'utiliser ces tensions pour agir d'une manière efficace sur le piston d'une machine.

Dans le moteur de M. Frot, le foyer, la chaudière, le cylindre, le piston sont identiques à ceux des machines ordinaires à vapeur. Le mélange de vapeur d'eau et de gaz ammoniac pris dans la chaudière à une température de 110 degrés et avec une tension de 6 atmosphères environ, agit sur le piston, se détend et arrive dans un condenseur spécial, composé de tubes disposés en trois étages entre les parois opposés d'une double caisse métallique que traverse continuellement un courant d'eau froide. Au sortir du condenseur, les gaz refroidis et mélangés avec beaucoup d'eau provenant du liquide injecté et de la vapeur liquéfiée, pénètrent dans un appareil appelé dissoluteur en passant par les nombreuses ouvertures d'une sorte de crible plongé dans une dissolution ammoniacale non saturée. Dans cet appareil, les dernières parties du gaz sont dissoutes et absorbées. La dissolution d'ammoniaque, ainsi ramenée à sa concentration primitive, est renvoyée dans la chaudière par une pompe alimentaire.

649. *Machine à ammoniaque de M. Tellier.* — La figure 708 représente l'ensemble de l'appareil imaginé par M. Tellier, dont le fonctionnement s'explique aisément. Une solution d'ammoniaque est versée dans le vaporisateur I. La vapeur d'échappement d'une machine quelconque arrive par une tubulure O pour se distribuer dans les tubes du vaporisateur et s'échapper condensée par l'orifice P. La vapeur d'ammoniaque sort par le tube Q et va joindre le surchauffeur M ; de là, elle va actionner le moteur N, puis, quand elle a travaillé, elle vient, par le tuyau R partant de l'échappement du cylindre moteur N, se condenser dans l'absorbeur inférieur L, et ensuite dans le refroidisseur R. La solution ainsi reformée s'échappe par le tube S, vient à la pompe T, qui la renvoie au vaporisateur I en lui faisant traverser l'échangeur J. D'autre part, un courant de solution s'échappe constamment par le tube U du vaporirateur I, vient pénétrer dans les tubes de l'échangeur J pour y échanger son calorique avec le liquide qui revient au vaporisateur. Cette solution, très refroidie, sort de l'échangeur J par le conduit V pour se rendre au refroidisseur K, lequel, par la tubulure W, la laisse définitivement arriver à l'absorbeur L.

Machines à éther.

650. *Machine à vapeur d'éther de M. de Susini.* — Le moteur à vapeur d'éther de M. de Susini est caractérisé par ce fait que son générateur, son conduit d'alimentation et son mécanisme proprement dit sont immergés dans un bain de glycérine, contenue dans une capacité close et étanche, le mécanisme ne comportant aucun presse-étoupes, afin d'empêcher toute fuite d'une façon absolue. De plus, ce mécanisme, travaillant dans un bain de glycérine, se lubrifie automatiquement pendant sa marche sans nécessiter aucune surveillance. La couche de glycérine qui isole ainsi la machine et le générateur de l'air ambiant est contenue dans une enveloppe disposée de façon à former un thermo-siphon.

La glycérine enveloppant le générateur étant chauffée directement par le foyer transmet sa chaleur à l'éther, qui se vaporise ainsi à bain-marie et se rend par

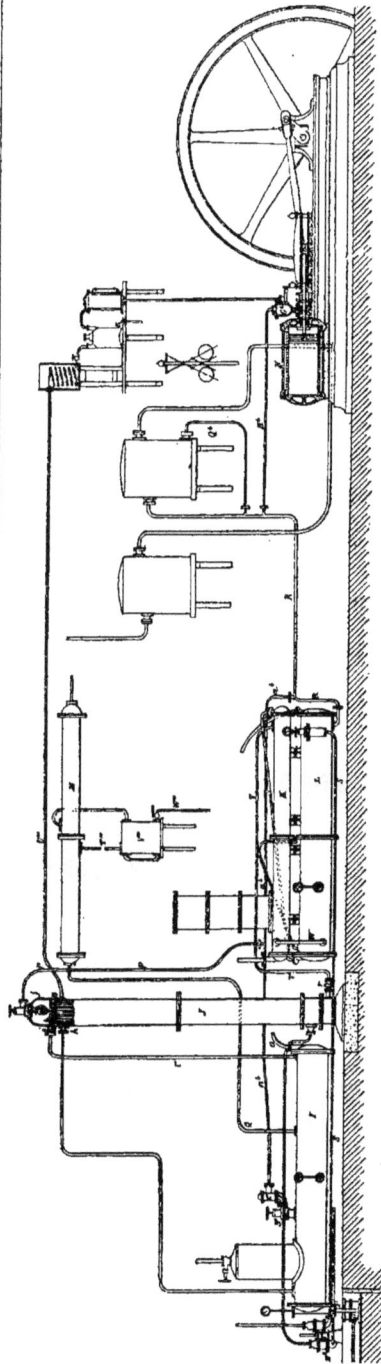

Fig. 708. — Machine à ammoniaque, de Tellier.

le conduit d'alimentation à l'engin moteur, enveloppée par de la glycérine qui circule dans le même sens, et qui, après avoir parcouru de haut en bas l'enveloppe du mécanisme, revient à la partie basse de l'enveloppe de la chaudière, pour repartir comme ci-dessus. Par cette disposition, on évite toute condensation de la vapeur d'éther, avant et jusqu'à la fin de son effet utile. La vapeur d'éther, après son action dans l'engin moteur, se rend par un conduit dans un aéro-condenseur, où rencontrant une grande surface refroidie par un courant d'air venant d'un ventilateur, elle se condense immédiatement pour s'accumuler à l'état liquide dans le bac d'alimentation. L'éther ainsi condensé est repris par une pompe alimentaire qui

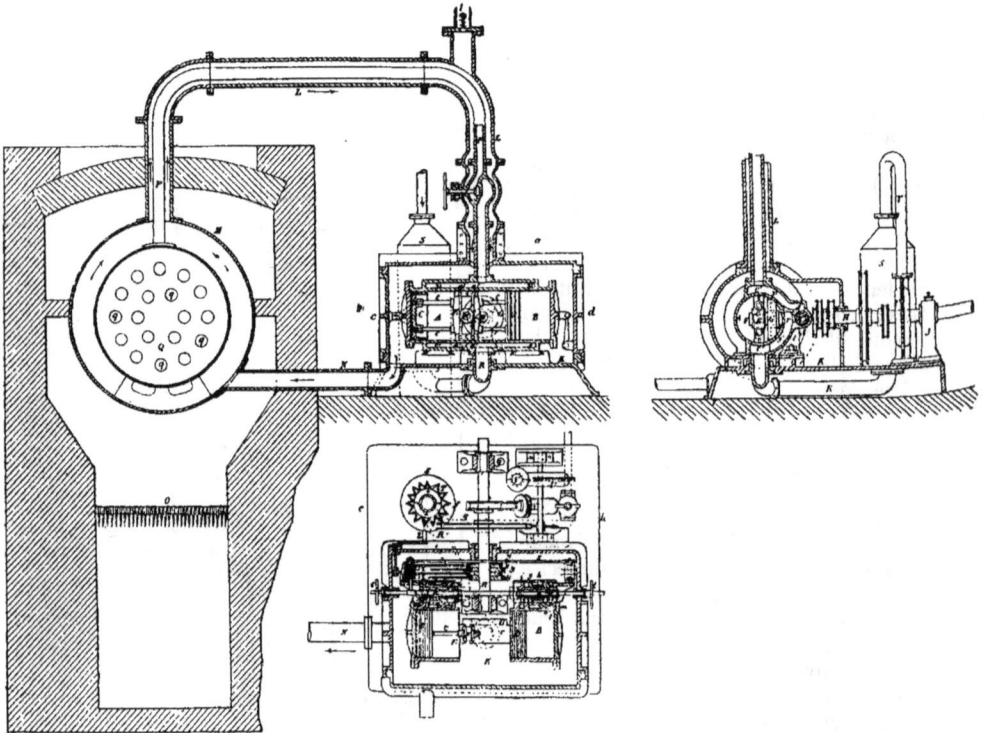

Fig. 709 à 711. — Moteur à éther de M. de Susini.

le réintroduit dans la chaudière, d'où il repart pour former continuellement le cycle que nous venons de décrire.

Les figures 709 à 711 donnent l'une des dispositions adoptées par M. de Susini, pour ses moteurs à vapeur d'éther. La machine est composée de deux cylindres A et B, accouplés, dans lesquels la vapeur agit à simple effet contre des pistons C et D, l'un étant dans la période d'échappement lorsque l'autre est en période d'admission, et réciproquement. Ces pistons sont réunis par les tiges c à une glissière mobile E, qui transforme leur mouvement alternatif en mouvement circulaire continu sur le bouton de manivelle F du plateau G, calé sur l'arbre de couche H, lequel tourne dans les paliers I, J, fixés sur le bâti K, formant enveloppe close pour contenir le bain de glycérine dans lequel fonctionne tout le mécanisme.

Ce bain de glycérine est en communication par le tuyau L avec la partie supérieure de l'enveloppe de glycérine M de la chaudière, et par le tuyau N avec la partie inférieure de cette enveloppe, de sorte que la glycérine s'échauffant par l'action du foyer O, forme, pendant la marche, un courant de liquide chaud qui constitue un thermo-siphon ayant pour but d'empêcher toute condensation de la vapeur d'éther dans le conduit d'alimentation P, ainsi que dans les cylindres A et B. La chaudière Q est tubulaire, et l'éther occupant l'espace compris entre les tubes q et y est chauffé au bain-marie par la glycérine qui circule dans ceux-ci et qui est contenue dans l'enveloppe M.

La distribution de la vapeur d'éther aux cylindres se fait au moyen de tiroirs de distribution d et de tiroirs de détente e. La vapeur d'échappement se rend dans l'aéro-condenseur S, où elle se répand sur une grande surface de refroidissement à ailettes T, laquelle est continuellement refroidie par l'air venant du ventilateur U par le conduit V. L'éther, ainsi condensé, s'accumule au fond du bac d'alimentation X, d'où il est aspiré et refoulé dans la chaudière au moyen de la pompe Y.

MACHINES FRIGORIFIQUES

651. Les divers moyens que l'on emploie pour la production du froid artificiel sont très nombreux, mais les seuls qui soient susceptibles d'être appliqués dans la grande industrie consistent à utiliser le froid produit par la détente d'un gaz comprimé ou d'une vapeur liquéfiée, refroidis pendant leur compression.

Nous ne citerons que pour mémoire, parmi les autres procédés, celui qui est fondé sur le principe de Leslie et qui consiste à vaporiser, dans le vide, un liquide plus ou moins volatil dont les vapeurs sont ensuite rejetées dans l'atmosphère ou absorbées par un réactif que l'on régénère indéfiniment.

L'appareil domestique de Carré qui emploie comme liquide volatil l'eau même à congeler et, comme absorbant, l'acide sulfurique, est une application de ce dernier principe.

Quant à la production du froid par les dissolutions salines (mélanges réfrigérants), elle est restée limitée aux appareils domestiques et ne rentre pas dans le cadre des machines frigorifiques que nous nous proposons d'étudier dans ce chapitre.

Les divers appareils utilisant la chaleur latente de volatilisation peuvent se diviser en deux classes :

Ceux qui dérivent des expériences de Leslie ;

Ceux qui dérivent des expériences de Faraday.

Leslie mettant sous la cloche de la machine pneumatique une capsule d'éther renfermant une ampoule remplie d'eau obtenait, dès les premiers coups de piston, de la glace dont la force expansive faisait rompre l'ampoule. L'évaporation était ainsi obtenue mécaniquement. Pour la production industrielle on applique le principe de l'expérience de Leslie dans les machines dites à *compression ;* une pompe aspirant un liquide volatil en produit la vaporisation rapide dans les spires d'un serpentin ; cette volatilisation est accompagnée d'un abaissement de température qui est utilisé pour produire le froid. Le liquide volatil enlevé par la pompe est refoulé ensuite dans un récipient où il se liquéfie de nouveau ; la chaleur dégagée pendant cette compression est enlevée par une circulation d'eau.

Le liquide ainsi régénéré est prêt à être utilisé de nouveau.

Au lieu d'employer la compression pour liquéfier le produit volatil, on peut chauffer ce dernier et lui faire subir ensuite les mêmes phases que précédemment : c'est le principe des machines à *affinité*, dérivées de l'expérience de Faraday.

Faraday réalisait cette expérience en prenant un fort tube en U contenant dans l'une de ses branches du chlorure d'argent imprégné de gaz ammoniac. En chauffant, le gaz ammoniac se liquéfiait sous sa propre pression dans l'autre branche du tube. Si maintenant on refroidit la branche préalablement chauffée, le gaz ammoniac vient se réabsorber dans le chlorure en produisant un froid intense dans la branche qu'il abandonne.

En résumé, les machines frigorifiques

presque exclusivement adoptées aujour-d'hui dans l'industrie sont fondées sur l'emploi de la détente de gaz comprimé ou de vapeurs liquéfiées.

Ces machines peuvent se diviser en deux classes :

Machines à gaz comprimés ;
Machines à gaz liquéfiés.

Les machines à gaz liquéfiés se divisent elles-mêmes en deux variétés : machines *à compression* et machines *à affinité*, suivant qu'on emploie, pour liquéfier les gaz, la compression mécanique, où l'action de la chaleur sur un liquide contenant le gaz en dissolution.

La plupart de ces machines sont à cycle fermé, c'est-à-dire que c'est toujours la même masse de gaz ou de liquide volatil qui agit.

652. *Machines à air.* — Si, après avoir comprimé un certain volume d'air (compression qui élève sa température), on le laisse refroidir à la température ambiante, puis se détendre en accomplissant un travail, cet air se refroidira au-dessous de la température ambiante d'une quantité proportionnelle au travail de détente.

Dans les machines à cycle fermé, c'est toujours la même masse d'air qui agit, tantôt comprimée, tantôt détendue, circulant indéfiniment dans la machine.

Dans les machines à cycle ouvert, l'air se renouvelle à chaque aspiration du compresseur pour être expulsé dans l'atmosphère après sa détente. Dans ce dernier cas, on peut utiliser la basse température de l'air expulsé pour refroidir l'air aspiré au compresseur. Les machines frigoriques à l'air peuvent donc être considérées comme l'inverse des moteurs thermiques ou à air chaud : elles transforment du travail en chaleur de compression, tandis que les moteurs thermiques transforment de la chaleur en travail de détente.

On déduit de cette conséquence que le rendement des machines frigoriques est, toutes choses égales, proportionnel à la chute de température, c'est-à-dire à l'écart des températures extrêmes de leur cycle.

D'autre part, ce rendement est d'autant plus élevé que la chaleur cédée par le corps à refroidir au gaz détendu diffère moins de celle qu'il faut enlever à l'air pendant sa compression. Si ces deux quantités de chaleur étaient égales, le rendement serait infini.

Soit t_0 la température initiale de l'air;

Soit t_1 la température de l'air à la fin de la compression ;

Soit t_2 la température de l'air au commencement de la détente (cette température dépend de celle de l'eau employée pour refroidir l'air comprimé), et enfin t_3 la température de l'air à la fin de sa détente.

Les températures t_0 et t_1 sont connues au contraire les températures t_2 et t_3 sont variables à volonté.

La chaleur absorbée par le refroidisseur est proportionnelle à $t_1 - t_2$, et la chaleur prise au corps refroidi est proportionnelle à $(t_0 - t_3)$; le nombre de calories déplacées par unité de travail dépensé au compresseur augmente à mesure que diminuera la quantité :

$$(t_1 - t_2) + (t_0 - t_3);$$

et comme t_0 et t_1 sont invariables, la différence $t_1 - t_3$ des températures extrêmes du cycle donnera le rendement.

Pour $t_1 = t_3$, ce rendement serait infini, mais la puissance de la machine frigorifique serait nulle : cette puissance diminuant avec la chute de température.

Autrement dit, en diminuant la détente de l'air, on obtiendrait un rendement économique plus élevé, mais la machine serait d'autant plus encombrante et, par suite, plus coûteuse et d'un rendement organique moins élevé.

Dans la plupart des cas, on admet comme la plus avantageuse une détente de l'air variant de 2,5 à 3.

Si l'on admet que le cycle décrit par l'air dans ces machines est le cycle de Carnot lequel est compris, comme nous l'avons montré au chapitre III, entre deux courbes adiabatiques et deux courbes isothermiques, le coefficient économique de la machine frigorifique, inverse de celui du moteur à air chaud, est égal à $\dfrac{T_3}{T_1 - T_3}$, en adoptant la même notation que précédemment et pour les températures *absolues* correspondantes. Le travail A nécessaire pour recueillir une calorie négative serait :

$$A = 425 \frac{T_t - T_3}{T_3}.$$

Dans la pratique on préfère effectuer la compression non pas en deux phases, comme le suppose la théorie, mais d'un seul coup, autant que possible suivant une isothermique, et l'on compense le bénéfice thermique du cycle en réduisant les dimensions et, par suite, les frais d'achat et d'entretien qu'exigeraient les dimensions exagérées des machines.

L'humidité de l'air vient s'ajouter à la conductibilité plus ou moins parfaite des parois des cylindres où s'effectue la compression et la détente pour apporter, dans l'allure des courbes du cycle, des pertes qu'il est difficile de déterminer et qu'on ne peut atténuer qu'en faisant usage de machines à cycle fermé, c'est-à-dire en se servant de la même masse d'air, desséchée une fois pour toutes. Mais les avantages que l'on recueillerait pour les applications à la production directe de l'air froid sont compensés et au delà par les inconvénients de l'engin intermédiaire qu'il faudrait employer ; aussi les machines à air à cycle fermé ne sont-elles que peu répandues.

Le refroidissement de l'air pendant sa compression est obtenu le plus souvent par une circulation d'eau autour des compresseurs ; quelquefois cette circulation d'eau est combinée avec une injection d'eau. Ce refroidissement est complété par le passage de l'air au travers d'un refroidisseur, interposé entre le compresseur et le détendeur, disposé de manière à sécher l'air pour le ramener à l'état hygrométrique correspondant à sa pression et à sa température à l'entrée du détendeur. Ce séchage est surtout nécessaire avec les compresseurs à injection d'eau, dans lesquels le volume d'eau injectée atteint environ le 1/100 du volume du cylindre. Ces refroidisseurs sont le plus souvent constitués par une série de tubes ou de serpentins entourés d'une circulation d'eau froide et parcourus par l'air à refroidir, ainsi que les condenseurs à surface des machines à vapeur.

Dans certaines machines on complète (ainsi que nous l'avons mentionné plus haut) le refroidissement, au moyen de l'air froid qui s'échappe, imparfaitement utilisé, du bac à glace ou de la chambre froide. On fait alors traverser à l'air comprimé et déjà refroidi par un premier appareil à circulation d'eau un second appareil, sorte de condenseur à surfaces, refroidi par l'air du bac à glace ou de la chambre froide. Cette solution a l'inconvénient d'exiger, pour être efficace, des surfaces de refroidissement très étendues, en raison du peu de conductibilité de l'air et de sa faible chaleur spécifique. On peut citer parmi les inventeurs qui les ont appliquées MM. Windhausen et Bell-Coleman (1).

Dans la machine de MM. Lighfoot et Hall le refroidissement est effectué dans un petit cylindre détendeur spécial, que l'air traverse avant d'arriver au grand cylindre, et au sortir duquel il abandonne la plus grande partie de son humidité en parcourant un sécheur à chicanes entre le petit et le grand détendeur.

Malgré cela, l'emploi des refroidisseurs sécheurs les plus efficaces ne peut jamais abaisser l'humidité de l'air au-dessous de l'état hygrométrique normal correspondant à sa pression et à sa température à l'entrée du détendeur principal ; il se forme alors dans ce détendeur un précipité de neige ou de givre assez important pour nécessiter, avec la plupart des machines à cycle ouvert, l'emploi d'appareils disposés pour évacuer cette neige. Ces appareils, dits boîtes à neige, sont constitués par une chambre faisant suite au détendeur et pourvue de rugosités ou de chicanes disposées de manière à favoriser la précipitation de la neige ou du givre qui s'échappent du détendeur. Ces boîtes sont vidées de temps à autre méthodiquement.

Quant à l'emploi de régénérateurs, analogues à ceux des moteurs à air chaud, dans le but d'améliorer le rendement, il n'a pas jusqu'ici prévalu dans la pratique, et les constructeurs ont presque dû y renoncer.

(1) GUSTAVE RICHARD. Les machines frigorifiques à l'Exposition universelle de 1889.

Les principaux organes d'une machine à air sont les suivants :

Le *compresseur* ;

Le *refroidisseur* et *sécheur* d'air ;

Le *détendeur* avec sa boîte à neige ;

Le *réfrigérant*.

Le compresseur peut être à simple ou à double effet, on y distingue des distributeurs, soupapes, piston, garnitures ou presse-étoupes appropriés à l'usage qu'il doit remplir et des moyens de refroidissement. Les compresseurs à double effet sont les plus fréquemment employés, surtout dans les applications où l'espace est restreint, telles que celles des navires. Lorsque l'espace ne fait pas défaut, on préfère recourir aux cylindres à simple effet dont l'usage est plus prolongé et l'entretien moins dispendieux.

Les principaux organes du cylindre détendeur sont les mêmes que ceux du compresseur ; les boîtes à neige, utiles dans toutes les machines à air, sont indispensables à celles qui ne sont pas pourvues d'un refroidisseur sécheur spécial.

Le réfrigérant des machines à air est disposé suivant les applications spéciales qui sont réservées à la production du froid, ceux des machines à cycles fermé sont parfois pourvus d'un reniflard ou d'un régulateur de pression.

La première machine à air est celle qui fut construite en 1869 par M. Windhausen. Dans cette machine, qui n'est plus employée aujourd'hui, mais qui mérite d'être citée à cause de son importance historique, le cycle est fermé. L'air, comprimé sur l'une des faces d'un long piston non conducteur, est détendu sur l'autre face de ce piston après s'être refroidi sur deux séries de tubes rafraîchis, l'une par un courant d'eau, l'autre par de l'air froid revenant du bac à glace ou pris directement à la sortie du détendeur.

M. Windhausen a construit depuis des machines plus simples, à cylindres détendeurs et compresseurs séparés ; enfin, en 1876, il a proposé une machine à cycle ouvert comprenant deux cylindres à double effet (compresseur et détendeur). Dans cette dernière machine, on se dis-

pensait de l'emploi d'un condenseur à circulation d'eau, mais on arrivait à des appareils de grandes dimensions, qui ne se sont pas répandus.

653. *Machines à air de Giffard.* — Les machines à air de M. Paul Giffard datent de 1873 et sont assez répandues en France. Les cylindres compresseur et détendeur, actionnés par des manivelles calées à 90 degrés, sont à simple effet. L'air aspiré au compresseur au travers des soupapes du piston de celui-ci est refoulé dans un condenseur à surface ou réfrigérant et, de là, passe dans un réservoir de pression. L'air ainsi comprimé et froid passe ensuite dans le détendeur à travers une soupape qui se ferme mécaniquement au point voulu pour la détente, après laquelle il est évacué du détendeur.

Le cadre de cet ouvrage ne nous permet pas de nous étendre davantage sur la description des machines frigorifiques à air dont un grand nombre de variétés mériteraient d'être cités. Nous préférons donner des indications plus complètes sur les machines frigorifiques à gaz liquéfiés qui rentrent un peu plus dans le domaine des applications industrielles courantes.

654. *Machines frigorifiques à gaz liquéfiés par compression.* — Ces machines sont celles qui sont le plus répandues dans l'industrie, elles ne diffèrent théoriquement des machines à air que par la liquéfaction du corps travailleur pendant la période de compression. De même que l'on peut considérer les machines frigorifiques à air comme l'inverse des moteurs à air chaud, on peut considérer les machines frigorifiques à gaz liquéfiés comme l'inverse de la machine à vapeur.

Le rendement des machines à gaz liquéfiés diminue, comme celui des machines à air, à mesure que leur chute de température augmente et, par suite, à mesure que la température du bac à glace ou de l'enceinte à refroidir est plus basse.

Quoique fonctionnant d'après le même principe que celui des machines à air, les machines à gaz liquéfiés sont beaucoup plus actives et d'un rendement presque toujours plus élevé que ces dernières.

Cette plus grande énergie est due, comme pour les moteurs à vapeur comparés aux moteurs à air chaud, à ce que la chaleur spécifique en volume des gaz liquéfiés est beaucoup plus élevée que celle de l'air comprimé aux plus hautes pressions de la pratique. Le travail de liquéfaction d'un gaz est beaucoup plus considérable que le travail de compression au même point du même volume d'air. Si nous prenons pour exemple l'acide sulfureux (qui est cependant un des moins actifs parmi les autres gaz liquéfiables), nous voyons qu'il faudrait faire passer par les cylindres d'une machine à air environ 4.000 mètres cubes d'air pour produire le même froid qu'avec 1 mètre cube d'acide sulfureux liquide. La proportion serait encore plus grande si nous avions pris l'ammoniaque ou l'acide carbonique comme autre terme de comparaison.

Cet avantage permet de réduire, à puissance égale, les dimensions des organes des machines, et le rendement organique de ces dernières s'en trouve amélioré d'autant.

Dans la pratique, les machines à air consomment trois à quatre fois plus de chaleur que les machines à gaz liquéfiés de même puissance.

Les machines à gaz liquéfiés se distinguent encore des machines à air par l'absence des cylindres détendeurs, lesquels sont remplacés par de simples robinets de détente; c'est là une simplification de plus en faveur des machines à gaz liquéfiés.

Les principaux gaz employés actuellement dans les machines frigorifiques sont l'éther sulfurique, l'éther méthylique, le chlorure de méthyle, l'acide sulfureux et l'ammoniaque.

Récemment, on a proposé l'emploi de l'éthylène et celui de l'acide carbonique, ce dernier remarquable par sa haute pression de liquéfaction et sa puissante énergie frigorifique.

Les gaz simples que nous venons de citer ne sont pas les seuls que l'on emploie, on peut utiliser aussi des mélanges de gaz liquéfiables susceptibles de réagir les uns sur les autres et de donner lieu à des réactions favorables à l'économie des machines. Ces mélanges ont reçu le nom de *liquides mixtes*.

655. *Gaz simples.* — Si nous commençons par le premier des gaz liquéfiables qui furent employés dans les machines frigorifiques, nous citerons l'*éther sulfurique* dont les faibles tensions de vapeur (0,6^{kg} à 20°), permettaient l'emploi, sans avoir à craindre de trop grandes difficultés de construction pour les appareils.

Mais la faible chaleur de vaporisation de ce gaz (90 calories) lui donne une énergie frigorifique notablement inférieure à celle des autres gaz et conduit à des machines très volumineuses.

Aussi le rendement de ces machines est-il peu élevé; en outre, l'éther est dangereux à manipuler à cause des chances d'incendie dues à son inflammabilité. Depuis que les progrès de la mécanique ont permis de liquéfier des gaz plus énergiques comme puissance frigorifique, on a abandonné l'emploi de l'éther sulfurique.

L'*acide sulfureux* vient immédiatement après l'éther sulfurique dans la liste des gaz liquéfiables et par ordre d'énergie frigorifique croissante. Ce gaz se liquéfie sous la pression atmosphérique à la température de — 10 degrés; sa pression de liquéfaction est de 4 atmosphères à 30 degrés et sa chaleur de vaporisation est de 100 calories.

On peut se faire une idée de l'énergie frigorifique de ce gaz en disant que l'on compte que le piston du compresseur doit engendrer un volume de 9 à 10 litres environ par calorie négative effectivement transmise au réfrigérant soit, en pratique, 1 500 litres par minutes et par quintal de glace à l'heure. Ce chiffre est notablement inférieur à celui des machines à air, pour lesquelles l'énergie frigorifique maxima n'est que de 0,04 calorie par mètre cube passé dans les cylindres, autrement dit qui exigent, par calorie négative, 25 mètres cubes d'air environ aux cylindres.

L'acide sulfureux n'est pas inflammable comme l'éther, et on lui attribue des propriétés lubrifiantes. D'un autre côté, on doit craindre la présence de la moindre trace d'eau ou d'air humide qui le transforme en acide sulfurique et provoque la destruction des mécanismes et des serpentins. La fabrication de ce gaz est assez difficile et coûteuse, et c'est un peu pour cette raison qu'on préfère quelquefois faire usage de machines à ammoniac.

Remarquons cependant que ces inconvénients sont moins grands dans les pays chauds pour lesquels les basses pressions sont plus avantageuses que dans les climats tempérés.

L'*éther méthylique* a une chaleur de vaporisation environ double de celle de l'acide sulfureux, soit 200 calories ; ses tensions de vapeurs sont les suivantes :

TEMPÉRATURES		TENSIONS (ATMOSPHÈRES.)
—	20°	1,50
—	10°	2,25
	0°	2,75
+	10°	3,75
+	20°	4,75
+	30°	5,25

On remarque que l'éther méthylique se liquéfie, à + 20 degrés, sous une pression de 4,75 atmosphères, tandis que l'acide sulfureux n'exige que 2,5 atmosphères ; nous verrons plus loin que l'ammoniaque exige 8 atmosphères à la même température.

L'éther méthylique n'attaque ni le fer ni le bronze, mais il s'enflamme facilement.

Le *chlorure de méthyle*, qui a reçu des applications dans les machines du système de M. Vincent, bout à 23 degrés sous la pression atmosphérique ; ses tensions de vapeur sont les suivantes :

TEMPÉRATURES		TENSIONS
—	23°	1 kg
	0°	2,48
+	15°	4,11
+	40°	6,50

Ce gaz n'attaque pas les métaux et est moins inflammable que l'éther.

L'*ammoniaque anhydre* est actuellement et de beaucoup le gaz le plus employé dans les machines frigorifiques.

Les tensions de vapeur ou de liquéfaction de ce gaz sont les suivantes :

TEMPÉRATURES		TENSIONS (ATMOSPHÈRES.)
—	30°	1,44
—	20°	1,83
—	10°	2,82
	0°	4,19

TEMPÉRATURES		TENSIONS ATMOSPHÈRES
+	10°	6,02
+	20°	8,40
+	30°	11,44
+	40°	15,29
+	50°	19,98

Aussi, à la température de 20 degrés, la tension de liquéfaction de l'ammoniaque est de 8,40 atmosphères, tandis que celle de l'acide sulfureux n'est que de 3,30 atmosphères. De plus, sa chaleur de vaporisation très considérable, 500 calories, presque aussi grande que celle de l'eau, lui assure une puissance frigorifique très énergique.

Il suffit, dans les conditions ordinaires de la pratique, c'est-à-dire avec de l'eau de condensation à 20 degrés et un bain réfrigérant à — 7 degrés de faire passer au compresseur environ 500 litres de gaz ammoniac par minute, pour une production horaire de 100 kilogrammes de glace, soit environ 3 litres par calorie négative utilisée au réfrigérant.

Théoriquement, entre les mêmes limites de température — 15 et + 20 degrés, une même machine donnerait (1) :

Avec l'ammoniaque 560 calories négatives ;

Avec l'acide sulfureux 200 calories négatives ;

Avec l'éther sulfurique, 30 calories négatives, par mètre cube de gaz aspiré au compresseur.

Le rendement théorique, lequel est indépendant de la nature du corps, serait le même pour ces trois gaz et égal à 0,018 calorie environ par kilogrammètre indiqué au compresseur.

Entre — 30 et + 20 degrés, le rendement tombe à 0,0093 calorie ; mais ces rendements ne sont jamais atteints dans la pratique, et l'on ne peut guère compter, même avec les meilleures machines à ammoniac, sur une production de glace de plus de 25 à 30 kilogrammes par kilogramme de charbon.

L'ammoniaque liquéfié présenté, sous l'aspect d'un liquide incolore, d'une densité de 0,76 environ, se combinant en toute

(1) Gustave Richard, *Les Machines frigorifiques à l'Exposition universelle* de 1889.

proportion et avec un dégagement de chaleur à l'eau pour laquelle il possède une grande affinité. Il possède une odeur pénétrante caractéristique qui décèle la moindre fuite, laquelle provoque la formation d'un nuage de vapeurs blanches dues surtout à l'absorption de l'humidité de l'air par l'ammoniac.

Malgré cette puissance frigorifique considérable, l'ammoniac ne possède pas, dans les climats tempérés, des pressions trop grandes pour être difficiles à tenir avec des appareils bien construits. Ce gaz est moins toxique, quoique plus actif que l'acide sulfureux ; il peut se préparer très facilement au moyen de l'ammoniac ordinaire du commerce, et cette préparation peut même être exécutée par le propriétaire de la machine frigorifique.

La seule précaution à prendre dans l'emploi de ce gaz consiste à bannir le bronze des organes des machines et de ne se servir que de fer ou de fonte pour leur construction.

L'*acide carbonique* est notablement supérieur, comme énergie frigorifique, aux autres gaz employés dans les machines pour la production du froid.

D'après M. Windhausen, il exigerait, pour des puissances frigorifiques égales, des compresseurs 50 fois moindres qu'avec l'éther, 25 fois moindres qu'avec l'acide sulfureux et 15 fois moindres qu'avec l'ammoniac, bien que sa chaleur de vaporisation soit très faible (51 calories à 6 degrés).

Les pressions de liquéfaction sont très élevées et résumées ci-dessous :

TEMPÉRATURES		PRESSIONS DE LIQUÉFACTION
— 30°	....	10 atmosphères
— 20°	....	22 —
— 10°	....	28 —
0°	....	38 —
+ 10°	....	46 —
+ 20°	....	57 —
+ 30°	....	75 —
+ 40°	....	90 —

Dans la pratique, les machines à acide carbonique fonctionnent entre des pressions limites de 20 atmosphères à l'aspiration et de 70, parfois même 90 atmosphères, à la compression.

Le point critique s'observe vers la température de 31 degrés ; à ce moment, le liquide et l'atmosphère gazeux qui le surmontent se dissolvent l'un dans l'autre en formant un mélange encore mal défini et dont la chaleur de vaporisation est presque nulle. La liquéfaction du gaz à ce moment devient très difficile.

L'acide carbonique n'attaque pas sensiblement les métaux ; liquéfié, il se présente sous l'aspect d'un liquide incolore d'une densité de 0,9, il flotte sur l'eau, comme de l'huile sans s'y mélanger. Ce gaz est, au contraire, très soluble dans l'éther, les huiles essentielles et l'acide sulfureux, avec lesquels il forme des mélanges réfrigérants très puissants, permettant d'obtenir des températures descendant jusqu'à — 80 degrés à l'air libre et à — 103 degrés dans le vide.

La fabrication de l'acide carbonique par la réaction de l'acide sulfurique sur le carbonate de chaux est simple et peu onéreuse ; cette fabrication est entrée tout à fait, aujourd'hui, dans la pratique industrielle. On se procure souvent l'acide carbonique liquide enfermé dans des bouteilles en fer ou en acier qui sont d'un transport et d'un emploi faciles, pour une foule d'applications très diverses.

La généralisation de l'emploi de l'acide carbonique dans les machines frigorifiques ne demande donc plus que la réalisation des difficultés de construction inhérentes aux pressions élevées de liquéfactions que possède ce puissant agent. Ces difficultés ne sont pas insurmontables, et les plus graves d'entre elles sont à peu près résolues aujourd'hui.

656. *Liquides mixtes.* — Les machines frigorifiques dans lesquelles on emploie le mélange de deux liquides volatils susceptibles de se séparer en se vaporisant à de certaines pressions, puis de se recombiner ensuite lorsque l'on augmente ces pressions furent proposées, pour la première fois, par MM. Tessié du Mottay et Rossi.

Ces inventeurs ont choisi, comme liquides mixtes, les combinaisons fournies par l'éther ordinaire, l'acide sulfureux ou le gaz ammoniac. L'éther absorbe environ 50 0/0 de son poids d'acide sulfureux et 6 0/0 de son poids d'ammoniac, à la température de 0 degré. Alternativement raréfié et comprimé, le liquide incolore qui résulte de cette combinaison se comporte, dans une machine à compression, comme l'éther ordinaire, mais avec une puissance frigorifique plus considérable. Il a en outre l'avantage de ne pas s'enflammer et, paraît-il, de graisser les organes de la machine, comme le ferait l'acide sulfureux.

On peut obtenir par ce moyen une allure presque aussi active qu'avec l'acide sulfureux, mais les pressions sont moindres (1,5 atmosphères au maximum). On a donc toutes bonnes raisons de penser que l'emploi de ce liquide binaire est plus avantageux que celui de l'éther et moins dangereux que ce dernier.

M. Pictet s'est, au contraire, efforcé de relever les pressions de liquéfaction de l'acide sulfureux en associant ce dernier avec l'acide carbonique et en toutes proportions. Il a ainsi formé une série de liquides binaires dont le point d'ébullition

Fig. 712. — Machine à glace, système Fixary.

varie de — 70 degrés à 7 degrés suivant leur richesse en acide carbonique. Le composé choisi par M. Pictet a pour formule CSO^4, et son point d'ébullition est à — 19 degrés.

657. *Machine à glace, système Fixary.*

Nous nous contenterons de décrire quelques-unes des principales machines frigorifiques à gaz liquéfiés par compression, choisies parmi celles qui sont entrées dans le domaine des applications industrielles les plus courantes : production de la glace, conservation de la viande, des boissons, et autres produits alimentaires, etc...

La machine imaginée par M. Fixary se compose essentiellement (*fig.* 712) :

D'un compresseur A ;

D'un condenseur ou liquéfacteur B ;

D'un congélateur D.

La pompe de compression A (*fig.* 712) aspire le gaz ammoniac anhydre liquéfié dans le congélateur D et le refoule dans le condenseur B où, avant de se répandre dans les serpentins, il traverse un appareil dit épurateur ou séparateur d'huile.

Le gaz purifié et séparé de l'huile traverse les serpentins du condenseur où il se liquéfie sous la pression de la pompe et sous l'action de l'eau froide de circulation. L'ammoniac liquéfié est recueilli dans le compartiment supérieur du récipient C et amené de là au robinet détendeur et régulateur R d'où il repasse à l'état gazeux en produisant, dans les serpentins du congélateur D, un froid intense.

Du congélateur le gaz détendeur revient par un tuyau à la pompe d'aspiration A, pour être de nouveau comprimé, liquéfié et détendu dans une circulation continue.

L'huile lourde séparée du gaz et contenue à la partie inférieure du récipient est ramenée automatiquement par un petit tuyau au-dessous des pistons, dans le bas du compresseur, où elle forme un joint hydraulique, assure le graissage et s'oppose aux fuites à travers les presse-étoupes.

La pompe de compression (*fig.* 713) se compose de deux corps verticaux AA. Chaque corps possède, à la partie supérieure, une soupape d'aspiration B et une soupape de refoulement C qui servent à aspirer le gaz dans le congélateur pour le refouler dans le condenseur. Le gaz ammoniac n'arrive donc que sur le dessus des pistons qui travaillent à simple effet. La disposition verticale permet de maintenir constamment, au-dessus des pistons, une couche d'huile de quelques millimètres, de sorte que, en haut de course, l'huile remplit tous les espaces nuisibles, soulève les soupapes en les lubrifiant et refoule dans le condenseur la totalité du gaz aspiré. Au-dessous de chaque piston il a été ménagé un espace libre D, appelé chambre d'huile, d'un diamètre plus grand que celui des pistons, et constamment rempli, jusqu'à une hauteur donnée, d'huile lourde minérale, dans laquelle l'extrémité de chaque piston vient plonger au bas de sa course. Des cannelures ménagées sur la surface extérieure du bas des pistons se chargent d'huile à chaque course et lubrifient les corps de pompe.

658. *Machine à acide sulfureux, système Raoul Pictet.* — Cette machine se compose essentiellement :

D'un compresseur (aspirant et foulant) ;
D'un condenseur ;
D'un réfrigérant ;
D'un robinet de réglage servant au retour de l'acide condensé dans le réfrigérant.

Le liquide à volatiliser est mis dans un cylindre de cuivre à l'abri de l'humidité et de l'air. A ce moment, l'anhydride sulfureux n'exerce aucune action réfrigérante.

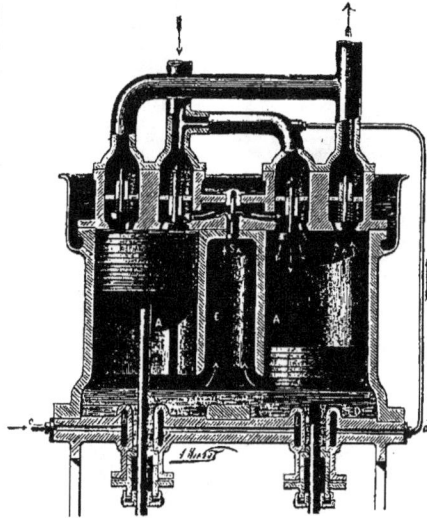

Fig. 713. — Machine à glace Pixary. — Coupe de la pompe de compression.

On enlève alors une partie des vapeurs au moyen d'une pompe. Cette diminution de pression permet au liquide de se détendre et de se volatiliser spontanément. Cette volatilisation absorbe la chaleur contenue dans les corps placés en contact avec le réfrigérant. L'anhydride sulfureux est ensuite refoulé, au moyen d'une pompe, dans un condenseur où il est ramené à la température de l'eau de circulation et où il se liquéfie pour subir une nouvelle détente et produire ainsi indéfiniment du froid. Les figures 714 et 715 permettent de comprendre le mode de fonctionnement de cette machine.

Le réfrigérant E est placé horizontalement dans la cuve ou récipient dans lequel circule un liquide incongelable (dissolution de chlorure de calcium ou de chlorure de magnésium) ; les moules à glace sont disposés soit dans ce récipient, soit dans un récipient séparé. L'anhydride sulfureux est volatilisé dans le réfrigérant E

— Vue en coupe de la machine Raoul Pictet pour produire le froid.

A Pompe de compression.
B Piston compresseur.
C Tuyaux d'aspiration de l'anhydride gazeux.
D Tuyaux de refoulement de l'anhydride gazeux.
E Réfrigérant incongelable nouveau système.

F Cuve de congélation.
G Hélice pour agiter le bain incongelable.
H Moule à glace.
I Condenseur vertical nouveau système.
K Robinet de réglage.

L Robinet d'arrivée de l'eau de condensation.
M Sortie de l'eau de condensation.
P Tuyau de retour d'anhydride liquide.
N Manomètre d'aspiration.
S Manomètre de compression.

Fig. 714.

par l'action de la pompe A, qui aspire l'acide dans le réfrigérant par le tuyau C. Ce changement d'état produit un froid intense, lequel se communique au liquide ambiant ; la pompe refoule ensuite la vapeur, par le tuyau D, dans le condenseur I.

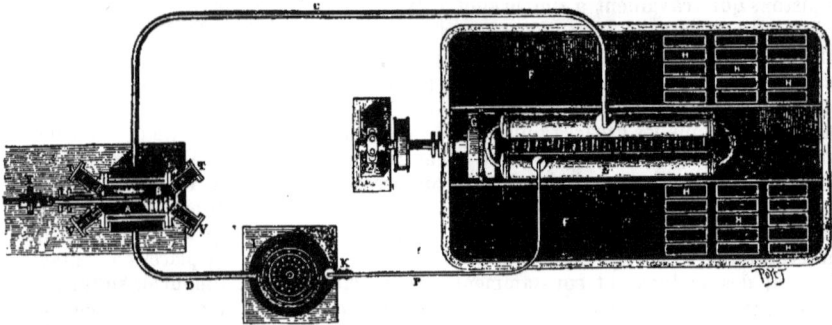

T, soupape d'aspiration. — V, soupape de compression. — X, jonction du piston du moteur avec le piston compresseur.

Fig. 715. — Plan de la machine Raoul Pictet.

Le condenseur se compose de séries de tubes de cuivre, un courant d'eau froide coule constamment dans l'intérieur des tubes du condenseur et, en dehors, dans une double enveloppe. Cette eau de circulation absorbe la chaleur latente que contient la vapeur et la condense. Le tuyau P ramène l'anhydride sulfureux liquide au réfrigérant, où il est volatilisé de nouveau, et un robinet K en règle l'écoulement.

La pompe de compression A est à double effet et construite en fonte, le piston est métallique et garni de segments, son fonctionnement est très doux, par suite des propriétés lubrifiantes de l'acide sulfureux.

659. *Machines frigorifiques à gaz liquéfiés, machines à affinité.* — Ainsi que nous l'avons exposé précédemment, on peut produire la liquéfaction des gaz en utilisant directement l'énergie calorifique du charbon, tandis que dans les machines à gaz liquéfiés par compresseurs, on est obligé de passer par l'intermédiaire de la machine à vapeur.

Parmi les machines frigorifiques dites à *affinité*, nous nous contenterons de citer l'appareil imaginé par M. Carré dans lequel l'agent travailleur est constitué par une solution de gaz ammoniac.

La chaudière A (*fig.* 716), distille le gaz ammoniac qui, par le tuyau *aa*, va se condenser sous sa propre pression dans le récipient B. Le congélateur C est relié au récipient B par un tuyau *bb*; le gaz liquéfié vient se détendre dans le congélateur et se rend ensuite dans un qua-

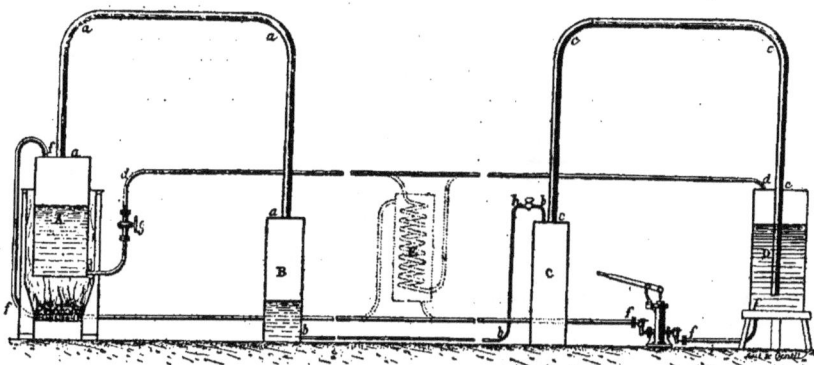

Fig. 716 — Appareil continu pour la production du froid (système Carré).

trième récipient D, appelé *vase d'absorption*. Le liquide dans lequel se dissout le gaz vient de la chaudière : c'est la solution appauvrie par le chauffage qui, devenue plus lourde par le départ du gaz, tombe au fond de la chaudière A.

La pression suffit à refouler la solution appauvrie dans le vase d'absorption D où elle se refroidie; le liquide appauvri se régénère au contact du gaz qui vient du congélateur, sous une pression qui ne dépasse pas 0^{kg},500 environ, et est refoulé à la chaudière par la pompe F. Le réglage des deux robinets, *h* pour le gaz liquéfié, *g* pour le liquide pauvre, permet d'obtenir un régime de marche convenable. C'est de ce régime que dépend, en effet, la pres-

sion dans le vase d'absorption, et c'est cette dernière qui détermine celle du congélateur et, par suite, la température de celui-ci.

Quelques organes secondaires complètent l'appareil, le plus important est le vase E, appelé l'*échangeur*. Le liquide pauvre sortant de la chaudière doit arriver aussi froid que possible au vase d'absorption, tandis qu'il y a intérêt à renvoyer à la chaudière le liquide riche aussi chaud que possible. En faisant circuler les deux solutions en sens inverse dans le vase E, elles échangent leur température, ce qui économise à la fois l'eau de refroidissement du vase d'absorption et le charbon destiné à chauffer la chaudière.

FIN DU 4ᵉ VOLUME

TABLE DES MATIÈRES

SEPTIÈME PARTIE.

CHAUDIÈRES A VAPEUR

HUITIÈME PARTIE

MACHINES A VAPEUR

NEUVIÈME PARTIE

MOTEURS A GAZ

DIXIÈME PARTIE

MACHINES THERMIQUES DIVERSES

Tours. — Imprimerie DESLIS Frères, rue Gambetta.

TOURS. — IMPRIMERIE DESLIS FRÈRES

6, Rue Gambetta, 6

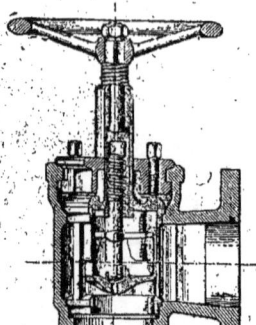

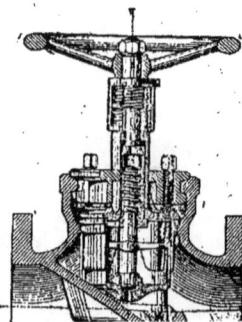